가스산업기사 필  격플래너

저자추천 3회독 완벽 플랜

		1회독	2회독	3회독
핵심이론	PART 1. 가스 설비	DAY 1☐ 2☐ DAY 3☐ 4☐	☐DAY 22 ☐DAY 23	☐DAY 35
	PART 2. 가스 안전관리	DAY 5☐ 6☐ DAY 7☐ 8☐	☐DAY 24 ☐DAY 25	☐DAY 36
	PART 3. 연소공학	DAY 9☐ 10☐ DAY 11☐ 12☐	☐DAY 26 ☐DAY 27	☐DAY 37
	PART 4. 계측기기	DAY 13☐ 14☐ DAY 15☐ 16☐	☐DAY 28 ☐DAY 29	☐DAY 38
9개년 기출문제	2020년 제1·2/3/4회 기출문제	☐DAY 17	☐DAY 30	☐DAY 39
	2021년 제1/2/4회 CBT 기출복원문제	☐DAY 18	☐DAY 31	☐DAY 40
	2022년 제1/2/4회 CBT 기출복원문제	☐DAY 19	☐DAY 32	☐DAY 41
	2023년 제1/2/4회 CBT 기출복원문제	☐DAY 20	☐DAY 33	☐DAY 42
	2024년 제1/2/3회 CBT 기출복원문제	☐DAY 21	☐DAY 34	☐DAY 43
핵심이론	권말부록(핵심이론정리집) (시험 전 최종마무리로 한번 더 반복학습)	-	-	☐DAY 44

단기완성 1회독 맞춤 플랜

구분	내용	27일 꼼꼼코스	14일 집중코스	10일 속성코스
핵심이론	PART 1. 가스 설비	DAY 1 ☐ 2 ☐ DAY 3 ☐ 4 ☐	☐ DAY 1 ☐ DAY 2	☐ DAY 1
	PART 2. 가스 안전관리	DAY 5 ☐ 6 ☐ DAY 7 ☐ 8 ☐	☐ DAY 3 ☐ DAY 4	☐ DAY 2
	PART 3. 연소공학	DAY 9 ☐ 10 ☐ DAY 11 ☐ 12 ☐	☐ DAY 5 ☐ DAY 6	☐ DAY 3
	PART 4. 계측기기	DAY 13 ☐ 14 ☐ DAY 15 ☐ 16 ☐	☐ DAY 7 ☐ DAY 8	☐ DAY 4
9개년 기출문제	2020년 제1·2/3/4회 기출문제	☐ DAY 17 ☐ DAY 18	☐ DAY 9	☐ DAY 5
	2021년 제1/2/4회 CBT 기출복원문제	☐ DAY 19 ☐ DAY 20	☐ DAY 10	☐ DAY 6
	2022년 제1/2/4회 CBT 기출복원문제	☐ DAY 21 ☐ DAY 22	☐ DAY 11	☐ DAY 7
	2023년 제1/2/4회 CBT 기출복원문제	☐ DAY 23 ☐ DAY 24	☐ DAY 12	☐ DAY 8
	2024년 제1/2/3회 CBT 기출복원문제	☐ DAY 25 ☐ DAY 26	☐ DAY 13	☐ DAY 9
핵심이론	권말부록(핵심이론정리집) (시험 전 최종마무리로 한번 더 반복학습)	☐ DAY 27	☐ DAY 14	☐ DAY 10

가스산업기사 필기

합격플래너

유일무이 나만의 합격 플랜

		나만의 합격코스	1회독	2회독	3회독	MEMO
핵심이론	PART 1. 가스 설비	월 일	☐	☐	☐	
	PART 2. 가스 안전관리	월 일	☐	☐	☐	
	PART 3. 연소공학	월 일	☐	☐	☐	
	PART 4. 계측기기	월 일	☐	☐	☐	
9개년 기출문제	2020년 제1·2/3/4회 기출문제	월 일	☐	☐	☐	
	2021년 제1/2/4회 CBT 기출복원문제	월 일	☐	☐	☐	
	2022년 제1/2/4회 CBT 기출복원문제	월 일	☐	☐	☐	
	2023년 제1/2/4회 CBT 기출복원문제	월 일	☐	☐	☐	
	2024년 제1/2/3회 CBT 기출복원문제	월 일	☐	☐	☐	
핵심이론	권말부록(핵심이론정리집) (시험 전 최종마무리로 한번 더 반복학습)	월 일	☐	☐	☐	

저자쌤의 합격플래너 활용 Tip.

01. Choice

시험대비를 위해 여유 있는 시간을 확보해 제대로 공부하여 시험합격은 물론 고득점을 노리는 수험생들은 **Plan 1 (44일 3회독 완벽코스)**를, 폭넓고 깊은 학습은 불가능해도 꼼꼼하게 공부해 한번에 시험합격을 원하시는 수험생들은 **Plan 2 (27일 꼼꼼코스)**를, 시험준비를 늦게 시작하였으나 짧은 기간에 온전히 학습할 수 있는 많은 시간확보가 가능한 수험생들은 **Plan 3 (14일 집중코스)**를, 부족한 시간이지만 열심히 공부하여 60점만 넘어 합격의 영광을 누리고 싶은 수험생들은 **Plan 4 (10일 속성코스)**가 적합합니다!
단, 저자쌤은 위의 학습플랜 중 충분한 학습기간을 가지고 제대로 시험대비를 할 수 있는 Plan 1을 추천합니다!!!

02. Plus

Plan 1~4까지 중 나에게 맞는 학습플랜이 없을 시, Plan 5에 **나에게 꼭~ 맞는 나만의 학습계획**을 스스로 세워보거나, 또는 **Plan 2 + Plan 3, Plan 2 + Plan 4, Plan 3 + Plan 4** 등 제시된 코스를 활용하여 나의 시험준비기간에 잘~ 맞는 학습계획을 세워보세요!

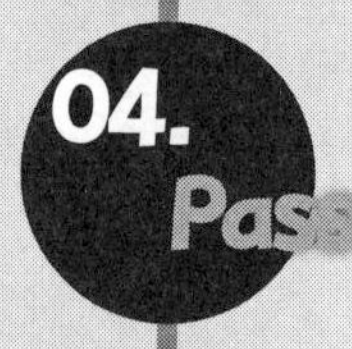

03. Unique

유일무이 나만의 합격 플랜에는 계획에 따라 3회독까지 학습체크를 할 수 있는 공란과, 처음 1회독 시 학습한 날짜를 기입할 수 있는 공간을 따로 두었습니다!

04. Pass

권말부록에 수록되어 있는 필기시험에 자주 출제되고 꼭 알아야 하는 중요내용을 일목요연하게 정리한 **"핵심이론정리집"**은 플래너의 학습일과 상관없이 기출문제를 풀 때 수시로 참고하거나 모든 학습이 끝난 후 한번 더 반복하여 봐주시길 바랍니다.

※ 합격플래너를 활용해 계획적으로 시험대비를 하여 필기시험에 합격하신 수험생분께는 「문화상품권(2만원)」을 보내드립니다.(단, 선착순(10명)이며, 온라인서점에 플래너 활용사진을 포함한 도서리뷰 or 합격후기를 올려주신 후 인증사진을 보내주신 분에 한합니다.)
☎ 관련문의 : 031-950-6371

D+PLUS

더플러스+

더 쉽게 더 빠르게 합격 플러스

가스산업기사 필기

필수이론 + 기출문제집

양용석 지음

BM (주)도서출판 성안당

도서 A/S 안내

성안당에서 발행하는 모든 도서는 저자와 출판사, 그리고 독자가 함께 만들어 나갑니다.

좋은 책을 펴내기 위해 많은 노력을 기울이고 있습니다. 혹시라도 내용상의 오류나 오탈자 등이 발견되면 **"좋은 책은 나라의 보배"**로서 우리 모두가 함께 만들어 간다는 마음으로 연락주시기 바랍니다. 수정 보완하여 더 나은 책이 되도록 최선을 다하겠습니다.

성안당은 늘 독자 여러분들의 소중한 의견을 기다리고 있습니다. 좋은 의견을 보내주시는 분께는 성안당 쇼핑몰의 포인트(3,000포인트)를 적립해 드립니다.

잘못 만들어진 책이나 부록 등이 파손된 경우에는 교환해 드립니다.

저자 문의 e-mail : 3305542a@daum.net(양용석)

본서 기획자 e-mail : coh@cyber.co.kr(최옥현)

홈페이지 : http://www.cyber.co.kr 전화 : 031) 950-6300

머리말

가스산업기사 자격증을 취득하시려는 독자 수험생 여러분 반갑습니다. 한국산업인력공단의 새 출제기준에 맞추어 새롭게 발행된 가스산업기사 수험서입니다.

현재 가스 관련 분야에 근무하고 있거나 관심을 갖고 있는 공학도, 그리고 가스산업기사 국가기술자격증을 취득하기 위하여 준비하시는 수험생 여러분께 큰 도움이 되기 위하여 이 책을 발행하게 되었습니다.

이 책은 각 단원마다 핵심이론과 문제로 나뉘어 있으며 충분한 해설로 이해가 쉽게 되도록 하였으며, 문제편을 공부한 후에 핵심이론편을 정리하시면 더욱 효과적인 학습방법이 될 것입니다.

이 책의 특징을 요약하면 다음과 같습니다.

1. 한국산업인력공단의 출제기준에 의한 가스산업기사 필기 전용의 수험서입니다.
2. 과목별 이론을 철저히 분석하여 출제예상문제를 구성하였으며, 충분한 해설을 달아 독자 여러분의 학습에 많은 도움이 될 수 있도록 심혈을 기울여 집필하였습니다.
3. 최근까지 시행된 기출문제(2020~2024)를 구성하여 알차고 정확한 해설을 덧붙여 문제에 대한 이해도를 높였습니다.
4. 권말부록은 빈번하게 출제되는 기출문제 이론편을 집대성하여 출제경향을 확실하게 파악하도록 하였습니다.

끝으로, 이 책의 집필을 위하여 자료 제공 및 여러 가지 지원을 아끼지 않으신 관계자 분들과 성안당 이종춘 회장님 이하 편집부 직원 여러분께 진심으로 감사드리며 수험생 여러분께 꼭 합격의 영광이 함께하시길 바랍니다.

저자 양용석

이 책을 보시면서 궁금한 점이 있으시면 **저자 직통(010-5835-0508)**이나 **저자 메일**(3305542a@daum.net)로 언제든지 질문을 주시면 성실하게 답변드리겠습니다.
또한, 이 책 발행 이후의 오류사항 및 변경내용은 성안당 홈페이지 - 자료실 - 정오표 게시판에 올려두겠습니다.

시험 및 별책부록집 안내

자격명	가스산업기사	영문명	Industrial Engineer Gas
관련부처	산업통상자원부	시행기관	한국산업인력공단

1 시험 안내

(1) 개요

고압가스가 지닌 화학적, 물리적 특성으로 인한 각종 사고로부터 국민의 생명과 재산을 보호하고 고압가스의 제조과정에서부터 소비과정에 이르기까지 안전에 대한 규제대책, 각종 가스용기, 기계, 기구 등에 대한 제품검사, 가스취급에 따른 제반시설의 검사 등 고압가스에 관한 안전관리를 실시하기 위한 전문인력을 양성하기 위하여 자격제도를 제정하였다.

(2) 시험 수수료

① 필기 - 19,400원
② 실기 - 24,100원

(3) 출제 경향

① 필답형 - 출제기준 참조
② 작업형 - 가스제조 및 가스설비, 운전, 저장 및 공급에 대한 취급과 가스장치의 고장 진단 및 유지관리와 가스기기 및 설비에 대한 검사 업무 및 가스안전관리에 관한 업무를 수행할 수 있는지의 능력을 평가

(4) 취득 방법

① 시행처 : 한국산업인력공단
② 관련학과 : 대학과 전문대학의 화학공학, 가스냉동학, 가스산업학 관련학과
③ 시험과목 • 필기 - 1. 연소공학 2. 가스설비 3. 가스안전관리 4. 가스계측
• 실기 - 가스실무
④ 검정방법 • 필기 - 객관식 4지 택일형 과목당 20문항(2시간)
• 실기 - 복합형[필답형(1시간 30분)+작업형(1시간 30분 정도)]
※ 배점 - 필답형 60점, 작업형(동영상) 40점
⑤ 합격기준 • 필기 - 100점을 만점으로 하여 과목당 40점 이상, 전 과목 평균 60점 이상
• 실기 - 100점을 만점으로 하여 60점 이상

 권말부록 안내

책의 뒷부분에 수록되어 있는 **〈시험에 잘 나오는 핵심이론정리집〉**에 대해 설명드리겠습니다.

〈시험에 잘 나오는 핵심이론정리집〉은 기출문제 해설집인 동시에 핵심내용의 관련 이론을 모두 한곳에서 정리함으로써 출제된 문제 이외에 유사한 문제가 다시 출제되더라도 풀어낼 수 있도록 출제가능이론을 일목요연하게 정리하였습니다. 이 별책부록집을 잘 활용하시면 관련 이론에서 95% 이상 적중하리라 확신합니다. 그럼 학습방법을 살펴볼까요?

14 최소점화에너지에 대한 설명으로 옳지 않은 것은? (연소-20)

① 연소속도가 클수록, 열전도도가 작을수록 큰 값을 갖는다.
② 가연성 혼합기체를 점화시키는 데 필요한 최소에너지를 최소점화에너지라 한다.
③ 불꽃방전 시 일어나는 점화에너지의 크기는 전압의 제곱에 비례한다.
④ 일반적으로 산소농도가 높을수록, 압력이 증가할수록 값이 감소한다.

해설
최소점화에너지 : 반응에 필요한 최소한의 에너지로서 연소속도가 클수록, 열전도도가 작을수록 최소점화에너지가 적게 필요하다.

예를 들어, 과년도 출제문제쪽 '연소-20'이면, 권말부록 '연소공학' 부분을 확인!

핵심 20 ◇ 최소점화에너지(MIE)

정 의	연소(착화)에
최소점화에너지가 낮아지는 조건	① 압력이 높을수록 ② 산소농도가 높을수록 ③ 열전도율이 적을수록 ④ 연소속도가 빠를수록 ⑤ 온도가 높을수록

과년도 출제문제와 권말부록을 비교하여 공부하신 후 앞편에 정리되어 있는 과목별 이론을 보시면 가장 바람직하고 이상적인 학습방법이 될 것입니다.

★ 합격의 행운이 함께 하시길 바랍니다.

시험 접수에서 자격증 수령까지 안내

☑ **원서접수 안내 및 유의사항입니다.**

- 원서접수 확인 및 수험표 출력기간은 접수당일부터 시험시행일까지 출력 가능(이외 기간은 조회불가)합니다. 또한 출력장애 등을 대비하여 사전에 출력 보관하시기 바랍니다.
- 원서접수는 온라인(인터넷, 모바일앱)에서만 가능합니다.
- 스마트폰, 태블릿 PC 사용자는 모바일앱 프로그램을 설치한 후 접수 및 취소/환불 서비스를 이용하시기 바랍니다.

STEP 01 필기시험 원서접수

- 필기시험은 온라인 접수만 가능
- Q-net(www.q-net.or.kr) 사이트 회원 가입
- 응시자격 자가진단 확인 후 원서 접수 진행
- 반명함 사진 등록 필요 (6개월 이내 촬영본 / 3.5cm×4.5cm)

STEP 02 필기시험 응시

- 입실시간 미준수 시 시험 응시 불가 (시험시작 30분 전에 입실 완료)
- 수험표, 신분증, 계산기 지참 (공학용 계산기 지참 시 반드시 포맷)

STEP 03 필기시험 합격자 확인

- CBT 형식으로 치러지므로 시험 완료 즉시 합격 여부 확인 가능
- 문자 메시지, SNS 메신저를 통해 합격 통보 (합격자만 통보)
- Q-net(www.q-net.or.kr) 사이트 및 ARS (1666-0100)를 통해서 확인 가능

STEP 04 실기시험 원서접수

- Q-net(www.q-net.or.kr) 사이트에서 원서접수
- 응시자격서류 제출 후 심사에 합격 처리된 사람에 한하여 원서 접수 가능 (응시자격서류 미제출 시 필기시험 합격예정 무효)

※ 자세한 사항은 Q-net 홈페이지(www.q-net.or.kr)를 참고하시기 바랍니다.

"성안당은 여러분의 합격을 기원합니다"

STEP 05
실기시험 응시
- 수험표, 신분증, 필기구, 공학용 계산기, 종목별 수험자 준비물 지참
(공학용 계산기는 허용된 종류에 한하여 사용 가능하며, 수험자 지참 준비물은 실기시험 접수기간에 확인 가능)

STEP 06
실기시험 합격자 확인
- 문자 메시지, SNS 메신저를 통해 합격 통보
(합격자만 통보)
- Q-net(www.q-net.or.kr) 사이트 및 ARS(1666-0100)를 통해서 확인 가능

STEP 07
자격증 교부 신청
- 상장형 자격증, 수첩형 자격증 형식 신청 가능
- Q-net(www.q-net.or.kr) 사이트를 통해 신청

STEP 08
자격증 수령
- 상장형 자격증은 합격자 발표 당일부터 인터넷으로 발급 가능
(직접 출력하여 사용)
- 수첩형 자격증은 인터넷 신청 후 우편수령만 가능
(수수료 : 3,100원 / 배송비 : 3,010원)

★ 필기/실기 시험 시 허용되는 공학용 계산기 기종

1. 카시오(CASIO) FX-901~999
2. 카시오(CASIO) FX-501~599
3. 카시오(CASIO) FX-301~399
4. 카시오(CASIO) FX-80~120
5. 샤프(SHARP) EL-501-599
6. 샤프(SHARP) EL-5100, EL-5230, EL-5250, EL-5500
7. 캐논(CANON) F-715SG, F-788SG, F-792SGA
8. 유니원(UNIONE) UC-400M, UC-600E, UC-800X
9. 모닝글로리(MORNING GLORY) ECS-101

CBT 안내

1 CBT란?

CBT란 Computer Based Test의 약자로, 컴퓨터 기반 시험을 의미한다.
정보기기운용기능사, 정보처리기능사, 굴삭기운전기능사, 지게차운전기능사, 제과기능사, 제빵기능사, 한식조리기능사, 양식조리기능사, 일식조리기능사, 중식조리기능사, 미용사(일반), 미용사(피부) 등 12종목은 이미 오래 전부터 CBT 시험을 시행하고 있으며, **가스산업기사는 2020년 4회 시험부터 CBT 시험이 시행**되었다.
CBT 필기시험은 컴퓨터로 보는 만큼 수험자가 답안을 제출함과 동시에 합격여부를 확인할 수 있다.

2 CBT 시험과정

한국산업인력공단에서 운영하는 홈페이지 **큐넷(Q-net)**에서는 누구나 쉽게 **CBT 시험**을 볼 수 있도록 실제 자격시험 환경과 동일하게 구성한 **가상 웹 체험 서비스를 제공**하고 있으며, 그 과정을 요약한 내용은 아래와 같다.

(1) 시험시작 전 신분 확인절차

수험자가 자신에게 배정된 좌석에 앉아 있으면 신분 확인절차가 진행된다.
이것은 시험장 감독위원이 컴퓨터에 나온 수험자 정보와 신분증이 일치하는지를 확인하는 단계이다.

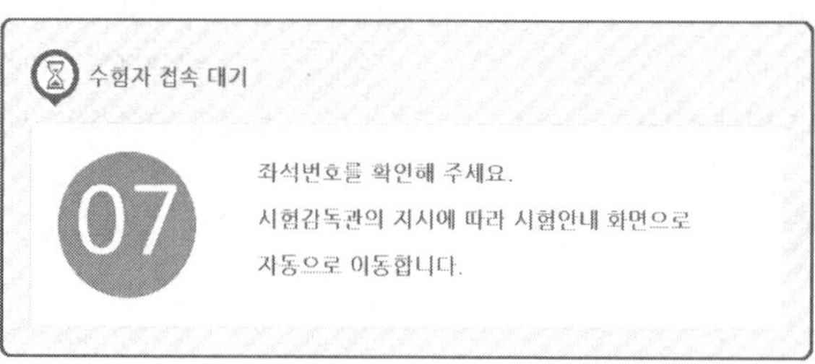

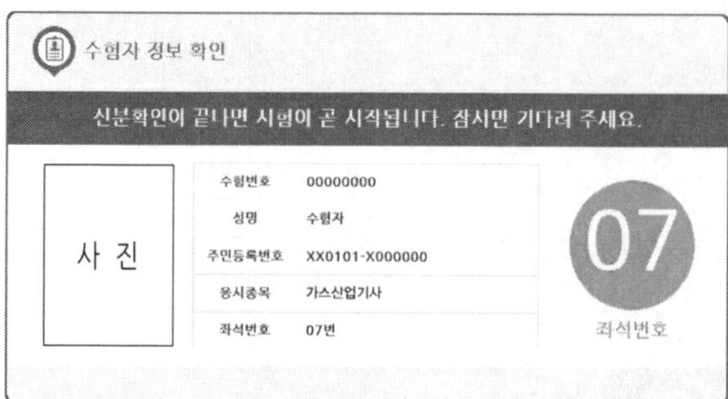

(2) CBT 시험안내 진행

신분 확인이 끝난 후 시험시작 전 CBT 시험안내가 진행된다.

안내사항 > 유의사항 > 메뉴 설명 > 문제풀이 연습 > 시험준비 완료

① 시험 **[안내사항]**을 확인한다.

- 시험은 총 5문제로 구성되어 있으며, 5분간 진행된다.
  (자격종목별로 시험문제 수와 시험시간은 다를 수 있다.(가스산업기사 필기 – 80문제/2시간))
- 시험도중 수험자 PC 장애 발생 시 손을 들어 시험감독관에게 알리면 긴급장애조치 또는 자리이동을 할 수 있다.
- 시험이 끝나면 합격여부를 바로 확인할 수 있다.

② 시험 **[유의사항]**을 확인한다.

시험 중 금지되는 행위 및 저작권 보호에 관한 유의사항이 제시된다.

③ 문제풀이 **[메뉴 설명]**을 확인한다.

문제풀이 기능 설명을 유의해서 읽고 기능을 숙지해야 한다.

④ 자격검정 CBT **[문제풀이 연습]**을 진행한다.

실제 시험과 동일한 방식의 문제풀이 연습을 통해 CBT 시험을 준비한다.

- CBT 시험 문제화면의 기본 글자크기는 150%이다. 글자가 크거나 작을 경우 크기를 변경할 수 있다.
- 화면배치는 1단 배치가 기본 설정이다. 더 많은 문제를 볼 수 있는 2단 배치와 한 문제씩 보기 설정이 가능하다.

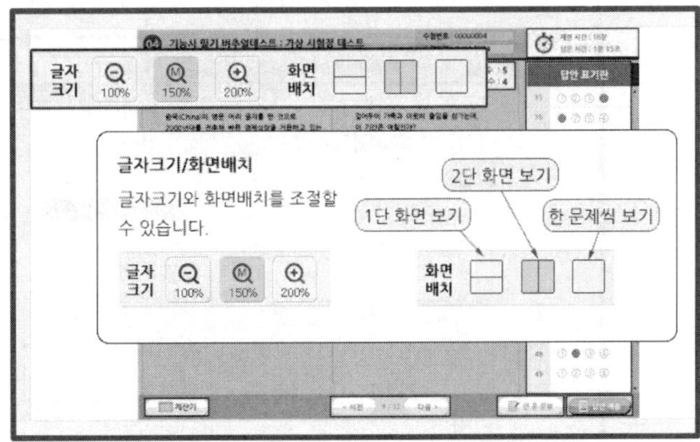

• 답안은 문제의 보기번호를 클릭하거나 답안표기 칸의 번호를 클릭하여 입력할 수 있다.
• 입력된 답안은 문제화면 또는 답안표기 칸의 보기번호를 클릭하여 변경할 수 있다.

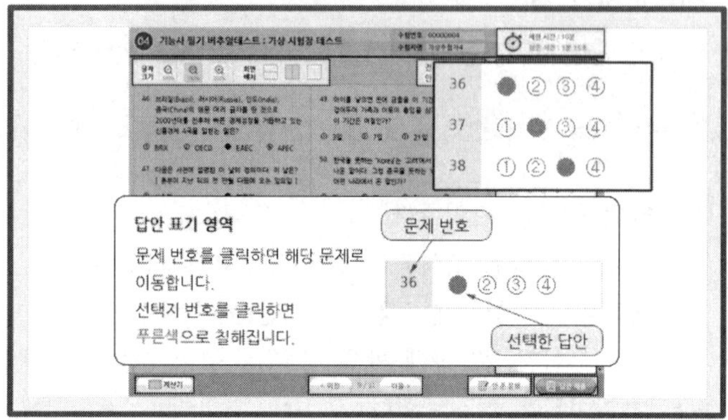

• 페이지 이동은 아래의 페이지 이동 버튼 또는 답안표기 칸의 문제번호를 클릭하여 이동할 수 있다.

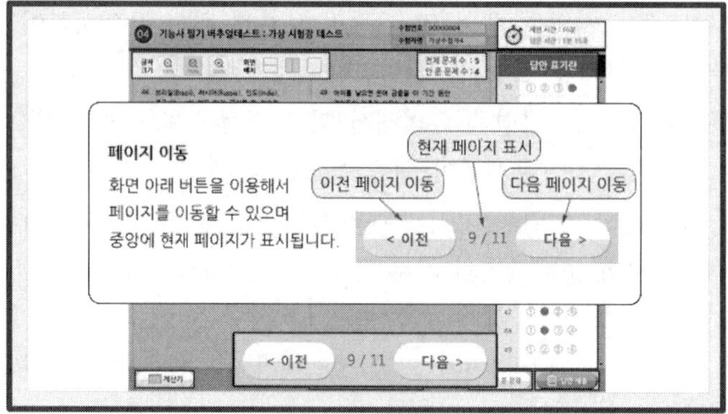

• 응시종목에 계산문제가 있을 경우 좌측 하단의 계산기 기능을 이용할 수 있다.

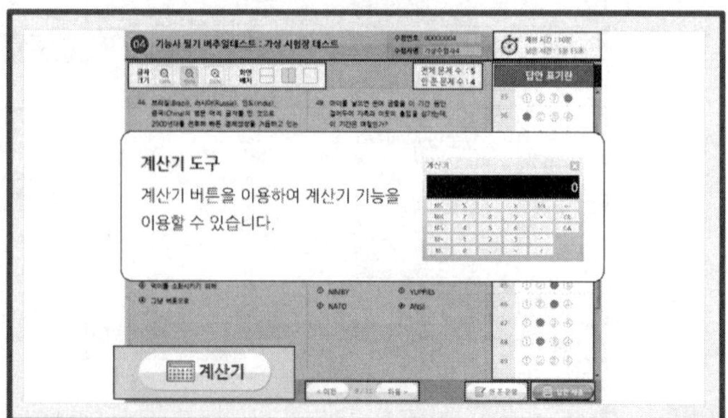

- 안 푼 문제 확인은 답안 표기란 좌측에 안 푼 문제 수를 확인하거나 답안 표기란 하단 [안 푼 문제] 버튼을 클릭하여 확인할 수 있다. 안 푼 문제번호 보기 팝업창에 안 푼 문제번호가 표시된다. 번호를 클릭하면 해당 문제로 이동한다.

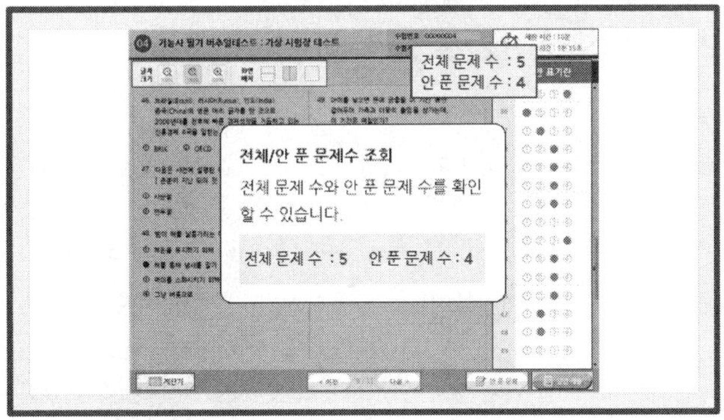

- 시험문제를 다 푼 후 답안 제출을 하거나 시험시간이 모두 경과되었을 경우 시험이 종료되며 시험결과를 바로 확인할 수 있다.
- [답안 제출] 버튼을 클릭하면 답안 제출 승인 알림창이 나온다. 시험을 마치려면 [예] 버튼을 클릭하고 시험을 계속 진행하려면 [아니오] 버튼을 클릭하면 된다. 답안 제출은 실수 방지를 위해 두 번의 확인 과정을 거친다. 이상이 없으면 [예] 버튼을 한 번 더 클릭하면 된다.

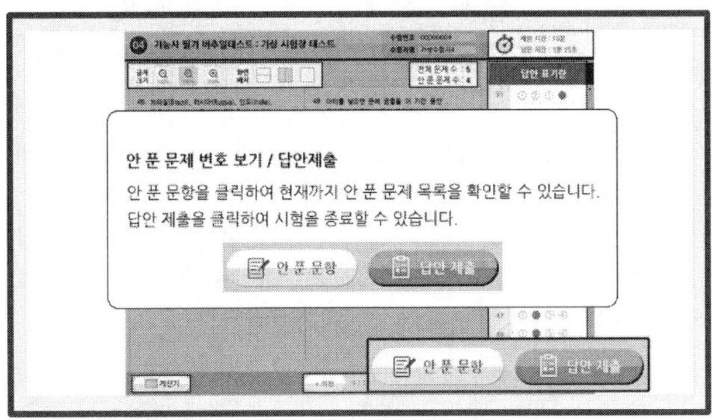

⑤ **[시험준비 완료]**를 한다.

시험 안내사항 및 문제풀이 연습까지 모두 마친 수험자는 [시험준비 완료] 버튼을 클릭한 후 잠시 대기한다.

(3) CBT 시험 시행

(4) 답안 제출 및 합격 여부 확인

★ 더 자세한 내용에 대해서는 Q-Net 홈페이지(www.q-net.or.kr)를 참고해 주시기 바랍니다. ★

출제기준 (적용기간 : 2024.1.1. ~ 2027.12.31.)

가스산업기사 필기

필기 과목명	주요 항목	세부 항목	세세 항목
연소공학	1. 연소이론	(1) 연소기초	① 연소의 정의 ② 열역학 법칙 ③ 열전달 ④ 열역학의 관계식 ⑤ 연소속도 ⑥ 연소의 종류와 특성
		(2) 연소계산	① 연소현상 이론 ② 이론 및 실제 공기량 ③ 공기비 및 완전연소 조건 ④ 발열량 및 열효율 ⑤ 화염온도 ⑥ 화염전파 이론
	2. 가스의 특성	(1) 가스의 폭발	① 폭발 범위 ② 폭발 및 확산 이론 ③ 폭발의 종류
	3. 가스안전	(1) 가스화재 및 폭발방지 대책	① 가스폭발의 예방 및 방호 ② 가스화재 소화이론 ③ 방폭구조의 종류 ④ 정전기 발생 및 방지대책
가스설비	1. 가스설비	(1) 가스설비	① 가스제조 및 충전설비 ② 가스기화장치 ③ 저장설비 및 공급방식 ④ 내진설비 및 기술사항
		(2) 조정기와 정압기	① 조정기 및 정압기의 설치 ② 정압기의 특성 및 구조 ③ 부속설비 및 유지관리
		(3) 압축기 및 펌프	① 압축기의 종류 및 특성 ② 펌프의 분류 및 각종 현상 ③ 고장원인과 대책 ④ 압축기 및 펌프의 유지관리

필기 과목명	주요 항목	세부 항목	세세 항목
		(4) 저온장치	① 저온생성 및 냉동사이클, 냉동장치 ② 공기액화사이클 및 액화 분리장치
		(5) 배관의 부식과 방식	① 부식의 종류 및 원리 ② 방식의 원리 ③ 방식시설의 설계, 유지관리 및 측정
		(6) 배관재료 및 배관설계	① 배관설비, 관이음 및 가공법 ② 가스관의 용접 · 융착 ③ 관경 및 두께계산 ④ 재료의 강도 및 기계적 성질 ⑤ 유량 및 압력손실 계산 ⑥ 밸브의 종류 및 기능
	2. 재료의 선정 및 시험	(1) 재료의 선정	① 금속재료의 강도 및 기계적 성질 ② 고압장치 및 저압장치 재료
		(2) 재료의 시험	① 금속재료의 시험 ② 비파괴 검사
	3. 가스용 기기	(1) 가스사용기기	① 용기 및 용기밸브 ② 연소기 ③ 코크 및 호스 ④ 특정설비 ⑤ 안전장치 ⑥ 차단용 밸브 ⑦ 가스누출 경보 · 차단장치
가스 안전관리	1. 가스에 대한 안전	(1) 가스 제조 및 공급, 충전 등에 관한 안전	① 고압가스 제조 및 공급 · 충전 ② 액화석유가스 제조 및 공급 · 충전 ③ 도시가스 제조 및 공급 · 충전 ④ 수소 제조 및 공급 · 충전
	2. 가스사용시설 관리 및 검사	(1) 가스 저장 및 사용에 관한 안전	① 저장탱크 ② 탱크로리 ③ 용기 ④ 저장 및 사용 시설
	3. 가스 사용 및 취급	(1) 용기, 냉동기, 가스용품, 특정설비 등 제조 및 수리 등에 관한 안전	① 고압가스용기제조 수리 검사 ② 냉동기기제조, 특정설비 제조 수리 ③ 가스용품 제조

출제기준

필기 과목명	주요 항목	세부 항목	세세 항목
		(2) 가스 사용 · 운반 · 취급 등에 관한 안전	① 고압가스 ② 액화석유가스 ③ 도시가스 ④ 수소
		(3) 가스의 성질에 관한 안전	① 가연성 가스 ② 독성 가스 ③ 기타 가스
	4. 가스사고 원인 및 조사, 대책 수립	(1) 가스안전사고 원인 조사 분석 및 대책	① 화재사고 ② 가스폭발 ③ 누출사고 ④ 질식사고 등 ⑤ 안전관리 이론, 안전교육 및 자체검사
가스계측	1. 계측기기	(1) 계측기기의 개요	① 계측기 원리 및 특성 ② 제어의 종류 ③ 측정과 오차
		(2) 가스계측기기	① 압력계측 ② 유량계측 ③ 온도계측 ④ 액면 및 습도계측 ⑤ 밀도 및 비중의 계측 ⑥ 열량계측
	2. 가스분석	(1) 가스분석	① 가스 검지 및 분석 ② 가스기기 분석
	3. 가스미터	(1) 가스미터의 기능	① 가스미터의 종류 및 계량원리 ② 가스미터의 크기 선정 ③ 가스미터의 고장 처리
	4. 가스시설의 원격감시	(1) 원격감시장치	① 원격감시장치의 원리 ② 원격감시장치의 이용 ③ 원격감시설비의 설치 · 유지

▮가스산업기사 실기 [필답형 : 1시간 30분, 작업형 : 1시간 30분 정도]

실기 과목명	주요 항목	세부 항목	세세 항목
가스 실무	1. 가스설비 실무	(1) 가스설비 설치하기	① 고압가스설비를 설계 · 설치 관리할 수 있다. ② 액화석유가스설비를 설계 · 설치 관리할 수 있다. ③ 도시가스설비를 설계 · 설치 관리할 수 있다. ④ 수소설비를 설계 · 설치할 수 있다.
		(2) 가스설비 유지 관리하기	① 고압가스설비를 안전하게 유지 관리할 수 있다. ② 액화석유가스설비를 안전하게 유지 관리할 수 있다. ③ 도시가스설비를 안전하게 유지 관리할 수 있다. ④ 수소설비를 안전하게 유지 관리할 수 있다.
	2. 안전관리 실무	(1) 가스안전 관리하기	① 용기, 가스용품, 저장탱크 등 가스설비 및 기기의 취급 운반에 대한 안전대책을 수립할 수 있다. ② 가스폭발 방지를 위한 대책을 수립하고, 사고 발생 시 신속히 대응할 수 있다. ③ 가스시설의 평가, 진단 및 검사를 할 수 있다.
		(2) 가스안전검사 수행하기	① 가스관련 안전인증 대상 기계 · 기구와 자율안전 확인 대상 기계 · 기구 등을 구분할 수 있다. ② 가스관련 의무안전인증 대상 기계 · 기구와 자율안전 확인대상 기계 · 기구 등에 따른 위험성의 세부적인 종류, 규격, 형식의 위험성을 적용할 수 있다. ③ 가스관련 안전인증 대상 기계 · 기구와 자율안전 대상 기계 · 기구 등에 따른 기계 · 기구에 대하여 측정장비를 이용하여 정기적인 시험을 실시할 수 있도록 관리계획을 작성할 수 있다. ④ 가스관련 안전인증 대상 기계 · 기구와 자율안전 대상 기계 · 기구 등에 따른 기계 · 기구 설치방법 및 종류에 의한 장단점을 조사할 수 있다. ⑤ 공정진행에 의한 가스관련 안전인증 대상 기계 · 기구와 자율안전 확인 대상 기계 · 기구 등에 따른 기계 · 기구의 설치, 해체, 변경 계획을 작성할 수 있다.

Contents

Contents

PART 04 계측기기

Contents

부 록 과년도 출제문제

2015~2019까지의 5개년 기출문제는 성안당 홈페이지에 탑재되어 있습니다.
(자세한 이용방법은 책 앞쪽에 있는 '쿠폰 사용안내'를 참고하시기 바랍니다.)

Contents

권말부록 시험에 잘 나오는 핵심이론정리집

PART 1

가스 설비

1 기초역학 및 가스 개론
2 각종 가스의 제법 및 용도
3 압축기와 펌프
4 고압장치
5 저온장치
6 LP가스 · 도시가스 설비

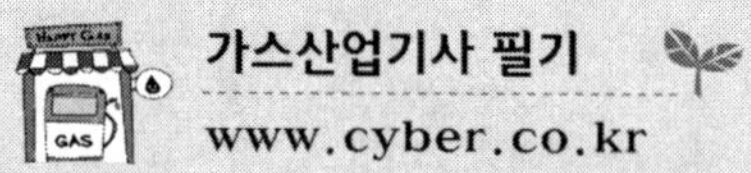
가스산업기사 필기
www.cyber.co.kr

chapter 1 기초역학 및 가스 개론

가스 설비 과목에서 제장의 핵심 포인트를 알려주세요.

제장은 가스의 개론부터 가스를 공부하기 위한 기초사항을 정리하여 비전공 분야의 수험생들도 이 부분을 학습하시면 공부하는 데 어려움이 없도록 기초사항만을 정리한 부분입니다.

01 고압가스의 기초

1 원소의 주기율표 · 원자번호

1 H (수소)							2 He (헬륨)
3 Li (리튬)	4 Be (베릴륨)	5 B (붕소)	6 C (탄소)	7 N (질소)	8 O (산소)	9 F (불소)	10 Ne (네온)
11 Na (나트륨)	12 Mg (마그네슘)	13 Al (알루미늄)	14 Si (규소)	15 P (인)	16 S (황)	17 Cl (염소)	18 Ar (아르곤)
19 K (칼륨)	20 Ca (칼슘)						

※ 원자번호 순서대로 암기

(수)(헤)(리)(베)(붕) (탄)(질)(산)(불)(네)

(나)(마)(알)(규)(인) (황)(염)(알)(칼)(칼)

☞ **학습의 요지** : 가스를 공부하기 위하여 원소 20가지의 명칭과 원자량을 반드시 암기해야 한다.

2 원자 · 분자

구 분	내 용
원자	지구상에 존재하는 가장 작은 입자(물질의 특성은 존재하지 않음)
분자	원자의 모임으로 지구상 물질의 특성이 존재하는 가장 작은 입자
원자량(g)	탄소(C)=12g을 기준으로 정하고, 그것과 비교한 다른 원자의 질량
분자량(g)	원자량을 모두 합한 질량

각 원소의 원자량

(H)	(He)	Li	Be	B	(C)	(N)	(O)	F	Ne	(Na)	(Mg)	(Al)	Si	P	S	(Cl)	Ar	K	Ca
1	4	7	8	11	12	14	16	19	20	23	24	27	28	31	32	35.5	40	39	40

원자량 계산법		예 시	분자량 계산법
번호가 짝수	원자량=번호×2	• O(산소)=8×2=16g • Mg(마그네슘)=12×2=24g	C_3H_8=12×3+1×8 =44g C_4H_{10}=12×4+1×10 =58g $3CO_2$=3×(12+16×2) =132g
번호가 홀수	원자량=번호×2+1	• Na(나트륨)=11×2+1=23g • P(인)=15×2+1=31g	
그대로 암기하여야 하는 원자량	H=1g, Cl=35.5g, Ar=40g		

※ 공기(Air) : 공기는 분자식이 없으며, Air로 표시하고 그 성분이 부피비로 N_2 : 78%, O_2 : 21%, Ar : 1%이므로 28×0.78+32×0.21+40×0.01=29g이다.

TIP

1. 원소의 기호에 동그라미로 강조된 부분은 반드시 암기해야 한다.
2. 원자번호를 순서대로 암기하는 것은 특별한 방법이 없다.
3. 조금은 유치하지만 5개씩 끊어 원소기호의 첫자를 위주로 암기한다.
(수헤리베붕)/(탄질산불네)/(나마알규인)/(황염알칼칼)

02 고압가스 개론

분 류		종 류
상태에 따른 분류	압축가스	He(헬륨), Ne(네온), Ar(아르곤), H_2(수소), N_2(질소), O_2(산소), CH_4(메탄), CO(일산화탄소)
	액화가스	C_2H_2를 제외한 압축 이외의 가스, C_3H_8(프로판), C_4H_{10}(부탄), NH_3(암모니아), Cl_2(염소), CO_2(이산화탄소)
	용해가스	C_2H_2(아세틸렌)
연소성(성질)에 따른 분류	가연성 가스	C_2H_2(아세틸렌), C_2H_4O(산화에틸렌), H_2(수소), CO(일산화탄소), CH_4(메탄), C_2H_6(에탄), C_3H_8(프로판), C_4H_{10}(부탄), NH_3(암모니아), CH_3Br(브롬화메탄)
	조연성 가스	O_2(산소), O_3(오존), 공기, Cl_2(염소)
	불연성 가스	He(헬륨), Ne(네온), N_2(질소), CO_2(이산화탄소)
독성 가스		$COCl_2$(포스겐), F_2(불소), O_3(오존), Cl_2(염소)

TiP

1. 상태별로 분류 시
압축가스는 비등점이 낮아 비등점 이하로 낮추어 액으로 만들기 어려워 용기에 기체로 충전하는 가스를 말한다. 고압가스에서는 CO_2(−78.5℃)를 기준으로 그보다 낮으면 압축, 그보다 높으면 액화가스로 판정하는 데 용기에 충전 시 되도록 액체로 충전하여야 비용이 절감되는 등 경제성이 높아지는 데 그 이유는 액은 기체보다 압력이 낮아 저렴한 용접용기에 충전할 수 있고(압축가스 : 무이음 용기충전) 가스를 사용 시 액은 기화되어 사용하므로 많은 양을 담을 수 있어 운반 수송비용이 절감된다. 예를 들어 C_3H_8 액 1L는 기화 시 250배로 팽창하므로 기체로 담아 사용 시 250배 빨리 가스가 떨어질 것이다.
2. 압축 액화를 구별 시 대표 액화가스 4가지(C_3H_8, C_4H_{10}, NH_3, Cl_2)를 암기하고, 나머지를 압축가스라 기억한다.
3. 시험에 액화하기 어려운 가스가 무엇인가라는 문제가 자주 출제된다.
예를 들어 He, N_2, Ar, O_2 중 선택한다면 이것은 비등점이 가장 낮은 가스를 선택하여야 하는데 가스별 비등점은 다음과 같다.

가스명	비등점(℃)	가스명	비등점(℃)
He	−269	CH_4	−162
H_2	−252	C_3H_8	−42
N_2	−196	Cl_2	−34
Ar	−186	NH_3	−33
O_2	−183	C_4H_{10}	−0.5

상기 가스 중 He의 비점이 가장 낮으므로 액화하기 어려운 첫번째 가스로 해당될 것이다.
4. C_2H_2(아세틸렌)을 용해가스라 하는 것은 용기에 충전 시 용제(아세톤, DMF) 등을 사용해 녹이면서 충전하므로 용해가스라 부르며, 역시 용기충전상태는 액체인 관계로 용접용기에 충전한다.
5. 가연성 가스는 불에 타는 가스이므로 연료(가정취사용, 자동차 기타 공장 등에서 제품의 제조)로 사용되는 가스를 말하며, 법의 정의는 폭발한계하한 10% 이하, 폭발한계 상한 · 하한의 차이가 20% 이상인 가스이다. 조연성 가스는 가연성이 연소하는 데 보조하여야 하는 가스이므로 조연성이라 하며, 불연성 가스는 불에 타지 않아 고압장치의 치환용 등으로 사용되는 가스이다.
6. 독성 가스란 자체 독성을 이용 소독, 살균 등의 용도로 사용되며, LC 50의 규정으로 허용농도가 100만분의 5000 이하 TLV−TWA 규정으로 허용농도가 100만분의 200 이하인 가스를 말한다.

03 기초물리학

1 압력

표준대기압(0℃, 1atm 상태)	관련 공식
1atm = 1.0332kg/cm^2 = 10.332mH_2O = 760mmHg = 76cmHg = 14.7PSI = 101325Pa(N/m^2) = 101.325kPa = 0.101325MPa	절대압력 = 대기압 + 게이지압력 = 대기압 − 진공압력 ① 절대압력 : 완전진공을 기준으로 하여 측정한 압력으로 압력값 뒤에 a를 붙여 표시 ② 게이지압력 : 대기압을 기준으로 측정한 압력으로 압력값 뒤에 g을 붙여 표시 ③ 진공압력 : 대기압보다 낮은 압력으로 부압(−)의 의미를 가진 압력으로 압력값 뒤에 v를 붙여 표시

압력 단위환산 및 절대압력 계산
상기 대기압력을 암기한 후 같은 단위의 대기압을 나누고, 환산하고자 하는 대기압을 곱함. ex) 1. 80cmHg를 → PSI로 환산 시 ① cmHg 대기압 76은 나누고 ② PSI 대기압 14.7은 곱함 $\therefore \frac{80}{76} \times 14.7 = 15.47\text{PSI}$ 2. 만약 80cmHg가 게이지압력(g)일 때 절대압력(kPa)을 계산한다고 가정 ① 절대압력=대기압력+게이지압력이므로 cmHg 대기압력 76을 더하여 절대로 환산한 다음 ② kPa로 환산, 즉 절대압력으로 계산된 76+80에 cmHg 대기압 76을 나누고 ③ kPa 대기압력 101.325를 곱함 $\therefore \frac{76+80}{76} \times 101.325 = 207.98\text{kPa(a)}$

2 온도

정 의			물질의 차고 더운 정도를 수량적으로 표시한 물리학적 개념
종 류	섭씨온도(℃)		표준대기압 상태에서 물의 빙점 0℃, 비등점을 100℃로 하고 그 사이를 100등분하여 한 눈금을 1℃로 한 온도
	화씨온도(°F)		표준대기압에서 물의 빙점 32°F, 비등점 212°F로 하고 그 사이를 180등분하여 한 눈금을 1°F로 한 온도
	절대온도	정 의	자연계에서 존재하는 가장 낮은 온도
		켈빈온도(K)	섭씨의 절대온도로서 0K=−273℃이다.
		랭킨온도(°R)	화씨의 절대온도로서 0°R=−460°F이다.

관계식과 도표

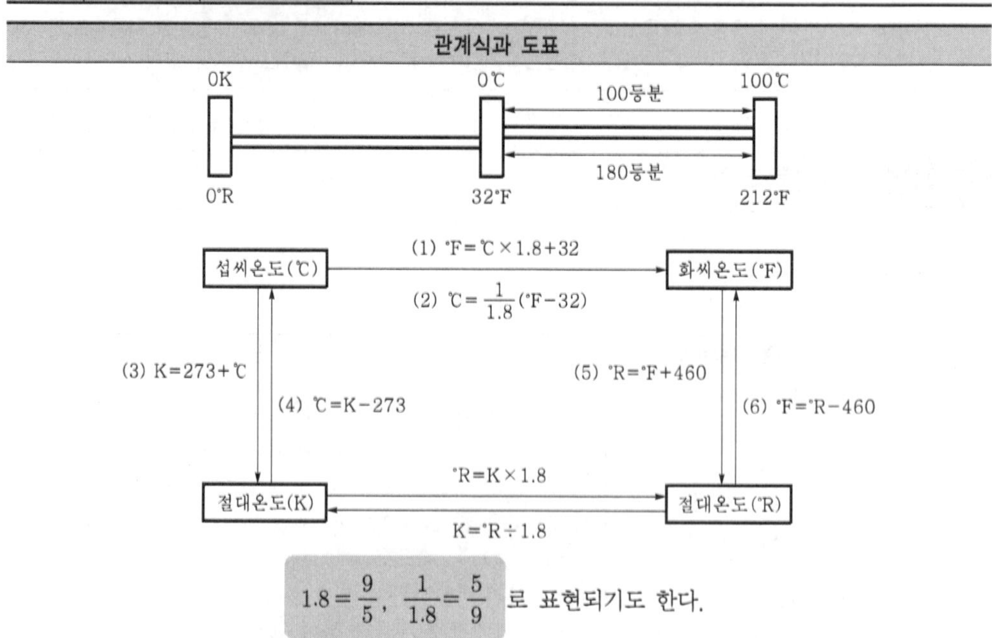

$1.8 = \frac{9}{5}$, $\frac{1}{1.8} = \frac{5}{9}$ 로 표현되기도 한다.

3 열량

정 의	어떤 물체의 질량을 가지고 온도를 높이는 데 필요한 양
1kcal	물 1kg을 1℃(14.5~15.5℃)만큼 높이는 데 필요한 열량
1BTU	물 1lb를 1°F(61.5~62.5°F)만큼 높이는 데 필요한 열량
1Chu	물 1lb를 1℃(14.5~15.5℃)만큼 높이는 데 필요한 열량
1Therm(썸)	BTU의 큰 열량단위 1Therm$=10^5$BTU

4 물리학적 단위 개념

종 류		단 위	정 의
엔탈피		kcal/kg	단위중량당 열량
엔트로피		kcal/kg · K	단위중량당 열량을 절대온도로 나눈 값
비열		kcal/kg · ℃	어떤 물질 1kg을 1℃ 높이는 데 필요한 열량
		정압비열(C_P)	기체의 압력을 일정하게 하고, 측정한 비열
		정적비열(C_V)	기체의 체적을 일정하게 하고, 측정한 비열
		비열비(K)	$K=\frac{C_P}{C_V}$이고, $C_P > C_V$이므로 $K>1$이다.
비중	기체비중	무차원 (단위 없음)	공기와 비교한 기체의 무거운 정도 $\frac{M}{29}$으로 계산 (여기서, 29 : 공기분자량, M : 기체분자량)
	액비중	kg/L	물의 비중 1을 기준으로 하여 비교한 액체의 무게
밀도		g/L, kg/m^3	단위체적당 질량값, 밀도 중 가스의 밀도 Mg/22.4L로 계산
비체적(밀도의 역수)		L/g, m^3/kg	단위질량당 체적, 가스의 비체적 : 22.4L/Mg

1. 엔트로피 증가의 공식은 $\Delta S=\frac{dQ}{T}$로 계산한다.
   예를 들어, 일정온도에서 얻은 열량이 100kcal이고, 온도가 50℃ 상태의 엔트로피 증가값은
   $\Delta S=\frac{100}{(273+50)}=0.309$kcal/kg · K이다.
2. 기체의 비중은 각 가스의 분자량을 알면 계산할 수 있다.
   CH_4(메탄)=16g, C_3H_8(프로판)=44g인 경우
   메탄의 비중은 $\frac{16}{29}=0.55$, 프로판의 비중은 $\frac{44}{29}=1.52$이다.
   메탄은 공기보다 가벼워 누설 시 상부에 머물고, 프로판은 공기보다 무거워 누설 시 아래로 가라앉는다. 그러므로 누설을 감지하는 가스검지기를 설치 시 메탄은 천장에서 30cm 이내로, 프로판은 지면에서 30cm 이내로 설치한다.
3. 액의 비중은 물의 비중 1, C_3H_8의 액비중 0.5를 암기하고 있어야 한다. 단위는 kg/L이며, 물의 비중 1kg/L를 풀어 쓰면 1kg의 무게가 1L란 뜻이다. 그러면 물 20L는 20kg이 되며, 마찬가지로 프로판이 0.5kg/L이므로 1L=0.5kg이면 20L는 10kg이 된다.
4. 가스의 밀도와 비체적을 구해 볼까요? 이 역시 분자량을 알면 된다.
   H_2(수소)=2g이므로 수소의 밀도는 2g/22.4L=0.089g/L, 비체적은 22.4L/2g=11.2L/g이 된다.

5 일량 · 열량 · 일의 열당량 · 열의 일당량 · 마력 · 동력

구 분	단 위
일량	kg · m
열량	kcal
일의 열당량(A)	$\frac{1}{427}$ kcal/kg · m
열의 일당량(J)	427kg · m/kcal
마력(PS)	1PS=75kg · m/s =632.5kcal/h
동력(kW)	1kW=102kg · m/s =860kcal/hr

1. 일의 열당량 $\frac{1}{427}$kcal/kg · m의 개념은 어떤 물질 1kg을 1m 움직이는 데 필요한 열량이 $\frac{1}{427}$kcal이다.
2. 열의 일당량 427kg · m/kcal는 1kcal의 열을 가지고 427kg의 물체를 1m 움직일 수 있다는 물리학적 개념이다.
3. 마력(PS)은 말이 가지고 있는 힘으로 말이 75kg의 물체를 1m 움직이는 데 1초가 소요된다는 뜻이다.
   1PS=75kg · m/s에서 75kg · m/s× $\frac{1}{427}$ kcal/kg · m×3600s/hr=632.5kcal/hr가 계산된다.
   이러한 계산의 중간과정은 시험에 안 나오니 결과치 1PS=75kg · m/s=632.5kcal/hr, 1kW=102kg · m/s =860kcal/hr를 기억하면 된다.

6 열역학의 법칙

종 류	정 의
0법칙	온도가 서로 다른 물체를 접촉 시 일정시간 후 열평형으로 상호간 온도가 같게 됨
1법칙	일은 열로, 열은 일로 상호변환이 가능한 에너지 보존의 법칙
2법칙	열은 스스로 고온에서 저온으로 흐르고, 일과 열은 상호변환이 불가능하며, 100% 효율을 가진 열기관은 없음(제2종 영구기관 부정)
3법칙	어떤 형태로든 절대온도 0K에 이르게 할 수 없음

7 현열(감열)과 잠열

종 류	정 의	공 식
현열(감열)	상태변화가 없고, 온도변화가 있는 열량	$Q=GC\Delta t$
잠열	온도변화가 없고, 상태변화가 있는 열량	$Q=G\gamma$

여기서, Q : 열량(kcal), G : 중량(kg), C : 비열(kcal/kg), Δt : 온도차, γ : 잠열량(kcal/kg)
비열은 물의 비열 : 1, 얼음의 비열 : 0.5를 암기, γ : 잠열량은 물이 얼음으로 얼음이 물로 변환되는 79.68kcal/kg, 물이 수증기로 변환되는 539kcal/kg을 암기해야 한다.

예제 1. 물 100kg을 10℃에서 50℃로 상승시키는 데 필요한 열량은?

풀이 $Q = GC\Delta t = 100 \times 1 \times (50-10) = 4000\text{kcal}$

예제 2. 얼음 1000kg이 융해되는 데 필요한 열량은?

풀이 $Q = G\gamma = 1000 \times 79.68 = 79680\text{kcal}$

예제 3. −10℃인 얼음 10kg이 수증기로 되는 총 열량을 계산하면?

풀이
① −10℃ 얼음 → 0℃ 얼음　　10×0.5×10=50kcal
② 0℃ 얼음 → 0℃ 물　　10×79.68=796.8kcal
③ 0℃ 물 → 100℃ 물　　10×1×100=1000kcal
④ 100℃ 물 → 100℃ 수증기　　10×539=5390kcal
∴ Q=①+②+③+④=7236.8kcal

8 이상기체(완전가스)

<table>
<tr><th>항 목</th><th colspan="2">세부내용</th></tr>
<tr><td>성질</td><td colspan="2">① 냉각, 압축하여도 액화하지 않는다.
② 0K에서도 고체로 되지 않고, 그 기체의 부피는 0이다.
③ 기체 분자간 인력이나 반발력은 없다.
④ 0K에서 부피는 0, 평균 운동에너지는 절대온도에 비례한다.
⑤ 보일−샤를의 법칙을 만족한다.
⑥ 분자의 충돌로 운동에너지가 감소되지 않는 완전탄성체이다.</td></tr>
<tr><td rowspan="2">실제기체와 비교</td><td>이상기체</td><td>실제기체</td></tr>
<tr><td>액화 불가능</td><td>액화 가능</td></tr>
<tr><td rowspan="3">참고사항</td><td>이상기체가 실제기체처럼 행동하는 온도 · 압력의 조건</td><td>실제기체가 이상기체처럼 행동하는 온도 · 압력의 조건</td></tr>
<tr><td>저온, 고압</td><td>고압, 저온</td></tr>
<tr><td colspan="2">이상기체를 정적하에서 가열 시 압력, 온도 증가</td></tr>
<tr><td>C_P, C_V, K</td><td>C_P(정압비열), C_V(정적비열), K(비열비)의 관계
$C_P - C_V = R$
$\frac{C_P}{C_V} = K$
$K > 1$</td><td>비열비(K)가 클수록 가스압축 후 토출가스 온도가 높다.
① 1원자 분자 : K=1.66
② 2원자 분자 : K=1.4
③ 3원자 분자 : K=1.33</td></tr>
</table>

9 이상기체 상태방정식

방정식 종류	기호 설명	보충 설명
$PV=nRT$	P : 압력(atm) V : 부피(L) n : 몰수= $\left[\dfrac{W(\text{질량}):g}{M(\text{분자량}):g}\right]$ R : 상수(0.082atm · L/mol · K) T : 절대온도(K)	상수 R=0.082atm · L/mol · K =1.987cal/mol · K =8.314J/mol · K
$PV=GRT$	P : 압력(kg/m^2) V : 체적(m^3) G : 중량(kg) R : $\dfrac{848}{M}$(kg · m/kg · K) T : 절대온도(K)	상수 R값의 변화에 따른 압력단위 변화 $R=\dfrac{8.314}{M}$(kJ/kg · K), P : kPa(kN/m^2) $R=\dfrac{8314}{M}$(J/kg · K), P : Pa(N/m^2)
참고사항	(예제) 1. 5atm, 3L에서 20℃의 산소기체 질량(g)을 구하여라. $PV=nRT$ 로 풀이 2. 5kg/m^2, 10m^3, 20℃의 산소기체 질량(kg)을 구하여라. $PV=GRT$ 로 풀이 ※ 주어진 공식의 단위를 보고, 어느 공식을 적용할 것인가를 판단	

10 이상기체의 관련 법칙

종 류	정 의
아보가드로의 법칙	모든 기체 1mol이 차지하는 체적은 22.4L이며, 그 때는 분자량 만큼의 무게를 가지며, 그 때의 분자수는 6.02×10^{23}개로 한다. 1mol=22.4L=분자량=6.02×10^{23}개
헨리의 법칙 (기체 용해도의 법칙)	① 기체가 용해하는 질량은 압력에 비례 ② 용해하는 부피는 압력에 무관
르 샤틀리에의 법칙	폭발성 혼합가스의 폭발한계를 구하는 법칙 $\dfrac{100}{L}=\dfrac{V_1}{L_1}+\dfrac{V_2}{L_2}+\dfrac{V_3}{L_3}+\cdots\cdots$
돌턴의 분압 법칙	혼합기체의 압력은 각 성분기체가 단독으로 나타내는 분압의 합과 같다. $P=\dfrac{P_1V_1+P_2V_2}{V}$ 분압 = 전압 × $\dfrac{\text{성분몰}}{\text{전 몰}}$ = 전압 × $\dfrac{\text{성분부피}}{\text{전 부피}}$

11 (보일)·(샤를)·(보일 – 샤를)의 법칙

구 분	정 의	공 식	
보일의 법칙	온도가 일정할 때 이상기체의 부피는 압력에 반비례한다.	$P_1V_1 = P_2V_2$	• P_1, V_1, T_1 : 처음의 압력, 부피, 온도 • P_2, V_2, T_2 : 변경 후의 압력, 부피, 온도
샤를의 법칙	압력이 일정할 때 이상기체의 부피는 절대온도에 비례한다 (0℃의 체적 $\frac{1}{273}$씩 증가).	$\frac{V_1}{T_1} = \frac{V_2}{T_2}$	
보일 – 샤를의 법칙	이상기체의 부피는 압력에 반비례, 절대온도에 비례한다.	$\frac{P_1V_1}{T_1} = \frac{P_2V_2}{T_2}$	

예제 0℃, 1atm, 5L의 부피가 20℃, 2atm으로 변화 시 그 때의 체적은 몇 L인가?

풀이 $\frac{P_1V_1}{T_1} = \frac{P_2V_2}{T_2}$

$$\therefore V_2 = \frac{P_1V_1T_2}{T_1P_2} = \frac{1\times5\times293}{273\times2} = 2.68\text{L}$$

12 중량과 질량

(1) 질량(kg)

물체가 가지고 있는 고유의 무게

(2) 중량(kgf)

물체가 지니고 있는 고유의 무게에 중력가속도가 가해진 값

1kgf(중)$=1\text{kg}\times9.8\text{m/s}^2$

예제 1kgf는 몇 N이며, 몇 dyne인가?

풀이 ① $1\text{kgf}=1\text{kg}\times9.8\text{m/s}^2=1\times9.8\text{m/s}^2$
$=9.8\text{N}(\because 1\text{N}=1\text{kg}\cdot\text{m/s}^2)$

② $1\text{kgf}=1\text{kg}\times9.8\text{m/s}^2=1\times9.8\times10^3\text{g}\times10^2\text{cm/s}^2=9.8\times10^5\text{g}\cdot\text{cm/s}^2$
$=9.8\times10^5\text{dyne}(\because 1\text{dyne}=1\text{g}\cdot\text{cm/s}^2)$

Chapter 1

출/제/예/상/문/제

01 다음 고압가스의 상태에 따른 분류 중 틀린 것은?

① 용해가스
② 액화가스
③ 압축가스
④ 충전가스

해설

고압가스를 상태에 따라 분류 시 압축, 액화, 용해 가스가 있다.

요약 1. 압축가스 : O_2(-183℃), H_2(-252℃), N_2(-196℃), CH_4(-162℃), Ar(-186℃), CO(-192℃), He(-269℃) 등과 같이 비점이 낮으므로 쉽게 액화할 수 없는 가스를 압축가스라 하며, 용기의 충전상태는 기체상태이고 압축가스는 무이음용기에 충전한다.

참고 법규상 정의는 상용온도 또는 35℃, 1MPa 이상되는 가스

2. 액화가스 : 상기 가스 이외의 가스를 액화가스라고 하며, C_3H_8(-42℃), C_4H_{10}(-0.5℃), NH_3(-33.4℃), Cl_2(-33.8℃) 등과 같이 비점이 높아 쉽게 액화할 수 있는 가스를 말한다. 용기의 충전상태는 액체이며, 용접용기에 충전이 되나 CO_2는 무이음용기에 충전된다.

참고 법규상 정의는 상용, 35℃에서 0.2MPa 이상되는 가스

3. 용해가스 : C_2H_2 가스는 압축하면 분해폭발을 일으키므로 용기에 용제(아세톤, DMF)를 넣고 C_2H_2를 녹이면서 충전한다.

• 분해폭발 : $C_2H_2 \rightarrow 2C + H_2$

참고 법규상 정의는 15℃에서 0Pa 이상되는 가스

02 다음 중 용접용기인 것은?

① 산소용기
② LPG용기
③ 질소용기
④ 아르곤용기

해설

용접용기는 액화가스 용기이다.

03 다음 가스의 종류를 연소성에 따라 구분한 것이 아닌 것은?

① 가연성 가스 ② 조연성 가스
③ 압축가스 ④ 불연성 가스

해설

고압가스를 연소성에 따라 분류 시 가연성, 조연성, 불연성으로 구분한다.

요약 1. 가연성 가스 : 불에 타는 가스를 가연성 가스라고 하며, 법규상 정의는 폭발하한이 10% 이하이고 상한과 하한의 차이가 20% 이상인 가스를 말한다. NH_3, CH_3Br은 폭발범위와 관계없이 가연성 가스이다.

가스명	폭발범위(%)	가스명	폭발범위(%)
C_2H_2	2.5~81	CH_4	5~15
C_2H_4O	3~80	C_2H_6	3~12.5
H_2	4~75	C_2H_4	2.7~36
CO	12.5~74	C_3H_8	2.1~9.5
HCN	6~41	C_4H_{10}	1.8~8.4
CS_2	1.2~44	NH_3	15~28
H_2S	4.3~45	CH_3Br	13.5~14.5

2. 조연성 가스 : 가연성 가스가 연소하는 것을 도와주는 가스이며, 보조 가연성 가스라고 한다(O_2, O_3 공기, Cl_2 등이 있다).

참고 • O_2 : 압축가스인 동시에 조연성 가스
• Cl_2 : 액화가스, 독성 가스, 조연성 가스

3. 불연성 가스 : 불에 타지 않는 가스로서 N_2, CO_2, He, Ne, Ar 등이 있다.

참고 N_2는 압축가스인 동시에 불연성 가스이다. 상기 분류 이외에 독성 가스가 있는데 정의는 LC 50 허용농도가 5000ppm 이하인 가스이다.

가스명	허용농도(ppm)	가스명	허용농도(ppm)
$COCl_2$	5(0.1)	SO_2	2520(5)
O_3	9(0.1)	H_2S	712(10)
F_2	185(0.1)	HCN	140(10)
–	–	CH_3Br	850(20)
Cl_2	293(1)	NH_3	7338(25)
HF	966(3)	C_2H_4O	2900(1)
HCl	3120(5)	CO	3760(50)

※ ( )는 TVL-TWA의 허용농도이다. TVL-TWA 기준은 200ppm 이하가 독성 가스

정답 01.④ 02.② 03.③

04 고압가스 용기로서 이음매 없는 용기는?

① LPG 탱크로리와 유조차(RTC)
② 액체 염소 900kg 용기
③ 부탄 및 아세틸렌 용기
④ 탄산가스 및 아르곤 용기

해설

압축가스(O_2, H_2, N_2, CH_4, Ar, He) 등과 액화가스 중 CO_2는 무이음용기이다.

05 다음 가스 중 폭발범위가 넓은 것에서 좁은 순서로 나열된 것은?

① H_2, C_2H_2, CH_4, CO
② CH_4, CO, C_2H_2, H_2
③ C_2H_2, H_2, CO, CH_4
④ C_2H_2, CO, H_2, CH_4

해설

C_2H_2(2.5~81%), H_2(4~75%), CO(12.5~74%), CH_4(5~15%)

06 지연성 가스(조연성 가스)가 아닌 것은?

① 산소 ② 질소
③ 염소 ④ 플루오르

07 폭발범위(폭발한계)의 설명 중 옳은 것은?

① 폭발한계 내에서만 폭발한다.
② 상한계 이상이면 폭발한다.
③ 하한계 이상이면 폭발한다.
④ 하한계 이하에서만 폭발한다.

08 다음 가스 중 공기보다 무겁고, 가연성 가스인 것은?

① 메탄 ② 염소
③ 부탄 ④ 헬륨

해설

C_4H_{10}(분자량 58g) : 폭발범위 1.8 ~ 8.4%

09 다음 가스 중 불연성 가스가 아닌 것은?

① 아르곤 ② 탄산가스
③ 질소 ④ 일산화탄소

해설

CO는 독성, 가연성 가스이다.

10 다음 가스 중 가연성이면서 유독한 것으로 보이는 것은?

㉠ NH_3	㉡ H_2
㉢ CO	㉣ SO_2

① ㉠, ㉡, ㉢ ② ㉠, ㉢
③ ㉠, ㉡, ㉣ ④ ㉡, ㉣

해설

가연성, 독성 : NH_3, CO

요약 독성, 가연성이 동시에 해당되는 가스
아크릴로니트릴, 벤젠, 시안화수소, 일산화탄소, 산화에틸렌, 염화메탄, 황화수소, 이황화탄소, 석탄가스, 암모니아, 브롬화메탄
〈암기법〉 **암**모니아와 **브**롬화메탄이 **일산**신도시**에** 누출되어 **염**화메탄과 같이 **석**탄과 **벤**젠**이** 도시를 **황**색으로 변화시켰다.

11 다음 중 공기보다 무거운 것은?

① H_2 ② N_2
③ C_3H_8 ④ He

해설

H_2=2g, N_2=28g, C_3H_8=44g, He=4g, Air=29g

요약 원자량 C=12g을 기준으로 이것과 비교한 값
H=1g, C=12g, N=14g, O=16g, P=31g, S=32g, Cl=35.5g, Ar=40g 등이다.
원자량의 총합을 분자량이라 한다.
예 $C_3H_8=12\times3+1\times8=44g$
$3H_2SO_4=3\times(1\times2+32+16\times4)=294g$
$CO_2=12\times1+16\times2=44g$
공기는 N_2=78%, O_2=21%, Ar=1%이므로 분자량은 $28\times0.78+32\times0.21+40\times0.01 \fallingdotseq 29g$
$H_2=1\times2=2g$, $N_2=14\times2=28g$, $O_2=16\times2=32g$, $Cl_2=35.5\times2=71g$, $S_2=32\times2=64g$

12 표준상태에서 C_3H_8 88g이 차지하는 몰수와 체적은 몇 L인가?

① 11.2L($\frac{1}{2}$몰) ② 22.4L(1몰)
③ 33.6L(1.5몰) ④ 44.8L(2몰)

해설

몰수$(n)=\dfrac{W(\text{질량})}{M(\text{분자량})}$, C_3H_8 분자량은 44g

$n=\dfrac{88}{44}=2\text{mol}$, 1mol = 22.4L이므로

$\therefore\ 2\times22.4=44.8L$

정답 04.④ 05.③ 06.② 07.① 08.③ 09.④ 10.② 11.③ 12.④

요약 아보가드로의 법칙 : 같은 온도, 같은 압력, 같은 부피의 기체는 종류에 관계없이 같은 수의 분자가 존재하며, 모든 기체 1mol은 표준상태에서 22.4L, 그때의 무게는 분자량(g) 만큼이고 개수는 6.02×10^{23}개이다.

- $H_2=1mol=2g=22.4L=6.02\times10^{23}$개
- $N_2=1mol=28g=22.4L=6.02\times10^{23}$개
- $O_2=1mol=32g=22.4L=6.02\times10^{23}$개

13 다음 기체 중 같은 무게를 달면 가장 체적이 큰 것은?

① H_2 ② He
③ N_2 ④ O_2

$H_2=2g=22.4L$이므로 $1g=11.2L$이다.

14 어떤 유체의 무게가 5kg이고 이때의 체적이 $2m^3$일 때 이 액체의 밀도(g/L)는 얼마인가?

① 10g/L ② 5g/L
③ 2.5g/L ④ 1g/L

밀도 $5kg/2m^3=2.5kg/m^3=2.5g/L$

요약
- 밀도(ρ) : 단위체적당 유체의 질량(kg/m^3)(g/L)
- 밀도 중 가스의 밀도 : Mg(분자량)/22.4L로 계산한다.
- 비중량(γ) : 단위체적당 유체의 중량(kgf/m^3)
  - 액체의 비중량=액비중×1000
  - 물의 비중=1
  - 물의 비중량$=1\times1000=1000kgf/m^3$
- 질량(g) : 물체가 가지는 고유의 무게로 장소에 따른 변동이 없다.
- 중량(kgf · kg중) : 물체가 가지는 고유의 무게에 중력가속도가 가해진 값으로서 장소에 따른 변동이 있다(지구에서의 중력가속도 $g=9.8m/s^2$).

예 지구에서 6kgf인 무게는 달에 가면 1kgf이다. 지구에서의 중력이 달에서보다 6배 크므로 $1N=1kg\cdot m/s^2$, $1dyne=1g\cdot cm/s^2$, $erg=dyne\times cm$

15 1kg중은 몇 N이며, 몇 dyne인가?

① 9.8N, 9.8×10^4dyne
② 9.8N, 9.8×10^5dyne
③ 9.8N, 9.8×10^3dyne
④ 9.8N, 9.8×10^2dyne

해설

㉠ $1kg중=1kg\times9.8m/s^2$
$=1\times9.8kg\cdot m/s^2=9.8N$

㉡ $9.8kg\cdot m/s^2=9.8\times10^3g\times10^2cm/s^2$
$=9.8\times10^5g\cdot cm/s^2$
$=9.8\times10^5dyne$

16 $C_3H_8=75\%$, $C_4H_{10}=25\%$인 혼합가스의 밀도는 얼마인가?

① $3.21kg/m^3$ ② $2.12kg/m^3$
③ $2.21kg/m^3$ ④ $4.21kg/m^3$

$\frac{44g}{22.4L}\times0.75+\frac{58g}{22.4L}\times0.25=2.12g/L=2.12kg/m^3$

17 질소의 비체적은 얼마인가?

① 0.5L/g ② 0.6L/g
③ 0.7L/g ④ 0.8L/g

해설

$\frac{22.4L}{28}=0.8L/g$

18 다음 중 C_3H_8의 기체비중과 액비중이 맞는 것은?

① 1, 0.5 ② 1.5, 0.5
③ 2, 0.5 ④ 2.5, 0.5

해설

C_3H_8의 기체비중은 $\frac{44}{29}=1.52$, 액체비중은 0.5

요약 기체비중은 공기분자량 29g을 기준으로 하여 분자량으로 계산한다.

수소의 비중 : $\frac{2}{29}$, 산소의 비중 : $\frac{32}{29}$

기체비중은 단위가 없는 무차원이며, 액체비중은 물의 비중 1을 기준으로 하여 그것과 비교한 값이다(C_3H_8의 액비중 : 0.5, 수은 13.6, 알코올 :0.5). 액비중의 단위는 kg/L이다.

예 물의 비중이 1이므로 1kg/L이고, 이것은 1L=1kg이다.

C_3H_8은 0.5kg/L이므로 1L=0.5kg이 된다.
가정용으로 사용되는 C_3H_8은 20kg이므로 40L가 된다.

1L : 0.5kg=x(L) : 20kg

$\therefore x=\frac{1\times20}{0.5}=40L$

정답 13.① 14.③ 15.② 16.② 17.④ 18.②

19 -40℃는 몇 ℉인가?

① -10℉　　② -20℉
③ -32℉　　④ -40℉

$℉=℃\times1.8+32$ 또는 $℉=\frac{9}{5}℃+32$

∴ $℉=-40\times1.8+32=-40$

요약 온도란 물체의 차고 더운 정도를 수량적으로 나타낸 것이다.

1. 섭씨온도(℃) : 표준대기압에서 물의 어는점을 0℃, 끓는점을 100℃로 하여 그 사이를 100등분한 값(동양에서 사용)
2. 화씨온도(℉) : 표준대기압에서 물의 어는점을 32℉, 끓는점을 212℉로 하여 그 사이를 180등분한 값(서양에서 사용)
3. 절대온도 : 인간이 얻을 수 있는 가장 낮은 온도를 말하는데, 섭씨의 절대온도는 -273.15℃=0K, 화씨의 절대온도는 -460℉=0°R이다. 이것은 기체의 압력을 일정하게 하고 온도를 낮추면 온도를 1℃ 내릴 때마다 0℃ 때부터 1/273씩 감소하므로 -273℃가 되면 부피가 0이 된다.
   - 섭씨절대온도 : K(Kelvin)
     -271℃=2K
     -272℃=1K
     -273℃=0K

     ∴ K=℃+273

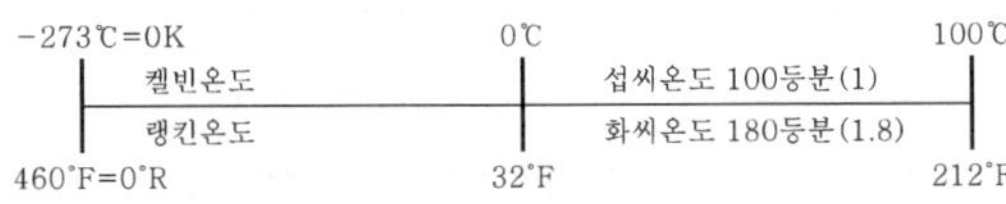

   - 화씨절대온도 : °R(Rankin)
     -460℉=0°R
     -459℉=1°R
     -458℉=2°R

     ∴ °R=℉+460

   섭씨와 화씨는 영점이 다르므로 32만큼의 차의 가감을 하여야 하지만 켈빈(K)과 랭킨(°R)은 영점이 같으므로 K×1.8=°R이다.

20 0℃는 몇 ℉, 몇 K, 몇 °R인가?

① 30℉, 273K, 490°R
② 32℉, 273K, 492°R
③ 30℉, 270K, 491°R
④ 32℉, 273K, 493°R

해설

㉠ $℉=0\times1.8+32$
$=32℉$
㉡ $K=0+273$
$=273K$
㉢ $°R=32+460$ 또는 $273\times1.8 \fallingdotseq 492°R$

21 직경 4cm의 원관에 400kg의 하중이 작용할 때 압력은 얼마인가?

① 30.8kg/cm^2
② 40.8kg/cm^2
③ 31.8kg/cm^2
④ 41.8kg/cm^2

$$P=\frac{W}{A}$$
$$=\frac{400\text{kg}}{\frac{\pi}{4}\times(4\text{cm})^2}$$
$$=31.8\text{kg/cm}^2$$

요약 압력이란 단위면적당 작용하는 힘(kg/cm^2) 또는 하중(kg)을 단면적으로 나눈 값이며,
$P=\frac{W}{A}$ 또는 $P=SH$이다.

∴ $P=\frac{W}{A}=SH$

여기서, P : 압력(kg/cm^2)
W : 하중(kg)
A : 단면적(cm^2)
S : 액비중(kg/L, kg/10^{3}cm^3)
⇨ 1L=10^{3}cm^3
H : 액주높이(m, cm)

22 수은주의 높이가 0.76m일 때 압력은? (단, 수은 비중은 13.6이다.)

① 1.000kg/cm^2
② 1.033kg/cm^2
③ 1.053kg/cm^2
④ 1.063kg/cm^2

해설

$p=sh$
$=13.6(\text{kg}/10^3\text{cm}^3)\times76\text{cm}$
$=1.0336\text{kg/cm}^2$

정답 19.④ 20.② 21.③ 22.②

23 다음 ( ) 안에 알맞은 수치는?

$1atm = 1.0332kg/cm^2$
= (㉠)cmHg
= 760mmHg
= (㉡)PSI
= (㉢)inH_2O
= $10.332mH_2O$
= $1033.2cmH_2O$
= $10332mmH_2O$
= 1.01325bar
= (㉣)mbar
= (㉤)N/m^2(Pa)

	㉠	㉡	㉢	㉣	㉤
①	76	14.7	407	1013.25	101325
②	76	14.2	407	1013.25	101325
③	65	14.7	407	1013.25	101325
④	75	14.7	407	1013.25	101325

해설

$1atm = 76cmHg = 14.7PSI(lb/in^2) = 407inH_2O$
$= 1013.25mbar = 101325N/m^2$

요약 대기압 : 지구의 표면을 누르는 힘을 말하며, 지구상의 물체는 단위면적(cm^2)당 1.0332kg의 공기의 기압을 받는데 이것을 대기압이라고 한다. 대기압은 수은주 76cm, 물 1033.2cm를 밀어올릴 수 있는 힘과 같으며, 이것을 1atm이라 정의한다.

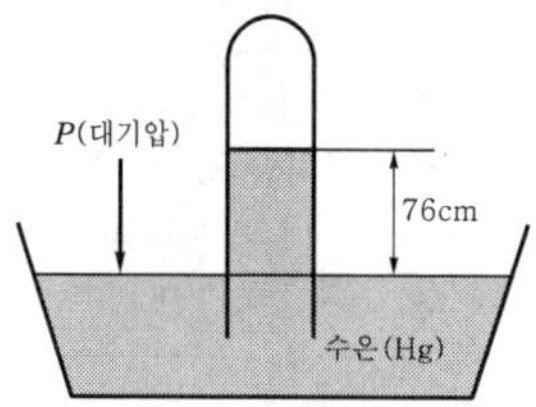

- $1atm = 76cmHg = 760mmHg$
  $= 30inHg(1in = 2.54cm)$
  $= 10.332mH_2O = 1033.2cmH_2O$
  $= 407inH_2O = 10332mmH_2O$
- $1atm = 14.7PSI(lb/in^2)$

> 1kg = 2205lb, 1in = 2.54cm
> $$1.0332kg/cm^2 = \frac{1.0332 \times 2.205lb}{\left(\frac{1}{2.54}in\right)^2} = 14.7lb/in^2$$

- $1atm = 1.01325bar = 1013.25mbar$
  $= 101325N/m^2(Pa)$

24 $3kg/cm^2$는 몇 inH_2O인가?

① 1000 ② 1500
③ 1181 ④ 1191

해설

$1atm = 1.0332kg/cm^2 = 407inH_2O$이므로
$1.0332kg/cm^2$: $407(inH_2O)$
$3kg/cm^2$: $x(inH_2O)$

$$\therefore x = \frac{3kg/cm^2}{1.0332kg/cm^2} \times 407inH_2O = 1181.765inH_2O$$

참고 압력단위 환산법

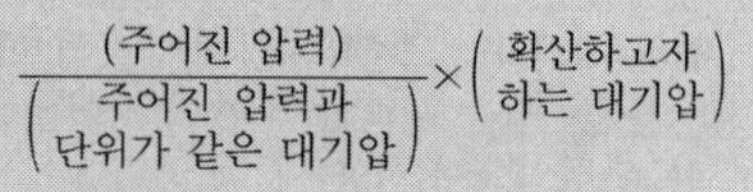

$$\frac{(\text{주어진 압력})}{\left(\begin{array}{c}\text{주어진 압력과}\\\text{단위가 같은 대기압}\end{array}\right)} \times \left(\begin{array}{c}\text{확산하고자}\\\text{하는 대기압}\end{array}\right)$$

예 cmHg → PSI로

$$\frac{(\quad)cmHg}{76cmHg} \times 14.7(PSI)$$

25 $2kg/cm^2(g)$는 절대압력으로 몇 $kg/cm^2(a)$인가?

① $3kg/cm^2$ ② $3.033kg/cm^2$
③ $4kg/cm^2$ ④ $4.033kg/cm^2$

해설

절대압력 = 대기압 + 게이지압력
$= 1.0332 + 2 = 3.0332kg/cm^2(a)$

요약

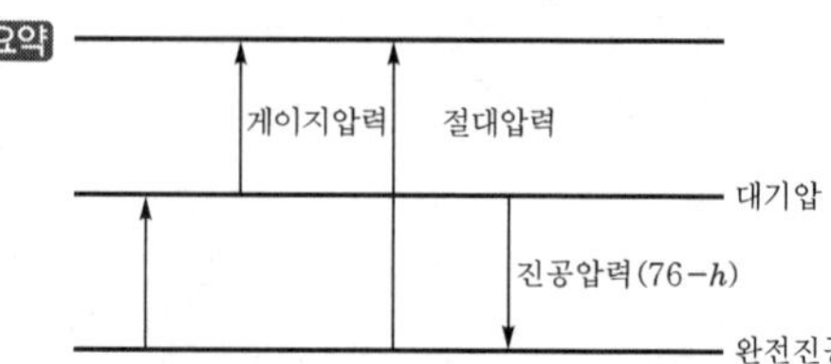

1. 게이지압력 : 대기압력을 기준으로 환산하는 압력(gage)
2. 대기압력 : 대기권 내의 지표면에 존재하는 압력
3. 절대압력 : 완전진공을 기준으로 대기압보다 높은 압력(abs)
4. 진공압력 : 대기압보다 낮은 압력이며, 압력값에 v를 붙여 표현하고 절대압력으로 계산하여 나타낸다.

> ∴ 절대압력 = 대기압력 + 게이지압력
> = 대기압력 − 진공압력

26 h(inHg(v))를 $kg/cm^2(a)$로 표현하는 식이 맞는 것은?

① $\left(1-\frac{h}{14.7}\right)\times 1.0332$ ② $\left(1-\frac{h}{30}\right)\times 1.0332$
③ $\left(1-\frac{h}{30}\right)\times 14.7$ ④ $\left(1-\frac{h}{76}\right)\times 1.0332$

정답 23.① 24.③ 25.② 26.②

해설

절대압력=대기압력−진공압력

$=30\text{inHg}-h(\text{inHg})=(30-h)\text{inHg(a)}$

$=\dfrac{30-h}{30}\times 1.0332\text{kg/cm}^2\text{(a)}$

$\therefore \left(1-\dfrac{h}{30}\right)\times 1.0332\text{kg/cm}^2\text{(a)}$

요약 h를 진공값으로 두고, 절대압력을 환산 시 h(cmHg(v))을 kg/cm²(a)로 환산 시

$\dfrac{76-h}{76}\times 1.0332\text{kg/cm}^2\text{(a)}=\left(\dfrac{76-h}{76}\right)\times 1.0332\text{kg/cm}^2$

h에 76으로 나누어져 있으므로 h값은 cmHg 진공값임을 알 수 있고, 1.0332가 곱하여져 있으므로 kg/cm² 절대값으로 환산한 식임을 알 수 있다.

27 1kcal는 몇 BTU인가?

① 0.252 ② 1.8
③ 0.454 ④ 3.968

해설

1kcal=3.968BTU=2.205CHU(PCU)

요약 1. 열 : 열은 질량이 없어 그 양을 직접 측정할 수 없으나 따뜻하고 차가운 정도로서 그 양을 측정한다.
2. 열량 : 열의 많고 적음의 정도
3. 단위
- 1kcal : 표준대기압에서 물 1kg의 온도를 1℃ (14.5~15.5℃) 높이는 데 필요한 열량(1kcal =1kg×1℃)
- 1BTU : 표준대기압에서 물 1lb의 온도를 1°F 높이는 데 필요한 열량(1BTU=1lb×1°F)
- 1CHU : 표준대기압에서 물 1lb의 온도를 1℃ 높이는 데 필요한 열량(1CHU(PCU)=1lb×1℃)

28 다음 중 열량의 정의가 맞지 않는 것은?

① 1BTU=0.252kcal이다.
② 1kcal는 물 1kg을 1℃ 높이는 데 필요한 열량이다.
③ 1PCU는 물 1lb를 1°F 높이는 데 필요한 열량이다.
④ 1kcal는 2.205CHU이다.

1PCU(CHU)=물 1lb×1℃

29 1kcal/kg · ℃는 몇 BTU/lb · °F인가?

① 3.968BTU/lb · °F
② 2.205BTU/lb · °F
③ 0.252BTU/lb · °F
④ 1BTU/lb · °F

30 다음 중 비열의 단위는?

① kcal/kg · ℃ ② kcal/kg · K
③ kcal/kg ④ kcal/kg · m

해설

② 엔트로피, ③ 엔탈피

요약 비열(kcal/kg · ℃) : 단위중량당의 열량을 섭씨온도로 나눈 값(어떤 물체의 온도를 1℃ 높이는 데 필요한 열량)
1. 정압비열(C_P) : 기체의 압력을 일정하게 하고, 1kg을 1℃ 높이는 데 필요한 열량
2. 정적비열(C_V) : 기체의 체적을 일정하게 하고, 1kg을 1℃ 높이는 데 필요한 열량
3. 비열비(K) : $\dfrac{C_P}{C_V}$(정압비열을 정적비열로 나눈 값) $C_P > C_V$이므로 $K>1$이다.
4. 정압비열, 정적비열을 비열비로 표시하면
$C_P=\dfrac{K}{K-1}AR$, $C_V=\dfrac{1}{K-1}AR$
여기서, A : 일의 열당량(kcal/kg · m)
R : 상수 $=\dfrac{848}{M}$ (kg_f · nm/kg · K)

31 물 100kg을 10℃에서 80℃까지 높이는 데 필요한 열량은?

① 7000kcal ② 8000kcal
③ 9000kcal ④ 10000kcal

해설

$Q=GC\Delta t=100\text{kg}\times 1\text{kcal/kg}\cdot℃\times 70℃=7000\text{kcal}$

요약 1. 현열(감열) : 온도변화가 있는 열(상태변화 없음)

$Q=GC\Delta t$

여기서, Q : 열량(kcal)
G : 물질의 중량(kg)
Δt : 온도차(℃)
C : 비열(kcal/kg · ℃)
[물의 비열 : 1, 얼음 : 0.5, 수증기 : 0.46]

2. 잠열 : 상태변화가 있는 열(온도변화 없음)

$Q=Gr$

여기서, Q : 열량(kcal)
r : 잠열량(kcal/kg)
- 얼음 ↔ 물 : 79.68kcal/kg
- 물 ↔ 수증기 : 539kcal/kg

정답 27.④ 28.③ 29.④ 30.① 31.①

참고 상기 내용에서
물의 비열 1, 얼음의 비열 0.5, 얼음이 물로 되는 융해잠열, 물이 얼음으로 되는 응고잠열은 79.68kcal/kg, 물이 수증기로 되는 기화잠열, 수증기가 물로 되는 응축잠열 539kcal/kg은 암기해야 한다.

32 79680kcal의 열로 얼음 몇 kg을 융해할 수 있는가?

① 100kg ② 1000kg
③ 10000kg ④ 100000kg

해설

얼음의 융해잠열 79.68kcal/kg이므로
1kg : 79.68kcal = x(kg) : 79680kcal

$$\therefore x = \frac{79680\text{kcal}}{79.68\text{kcal/kg}} = 1000\text{kg}$$

33 −10℃ 얼음 10kg을 130℃의 과열증기까지 높이는 데 필요한 열량은 몇 kcal인가? (단, 얼음의 융해잠열은 80kcal/kg이며, 물의 기화잠열은 539kcal/kg이다.)

① 3240 ② 4240
③ 6240 ④ 7378

해설

−10℃ 얼음 $\xrightarrow{Q_1}$ 0℃ 얼음 $\xrightarrow{Q_2}$ 0℃ 물 $\xrightarrow{Q_3}$
100℃ 물 $\xrightarrow{Q_4}$ 100℃ 수증기 $\xrightarrow{Q_5}$ 130℃ 과열증기

㉠ Q_1(감열) $= GC_1\Delta t_1$
= 10kg × 0.5kcal/kg · ℃ × 10℃ = 50kcal
㉡ Q_2(잠열) $= Gr_1$
= 10kg × 80kcal/kg = 800kcal
㉢ Q_3(감열) $= GC_2\Delta t_2$
= 10kg × 1kcal/kg℃ × 100℃ = 1000kcal
㉣ Q_4(잠열) $= Gr_2$
= 10kg × 539kcal/kg = 5390kcal
㉤ Q_5(감열) $= GC_3\Delta t_3$
= 10kg × 0.46kcal/kg × 30℃ = 138kcal

$\therefore Q = Q_1 + Q_2 + Q_3 + Q_4 + Q_5$
= 50 + 800 + 1000 + 5390 + 138
= 7378kcal

참고 잠열상태는 0℃ 얼음, 0℃ 물의 상태, 100℃ 물, 100℃ 수증기 상태에 있으므로 물을 기준으로 하면 0℃, 100℃이다.

34 다음 중 열역학 1법칙을 나타내는 것은?

① 열평형의 법칙이다.
② 100% 효율의 열기관은 존재하지 않는다.
③ 열은 고온에서 저온으로 이동한다.
④ 에너지 보존의 법칙이다.

해설

① 0법칙
② 2법칙
③ 2법칙
④ 1법칙

요약 열역학 1법칙(에너지 보존의 법칙, 이론적인 법칙 ⇨ 실제는 불가능)
일(kg · m)과 열(kcal)은 상호변환이 가능하며, 이들의 비는 일정하다.

$$Q = AW,\quad W = JQ$$

여기서, Q : (kcal)열
W : (kg · m)일
A : 일의 열당량$\left(\frac{1}{427}\text{kcal/kg}\cdot\text{m}\right)$
J : 열의 일당량(427kg · m/kcal)

- A(일의 열당량) : 1kg 물체를 1m 움직이는 데 필요한 열량은 1/427kcal이다.
- J(열의 일당량) : 1kcal의 열을 가지고, 427kg 물체를 1m 움직일 수 있다.

일(kg · m)을 열로 변환 시는 일의 열당량 $\frac{1}{427}$ kcal/kg · m을, 열(kcal)을 일로 변환 시는 열의 일당량 427kg · m/kcal을 곱하면 된다.

35 50kg · m을 열로 환산한 값이 맞는 것은?

① 0.115kcal ② 0.117kcal
③ 0.119kcal ④ 0.210kcal

해설

$$50\text{kg}\cdot\text{m} \times \frac{1}{427}\text{kcal/kg}\cdot\text{m} = \frac{50}{427}\text{kcal} = 0.117\text{kcal}$$

36 1kW는 몇 kcal/hr인가?

① 632.5 ② 641
③ 75 ④ 860

해설

1kW = 102kg · m/s이므로

$$\therefore 1\text{kW} = 102\text{kg}\cdot\text{m/s} \times \frac{1}{427}\text{kcal/kg}\cdot\text{m} = \frac{102}{427} \times 3600\text{kcal/hr} = 860\text{kcal/hr}$$

정답 32.② 33.④ 34.④ 35.② 36.④

예 1PS=75kg · m/s이므로

$1PS = 75kg \cdot m/s \times \frac{1}{427} kcal/kg \cdot m$

$= \frac{75}{427} \times 3600 kcal/hr = 632.5 kcal/hr$

같은 방법으로 1HP=76kg · m/s=641kcal/hr

37 다음 중 열역학 0법칙을 정의한 법칙은?

① 일은 열로, 열은 일로 상호변환이 가능한 법칙
② 에너지 변환의 방향성을 표시한 법칙
③ 두 물체의 온도차가 없어지게 되어 열평형이 되는 법칙
④ 어떤 계를 절대 0도에 이르게 할 수 없는 법칙

해설

열역학 0법칙
온도가 서로 다른 물체를 혼합 시 높은 온도를 지닌 물체는 내려가고, 낮은 온도를 지닌 물체는 올라가 두 물체의 온도차가 없게 되는데 이것을 열평형되었다고 하며, 열역학 0법칙이라 한다.

38 30℃ 물 800kg과 80℃ 물 300kg을 혼합 시 평균온도는?

① 15℃　② 12.3℃
③ 28.5℃　④ 43.6℃

30~80℃ 사이에 혼합온도가 있다.

$800 \times 30 + 300 \times 80 = (800 + 300) \times t$

$\therefore t = \frac{800 \times 30 + 300 \times 80}{1100} = 43.6℃$

참고 혼합온도 t(℃)이면

$800 \times (t - 30) = 300 \times (80 - t)$

$800t - 24000 = 24000 - 3000t$

$\therefore t = 43.6℃$

39 다음 중 액화의 조건은?

① 저온, 고압　② 고온, 고압
③ 고온, 저압　④ 저온, 저압

액화의 조건(임계온도 이하, 임계압력 이상) : 온도는 내리고, 압력은 올림

요약 1. 임계온도 : 가스를 액화할 수 있는 최고온도
2. 임계압력 : 가스를 액화할 수 있는 최소압력

40 다음은 완전가스(perfect gas)의 성질을 설명한 것이다. 틀린 것은?

① 비열비$\left(K = \frac{C_P}{C_V}\right)$는 온도에 비례한다.
② 아보가드로의 법칙에 따른다.
③ 내부에너지는 줄의 법칙이 성립한다.
④ 분자 간의 충돌은 완전탄성체이다.

해설

비열비 $K = \frac{C_P}{C_V}$는 온도에 관계 없이 일정하다.

요약 완전가스(이상기체)의 성질
- 기체분자의 크기는 없다.
- 분자 간의 충돌은 완전탄성체이다.
- 기체분자력은 없다.
- 0K에서도 고체로 되지 않고, 그 기체의 부피는 0이다.
- 냉각, 압축시켜도 액화되지 않는다(실제기체는 액화됨).
- 보일-샤를의 법칙을 만족한다.

이상기체는 액화되지 않고(고온, 저압), 실제기체는 액화 가능(저온, 고압)하다.
- 이상기체가 실제기체처럼 행동하는 조건 : 저온, 고압
- 실제기체가 이상기체처럼 행동하는 조건 : 고온, 저압

41 어떠한 방법으로든지 100% 효율을 가진 열기관이 없다는 법칙은?

① 열역학 0법칙　② 열역학 1법칙
③ 열역학 2법칙　④ 열역학 3법칙

해설

열역학 2법칙 : 엔트로피 정의를 밝힌 법칙

W(일) $\underset{\times}{\overset{\bigcirc}{\rightleftarrows}}$ Q(열) (비가역적인 법칙)

그러므로 제2종 영구기관은 존재할 수 없다.
※ 열역학 3법칙 : 어떤 계를 절대온도 0K(-273℃)에 이르게 할 수 없다.

42 부피 40L의 용기에 100kg/cm²(abs) 압력으로 충전되어 있는 가스를 같은 온도에서 25L의 용기에 넣으면 압력(kg/cm²(abs))은?

① 25　② 40
③ 80　④ 160

정답 37.③ 38.④ 39.① 40.① 41.③ 42.④

해설

$$\frac{PV}{T}=\frac{P'V'}{T'}$$ ($T=T'$ 같은 온도이므로)

$$\therefore\ P'=\frac{PV}{V'}=\frac{100\times 40}{25}=160\,\text{kg/cm}^2$$

요약 P(절대압력), V(부피), T(절대온도)의 관계를 나타내는 식은 보일의 법칙, 샤를의 법칙, 보일－샤를의 법칙이 있다.

1. 보일의 법칙 : 온도가 일정할 때 이상기체의 체적은 압력에 반비례한다. 즉, 압력이 상승하면 부피가 감소한다.

$$P_1V_1=P_2V_2$$

2. 샤를 법칙 : 압력이 일정할 때 이상기체의 체적은 절대온도에 비례한다.

$$\frac{T_1}{V_1}=\frac{T_2}{V_2}$$

즉, 온도 상승 시 기체의 체적은 증가하게 된다.

3. 보일－샤를의 법칙 : 이상기체의 체적은 절대온도에 비례하고, 절대압력에 반비례한다.

$$\frac{P_1V_1}{T_1}=\frac{P_2V_2}{T_2}$$

즉, 보일－샤를의 법칙에서 온도가 일정($T_1=T_2$)하면 보일의 법칙이 되고, $P_1=P_2$이면 샤를의 법칙이 된다.

∴ 상기의 법칙은 P(절대압력), T(절대온도), V(부피) 중 2가지 이상의 관계일 때 성립한다(압력, 온도가 일정할 수 있으므로).

43 최고사용압력이 5kg/cm^2(g)인 용기에 20℃ 2kg/cm^2(g)인 가스가 채워져 있다. 이 가스는 몇 ℃까지 상승할 수 있는가?

① 300℃　② 310℃
③ 320℃　④ 330℃

해설

$$\frac{T_1}{P_1}=\frac{T_2}{P_2}$$

$$T_2=\frac{T_1P_2}{P_1}=\frac{(273+20)\times(5+1.033)}{2+1.033}=582.8\text{K}$$

∴ 582.8－273＝309.8℃＝310℃

44 30℃, 1기압에서 수소 0.10g, 질소 0.90g, 암모니아 0.68g으로 된 혼합가스가 있다. 이 혼합가스의 부피는 몇 L인가? (단, 원자량 H : 1, N : 14)

① 3.03　② 2.97
③ 1.73　④ 0.011

해설

$$PV=nRT$$

$$\therefore\ V=\frac{nRT}{P}=\frac{\left(\frac{0.1}{2}+\frac{0.9}{28}+\frac{0.68}{17}\right)\times 0.082\times(273+30)}{1}=3.03\text{L}$$

45 일산화탄소와 수소의 부피비가 3 : 7인 혼합가스의 온도 100℃, 50atm에서의 밀도는 얼마인가? (단, 이상기체로 가정한다.)

① 16g/L　② 32g/L
③ 52g/L　④ 76g/L

해설

$$PV=\frac{W}{M}RT\ \rightarrow\ P=\frac{W}{MV}RT$$

$$\therefore\ \frac{W}{V}=\frac{PM}{RT}=\frac{50\times(28\times 0.3+2\times 0.7)}{0.082\times(273+100)}=16\text{g/L}$$

46 0℃, 3atm에서 40L의 산소가 가지는 질량은 몇 kg인가?

① 0.57kg　② 0.67kg
③ 0.07kg　④ 0.17kg

해설

$$PV=\frac{W}{M}RT$$

$$\therefore\ W=\frac{PVM}{RT}=\frac{3\times 40\times 32}{0.082\times 273}=0.171\text{kg}$$

요약 이상기체 상태식

$$PV=nRT$$

여기서, P : 압력(atm)
M : 분자량(g)
V : 부피(L)
R : 0.082atm · L/mol · K
n : 몰수$\left(\frac{W}{M}\right)$
T : 절대온도(K)
W : 질량(g)
M : 분자량(g)

정답 43.② 44.① 45.① 46.④

상기 식은 보일－샤를의 법칙에서 구할 수 없는 질량을 계산할 수 있다. 압력, 부피, 온도를 구할 때도 주어진 조건에서 질량이 주어지면 상기의 공식으로 계산하여야 한다.

상기 식에서

$$PV = nRT$$

$R = \dfrac{PV}{nT}$(이상기체는 표준상태(0℃, 1atm)가 기준이므로 0℃, 1atm에서 모든 기체 1mol, 22.4L이므로 $R = \dfrac{1\text{atm} \times 22.4\text{L}}{1\text{mol} \times 273\text{K}} = 0.082\text{atm} \cdot \text{L/mol} \cdot \text{K}$가 성립한다.

참고 $R = 8.314\text{J/mol} \cdot \text{K}$
$R = 1.987\text{cal/mol} \cdot \text{K}$
$R = 8.314 \times 10^7\text{erg/mol} \cdot \text{K}$
$R = 82.05\text{atm} \cdot \text{mL/mol} \cdot \text{K}$

47 CO_2 4kg을 30℃에서 0.6m³ 압축 시 압력은 몇 kg/cm²인가? (단, $R = 19.27\text{kg} \cdot \text{m/kmol} \cdot \text{K}$이다.)

① 3.89kg/cm² ② 4.89kg/cm²
③ 5kg/cm² ④ 6kg/cm²

$$PV = GRT$$

$$\therefore P = \frac{GRT}{V} = \frac{4 \times 19.27 \times (273+30)}{0.6}$$
$$= 38930.90\text{kg/m}^2 = 3.89\text{kg/cm}^2$$

요약 이상기체 상태식

$$PV = GRT$$

여기서, P : 압력(kg/m²)
R : $\dfrac{848}{M}$(kg · m/kmol · K)
V : 체적(m³)
T : 절대온도(K)
G : 질량(kg)

$PV = nRT$와 비교 시 단위의 차이가 있고, 단위 자체가 클 때 사용한다.

48 공기 20kg과 증기 5kg이 15m³의 용기 속에 들어있다. 만약 이 혼합가스의 온도가 50℃라면 혼합가스의 압력은 몇 kg/cm²이겠는가? (단, 공기와 증기의 가스정수는 각 29.5kg · m/kg · K, 47.0kg · m/kg · K이다.)

① 1.776kg/cm² ② 1.270kg/cm²
③ 0.987kg/cm² ④ 0.386kg/cm²

해설

$$P = \frac{(G_1R_1 + G_2R_2)T}{V}$$
$$= \frac{(20 \times 29.5 + 5 \times 47) \times (273+50)}{15}$$
$$= 17765\text{kg/m}^2 = 1.7765\text{kg/cm}^2$$

49 일정압력 하에서 기체의 체적은 온도에 비례하며, 0℃의 체적 1/273씩 증가한다는 법칙은?

① 보일의 법칙
② 샤를의 법칙
③ 보일－샤를의 법칙
④ 돌턴의 분압 법칙

50 O_2가스 32g을 내용적 5L 용기에 충전 시 30℃의 압력은 얼마인가? (단, 반 데르 발스식을 이용하며, $a = 4.17\text{L}^2 \cdot \text{atm/mol}^2$, $b = 3.72 \times 10^{-2}\text{L/mol}$이다.)

① 6.01atm
② 12.4atm
③ 7.2atm
④ 4.84atm

해설

$$\left(P + \frac{n^2a}{V^2}\right)(V - nb) = nRT$$

$$\therefore P = \frac{nRT}{V - nb} - \frac{n^2a}{V^2}$$
$$= \frac{\left(\frac{32}{32}\right) \times 0.082 \times (273+30)}{5 - \left(\frac{32}{32}\right) \times 3.72 \times 10^{-2}} - \frac{\left(\frac{32}{32}\right)^2 \times 4.17}{5^2}$$
$$= 4.839\text{atm} = 4.84\text{atm}$$

요약 실제기체 상태식(반 데르 발스식)

$$\left(P + \frac{n^2a}{V^2}\right)(V - nb) = nRT$$

여기서, P : 압력(atm)
n : 몰수
$\dfrac{a}{V^2}$: 기체분자 간의 인력
b : 기체분자 자신이 차지하는 부피
R : 0.082atm · L/mol · K
T : 절대온도(K)

정답 47.① 48.① 49.② 50.④

51 5L의 탱크에는 6atm의 기체가, 10L의 탱크에는 5atm의 기체가 있다. 이 탱크를 연결했을 때와 20L의 용기에 담을 때 전압은 얼마인가?

① 2.33atm, 2atm
② 3.33atm, 3atm
③ 5.33atm, 4atm
④ 6.33atm, 5atm

해설

㉠ $P=\frac{P_1V_1+P_2V_2}{V}=\frac{6\times5+5\times10}{5+10}=5.33\text{atm}$

㉡ $P=\frac{P_1V_1+P_2V_2}{V}=\frac{6\times5+5\times10}{20}=4\text{atm}$

요약 돌턴의 분압 법칙 : 혼합가스가 나타내는 전압력은 각 성분기체가 나타내는 압력의 합과 같다.

$$P=\frac{P_1V_1+P_2V_2}{V}$$

여기서, P : 전압(atm)
V_1, V_2 : 성분부피
P_1, P_2 : 분압
V : 전부피

분압 = 전압 × $\frac{\text{성분몰}}{\text{전 몰}}$ = 전압 × $\frac{\text{성분부피}}{\text{전 부피}}$
= 전압 × $\frac{\text{성분분자수}}{\text{전 분자수}}$

52 공기의 압력이 1atm일 때 공기 중 질소와 산소의 분압은? (단, 질소가 80%, 산소가 20%이다.)

① 0.1, 0.8 ② 0.8, 0.2
③ 0.3, 0.8 ④ 0.4, 0.8

해설

㉠ $P_N=1\times\frac{80}{80+20}=0.8\text{atm}$

㉡ $P_O=1\times\frac{80}{80+20}=0.2\text{atm}$ 또는 $1-0.8=0.2\text{atm}$
(또는 1atm−0.8atm=0.2atm)

53 질소 60%, 산소 20%, 탄산가스 20%일 때 이것이 용량 %라면 산소의 중량(%)은 얼마인가?

① 10% ② 20%
③ 52.5% ④ 27.5%

해설

㉠ $O_2(\%)=\frac{32\times0.2}{28\times0.6+32\times0.2+44\times0.2}\times100$
$=20\%$

㉡ $N_2(\%)=\frac{28\times0.6}{28\times0.6+32\times0.2+44\times0.2}\times100$
$=52.5\%$

㉢ $CO_2(\%)=\frac{44\times0.2}{28\times0.6+32\times0.2+44\times0.2}\times100$
$=27.5\%$

요약 부피(용량)%=몰(%) ⇄ 무게(중량)% (→ 분자량을 곱한다, ← 분자량을 나눈다)

54 어떤 기체에 15kcal/kg일을 하였다. 외부일량이 800kg·m/kg일 때 내부에너지 증가량(kcal/kg)은 얼마인가?

① 10 ② 11
③ 12 ④ 13

해설

$$i=u+APV$$

$\therefore\ u=i-APV$
$=15\text{kcal/kg}-\frac{1}{427}\text{kcal/kg}\cdot\text{m}\times800\text{kg}\cdot\text{m/kg}$
$=13.1\text{kcal/kg}$

요약 공학상의 밀폐공간(계)에서 외부에 열(kcal)이나 일(kg·m)을 했을 때 내부에 저장되는 에너지를 내부에너지, 외부로 방출되는 에너지를 외부에너지라고 한다. 이것의 합은 총 에너지 또는 엔탈피라 표현하며, 단위는 kcal/kg이다.

• 엔탈피(i)=kcal/kg(단위중량당 열에너지)

$$i=u+APV$$

여기서, i : 엔탈피(kcal/kg)
u : 내부에너지(kcal/kg)
A : 일의 열당량
P : 압력(kg/m^2)
V : 비체적(m^3/kg)

55 다음 중 엔탈피의 변화가 없는 과정은?

① 단열압축 ② 교축과정
③ 등온압축 ④ 등온팽창

교축(트로틀링)과정에서 엔탈피의 변화는 없다.

정답 51.③ 52.② 53.② 54.④ 55.②

56 온도가 100℃인 열기관에서 1kg당 200kcal의 열량이 주어질 때 엔트로피의 변화값(kcal/kg · K)은 얼마인가?

① 0.54　　② 0.64
③ 0.74　　④ 0.84

$$\Delta S = \frac{dQ}{T} = \frac{200}{273+100} = 0.536\text{kcal/kg}\cdot\text{K}$$

요약 엔트로피(S) : 단위중량당의 열량을 그때의 절대온도로 나눈 값(kcal/kg · K) 단열변화의 경우 열의 출입이 없으므로 엔트로피는 일정하다.

57 다음 선도 중 단열변화는 어느 것인가?

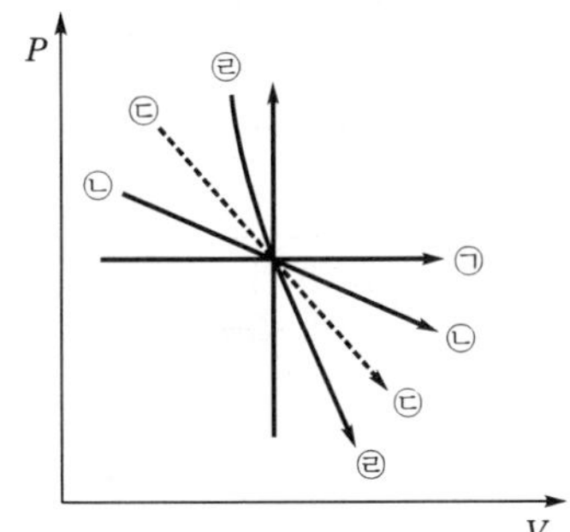

① ㉠　　② ㉡
③ ㉢　　④ ㉣

해설

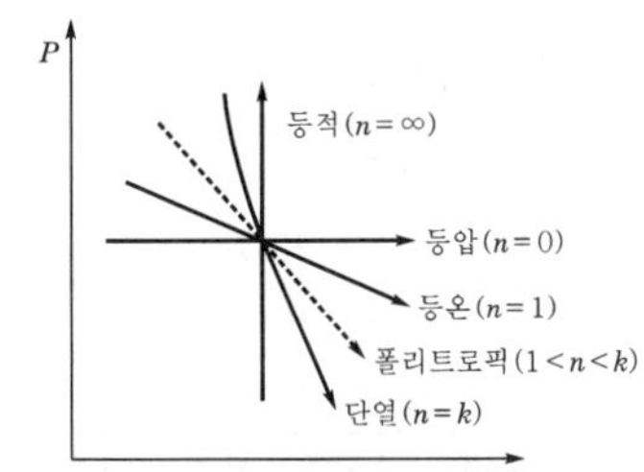

압축 행정	P(압력), V(체적)	압축 일량	온 도
등온압축	PV^n =일정 ($n=1$)	소	저
폴리트로픽 압축	PV^n =일정 ($1<n<K$)	중	중
단열압축	PV^k =일정($n=k$) $\therefore K=\frac{C_P}{C_V}$	대	고

58 50kcal의 내부에너지가 증가 시 체적이 $5m^3$에서 $2m^3$로 압력이 1atm, 3atm으로 변화하였다. 엔탈피의 증가량(kcal)은 얼마인가? (단, 1atm=1kg/cm^{2}로 간주한다.)

① 50.6　　② 60.42
③ 73.42　　④ 78.52

해설

$$\begin{aligned} h &= u + APV \\ &= u + A[P_2V_2 - P_1V_1] \\ &= 50\text{kcal} + \frac{1}{427}\text{kcal/kg}\cdot\text{m} \\ &\quad \times (3\times10^4\times2 - 1\times10^4\times5)\text{kg}\cdot\text{m} \\ &= 73.42\text{kcal} \end{aligned}$$

59 압축가스 $10m^3$은 액화가스 얼마와 같은 양인가?

① 5kg　　② 10kg
③ 50kg　　④ 100kg

해설

압축가스 $1m^3$는 액화가스 10kg이므로
∴ 10×10=100kg

정답 56.① 57.④ 58.③ 59.④

chapter 2 각종 가스의 제법 및 용도

제2장의 학습방법에 대하여 설명해 주세요.

제2장은 각종 가스의 특성, 성질을 공부하고, 그 특성을 파악하므로 그에 따른 위험성과 안전하게 사용취급 해야 하는 내용을 학습합니다.
출제기준과 더불어 실제 현장에서 근무 시에도 적용시킬 수 있는 내용이 수록되어 있습니다.
그러면 수소부터 학습을 시작하실까요?

01 각종 가스의 성질

1 H_2(수소)

구 분		물리·화학적 성질	
가스의 종류		압축, 가연성 가스	
밀도(Mg/22.4L)		2g/22.4L=11g/L(가스 중 최소밀도)	
폭발범위		4~75%	
폭굉속도		1400~3500m/s	
부식명		수소취성(강의 탈탄)	
폭명기	수소폭명기	$2H_2+O_2 \rightarrow 2H_2O$	
	염소폭명기	$H_2+Cl_2 \rightarrow 2HCl$	
	불소폭명기	$H_2+F_2 \rightarrow 2HF$	
확산속도		모든 기체 중 확산속도가 가장 빠르다.	
비등점	임계온도	임계압력	자연발화온도
-252℃	-239.9℃	12.8atm	530℃

1. 수소는 분자량이 2g으로 모든 가스 중 가장 가벼워 확산속도가 가장 빠르다.
2. 확산이란 대기 중으로 누설 시 빨리 퍼져 날아가는 것인데 다음의 공식으로 계산된다.

   $\frac{u_1}{u_2}=\sqrt{\frac{M_2}{M_1}}$ 여기서, u : 확산속도, M : 분자량
3. 수소 : 산소의 확산속도비를 구하면 다음과 간다.

   $\frac{u_{수소}}{u_{산소}}=\sqrt{\frac{32}{2}}=\sqrt{\frac{16}{1}}=\frac{4}{1}$
4. 폭명기란 화학반응 시 자연의 직사광선(햇빛) 등으로 반응이 폭발적으로 일어나는 것을 의미하며, 이러한 폭발을 촉매폭발이라 한다.
5. 폭명기에 의한 폭발은 촉매폭발이라 한다.
6. 수소의 부식은 고온 · 고압 하에서 발생하며, 반응식은 $Fe_3C+2H_2 \xrightarrow{고온 \cdot 고압} CH_4+3Fe$의 반응식과 같이 Fe에 탄소가 탈락되어 강의 탈탄이라고 부르며, 탄소가 없어지면서 Fe(강)이 약화되는 것을 말한다.
7. 그러므로 고온 · 고압 하에서 수소를 사용 시 일반적인 탄소강을 사용하여서는 안 되고, 5~6%의 Cr(크롬)강에 W(텅스텐), Mo(몰리브덴), Ti(티탄), V(바나듐)을 첨가하여 사용한다.
8. 제조 방법은 다음과 같다.
   ① 물의 전기분해 $2H_2O \rightarrow 2H_2+O_2$
   ② 소금물 전기분해 $2NaCl+2H_2O \rightarrow 2NaOH+Cl_2+H_2$ 등이 있으며, 물의 전기분해로 제조 시 순도는 높으나 비경제적이다.
9. 용도는 NH_3 제조, 유지공업 금속의 제련, 염산제조 등에 쓰인다.

출/제/예/상/문/제

01 수소의 공업적 용도가 아닌 것은?

① 수증기
② 수소첨가분해
③ 메틸알코올의 합성
④ 암모니아 합성

해설

수소의 용도
㉠ 메틸알코올의 합성 : $CO+2H_2 \rightarrow CH_3OH$
㉡ 암모니아 합성 : $N_2+3H_2 \rightarrow 2NH_3$
수소첨가분해 등이 있으며, 수소와 산소가 2 : 1로 되면 물이 되고 그것이 증발하면 수증기가 되며, 수증기는 수소의 용도가 아니다.
∴ $2H_2+O_2 \rightarrow 2H_2O$

02 순도가 가장 높은 수소를 공업적으로 만드는 방법은?

① 수성 가스법
② 물의 전기분해법
③ 석유의 분해
④ 천연가스의 분해

해설

수소가스의 제법
㉠ 물의 전기분해
$2H_2O \rightarrow 2H_2+O_2$
㉡ 소금물 전기분해
$2NaCl+2H_2O \rightarrow 2NaOH+Cl_2+H_2$
㉢ 천연가스 분해, 수성 가스법
$C+H_2O \rightarrow CO+H_2$
㉣ 석유의 분해, 일산화탄소 전화법
$CO+H_2O \rightarrow CO_2+H_2$
∴ 이 중 순도가 높은 제조법은 물의 전기분해이나 비경제적인 단점이 있다.

03 상온 · 상압일 경우 수소(H_2)의 공기 중 폭발범위는?

① 4~94% ② 15~28%
③ 2.5~81% ④ 4~75%

해설

폭발범위란 가연성 가스와 공기가 혼합하여 전체로 하였을 때, 그 중 가연성 가스가 가진 용량 %로 수소의 경우는 4~75%이다.

요약 가연성 가스+공기 = 100%일 때
[수소+공기]
1% 99% ··················· 폭발범위가 아니다.
2% 98% ··················· 폭발범위가 아니다.
3% 97% ··················· 폭발범위가 아니다.
4% 96% ··················· 폭발범위이다.
≀ ≀
75% 25% ··················· 폭발범위이다.
가연성 가스는 폭발범위 안에서 착화가 일어나며, 폭발범위가 아닐 때에는 연소 및 착화가 일어나지 않는다.

04 수소의 용도로서 부적당한 것은?

① 식품, 야채 등의 급속동결용으로 사용
② 니켈 환원 시 촉매제로 사용
③ 수소불꽃을 이용한 인조보석이나 유리 제조용
④ 암모니아 제조 및 합성가스의 원료

해설

식품, 야채의 급속동결용으로 사용하는 가스는 N_2이다(비점 −196℃). 상기 용도 외에 기구부양용 염산 제조, 금속 제련 등에 이용한다.

05 고온 · 고압 하에서 수소를 사용하는 장치 공장의 재질은 일반적으로 다음 중 어느 재료를 사용하는가?

① 탄소강 ② 크롬강
③ 조강 ④ 실리콘강

해설

수소의 부식명은 수소취성(강의 탈탄)이라 하며, 이것은 수소가 강 중의 탄소와 반응, CH_4를 생성하여 강을 약화시키는 것을 말하는 데 반응은 다음과 같다.
$Fe_3C+2H_2 \rightarrow CH_4+3Fe$

정답 01.① 02.② 03.④ 04.① 05.②

수소취성을 방지하기 위하여 5~6% Cr강에 W, Mo, Ti, V 등을 첨가한다.

요약 각종 가스에는 그 가스만의 특성으로 고온 · 고압에서 부식을 일으키며, 수소는 수소취성, 산소는 산화, 황화수소는 황화 등의 부식명이 있다. 고온 · 고압이 아닐 때 일반적으로 사용될 수 있는 재질은 탄소강이다.

06 가스회수장치에 의해 제일 먼저 발생되는 가스는?

① 수소
② 산소
③ 프로판
④ 부탄

해설

비등점이 낮은 가스일수록 먼저 회수되며, 중요한 가스의 비등점은 다음과 같다.
O_2 : −183℃, Ar : −186℃, N_2 : −196℃
CH_4 : −162℃, C_3H_8 : −42℃, C_4H_{10} : −0.5℃
H_2 : −252.5℃

07 H_2의 공업적 제법이 아닌 것은?

① 물의 전기분해법
② 석유 및 석탄에서 만드는 법
③ 천연가스에서 만드는 법
④ 금속을 산에 반응시키는 법

해설

금속에 산을 반응시키는 법은 실험적 제법이다.
예 $Zn+H_2SO_4 \rightarrow ZnSO_4+H_2$

08 수소의 성질에 대한 설명 중 옳은 것은?

㉠ 수소가 공기와 혼합된 상태에서의 폭발범위는 2.0~65.0이다.
㉡ 무색, 무취이므로 누설되었을 경우 색깔이나 냄새를 발견할 수 없다.
㉢ 수소는 고온 · 고압에서는 강(鋼) 중의 탄소와 반응하여 수소취성을 일으킨다.

① ㉠, ㉡
② ㉡, ㉢
③ ㉠, ㉢
④ ㉠, ㉡, ㉢

09 수소취성에 대한 다음 설명 중 맞는 것은?

① 수소는 환원성의 가스로 상온에서 부식을 일으킨다.
② 수소가 고온 · 고압에서 철과 화합하는 것이다.
③ 니켈강은 수소취성을 일으키지 않는다.
④ 수소는 고온 · 고압에서 강 중의 탄소와 화합하여 메탄을 생성하며, 수소취성을 일으킨다.

10 다음 중 수소의 일반적 성질이 아닌 것은?

① 무색, 무미, 무취의 기체이다.
② 가스 중 비중이 가장 작다.
③ 기체 중에서 확산속도가 느리다.
④ 수소는 산소, 염소, 불소와 폭발반응을 일으킨다.

해설

수소는 분자량이 2g으로 기체 중 가장 가볍고 색, 맛, 냄새가 없으며 산소, 염소, 불소와는 폭발적인 반응을 일으키고 가장 가벼운 기체이기 때문에 확산속도가 가장 빠르다.

요약 1. 폭명기 : 반응이 폭발적으로 일어난다.
- $2H_2+O_2 \rightarrow 2H_2O$(수소폭명기)
- $H_2+Cl_2 \rightarrow 2HCl$(염소폭명기)
- $H_2+F_2 \rightarrow 2HF$(불소폭명기)

2. 확산속도(그레이엄의 법칙) : 기체의 확산속도는 분자량의 제곱근에 반비례(기체가 가벼울수록 확산속도가 빠르다)한다.

수소 : 산소의 확산속도비를 구하면

$$\frac{U_H}{U_O}=\sqrt{\frac{32}{2}}=\frac{4}{1}$$

$\therefore U_H : U_O = 4 : 1$

11 수소의 성질 중 폭발, 화재 등의 재해발생 원인이 아닌 것은?

① 가벼운 기체이므로 가스가 누출되기 쉽다.
② 고온 · 고압에서 강에 대해 탈탄작용을 일으킨다.
③ 공기와 혼합된 경우 폭발범위가 4~75%이다.
④ 증발잠열로 수분이 동결하여 밸브나 배관을 폐쇄시킨다.

정답 06.① 07.④ 08.② 09.④ 10.③ 11.④

12 수소의 재해발생 원인이다. 틀린 것은?

① 확산속도가 가장 크다.
② 구리와 반응하여 폭발한다.
③ 가장 가벼운 가스이다.
④ 가연성 가스이다.

13 수소와 산소는 600℃ 이상에서 폭발적으로 반응한다. 이때의 반응식은?

① $H_2+O \rightarrow H_2O+136.6kcal$
② $H_2+O \rightarrow H_2O+83.3kcal$
③ $2H_2+O_2 \rightarrow 2H_2O+136.6kcal$
④ $H_2+O \rightarrow \frac{1}{2}H_2O+83.3kcal$

해설

㉠ 수소(H_2) : 압축가스, 가연성
㉡ 분자량 : 2g
㉢ 가스 중에서 최소의 밀도 : 2g/22.4L=0.089g/L
㉣ 확산속도 : 기체의 확산속도는 분자량의 제곱근에 반비례한다.

$$\frac{U_1}{U_2}=\sqrt{\frac{M_2}{M_1}}$$

㉤ 폭발범위=4~75%(공기 중), 4~94%(산소 중)
폭굉속도=1400~3500m/s
(H_2 이외는 모두 1000~3500m/s)
㉥ $2H_2+O_2 \rightarrow 2H_2O$: 수소폭명기
$H_2+Cl_2 \rightarrow 2HCl$: 염소폭명기
$H_2+F_2 \rightarrow 2HF$: 불소폭명기
㉦ 수소취성방지법 : 5~6%의 Cr강에 Ti, V, W, Mo 등을 첨가
- 제조법 : 물의 전기분해(순도가 높다, 비경제적이다)
- 용도 : NH_3 제조에 주로 쓰인다.
- 기구의 부양용, 유지공업, 금속 제련, 염산 제조 등에 쓰인다.

14 다음 물질을 취급하는 장치의 사용재료로서 구리 및 구리합금을 사용해도 좋은 것은?

① 황화수소
② 수소
③ 아세틸렌
④ 암모니아

해설

Cu 사용 시
㉠ C_2H_2 : 폭발
㉡ H_2S : 부식(분말상태가 됨)
㉢ NH_3 : 부식

정답 12.② 13.③ 14.②

2 O_2(산소)

구 분		물리 · 화학적 성질	
가스 종류		압축가스, 조연성 가스	
상온 · 상압		무색 · 무취, 물에 약간 녹는다.	
공기 중 함유량		부피 : 21%, 중량 : 23.2%	
액체산소의 색		담청색	
부식명	부식방지금속	산화	Cr, Al, Si
산소의 유지농도		18% 이상 22% 이하	
폭발성		녹, 이물질 특히 유지류와 접촉 시 연소폭발을 일으킴	
제조법		물의 전기분해, 공기액화분리법으로 제조	

비등점	임계온도	임계압력
−183℃	−118.4℃	50.1atm

1. 산소는 비등점이 −183℃인 압축가스이다.
2. 공기 100m^{3}가 있을 때 산소는 21m^3, 공기 100kg이 있을 때 산소는 23.2kg이다.
3. 공기 중 산소의 농도가 6% 이하에서 질식하여 사망의 우려가 있고, 60% 이상에서는 폐에 충열을 일으켜 사망의 우려가 있다.
4. 산소는 유지류와 접촉 시 폭발을 일으키므로 산소의 압축 시 윤활유로는 물, 10% 이하 글리세린수를 사용한다.
5. 제조법 중 공기액화분리장치의 비등점 차이로 제조하는 데 액화 시 O_2(−183℃), Ar(−186℃), N_2(−196℃)의 순서로 액화되고, 기화는 반대 순서이다.
6. 대기 중 산소의 유지농도는 21%가 적당하다. 탱크 내부나 시설물 등 내부에 수리, 청소를 위하여 사람이 내부로 들어갈 경우 반드시 공기를 넣고 공기 중 산소의 농도를 점검하여야 하는데 그 농도가 18% 이상 22% 이하로 유지되어야 한다.
7. 공기액화분리로 산소를 제조할 때 액화 시는 비등점이 가장 높은 액화산소(−183℃), 액화아르곤(−186℃), 액화질소(−196℃) 순서로 액화되며, 기화 시는 N_2 → Ar → O_2의 순서로 기화된다.
8. 산소는 압축 시 윤활유로 기름을 사용하면 폭발하므로 기름을 사용하지 않는다.
   기름을 사용하지 않는 압축기를 무급유작동 압축기라고 하는데 주로 식품제조, 양조공업 등에 무급유작동 압축기가 사용된다.

Chapter 2 ··· 2 O_2(산소)

출/제/예/상/문/제

01 산소에 관한 설명 중 옳은 것은?

① 물질을 잘 태우는 가연성 가스이다.
② 유지류에 접촉하면 발화한다.
③ 가스로서 용기에 충전할 때는 25MPa로 충전한다.
④ 폭발범위가 비교적 큰 가스이다.

해설
산소는 가연성의 연소를 돕는 조연성 가스이며, F_P = 15MPa이다. 산소는 녹, 이물질, 석유류, 유지류 등과 화합 시 연소폭발이 일어나므로 유지류 혼입에 주의해야 하고 기름 묻은 장갑으로 취급하지 않아야 한다. 압력계는 금유라고 명시된 산소 전용의 것을 사용하며, 윤활제는 물 또는 10% 이하의 글리세린수를 사용한다.

02 산소 분압이 높아짐에 따라 물질의 연소성은 증대하는 데 연소속도와 발화온도는 어떻게 되는가?

① 증가되고, 저하된다.
② 증가되고, 상승된다.
③ 감소되고, 저하된다.
④ 감소되고, 상승된다.

해설
산소의 농도가 높아짐에 따라 발화, 점화, 인화는 감소하고, 다른 사항은 모두 증가한다.

요약 산소의 양이 많아짐에 따라 연소가 잘 되므로 발화점, 점화에너지, 인화점은 낮아지고 연소속도, 연소범위, 화염온도 등은 커지고 넓어지며, 높아진다. 발화온도가 낮아지는 것은 연소가 빨리 일어나는 것을 말한다. 발화온도가 5℃인 물질과 10℃인 물질을 비교했을 때 5℃에서 연소하는 것이 연소가 빨리 일어난다.

03 산소를 제조하는 설비에서 산소배관과 이에 접촉하는 압축기 사이에는 안전상 무엇을 설치해야 하는가?

① 체크밸브와 역화방지장치
② 압력계와 유량계
③ 마노미터
④ 드레인세퍼레이터

해설
산소는 비점이 −183℃이므로 수분 혼입 시 동결이 되어 밸브 배관을 폐쇄시킬 우려가 있으므로 수취기(드레인세퍼레이터)를 설치, 산소 중의 수분을 제거해야 한다.

04 다음은 압축기 실린더부의 내부 윤활제에 대하여 설명한 것이다. 이 중 옳은 것으로만 된 것은?

㉠ 산소압축기에는 머신유를 사용한다.
㉡ 염소압축기에는 농황산을 사용한다.
㉢ 아세틸렌압축기에는 양질의 광유(鑛油)를 사용한다.
㉣ 공기압축기에는 광유를 사용한다.

① ㉠, ㉡
② ㉠, ㉢
③ ㉠, ㉡, ㉢
④ ㉡, ㉢, ㉣

05 다음 중 산소를 취급할 때의 주의사항으로 틀린 것은?

① 액체충전 시에는 불연성 재료를 밑에 깔 것
② 가연성 가스 충전용기와 함께 저장하지 말 것
③ 고압가스설비의 기밀시험용으로 사용하지 말 것
④ 밸브의 나사부분에 그리스(grease)를 사용하여 윤활시킬 것

정답 01.② 02.① 03.④ 04.④ 05.④

06 다음은 산소(O_2)에 대하여 설명한 것이다. 틀린 것은?

① 무색, 무취의 기체이며, 물에는 약간 녹는다.
② 가연성 가스이나 그 자신을 연소하지 않는다.
③ 용기의 도색은 일반 공업용이 녹색, 의료용이 백색이다.
④ 용기는 탄소강으로 무계목 용기이다.

해설

물에 약간 녹는 기체(H_2, O_2, N_2, CO_2)
용기 내 기체상태로 충전되는 가스(O_2, H_2, N_2, CH_4, Ar, CO) 등을 압축가스라 하며, 압축가스는 무이음용기에 충전된다. 상기 가스 외의 가스는 액화가스라고 하며, 액화가스는 용접용기에 충전된다.

07 다음 설비 중 산소가스와 관련이 있는 것은?

① 고온 · 고압에서 사용하는 강관 내면이 동라이닝되어 있다.
② 압축기에 달린 압력계에 금유라고 기입되어 있다.
③ 제품탱크의 압력계의 부르동관은 강제였다.
④ 관련이 있는 것은 없다.

08 다음과 같은 성질을 가지고 있는 가스는?

> ㉠ 공기보다 무겁다.
> ㉡ 지연성 가스이다.
> ㉢ 염소산칼륨을 이산화망간 촉매 하에 가열하면 얻을 수 있는 가스이다.

① 산소 ② 질소
③ 염소 ④ 수소

해설

㉠ 산소의 실험적 제법 : 염소산칼륨($KClO_3$)을 가열분해 시킨다.

$$2KClO_3 \xrightarrow{MnO_2} 2KCl + 3O_2$$

이때 촉매로 MnO_2를 사용하는 데 이는 폭발을 방지하기 위함이다.

㉡ 산소의 공업적 제법 : 물의 전기분해법, 공기액화분리법 등

09 다음은 고압가스를 공업적으로 제조하는 방법을 쓴 것인데 실험실에서 제조하는 방법은?

① 산소는 염소산칼륨에 이산화망간을 넣고 가열하여 얻는다.
② 염화수소는 수소와 염소를 반응시켜서 얻는다.
③ 아세틸렌은 칼슘카바이드를 물과 반응시켜 얻는다.
④ 포스겐은 일산화탄소와 염소를 반응시켜서 얻는다.

10 산소가스설비의 수리 및 청소를 위한 저장탱크 내의 산소를 치환할 때 산소의 농도가 몇 % 이하가 될 때까지 계속 치환해야 하는가?

① 22% ② 28%
③ 31% ④ 33%

해설

대기 중 산소의 농도는 21%이며, 고압장치 내 산소의 농도는 18~22%를 유지해야 한다. 16% 이하이면 질식의 위험, 25% 이상이면 이상연소의 위험이 있다.

11 산소제조장치의 건조제로 사용되는 것이 아닌 것은?

① Al_2O_3
② NaOH
③ 사염화탄소
④ SiO_2

해설

공기액화분리 시 CO_2 제거에 NaOH가 사용되며, 이 과정에서 수분이 생성되고 수분의 건조제로는 가성소다, 실리카겔, 알루미나, 소바비드 등이 있다.

요약 산소(O_2) : 압축가스, 조연성
- 공기 중에 약 21% 함유
  - 부피(L, m^3) : 21%
  - 무게(kg, ton, g) : 23.2%
- 산소는 18~22% 유지해야 산소부족 현상이 일어나지 않는다.
- 금속은 산소와 작용하여 산화물(부식물)을 만들므로 부식방지는 Cr, Al, Si 등의 금속으로 한다.

정답 06.② 07.② 08.① 09.① 10.① 11.③

- 공기액화분리
  - 비등점 : 질소 −195.8℃, 산소 −183℃, Ar 중간 비등점
  - 액화순서 : O_2–Ar–N_2
  - 기화순서 : N_2–Ar–O_2
- 산소농도가 높음에 따라 : 발화, 점화, 인화↓(저하), 나머지↑(상승)
- 산소+녹, 이물질, 석유류(유지류) → 화합하면 ⇨ 연소폭발
- 주의사항 : 기름이 묻은 손이나 장갑으로 취급하지 말 것
- 산소과잉, 즉 60% 이상 12시간 흡입 시에는 폐에 충혈이 되어 사망
- 산소압축기 : 윤활제는 물 혹은 10% 이하의 묽은 글리세린수 사용
- 무급유 작동압축기 : 카본링, 테프론링, 라비린스 피스톤 등을 채택

12 산소가스를 취급하는 장치의 주의할 점으로 옳지 않은 것은?

① 고압배관에 철을 사용하지 않는다.
② 윤활유를 사용하지 않는다.
③ 아세틸렌이 혼입되지 않도록 한다.
④ 구리합금을 사용할 수 없다.

정답 12.④

3 C_2H_2(아세틸렌)

구 분		물리 · 화학적 성질
가스의 종류		가연성, 용해가스
폭발범위	공기 중	2.5~81%
	산소 중	2.5~93%
분자량		26g(공기보다 가볍고 무색)
폭발성	분해폭발	$C_2H_2 \rightarrow 2C+H_2$
	화합폭발	$2Cu+C_2H_2 \rightarrow Cu_2C_2+H_2$
	산화폭발	$C_2H_2+2.5O_2 \rightarrow 2CO_2+H_2O$
제조방법		카바이드와 물의 혼합 $CaC_2+2H_2O \rightarrow CaC_2+Ca(OH)_2$
제조 시 불순물 종류		인화수소, 황화수소, 규화수소, 암모니아, 질소, 산소, 메탄
불순물 제거청정제		카타리솔, 리가솔, 에퓨렌
관련 공식	다공도(A)	$\dfrac{V-E}{V}\times 100$ 여기서, V : 다공물질 용적, E : 침윤 잔용적
	위험도(H)	$\dfrac{U-L}{L}$ 여기서, U : 폭발상한(%), L : 폭발하한(%)
다공물질의 종류		석면, 규조토, 목탄, 석회, 다공성 플라스틱
용제 종류		아세톤, DMF
희석제 종류		N_2, CH_4, CO, C_2H_4

TiP

1. C_2H_2는 압축(2.5MPa 이상) 시 분해폭발을 일으키므로 용제를 사용하여 녹이면서 충전하므로 용해가스라 한다. 부득이 2.5MPa 이상으로 충전 시 폭발을 방지하기 위하여 희석제를 첨가한다.
2. 충전 후 공간 확산으로 폭발을 방지하기 위하여 빈 공간에 다공물질을 충전하는 데 법규상의 다공도는 75% 이상 92% 미만이 되어야 한다.
3. 동(Cu), 은(Ag), 수은(Hg) 등과 화합 시 약간의 충격에도 폭발을 일으키므로 동을 사용 시 동 함유량 62% 미만을 사용하여야 한다.

예제 1. C_2H_2의 위험도를 계산하시오.

풀이 $H=\dfrac{81-2.5}{2.5}=31.4$

예제 2. 다공물질 용적이 $170m^3$, 침윤 잔용적이 $30m^3$일 때 다공도를 계산하시오.

풀이 $A=\dfrac{170-30}{170}\times 100=82.35\%$

(1) 발생형식에 따른 아세틸렌 발생기

형 식	정 의	특 징
주수식	카바이드에 물을 넣는 방법	① 분해중합의 우려가 있다. ② 불순가스 발생이 많다. ③ 후기가스 발생이 있다.
투입식	물에 카바이드를 넣는 방법	① 대량생산에 적합하다. ② 온도 상승이 적다. ③ 불순가스 발생이 적다.
침지식(접촉식)	물과 카바이드를 소량식 접촉	① 발생기 온도 상승이 쉽다. ② 불순물이 혼합되어 나온다. ③ 발생량을 자동 조정할 수 있다.

① 발생기의 표면온도 : 70℃ 이하

② 발생기의 최적온도 : 50~60℃

③ 발생기 구비조건

㉠ 구조 간단, 견고, 취급이 편리할 것

㉡ 안전성이 있을 것

㉢ 가열 · 지열 발생이 적을 것

㉣ 산소의 역류 · 역화 시 위험이 미치지 않을 것

④ 용기의 충전 중 압력은 2.5MPa 이하이다.

⑤ 최고충전압력은 15℃에서 1.5MPa 이하이다.

(2) 발생압력에 따른 발생기

① 고압식 : 0.13MPa 이상

② 중압식 : 0.07~0.13MPa

③ 저압식 : 0.07MPa 미만

(3) C_2H_2 압축기

① 윤활유는 양질의 광유 사용

② 냉각수 온도는 20℃ 이하 유지

③ 회전수 100rpm의 저속압축기 사용

(4) 가스청정기

C_2H_2 중의 불순물이 존재하면 C_2H_2의 순도저하 폭발의 원인 C_2H_2 충전 시 C_2H_2이 아세톤에 용해되는 것이 저해되므로 불순물을 제거하여야 한다.

(5) 아세톤 및 DMF 충전량

구 분	용기구분	다공물질의 다공도(%)
아세톤	내용적 10L 이하	41.8% 이하
DMF	내용적 10L 이하	43.5% 이하

(6) C_2H_2 제조 공정도면

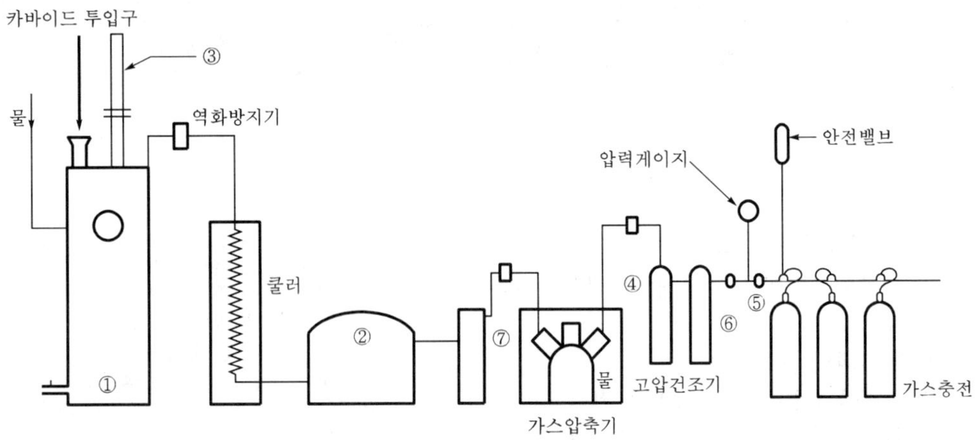

‖ C_2H_2 제조 공정도 ‖

① 공정기기 명칭

㉠ 가스발생기
㉡ 가스청정기
㉢ 안전밸브
㉣ 고압건조기
㉤ 체크밸브
㉥ 유분리기
㉦ 저압건조기

② 가스발생기의 유지온도 : 70℃ 이하

③ 가스발생기의 최적온도 : 50~60℃

④ 발생기의 구비조건 : 가열 · 지열 발생이 적을 것

(7) C_2H_2 물리적 특성

비등점	임계온도	임계압력	폭발범위	
			공기 중	산소 중
-75℃	36℃	61.7atm	2.5~81%	2.5~93%

출/제/예/상/문/제

01 다음 아세틸렌의 성질 중 옳은 것은?

① 액체아세틸렌보다 고체아세틸렌이 비교적 안전하다.
② 발열화합물이다.
③ 분해폭발을 일으킬 염려가 전혀 없다.
④ 압축하여 용기에 충전할 수 있다.

해설

㉠ 안정도의 순서 : 고체>액체>기체
㉡ C_2H_2는 흡열화합물이므로 분해폭발의 우려가 있다.
㉢ 분해폭발로 인하여 압력을 가하여 충전할 수 없으므로 용제에 녹이면서 충전하므로 용해가스라 한다.

02 아세틸렌에 관한 설명으로 옳은 것은?

① 연소범위는 공기 중에서 약 2.2~9.5이다.
② 용기 속에 아세톤만은 반드시 채운 뒤 가스를 충전하여야 한다.
③ 용기밸브는 동(銅)이 62% 이상 함유된 것은 사용하면 안 된다.
④ 용접 시 편리하도록 충전압력을 산소와 동일하게 하는 것이 좋다.

해설

㉠ C_2H_2은 가연성 가스로서 폭발범위가 2.5~81%로 모든 가연성 중에서 폭발범위가 가장 넓다.
㉡ C_2H_2은 용해가스로 용제로는 아세톤, DMF 등이 있으며, 분해폭발을 방지하기 위해 다공물질을 넣는다.
㉢ C_2H_2은 동, 은, 수은 등과 화합(아세틸라이트) 폭발을 일으키므로 동함유량 62% 미만의 동합금을 사용한다.

요약 C_2H_2 : 분자량 26g, 가연성 2.5~81%의 용해가스

1. C_2H_2의 폭발성
 – 분해폭발 : $C_2H_2 \rightarrow 2C+H_2$
 – 동아세틸라이트 폭발 : $2Cu+C_2H_2 \rightarrow Cu_2C_2+H_2$
 – 산화폭발 : $C_2H_2+2.5O_2 \rightarrow 2CO_2+H_2O$

분해폭발로 인하여 압력을 가하여 충전할 수 없고 녹이면서 충전하므로 용해가스라 하며, 용제는 아세톤, DMF 등이며, 용기 내부의 공간 확산을 방지하기 위하여 다공물질을 넣는다. 다공물질의 종류에는 석면, 규조토, 목탄, 석회, 다공성 플라스틱, 탄산마그네슘 등이 있다. 법규상의 다공도는 75~92%이다.

$$\text{다공도}(\%)=\frac{V-E}{V}\times 100$$

여기서, V : 다공물질의 용적(m^3)
E : 침윤 잔용적(m^3)

Cu, Ag, Hg 등과 화합 시 폭발성 물질인 Cu_2C_2, Ag_2C_2, Hg_2C_2 등이 생성하여 약간의 충격에도 폭발의 우려가 있으므로 동 사용 시 함유량 62% 미만의 동합금을 사용한다.
충전 중 압력은 2.5MPa 이하로 하여야 하나 2.5MPa 이상으로 압축 시 N_2, CH_4, CO, C_2H_4 등의 희석제를 첨가하고 충전 후는 15℃에서 1.5MPa 정도이다.
제조법은 CaC_2(카바이드)에 물을 가하면 C_2H_2이 생성된다.
$CaC_2+2H_2O \rightarrow C_2H_2+Ca(OH)_2$

2. 카바이드 취급 시 주의사항
 • 우천 시 수송금지
 • 저장실은 통풍을 양호하게 할 것
 • 드럼통은 안전하게 취급
 • 타 가연물과 혼합적재 금지
3. C_2H_2 용도 : 초산비닐, 염화비닐, 폴리비닐의 제조 산소아세틸렌 용접용으로 사용

03 아세틸렌(C_2H_2)의 용도를 설명한 것 중에서 틀린 것은?

① 아세톤의 제조
② 초산비닐의 제조
③ 폴리비닐에테르의 제조
④ 폴리부타디엔고무의 제조

04 아세틸렌의 충전작업 시 올바른 것은?

① 충전 중의 압력은 온도에 관계 없이 2.5MPa 이하로 할 것
② 충전 후의 압력은 15℃에서 2.05MPa 이하로 할 것
③ 충전 후 12시간 정치할 것
④ 충전은 빠르게 할 것이며, 2~3회 걸쳐서 할 것

정답 01.① 02.③ 03.④ 04.①

해설

㉠ 모든 가스는 충전 후 24시간 정치한다.
㉡ 충전은 서서히 한다.

05 다음 중 아세틸렌용기에 충전하는 다공성 물질이 아닌 것은?

① 폴리에틸렌
② 규조토
③ 탄화마그네슘
④ 다공성 플라스틱

06 다음 ( ) 안에 알맞은 것은?

> 아세틸렌가스를 용기에 충전 시는 온도에 관계 없이 (㉠)MPa 이하로 하고, 충전한 후의 압력은 (㉡)℃에서 1.5MPa 이하가 되도록 한다.

① ㉠ 46.5, ㉡ 35
② ㉠ 35, ㉡ 20
③ ㉠ 2.5, ㉡ 15
④ ㉠ 1.8, ㉡ 1.5

07 다음 중 분해폭발을 일으키는 가스는?

① 마그네슘
② 아세틸렌
③ 액화가스
④ 탄닌

08 다음은 아세틸렌의 성질이다. 이 중 틀린 것은?

① 고체아세틸렌은 융해하지 않고, 승화한다.
② 액체아세틸렌보다 고체아세틸렌이 안정하다.
③ 무색 기체로서 에테르와 같은 향기가 있다.
④ 황산수은을 촉매로 수화 시 포름알데히드가 된다.

해설

$C_2H_2 + H_2O \rightarrow CH_3CHO$(아세트알데히드)

09 아세틸렌가스 충전 시에 희석제로서 부적합한 것은?

① 메탄
② 질소
③ 일산화탄소
④ 이산화황

10 다음 중 아세틸렌가스의 제조법으로 올바른 것은?

① 석회석을 물과 작용시킨다.
② 탄화칼슘을 물과 작용시킨다.
③ 수산화칼슘을 물과 작용시킨다.
④ 칼슘을 물과 작용시킨다.

해설

$CaC_2 + 2H_2O \rightarrow C_2H_2 + Ca(OH)_2$

11 수소, 아세틸렌 등과 같은 가연성 가스가 배관의 출구 등에서 대기 중에 유출연소하는 경우 다음 중 옳은 것은?

① 확산연소
② 증발연소
③ 분해연소
④ 표면연소

해설

공기보다 가벼운 C_2H_2, H_2 등은 확산연소이다.

12 공기액화분리장치에 들어가는 공기 중 아세틸렌가스가 혼합되면 안 되는 이유는?

① 산소와 반응하여 산소의 증발을 방해한다.
② 응고되어 돌아다니다가 산소 중에서 폭발할 수 있다.
③ 파이프 내에서 동결되어 파이프가 막히기 때문이다.
④ 질소와 산소의 분리작용을 방해하기 때문이다.

해설

공기액화분리장치의 폭발원인은 공기취입구로부터 C_2H_2 혼입

정답 05.① 06.③ 07.② 08.④ 09.④ 10.② 11.① 12.②

13 어느 가스용기에 구리관을 연결시켜 사용하고 있다. 사용 도중 구리관에 충격을 가하였더니 폭발사고가 발생하였다. 이 용기에 충전된 가스명칭은?

① 수소 ② 아세틸렌
③ 암모니아 ④ 염소

Cu_2C_2(동아세틸라이트) 생성으로 폭발을 일으킴

14 1kg의 카바이드(CaC_2)로 얻을 수 있는 아세틸렌의 체적은 표준상태에서 약 몇 L가 되겠는가? (단, 카바이드의 순도는 85%이고, CaC_2의 분자량은 64이다.)

① 180L ② 300L
③ 380L ④ 440L

$CaC_2 + 2H_2O \rightarrow C_2H_2 + Ca(OH)_2$

1kg × 0.85 : $x(m^3)$

64kg : $22.4m^3$

$\therefore\ x = \dfrac{1 \times 0.85 \times 22.4}{64} = 0.2975m^3 = 297.5L \fallingdotseq 300L$

15 아세틸렌은 흡열화합물로서 그 생성열은 −54.2kcal/mol이다. 아세틸렌이 탄소와 수소를 분해하는 폭발반응의 폭발열은 얼마인가?

① +54.2kcal/mol
② −54.2kcal/mol
③ +5.4kcal/mol
④ −5.4kcal/mol

정답 13.② 14.② 15.①

4 Cl_2(염소)

구 분		물리·화학적 성질	
가스의 종류		독성, 액화가스, 조연성	
허용농도	TLV-TWA	1ppm	
	LC 50	293ppm	
비등점		-34℃	
윤활제, 건조제		진한 황산	
누설검지		KI 전분지(청변), NH_3와 반응 흰연기 생성	
중화액		가성소다, 탄산소다 수용액, 소석회	
수분과 접촉 시 반응		염산생성으로 급격한 부식이 일어남(건조상태에서는 부식이 없음)	
용기 색	안전밸브 형식	갈색	가용전식(용융온도 65~68℃)
분자량		71g으로 공기보다 무겁다.	
누설검지 시 NH_3 반응식		$3Cl_2 + 8NH_3 \rightarrow 6NH_4Cl + N_2$	
제조법	소금물 전기분해	$2NaCl + 2H_2O \rightarrow 2NaOH + Cl_2 + H_2$	
	염산에 이산화망간, 과망간산칼륨 등의 산화제를 이용하는 제조		
용도	상수도 살균용	• $Cl_2 + H_2O \rightarrow HCl + HClO$(차아염소산) • $HClO \rightarrow HCl + [O]$ ※ 차아염소산의 발생기 산소로 인하여 살균소독	
	섬유의 표백작용, 염화수소 포스겐 제조에 이용		

Chapter 2 ··· 4 Cl_2(염소)

출/제/예/상/문/제

01 다음 염소에 대한 설명 중 틀린 것은?

① 허용농도는 TLV-TWA 1ppm이다.
② 표백작용을 한다.
③ 독성이 강하다.
④ 기체는 공기보다 가볍다.

해설

허용농도 TLV-TWA 1ppm(독성 가스), 분자량 71g

요약 염소(Cl_2)

1. 독성 가스, 조연성, 액화가스(용접용기)
2. 중화액 : NaOH 수용액, Na_2CO_3 수용액 [$Ca(OH)_2$=소석회]
3. 수분과 접촉 시 HCl(염산) 생성으로 부식을 일으키므로 수분 접촉에 주의
4. 윤활제, 건조제 : 진한 황산
5. 용도 : 상수도 살균, 염화비닐 합성 등에 사용
6. 누설검지시험지 : KI 전분지(청변)
7. NH_3와 반응 시 NH_4Cl(염화암모늄)의 흰연기가 발생하므로 누설검지액으로 암모니아수 사용

02 다음 중 염소기체를 건조하는 데 가장 적당한 것은?

① 생석회 ② 가성소다
③ 진한 황산 ④ 진한 질산

03 다음 중 조연성 기체는?

① NH_3 ② C_2H_4
③ Cl_2 ④ H_2

04 염소의 성질과 고압장치에 대한 부식성에 관한 설명으로 틀린 것은?

① 고온에서 염소가스는 철과 직접 심하게 작용한다.
② 염소는 압축가스 상태일 때 건조한 경우에는 심한 부식성을 나타낸다.
③ 염소는 습기를 띠면 강재에 대하여 심한 부식성을 가지고 용기밸브 등이 침해된다.
④ 염소는 물과 작용하여 염산을 발생시키기 때문에 장치재료로는 내산도기, 유리, 염화비닐이 가장 우수하다.

05 다음 염소가스에 대한 설명은 모두 잘못되었다. 옳게 고쳐진 것은?

> ㉠ 건조제 : 진한 질산
> ㉡ 압축기용 윤활유 : 진한 질산
> ㉢ 용기의 안전밸브 종류 : 스프링식
> ㉣ 용기의 도색 : 흰색

① ㉠ 진한 염산
② ㉡ 묽은 황산
③ ㉢ 가용전식
④ ㉣ 녹색

해설

㉡ 안전밸브 형식(가용전식)
㉢ 가용전식으로 쓰는 가스의 종류 : Cl_2, C_2H_2
㉣ 염소용기 : 도색(갈색)

06 염소의 제법을 공업적인 방법으로 설명한 것이다. 틀린 것은?

① 격막법에 의한 소금의 전기분해
② 황산의 전해
③ 수은법에 의한 소금의 전기분해
④ 염산의 전해

해설

황산을 전해 시 염소가스가 생성되지 않는다.
㉠ 소금물 전기분해법(수은법, 격막법)
$2NaCl+2H_2O \rightarrow 2NaOH+H_2+Cl_2$
㉡ 염산의 전해 : $2HCl \rightarrow H_2+Cl_2$

정답 01.④ 02.③ 03.③ 04.② 05.③ 06.②

07 액화염소 142g을 기화시키면 표준상태에서 몇 L의 기체염소가 되는가?

① 34L ② 34.8L
③ 44L ④ 44.8L

$\frac{142}{71} \times 22.4L = 44.8L$

08 염소에 다음 물질을 혼합했을 때 폭발의 위험이 있는 것은?

① 일산화탄소 ② 탄소
③ 수소 ④ 이산화탄소

염소는 조연성이므로 가연성과 혼합 시 폭발의 위험이 있다.

09 염소저장실에서 염소가스 누설 시 제독제로서 적당하지 않은 것은?

① 가성소다
② 소석회
③ 탄산소다 수용액
④ 물

10 염소가스 재해설비에서 흡수탑의 흡수효율은 어느 것인가?

① 10% 이내 ② 10~20%
③ 90% 이내 ④ 90% 이상

정답 07.④ 08.③ 09.④ 10.④

5 NH_3(암모니아)

<table>
<tr><th colspan="3">구 분</th><th>물리 · 화학적 성질</th></tr>
<tr><td colspan="3">가스의 종류</td><td>독성, 가연성</td></tr>
<tr><td rowspan="2">허용농도</td><td colspan="2">TLV-TWA</td><td>25ppm</td></tr>
<tr><td colspan="2">LC 50</td><td>7338ppm</td></tr>
<tr><td colspan="3">충전구나사</td><td>오른나사</td></tr>
<tr><td colspan="3">물과의 반응</td><td>물에 800배 녹는다.</td></tr>
<tr><td colspan="3">누설검지방법</td><td>취기, 적색리트머스시험지(청변), 네슬러시약(황갈색반응), HCN(염산)과 접촉 시 흰연기 발생</td></tr>
<tr><td colspan="3">중화액</td><td>물, 묽은 염산, 묽은 황산</td></tr>
<tr><td rowspan="5">제조법</td><td colspan="2">석회질소법</td><td>$CaCN_2+3H_2O \rightarrow CaCO_3+2NH_3$</td></tr>
<tr><td rowspan="4">하버보시법</td><td>반응식</td><td>$N_2+3H_2 \rightarrow 2NH_3$</td></tr>
<tr><td>고압합성</td><td>압력 : 600~1000kgf/cm^2 → 클로우드법, 카자레법</td></tr>
<tr><td>중압합성</td><td>압력 : 300kgf/cm^2 전후 → IG법, 뉴우파더법, 동공시법, 케미그법</td></tr>
<tr><td>저압합성</td><td>압력 : 150kgf/cm^2 → 켈로그법, 구데법</td></tr>
</table>

<table>
<tr><th colspan="4">일반적 특성</th></tr>
<tr><th>비등점</th><th>임계온도</th><th>임계압력</th><th>폭발범위</th></tr>
<tr><td>−33.4℃</td><td>132.3℃</td><td>111.3atm</td><td>15~28%</td></tr>
</table>

TIP

1. 모든 가연성 가스의 충전구나사는 왼나사, 전기설비는 방폭구조로 시공하여야 하는데 암모니아는 가연성으로 위험성이 적어 충전구나사는 오른나사, 전기설비는 방폭구조가 필요 없는 일반전기시설의 구조로 한다.
2. 암모니아는 물에 다량 용해하므로 헨리 법칙이 적용되지 않는다.
3. 동과 접촉 시 착이온 생성으로 부식을 일으키므로 동을 사용 시 동함유량 62% 미만을 사용하여야 한다.
4. 모든 독성 가스는 산성이라 대부분의 중화액은 염기성 물질(가성소다, 탄산소다)이나 암모니아는 염기성이므로 산성 물질(묽은 염산, 묽은 황산)을 사용하고 물에 잘 녹는 관계로 물을 중화액으로 사용한다.

Chapter 2 ••• 5 NH_3(암모니아)

출/제/예/상/문/제

01 다음의 성질을 만족하는 기체는 다음 중 어느 것인가?

> ㉠ 독성이 매우 강한 기체이다.
> ㉡ 연소시키면 잘 탄다.
> ㉢ 물에 매우 잘 녹는다.

① HCl ② NH_3
③ CO ④ C_2H_2

NH_3(암모니아)

㉠ 분자량 17g, 독성 TLV-TWA 25ppm, 가연성 15~28%이다.
㉡ 물 1L에 NH_3를 800배 용해하므로 중화제로는 물을 사용한다.
㉢ 동, 은, 수은 등과 화합 시 착이온 생성으로 부식을 일으키므로 동함유량 62% 미만이어야 한다.
㉣ 충전구나사는 오른나사(다른 가연성 가스는 왼나사)이며, 전기설비는 방폭구조가 필요 없다.
㉤ 누설검지시험지 : 적색 리트머스지(청변)

> NH_3 누설검지법
> • 적색 리트머스지(청변)
> • 네슬러시약(황갈색)
> • 염산과 반응 시 염화암모늄(NH_4Cl) 흰연기
> • 취기냄새

㉥ 비등점 : -33.4℃
㉦ 증발잠열을 이용해 냉동제로 사용한다.

02 독성이고 가연성이 있으며, 냉동제로 이용할 수 있는 것은?

① $CHCl_3$
② CO_2
③ Cl_2
④ NH_3

03 암모니아 합성법 중 특수한 촉매를 사용하여 낮은 압력 하에서 조작하는 방법은?

① 하버보시법
② 클로우드법
③ 카자레법
④ 후우데법

반응압력에 따른 구분
㉠ 고압합성(60~100MPa) : 클로우드법, 카자레법
㉡ 중압합성(30MPa) : 뉴우파더법, IG법, 케미그법, 동공시법
㉢ 저압합성(15MPa) : 켈로그법, 후우데법

04 다음 금속 중 암모니아와 착이온을 생성하는 금속류가 아닌 것은?

① Cu ② Zn
③ Ag ④ Fe

05 암모니아가스의 저장용 탱크로 적합한 재질은 다음 중 어느 것인가?

① 동합금
② 순수 구리
③ 알루미늄합금
④ 철합금

06 실험실에서 제조된 암모니아의 건조제는?

① CaO ② $CaCl_2$
③ $C-H_2SO_4$ ④ PO_3

해설

CaO(산화칼슘)(=생석회)

07 다음 암모니아 합성공정에서 중압법이 아닌 것은?

① IG법 ② 뉴우파더법
③ 카자레법 ④ 동공시법

정답 01.② 02.④ 03.④ 04.④ 05.④ 06.① 07.③

08 암모니아가 공기 중에서 완전연소됨을 나타내는 식은?

① $4NH_3+3O_2 \rightarrow 2N_2+6H_2O$
② $4NH_3+5O_2 \rightarrow 4NO+6H_2O$
③ $4NH_3+7O_2 \rightarrow 4NO+6H_2O$
④ $2NH_3+2O_2 \rightarrow 4NO+6H_2O$

09 다음 기체 중 헨리의 법칙에 적용되지 않는 것은 어느 것인가?

① CO_2 ② O_2
③ H_2 ④ NH_3

해설

헨리의 법칙
물에 약간 녹는 기체(O_2, H_2, N_2, CO_2) 등에만 적용되며, NH_3와 같이 물에 다량으로 녹는 기체는 적용되지 않는다.

10 상온의 9기압에서 액화되며, 기화할 때 많은 열을 흡수하기 때문에 냉동제로 쓰이는 것은?

① 암모니아 ② 프로판
③ 이산화탄소 ④ 에틸렌

11 암모니아 제조법으로 맞는 것은?

① 격막법 ② 수은법
③ 석회질소법 ④ 액분리법

암모니아 제법
㉠ 하버보시법 : $N_2+3H_2 \rightarrow 2NH_3$
㉡ 석회질소법 : $CaCN_2+3H_2O \rightarrow 2NH_3+CaCO_3$

정답 08.① 09.④ 10.① 11.③

6 HCN(시안화수소)

구 분			물리 · 화학적 성질		
가스의 종류			독성, 액화 가연성		
허용농도	TLV-TWA		10ppm		
	LC 50		140ppm		
폭발범위			6~41%		
비등점	임계온도	임계압력	26.7℃	183.5℃	53.2atm
수분과 접촉 시			대기 중 수분 2% 이상 함유 시 중합폭발을 일으킴		
안정제			황산, 아황산, 동, 동망, 염화칼슘, 오산화인		
누설검지시험지			초산벤젠지(질산구리벤젠지)(청변)		
중화액			가성소다 수용액		
제조법			엔드류소오법, 폼아미드법		

TIP

1. HCN은 수분 2% 이상 함유 시 중합폭발을 일으키므로 순도가 98% 이상이어야 하고, 용기에 충전 후 60일이 경과하면 대기 중 수분이 2% 이상 응축될 우려가 있어 60일 경과 전 다른 용기에 새로이 충전하여야 한다.
2. 중합폭발을 일으키는 물질로는 산화에틸렌과 시안화수소가 있고, 시안화수소는 중합폭발을 방지하기 위해 안정제로 황산, 아황산 등을 사용한다.

출/제/예/상/문/제

01 다음 가스 중 1atm에서 비점이 가장 높은 것은?

① 메탄 ② 에탄
③ 프로판 ④ 노말부탄

CH_4(−162℃), C_2H_2(−89℃), C_3H_8(−42℃), C_4H_{10}(−0.5℃)
탄화수소에서 탄소와 수소수가 많을수록 비점이 높다.

02 시안화수소를 장기간 저장하지 못하는 이유는?

① 중합폭발 때문에
② 산화폭발 때문에
③ 분해폭발 때문에
④ 촉매폭발 때문에

HCN는 중합폭발이 있다.

요약 시안화수소(HCN)
⇨ 독성(허용농도 TLV−TWA 10ppm), 가연성(폭발범위 6~41%)
1. 특유한 복숭아냄새, 감냄새
2. 중합폭발의 위험 ⇨ 충전 후 60일을 넘지 않게
   수분이 2% 이상 함유되면 폭발 / HCN의 순도가 98% 이상이면 그러하지 않아도 된다.
3. 중합방지 안정제 : 황산, 염화칼슘, 인산, 동망, 오산화인, 동
4. 아세틸렌과 반응 시 아크릴로니트릴이 생성된다.
   $C_2H_2 + HCN \rightarrow CH_2 = CHCN$(아크릴로니트릴)
5. 제법
   - 엔드류소오법 : 메탄과 암모니아를 반응, 백금로듐을 촉매로 사용하여 제조
     $CH_4 + NH_3 + \frac{3}{2}O_2 \rightarrow HCN + 3H_2O$
   - 폼아미드법 : 일산화탄소암모니아반응, 폼아마드 생성, 탈수 후 제조
     $CO + NH_3 \rightarrow HCONH_2 \rightarrow HCN + H_2O$
6. 누설검지시험지 : 질산구리벤젠지(초산벤젠지)(청변)
7. 용도 : 살충제

03 다음 ( ) 안에 알맞은 것은?

> 용기에 충전한 시안화수소는 충전 후 ( )을 초과하지 아니할 것. 다만, 순도 ( ) 이상으로서 착색되지 않은 것에 대하여는 그렇지 않다.

① 30일, 90%
② 30일, 95%
③ 60일, 98%
④ 60일, 90%

04 다음 시안화수소(HCN) 제법 중 엔드류소오(Andrussow)법에서 사용되는 주원료는?

① 일산화탄소와 암모니아
② 포름아미드와 물
③ 에틸렌과 암모니아
④ 암모니아와 메탄

05 시안화수소를 용기에 충전하고 정치할 때 정치시간은 얼마로 하여야 하는가?

① 5시간
② 20시간
③ 14시간
④ 24시간

06 시안화수소를 용기에 충전할 때 안정제로서 무엇을 첨가하는가?

① 탄산가스 또는 일산화탄소
② 메탄 또는 에틸렌
③ 질소
④ 아황산가스 또는 황산

HCN의 안정제
황산, 아황산, 동, 동망, 염화칼슘

정답 01.④ 02.① 03.③ 04.④ 05.④ 06.④

7 C_2H_4O(산화에틸렌)

구 분			물리 · 화학적 성질		
가스의 종류			독성, 액화 가연성		
허용농도	TLV-TWA		1ppm		
	LC 50		2900ppm		
폭발범위			3~80%		
비등점	임계온도	임계압력	10.44℃	195.8℃	70.95atm
중화액			물		
용기충전방법			45℃에서 0.4MPa 이상되도록 N_2,CO_2를 충전 후 산화에틸렌을 충전		
폭발성			분해폭발 · 중합폭발 · 산화폭발이 있으며, 금속염화물과 화합 시 중합폭발을 일으킴		
안정제			N_2, CO_2		
그 밖의 사항			저장탱크는 N_2, CO_2로 치환하고, 5℃ 이하를 유지하여야 하며, 용기 또는 탱크에 충전 시 산 · 알칼리를 함유하지 않은 상태이어야 한다.		

출/제/예/상/문/제

01 다음 물질을 취급하는 장치의 재료로서 구리 및 구리합금을 사용해도 좋은 것은?

① 황화수소　② 아르곤
③ 아세틸렌　④ 암모니아

해설

구리를 사용해서는 안 되는 가스는 H_2S, C_2H_2, NH_3, SO_2 등이며, 특히 구리와 반응이 심한 분말을 만드는 가스는 H_2S, SO_2 등이다.

02 산화에틸렌을 금속염화물과 반응 시 예견되는 위험은?

① 분해폭발
② 중합폭발
③ 축합폭발
④ 산화폭발

해설

산화에틸렌(C_2H_4O)

㉠ 독성 TLV-TWA 1ppm, 가연성 3~80%이다.
㉡ 분해폭발 및 중합폭발을 동시에 가지고 있으며, 산화에틸렌이 금속염화물과 반응 시 일어나는 폭발은 중합폭발이다.
㉢ 중화액 : 물
㉣ 법규상 35℃에 0Pa 이상이면 법의 적용을 받는다.
㉤ 충전 시 45℃에서 0.4MPa 이상 되도록 N_2, CO_2를 충전한다.
㉥ 제법 : C_2H_4의 접촉 기상산화법이다.

$$C_2H_4 + \frac{1}{2}O_2 \rightarrow \underset{\diagdown O \diagup}{H_2C-CH_2} + 29\text{kcal}$$

03 다음 중 산화에틸렌(C_2H_4O) 중화제로 쓰이는 것은?

① 물
② 가성소다
③ 알칼리 수용액
④ 암모니아수

04 산화에틸렌을 장시간 저장하지 못하게 하는 이유는 무엇 때문인가?

① 분해폭발　② 분진폭발
③ 산화폭발　④ 중합폭발

산화에틸렌은 분해 중합폭발을 동시에 가지고 있으나 금속염화물과 반응 시 중합폭발이 일어나므로 장기간 보관에 문제가 있다.

05 분해폭발을 일으키는 가스는?

① 메탄
② 프로판
③ 일산화탄소
④ 산화에틸렌

분해폭발(C_2H_2, C_2H_4O, N_2H_4)

06 구리와 접촉하면 심한 반응을 일으켜 분말상태로 만드는 가스는?

① 암모니아
② 프레온 12
③ 아황산가스
④ 탄산가스

07 인화점이 −30℃로서 전구표면 증기파이프에 접촉 시 발화하는 가스는?

① HCN　② CS_2
③ C_2H_4O　④ C_3H_8

CS_2(이황화탄소)

㉠ 연소범위 : 1.2~44%
㉡ TLV-TWA 허용농도 : 20ppm
㉢ 인화점 : −30℃

정답 01.② 02.② 03.① 04.④ 05.④ 06.③ 07.②

8 $COCl_2$(포스겐)

<table>
<tr><th colspan="3">구 분</th><th colspan="3">물리 · 화학적 성질</th></tr>
<tr><td colspan="3">가스의 종류</td><td colspan="3">독성 가스</td></tr>
<tr><td colspan="2" rowspan="2">허용농도</td><td>TLV–TWA</td><td colspan="3">0.1ppm</td></tr>
<tr><td>LC 50</td><td colspan="3">5ppm</td></tr>
<tr><td colspan="3">중화액</td><td colspan="3">가성소다 수용액, 소석회</td></tr>
<tr><td colspan="3">윤활제, 건조제</td><td colspan="3">진한 황산</td></tr>
<tr><td colspan="3">부식성</td><td colspan="3">건조상태에서는 부식성이 없으나 수분 존재 시 염산 생성으로 부식</td></tr>
<tr><td colspan="3">가수분해</td><td colspan="3">$COCl_2 + H_2O \rightarrow CO_2 + 2HCl$(탄산과 염산 생성)</td></tr>
<tr><td colspan="3">용도</td><td colspan="3">농약제조에 주로 사용</td></tr>
<tr><td>비등점</td><td>임계온도</td><td>임계압력</td><td>8.2℃</td><td>182℃</td><td>56atm</td></tr>
</table>

Chapter 2 ··· 8 $COCl_2$(포스겐)

출/제/예/상/문/제

01 다음 중 TLV-TWA 허용농도 0.1ppm으로서 농약 제조에 쓰이는 독성 가스는?

① CO ② $COCl_2$
③ Cl_2 ④ C_2H_4O

포스겐($COCl_2$)의 허용농도
0.1ppm(독성)(TLV-TWA)

요약 포스겐

1. 제법 : $CO+Cl_2 \xrightarrow{\text{활성탄}} COCl_2$
2. 가수분해 시 CO_2와 HCl(염산)이 생성(수분 접촉에 유의한다)
   $COCl_2+H_2O \rightarrow CO_2+2HCl$
3. 중화액 : NaOH 수용액, 소석회
   ※ 포스겐은 Cl_2와 거의 성질이 유사하다.
4. 건조제 : 진한 황산
5. 누설시험지 : 하리슨씨 시험지(심등색, 귤색, 오렌지색)

02 포스겐 운반 시 운반책임자를 동승하여야 하는 운반용량은?

① 10kg ② 100kg
③ 1000kg ④ 10000kg

LC 50 200ppm 미만인 독성은 $10m^3$, 100kg 이상 운반 시 운반책임자를 동승하여야 한다.

정답 01.② 02.②

9 CO(일산화탄소)

<table>
<tr><th colspan="3">구 분</th><th colspan="3">물리·화학적 성질</th></tr>
<tr><td colspan="3">가스의 종류</td><td colspan="3">독성, 가연성</td></tr>
<tr><td colspan="3">폭발범위</td><td colspan="3">12.5~74%</td></tr>
<tr><td rowspan="2">허용농도</td><td colspan="2">TLV-TWA</td><td colspan="3">50ppm</td></tr>
<tr><td colspan="2">LC 50</td><td colspan="3">3760ppm</td></tr>
<tr><td rowspan="4">부식</td><td colspan="2">명칭</td><td colspan="3">(카보닐)침탄</td></tr>
<tr><td colspan="2" rowspan="2">반응식</td><td colspan="3">$Fe+5CO \rightarrow Fe(CO)_5$(철카보닐)</td></tr>
<tr><td colspan="3">$Ni+4CO \rightarrow Ni(CO)_4$(니켈카보닐)</td></tr>
<tr><td colspan="2">방지법</td><td colspan="3">고온·고압에서 CO를 사용 시 장치 내면을 피복하거나
Ni-Cr계 STS를 사용</td></tr>
<tr><td colspan="3">압력상승 시 변화</td><td colspan="3">폭발범위가 좁아짐(타 가연성 가스는 압력상승 시 폭발범위가 넓어짐)</td></tr>
<tr><td colspan="3">염소와의 반응</td><td colspan="3">촉매로 활성탄을 사용하여 포스겐을 생성 : $CO+Cl_2 \rightarrow COCl_2$</td></tr>
<tr><td colspan="3">누설검지시험지</td><td colspan="3">염화파라듐지</td></tr>
<tr><td>비등점</td><td>임계온도</td><td>임계압력</td><td>-192℃</td><td>-140℃</td><td>34.5atm</td></tr>
</table>

출/제/예/상/문/제

01 다음은 CO가스의 부식성에 대한 내용이다. 틀린 것은?

① 고온에서 강재를 침탄시킨다.
② 부식을 일으키는 금속은 Fe, Ni 등이다.
③ 고온 · 고압에서 탄소강 사용이 가능하다.
④ Cr은 부식을 방지하는 금속이다.

해설

CO 부식명 : 카보닐(침탄)이며,
$Fe+5CO \rightarrow Fe(CO)_5$ 철카보닐
$Ni+4CO \rightarrow Ni(CO)_4$ 니켈카보닐
카보닐(침탄)은 고온 · 고압에서 현저하며, 고온 · 고압에서 CO를 사용 시 탄소강의 사용은 불가능하며, Ni－Cr계 STS를 사용하거나 장치 내면을 Cu, Al 등으로 라이닝한다.

요약 CO(일산화탄소)

1. 독성 TLV－TWA(50ppm), 가연성 12.5~74%
2. 불완전연소 시 생성되는 가스
3. 상온에서 Cl_2와 반응해 포스겐을 생성
4. 압력을 올리면 폭발범위가 좁아진다(다른 가스는 압력 상승 시 폭발범위가 넓어진다).
5. 누설검지시험지 : 염화파라듐지(흑변)
   - 흡수액 : 염화제1동암모니아 용액
6. 압축가스로서 무이음용기에 충전
7. 제법
   - 개미산에 진한 황산을 가하여 얻는다.
     $HCOOH \rightarrow CO+H_2O$
   - 수성 가스법
     $C+H_2O \rightarrow CO+H_2$

02 CO의 부식명은?

① 산화 ② 강의 탈탄
③ 황화 ④ 카보닐

03 일산화탄소는 상온에서 염소와 반응하여 무엇을 생성하는가?

① 포스겐 ② 카보닐
③ 카복실산 ④ 사염화탄소

04 다음 가스 중 공기와 혼합된 가스가 압력이 높아지면 폭발범위가 좁아지는 것은 어느 것인가?

① 메탄 ② 프로판
③ 일산화탄소 ④ 아세틸렌

정답 01.③ 02.④ 03.① 04.③

10 H_2S(황화수소)

<table>
<tr><th colspan="3">구 분</th><th colspan="3">물리·화학적 성질</th></tr>
<tr><td colspan="3">가스의 종류</td><td colspan="3">독성, 가연성, 액화가스</td></tr>
<tr><td rowspan="2">허용농도</td><td colspan="2">TLV-TWA</td><td colspan="3">10ppm</td></tr>
<tr><td colspan="2">LC 50</td><td colspan="3">444ppm</td></tr>
<tr><td colspan="3">폭발범위</td><td colspan="3">4.3~45%</td></tr>
<tr><td colspan="3">비등점</td><td colspan="3">-60℃</td></tr>
<tr><td colspan="3">누설검지시험지</td><td colspan="3">연당지(흑변)</td></tr>
<tr><td colspan="3">중화액</td><td colspan="3">가성소다 수용액, 탄산소다 수용액</td></tr>
<tr><td>부식명</td><td colspan="2">방지금속</td><td colspan="2">황화</td><td>Cr, Al, Si</td></tr>
<tr><td colspan="3">수분접촉 시</td><td colspan="3">H_2SO_4 생성으로 부식을 일으킴</td></tr>
<tr><td>비등점</td><td>임계온도</td><td>임계압력</td><td>-62℃</td><td>100.4℃</td><td>88.9atm</td></tr>
</table>

Chapter 2 ··· 10 H_2S(황화수소)

출/제/예/상/문/제

01 다음 중 황화수소의 부식을 방지하는 금속이 아닌 것은?

① Cr ② Fe
③ Al ④ Si

H_2S의 부식명은 황화이며, 이것을 방지하는 금속은 Cr, Al, Si이나 Cr은 40% 이상이면 오히려 부식을 촉진시킨다.

요약 황화수소(H_2S)

1. 독성 : TLV-TWA 10ppm, 가연성 : 4.3~45%이다.
2. 수분 함유 시 황산(H_2SO_4) 생성으로 부식을 일으킨다.
3. 누설검지시험 시 연당지(초산납시험지)는 황갈색 또는 흑색이다.
4. 중화제 : 가성소다 수용액, 탄산소다 수용액
5. 연소 반응식
   $2H_2S+3O_2 \rightarrow 2H_2O+2SO_2$(완전연소식)
   $2H_2S+O_2 \rightarrow 2H_2O+2S$(불완전연소식)

참고 모든 가스 제조에 황을 제거하는 탈황장치가 있는 이유는 황은 모든 금속에 치명적인 부식을 일으키는 가스이므로 반드시 제거하여야 하며, 대표적인 탈황장치로는 수소화탈황장치가 사용된다.

정답 01.②

11 CO_2(이산화탄소)

구 분	물리·화학적 성질
가스의 종류	불연성 액화가스
분자량	44g(공기보다 무겁다.)
용기 종류	무이음용기
고체탄산 (드라이아이스) 제조	CO_2를 100atm까지 압축, CO_2 냉각기로 -25℃ 이하로 냉각 후 단열팽창시킴
독성 유무	독성은 없으나 공기 중 다량 존재 시 산소부족으로 질식(TLV-TWA 농도 5000ppm)
용도	청량음료수, 소화제, 드라이아이스로 냉각제 사용
참고	모든 액화가스 용기는 용접용기이나 CO_2는 하계에 용기 내 압력 4~5MPa까지 상승하므로 무이음용기에 충전
대기 중 존재량	0.03%

출/제/예/상/문/제

01 가스 분석 시 이산화탄소 흡수제로 가장 많이 사용되는 것은?

① KCl ② $Ca(OH)_2$
③ KOH ④ NaCl

CO_2의 흡수액은 KOH
공기(산소) 중 CO_2의 흡수제는 NaOH, CO_2 중 수분흡수제는 CaO이다.

요약 CO_2(이산화탄소)

1. 분자량 44g, 불연성 액화가스이다.
2. TLV-TWA 허용농도 5000ppm → 독성은 아니다.
3. 대기 중의 존재량은 약 0.03%인데 공기분리장치에서는 드라이아이스가 되므로 제거한다.
4. 공기 중에 다량으로 존재하면 산소 부족으로 질식한다.
5. 물에 용해 시 탄산을 생성하므로 청량음료수에 이용된다.
   $H_2O+CO_2 \rightarrow H_2CO_3$
6. 의료용 용기는 회색, 공업용은 청색이다.
7. 제법
   - 대리석에 묽은 염산을 가하여 얻는다.
     $CaCO_3+2HCl \rightarrow CaCl_2+H_2O+CO_2$
   - 탄산칼슘을 가열 · 열분해하여 얻는다.
     $CaCO_3 \rightarrow CaO+CO_2$
8. 용도
   - 청량음료수 제조
   - 소화제(가연성, 유류의 CO_2 분말소화제 사용)
   - 드라이아이스 제조

참고 드라이아이스 제조 : CO_2를 100atm까지 압축한 뒤에 −25℃까지 냉각시키고, 단열팽창하면 드라이아이스가 얻어진다.

02 CO_2의 성질에 대한 설명 중 맞지 않는 것은?

① 무색 · 무취의 기체로 공기보다 무겁고 불연성이다.
② 독성 가스로 TLV-TWA 허용농도는 5000ppm이다.
③ 탄소의 연소 유기물의 부패발효에 의해 생성된다.
④ 드라이아이스 제조에 쓰인다.

정답 01.③ 02.②

12 N_2(질소)

구 분		물리 · 화학적 성질	
가스의 종류		압축가스, 불연성	
비등점		−196℃	
부식명	방지금속	질화	Ni
용도		냉동제, 고압장치의 치환용, 암모니아 제조원료, 질소 비료	

출/제/예/상/문/제

01 질소의 용도가 아닌 것은?

① 비료에 이용
② 질산 제조에 이용
③ 연료용에 이용
④ 냉동제

해설

질소는 불연성 가스이므로 연료로 사용되지 않는다.

요약 질소(N_2)

1. 분자량 28g 불연성 압축가스(모든 압축가스의 F_p(최고충전압력)은 15MPa이다.)
2. 공기 중 78.1% 함유
3. 고온 · 고압에서 H_2와 작용해 NH_3를 생성 $N_2+3H_2 \rightarrow 2NH_3$
4. 비등점 : −195.8℃(식품의 급속동결용으로 사용)
5. 불활성이므로 독성 · 가연성 가스를 취급하는 장치의 수리, 청소 시 치환용 가스로 사용
6. 부식명 : 질화(방지금속 Ni)
7. 제법 : 공기액화분리법으로 제조(산소제법 참조)
8. 용도
   - 식품 급속냉각용
   - 기밀시험용 가스
   - 암모니아, 석회질소, 비료의 원료

02 극저온용 냉동기의 급속동결 냉매로 사용되는 것은?

① 프레온 ② 암모니아
③ 질소 ④ 탄산가스

03 다음 중 냉동기의 냉매로 사용되며, 독성이 없는 안정된 가스는?

① 암모니아 ② 프레온
③ 수소 ④ 질소

해설

프레온 가스는 냉동기의 냉매로 사용되는 대표적인 가스로서 F_2, Cl_2, C의 화합물이며, 불연성, 독성이 없는 대단히 안정된 가스이다.

정답 01.③ 02.③ 03.②

13 희가스(불활성 가스) : 주기율표 0족에 존재하는 가스

구 분	물리 · 화학적 성질					
종류	He	Ne	Ar	Kr	Xe	Rn
발광색	황백	주황	적	녹자	청자	청록
용도	가스크로마토그래피 캐리어가스					
캐리어가스	H_2, N_2, He, Ne					

출 / 제 / 예 / 상 / 문 / 제

01 다음 비활성 기체는 방전관에 넣어 방전시키면 특유한 색상을 나타낸다. 빨간색을 나타내는 것은?

① Ar ② Ne
③ He ④ Kr

02 Al의 용접 시에 특별히 사용되는 기체는?

① C_2H_2 ② H_2
③ Ar ④ Propane

해설

Ar의 용도
전구에 사용, Al과 용접 시 사용한다.

03 전구에 넣어서 산화방지와 증발을 막는 불활성 기체는?

① Ar ② Ne
③ He ④ Kr

해설

희가스
㉠ 종류 : He, Ne, Ar, Kr, Xe, Rn
㉡ 주기율표 0족, 타원소와 화합하지 않으나 Xe와 불소 사이에 몇 가지 화합물이 있다.
㉢ 용도
- 가스크로마토그래피에서 운반용 가스(캐리어 가스)로 사용
- Ne : 네온사인용, Ar : 전구 봉입용

04 가스크로마토그래프에서 운반용 가스(캐리어가스)로 사용하지 않는 것은?

① H_2 ② He
③ N_2 ④ O_2

05 프레온 냉매가 실수로 눈에 들어갔을 경우 눈 세척에 쓰이는 약품으로 적당한 것은?

① 와세린
② 희붕산용액
③ 농피크린산용액
④ 유동파라핀과 점안기

정답 01.① 02.③ 03.① 04.④ 05.②

14 CH_4(메탄)

구 분	물리 · 화학적 성질
가스의 종류	가연성
연소범위	5~15%
비등점	−162℃
분자량	16g으로 천연가스 주성분
염소와 반응	탈수소 반응으로 CH_3Cl(염화메탄) CH_2Cl_2(염화메틸렌) $CHCl_3$(클로로포름) CCl_4(사염화탄소) 생성

15 LP가스

(1) LP가스의 정의와 특성

정 의	석유계 저급탄화수소의 혼합물로 탄소수 C_3~C_4로서 프로판, 프로필렌, 부탄, 부틸렌, 부타디엔 등으로 이루어진 액화석유가스이다.
일반적 특성	**연소 특성**
① 가스는 공기보다 무겁다(1.5~2배). ② 액은 물보다 가볍다(0.5배). ③ 기화 · 액화가 용이하다. ④ 기화 시 체적이 커진다. ⑤ 천연고무는 용해하므로 패킹제로는 실리콘고무를 사용한다.	• 연소범위가 좁다. • 연소속도가 늦다. • 연소 시 다량의 공기가 필요하다. • 발화온도가 높다. • 발열량이 높다.

(2) C_3H_8, C_4H_{10}

구 분 \ 종 류	C_3H_8(프로판)	C_4H_{10}(부탄)
가스의 종류	가연성	가연성
폭발범위	2.1~9.5%	1.8~8.4%
분자량	44g	58g
기체비중	$\frac{44}{29}=1.52$	$\frac{58}{29}=2$
액비중	0.509	0.582
비등점	−42℃(자연기화방식)	−0.5℃(강제기화방식)
연소반응식	$C_3H_8+5O_2 \rightarrow 3CO_2+4H_2O$	$C_4H_{10}+6.5O_2 \rightarrow 4CO_2+5H_2O$
탄화수소에서 C수가 많아짐에 따라 일어나는 현상	① 폭발하한이 낮아진다. ③ 비등점이 높아진다. ⑤ 폭발범위가 좁아진다.	② 발열량이 커진다. ④ 연소속도가 작아진다.

출/제/예/상/문/제

01 LP가스의 성질 중 옳지 않은 것은?

① 상온 · 상압에서 기체이다.
② 비중은 공기의 0.8~1배가 된다.
③ 무색 투명하다.
④ 물에 녹지 않고, 알코올에 용해된다.

LP가스의 성질
㉠ 상온 · 상압에서는 기체
㉡ 비중은 공기의 1.5~2배

02 C_3H_8 액체 1L는 기체로 250L가 된다. 10kg의 C_3H_8을 기화하면 몇 m^3가 되는가? (단, 액비중은 0.5이다.)

① $1m^3$ ② $2m^3$
③ $3m^3$ ④ $5m^3$

$10kg \div 0.5kg/L = 20L$
$\therefore 20 \times 250 = 5000L = 5m^3$

03 C_3H_8 10kg은 표준상태에서 몇 m^3인가?

① $1m^3$ ② $2m^3$
③ $3m^3$ ④ $5m^3$

해설

상기 문제와 비교할 것
$10kg : x(m^3)$
$44kg : 22.4m^3$
$\therefore x = \frac{10}{44} \times 22.4 = 5.09m^3$

04 C_3H_8 1mol당 발열량은 530kcal이다. 1kg당 발열량은 얼마인가?

① 10000kcal/kg ② 11000kcal/kg
③ 12000kcal/kg ④ 13000kcal/kg

해설

$C_3H_8 + 5O_2 \rightarrow 3CO_2 + 4H_2O + 530kcal/mol$
44g : 530kcal
1kg(1000g) : x
$\therefore x = \frac{1000 \times 530}{44} = 12045kcal/kg \fallingdotseq 12000kcal/kg$
같은 방법으로 $1m^3$당 발열량은
$C_3H_8 + 5O_2 \rightarrow 3CO_2 + 4H_2O + 530kcal$
22.4L : 530kcal
$1m^3$(1000L) : x
$\therefore x = \frac{1000 \times 530}{22.4} = 23660kcal/m^3 \fallingdotseq 24000kcal/m^3$
C_4H_{10}의 1mol당 발열량은 700kcal/mol이므로 동일한 방법으로 계산하면 31000kcal/m^3가 계산된다.

05 LP가스의 장점이 아닌 것은?

① 점화 · 소화가 용이하며, 온도조절이 간단하다.
② 발열량이 높다.
③ 직화식으로 사용할 수 있다.
④ 열효율이 낮다.

해설

열효율이 높다.

06 액화석유가스(LPG)의 주성분은?

① 메탄 ② 에탄
③ 프로판 ④ 옥탄

07 액화석유가스가 누설된 상태를 설명한 것이 아닌 것은?

① 공기보다 무거우므로 바닥에 고이기 쉽다.
② 누설된 부분의 온도가 급격히 내려가므로 서리가 생겨 누설 개소가 발견될 수 있다.
③ 빛의 굴절률이 공기와 달라 아지랑이와 같은 현상이 나타나므로 발견될 수 있다.
④ 대량 누설되었을 때도 순식간에 기화하므로 대기압 하에서는 액체로 존재하는 일이 없다.

정답 01.② 02.④ 03.④ 04.③ 05.④ 06.③ 07.④

08 LPG란 액화석유가스의 약자로서 석유계 저급탄화수소의 혼합물이다. 이의 주성분으로서 틀린 것은?

① 프로필렌　② 에탄
③ 부탄　④ 부틸렌

09 다음 설명 중 옳은 것은?

① 프로판은 공기와 혼합만 되면 연소한다.
② 프로판은 혼합된 공기와의 비율이 폭발범위 안에서 연소한다.
③ LPG는 충격에 의해 폭발한다.
④ LPG는 산소가 적을수록 완전연소한다.

10 LP가스 수송관의 연결부에 사용되는 패킹으로 적당한 것은?

① 종이　② 구리
③ 합성고무　④ 실리콘고무

천연고무는 용해하므로 실리콘고무를 사용한다.

11 알칸족 탄화수소의 일반식은?

① C_nH_{2n}
② C_nH_{2n-2}
③ C_nH_{2n+1}
④ C_nH_{2n+2}

해설

알칸족 C_nH_{2n+2}(-안), 알켄족 C_nH_{2n}(-엔), 알킨족 C_nH_{2n-2}(-인), 알코올기 C_nH_{2n+1}

요약 탄화수소란 탄소와 수소의 화합물로서 다음과 같은 종류가 있다.

알칸족 (C_nH_{2n+2})	알켄족 (C_nH_{2n})	알킨족 (C_nH_{2n-2})	비 고
n=1 CH_4(메탄)			n=1~4 : 기체
n=2 C_2H_6(에탄)	C_2H_4(에틸렌)	C_2H_2(아세틸렌)	n=5~15 : 액체
n=3 C_3H_8(프로판)	C_3H_6(프로펜)	C_3H_4(프로핀)	n=16 이상 : 고체
n=4 C_4H_{10}(부탄)	C_4H_8(부텐)	C_4H_6(부틴)	알칸 : 단일결합
n=5 C_5H_{12}(펜탄)	C_5H_{10}(펜텐)	C_5H_8(펜틴)	알켄 : 이중결합
			알킨 : 삼중결합
			알킨족이 반응성이 가장 크다.

일반식이 같은 것으로 되어 있는 탄화수소를 동족체라 한다.

12 다음 중 동족체가 아닌 것은?

① CH_4
② C_3H_4
③ C_2H_6
④ C_4H_{10}

13 C_3H_8 연소반응식이 맞는 것은?

① $C_3H_8+5O_2 \rightarrow 2CO_2+3H_2O$
② $C_3H_8+4O_2 \rightarrow 3CO_2+4H_2O$
③ $C_3H_8+5O_2 \rightarrow 3CO_2+4H_2O$
④ $C_3H_8+3O_2 \rightarrow 3CO_2+4H_2O$

해설

$C_3H_8+5O_2 \rightarrow 3CO_2+4H_2O$

요약 탄화수소의 완전연소 시 생성물은 CO_2와 H_2O가 생성된다.

$$C_mH_n+\left(m+\frac{n}{4}\right)O_2 \rightarrow mCO_2+\frac{n}{2}H_2O$$

〈연소반응식을 완성하는 방법〉

탄화수소는 연소(산소와 결합) 시 CO_2와 H_2O가 생성되므로

$C_3H_8+(\ \ )O_2 \rightarrow (\ \ )CO_2+(\ \ )H_2O$

C=3이므로 CO_2의 계수는 3

H=8이므로 H_2O의 계수는 4

$3CO_2$, $4H_2O$에서 산소 개수는 3×2=6, 4×1=4이므로 10개가 되며, 이것은 반응족의 산소와 계수를 맞추면 $5O_2$가 된다.

∴ $C_3H_8+5O_2 \rightarrow 3CO_2+4H_2O$이다.

$CH_4+2O_2 \rightarrow CO_2+2H_2O$

$C_2H_2+2.5O_2 \rightarrow 2CO_2+H_2O$

$C_4H_{10}+\frac{13}{2}O_2 \rightarrow 4CO_2 \rightarrow 5H_2O$ 또는

$2C_4H_{10}+13O_2 \rightarrow 8CO_2+10H_2O$

$C_2H_4O+2.5O_2 \rightarrow 2CO_2+2H_2O$

14 용기에 충전된 액화석유가스(LPG)의 압력에 대하여 틀린 것은?

① 가스량이 반이 되면 압력도 반이 된다.
② 온도가 높아지면 압력도 높아진다.
③ 압력은 온도에 관계 없이 가스충전량에 비례한다.
④ 압력은 규정량을 충전했을 때 가장 높다.

해설

가스량이 반일 때 압력이 반이 되는 것은 압축가스에 해당되며, 액화가스와는 다르다.

정답 08.② 09.② 10.④ 11.④ 12.② 13.③ 14.①

15 C_3H_8 10kg 연소 시 필요한 산소는 몇 m^3인가?

① $20m^3$ ② $21m^3$
③ $22m^3$ ④ $25m^3$

$C_3H_8+5O_2 \rightarrow 3CO_2+4H_2O$
44g : 5×22.4L
10kg : $x(m^3)$
$\therefore\ x=\dfrac{10\times5\times22.4}{44}=25.45m^3$

요약 탄화수소의 계산식

C_3H_8	+ $5O_2$	→ $3CO_2$	+ $4H_2O$
1mol	5mol	3mol	4mol
22.4L	5×22.4L	3×22.4L	4×22.4L
44g	5×32g	3×44g	4×18g

상기 내용은 반응식 자체의 값이므로 C_3H_8 1mol당 산소 5mol이므로 C_3H_8 2mol당 산소는 10mol의 계산이 된다.
단, 공기량 계산 시 체적을 구할 때는
산소×$\dfrac{100}{21}$=공기가 되고,
중량을 구할 때는 산소×$\dfrac{100}{23.2}$=공기가 된다.
공기 중 산소의 부피(체적) %는 21%이며, 무게(중량) %는 23.2%이다.
공기 $100m^3$ 산소의 양은 $21m^3$, 공기 100kg 중 산소의 양은 23.2kg이므로 산소 $21m^3$을 얻기 위한 공기량은 $100m^3$가 되므로 계산과정은 $21\times\dfrac{100}{21}=100$이 된다. 중량도 동일한 내용이다.

16 이황화탄소(CS_2)의 폭발범위는?

① 1.2~44%
② 1~44.5%
③ 12~44%
④ 15~49%

17 다음 중 LNG의 주성분은?

① CH_4 ② C_2H_8
③ C_3H_8 ④ C_4H_{10}

해설

LNG(액화천연가스)
주성분 : CH_4

요약 CH_4(메탄)
1. 분자량 : 16g, 비등점 : −162℃, 폭발범위(5~15%)
2. 염소와 반응 시 염소화합물을 생성
 • $CH_4+Cl_2 \rightarrow HCl+CH_3Cl$(염화메틸) : 냉동제
 • $CH_3Cl+Cl_2 \rightarrow HCl+CH_2Cl_2$(염화메틸렌) : 소독제
 • $CH_2Cl_2+Cl_2 \rightarrow HCl+CHCl_3$(클로로포름) : 마취제
 • $CHCl_3+Cl_2 \rightarrow HCl+CCl_4$(사염화탄소) : 소화제

18 메탄(CH_4) 가스에 대한 다음 사항 중 틀린 것은?

① 고온도에서 수증기와 작용하면 일산화탄소와 수소의 혼합가스를 생성한다.
② 무색, 무취의 기체로서 잘 연소하며, 분자량은 16.04이다.
③ 폭발범위는 5~15% 정도이다.
④ 임계압력은 85.4atm 정도이다.

㉠ $CH_4+H_2O \rightarrow CO+3H_2$
㉡ 임계압력 : 45.8atm

19 다음 중 메탄의 제조방법이 아닌 것은?

① 천연가스에서 직접 얻는다.
② 석유정제의 분해가스에서 얻는다.
③ 석탄의 고압건류에 의하여 얻는다.
④ 코크스를 수증기 개질하여 얻는다.

20 최근 차세대 대체연료로 주목받고 있으며, 극지방 심해저 등의 저온·고압 하에서 수소결합을 하는 고체의 격자 속에 가스가 조립된 결합체로 존재하는 얼음과 같은 고체 상태의 가스연료를 일컫는 용어는?

① 메탄하이드레이트 ② 모노실란
③ 규산화인 ④ 저온 액화가스

21 프로판이 공기와 혼합하여 완전연소할 수 있는 프로판의 최소농도는 약 몇 %인가?

① 3 ② 4
③ 5 ④ 6

해설

$C_3H_8+5O_2 \rightarrow 3CO_2+4H_2O$
1 5
$\therefore\ \dfrac{1}{1+5\times\dfrac{100}{21}}\times100 \fallingdotseq 4\%$

정답 15.④ 16.① 17.① 18.④ 19.④ 20.① 21.②

chapter 3 압축기와 펌프

제3장의 학습 방법을 설명해 주세요.

제3장은 출제기준의 압축기 및 펌프부분으로서 압축기의 종류, 특성, 펌프의 분류나 이상현상, 고장원인과 대책, 유지관리 부분을 학습하여야 합니다.

01 압축기

1 압축기 개요와 분류

구 분			세부 핵심내용
개요			기체에 기계에너지를 전달하여 압력과 속도를 높여주는 동력장치
분류	작동압력에 따라		① 압축기(토출압력 $1kg/cm^2$ 이상) ② (블로어)송풍기(토출압력 $0.1kg/cm^2$ 이상 $1kg/cm^2$ 미만) ③ (팬)통풍기(토출압력 $0.1kg/cm^2$ 미만)
	압축방식에 따라	터보형	① 원심 : 원심력에 의해 가스를 압축 ② 축류 : 축방향으로 흡입, 축방향으로 토출 ③ 사류 : 축방향으로 흡입, 경사지게 토출
		용적형	① 왕복식 : 피스톤의 왕복운동으로 압축 ② 회전식 : 임펠러의 회전운동으로 압축하는 방식 ③ 나사식 : 암수 한쌍의 나사가 맞물려 돌아가면서 압축

(1) 각종 압축기의 특징

왕복압축기	원심압축기	회전압축기	나사압축기
① 급유식 또는 무급유식이다. ② 용량조정 범위가 넓고 쉽다. ③ 압축효율이 높아 쉽게 고압을 얻을 수 있다. ④ 설치면적이 크고, 소음 · 진동이 있다. ⑤ 용적형이다.	① 무급유식이다. ② 압축이 연속적이다. ③ 압축효율이 낮다. ④ 소음 · 진동이 적다. ⑤ 용량조정 범위가 좁고 어렵다.	① 오일윤활식 용적형이다. ② 구조가 간단하다. ③ 소용량으로 사용된다. ④ 흡입밸브가 없고, 크랭크 케이스 내는 고압이다. ⑤ 압축이 연속적이고, 고진공을 얻을 수 있다.	① 용적형이다. ② 무급유 · 급유식이다. ③ 흡입 · 압축 · 토출의 3행정이다. ④ 맥동이 없고, 압축이 연속적이다. ⑤ 압축효율은 낮다.

(2) 압축비와 실린더 냉각의 목적

압축비가 커질 때의 영향	실린더 냉각의 목적
① 소요동력 증대 ② 실린더 내 온도 상승 ③ 체적효율 저하 ④ 윤활유 열화 탄화	① 체적효율 증대 ② 압축효율 증대 ③ 윤활기능 향상 ④ 압축기 수명 연장

(3) 다단압축의 목적, 압축기의 운전 전, 운전 중 주의사항

다단압축의 목적	운전 전 주의사항	운전 중 주의사항
① 가스의 온도 상승을 피함 ② 일량이 절약 ③ 이용효율이 증대 ④ 힘의 평형이 양호 ⑤ 체적효율 증대	① 압축기에 부착된 볼트, 너트 조임상태 확인 ② 압력계, 온도계, 드레인밸브를 전개 지시압력의 이상유무 점검 ③ 윤활유 상태 점검 ④ 냉각수 상태 점검	① 압력 · 온도 이상유무 점검 ② 소음 · 진동 유무 점검 ③ 윤활유 상태 점검 ④ 냉각수량 점검

(4) 압축기 정지 순서

가연성 압축기	그 밖의 일반 압축기	압축기관리 시 주의사항
① 전동기 스위치를 내린다. ② 최종 스톱밸브를 닫는다. ③ 드레인밸브를 열어둔다. ④ 각 단의 압력저하를 확인한 후 흡입밸브를 닫는다. ⑤ 냉각수를 배출한다.	① 드레인밸브를 조정, 밸브를 열어 응축수 및 기름을 배출한다. ② 각 단의 압력을 0으로 하여 정지시킨다. ③ 주밸브를 잠근다. ④ 냉각수밸브를 잠근다.	① 단기간 정지 시에도 1일 1회 운전한다. ② 장기간 정지 시 윤활유를 교환, 냉각수를 제거한다. ③ 냉각사관은 무게를 재어 10% 이상 감소 시 교환한다.

(5) 압축기 이상현상의 원인

중간단 압력 이상저하	중간단 압력 이상상승	흡입온도 이상상승	토출온도 이상상승
① 전단 흡입토출밸브 불량 ② 전단 바이패스밸브 불량 ③ 전단 클리어런스밸브 불량 ④ 전단 피스톤링 불량 ⑤ 중간 단 냉각기 능력 과대	① 다음 단 흡입토출밸브 불량 ② 다음 단 바이패스밸브 불량 ③ 다음 단 클리어런스밸브 불량 ④ 다음 단 피스토링 마모 ⑤ 중간 단 냉각기 능력 과소	① 전단 냉각기 능력저하 ② 흡입밸브 불량에 의한 역류 ③ 관로의 수열	① 전단 냉각기 불량에 의한 고온가스의 흡입 ② 흡입밸브 불량에 의한 고온가스 흡입 ③ 토출밸브 불량에 의한 역류 ④ 압축비 증가

(6) 압축기에 사용되는 윤활유 종류

<table>
<tr><td rowspan="4">각종 가스 윤활유</td><td>O_2(산소)</td><td>물 또는 10% 이하 글리세린수</td></tr>
<tr><td>Cl_2(염소)</td><td>진한 황산</td></tr>
<tr><td>LP가스</td><td>식물성유</td></tr>
<tr><td>H_2(수소), C_2H_2(아세틸렌), 공기</td><td>양질의 광유</td></tr>
<tr><td>구비조건</td><td colspan="2">① 경제적일 것 ② 화학적으로 안정할 것
③ 점도가 적당할 것 ④ 인화점이 높을 것
⑤ 불순물이 적을 것 ⑥ 항유화성이 높고, 응고점이 낮을 것</td></tr>
</table>

(7) 압축기 용량 조정방법

왕 복	원 심
① 회전수 변경법 ② 바이패스밸브에 의한 방법 ③ 흡입 주밸브 폐쇄법 ④ 타임드밸브에 의한 방법 ⑤ 흡입밸브 강제 개방법 ⑥ 클리어런스밸브에 의한 방법	① 속도제어에 의한 방법 ② 바이패스에 의한 방법 ③ 안내깃(베인컨트롤) 각도에 의한 방법 ④ 흡입밸브 조정법 ⑤ 토출밸브 조정법

(8) 압축비, 각 단의 토출압력, 2단 압축에서 중간압력 계산법

구 분	핵심내용
압축비(a)	$a=\sqrt[n]{\frac{P_2}{P_1}}$ 여기서, n : 단수, P_1 : 흡입 절대압력, P_2 : 토출 절대압력
2단 압축에서 중간압력(P_0)	P_1 → 1 → P_0 → 2 → P_2 $P_0=\sqrt{P_1\times P_2}$
다단압축에서 각 단의 토출압력	P_1 → 1 → P_{01} → 2 → P_{02} → 3 → P_2 여기서, P_1 : 흡입 절대압력 P_{01} : 1단 토출압력 P_{02} : 2단 토출압력 P_2 : 토출 절대압력 또는 3단 토출압력 $a=\sqrt[n]{\frac{P_2}{P_1}}$ $P_{01}=a\times P_1$ $P_{02}=a\times a\times P_1$ $P_2=a\times a\times a\times P_1$

예제 1. 흡입압력 1kg/cm^2, 최종 토출압력 26kg/cm^2(g)인 3단 압축기의 압축비를 구하고, 각 단의 토출압력을 게이지압력으로 계산하시오. (단, 1atm=1kg/cm^{2}이다.)

풀이 $a=\sqrt[3]{\frac{(26+1)}{1}}=3$

$P_{01}=a\times P_1=3\times 1=3\text{kg/cm}^2$

$\therefore\ 3-1=2\text{kg/cm}^2(\text{g})$

$P_{02}=a\times a\times P_1=3\times 3\times 1-1=8\text{kg/cm}^2(\text{g})$

$P_2=a\times a\times a\times P_1=3\times 3\times 3\times 1-1=26\text{kg/cm}^2(\text{g})$

예제 2. 흡입압력 1kg/cm^2, 토출압력 4kg/cm^{2}인 2단 압축기 중간압력은 몇 kg/cm^2(g)인가? (단, 1atm=1kg/cm^{2}이다.)

풀이 $P_o=\sqrt{P_1\times P_2}=\sqrt{1\times 4}=2\text{kg/cm}^2$

$\therefore\ 2-1=1\text{kg/cm}^2(\text{g})$

(9) 왕복압축기의 피스톤 압출량(m^3/h)

$$Q=\frac{\pi}{4}D^2\times L\times N\times n\times n_v\times 60$$

여기서, Q : 피스톤 압출량(m^3/hr)
D : 직경(m)
L : 행정(m)
N : 회전수(rpm)
n : 기통수
n_v : 체적효율

※ m^3/min 값으로 계산 시 60을 곱할 필요가 없음.

예제 실린더 직경 200mm, 행정 100mm, 회전수 200rpm, 기통수 2기통, 체적효율 80%인 왕복압축기 피스톤 압출량(m^3/hr)을 계산하여라.

풀이 $Q=\frac{\pi}{4}\times(0.2\text{m})^2\times(0.1\text{m})\times 200\times 2\times 0.8\times 60=30.16\text{m}^3/\text{hr}$

02 펌프

(1) 분류방법

구 분				세부 핵심내용
개요				낮은 곳의 액체를 높은 곳으로 끌어올리는 동력장치
분류	터보형	원심	벌류트	안내깃이 없는 펌프
			터빈	안내깃이 있는 펌프
		축류		임펠러에서 나오는 액의 흐름이 축방향으로 토출
		사류		임펠러에서 나온 액의 흐름이 축에 대하여 경사지게 토출
	용적식	왕복		피스톤, 플런저, 다이어프램
		회전		기어, 나사, 베인
	특수펌프			재생(마찰, 웨스크), 제트, 기포, 수격

(2) 펌프의 이상현상

항 목 \ 구 분	정 의	방지법
캐비테이션	유수 중 그 수온의 증기압보다 낮은 부분이 생기면 물이 증발을 일으키고, 기포를 발생하는 현상	① 펌프 설치위치를 낮춘다. ② 두 대 이상의 펌프를 사용한다. ③ 양 흡입펌프를 사용한다. ④ 펌프 회전수를 낮춘다. ⑤ 수직축 펌프를 사용하여 회전차를 수중에 잠기게 한다.
	참고 발생에 따른 현상	소음, 진동, 깃의 침식, 양정, 효율곡선 저하
베이퍼록	저비등점의 펌프 등에서 액화가스 이송 시 일어나는 현상으로 액의 끓음에 의한 동요	① 회전수를 낮춘다. ② 흡입관경을 넓힌다. ③ 펌프 설치위치를 낮춘다. ④ 외부와 단열조치한다. ⑤ 실린더 라이너를 냉각시킨다.
	참고 베이퍼록이 발생되는 펌프	회전펌프
수격작용(워터해머)	관 속을 충만하게 흐르는 물이 정전 등에 의한 심한 압력변화에 따른 심한 속도변화를 일으키는 현상	① 펌프에 플라이휠을 설치한다. ② 관 내 유속을 낮춘다. ③ 조압수조를 관선에 설치한다. ④ 밸브를 송출구 가까이 설치하고, 적당히 제어한다.
서징현상	펌프를 운전 중 주기적으로 양정 토출량 등이 규칙적으로 바르게 변동하는 현상	〈서징의 발생조건〉 ① 배관 중에 물탱크나 공기탱크가 있을 때 ② 펌프의 양정곡선이 산고곡선이고, 곡선의 산고 상승부에서 운전하였을 때 ③ 유량조절밸브가 탱크 뒤쪽에 있을 때

원심압축 시의 서징

1. 정의

   압축기와 송풍기의 사이에 토출측 저항이 커지면 풍량이 감소하고, 어느 풍량에 대하여 일정압력으로 운전되나 우상특성의 풍량까지 감소되면 관로에 심한 공기의 맥동과 진동이 발생하여 불안정 운전이 되는 현상

2. 방지법

   - 우상특성이 없게 하는 방식
   - 방출밸브에 의한 방법
   - 회전수를 변화시키는 방법
   - 교축밸브를 기계에 근접시키는 방법

(3) 펌프의 마력(PS) 동력(kW) 계산식

항 목 \ 구 분	L_{PS}	L_{kW}
공 식	$L_{PS} = \dfrac{\gamma \cdot Q \cdot H}{75\eta}$	$L_{kW} = \dfrac{\gamma \cdot Q \cdot H}{102\eta}$
기 호	L_{PS} : 펌프의 마력, L_{kW} : 펌프의 동력, γ : 비중량(kgf/m^3) Q : 유량(m^3/sec), H : 양정(m), η : 효율	
예 제	송수량 6000L/min, 양정 10m, 효율 75%인 펌프의 L_{PS}, L_{kW}를 계산 $L_{PS} = \dfrac{1000 \times 6(\text{m}^3/60\text{sec}) \times 10}{75 \times 0.75} = 17.78\text{PS}$ $L_{kW} = \dfrac{1000 \times 6(\text{m}^3/60\text{sec}) \times 10}{102 \times 0.75} = 13.07\text{kW}$	
참 고	① γ(비중량)이 주어지지 않으면 물의 비중량 1000kgf/m^{3}을 대입 ② 유량의 단위 m^3/sec로 변환	

(4) 펌프 회전수 변경 시 및 상사로 운전 시 변경(송수량, 양정, 동력)

구 분		내 용
회전수를 $N_1 \rightarrow N_2$로 변경한 경우	송수량(Q_2)	$Q_2 = Q_1 \times \left(\dfrac{N_2}{N_1}\right)^1$
	양정(H_2)	$H_2 = H_1 \times \left(\dfrac{N_2}{N_1}\right)^2$
	동력(P_2)	$P_2 = P_1 \times \left(\dfrac{N_2}{N_1}\right)^3$

구 분		내 용
회전수를 $N_1 \rightarrow N_2$로 변경과 상사로 운전 시($D_1 \rightarrow D_2$ 변경)	송수량(Q_2)	$Q_2 = Q_1 \times \left(\frac{N_2}{N_1}\right)^1 \left(\frac{D_2}{D_1}\right)^3$
	양정(H_2)	$H_2 = H_1 \times \left(\frac{N_2}{N_1}\right)^2 \left(\frac{D_2}{D_1}\right)^2$
	동력(P_2)	$P_2 = P_1 \times \left(\frac{N_2}{N_1}\right)^3 \left(\frac{D_2}{D_1}\right)^5$

기호 설명

- Q_1, Q_2 : 처음 및 변경된 송수량
- H_1, H_2 : 처음 및 변경된 양정
- P_1, P_2 : 처음 및 변경된 동력
- N_1, N_2 : 처음 및 변경된 회전수

예제 회전수 1000rpm에서 1500rpm으로 변하면 송수량, 양정, 동력은 몇 배로 변화되는가?

풀이 ① $Q_2 = Q_1 \times \left(\frac{1500}{1000}\right)^1 = 1.5Q_1$ (1.5배)

② $H_2 = H_1 \times \left(\frac{1500}{1000}\right)^2 = 2.25H_1$ (2.25배)

③ $P_2 = P_1 \times \left(\frac{1500}{1000}\right)^3 = 3.375P_1$ (3.375배)

(5) 마찰손실수두, 비교회전도, 전동기 직결식 원심 펌프의 회전수

항 목 \ 구 분	마찰손실수두	비교회전도	전동기 직결식 원심 펌프의 회전수
공 식	$h_f = \lambda\frac{l}{d} \cdot \frac{V^2}{2g}$	$N_s = \frac{N\sqrt{Q}}{\left(\frac{H}{n}\right)^{\frac{3}{4}}}$	$N = \frac{120f}{P}\left(1 - \frac{s}{100}\right)$
기 호	• h_f : 마찰손실수두(m) • λ : 관마찰계수 • l : 관길이(m) • d : 관경(m) • V : 유속(m/s) • g : 중력가속도(9.8m/s²)	• N_s : 비교회전도 • N : 회전수(rpm) • Q : 유량(m³/min) • H : 양정(m) • n : 단수	• N : 회전수(rpm) • f : 전기주파수(6Hz) • P : 모터 극수 • s : 미끄럼률

예제 1. 다음 조건으로 관마찰손실수두(m)를 계산하여라.

- 관길이 : 10m
- 내경 : 5cm
- 관내 유속 : 5m/s
- 관마찰계수 : 0.03

풀이 $h_f = \lambda\frac{l}{d} \cdot \frac{V^2}{2g} = 0.03 \times \frac{10}{0.05} \times \frac{5^2}{2 \times 9.8} = 7.65\text{m}$

예제 2. 다음 조건으로 펌프의 유량(m^3/min)을 계산하여라.

- 비교회전도(N_s) : 175
- 회전수(N) : 3000rpm
- 양정(H) : 210m
- 단수(n) : 3단

풀이 $N_s = \dfrac{N\sqrt{Q}}{\left(\dfrac{H}{n}\right)^{\frac{3}{4}}}$ 이므로

$$\therefore\ Q = \left\{\frac{N_s \times \left(\dfrac{H}{n}\right)^{\frac{3}{4}}}{N}\right\}^2 = \left\{\frac{175 \times \left(\dfrac{210}{3}\right)^{\frac{3}{4}}}{3000}\right\}^2 = 1.99\mathrm{m^3/min}$$

예제 3. 모터 극수가 4극, 미끄럼률이 30%인 전동기 직결식 원심 펌프의 회전수(rpm)는?

풀이 $N = \dfrac{120f}{P}\left(1 - \dfrac{s}{100}\right)$

$$= \frac{120 \times 60}{4}\left(1 - \frac{30}{100}\right) = 1260\mathrm{rpm}$$

(6) 펌프 축봉장치에 사용되는 Seal의 종류

종 류	특 징
메커니컬 시일	① 누설이 방지된다. ② 특수액에 사용된다. ③ 동력손실이 적고, 효율이 좋다. ④ 구조가 복잡하고, 교환 조립이 힘들다.
언밸런스 시일	0.4MPa 이하의 압력에서 사용된다.
밸런스 시일	4~5kg/cm^2(0.4~0.5MPa) 이상의 저비점 액체에 사용된다.
더블 시일의 사용되는 경우	① 유독액 · 인화성이 강한 액일 때 ② 보냉 · 보온 시 ③ 누설되면 응고되는 액일 때 ④ 고진공일 때 ⑤ 기체를 시일할 때

(7) 공기압축기 내부 윤활유의 조건

항 목 / 탄소질량	인화점	교반 시 온도	교반시간	조 건
1% 이하	200℃	170℃	8시간	교반하여 분해되지 않을 것
1% 초과 1.5% 이하	230℃	170℃	12시간	

(8) 펌프의 고장 원인과 대책

① 펌프가 액을 토출하지 않을 때

원 인	대 책
① 탱크 내의 액면 낮음 ② 흡입 관로의 막힘 ③ 여과기 막힘	① 액면 높임 ② 밸브 완전 개방 ③ 여과기 분해 청소

② 펌프의 소음 · 진동 발생

원 인	대 책
① 흡입관로 막힘 ② 공기 흡입 ③ 캐비테이션 발생 ④ 과도한 회전수	① 여과기 분해 청소 ② 공기빼기 드레인 개방 ③ 정상 회전수 확인 ④ 흡입관경 및 펌프 설치 위치확인

③ 펌프 토출량 감소 시

원 인	대 책
① 임펠러 마모 및 부식 ② 공기 흡입 시 ③ 이물질 흡입 시 ④ 캐비테이션 발생	① 임펠러 교환 ② 공기빼기 실시 ③ 펌프 관로 점검

④ 펌프의 액압강하

원 인	대 책
① 펌프 가액을 토출하지 않음 ② 릴리프밸브 불량	① 흡입토출관 점검 ② 릴리프밸브 점검

⑤ 펌프에 공기 혼입 시 영향

㉠ 소음 · 진동 발생

㉡ 압력계 지침 흔들림

㉢ 기동 불능

⑥ 전동기 과부하의 원인

㉠ 임펠러 이물질 혼입

㉡ 양정 유량 증가 시

㉢ 액점도 증가 시

㉣ 모터 소손 시

Chapter 3

출/제/예/상/문/제

01 압축기를 작동압력에 따라 분류 시 송풍기의 압력에 해당하는 것은?

① 0.1MPa 이상
② 10kPa 이상 0.1MPa 미만
③ 10kPa 미만
④ 10kPa 이상

해설

압축기의 작동압력에 따른 분류
㉠ 압축기 : 토출압력 0.1MPa 이상
㉡ 송풍기 : 토출압력 10kPa 이상 0.1MPa 미만
㉢ 통풍기 : 토출압력 10kPa 미만

요약 압축기(Compressor) : 기체에 기계적 에너지를 전달하여 압력과 속도를 높이는 기계
압축기의 용도
1. 고압으로 화학반응을 촉진시킨다.

$$N_2+3H_2 \xrightarrow[(저온 \cdot 고압)]{} 2NH_3+Q$$

2. 가스를 압축하여 액화가스로 저장운반에 이용된다.
3. 냉동장치, 저온장치에 이용된다.
4. 배관을 통하여 가스의 수송에 이용된다.

02 다음 중 왕복압축기의 특징이 아닌 것은?

① 압축이 연속적이며, 맥동이 생기기 쉽다.
② 오일윤활식, 무급유식이다.
③ 압축효율이 높아 쉽게 고압을 얻을 수 있다.
④ 소음 · 진동이 심하다.

해설

왕복압축기 특징
㉠ 용적형이다.
㉡ 오일윤활식 또는 무급유식이다.
㉢ 용량조절 범위가 넓고 쉽다.
㉣ 압축효율이 높아 쉽게 고압을 얻을 수 있다.
㉤ 토출압력변화에 의한 용량변화가 작다.
㉥ 실린더 내 압력은 저압이며, 압축이 단속적이다.
㉦ 저속회전이며, 형태가 크고 중량이며, 설치면적이 크다.
㉧ 접촉부분이 많아 소음 · 진동이 생긴다.

요약 왕복압축기 : 실린더 내에서 피스톤을 왕복운동시켜 기체를 흡입, 압축, 토출하는 형식으로(스카치 요크형) 압축기라고 한다.

03 압축기 운전 중 용량조정의 목적은 어느 것인가?

① 소요동력 증대　② 회전수 증가
③ 토출량 증가　④ 무부하 운전

해설

용량조정의 목적 : 경부하 운전(경제적 운전), 기계수명 연장, 소요동력 절감, 압축기 보호, 수요와 공급의 균형유지
(1) 연속적으로 조절하는 법
㉠ 회전수 변경법
㉡ 바이패스법
㉢ 타임드밸브에 의한 방법
㉣ 흡입 주밸브를 폐쇄하는 방법
(2) 단계적으로 조절하는 법
㉠ 클리어런스밸브에 의한 방법
㉡ 흡입밸브를 개방하여 흡입하지 못하도록 하는 방법

04 다음 중 왕복압축기의 용량조정 방법이 아닌 것은?

① 회전수 가감법
② 바이패스법
③ 흡입밸브 개방법
④ 안내깃 각도 조정법

해설

④는 원심압축기의 용량조정법이다.

05 실린더 단면적 $50cm^2$, 행정 10cm, 회전수 200rpm, 효율이 80%인 왕복압축기의 피스톤 압출량은 몇 L/min인가?

① 50L/min　② 60L/min
③ 70L/min　④ 80L/min

정답 01.② 02.① 03.④ 04.④ 05.④

해설

$Q=\frac{\pi}{4}d^2\times L\times N\times n_V$

$=50cm^2\times 10cm\times 200\times 0.8$

$=80000cm^3/min=80L/min$

06 왕복동 압축기에서 실린더 내경이 200mm, 행정 100mm, 회전수 500rpm, 효율이 80%일 때 토출량은 몇 m^3/hr인가?

① $50.60m^3$/hr
② $60.50m^3$/hr
③ $75.40m^3$/hr
④ $80m^3$/hr

해설

$Q=\frac{\pi}{4}d^2\times L\times N\times n_V\times 60$

$=\frac{\pi}{4}(0.2m)^2\times 0.1m\times 500\times 0.8\times 60$

$=75.398m^3/hr$

$=75.40m^3/hr$

요약 왕복동 압축기의 피스톤 압출량 : 피스톤이 가스를 흡입하여 토출하는 양

$Q=\frac{\pi}{4}d^2\times L\times N\times n\times n_V\times 60$

여기서, Q : 피스톤 압출량(m^3/hr)
d : 실린더 내경(m)
N : 회전수(rpm)(분당 회전수이므로 시간당으로 계산 시 60을 곱한다.)
n : 기통수
n_V : 체적효율(이 수치가 없으면 효율이 100%이므로 그 때를 이론적인 피스톤 압출량이라 한다.)

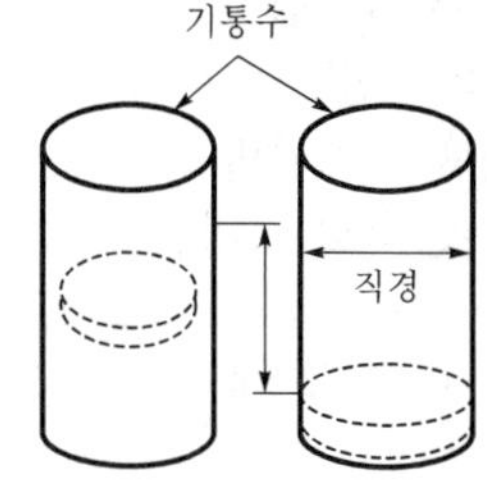

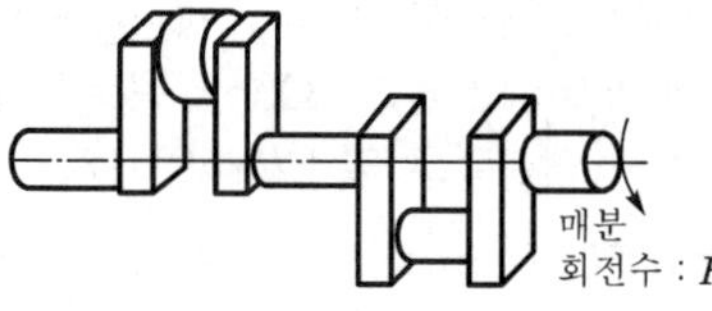

07 왕복압축기에서 체적효율에 영향을 주는 요소가 아닌 것은?

① 톱클리어런스에 의한 영향
② 흡입 토출밸브에 의한 영향
③ 불완전 냉각에 의한 영향
④ 기체 누설에 의한 영향

해설

체적효율에 영향을 주는 인자 ①, ③, ④ 이외에 사이드 클리어런스에 의한 영향, 밸브의 하중과 기체의 마찰에 의한 영향 등이 있다.

요약 체적효율$(n_V)=\frac{\text{실제가스 흡입량}}{\text{이론가스 흡입량}}$

이론가스 흡입량은 실린더 내의 체적이 정해져 있으므로 실제가스 흡입량이 클수록 체적효율이 좋으며, 체적효율이 좋을수록 압축기의 성능이 양호한 것을 뜻한다.

08 왕복압축기에서 $n_m=\frac{\text{지시동력}}{\text{축동력}}$일 경우 이때 n_m은 무엇인가?

① 체적효율
② 압축효율
③ 토출효율
④ 기계효율

해설

n_m(기계효율)$=\frac{\text{지시동력(실제가스 소요동력)}}{\text{축동력}}$

요약 n_c(압축효율)$=\frac{\text{이론동력}}{\text{실제가스 소요동력(지시동력)}}$

n_m(기계효율)$=\frac{\text{지시동력}}{\text{축동력}}$

$\therefore$ 축동력$=\frac{\text{이론동력}}{n_m\times n_c}$

09 압축기의 이론동력이 20kW, 압축기계 효율이 각각 80%일 때 축동력은 얼마인가?

① 18.25kW ② 20kW
③ 31.25kW ④ 40kW

해설

축동력$=\frac{\text{이론동력}}{n_m\times n_c}$

$=\frac{20kW}{0.8\times 0.8}=31.25kW$

정답 06.③ 07.② 08.④ 09.③

10 다음 중 일량이 가장 큰 압축방식은?

① 등온압축
② 폴리트로픽 압축
③ 다단압축
④ 단열압축

일량의 대소
단열압축>폴리트로픽 압축>등온압축

11 왕복동 압축기에서 토출량을 Q, 실린더 단면적을 A, 피스톤 행정을 L, 회전수를 N이라 할 때 효율 η_V는?

① $\eta_V = \frac{\pi}{4}ALN$
② $\eta_V = ASN$
③ $\eta_V = \frac{Q}{ALN}$
④ $\eta_V = \frac{ALN}{Q}$

$Q = ALN \times \eta_V$

$\therefore \eta_V = \frac{Q}{ALN}$

12 피스톤 행정량 $0.00248m^3$, 회전수 163rpm으로 시간당 토출량이 90kg/hr이며, 토출가스 1kg의 체적이 $0.189m^3$일 때 토출효율은 몇 %인가?

① 70.13%
② 71.7%
③ 7.17%
④ 65.2%

해설

$$\text{토출효율} = \frac{\text{실제가스 흡입량}}{\text{이론가스 흡입량}} \times 100 = \frac{90 \times 0.189}{0.00248 \times 163 \times 60} \times 100 = 70.13\%$$

13 다음 중 다단압축의 목적이 아닌 것은?

① 일량이 증가된다.
② 힘의 평형이 좋아진다.
③ 이용효율이 증가된다.
④ 가스 온도상승을 피한다.

해설

다단압축의 목적
㉠ 일량이 절약된다.
㉡ 힘의 평형이 양호하다.
㉢ 효율이 증가된다.
㉣ 가스 온도상승을 피한다.

요약 1. 1단 압축

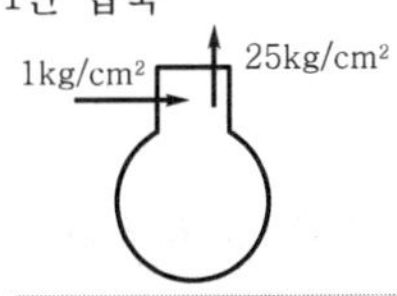

$\text{압축비}(a) = \frac{25}{1} = 25$

2. 다단 압축

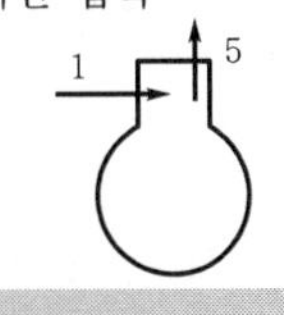

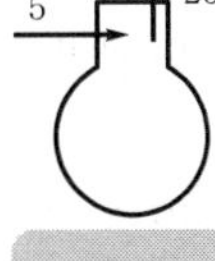

$\text{압축비}(a) = \frac{5}{1} = 5$ $\quad a = \frac{25}{5} = 5$

압축비가 적으므로 일량이 절약 → 가스 온도상승을 피한다. → 이용효율이 증가 → 힘의 평형이 양호하다.

14 흡입압력이 대기압과 같으며, 토출압력이 $26kg/cm^2(g)$인 3단 압축기의 압축비는? (단, 대기압은 $1kg/cm^2$로 한다.)

① 1
② 2
③ 3
④ 4

해설

$a = \sqrt[3]{\frac{26+1}{1}} = 3$

요약 1. 1단 압축비 $a = \frac{P_2}{P_1}$

2. n단 압축비 $a = \sqrt[n]{\frac{P_2}{P_1}}$

여기서, P_1 : 흡입절대압력, P_2 : 토출절대압력
n : 단수

15 대기압으로부터 $15kg/cm^2(g)$까지 2단 압축 시 중간압력은 몇 $kg/cm^2(g)$이 되는가? (단, 대기압은 $1kg/cm^2$이다.)

① 1
② 2
③ 3
④ 4

정답 10.④ 11.③ 12.① 13.① 14.③ 15.③

해설

2단 압축 시 중간압력(P_0)

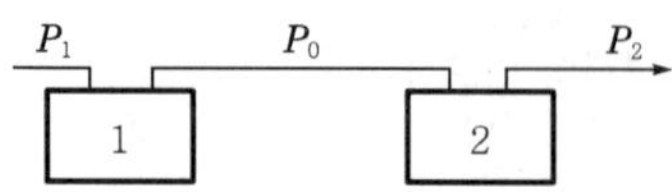

$\therefore\ P_0 = \sqrt{P_1 \times P_2} = \sqrt{1 \times 16} = 4\text{kg/cm}^2\text{(a)}$

$\therefore\ 4-1 = 3\text{kg/cm}^2\text{(g)}$

16 PV^n = 일정일 때 이 압축은 무엇에 해당하는가? (단, $1<n<k$)

① 등적압축
② 등온압축
③ 폴리트로픽 압축
④ 단열압축

해설

$n=1$(등온), $1<n<k$(폴리트로픽), $n=k$(단열)

17 흡입압력이 5kg/cm²(a)인 3단 압축기에서 압축비를 3으로 하면 각 단의 토출압력은 몇 kg/cm²(g)인가?

① 10, 40, 130 ② 11, 41, 131
③ 13, 43, 134 ④ 14, 44, 134

해설

각 단의 토출압력

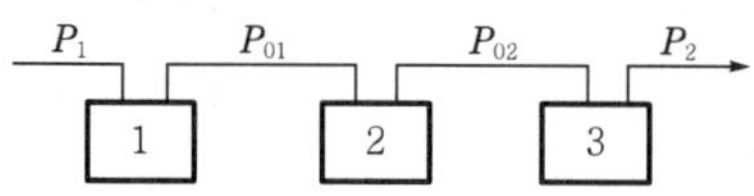

1단 $a = \dfrac{P_{01}}{P_1}$ 1단의 토출압력 $P_{01} = a \times P_1$

2단 $a = \dfrac{P_{02}}{P_{01}}$ $\therefore\ P_{02} = a \times P_{01} = a \times a \times P_1$

3단 $a = \dfrac{P_2}{P_{02}}$ $\therefore\ P_2 = a \times P_{02} = a \times a \times a \times P_1$

㉠ 1단 토출압력 : $P_{01} = a \times P_1$
$= 3 \times 5 = 15\text{kg/cm}^2$
$\therefore\ 15 - 1.033 = 13.96\text{kg/cm}^2 ≒ 14\text{kg/cm}^2\text{(g)}$

㉡ 2단 토출압력 : $P_{02} = a \times a \times P_1$
$= 3 \times 3 \times 5 = 45\text{kg/cm}^2$
$\therefore\ 45 - 1.033 = 43.967\text{kg/cm}^2 ≒ 44\text{kg/cm}^2\text{(g)}$

㉢ 3단 토출압력 : $P_2 = a \times a \times a \times P_1$
$= 3 \times 3 \times 3 \times 5 = 135\text{kg/cm}^2$
$\therefore\ 135 - 1.033 = 133.967\text{kg/cm}^2 ≒ 134\text{kg/cm}^2\text{(g)}$

18 다음 중 압축비 증대 시 일어나는 영향이 아닌 것은?

① 소요동력이 감소한다.
② 체적효율이 저하한다.
③ 실린더 내 온도가 상승한다.
④ 윤활기능이 저하한다.

해설

압축비 증대 시 영향
㉠ 소요동력 증대
㉡ 체적효율 감소
㉢ 실린더 내 온도상승
㉣ 윤활유 열화탄화
㉤ 윤활유 기능저하

참고 실린더 냉각의 목적
- 체적효율 증대
- 압축효율 증대
- 윤활유 열화탄화방지
- 윤활기능 향상
- 기계수명 연장

19 다음 선도 중 압축일량에 해당하는 것은?

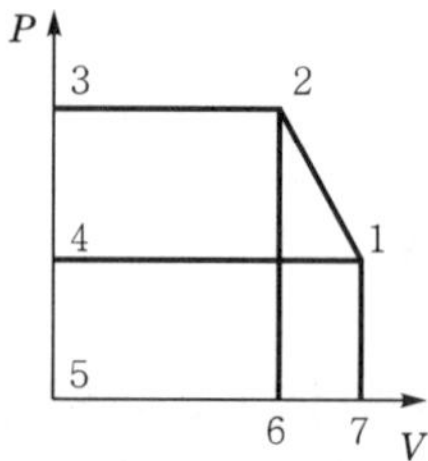

① 4－1－5－7 ② 1－2－6－7
③ 2－3－5－6 ④ 1－2－3－4

해설

흡입일량(4-1-5-7), 압축일량(1-2-6-7), 토출일량(2-3-5-6), 정미소요일량(1-2-3-4)

참고 정미소요일량 : 압축일량, 토출일량에서 흡입일량을 뺀 실제적 압축에서 토출까지의 일량을 말한다.

20 실린더 내경이 200mm, 피스톤 외경이 150mm, 두께가 100mm인 회전 베인형 압축기의 회전수가 200rpm일 때 피스톤 압출량은 몇 m³/hr인가?

① 15m³/hr ② 16.49m³/hr
③ 17m³/hr ④ 18.54m³/hr

정답 16.③ 17.④ 18.① 19.② 20.②

해설

회전 베인형 압축기의 피스톤 압출량

$Q=\frac{\pi}{4}\times(D^2-d^2)\times t\times N\times 60$

$=\frac{\pi}{4}\times(0.2^2-0.15^2)\times 0.1\times 200\times 60$

$=16.49\text{m}^3/\text{hr}$

요약 회전압축기의 특징

1. 용적형이다.
2. 오일윤활식이다.
3. 왕복압축기에 비해 소형이며, 구조가 간단하다.
4. 베인의 회전에 의해 압축하며, 압축이 연속적이다.
5. 흡입밸브가 없고, 크랭크케이스 내의 압력은 고압이다.

21 용적형 압축기의 일종으로 흡입, 압축, 토출의 3행정이며, 대용량에 적합한 압축기는?

① 왕복　② 원심
③ 회전　④ 나사

나사압축기
암수 나사가 맞물려 돌면서 연속적인 압축을 행하는 방식으로 무급유 또는 급유식이다.

요약 나사압축기의 특징

1. 용적형이다.
2. 무급유, 급유식이다.
3. 설치면적이 작다.
4. 맥동이 없고, 연속 송출된다.
5. 흡입, 압축, 토출의 3행정을 갖는다.
6. 고속회전 형태가 작고 경량이며, 대용량에 적합하다.

나사압축기 토출량 계산식

$Q=k\times D^2\times L\times N\times 60$

여기서, Q : 시간당 토출량(m^3/hr)
D : 암로터지름(m)
L : 로터길이(m)
k : 로터모양에 의한 상수
N : 숫로터분당 회전수(rpm)

22 다음 중 원심압축기의 특징이 아닌 것은 어느 것인가?

① 무급유식이다.
② 토출압력변화에 의한 용량변화가 작다.
③ 용량조정이 어렵다.
④ 기체에 맥동이 없고, 연속 송출된다.

해설

원심압축기(Centrifugal Compressor)
일반적으로 터보압축기라 하며, 회전축 상에 임펠러를 설치하여 축을 고속회전시켜 원심력을 이용하여 가스를 압축하는 방식이다.

(1) 구조 : 축 방향에서 베인을 통하여 가스를 흡입하게 되면 임펠러로 들어가 고속회전을 통한 원심력을 이용하여 속도에너지를 압력에너지로 바꾸어서 압축하는 방식이다.
속도에너지(임펠러) → 압력에너지(디퓨저)

(2) 특징
㉠ 원심식이며, 무급유 압축기이다.
㉡ 토출압력변화에 의한 용량변화가 크다.

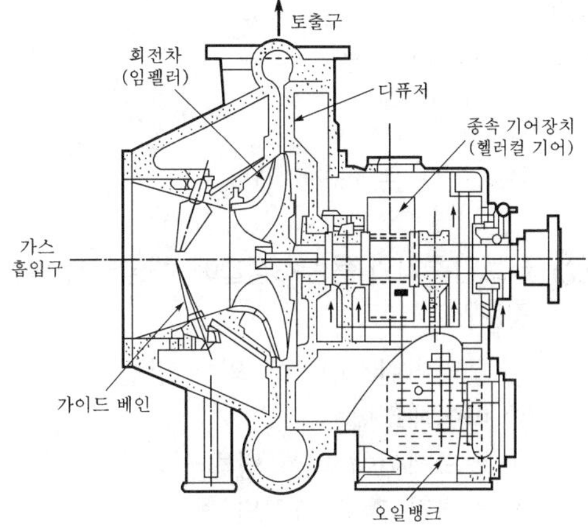

‖ 터보압축기의 구조 ‖

㉢ 용량조정은 가능하나 비교적 어렵다(70~100%).
㉣ 유체 중 기름이 혼입되지 않는다.
㉤ 기체에 맥동이 없고, 연속적으로 송출된다.
㉥ 경량이고 대용량에 적합하며, 효율은 나쁘다(경량 : 무게가 가볍다. 대용량 : 연속 송출되므로 토출량이 많다).
㉦ 운전 중 서징현상에 주의해야 한다.

23 원심압축기에서 일어나는 현상으로 토출측 저항이 증대하면 풍량이 감소하고 불안정한 운전이 되는 것을 무엇이라 하는가?

① 정격현상
② 서징현상
③ 공동현상
④ 바이패스현상

정답 21.④ 22.② 23.②

해설

서징(Surging)현상
송풍기와 압축기에서 토출측 저항이 증대하면 풍량이 감소하고, 어느 풍량에 대하여 일정한 압력으로 운전이 되지만 우상 특성의 풍량까지 감소하면 관로에 심한 공기의 진동과 맥동을 발생시키며, 불완전한 운전이 되는 현상

24 원심압축기에서 임펠러깃 각도에 따른 분류에 해당되지 않는 것은?

① 스러스트형 ② 다익형
③ 레디얼형 ④ 터보형

해설

임펠러깃 각도에 따른 분류
㉠ 다익형 : 90° 보다 클 때
㉡ 레디얼형 : 90°일 때
㉢ 터보형 : 90° 보다 작을 때

25 터보압축기의 용량조정법에 해당되지 않는 것은?

① 클리어런스밸브에 의한 방법
② 바이패스법
③ 속도제어에 의한 방법
④ 안내깃 각도 조정법

해설

원심(터보)압축기 용량조정방법
㉠ 속도제어(회전수 가감)에 의한 방법 : 회전수를 변경하여 용량을 제어하는 방법
㉡ 바이패스법 : 토출관 중에 바이패스관을 설치하여 토출량을 흡입측으로 복귀시킴으로써 용량을 제어하는 방법
㉢ 안내깃 각도(베인컨트롤) 조정법 : 안내깃의 각도를 조정함으로써 흡입량을 조절하여 용량을 조정하는 방법
㉣ 흡입밸브 조정법 : 흡입관 밸브의 개도를 조정하는 방법
㉤ 토출밸브 조정법 : 토출관 밸브의 개도를 조정하는 방법

26 다음 중 윤활유의 구비조건이 아닌 것은?

① 인화점이 낮을 것
② 점도가 적당할 것
③ 불순물이 적을 것
④ 항유화성이 클 것

해설

윤활유의 구비조건
인화점이 높을 것(인화점이 높아야 불에 타지 않음)

요약 1. 윤활유 사용목적
- 과열압축방지
- 기계수명 연장
- 기밀 보장 : 활동부에 유막을 형성하여 가스의 누설을 방지
- 윤활작용 : 마찰저항 감소
- 냉각작용 : 활동부의 마찰열 제거
- 방청효과 : 운전을 원활하게 하며, 부식을 방지하고, 기계수명을 연장. 윤활유의 특성은 고온에서 슬러지(찌꺼기)를 형성하지 않고, 저온에서 왁스분(기름성분)이 분리되지 않아야 한다.

2. 각종 가스의 윤활유
- O_2 : 물 또는 10% 이하의 글리세린수
- Cl_2 : 진한 황산
- LP가스 : 식물성유
- 수소, 공기, C_2H_2 : 양질의 광유

27 다음 ( )에 알맞은 수치 또는 단어로 옳은 것은?

> 공기압축기 내부 윤활유는 재생유 이외의 것으로 잔류탄소의 질량이 전 질량의 1% 이하인 것은 인화점이 (㉠)℃ 이상으로 170℃에서 (㉡) 시간 교반하여 분해되지 않아야 한다.

① ㉠ 200℃ ㉡ 8시간
② ㉠ 230℃ ㉡ 12시간
③ ㉠ 250℃ ㉡ 15시간
④ ㉠ 300℃ ㉡ 18시간

해설

산업자원부 고시에 규정된 공기압축기 내부 윤활유 규격
재생유 이외의 윤활유로서 잔류 탄소질량이 전질량의 1% 이하이며, 인화점이 200℃ 이상으로서 170℃에서 8시간 이상 교반하여 분해되지 않을 것. 또는 잔류 탄소질량이 1%를 초과하고 1.5% 이하이며, 인화점이 230℃ 이상으로써 170℃에서 12시간 이상 교반하여 분해되지 않을 것

정답 24.① 25.① 26.① 27.①

28 다음 중 무급유 압축기에서 사용하는 피스톤링의 종류에 해당하지 않는 것은?

① 카본링
② 테프론링
③ 다이어프램링
④ 오일필름링

해설
④ 대신 라비린스 피스톤링이다.

29 다음 중 압축기 운전 중 점검사항이 아닌 것은?

① 압력이상 유무
② 누설이 없는가 점검
③ 볼트 너트 조임상태 확인
④ 진동 유무 점검

해설
③은 운전개시 전 점검사항이다.

요약 1. 운전 중 점검 및 확인사항
- 압력계는 규정압력을 나타내고 있는가 확인한다.
- 작동 중 이상음이 없는가 확인(점검)한다.
- 누설이 없는가 확인(점검)한다.
- 진동 유무를 확인(점검)한다.
- 온도가 상승하지 않았는가를 확인(점검)한다.

2. 운전 개시 전 주의사항
- 압축기에 부착된 모든 볼트, 너트가 적절히 조여져 있는가 확인한다.
- 압력계 및 온도계를 점검한다.
- 냉각수의 통수상태 확인 및 점검을 한다.
- 윤활유를 점검한다(규정된 윤활유가 채워져 있는가 확인).
- 무부하상태에서 수 회전시켜 이상 유무를 확인한다.

30 다음은 압축기 관리상 주의사항이다. 맞지 않는 것은?

① 정지 시에도 1번 정도 운전하여 본다.
② 장기 정지 시 깨끗이 청소, 점검을 한다.
③ 밸브, 압력계 등의 부품을 점검하여 고장 시 새 것으로 교환한다.
④ 냉각사관은 무게를 재어 20% 이상 감소 시 교환한다.

해설
④ 10% 감소 시 교환하여야 된다.

요약 압축기 관리 시 주의사항
1. 단기간 정지 시에도 하루 한 번쯤은 운전하여 본다.
2. 장기간 정지 시에는 분해 소제하여 마모부분을 교환하고 윤활유는 새 것과 교환해야 하며, 냉각수는 제거해야 한다.
3. 냉각사관은 6개월 또는 1년마다 분해해서 무게를 재어 10% 이상 감소되었을 때는 교환한다.
4. 밸브 및 압력계, 여과기 등은 수시로 점검하여 고장을 미연에 방지한다.

31 4단 압축기에서 3단 안전밸브 분출 시 점검항목이 아닌 것은?

① 4단 흡입토출밸브 점검
② 4단 피스톤링 점검
③ 3단 냉각기 점검
④ 2단 바이패스밸브 점검

해설
㉠ 안전밸브 분출 시는 중간압력이상 상승 시 분출하며 중간압력이상 상승의 원인은
- 다음 단 흡입토출밸브 불량
- 다음 단 바이패스밸브 불량
- 다음 단 피스톤링 불량
- 다음 단 클리어런스밸브 불량
- 그 단 냉각기 능력 과소

㉡ 압력 상승 시 다음 단이 불량이며, 보편적으로 냉각기는 그 단이 불량이다.

32 다음 중 매시간 점검해야 할 항목이 아닌 것은?

① 흡입토출밸브　② 압력계
③ 온도계　④ 드레인밸브

흡입토출밸브 : 1500~2000시간마다

33 왕복동식 압축기에서 토출온도 상승 원인이 아닌 것은?

① 토출밸브 불량에 의한 역류
② 흡입밸브 불량에 의한 고온가스 흡입
③ 압축비 감소
④ 전단냉각기 불량에 의한 고온가스 흡입

정답 28.④ 29.③ 30.④ 31.④ 32.① 33.③

해설

③ 압축비 증가

참고 토출온도 저하 원인
- 흡입가스 온도 저하
- 압축비 저하
- 실린더의 과냉각

34 왕복압축기의 부속기기가 아닌 것은?

① 크랭크 샤프트
② 압력계
③ 실린더
④ 커넥팅로드

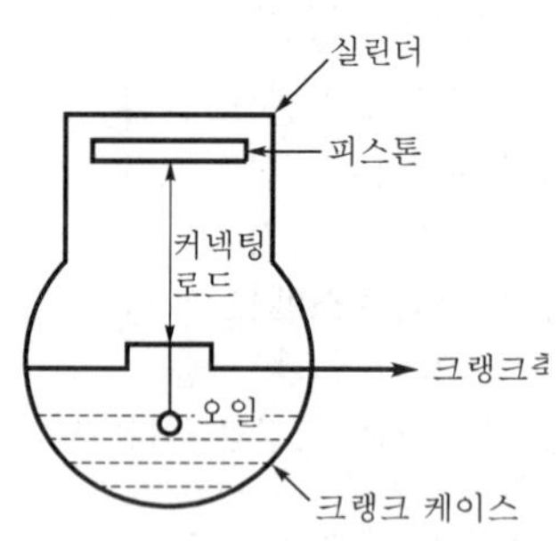

35 다음 중 고속 다기통 압축기의 특징이 아닌 것은?

① 실린더 직경이 작고, 정적 밸런스가 양호하다.
② 체적효율이 좋으며, 부품 교환이 간단하다.
③ 용량제어가 용이하고, 자동운전이 가능하다.
④ 소형이며, 자동운전이 가능하다.

해설

고속 다기통 압축기는 체적효율이 낮다.
고속 다기통 압축기의 특징
㉠ 기통 수가 많아 실린더 직경이 작고 정적, 동적 밸런스가 양호하며, 진동이 작다.
㉡ 고속이므로 소형으로 제작되고, 가볍다.
㉢ 용량제어가 용이하고, 자동운전이 가능하다.
㉣ 체적효율이 낮으며, 부품교환이 간단하다.
㉤ 고장 발견이 어렵다.
㉥ 실린더 직경이 행정보다 크거나 같다.

36 왕복압축기에서 피스톤링이 마모 시 일어나는 현상이 아닌 것은?

① 압축기 능력이 저하한다.
② 실린더 내 압력이 증가한다.
③ 윤활기능이 저하한다.
④ 체적효율이 일정하다.

해설

④ 체적효율이 감소한다.
상기 항 이외에도 압축비가 증가하며, 기계수명이 단축된다.

37 왕복압축기의 토출밸브 누설 시 일어나는 현상은?

① 압축기 능력 향상
② 소요동력 증대
③ 토출가스 온도 저하
④ 체적효율 증대

해설

가스 누설 시 압축비가 증대하며, 동시에 소요동력이 증대한다.

38 원심압축기의 서징현상 방지법이 아닌 것은?

① 우상특성이 없게 하는 방법
② 방출밸브에 의한 방법
③ 흡입밸브에 의한 방법
④ 안내깃 각도 조정법

해설

③ 대신 교축밸브를 근접 설치하는 방법이다.

요약 서징(Surging)현상 : 압축기를 운전 중 토출측 저항이 커지면 풍량이 감소하고, 불안정한 상태가 되는 현상

방지법
1. 우상 특성이 없게 하는 방법
2. 바이패스법(방출밸브에 의한 방법)
3. 안내깃 각도 조정법(베인컨트롤에 의한 방법)
4. 교축밸브를 근접 설치하는 방법

※ 우상특성 : 운전점이 오른쪽 상향부로 치우치는 현상

정답 34.② 35.② 36.④ 37.② 38.③

39 왕복압축기에서 피스톤의 상사점에서 하사점까지의 거리를 무엇이라고 하는가?

① 실린더 ② 압축량
③ 체적효율 ④ 행정

해설

행정 : 상사점과 하사점까지의 거리

요약 톱클리어런스(간극 용적) : 피스톤이 상사점에 있을 때 차지하는 용적
톱클리어런스가 커지면
1. 체적효율 감소
2. 압축비 증대
3. 소요동력 증대
4. 윤활기능 저하
5. 기계수명 단축

40 압축기 운전 중 온도, 압력이 저하했을 때 우선적으로 점검해야 되는 사항은?

① 크로스헤드 ② 실린더
③ 피스톤링 ④ 흡입토출밸브

해설

온도압력 이상 시 점검해야 되는 곳 : 흡입토출밸브

41 가연성 압축기 운전 정지 시 최종적으로 하는 일은?

① 냉각수를 배출한다.
② 드레인밸브를 개방한다.
③ 각 단의 압력을 0으로 한다.
④ 윤활유를 배출한다.

해설

가연성 압축기 정지 시 주의사항
㉠ 전동기 스위치를 내린다.
㉡ 최종 스톱밸브를 닫는다.
㉢ 드레인을 개방한다.
㉣ 각 단의 압력 저하를 확인 후 흡입밸브를 닫는다.
㉤ 냉각수를 배출한다.

42 압축기 보존 및 점검에서 1500~2000시간마다 점검해야 되는 것은?

① 압력계, 온도계
② 드레인밸브
③ 흡입토출밸브
④ 유압계

해설

1500~2000시간에 점검해야 되는 항목
㉠ 흡입토출밸브
㉡ 실린더 내면
㉢ 프레임 윤활유

43 다음 원심압축기의 정지순서가 올바른 것은?

㉠ 드레인을 개방한다.
㉡ 토출밸브를 서서히 닫는다.
㉢ 전동기 스위치를 내린다.
㉣ 흡입밸브를 닫는다.

① ㉠-㉡-㉢-㉣
② ㉡-㉢-㉣-㉠
③ ㉢-㉣-㉠-㉡
④ ㉣-㉠-㉡-㉢

해설

정지순서
㉠ 토출밸브를 서서히 닫는다.
㉡ 전동기 스위치를 내린다.
㉢ 흡입밸브를 닫는다.
㉣ 드레인을 개방한다.

참고 왕복압축기 정지순서
1. 전동기 스위치를 내린다.
2. 토출밸브를 서서히 닫는다.
3. 흡입밸브를 닫는다.
4. 드레인을 개방한다.

44 다음 압축기 중 분류방법이 다른 압축기는?

① 왕복식
② 회전식
③ 나사식
④ 원심식

해설

압축방식에 따른 분류
(1) 용적형
㉠ 왕복식 : 피스톤의 왕복운동으로 압축하는 방식
㉡ 나사식 : 한 쌍의 나사가 돌아가면서 압축
㉢ 회전식 : 임펠러 회전운동으로 압축
(2) 터보형
㉠ 원심식 : 원심력에 의해 가스를 압축하는 방식
㉡ 축류식 : 축방향으로 흡입, 토출하는 방식
㉢ 사류(혼류) : 축방향으로 흡입, 경사지게 토출하는 방식

정답 39.④ 40.④ 41.① 42.③ 43.② 44.④

45 다음 중 왕복형 펌프에 속하는 항목이 아닌 것은?

① 피스톤
② 플런저
③ 다이어프램
④ 원심

해설

왕복형 펌프(피스톤, 플런저, 다이어프램)

요약 펌프(pump) : 낮은 곳의 액을 높은 곳으로 끌어올리는 데 사용되는 기계

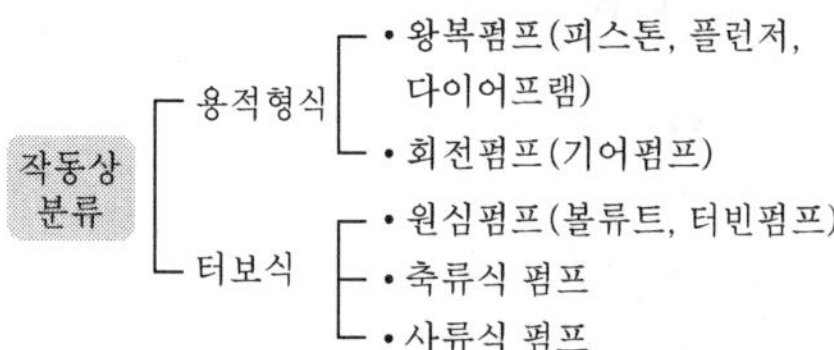

• 특수펌프 : 기포펌프, 수격펌프, 재생펌프, 제트펌프

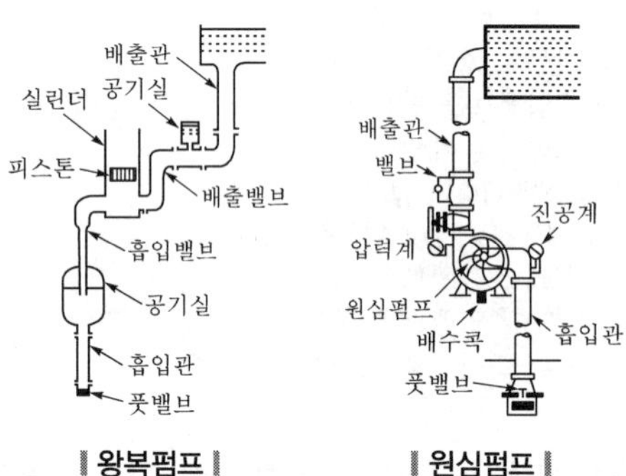

‖ 왕복펌프 ‖ ‖ 원심펌프 ‖

46 원심펌프의 특성에 해당되지 않는 것은?

① 소형이고, 맥동이 없다.
② 설치면적이 크고, 대용량에 적합하다.
③ 프라이밍이 필요하다.
④ 임펠러의 원심력으로 이송된다.

해설

설치면적이 작다.

요약 원심펌프(Centrifugal pump) : 임펠러의 원심력으로 흡입토출을 행하여 액체를 수송하는 펌프이다.

1. 안내날개에 의한 분류
   • 볼류트펌프 : 안내 베인이 없는 것으로 볼류터 케이싱을 유도하며, 저양정에 사용된다.
   • 터빈펌프 : 안내 베인이 있으며, 임펠러에서 나온 유속이 안내 베인을 통하여 볼류트 케이싱에 유도되는 형식이다.

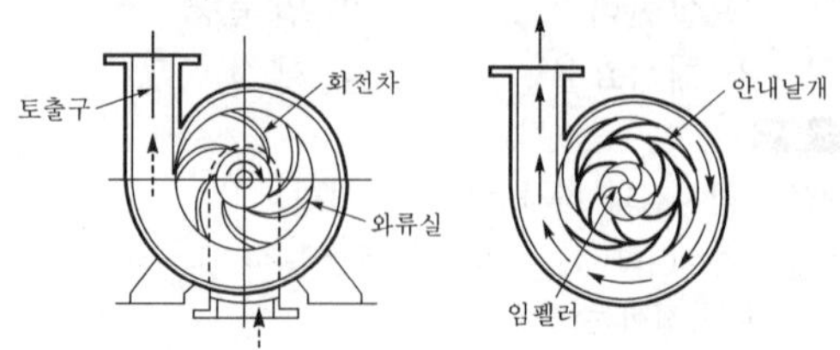

‖ 볼류트펌프 ‖ ‖ 터빈펌프 ‖

2. 단수에 의한 분류 : 1단 펌프, 다단펌프
3. 흡입구에 의한 분류 : 단흡입 펌프, 양흡입 펌프
4. 원심펌프의 특징
   • 왕복펌프에 비해 소형이고, 맥동이 없다.
   • 원심력에 의해 액을 이송시킨다.
   • 용량에 비해 설치면적이 작고, 대용량에 적합하다.
   • 펌프에 액을 채워 운전을 개시하는 프라이밍 작업이 필요하다.

47 펌프 운전 시 공회전을 방지하기 위하여 액을 채워넣는 작업을 무엇이라고 하는가?

① 서징
② 프라이밍
③ 캐비테이션
④ 수격현상

해설

프라이밍(Prinming) : 펌프를 운전 시 공회전을 방지하기 위하여 운전 전 미리 액을 채우는 작업이며, 원심펌프에 필요하다.

48 원심펌프를 병렬 운전 시 일어나는 현상은?

① 유량 증가, 양정 일정
② 유량 증가, 양정 증가
③ 유량 일정, 양정 일정
④ 유량 증가, 양정 감소

해설

원심펌프
㉠ 직렬 운전 : 양정 증가, 유량 일정
㉡ 병렬 운전 : 유량 증가, 양정 일정

정답 45.④ 46.② 47.② 48.①

49 펌프의 구비조건에 해당되지 않는 것은?

① 고온 · 고압에 견딜 것
② 작동이 확실하고, 조작이 쉬울 것
③ 직렬 운전에 지장이 없을 것
④ 부하변동에 대응할 수 있을 것

해설

펌프의 구비조건
㉠ 작동이 확실하고, 조작이 간단할 것
㉡ 병렬 운전에 지장이 없을 것
㉢ 부하변동에 대응할 수 있을 것
㉣ 고온 · 고압에 견딜 것

50 원심펌프의 정지순서가 올바르게 된 것은?

㉠ 토출밸브를 서서히 닫는다.
㉡ 모터를 정지시킨다.
㉢ 흡입밸브를 닫는다.
㉣ 펌프 내의 액을 뺀다.

① ㉠-㉡-㉢-㉣　② ㉡-㉢-㉠-㉣
③ ㉠-㉡-㉣-㉢　④ ㉣-㉢-㉡-㉠

51 다음 중 특수펌프가 아닌 것은?

① 기포펌프　② 원심펌프
③ 수격펌프　④ 제트펌프

특수펌프 : 제트, 수격, 마찰, 기포 펌프

52 토출측의 맥동을 완화하기 위하여 공기실을 설치하여야 하는 펌프는?

① 원심펌프　② 특수펌프
③ 회전펌프　④ 왕복펌프

왕복펌프의 특징
㉠ 일정한 용적에 액을 흡입하여 토출하는 펌프
㉡ 소유량, 고양정에 적합
㉢ 토출측의 맥동을 완화하기 위해 공기실을 설치

53 물의 압력이 5kg/cm^2를 수두로 환산하면 몇 m인가?

① 20m　② 30m
③ 40m　④ 50m

해설

$$압력수두 = \frac{P}{\gamma} = \frac{5\times10^4\text{kg/m}^2}{1000\text{kg/m}^3} = 50\text{m}$$

요약 $전수두(H) = h + \frac{P}{\gamma} + \frac{V^2}{2g}$

54 물의 유속이 5m/s일 때 속도수두는 몇 m인가?

① 5.5m　② 3.5m
③ 1.3m　④ 0.3m

$$속도수두 : \frac{V^2}{2g} = \frac{5^2}{2\times9.8} = 1.275\text{m} \fallingdotseq 1.3\text{m}$$

55 관경 10cm인 관에 어떤 유체가 3m/s로 흐를 때 100m 지점의 손실수두는 얼마인가? (단, 손실계수는 0.030이다.)

① 1.1m
② 1.2m
③ 1.3m
④ 13.7m

해설

$$h_f = \lambda\frac{l}{d}\times\frac{V^2}{2g} = 0.03\times\frac{100}{0.1}\times\frac{3^2}{2\times9.8} = 13.7$$

여기서, h_f : 관마찰손실수두(m)
λ : 관마찰계수
l : 관길이(m)
d : 관경(m)
v : 유속(m/s)
g : 중력가속도(9.8m/s^2)

56 원심펌프의 송수량 6000L/min, 전양정 40m, 회전수 1000rpm, 효율이 70%일 때 소요마력은 몇 PS인가?

① 70　② 72
③ 74　④ 76

$$L_{PS} = \frac{\gamma\cdot Q\cdot H}{75\eta}$$
$$= \frac{1000\text{kg/m}^3\times6/60\times40}{75\times0.7}$$
$$= 76.19 = 76.2\text{PS}$$

정답 49.③ 50.① 51.② 52.④ 53.④ 54.③ 55.④ 56.④

요약 펌프의 마력 : $L_{PS}=\frac{\gamma \cdot Q \cdot H}{75\eta}$

펌프의 동력 : $L_{kW}=\frac{\gamma \cdot Q \cdot H}{102\eta}$

여기서, γ : 비중량(kg/m^3)
Q : 유량(m^3/s)
H : 양정(m)
η : 효율

또는 $L_{PS}=\frac{P \cdot Q}{75\eta}$, $L_{kW}=\frac{P \cdot Q}{102\eta}$

여기서, $P=\gamma H$
P : 압력(kg/m^2)

57 양정 10m, 유량 3m^3/min 펌프의 마력이 10PS일 때 효율은 몇 %인가?

① 67% ② 68%
③ 69% ④ 70%

해설

$L_{PS}=\frac{\gamma \cdot Q \cdot H}{75\eta}$

$\therefore \eta=\frac{\gamma \cdot Q \cdot H}{L_{PS}\times 75}$

$=\frac{1000\times\frac{3}{60}\times 10}{10\times 75}=0.666=66.6\% \fallingdotseq 67\%$

58 양정 4m, 유량 1.3m^3/s인 펌프의 효율이 80%일 때 소요동력은 몇 kW인가?

① 60.52kW ② 63.72kW
③ 64.56kW ④ 72.52kW

해설

$L_{kW}=\frac{\gamma \cdot Q \cdot H}{102\eta}=\frac{1000\times 1.3\times 4}{102\times 0.8}=63.725\text{kW}$

59 송수량 6000L/min, 전양정 50m, 축동력 100PS일 때 이 펌프의 회전수를 1000rpm에서 1100rpm으로 변경 시 변경된 송수량은 몇 m^3/min인가?

① 3.6 ② 4.6
③ 5.6 ④ 6.6

해설

$Q=Q\times\left(\frac{N'}{N}\right)^1$

$=6\text{m}^3/\text{min}\times\left(\frac{1100}{1000}\right)^1=6.6\text{m}^3/\text{min}$

요약 펌프의 회전수를 $N-N'$으로 변경 시 변경된

송수량 $Q=Q\times\left(\frac{N'}{N}\right)^1$

• 양정 : $H=H\times\left(\frac{N'}{N}\right)^2$

$=50\text{m}\times\left(\frac{1100}{1000}\right)^2=60.5\text{m}$

• 동력 : $P=P\times\left(\frac{N'}{N}\right)^3$

$=100\text{PS}\times\left(\frac{1100}{1000}\right)^3=133.1\text{PS}$

60 송수량 5m^3/min, 전양정 100m, 축동력이 200kW일 때 이 펌프의 회전수를 30% 증가 시 변한 축동력은 처음의 몇 배인가?

① 1.1배
② 2.2배
③ 3.3배
④ 4.5배

해설

$P'=P\times\left(\frac{N'}{N}\right)^3=P\times 1.3^3=2.197$배 $\fallingdotseq 2.2$배

61 다음 중 비교회전도의 식이 맞는 것은?

① $N_s=\frac{Q\sqrt{N}}{(H)^{\frac{3}{4}}}$ ② $N_s=\frac{N\sqrt{Q}}{\left(\frac{H}{n}\right)^{\frac{3}{2}}}$

③ $N_s=\frac{N\cdot Q}{\left(\frac{H}{n}\right)^{\frac{3}{4}}}$ ④ $N_s=\frac{N\sqrt{Q}}{\left(\frac{H}{n}\right)^{\frac{3}{4}}}$

해설

N_s(비교회전도) : 한 개의 회전차에서 유량, 회전수 등 운전상태를 상사하게 유지하면서 그 크기를 바꾸고, 단위유량에서 단위수두 발생 시 그 회전차에 주는 회전수를 원래의 회전수와 비교한 값

$$N_s=\frac{N\sqrt{Q}}{\left(\frac{H}{n}\right)^{\frac{3}{4}}}$$

여기서, N : 회전수(rpm)
Q : 유량(m^3/min)
H : 양정(m)
n : 단수

정답 57.① 58.② 59.④ 60.② 61.④

62 비교회전도 175, 회전수 3000rpm, 양정 210m, 3단 원심펌프에서 유량은 몇 m^3/min인가?

① 1.99 ② 2.32
③ 3.45 ④ 4.45

해설

$$N_s = \frac{N\sqrt{Q}}{\left(\frac{H}{n}\right)^{\frac{3}{4}}}$$

$$\therefore Q = \left\{\frac{N_s \times \left(\frac{H}{\eta}\right)^{\frac{3}{4}}}{N}\right\}^2 = \left\{\frac{175 \times \left(\frac{210}{3}\right)^{\frac{3}{4}}}{3000}\right\}^2 = 1.99\text{m}^3/\text{min}$$

63 전동기 직렬식 원심펌프에서 모터 극수가 4극이고 주파수가 60Hz일 때 모터의 분당 회전수는? (단, 미끄럼률은 0이다.)

① 1000rpm ② 1500rpm
③ 1800rpm ④ 2000rpm

해설

$$N = \frac{120f}{P}\left(1 - \frac{s}{100}\right) = \frac{120 \times 60}{4}\left(1 - \frac{0}{100}\right) = 1800\text{rpm}$$

참고 $N = \frac{120f}{P}\left(1 - \frac{s}{100}\right)$

여기서, N : 회전수(rpm), f : 전기주파수(60Hz)
P : 모터 극수, s : 미끄럼률

64 다음 중 캐비테이션 방지법이 아닌 것은?

① 양흡입 펌프 또는 두 대 이상의 펌프를 사용한다.
② 펌프의 회전수를 증가시킨다.
③ 흡입관경을 넓히며, 사주배관을 피한다.
④ 펌프 설치위치를 낮춘다.

해설

펌프의 회전수를 낮춘다.

요약 캐비테이션 현상 : 유수 중에 그 수온의 증기압력보다 낮은 부분이 생기면 물이 증발을 일으키고, 또 수중에 용해하고 있는 증기가 토출하여 적은 기포를 다수 발생하는 현상

1. 캐비테이션의 발생조건
   - 펌프와 흡수면 사이의 수직거리가 부적당하게 너무 길 때
   - 펌프에 물이 과속으로 인하여 유량이 증가할 때
   - 관 속을 유동하고 있는 물 속의 어느 부분이 고온도일수록 포화증기압에 비례해서 상승할 때
2. 캐비테이션 발생에 따라 일어나는 현상
   - 소음과 진동이 생긴다.
   - 양정곡선과 효율곡선의 저하를 가져온다.
   - 깃(임펠러)에 대한 침식이 생긴다.
3. 캐비테이션 발생 방지법
   - 펌프의 설치 높이를 될 수 있는 대로 낮추어 흡입양정을 짧게 한다.
   - 압축펌프를 사용하고 회전차를 수중에 완전히 잠기게 한다.
   - 펌프의 회전수를 낮추어 흡입 비교회전도를 적게 한다.
   - 양 흡입펌프를 사용한다.
   - 두 대 이상의 펌프를 사용한다.

65 캐비테이션의 발생 현상이 아닌 것은?

① 소음 ② 회전수 증가
③ 진동 ④ 임펠러 침식

66 저비등점의 액체를 이송 시 펌프 입구에서 발생하는 현상으로 액의 끓음에 의한 동요를 무엇이라고 하는가?

① 캐비테이션
② 수격현상
③ 서징현상
④ 베이퍼록 현상

해설

베이퍼록 현상 : 저비점의 액화가스 펌프에서 발생

요약 베이퍼록(Vaper-Rock) 발생방지법
- 실린더 라이너의 외부를 냉각한다(자킷으로).
- 흡입관 지름을 크게 하거나 펌프의 설치위치를 낮춘다.
- 흡입배관을 단열조치한다.
- 흡입 관로의 청소를 철저히 한다.

참고 가능하면 베이퍼록은 발생하지 않도록 해야 하며, 부득이한 경우는 다음과 같은 조치를 해야 한다.
- 펌프의 밸브를 열어 기체를 외기로 방출한다.
- 흡입배관을 가압한다.
- 다소 액의 손실이 있더라도 펌프 및 배관계의 액을 모두 제거하고, 액을 충만시킨 후 펌핑에 들어간다.

정답 62.① 63.③ 64.② 65.② 66.④

67 다음 중 수격작용의 방지법이 아닌 것은?

① 관의 직경을 줄인다.
② 관 내 유속을 낮춘다.
③ 조압수조를 관선에 설치한다.
④ 펌프에 플라이휠을 설치한다.

해설

(1) 수격작용 : 펌프에서 물을 압송하고 있을 때에 정전 등으로 급히 펌프가 멈출 경우와 수량조절밸브를 급히 개폐한 경우 관내에 유속이 급변하면 물에 심한 압력변화가 생기는 현상

(2) 수격작용의 방지법

㉠ 토출관로 내의 유속을 낮게 한다(단, 관의 직경을 크게 할 것).
㉡ 펌프에 플라이휠(Fly wheel)을 설치하여 펌프의 속도가 급격히 변화하는 것을 막는다.
㉢ 조압수조(Surge tank)를 관로에 설치한다(조압수조 : 다량의 물이 역류 시 탱크에 물을 받음으로 압력변화를 조절할 수 있는 탱크).
㉣ 완폐 체크밸브를 토출구에 설치하여 역류와 압력의 상승을 막는다.
㉤ 토출관로의 체크밸브 외측에 자동 수압조절밸브를 설치하여 압력 상승 시 자동적으로 열려 유체를 밖으로 도피시키고 일정시간 후 자동적으로 서서히 닫히도록 한다.

68 원심압축기에서 서징현상의 방지법이 아닌 것은?

① 방출밸브에 의한 방법
② 안내깃 각도 조정법
③ 우상 특성으로 하는 방법
④ 교축밸브를 근접 설치하는 방법

해설

(1) 서징(Surging)현상 : 압축기와 송풍기에서 토출측 저항이 커지면 풍량이 감소하고 어느 풍량에 대하여 일정한 압력으로 운전되나 우상 특성의 풍량까지 감소하면 관로에 심한 공기의 맥동과 진동을 발생하여 불안정 운전이 되는 현상을 말한다.

(2) 서징현상의 방지법

㉠ 우상(右上)이 없는 특성으로 하는 방식(배관 내 경사를 완만하게)
㉡ 방출밸브에 의한 방법(흡입측에 복귀시키거나 대기로 방출)
㉢ 베인컨트롤에 의한 방법
㉣ 회전수를 변화시키는 방법
㉤ 교축밸브를 기계에 근접 설치하는 방법

69 펌프에서 서징현상의 발생조건이 아닌 것은?

① 펌프의 양정곡선이 산고곡선일 때
② 배관 중에 물탱크나 공기탱크가 있을 때
③ 유량조절밸브가 탱크 앞쪽에 있을 때
④ 유량조절밸브가 탱크 뒤쪽에 있을 때

해설

(1) 서징현상의 발생조건

㉠ 펌프의 양정곡선이 산고곡선이고, 곡선의 산고 상승부에 운전했을 때
㉡ 배관 중에 물탱크나 공기탱크가 있을 때
㉢ 유량조절밸브가 탱크 뒤쪽에 있을 때

(2) pump에서 서징현상 : 펌프, 송풍기 등이 운전 중에 한숨을 쉬는 것과 같은 상태가 되어 펌프인 경우 입구와 출구의 진공계, 압력계의 지침이 흔들리고, 동시에 송출 유량이 변화하는 현상, 즉 송출압력과 송출 유량 사이에 주기적인 변동이 일어나는 현상

70 내압이 4~5kg/cm^{2}이며, LPG와 같이 저비점일 때 사용되는 메커니컬 시일의 종류는?

① 밸런스 시일　② 언밸런스 시일
③ 카본 시일　④ 오일필름 시일

71 Oilless Compressor(무급유 압축기)의 용도가 아닌 것은?

① 양조공업　② 식품공업
③ 산소압축　④ 수소압축

해설

무급유 압축기란 오일 대신 물을 윤활제로 쓰거나 아무것도 윤활제로 쓰지 않는 압축기로 양조 · 약품, 산소가스 압축에 쓰인다.

72 다음 펌프 중 진공펌프로 사용하기에 적당한 것은?

① 회전펌프　② 왕복펌프
③ 원심펌프　④ 나사펌프

73 완전가스를 등온압축 시 열량과 엔탈피는 어떻게 변하는가?

① 방열 증가　② 방열 일정
③ 흡열 감소　④ 흡열 증가

정답 67.① 68.③ 69.③ 70.① 71.④ 72.① 73.②

74 원심펌프에서 공동현상이 일어나는 곳은 어디인가?

① 회전차 날개의 표면에서 일어난다.
② 회전차 날개의 입구를 조금 지난 날개의 이면에서 일어난다.
③ 펌프의 토출측은 토출밸브 입구에서 일어난다.
④ 펌프의 흡입측은 푸드밸브에서 일어난다.

75 압축기의 유압저하 원인에 해당되지 않는 것은?

① 윤활유가 부족하다.
② 냉매액이 크랭크의 윤활유와 과도하게 혼입되었다.
③ 흡입압력이 너무 높아졌다.
④ 유압조절문을 너무 과다하게 개방하였다.

해설

(1) 유압저하 원인
㉠ 릴리프밸브 작동 불량
㉡ 기어펌프 작동 불량
㉢ 유온이 높다.
㉣ 관로의 오손
㉤ 관로 기밀 불량에 의한 공기 흡입
㉥ 윤활유 부족
㉦ 냉매액이 크랭크의 윤활유와 과도하게 흡입 시 오일 포밍으로 유압 저하
(2) 유압상승 원인
㉠ 릴리프밸브 작동 불량
㉡ 유여과기 오손
㉢ 유온이 낮다.
㉣ 관로의 오손

76 비교적 고양정에 적합하고, 공동현상이 일어나기 힘든 펌프는?

① 축류식 펌프
② 왕복식 펌프
③ 원심식 펌프
④ 회전식 펌프

해설

왕복펌프 : 저속회전으로 고양정에 적합, 캐비테이션 우려가 없다.

77 압축기의 자동장치에서 안전에 관계되는 항목이 아닌 것은?

① 단수 자동정지장치
② 유압저하 자동정지장치
③ 온도이상 자동정지장치
④ 용량 자동조절장치

78 다음 중 개방형 압축기의 장점에 속하지 않는 것은?

① 압축기 회전수를 바꾸어 사용조건에 적합한 운전이 가능하다.
② 소음과 진동이 적다.
③ 압축기와 전동기를 별개로 사용할 수 있다.
④ 보수 · 점검 취급이 간편하다.

79 나사압축기의 특징이라고 볼 수 없는 것은?

① 용적형이다.
② 무급유식 또는 급유식이다.
③ 기체는 맥동이 없고, 연속적으로 압축한다.
④ 용량조절이 쉽다.

해설

나사압축기는 용량조절이 어렵고, 토출압력변화에 따른 용량변화가 적다.

80 냉동장치에 사용되는 자동제어장치에 대하여 옳은 것은?

① 고압 차단스위치는 토출압력이 이상 저압이 되었을 경우 작동한다.
② 전자밸브의 전류를 많이 흐르게 하면 흐르는 냉매량도 많아진다.
③ 온도조절스위치는 온도가 일정범위가 되도록 작용하는 스위치이다.
④ 유압보호스위치는 유압이 내려간 경우 유압을 올리기 위한 스위치이다.

해설

㉠ 고압차단스위치(HPS) : 토출압력 이상 고압 시 작동
㉡ 전류와 냉매량과는 무관하다.
㉢ 유압보호스위치 : 유압이 상승 시 작동

정답 74.② 75.③ 76.② 77.④ 78.② 79.④ 80.④

81 다음 중 회전펌프에 해당되지 않는 것은?

① 기어펌프 ② 나사펌프
③ 베인펌프 ④ 피스톤펌프

왕복펌프의 종류
피스톤, 플런저 다이어프램

82 다중 원심펌프의 일반적인 성능 곡선은?

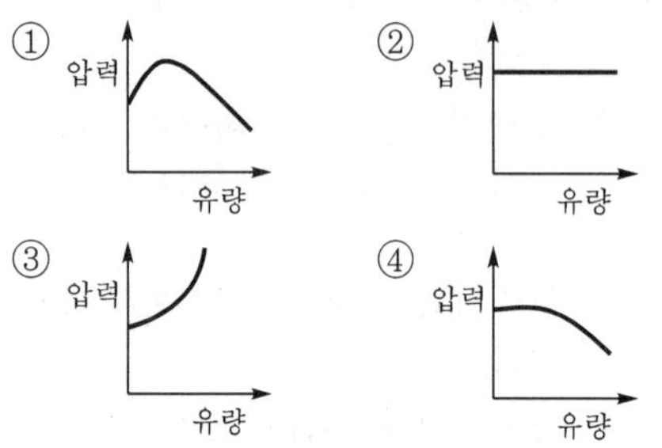

83 압축기를 운전하는 과정에 안전사고를 방지하기 위하여 확인해야 할 사항이 아닌 것은?

① 각 단이 소정의 압력으로 작동되는지 압력계로 확인한다.
② 각 단의 흡입, 토출 온도가 바른가를 확인한다.
③ 가스누출이 없는가 확인한다.
④ 윤활유는 잔류량만 확인한다.

84 가장 높은 진공을 얻을 수 있는 펌프는?

① 분사펌프
② 피스톤펌프
③ 기름회전펌프
④ 3단 타임이젝터

85 타 펌프에 비하여 정밀도가 높아 소유량 고양정에 매우 좋으며, 소요마력이 적어 주로 보일러 급수용으로 쓰이는 펌프는?

① 원심펌프
② 웨스코펌프
③ 베인펌프
④ 플런저펌프

86 터빈펌프에서 속도에너지를 압력에너지로 변환하는 기능을 가진 것은?

① 임펠러
② 가이드베인(안내깃)
③ 와류실
④ 흡입구

87 축류펌프에서 날개수 증가 시 영향으로 옳은 것은?

① 유량이 일정하고, 양정이 증가
② 양정이 일정하고, 유량이 증가
③ 변함이 없다.
④ 양정, 유량 모두 증가

88 펌프의 실제송출유량을 Q, 회전차속을 지나는 유량을 $Q+\Delta Q$라 하면 체적효율(η_V)은?

① $\frac{\Delta Q}{Q}$ ② $\frac{Q}{\Delta Q}$
③ $\frac{Q}{Q+\Delta Q}$ ④ $\frac{\Delta Q}{Q+\Delta Q}$

정답 81.④ 82.④ 83.④ 84.① 85.② 86.② 87.① 88.③

chapter 4 고압장치

제4장의 학습방법을 설명해 주세요.

제4장은 고압장치 부분으로서 출제기준의 가스사용 기기(용기, 용기밸브, 연소기)를 포함하여 배관 등에 금속재료와 비파괴검사 부분을 학습해야 합니다.

01 용기

1 용접용기와 무이음용기의 구분

용기의 구분		용기의 종류
무이음용기	압축가스	O_2, H_2, N_2, Ar, CH_4, CO
	액화가스	CO_2(CO_2는 하계에 증기압이 4~5MPa까지 상승하여 액화가스이나 강도가 높은 무이음용기에 충전한다.)
용접용기	액화가스	C_3H_8, C_4H_{10}, Cl_2, NH_3 등

2 고압가스 용기 관련 핵심내용

항 목 \ 구 분		핵심내용		
원소 성분의 함유량(%)		C	P	S
	무이음용기	0.55% 이하	0.04% 이하	0.05% 이하
	용접용기	0.33% 이하	0.04% 이하	0.05% 이하
용기의 장점	무이음용기	① 고압에 견딜 수 있다. ② 응력분포가 균일하다.		
	용접용기	① 경제적이다. ② 모양치수가 자유롭다. ③ 두께공차가 적다.		
용기재료의 구비조건		① 내식성, 내마모성을 가질 것 ② 가볍고 충분한 강도를 가질 것 ③ 저온 사용 중에 견디는 연성 · 점성 강도를 가질 것 ④ 용접성 · 가공성이 뛰어나고, 가공 중 결함이 없을 것		
비열처리 재료의 정의		오스테나이트계 스테인리스강, 내식 알루미늄합금판, 내식 알루미늄합금 단조품 등과 같이 열처리가 필요 없을 것		

3 용기두께 계산식(t)

용기 구분	공 식		해 설	
용접용기 동판	$t=\frac{PD}{2S_1-1.2P}+C$		t : 용기두께(mm) S_1 : 허용응력(인장강도$\times\frac{1}{4}$) S_2 : 인장강도 η : 용접효율 D : 내경(mm) C : 부식여유치(mm)	
프로판용기	$t=\frac{PD}{0.5S_2\eta-P}+C$			
산소용기	$t=\frac{PD}{2S_2E}$			
염소용기	$t=\frac{PD}{2S_2}$			
부식여유치	NH_3		Cl_2	
	1000L 이하	1mm	1000L 이하	1000L 초과
	1000L 초과	2mm	3mm	5mm
기타 사항	① 이음매 있는 용기 동체의 최대두께와 최소두께의 차이는 평균두께의 20% 이하이다. ② 용접용기 동판의 최대두께와 최소두께의 차이는 평균두께의 10% 이하이다. ③ 내용적 20L 이상 125L 미만의 LPG용기에는 부식 및 넘어짐을 방지하고, 넘어짐에 의한 충격을 완화하기 위하여 적절한 재질 및 구조의 스커트를 부착할 것			

02 고압가스 용기용 밸브

1 밸브

항 목		세부 핵심내용
종류	글로브(스톱)밸브	개폐가 용이, 유량조절용
	슬루스(게이트)밸브	대형 관로의 유로의 개폐용
	볼밸브	① 배관 내경과 동일, 관내 흐름이 양호 ② 압력손실이 적으나 기밀유지가 곤란
	체크밸브	① 유체의 역류방지 ② 스윙형(수직, 수평 배관에 사용), 리프트형(수평배관에 사용)
고압용 밸브 특징		① 주조품보다 단조품을 가공하여 제조한다. ② 밸브 시트는 내식성과 경도 높은 재료를 사용한다. ③ 밸브 시트는 교체할 수 있도록 한다. ④ 기밀유지를 위해 스핀들에 패킹이 사용된다.

안전밸브		
설치 목적		① 용기나 탱크 설비(기화장치) 등에 설치 ② 내부압력이 급상승 시 안전밸브를 통하여 일부 가스를 분출시켜 용기, 탱크 설비 자체의 폭발을 방지하기 위함
종류	스프링식	가장 많이 사용(스프링의 힘으로 내부 가스를 분출)
	가용전식	① 내부 가스압 상승 시 온도가 상승, 가용전이 녹아 내부 가스를 분출 ② 가용합금으로 구리, 주석, 납 등이 사용되며, 주로 Cl_2(용융온도 65~68℃), C_2H_2(용융온도 105±5℃)에 적용
	파열판(박판)식	주로 압축가스에 사용되며, 압력이 급상승 시 파열판이 파괴되어 내부 가스를 분출
	중추식	거의 사용하지 않음
파열판식 안전밸브의 특징		① 구조 간단, 취급 점검이 용이하다. ② 부식성 유체에 적합하다. ③ 한번 작동하면 다시 교체하여야 한다(1회용이다).
충전구나사 형식에 따른 분류	A형	충전구나사가 숫나사
	B형	충전구나사가 암나사
	C형	충전구에 나사가 없음
	왼나사	NH_3, CH_3Br을 제외한 모든 가연성의 충전구나사
	오른나사	NH_3, CH_3Br을 포함한 모든 가연성 이외의 모든 가스

03 고압가스 배관장치

1 밸브장치

(1) 배관의 종류 및 기호

기 호	명 칭	사용 특성
SPP	배관용 탄소강관	1MPa 이하
SPPS	압력배관용 탄소강관	1~10MPa 이하
SPPH	고온배관용 탄소강관	10MPa 이상
SPLT	저온배관용 탄소강관	빙점 이하에 사용
SPPW	수도용 아연도금강관	수도용 배관에 사용

※ 법령사항에서 고압에 중압, 저압에 사용하는 배관과 구별하여야 한다.

(2) 배관설계 시 고려사항

① 가능한 옥외에 설치할 것(옥외)

② 은폐매설을 피할 것=노출하여 시공할 것(노출)

③ 최단거리로 할 것(최단)

④ 구부러지거나 오르내림이 적을 것=굴곡을 적게 할 것=직선배관으로 할 것(직선)

(3) 배관의 SCH(스케줄 번호)

개 요	SCH가 클수록 배관의 두께가 두껍다는 것을 의미함	
공식의 종류	단위 구분	
	S(허용응력)	P(사용압력)
$SCH=10\times\frac{P}{S}$	kg/mm^2	kg/cm^2
$SCH=100\times\frac{P}{S}$	kg/mm^2	MPa
$SCH=1000\times\frac{P}{S}$	kg/mm^2	kg/mm^2
S는 허용응력$\left(\text{인장강도}\times\frac{1}{4}=\text{허용응력}\right)$		

(4) 배관의 이음

종 류		도시기호	관련사항
영구이음	용접	─✕─	〈배관재료의 구비조건〉
	납땜	─○─	① 관내 가스 유통이 원활할 것
일시이음	나사	─┼─	② 토양, 지하수 등에 대하여 내식성이 있을 것
	플랜지	─╫─	③ 절단가공이 용이할 것
	소켓	─(─	④ 내부 가스압 및 외부의 충격하중에 견디는 강도를 가질 것
	유니언	─╫─	⑤ 누설이 방지될 것

(5) 열응력 제거 이음(신축이음) 종류

이음 종류	설 명
상온 스프링, (콜드)스프링	배관의 자유팽창량을 미리 계산, 관을 짧게 절단하는 방법(절단길이는 자유팽창량의 1/2)이다.
루프이음	신축곡관이라고 하며, 관을 루프모양으로 구부려 구부림을 이용하여 신축을 흡수하는 이음방법으로 가장 큰 신축을 흡수하는 이음방법이다.
벨로스이음	펙레스 신축조인트라고 하며, 관의 신축에 따라 슬리브와 함께 신축하는 방법이다.
스위블이음	두 개 이상의 엘보를 이용, 엘보의 공간 내에서 신축을 흡수하는 방법이다.
슬리브이음 (슬립온형, 슬리드형)	조인트 본체와 슬리브 파이프로 되어 있으며, 관의 팽창·수축은 본체 속을 슬라이드하는 슬리브 파이프에 의하여 흡수된다.
신축량 계산식	$\lambda=l\alpha\Delta t$ 여기서, λ : 신축량 l : 관의 길이 α : 선팽창계수 Δt : 온도차

(6) 배관의 유량식

압력별	공 식	기 호
저압배관	$Q=K_1\sqrt{\frac{D^5H}{SL}}$	Q : 가스 유량(m^3/hr) K_1 : 폴의 정수(0.707) K_2 : 콕의 정수(52.31) D : 관경(cm) H : 압력손실(mmH$_2$O) L : 관 길이(m) P_1 : 초압(kg/cm^2(a)) P_2 : 종압(kg/cm^2(a))
중 · 고압 배관	$Q=K_2\sqrt{\frac{D^5(P_1^{\ 2}-P_2^{\ 2})}{SL}}$	

(7) 배관의 압력손실 요인

종 류	관련 공식		세부항목
마찰저항(직선배관)에 의한 압력손실	$h=\frac{Q^2\cdot S\cdot L}{K^2\cdot D^5}$	h : 압력손실 Q : 가스유량 S : 가스비중 L : 관 길이 D : 관 지름	① 유량의 제곱에 비례(유속의 제곱에 비례) ② 관 길이에 비례 ③ 관 내경의 5승에 반비례 ④ 가스비중 유체의 점도에 비례
입상(수직상향)에 의한 압력손실	$h=1.293(S-1)H$	H : 입상높이(m)	
안전밸브에 의한 압력손실			
가스미터에 의한 압력손실			

(8) 배관의 응력원인 · 진동원인

응력원인	진동원인
① 열팽창에 의한 응력 ② 내압에 의한 응력 ③ 냉간 가공에 의한 응력 ④ 용접에 의한 응력	① 바람, 지진의 영향(자연의 영향) ② 안전밸브 분출에 의한 영향 ③ 관내를 흐르는 유체의 압력변화에 의한 영향 ④ 펌프 압축기에 의한 영향 ⑤ 관의 굽힘에 의한 힘의 영향

04 저장탱크

1 원통형 저장탱크

$$V=\frac{\pi}{4}d^2\times L$$

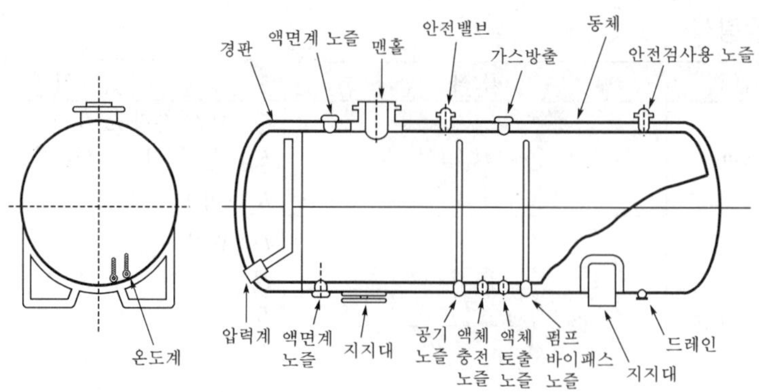

‖ 원통형 저장탱크의 구조 ‖

원통형 탱크에는 안전밸브, 압력계, 온도계, 액면계, 긴급차단밸브, 드레인밸브 등이 있다.

2 구형 저장탱크

$$V=\frac{\pi}{4}d^{3}=\frac{4}{3}\pi r^{3}$$

여기서, V : 탱크 내용적(m^3)

d : 탱크의 지름(m)

r : 탱크의 반지름(m)

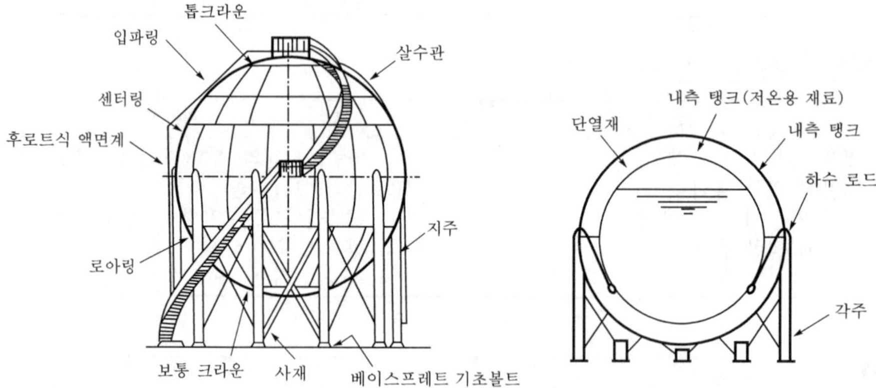

‖ 단각식과 2중 각식 구형 저장탱크의 구조 ‖

구형 저장탱크의 특징은 다음과 같다.

① 모양이 아름답다.

② 표면적이 작다.

③ 강도가 높다.

④ 누설이 방지된다.

⑤ 건설비가 저렴하다.

05 고압제조장치

1 오토클레이브

구 분		내 용
정의		고온 · 고압 하에서 화학적인 합성이나 반응을 하기 위한 고압반응 가마솥
종류	교반형	전자코일을 이용하거나 모터에 연결된 베일을 이용하는 것
	회전형	오토클레이브 자체를 회전하는 방식(교반효과는 떨어짐)
	진탕형	수평이나 전후 운동을 함으로써 내용물을 교반하는 형식
	가스교반형	가늘고 긴 수평반응기로 유체가 순환되어 교반하는 형식(레페반응장치에 이용)
부속품		압력계, 온도계, 안전밸브
재료		스테인리스강
압력측정		부르돈관 압력계로 측정
온도측정		수은 및 열전대 온도계
레페반응장치		
정의		C_2H_2을 압축하는 것은 극히 위험하나 레페가 종래 합성되지 않았던 위험한 화합물의 제조를 가능하게 한 다수의 신 반응을 말한다.
종류		① 비닐화 ② 에틸린산 ③ 환 중합 ④ 카르보닐화

2 암모니아 합성탑(신파우더법)

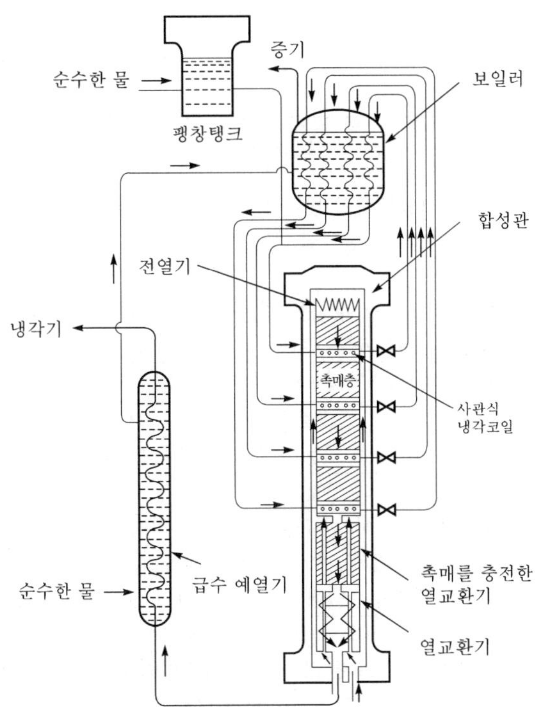

① 촉매 : 산화철에 Al_2O_3, K_2O, CaO, MgO 첨가
② 촉매 크기 : 5~15mm 정도의 입도
③ 촉매는 5단으로 나누어 충전, 최하단은 촉매를 충전한 열교환기
④ 상부 4단에는 촉매층과 촉매층 사이에 사관식 냉각코일이 있음
⑤ 촉매관의 구조 재료는 15-8STS 사용

06 부식과 방식

1 부식

항 목		세부 핵심내용
지하매설 강관의 부식의 원인		① 이종금속의 접촉에 의한 부식 ② 농염전지작용에 의한 부식 ③ 국부전지에 의한 부식 ④ 미주전류에 의한 부식 ⑤ 박테리아에 의한 부식
부식의 형태	전면부식	전면이 균일하게 되는 부식, 부식 양은 크지만 대처가 쉽다.
	국부부식	특정부분에 집중으로 일어나는 부식으로 부식의 정도가 커 위험성이 높다.
	선택부식	합금 중 특정성분만이 선택적으로 용출되거나 전체가 용출된 다음 특정성분만 재석출이 일어나는 부식이다.
	입계부식	결정입자가 선택적으로 부식되는 형식이다.
부식속도에 영향을 주는 인자		pH, 온도, 부식액 조성, 금속재료 조성, 응력, 표면상태 등

2 방식

항 목		세부 핵심내용
금속재료의 부식억제방식법		① 부식환경처리에 의한 방법 ② 인히비터(부식억제제)에 의한 방식법 ③ 피복에 의한 방식법 ④ 전기방식법
전기방식법	정의	지하매설 배관의 부식을 방지하기 위하여 양전류를 흘러 보내 토양의 음전류와 상쇄하여 부식을 방지하는 방법
	종류	유전양극법(희생양극법), 외부전원법, 선택배류법, 강제배류법
	희생양극법	강관보다 저전위의 금속을 직접 또는 도선으로 전기적으로 접속하여 양금금속 간의 고유 전위치를 이용하여 방식 전류를 주어 방식하는 것이다.
	외부전원법	외부의 직류전원장치로부터 필요한 방식 전류를 지중에 설치한 전극을 통하여 매설관에 흘려 부식 전류를 상쇄하는 것이다.
	선택배류법	전기철도에 근접한 매설배관의 전위가 궤도전위에 대해 양전위로 되어 미주전류가 유출하는 부분이 선택배류기를 접속하여 전류만을 선택하여 궤도에 보내는 방법이다.
	강제배류법	선택배류법과 외부전원법의 혼합형이다. 선택배류법에는 레일의 전위가 높으면 방식 전류는 흐르지 않으나 강제배류법에는 별도로 전원을 가지고 있기 때문에 강제로 전류를 흐르게 할 수 있다.

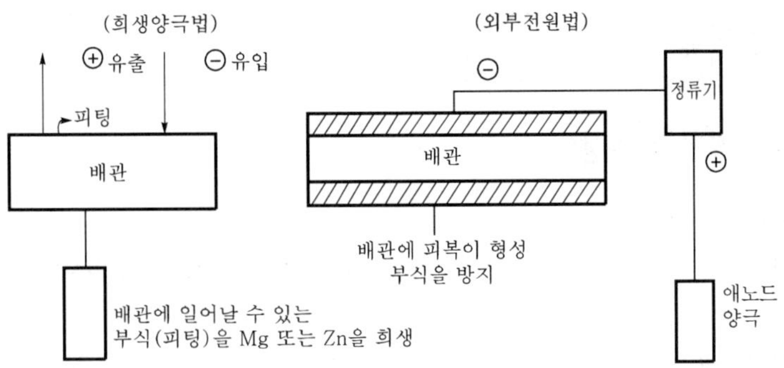

3 전기방식의 장 · 단점

구 분	장 점	단 점
외부 전원법	① 효과범위가 넓다. ② 장거리의 pipe line에는 수가 적어진다. ③ 전극의 소모가 적어서 관리가 용이하다. ④ 전압, 전류의 조정이 용이하다. ⑤ 전식에 대해서도 방식이 가능하다.	① 초기투자가 약간 크다. ② 강력하기 때문에 다른 매설금속체와의 장해에 대해서 충분히 검토를 해야 한다. ③ 전원이 없는 경우는 전지, 충전기 등을 필요로 한다. ④ 과방식이 될 수도 있다.
유전 양극법	① 간편하다. ② 단거리의 pipe line에는 설비가 저렴한 값이다. ③ 다른 매설 금속체의 장해는 거의 없다. ④ 과방식의 염려가 없다. ⑤ 관로의 도막 저항이 충분히 높다면 장거리에도 효과가 좋다.	① 도장이 나쁜 배관에서는 효과범위가 적다. ② 장거리의 pipe line에서는 소모가 높기 때문에 어떤 기간 안에 보충할 필요가 있다. ③ 도장 나쁜 pipe line에서는 소모가 높기 때문에 어떤 기간 안에 보충할 필요가 있다. ④ 평상의 관리 개소가 많게 된다. ⑤ 강한 전식에 대해서는 미력하다.
선택 배류법	① 전기철도의 전류를 이용하므로 유지비가 극히 적다. ② 전기철도와의 관계 위치에 있어서는 대단히 효율적이다. ③ 설비는 비교적 저렴하다. ④ 전기철도의 운행 시에는 자연부식방지도 된다.	① 다른 매설 금속체의 장해에 대하여 충분한 검토를 요한다. ② 전기철도와의 관계 위치에 있어서는 효과범위가 좁으며, 설치 불능의 경우도 있다. ③ 전기철도의 휴지기간(야간 등)은 전기방식으로 사용되지 않는다. ④ 과방식이 될 수도 있다.
강제 배류법	① 효과범위 넓다. ② 전압전류 조절이 용이하다. ③ 전식에 대하여 방식이 가능하다. ④ 외부전원법에 대하여 경제적이다. ⑤ 전철의 운휴기간에도 방식이 가능하다.	① 타매설물 장애에 대한 검토가 있어야 한다. ② 전원을 필요로 한다. ③ 전철신호장애에 대한 검토가 있어야 한다.

07 금속재료

1 금속재료의 일반적 현상

(1) 금속재료의 이상현상

① 청열취성 : 200~300℃에서 인장강도의 경도가 커지고, 연신율이 감소되어 강이 취약하게 되는 성질

② 적열취성 : 900℃ 이상에서 산화철, 황화철이 되어 부작용이 되는 현상

(2) 금속재료의 용어

① 안전율 = $\frac{\text{인장강도}}{\text{허용능력}}$

② 변형률 = $\frac{\text{변형된 길이}}{\text{처음 길이}} \times 100 = \frac{\lambda(L' - L)}{L} \times 100$

③ 가공도 = $\frac{\text{나중 단면적}}{\text{처음 단면적}} \times 100 = \frac{A}{A_0} \times 100$

④ 단면수축률 = $\frac{\text{변형 단면적}}{\text{처음 단면적}} \times 100 = \frac{A - A_0}{A_0} \times 100$

⑤ 클리프 현상 : 어느 온도(350℃) 이상에서 재료에 하중을 가하면 변형이 증대되는 현상

⑥ 취성 : 금속재료가 저온이 되면 부서지거나 깨져버리는 성질

(3) 응력

재료에 하중을 가하면 하중과 반대방향의 내력이 생길 때 하중의 크기에 따라 그때의 단면적으로 나눈 값

① $\sigma = \frac{W}{A}$

여기서, σ : 응력(kg/cm^2), W : 하중(kg), A : 단면적(cm^2)

② 용기에서의 응력

㉠ 원주방향

$$\sigma_t = \frac{Pd}{2t} = \frac{P(D-2t)}{2t}$$

여기서, σ_t : 원주방향 응력
P : 내압
d : 내경
D : 외경
t : 용기두께

㉡ 축방향

$$\sigma_z = \frac{Pd}{4t} = \frac{P(D-2t)}{4t}$$

여기서, σ_z : 축방향 응력

2 금속재료 원소에 대한 현상

(1) 탄소강

구 분		내 용
정의		보통 강이라 부르며, Fe, C를 주성분으로 망간, 규소, 인, 황 등을 소량씩 함유
함유 성분의 영향	C(탄소)	강의 인장강도 항복점 증가, 신율·충격치 감소
	Mn(망간)	황의 악영향을 완화, 강의 경도·강도·점성강도 증대
	P(인)	상온취성의 원인, 0.05% 이하로 제한
	S(황)	적열취성의 원인
	Si(규소)	유동성을 좋게 하나 단접성 및 냉간 가공성을 저하

(2) 동(Cu)

구 분		내 용
특징		전성·연성이 풍부하고 가공성, 내식성이 우수
사용금지 가스	NH_3	착이온 생성으로 부식을 일으키므로 62% 미만의 경우 사용 가능
	C_2H_2	동아세틸라이트 생성으로 폭발하므로 62% 미만의 경우 사용 가능
합금 종류	황동	Cu+Zn(동+아연)
	청동	Cu+Sn(동+주석)

(3) 고온·고압용 금속재료의 종류

① 5% 크롬(Cr)강

② 9% 크롬(Cr)강

③ 18-8 스테인리스강(오스테나이트계 스테인리스강)

④ 니켈, 크롬, 몰리브덴강

08 열처리의 종류

(1) 열처리 종류 및 특성

종 류	특 성
담금질(소입)(퀀칭)	강도 및 경도를 증가시키기 위해 가열 후 급냉
불림(소준)(노멀라이징)	결정조직을 미세화하거나 정상상태로 하기 위해 가열 후 공냉
풀림(소둔)(어닐링)	잔류응력 제거 및 조직의 연화강도 증가
뜨임(소려)(템퍼링)	내부응력 제거, 인장강도 및 연성 부여
심랭처리법	오스테나이트계 조직을 마텐자이트 조직으로 바꿀 목적으로 0℃ 이하로 처리하는 방법

09 비파괴검사

1 정의

피검사물의 파괴 없이 결함 유무를 판정

2 종류

항 목 명 칭	정 의	장 점	단 점
음향검사 (AE)	테스트 해머 사용, 두드려 음향에 의해 결함유무 판단	간단한 공구를 사용하므로 검사방법 간단	① 숙련을 요하고, 개인차가 있다. ② 결과의 기록이 되지 않는다.
침투(PT) 탐상시험 (형광침투, 연료침투)	표면장력이 적고, 침투력이 강한 액을 표면에 도포, 균열 등의 부분에 액을 침투, 표면투과액을 씻어내고 현상액 사용, 균열 등에 남은 침투액을 표면에 출연시키는 방법	표면에 생긴 미소결함 검출	① 내부결함, 검출 안 됨 ② 결과가 즉시 나오지 않음
자분(MT) 탐상시험	피검사물을 자화한 상태에서 표면 또는 표면에 가까운 손상에 의해 생기는 누설 자속을 사용하여 검출하는 방법	육안으로 검사할 수 없는 미세표면 피로파괴, 취성파괴에 적당	① 비자성체 적용 불가능 ② 전원이 필요 ③ 종료 후 탈지처리 필요
방사선(RT) 투과시험	X, γ선으로 투과하여 결함의 유무를 검출하는 방법	내부결함 검출 가능, 사진으로 촬영	① 장치가 크고, 가격이 고가 ② 취급상 주의 필요 ③ 선과 평행한 크랙 발견은 어렵다.
초음파(UT) 탐상시험	초음파를 피검사물의 내부에 침입 반사파를 이용, 내부결함 검출	① 내부결함 불균일층의 검사 ② 용입부족, 용입부 결함 검출 ③ 검사비용 저렴	① 결함형태 부적당 ② 결과의 보존성이 없다.

Chapter 4

출/제/예/상/문/제

01 다음 중 무이음용기에 충전하는 가스가 아닌 것은?

① 산소
② 수소
③ 질소
④ LPG

해설

압축가스(산소, 수소, 질소, Ar, CH_4, CO)는 무이음용기에 충전하고, 액화가스(C_3H_8, C_4H_{10}, NH_3, Cl_2)는 용접용기에 충전한다.

02 무이음용기의 제조방법이 아닌 것은?

① 만네스만식(Mannes-man)
② 웰딩식
③ 디프드로잉식(Deep drawing)
④ 에르하르트식(Ehrhardt)

해설

무이음용기의 제조법
㉠ 에르하르트식 : 각 강편을 적열상태에서 단접 성형하는 상태
㉡ 디프드로잉식 : 강판을 재료로 하는 방식
㉢ 만네스만식 : 이음매 없는 강관을 단접성형 하는 방식

03 무이음용기의 화학성분이 맞는 것은?

① C : 0.22%, P : 0.04%, S : 0.05% 이하
② C : 0.33%, P : 0.04%, S : 0.05% 이하
③ C : 0.55%, P : 0.04%, S : 0.05% 이하
④ C : 0.66%, P : 0.04%, S : 0.05% 이하

해설

항 목 / 용기 구분	C	P	S
용접용기	0.33% 이하	0.04% 이하	0.05% 이하
무이음용기	0.55% 이하	0.04% 이하	0.05% 이하

04 다음 중 용접용기의 장점이 아닌 것은?

① 고압에 견딜 수 있다.
② 경제적이다.
③ 두께 공차가 적다.
④ 모양, 치수가 자유롭다.

해설

(1) 용접용기의 장점
㉠ 저렴한 강판을 사용하므로 경제적이다.
㉡ 용기의 형태, 모양, 치수가 자유롭다.
㉢ 두께 공차가 적다.
(2) 무이음용기의 장점
㉠ 응력분포가 균일하다.
㉡ 고압에 견딜 수 있다.

05 초저온용기란 온도가 몇 ℃ 이하인 용기인가?

① −10℃
② −20℃
③ −30℃
④ −50℃

해설

초저온용기 : 온도가 −50℃ 이하인 용기로서 단열재로 피복하거나 냉동설비로 냉각하여 용기 내 온도가 상용온도를 초과하지 않도록 조치한 용기

06 무이음용기 동판의 최대 · 최소 두께는 평균두께의 몇 % 이하인가?

① 10% 이하
② 20% 이하
③ 30% 이하
④ 40% 이하

해설

20% 이하
용접용기 동판의 최대 · 최소 두께는 평균두께의 10% 이하이다.

정답 01.④ 02.② 03.③ 04.① 05.④ 06.②

07 다음 중 용기재료의 구비조건이 아닌 것은?

① 중량이고, 충분한 강도를 가질 것
② 저온, 사용온도에 견디는 연성 · 점성 강도를 가질 것
③ 내식성, 내마모성을 가질 것
④ 가공성, 용접성이 좋을 것

해설
경량이고, 충분한 강도를 가질 것

08 다음 중 가스충전구 형식이 암나사인 것은?

① A형 ② B형
③ C형 ④ D형

해설
충전구나사의 형식
㉠ A형 : 충전구가 숫나사
㉡ B형 : 충전구가 암나사
㉢ C형 : 충전구에 나사가 없는 것

09 고압가스 용기밸브의 그랜드 너트에 V자형으로 각인되어 있는 것은 무엇을 뜻하는가?

① 그랜드 너트 개폐방향 왼나사
② 충전구 개폐방향
③ 충전구나사 왼나사
④ 액화가스 용기

해설
그랜드 너트의 개폐방향에는 왼나사, 오른나사가 있으며 왼나사인 것은 V형 홈을 각인한다.

10 다음 중 밸브구조의 종류가 아닌 것은?

① 패킹식 ② O링식
③ 백시트식 ④ 카본식

해설
카본식 대신에 다이어프램식으로 하여야 한다.

11 다음 중 밸브 누설의 종류가 아닌 것은?

① 패킹 누설
② 시트 누설
③ 밸브 본체 누설
④ 충전구 누설

해설
밸브의 누설 종류
㉠ 패킹 누설 : 핸들을 열고, 충전구를 막은 상태에서 그랜드 너트와 스핀들 사이로 누설
㉡ 시트 누설 : 핸들을 잠근상태에서 시트로부터 충전구로 누설
㉢ 밸브 본체의 누설 : 밸브 본체의 홈이나 갈라짐으로 인한 누설

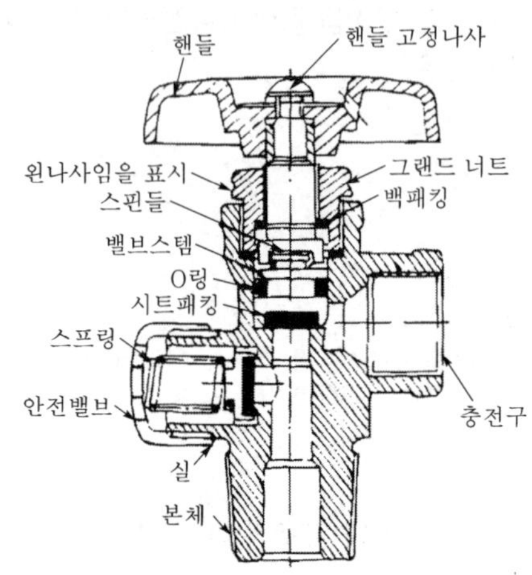

❙ LP가스 용기밸브의 구조 ❙

12 유체를 한 방향으로 흐르게 하며, 역류를 방지하는 밸브로서 스윙식, 리프트식이 있는 밸브는?

① 스톱밸브 ② 앵글밸드
③ 역지밸브 ④ 안전밸브

해설
역지밸브
㉠ 리프트형 : 수평배관
㉡ 스윙형 : 수직 · 수평 배관

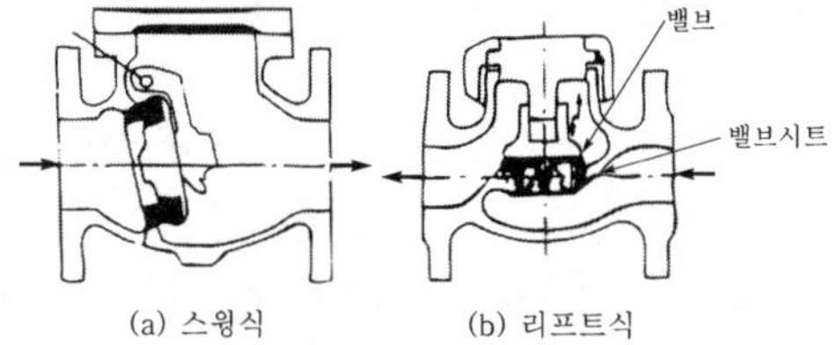

❙ 역류방지밸브의 구조 ❙

요약 1. 고압밸브의 종류
- 체크밸브(역지밸브) : 유체를 한 방향으로 흐르게 하는 밸브
- 스톱밸브 : 유체의 흐름단속이나 유량조절에 적합한 밸브(앵글밸브, 글로브밸브)

정답 07.① 08.② 09.① 10.④ 11.④ 12.③

- 감압밸브 : 고압측 압력을 저압으로 낮추거나 저압측 압력을 일정하게 유지하기 위해 사용하는 밸브

2. 고압밸브의 특징
   - 주조보다 단조품이 많다.
   - 밸브시트는 내식성과 경도 높은 재료를 사용한다.
   - 밸브시트만을 교체할 수 있는 구조로 되어 있다.
   - 기밀 유지를 위해 스핀들에 나사가 없는 직선 부분을 만들고 밸브 본체 사이에는 패킹을 끼워넣도록 되어 있다.

13 안전밸브의 종류가 아닌 것은?

① 피스톤식 ② 가용전식
③ 스프링식 ④ 박판식

안전밸브의 종류 : 스프링식, 가용전식, 박판식(파열판식), 중추식

요약 1. 안전밸브의 형식 중 가장 많이 쓰이는 것 : 스프링식
2. 가용전식으로 사용되는 것 : Cl_2, C_2H_2
3. 파열판식 안전밸브의 특징
   - 구조간단, 취급점검이 용이하다.
   - 부식성, 괴상물질을 함유한 유체에 적합하다.
   - 스프링식 안전밸브와 같이 밸브시트 누설이 없다.
   - 한 번 작동 시 새로운 박판과 교체해야 한다(1회용이다).

14 안전장치의 종류가 아닌 것은?

① 안전밸브
② 앵글밸브
③ 바이패스밸브
④ 긴급차단밸브

앵글밸브는 일반밸브이다.

- 앵글밸브 :

15 다음 중 배관재료의 구비조건이 아닌 것은?

① 관내 가스유통이 원활할 것
② 토양, 지하수에 내식성이 있을 것
③ 절단가공이 용이할 것
④ 연소폭발성이 없을 것

④ 이외에 내부 가스압과 외부로부터의 하중 및 충격하중에 견디는 강도를 가질 것, 관의 접합이 용이할 것, 누설이 방지될 것 등이 있다.

16 가스배관 경로 선정 4요소가 아닌 것은?

① 최단거리로 할 것
② 구부러지거나 오르내림이 적을 것
③ 가능한 한 옥내에 설치할 것
④ 은폐 매설을 피할 것

가스배관 경로 선정 4요소
㉠ 최단거리로 할 것(최단)
㉡ 구부러지거나 오르내림이 적을 것(직선)
㉢ 가능한 한 옥외에 설치할 것(옥외)
㉣ 은폐 매설을 피할 것(노출)

17 공기액화분리장치의 안전밸브 분출면적[cm²]을 구하는 식으로 옳은 것은?

① $h=1293(S-1)H$

② $Q=K\dfrac{\sqrt{D^5h}}{SL}$

③ $a=230H\sqrt{\dfrac{M}{T}}$

④ $a=\dfrac{W}{230P\sqrt{\dfrac{M}{T}}}$

해설

안전밸브 분출면적

$$a=\frac{W}{230P\sqrt{\frac{M}{T}}}$$

여기서, W : 시간당 분출가스량(kg/h)
P : 분출압력(kg/cm²)
M : 분자량
T : 분출 직전의 절대온도(K)

- P : MPa인 경우 $a=\dfrac{W}{2300P\sqrt{\dfrac{M}{T}}}$ 이다.

18 다음 배관이음 중 분해할 수 있는 이음이 아닌 것은?

① 나사이음 ② 플랜지 이음
③ 용접이음 ④ 유니언

정답 13.① 14.② 15.④ 16.③ 17.④ 18.③

해설

관이음

㉠ 영구이음 : 용접(—×—), 납땜(—o—)

㉡ 분해이음 : 나사(—|—), 플랜지(—||—), 유니언(—|||—), 소켓(턱걸이)(—)—) 등

요약 배관설비

1. 강관(Steel Pipe)

   ㉠ 표시방법
   - -B : 단접관
   - -E : 전기저항 용접관
   - -A : 아크용접관
   - -S-H : 열간가공 이음매 없는 관
   - -S-C : 냉간완성 이음매 없는 관
   - -E-C : 냉간완성 전기저항 용접관
   - -B-C : 냉간완성 단접관
   - -A-C : 냉간완성 아크용접관

   ㉡ 스케줄 번호(SCH No) : 관 두께를 나타내는 번호로서 스케줄 번호가 클수록 관의 두께가 두꺼운 것을 의미함

   $SCH = 10 \times \frac{P}{S}$

   여기서, P : 사용압력(kg/cm²)

   S : 허용응력(kg/mm²)

   ※ 허용응력 : 인장강도$\times \frac{1}{4}$

   또는

   $SCH = 100 \times \frac{P}{S}$

   여기서, P : 사용압력(MPa)

   S : 허용응력(kg/mm²)

   $SCH = 1000 \times \frac{P}{S}$

   여기서, P : 사용압력(MPa)

   S : 허용응력(N/mm²)

   ㉢ 강관의 표시방법

관의 명칭	기 호	특 징
배관용 탄소강관	SPP	1MPa 이하에 사용
압력배관용 탄소강관	SPPS	1~10MPa 이하에 사용
고압배관용 탄소강관	SPPH	10MPa 이상에 사용
배관용 아크용접 탄소강관	SPW	1MPa 이하에 사용
저온배관용 탄소강관	SPLT	빙점 이하에 사용
수도용 아연도금강관	SPPW	급수관에 사용

2. 신축이음의 종류

   ㉠ 루프 이음(U밴드) : 가장 큰 신축을 흡수(Ω)

   ㉡ 벨로스 이음 : —WWW—

   ㉢ 슬리브 이음 : —▭—

   ㉣ 스위블 이음 : 2개 이상의 엘보를 이용하여 신축을 흡수

   ㉤ 상온 스프링(cold) : 배관의 자유팽창량을 미리 계산하여 관을 짧게 절단하는 강제배관을 함으로써 신축을 흡수하는 방법(절단길이는 자유팽창량의 1/2)

3. 배관 도시기호

   공기(A), 가스(G), 오일(O), 수증기(S), 물(W), 증기(V)

19 사용압력이 1MPa, 인장강도가 40N/mm²인 배관의 SCH No는?

① 100 ② 200
③ 300 ④ 400

$$SCH = 1000 \times \frac{P}{S} = 1000 \times \frac{1}{\frac{40}{4}} = 100$$

20 대기 중 6m 배관을 상온 스프링으로 연결 시 온도 차가 50℃일 때 절단길이는 몇 mm인가? (단, $\alpha = 1.2 \times 10^{-5}/℃$ 이다.)

① 1.2mm ② 1.5mm
③ 1.8mm ④ 2mm

해설

$\lambda = l\,\alpha\,\Delta t$

$= 6000\text{mm} \times 1.2 \times 10^{-5}/℃ \times 50℃ = 3.6\text{mm}$

절단길이는 자유팽창량의 $\frac{1}{2}$ 이므로

$\therefore\ 3.6 \times \frac{1}{2} = 1.8\text{mm}$

21 다음 중 신축이음의 종류가 아닌 것은?

① 플랜지 이음 ② 루프 이음
③ 상온 스프링 ④ 벨로우즈 이음

22 다음 중 수증기를 뜻하는 배관 도시기호는?

① —A→ ② —W→
③ —O→ ④ —S→

정답 19.① 20.③ 21.① 22.④

해설

① 공기
② 물
③ 오일
④ 수증기
이외에 $\xrightarrow{V}$(증기)

23 배관계에서 응력의 원인이 아닌 것은?

① 열팽창에 의한 응력
② 펌프압축기에 의한 응력
③ 용접에 의한 응력
④ 내압에 의한 응력

해설

응력의 원인 ①, ③, ④ 이외에 냉간가공에 의한 응력, 배관부속물의 중량에 의한 응력 등이 있다.

요약 배관계의 진동원인
- 바람, 지진의 영향(자연의 영향)
- 관 속을 흐르는 유체의 압력변화에 의한 진동
- 안전밸브 분출에 의한 진동
- 관의 굽힘에 의한 힘의 영향
- 펌프압축기에 의한 진동

24 다음 중 저압배관설계의 4요소에 해당되지 않는 것은?

① 가스유량 ② 압력손실
③ 가스비중 ④ 관길이

해설

③항 대신에 관지름이 들어간다.
관경 결정 4요소에는 가스유량, 압력손실, 가스비중, 관길이 등이 해당된다.

참고 1. 저압배관 유량식

$$Q=k\sqrt{\frac{1000HD^5}{SLg}}$$

여기서, Q : 가스유량(m^3/hr)
k : Pole상수(0.707)
H : 압력손실(kPa)
D : 관지름(cm)
S : 가스비중
L : 관길이(m)
g : 중력가속도(9.81)

또는 $Q=k\sqrt{\frac{D^5H}{SL}}$ (H : mmH_2O)

2. 중 · 고압 배관 유량식

$$Q=k\sqrt{\frac{10000(P_1^2-P_2^2)D^5}{SLg^2}}$$

여기서, Q : 가스유량(m^3/hr)
k : Cox상수(52.31)
P_1 : 배관의 시점압력(MPa)
P_2 : 배관의 종점압력(MPa)
S : 가스비중
L : 배관길이(m)
g : 중력가속도(9.81)

또는 $Q=k\sqrt{\frac{D^5(P_1^2-P_2^2)}{SL}}$ (P_1, P_2 : kg/cm²)

25 다음 중 저압배관 유량식이 맞는 것은?

① $Q=k\sqrt{\frac{1000HD^5}{SLg}}$

② $Q=k\frac{\sqrt{SL}}{D^5H}$

③ $Q=k\frac{\sqrt{D^5L}}{SH}$

④ $Q=\sqrt{\frac{DH}{SL}}$

26 다음 중 배관 내 압력손실의 원인에 해당되지 않는 것은?

① 직선배관에 의한 압력손실
② 입상배관에 의한 압력손실
③ 안전밸브에 의한 압력손실
④ 사주배관에 의한 압력손실

해설

압력손실 요인은 ①, ②, ③ 이외에 가스미터, 콕에 의한 압력손실이 있다.

요약 배관의 압력손실 요인
1. 직선배관에 의한 압력손실(마찰저항에 의한 압력손실)
저압배관 유량식에서
$Q=k\sqrt{\frac{1000HD^5}{SLg}}\left(Q=k\sqrt{\frac{D^5H}{SL}}\right)$

$$\therefore H=\frac{Q^2\times S\times L\times g}{1000K^2\times D^5}$$

정답 23.② 24.③ 25.① 26.④

- 유량의 2승에 비례하고($Q=A \cdot V$이므로) 유속의 2승에도 비례
- 관 길이에 비례
- 관 내면의 거칠기에 비례
- 유체의 점도에 비례
- 관 내경의 5승에 반비례

2. 입상배관에 의한 압력손실

$$h=1.293(S-1)H$$

여기서, h : 압력손실(mmH_2O)
1.293 : 공기의 밀도 (29g/22.4L=1.293)
S : 가스비중
H : 입상높이(m)

27 C_3H_8 입상 30m 지점의 압력손실은?

① $18mmH_2O$
② $19mmH_2O$
③ $19.39mmH_2O$
④ $20.39mmH_2O$

해설

$h=1.293(S-1)H$
$=1.293(1.5-1)\times 30$
$=19.395mmH_2O$

28 다음 ( ) 안에 알맞은 단어로 옳은 것은?

> 압궤시험이란 꼭지각 (㉠)로서 그 끝을 반지름 (㉡)의 원호로 다듬질된 강제틀을 써서 시험용기의 중앙부에서 원통축에 대하여 직각으로 서서히 눌러 균열이 없는 것을 합격으로 한다.

① ㉠ 10°, ㉡ 5mm
② ㉠ 20°, ㉡ 10mm
③ ㉠ 30°, ㉡ 13mm
④ ㉠ 60°, ㉡ 13mm

해설

압궤시험
꼭지각 60°로서 그 끝을 반지름 13mm의 원호로 다듬질한 강제틀을 써서 시험용기의 중앙부에서 원통축에 대하여 직각으로 천천히 눌러서 2개의 꼭지각 끝의 거리가 일정량에 달하여도 균열이 생겨서는 안 된다.

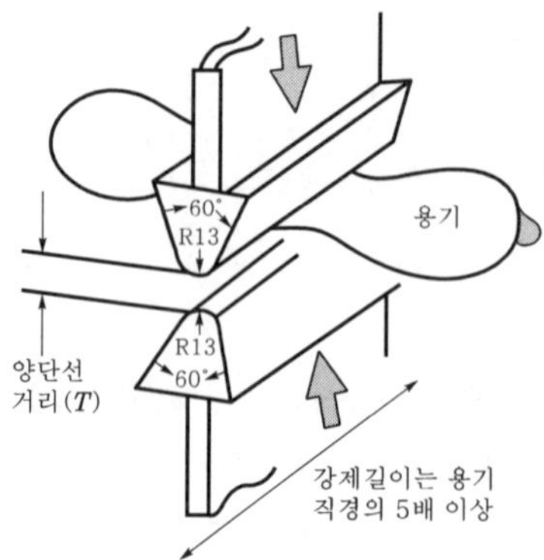

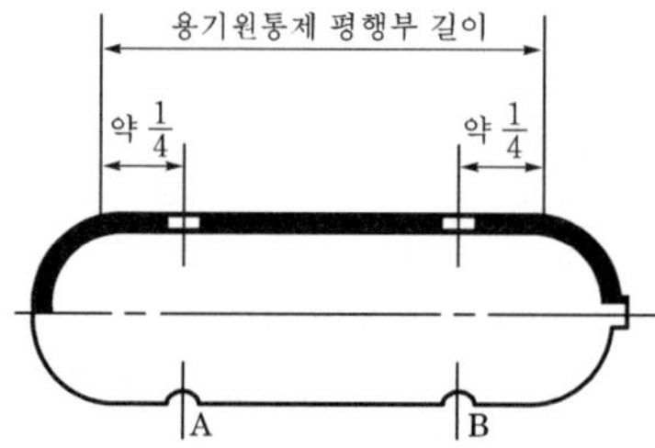

▌압궤시험과 두께측정▐

29 다음 중 수조식 내압시험장치의 특징이 아닌 것은?

① 대형 용기에서 행한다.
② 팽창이 정확하게 측정된다.
③ 신뢰성이 크다.
④ 용기를 수조에 넣고, 수압으로 가압한다.

소형 용기에서 행한다.

30 액체산소 탱크에 20℃ 산소가 200kg이 있다. 이 용기 내용적이 100L일 때 10시간 방치 시 산소가 100kg 남아 있었다. 이 탱크가 단열성능시험에 합격할 수 있는지 계산한 값으로 옳은 것은? (단, 증발잠열은 51kcal/kg이며, 산소의 비점은 −183℃이다.)

① 0.05kcal/hr · ℃ · L(합격)
② 0.025kcal/hr · ℃ · L(불합격)
③ 0.02kcal/hr · ℃ · L(합격)
④ 0.005kcal/hr · ℃ · L(불합격)

정답 27.③ 28.④ 29.① 30.②

해설

$$Q = \frac{W \cdot q}{H \cdot \Delta t \cdot V}$$
$$= \frac{100\text{kg} \times 51\text{kcal/kg}}{10 \times (20+183) \times 100} = 0.0251\text{kcal/hr} \cdot ℃ \cdot \text{L}$$

∴ 0.0005kcal/hr · ℃ · L을 초과하므로 불합격

요약 초저온용기 단열성능시험 합격기준

1. 내용적이 1000L 미만인 경우 0.0005kcal/hr · ℃ · L 이하가 합격
2. 내용적이 1000L 이상인 경우 0.002kcal/hr · ℃ · L 이하가 합격
3. 단열성능시험 : 액화질소, 액화산소, 액화아르곤 같은 초저온용기의 단열상태를 보는 것으로서 시험 시 충전량은 저온액화가스의 용적이 용기 내용적의 $\frac{1}{3}$ 이상 $\frac{1}{2}$ 이하가 되도록 하고 침입열량에 의한 기화가스량의 측정은 저울 또는 유량계에 의한다. 또한 합격기준은 다음 산식에 의해 침입열량이 내용적 1000L 미만인 경우 0.0005kcal/h · ℃ · L 이하, 내용적 1000L 이상인 것에 있어서는 0.002kcal/h · ℃ · L 이하의 경우를 합격으로 한다.

$$Q = \frac{W \cdot q}{H \cdot \Delta t \cdot V}$$

여기서, Q : 침입열량(kcal/hr · ℃ · L)
W : 측정 중의 기화가스량(kg)
H : 측정시간(hr)
V : 용기 내용적(L)
q : 시험용 액화가스의 기화잠열(kcal/kg)
Δt : 시험용 저온액화가스의 비점과 외기와의 온도차(℃)

단, 시험용 저온액화가스의 비점 및 기화잠열은 다음 값에 의한다.

- 액화질소 : 비점 −196℃, 기화잠열 48kcal/kg
- 액화산소 : 비점 −183℃, 기화잠열 51kcal/kg

31 용기의 재검사기준에서 다공물질을 채울 때 용기 직경의 $\frac{1}{200}$ 또는 몇 mm의 틈이 있는 것은 무방한가?

① 1mm ② 2mm
③ 3mm ④ 4mm

해설

법 규정상 재검사를 받아야 할 용기
㉠ 산업자원부령이 정하는 기간이 경과된 용기
㉡ 손상이 발생된 용기
㉢ 합격표시가 훼손된 용기
㉣ 충전할 고압가스의 종류를 변경할 용기

32 다음 중 원통형 저장탱크의 내용적을 구하는 식은? (단, d : 직경, L : 저장탱크의 비이다.)

① $\frac{4}{3}\pi\gamma^3$ ② $\frac{\pi\gamma^3}{6}$
③ $\frac{\pi}{6}d^3$ ④ $\frac{\pi}{6}d^2 \times L$

33 다음 중 구형 탱크의 특징에 해당되지 않는 것은?

① 건설비가 저렴하다.
② 표면적이 크다.
③ 강도가 높다.
④ 모양이 아름답다.

해설

구형 탱크의 특징
㉠ 모양이 아름답다.
㉡ 동일 용량의 가스액체를 저장 시 표면적이 작고, 강도가 높다.
㉢ 누설이 방지된다.
㉣ 건설비가 저렴하다.
㉤ 구조가 단순하고, 공사가 용이하다.

34 고온 · 고압 하에서 화학적인 합성이나 반응을 하기 위한 고압반응 가마솥을 무엇이라 하는가?

① 반응기 ② 합성관
③ 교반기 ④ 오토클레이브

해설

오토클레이브(autoclave)의 종류
㉠ 교반형 : 전자코일을 이용하거나 모터에 연결 베인을 회전하는 형식
㉡ 진탕형 : 수평이나 전후 운동을 함으로써 내용물을 교반시키는 형식
㉢ 회전형 : 오토클레이브 자체를 회전시키는 방식
㉣ 가스교반형 : 가늘고 긴 수직형 반응기로서 유체가 순환되어 교반되는 형식으로 화학공장 등에서 이용

35 다음 중 오토클레이브의 종류에 해당되지 않는 것은?

① 피스톤형 ② 교반형
③ 가스교반형 ④ 진탕형

정답 31.③ 32.④ 33.② 34.④ 35.①

36 석유화학장치에서 사용되는 반응장치 중 아세틸렌, 에틸렌 등에서 사용되는 장치는?

① 탱크식 반응기 ② 관식 반응기
③ 탑식 반응기 ④ 축열식 반응기

해설

석유화학 반응장치의 종류
㉠ 탱크식 반응기 : 아크릴로라이드 합성, 디클로로에탄 합성
㉡ 관식 반응기 : 에틸렌의 제조, 염화비닐의 제조
㉢ 탑식 반응기 : 벤졸의 염소화, 에틸벤젠의 제조
㉣ 축열식 반응기 : 아세틸렌 제조, 에틸렌 제조
㉤ 유동층식 접촉 반응기 : 석유개질
㉥ 내부 연소식 반응기 : 아세틸렌 제조, 합성용 가스의 제조

37 다음은 이음매 없는 용기에 관한 사항이다. 해당되지 않는 것은?

① 제조법은 만네스만식, 에르하르트식이 있다.
② 산소, 수소 등의 용기에 해당된다.
③ C 0.55% 이하, P 0.04% 이하, S 0.05% 이하이다.
④ 저압용기에는 망간강, 고압용기에는 탄소강을 사용한다.

해설

고압용기에는 망간강, 저압용기에는 탄소강이 사용된다.

38 단열재의 구비조건에 해당되지 않는 것은?

① 화학적으로 안정할 것
② 경제적일 것
③ 흡습성, 열전도가 클 것
④ 밀도가 작고, 시공이 쉬울 것

해설

흡습성, 열전도가 작을 것

39 다음 중 밸브의 재료가 잘못 연결된 것은?

① NH_3 : 강재
② Cl_2 : 황동
③ LPG : 단조 황동
④ C_2H_2 : 동

해설

C_2H_2은 동함유량이 62% 미만이어야 한다.

40 용기의 인장시험의 목적이 아닌 것은?

① 경도
② 인장강도
③ 연신율
④ 항복점

해설

인장시험 시 연신율, 인장강도, 항복점, 단면수축률을 알 수 있다.

41 내용적 40L 용기에 30kg/cm^2 수압을 가하였다. 이때 40.5L가 되었고 수압을 제거했을 때 40.025L가 되었다. 이때 항구증가율은 몇 %인가?

① 5% ② 3%
③ 0.3% ④ 0.5%

해설

$$\text{항구증가율}(\%) = \frac{\text{항구증가량}}{\text{전 증가량}} \times 100 = \frac{40.025 - 40}{40.5 - 40} \times 100 = 5\%$$

42 원통형 저장탱크의 부속품에 해당되지 않는 것은?

① 드레인밸브
② 유량계
③ 액면계
④ 안전밸브

해설

원통형 용기의 부속품 : 안전밸브, 압력계, 온도계, 액면계, 긴급차단밸브, 드레인밸브

43 용량 1000L인 액산탱크에 액산을 넣어 방출밸브를 개방하여 10시간 방치 시 5kg 방출되었다. 증발잠열이 50kcal/kg일 때 시간당 탱크에 침입하는 열량은 얼마인가?

① 20kcal/hr ② 25kcal/hr
③ 30kcal/hr ④ 40kcal/hr

해설

$$\frac{5\text{kg} \times 50\text{kcal/kg}}{10\text{hr}} = 25\text{kcal/hr}$$

정답 36.④ 37.④ 38.③ 39.④ 40.① 41.① 42.② 43.②

44 고압가스 용기 재료에 사용되는 강의 성분 중 탄소, 인, 황의 함유량이 제한되어 있다. 다음 중 틀린 것은?

① 황은 적열취성의 원인이 된다.
② 인은 상온취성이 생긴다.
③ Mn은 황의 악영향을 가속시킨다.
④ Ni은 저온취성을 개선시킨다.

해설

㉠ S : 적열취성
㉡ P : 상온취성
㉢ Mn : 황의 악영향을 완화
㉣ Ni : 저온취성을 개선

45 원통형 용기의 원주방향 응력을 구하는 식은?

① $\sigma = \dfrac{W}{A}$　　② $\sigma = \dfrac{PD}{4t}$
③ $\sigma = \dfrac{PD}{2t}$　　④ $\sigma = \dfrac{W}{A}$

① 원통형 용기 원주방향 응력 : $\sigma = \dfrac{PD}{2t}$

② 축방향 응력 : $\sigma = \dfrac{PD}{4t}$

요약 원통형 용기의 내압강도 $P = \dfrac{\sigma_t \times 2 \times t}{D}$ 는 두께가 두꺼울수록, 관경이 작을수록 크다.

46 원통형 탱크에 대하여 잘못 설명된 것은?

① 구형 탱크보다 운반이 쉽다.
② 구형 탱크보다 제작이 어렵다.
③ 구형 탱크보다 표면적이 크다.
④ 횡형으로 설치 시 안정감이 있다.

47 다음 중 안전밸브의 설치장소가 아닌 것은?

① 감압밸브 뒤의 배관
② 펌프의 흡입측
③ 압축기의 토출측
④ 저장탱크의 기상부

해설

㉠ 펌프의 토출측이다.
㉡ 상기 항목 이외에 압축기 최종단 등이 있다.

48 고압가스 용기의 재료에 사용되는 강의 성분 중 탄소, 인, 황의 함유량이 제한되어 있다. 그 이유는?

① 탄소량이 증가하면 인장강도 충격치는 증가한다.
② 황은 적열취성의 원인이 된다.
③ 인은 많은 것이 좋다.
④ 탄소량이 많으면 인장강도는 감소하나 충격치는 증가한다.

해설

탄소량이 증가하면 인장강도 경도는 증가하고, 충격치 연신율은 감소하며, S은 적열취성의 원인이 되고 P은 상온취성의 원인이 된다.

요약
- S : 적열취성의 원인
- P : 상온취성
- Mn : S과 결합하여 S의 악영향을 완화
- Ni : 저온취성을 개선

49 저온장치용 금속재료에 있어서 가장 중요시 하여야 할 사항은 무엇인가?

① 금속재료의 물리적, 화학적 성질
② 금속재료의 약화
③ 저온취성에 의한 취성파괴
④ 저온취성에 의한 충격치 강화

저온취성에 의한 취성파괴

50 어떤 고압용기의 지름을 2배, 재료의 강도를 2배로 하면 용기두께는 몇 배인가?

① 0.5　　② 1.5
③ 3　　④ 변함 없다.

$\sigma = \dfrac{PD}{2t}$

$\therefore\ t = \dfrac{PD}{2\sigma_t} = \dfrac{P \times 2D}{2 \times 2\sigma_t} = \dfrac{PD}{2\sigma_t}$ (변함 없음)

51 같은 강도이고 같은 두께의 원통형 용기의 내압성능에 대하여 옳은 것은?

① 길이가 짧을수록 강하다.
② 관경이 작을수록 강하다.
③ 관경이 클수록 강하다.
④ 길이가 길수록 강하다.

정답 44.③ 45.③ 46.② 47.② 48.② 49.③ 50.④ 51.②

해설

$$\sigma = \frac{PD}{2t}$$

$\therefore\ P = \dfrac{\sigma_t \times 2 \times t}{D}$

원통형 용기의 내압성능은 관경이 작을수록, 두께가 두꺼울수록 강하다.

52 내경 15cm의 파이프를 플랜지 접속 시 $40kg/cm^2$의 압력을 걸었을 때 볼트 1개에 걸리는 힘이 400kg일 때 볼트 수는 몇 개인가?

① 15개 ② 16개
③ 17개 ④ 18개

해설

$$P = \frac{W}{A}$$

$W = PA$

$= 40kg/cm^2 \times \dfrac{\pi}{4} \times (15cm)^2$

$= 7065kg$

$\therefore$ 7065÷400=17.6=18개

53 지름 16mm 강볼트로 플랜지 접합 시 인장력이 $4000kg/cm^2$이다. 지름 12mm 볼트로 같은 수를 사용 시 인장력은 얼마인가?

① $5100kg/cm^2$
② $6100kg/cm^2$
③ $7100kg/cm^2$
④ $8100kg/cm^2$

해설

$$\sigma_1 \times \frac{\pi}{4} d_1{}^2 \times n_1 = \sigma_2 \times \frac{\pi}{4} d_2{}^2 \times n_2 (n_1 = n_2)$$

$\therefore\ \sigma_2 = P\dfrac{\frac{\pi}{4}d_1^2}{\frac{\pi}{4}d_2^2} \times \sigma_1 = \dfrac{d_1^2}{d_2^2} \times \sigma_1$

$= \dfrac{16^2}{12^2} \times 4000kg/cm^2$

$= 7111.11kg/cm^2$

$≒ 7100kg/cm^2$

54 지름 1cm의 원관에 500kg의 하중이 작용할 경우 이 재료에 걸리는 응력은 몇 kg/mm^2인가?

① $4.5kg/mm^2$ ② $5.5kg/mm^2$
③ $6.4kg/mm^2$ ④ $7.5kg/mm^2$

해설

$\sigma = \dfrac{W}{A} = \dfrac{500kg}{\frac{\pi}{4} \times (10mm)^2} = 6.36kg/mm^2 ≒ 6.4kg/mm^2$

요약 응력이란 하중을 단면적으로 나눈 값이며, 하중에 대항하여 발생되는 반대방향인 내력을 말한다.

55 클리프 현상이 발생되는 온도는 몇 ℃ 이상인가?

① 100℃ ② 200℃
③ 350℃ ④ 450℃

해설

클리프 현상 : 350℃ 이상에서 재료에 하중을 가하면 시간과 더불어 변형이 증대되는 현상

56 응력을 표현한 것은 어느 것인가?

① 응력=하중×단면적

② 응력$=\dfrac{단면적}{하중}$

③ 응력$=\dfrac{하중}{단면적}$

④ 응력$=\dfrac{체적}{하중}$

57 단면적이 $100mm^2$인 봉을 매달고 100kg 추를 자유단에 달았더니 허용응력이 되었다. 인장강도가 $100kg/cm^2$일 때 안전율은?

① 1 ② 2
③ 3 ④ 4

해설

안전율$=\dfrac{인장강도}{허용응력} = \dfrac{100kg/cm^2}{100kg/cm^2} = 1$

$\left(\because\ 허용응력 = \dfrac{100kg}{100mm^2} = 1kg/mm^2 = 100kg/cm^2\right)$

정답 52.④ 53.③ 54.③ 55.③ 56.③ 57.①

58 지름 10mm, 길이 100mm의 재료를 인장 시 105mm일 때 이 재료의 변율은?

① 0.01 ② 0.02
③ 0.03 ④ 0.05

해설

$$변율 = \frac{l'-l}{l}$$

$$= \frac{변형된\ 길이}{처음\ 길이} = \frac{105-100}{100} = 0.05$$

참고 연신율(%) $= \frac{\lambda}{l} \times 100$

59 금속재료에서 탄소량이 많을 때 증가하는 것은?

① 연신율 ② 변형률
③ 인장강도 ④ 충격치

해설

탄소량이 증가하면 인장강도 항복점은 증가, 연신율 충격치는 감소한다.

60 지름 5mm의 금속재료를 4mm로 축소할 경우 단면수축률 및 가공도는 얼마인가?

① 20%, 50% ② 39%, 40%
③ 30%, 60% ④ 36%, 64%

㉠ 단면수축률 : $\frac{A_0 - A}{A_0} \times 100$

$$= \frac{\frac{\pi}{4}(5^2 - 4^2)}{\frac{\pi}{4} \times 5^2} \times 100 = 36\%$$

㉡ 가공도 : $\frac{A}{A_0} \times 100 = \frac{\frac{\pi}{4}4^2}{\frac{\pi}{4} \times 5^2} \times 100 = 64\%$

61 고압가스에 사용되는 금속재료의 구비조건이 아닌 것은?

① 내알칼리성 ② 내식성
③ 내열성 ④ 내마모성

해설

금속재료의 구비조건 : 내식성, 내열성, 내구성, 내마모성

62 고압장치용 금속재료에서 구리 사용이 가능한 가스는?

① H_2S ② C_2H_2
③ NH_3 ④ N_2

해설

동 사용이 금지된 가스 : NH_3, H_2S(부식), C_2H_2(폭발)

63 용기의 제조공정에서 쇼트 브라스팅을 실시하는 목적은 다음 중 어느 것인가?

① 방청도장 전 용기에 존재하는 녹이나 이물질을 제거하기 위하여
② 용기의 강도를 증가시키기 위하여
③ 용기에 존재하는 잔류응력을 제거하기 위하여
④ 용기의 폭발을 방지하기 위하여

해설

쇼트 브라스팅 : 용기에 존재하는 녹이나 이물질을 제거하여 방청도장이 용이하도록 하기 위하여

64 금속재료의 열처리 중 풀림의 목적이 아닌 것은?

① 잔류응력 제거
② 금속재료의 경도 증가
③ 금속재료의 조직 개선
④ 기계적 성질 개선

해설

풀림의 목적 : 잔류응력 제거, 강도의 증가, 기계적 성질 및 조직의 개선 등이 있다.

요약 금속의 열처리 : 금속을 적당히 가열하거나 냉각하여 특별한 성질을 부여하기 위한 작업

1. 담금질(Qwen Ching, 소입) : 강의 경도나 강도를 증가시키기 위하여 적당히 가열한 후 급냉시킨다(단, Cu, Al은 급냉 시 오히려 연해진다).
2. 뜨임(Tempering, 소려) : 인성을 증가시키기 위해 담금질 온도보다 조금 낮게 가열한 후 공기 중에서 서냉시킨다.
3. 불림(Normalizing, 소준) : 소성가공 등으로 거칠어진 조직을 미세화하거나 정상상태로 하기 위해 가열 후 공냉시킨다.
4. 풀림(Annealing, 소둔) : 잔류응력을 제거하거나 냉간가공을 용이하게 하기 위해서 뜨임보다 약간 높게 가열하여 노 중에서 서냉시킨다.

정답 58.④ 59.③ 60.④ 61.① 62.④ 63.① 64.②

65 금속재료의 부식 중 특정부분에 집중적으로 일어나는 부식의 형태를 무엇이라 하는가?

① 전면부식
② 국부부식
③ 선택부식
④ 입계부식

해설

부식 : 금속재료가 화학적 변화를 일으켜 소모되는 현상
부식의 형태는 다음과 같다.

㉠ 전면부식 : 전면이 균일하게 부식되어 부식량은 크나 전면에 파급되므로 큰 해는 없고 대처하기 쉽다.
㉡ 국부부식 : 부식이 특정한 부분에 집중되는 형식으로 부식속도가 빠르고 위험성이 높으며, 장치에 중대한 손상을 입힌다.
㉢ 입계부식 : 결정입계가 선택적으로 부식되는 양상으로 스테인리스강의 열 영향을 받아 크롬탄화물이 석출되는 현상
㉣ 선택부식 : 합금 중에서 특정 성분만이 선택적으로 부식하므로 기계적 강도가 적은 다공질의 침식층을 형성하는 현상(예 주철의 흑연화, 황도의 탈아연화 부식)
㉤ 응력부식 : 인장응력이 작용할 때 부식환경에 있는 금속이 연성재료임에도 불구하고 취성파괴를 일으키는 현상(예 연강으로 제작한 NaOH 탱크에서 많이 발생한다.)

요약 1. 부식속도에 영향을 주는 인자
- 내부인자 : 금속재료의 조성, 조직, 응력, 표면상태
- 외부인자 : 수소이온농도(pH), 유동상태, 온도, 부식액의 조성 등

2. 방식법
- 부식 억제제(인히비터)에 의한 방식
- 부식 환경처리에 의한 방식
- 전기방식법
- 피복에 의한 방식

66 다음 중 전기방식법의 종류가 아닌 것은?

① 유전양극법 ② 외부전원법
③ 선택배류법 ④ 인히비터법

해설

전기방식법의 종류
㉠ 유전양극법
㉡ 외부전원법
㉢ 선택배류법
㉣ 강제배류법

67 다음 중 고온·고압용에 사용되는 금속의 종류가 아닌 것은?

① 5% Cr강 ② 9% 크롬강
③ 탄소강 ④ 니켈-크롬강

해설

고온·고압용 금속재료 : 상온용 재료에는 일반적으로 탄소강이 사용되나 고압용으로는 탄소강에 기계적으로 개선시킨 합금강이 사용된다.
종류는 다음과 같다.
㉠ 5% 크롬강 : 탄소강에 Cr, Mo, W, V을 소량 첨가시킨 것으로 내식성 및 강도는 탄소강보다 뛰어나며, 암모니아 합성장치 등에 사용된다.
㉡ 9% 크롬강 : 일명 '반불수강'이라고도 하며, 탄소에 크롬을 함유한 것으로 내식성이 뛰어나다.
㉢ 스테인리스강 : 13% Cr강이나 오스테나이트계 스테인리스강을 말한다.
㉣ 니켈-크롬-몰리브덴강 : 탄소강에 니겔, 크롬, 몰리브덴을 함유한 강으로 바이블랙강이라 한다.

68 탄소강에 각종 원소를 첨가하면 특수한 성질을 지니게 되는데 각 원소의 영향을 바르게 연결한 것은?

① Ni – 내마멸성 및 내식성 증가
② Cr – 인성 및 저온 충격저항 증가
③ Mo – 고온에서 인장강도 및 경도 증가
④ Cu – 전자기성 및 경화능력 증가

69 배관 등의 용접 및 비파괴검사 중 용접부의 외관검사로서 기준에 맞지 않는 것은?

① 보강 덧붙임은 그 높이가 모재 표면보다 낮지 않도록 하고, 3mm 이상으로 할 것
② 외면의 언더컷은 그 단면이 V자형으로 되지 않도록 하며, 1개의 언더컷 길이 및 30mm 이하 및 0.5mm 이하이어야 할 것
③ 용접부 및 그 부근에는 균열, 아크스트라이크, 위해하다고 인정되는 지그의 흔적, 오버랩 및 피트 등의 결함이 없을 것
④ 비드형상이 일정하며, 슬러그, 스페터 등이 부착되어 있지 않을 것

정답 65.② 66.④ 67.③ 68.③ 69.①

해설

산업자원부 고시편 배관용접 및 비파괴검사 기준 중 보강 덧붙임은 그 높이가 모재 표면보다 낮지 않도록 하고, 3mm 이하로 할 것

70 내식성이 좋으며 인장강도가 크고 고온에서 크리프(creep)가 높은 합금은?

① 텅스텐 합금 ② 구리 합금
③ 티타늄 합금 ④ 망간 합금

해설

크리프 : 350℃ 이상에서 재료에 하중을 가하면 시간과 더불어 변형이 증대되는 현상

71 역류방지 밸브에 해당되지 않는 것은?

① 볼 체크밸브
② Y형 나사밸브
③ 스윙형 체크밸브
④ 리프트형 체크밸브

72 가스누출의 원인이 될 수 없는 것은?

① 재료의 노화
② 급격한 부하변동
③ 지반변동
④ 부식

73 원통형 용기를 다음과 같은 허용응력(kg/mm^2)과 인장강도(kg/mm^2)의 재료를 사용할 경우 안정성이 가장 높은 것은?

① 허용응력 15, 인장강도 45
② 허용응력 20, 인장강도 50
③ 허용응력 25, 인장강도 60
④ 허용응력 30, 인장강도 70

해설

$$안전율 = \frac{인장강도}{허용응력}$$

① $\frac{45}{15}=3$ ② $\frac{50}{20}=2.5$

③ $\frac{60}{25}=2.4$ ④ $\frac{70}{30}=2.33$

74 고압가스 제조시설에 안전밸브를 설치하려고 한다. 안전밸브의 최소구경은 몇 mm로 하여야 하는가? (단, 배관의 외경은 90mm, 내경은 50mm이다.)

① 28.46mm ② 284.5mm
③ 36.52mm ④ 365.2mm

해설

안전밸브 분출면적은 배관 최대지름부 단면적의 $\frac{1}{10}$ 이상이므로 $\frac{\pi}{4}(90)^2\times\frac{1}{10}$ 이 분출면적이다.

∴ 분출지름은 $\sqrt{90^2\times\frac{1}{10}}=28.46\text{mm}$ 이다.

75 유로저항이 가장 적은 것은?

① 볼밸브
② 글로브밸브
③ 콕
④ 앵글밸브

해설

글로브밸브>앵글밸브>볼밸브>콕

76 내용적이 50L인 이음매 없는 용기 재검사 시 용기에 깊이가 0.5mm를 초과하는 점 부식이 있을 경우 본 용기의 합격 여부는?

① 합격
② 불합격
③ 영구팽창시험을 실시하여 합격 여부 결정
④ 용접부 비파괴시험을 실시하여 합격 여부 결정

77 −162℃의 LNG(액비중 : 0.46, CH_4 : 90%, 에탄 : 10%)를 20℃까지 기화시켰을 때의 부피는?

① $625.6m^3$ ② $635.6m^3$
③ $645.6m^3$ ④ $655.6m^3$

해설

$$\frac{460}{16\times0.9+30\times0.1}\times22.4\times\frac{293}{273}=635.56$$

정답 70.③ 71.② 72.② 73.① 74.① 75.③ 76.② 77.②

78 외경이 20cm이고, 구경의 두께가 5mm인 강관이 내압 10kg/cm^{2}을 받았을 때, 관에 생기는 원주방향 응력은?

① 190kg/cm^2 ② 200kg/cm^2
③ 100kg/cm^2 ④ 95kg/cm^2

$$\sigma_t = \frac{P(D-2t)}{2t} = \frac{10\times(200-2\times5)}{2\times5} = 190$$

79 메탄염소화에 의해 염화메틸(CH_3Cl)을 제조할 때 반응온도는 얼마 정도로 해야 하는가?

① 400℃ ② 300℃
③ 200℃ ④ 100℃

80 다음 중 500℃ 이상의 고온 · 고압 가스설비에 사용이 적당한 재료는?

① 탄소강 ② 구리
③ 크롬강 ④ 고탄소강

81 다음 설명의 비파괴검사법은?

> ㉠ 강재 중 유황의 편석분포상태를 검출하는 방법
> ㉡ 묽은 황산에 침적한 사진용 인화지를 사용한다.

① 와류 ② 전위차법
③ 설파프린트 ④ 초음파검사

82 다음 밸브 중 유량조절에 주로 사용되고 있는 것은?

① 글로우브밸브 ② 게이트밸브
③ 플러그밸브 ④ 버터플라이밸브

83 강을 열처리 하는 목적은?

① 기계적 성질을 향상시키기 위하여
② 표면에 녹이 생기지 않게 하기 위하여
③ 표면에 광택을 내기 위하여
④ 사용시간을 연장하기 위하여

84 고압가스 배관시공에서 콜드 스프링이란?

① 배관의 열팽창을 흡수하기 위한 장치이다.
② 액체가 유입되었을 경우에 액체를 제거하기 위한 장치이다.
③ 자유팽창에 의해 계산된 팽창량을 고려하여 배관을 길게 하는 것이다.
④ 절단 배관길이는 자유팽창량의 1/3정도로 한다.

해설

콜드(상온) 스프링 : 신축이음방법의 일종으로 절단길이는 신축량의 1/2

85 다음 정전기 제거 또는 발생장치 조치에 관한 설명이다. 관계가 먼 것은?

① 대상물을 접지시킨다.
② 상대습도를 높인다.
③ 공기를 이온화시킨다.
④ 전기저항을 증가시킨다.

86 다음 금속재료 중 가장 낮은 온도에서 사용할 수 있는 것은?

① 알루미늄 킬드강 ② 9% 니켈강
③ 킨드강 ④ 3.5% 니켈강

해설

초저온용 재질(18-8 STS, 9% 니켈강)

87 고압장치의 재료로 구리관의 성질과 특징으로 틀린 것은?

① 알칼리에는 내식성이 강하지만 산성에는 심하게 부식된다.
② 내면이 매끈하며, 유체저항이 적다.
③ 굴곡성이 좋아 가공이 용이하다.
④ 전도 및 전기절연성이 좋다.

해설

동관의 특징
㉠ 알칼리성에 강하다.
㉡ 내식성 열전도율이 좋다.
㉢ 마찰저항손실이 적다.
㉣ 가공성이 좋다.
㉤ 전기전도성이 좋다.

정답 78.① 79.① 80.③ 81.③ 82.① 83.① 84.① 85.④ 86.② 87.④

88 금속의 성질을 개선하기 위한 열처리에 대한 설명으로 옳지 않은 것은?

① 소둔(풀림)을 하면 인장강도가 저하한다.
② 소입(담금질)을 하면 신율이 감소한다.
③ 소려(뜨임)는 취성을 작게 하는 조작이다.
④ 탄소강을 냉간가공하면 단면수축률은 증가하고, 가공경화를 일으킨다.

89 배관 설치 시 방식대책으로 옳지 않은 것은?

① 철근콘크리트 벽을 관통할 때는 슬리브 등을 설치한다.
② 점토질 토양에서는 배관이 접촉되도록 한다.
③ 철근콘크리트 주변의 배관에는 전기적 절연 이음쇠를 사용한다.
④ 매설관에서 지반면상으로 올라오는 관의 지중 부분에는 방식조치를 하여야 한다.

90 이음새 없는(Seamless) 용기에 대한 설명으로 옳지 않은 것은?

① 초저온 용기의 재료에는 주로 탄소강이 사용된다.
② 고압에 견디기 쉬운 구조이다.
③ 내압에 대한 응력분포가 균일하다.
④ 제조법에는 만네스만식이 대표적이다.

해설

㉠ 초저온 용기의 재료(18-8 STS, 9% Ni, Cu, Al)
㉡ 탄소강은 고온·고압용 재질이 아니며, 탄소강을 제외한 특수강이 고온·고압용이다.
㉢ 이음매 없는 용기 제조법(만네스만식, 에르하르트식, 딥드로잉식)

91 고압가스 용기에 사용되는 강의 성분원소 작용에 대한 설명으로 옳은 것은?

① 탄소량이 증가할수록 인장강도는 증가한다.
② 인(P)는 적열취성의 원인이 된다.
③ 황(S)는 상온취성의 원인이 된다.
④ 망간(Mn)은 적열취성의 원인이 된다.

해설

탄소량 증가 시 : 인장강도 경도 증가, 단면수축률 감소
㉠ P : 상온취성
㉡ S : 적열취성
㉢ Mn : S와 결합 S의 악영향을 완화

92 용접부 내 결함 검사에 가장 적합한 방법으로 검사결과의 기록이 가능하나 검사비용이 비싼 검사방법은?

① 자분검사 ② 침투검사
③ 방사선투과검사 ④ 음향검사

해설

(RT)방사선투과검사(신뢰성이 높다, 내부결함 검출 가능, 인체에 유해하다, 장치가 대형이고 고가이다.)

93 다음 고압가스 안전장치(밸브) 중 고온에서의 사용이 적당하지 않은 밸브는?

① 중추식 ② 파열판식
③ 가용전식 ④ 스프링식

94 다음 중 옳은 설명은?

① 비례한도 내에서 응력과 변형은 반비례한다.
② 탄성한도 내에서 가로와 세로 변형률의 비는 재료에 관계 없이 일정한 값이 된다.
③ 안전율은 파괴강도와 허용응력에 각각 비례한다.
④ 인장시험에서 하중을 제거시킬 때 변형이 원상태로 되돌아가는 최대응력 값을 탄성한도라 한다.

95 도시가스 배관공사 시 사용되는 밸브 중 전개 시 유동저항이 적고 서서히 개폐가 가능하므로 충격을 일으키는 것이 적으나, 유체 중 불순물이 있는 경우 밸브에 고이기 쉬우므로 차단능력이 저하될 수 있는 밸브는?

① 볼밸브 ② 플러그밸브
③ 게이트밸브 ④ 버터플라이밸브

정답 88.④ 89.② 90.① 91.① 92.③ 93.③ 94.② 95.③

96 재료를 연화하여 결정조직을 조정하며, 잔류응력을 제거하고 상온가공을 쉽게 하기 위하여 가열 후 노 중에서 서서히 냉각시키는 열처리방법은?

① 표면경화법 ② 풀림
③ 불림 ④ 담금질

97 고압장치 중 금속재료의 부식 억제방법이 아닌 것은?

① 전기적인 방식
② 부식 억제제에 의한 방식
③ 유해물질 제거 및 pH를 높이는 방식
④ 도금, 라이닝, 표면처리에 의한 방식

부식 방지방법으로 pH를 높여도 낮추어도 부식이 일어나므로 pH=7 정도 유지하여야 한다.

98 LPG 배관의 압력손실 요인에 대한 설명으로 틀린 것은?

① 배관의 수직하향에 의한 압력손실
② 배관이 수직상향에 압력손실
③ 배관의 이음류에 의한 압력손실
④ 마찰저항에 의한 압력손실

정답 96.② 97.③ 98.①

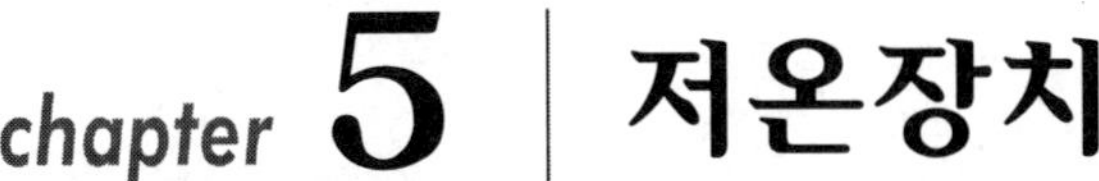

chapter 5 저온장치

제5장의 학습방법을 설명해 주세요.

제5장은 저온장치부분으로서 출제기준의 공기액화장치, 냉동장치, 액화분리장치를 학습해야 합니다.

01 냉동장치

(1) 필수 요점항목

항 목		핵심 정리사항
개요		차가운 냉매를 사용하여 피목적물과 열교환에 의해 온도를 낮게 하여 냉동의 목적을 달성시키는 저온장치
종류	흡수식 냉동장치	증발기 → 흡수기 → 발생기 → 응축기 ※ 순환과정이므로 '흡수기'부터 시작하면, '흡수 → 발생 → 응축 → 증발기' 순도 가능
	증기압축식 냉동장치	증발기 → 압축기 → 응축기 → 팽창밸브 ※ 순환과정이므로 '압축기'부터 시작하면, '압축 → 응축 → 팽창 → 증발기' 순도 가능
기타 사항		
한국 1냉동통(IRT) : 0℃ 물을 0℃ 얼음으로 만드는 데 하루 동안 제거하여야 하는 열량으로 IRT＝3320kcal/hr		
흡수식 냉동장치 냉매와 흡수제		① 냉매가 NH_3이면 흡수제 : 물 ② 냉매가 물이면 흡수제 : 리튬브로마이드(LiBr)

(2) 냉동톤 · 냉매가스 구비조건

① 냉동톤

종 류	IRT값
한국 1냉동톤	3320kcal/hr
흡수식 냉동설비	6640kcal/hr
원심식 압축기	1.2kW

② 냉매가스 구비조건

㉠ 임계온도가 높을 것
㉡ 응고점이 낮을 것
㉢ 증발열이 크고, 액체비열이 적을 것
㉣ 윤활유와 작용하여 영향이 없을 것
㉤ 수분과 혼합 시 영향이 적을 것
㉥ 비열비가 적을 것
㉦ 점도가 적을 것
㉧ 냉매가스의 비중이 클 것
㉨ 비체적이 적을 것

02 가스액화의 원리

가스를 액화하기 위해 냉각을 시키는 기본적인 방법은 압축된 가스를 외부로부터 열이 들어오지 못하게 하는 단열팽창으로 이루어진다.

(1) 가스액화분리장치

항 목		핵심 세부내용
개요		저온에서 정류, 분축, 흡수 등의 조작으로 기체를 분리하는 장치
액화분리장치 구분	한냉발생장치	가스액화분리장치의 열손실을 도우며, 액화가스 채취 시 필요한 한냉을 보급하는 장치
	정류(분축, 흡수)장치	원료가스를 저온에서 분리, 정제하는 장치
	불순물 제거장치	저온으로 동결되는 수분, CO_2 등을 제거하는 장치
가스의 액화	단열팽창방법	압축가스를 단열팽창 시 온도와 압력이 강하하는 팽창밸브의 줄톰슨 효과로 팽창시키는 방법
	팽창기에 의한 방법	외부에 대하여 일을 하면서 단열팽창시키는 방법으로 왕복동형 · 터빈형이 있다.
팽창기	왕복동식 팽창기	① 팽창비 : 40 ② 효율 : 60~65% ③ 처리가스량 : 1000m^3/hr
	터보 팽창기	① 특징 : 처리가스가 윤활유에 혼입되지 않음 ② 회전수 : 10000~20000rpm ③ 처리가스량 : 10000m^3/hr ④ 팽창비 : 5 ⑤ 효율 : 80~85%

항 목		핵심 세부내용
공기액화 사이클의 종류	린데식 공기액화 사이클	상온 · 상압의 공기를 압축기에 의해 등온 압축으로 열교환기에서 저온으로 냉각 · 단열 · 교축 · 팽창(등엔탈피)시켜 액체공기로 만드는 줄톰슨 효과를 이용한 사이클
	클로우드식 공기액화 사이클	단열팽창기를 이용, 상온 · 상압의 공기를 액화하는 사이클
	캐피자식 공기액화 사이클	열교환기 축냉기에 의해 원료공기를 냉각시키는 장치로 공기의 압축압력은 7atm 정도
	필립스식 공기액화 사이클	피스톤과 보조피스톤의 작용으로 상부에 팽창기, 하부에 압축기가 있어 수소 · 헬륨 등의 냉매를 이용하여 공기를 액화시키는 사이클
	캐스케이드 공기액화 사이클	비점이 점차 낮은 냉매를 사용, 저비점의 기체를 액화하는 사이클로 다원액화 사이클

(2) 저온단열법

<table>
<tr><th colspan="2">항 목</th><th colspan="3">핵심 세부내용</th></tr>
<tr><td rowspan="2">상압단열법</td><td>정의</td><td colspan="3">단열의 공간에 분말 섬유 등의 단열재를 충전하여 단열하는 방법</td></tr>
<tr><td>주의사항</td><td colspan="3">① 액체산소장치의 단열에는 불연성 단열재로 사용
② 탱크의 기밀을 유지하여 외부에서 수분이 침입하는 것을 방지</td></tr>
<tr><td rowspan="2">진공단열법</td><td>정의</td><td colspan="3">공기의 열전도율보다 낮은 값을 얻기 위해 단열공간을 진공으로 하여 공기를 이용, 전열을 제거하는 단열법</td></tr>
<tr><td>종류</td><td colspan="3">① 고진공 단열법 : 단열공간을 진공으로 열의 전도를 차단하는 단열법
② 분말진공 단열법 : 펄라이트, 규조토 등의 분말로 열의 전도를 차단하는 단열법
③ 다층진공 단열법 : 진공도(10^{-5}torr)의 높은 진공도를 이용하여 열의 전도를 차단하는 단열법</td></tr>
<tr><td colspan="2">단열재의 구비조건</td><td>① 열전도율이 적을 것
② 밀도가 적을 것
③ 시공이 쉬울 것
④ 흡수, 흡습성이 적을 것
⑤ 경제적, 화학적으로 안정할 것</td><td>상압의 단열법의 전열량 계산</td><td>전열량(Q : kcal/h) $= -KA\frac{dT}{dx}$
여기서, K : 열전도율(kcal/m · h · ℃)
A : 전열면적(m^2)
$\frac{dT}{dx}$: x방향의 온도구배</td></tr>
</table>

03 공기액화분리장치

<table>
<tr><th colspan="2">항 목</th><th colspan="6">핵심 정리사항</th></tr>
<tr><td colspan="2">개요</td><td colspan="6">원료공기를 압축하여 액화산소, 액화아르곤, 액화질소를 비등점 차이로 분리 제조하는 공정</td></tr>
<tr><td colspan="2">액화순서(비등점)</td><td colspan="2">O_2(−183℃)</td><td colspan="2">Ar(−186℃)</td><td colspan="2">N_2(−196℃)</td></tr>
<tr><td colspan="2">불순물</td><td colspan="3">CO_2</td><td colspan="3">H_2O</td></tr>
<tr><td colspan="2">불순물의 영향</td><td colspan="3">고형의 드라이아이스로 동결하여 장치 내 폐쇄</td><td colspan="3">얼음이 되어 장치 내 폐쇄</td></tr>
<tr><td colspan="2">불순물 제거방법</td><td colspan="3">가성소다로 제거
$2NaOH+CO_2 \rightarrow Na_2CO_3+H_2O$</td><td colspan="3">건조제(실리카겔, 알루미나, 소바비드 가성소다)로 제거</td></tr>
<tr><td colspan="2">분리장치의 폭발원인</td><td colspan="6">① 공기 중 C_2H_2의 혼입
② 액체공기 중 O_3의 혼입
③ 공기 중 질소화합물의 혼입
④ 압축기용 윤활유 분해에 따른 탄화수소 생성</td></tr>
<tr><td colspan="2">폭발원인에 대한 대책</td><td colspan="6">① 장치 내 여과기를 설치　② 공기취입구를 맑은 곳에 설치
③ 부근에 카바이드 작업을 피함　④ 연 1회 CCl_4로 세척
⑤ 윤활유는 양질의 광유를 사용</td></tr>
<tr><td colspan="2">참고사항</td><td colspan="6">① 고압식 공기액화분리장치 압축기 종류 : 왕복피스톤식 다단압축기
② 압력 150~200atm 정도
③ 저압식 공기액화분리장치 압축기 종류 : 원심압축기
④ 압력 5atm 정도</td></tr>
<tr><td colspan="2">적용범위</td><td colspan="6">시간당 압축량 1000Nm^3/hr 초과 시 해당</td></tr>
<tr><td colspan="2">즉시 운전을 중지하고 방출하여야 하는 경우</td><td colspan="6">① 액화산소 5L 중 C_2H_2이 5mg 이상 시
② 액화산소 5L 중 탄화수소 중 C의 질량이 500mg 이상 시</td></tr>
<tr><td rowspan="2">정류장치</td><td>단식</td><td colspan="6">① 압축공기가 정류 드럼을 통과, 예냉되어 팽창밸브를 통하여 질소 · 산소로 분리
② 특징 : 고순도의 질소 · 산소를 얻을 수 없음</td></tr>
<tr><td>복식</td><td colspan="6">① 현재 공기의 정류분리장치에 가장 많이 사용
② 하부정류탑과 상부정류탑으로 구성되어 있다.
③ 하부탑에서 일차 정류를 행하고, 상부에서는 본정류를 행하고 있다.
④ 응축하여 질소가 가득찬 액체의 일부는 하부정류탑에 남겨진 상부정류탑의 전부가 보내어 진다.
⑤ 장점 : 산소순도 99.5%, 질소순도 99.8%로 고순도의 질소와 산소를 얻을 수 있다.</td></tr>
</table>

04 가스분리장치

공기 이외에 석탄 · 석유계 가스 및 이들 가스 처리 중에 생기는 가스를 원료로 하여 액화 정류벽에 의해 수소, 탄화수소 등을 분리하는 장치를 말한다.

(1) NH_3 합성분리장치

암모니아의 합성에 필요한 조성($3H_2+N_2$)의 혼합가스를 분리하는 장치로서 장치에 공급되는 코크스로 가스는 탄산가스, 벤젠, 일산화질소 등의 저온에서 불순물을 함유하고 있으므로 미리 제거할 필요가 있다. 특히 일산화질소는 저온에서 디엔류와 반응하여 폭발성의 껌(Gum)상 물질을 만드므로 완전히 제거한다.

① H_2(90%), N_2(10%)의 혼합가스가 제조

② 에틸렌은 제3열 교환기에서 제거

(2) LNG 액화장치

① LNG의 주성분인 메탄은 비점 −161.5℃, 임계온도 −82℃이므로 그 액화는 가스액화 사이클에 따르고 있다. 그러므로 대량의 천연가스를 액화하려면 캐스케이드 사이클이 실용화되고 있다.
냉매의 조성은 질소, 메탄, 에탄, 프로판, 부탄 등이 혼합가스이고, 액화하는 천연가스의 조정에 따라 정하여진다.

② **LNG 한냉의 이용 :** 저온 저조에 저장된 LNG는 기화하여 사용되는 경우가 많다. 따라서 LNG를 기화시킬 때 그 한냉을 유효하게 이용할 수 있다.

㉠ LNG를 가진 한냉에 의해 공기액화분리장치의 열손실을 보충할 뿐만 아니라 액체질소를 효율적으로 생산할 수 있다.

㉡ **탄화수소분리장치 :** LNG는 각종의 탄화수소를 함유하고 있으며, LNG의 한냉을 이용한 탄화수소분리장치를 만들고 유용한 탄화수소를 분리할 수 있다. 또 수소의 액화에 LNG의 한냉을 이용하면 액화비가 20% 정도 저하한다.

Chapter 5

출/제/예/상/문/제

01 다음 중 액화장치의 종류가 아닌 것은?

① 린데식　　② 클로드식
③ 필립스식　　④ 백시트식

해설

액화장치의 종류 : 린데식, 클로드식, 필립스식

요약 액화의 원리 : 가스를 액체로 만드는 액화의 조건은 저온 · 고압(임계온도 이하, 임계압력 이상)이며, 임계온도가 낮은 O_2, N_2, 공기 등은 단열팽창의 방법으로 액화를 시킨다.
〈단열팽창의 방법〉
팽창밸브에 의한 방법(린데식), 팽창기에 의한 방법(클로드식)

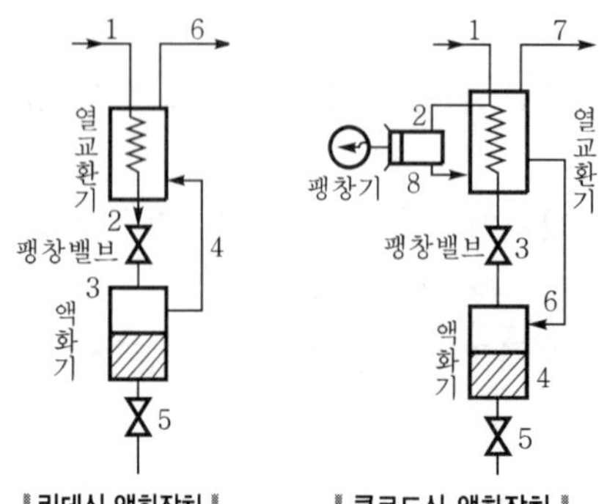

‖ 린데식 액화장치 ‖　‖ 클로드식 액화장치 ‖

㉠ 린데식 액화장치 : 압축기에서 압축된 공기는 1을 통해 열교환기에 들어가 액화기에서 액화하지 않고 나오는 저온공기와 열교환을 하여 저온이 되어 2를 통해 단열자유 팽창시켜 온도가 강하하여 액화기에 들어간다. 일부는 액화하여 액화된 액체공기는 5의 취출밸브를 통해 취출된다. 또한 액화하지 않은 포화증기는 4를 통하여 열교환기에 들어가 압축가스와 열교환을 하여 과열증기로 되어 온도가 상승, 6을 통해 압축기로 흡입된다. 이와 같은 순환과정을 되풀이하여 액화되는 장치를 린데식 액화장치라 한다.

㉡ 클로드식 액화장치 : 압축기에서 압축된 공기 1은 열교환기에 들어가 액화기와 팽창기에서 나온 저온도의 공기와 열교환을 하여 냉각된다. 2에서 일부의 공기는 팽창기에 들어가 단열팽창하여 저온으로 된 공기는 8을 통해 열교환기에 들어가 열교환하여 3을 통해 팽창밸브에 의해 자유팽창, 3 → 4에 따라 등엔탈피 팽창해서 액화기에 들어가면 일부는 액화되고 일부는 액화되지 않은 포화증기로 된다.
액화된 액체공기는 취출밸브 5를 통해 취출되고 액화하지 않은 포화증기는 6을 통해 열교환기에 들어가 압축가스와 열교환을 하여 과열증기로 되고, 따라서 온도가 상승하여 7을 통해 압축기로 흡입된다. 이와 같은 순환과정을 반복하여 액화하는 장치를 클로드식 액화장치라 한다.

참고 가스액화분리장치의 구성요소 : 한냉발생장치, 정류장치, 불순물제거장치

02 고압식 공기액화분리장치의 압축기에서 압축되는 최대압력은?

① 50~100atm　　② 100~150atm
③ 150~200atm　　④ 200~250atm

해설

150~200atm

요약 공기액화분리장치
고압식 액체산소분리장치 : 원료공기는 여과기를 통해 불순물이 제거된 후 압축기에 흡입되어 약 15atm 정도의 중간단에서 탄산가스 흡수기로 이송된다. 여기에서 8% 정도의 가성소다 용액에 의해 탄산가스가 제거된 후 다시 압축기에서 150~200atm 정도로 압축되어 유분리기를 통하면서 기름이 제거되고 난후 예냉기로 들어간다.
예냉기에서는 약간 냉각된 후 수분리기를 거쳐 건조기에서 흡착제에 의해 최종적으로 수분이 제거된 후 반 정도는 피스톤 팽창기로, 나머지 팽창밸브를 통해 약 5atm으로 팽창되어 정류탑 하부에 들어간다. 나머지 팽창기로 이송된 공기는 역시 5atm 정도로 단열팽창하여 약 -150℃ 정도의 저온으로 되고, 팽창기에서 혼입된 유분을 여과기에서 제거한 후 고온, 중온, 저온 열교환기를 통하여 복식정류탑으로 들어간다. 여기서 정류판을 거쳐 정류된 액체공기는 비등점 차에 의해 액화산소와

정답 01.④ 02.③

액화질소로 되어 상부탑 하부에서는 액화산소가, 하부탑 상부에서는 액화질소가 각각 분리되어 저장탱크로 이송된다.

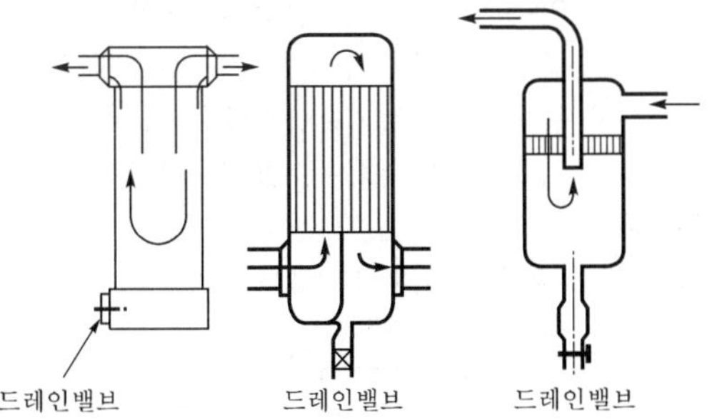

| 수 · 유 분리기의 구조 |

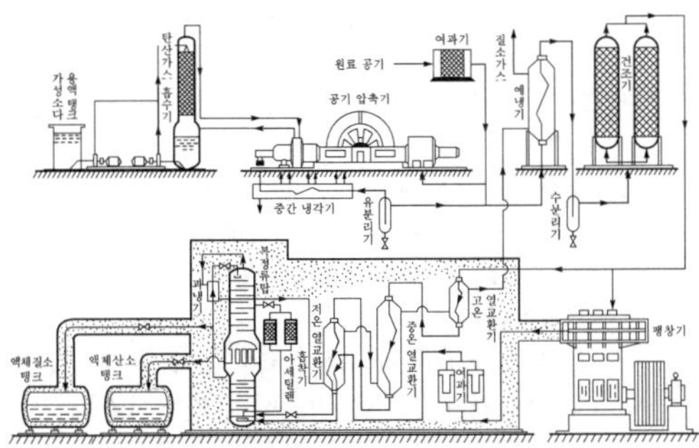

| 고압식 액체산소분리장치 계통도 |

03 다음 중 공기액화분리장치의 폭발원인이 아닌 것은?

① 공기취입구로부터 C_2H_2 혼입
② 압축기용 윤활유 분해에 대한 탄화수소 생성
③ 액체공기 중 O_3의 혼입
④ 공기 중 N_2의 혼입

해설

(1) 공기액화분리장치의 폭발원인
㉠ 공기취입구로부터 아세틸렌 혼입
㉡ 압축기용 윤활유 분해에 따른 탄화수소의 생성
㉢ 공기 중 질소화합물(NO, NO_2)의 혼입
㉣ 액체공기 중 오존(O_3)의 혼입

(2) 대책
㉠ 장치 내에 여과기를 설치한다.
㉡ 공기가 맑은 곳에 공기취입구를 설치한다.
㉢ 윤활유는 양질의 것을 사용한다.
㉣ 1년에 1회 이상 사염화탄소(CCl_4)로 내부를 세척한다.
㉤ 부근에 CaC_2 작업을 피한다.

04 공기액화분리장치에서 내부 세정제로 사용되는 것은?

① H_2SO_4　② CCl_4
③ NaOH　④ KOH

05 공기액화분리장치에서 액산 35L 중 CH_4 2g, C_4H_{10}이 4g 혼입 시 5L 중 탄소의 양은 몇 mg인가?

① 500mg
② 600mg
③ 687mg
④ 787mg

해설

$$\frac{12}{16}\times 2000\text{mg}+\frac{48}{58}\times 4000\text{mg}=4810.3\text{mg}$$

$$\therefore\ 4810.3\times\frac{5}{35}=687.19\text{mg}$$

액화산소 5L 중 C_2H_2의 질량이 5mg 이상이거나 탄화수소 중 탄소의 양이 500mg 이상 시 폭발위험이 있으므로 운전을 중지하고 액화산소를 방출하여야 한다.

06 다음 중 이상기체의 엔탈피가 변하지 않는 과정은?

① 비가역 단열과정
② 등압과정
③ 교축과정
④ 가역 단열과정

해설

엔탈피가 변하지 않는 과정 : 교축과정

07 공기액화분리장치에서 CO_2 1g 제거에 필요한 가성소다는 몇 g인가?

① 0.82g
② 1.82g
③ 2g
④ 2.82g

해설

$2NaOH + CO_2 \rightarrow Na_2CO_3 + H_2O$

$2\times 40\text{g}$: 44g

$x(\text{g})$: 1g

$$\therefore\ x=\frac{2\times 40\times 1}{44}=1.82\text{g}$$

정답 03.④ 04.② 05.③ 06.③ 07.②

08 초저온 액화가스를 취급 시 사고 발생의 원인에 해당되지 않는 것은?

① 동상
② 질식
③ 화학적 변화
④ 기체의 급격한 증발에 의한 이상압력 상승

해설

액의 급격한 증발에 의한 이상압력의 상승

09 복식 정류탑에서 얻어지는 질소의 순도는 몇 % 이상인가?

① 90~92%　　② 93~95%
③ 94~98%　　④ 99~99.8%

10 공기액화분리장치에서 CO_2와 수분혼입 시 미치는 영향이 아닌 것은?

① 드라이아이스 얼음이 된다.
② 배관 및 장치를 동결시킨다.
③ 액체공기의 흐름을 방해한다.
④ 질소, 산소 순도가 증가한다.

해설

공기액화분리장치에서 CO_2는 드라이아이스, 수분은 얼음이 되어 장치 내를 폐쇄시키므로 CO_2는 NaOH로, 수분은 건조제(NaOH, SiO_2, Al_2O_3, 소바비드)로 제거한다.

11 한국 1냉동톤의 시간당 열량은 얼마인가?

① 632kcal　　② 641kcal
③ 860kcal　　④ 3320kcal

해설

한국 1냉동톤(1RT) : 0℃ 물 1톤을 0℃ 얼음으로 만드는 데 하루 동안 제거하여야 할 열량

$\therefore Q = G\gamma = 1000\text{kg} \times 79.68\text{kcal/kg/24hr} = 3320\text{kcal/hr}$

요약 미국 1냉동톤(1USRT) = 0℃ 물 1톤(2000lb)을 0℃ 얼음으로 만드는 데 하루 동안 제거하여야 할 열량을 시간당으로 계산한 값

$\therefore Q = G\gamma = 2000\text{lb} \times 144\text{BTU/lb}$
$(79.68\text{kcal/kg} = 79.68 \times 3.968/2.205\text{lb} \div 144\text{BTU/lb})$
$= 288000\text{BTU/24hr} = 12000\text{BTU/hr}$
$= 3024\text{kcal/hr}$

12 증기압축식 냉동의 4대 주기의 순서가 올바르게 된 것은?

① 압축기－증발기－팽창밸브－응축기
② 증발기－압축기－응축기－팽창밸브
③ 증발기－응축기－팽창밸브－압축기
④ 압축기－응축기－증발기－팽창밸브

해설

증발기－압축기－응축기－팽창밸브

요약 증기압축식 냉동기

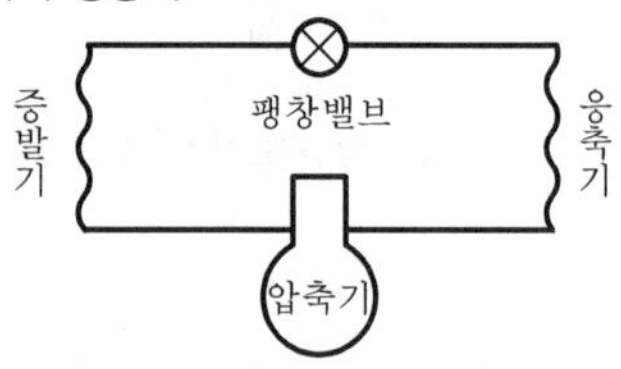

압축기, 응축기, 팽창밸브, 증발기(냉동장치 순환 4대 요소)

1. 압축기(compressor) : 증발기의 낮은 온도에서 증발한 기체를 흡입하여 응축기에서 응축온도로 액화되는 정도의 포화압력까지 압축해 주는 기계이다.
2. 응축기(condenser) : 압축기로 압축된 고온·고압의 기체인 열을 방출하여 액화시키는 기기를 말한다. 물이나 공기로써 냉각시켜 준다.
3. 팽창밸브(expansion valve) : 응축기에서 액화한 고압의 액체를 죄임작용(교축작용)에 의하여 증발을 일으킬 수 있는 압력까지 감압해 주는 밸브이다.
4. 증발기(evaporator) : 팽창밸브를 통해서 감압되어 저온도로 된 액체가 증발작용을 일으켜서 주위의 열을 흡수하는 기기이다.

13 흡수식 냉동장치에서 (냉매－흡수제)의 연결이 바르지 못한 것은?

① $NH_3 - H_2O$
② $H_2O - LiBr$
③ $H_2O - LiCl$
④ $NaOH - H_2O$

해설

흡수식 냉동장치
㉠ 4대 주기(흡수기－발생기－응축기－증발기)
㉡ 원리 : 저온에서 용해되고, 고온에서 분리되는 두 물질을 이용. 열에너지를 압력에너지로 변환하는 냉동장치

정답 08.④ 09.④ 10.④ 11.④ 12.② 13.④

14 냉매의 구비조건이 아닌 항목은?

① 안정성이 있을 것
② 증기 비체적이 적을 것
③ 임계온도가 낮을 것
④ 증발열이 클 것

해설

냉매의 구비조건
㉠ 임계온도가 높을 것
㉡ 액체비열이 적을 것
㉢ 응고점이 낮을 것
㉣ 화학적으로 안정할 것
㉤ 경제적일 것
㉥ 응축액화가 쉬울 것

15 증기압축식 냉동장치에서 교축과정(트로틀링)이 일어나는 부분은?

① 압축기 ② 응축기
③ 팽창밸브 ④ 증발기

해설

팽창밸브 : 열을 흡수하여 적정 양의 냉매량을 조절하는 부분으로 교축과정이 일어남

16 다음 중 왕복동식 팽창기의 팽창비로 옳은 것은?

① 10 ② 20
③ 30 ④ 40

해설

㉠ 왕복동식 팽창기
- 팽창비 : 40
- 처리가스량 : $1000m^3/h$
- 효율 : 60~65%

㉡ 터보식 팽창기
- 처리가스량 : $10000m^3/h$
- 팽창비 : 5
- 효율 : 80~85%

17 저온장치에서 CO_2와 수분이 존재할 때 그 영향에 대한 설명으로 옳은 것은?

① CO_2는 저온에서 탄소와 산소로 분리된다.
② CO_2는 고온장치에서 촉매 역할을 한다.
③ CO_2는 가스로서 별 영향을 주지 않는다.
④ CO_2는 드라이아이스가 되고, 수분은 얼음이 되어 배관밸브를 막아 가스 흐름을 저해한다.

18 다음의 $T-S$ 선도는 증기냉동 사이클을 표시한다. 1 → 2 과정을 무슨 과정이라고 하는가?

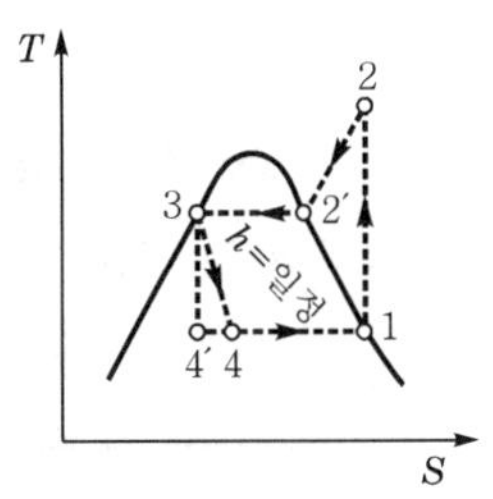

① 등온응축 ② 등온팽창
③ 단열팽창 ④ 단열압축

19 고압식 액체산소분리장치에서 산소를 분리할 때 원료공기는 압축기에서 어느 정도의 압력으로 압축되는가?

① 200~250atm ② 50~100atm
③ 100~150atm ④ 150~200atm

20 겔 또는 몰러쿨러시브를 사용하여 불순물을 제거할 수 있는 가스로서 옳은 것은?

① 염소 ② 아세틸렌
③ 이산화탄소 ④ 수소

21 공기액화분리에 의한 산소와 질소 제조시설에 아세틸렌가스가 소량 혼입되었다. 이때 발생 가능한 현상 중 가장 중요한 것을 옳게 표현한 것은?

① 산소, 아세틸렌이 혼합되어 순도가 감소한다.
② 아세틸렌이 동결되어 파이프를 막고 밸브를 고장낸다.
③ 질소와 산소 분리 시 비점 차이의 변화로 분리를 방해한다.
④ 응고되어 이동하다가 구리와 접촉하여 산소 중에서 폭발할 가능성이 있다.

정답 14.③ 15.③ 16.④ 17.④ 18.④ 19.④ 20.③ 21.④

22 과열과 과냉이 없는 증기압축 냉동 사이클에서 응축온도가 일정할 때 증발온도가 높을수록 성적계수는?

① 감소
② 증가
③ 불변
④ 감소와 증가를 반복

해설

$COP = \frac{Q_e}{A_W}$ 에서 압축일량(A_W)은 작아지고, 냉동효과는 증가하므로 성적계수는 커진다.

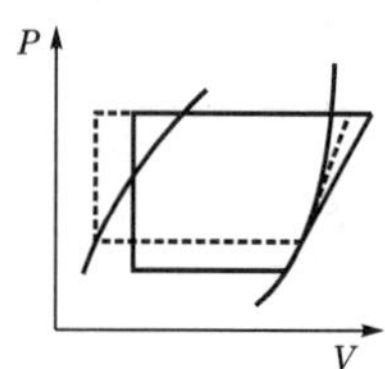

23 다음 중 냉동기의 냉매로서 가장 부적당한 물질은?

① 펜탄가스 ② 암모니아가스
③ 프로판가스 ④ 부탄가스

24 어떤 냉동기가 20℃의 물을 −10℃의 얼음으로 만드는 데 50PSh/ton의 일이 소요되었다면 이 냉동기의 성능계수는?(단, 얼음의 융해열은 80kcal/kg, 얼음의 비열은 0.5kcal/kg℃이고, 1PSh는 632.3kcal)

① 3.98 ② 3.32
③ 5.67 ④ 4.57

해설

$Q = (1000\times1\times20)+(1000\times80)+(1000\times0.5\times10)$
$=105000\text{kcal}$

$\frac{105000}{632.5} = 166\text{PSh}$ $\therefore \frac{166}{50} = 3.32$

25 증기압축 냉동기에서 등엔트로피 (㉠) 과정이 이루어지는 곳과 등엔탈피 (㉡) 과정이 이루어지는 곳으로 옳게 짝지어진 것은?

① ㉠ 팽창밸브, ㉡ 압축기
② ㉠ 압축기, ㉡ 팽창밸브
③ ㉠ 응축기, ㉡ 증발기
④ ㉠ 증발기, ㉡ 응축기

해설

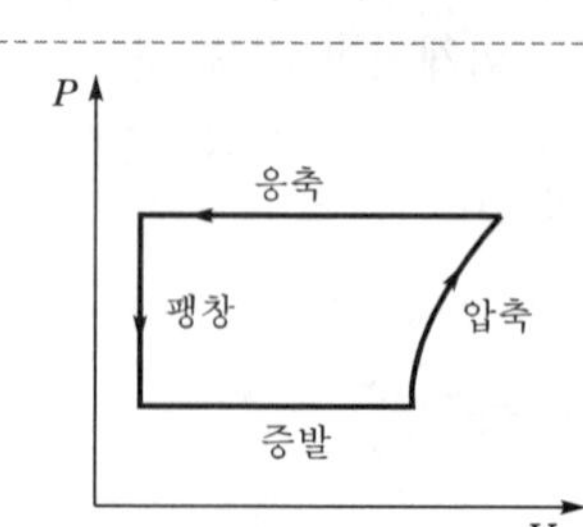

26 시간당 66400kcal를 흡수하는 냉동기의 용량은 몇 냉동톤인가?

① 20 ② 24
③ 28 ④ 32

해설

1RT=3320kcal/h

$\therefore \frac{66400}{3320} = 20\text{RT} = 20\text{ton}$

27 용어에 대한 설명 중 잘못된 것은?

① 냉동능력은 1일간 냉동기가 흡수하는 열량이다.
② 냉동효과는 냉매 1kg이 흡수하는 열량이다.
③ 1냉동톤은 0℃의 물 1톤을 1일간 0℃의 얼음으로 냉동시키는 능력이다.
④ 냉동기 성적계수는 저온체에서 흡수한 열량을 공급된 일로 나눈 값이다.

해설

냉동능력은 1시간 동안 냉동기가 흡수하는 열량이다.

28 보온재가 갖추어야 할 성질 중 잘못된 것은?

① 열전도율이 적어야 한다.
② 비중이 커야 한다.
③ 기계적 강도가 있어야 한다.
④ 시공이 쉽고, 확실해야 한다.

해설

보온재의 비중이 크면 무게가 무거워 시공이 어렵게 된다.

정답 22.② 23.① 24.② 25.② 26.① 27.① 28.②

29 증기압축식 냉동 사이클에서 비점이 낮은 냉매를 사용하여 저비점의 기체를 액화하는 사이클을 무엇이라고 하는가?

① 캐스케이드액화 사이클(다원액화 사이클)
② 린데의 액화 사이클
③ 가역가스액화 사이클
④ 고압액화 사이클

30 다음 설명 중 틀린 것은?

① 냉동능력이란 1시간에 냉동기가 흡수하는 열량 kcal/h을 뜻한다.
② 냉동효과란 냉매 1kg이 흡수하는 열량 kcal/kg을 뜻한다.
③ 체적냉동효과란 압축기 입구에서의 증기의 체적당 흡열량 kcal/kg을 뜻한다.
④ 냉동톤이란 0℃의 물 1톤을 1시간에 0℃의 얼음으로 냉동시키는 능력을 뜻한다.

냉동톤이란 0℃의 물 1톤을 24시간 동안에 0℃의 얼음으로 냉동시키는 능력을 뜻한다.

31 증기압축 냉동기에서 등엔트로피과정은 다음 어느 곳에서 이루어지는가?

① 응축기　② 압축기
③ 증발기　④ 팽창밸브

32 저온장치에서 냉동효과란?

① 흡입열량　② 방출열량
③ 성적계수　④ 열효율

33 가스액화분리장치의 구성요소가 아닌 것은?

① 한냉발생장치
② 정류장치
③ 불순물제거장치
④ 접촉분해장치

34 가스액화 사이클의 종류가 아닌 것은?

① 비가역식　② 린데식
③ 클라우드식　④ 캐피자식

정답 29.① 30.④ 31.② 32.① 33.④ 34.①

chapter 6 LP가스 · 도시가스 설비

제6장의 학습방법을 설명해 주세요.

제6장의 제목은 LP가스·도시가스 설비로서 출제기준의 배관재료와 배관설계, 배관의 유량계산, 기화장치, 조정기, 정압기의 특성 등을 학습해야 합니다.

01 LP가스 설비

1 기화장치(Vaporizer)

(1) 분류방법

장치 구성 형식		증발 형식
단관식, 다관식, 사관식, 열판식		순간증발식, 유입증발식
작동원리에 따른 분류		
가온감압식	열교환기에 의해 액상의 LP가스를 보내 온도를 가하고 기화된 가스를 조정기로 감압하는 방식	
감압가열(온)식	액상의 LP가스를 조정기 감압밸브로 감압하여 열교환기로 보내 온수 등으로 가열하는 방식	
작동유체에 따른 분류	① 온수가열식(온수온도 80℃ 이하) ② 증기가열식(증기온도 120℃ 이하)	

(2) 강제기화방식

종 류	생가스 공급방식, 공기혼합가스 공급방식, 변성가스 공급방식
참고 (LP가스를 도시가스로 공급하는 방식)	직접혼입식, 공기혼합가스 공급방식, 변성가스 공급방식
공기혼합가스의 공급 목적	재액화방지, 발열량 조절, 누설 시 손실 감소, 연소효율 증대
기화기 사용 시 장점 (강제기화방식의 장점)	① 한냉 시 연속적 가스공급이 가능하다. ② 기화량을 가감할 수 있다. ③ 설치면적이 적어진다. ④ 설비비 · 인건비가 절감된다. ⑤ 공급가스 조성이 일정하다.

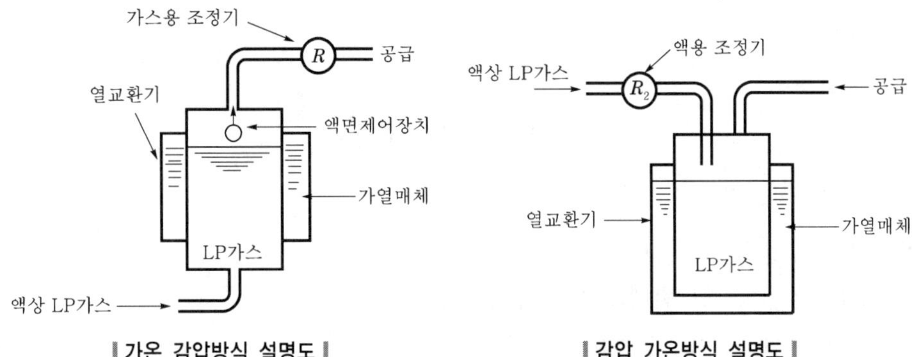

‖ 가온 감압방식 설명도 ‖　　‖ 감압 가온방식 설명도 ‖

LP가스 공기를 혼합하는 이유

1. LP가스는 가정취사용으로 사용하기에 발열량이 너무 높다. 그래서 공기를 혼합, 발열량을 가정용에 알맞게끔 적당히 낮추어 사용한다. 그 결과 연소효율이 높아지고 가스가 누설되어도 공기와 혼합된 가스가 누설되므로 원료가스가 누설되는 것보다 손실이 적게 되며, 공기의 비점이 −190℃ 정도이므로 혼합 시 비점이 낮아져 액화가 어렵기 때문에 재액화가 방지된다.
2. 기화기를 사용하는 것을 강제기화, 사용하지 않는 것을 외부의 온도에 가스가 기화되는 자연기화라 하는데, 자연기화는 여름과 겨울의 기화량이 달라서 소량 소비처(일반 가정세대)에 사용된다. 기화기를 사용 시 기화기의 열매체(온수나 증기)에 의해 액가스가 기화되므로 아무리 추운 겨울이라도 외기에 관계 없이 기화가 되며, 항상 기화량이 일정하여 용기나 탱크의 가스를 전량 소비하므로 대량 소비처에서는 결국 설치비 · 인건비가 절감되는 효과를 가져온다.

(3) LP가스 이송방법

① 이송방법의 종류

㉠ 차압에 의한 방법

㉡ 압축기에 의한 방법

㉢ 균압관이 있는 펌프 방법

㉣ 균압관이 없는 펌프 방법

② 이송방법의 장 · 단점

구 분 \ 장 · 단점	장 점	단 점
압축기	① 충전시간이 짧다. ② 잔가스 회수가 용이하다. ③ 베이퍼록의 우려가 없다.	① 재액화 우려가 있다. ② 드레인 우려가 있다.
펌 프	① 재액화 우려가 없다. ② 드레인 우려가 없다.	① 충전시간이 길다. ② 잔가스 회수가 불가능하다. ③ 베이퍼록의 우려가 있다.

2 조정기

(1) 사용목적

유출압력을 조절하여 안정된 연소를 얻기 위함이다.

• 고장 시 영향 : 누설 및 불안전연소

(2) 조정기의 종류

① 1단 감압식 : 한 번에 소요압력으로 감압한다.

㉠ 장점 : 장치, 조작이 간단하다.

㉡ 단점 : 최종압력 부정확, 배관이 굵어진다.

② 2단 감압식 : 용기 내 압력을 소요압력보다 약간 높게 감압 후 소요압력으로 갑압한다.

㉠ 장점 : 공급압력 일정, 각 연소기구에 알맞은 압력으로 공급 가능, 입상에 의한 압력손실 보정, 중간배관이 가늘어도 된다.

㉡ 단점 : 솔비, 검사방법 복잡, 조정기가 많이 든다. 재액화 우려

(3) 자동교체식 조정기의 이점

① 전체 용기의 수량이 수동보다 적어도 된다.

② 잔액이 없어질 때까지 소비된다.

③ 용기교환 주기의 폭을 넓힐 수 있다.

④ 분리형을 사용할 때 단단감압식 조정기보다 압력손실이 커도 된다.

(4) 용기수량 결정조건

① 최대소비량(피크 시 사용량)

② 용기의 종류(크기)

③ 용기 1개당 가스발생 능력

$$Q = q \times N \times n$$

여기서, Q : 피크 시 사용량(kg/hr)

q : 1일 1호당 평균가스 소비량(kg/day)

N : 세대수

n : 소비율

• 용기수 $= \dfrac{\text{피크 시 사용량}}{\text{용기 1개당 가스발생 능력}}$

• 용기교환 주기 $= \dfrac{\text{사용가스량}}{\text{1일 사용량}}$ (사용가스량 = 용기질량 × 용기 수 × 사용 %)

(5) LP가스 수입기지 플랜트

수입 LP가스 ⇨ 수입 설비 ⇨ 저온 · 저장 설비 ⇨ 이송 설비 ⇨ 고압 · 저장 설비 ⇨ 출하 설비 ⇨ 2차 기지 소비 플랜트

02 도시가스 설비

1 도시가스

구 분		세부 핵심내용
정의		천연가스(액화 포함), 배관을 통하여 공급되는 석유가스, 나프타 부생가스, 바이오가스 또는 합성천연가스 등 대통령령으로 정하는 것이다.
원료	천연가스(NG)	지하에서 발생하는 탄화수소를 주성분으로 하는 가연성 가스이다.
	액화천연가스(LNG)	NG(천연가스)를 −162℃까지 냉각 액화한 것이다.
	나프타(Naphtha)	원유를 상압 증류 시 생산되는 비점 200℃ 이하 유분으로 탈황장치가 필요하며, 경질나프타(비점 130℃ 이하), 중질나프타(비점 130℃ 이상)의 두 종류가 있다.
	정유(업)가스 (off gas)	메탄, 에틸렌 등의 탄화수소 및 수소를 개질한 것으로 석유정제의 부산물이며, 발열량 9800kcal/m^3 정도로 석유정제의 업가스, 석유화학의 업가스 두 종류가 있다.

2 도시가스 관련 중요 암기사항

항 목	내 용	
액화천연가스 특징	천연가스 액화 전 제진, 탈유, 탈탄산, 탈수, 탈습 등의 전처리를 행하여 탄산가스, 황화수소 등의 불순물을 제거하였으므로 LNG(액화천연가스)는 불순물이 없는 청정연료로 다음과 같다. ① 청정연료로 환경문제가 없다. ② −162℃의 저온을 이용한 냉열이용이 가능하다. ③ 저온 저장설비 기화장치가 필요하다. ④ 초저온의 금속재료를 사용하여야 한다.	
천연가스를 도시가스로 사용 시 특징	① 천연가스를 그대로 공급 ② 천연가스를 공기로 희석해서 공급 ③ 종래 도시가스에 섞어서 공급 ④ 종래 도시가스와 유사성질로 개질하여 공급	
나프타 특징 (원유를 상압 증류 시 얻어지는 비점 200℃ 이하의 유분)	① 파라핀계 탄화수소가 많을 것 ② 유황분이 적을 것 ③ 카본 석출이 적을 것 ④ 촉매의 활성에 악영향이 없을 것	
참고사항	• P : 파라핀계 탄화수소 • N : 나프텐계 탄화수소	• O : 올레핀계 탄화수소 • A : 방향족 탄화수소

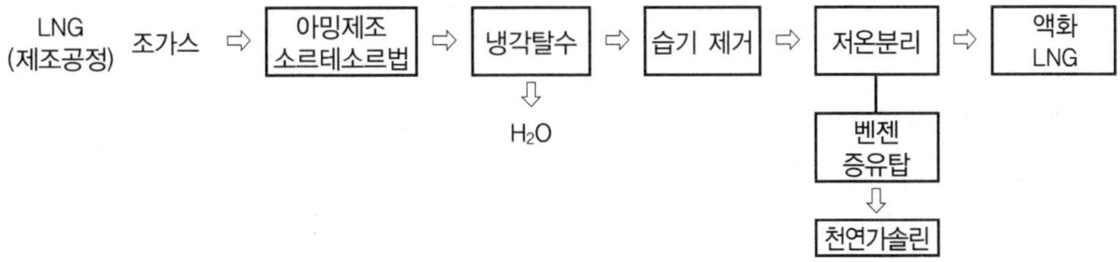

LNG (제조공정): 조가스 ⇨ [아밍제조 소르테소르법] ⇨ [냉각탈수] (⇩ H_2O) ⇨ [습기 제거] ⇨ [저온분리] ⇨ [액화 LNG]

[저온분리] → [벤젠 증유탑] ⇩ [천연가솔린]

3 부취제(부취설비)

특 성 \ 종 류	TBM (터시어리부틸메르카부탄)	THT (테트라하이드로티오페)	DMS (디메틸설파이드)
냄새 종류	양파 썩는 냄새	석탄가스 냄새	마늘 냄새
강도	강함	보통	약간 약함
혼합 사용 여부	혼합 사용	단독 사용	혼합 사용

부취제 주입 설비	
액체주입식	펌프주입방식, 적하주입방식, 미터연결 바이패스방식
증발식	위크 증발식, 바이패스방식
부취제 주입농도	$\frac{1}{1000}=0.1\%$ 정도
토양의 투과성 순서	DMS > TBM > THT
부취제 구비조건	① 독성이 없을 것 ② 화학적으로 안정할 것 ③ 보통냄새와 구별될 것 ④ 토양에 대한 투과성이 클 것 ⑤ 완전연소할 것 ⑥ 물에 녹지 않을 것
부취제 농도 측정법	오더미터법, 주사기법, 냄새주머니법, 무취실법

4 정압기

도시가스 압력을 사용처에 맞게 낮추는 감압기능으로 2차 압력을 유지하는 정압기능 가스흐름이 없을 때 폐쇄기능을 가진 기기로서 정압기용 압력조정기와 그 부속설비

(1) 압력에 의한 분류

① 저압정압기(0.1MPa 미만)
② 중압정압기(0.1~1MPa 미만)
③ 고압정압기(1MPa 이상)

(2) 구조에 따른 분류

① 레이놀즈식(구조기능 우수, 가장 많이 사용)
② 피셔식
③ AFV식

(3) 작동상 기본이 되는 정압기

직동식 정압기

(4) 정압기 특성

특성의 종류	정 의
정특성(시프트, 오프셋 로크업)	정상상태에서 유량과 2차 압력과의 관계
동특성	부하변동에 대한 응답의 신속성과 안정성
유량 특성(평방근형, 직선형, 2차형)	메인밸브의 열림과 유량과의 관계
사용 최대차압	메인밸브에 1차 압력, 2차 압력이 작용하여 최대로 되었을 때 차압
작동 최소차압	정압기가 작동할 수 있는 최소차압

(5) 정압기 설치 시의 주의점

① 가스차단장치 및 침수방지조치를 할 것
② 정압기 필터는 가스공급 개시 후 1월 이내 점검, 그 이후 1년 1회 점검
③ 일반(지역) 정압기는 2년 1회 분해 점검
④ 사용자 시설 정압기는 3년 1회 분해 점검
⑤ 불순물제거장치를 할 것
⑥ 이상압력 상승방지장치를 할 것
⑦ 동결방지장치를 할 것
⑧ 가스누출 검지통보설비를 할 것
⑨ 경보장치가 있을 것
⑩ 출입문 개폐 통보장치가 있을 것
⑪ 정압기의 안전밸브는 지면에서 5m 떨어진 위치에 안전밸브의 가스방출관을 설치할 것(단, 전기시설물의 접촉 우려가 있는 곳에서 3m 이상으로 할 수 있다.)

5 가스홀더

(1) 가스홀더의 기능

① 가스제조 저장 공급
② 공급설비의 저장에 대하여 약간의 공급 확보
③ 피크 시에도 공급 가능
④ 배관수송효율 상승

(2) 가스홀더 분류

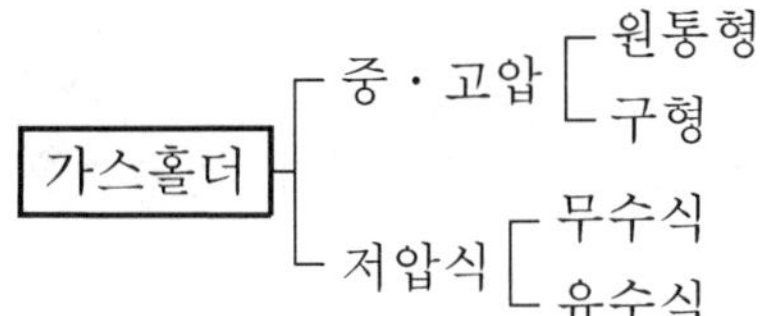

① 유수식 가스홀더의 특징
㉠ 물의 동결방지가 필요하다.
㉡ 유효 가동량이 구형보다 크다.
㉢ 다량의 물이 필요하다.
㉣ 기초공사비가 많이 든다.

② 무수식 가스홀더의 특징
㉠ 건조상태로 가스를 저장한다.
㉡ 기초공사가 간단하다.
㉢ 유수식에 비해 압력 변동이 작다.

(3) 압송기

공급압력이 부족 시 압력을 높여주는 기기

(4) 도시가스의 제조 프로세스

① **열분해 프로세스** : 분자량이 큰 탄화수소(중유, 원유 나프타) 원료를 고온(800~900℃)으로 분해 10000kcal/Nm^3 정도의 고열량 가스를 제조하는 방법

② **접촉분해(수증기 개질) 프로세스** : 촉매를 사용 반응온도 400~800℃로 반응하여 CH_4, H_2, CO, CO_2로 변환하는 방법

㉠ 종류
- 사이클링식 접촉분해 프로세스
- 고압수증기 개질 프로세스
- 저온수증기 개질 프로세스
- 중온수증기 개질 프로세스

㉡ 나프타 접촉분해법에서 온도압력에 따른 증감 요소
- 압력상승, 온도하강 시 (감소 : H_2, CO / 증가 : CH_4, CO_2)
- 압력하강, 온도상승 시 (감소 : CO_2, CH_4 / 증가 : H_2, CO)
- 접촉분해반응에서 카본 생성을 방지하는 방법

  $2CO \rightarrow CO_2 + C$(발열) 반응에서는
  반응온도 높게, 반응압력 낮게
  $CH_4 \rightarrow 2H_2 \rightarrow C$(흡열) 반응에서는
  반응온도 낮게, 반응압력 높게
  ※ $CO + H_2 \rightarrow C + H_2O + Q$에서는 압력↑, 온도↓하면 카본 생성방지

③ **부분연소 프로세스** : 메탄에서 원유까지의 탄화수소를 산소, 공기, 수증기를 이용 CH_4, H_2, CO, CO_2로 변환하는 방법

④ **수소화 분해 프로세스** : 수소기류 중 탄화수소를 열분해하여 CH_4을 주성분으로 하는 고열량의 가스를 제조하는 방법

⑤ **대체 천연가스 제조 프로세스** : 천연가스 이외의 석탄, 원유, 나프타 등 각종 탄화수소 원료에서 천연가스의 열량, 조성, 연소성이 일치하는 가스를 제조하는 프로세스

(5) 도시가스의 원료 송입법에 의한 제조 프로세스

① **연속식** : 원료가 연속적으로 송입가스 발생도 연속적으로 행하여지며, 가스량 조절은 원료 송입량의 조절에 기인한다. 장치능력에 비에 60~100% 사이로 가스발생량 조절이 가능

② **사이클링식** : 일정시간 원료의 송입에 의해 가스발행을 행하면 장치온도가 내려감에 의해 원료 송입을 중지하고, 가스발행을 행한다(운전은 자동운전).

③ **배치식** : 원료를 일정량 취해 가스실에 넣고 가스화하여 가스를 발생시키는 방법

(6) 가열방식에 의한 분류

① **자열식** : 가스화에 필요열을 산화, 수첨의 발열반응을 처리한다.

② **부분연소식** : 원료에 소량의 공기(산소)를 혼합 반응기에 넣어 원료를 연소시켜 생긴 열을 이용하여 가스화용의 열원으로 한다.

③ **축열식** : 반응기 내 원료를 태워 원료를 송압해서 가스화용의 열원으로 한다.

④ **외열식** : 원료가 들어 있는 용기를 외부에서 가열한다.

Chapter 6

출/제/예/상/문/제

01 LPG 연소 특성이 아닌 것은?

① 연소 시 물과 탄산가스가 생성된다.
② 발열량이 크다.
③ 연소 시 다량의 공기가 필요하다.
④ 발화온도가 낮다.

해설

LP가스의 연소 특성
㉠ 연소 시 발열량이 크다.
㉡ 연소범위(폭발한계)가 좁다.
LP가스는 연소범위가 아주 좁아 타 연료가스에 비해 안전성이 크다. 공기 중 프로판의 연소범위는 2.1~9.5%, 부탄은 1.8~8.4%이다.
㉢ 연소속도가 느리다.
LP가스는 다른 가스에 비하여 연소속도가 비교적 느리므로 안전성이 있다. 프로판의 연소속도는 4.45m/s, 부탄은 3.65m/s, 메탄은 6.65m/s이다.
㉣ 착화온도(발화온도)가 높다.
LP가스의 발화온도는 타 연료에 비하여 높으므로 가열에 따른 발화확률이 적어 안전성이 크나 점화원(불꽃)이 있을 경우는 발화온도에 관계 없이 영하의 온도에서도 인화하므로 주의를 요한다.
㉤ 연소 시 많은 공기가 필요하다.
- 프로판 연소반응식
$C_3H_8+5O_2 \rightarrow 3CO_2+4H_2O+530\text{kcal/mol}$
- 부탄 연소반응식
$C_4H_{10}+6.5O_2 \rightarrow 4CO_2+5H_2O+700\text{kcal/mol}$

$(C_3H_8 : \text{Air})\ 5\times\frac{100}{21}=24$배

$(C_4H_{10} : \text{Air})\ 6.5\times\frac{100}{21}=31$배

02 LPG의 일반적 특성이 아닌 것은?

① LPG는 공기보다 무겁다.
② 액은 물보다 무겁다.
③ 기화, 액화가 용이하다.
④ 기화 시 체적이 커진다.

해설

LP가스의 일반적 특성
㉠ 가스는 공기보다 무겁다(비중 1.5~2).
㉡ 액은 물보다 가볍다(비중 0.5).
㉢ 기화, 액화가 용이하다.
㉣ 기화 시 체적이 커진다(C_3H_8 250배, C_4H_{10} 230배).
㉤ 증발잠열이 크다.

03 LPG와 도시가스를 비교했을 때 LP가스의 장점이 아닌 것은?

① 특별한 가압장치가 필요 없다.
② 어디서나 사용이 가능하다.
③ 연소 시 다량의 공기가 필요하다.
④ 작은 관경으로 많은 양의 공급이 가능하다.

해설

도시가스와 비교한 LP가스의 특성
(1) 장점
㉠ 열량이 높기 때문에 작은 관경으로 공급이 가능하다.
㉡ LP가스 특유의 증기압을 이용하므로 특별한 가압장치가 필요 없다.
㉢ 발열량이 높기에 최소의 연소장치로 단시간 온도상승이 가능하다.
(2) 단점
㉠ 저장탱크 용기의 집합장치가 필요하다.
㉡ 부탄의 경우 재액화방지가 필요하다.
㉢ 연소 시 다량의 공기가 필요하다(C_3H_8 24배, C_4H_{10} 31배).
㉣ 공급을 중단시키지 않기 위해 예비용기 확보가 필요하다.

04 다음 중 LP가스 수송방법이 아닌 것은?

① 압축기에 의한 방법
② 용기에 의한 방법
③ 탱크로리에 의한 방법
④ 유조선에 의한 방법

정답 01.④ 02.② 03.③ 04.①

해설

수송방법 : 용기, 탱크로리, 철도차량, 유조선(탱카), 파이프라인에 의한 방법

요약 LP가스 이송방법 : 압축기, 펌프, 차압에 의한 방법

㉠ 압축기의 이송방법

장점	• 충전시간이 짧다. • 잔가스 회수가 용이하다. • 베이퍼록의 우려가 없다.
단점	• 드레인의 우려가 있다. • 재액화의 우려가 있다.

㉡ 펌프의 이송방법

장점	• 드레인의 우려가 없다. • 재액화의 우려가 없다.
단점	• 충전시간이 길다. • 잔가스 회수가 불가능하다. • 베이퍼록의 우려가 있다.

05 탱크로리에서 저장탱크로 LPG를 이송하는 방법이 아닌 것은?

① 차압에 의한 방법
② 압축기에 의한 방법
③ 압축가스 용기에 의한 방법
④ 펌프에 의한 방법

06 LP가스를 자동차 연료로 사용 시 장점이 아닌 것은?

① 엔진 수명이 연장된다.
② 공해가 적다.
③ 급속한 가속이 가능하다.
④ 완전연소된다.

해설

LP가스를 자동차용 연료로 사용 시 특징

(1) 장점
㉠ 발열량이 높고 기체로 되기 때문에 완전연소한다.
㉡ 완전연소에 의해 탄소의 퇴적이 적어 점화전(spark plug) 및 엔진의 수명이 연장된다.
㉢ 공해가 적다.
㉣ 경제적이다.
㉤ 열효율이 높다.

(2) 단점
㉠ 용기의 무게와 장소가 필요하다.
㉡ 급속한 가속은 곤란하다.
㉢ 누설가스가 차 내에 오지 않도록 밀폐시켜야 한다.

(3) LP가스 자동차의 연료공급과정
LPG 탱크 → 필터 → 전자밸브 → 기화기 → 카브레터 → 엔진

07 다음 LP가스 이송방법 중 펌프 사용 시 단점이 아닌 것은?

① 잔가스 회수가 어렵다.
② 베이퍼록 현상이 없다.
③ 충전시간이 길다.
④ 베이퍼록이 발생한다.

08 LP가스 공급 시 관이 보온되었을 경우 어떤 공급방식에 해당되는가?

① 생가스 공급방식
② 개질가스 공급방식
③ 공기혼합가스 공급방식
④ 변성가스 공급방식

해설

생가스 공급방식 : 기화기에서 기화한 가스를 그대로 공급하는 방식으로 겨울에 동결의 우려가 있으므로 반드시 보온조치를 하여야 한다.

09 다음 중 강제기화방식의 종류가 아닌 것은?

① 생가스 공급방식
② 직접 공급방식
③ 공기혼합가스 공급방식
④ 변성가스 공급방식

해설

강제기화방식의 종류에 ②는 해당되지 않는다.

LP가스를 도시가스로 공급하는 형식
㉠ 직접 혼입식
㉡ 변성 혼입식
㉢ 공기 혼입식

10 LP가스 사용시설 중 기화기 사용 시 장점이 아닌 것은?

① 한냉 시 가스공급이 가능하다.
② 기화량을 가감할 수 있다.
③ 설치면적이 커진다.
④ 공급가스 조성이 일정하다.

정답 05.③ 06.③ 07.② 08.① 09.② 10.③

해설

기화기 사용 시 장점 : 설치면적이 작아진다.

11 LP가스를 공급 시 공기희석의 목적이 아닌 것은?

① 재액화방지
② 발열량 조절
③ 연소효율 증대
④ 누설 시 손실 증대

해설

누설 시 손실 감소

12 다음 중 자연기화방식의 특징이 아닌 것은?

① 기화능력에 한계가 있어 소량 소비처에 사용한다.
② 조성 변화가 크다.
③ 발열량의 변화가 크다.
④ 용기 수량이 적어도 된다.

자연기화는 용기 수량이 많아야 된다.

특징 \ 가스 종류	C_3H_8	C_4H_{10}
비등점	-42℃	-0.5℃
기화방식	자연기화방식	강제기화방식
분자량	44g	58g
연소범위	2.1~9.5%	1.8~8.4%

13 LP가스 사용시설에서 조정기의 사용목적은?

① 유출압력 조절 ② 유량 조절
③ 유출압력 상승 ④ 발열량 조절

해설

조정기의 사용목적 : 유출압력 조절, 안정된 연소

요약 조정기(Regulator)

1. 조정기의 역할
   - 용기로부터 유출되는 공급가스의 압력을 연소기구에 알맞은 압력(통상 일반연소기는 2~3.3kPa 정도)까지 감압시킨다.
   - 용기 내 가스를 소비하는 동안 공급가스 압력을 일정하게 유지하고, 소비가 중단되었을 때는 가스를 차단한다.
2. 조정기의 사용목적
   용기 내의 가스 유출압력(공급압력)을 조정하여 연소기에서 연소시키는 데 필요한 최적의 압력을 유지시킴으로써 안정된 연소를 도모하기 위해 사용된다.
3. 조정기에 대한 용어
   - 기준압력 : LP가스 사용 시 표준이 되는 압력
   - 조정기 입구압력 : 용기로부터 유출되는 고압측 압력
   - 조정기 출구압력 : 조정기를 통과한 후의 정압력
   - 폐쇄압력 : 가스유출이 정지될 때의 압력
   - 조정기 용량 : 조정기로부터 나온 가스 유출량
   - 안전장치 : 조정기의 압력 상승을 방지하는 장치
4. 조정기의 종류
   - 1단(단단) 감압식 저압조정기 : 일반 소비용(가정용)으로 LP가스를 공급하는 경우에 사용되며, 현재 가장 많이 사용되고 있는 조정기이다.

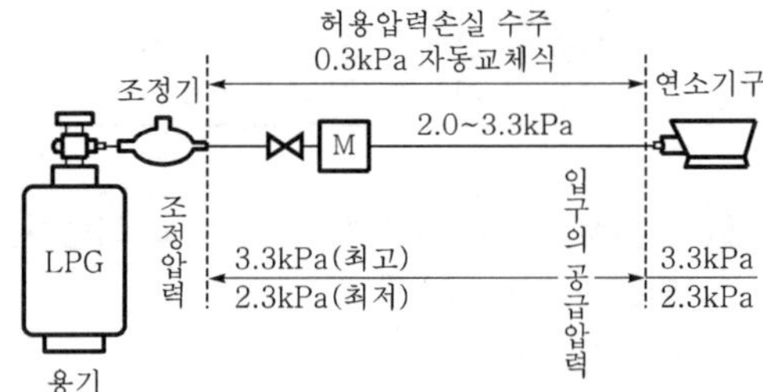

| 단단 감압식 저압조정기의 성능 |

입구 압력	조정 압력	폐지 압력	안전장치 작동압력	내압시험 압력		기밀시험 압력	
				입구	출구	입구	출구
0.07~1.56 MPa	2.3~3.3 kPa	3.5 kPa 이하	7±1.4 kPa	3 MPa	0.3 MPa	1.56 MPa	5.5 kPa

- 1단(단단) 감압식 준저압 조정기 : 음식점 등의 조리용으로 사용되는 것으로 조정압력은 5~30kPa까지 여러 종류가 있으며, 연소기구가 일반 소비자용(가정용)과 동일 규격의 경우에는 단단 감압식 저압조정기를 사용한다.
- 2단 감압식 1차 조정기 : 2단 감압식의 1차용으로 사용되는 것으로서 중압조정기라고도 한다.
- 2단 감압식 2차 조정기 : 2단 감압식의 2차용이나 자동 교체식 분리형의 2차용으로 사용되는 것으로서 조정기 입구 최대압력이 0.35MPa로 설계되어 있으므로 1단 감압식 저압조정기 대용으로 사용할 수 없다.
- 자동 교체식 일체형 조정기 : 2차용 조정기가 1차용 조정기의 출구측에 직접 연결되어 있거나 또한 일체로서 구성되어 있는 점이 다른 점이며, 그 외에는 자동 교체식 분리형 조정기와 같은 구조기능을 갖고 있다.
- 자동 교체식 분리형 조정기 : 2단 감압방식으로 자동절체기능과 1차 감압기능을 겸한 1차

정답 11.④ 12.④ 13.①

조정기로서 출구측은 도관에 의해서 2단 감압조정기에 연결된다. 사용측 용기와 예비측 용기가 설치되어 있어 사용측 용기의 가스 소비량이 줄어들면 용기 내의 압력이 낮아져서 자동적으로 예비측 용기로부터 가스가 공급된다.

14 일반 가정용에서 널리 사용되는 조정기는?

① 1단 감압식 저압 조정기
② 1단 감압식 준저압 조정기
③ 자동 교체식 일체형 조정기
④ 자동 교체식 분리형 조정기

15 다음 중 1단 감압식의 특징이 아닌 것은?

① 압력 조정이 정확하다.
② 장치가 간단하다.
③ 조작이 간단하다.
④ 배관이 굵어진다.

해설

압력 조정이 부정확하다.

요약 조정기의 감압방식

1. 1단 감압방식
   용기 내의 가스압력을 한 번에 사용압력까지 낮추는 방식이다.
   - 장점
     - 조작이 간단하다.
     - 장치가 간단하다.
   - 단점
     - 최종 공급압력의 정확을 기하기 힘들다.
     - 배관의 굵기가 비교적 굵어진다.
2. 2단 감압방식
   용기 내의 가스압력을 소비압력보다 약간 높은 상태로 감압하고, 다음 단계에서 소비압력까지 낮추는 방식이다.
   - 장점
     - 공급압력이 안정하다.
     - 중간배관이 가늘어도 된다.
     - 배관입상에 의한 압력손실을 보정할 수 있다.
     - 각 연소기구에 알맞은 압력으로 공급이 가능하다.
   - 단점
     - 설비가 복잡하다.
     - 조정기가 많이 소요된다.
     - 검사방법이 복잡하다.
     - 재액화의 문제가 있다.

참고 1. 자동 교체식 조정기 사용 시의 이점
- 용기 교환주기의 폭을 넓힐 수 있다.
- 잔액이 거의 없어질 때까지 소비된다.
- 전체 용기 수량이 수동 교체식의 경우 보다 작아도 된다.
- 자동 절체식 분리형을 사용할 경우 1단 감압식의 경우에 비해 도관의 압력손실을 크게 해도 된다.

2. 조정기의 기능
- 조정압력은 항상 2.3~3.3kPa 범위일 것
- 조정기의 최대 폐쇄압력은 3.5kPa 이하일 것
- 저압조정기 안전장치 작동개시 압력은 7±1.4kPa일 것

3. 조정기의 설치 시 주의사항
- 조정기와 용기의 탈착작업은 판매자가 할 것
- 조정기의 규격 용량은 사용 연소기구 총 가스소비량의 150% 이상일 것
- 용기 및 조정기는 통풍이 양호한 곳에 설치할 것
- 용기 및 조정기 부근에 연소되기 쉬운 물질을 두지 말 것
- 조정기에 부착된 압력나사는 건드리지 말 것
- 조정기 부착 시 접속구를 청소하고, 나사는 정확하고 바르게 접속 후 너무 조이지 말 것
- 조정기를 부착 후 접속부는 반드시 비눗물 등으로 검사할 것

16 자동 교체식 조정기의 장점이 아닌 것은?

① 전체 용기 수량이 수동보다 많이 필요하다.
② 잔액이 없어질 때까지 사용이 가능하다.
③ 용기 교환주기가 넓다.
④ 분리형 사용 시 압력손실이 커도 된다.

17 LPG 사용시설 중 2단 감압식의 장점이 아닌 것은?

① 공급압력이 안정하다.
② 장치가 간단하다.
③ 중간배관이 가늘어도 된다.
④ 최종압력이 정확하다.

정답 14.① 15.① 16.① 17.②

18 기화기의 구성요소에 해당되지 않는 것은?

① 안전밸브　　② 과열방지장치
③ 긴급차단장치　　④ 온도제어장치

해설

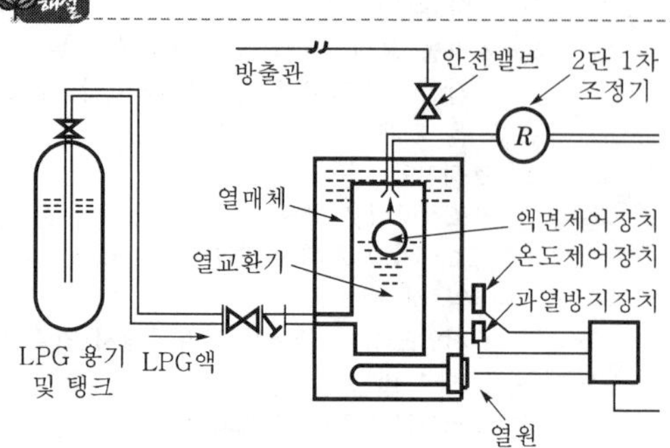

‖ 기화장치의 구조도 ‖

㉠ 기화부(열교환기) : 액체상태의 LP가스를 열교환기에 의해 가스화시키는 부분
㉡ 열매온도 제어장치 : 열매온도를 일정범위 내에 보존하기 위한 장치
㉢ 열매과열 방지장치 : 열매가 이상하게 과열되었을 경우 열매로의 입열을 정지시키는 장치
㉣ 액면제어장치 : LP가스가 액체상태로 열교환기 밖으로 유출되는 것을 방지하는 장치
㉤ 압력조정기 : 기화부에서 나온 가스를 소비목적에 따라 일정한 압력으로 조정하는 부분
㉥ 안전밸브 : 기화장치의 내압이 이상 상승했을 때 장치 내의 가스를 외부로 방출하는 장치

요약 기화장치(Vaporizer) : 기화는 전열기나 온수에 의해 LPG액을 기화시키는 장치로 열발생부와 열교환부, 기타 각종 제어장치로 구성되어 있다. 기화기를 사용했을 때의 이점은 다음과 같다.

- LP가스의 종류에 관계 없이 한냉 시에도 충분히 기화시킬 수 있다.
- 공급가스의 조성이 일정하다.
- 설치면적이 작아도 되고, 기화량을 가감할 수 있다.
- 설비비 및 인건비가 절감된다.

19 기화기의 종류에 해당되지 않는 것은?

① 열판식　　② 쌍관식
③ 단관식　　④ 다관식

20 부탄을 고온의 촉매로써 분해하여 메탄, 수소 등의 가스로 변성시켜 공급하는 강제기화방식의 종류는?

① 생가스 공급방식
② 직접 공급방식
③ 변성가스 공급방식
④ 공기혼합 공급방식

해설

변성가스 공급방식 : 부탄을 고온의 촉매로써 분해하여 메탄, 수소, 일산화탄소 등의 연질가스로 변성시켜 공급하는 방식으로 금속의 열처리나 특수제품의 가열 등 특수 용도에 사용하기 위해 이용되는 방식이다.

요약 강제기화방식 : 용기 또는 탱크에서 액체의 LP가스를 도관으로 통하여 기화기에 의해 기화시키는 방식으로서 생가스 공급방식, 공기혼합가스 공급방식, 변성가스 공급방식 등이 있다.

- 생가스 공급방식 : 기화기(베이퍼라이저)에 의하여 기화된 그대로의 가스를 공급하는 방식으로 0℃ 이하가 되면 재액화되기 쉽기 때문에 가스배관은 고온처리를 한다.
- 공기혼합가스 공급방식 : 기화한 부탄에 공기를 혼합하여 공급하는 방식으로 기화된 가스의 재액화방지 및 발열량을 조절할 수 있으며, 부탄을 다량 소비하는 경우에 사용된다.

  참고 공기혼합(Air dilute)의 공급목적 : 재액화방지, 발열량 조절, 누설 시의 손실 감소, 연소효율의 증대
- 변성가스 공급방식

21 LP가스 이송설비 중 펌프에 의한 방식은 충전시간이 많이 소요되는 단점이 있는데 이것을 보완하기 위해 설치하는 것은 무엇인가?

① 안전밸브　　② 역지밸브
③ 기화기　　④ 균압관

균압관은 저장탱크의 상부압력을 탱크로리로 보냄으로써 충전시간을 단축할 수 있는 장점이 있다.

- 펌프에 의한 이송 : 펌프를 액라인에 설치하여 탱크로리의 액상가스를 도중에 가압시켜 저장 탱크로 이송시키는 방식으로 LP가스 이송펌프로는 주로 기어펌프나 원심펌프 등이 이용된다.

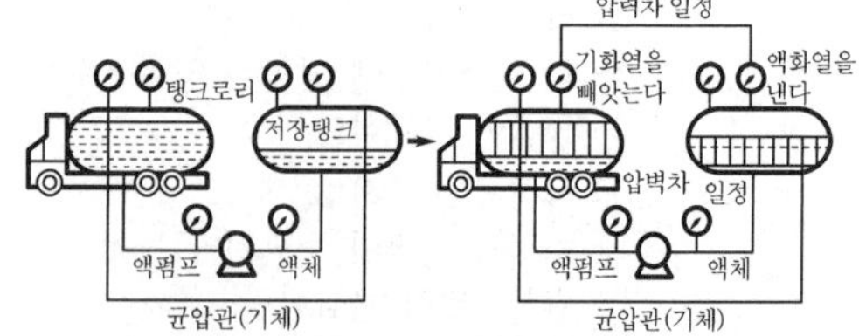

‖ 액체펌프 이송방식(균압관이 있는 경우) ‖

정답 18.③ 19.② 20.③ 21.④

요약 LP가스 이송설비 : LP가스를 탱크로리로부터 저장탱크에 이송하는 경우에 사용되는 설비로서 액펌프나 압축기가 주로 사용된다.

1. 압축기에 의한 이송 : 압축기를 사용하여 저장탱크 기상부에서 가스를 흡입시켜 가압한 후 베이퍼라인(기체도관)을 통해서 탱크로리로 보내 그 압력으로 저장탱크에 액을 이송시키는 방식이다.

   〈압축기를 사용함으로써 오는 장·단점〉

   - 장점
     - 펌프에 비해 이송시간이 짧다.
     - 베이퍼록 현상의 우려가 없다.
     - 잔가스 회수가 용이하다.
   - 단점
     - 압축기 오일이 저장탱크에 들어가 드레인의 원인이 된다.
     - 저온에서 부탄이 재액화될 우려가 있다.
2. 탱크 자체 압력에 의한 이송 : 탱크로리는 수송 도중 외부열(태양열) 등을 받아 온도가 상승하면 압력도 높아져 저장탱크와 압력차가 생긴다. 그 차압을 이용하여 설비 등을 사용하지 않고, 저장탱크에 이송시키는 방식이다.
3. 펌프에 의한 이송

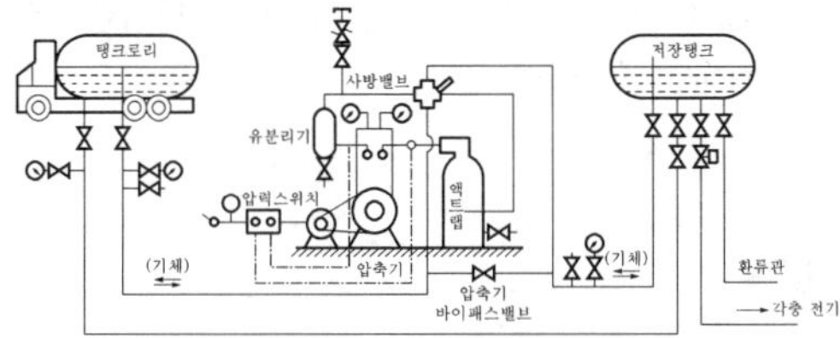

┃압축기에 의한 이송방식┃

22 다음의 LP가스 저압배관 완성검사방법 중 ( )에 적당한 수치는?

> 배관의 기밀시험은 불연성 가스로 실시하며, 압력은 ( )kPa이고 시험시간은 가스미터로 5분간, 자기압력계로 ( )분간 실시한다.

① 8.4, 24　② 8.4, 5
③ 3.3, 24　④ 3.3, 5

23 어느 집단 공급 아파트에서 1일 1호당 평균가스 소비량이 1.33kg/day, 가구수가 20이며 피크 시 평균가스 소비율이 80%일 때 평균가스 소비량은 몇 kg/hr인가?

① 5.45
② 10.68
③ 15.54
④ 21.28

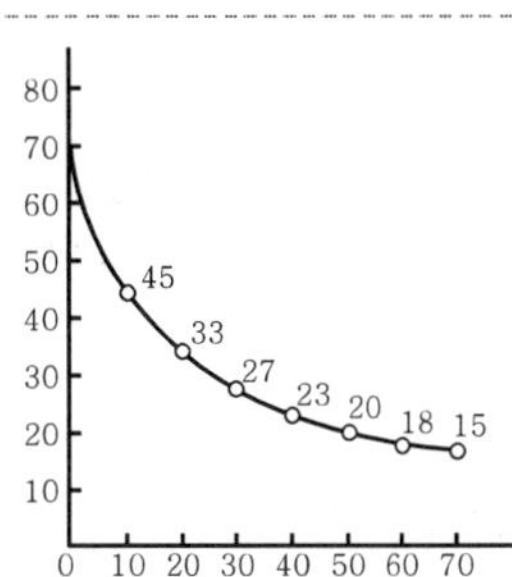

$Q = q \times N \times n = 1.33 \times 20 \times 0.8 = 21.28$kg/hr

여기서, Q : 피크 시 평균가스 소비량(kg/hr)
q : 1일 1호당 평균가스 소비량(kg/day)
N : 세대수
n : 소비율

요약 용기수량 설계

1. 최대소비수량 : 평균가스 소비량×소비자 호수×평균가스 소비율
2. 피크 시의 평균가스 소비량(kg/h) : 1호당의 평균가스 소비량×호수×피크 시의 평균가스 소비율
3. $\left(\begin{array}{c}\text{필요 최저용기}\\\text{개수}\end{array}\right) = \dfrac{\left(\begin{array}{c}\text{피크 시 평균가스}\\\text{소비량(kg/h)}\end{array}\right)}{\left(\begin{array}{c}\text{피크 시 용기 1개당}\\\text{발생능력(kg/h)}\end{array}\right)}$
4. 2일분의 용기 개수
   $= \dfrac{\left(\begin{array}{c}\text{1호당 1일의 평균가스}\\\text{소비량(kg/day)}\end{array}\right) \times \text{2일} \times \text{호수}}{\text{용기의 질량(크기)}}$
5. 표준용기 설치 개수=필요 최저용기 개수+2일분 충당용기 개수
6. 2열의 합계용기 개수=표준용기 설치 개수×2

24 상기 문제에서 용기 1개당 가스발생 능력이 5.07kg/hr일 때 용기는 몇 개가 필요한가?

① 5　② 6
③ 7　④ 8

해설

$$\text{용기수} = \frac{\text{피크 시 사용량}}{\text{용기 개당 가스발생 능력}} = \frac{21.28}{5.07} = 4.19 = 5\text{개}$$

정답 22.① 23.④ 24.①

25 어느 식당에서 가스 소비량이 0.5kg/hr이며 5시간 계속 사용하고 테이블 수가 8대일 때 용기교환 주기는 며칠인가? (단, 잔액이 20%일 때 교환하고, 용기 1개당 가스 발생 능력은 850g/hr이며, 용기는 20kg이다.)

① 1일 ② 2일
③ 3일 ④ 4일

㉠ 용기수 $= \dfrac{0.5\times 8}{0.85}$

$= 4.705 = 5$개

㉡ 용기 교환주기 $= \dfrac{\text{사용 가스량}}{\text{1일 사용량}}$

$= \dfrac{20\times 5\times 0.8}{0.5\times 8\times 5} = 4$일

참고 용기수 계산에서 자동교체 조정기 사용 시는 계산값에서 산출된 용기수×2이다.

26 다음 중 LP가스 연소기구가 갖추어야 할 구비조건이 아닌 것은?

① 취급이 간단하고, 안정성이 높아야 한다.
② 전가스 소비량은 표시치의 ±5% 이내이어야 한다.
③ 열을 유효하게 이용할 수 있어야 한다.
④ 가스를 완전연소시킬 수 있어야 한다.

전가스 소비량 ±10% 이내이어야 한다.

27 LP가스 연소방식 중 연소용 공기를 1차 및 2차 공기로 취하는 방식은?

① 적화식
② 분젠식
③ 세미분젠식
④ 전1차 공기식

㉠ 분젠식 : 1차 및 2차 공기를 취한다.
㉡ 세미분젠식 : 적화식과 분젠식의 중간형태이다.
㉢ 전1차 공기식 : 2차 공기를 취하지 않고 모두 1차 공기로 취한다.
㉣ 적화식 : 2차 공기만을 취하는 방식이다.

28 LPG 사용시설의 저압배관의 내압시험압력은 몇 MPa이어야 하는가?

① 0.3 ② 0.8
③ 1.5 ④ 2.6

29 급배기방식에 따른 연소기구 중 실내에서 연소공기를 흡입하여 폐가스를 옥외로 배출하는 형식은?

① 밀폐형 ② 반밀폐형
③ 개방형 ④ 반개방형

㉠ 개방형 : 실내의 공기를 흡입하여 연소를 지속하고 연소 폐가스를 실내에 배출한다.
㉡ 반밀폐형 : 연소용 공기를 실내에서 취하며 연소 폐가스는 옥외로 방출한다.
㉢ 밀폐형 : 연소용 공기를 옥외에서 취하고 폐가스도 옥외로 배출한다.

30 LPG 50m³의 탱크에 20톤을 충전 시 저장탱크 내 액상의 용적은 몇 %인가? (단, 액비중은 0.55로 한다.)

① 70% ② 71%
③ 72% ④ 73%

$20 \div 0.55\text{t/m}^3 = 36.3636\text{m}^3$

$\therefore \dfrac{36.36}{50}\times 100 = 72.727\% = 73\%$

31 LPG 용기에 대한 설명 중 잘못된 것은?

① T_P(3MPa)
② 안전밸브(가용전식)
③ 용접용기
④ 충전구(왼나사)

LP가스 용기 안전밸브(스프링식)

32 LP가스 저장탱크에서 반드시 부착하지 않아도 되는 부속품은?

① 긴급차단밸브 ② 온도계
③ 안전밸브 ④ 액면계

온도계는 반드시 부착하는 부속품이 아니다.

정답 25.④ 26.② 27.② 28.② 29.② 30.④ 31.② 32.②

33 긴급차단장치에 대한 설명이다. 잘못된 것은?

① 긴급차단밸브는 역류방지밸브로 갈음할 수 있다.
② 긴급차단밸브는 주밸브와 겸용할 수 있다.
③ 원격조작온도는 110℃이다.
④ 작동하는 동력원은 액압, 기압, 전기압 등이다.

해설
긴급차단밸브는 주밸브와 겸용할 수 없다.

34 LP가스 탱크로리에서 저장탱크로 가스 이송이 끝난 다음의 작업순서로 올바른 것은?

㉠ 차량 및 설비의 각 밸브를 잠근다.
㉡ 밸브에 캡을 부착한다.
㉢ 로딩암을 제거한다.
㉣ 어스선을 제거한다.

① ㉠ - ㉡ - ㉢ - ㉣
② ㉠ - ㉢ - ㉡ - ㉣
③ ㉡ - ㉢ - ㉠ - ㉣
④ ㉡ - ㉠ - ㉢ - ㉣

35 다음 접촉분해 프로세스 중 카본생성을 방지하는 방법은?

$$CH_4 \rightleftarrows 2H_2 + C$$

① 반응온도 : 높게, 반응압력 : 높게
② 반응온도 : 낮게, 반응압력 : 낮게
③ 반응온도 : 높게, 반응압력 : 낮게
④ 반응온도 : 낮게, 반응압력 : 높게

해설
반응이 진행방향에서 압력을 올리면 몰수가 적은 쪽으로, 진행압력을 낮추면 몰수가 많은 쪽으로 진행(단, 고체는 몰수계산에서 제외)
㉠ 온도를 올리면 흡열($-Q$)방향으로 진행
㉡ 온도를 낮추면 발열($+Q$)방향으로 진행
결국 카본생성을 방지하기 위하여 반응이 CH_4쪽으로 진행되어야 하므로 $C+2H_2 \rightarrow CH_4+Q$이면 CH_4쪽이 몰수가 적으므로 압력은 올리고, CH_4쪽의 열량이 $+Q$이므로 반응온도는 낮추어야 한다.

36 비열이 0.6인 액체 7000kg을 30℃에서 80℃까지 상승 시 몇 m^3의 C_3H_8이 소비되는가? (단, 열효율은 90%, 발열량은 24000kcal/m^3이다.)

① 5.6m^3　　② 6.6m^3
③ 8.7m^3　　④ 9.7m^3

해설
$(7000\times0.6\times50)$kcal : $x(m^3)$
24000kcal$\times0.9$: $1m^3$
$$\therefore x=\frac{7000\times0.6\times50\times1}{24000\times0.9}=9.72m^3 \fallingdotseq 9.7m^3$$

37 석유화학공업에서 부산물로 얻어지는 업가스의 발열량은 어느 정도인가?

① 8800kcal/m^3
② 9800kcal/m^3
③ 10000kcal/m^3
④ 20000kcal/m^3

38 원유를 상압 증류 시 얻어지는 도시가스의 원료로 사용되는 가솔린을 무엇이라 하며 비점은 어느 정도인가?

① 액화석유가스
② 업가스(100℃)
③ 납사(200℃)
④ 액화천연가스(-160℃)

39 가스용 나프타의 성상 중 PONA 값이 있다. 다음 중 틀린 것은?

① P : 파라핀계 탄화수소
② O : 올레핀계 탄화수소
③ N : 나프텐계 탄화수소
④ A : 알칸족 탄화수소

해설
A : 방향족 탄화수소

요약 가스용 나프타의 성상
- 파라핀계 탄화수소가 많다.
- 유황분이 적게 함유되어 있다.
- 촉매의 활성에 영향을 미치지 않는다.
- 카본 석출이 적다.
- 파라핀계 탄화수소가 많을수록 가스화에 유리하다.

정답 33.② 34.② 35.④ 36.④ 37.② 38.③ 39.④

40 도시가스 원료 중 액체연료에 해당되지 않는 것은?

① LPG ② LNG
③ 나프타 ④ 천연가스

해설

도시가스의 원료
㉠ 기체연료 : 천연가스, 정유가스(업가스)
㉡ 액체연료 : LNG, LPG, 나프타
㉢ 고체연료 : 코크스, 석탄

41 다음 중 연소기에서 일어나는 선화의 원인이 아닌 것은?

① 가스의 공급압력이 높을 때
② 노즐구경이 클 때
③ 공기조절장치가 많이 열렸을 때
④ 환기 불량 시

해설

선화의 원인
㉠ 버너의 염공에 먼지 등이 끼어 염공이 작게 된 경우
㉡ 가스의 공급압력이 너무 높은 경우
㉢ 노즐의 구경이 너무 작은 경우
㉣ 연소가스의 배기 불충분이나 환기의 불충분 시
㉤ 공기조절장치(Damper)를 너무 많이 열었을 경우

요약 1. 선화(lifting) : 가스의 연소속도보다 유출속도가 빨라 화염이 염공에 접하여 연소하지 않고, 염공을 떠나 연소하는 현상
2. 역화(Back fire) : 가스의 연소속도가 유출속도보다 커서 불꽃이 염공에서 연소기 내부로 침투하여 연소기 내부에서 연소되는 현상
3. 역화의 원인
• 염공이 크게 되었을 때
• 노즐구경이 클 때, 노즐의 부식
• 콕에 먼지나 이물질이 부착되었을 때
• 가스압력이 낮을 때
• 콕이 충분히 열리지 않았을 때
• 버너의 과열

42 역화의 원인에 해당되지 않는 것은?

① 염공이 클 때
② 노즐구경이 클 때
③ 가스압력이 높을 때
④ 콕 개방이 불충분할 때

43 다음 접촉분해반응 중 카본생성을 방지하는 방법은?

$$2CO \rightleftarrows CO_2 + C$$

① 반응온도 : 낮게, 반응압력 : 높게
② 반응온도 : 높게, 반응압력 : 낮게
③ 반응온도 : 낮게, 반응압력 : 낮게
④ 반응온도 : 높게, 반응압력 : 높게

해설

카본생성을 방지하기 위해 반응의 방향이 2CO로 진행되면 몰수가 많은 쪽으로 진행되어야 하므로 반응압력은 낮게, $-Q$이므로 반응온도는 높인다.

44 다음 부취제의 주입방식 중 액체주입식이 아닌 것은?

① 펌프 주입방식
② 바이패스 증발식
③ 적하 주입방식
④ 미터 연결 바이패스방식

해설

부취제 주입방식
(1) 액체주입식 : 부취제를 액체상태 그대로 직접 가스흐름에 주입하는 방식이다.
㉠ 펌프 주입방식 : 소용량의 다이어프램 펌프 등으로 부취제를 직접 가스 중에 주입하는 방식이다.
㉡ 적하 주입방식 : 부취제 주입용기를 사용해 중력에 의해 부취제를 가스흐름 중에 떨어뜨리는 방식이다.
㉢ 미터 연결 바이패스방식 : 가스미터에 연결된 부취제 첨가장치를 구동해 가스 중에 주입하는 방식이다.
(2) 증발식 : 부취제의 증기를 가스흐름에 직접 혼합하는 방식이다.
• 종류 : 바이패스 증발식, 위크 증발식 등이 있다.

참고 부취제를 제거하는 방법 : 활성탄에 의한 흡착, 화학적 산화처리, 연소법

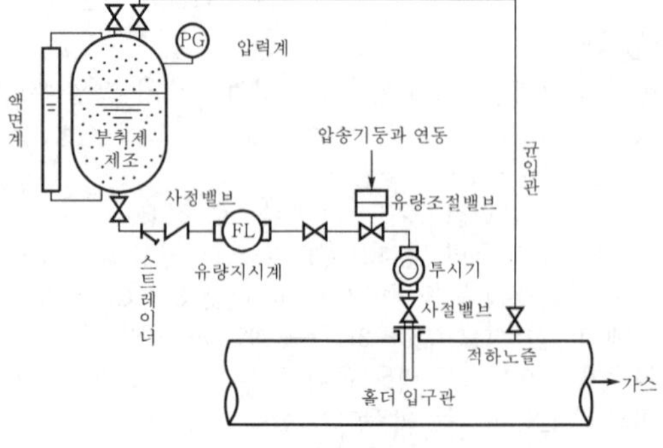

‖ 적하주입방식 ‖

정답 40.④ 41.② 42.③ 43.② 44.②

45 도시가스 공장에서 사용 중인 가스홀더 중 유수식의 특징이 아닌 것은?

① 한랭지에서 물의 동결방지가 필요하다.
② 유효가동량이 구형에 비해 적다.
③ 제조설비가 저압인 경우에 사용된다.
④ 기초공사비가 많이 든다.

가스홀더의 분류

- 가스홀더
  - 저압식 가스홀더
    - 유수식 가스홀더
    - 무수식 가스홀더
  - 중 · 고압식 가스홀더
    - 원통형 가스홀더
    - 구형 가스홀더

요약 1. 유수식 가스홀더 : 유수식 가스홀더는 물탱크 내에 가스를 띄워 가스의 출입구에 따라 가스탱크가 상승하고 수봉에 의하여 외기와 차단하여 가스를 저장하며, 가스량에 따라 가스탱크가 상하로 자유롭게 움직인다.
유수식 가스홀더의 특징은 다음과 같다.
- 한랭지에서 물의 동결방지장치가 필요하다.
- 유효 가동량의 구형 가스홀더에 비해 크다.
- 제조설비가 저압의 경우에 사용한다.
- 물탱크 수분 때문에 가스에 습기가 포함되어 있다.
- 다량의 물 때문에 기초 공사비가 많이 든다.

2. 무수식 가스홀더 : 가스가 피스톤 하부에 저장되며, 저장 가스량의 증감에 따라 피스톤이 상하로 자유롭게 움직이는 형식으로 대용량 저장에 사용된다.
무수식 가스홀더의 특징은 다음과 같다.
- 물탱크가 없어 기초가 간단하며, 설치비가 절감된다.
- 건조한 상태로 가스가 저장된다.
- 유수식에 비해 작업 중 가스의 압력변동이 적다.

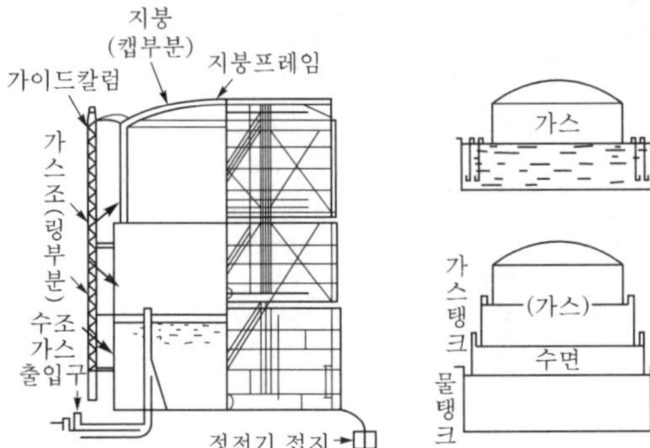

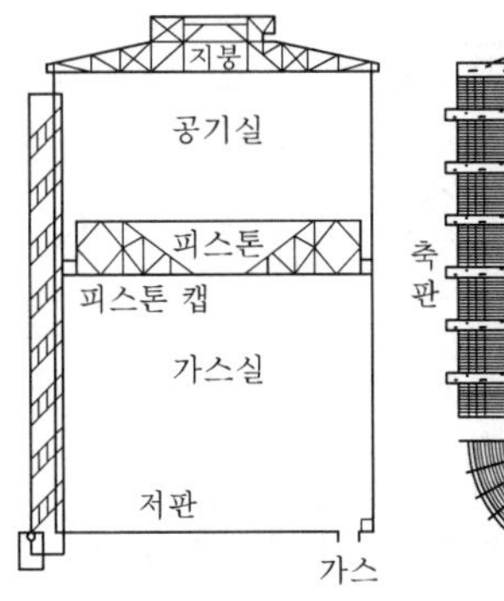

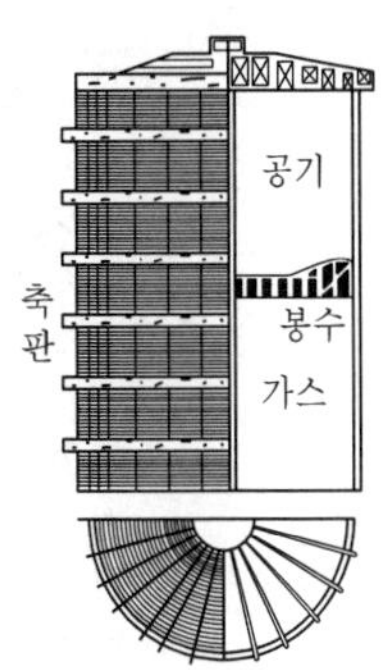

무수식 가스홀더의 구비조건은 다음과 같다.
- 피스톤이 원활히 작동되도록 설치한 것일 것
- 봉액을 사용하는 것은 봉액공급용 예비펌프를 설치한 것일 것

3. 구형 가스홀더 : 중 · 고압 가스홀더에는 원통형과 구형이 있는데 도시가스용으로는 구형 가스홀더가 사용된다.
구형 가스홀더의 특징은 다음과 같다.
- 표면적이 적어 다른 가스홀더에 비해 사용 강제량이 적다.
- 부지면적과 기초공사량이 적다.
- 가스 송출에 가스홀더 자체 압력을 이용할 수 있다.
- 가스를 건조상태로 저장할 수 있다.
- 움직이는 부분이 없어서 롤러 간격, 실상황 등의 감시를 필요로 하지 않고 관리가 용이하다.

참고 1. 구형 저장탱크의 특징
- 고압 저장탱크로서 건설비가 저렴하다.
- 표면적이 작고, 강도가 높다.
- 기초구조가 단순하고, 공사가 용이하다.
- 보존면에서 유리하고, 누설이 방지된다.
- 형태가 아름답다.

2. 구형 가스홀더의 기능
- 가스 수요의 시간적 변동에 대하여 일정한 가스량을 안전하게 공급하고 남은 가스를 저장한다.
- 조성이 변화하는 제조가스를 저장 혼합하여 공급가스의 열량, 성분, 연소성 등을 균일화한다.
- 정전, 배관공사, 공급 및 제조설비의 일시적 지장에 대해 어느 정도 공급을 확보한다.
- 각 지역에 가스홀더를 설치하여 피크 시 각 지구의 공급을 가스홀더에 의해 공급함과 동시에 배관의 수송효율을 높인다.

정답 45.②

3. 고압 가스홀더의 구비조건
   - 관의 입구 및 출구에는 온도나 압력의 변화에 의한 신축을 흡수하는 조치를 할 것
   - 응축액을 외부로 뽑을 수 있는 장치를 설치할 것
   - 맨홀 또는 검사구를 설치할 것
   - 응축액의 동결을 방지하는 조치를 할 것
   - 고압가스안전관리법에 의한 특정설비의 검사를 받은 것일 것

46 무수식 가스홀더의 특징이 아닌 것은?

① 설치비가 저렴하다.
② 가스 중에 수분이 포함되어 있다.
③ 압력변동이 적다.
④ 물탱크가 필요 없다.

가스 중 수분이 포함되어 있는 것은 유수식 가스홀더이다.

47 다음 중 구형 가스홀더의 기능이 아닌 것은?

① 가스 수요의 변동에 대하여 가스량을 일정량 공급하고 남는 것은 저장한다.
② 조성변동하는 가스를 혼합하여 열량, 성분 등을 균일화한다.
③ 공급설비의 지장 시 공급이 중단된다.
④ 각 지역의 가스홀더에 의해 배관의 수송효율이 향상된다.

공급설비의 지장 시 어느 정도 공급을 확보한다.

48 다음 도시가스설비에서 사용하는 압송기의 용도로 부적당한 것은?

① 가스홀더의 압력으로 가스 수송이 불가능 시
② 원거리 수송 시
③ 재승압 필요 시
④ 압력 조정 시

압력 조정 시에는 정압기 또는 조정기가 사용된다.

요약 압송기 : 배관을 통하여 공급되는 가스압력이 공급지역이 넓어 압력이 부족할 때 다시 압력을 높여주는 기기

용도는 다음과 같다.
- 도시가스를 재승압 시
- 도시가스를 제조공장으로부터 원거리 수송 시
- 가스홀더 자체 압력으로 전량 수송 불가능 시

49 압송기의 종류가 아닌 것은?

① 나사압송기 ② 터보압송기
③ 회전압송기 ④ 왕복압송기

50 가스의 시간당 사용량이 다음과 같을 때 조정기 능력은? (단, 가스레인지 0.5kg/hr, 가스스토브 0.35kg/hr, 욕조통 0.9kg/hr)

① 1.775kg/hr
② 1.85kg/hr
③ 2.625kg/hr
④ 3.2kg/hr

조정기 능력은 총 가스사용량의 1.5배이므로
∴ $(0.5+0.35+0.9)\times1.5=2.625$kg/hr

51 가스홀더의 종류에 해당되지 않는 것은?

① 유수식 ② 무수식
③ 원통형 ④ 투입식

52 도시가스에서 공급지역이 넓어 압력이 부족할 때 사용되는 기기는?

① 계량기 ② 정압기
③ 가스홀더 ④ 압송기

53 도시가스의 연소성은 표준 웨버지수의 얼마를 유지해야 하는가?

① ±4.5% ② ±5%
③ ±5.5% ④ ±6%

해설

웨버지수 $WI=\dfrac{H}{\sqrt{d}}$

여기서, WI : 웨버지수
d : 비중
H : 발열량(kcal/m^3)

정답 46.② 47.③ 48.④ 49.① 50.③ 51.④ 52.④ 53.①

54 총 발열량이 9000kcal/m³이며, 비중이 0.5일 때 웨버지수는?

① 9000　② 10000
③ 12727　④ 23050

$$WI = \frac{H}{\sqrt{d}} = \frac{9000}{\sqrt{0.5}} = 12727$$

55 도시가스에서 고압공급의 특징이 아닌 것은?

① 유지관리가 쉽다.
② 압송비가 많이 든다.
③ 작은 관경으로 많은 양을 보낼 수 있다.
④ 공급의 안전성이 높다.

유지관리가 어렵다.

56 원거리지역에 대량의 가스를 공급 시 사용되는 방법은?

① 초고압 공급방식
② 고압 공급방식
③ 중압 공급방식
④ 저압 공급방식

가스의 압력에는 고압 · 중압 · 저압이 있으며, 원거리 지역에 공급 시 고압 공급방식이 사용된다.

57 도관 내 수분에 의하여 부식이 되는 것을 방지하기 위하여 주로 산소나 천연메탄의 수송배관에 설치하는 것은?

① 드레인 세퍼레이터
② 정압기
③ 압송기
④ 세척기

수취기(드레인 세퍼레이터)

58 도시가스 배관에서 중압 A의 압력범위는?

① 0.1MPa 미만　② 0.3~1MPa
③ 0.1~0.3MPa　④ 1MPa

해설

㉠ 고압 : 1MPa 이상
㉡ 중압 A : 0.3~1MPa
㉢ 중압 B : 0.1~0.3MPa
㉣ 저압 : 0.1MPa 미만

59 정압기를 사용 압력별로 분류한 것이 아닌 것은?

① 저압정압기　② 중압정압기
③ 고압정압기　④ 상압정압기

해설

㉠ 고압정압기 : 제조소에 압송된 고압을 중압으로 낮추는 감압설비
㉡ 중압정압기 : 중압을 저압으로 낮추는 감압설비
㉢ 저압정압기 : 가스홀더의 압력을 소요압력으로 조정하는 감압설비

요약 정압기(Governor)

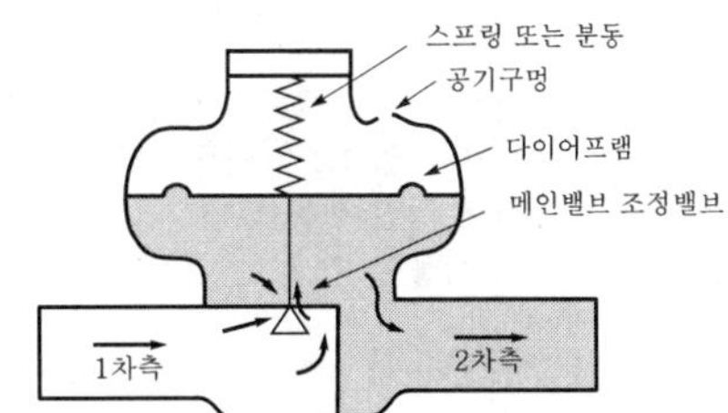

‖ 직동식 정압기 ‖

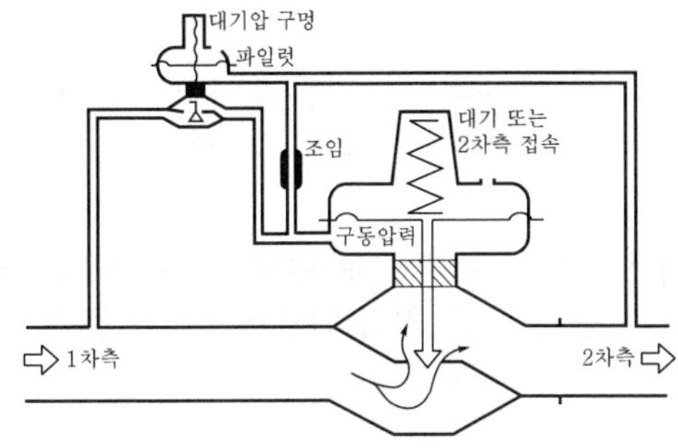

‖ 파일럿 로딩형 정압기 ‖

60 도시가스설비에 사용되는 정압기 중 가장 기본이 되는 정압기는?

① 파일럿 정압기
② 직동식 정압기
③ 레이놀즈식 정압기
④ 피셔식 정압기

정답 54.③ 55.① 56.② 57.① 58.② 59.④ 60.②

해설

㉠ 레이놀즈식 정압기 : 기능이 가장 우수한 정압기
㉡ 직동식 정압기 : 작동상 가장 기본이 되는 정압기

61 정압기의 특성 중 유량과 2차 압력의 관계를 말하는 특성은 어느 것인가?

① 사용 최대차압 및 작동 최소차압
② 유량특성
③ 동특성
④ 정특성

해설

정특성 : 정상상태에서 유량과 2차 압력과의 관계

요약 정압기 특성 : 정압기를 평가 선정할 경우 다음의 각 특성을 고려해야 한다.

- 정특성(靜特性) : 유량과 2차 압력과의 관계
- 동특성(動特性) : 부하변화가 큰 곳에 사용되는 정압기이며, 부하변동에 대한 응답의 신속성과 안정성
- 유량특성 : 메인밸브의 열림과 유량과의 관계
- 사용 최대차압 : 1차 압력과 2차 압력의 차압이 작용하여 정압 성능에 영향을 주나 이것이 실용적으로 사용할 수 있는 범위에서 최대로 되었을 때 차압
- 작동 최소차압 : 정압기가 작동할 수 있는 최소차압

62 다음 중 지역 정압기의 종류에 해당되지 않는 것은?

① 피셔식　② 레이놀즈식
③ AFV　④ 파일럿식

63 정압기 설치 시 분해점검 등에 의해 공급을 중지시키지 않기 위해 설치하는 것은?

① 인밸브　② 스톱밸브
③ 긴급차단밸브　④ 바이패스밸브

해설

정압기를 설치하였을 때에는 분해점검 등에 의하여 정압기를 정지할 때가 있으므로 가스의 공급을 정지시키지 않기 위하여 바이패스관을 만들어야 한다. 다만, 개별로 작동되는 정압기를 그 기(基) 병렬로 설치하였을 때는 만들 필요가 없다. 바이패스관의 크기는 유량, 유입측의 압력, 바이패스관의 길이 등으로 결정된다. 또 유량조절 바이패스밸브는 조작을 용이하게 할 수 있는 밸브, 예를들면 스톱밸브(stop valve), 글로브밸브를 부착하는 것이 좋다. 또한 유량조절용 바이패스밸브로서 먼지(dust), 모래 등이 끼워져 완전 차단이 될 수 없는 구조의 밸브를 사용해야 할 때에는 차단용 바이패스밸브를 부가해야 한다.

64 도시가스의 압력 측정장소 부분이 아닌 것은?

① 압송기 출구
② 정압기 출구
③ 가스공급시설 끝부분
④ 가스홀더 출구

해설

도시가스 정압기의 압송기 출구, 정압기 출구, 가스공급시설의 끝부분 압력이 1~2.5kPa이어야 된다.

65 접촉분해 프로세스 중 압력에 관하여 바르게 설명된 것은?

① 압력상승 시 H_2, CO 증가
② 압력상승 시 CH_4, CO_2 감소
③ 압력 내리면 CH_4, CO_2 감소
④ 압력 내리면 H_2, CO 감소

66 도시가스 제조공정 중 발열량이 가장 많은 제조공정은?

① 열분해공정
② 접촉분해공정
③ 수첨분해공정
④ 부분연소공정

해설

열분해공정 : 원유, 중유, 나프타 등의 분자량이 큰 탄화수소 원료를 고온 800~900℃으로 분해하여 10000kcal/Nm^3 정도의 고열량의 가스를 제조하는 방식이다.

67 도시가스 공급압력에서 고압공급일 때의 특징이 아닌 것은?

① 고압홀더가 있을 때 정전 등에 대하여 공급이 안정성이 높다.
② 압송기, 정압기의 유지관리가 어렵다.
③ 적은 관경으로 많은 양의 공급이 가능하다.
④ 공급가스는 고압으로 수분 제거가 어렵다.

정답 61.④ 62.④ 63.④ 64.④ 65.③ 66.① 67.④

68 SNG에 대한 내용 중 맞지 않는 것은?

① 합성 또는 대체 천연가스이다.
② 주성분은 CH_4이다.
③ 발열량은 9000kcal/m^3 정도이다.
④ 제조법은 수소와 탄소를 첨가하는 방법이 있다.

해설

SNG 제조공정
㉠ 석탄, ㉡ 석탄 전처리, ㉢

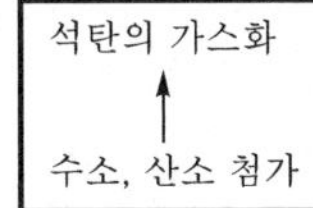

㉣ 정제, ㉤ CH_4 합성,
㉥ 탈탄산, ㉦ SNG 제조
※ 공정상 수소가스만 사용 시 생략할 수 있는 공정 : CH_4 합성, 탈탄산 공정

69 나프타를 원료로 접촉분해한 프로세스에 의하여 도시가스를 제조할 때 반응온도를 상승시키면 일어나는 현상 중 옳은 것은?

① CH_4, CO_2가 많이 포함된 가스가 생성된다.
② C_3H_8, CO_2가 많이 포함된 가스가 생성된다.
③ CO, CH_4가 많이 포함된 가스가 생성된다.
④ CO, H_2가 많이 포함된 가스가 생성된다.

해설

접촉분해 프로세스 중 저압 수증기 개질
㉠ 고온 수증기 개질 : CO, H_2 증가, CH_4, CO_2 감소
㉡ 저온 수증기 개질 : CH_4, CO_2 증가, CO, H_2 감소

70 오조작으로 인한 사고를 미연에 방지하기 위하여 긴급 운전 시 자동으로 정지되게 하는 장치는?

① 인터록기구
② 플레어스택
③ 압송기
④ 수봉기

71 다음 용도별로 분류한 정압기의 종류가 아닌 것은?

① 수요자 전용 정압기
② 기정압기
③ 지구 정압기
④ 공급자 전용 정압기

72 파일럿 정압기에서 2차 압력을 감지하여 그 압력의 변동을 메인밸브에 전달하는 장치는?

① 스프링 ② 조절밸브
③ 다이어프램 ④ 주밸브

73 도시가스 제조공정 중에서 접촉분해방식이란 무엇인가?

① 중질탄화수소에 가열하여 수소를 얻는다.
② 탄화수소에 산소를 접촉시킨다.
③ 탄화수소에 수증기를 접촉시킨다.
④ 나프타를 고온으로 가열한다.

해설

도시가스에 사용되는 접촉분해반응은 탄화수소와 수증기를 반응시킨 수소, 일산화탄소, 탄산가스, 메탄, 에틸렌, 에탄 및 프로필렌 등의 저급탄화수소로 변화하는 반응을 말한다.
접촉분해 프로세스 항목은 다음과 같다.
㉠ 사이클링식 접촉분해
㉡ 고압수증기 개질
㉢ 저온수증기 개질

74 도시가스 제조공정 중 촉매 존재 하에 400~800℃의 온도에서 수증기와 탄화수소를 반응시켜 CH_4, H_2, CO, CO_2 등으로 변화시키는 프로세스는?

① 접촉분해 프로세스
② 열분해 프로세스
③ 수소화분해 프로세스
④ 부분연소 프로세스

정답 68.④ 69.④ 70.① 71.④ 72.③ 73.③ 74.①

75 다음 도시가스 원료 중에서 탈황장치를 해야 하는 것은?

① SNG ② LNG
③ LPG ④ 나프타

중질, 나프타에는 황을 함유하고 있으므로 탈황장치를 설치하여 황을 제거하여야 한다.

76 다음 도시가스 원료 중 제진, 탈유, 탈습, 탈탄산 등의 전처리가 필요한 것은?

① NG(천연가스)
② LNG
③ LPG
④ CNG

77 액화석유가스 저장탱크에 설치할 수 없는 액면계는?

① 평형 반사식 유리 액면체
② 평형 투시식 유리 액면체
③ 환형 유리 액면계
④ 플로트식 액면계

환형 유리관 액면계 설치가능 가스 종류 : 산소, 불활성 가스

78 정압기에 대한 설명으로 옳지 않은 것은?

① 직동식은 파일럿식에 비해 일반적으로 응답속도가 빠르다.
② 파일럿식은 높은 압력의 제어 정도가 요구되는 경우에 적합하다.
③ 직동식은 2차 압력이 설정압력보다 높아진 경우에 밸브가 열리는 구조로 되어 있다.
④ 파일럿식은 언로딩형과 로딩형으로 나눌 수 있다.

2차 압력이 설정압력보다 높을 때 가스를 사용하지 않아 2차 압력이 높아졌으므로 메인밸브가 닫혀져야 한다.

79 가스의 누출에 대한 설명으로 옳은 것은?

① 핀홀에서 가스의 누출량은 핀홀 내경이 크거나 핀홀경의 길이가 길면 증대한다.
② 염소용기의 핀홀에서 가스가 누출 시 물을 뿌려 냉각시키면 누출량을 감소시킬 수 있다.
③ 할로겐 누출검사는 정밀도가 양호하고 비눗물로 검출할 수 없는 소량의 누출도 검지할 수 있다.
④ 천연가스는 공기보다 무거워 누출 시는 낮은 곳에 체류하기 쉽다.

80 도시가스 제조공정에서 원료 중에 함유되어 있는 황은 열분해 등으로 가스 중에 불순물로서 혼입하여 온다. 혼입하여 오는 황분을 제거하는 방법으로 건식 탈황법에서 사용하는 탈황제는?

① 탄산나트륨(Na_2CO_3)
② 산화철($Fe_2O_3 \cdot 3H_2O$)
③ 암모니아수(NH_4OH)
④ 염화칼슘($CaCl_3$)

81 배관 내 가스 중의 수분 응축 또는 관연결 잘못으로 부식으로 인하여 지하수가 침입하여 가스의 공급이 중단되는 것을 방지하기 위해 설치하는 것은?

① 세척기 ② 수취기
③ 압송기 ④ 정압기

82 도시가스 제조설비에서 저온수증기 개질법의 특징에 관해 옳은 것은?

① 메탄분이 많은 열량 6500kcal/Nm^3 전후의 가스를 제조하는 것이다.
② 수소분이 많고 연소속도가 빠른 열량 3000kcal/Nm^3 전후의 가스를 제조하는 것이다.
③ 메탄분이 적은 열량 5000kcal/Nm^3 전후의 가스를 제조하는 것이다.
④ 수소가 적고 연소속도가 느린 열량 6500kcal/Nm^3 전후의 가스를 제조하는 것이다.

정답 75.④ 76.① 77.③ 78.③ 79.③ 80.② 81.② 82.①

83 분자량이 큰 탄화수소를 원료로 하여 고온에서 분해하여 고칼로리의 가스를 제조하는 방법에 속하는 공정은?

① 열분해공정
② 접촉분해공정
③ 부분연소공정
④ 수소화분해공정

해설

열분해공정 : 원유, 중유, 나프타 등 분자량이 큰 탄화수소를 800~900℃로 분해 10000kcal/Nm^3의 고열량의 가스를 제조하는 방법

84 LP가스 공급설비에서 자연기화방식을 채택하였을 때 가스발생 능력에 관하여 잘못 기술된 것은?

① 기화능력에 한계가 있어 대량소비에는 사용이 불가능하다.
② 소규모 집합설비이므로 많은 용기가 필요하지 않다.
③ 발열량의 변화가 크다.
④ 조성의 변화가 크다.

해설

자연기화 : 용기수가 많아야 된다.

85 프로판에서 액화천연가스의 극저온의 액을 저장할 때 이용되는 저장탱크는?

① 원통형 1중 탱크
② 원통형 2중 탱크
③ 원통형 시즈펜사 데드대키 탱크
④ 원통형 콘크리트 외조탱크

해설

㉠ 원통형 1중 탱크 : 부탄 등과 같이 온도가 높은 가스에 사용
㉡ 원통형 2중 탱크 : C_3H_8, LNG 등 극저온액을 저장시 사용
㉢ 원통형 시즈펜사 데드대키 탱크 : 개방점검 등의 보수 관리가 어려움

86 액화천연가스(LNG)를 기화시키기 위한 방법으로 맞지 않는 것은?

① 증발잠열 이용법
② Open rak 기화법
③ 중간 매체법
④ 수중 버너법

해설

LNG 기화장치
㉠ 냉열 이용법
㉡ Open rak 기화법
㉢ 중간 매체법
㉣ 수중 버너법
㉤ 서브머지드법이 있다.

87 가연성 액화가스를 탱크로리로 충전하던 중 탱크로리와 충전관과의 접합부분으로부터 액화가스가 급격히 누설하였다. 이때 가장 먼저 조치해야 할 사항은?

① 소화기를 준비하여 화재에 대비한다.
② 역류밸브를 가동하여 가스를 회수한다.
③ 긴급차단밸브를 조작하여 가스를 차단한다.
④ 탱크로리를 급히 안전한 장소로 대피시킨다.

88 액화천연가스(LNG)의 탱크로서 저온수축을 흡수하는 기구를 가진 급속 박판을 사용한 탱크는?

① 프레스트레스트 콘크리트제 탱크
② 동결식 반 지하탱크
③ 금속제 이중구조탱크
④ 금속제 멤브레인탱크

해설

금속제 멤브레인탱크 : 외조(SS 41), 내조(Al, 9%Ni), 보냉제(페라이트콘크리트+분말페라이트)

89 도시가스 공급시설에 설치되는 정압기는 관리 소홀로 인하여 발생할 수 있는 사고 유형이 아닌 것은?

① 2차 압력 상승으로 사용처의 가스레인지 불꽃 불안정
② 가스누출로 인한 화재 · 폭발
③ 과열방지장치 작동으로 가스공급 중단
④ 정압기실 환기불량에 의한 산소결핍 사고

정답 83.① 84.② 85.② 86.① 87.③ 88.④ 89.④

90 관경 1B, 길이 30m인 LP가스 저압배관에 프로판이 $5m^3$/hr로 흐를 경우 압력손실은 수주 14mm이다. 이 배관에 부탄을 $6m^3$/hr로 흐르게 할 경우 수주는 약 몇 mm가 되겠는가? (단, 프로판, 부탄의 가스비중은 각각 1.5 및 2.0이고, $Q=k\sqrt{\dfrac{H\cdot D^5}{S\cdot L}}$ 공식을 이용한다.)

① 20mm
② 24mm
③ 27mm
④ 30mm

$H=Q^2\times S$이므로
$14 : 5^2\times 1.5 = H : 6^2\times 2.0$
$\therefore H=\dfrac{14\times 6^2\times 20}{5^2\times 1.5}=27$

91 연소기구에 접속된 염화비닐 호스가 직경 1mm의 구멍이 뚫려 $280mmH_2O$ 압력으로 LP가스가 5시간 유출하였을 경우 분출량은 몇 L인가?

① 487L ② 577L
③ 678L ④ 760L

해설

$Q=0.009\cdot D^2\sqrt{\dfrac{h}{d}}=0.009\times 1^2\sqrt{\dfrac{280}{1.7}}$
$=0.1155m^3/hr$
$=0.1155\times 10^3\times 5$
$=577L$

92 전기방식법 중 외부전원법에 대한 설명으로 거리가 먼 것은?

① 간섭의 우려가 있다.
② 설비비가 비교적 고가이다.
③ 방식전류의 양을 조절할 수 있다.
④ 방식효과 범위가 좁다.

해설

외부전원법 : 관경이 크거나 긴 배관을 방식할 때 많은 수의 양극이 필요하므로 이때, 큰 직류전원과 부식성이 적은 금속을 이용하여 많은 전류를 보낼 수 있는 방식법으로 방식효과 범위가 넓다.

93 전기방식 중 희생양극법의 특징으로 틀린 것은?

① 과방식의 염려가 없다.
② 다른 매설금속에 대한 간섭이 거의 없다.
③ 간편하다.
④ 양극의 소모가 거의 없다.

해설

양극의 소모가 거의 없다(외부전원법)
유전양극법(희생양극법)의 장 · 단점
(1) 장점
㉠ 시공이 간단하다.
㉡ 단거리의 Pipe Line에는 경제적이다.
㉢ 다른 매설금속체에 장해(간섭)가 거의 없다.
㉣ 과방식의 염려가 없다.
(2) 단점
㉠ 방식효과의 범위가 좁다.
㉡ 장거리의 Pipe Line에는 고가이다.
㉢ 양극이 소모되기 때문에 일정시기마다 보충할 필요가 있다.
㉣ 전류의 조절이 곤란하다.
㉤ 관리점검 개소가 많아진다.
㉥ 강한 전식에 대해서는 무력하다.

94 정압기 및 부속설비의 유지관리 시 가스의 연소성을 판단하는 수치가 웨버지수이다. 발열량이 $10000kcal/Nm^3$, 비중이 1.2, 웨버지수의 허용범위 ±500일 때 가스의 웨버지수 허용범위를 구하면?

① 5629~6629
② 6444~7444
③ 7833~8833
④ 8629~9629

해설

$\dfrac{H_g}{\sqrt{d}}$에서 $\dfrac{10000}{\sqrt{1.2}}=9128.7$
$\therefore 9128.7-500\sim 9128.7+500=8628.7\sim 9628.7$

95 가스 수요의 시간적 변동에 대하여 가스량을 일정하게 공급하기 위한 가스의 공급설비는?

① 가스홀더 ② 압송기
③ 정압기 ④ 안전장치

정답 90.③ 91.② 92.④ 93.④ 94.④ 95.①

96 소비자 1호당 1일 평균가스 소비량 1.6kg/day, 소비호수 10호 자동절체 조정기를 사용하는 설비를 설계하면 용기는 몇 개 정도 필요한가? (단, 액화석유가스 50kg 용기, 표준가스 발생 능력은 1.6kg/h이고, 평균가스 소비율은 60%, 용기는 2계열 집합으로 사용한다.)

① 3개 ② 6개
③ 9개 ④ 12개

$$용기수 = \frac{피크\ 시\ 사용량}{용기\ 1개당\ 가스발생\ 능력}$$ 에서

$\frac{1.6 \times 10 \times 0.6}{1.6} = 6$

∴ 2계열이므로 $2 \times 6 = 12$개

97 자연기화방식에 의한 가스발생설비를 설치하여 가스를 공급할 때 제조 시의 평균가스 수요량은 얼마인가? (단, 30일로 한다.)

㉠ 공급 세대수 : 140세대
㉡ 피크 월(月) 세대당 평균가스 수요량 : 27kg/(月)
㉢ 피크 일(日)률 : 120%
㉣ 최고 피크 시(時)율 : 25%
㉤ 피크(時)율 : 16%

① 12kg/시 ② 24kg/시
③ 32kg/시 ④ 44kg/시

$Q = q \times N \times \eta = 27 \times 140 \times 1.2 \times 0.16 \div 30 = 24\text{kg/hr}$

98 정압기의 정특성과 관계 없는 항목은?

① 시프트 ② 오프셋
③ 로크업 ④ 크리프

해설

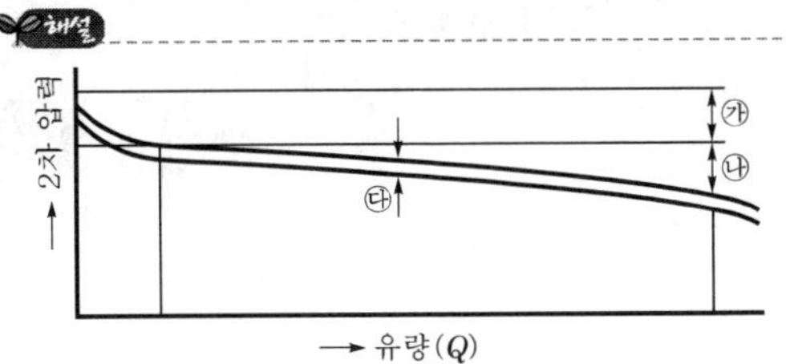

㉠ 시프트 : 1차 압력변화에 의해 정압곡선이 전체적으로 어긋나는 것
㉡ 정특성 : 정상상태에서 유량과 2차 압력과의 관계(시프트, 오프셋, 로크업 등)
㉢ 오프셋 : 정특성에서 기준유량이 Q일 때 2차 압력을 P에 설정했다고 하면 유량이 변화했을 경우 2차 압력 P로부터 어긋난 것
㉣ 로크업 : 유량이 영이 되었을 때 끝맺은 압력과 2차 압력 P의 차이

99 고압가스의 제조장치에 있어서 사용 개시 전에 점검할 필요가 없는 것은?

① 압축기의 기초의 부동침하의 상황
② 긴급용 제어장치의 기능
③ 누출의 유무
④ 배관계통의 밸브 개폐상황

100 메탄 3.0%, 핵산 5.0%, 공기 92%인 혼합기체의 폭발하한값을 계산하면? (단, 메탄과 핵산의 폭발하한은 5.0%v/v, 1.1%v/v이다.)

① 1.55 ② 1.65
③ 2.15 ④ 19.4

해설

$\frac{8}{L} = \frac{3.0}{5.0} + \frac{5.0}{1.1}$

∴ $L = 1.55$

정답 96.④ 97.② 98.④ 99.① 100.①

Chapter 7 ••• 수소 경제 육성 및 수소 안전관리에 관한 법령

출/제/예/상/문/제

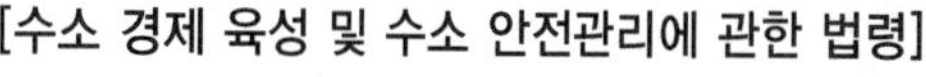
[수소 경제 육성 및 수소 안전관리에 관한 법령]

〈목 차〉

1. 수소연료 사용시설의 시설 · 기술 · 검사 기준
   - 일반사항(적용범위, 용어, 시설 설치 제한)
   - 시설기준(배치기준, 화기와의 거리)
     - 수소 제조설비
     - 수소 저장설비
     - 수소가스 설비(배관 설비, 연료전지 설비, 사고예방 설비)
2. 이동형 연료전지(드론용) 제조의 시설 · 기술 · 검사 기준
   - 용어 정의
   - 제조 기술 기준
   - 배관 구조
   - 충전부 구조
   - 장치(시동, 비상정지)
   - 성능(내압, 기밀, 절연저항, 내가스, 내식, 배기가스)
3. 수전해 설비 제조의 시설 · 기술 · 검사 기준
   - 제조시설(제조설비, 검사설비)
   - 안전장치
   - 성능(제품, 재료, 작동, 수소, 품질)
4. 수소 추출설비 제조의 시설 · 기술 · 검사 기준
   - 용어 정의
   - 제조시설(배관재료 적용 제외, 배관 구조, 유체이동 관련기기)
   - 장치(안전, 전기, 열관리, 수소 정제)
   - 성능(절연내력, 살수, 재료, 자동제어시스템, 연소상태, 부품, 내구)

1. 수소연료 사용시설의 시설 · 기술 · 검사 기준

01 다음 중 용어에 대한 설명이 틀린 것은 어느 것인가?

① "수소 제조설비"란 수소를 제조하기 위한 것으로서 법령에 따른 수소용품 중 수전해 설비 수소 추출설비를 말한다.
② "수소 저장설비"란 수소를 충전 · 저장하기 위하여 지상 또는 지하에 고정 설치하는 저장탱크(수소의 질을 균질화하기 위한 것을 포함)를 말한다.
③ "수소가스 설비"란 수소 제조설비, 수소 저장설비 및 연료전지와 이들 설비를 연결하는 배관 및 속설비 중 수소가 통하는 부분을 말한다.
④ 수소 용품 중 "연료전지"란 수소와 전기화학적 반응을 통하여 전기와 열을 생산하는 연료 소비량이 232.6kW 이상인 고정형, 이동형 설비와 그 부대설비를 말한다.

해설

연료전지 : 연료 소비량이 232.6kW 이하인 고정형, 이동형 설비와 그 부대설비

02 물의 전기분해에 의하여 그 물로부터 수소를 제조하는 설비는 무엇인가?

① 수소 추출설비
② 수전해 설비
③ 연료전지 설비
④ 수소 제조설비

정답 01.④ 02.②

03 수소 설비와 산소 설비의 이격거리는 몇 m 이상인가?

① 2m ② 3m
③ 5m ④ 8m

해설

수소-산소 : 5m 이상
참고 수소-화기 : 8m 이상

04 다음 [보기]는 수소 설비에 대한 내용이나 수치가 모두 잘못되었다. 맞는 수치로 나열된 것은 어느 것인가? (단, 순서는 (1), (2), (3)의 순서대로 수정된 것으로 한다.)

[보기]
(1) 유동방지시설은 높이 5m 이상 내화성의 벽으로 한다.
(2) 입상관과 화기의 우회거리는 8m 이상으로 한다.
(3) 수소의 제조 · 저장 설비의 지반조사 대상의 용량은 중량 3ton 이상의 것에 한한다.

① 2m, 2m, 1ton
② 3m, 2m, 1ton
③ 4m, 2m, 1ton
④ 8m, 2m, 1ton

해설

(1) 유동방지시설 : 2m 이상 내화성의 벽
(2) 입상관과 화기의 우회거리 : 2m 이상
(3) 지반조사 대상 수소 설비의 중량 : 1ton 이상
참고 지반조사는 수소 설비의 외면으로부터 10m 이내 2곳 이상에서 실시한다.

05 수소의 제조 · 저장 설비를 실내에 설치 시 지붕의 재료로 맞는 것은?

① 불연 재료
② 난연 재료
③ 무거운 불연 또는 난연 재료
④ 가벼운 불연 또는 난연 재료

수소 설비의 재료 : 불연 재료(지붕은 가벼운 불연 또는 난연 재료)

06 다음 [보기]는 수소의 저장설비에서 대한 내용이다. 맞는 설명은 어느 것인가?

[보기]
(1) 저장설비에 설치하는 가스방출장치의 탱크 용량은 $10m^3$ 이상이다.
(2) 내진설계로 시공하여야 하며, 저장능력은 5ton 이상이다.
(3) 저장설비에 설치하는 보호대의 높이는 0.6m 이상이다.
(4) 보호대가 말뚝 형태일 때는 말뚝이 2개 이상이고 간격은 2m 이상이다.

① (1) ② (2)
③ (3) ④ (4)

해설

(1) 가스방출장치의 탱크 용량 : $5m^3$ 이상
(3) 보호대의 높이 : 0.8m 이상
(4) 말뚝 형태 : 2개 이상, 간격 1.5m 이상

07 수소연료 사용시설에 안전확보 정상작동을 위하여 설치되어야 하는 부속장치에 해당되지 않는 것은?

① 압력조정기
② 가스계량기
③ 중간밸브
④ 정압기

08 수소가스 설비의 T_p, A_p를 옳게 나타낸 것은?

① T_p = 상용압력×1.5
A_p = 상용압력
② T_p = 상용압력×1.2
A_p = 상용압력×1.1
③ T_p = 상용압력×1.5
A_p = 최고사용압력×1.1 또는 8.4kPa 중 높은 압력
④ T_p = 최고사용압력×1.5
A_p = 최고사용압력×1.1 또는 8.4kPa 중 높은 압력

정답 03.③ 04.① 05.④ 06.② 07.④ 08.③

09 다음 [보기]는 수소 제조 시의 수전해 설비에 대한 내용이다. 틀린 내용으로만 나열된 것은?

> [보기]
> (1) 수전해 설비실의 환기가 강제환기만으로 이루어지는 경우에는 강제환기가 중단되었을 때 수전해 설비의 운전이 정상작동이 되도록 한다.
> (2) 수전해 설비를 실내에 설치하는 경우에는 해당 실내의 산소 농도가 22% 이하가 되도록 유지한다.
> (3) 수전해 설비를 실외에 설치하는 경우에는 눈, 비, 낙뢰 등으로부터 보호할 수 있는 조치를 한다.
> (4) 수소 및 산소의 방출관과 방출구는 방출된 수소 및 산소가 체류할 우려가 없는 통풍이 양호한 장소에 설치한다.
> (5) 수소의 방출관과 방출구는 지면에서 5m 이상 또는 설비 상부에서 2m 이상의 높이 중 높은 위치에 설치하며, 화기를 취급하는 장소와 8m 이상 떨어진 장소에 위치하도록 한다.
> (6) 산소의 방출관과 방출구는 수소의 방출관과 방출구 높이보다 낮은 높이에 위치하도록 한다.
> (7) 산소를 대기로 방출하는 경우에는 그 농도가 23.5% 이하가 되도록 공기 또는 불활성 가스와 혼합하여 방출한다.
> (8) 수전해 설비의 동결로 인한 파손을 방지하기 위하여 해당 설비의 온도가 5℃ 이하인 경우에는 설비의 운전을 자동으로 차단하는 조치를 한다.

① (1), (2)
② (1), (2), (5)
③ (1), (5), (8)
④ (1), (2), (7)

해설
(1) 강제환기 중단 시 : 운전 정지
(2) 실내의 산소 농도 : 23.5% 이하
(5) 화기를 취급하는 장소와의 거리 : 6m 떨어진 위치

10 수소 추출설비를 실내에 설치하는 경우 실내의 산소 농도는 몇 % 미만이 되는 경우 운전이 정지되어야 하는가?

① 10.5%　② 15.8%
③ 19.5%　④ 22%

11 다음 ( ) 안에 공통으로 들어갈 단어는 무엇인가?

> 연료전지가 설치된 곳에는 조작하기 쉬운 위치에 ( )를 다음 기준에 따라 설치한다.
> • 수소연료 사용시설에는 연료전지 각각에 대하여 ( )를 설치한다.
> • 배관이 분기되는 경우에는 주배관에 ( )를 설치한다.
> • 2개 이상의 실로 분기되는 경우에는 각 실의 주배관마다 ( )를 설치한다.

① 압력조정기　② 필터
③ 배관용 밸브　④ 가스계량기

12 배관장치의 이상전류로 인하여 부식이 예상되는 장소에는 절연물질을 삽입하여야 한다. 다음의 보기 중 절연물질을 삽입해야 하는 장소에 해당되지 않는 것은?

① 누전으로 인하여 전류가 흐르기 쉬운 곳
② 직류전류가 흐르고 있는 선로(線路)의 자계(磁界)로 인하여 유도전류가 발생하기 쉬운 곳
③ 흙속 또는 물속에서 미로전류(謎路電流)가 흐르기 쉬운 곳
④ 양극의 설치로 전기방식이 되어 있는 장소

13 사업소 외의 배관장치에 설치하는 안전제어장치와 관계가 없는 것은?

① 압력안전장치
② 가스누출검지경보장치
③ 긴급차단장치
④ 인터록장치

정답 09.② 10.③ 11.③ 12.④ 13.④

14 수소의 배관장치에는 이상사태 발생 시 압축기, 펌프 긴급차단장치 등이 신속하게 정지 또는 폐쇄되어야 하는 제어기능이 가동되어야 하는데 이 경우에 해당되지 않는 것은?

① 온도계로 측정한 온도가 1.5배 초과 시
② 규정에 따라 설치된 압력계가 상용압력의 1.1배 초과 시
③ 규정에 따라 압력계로 측정한 압력이 정상운전 시보다 30% 이상 강하 시
④ 측정유량이 정상유량보다 15% 이상 증가 시

15 수소의 배관장치에 설치하는 압력안전장치의 기준이 아닌 것은?

① 배관 안의 압력이 상용압력을 초과하지 않고, 또한 수격현상(water hammer)으로 인하여 생기는 압력이 상용압력의 1.1배를 초과하지 않도록 하는 제어기능을 갖춘 것
② 재질 및 강도는 가스의 성질, 상태, 온도 및 압력 등에 상응되는 적절한 것
③ 배관장치의 압력변동을 충분히 흡수할 수 있는 용량을 갖춘 것
④ 압력이 상용압력의 1.5배 초과 시 인터록기구가 작동되는 제어기능을 갖춘 것

16 수소의 배관장치에서 내압성능이 상용압력의 1.5배 이상이 되어야 하는 경우 상용압력은 얼마인가?

① 0.1MPa 이상 ② 0.5MPa 이상
③ 0.7MPa 이상 ④ 1MPa 이상

17 수소 배관을 지하에 매설 시 최고사용압력에 따른 배관의 색상이 맞는 것은?

① 0.1MPa 미만은 적색
② 0.1MPa 이상은 황색
③ 0.1MPa 미만은 황색
④ 0.1MPa 이상은 녹색

해설

(1) 지상배관 : 황색
(2) 지하배관
① 0.1MPa 미만 : 황색
② 0.1MPa 이상 : 적색

18 다음 [보기]는 수소배관을 지하에 매설 시 직상부에 설치하는 보호포에 대한 설명이다. 틀린 내용은?

[보기]
(1) 두께 : 0.2mm 이상
(2) 폭 : 0.3m 이상
(3) 바탕색
- 최고사용압력 0.1MPa 미만 : 황색
- 최고사용압력 0.1MPa 이상 2MPa 미만 : 적색
(4) 설치위치 : 배관 정상부에서 0.3m 이상 떨어진 곳

① (1), (2)
② (1), (3)
③ (2), (3), (4)
④ (1), (2), (3)

해설

(2) 폭 : 0.15m 이상
(3) 바탕색
- 최고사용압력 0.1MPa 미만 : 황색
- 최고사용압력 0.1MPa 이상 1MPa 미만 : 적색
(4) 설치위치 : 배관 정상부에서 0.4m 이상 떨어진 곳

19 연료전지를 연료전지실에 설치하지 않아도 되는 경우는?

① 연료전지를 실내에 설치한 경우
② 밀폐식 연료전지인 경우
③ 연료전지 설치장소 안이 목욕탕인 경우
④ 연료전지 설치장소 안이 사람이 거처하는 곳일 경우

해설

연료전지를 연료전지실에 설치하지 않아도 되는 경우
• 밀폐식 연료전지인 경우
• 연료전지를 옥외에 설치한 경우

정답 14.① 15.④ 16.① 17.③ 18.③ 19.②

20 다음 중 틀린 설명은?

① 연료전지실에는 환기팬을 설치하지 않는다.
② 연료전지실에는 가스레인지의 후드등을 설치하지 않는다.
③ 연료전지는 가연물 인화성 물질과 2m 이상 이격하여 설치한다.
④ 옥외형 연료전지는 보호장치를 하지 않아도 된다.

해설

연료전지는 가연물 인화성 물질과 1.5m 이상 이격하여 설치한다.

21 다음 중 연료전지에 대한 설명으로 올바르지 않은 것은?

① 연료전지 연통의 터미널에는 동력팬을 부착하지 않는다.
② 연료전지는 접지하여 설치한다.
③ 연료전지 발열부분과 전선은 0.5m 이상 이격하여 설치한다.
④ 연료전지의 가스 접속배관은 금속배관을 사용하여 가스의 누출이 없도록 하여야 한다.

해설

전선은 연료전지의 발열부분과 0.15m 이상 이격하여 설치한다.

22 연료전지를 설치 시공한 자는 시공확인서를 작성하고 그 내용을 몇 년간 보존하여야 하는가?

① 1년 ② 2년
③ 3년 ④ 5년

23 수소의 반밀폐식 연료전지에 대한 내용 중 틀린 것은?

① 배기통의 유효단면적은 연료전지의 배기통 접속부의 유효단면적 이상으로 한다.
② 배기통은 기울기를 주어 응축수가 외부로 배출될 수 있도록 설치한다.
③ 배기통은 단독으로 설치한다.
④ 터미널에는 직경 20mm 이상의 물체가 통과할 수 없도록 방조망을 설치한다.

해설

방조망 : 직경 16mm 이상의 물체가 통과할 수 없도록 하여야 한다.
그 밖에 터미널의 전방 · 측면 · 상하 주위 0.6m 이내에는 가연물이 없도록 하며, 연료전지는 급배기에 영향이 없도록 담, 벽 등의 건축물과 0.3m 이상 이격하여 설치한다.

24 수소 저장설비를 지상에 설치 시 가스 방출관의 설치위치는?

① 지면에서 3m 이상
② 지면에서 5m 이상 또는 저장설비의 정상부에서 2m 이상 중 높은 위치
③ 지면에서 5m 이상
④ 수소 저장설비 정상부에서 2m 이상

25 수소가스 저장설비의 가스누출경보기의 가스누출자동차단장치에 대한 내용 중 틀린 것은?

① 건축물 내부의 경우 검지경보장치의 검출부 설치개수는 바닥면 둘레 10m 마다 1개씩으로 계산한 수로 한다.
② 건축물 밖의 경우 검지경보장치의 검출부 설치개수는 바닥면 둘레 20m마다 1개씩으로 계산한 수로 한다.
③ 가열로 등 발화원이 있는 제조설비에 누출가스가 체류하기 쉬운 장소의 경우 검지경보장치의 검출부 설치개수는 바닥면 둘레 10m마다 1개씩으로 계산한 수로 한다.
④ 검지경보장치 검출부 설치위치는 천장에서 검출부 하단까지 0.3m 이하가 되도록 한다.

해설

③ 가열로 등 발화원이 있는 제조설비에 누출가스가 체류하기 쉬운 장소의 경우 : 20m마다 1개씩으로 계산한 수

정답 20.③ 21.③ 22.④ 23.④ 24.② 25.③

26 수소 저장설비 사업소 밖의 가스누출경보기 설치장소가 아닌 것은?

① 긴급차단장치가 설치된 부분
② 누출가스가 체류하기 쉬운 부분
③ 슬리브관, 이중관 또는 방호구조물로 개방되어 설치된 부분
④ 방호구조물에 밀폐되어 설치되는 부분

해설

③ 슬리브관, 이중관 또는 방호구조물로 밀폐되어 설치된 부분이 가스누출경보기 설치장소이다.

27 수소의 저장설비에서 천장 높이가 너무 높아 검지경보장치 · 검출부를 천장에 설치 시 대량누출이 되어 위험한 상태가 되어야 검지가 가능하게 되는 것을 보완하기 위해 설치하는 것은?

① 가스웅덩이
② 포집갓
③ 가스용 맨홀
④ 원형 가스공장

28 수소 저장설비에서 포집갓의 사각형의 규격은?

① 가로 0.3m×세로 0.3m
② 가로 0.4m×세로 0.5m
③ 가로 0.4m×세로 0.6m
④ 가로 0.4m×세로 0.4m

해설

참고 원형인 경우 : 직경 0.4m 이상

29 수소의 제조 · 저장 설비 배관이 시가지 주요 하천, 호수 등을 횡단 시 횡단거리 500m 이상인 경우 횡단부 양끝에서 가까운 거리에 긴급차단장치를 설치하고 배관연장설비 몇 km마다 긴급차단장치를 추가로 설치하여야 하는가?

① 1km ② 2km
③ 3km ④ 4km

30 수소가스 설비를 실내에 설치 시 환기설비에 대한 내용으로 옳지 않은 것은?

① 천장이나 벽면 상부에 0.4m 이내 2방향 환기구를 설치한다.
② 통풍가능 면적의 합계는 바닥면적 $1m^2$ 당 $300cm^2$의 면적 이상으로 한다.
③ 1개의 환기구 면적은 $2400cm^2$ 이하로 한다.
④ 강제환기설비의 통풍능력은 바닥면적 $1m^2$마다 $0.5m^3/min$ 이상으로 한다.

해설

0.3m 이내 2방향 환기구를 설치한다.

31 수소가스 설비실의 강제환기설비에 대한 내용으로 맞지 않는 것은?

① 배기구는 천장 가까이 설치한다.
② 배기가스 방출구는 지면에서 5m의 높이에 설치한다.
③ 수소연료전지를 실내에 설치하는 경우 바닥면적 $1m^2$당 $0.3m^3/min$ 이상의 환기능력을 갖추어야 한다.
④ 수소연료전지를 실내에 설치하는 경우 규정에 따른 $45m^3/min$ 이상의 환기능력을 만족하도록 한다.

해설

배기가스 방출구는 지면에서 3m 이상 높이에 설치한다.

32 수소 저장설비는 가연성 저장탱크 또는 가연성 물질을 취급하는 설비와 온도상승방지 조치를 하여야 하는데 그 규정으로 옳지 않은 것은?

① 방류둑을 설치한 가연성 가스 저장탱크
② 방류둑을 설치하지 아니한 조연성 가스 저장탱크의 경우 저장탱크 외면으로부터 20m 이내
③ 가연성 물질을 취급하는 설비의 경우 그 외면에서 20m 이내
④ 방류둑을 설치하지 아니한 가연성 저장탱크의 경우 저장탱크 외면에서 20m 이내

정답 26.③ 27.② 28.④ 29.④ 30.① 31.② 32.②

해설

② 방류둑을 설치하지 아니한 가연성 가스 저장탱크의 경우 저장탱크 외면으로부터 20m 이내

33 수소 저장설비를 실내에 설치 시 방호벽을 설치하여야 하는 저장능력은?

① $30m^3$ 이상　② $50m^3$ 이상
③ $60m^3$ 이상　④ $100m^3$ 이상

34 수소가스 배관의 온도상승방지 조치의 규정으로 옳지 않은 것은?

① 배관에 가스를 공급하는 설비에는 상용온도를 초과한 가스가 배관에 송입되지 않도록 처리할 수 있는 필요한 조치를 한다.
② 배관을 지상에 설치하는 경우 온도의 이상상승을 방지하기 위하여 부식방지도료를 칠한 후 은백색 도료로 재도장하는 등의 조치를 한다. 다만, 지상설치 부분의 길이가 짧은 경우에는 본문에 따른 조치를 하지 않을 수 있다.
③ 배관을 교량 등에 설치할 경우에는 가능하면 교량 하부에 설치하여 직사광선을 피하도록 하는 조치를 한다.
④ 배관에 열팽창 안전밸브를 설치한 경우에는 온도가 40℃ 이하로 유지될 수 있도록 조치를 한다.

해설

열팽창 안전밸브가 설치된 경우 온도상승방지 조치를 하지 않아도 된다.

35 수소가스 배관에 표지판을 설치 시 표지판의 설치간격으로 맞는 것은?

① 지하 배관 500m마다
② 지하 배관 300m마다
③ 지상 배관 500m마다
④ 지상 배관 800m마다

해설

- 지하 설치배관 : 500m마다
- 지상 설치배관 : 1000m마다

36 물을 전기분해하여 수소를 제조 시 1일 1회 이상 가스를 채취하여 분석해야 하는 장소가 아닌 것은?

① 발생장치
② 여과장치
③ 정제장치
④ 수소 저장설비 출구

37 수소가스 설비를 개방하여 수리를 할 경우의 내용 중 맞지 않는 것은?

① 가스치환 조치가 완료된 후에는 개방하는 수소가스 설비의 전후 밸브를 확실히 닫고 개방하는 부분의 밸브 또는 배관의 이음매에 맹판을 설치한다.
② 개방하는 수소가스 설비에 접속하는 배관 출입구에 2중으로 밸브를 설치하고, 2중 밸브 중간에 수소를 회수 또는 방출할 수 있는 회수용 배관을 설치하여 그 회수용 배관 등을 통하여 수소를 회수 또는 방출하여 개방한 부분에 수소의 누출이 없음을 확인한다.
③ 대기압 이하의 수소는 반드시 회수 또는 방출하여야 한다.
④ 개방하는 수소가스 설비의 부분 및 그 전후 부분의 상용압력이 대기압에 가까운 설비(압력계를 설치한 것에 한정한다)는 그 설비에 접속하는 배관의 밸브를 확실히 닫고 해당 부분에 가스의 누출이 없음을 확인한다.

해설

대기압 이하의 수소는 회수 또는 방출할 필요가 없다.

38 수소 배관을 용접 시 용접시공의 진행방법으로 가장 옳은 것은?

① 작업계획을 수립 후 용접시공을 한다.
② 적합한 용접절차서(w.p.s)에 따라 진행한다.
③ 위험성 평가를 한 후 진행한다.
④ 일반적 가스 배관의 용접방향으로 진행한다.

정답 33.③ 34.④ 35.① 36.② 37.③ 38.②

39 수소 설비에 설치한 밸브 콕의 안전한 개폐 조작을 위하여 행하는 조치가 아닌 것은?

① 각 밸브 등에는 그 명칭이나 플로시트(flow sheet)에 의한 기호, 번호 등을 표시하고 그 밸브 등의 핸들 또는 별도로 부착한 표지판에 그 밸브 등의 개폐방향(조작스위치로 그 밸브 등이 설치된 설비에 안전상 중대한 영향을 미치는 밸브 등에는 그 밸브 등의 개폐상태를 포함한다)이 표시되도록 한다.

② 밸브 등(조작스위치로 개폐하는 것을 제외한다)이 설치된 배관에는 그 밸브 등의 가까운 부분에 쉽게 식별할 수 있는 방법으로 그 배관 내의 가스 및 그 밖에 유체의 종류 및 방향이 표시되도록 한다.

③ 조작하여 그 밸브 등이 설치된 설비에 안전상 중대한 영향을 미치는 밸브 등(압력을 구분하는 경우에는 압력을 구분하는 밸브, 안전밸브의 주밸브, 긴급차단밸브, 긴급방출용 밸브, 제어용 공기 등)에는 개폐상태를 명시하는 표지판을 부착하고 조정밸브 등에는 개도계를 설치한다.

④ 계기판에 설치한 긴급차단밸브, 긴급방출밸브 등의 버튼핸들(button handle), 노칭디바이스핸들(notching device handle) 등(갑자기 작동할 염려가 없는 것을 제외한다)에는 오조작 등 불시의 사고를 방지하기 위해 덮개, 캡 또는 보호장치를 사용하는 등의 조치를 함과 동시에 긴급차단밸브 등의 개폐상태를 표시하는 시그널램프 등을 계기판에 설치한다. 또한 긴급차단밸브의 조작위치가 3곳 이상일 경우 평상시 사용하지 않는 밸브 등에는 "함부로 조작하여서는 안 된다"는 뜻과 그것을 조작할 때의 주의사항을 표시한다.

긴급차단밸브의 조작위치가 2곳 이상일 경우 함부로 조작하여서는 안 된다는 뜻과 주의사항을 표시한다.

참고 안전밸브 또는 방출밸브에 설치된 스톱밸브는 수리 등의 필요한 때를 제외하고는 항상 열어둔다.

40 수소 저장설비의 침하방지 조치에 대한 내용이 아닌 것은?

① 수소 저장설비 중 저장능력이 $50m^3$ 이상인 것은 주기적으로 침하상태를 측정한다.

② 침하상태의 측정주기는 1년 1회 이상으로 한다.

③ 벤치마크는 해당 사업소 앞 50만m^2당 1개소 이상을 설치한다.

④ 측정결과 침하량의 단위는 h/L로 계산한다.

해설

저장능력 $100m^3$ 미만은 침하방지 조치에서 제외된다.

41 정전기 제거설비를 정상으로 유지하기 위하여 확인하여야 할 사항이 아닌 것은 어느 것인가?

① 지상에서의 접지 저항치

② 지상에서의 접속부의 접속상태

③ 지하에서의 접지 저항치

④ 지상에서의 절선 및 손상유무

42 수소 설비에서 이상이 발행하면 그 정도에 따라 하나 이상의 조치를 강구하여 위험을 방지하여야 하는데 다음 중 그 조치사항이 아닌 것은?

① 이상이 발견된 설비에 대한 원인의 규명과 제거

② 예비기로 교체

③ 부하의 상승

④ 이상을 발견한 설비 또는 공정의 운전 정지 후 보수

부하의 저하

정답 39.④ 40.① 41.③ 42.③

43 다음 중 틀린 내용은?

① 수소는 누출 시 공기보다 가벼워 누설 가스는 상부로 향한다.
② 수소 배관을 지하에 설치하는 경우에는 배관을 매몰하기 전에 검사원의 확인 후 공정별 진행을 한다.
③ 배관을 매몰 시 검사원의 확인 전에 설치자가 임의로 공정을 진행한 경우에는 그 검사의 성실도를 판단하여 성실도의 지수가 90 이상일 때는 합격 처리를 할 수 있다.
④ 수소의 저장탱크 설치 전 기초 설치를 필요로 하는 공정의 경우에는 보링조사, 표준관입시험, 베인시험, 토질시험, 평판재하시험, 파일재하시험 등을 하였는지와 그 결과의 적합여부를 문서 등으로 확인한다. 또한 검사신청 시험한 기관의 서명이 된 보고서를 첨부하며 해당 서류를 첨부하지 않은 경우 부적합한 것으로 처리된다.

해설

검사원의 확인 전에 설치자가 임의로 공정을 진행한 경우에는 검사원은 이를 불합격 처리를 한다.

44 수소 설비 배관의 기밀시험압력에 대한 내용 중 틀린 것은?

① 기밀시험압력은 상용압력 이상으로 한다.
② 상용압력이 0.7MPa 초과 시 0.7MPa 미만으로 한다.
③ 기밀시험압력에서 누설이 없는 경우 합격으로 처리할 수 있다.
④ 기밀시험은 공기 등으로 하여야 하나 위험성이 없을 때에는 수소를 사용하여 기밀시험을 할 수 있다.

해설

상용압력이 0.7MPa 초과 시 0.7MPa 이상으로 할 수 있다.

45 수소가스 설비의 배관 용접 시 내압기밀시험에 대한 다음 내용 중 틀린 것은?

① 내압기밀시험은 전기식 다이어프램 압력계로 측정하여야 한다.
② 사업소 경계 밖에 설치되는 배관에 대하여 가스시설 용접 및 비파괴시험 기준에 따라 비파괴시험을 하여야 한다.
③ 사업소 경계 밖에 설치되는 배관의 양끝부분에는 이음부의 재료와 동등 강도를 가진 엔드캡, 막음플랜지 등을 용접으로 부착하여 비파괴시험을 한 후 내압시험을 한다.
④ 내압시험은 상용압력의 1.5배 이상으로 하고 유지시간은 5분에서 20분간을 표준으로 한다.

해설

내압기밀시험은 자기압력계로 측정한다.

46 수소 배관의 기밀시험 시 기밀시험 유지시간이 맞는 것은? (단, 측정기구는 압력계 또는 자기압력기록계이다.)

① $1m^3$ 미만 20분
② $1m^3$ 이상 $10m^3$ 미만 240분
③ $10m^3$ 이상 50분
④ $10m^3$ 이상 시 1440분을 초과 시에는 초과한 시간으로 한다.

해설

압력 측정기구	용적	기밀시험 유지시간
압력계 또는 자기압력 기록계	$1m^3$ 미만	24분
	$1m^3$ 이상 $10m^3$ 미만	240분
	$10m^3$ 이상	$24\times V$분 (다만, 1440분을 초과한 경우는 1440분으로 할 수 있다.)

$24\times V$는 피시험 부분의 용적(단위 : m^3)이다.

정답 43.③ 44.② 45.① 46.②

2. 이동형 연료전지(드론용) 제조의 시설 · 기술 · 검사 기준

47 다음 설명에 부합되는 용어는 무엇인가?

> 수소이온을 통과시키는 고분자막을 전해질로 사용하여 수소와 산소의 전기화학적 반응을 통해 전기와 열을 생산하는 설비와 그 부대설비를 말한다.

① 연료전지
② 이온전지
③ 고분자전해질 연료전지(PEMFC)
④ 가상연료전지

48 위험부분으로부터의 접근, 외부 분진의 침투, 물의 침투에 대한 외함의 방진보호 및 방수보호 등급을 표시하는 용어는?

① UP
② Tp
③ IP
④ MP

49 다음 중 연료전지에 사용할 수 있는 재료는?

① 폴리염화비페닐(PCB)
② 석면
③ 카드뮴
④ 동, 동합금 및 스테인리스강

50 배관을 접속하기 위한 연료전지 외함의 접속부 구조에 대한 설명으로 틀린 것은?

① 배관의 구경에 적합하여야 한다.
② 일반인의 접근을 방지하기 위하여 외부에 노출시켜서는 안 된다.
③ 진동, 자충 등의 요인에 영향이 없어야 한다.
④ 내압력, 열하중 등의 응력에 견뎌야 한다.

해설

외부에서 쉽게 확인할 수 있도록 외부에 노출되어 있어야 한다.

51 연료전지의 구조에 대한 맞는 내용을 고른 것은?

> (1) 연료가스가 통하는 부분에 설치된 호스는 그 호스가 체결된 축 방향을 따라 150N의 힘을 가하였을 때 체결이 풀리지 않는 구조로 한다.
> (2) 연료전지의 안전장치가 작동해야 하는 설정값은 원격조작 등을 통하여 변경이 가능하도록 한다.
> (3) 환기팬 등 연료전지의 운전상태에서 사람이 접할 우려가 있는 가동부분은 쉽게 접할 수 없도록 적절한 보호틀이나 보호망 등을 설치한다.
> (4) 정격입력전압 또는 정격주파수를 변환하는 기구를 가진 이중정격의 것은 변환된 전압 및 주파수를 쉽게 식별할 수 있도록 한다. 다만, 자동으로 변환되는 기구를 가지는 것은 그렇지 않다.
> (5) 압력조정기(상용압력 이상의 압력으로 압력이 상승한 경우 자동으로 가스를 방출하는 안전장치를 갖춘 것에 한정한다)에서 방출되는 가스는 방출관 등을 이용하여 외함 외부로 직접 방출하여서는 안 되는 구조로 하여야 한다.
> (6) 연료전지의 배기가스는 방출관 등을 이용하여 외함 외부로 직접 배출되어서는 안 되는 구조로 하여야 한다.

① (2), (4)　　② (3), (4)
③ (4), (5)　　④ (5), (6)

해설

(1) 147.1N
(2) 임의로 변경할 수 없도록 하여야 한다.
(5) 외함 외부로 직접 방출하는 구조로 한다.
(6) 외함 외부로 직접 배출되는 구조로 한다.

52 연료 인입 자동차단밸브의 전단에 설치해야 하는 것은?

① 1차 차단밸브　　② 퓨즈콕
③ 상자콕　　④ 필터

정답 47.③ 48.③ 49.④ 50.② 51.② 52.④

해설

인입밸브 전단에 필터를 설치하며, 필터의 여과재 최대직경은 1.5mm 이하이고 1mm 초과하는 틈이 없어야 한다.

53 연료전지 배관에 대한 다음 설명 중 틀린 것은?

① 중력으로 응축수를 배출하는 경우 응축수 배출배관의 내부 직경은 13mm 이상으로 한다.
② 용기용 밸브의 후단 연료가스 배관에는 인입밸브를 설치한다.
③ 인입밸브 후단에는 그 인입밸브와 독립적으로 작동하는 인입밸브를 병렬로 1개 이상 추가하여 설치한다.
④ 인입밸브는 공인인증기관의 인증품 또는 규정에 따른 성능시험을 만족하는 것을 사용하고, 구동원 상실 시 연료가스의 통로가 자동으로 차단되는 fail safe로 한다.

해설

직렬로 1개 이상 추가 설치한다.

54 연료전지의 전기배선에 대한 아래 (　) 안에 공통으로 들어가는 숫자는?

- 배선은 가동부에 접촉하지 않도록 설치해야 하며, 설치된 상태에서 (　)N의 힘을 가하였을 때에도 가동부에 접촉할 우려가 없는 구조로 한다.
- 배선은 고온부에 접촉하지 않도록 설치해야 하며, 설치된 상태에서 (　)N의 힘을 가하였을 때 고온부에 접촉할 우려가 있는 부분은 피복이 녹는 등의 손상이 발생되지 않도록 충분한 내열성능을 갖는 것으로 한다.
- 배선이 구조물을 관통하는 부분 또는 (　)N의 힘을 가하였을 때 구조물에 접촉할 우려가 있는 부분은 피복이 손상되지 않는 구조로 한다.

① 1　　② 2
③ 3　　④ 5

55 연료전지의 전기배선에 대한 내용 중 틀린 것은?

① 전기접속기에 접속한 것은 5N의 힘을 가하였을 때 접속이 풀리지 않는 구조로 한다.
② 리드선, 단자 등은 숫자, 문자, 기호, 색상 등의 표시를 구분하여 식별 가능한 조치를 한다. 다만, 접속부의 크기, 형태를 달리하는 등 물리적인 방법으로 오접속을 방지할 수 있도록 하고 식별조치를 하여야 한다.
③ 단락, 과전류 등과 같은 이상 상황이 발생한 경우 전류를 효과적으로 차단하기 위해 퓨즈 또는 과전류보호장치 등을 설치한다.
④ 전선이 기능상 부득이하게 외함을 통과하는 경우에는 부싱 등을 통해 적절한 보호조치를 하여 피복 손상, 절연 파괴 등의 우려가 없도록 한다.

해설

물리적인 방법으로 오접속 방지 조치를 할 경우 식별조치를 하지 않을 수 있다.

56 연료전지의 전기배선에 있어 단자대의 충전부와 비충전부 사이 단자대와 단자대가 설치되는 접촉부위에 해야 하는 조치는?

① 외부 케이싱　　② 보호관 설치
③ 절연 조치　　④ 정전기 제거장치 설치

57 연료전지의 외부출력 접속기에 대한 적합하지 않은 내용은?

① 연료전지의 출력에 적합한 것을 사용한다.
② 외부의 위해요소로부터 쉽게 파손되지 않도록 적절한 보호조치를 한다.
③ 100N 이하의 힘으로 분리가 가능하여야 한다.
④ 분리 시 케이블 손상이 방지되는 구조이어야 한다.

해설

150N 이하의 힘으로 분리가 가능하여야 한다.

정답 53.③ 54.② 55.② 56.③ 57.③

58 연료전지의 충전부 구조에 대한 틀린 설명은 어느 것인가?

① 충전부의 보호함이 드라이버, 스패너 등의 공구 또는 보수점검용 열쇠 등을 이용하지 않아도 쉽게 분리되는 경우에는 그 보호함 등을 제거한 상태에서 시험지를 삽입하여 시험지가 충전부에 접촉하지 않는 구조로 한다.
② 충전부의 보호함이 나사 등으로 고정 설치되어 공구 등을 이용해야 분리되는 경우에는 그 보호함이 분리되어 있지 않은 상태에서 시험지를 삽입하여 시험지가 충전부에 접촉하지 않는 구조로 한다.
③ 설치한 상태에서 사람이 쉽게 접촉할 우려가 없는 설치면의 충전부에 시험지가 접촉하여도 된다.
④ 질량이 40kg을 넘는 몸체 밑면의 개구부에서 0.4m 이상 떨어진 충전부에 시험지가 접촉하지 않는 구조로 한다.

해설

충전부에 시험지가 접촉하여도 되는 경우
- 설치한 상태에서 사람이 쉽게 접촉할 우려가 없는 설치면의 충전부
- 질량 40kg을 넘는 몸체 밑면의 개구부에서 0.4m 이상 떨어진 충전부
- 구조상 노출될 수밖에 없는 충전부로서 절연변압기에 접속된 2차측의 전압이 교류인 경우 30V(직류의 경우 45V) 이하인 것
- 대지와 접지되어 있는 외함과 충전부 사이에 1MΩ의 저항을 설치한 후 수전해 설비 내 충전부의 상용주파수에서 그 저항에 흐르는 전류가 1mA 이하인 것

59 다음 중 연료전지의 비상정지제어기능이 작동해야 하는 경우가 아닌 것은?

① 연료가스의 압력 또는 온도가 현저하게 상승하였을 경우
② 연료가스의 누출이 검지된 경우
③ 배터리 전압에 이상이 생겼을 경우
④ 비상제어장치와 긴급차단장치가 연동되어 이상이 발생한 경우

해설

비상제어기능이 작동해야 하는 경우
①, ②, ③ 및
- 제어 전원전압이 현저하게 저하하는 등 제어장치에 이상이 생길 우려가 있는 경우
- 스택에 과전류가 생겼을 경우
- 스택의 발생전압에 이상이 생겼을 경우
- 스택의 온도가 현저하게 상승 시
- 연료전지 안의 온도가 현저하게 상승, 하강 시
- 연료전지 안의 환기장치가 이상 시
- 냉각수 유량이 현저하게 줄어든 경우

60 연료전지의 장치 설치에 대한 내용 중 틀린 것은?

① 과류방지밸브 및 역류방지밸브를 설치하고자 하는 경우에는 용기에 직접 연결하거나 용기에서 스택으로 수소가 공급되는 라인에 직렬로 설치해야 한다.
② 역류방지밸브를 용기에 직렬로 설치할 때에는 충격, 진동 및 우발적 손상에 따른 위험을 최소화하기 위해 용기와 역류방지밸브 사이에는 반드시 차단밸브를 설치하여야 한다.
③ 용기 일체형 연료전지의 경우 용기에 수소를 공급받기 위한 충전라인에는 역류방지 기능이 있는 리셉터클을 설치하여야 한다.
④ 용기 일체형 리셉터클과 용기 사이에 추가로 역류방지밸브를 설치하여야 한다.

해설

용기와 역류방지밸브 사이에 차단밸브를 설치할 필요가 없다.

61 연료전지의 전기배선 시 용기 및 압력 조절의 실패로 상용압력 이상의 압력이 발생할 때 설치해야 하는 장치는?

① 과압안전장치
② 역화방지장치
③ 긴급차단장치
④ 소정장치

해설

참고 과압안전장치의 종류 : 안전밸브 및 릴리프밸브 등

정답 58.④ 59.④ 60.② 61.①

62 연료전지의 연료가스 누출검지장치에 대한 내용 중 틀린 것은?

① 검지 설정값은 연료가스 폭발하한계의 1/4 이하로 한다.
② 검지 설정값의 ±10% 이내의 범위에서 연료가스를 검지하고, 검지가 되었음을 알리는 신호를 30초 이내에 제어장치로 보내는 것으로 한다.
③ 검지소자는 사용 상태에서 불꽃을 발생시키지 않는 것으로 한다. 다만, 검지소자에서 발생된 불꽃이 외부로 확산되는 것을 차단하는 조치(스트레이너 설치 등)를 하는 경우에는 그렇지 않을 수 있다.
④ 연료가스 누출검지장치의 검지부는 연료가스의 특성 및 외함 내부의 구조 등을 고려하여 누출된 연료가스가 체류하기 쉬운 장소에 설치한다.

해설

20초 이내에 제어장치로 보내는 것으로 한다.

63 연료전지의 내압성능에 대하여 ( ) 안에 들어갈 수치로 틀린 것은?

> 연료가스 등 유체의 통로(스택은 제외한다)는 상용압력의 (㉮)배 이상의 수압으로 그 구조상 물로 실시하는 내압시험이 곤란하여 공기·질소·헬륨 등의 기체로 내압시험을 실시하는 경우 1.25배 (㉯)분간 내압시험을 실시하여 팽창·누설 등의 이상이 없어야 한다. 공통압력시험은 스택 상용압력(음극과 양극의 상용압력이 서로 다른 경우 더 높은 압력을 기준으로 한다)의 1.5배 이상의 수압으로 그 구조상 물로 실시하는 것이 곤란하여 공기·질소·헬륨 등의 기체로 실시하는 경우 (㉰)배 음극과 양극의 유체통로를 동시에 (㉱)분간 가압한다. 이 경우, 스택의 음극과 양극에 가압을 위한 압력원은 공통으로 해야 한다.

① ㉮ 1.5 ② ㉯ 20
③ ㉰ 1.5 ④ ㉱ 20

해설

㉰ 1.25배

64 연료전지 부품의 내구성능에 관한 내용 중 틀린 것은?

① 자동차단밸브의 경우, 밸브(인입밸브는 제외한다)를 (2~20)회/분 속도로 250000회 내구성능시험을 실시한 후 성능에 이상이 없어야 한다.
② 자동제어시스템의 경우, 자동제어시스템을 (2~20)회/분 속도로 250000회 내구성능시험을 실시한 후 성능에 이상이 없어야 하며, 규정에 따른 안전장치 성능을 만족해야 한다.
③ 이상압력차단장치의 경우, 압력차단장치를 (2~20)회/분 속도로 5000회 내구성능시험을 실시한 후 성능에 이상이 없어야 하며, 압력차만 설정값의 ±10% 이내에서 안전하게 차단해야 한다.
④ 과열방지안전장치의 경우, 과열방지안전장치를 (2~20)회/분 속도로 5000회 내구성능시험을 실시한 후 성능에 이상이 없어야 하며, 과열차단 설정값의 ±5% 이내에서 안전하게 차단해야 한다.

해설

③ 이상압력차단장치 설정값의 ±5% 이내에서 안전하게 차단하여야 한다.

65 드론형 이동연료전지의 정격운전조건에서 60분 동안 5초 이하의 간격으로 측정한 배기가스 중 수소의 평균농도는 몇 ppm 이하가 되어야 하는가?

① 100
② 1000
③ 10000
④ 100000

해설

참고 이동형 연료전지(지게차용)의 정격운전조건에서 60분 동안 5초 이하의 간격으로 배기가스 중 H_2, CO, 메탄올의 평균농도가 초과하면 안 되는 배기가스 방출 제한 농도값

- H_2 : 5000ppm
- CO : 200ppm
- 메탄올 : 200ppm

정답 62.② 63.③ 64.③ 65.③

66 수소연료전지의 각 성능에 대한 내용 중 틀린 것은?

① 내가스 성능 : 수소가 통하는 배관의 패킹류 및 금속 이외의 기밀유지부는 5℃ 이상 25℃ 이하의 수소를 해당 부품에 인가되는 압력으로 72시간 인가 후 24시간 동안 대기 중에 방치하여 무게변화율이 20% 이내이고 사용상 지장이 있는 열화 등이 없어야 한다.
② 내식 성능 : 외함, 습도가 높은 환경에서 사용되는 것, 연료가스, 배기가스, 물 등의 유체가 통하는 부분의 금속재료는 규정에 따른 내식성능시험을 실시하여 이상이 없어야 하며, 합성수지 부분은 80℃±3℃의 공기 중에 1시간 방치한 후 자연냉각 시켰을 때 부풀음, 균열, 갈라짐 등의 이상이 없어야 한다.
③ 연료소비량 성능 : 연료전지는 규정에 따른 정격출력 연료소비량 성능시험으로 측정한 연료소비량이 표시 연료소비량의 ±5% 이내인 것으로 한다.
④ 온도상승 성능 : 연료전지의 출력 상태에서 30분 동안 측정한 각 항목별 허용최고온도에 적합한 것으로 한다.

해설

온도상승 성능 : 1시간 동안 측정한 각 항목별 최고온도에 적합한 것으로 한다.

참고 그 밖에

(1) 용기고정 성능
용기의 무게(완충 시 연료가스 무게를 포함한다)와 동일한 힘을 용기의 수직방향 중심높이에서 전후좌우의 4방향으로 가하였을 때 용기의 이탈 및 고정장치의 파손 등이 없는 것으로 한다.

(2) 환기 성능
① 환기유량은 연료전지의 외함 내에 체류 가능성이 있는 수소의 농도가 1% 미만으로 유지될 수 있도록 충분한 것으로 한다.
② 연료전지의 외함 내부로 유입되거나 외함 외부로 배출되는 공기의 유량은 제조사가 제시한 환기유량 이상이어야 한다.

(3) 전기출력 성능
연료전지의 정격출력 상태에서 1시간 동안 측정한 전기출력의 평균값이 표시정격출력의 ±5% 이내인 것으로 한다.

(4) 발전효율 성능
연료전지는 규정에 따른 발전효율시험으로 측정한 발전효율이 제조자가 표시한 값 이상인 것으로 한다.

(5) 낙하 내구성능
시험용 판재로부터 수직방향 1.2m 높이에서 4방향으로 떨어뜨린 후 제품성능을 만족하는 것으로 한다.

67 연료전지의 절연저항 성능에서 500V의 절연저항계 사이의 절연저항은 얼마인가?

① 1MΩ ② 2MΩ
③ 3MΩ ④ 4MΩ

68 수소연료전지의 절연거리시험에서 공간거리 측정의 오염등급 기준 중 1등급에 해당되는 것은?

① 주요 환경조건이 비전도성 오염이 없는 마른 곳 오염이 누적되지 않는 곳
② 주요 환경조건이 비전도성 오염이 일시적으로 누적될 수도 있는 곳
③ 주요 환경조건이 오염이 누적되고 습기가 있는 곳
④ 주요 환경조건이 먼지, 비, 눈 등에 노출되어 오염이 누적되는 곳

해설

①: 오염등급 1
②: 오염등급 2
③: 오염등급 3
④: 오염등급 4

69 연료전지의 접지 연속성 시험에서 무부하 전압이 12V 이하인 교류 또는 직류 전원을 사용하여 접지단자 또는 접지극과 사람이 닿을 수 있는 금속부와의 사이에 기기의 정격전류의 1.5배와 같은 전류 또는 25A의 전류 중 큰 쪽의 전류를 인가한 후 전류와 전압 강하로부터 산출한 저항값은 얼마 이하가 되어야 하는가?

① 0.1Ω ② 0.2Ω
③ 0.3Ω ④ 0.4Ω

정답 66.④ 67.① 68.① 69.①

70 연료전지의 시험연료의 성분부피 특성에서 온도와 압력의 조건은?

① 5℃, 101.3kPa
② 10℃, 101.3kPa
③ 15℃, 101.3kPa
④ 20℃, 101.3kPa

71 연료전지의 시험환경에서 측정불확도의 대기압에서 오차범위가 맞는 것은?

① ±100Pa
② ±200Pa
③ ±300Pa
④ ±500Pa

해설

측정 불확도(오차)의 범위
- 대기압 : ±500Pa
- 가스 압력 : ±2% full scale
- 물 배관의 압력손실 : ±5%
- 물 양 : ±1%
- 가스 양 : ±1%
- 공기량 : ±2%

72 연료전지의 시험연료 기준에서 각 가스 성분 부피가 맞는 것은?

① H_2 : 99.9% 이상
② CH_4 : 99% 이상
③ C_3H_8 : 99% 이상
④ C_4H_{10} : 98.9% 이상

해설

시험연료 성분 부피 및 특성

구분	성분 부피(%)						특성		
	수소 (H_2)	메탄 (CH_4)	프로판 (C_3H_{10})	부탄 (C_4H_{10})	질소 (N_2)	공기 (O_2 21% N_2 79%)	총발열량 MJ/m^{3}N	진발열량 MJ/m^{3}N	비중 (공기=1)
시험연료	99.9	–	–	–	0.1	–	12.75	10.77	0.070

73 다음은 연료전지의 인입밸브 성능시험에 대한 내용이다. 밸브를 잠근 상태에서 밸브 위 입구측에 공기, 질소 등의 불활성 기체를 이용하여 상용압력이 0.9MPa일 때는 몇 MPa로 가압하여 성능시험을 하여야 하는가?

① 0.7　② 0.8
③ 0.9　④ 1

해설

- 밸브를 잠근 상태에서 밸브의 입구측에 공기 또는 질소 등의 불활성 기체를 이용하여 상용압력 이상의 압력(0.7MPa을 초과하는 경우 0.7MPa 이상으로 한다)으로 2분간 가압하였을 때 밸브의 출구측으로 누출이 없어야 한다.
- 밸브는 (2~20)회/분 속도로 개폐를 250000회 반복하여 실시한 후 규정에 따른 기밀성능을 만족해야 한다.

74 연료전지의 인입배분 성능시험에서 밸브 호칭경에 대한 차단시간이 맞는 것은?

① 50A 미만 1초 이내
② 100A 미만 2초 이내
③ 100A 이상 200A 미만 3초 이내
④ 200A 이상 3초 이내

해설

밸브의 차단시간

밸브의 호칭 지름	차단시간
100A 미만	1초 이내
100A 이상 200A 미만	3초 이내
200A 이상	5초 이내

75 연료전지를 안전하게 사용할 수 있도록 극성이 다른 충전부 사이나 충전부와 사람이 접촉할 수 있는 비충전 금속부 사이 가스 안전수칙 표시를 할 때 침투전압 기준과 표시 문구가 맞는 것은?

① 200V 초과, 위험 표시
② 300V 초과, 주의 표시
③ 500V 초과, 위험 표시
④ 600V 초과, 주의 표시

정답 70.③ 71.④ 72.① 73.① 74.③ 75.④

76 연료전지를 안전하게 사용하기 위해 배관 표시 및 시공 표지판을 부착 시 맞는 내용은?

① 배관 연결부 주위에 가스 위험 등의 표시를 한다.
② 연료전지의 눈에 띄기 쉬운 곳에 안전관리자의 전화번호를 게시한다.
③ 연료전지의 눈에 띄기 쉬운 곳에 제조자의 상호가 표시된 시공 표지판을 부착한다.
④ 연료전지의 눈에 띄기 쉬운 곳에 제조자의 상호 소재지 제조일을 기록한 시공 표지판을 부착한다.

참고 배관 연결부 주위에 가스, 전기 등을 표시

3. 수전해 설비 제조의 시설 · 기술 · 검사 기준

77 다음 중 수전해 설비에 속하지 않는 것은?

① 산성 및 염기성 수용액을 이용하는 수전해 설비
② AEM(음이온교환막) 전해질을 이용하는 수전해 설비
③ PEM(양이온교환막) 전해질을 이용하는 수전해 설비
④ 산성과 염기성을 중화한 수용액을 이용하는 수전해 설비

78 수전해 설비의 기하학적 범위가 맞는 것은?

① 급수밸브로부터 스택, 전력변환장치, 기액분리기, 열교환기, 수분제거장치, 산소제거장치 등을 통해 토출되는 수소, 수소배관의 첫 번째 연결부위까지
② 수전해 설비가 하나의 외함으로 둘러싸인 구조의 경우에는 외함 외부에 노출되지 않는 각 장치의 접속부까지
③ 급수밸브에서 수전해 설비의 외함까지
④ 연료전지의 차단밸브에서 수전해 설비의 외함까지

해설

참고 ② 수전해 설비가 외함으로 둘러싸인 구조의 경우 외함 외부에 노출되는 장치 접속부까지가 기하학적 범위에 해당한다.

79 수전해 설비의 비상정지등이 발생하여 수전해 설비를 안전하게 정지하고 이후 수동으로만 운전을 복귀시킬 수 있게 하는 용어의 설명은?

① IP 등급
② 로크아웃(lockout)
③ 비상운전복귀
④ 공정운전 재가 등

80 수전해 설비의 외함에 대하여 틀린 설명은 어느 것인가?

① 유지보수를 위해 사람이 외함 내부로 들어갈 수 있는 구조를 가진 수전해 설비의 환기구 면적은 $0.05m^2/m^3$ 이상으로 한다.
② 외함에 설치된 패널, 커버, 출입문 등은 외부에서 열쇠 또는 전용공구 등을 통해 개방할 수 있는 구조로 하고, 개폐상태를 유지할 수 있는 구조를 갖추어야 한다.
③ 작업자가 통과할 정도로 큰 외함의 점검구, 출입문 등은 바깥쪽으로 열리는 구조여야 하며, 열쇠 또는 전용공구 없이 안에서 쉽게 개방할 수 있는 구조여야 한다.
④ 수전해 설비가 수산화칼륨(KOH) 등 유해한 액체를 포함하는 경우, 수전해 설비의 외함은 유해한 액체가 외부로 누출되지 않도록 안전한 격납수단을 갖추어야 한다.

해설

환기구의 면적은 $0.003m^2/m^3$ 이상으로 한다.

정답 76.④ 77.④ 78.① 79.② 80.①

81 수전해 설비의 재료에 관한 내용 중 틀린 것은 어느 것인가?

① 수용액, 산소, 수소가 통하는 배관은 금속재료를 사용해야 하며, 기밀을 유지하기 위한 패킹류 시일(seal)재 등에도 가능한 금속으로 기밀을 유지한다.
② 외함 및 습도가 높은 환경에서 사용되는 금속은 스테인리스강 등 내식성이 있는 재료를 사용해야 하며, 탄소강을 사용하는 경우에는 부식에 강한 코팅을 한다.
③ 고무 또는 플라스틱의 비금속성 재료는 단기간에 열화되지 않도록 사용조건에 적합한 것으로 한다.
④ 전기절연물 단열재는 그 부근의 온도에 견디고 흡습성이 적은 것으로 하며, 도전재료는 동, 동합금, 스테인리스강 등으로 안전성을 기하여야 한다.

해설

기밀유지를 위한 패킹류에는 금속재료를 사용하지 않아도 된다.

82 수전해 설비의 비상정지제어기능이 작동해야 하는 경우가 맞는 것은?

① 외함 내 수소의 농도가 2% 초과할 때
② 발생 수소 중 산소의 농도가 2%를 초과할 때
③ 발생 산소 중 수소의 농도가 2%를 초과할 때
④ 외함 내 수소의 농도가 3%를 초과할 때

해설

비상정지제어기능 작동 농도
- 외함 내 수소의 농도 1% 초과 시
- 발생 수소 중 산소의 농도 3% 초과 시
- 발생 산소 중 수소의 농도 2% 초과 시

83 수전해 설비의 수소 정제장치에 필요 없는 설비는?

① 긴급차단장치
② 산소제거 설비
③ 수분제거 설비
④ 각 설비에 모니터링 장치

84 수전해 설비의 열관리장치에서 독성의 유체가 통하는 열교환기는 파손으로 인해 상수원 및 상수도에 영향을 미칠 위험이 있는 경우 이중벽으로 하고 이중벽 사이는 공극으로서 대기 중으로 개방된 구조로 하여야 한다. 독성의 유체 압력이 냉각 유체의 압력보다 몇 kPa 낮은 경우 모니터를 통하여 그 압력 차이가 항상 유지되는 구조인 경우 이중벽으로 하지 않아도 되는가?

① 30kPa
② 50kPa
③ 60kPa
④ 70kPa

85 수전해 설비의 정격운전 2시간 동안 측정된 최고허용온도가 틀린 항목은?

① 조작 시 손이 닿는 금속제, 도자기, 유리제 50℃ 이하
② 가연성 가스 차단밸브 본체의 가연성 가스가 통하는 부분의 외표면 85℃ 이하
③ 기기 후면, 측면 80℃
④ 배기통 급기구와 배기통 벽 관통부 목벽의 표면 100℃ 이하

해설

기기 후면, 측면 100℃ 이하

4. 수소 추출설비 제조의 시설 · 기술 · 검사 기준

86 수소 추출설비의 연료가 사용되는 항목이 아닌 것은?

① 「도시가스사업법」에 따른 "도시가스"
② 「액화석유가스의 안전관리 및 사업법」(이하 "액법"이라 한다)에 따른 "액화석유가스"
③ "탄화수소" 및 메탄올, 에탄올 등 "알코올류"
④ SNG에 사용되는 탄화수소류

정답 81.① 82.③ 83.① 84.④ 85.③ 86.④

87 수소 추출설비의 기하학적 범위에 대한 내용이다. ( ) 안에 공통으로 들어갈 적당한 단어는?

> 연료공급설비, 개질기, 버너, ( )장치 등 수소 추출에 필요한 설비 및 부대설비와 이를 연결하는 배관으로 인입밸브 전단에 설치된 필터부터 ( )장치 후단의 정제수소 수송배관의 첫 번째 연결부까지이며 이에 해당하는 수소 추출설비가 하나의 외함으로 둘러싸인 구조의 경우에는 외함 외부에 노출되는 각 장치의 접속부까지를 말한다.

① 수소여과　　② 산소정제
③ 수소정제　　④ 산소여과

88 수소 추출설비에 대한 내용으로 틀린 것은?

① "연료가스"란 수소가 주성분인 가스를 생산하기 위한 연료 또는 버너 내 점화 및 연소를 위한 에너지원으로 사용되기 위해 수소 추출설비로 공급되는 가스를 말한다.
② "개질가스"란 연료가스를 수증기 개질, 자열 개질, 부분 산화 등 개질반응을 통해 생성된 것으로서 수소가 주성분인 가스를 말한다.
③ 안전차단시간이란 화염이 있다는 신호가 오지 않는 상태에서 연소안전제어기가 가스의 공급을 허용하는 최소의 시간을 말한다.
④ 화염감시장치란 연소안전제어기와 화염감시기로 구성된 장치를 말한다.

해설

안전차단시간 : 공급을 허용하는 최대의 시간

89 수소 추출설비에서 개질가스가 통하는 배관의 재료로 부적당한 것은?

① 석면으로 된 재료
② 금속 재료
③ 내식성이 강한 재료
④ 코팅된 재료

90 수소 추출설비에서 개질기와 수소 정제장치 사이에 설치하면 안 되는 동력 기계 및 설비는 무엇인가?

① 배관
② 차단밸브
③ 배관연결 부속품
④ 압축기

91 수소 추출설비에서 연료가스 배관에는 독립적으로 작동하는 연료인입 자동차단밸브를 직렬로 몇 개 이상을 설치하여야 하는가?

① 1개　　② 2개
③ 3개　　④ 4개

92 수소 추출설비에서 인입밸브의 구동원이 상실되었을 때 연료가스 통로가 자동으로 차단되는 구조를 뜻하는 용어는?

① Back fire　　② Liffting
③ Fail-safe　　④ Yellow tip

93 다음 보기 내용에 대한 답으로 옳은 것으로만 묶여진 것은? (단, (1), (2), (3)의 순서대로 나열된 것으로 한다.)

> (1) 연료가스 인입밸브 전단에 설치하여야 하는 것
> (2) 중력으로 응축수를 배출 시 배출 배관의 내부직경
> (3) 독성의 연료가스가 통하는 배관에 조치하는 사항

① 필터, 15mm, 방출장치 설치
② 필터, 13mm, 회수장치 설치
③ 필터, 11mm, 이중관 설치
④ 필터, 9mm, 회수장치 설치

연료가스 전단에 필터를 설치하며, 필터의 여과재 최대직경은 1.5mm 이하이고, 1mm를 초과하는 틈이 없어야 한다. 또한 메탄올 등 독성의 연료가스가 통하는 배관은 이중관 구조로 하고 회수장치를 설치하여야 한다.

정답 87.③ 88.③ 89.① 90.④ 91.② 92.③ 93.②

94 수소 추출설비에서 방전불꽃을 이용하는 점화장치의 구조로서 부적합한 것은?

① 전극부는 상시 황염이 접촉되는 위치에 있는 것으로 한다.
② 전극의 간격이 사용 상태에서 변화되지 않도록 고정되어 있는 것으로 한다.
③ 고압배선의 충전부와 비충전 금속부와의 사이는 전극간격 이상의 충분한 공간 거리를 유지하고 점화동작 시에 누전을 방지하도록 적절한 전기절연 조치를 한다.
④ 방전불꽃이 닿을 우려가 있는 부분에 사용하는 전기절연물은 방전불꽃으로 인한 유해한 변형 및 절연저하 등의 변질이 없는 것으로 하며, 그 밖에 사용 시 손이 닿을 우려가 있는 고압배선에는 적절한 전기절연피복을 한다.

해설
전극부는 상시 황염이 접촉되지 않는 위치에 있는 것으로 한다.

참고 점화히터를 이용하는 점화의 경우에는 다음에 적합한 구조로 한다.
- 점화히터는 설치위치가 쉽게 움직이지 않는 것으로 한다.
- 점화히터의 소모품은 쉽게 교환할 수 있는 것으로 한다.

95 수소 추출설비에서 촉매버너의 구조에 대한 내용으로 맞지 않는 것은?

① 촉매연료 산화반응을 일으킬 수 있도록 의도적으로 인화성 또는 폭발성 가스가 생성되도록 하는 수소 추출설비의 경우 구성요소 내에서 인화성 또는 폭발성 가스의 과도한 축적위험을 방지해야 한다.
② 공기과잉 시스템인 경우 연료 및 공기의 공급은 반응 시작 전에 공기가 있음을 확인하고 공기 공급을 준비하며, 반응장치에 연료가 들어갈 수 있도록 조절되어야 한다.
③ 연료과잉 시스템인 경우 연료 및 공기의 공급은 반응 시작 전에 연료가 있음을 확인하고 연료 공급이 준비될 때까지 반응장치에 공기가 들어가지 않도록 조절되어야 한다.
④ 제조자는 제품 기술문서에 반응이 시작되는 최대대기시간을 명시해야 한다. 이 경우 최대대기시간은 시스템 제어장치의 반응시간, 연료-공기 혼합물의 인화성 등을 고려하여 결정되어야 한다.

해설
공기 공급이 준비될 때까지 반응장치에 연료가 들어가지 않도록 조절되어야 한다.

96 다음 중 개질가스가 통하는 배관의 접지기준에 대한 설명으로 틀린 것은?

① 직선배관은 100m 이내의 간격으로 접지를 한다.
② 서로 교차하지 않는 배관 사이의 거리가 100m 미만인 경우, 배관 사이에서 발생될 수 있는 스파크 점프를 방지하기 위해 20m 이내의 간격으로 점퍼를 설치한다.
③ 서로 교차하는 배관 사이의 거리가 100m 미만인 경우, 배관이 교차하는 곳에는 점퍼를 설치한다.
④ 금속 볼트 또는 클램프로 고정된 금속 플랜지에는 추가적인 정전기 와이어가 장착되지 않지만 최소한 4개의 볼트 또는 클램프들마다에는 양호한 전도성 접촉점이 있도록 해야 한다.

해설
직선배관은 80m 이내의 간격으로 접지를 한다.

97 수소 추출설비의 급배기통 접속부의 구조가 아닌 것은?

① 리브 타입
② 플랜지이음 방식
③ 리벳이음 방식
④ 나사이음 방식

정답 94.① 95.② 96.① 97.③

98 다음 중 수소 정제장치의 접지기준에 대한 설명으로 틀린 것은?

① 수소 정제장치의 입구 및 출구 단에는 각각 접지부가 있어야 한다.
② 직경이 2.5m 이상이고 부피가 50m^3 이상인 수소 정제장치에는 두 개 이상의 접지부가 있어야 한다.
③ 접지부의 간격은 50m 이내로 하여야 한다.
④ 접지부의 간격은 장치의 둘레에 따라 균등하게 분포되어야 한다.

해설
접지부의 간격은 30m 이내로 하여야 한다.

99 수소 추출설비의 유체이동 관련 기기 구조와 관련이 없는 것은?

① 회전자의 위치에 따라 시동되는 것으로 한다.
② 정상적인 운전이 지속될 수 있는 것으로 한다.
③ 전원에 이상이 있는 경우에도 안전에 지장 없는 것으로 한다.
④ 통상의 사용환경에서 전동기의 회전자는 지장을 받지 않는 구조로 한다.

해설
① 회전자의 위치에 관계없이 시동이 되는 것으로 한다.

100 수소 추출설비의 가스홀더, 압축기, 펌프 및 배관 등 압력을 받는 부분에는 그 압력부 내의 압력이 상용압력을 초과할 우려가 있는 장소에 안전밸브, 릴리프밸브 등의 과압안전장치를 설치하여야 한다. 다음 중 설치하는 곳으로 틀린 것은?

① 내 · 외부 요인으로 압력상승이 설계압력을 초과할 우려가 있는 압력용기 등
② 압축기(다단압축기의 경우에는 각 단을 포함한다) 또는 펌프의 출구측
③ 배관 안의 액체가 1개 이상의 밸브로 차단되어 외부열원으로 인한 액체의 열팽창으로 파열이 우려되는 배관
④ 그 밖에 압력조절 실패, 이상반응, 밸브의 막힘 등으로 인해 상용압력을 초과할 우려가 있는 압력부

해설
③ 배관 안의 액체가 2개 이상의 밸브로 차단되어 외부열원으로 인한 액체의 열팽창으로 파열이 우려되는 배관

101 수소 추출설비 급배기통의 리브 타입의 접속부 길이는 몇 mm 이상인가?

① 10mm ② 20mm
③ 30mm ④ 40mm

102 수소 추출설비의 비상정지제어 기능이 작동하여야 하는 경우에 해당되지 않는 것은?

① 제어 전원전압이 현저하게 저하하는 등 제어장치에 이상이 생겼을 경우
② 수소 추출설비 안의 온도가 현저하게 상승하였을 경우
③ 수소 추출설비 안의 환기장치에 이상이 생겼을 경우
④ 배열회수계통 출구부 온수의 온도가 50℃를 초과하는 경우

해설
④ 배열회수계통 출구부 온수의 온도가 100℃를 초과하는 경우

상기항목 이외에
- 연료가스 및 개질가스의 압력 또는 온도가 현저하게 상승하였을 경우
- 연료가스 및 개질가스의 누출이 검지된 경우
- 버너(개질기 및 그 외의 버너를 포함한다)의 불이 꺼졌을 경우

참고 비상정지 후에는 로크아웃 상태로 전환되어야 하며, 수동으로 로크아웃을 해제하는 경우에만 정상운전하는 구조로 한다.

103 수소 추출설비, 수소 정제장치에서 흡착, 탈착 공정이 수행되는 배관에 산소농도 측정설비를 설치하는 이유는 무엇인가?

① 수소의 순도를 높이기 위하여
② 산소 흡입 시 가연성 혼합물과 폭발성 혼합물의 생성을 방지하기 위하여
③ 수소가스의 폭발범위 형성을 하지 않기 위하여
④ 수소, 산소의 원활한 제조를 위하여

정답 98.③ 99.① 100.③ 101.④ 102.④ 103.②

104 압력 또는 온도의 변화를 이용하여 개질가스를 정제하는 방식의 경우 장치가 정상적으로 작동되는지 확인할 수 있도록 갖추어야 하는 모니터링 장치의 설치위치는?

① 수소 정제장치 및 장치의 연결배관
② 수소 정제장치에 설치된 차단배관
③ 수소 정제장치에 연결된 가스검지기
④ 수소 정제장치와 연료전지

해설

참고 모니터링 장치의 설치 이유 : 흡착, 탈착 공정의 압력과 온도를 측정하기 위해

105 수소 정제장치는 시스템의 안전한 작동을 보장하기 위해 장치를 안전하게 정지시킬 수 있도록 제어되는 것으로 하여야 한다. 다음 중 정지 제어해야 하는 경우가 아닌 것은?

① 공급가스의 압력, 온도, 조성 또는 유량이 경보 기준수치를 초과한 경우
② 프로세스 제어밸브가 작동 중에 장애를 일으키는 경우
③ 수소 정제장치에 전원공급이 차단된 경우
④ 흡착 및 탈착 공정이 수행되는 배관의 수소 함유량이 허용한계를 초과하는 경우

해설

④ 흡착 및 탈착 공정이 수행되는 배관의 산소 함유량이 허용한계를 초과하는 경우
그 이외에 버퍼탱크의 압력이 허용 최대설정치를 초과하는 경우

106 수소 추출설비의 내압성능에 관한 내용이 아닌 것은?

① 상용압력 1.5배 이상의 수압으로 한다.
② 공기, 질소, 헬륨인 경우 상용압력 1.25배 이상으로 한다.
③ 시험시간은 30분으로 한다.
④ 안전인증을 받은 압력용기는 내압시험을 하지 않아도 된다.

해설

시험시간은 20분으로 한다.

107 수소 추출설비의 각 성능에 대한 내용 중 틀린 것은?

① 충전부와 외면 사이 절연저항은 1MΩ 이상으로 한다.
② 내가스 성능에서 탄화수소계 연료가스가 통하는 배관의 패킹류 및 금속 이외의 기밀유지부는 5℃ 이상 25℃ 이하의 n-펜탄 속에 72시간 이상 담근 후, 24시간 동안 대기 중에 방치하여 무게 변화율이 20% 이내이고 사용상 지장이 있는 연화 및 취화 등이 없어야 한다.
③ 수소가 통하는 배관의 패킹류 및 금속 이외의 기밀유지부는 5℃ 이상 25℃ 이하의 수소가스를 해당 부품에 작용되는 상용압력으로 72시간 인가 후, 24시간 동안 대기 중에 방치하여 무게 변화율이 20% 이내이고 사용상 지장이 있는 연화 및 취화 등이 없어야 한다.
④ 투과성 시험에서 탄화수소계 비금속 배관은 35±0.5℃ 온도에서 0.9m 길이의 비금속 배관 안에 순도 95% C_3H_8가스를 담은 상태에서 24시간 동안 유지하고 이후 6시간 동안 측정한 가스 투과량은 3mL/h 이하이어야 한다.

해설

순도 98% C_3H_8가스

108 다음 중 수소 추출설비의 내식 성능을 위한 염수분무를 실시하는 부분이 아닌 것은 어느 것인가?

① 연료가스, 개질가스가 통하는 부분
② 배기가스, 물, 유체가 통하는 부분
③ 외함
④ 습도가 낮은 환경에서 사용되는 금속

해설

습도가 높은 환경에서 사용되는 금속 부분에 염수분무를 실시한다.

정답 104.① 105.④ 106.③ 107.④ 108.④

109 옥외용 및 강제배기식 수소 추출설비의 살수성능 시험방법으로 살수 시 항목별 점화성능 기준에 해당하지 않는 것은?

① 점화 ② 불꽃모양
③ 불옮김 ④ 연소상태

110 다음은 수소 추출설비에서 촉매버너를 제외한 버너의 운전성능에 대한 내용이다. ( ) 안에 맞는 수치로만 나열된 것은?

> 버너가 점화되기 전에는 항상 연소실이 프리퍼지되는 것으로 해야 하는데 송풍기 정격효율에서의 송풍속도로 프리퍼지하는 경우 프리퍼지 시간은 ( )초 이상으로 한다. 다만, 연소실을 ( )회 이상 치환할 수 있는 공기를 송풍하는 경우에는 프리퍼지 시간을 30초 이상으로 하지 않을 수 있다. 또한 프리퍼지가 완료되지 않는 경우 점화장치가 작동되지 않는 것으로 한다.

① 10, 5 ② 20, 5
③ 30, 5 ④ 40, 5

111 수소 추출설비에서 촉매버너를 제외한 버너의 운전성능에 대한 다음 내용 중 ( ) 안에 들어갈 수치가 틀린 것은?

> 점화는 프리퍼지 직후 자동으로 되는 것으로 하며, 정격주파수에서 정격전압의 (㉮)% 전압으로 (㉯)회 중 3회 모두 점화되는 것으로 한다. 다만, 3회 중 (㉰)회가 점화되지 않는 경우에는 추가로 (㉱)회를 실시하여 모두 점화되는 것으로 한다. 또한 점화로 폭발이 되지 않는 것으로 한다.

① ㉮ 90 ② ㉯ 3
③ ㉰ 1 ④ ㉱ 3

해설
3회 중 1회가 점화되지 않는 경우에는 추가로 2회를 실시하여 모두 점화되어야 하므로 총 5회 중 4회 점화

112 수소 추출설비 버너의 운전성능에서 가스공급을 개시할 때 안전밸브가 3가지 조건을 모두 만족 시 작동되어야 한다. 3가지 조건에 들지 않는 것은?

① 규정에 따른 프리퍼지가 완료되고 공기압력감시장치로부터 송풍기가 작동되고 있다는 신호가 올 것
② 가스압력장치로부터 가스압력이 적정하다는 신호가 올 것
③ 점화장치는 안전을 위하여 꺼져 있을 것
④ 파일럿 화염으로 버너가 점화되는 경우에는 파일럿 화염이 있다는 신호가 올 것

해설
점화장치는 켜져 있을 것

113 수소 추출설비의 화염감시장치에서 표시가스 소비량이 몇 kW 초과하는 버너는 시동 시 안전차단시간 내에 화염이 검지되지 않을 때 버너가 자동폐쇄 되어야 하는가?

① 10kW
② 20kW
③ 30kW
④ 50kW

114 수소 추출설비의 화염감시에서 불꺼짐 시 안전장치 작동의 주역할은 무엇인가?

① 생가스 누출 방지
② 누출 시 검지장치 작동
③ 누출 시 퓨즈콕 폐쇄
④ 누출 시 착화 방지

115 수소 추출설비의 화염감시에서 불꺼짐 시 안전장치가 작동되어야 하는 화염의 형태는 어느 것인가?

① 리프팅
② 백파이어
③ 옐로팁
④ 블루오프

정답 109.② 110.③ 111.④ 112.③ 113.④ 114.① 115.④

116 수소 추출설비 운전 중 이상사태 시 버너의 안전장치가 작동하여 가스의 공급이 차단되어야 하는 경우가 아닌 것은?

① 제어에너지가 단절된 경우 또는 조절장치나 감시장치로부터 신호가 온 경우
② 가스압력감시장치로부터 버너에 대한 가스의 공급압력이 소정의 압력 이하로 강하하였다고 신호가 온 경우
③ 가스압력감시장치로부터 버너에 대한 가스의 공급압력이 소정의 압력 이상으로 상승하였다고 신호가 온 경우. 다만, 공급가스압력이 8.4kPa 이하인 경우에는 즉시 화염감시장치로 안전차단밸브에 차단신호를 보내 가스의 공급이 차단되도록 하지 않을 수 있다.
④ 공기압력감시장치로부터 연소용 공기압력이 소정의 압력 이하로 강하하였다고 신호가 온 경우 또는 송풍기의 작동상태에 이상이 있다고 신호가 온 경우

해설

③ 공급압력이 3.3kPa 이하인 경우에는 즉시 화염감시장치로 안전차단밸브에 차단신호를 보내 가스의 공급이 차단되도록 하지 않을 수 있다.

117 수소 추출설비의 버너 이상 시 안전한 작동정지의 주기능은 무엇인가?

① 역화소화음 방지
② 선화 방지
③ 블루오프 소음음 방지
④ 옐로팁 소음음 방지

해설

안전한 작동정지(역화 및 소화음 방지) : 정상운전상태에서 버너의 운전을 정지시키고자 하는 경우 최대연료소비량이 350kW를 초과하는 버너는 최대가스소비량의 50% 미만에서 이루어지는 것으로 한다.

118 수소 추출설비의 누설전류시험 시 누설전류는 몇 mA이어야 하는가?

① 1mA ② 2mA
③ 3mA ④ 5mA

119 수소 추출설비의 촉매버너 성능에서 반응실패로 잠긴 시간은 정격가스소비량으로 가동 중 반응실패를 모의하기 위해 반응기 온도를 모니터링하는 온도센서를 분리한 시점부터 공기과잉 시스템의 경우 연료 차단시점, 연료과잉 시스템의 경우 공기 및 연료 공급 차단시점까지 몇 초 초과하지 않아야 하는가?

① 1초
② 2초
③ 3초
④ 4초

120 수소 추출설비의 연소상태 성능에 대한 내용 중 틀린 것은?

① 배기가스 중 CO 농도는 정격운전 상태에서 30분 동안 5초 이하의 간격으로 측정된 이론건조연소가스 중 CO 농도(이하 "CO%"라 한다)의 평균값은 0.03% 이하로 한다.
② 이론건조연소가스 중 NO_x의 제한농도 1등급은 70(mg/kWh)이다.
③ 이론건조연소가스 중 NO_x의 제한농도 2등급은 100(mg/kWh)이다.
④ 이론건조연소가스 중 NO_x의 제한농도 3등급은 200(mg/kWh)이다.

해설

등급별 제한 NO_x 농도

등급	제한 NO_x 농도(mg/kWh)
1	70
2	100
3	150
4	200
5	260

121 수소 추출설비의 공기감시장치 성능에서 급기구, 배기구 막힘 시 배기가스 중 CO 농도의 평균값은 몇 % 이하인가?

① 0.05% ② 0.06%
③ 0.08% ④ 0.1%

정답 116.③ 117.① 118.④ 119.③ 120.④ 121.②

122 다음 보기 중 수소 추출설비의 부품 내구성능에서의 시험횟수가 틀린 것은?

(1) 자동차단밸브 : 250000회
(2) 자동제어시스템 : 250000회
(3) 전기점화장치 : 250000회
(4) 풍압스위치 : 5000회
(5) 화염감시장치 : 250000회
(6) 이상압력차단장치 : 250000회
(7) 과열방지안전장치 : 5000회

① (2), (3)
② (4), (5)
③ (4), (6)
④ (5), (6)

해설

(4) 풍압스위치 : 250000회
(6) 이상압력차단장치 : 5000회

123 수소 추출설비의 종합공정검사에 대한 내용이 아닌 것은?

① 종합공정검사는 종합품질관리체계 심사와 수시 품질검사로 구분하여 각각 실시한다.
② 심사를 받고자 신청한 제품의 종합품질관리체계 심사는 규정에 따라 적절하게 문서화된 품질시스템 이행실적이 3개월 이상 있는 경우 실시한다.
③ 수시 품질검사는 종합품질관리체계 심사를 받은 품목에 대하여 1년에 1회 이상 사전통보 후 실시한다.
④ 수시 품질검사는 품목 중 대표성 있는 1종의 형식에 대하여 정기 품질검사와 같은 방법으로 한다.

1년에 1회 이상 예고없이 실시한다.

124 수소 추출설비에 대한 내용 중 틀린 것은?

① 정격 수소 생산 효율은 수소 추출시험방법에 따른 제조자가 표시한 값 이상이어야 한다.
② 정격 수소 생산량 성능은 수소 추출설비의 정격운전상태에서 측정된 수소 생산량은 제조사가 표시한 값의 ±5% 이내인 것으로 한다.
③ 정격 수소 생산 압력성능은 수소 추출설비의 정격운전상태에서 측정된 수소 생산압력의 평균값을 제조사가 표시한 값의 ±5% 이내인 것으로 한다.
④ 환기성능에서 환기유량은 수소 추출설비의 외함 내에 체류 가능성이 있는 가연가스의 농도가 폭발하한계 미만이 유지될 수 있도록 충분한 것으로 한다.

환기유량은 폭발하한계 1/4 미만

125 수소 추출설비의 부품 내구성능의 니켈, 카르보닐 배출제한 성능에서 니켈을 포함하는 촉매를 사용하는 반응기에 대한 ( ) 안에 알맞은 온도는 몇 ℃인가?

운전시작 시 반응기의 온도가 ( )℃ 이하인 경우에는 반응기 내부로 연료가스 투입이 제한되어야 한다.

① 100
② 200
③ 250
④ 300

참고 비상정지를 포함한 운전 정지 시 및 종료 시 반응기의 온도가 250℃ 이하로 내려가기 전에 반응기의 내부로 연결가스 투입이 제한되어야 하며, 반응기 내부의 가스는 외부로 안전하게 배출되어야 한다.

126 아래의 보기 중 청정수소에 해당되지 않는 것은?

① 무탄소 수소
② 저탄소 수소
③ 저탄소 수소화합물
④ 무탄소 수소화합물

정답 122.③ 123.③ 124.④ 125.③ 126.④

해설
- 무탄소 수소 : 온실가스를 배출하지 않는 수소
- 저탄소 수소 : 온실가스를 기준 이하로 배출하는 수소
- 저탄소 수소 화합물 : 온실가스를 기준 이하로 배출하는 수소 화합물
- 수소발전 : 수소 또는 수소화합물을 연료로 전기 또는 열을 생산하는 것

127 다음 중 수소경제이행기본계획의 수립과 관계없는 것은?

① LPG, 도시가스 등 사용연료의 협의에 관한 사항
② 정책의 기본방향에 관한 사항
③ 제도의 수립 및 정비에 관한 사항
④ 기반조성에 관한 사항

해설
②, ③, ④ 이외에
- 재원조달에 관한 사항
- 생산시설 및 수소연료 공급시설의 설치에 관한 사항
- 수소의 수급계획에 관한 사항

128 수소전문투자회사는 자본금의 100분의 얼마를 초과하는 범위에서 대통령령으로 정하는 비율 이상의 금액을 수소전문기업에 투자하여야 하는가?

① 30
② 50
③ 70
④ 100

129 다음 중 수소 특화단지의 궁극적 지정대상 항목은?

① 수소 배관시설
② 수소 충전시설
③ 수소 전기차 및 연료전지
④ 수소 저장시설

130 수소 경제의 기반조성 항목 중 전문인력 양성과 관계가 없는 것은?

① 수소 경제기반 구축에 부합하는 기술인력 양성체제 구축
② 우수인력의 양성
③ 기반 구축을 위한 기술인력의 재교육
④ 수소 충전, 저장 시설 근무자 및 사무요원의 양성기술교육

해설
상기 항목 이외에
수소경제기반 구축에 관한 현장 기술인력의 재교육

131 수소산업 관련 기술개발 촉진을 위하여 추진하는 사항과 거리가 먼 것은?

① 개발된 기술의 확보 및 실용화
② 수소 관련 사업 및 유사연료(LPG. 도시)
③ 수소산업 관련 기술의 협력 및 정보교류
④ 수소산업 관련 기술의 동향 및 수요 조사

132 수소 사업자가 하여서는 안 되는 금지행위에 해당하지 않는 것은?

① 수소를 산업통상자원부령으로 정하는 사용 공차를 벗어나 정량에 미달하게 판매하는 행위
② 인위적으로 열을 증가시켜 부당하게 수소의 부피를 증가시켜 판매하는 행위
③ 정량 미달을 부당하게 부피를 증가시키기 위한 영업시설을 설치, 개조한 경우
④ 정당한 사유 없이 수소의 생산을 중단, 감축 및 출고, 판매를 제한하는 행위

해설
산업통상자원부령 → 대통령령

133 수소연료 공급시설 설치계획서 제출 시 관련 없는 항목은?

① 수소연료 공급시설 공사계획
② 수소연료 공급시설 설치장소
③ 수소연료 공급시설 규모
④ 수소연료 사용시설에 필요한 수소 수급방식

해설
④ 사용시설 → 공급시설
상기 항목 이외에 자금조달방안

정답 127.① 128.② 129.③ 130.④ 131.② 132.① 133.④

134 다음 중 연료전지 설치계획서와 관련이 없는 항목은?

① 연료전지의 설치계획
② 연료전지로 충당하는 전력 및 온도, 압력
③ 연료전지에 필요한 연료공급 방식
④ 자금조달 방안

해설

② 연료전지로 충당하는 전력 및 열비중

135 다음 중 수소 경제 이행에 필요한 사업이 아닌 것은?

① 수소의 생산, 저장, 운송, 활용 관련 기반 구축에 관한 사업
② 수소산업 관련 제품의 시제품 사용에 관한 사업
③ 수소 경제 시범도시, 시범지구에 관한 사업
④ 수소제품의 시범보급에 관한 사업

해설

② 수소산업 관련 제품의 시제품 생산에 관한 사업
상기 항목 이외에
- 수소산업 생태계 조성을 위한 실증사업
- 그 밖에 수소 경제 이행과 관련하여 산업통상자원부 장관이 필요하다고 인정하는 사업

136 수소 경제 육성 및 수소 안전관리자의 자격 선임인원으로 틀린 것은 어느 것인가?

① 안전관리총괄자 1인
② 안전관리부총괄자 1인
③ 안전관리책임자 1인
④ 안전관리원 2인

137 수소 경제 육성 및 수소의 안전관리에 따른 안전관리책임자의 자격에서 양성교육 이수자는 근로기준법에 따른 상시 사용하는 근로자 수가 몇 명 미만인 시설로 한정하는가?

① 5인 ② 8인
③ 10인 ④ 15인

해설

안전관리자의 자격과 선임인원

안전관리자의 구분	자격	선임인원
안전관리 총괄자	해당사업자 (법인인 경우에는 그 대표자를 말한다)	1명
안전관리 부총괄자	해당 사업자의 수소용품 제조시설을 직접 관리하는 최고책임자	1명
안전관리 책임자	일반기계기사 · 화공기사 · 금속기사 · 가스산업기사 이상의 자격을 가진 사람 또는 일반시설 안전관리자 양성교육 이수자 (「근로기준법」에 따른 상시 사용하는 근로자 수가 10명 미만인 시설로 한정한다)	1명 이상
안전관리원	가스기능사 이상의 자격을 가진 사람 또는 일반시설 안전관리자 양성교육 이수자	1명 이상

138 수소 판매 및 수소의 보고내용 중 틀린 항목은?

① 보고의 내용은 수소의 종류별 체적단위(Nm^3)의 정상판매가격이다.
② 보고방법은 전자보고 및 그 밖의 적절한 방법으로 한다.
③ 보고기한은 판매가격 결정 또는 변경 후 24시간 이내이다.
④ 전자보고란 인터넷 부가가치통신망(UAN)을 말한다.

해설

보고의 내용은 수소의 종류별 중량(kg)단위의 정상판매가격이다.

139 수소용품의 검사를 생략할 수 있는 경우가 아닌 것은?

① 검사를 실시함으로 수소용품의 성능을 떨어뜨릴 우려가 있는 경우
② 검사를 실시함으로 수소용품에 손상을 입힐 우려가 있는 경우
③ 검사 실시의 인력이 부족한 경우
④ 산업통상자원부 장관이 인정하는 외국의 검사기관으로부터 검사를 받았음이 증명되는 경우

정답 134.② 135.② 136.④ 137.③ 138.① 139.③

140 다음 [보기]는 수소용품 제조시설의 안전관리자에 대한 내용이다. 맞는 것은?

> ㉮ 허가관청이 안전관리에 지장이 없다고 인정하면 수소용품 제조시설의 안전관리책임자를 가스기능사 이상의 자격을 가진 사람 또는 일반시설 안전관리자 양성교육 이수자로 선임할 수 있으며, 안전관리원을 선임하지 않을 수 있다.
> ㉯ 수소용품 제조시설의 안전관리책임자는 같은 사업장에 설치된 「고압가스안전관리법」에 따른 특정고압가스 사용신고시설, 「액화석유가스의 안전관리 및 사업법」에 따른 액화석유가스 특정사용시설 또는 「도시가스사업법」에 따른 특정가스 사용시설의 안전관리책임자를 겸할 수 있다.

① ㉮의 보기가 올바른 내용이다.
② ㉯의 보기가 올바른 내용이다.
③ ㉮는 올바른 보기, ㉯는 틀린 보기이다.
④ ㉮, ㉯ 모두 올바른 내용이다.

정답 140.④

PART 2

가스 안전관리

1 고압가스 안전관리
2 LPG 안전관리
3 도시가스 안전관리법
4 고법 · 액법 · 도법(공통분야)

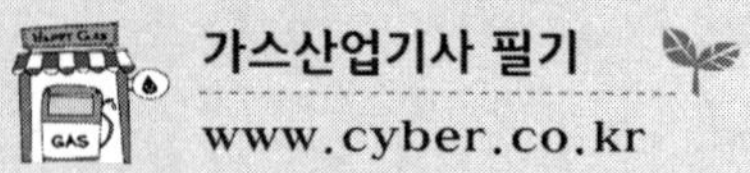
GAS
가스산업기사 필기
www.cyber.co.kr

chapter 1 고압가스 안전관리

가스 안전관리 과목에서 제1장의 출제기준을 알려주세요.

제1장은 고압가스의 제조 및 공급 · 충전과 가스의 성질에 관한 안전으로서 가연성, 독성, 기타 가스의 사용취급에 관련된 내용입니다.

01 고압가스 안전관리

1 고압가스 안전관리법

(1) 고압가스 안전관리법의 적용을 받는 고압가스와 법의 적용을 받지 않는 고압가스

적용 고압가스	적용범위에서 제외되는 고압가스
① 상용 35℃에서 1MPa(g) 이상 압축가스 ② 15℃에서 0Pa(g)을 초과하는 아세틸렌가스 ③ 상용온도에서 0.2MPa(g) 이상 액화가스로서 실제 그 압력이 0.2MPa(g) 이상되는 것 또는 0.2MPa(g)되는 경우 35℃ 이하인 액화가스 ④ 35℃에서 0Pa를 초과하는 액화가스 중 액화시안화수소, 액화브롬화메탄 및 액화산화에틸렌가스	① 에너지이용합리화법의 적용을 받는 그 도관 안의 고압증기 ② 철도차량의 에어컨디셔너 안의 고압가스 ③ 선박안전법의 적용을 받는 선박 안의 고압가스 ④ 광산보안법의 적용을 받는 광산 · 광업 설비 안 고압가스 ⑤ 전기사업법에 따른 가스를 압축, 액화, 그 밖의 방법으로 처리하는 그 전기설비 안의 고압가스 ⑥ 원자력법의 적용을 받는 원자로 및 그 부속설비 안의 고압가스 ⑦ 내연기관 또는 토목공사에 사용되는 압축장치 안의 고압가스 ⑧ 오토클레이브 안의 고압가스(단, 수소, 아세틸렌, 염화비닐은 제외) ⑨ 액화브롬화메탄 제조설비 외에 있는 액화브롬화메탄 ⑩ 등화용의 아세틸렌 ⑪ 청량음료수, 과실수, 발포성 주류 고압가스 ⑫ 냉동능력 3톤 미만 고압가스 ⑬ 내용적 1L 이하 소화기용 고압가스

(2) 독성, 가연성 가스의 정의

구 분		정 의
독성 가스	LC 50 (1hr, rdt)	성숙한 흰쥐의 집단에서 1시간 흡입실험에 의해 14일 이내에 실험동물의 50%가 사망할 수 있는 농도로서 허용농도 100만분의 5000 이하가 독성 가스이다.
	TLV-TWA	정상인이 1일 8시간 주 40시간 통상적인 작업을 수행함에 있어 건강상 나쁜 영향을 미치지 아니하는 정도의 공기 중 가스의 농도를 말한다. 100만분의 200 이하가 독성 가스이다.
가연성 가스		① 폭발한계 하한이 10% 이하 ② 폭발한계 상한과 하한의 차이가 20% 이상인 것

※ 현행 법규에는 LC 50을 기준으로 하며

1. TLV-TWA는 ① 가스누설경보기
   ② 벤트스택 착지농도
   ③ 0종, 1종 독성 가스 종류 등 일부에만 적용
2. LC 50을 기준으로 200ppm 이하를 맹독성 가스라고 함.

(3) 중요 독성 가스의 폭발범위

가스 명칭	폭발범위(%)	가스 명칭	폭발범위(%)
C_2H_2(아세틸렌)	2.5~81	CH_4(메탄)	5~15
C_2H_4O(산화에틸렌)	3~80	C_2H_6(에탄)	3~12.5
H_2(수소)	4~75	C_2H_4(에틸렌)	2.7~36
CO(일산화탄소)	12.5~74	C_3H_8(프로판)	2.1~9.5
HCN(시안화수소)	6~41	C_4H_{10}(부탄)	1.8~8.4
CS_2(이황화탄소)	1.2~44	NH_3(암모니아)	15~28
H_2S(황화수소)	4.3~45	CH_3Br(브롬화메탄)	13.5~14.5

※ NH_3, CH_3Br은 가연성 정의에 관계 없이 안전관리법의 규정으로 가연성 가스라 간주함.

(4) 중요 독성 가스의 허용농도

LC 50값이 200ppm 이하인 경우에는 맹독성으로 분류

가스명	허용한도(ppm)		가스명	허용한도(ppm)		가스명	허용한도(ppm)	
	LC 50	TLV-TWA		LC 50	TLV-TWA		LC 50	TLV-TWA
암모니아(NH_3)	7338	25	염화수소	3120	5	벤젠	13700	1
일산화탄소(CO)	3760	50	니켈카보닐	20		오존(O_3)	9	0.1
이산화황	2520	10	모노메틸아민	7000	10	포스겐($COCl_2$)	5	0.1
브롬화수소	2860	3	디에틸아민	11100	5	요오드화수소	2860	0.1
염소(Cl_2)	293	1	불화수소	966	3	트리메틸아민	7000	5
불소	185	0.1	황화수소(H_2S)	444	10	알진	20	0.05
디보레인	80	0.1	세렌화수소	2	0.05	포스핀	20	0.3
산화에틸렌(C_2H_4O)	2900	1	시안화수소(HCN)	140	10	브롬화메탄(CH_3Br)	850	20

(5) 독성, 가연성이 동시에 해당되는 가스

아크릴로니트릴, 벤젠, 시안화수소, 일산화수소, 산화에틸렌, 염화메탄, 황화수소, 이황화탄소, 석탄가스, 암모니아, 브롬화메탄

☞ **암기법** : **암**모니아와 **브롬**화메탄이 **일산** 신도**시**에 누출되어 **염**화메탄과 같이 **석**탄 **벤**젠**이** 도시를 황색으로 변화시켰다.

TiP

1. **LC 50 기준으로 독성 가스를 분류**
   암모니아, 염화메탄, 실란, 삼불화질소가 5000ppm 이상일 경우 독성 가스에 해당된다.
2. **맹독성 가스** : 200ppm 이하(LC 50 기준)
   포스겐(5ppm), 알진(20ppm), 디보레인(80ppm), 세렌화수소(2ppm), 포스핀(20ppm), 모노게르만(20ppm), 아크릴알데히드(65ppm), 불소(185ppm), 시안화수소(140ppm), 오존(9ppm), 니켈카보닐(20ppm)

(6) 용어의 정리

① 저장탱크 : (고정) 설치된 것

② 용기 : (이동) 가능한 것

③ 저장설비 : 저장탱크 및 충전용기 보관설비

④ 충전용기 : 가스가 $\frac{1}{2}$ 이상 충전되어 있는 것

⑤ 잔가스용기 : 가스가 $\frac{1}{2}$ 미만인 용기

⑥ 초저온용기 : 충전가스가 섭씨 영하 50℃ 이하인 용기

⑦ 처리능력 : 1일에 0℃(0Pa(g)) 이상을 처리할 수 있는 양

⑧ 처리설비 : 고압가스 제조에 필요한 펌프 · 압축기 기화장치

⑨ 불연재료 : 콘크리크 · 벽돌 등 불에 타지 않는 것

(7) 보호시설

구 분 / 종 류	면 적	300인 이상인 장소	20인 이상인 장소	그 밖의 장소
1종	$1000m^2$ 이상인 곳	① 예식장 ② 장례식장 ③ 전시장	① 아동복지시설 ② 심신장애복지시설	학교, 유치원, 어린이집, 놀이방, 학교, 병원, 도서관, 시장, 공중목욕탕, 극장, 교회, 공회당, 호텔 및 여관, 청소년 수련시설, 경로당, 문화재
2종	① 면적 $100m^2$ 이상 $1000m^2$ 미만의 장소 ② 주택			

2 고압가스 특정제조

(1) 시설의 위치

항 목	시설별 이격거리
안전구역 내 고압가스설비	당해 안전구역에 인접하는 다른 안전구역설비와 30m 이격
제조설비	당해 제조소 경계와 20m 이격
가연성 가스 저장탱크	처리능력 20만m^3 압축기와 30m 이격
인터록(Interlock) 기구	고압설비 내에서 이상사태 발생 시 자동으로 원재료의 공급을 차단시키는 장치

(2) 고압가스 특정제조 시설 · 누출확산 방지조치(KGS FP111 2.5.8.4)

시가지, 하천, 터널, 도로, 수로, 사질토, 특수성 지반(해저 제외) 배관 설치 시 고압가스 종류에 따라 안전한 방법으로 가스의 누출확산 방지조치를 한다. 이 경우 고압가스의 종류, 압력, 배관의 주위상황에 따라 배관을 2중관으로 하고, 가스누출 검지경보장치를 설치한다.

(3) 이중관 설치 독성 가스

구 분		해당 가스
독성 가스 중 이중관 설치 가스 및 누출확산 방지조치 대상가스		아황산, 암모니아, 염소, 염화메탄, 산화에틸렌, 시안화수소, 포스겐, 황화수소
하천수로 횡단 시	이중관	아황산, 염소, 시안화수소, 포스겐, 황화수소, 불소, 아크릴알데히드
	방호구조물에 설치하는 것	하천수로 횡단 시 이중관에 설치하는 독성 가스를 제외한 그 이외의 독성 가스
이중관의 규격		외층관 내경=내층관 외경×1.2배 이상

(4) 산업통상자원부령으로 정하는 고압가스 관련 설비(특정설비)

① 안전밸브 · 긴급차단장치 · 역화방지장치
② 기화장치
③ 압력용기
④ 자동차용 가스 자동주입기
⑤ 독성 가스 배관용 밸브
⑥ 냉동설비(일체형 냉동기는 제외)를 구성하는 압축기 · 응축기 · 증발기 또는 압력용기
⑦ 특정고압가스용 실린더 캐비닛
⑧ 자동차용 압축천연가스 완속충전설비(처리능력이 시간당 18.5m^3 미만인 충전설비를 말함)
⑨ 액화석유가스용 용기 잔류가스 회수장치

(5) 특정고압가스 · 특수고압가스

특정고압가스	특수고압가스	특정고압가스인 동시에 특수고압가스
수소, 산소, 액화암모니아, 아세틸렌, 액화염소, 천연가스, 압축모노실란, 압축디보레인, 액화알진, 포스핀, 셀렌화수소, 게르만, 디실란, 오불화비소, 오불화인, 삼불화인, 삼불화질소, 삼불화붕소, 사불화유황, 사불화규소	포스핀, 압축모노실란, 디실란, 압축디보레인, 액화알진, 세렌화수소, 게르만	포스핀, 셀렌화수소, 게르만, 디실란

(6) 가스누출경보기 및 자동차단장치 설치(KGS FU211 2.8.2, FP211 2.6.2)

<table>
<tr><th colspan="2">항 목</th><th colspan="2">간추린 세부 핵심내용</th></tr>
<tr><td colspan="2">설치 대상가스</td><td colspan="2">독성 가스, 공기보다 무거운 가연성 가스 저장설비</td></tr>
<tr><td colspan="2">설치 목적</td><td colspan="2">가스누출 시 신속히 검지하여 대응조치하기 위함</td></tr>
<tr><td rowspan="2">검지경보장치</td><td>기능</td><td colspan="2">가스누출을 검지농도 지시함과 동시에 경보하되 담배연기, 잡가스에는 경보하지 않을 것</td></tr>
<tr><td>종류</td><td colspan="2">접촉연소방식, 격막갈바니 전지방식, 반도체방식</td></tr>
<tr><td rowspan="3">가스별 경보농도</td><td>가연성</td><td colspan="2">폭발하한계의 1/4 이하에서 경보</td></tr>
<tr><td>독성</td><td colspan="2">TLV-TWA 기준농도 이하</td></tr>
<tr><td>NH_3</td><td colspan="2">실내에서 사용 시 TLV-TWA 50ppm 이하</td></tr>
<tr><td rowspan="2">경보기 정밀도</td><td>가연성</td><td colspan="2">±25% 이하</td></tr>
<tr><td>독성</td><td colspan="2">±30% 이하</td></tr>
<tr><td rowspan="2">검지에서 발신까지 걸리는 시간</td><td>NH_3, CO</td><td rowspan="2">경보농도의 1.6배 농도에서</td><td>60초 이내</td></tr>
<tr><td>그 밖의 가스</td><td>30초 이내</td></tr>
<tr><td rowspan="3">지시계 눈금</td><td>가연성</td><td colspan="2">0 ~ 폭발하한계값</td></tr>
<tr><td>독성</td><td colspan="2">TLV-TWA 기준농도의 3배값</td></tr>
<tr><td>NH_3</td><td colspan="2">실내에서 사용 시 150ppm</td></tr>
</table>

TIP

1. 가스누출 시 경보를 발신 후 그 농도가 변화하여도 계속 경보하고 대책강구 후 경보가 정지되게 한다.
2. 검지에서 발신까지 걸리는 시간에서 CO, NH_3가 타 가스와 달리 60초 이내 경보하는 이유는 폭발하한이 CO(12.5%), NH_3(15%)로 너무 높아 그 농도 검지에 시간이 타 가스에 비해 많이 소요되기 때문이다.

(7) 가스누출 검지경보장치의 설치장소 및 검지경보장치 검지부 설치 수

법규에 따른 구분	바닥면 둘레(m)	1개 이상의 비율로 설치
고압가스	10	건축물 내
	20	건축물 밖
	20	가열로 발화원이 있는 제조설비 주위
	10	특수반응설비
액화석유가스	10	건축물 내
	20	용기보관장소, 용기저장실, 건축물 밖
도시가스	20	지하정압기실을 포함한 정압기실
그 밖의 1개 이상의 설치장소	① 계기실 내부 1개 이상 ② 방류둑 내 저장탱크마다 1개 이상 ③ 독성 가스 충전용 접속군 주위 1개 이상	

(8) 배관의 감시장치에서 경보하는 경우와 이상사태가 발생한 경우

구 분 / 변동사항	경보하는 경우	이상사태가 발생한 경우
배관 내 압력	상용압력의 1.05배 초과 시(단상용 압력이 4MPa 이상 시 상용압력에 0.2MPa를 더한 압력)	상용압력의 1.1배 초과 시
압력변동	정상압력보다 15% 이상 강하 시	정상압력보다 30% 이상 강하 시
유량변동	정상유량보다 7% 이상 변동 시	정상유량보다 15% 이상 증가 시
고장밸브 및 작동장치	긴급차단밸브 고장 시	가스누설 검지경보장치 작동 시

(9) 긴급차단장치

구 분	내 용
기능	이상사태 발생 시 작동하여 가스 유동을 차단하여 피해확대를 막는 장치(밸브)
적용시설	내용적 5000L 이상 저장탱크
원격조작온도	110℃
동력원(밸브를 작동하게 하는 힘)	유압, 공기압, 전기압, 스프링압
설치위치	① 탱크 내부 ② 탱크와 주밸브 사이 ③ 주밸브의 외측 ※ 단, 주밸브와 겸용으로 사용해서는 안 된다.
긴급차단장치를 작동하게 하는 조작원의 설치위치	
고압가스, 일반 제조시설, LPG법 일반 도시가스사업법	① 고압가스 특정 제조시설 ② 가스도매사업법
탱크 외면 5m 이상	탱크 외면 10m 이상
수압시험 방법	① 연 1회 이상 ② KS B 2304의 방법으로 누설검사

(10) 과압안전장치(KGS FU211 2.8.1, FP211 2.6.1)

항 목		간추린 세부 핵심내용
설치개요(2.8.1)		설비 내 압력이 상용압력 초과 시 즉시 상용압력 이하로 되돌릴 수 있도록 설치
종류(2.8.1.1)	안전밸브	기체 증기의 압력상승방지를 위하여
	파열판	급격한 압력의 상승, 독성 가스 누출, 유체의 부식성 또는 반응생성물의 성상에 따라 안전밸브 설치 부적당 시
	릴리프밸브 또는 안전밸브	펌프 배관에서 액체의 압력상승방지를 위하여
	자동압력제어장치	상기 항목의 안전밸브, 파열판, 릴리프밸브와 병행 설치 시
설치장소(2.8.1.2) 최고허용압력 설계압력 초과 우려 장소	액화가스 고압설비	저장능력 300kg 이상 용기집합장치 설치장소
	압력용기 압축기 (각단) 펌프 출구	압력 상승이 설계압력을 초과할 우려가 있는 곳
	배관	배관 내 액체가 2개 이상 밸브에 의해 차단되어 외부 열원에 의해 열팽창의 우려가 있는 곳
	고압설비 및 배관	이상반응 밸브 막힘으로 설계압력 초과 우려장소

(11) 벤트스택

가스를 연소시키지 않고 대기 중에 방출시키는 파이프 또는 탑, 가스확산 촉진을 위하여 150m/s 이상의 속도가 되도록 파이프경을 결정한다.

① 착지농도
  ㉠ 가연성 : 폭발하한 미만
  ㉡ 독성 : (TLV-TWA)허용농도 미만의 값
② 방출구의 위치
  ㉠ 긴급용 및 공급시설 벤트스택 : 10m
  ㉡ 그 밖의 벤트스택 : 5m
③ 액화가스가 방출되거나 급랭될 우려가 있는 곳에서 기액분리기 설치

(12) 플레어스택(Flare stack)

가연성 가스를 연소에 의하여 처리하는 파이프 또는 탑(복사열 4000kcal/m^2 · h 이하)

(13) 방류둑

액상의 가스가 누설 시 한정된 범위를 벗어나지 않도록 액화가스 저장탱크 주위에 둘러 쌓는 제방

① 적용시설
  ㉠ 고압가스 일반제조(가연성, 산소 : 1000톤, 독성 : 5톤 이상)
  ㉡ 고압가스 특정제조(가연성 : 500톤, 산소 : 1000톤, 독성 : 5톤 이상)
  ㉢ 냉동제조시설(독성 가스를 냉매로 사용 시 수액기 내용적 10000L 이상)

ⓡ 일반 도시가스사업(1000톤 이상)

ⓜ 가스도매사업(500톤 이상)

ⓑ 액화석유가스사업(1000톤 이상)

② 방류둑 용량

㉠ 독 · 가연성 가스 : 저장탱크의 저장능력 상당 용적

㉡ 액화산소 탱크 : 저장탱크의 저장능력 상당 용적의 60% 이상

③ 방류둑의 구조

㉠ 성토의 각도 : 45° 이하

㉡ 정상부 폭 : 30cm 이상

㉢ 출입구 : 둘레 50m마다 1곳씩 계단사다리 출입구를 설치(전 둘레가 50m 미만 시 2곳을 분산 설치)

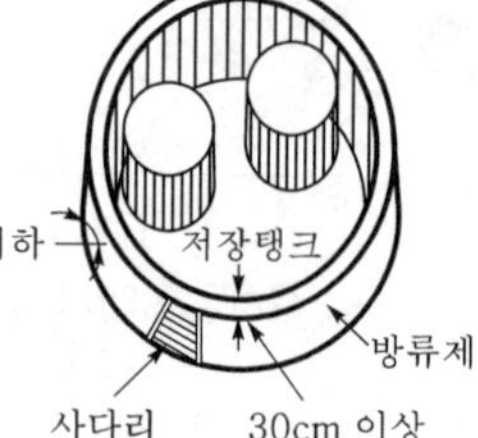

(14) 배관의 설치

① 사업소 밖

㉠ 매몰 설치

건축물 : 1.5m, 지하도로 터널 : 10m, 독성 가스 혼입 우려 수도시설 : 300m, 다른 시설물 : 0.3m

㉡ 도로 밑 매설 : 도로경계와 1m

㉢ 시가지의 도로 노면 밑 : 노면에서 배관 외면 1.5m(방호구조물 안에는 1.2m)

㉣ 시가지 외 도로 노면 밑(노면에서 배관 외면 1.2m)

㉤ 철도부지 밑 매설(궤도 중심 : 4m, 철도부지 경계 : 1m)

㉥ 배관을 지상설치 시 유지하는 공지의 폭

사용압력	공지의 폭
0.2MPa 미만	5m 이상
0.2~1MPa 미만	9m 이상
1MPa 이상	15m 이상

㉦ 하천 횡단 매설(하천을 횡단 시 교량에 설치)

㉧ 해저설치

- 다른 배관과 교차하지 않을 것
- 다른 배관과 수평거리 30m 이상

② 사업소 안의 배관 매몰설치

㉠ 배관은 지면으로부터 1m 이상 깊이에 매설

㉡ 도로 폭 8m 이상 공도의 횡단부 지하에는 지면으로부터 1.2m 이상 깊이 매설

㉢ ㉠, ㉡의 매설깊이 유지 불가능 시 커버플레이트 강제 케이싱을 사용하여 보호

㉣ 철도 횡단부 지하에는 지면 1.2m 이상 깊이 또는 강제 케이싱으로 보호

㉤ 지하철도(전철) 등을 횡단하여 매설하는 배관에는 전기방식 조치 강구

02 고압가스 일반제조

1 제조

(1) 저장능력 계산

압축가스	액화가스		
	저장탱크	소형 저장탱크	용 기
$Q=(10P+1)V$	$W=0.9dV$	$W=0.85dV$	$W=\frac{V}{C}$
여기서, Q : 저장능력(m^3) P : 35℃의 F_P(MPa) V : 내용적(m^3)	여기서, W : 저장능력(kg) d : 액비중(kg/L) V : 내용적(L) C : 충전상수(Cl_2 : 0.8, NH_3 : 1.86, C_3H_8 : 2.35)		

예제 1. 액비중 0.45인 산소탱크 10000L의 저장탱크의 저장능력은?

풀이 $W=0.9dV=0.9\times0.45\text{kg/L}\times10000\text{L}=4050\text{kg}$

예제 2. 내용적 50L 암모니아 용기의 충전량(kg)은?

풀이 $W=\frac{V}{C}=\frac{50}{1.86}=26.88\text{kg}$

(2) 방호벽

적용 시설				
법 규	시설 구분		설치장소	
고압가스	일반제조	C_2H_2 가스 또는 압력 9.8MPa 이상 압축가스 충전 시의 압축기	압축기	① 당해 충전장소 사이 ② 당해 충전용기 보관장소 사이
			당해 충전장소	① 당해 가스 충전용기 보관장소 ② 당해 충전용 주관 밸브
	고압가스 판매시설		용기보관실의 벽	
	충전시설		저장탱크	가스 충전장소, 사업소 내 보호시설
	특정고압가스 사용 시설		압축가스	저장량 $60m^3$ 이상 용기보관실벽
			액화가스	저장량 300kg 이상 용기보관실벽
LPG	판매시설		용기보관실의 벽	
도시가스	지하 포함		정압기실	

방호벽의 종류				
구조 \ 종류	철근콘크리트	콘크리트블록	강판제	
			후강판	박강판
높이	2000mm 이상	2000mm 이상	2000mm 이상	2000mm 이상
두께	120mm 이상	150mm 이상	6mm 이상	3.2mm 이상
규격	① 직경 9mm 이상 ② 가로, 세로 400mm 이하 간격으로 배근 결속	① 직경 9mm 이상 ② 가로, 세로 400mm 이하 간격으로 배근 결속 블록 공동부에 콘크리트 몰탈을 채움	1800mm 이하의 간격으로 지주를 세움	30mm×30mm 앵글강을 가로, 세로 400mm 이하로 용접 보강한 강판을 1800mm 이하 간격으로 지주를 세움

(3) 물분무장치

시설별 \ 구분	저장탱크 전표면	준내화구조	내화구조
탱크 상호 1m 또는 최대직경 1/4 길이 중 큰 쪽과 거리를 유지하지 않은 경우	8L/min	6.5L/min	4L/min
저장탱크 최대직경의 1/4보다 적은 경우	7L/min	4.5L/min	2L/min

① 조작위치 : 15m(탱크 외면 15m 이상 떨어진 위치) ② 연속분무 가능시간 : 30분
③ 소화전의 호스 끝 수압 : 0.3MPa ④ 방수능력 : 400L/min

물분무장치가 없을 경우 탱크의 이격거리	탱크의 직경을 각각 D_1, D_2라고 했을 때	
	$(D_1+D_2)\times\frac{1}{4}>1\text{m}$일 때	그 길이 유지
	$(D_1+D_2)\times\frac{1}{4}<1\text{m}$일 때	1m 유지
저장탱크를 지하에 설치 시	상호간 1m 이상 유지	

(4) 에어졸 제조설비

구 조	내 용	기타 항목
내용적	1L 미만	① 정량을 충전할 수 있는 자동충전기 설치 ② 인체, 가정 사용, 제조시설에는 불꽃길이 시험장치 설치 ③ 분사제는 독성이 아닐 것 ④ 인체에 사용 시 20cm 이상 떨어져 사용 ⑤ 특정부위에 장시간 사용하지 말 것
용기재료	강, 경금속	
금속제 용기두께	0.125mm 이상	
내압시험압력	0.8MPa	
가압시험압력	1.3MPa	
파열시험압력	1.5MPa	
누설시험온도	46~50℃ 미만	
화기와 우회거리	8m 이상	
불꽃길이 시험온도	24℃ 이상 26℃ 이하	
시료	충전용기 1조에서 3개 채취	
버너와 시료간격	15cm	
버너 불꽃길이	4.5cm 이상 5.5cm 이하	

<table>
<tr><th colspan="2">제품 기재사항</th></tr>
<tr><td>가연성</td><td>① 40℃ 이상 장소에 보관하지 말 것
② 불 속에 버리지 말 것
③ 사용 후 잔가스 제거 후 버릴 것
④ 밀폐장소에 보관하지 말 것</td></tr>
<tr><td>가연성 이외의 것</td><td>상기 항목 이외에
① 불꽃을 향해 사용하지 말 것
② 화기부근에서 사용하지 말 것
③ 밀폐실 내에서 사용 후 환기시킬 것</td></tr>
</table>

(5) 시설별 이격거리

시 설	이격거리
가연성 제조시설과 타가연성 제조시설	5m 이상
가연성 제조시설과 산소 제조시설	10m 이상
액화석유가스 충전용기와 잔가스용기	1.5m 이상
탱크로리와 저장탱크	3m 이상

(6) 고압가스 제조설비의 정전기 제거설비 설치

<table>
<tr><th colspan="2">항 목</th><th>내 용</th></tr>
<tr><td rowspan="2">가연성 제조설비의 접지 저항치</td><td>총합</td><td>100Ω</td></tr>
<tr><td>피뢰설비가 있는 경우</td><td>10Ω</td></tr>
<tr><td colspan="2">단독으로 접지하는 설비</td><td>탑류, 저장탱크 열교환기, 회전기계, 벤트스택</td></tr>
<tr><td colspan="2">본딩용 접속선으로 접속하여 접지하는 경우</td><td>기계가 복잡하게 연결되어 있는 경우 및 배관 등으로 연속되어 있는 경우</td></tr>
</table>

(7) 안전밸브 작동 검사주기

구 분	점검주기
압축기 최종단	1년 1회
그 밖의 안전밸브	2년 1회

(8) 안전밸브 형식 및 종류

종 류	해당 가스
가용전식	C_2H_2, Cl_2, C_2H_2O
파열판식	압축가스
스프링식	가용전식, 파열판식을 제외한 모든 가스(가장 널리 사용)
중추식	거의 사용 안함

(9) 용기밸브 충전구나사

구 분		해당 가스
왼나사	해당 가스	가연성 가스(NH_3, CH_3Br 제외)
	전기설비	방폭구조로 시공
오른나사	해당 가스	NH_3, CH_3Br 및 가연성 이외의 모든 가스
	전기설비	방폭구조로 시공할 필요 없음
A형		충전구나사 숫나사
B형		충전구나사 암나사
C형		충전구에 나사가 없음

(10) 고압가스 저장시설

구 분		이격거리 및 설치기준
화기와 우회거리	가연성 산소설비	8m 이상
	그 밖의 가스설비	2m 이상
유동방지시설	높이	2m 이상 내화성의 벽
	가스설비 및 화기와 우회 수평거리	8m 이상
불연성 건축물 안에서 화기 사용 시	수평거리 8m 이내에 있는 건축물 개구부	방화문 또는 망입유리로 폐쇄
	사람이 출입하는 출입문	2중문의 시공

2 고압가스 용기

(1) 용기 안전점검 유지관리(고법 시행규칙 별표 18)

① 내·외면을 점검하여 위험한 부식, 금, 주름 등이 있는지 여부 확인
② 도색 및 표시가 되어 있는지 여부 확인
③ 스커트에 찌그러짐이 있는지, 사용할 때 위험하지 않도록 적정간격을 유지하고 있는지 확인
④ 유통 중 열영향을 받았는지 점검하고, 열영향을 받은 용기는 재검사 실시
⑤ 캡이 씌워져 있거나 프로텍터가 부착되어 있는지 여부 확인
⑥ 재검사 도래 여부 확인
⑦ 아랫부분 부식상태 확인
⑧ 밸브의 몸통 충전구나사, 안전밸브에 지장을 주는 흠, 주름, 스프링 부식 등이 있는지 확인
⑨ 밸브의 그랜드너트가 고정핀에 의하여 이탈방지 조치가 되어 있는지 여부 확인
⑩ 밸브의 개폐조작이 쉬운 핸들이 부착되어 있는지 여부 확인
⑪ 충전가스 종류에 맞는 용기 부속품이 부착되어 있는지 여부 확인

(2) 용기의 C, P, S 함유량(%)

성 분 / 용기 종류	C(%)	P(%)	S(%)
무이음용기	0.55 이하	0.04 이하	0.05 이하
용접용기	0.33 이하	0.04 이하	0.05 이하

(3) 항구증가율(%)

항 목		세부 핵심내용
공식		$\frac{\text{항구증가량}}{\text{전증가량}} \times 100$
합격기준	신규검사	10% 이하
	재검사	10% 이하(질량검사 95% 이상 시)
		6% 이하(질량검사 90% 이상 95% 미만 시)

(4) 용기의 각인사항

기 호	내 용	단 위
V	내용적	L
W	초저온용기 이외의 용기에 밸브 부속품을 포함하지 아니한 용기 질량	kg
T_W	아세틸렌용기에 있어 용기 질량에 다공물질 용제 및 밸브의 질량을 합한 질량	kg
T_P	내압시험압력	MPa
F_P	최고충전압력	MPa
t	500L 초과 용기 동판 두께	mm
그 외의 표시사항		
① 용기 제조업자의 명칭 또는 약호 ② 충전하는 명칭 ③ 용기의 번호		

(5) 용기 종류별 부속품의 기호

기 호	내 용
AG	C_2H_2 가스를 충전하는 용기의 부속품
PG	압축가스를 충전하는 용기의 부속품
LG	LPG 이외의 액화가스를 충전하는 용기의 부속품
LPG	액화석유가스를 충전하는 용기의 부속품
LT	초저온 · 저온 용기의 부속품

(6) 법령에서 사용되는 압력의 종류

구 분	세부 핵심내용
T_P(내압시험압력)	용기 및 탱크 배관 등에 내압력을 가하여 견디는 정도의 압력
F_P(최고충전압력)	① 압축가스의 경우 35℃에서 용기에 충전할 수 있는 최고의 압력 ② 압축가스는 최고충전압력 이하로 충전 ③ 액화가스의 경우 내용적의 90% 이하 또는 85% 이하로 충전
A_P(기밀시험압력)	누설 유무를 측정하는 압력
상용압력	내압시험압력 및 기밀시험압력의 기준이 되는 압력으로 사용상태에서 해당 설비 각 부에 작용하는 최고사용압력
안전밸브 작동압력	설비, 용기 내 압력이 급상승 시 작동 일부 또는 전부의 가스를 분출시킴으로 설비 용기 자체가 폭발 파열되는 것을 방지하도록 안전밸브를 작동시키는 압력

<table>
<tr><td rowspan="13">상호관계</td><td>용기별</td><td colspan="4">용기 분야</td></tr>
<tr><td>용기 구분 / 압력별</td><td>압축가스</td><td>저온 · 초저온 용기</td><td>액화가스 용기</td><td>C_2H_2 용기</td></tr>
<tr><td>F_P</td><td>$T_P \times \frac{3}{5}$
(35℃의 용기충전 최고압력)</td><td>상용압력 중 최고의 압력</td><td>$T_P \times \frac{3}{5}$</td><td>15℃에서 1.5MPa</td></tr>
<tr><td>A_P</td><td>F_P</td><td>$F_P \times 1.1$</td><td>F_P</td><td>$F_P \times 1.8 = 1.5 \times 1.8 = 2.7\text{MPa}$</td></tr>
<tr><td>T_P</td><td>$F_P \times \frac{5}{3}$</td><td>$F_P \times \frac{5}{3}$</td><td>법규에서 정한 A, B로 구분된 압력</td><td>$F_P \times 3 = 1.5 \times 3 = 4.5\text{MPa}$</td></tr>
<tr><td>안전밸브 작동압력</td><td colspan="4">$T_P \times \frac{8}{10}$ 이하</td></tr>
<tr><td>설비별</td><td colspan="4">저장탱크 및 배관용기 이외의 설비 분야</td></tr>
<tr><td>법규 구분 / 압력별</td><td>고압가스
액화석유가스</td><td>냉동장치</td><td colspan="2">도시가스</td></tr>
<tr><td>상용압력</td><td>T_P, A_P의 기준이 되는 사용상태에서 해당 설비 각부 최고사용압력</td><td>설계압력</td><td colspan="2">최고사용압력</td></tr>
<tr><td rowspan="2">A_P</td><td rowspan="2">상용압력</td><td rowspan="2">설계압력 이상</td><td>공급시설</td><td>사용시설 및 정압기시설</td></tr>
<tr><td>최고사용압력×1.1배 이상</td><td>8.4kPa 이상 또는 최고사용압력×1.1배 중 높은 압력</td></tr>
<tr><td>T_P</td><td>사용(상용)압력×1.5(물, 공기로 시험 시 상용압력×1.25배)</td><td>설계압력×1.5배(단, 공기, 질소로 시험 시 설계압력×1.25배 이상)</td><td colspan="2">최고사용압력×1.5배 이상(공기, 질소로 시험 시 최고사용압력×1.25배 이상)</td></tr>
<tr><td>안전밸브 작동압력</td><td colspan="4">$T_P \times \frac{8}{10}$ 이하(단, 액화산소탱크의 안전밸브 작동압력은 상용압력×1.5배 이하)</td></tr>
</table>

(7) 압력계 기능 검사주기, 최고눈금의 범위

압력계 종류	기능 검사주기
충전용 주관 압력계	매월 1회 이상
그 밖의 압력계	3월 1회 이상
최고눈금 범위	상용압력의 1.5배 이상 2배 이하

(8) 압축금지 가스

가스 종류	압축금지(%)	가스 종류	압축금지(%)
가연성 중 산소 (C_2H_2, H_2, C_2H_4 제외)	4% 이상	C_2H_2, H_2, C_2H_4 중 산소	2% 이상
산소 중 가연성 (C_2H_2, H_2, C_2H_4 제외)	4% 이상	산소 중 C_2H_2, H_2 C_2H_4	2% 이상

3 저장탱크

(1) 저장탱크 설치방법(지하매설)

① 천장, 벽, 바닥 : 30cm 이상 철근콘크리트로 만든 방

② 저장탱크 주위 : 마른 모래로 채움

③ 탱크 정상부와 지면 : 60cm 이상

④ 탱크 상호간 : 1m 이상

⑤ 가스방출관 : 지상에서 5m 이상

(지상탱크의 방출관 : 탱크 정상부에서 2m 지면에서 5m 중 높은 위치에 설치)

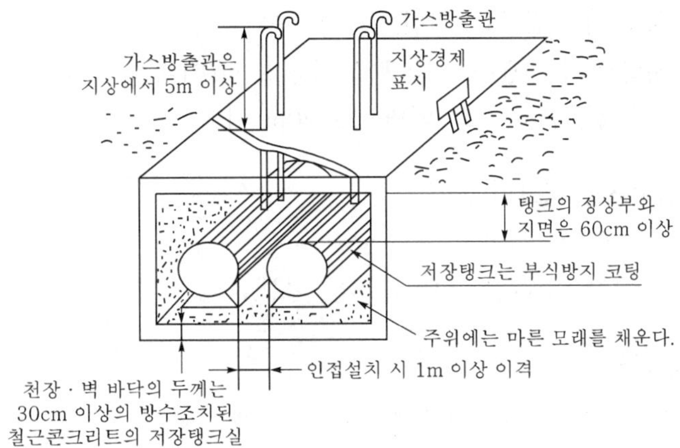

‖ 저장탱크를 지하에 매설하는 경우 ‖

(2) 액면계

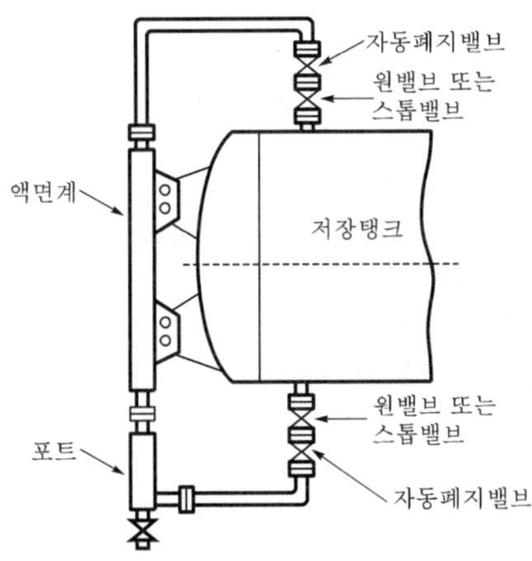

‖ 액면계 구조 ‖

① 액화가스 저장탱크에는 환형 유리관을 제외한 액면계를 설치(단, 산소, 불활성 초저온 저장탱크의 경우는 환형 유리관 가능)
② 액면계의 상하배관에는 자동 및 수동식 스톱밸브 설치
③ 인화중독의 우려가 없는 곳에 설치하는 액면계의 종류 : 고정튜브식, 회전튜브식, 슬립튜브식 액면계

4 시설

(1) 온도상승 방지조치를 하는 거리

① 방류둑 설치 시 : 방류둑 외면 10m 이내
② 방류둑 미설치 시 : 당해 저장탱크 외면 20m 이내
③ 가연성 물질 취급설비 : 그 외면으로 20m 이내

(2) 지반침하 방지용량 탱크의 크기

① 압축가스 : 100m^3 이상
② 액화가스 : 1톤 이상(단, LPG는 3톤 이상)

(3) 고압설비의 강도

① 항복 : 상용압력×2배, 최고사용압력×1.7배
② 압력계의 눈금범위 : 상용압력×1.5배 이상, 상용압력의 2배 이하에 최고 눈금이 있어야 한다.

(4) 안전밸브

① 작동압력 : $T_P \times \frac{8}{10}$배(단, 액화산소 탱크 : 상용압력×1.5배)
② 안전밸브의 분출량 시험

$$Q = 0.0278PW$$

여기서, Q : 분출유량(m^3/min)
P : 작동절대압력(MPa)
W : 용기 내용적(L)

(5) 통신시설

통보범위	통보설비
① 안전관리자가 상주하는 사무소와 현장사무소 사이 ② 현장사무소 상호 간	• 구내전화 • 구내방송설비 • 인터폰 • 페이징 설비
사업소 전체	• 구내방송설비 • 사이렌 • 휴대용 확성기 • 페이징 설비 • 메가폰
종업원 상호 간	• 페이징 설비 • 휴대용 확성기 • 트란시바 • 메가폰
비고	메가폰은 1500m^2 이하에 한한다.

(6) 가연성 산소제조 시 가스분석장소

발생장치, 정제장치, 저장탱크 출구에서 1일 1회 이상

(7) 공기액화분리기 불순물 유입금지

① 액화산소 5L 중 C_2H_2 5mg 이상 시

② 액화산소 5L 중 탄화수소 중 C의 질량이 500mg 이상 시 운전을 중지하고, 액화산소를 방출

③ 공기압축기 내부 윤활유

구 분 / 잔류탄소 질량	인화점	교반조건	교반시간
1% 이하	200℃	170℃	8시간
1~1.5%	230℃	170℃	12시간

(8) 나사게이지로 검사하는 압력

상용압력 19.6MPa 이상

(9) 음향검사 및 내부조명검사 대상가스

액화암모니아, 액화탄산가스, 액화염소

(10) 가스의 폭발종류 및 안정제

항 목 / 가스 종류	폭발의 종류	안정제
C_2H_2	분해	N_2, CH_4, CO, C_2H_4
C_2H_4O	분해, 중합	N_2, CO_2, 수증기
HCN	중합	황산, 아황산, 동 · 동망, 염화칼슘, 오산화인

(11) 밀폐형의 수전해조

액면계, 자동급수장치 설치

(12) 다공도의 진동시험

다공도	바닥기준	낙하높이	낙하횟수	판 정
80% 이상	강괴	7.5cm	1000회 이상	침하 공동 갈라짐이 없을 것
80% 미만	목재연와	5cm	1000회 이상	공동이 없고, 침하량이 3mm 이하일 것

03 냉동기 제조

(1) 초음파 탐상을 실시하여 적합한 것으로 하여야 하는 재료의 종류

① 50mm 이상 탄소강

② 38mm 저합금강

③ 19mm 이상 인장강도 568.4N/m^2 이상인 강

④ 13mm 이상(2.5%, 3.5%) 니켈강

⑤ 6mm 이상(9% 니켈강)

(지상탱크의 방출관 : 탱크 정상부에서 2m, 지면에서 5m 중 높은 위치에 설치)

(2) 기계시험 종류

이음매 인장시험, 자유굽힘시험, 측면굽힘시험, 이면굽힘시험, 충격시험

04 특정 설비제조

(1) 기준

① 두께 8mm 미만의 판 스테이를 부착하지 말 것
② 두께 8mm 이상의 판에 구멍을 뚫을 때는 펀칭가공으로 하지 않을 것
③ 두께 8mm 미만의 판에 펀칭을 할 때 가장자리 1.5mm 깎아낼 것
④ 가스로 구멍을 뚫은 경우 가장자리 3mm 깎아낼 것
⑤ 확관 관부착 시 관판, 관구멍 중심 간의 거리는 관외경의 1.25배
⑥ 확관 관부착 시 관부착부 두께는 10mm 이상
⑦ 직관을 굽힘가공하여 만드는 관의 굽힘가공부분의 곡률반경은 관외경의 4배

05 공급자의 안전점검자 자격 및 점검장비

(1) 자격

안전관리책임자로부터 10시간 이상 교육을 받은 자

(2) 점검장비

① 산소, 불연성(가스누설검지액)
② 가연성(누설검지기, 누설검지액)
③ 독성(누설시험지, 누설검지액)

(3) 점검기준

① 충전용기 설치위치
② 충전용기와 화기와의 거리
③ 충전용기 및 배관설치 상태
④ 충전용기 누설 여부

(4) 점검방법

① 공급 시마다 점검
② 2년 1회 정기점검

06 초저온용기 단열성능시험 시 침투열량의 정도

(1) 1000L 이상

0.002kcal/hr · ℃ · L 이하가 합격(8.37J/h℃L)

(2) 1000L 미만

0.0005kcal/hr · ℃ · L 이하가 합격(2.09J/h℃L)

(3) 단열성능 시험식

$$Q = \frac{W \cdot q}{H \cdot \Delta t \cdot V}$$

여기서, Q : 침입열량(J/h℃L), W : 측정 중 기화가스량(kg)
H : 측정시간(hr), V : 용기 내용적(L)
q : 기화잠열(kcal/kg)

(4) 시험가스 종류와 비점

시험용 액화가스 종류	비점(℃)
액화질소	−196℃
액화산소	−183℃
액화아르곤	−186℃

07 특정 고압가스 사용 신고를 하여야 하는 경우

(1) 저장능력 250킬로그램 이상인 액화가스 저장설비를 갖추고 특정 고압가스를 사용하고자 하는 자

(2) 저장능력 50세제곱미터 이상인 압축가스 저장설비를 갖추고 특정 고압가스를 사용하고자 하는 자

(3) 배관에 의하여 특정 고압가스(천연가스를 제외한다)를 공급받아 사용하고자 하는 자

(4) 압축모노실란 · 압축디보레인 · 액화알진 · 포스핀 · 셀렌화수소 · 게르만 · 디실란 · 액화염소 또는 액화암모니아를 사용하고자 하는 자. 다만, 시험용으로 사용하고자 하거나 시장 · 군수 또는 구청장이 지정하는 지역에서 사료용으로 볏짚 등을 발효하기 위하여 액화암모니아를 사용하고자 하는 경우를 제외한다.

(5) 자동차 연료용으로 특정 고압가스를 사용하고자 하는 자

(6) 자동차용 압축천연가스 완속충전설비를 갖추고 천연가스를 자동차에 충전하는 자

Chapter 1

출/제/예/상/문/제

01 고압가스의 종류 및 범위에 속하지 않는 것은?

① 35℃의 온도에서 아세틸렌가스의 게이지압력이 0.3Pa 이상이 되는 것
② 35℃의 온도에서 액화브롬화메탄의 게이지압력이 0Pa 초과하는 것
③ 35℃ 이하의 온도에서 게이지압력이 0.2MPa 이상이 되는 액화가스
④ 상용의 온도에서 게이지압력이 1MPa 이상이 되는 압축가스

해설

C_2H_2 가스는 15℃에서 0Pa이다.

요약 고압가스의 정의

㉠ 상용의 온도에서 1MPag 이상되는 압축가스로서 실제로 그 압력이 1MPag 이상되는 것 또는 35℃에서 압력이 1MPag 이상되는 압축가스
㉡ 상용에서 0.2MPa 이상 액화가스로서 실제 그 압력이 0.2MPa 이상되는 것 또는 0.2MPa 되는 경우 35℃ 이하인 액화가스
㉢ 15℃에서 0Pa를 초과하는 C_2H_2
㉣ 35℃의 온도에서 0Pa를 초과하는 액화(HCN, C_2H_4O, CH_3Br)

02 가연성 가스의 정의로서 적합한 것은?

① 폭발한계의 상한과 하한의 차가 20% 이상의 것
② 폭발한계의 하한이 10% 이하의 것
③ 폭발한계의 하한이 10% 이하의 것과 폭발한계의 상한과 하한의 차가 20% 이상의 것
④ 허용농도가 100만 분의 200 이하의 것

해설

가연성 가스
① 폭발한계 하한이 10% 이하
② 폭발한계 상한-하한이 20% 이상
* ④항은 독성 가스의 정의이다.(TLV-TWA)

03 다음 가스의 폭발범위를 설명한 것 중 틀린 것은? (단, 공기 중)

① 수소 : 4~75%
② 산화에틸렌 : 3~70%
③ 일산화탄소 : 12.5~74%
④ 암모니아 : 15~28%

해설

산화에틸렌 3~80%

요약 주요 가스의 폭발범위(상온, 상압)

가스명	공기 중	
	하 한	상 한
아세틸렌(C_2H_2)	2.5	81.0
산화에틸렌(C_2H_4O)	3.0	80.0
수소(H_2)	4.0	75.0
일산화탄소(CO)	12.5	74.0
에탄(C_2H_6)	3	12.5
암모니아(NH_3)	15	28
프로판(C_3H_8)	2.1	9.5
이황화탄소(CS_2)	1.2	44.0
황화수소(H_2S)	4.3	45.0
시안화수소(HCN)	6.0	41.0
에틸렌(C_2H_4)	2.7	36
메탄올(CH_3OH)	7.3	36.0
메탄	5	15
브롬화메탄(CH_3Br)	13.5	14.5
부탄(C_4H_{10})	1.8	8.4

※ 아세틸렌(C_2H_2), 산화에틸렌(C_2H_4O), 히드라진(N_2H_4) 등은 공기가 전혀 없어도 폭발(분해)할 수 있다.

정답 01.① 02.③ 03.②

04 가연성 가스의 위험성에 대한 설명 중 틀린 것은?

① 온도나 압력이 높을수록 위험성이 커진다.
② 폭발한계가 좁고 하한이 낮을수록 위험이 적다.
③ 폭발한계 밖에서는 폭발의 위험성이 적다.
④ 폭발한계가 넓을수록 위험하다.

해설
㉠ 위험성 : 폭발하한이 낮을수록, 폭발범위가 넓을수록
㉡ 위험도 $= \frac{\text{폭발상한} - \text{폭발하한}}{\text{폭발하한}}$
∴ 위험도는 폭발범위가 넓은 정도로 계산한다.

05 다음의 가스 중 폭발범위에 대한 위험도가 가장 큰 가스는?

① 메탄
② 아세틸렌
③ 수소
④ 부탄

해설
위험도 $= \frac{81 - 2.5}{2.5} = 31.4$
(C_2H_2의 폭발범위 2.5~81%)

06 고압가스 안전관리법상 독성 가스라 하면 그 가스의 허용농도는?

① 100만분의 5000 이하
② 100만분의 100 이하
③ 10만분의 200 이하
④ 10만분의 100 이하

해설
㉠ 독성 가스(LC 50) : 공기 중에 일정량 이상 존재 시 인체에 유해한 독성을 가진 가스로서 허용농도(해당 가스를 성숙한 흰쥐 집단에게 대기 중에서 1시간 동안 계속하여 노출시킨 경우 14일 이내 그 흰쥐의 1/2 이상이 죽게 되는 가스의 농도) 100만분의 5000 이하
㉡ 독성 가스(TLV-TWA)
허용농도 : 건강한 성인 남자가 그 분위기 속에서 1일 8시간(주 40시간) 연속적으로 근무해도 건강에 지장이 없는 농도로서 100만분의 200 이하

07 다음 중 옳은 것은?

① $1\% = \frac{1}{10^3}$　② $1\text{ppb} = \frac{1}{10^8}$
③ $1\text{ppm} = \frac{1}{10^6}$　④ 1%=1000ppm

해설
① $1\% = \frac{1}{10^2}$　② $1\text{ppb} = \frac{1}{10^9}$
③ $1\text{ppm} = \frac{1}{10^6}$　④ $1\% = 10^4\text{ppm}$

08 다음 가스 중 독성이 강한 순서로 나열된 것은?

㉠ NH_3	㉡ HCN
㉢ $COCl_2$	㉣ Cl_2

① ㉡ – ㉣ – ㉢ – ㉠
② ㉡ – ㉠ – ㉢ – ㉣
③ ㉢ – ㉡ – ㉣ – ㉠
④ ㉣ – ㉢ – ㉡ – ㉠

해설
㉠ NH_3 : 25ppm　㉡ HCN : 10
㉢ $COCl_2$: 0.1ppm　㉣ Cl_2 : 1

09 다음 중 독성이 강한 순으로 나열된 것은?

① 암모니아 – 이산화탄소 – 황화수소
② 암모니아 – 황화수소 – 이산화탄소
③ 이산화탄소 – 암모니아 – 황화수소
④ 황화수소 – 암모니아 – 이산화탄소

해설
H_2S(10ppm) – NH_3(25ppm) – CO_2(독성 아님)

10 다음 중 가연성 가스이면서 독성 가스로만 되어 있는 것은?

① 트리메틸아민, 석탄가스, 아황산가스, 프로판
② 아크릴로니트릴, 산화에틸렌, 황화수소, 염소
③ 일산화탄소, 암모니아, 벤젠, 시안화수소
④ 이황화탄소, 모노메틸아민, 브롬메틸, 포스겐

정답 04.② 05.② 06.① 07.③ 08.③ 09.④ 10.③

해설

독 · 가연성 가스
아 벤 시 일 산 염 이 황 석 암 브롬
(**아**크릴로니트릴 · **벤**젠 · **시**안화수소 · **일**산화탄소 · **산**화에틸렌 · **염**화메탄 · **이**황화탄소 · **황**화수소 · **석**탄가스 · **암**모니아 · **브롬**화메탄)

11 다음 용어의 설명 중 틀린 것은?

① 충전용기라 함은 고압가스의 충전질량 또는 충전압력의 1/2 이상 충전되어 있는 상태의 용기를 말한다.
② 고압가스설비라 함은 가스설비 중 고압가스가 통하는 부분을 말한다.
③ 저장탱크라 함은 고압가스를 충전, 저장하기 위하여 지상 또는 지하에 이동 · 설치된 것을 말한다.
④ 저장설비라 함은 고압가스를 충전, 저장하기 위한 설비로서 저장탱크 및 충전용기 보관설비를 말한다.

해설

저장탱크 : 고정설치
• 용기 : 이동할 수 있는 것(차량에 고정된 탱크, 탱크로리는 이동이 가능하므로 용기에 해당)

참고

1	액화가스	가압 · 냉각에 의하여 액체상태로 되어 있는 것으로서 대기압에서의 비점이 40℃ 이하 또는 상용의 온도 이하인 것을 말한다.
2	압축가스	상온에서 압력을 가하여도 액화되지 아니하는 가스로서 일정한 압력에 의하여 압축되어 있는 것을 말한다.
3	저장설비	고압가스를 충전 · 저장하기 위한 설비로서 저장탱크 및 충전용기 보관설비를 말한다.
4	저장능력	저장설비에 저장할 수 있는 고압가스의 양을 말한다.
5	저장탱크	고압가스를 충전 · 저장하기 위하여 지상 또는 지하에 고정설치된 탱크를 말한다.
6	초저온 저장탱크	-50℃ 이하의 액화가스를 저장하기 위한 저장탱크로서 단열재로 피복하거나 냉동설비로 냉각하는 등의 방법으로 저장탱크 내의 가스온도가 상용의 온도를 초과하지 아니하도록 한 것을 말한다.
7	저온 저장탱크	액화가스를 저장하기 위한 저장탱크로서 단열재로 피복하거나 냉동설비로 냉각하는 등의 방법으로 저장탱크 내의 가스온도가 상용의 온도를 초과하지 아니하도록 한 것 중 초저온 저장탱크와 가연성 가스, 저온 저장탱크를 제외한 것을 말한다.
8	가연성 가스 저온 저장탱크	대기압에서의 비점이 0℃ 이하인 가연성 가스를 0℃ 이하 또는 당해 가스의 기상부의 상용압력이 0.1MPa 이하의 액체상태로 저장하기 위한 저장탱크로서 단열재로 피복하거나 냉동설비로 냉각하는 등의 방법으로 저장탱크 내의 가스온도가 상용의 온도를 초과하지 아니하도록 한 것을 말한다.
9	차량에 고정된 탱크	고압가스의 수송 · 운반을 위하여 차량에 고정설치된 탱크를 말한다.
10	초저온용기	-50℃ 이하의 액화가스를 충전하기 위한 용기로서 단열재로 피복하거나 냉동설비로 냉각하는 등의 방법으로 용기 내의 가스온도가 상용의 온도를 초과하지 아니하도록 한 것을 말한다.
11	저온용기	액화가스를 충전하기 위한 용기로서 단열재로 피복하거나 냉동설비로 냉각하는 등의 방법으로 용기 내의 가스온도가 상용의 온도를 초과하지 아니하도록 한 것 중 초저온용기 이외의 것을 말한다.
12	충전용기	고압가스의 충전질량 또는 충전압력의 1/2 이상이 충전되어 있는 상태의 용기를 말한다.
13	잔가스 용기	고압가스의 충전질량 또는 충전압력의 1/2 미만이 충전되어 있는 상태의 용기를 말한다.
14	가스설비	고압가스의 제조 · 저장 설비(제조 · 저장 설비에 부착된 배관을 포함하며, 사업소 외에 있는 배관을 제외한다) 중 가스(당해 제조 · 저장하는 고압가스, 제조공정 중에 있는 고압가스가 아닌 상태의 가스 및 당해 고압가스 제조의 원료가 되는 가스)를 말한다.
15	고압가스 설비	가스설비 중 고압가스가 통하는 부분을 말한다.
16	처리설비	압축 · 액화 그 밖의 방법으로 가스를 처리할 수 있는 설비 중 고압가스의 제조(충전을 포함한다)에 필요한 설비와 저장탱크에 부속된 펌프 · 압축기 및 기화장치를 말한다.
17	감압설비	고압가스의 압력을 낮추는 설비를 말한다.

정답 11.③

12 고압가스 안전관리법에서 처리능력은 어느 상태를 기준으로 하는가?

① 0℃, 0Pa(g)
② 15℃, 0Pa(abs)
③ 0℃, 0Pa(abs)
④ 20℃, 1MPa(g)

해설

㉠ 안전관리법의 압력은 모두 게이지압력이다.
㉡ '처리능력'이라 함은 처리설비 또는 감압설비에 의하여 압축·액화 그 밖의 방법으로 1일에 처리할 수 있는 가스의 양(온도 : 0℃, 게이지압력 0파스칼의 상태를 기준으로 한다. 이하 같다)을 말한다.

13 다음 중 불연재료에 포함되지 않는 것은?

① 유리섬유, 목재, 모르타르
② 알루미늄, 기와, 슬레이트
③ 철재, 모르타르, 슬레이트
④ 콘크리트, 기와, 벽돌

해설

불연재료 : 콘크리트, 벽돌, 기와, 등불에 타지 않는 재료, 목재는 가연물질이다.

14 방호벽 설치요령에 관한 사항 중 적합한 것은?

① 높이 2m, 두께 12cm 이상의 철근콘크리트벽 또는 그 이상의 강도를 가지는 구조물
② 높이 3m, 두께 5cm 이상의 철근콘크리트벽 또는 그 이상의 강도를 가지는 구조물
③ 높이 3m, 두께 12cm 이상의 철근콘크리트벽 또는 그 이상의 강도를 가지는 구조물
④ 높이 2.5m, 두께 15cm 이상의 철근콘크리트벽 또는 그 이상의 강도를 가지는 구조물

방호벽의 종류 및 규격

구분 / 종류	규격		구조
	두께	높이	
철근 콘크리트	120mm 이상	2000mm 이상	9mm 이상의 철근을 40cm×40cm 이하의 간격으로 배근 결속한다.
콘크리트 블록	150mm 이상	2000mm 이상	9mm 이상의 철근을 40cm×40cm 이하의 간격으로 배근 결속하고 블록 공동부에는 콘크리트 모르타르로 채운다.
박강판	3.2mm 이상	2000mm 이상	30mm×30mm 이상의 앵글강을 40cm×40cm 이하의 간격으로 용접 보강하고 1.8m 이하의 간격으로 지주를 세운다.
후강판	6mm 이상	2000mm 이상	1.8m 이하의 간격으로 지주를 세운다.

15 고압가스 일반제조시설에서 아세틸렌가스 또는 압력 9.8MPa 이상인 압축가스를 용기에 충전하는 경우 방호벽 설치조건이 아닌 것은?

① 가연성 가스의 저장탱크
② 당해 충전장소와 당해 가스충전용기 보관장소 사이
③ 압축기와 당해 가스충전용기 보관장소 사이
④ 압축기와 당해 충전장소 사이

해설

방호벽의 적용시설
(1) 고압가스 일반제조시설 중 아세틸렌가스 또는 압력이 9.8MPa 이상인 압축가스를 용기에 충전하는 경우
  ㉠ 압축기와 당해 충전장소 사이
  ㉡ 압축기와 당해 가스충전용기 보관장소 사이
  ㉢ 당해 충전장소와 당해 가스충전용기 보관장소 사이 및 당해 충전장소와 당해 충전용 주관밸브
(2) 핵심 기억 단어
  압축기–충전장소–충전용기 보관장소–충전용 주관밸브

정답 12.① 13.① 14.① 15.①

16 방호벽을 설치하지 않아도 되는 것은?

① 아세틸렌가스 압축기와 충전장소 사이
② 아세틸렌가스 발생장치와 당해 가스 충전용기 보관장소 사이
③ 판매업소의 용기보관실
④ LPG 충전업소의 LPG 저장탱크와 가스충전장소 사이

해설

㉠ 특정 고압가스 사용시설 중 액화가스 저장능력 300kg(압축가스의 경우는 $1m^3$을 5kg으로 본다) 이상인 용기보관실 벽(단, 안전거리 유지 시는 제외)
㉡ 고압가스 저장시설 중 저장탱크와 사업소 내의 보호시설과의 사이(단, 안전거리 유지 시 또는 시장, 군수, 구청장이 방호벽의 설치로 조업에 지장이 있다고 인정할 경우는 제외)
㉢ 고압가스 판매시설의 고압가스 용기보관실 벽
㉣ LP가스 충전사업소에서 저장탱크와 가스 충전장소와의 사이
㉤ LP가스 판매업소에서 용기저장실의 벽

17 다음 중 방호벽을 설치하지 않아도 되는 시설은?

① 아세틸렌 압축기와 충전용기 보관장소
② 아세틸렌 압축기와 충전장소 사이
③ 액화석유가스 판매업소의 용기저장실
④ 액화석유가스 영업소의 용기저장실(저장능력 50톤)

18 다음 중 제2종 보호시설인 것은?

① 호텔 ② 학원
③ 학교 ④ 주택

19 A업소에서 Cl_2가스를 1일 35000kg을 처리하고자 할 때 1종 보호시설과의 안전거리는 몇 m 이상이어야 하는가? (단, 시 · 도지사가 별도로 인정하지 않은 지역이다.)

① 27m ② 24m
③ 21m ④ 17m

해설

안전거리 : 염소는 독성 가스이므로 35000kg 1종 27m, 2종 18m이다.

처리 및 저장능력 (m^3 또는 kg) (압축 : m^3, 액화 : kg) \ 구 분	독성 · 가연성	독성 · 가연성 (산소)	산소 (기타)	기 타
	1종	2종 (1종)	2종 (1종)	2종
1만 이하(m^3/kg)	17m	12m	8m	5m
1만~2만 이하(m^3/kg)	21m	14m	9m	7m
2만~3만 이하(m^3/kg)	24m	16m	11m	8m
3만~4만(m^3/kg)	27m	18m	13m	9m
4만 초과(m^3/kg)	30m	20m	14m	10m

20 산소처리능력 및 저장능력이 $30000m^3$ 초과 $40000m^3$ 이하인 저장설비에 있어서 제1종 보호시설과의 안전거리는?

① 18m ② 30m
③ 20m ④ 27m

21 고압가스 저장능력 산출 계산식이다. 잘못된 것은?

V_1 : 내용적(m^3)
V_2 : 내용적(L)
W : 저장능력(kg)
C : 가스 정수
Q : 저장능력(m^3)
d : 상용온도에서 액화가스 비중(kg/L)
P : 35℃에서의 최고충전압력(MPa)

① 압축가스의 저장탱크
$Q=(10P+1)/V_1$
② 압축가스의 저장탱크 및 용기
$V_1 = Q/(10P+1)$
③ 액화가스의 용기 및 차량에 고정된 탱크
$W=V_2/C$
④ 액화가스의 저장탱크 $W=0.9dV_2$

해설

저장능력 산정 기준
㉠ 압축가스 저장탱크 및 용기 : $Q=(10P+1)/V_1$
㉡ 액화가스 저장탱크 : $W=0.9dV_2$
㉢ 액화가스 용기 : $W=\frac{V_2}{C}$
여기서, Q : 저장능력(m^3), P : 35℃의 F_P(MPa)
V_1 : 내용적(m^3), W : 저장능력(kg)

정답 16.② 17.④ 18.④ 19.① 20.① 21.①

V_2 : 내용적(L), C : 충전상수
d : 상용온도에서 액화가스 비중(kg/L)
• 충전상수 : (C_3H_8 : 2.35, C_4H_{10} : 2.05, NH_3 : 1.86, Cl_2 : 0.8, CO_2 : 1.47)

22 내부용적이 25000L인 액화산소 저장탱크의 저장능력은 얼마인가? (단, 비중은 1.14로 본다.)

① 25650kg ② 27520kg
③ 24780kg ④ 26460kg

$W=0.9dV=0.9\times1.14\times25000=25650\text{kg}$

23 내용적 3000L인 용기에 액화암모니아를 저장하려고 한다. 동 시설 저장설비의 저장능력은 얼마인가? (단, 액화암모니아의 정수는 1.86이다.)

① 5583kg ② 2796kg
③ 2324kg ④ 1613kg

$W=\frac{V}{C}=\frac{3000}{1.86}=1612.91\text{kg}=1613\text{kg}$

24 원심압축기의 구동능력이 240kW라고 하면, 이 냉동장치의 법정 냉동능력은 얼마인가?

① 250냉동톤 ② 100냉동톤
③ 150냉동톤 ④ 200냉동톤

원심식 압축기를 사용하는 냉동설비는 그 압축기의 원동기 정격출력 1.2kW를 1일의 냉동능력 1톤으로 보고, 흡수식 냉동설비는 발생기를 가열하는 1시간의 입열량 6640kcal를 1일의 냉동능력 1톤으로 본다(원심식 압축기 1.2kW : 1톤, 흡수식 냉동설비 : 6640kcal : 1톤).
∴ 240kW÷1.2kW=200톤

25 흡수식 냉동설비에서 발생기를 가열하는 1시간의 입열량이 몇 kcal를 1일의 냉동능력 1톤으로 보는가?

① 6640 ② 3320
③ 8840 ④ 7740

26 고압가스 특정제조시설 기준 및 기술기준에서 설비와 설비 사이의 거리가 옳은 것은?

① 가연성 가스의 저장탱크는 그 외면으로부터 처리능력이 $20m^3$ 이상인 압축기까지 20m 거리를 유지할 것
② 다른 저장탱크와의 사이에 두 저장탱크의 외경지름을 합한 길이의 1/4이 1m 이상인 경우 1m 이하로 유지할 것
③ 안전구역 내의 고압가스설비(배관을 제외한다)는 그 외면으로부터 다른 안전구역 안에 있는 고압가스설비의 외면까지 30m 이상의 거리를 유지할 것
④ 제조설비는 그 외면으로부터 그 제조소의 경계까지 15m 유지할 것

해설

① 처리능력 20만m^3, 압축기와 30m 거리 유지
② 1/4이 1m 이상인 경우 그 길이를 유지
④ 제조소 경계 20m 유지

27 최대직경이 6m인 2개의 저장탱크에 있어서 물분무장치가 없을 때 유지되어야 할 거리는?

① 3m ② 2m
③ 1m ④ 0.6m

해설

6m+6m=12m
$12\times\frac{1}{4}=3\text{m}$
∴ 3m는 1m보다 큰 길이이므로 3m가 해당된다.

28 법 규정에 의한 저장탱크의 종류와 물분무장치의 시설기준 설명으로 옳은 것은?

① 방류제를 설치한 저장탱크에 있어서는 당해 방류제 안에서 조작할 수 있는 것일 것
② 물분무장치 등은 당해 저장탱크의 외면으로부터 10m 떨어진 안전한 위치에서 조작할 수 있는 것일 것
③ 당해 저장탱크 표면적 $1m^2$당 3L/분을 표준으로 계산된 수량을 저장탱크의 전표면에 균일하게 방사할 수 있는 것일 것
④ 물분무장치 등은 동시 방사에 소요되는 최대수량을 공급할 수 있는 수원에 접속되어 있을 것

정답 22.① 23.④ 24.④ 25.① 26.③ 27.① 28.④

해설

㉠ 방류제의 내측 및 외면으로부터 10m 이내는 부속 설비를 설치하지 않는다.
㉡ 물분무장치의 조작위치 15m(살수장치는 5m)
㉢ 물분무장치의 방사능력은 탱크구조에 따라 수량이 달라진다.

29 내화구조의 가연성 가스의 저장탱크 상호간의 거리가 1m 또는 두 저장탱크의 최대 지름을 합산한 길이의 1/4 길이 중 큰 쪽의 거리를 유지하지 않은 경우, 물분무장치의 수량으로서 옳은 것은?

① $7L/m^2 \cdot min$　② $6L/m^2 \cdot min$
③ $5L/m^2 \cdot min$　④ $4L/m^2 \cdot min$

해설

1/4 길이 중 큰 쪽과 거리를 유지하지 않은 경우

시 설	수 량
내화구조	4L/min
준내화구조	6.5L/min
저장탱크 전표면	8L/min

30 가연성 가스의 준내화구조 저장탱크가 상호인접하여 있을 때 큰 쪽과 규정거리를 유지하지 못했을 경우 물분무장치의 방사능력은?

① $2L/m^2 \cdot min$　② $6.5L/m^2 \cdot min$
③ $4L/m^2 \cdot min$　④ $87L/m^2 \cdot min$

해설

두 저장탱크 최대직경을 합한 길이의 1/4보다 적을 경우

시 설	수 량
내화구조	2L/min
준내화구조	4.5L/min
저장탱크 전표면	7L/min

31 물분무장치를 설치할 때 동시에 방사할 수 있는 최대수량은 몇 시간 이상 연속하여 방사할 수 있는 수원에 접속되어 있어야 하는가?

① 30분 이상
② 2시간 이상
③ 1시간 이상
④ 1시간 20분 이상

32 고압가스 특정제조시설에서 내부반응 감시장치의 특수반응설비에 해당되지 않는 것은?

① 수소화 분해반응기
② 수소화 접촉반응기
③ 암모니아 2차 개질로, 에틸렌 제조시설의 아세틸렌수첨탑
④ 산화에틸렌 제조시설의 에틸렌과 산소 또는 공기와의 반응기

해설

내부반응 감시장치(온도 · 압력 · 유량 감시장치)
고압가스설비 중 반응기 또는 이와 유사한 설비로서 현저한 발열반응 또는 부차적으로 발생하는 2차 반응에 의하여 폭발 등의 위해가 발생할 가능성이 큰 반응설비(암모니아 2차 개질로, 에틸렌 제조시설의 아세틸렌수첨탑, 산화에틸렌 제조시설의 에틸렌과 산소 또는 공기와의 반응기, 사이크로헥산 제조시설의 벤젠수첨반응기, 석유정제에 있어서 중유 직접 수첨탈황반응기 및 수소화분해반응기, 저밀도 폴리에틸렌중합기 또는 메탄올합성반응탑을 말한다. 이하 '특수반응설비'라 한다)

33 다음 고압가스설비 중 반응기의 사용이 잘못된 것은?

① 관식 반응기 : 에틸렌의 제조, 염화비닐의 제조
② 이동상식 반응기 : 석유개질
③ 탑식 반응기 : 에틸벤젠의 제조, 벤졸의 염소화
④ 조식 반응기 : 아크릴로라이드의 합성, 디클로로에탄의 합성

해설

반응기의 사용 예
㉠ 조식 반응기 : 아크릴클로라이드의 합성, 디클로로에탄의 합성
㉡ 탑식 반응기 : 에틸벤젠의 제조, 벤졸의 염소화
㉢ 관식 반응기 : 에틸렌의 제조, 염화비닐의 제조
㉣ 내부연소식 반응기 : 아세틸렌의 제조, 합성용 가스의 제조
㉤ 축열식 반응기 : 아세틸렌의 제조, 에틸렌의 제조
㉥ 고정촉매 사용기상 접촉반응기 : 석유의 접촉개질, 에틸알코올 제조
㉦ 유동층식 접촉반응기 : 석유개질
㉧ 이동상식 반응기 : 에틸렌의 제조

정답 29.④ 30.② 31.① 32.② 33.②

34 가연성 가스 또는 독성 가스의 제조시설에서 누출되는 가스가 체류할 우려가 있는 장소에 가스누출 검지경보장치를 설치해야 한다. 이때 가스누출 검지경보장치에 해당되지 않는 것은?

① 가스누출 검지기
② 격막갈바니 전지방식
③ 반도체방식
④ 접촉연소방식

해설

가스누출 검지경보장치 : 가연성 가스 또는 독성 가스의 누설을 검지하여 그 농도를 지시함과 동시에 경보를 울리는 것으로서 그 기능은 가스의 종류에 따라 적절히 설치할 것
㉠ 접촉연소방식
㉡ 격막갈바니 전지방식
㉢ 반도체방식(가연성 가스경보기는 담배연기 등에, 독성 가스용 경보기는 담배연기, 기계세척유가스, 등유의 증발가스, 배기가스 및 탄화수소계가스 등 잡가스에는 경보하지 아니할 것)

35 다음은 가스누출경보기의 기능에 대하여 서술한 것이다. 옳지 않은 것은?

① 담배연기 등의 잡가스에 울리지 않는다.
② 경보가 울린 후에 가스농도가 변하더라도 계속 경보를 한다.
③ 폭발하한계의 1/2 이하에서 자동적으로 경보를 울린다.
④ 가스의 누출을 검지하여 그 농도를 지시함과 동시에 경보를 울린다.

해설

경보 농도
㉠ 가연성 가스 : 폭발하한계의 1/4 이하
㉡ 독성 가스 : TLV-TWA 허용농도
㉢ NH_3를 실내에서 사용하는 경우 : TLV-TWA 농도 50ppm 이하

36 다음 중 가스누출 검지경보설비에 설정하는 가스의 농도(경보 설정값)에 관한 설명 중 옳은 것은?

㉠ 가연성 가스 : 폭발하한계의 1/2 이하의 값
㉡ 산소가스 : 14%
㉢ 독성 가스 : TLV-TWA 허용농도 이하의 값
㉣ 산소가스 : 25%

① ㉡, ㉢　　② ㉢, ㉣
③ ㉠, ㉡　　④ ㉠, ㉢

37 암모니아를 실내에서 사용하는 경우 가스누출 검지경보장치의 TLV-TWA 경보농도는 얼마인가?

① 50ppm　　② 25ppm
③ 150ppm　　④ 100ppm

38 가스누출 검지경보기가 갖추어야 할 성능 중 틀린 것은?

① 검지경보장치의 검지에서 발신까지 걸리는 시간은 암모니아인 경우 1분 이내로 한다.
② 지시계의 눈금은 가연성 가스는 0~폭발하한계값의 눈금범위일 것
③ 전원 · 전압 변동이 ±10%일 때에도 경보기의 성능에 영향이 없어야 한다.
④ 경보기의 정밀도는 경보농도 설정치에 대하여 가연성 가스용은 ±30% 이하로 한다.

해설

경보기의 정밀도는 경보농도 설정치에 대하여 가연성 가스용은 ±25% 이하로 한다.

참고 1. 경보기의 정밀도
- 가연성 가스 : ±25% 이하
- 독성 가스 : ±30% 이하

2. 검지경보장치의 검지에서 발신까지 걸리는 시간
- 경보농도의 1.6배에서 보통 30초 이내
- NH_3, CO 또는 이와 유사한 가스는 1분 이내

3. 전원의 전압변동 : ±10% 정도
4. 지시계의 눈금
- 가연성 가스 : 0~폭발하한계값
- 독성 가스 : 0~TLV-TWA 허용농도의 3배 값
- NH_3를 실내에서 사용하는 경우 : TLV-TWA 농도 150ppm 이하

정답 34.① 35.③ 36.② 37.① 38.④

39 암모니아 누출 시 검지경보장치의 검지에서 발신까지 걸리는 시간은?

① 30초 ② 20초
③ 1분 ④ 10초

해설

NH_3, CO는 1분이 소요된다.

40 배관시설에 검지경보장치의 검지부를 설치하여야 하는 장소로 부적당한 곳은?

① 누출된 가스가 체류하기 쉬운 구조인 배관의 부분
② 슬리브관, 이중관 등에 의하여 밀폐되어 설치된 배관의 부분
③ 긴급차단장치의 부분
④ 방호구조물 등에 의하여 개방되어 설치된 배관의 부분

해설

방호구조물 등에 의하여 밀폐되어 설치된 배관의 부분에 검출부를 설치하여야 한다.

41 가연성 가스의 경우 작업원이 정상작업을 하는 데 필요한 장소 및 작업원이 항시 통행하는 장소로부터 긴급용 벤트스택 방출구의 위치는 몇 m 이상 떨어진 곳에 설치하는가?

① 10m ② 20m
③ 5m ④ 15m

해설

긴급용 벤트스택 : 10m, 그 밖의 벤트스택 : 5m

참고 벤트스택(Vent stack) : 가스를 연소시키지 아니하고 대기 중에 방출시키는 파이프 또는 탑을 말한다. 또한 확산을 촉진시키기 위하여 150m/sec 이상의 속도가 되도록 파이프경을 결정한다.

(1) 긴급용 벤트스택
㉠ 벤트스택 방출구 높이(가연성 : 폭발하한계 값 미만, 독성 : 허용농도 미만이 되는 위치)
㉡ 가연성 벤트스택 : 정전기, 낙뢰 등에 의한 착화방지조치, 착화 시 소화할 수 있는 조치를 할 것
㉢ 응축기의 고임을 방지하는 조치
㉣ 기액분리기 설치

(2) 그 밖의 벤트스택
긴급용 벤트스택과 ㉠, ㉡, ㉢ 동일, 그 외에 액화가스가 급랭될 우려가 있는 곳에 액화가스가 방출되지 않는 조치를 할 것(방출구의 위치는 5m)

42 액화가스가 함께 방출되거나 또는 급랭될 우려가 있는 긴급용 벤트스택에는 벤트스택과 연결된 고압가스설비의 가장 가까운 곳에 어느 것을 설치해야 하는가?

① 역류방지밸브 ② 드레인장치
③ 역화방지기 ④ 기액분리기

43 가연성 가스 또는 독성 가스 제조설비에 계기를 장치하는 회로에 안전확보를 위한 주요 부분에 설비가 잘못 조작되거나 정상적인 제조를 할 수 없는 경우 자동으로 원재료의 공급을 차단하는 장치는?

① 벤트스택 ② 긴급차단장치
③ 인터록기구 ④ 긴급이송설비

해설

인터록기구 : 가연성 가스 또는 독성 가스의 제조설비, 이들 제조설비에 계기를 장치하는 회로에는 제조하는 고압가스의 종류 · 온도 및 압력과 제조설비의 상황에 따라 안전확보를 위한 주요 부분에 설비가 잘못 조작되거나 정상적인 제조를 할 수 없는 경우에 자동으로 원재료의 공급을 차단시키는 등 제조설비 안의 제조를 제어할 수 있는 장치를 설치하는 것

44 고압가스 제조장치로부터 가연성 가스를 대기 중에 방출할 때 이 가연성 가스가 대기와 혼합하여 폭발성 혼합기체를 형성하지 않도록 하기 위해 설치하는 것은?

① 플레어스택 ② 긴급이송설비
③ 긴급차단장치 ④ 벤트스택

해설

플레어스택(Flare stack) : 가연성 가스를 연소에 의하여 처리하는 파이프 또는 탑을 말한다. 플레어스택의 설치위치 및 높이는 플레어스택 바로 밑의 지표면에 미치는 복사열이 $4000kcal/m^2 \cdot h$ 이하가 되도록 할 것

참고 다음의 기준에 따라 플레어스택을 설치할 것
1. 긴급이송설비에 의하여 이송되는 가스를 안전하게 연소시킬 수 있는 것일 것
2. 플레어스택에서 발생하는 복사열이 다른 제조시설에 나쁜 영향을 미치지 아니하도록 안전한 높이 및 위치에 설치할 것
3. 플레어스택에서 발생하는 최대열량에 장시간 견딜 수 있는 재료 및 구조로 되어 있을 것
4. 파일럿버너를 항상 점화하여 두는 등 플레어스택에 관련된 폭발을 방지하기 위한 조치가 되어 있을 것

정답 39.③ 40.④ 41.① 42.④ 43.③ 44.①

45 특정설비의 내압시험에서 구조상 물을 사용하기 적당하지 않은 경우 설계압력의 몇 배의 시험압력으로 질소, 공기 등을 사용하여 합격해야 하는가?

① 1.5배
② 1.25배
③ 1.1배
④ 3배

46 특정고압가스에 해당되는 것만 나열한 것은?

① 수소, 산소, 아세틸렌, 액화염소, 액화아르곤
② 수소, 산소, 액화염소, 액화암모니아, 프로판
③ 수소, 질소, 아세틸렌, 프로판, 부탄
④ 포스핀, 셀렌화수소, 게르만, 디실란

해설

특정고압가스 : 압축모노실란, 압축디보레인, 액화알진, 액화염소, 액화암모니아 등

47 특정고압가스 사용시설기준 및 기술상 기준으로 옳은 것은?

① 산소의 저장설비 주위 5m 이내에서는 화기취급을 하지 말 것
② 사용시설은 당해 설비의 작동상황을 1월마다 1회 이상 점검할 것
③ 액화염소의 감압설비와 당해 가스의 반응설비 간의 배관에는 역화방지장치를 할 것
④ 액화가스 저장량이 200kg 이상인 용기 보관실은 방호벽으로 하고 또한 보호거리를 유지할 것

해설

① 산소와 화기와의 거리 5m 이내
② 설비의 작동사항은 1일 1회 점검
③ 액화가스의 저장량이 300kg 이상(압축가스는 $60m^3$)은 방호벽으로 하며, 방호벽 설치 시 안전거리 유지 의무는 없다.
④ 액화염소의 감압설비와 당해 가스의 반응설비 간의 배관 : 역류방지 밸브설치

48 다음은 고압가스 특정제조의 시설기준 중 플레어스택에 관한 설명이다. 옳지 않은 것은 어느 것인가?

① 파일럿 버너를 항상 점화하여 두는 등 플레어스택에 관련된 폭발을 방지하기 위한 조치가 되어 있을 것
② 플레어스택에서 발생하는 최대열량에 장시간 견딜 수 있는 재료 및 구조로 되어 있을 것
③ 플레어스택에서 발생하는 복사열이 다른 제조시설에 나쁜 영향을 미치지 아니하도록 안전한 높이 및 위치에 설치할 것
④ 가연성 가스인 경우에는 방출된 가연성 가스가 지상에서 폭발한계에 도달하지 아니하도록 할 것

해설

④항은 벤트스택의 기준이며 상기 사항 이외에 연소능력은 긴급이송설비에 의하여 이송되는 가스를 안전하게 연소시킬 수 있는 것 등이 있다.

49 고압가스 특정제조시설에 설치되는 플레어스택의 설치위치 및 높이는 플레어스택 바로 밑의 지표면에 미치는 복사열이 몇 $kcal/m^2 \cdot h$ 이하로 되도록 하여야 하는가?

① 4000 ② 12000
③ 5000 ④ 8000

50 고압가스설비 내의 가스를 대기 중으로 폐기하는 방법에 관한 설명 중 올바른 것은?

① 통상 플레어스택에는 긴급 시에 사용하는 것과 평상시에 사용하는 것 등의 2종류가 있다.
② 플레어스택에는 파일럿 버너 등을 설치하여 가연성 가스를 연소시킬 필요가 있다.
③ 독성 가스를 대기 중으로 벤트스택을 통하여 방출할 때에는 재해조치는 필요 없다.
④ 가연성 가스용의 벤트스택에는 자동점화장치를 설치할 필요가 있다.

정답 45.② 46.④ 47.① 48.④ 49.① 50.②

51 고압가스 특정제조의 시설기준에서 액화가스 저장탱크의 주위에는 액상의 가스가 누출된 경우 유출을 방지할 수 있는 방류둑의 시설기준에 적합하지 않은 것은?

① 기타는 저장능력이 500톤 이상
② 가연성 가스는 저장능력이 500톤 이상
③ 독성 가스는 5톤 이상
④ 산소는 저장능력이 1000톤 이상

해설

방류둑 설치기준
㉠ 고압가스 특정제조 : 독성 5톤 이상, 가연성 500톤 이상, 산소 1000톤 이상
㉡ 고압가스 일반제조 : 독성 5톤 이상, 가연성 1000톤 이상, 산소 1000톤 이상
㉢ LPG : 1000톤 이상
㉣ 냉동제조시설 : 수액기 내용적 10000L 이상
㉤ 일반 도시가스사업 : 1000톤 이상
㉥ 가스도매사업 : 500톤 이상

참고 1. 방류둑의 기능
저장탱크 내 액화가스의 누설 시 한정된 범위를 벗어나지 않도록 탱크 주위에 쌓아올린 제방
2. 방류둑 용량
• 독 · 가연성 : 저장탱크의 저장능력 상당 용적
• 산소 : 저장탱크의 저장능력 상당 용적의 60%
3. 방류둑 구조
• 재료 : 철근콘크리트, 철골, 금속, 흙 등
• 성토의 기울기 : 45°
• 정상부 폭 : 30cm 이상
• 둘레 50m마다 출입구 설치(전둘레가 50m 미만 시 출입구를 2곳 분산 설치)
4. 방류둑 구비조건
• 액밀한 구조일 것
• 액이 체류한 표면적은 적게 할 것
• 높이에 상당하는 액두압에 견딜 수 있을 것
• 금속은 방청, 방식 조치를 할 것
• 가연성, 조연성, 독성 가스를 혼합, 배치하지 말 것

52 고압가스 특정제조시설에서 방류둑의 내측 및 그 외면으로부터 몇 m 이내에는 그 저장탱크의 부속설비 또는 시설로서 안전상 지장을 주지 않아야 하는가?

① 20m ② 8m
③ 10m ④ 15m

해설

방류둑 내측 및 외면으로부터 10m 이내에는 설치하지 않는다. 단, 10m 이내 설치할 수 있는 설비 : 해당 저장탱크에 속하는 송출 · 송액설비, 저장탱크, 냉동설비, 열교환기, 기화기, 가스누출 검지경보설비 등

53 고압가스 특정제조시설에서 가연성 또는 독성 가스의 액화가스 저장탱크는 그 저장탱크의 외면으로부터 몇 m 이상 떨어진 위치에서 조작할 수 있는 긴급차단장치를 설치하는가?

① 20
② 15
③ 10
④ 5

해설

(1) 긴급차단장치의 작동조작위치(탱크 외면으로부터)
㉠ 고압가스 특정제조 : 10m
㉡ 고압가스 일반제조 : 5m
㉢ 액화석유가스사업법 : 5m
㉣ 일반 도시가스사업 : 5m
㉤ 가스 도매사업 : 10m
(2) 긴급차단장치를 수압시험방법으로 누출검사 시 KSB 2304(벨브검사 통칙)으로 누출검사 실시
공기 또는 질소로 검사 시 차압 0.5~0.6MPa에서 분당 누출량이 50mL×[호칭경(mm)/25mL] (330mL를 초과 시 330mL)를 초과하지 아니하는 것으로 한다.

54 프로판 제조시설에서 계기실의 입구 바닥면의 위치가 지상에서 몇 m 이하이거나 그 밖에 누출된 가스가 침입할 우려가 있는 경우에 그 출입문을 이중문으로 해야 하는가?

① 2.5
② 2
③ 1.5
④ 1

해설

아세트알데히드, 이소프렌, 에틸렌, 염화비닐, 산화에틸렌, 산화프로필렌, 프로판, 프로필렌, 부탄, 부틸렌, 부타디엔의 제조시설로서 계기실의 입구 바닥면의 위치가 지상에서 2.5m 이하이거나 그 밖에 누출된 가스가 침입할 우려가 있는 계기실에는 외부로부터의 가스 침입을 막기 위하여 필요한 압력을 유지하고 출입문을 이중문으로 할 것

정답 51.① 52.③ 53.③ 54.①

55 고압가스 특정제조시설에서 계기실의 출입문을 이중문으로 해야만 되는 가스가 아닌 것은?

① 프로판
② 염소
③ 에틸렌
④ 부탄

56 고압가스 특정제조시설에서 배관을 사업소 밖에 매몰하는 경우 그 외면으로부터 건축물, 터널, 그 밖의 시설물에 대하여 수평거리 이상을 유지해야 한다. 잘못된 것은?

① 배관은 지하가 및 터널과 10m 이상 유지해야 한다.
② 배관은 건축물과 1.5m 이상 유지해야 한다.
③ 독성 가스 이외의 고압가스 배관은 지하가 약 1.5m 이상 수평거리를 유지해야 한다.
④ 독성 가스의 배관은 그 가스가 혼입될 우려가 있는 수도시설과는 300m 이상 유지해야 한다.

해설

배관의 설치 : 배관을 지하에 매설하는 경우에는 다음의 기준에 적합해야 한다.
㉠ 배관은 건축물과는 1.5m, 지하가 및 터널과는 10m 이상의 거리를 유지할 것
㉡ 독성 가스의 배관은 그 가스가 혼입될 우려가 있는 수도시설과는 300m 이상의 거리를 유지할 것
㉢ 배관은 그 외면으로부터 지하의 다른 시설물과 0.3m 이상의 거리를 유지할 것
㉣ 지표면으로부터 배관의 외면까지 매설깊이는 산이나 들에서는 1m 이상, 그 밖의 지역에서는 1.2m 이상으로 할 것. 다만, 방호구조물 안에 설치하는 경우에는 그 방호구조물의 외면까지의 깊이를 0.6m 이상으로 할 것

57 고압가스 특정제조에서 배관은 그 외면으로부터 지하의 다른 시설물과 몇 m 이상 거리를 유지해야 하는가?

① 1m　② 0.5m
③ 0.3m　④ 0.2m

58 고압가스 특정제조에서 지표면으로부터 배관의 외면까지 매설깊이는 산이나 들에서 몇 m 이상 유지해야 하는가?

① 1.5m　② 1.2m
③ 1m　④ 0.3m

59 고압가스 특정제조에서 배관의 외면으로부터 굴착구의 측벽에 대해 몇 cm 이상의 거리를 유지하도록 시공하는가?

① 30cm
② 20cm
③ 15cm
④ 10cm

해설

굴착 및 되메우기의 안전확보를 위한 방법
㉠ 배관의 외면으로부터 굴착구의 측벽에 대해 15cm 이상의 거리를 유지하도록 시공할 것
㉡ 굴착구의 바닥면 모래 또는 사토질을 20cm(열차하중 또는 자동차 하중을 받을 우려가 없는 경우는 10cm) 이상의 두께로 깔거나 모래주머니를 10cm 이상의 두께로 깔아서 평탄하게 할 것

60 고압가스 특정제조시설 기준 중 도로 밑에 매설하는 배관에 대하여 기술한 것이다. 옳지 않은 것은?

① 배관은 그 외면으로부터 다른 시설물과 30cm 이상의 거리를 유지한다.
② 배관은 자동차 하중의 영향이 적은 곳에 매설한다.
③ 배관은 외면으로부터 도로의 경계까지 60cm 이상의 수평거리를 유지한다.
④ 배관의 접합은 원칙적으로 용접한다.

해설

도로 밑 매설
㉠ 원칙적으로 자동차 등 하중의 영향이 적은 곳에 매설할 것
㉡ 배관의 외면으로부터 도로의 경계까지 1m 이상의 수평거리를 유지할 것
㉢ 배관(방호구조물 안에 설치하는 경우에는 그 방호구조물을 말한다)은 그 외면으로부터 도로 밑의 다른 시설물과 0.3m 이상의 거리를 유지할 것

정답 55.② 56.③ 57.③ 58.③ 59.③ 60.③

61 고압가스 특정제조시설 기준 중 시가지의 도로 노면 밑에 매설하는 경우에는 노면으로부터 배관의 외면까지의 깊이를 몇 m 이상으로 하는가?

① 2m
② 1.5m
③ 1.2m
④ 1m

해설

시가지의 도로 노면 밑에 매설하는 경우에는 노면으로부터 배관의 외면까지 깊이를 1.5m 이상으로 할 것. 다만, 방호구조물 안에 설치하는 경우에는 노면으로부터 그 방호구조물의 외면까지의 깊이를 1.2m 이상으로 할 수 있다. 시가지 외의 도로 노면 밑에 매설하는 경우에는 노면으로부터 배관의 외면(방호구조물 안에 설치하는 경우에는 그 방호구조물의 외면을 말한다)까지의 깊이를 1.2m 이상으로 할 것

62 고압가스 특정제조시설 중 철도부지 밑에 매설하는 배관에 대하여 설명한 것이다. 옳지 않은 것은?

① 배관의 외면으로부터 그 철도부지의 경계까지는 1m 이상 유지한다.
② 배관의 외면으로부터 궤도 중심까지 4m 이상 유지한다.
③ 배관의 외면과 지면과의 거리는 1m 이상으로 한다.
④ 배관은 그 외면으로부터 다른 시설물과 30cm 이상의 거리를 유지한다.

해설

철도부지 밑 매설
㉠ 궤도 중심과 4m 이상
㉡ 철도부지 경계와 1m 이상
㉢ 배관의 외면과 지표면과의 거리 1.2m 이상
㉣ 다른 시설물과 0.3m 이상

63 배관을 철도부지 밑에 매설할 경우 그 철도부지의 경계까지는 몇 m인가?

① 1m 이상
② 1.3m 이상
③ 1.4m 이상
④ 1.5m 이상

64 고압가스 특정제조시설에서 배관을 지상에 설치하는 경우에는 불활성 가스 이외의 가스배관 양측에 상용압력 구분에 따른 폭 이상의 공지를 유지하는 경우 중 틀린 것은?

① 산업통상자원부장관이 정하여 고시하는 지역에 설치하는 경우에는 규정 폭의 1/3로 할 것
② 상용압력 1MPa 이상 : 15m
③ 상용압력 0.2~1MPa 미만 : 10m
④ 상용압력 0.2MPa 미만 : 5m

해설

지상설치 : 배관을 지상에 설치하는 경우에는 다음의 기준에 의한다.
㉠ 배관은 고압가스의 종류에 따라 주택, 학교, 병원, 철도 그 밖의 이와 유사한 시설과 안전확보상 필요한 거리를 유지할 것
㉡ 불활성 가스 이외의 배관 양측에는 다음 표에 의한 상용압력 구분에 따른 폭 이상의 공지를 유지할 것. 다만, 안전에 필요한 조치를 강구한 경우에는 그러하지 아니 한다.

상용압력	공지의 폭	비 고
0.2MPa 미만	5m	공지의 폭은 배관 양쪽의 외면으로부터 계산하되 산업통상자원부장관이 정하여 고시하는 지역에 설치하는 경우에는 표에서 정한 폭의 1/3로 할 수 있다.
0.2~1MPa 미만	9m	
1MPa 이상	15m	

65 하천 또는 수로를 횡단하여 배관을 매설할 경우에 방호구조물 내에 설치하여야 하는 고압가스는?

① 염화메탄 ② 포스겐
③ 불소 ④ 황화수소

해설

하천 등 횡단설치의 방법 : 하천 또는 수로를 횡단하여 배관을 매설할 경우에는 이중관으로 하고 방호구조물 내에 설치해야 할 고압가스의 종류 및 당해 이중관 또는 방호구조물
㉠ 하천수로 횡단 시 이중관으로 해야 할 고압가스의 종류 : 염소, 포스겐, 불소, 아크릴알데히드, 아황산가스, 시안화가스, 황화수소
㉡ 하천수를 횡단 시 방호구조물 내에 설치해야 할 고압가스의 종류 : ㉠ 이외의 독성 가스 또는 가연성 가스

정답 61.② 62.③ 63.① 64.③ 65.①

참고 독성 가스 중 이중관으로 설치하는 가스는 아황산(SO_2), 암모니아(NH_3), 염소(Cl_2), 염화메탄(CH_3Cl), 산화에틸렌(C_2H_4O), 시안화수소(HCN), 포스겐($COCl_2$), 황화수소(H_2S)(아암염염산시포황)이다.
이 중 물로써 중화가 가능한 가스는 암모니아, 염화메탄, 산화에틸렌으로 독성 가스 중 이중관으로 설치하는 가스 중 물로 중화할 수 있는 3가지를 제외하고 불소와 아크릴알데히드를 첨가하면 하천수로를 횡단할 때 이중관으로 설치하는 가스가 되며, 이중관을 제외한 나머지 독성 가스는 방호구조물에 설치하는 가스가 된다(이중관의 규격 : 외층관 내경=내층관 외경×1.2배).

66 배관을 해저에 설치하는 경우 다음 기준에 적합하지 않은 것은?

① 배관의 입상부에는 방호시설물을 설치할 것
② 배관은 원칙적으로 다른 배관과 20m 이상의 수평거리를 유지할 것
③ 배관은 원칙적으로 다른 배관과 교차하지 아니할 것
④ 배관은 해저면 밑에 매설할 것

해설

해저 설치 : 배관을 해저에 설치하는 경우에는 다음 이 기준에 적합해야 한다.
㉠ 배관은 해저면 밑에 매설할 것(단, 닻 내림 등에 의한 배관 손상의 우려가 없거나 그 밖에 부득이한 경우에는 그러하지 아니 하다)
㉡ 배관은 원칙적으로 다른 배관과 교차하지 아니할 것
㉢ 배관은 원칙적으로 다른 배관과 30m 이상의 수평거리를 유지할 것
㉣ 두 개 이상의 배관을 동시에 설치하는 경우에는 배관이 서로 접촉하지 아니하도록 필요한 조치를 할 것
㉤ 배관의 입상부에는 방호시설물을 설치할 것

67 고압가스 특정제조시설에서 하천 밑을 횡단하여 배관을 매설하는 경우 수로 밑 몇 m 이상 깊이에 매설하는가?

① 10m
② 4m
③ 2.5m
④ 1.2m

해설

하천수로 등의 밑을 횡단하여 매설 시
㉠ 좁은 수로 밑 : 1.2m
㉡ 수로 밑 : 2.5m

68 고압가스 특정제조시설에서 배관을 해면 위에 설치하는 경우 다음 기준에 적합하지 않은 것은?

① 배관은 다른 시설물과 배관의 유지관리에 필요한 거리를 유지할 것
② 선박의 충돌 등에 의하여 배관 또는 그 지지물이 손상을 받을 우려가 있는 경우에는 방호설비를 설치할 것
③ 배관은 선박에 의하여 손상을 받지 아니하도록 해면과의 사이에 필요한 공간을 두지 아니할 것
④ 배관은 지진, 풍압, 파도압 등에 대하여 안전한 구조의 지지물로 지지할 것

해설

해상 설치 : 배관을 해면 위에 설치하는 경우에는 다음의 기준에 적합해야 한다.
㉠ 배관은 지진, 풍압, 파도압 등에 대하여 안전한 구조의 지지물로 지지할 것
㉡ 배관은 선박의 항해에 의하여 손상을 받지 아니하도록 해면과의 사이에 필요한 공간을 확보하여 설치할 것
㉢ 선박의 충돌 등에 의하여 배관 또는 그 지지물이 손상받을 우려가 있는 경우에는 방호설비를 설치할 것
㉣ 배관은 다른 시설물(그 배관의 지지물은 제외한다)과 배관의 유지관리에 필요한 거리를 유지할 것

69 고압가스 특정제조시설에서 시가지, 하천상, 터널상, 도로상 중에 배관을 설치하는 경우 누출확산 방지조치를 할 가스의 종류는 이중 배관으로 해야 한다. 다음 중 해당하지 않는 것은?

① 일산화탄소
② 시안화수소
③ 포스겐
④ 염소

정답 66.② 67.③ 68.③ 69.①

해설

배관을 이중관으로 해야 하는 곳은 고압가스가 통과하는 부분으로서 가스의 종류에 따라 주위의 상황이 다음과 같다.

가스의 종류	주위의 상황 지상설치 (하천 위 또는 수로 위를 포함한다)
염소, 포스겐, 불소, 아크릴알데히드(아크롤레인)	주택 등의 시설에 대한 지상배관의 수평거리 등에 정한 수평거리의 2배(500m를 초과하는 경우는 500m로 한다) 미만의 거리에 배관을 설치하는 구간
아황산가스, 시안화수소, 황화수소	주택 등의 시설에 대한 지상배관의 수평거리 등에 정한 수평거리의 1.5배 미만의 거리에 배관을 설치하는 구간

70 배관장치에는 압력 또는 유량의 이상상태가 발생한 경우 그 상황을 경보하는 장치를 설치해야 하는 경우 틀린 것은?

① 긴급차단밸브의 조작회로가 고장난 때
② 배관 내의 유량이 정상운전 시의 유량보다 7% 이상 변동한 경우
③ 배관 내의 압력이 정상운전 시의 압력보다 10% 이상 강하한 경우
④ 배관 내의 압력이 상용압력의 1.05배를 초과한 경우

해설

경보장치는 다음의 경우에 경보가 울리는 것
㉠ 배관 내의 압력이 상용압력의 1.05배(상용압력이 4MPa 이상인 경우에는 상용압력에 0.2MPa를 더한 압력)를 초과한 때
㉡ 배관 내의 압력이 정상운전 시의 압력보다 15% 이상 강하한 경우
㉢ 배관 내의 유량이 정상운전 시의 유량보다 7% 이상 변동한 경우
㉣ 긴급차단밸브의 조작회로가 고장난 때 또는 긴급차단밸브가 폐쇄된 때

71 배관장치에서 이상상태가 발생한 경우 재해의 발생 방지를 위해 신속하게 정지 또는 폐쇄하는 제어기능을 갖추어야 한다. 이때 이상상태가 발생한 경우에 해당하지 않는 것은?

① 가스누출 검지경보장치가 작동했을 때
② 압력이 정상운전 시의 압력보다 30% 이상 강하했을 때
③ 유량이 정상운전 시의 유량보다 15% 이상 증가했을 때
④ 압력이 상용압력의 1.5배를 초과했을 때

해설

이상상태가 발생한 경우
㉠ 압력이 상용압력의 1.1배를 초과했을 때
㉡ 유량이 정상운전 시의 유량보다 15% 이상 증가했을 때
㉢ 압력이 정상운전 시의 압력보다 30% 이상 강하했을 때
㉣ 가스누설 검지경보장치가 작동했을 때

72 고압가스 특정제조시설 중 배관장치에 설치하는 피뢰설비 규격은?

① KS C 9609 ② KS C 8006
③ KS C 9806 ④ KS C 8076

해설

피뢰설비 : 배관장치에는 필요에 따라 KS C 9609(피뢰침)에 정하는 규격의 피뢰설비를 설치할 것

73 고압가스 특정제조시설에서 배관장치의 안전을 위한 설비에 해당하지 않는 것은?

① 경계표지
② 가스누출 검지경보설비
③ 제독설비
④ 안전제어장치

해설

배관장치의 안전을 위한 설비
㉠ 운전상태 감시장치
㉡ 안전제어장치
㉢ 가스누설 검지경보설비
㉣ 제독설비
㉤ 통신시설
㉥ 비상조명설비
㉦ 기타 안전상 중요하다고 인정되는 설비

74 튜브게이지 액면표시장치에 설치해야 하는 것은?

① 플레어스택 ② 스톱밸브
③ 방충망 ④ 프로텍터

정답 70.③ 71.④ 72.① 73.① 74.②

해설

액면계 : 액화가스의 저장탱크에는 액면계(산소 또는 불활성 가스의 초저온 저장탱크의 경우에 한하여 환형 유리제 액면계도 가능)를 설치하여야 하며, 그 액면계가 유리제일 때에는 그 파손을 방지하는 장치를 설치하고, 저장탱크(가연성 가스 및 독성 가스에 한한다)와 유리제 게이지를 접속하는 상하 배관에는 자동식 및 수동식의 스톱밸브를 설치할 것

75 액면계로부터 가스가 방출되었을 때 인화 또는 중독의 우려가 없는 가스의 경우에 사용할 수 있는 것이 아닌 것은?

① 슬립튜브식 액면계
② 회전튜브식 액면계
③ 평형튜브식 액면계
④ 고정튜브식 액면계

76 가스방출장치를 설치해야 하는 가스저장탱크의 규모는?

① $6m^3$ 이상　② $5m^3$ 이상
③ $4m^3$ 이상　④ $3m^3$ 이상

저장탱크 등의 구조 : 저장탱크 및 가스홀더는 가스가 누출하지 아니하는 구조로 하고, $5m^3$ 이상의 가스를 저장하는 것에는 가스방출장치를 설치할 것(긴급차단장치를 설치하는 탱크 용량 5000L 이상, 가스방출장치를 설치하는 탱크 용량 $5m^3$ 이상($5m^3=5000L$)

참고 저장탱크 간의 거리 : 가연성 가스의 저장탱크(저장능력이 $300m^3$ 또는 3톤 이상의 것에 한한다)와 다른 가연성 가스 또는 산소의 저장탱크와의 사이에는 두 저장탱크의 최대지름을 합산한 길이의 $\frac{1}{4}$ 이상에 해당하는 거리(두 저장탱크의 최대지름을 합산한 길이의 $\frac{1}{4}$이 1m 미만의 경우에는 1m 이상의 거리)를 유지할 것. 다만, 저장탱크에 물분무장치를 설치한 경우에는 그러하지 아니 한다.

77 저장탱크 A의 최대직경이 4m, 저장탱크 B의 최대직경이 2m일 때 저장탱크 간의 이격거리는 얼마인가?

① 3m　② 2m
③ 1.5m　④ 1m

$4m+2m=6m$

$\therefore\ 6m\times\frac{1}{4}=1.5m$

78 방류둑의 기능에 대한 설명으로 가장 적합한 것은?

① 저장탱크의 부등침하를 방지하기 위한 것이다.
② 태풍으로부터 저장탱크를 보호하기 위한 것이다.
③ 액체상태로 누출되었을 때 액화가스의 유출을 방지하기 위한 것이다.
④ 홍수가 났을 경우 저장탱크의 침수를 방지하기 위한 것이다.

79 액화산소의 저장탱크 방류둑은 저장능력 상당 용적의 몇 % 이상으로 하는가?

① 100%
② 80%
③ 60%
④ 40%

80 방류둑에는 승강을 위한 계단 사다리를 출입구 둘레 몇 m마다 1개 이상 두어야 하는가?

① 60　② 50
③ 40　④ 30

81 다음 저장탱크를 지하에 묻는 경우 시설기준에 틀린 것은?

① 저장탱크를 매설한 곳의 주위에는 지상에 경계표지를 할 것
② 저장탱크를 2개 이상 인접하여 설치하는 경우에는 상호 간에 90cm 이상의 거리를 유지할 것
③ 지면으로부터 저장탱크의 정상부까지의 깊이는 60cm 이상으로 할 것
④ 저장탱크 주위에 마른 모래를 채울 것

정답 75.③ 76.② 77.③ 78.③ 79.③ 80.② 81.②

해설

저장탱크의 설치방법 : 저장탱크를 지하에 매설하는 경우에는 다음의 기준에 의한다.

㉠ 저장탱크를 외면에는 부식방지 코팅과 전기적 부식방지조치를 하고, 저장탱크는 천장, 벽 및 바닥의 두께가 각각 30cm 이상인 방수조치를 한 철근콘크리트로 만든 곳(이하 '저장탱크실'이라 한다)에 설치할 것
㉡ 저장탱크의 주위에 마른 모래를 채울 것
㉢ 지면으로부터 저장탱크의 정상부까지의 깊이는 60cm 이상으로 할 것
㉣ 저장탱크를 2개 이상 인접하여 설치하는 경우에는 상호 간에 1m 이상의 거리를 유지할 것
㉤ 저장탱크를 매설한 곳의 주위에는 지상에 경계표지를 할 것
㉥ 저장탱크에 설치한 안전밸브에는 지면에서 5m 이상의 높이에 배출구가 있는 가스방출관을 설치할 것
㉦ 가변성 독성 가스 저장탱크 처리설비실에는 가스누출 검지경보장치를 설치한다.
㉧ 저장탱크 처리설비실의 출입문은 따로 설치하고 자물쇠 채움 등의 봉인조치를 한다.

참고 저장탱크를 지하에 매설하는 경우

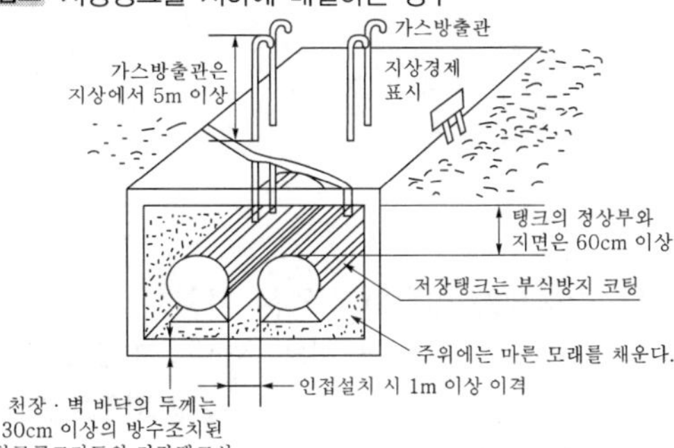

82 고압가스 일반제조의 저장탱크 기준으로 틀린 것은?

① 액상의 가연성 가스 또는 독성 가스를 이입하기 위하여 설치된 배관에는 역류방지밸브와 긴급차단장치를 반드시 설치할 것
② 독성 가스의 액화가스 저장탱크로서 내용적이 5000L 이상의 것에 설치한 배관에는 저장탱크 외면으로부터 5m 이상 떨어진 위치에서 조작할 수 있는 긴급차단장치를 설치할 것
③ 저장능력이 5톤 이상인 독성 가스의 액화가스 저장탱크에는 방류둑을 설치할 것
④ 가연성 가스 저장탱크 저장능력이 1000톤 이상 주위에는 유출을 방지할 수 있는 방류둑 또는 이와 동등 이상의 효과가 있는 시설을 설치할 것

해설

고압가스 일반제조의 긴급차단장치

㉠ 가연성 가스 또는 독성 가스의 저장탱크(내용적 5000L 미만의 것을 제외한다)에 부착된 배관(액상의 가스를 송출 또는 이입하는 것에 한하며, 저장탱크와 배관과의 접속부분을 포함한다)에는 그 저장탱크의 외면으로부터 5m 이상 떨어진 위치에서 조작할 수 있는 긴급차단장치를 설치할 것. 다만, 액상의 가연성 가스 또는 독성 가스를 이입하기 위하여 설치된 배관에는 역류방지밸브로 갈음할 수 있다.
㉡ ㉠의 규정에 의한 배관에는 긴급차단장치에 딸린 밸브 외에 2개 이상의 밸브를 설치하고, 그 중 1개는 배관에 속하는 저장탱크의 가장 가까운 부근에 설치할 것. 이 경우 그 저장탱크의 가장 가까운 부근에 설치한 밸브는 가스를 송출 또는 이입하는 때 이외는 잠그어 둘 것

참고 긴급차단장치 : 화재, 배관의 파열, 오조작 등의 사고 시 탱크에서 가스가 다량으로 유출되는 것을 방지하기 위해 설치되는 장치를 말한다.

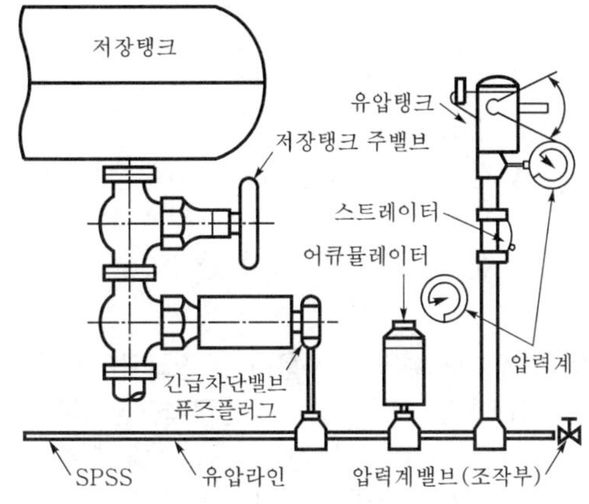

(1) 긴급차단장치의 적용시설
㉠ 액화석유가스 저장탱크(내용적 5000L 이상)의 액상의 가스를 이입, 이충전하는 배관
㉡ 가연성 가스, 독성 가스, 산소(내용적 5000L 이상)의 액상의 가스를 이입, 이충하는 배

관, 다만, 액상의 가스를 이입하기 위한 배관은 역류방지밸브로 갈음할 수 있다.

(2) 긴급차단장치 또는 역류방지밸브의 부착위치 저장탱크 주밸브(main valve)의 외측으로서 저장탱크에 가까운 위치 또는 저장탱크 내부에 설치하되 저장탱크의 주밸브와 겸용하여서는 안 된다.

(3) 차단조작기구(mechanism)
  ㉠ 동력원 : 액압, 기압 또는 전기압, 스프링압
  ㉡ 조작위치 : 당해 저장탱크로부터 5m 이상 떨어진 곳, 방류둑을 설치한 곳에는 그 외측
  ※ 작동 레버는 3곳 이상(사무실, 충전소, 탱크로리 충전장)에 설치해야 하며, 작동온도는 110℃이고 재료로는 Bi, Cd, Pb, Sn, Hg 등이 사용된다.

(4) 제조자 또는 수리자가 긴급차단장치를 제조 또는 수리하였을 경우에는 KS B 2304에 정한 수압시험방법으로 누설검사를 할 것

(5) 긴급차단장치의 작동검사 : 매년 1회 이상

83 다음은 긴급차단장치에 관한 설명이다. 이 중 옳지 않은 것은?

① 긴급차단장치는 당해 저장탱크로부터 5m 이상 떨어진 곳에서 조작할 수 있어야 한다.
② 긴급차단장치의 동력원은 그 구조에 따라 액압, 기압 또는 스프링 등으로 할 수 있다.
③ 긴급차단장치는 저장탱크의 주밸브와 겸용할 수 있다.
④ 긴급차단장치는 저장탱크 주밸브의 외측으로서 가능한 한 저장탱크의 가까운 위치에 설치해야 한다.

84 고압가스설비에 사용하는 긴급차단장치를 제조하는 제조자 또는 긴급차단장치를 수리하는 수리자가 긴급차단장치를 제조 또는 수리할 때의 수압시험방법은?

① KS B 0014
② KS B 2108
③ KS B 0004
④ KS B 2304

85 긴급차단장치의 성능시험을 할 때 긴급차단장치의 부속품이 장치 또는 용기 및 배관 외면의 온도가 몇 ℃가 될 때 자동적으로 작동될 수 있어야 하는가?

① 110 ② 105
③ 100 ④ 80

해설

긴급차단장치의 원격(자동)작동온도 : 110℃

86 긴급차단장치의 재료에 해당되지 않는 것은?

① Cd
② Zn
③ Bi
④ Pb

87 긴급차단장치의 작동검사 주기는?

① 매년 3회 이상
② 6월 이상
③ 매년 1회 이상
④ 3월 이상

88 방류제를 설치하지 않은 가연성 가스의 저장탱크에 있어서 당해 저장탱크 외면으로부터 몇 m 이내에 온도상승 방지조치를 해야 하는가?

① 20m ② 15m
③ 10m ④ 5m

해설

㉠ 온도상승 방지조치 : 가연성 가스 및 독성 가스의 저장탱크(그 밖의 저장탱크 중 가연성 가스 저장탱크 또는 가연성 물질을 취급하는 설비의 주위에 있는 저장탱크를 포함한다) 및 그 지주에는 온도의 상승을 방지할 수 있는 조치를 할 것
㉡ 가연성 가스 저장탱크의 주위 또는 가연성 물질을 취급하는 설비 주위
  • 방류둑을 설치한 가연성 가스 저장탱크는 당해 방류둑 외면으로부터 10m 이내
  • 방류둑을 설치하지 아니한 가연성 가스 저장탱크는 당해 저장탱크 외면으로부터 20m 이내
  • 가연성 물질을 취급하는 설비는 그 외면으로부터 20m 이내

정답 83.③ 84.④ 85.① 86.② 87.③ 88.①

89 고압가스설비는 그 두께가 상용압력의 몇 배 이상의 압력으로 하는 내압시험에 합격한 것이어야 하는가?

① 2.5배　② 2배
③ 1.5배　④ 1배

T_P(내압시험압력=상용압력×1.5배)

90 다음 ( ) 안에 맞는 것은?

> '기밀시험압력'이라 함은 아세틸렌용기에 있어서 최고충전압력은 ( )의 압력을 말한다.

① 0.8배
② 1.1배
③ 1.5배
④ 1.8배

91 고압가스설비의 내압시험과 기밀시험에 대한 설명 중 맞는 것은?

① 내압시험 : 상용압력 이상, 기밀시험 : 상용압력의 1.5배 이상
② 내압시험 : 상용압력의 1.5배 이상, 기밀시험 : 상용압력 이상
③ 내압시험 : 상용압력의 2배 이상, 기밀시험 : 사용압력의 1.5배 이상
④ 내압시험 : 상용압력의 1.5배 이상, 기밀시험 : 상용압력

92 용기의 기밀시험압력에 관한 설명 중 맞는 것은?

① 초저온용기 및 저온용기에 있어서는 최고충전압력의 1.8배의 압력
② 초저온용기 및 저온용기에 있어서는 최고충전압력의 2배
③ 초저온용기 및 저온용기에 있어서는 최고충전압력의 1.1배의 압력
④ 아세틸렌가스용기에 있어서는 최고충전압력의 2배의 압력

93 고압가스설비는 상용압력의 몇 배 이상의 압력에서 항복을 일으키지 않는 두께를 가져야 하는가?

① 2.5배　② 2배
③ 1.5배　④ 1배

해설

항복
㉠ 상용압력×2배
㉡ 최고사용압력×1.7배

94 고압가스설비에 장치하는 압력계의 최고눈금에 대하여 옳은 것은?

① 상용압력의 2배 이상 2.5배 이하
② 상용압력의 1.5배 이상 2배 이하
③ 상용압력의 2.5배 이하
④ 상용압력의 1.5배 이하

해설

압력계의 최고눈금=상용압력×1.5배 이상 2배 이하

95 고압가스설비에 압력계를 설치하려고 한다. 상용압력이 20MPa라면 게이지의 최고눈금은 다음의 어떤 것이 가장 좋은가?

① 70~80MPa
② 45~65MPa
③ 30~40MPa
④ 20~25MPa

해설

20×1.5~20×2=30~40MPa

96 가연성 가스의 가스설비는 그 외면으로부터 화기를 취급하는 장소까지 몇 m 이상의 우회거리를 두어야 하는가?

① 10　② 8
③ 5　④ 2

해설

㉠ 화기와 우회거리(8m-가연성, 산소가스설비, 에어졸 충전설비 / 2m-기타 가스설비, 입상관, 가스계량기 가정용 시설, LPG 판매시설)
㉡ 화기와 직선(이내)거리 : 2m(단, 산소가스설비의 직선거리 : 5m)

정답 89.③ 90.④ 91.② 92.③ 93.② 94.② 95.③ 96.②

97 가연성 가스의 저장탱크에 설치하는 방출관의 방출구 위치는 지면으로부터 몇 m 높이의 주위에 화기 등이 없는 안전한 위치에 설치하는가?

① 15 ② 10
③ 5 ④ 2

해설
㉠ 지상탱크 방출관의 방출구 위치 : 지면에서 5m 이상, 탱크 정상부에서 2m 이상 중 높은 위치
㉡ 지하탱크 방출관의 방출구 위치 : 지면에서 5m 이상

98 다음 ( ) 안에 맞는 것은?

> 가연성 가스 제조시설의 고압가스설비는 그 외면으로부터 산소 제조시설의 고압가스설비에 대하여 ( ) 이상의 거리를 유지한다.

① 3m
② 5m
③ 8m
④ 10m

해설
㉠ 가연성 설비-가연성 설비(5m)
㉡ 가연성 설비-산소설비(10m)

99 독성 가스의 제독작업에 필요한 보호구의 장착훈련은?

① 6개월마다 1회 이상
② 3개월마다 1회 이상
③ 2개월마다 1회 이상
④ 1개월마다 1회 이상

해설
보호구의 장착훈련 : 작업원에게는 3개월마다 1회 이상 사용훈련 실시

참고 (1) 중화설비 · 이송설비
㉠ 독성 가스의 가스설비실 및 저장설비실에는 그 가스가 누출된 경우에는 이를 중화설비로 이송시켜 흡수 또는 중화할 수 있는 설비를 설치할 것
㉡ 독성 가스를 제조하는 시설을 실내에 설치하는 경우에는 흡입장치와 연동시켜 중화설비에 이송시키는 설비를 갖출 것

(2) 독성 가스의 제독조치 : 독성 가스가 누설된 때에 확산을 방지하는 조치를 해야 할 독성 가스의 종류
SO_2, NH_3, Cl_2, CH_3Cl, C_2H_4O, HCN, $COCl_2$, H_2S

(3) 제독작업에 필요한 보호구의 종류와 수량
㉠ 공기호흡기 또는 송기식 마스크(전면형)
㉡ 격리식 방독마스크(농도에 따라 전면 고농도형, 중농도형, 저농도형)
㉢ 보호장갑 및 보호장화(고무 또는 비닐제품)
㉣ 보호복(고무 또는 비닐제품)

100 액화가스가 통하는 가스공급시설에서 발생하는 정전기를 제거하기 위한 접지접속선의 단면적은 얼마 이상인가?

① $5.5mm^2$
② $5mm^2$
③ $1.5mm^2$
④ $2mm^2$

해설
정전기 제거 접지접속선 단면적 $5.5mm^2$ 이상

참고 ㉠ 정전기 제거 : 가연성 가스 제조설비에는 그 설비에서 생기는 정전기를 제거하는 조치를 할 것
㉡ 정전기 제거기준
- 접지저항치의 총합 100Ω 이하
- 피뢰설비를 설치한 것은 10Ω 이하
- 접지접속은 단면적 $5.5mm^2$ 이상의 것

101 안전관리자가 상주하는 사무소와 현장사무소와의 사이 또는 현장사무소 상호 간에 신속히 통보할 수 있도록 통신시설을 갖추어야 하는데 해당되지 않는 것은?

① 페이징 설비
② 인터폰
③ 메가폰
④ 구내방송시설

해설
안전관리자가 상주하는 사무소와 현장사무소 사이 또는 현장사무소 상호 간 통보설비(구내전화, 구내방송설비, 인터폰, 페이징 설비)

참고 통신시설 : 사업소 안에는 긴급사태가 발생한 경우에 이를 신속히 전파할 수 있도록 사업소의 규모 · 구조에 적합한 통신시설을 갖추어야 한다. 통신시설은 다음과 같다.

정답 97.③ 98.④ 99.② 100.① 101.③

통보범위	통보설비
• 안전관리자가 상주하는 사무소와 현장사무소 사이 • 현장사무소 상호 간	구내전화, 구내방송설비, 인터폰, 페이징 설비
• 사업소 내 전체	구내방송설비, 사이렌, 휴대용 확성기, 페이징 설비, 메가폰
• 종업원 상호 간	페이징 설비, 휴대용 확성기, 트란시바, 메가폰

〈비고〉

1. 메가폰은 당해 사업소 내 면적이 1500m² 이하의 경우에 한한다.
2. 사업소 규모에 적합하도록 1가지 이상 구비한다.
3. 트란시바는 계기 등에 영향이 없는 경우에 한한다.

102 사업소 내에서 긴급사태 발생 시 필요한 연락을 신속히 할 수 있도록 구비하여야 할 통신시설 중 메가폰은 당해 사업소 내 면적이 몇 m^2 이하인 경우에 한하는가?

① 2000m^2 이하 ② 1500m^2 이하
③ 1200m^2 이하 ④ 1000m^2 이하

103 사업소 내에서 긴급사태 발생 시 종업원 상호간 연락을 신속히 할 수 있는 통신시설 중 해당 없는 것은?

① 구내전화 ② 메가폰
③ 휴대용 확성기 ④ 페이징 설비

104 고압가스 안전관리법상 압축기의 최종단 그 밖의 고압설비에는 상용압력이 초과하는 경우 그 압력을 직접 받는 부분마다 안전밸브를 설치해야 하는 바 이의 작동압력 중 옳은 것은? (단, 액화산소탱크의 것은 제외한다.)

① 내압시험압력의 8/10 이하의 압력
② 기밀시험압력의 8/10 이하
③ 내압시험압력의 1.5배 이하의 압력
④ 사용압력의 8/10배 이하의 압력

105 고압장치의 상용압력이 15MPa일 때 안전밸브의 작동압력은?

① 22.5MPa ② 18MPa
③ 16.5MPa ④ 12MPa

해설

$$안전밸브\ 작동압력 = T_P \times \frac{8}{10}$$
$$= 상용압력 \times 1.5 \times \frac{8}{10}$$
$$= F_P \times \frac{5}{3} \times \frac{8}{10}$$
$$= 15 \times 1.5 \times \frac{8}{10} = 18\text{MPa}$$

106 다음 공식은 안전밸브 분출유량식이다. 틀린 사항은?

$$Q = 0.0278PW$$

① P : 작동절대압력(kg/cm²)
② Q : 분출유량(m³/min)
③ W : 용기 내용적(L)
④ 안전밸브 분출유량은 상기 공식의 계산값보다 커야 한다.

해설

안전밸브는 2.0MPa 이상 2.2MPa 이하에서 작동하여 분출 개시하고 1.7MPa 이상에서 분출 정지되어야 한다. [P : MPa]

예 W : 30L, P : 3MPa일 때 분출유량(m³/hr)를 구하여라.
$Q = 0.0278 \times 3 \times 30$
$= 2.502\text{m}^3/\text{min} = 2.502 \times 60 = 150.12\text{m}^3/\text{hr}$

107 고압가스 안전관리법규에 규정된 역화방지장치의 설명이다. 틀린 것은?

① 아세틸렌을 압축하는 압축기의 유분리기와 고압건조기의 사이 배관
② 아세틸렌 충전용 지관
③ 아세틸렌의 고압건조기와 충전용 교체밸브 사이의 배관
④ 가연성 가스를 압축하는 압축기와 오토클레이브와의 사이 배관

정답 102.② 103.① 104.① 105.② 106.① 107.①

해설

㉠ 역화방지장치 : 가연성 가스를 압축하는 압축기와 오토클레이브 사이의 배관, 아세틸렌의 고압건조기와 충전용 교체밸브 사이의 배관 및 아세틸렌 충전용 지관 산소, 수소, 아세틸렌 화염사용 시설에는 역화방지장치를 설치할 것
- 핵심단어 : C_2H_2 충전용 지관, C_2H_2 충전용 교체밸브, 오토클레이브 화염사용 시설

㉡ 역류방지밸브 : 가연성 가스를 압축하는 압축기와 충전용 주관 사이, 아세틸렌을 압축하는 압축기의 유분리기와 고압건조기 사이, 암모니아 또는 메탄올의 합성탑 및 정제탑과 압축기 사이의 배관에는 각각 역류방지밸브를 설치할 것
- 핵심단어 : 유분리기-암모니아, 메탄올의 합성탑, 정제탑

108 독성 가스의 식별표지의 바탕색은?

① 백색
② 청색
③ 노란색
④ 흑색

해설

독성 가스의 표지

항목 / 표지의 종류	바탕색	글자색	적색으로 표시하는 것	글자크기 (가로×세로)	식별 거리
식별표지	백색	흑색	가스 명칭	10cm×10cm	30m
위험표지	백색	흑색	주의	5cm×5cm	10m

109 독성 가스의 가스설비에 관한 배관 중 이중관으로 하여야 하는 대상 가스로만 된 것은?

① 포스겐, 염소, 석탄가스, 아세트알데히드
② 산화에틸렌, 시안화수소, 아세틸렌, 염화에탄
③ 황화수소, 아황산가스, 에틸벤젠, 브롬화메탄
④ 염소, 암모니아, 염화메탄, 포스겐

해설

이중관으로 하는 독성 가스 : SO_2, NH_3, Cl_2, CH_3Cl, C_2H_4O, HCN, $COCl_2$

110 독성 가스 배관 중 2중관의 규격으로 옳은 것은?

① 외층관 외경은 내층관 외경의 1.2배 이상
② 외층관 외경은 내층관 내경의 1.2배 이상
③ 외층관 내경은 내층관 외경의 1.2배 이상
④ 외층관 내경은 내층관 내경의 1.2배 이상

해설

이중관 규격, 외관내경=내관외경×1.2배

111 압축 또는 액화 그 밖의 방법으로 처리할 수 있는 가스의 용적이 1일 100m^3 이상인 사업소는 표준압력계를 몇 개 이상 배치해야 하는가?

① 4
② 3
③ 2
④ 1

해설

표준압력계 : 압축·액화 그 밖의 방법으로 처리할 수 있는 가스의 용적이 1일 100m^3 이상인 사업소에는 표준이 되는 압력계를 2개 이상 비치할 것

112 공기액화분리기의 액화공기탱크와 액화산소 증발기와의 사이에는 석유류, 유지류, 그 밖의 탄화수소를 여과, 분리하기 위한 여과기를 설치해야 한다. 이에 해당하지 않는 것은?

① 공기압축량이 1500m^3/hr 초과
② 공기압축량이 1500m^3/hr 이하
③ 공기압축량이 1000m^3/hr 초과
④ 공기압축량이 1000m^3/hr 이하

해설

여과기 : 공기액화분리기(1시간의 공기압축량이 1000m^3 이하인 것을 제외한다)의 액화공기탱크와 액화산소 증발기와의 사이에는 석유류·유지류 그 밖의 탄화수소를 여과·분리하기 위한 여과기를 설치할 것

정답 108.① 109.④ 110.③ 111.③ 112.④

113 가연성 가스 또는 독성 가스 배관설치 기준이 잘못된 것은?

① 환기가 양호한 곳에 설치
② 건축물 내에 배관을 노출하여 설치
③ 건축물 내의 배관은 단독 피트 내에 설치
④ 건축물의 기초의 밑 등을 이용하여 배관을 설치

해설

배관은 건축물의 내부 또는 기초의 밑에 설치하지 말 것

114 배관을 온도의 변화에 의한 길이의 변화에 대비하여 설치하는 장치는?

① 신축흡수장치 ② 자동제어장치
③ 역화방지장치 ④ 역류방지장치

115 고압가스 일반제조시설에서 액화가스 배관에 설치해야 하는 장치는?

① 온도계, 압력계
② 드레인 세퍼레이터
③ 스톱밸브
④ 압력계, 액면계

해설

압축가스 배관에는 압력계를 설치한다.

116 아세틸렌은 그 폭발범위가 넓어 매우 위험하다. 따라서 충전 시 아세톤에 용해시키는데 15℃에서 아세톤 용적이 약 몇 배로 녹일 수 있는가?

① 25배 ② 20배
③ 15배 ④ 10배

117 고압가스를 제조하는 경우 가스를 압축할 수 있는 것은?

① 아세틸렌, 에틸렌 또는 수소 중의 산소용량이 전용량의 2% 이상의 것
② 산소 중의 아세틸렌, 에틸렌 및 수소의 용량 합계가 전용량의 2% 이상의 것
③ 산소 중의 가연성 가스의 용량이 전용량의 2% 이상의 것
④ 가연성 가스(아세틸렌, 에틸렌 및 수소는 제외) 중 산소용량이 전용량의 4% 이상의 것

해설

압축 금지가스

가스 종류 \ 구 분	농 도
가연성 중 산소(C_2H_2, H_2, C_2H_4 제외)	4% 이상
산소 중 가연성(C_2H_2, H_2, C_2H_4 제외)	4% 이상
C_2H_2, H_2, C_2H_4 중 산소	2% 이상
산소 중 C_2H_2, H_2, C_2H_4	2% 이상

참고 고압가스 일반제조 중 압축 금지가스
고압가스를 제조하는 경우 다음의 가스는 압축하지 아니 한다.
- 가연성 가스(아세틸렌, 에틸렌 및 수소를 제외한다) 중 산소용량이 전용량의 4% 이상의 것
- 산소 중의 가연성 가스의 용량이 전용량의 4% 이상의 것
- 아세틸렌, 에틸렌 또는 수소 중의 산소용량이 전용량의 2% 이상의 것
- 산소 중의 아세틸렌, 에틸렌 및 수소의 용량 합계가 전용량의 2% 이상의 것

118 공기액화분리기(공기압축량이 1000m^3/hr 이하 제외) 내에 설치된 액화산소통 내의 액화산소 분석주기는?

① 1년에 1회 이상 ② 1월 1회 이상
③ 1주일 1회 이상 ④ 1일 1회 이상

119 공기액화장치의 안전에 관한 설명 중 옳은 것을 모두 고른 것은?

> ㉠ 원료 공기 중에 포함된 미량의 가연성 가스가 장치의 폭발원인이 되는 경우가 많다.
> ㉡ 공기압축기의 윤활유는 비점이 낮은 것일수록 좋다.
> ㉢ 정기적으로 장치 내부를 불연성 세제로 세척할 필요가 있다.

① ㉠, ㉢ ② ㉠, ㉡, ㉢
③ ㉠, ㉡ ④ ㉡, ㉢

정답 113.④ 114.① 115.① 116.① 117.③ 118.④ 119.①

120 용기에 표기된 각인 기호 중 서로 연결이 잘못된 것은?

① F_P : 최고충전압력
② T_P : 검사일
③ V : 내용적
④ W : 질량

해설

용기의 각인 또는 표시방법
㉠ 용기 제조업자의 명칭 또는 약호
㉡ 충전하는 가스의 명칭
㉢ 용기의 번호
㉣ 내용적(기호 : V, 단위 : L)
㉤ 초저온용기 외의 용기는 밸브 및 부속품(분리할 수 있는 것에 한한다)을 포함하지 아니한 용기의 질량(기호 : W, 단위 : kg)
㉥ 아세틸렌가스 충전용기는 ㉤의 질량에 용기의 다공질물, 용제 및 밸브의 질량을 포함한 질량(기호 : T_W, 단위 : kg)
㉦ 내압시험에 합격한 년월
㉧ 압축가스를 충전하는 용기는 최고충전압력(기호 : F_P, 단위 : MPa)
㉨ 내용적이 500L를 초과하는 용기에는 동판의 두께(기호 : t, 단위 : mm)
㉩ 내압시험압력(기호 : T_P, 단위 : MPa)

121 공기액화분리장치 내의 C_2H_2 흡착기에서 C_2H_2 제거의 가장 큰 목적은?

① 장치 내에서 응축되어 이동 시 금속아세틸리드 생성으로 재해 발생
② 산소와 질소의 비등점 차 분리 시 장애를 일으킨다.
③ 저온장치 내에서의 우선 응축으로 인한 액 햄머링 발생
④ 산소의 순도 저하

해설

C_2H_2의 영향 : 폭발의 원인, 산소의 순도 저하

122 공기를 액화분리하여 질소를 제조할 때 주로 사용되는 방법은?

① 팽창, 가열, 증발법
② 팽창, 냉각, 증발법
③ 압축, 가열, 증발법
④ 압축, 냉각, 증발법

해설

액화 : 고압(압축), 저온(냉각) 증발

123 다음 ( ) 안에 들어갈 올바른 것은?

> 고압가스 일반제조시설의 충전용 주관 압력계는 매월 ( )회 이상, 기타의 압력계는 3월에 ( )회 이상 표준압력계로 그 기능을 검사하여야 한다.

① 1, 1
② 1, 3
③ 2, 6
④ 1, 2

해설

충전용 주관의 압력계는 매월 1회 기타의 압력계는 3월에 1회 그 기능을 검사할 것

124 고압가스 안전밸브 중 압축기의 최종단에 설치한 것과 그 밖의 안전밸브의 점검기간은?

① 압축기 최종단은 2년에 1회 이상, 그 밖의 안전밸브는 1년에 1회 이상
② 압축기 최종단은 1년에 1회 이상, 그 밖의 안전밸브는 6월에 1회 이상
③ 압축기 최종단은 1년에 1회 이상, 그 밖의 안전밸브는 2년에 1회 이상
④ 압축기 최종단은 6월에 1회 이상, 그 밖의 안전밸브는 1년에 1회 이상

해설

㉠ 압축기 최종단 안전밸브 : 1년 1회
㉡ 기타 안전밸브 : 2년 1회

125 액화산소탱크에 설치할 안전밸브의 작동압력은?

① 내압시험압력×1.5배 이하
② 상용압력×0.8배 이하
③ 내압시험압력×0.8배 이하
④ 상용압력×1.5배 이하

정답 120.② 121.④ 122.④ 123.① 124.③ 125.④

126 고압가스 일반제조의 기술기준이다. 잘못된 것은?

① 석유류, 유지류 또는 글리세린 산소압축기의 내부 윤활제로 사용하지 말 것
② 습식 아세틸렌가스 발생기의 표면은 100℃ 이하의 온도를 유지할 것
③ 용기에 충전하는 시안화수소는 순도가 98% 이상이고, 아황산가스 등의 안정제를 첨가한 것일 것
④ 충전용 주관의 압력계는 매월 1회 이상 표준이 되는 압력계로 그 기능을 검사할 것

해설

습식 C_2H_2 발생기의 표면온도 70℃ 이하(최적온도 50~60℃)

127 산화에틸렌 저장탱크 및 충전용기는 몇 ℃에서 내부 가스의 압력이 몇 MPa가 되도록 질소가스 또는 탄산가스를 충전하는가?

① 70℃, 0.5MPa ② 60℃, 0.54MPa
③ 45℃, 0.4MPa ④ 40℃, 0.4MPa

해설

C_2H_4O을 충전 시 45℃에서 0.4MPa 이상 되도록 N_2, CO_2를 충전하고 산화에틸렌을 충전
• C_2H_4O의 안정제 : N_2, CO_2 수증기

128 액화가스를 이음매 없는 용기에 충전할 때에는 그 용기에 대하여 음향검사를 실시하고 음향이 불량한 용기는 내부 조명검사를 하여 내부에 부식, 이물질 등이 있을 때에는 사용할 수 없다. 이때 액화가스 중 내부 조명검사를 하지 않아도 되는 가스는?

① LPG ② 액화염소
③ 액화탄산가스 ④ 액화암모니아

해설

음향 불량 시 내부 조명검사를 하는 가스 : 액화염소, 액화탄산가스, 액화암모니아

참고 고압가스 일반제조 중 음향검사 및 조명검사
압축가스(아세틸렌을 제외한다) 및 액화가스(액화암모니아, 액화탄산가스 및 액화염소에 한한다)를 이음매 없는 용기에 충전하는 때에는 그 용기에 대하여 음향검사를 실시하고 음향이 불량한 용기는 내부 조명검사를 하여야 하며, 내부에 부식, 이물질 등이 있을 때에는 그 용기를 사용하지 아니 한다.

129 고압가스 일반제조의 기술기준에서 차량에 고정된 탱크에 고압가스를 충전하거나 가스를 이입받을 때에는 차량이 고정되도록 그 차량에 차량 정지목을 설치하여 고정시키는가?

① 4000L 이상 ② 3000L 이상
③ 2000L 이상 ④ 1000L 이상

해설

㉠ 고압가스 일반제조 중 차량에 고정된 탱크의 차량 정지목 설치기준 : 2000L 이상
㉡ 액화석유가스 사업법의 차량에 고정된 탱크의 차량 정지목 설치기준 : 5000L 이상

130 고압가스 일반제조의 기술기준이다. 에어졸 제조기준에 맞지 않는 것은?

① 에어졸을 충전하기 위한 충전용기를 가열할 때는 열습포 또는 40℃ 이하의 더운 물을 사용할 것
② 에어졸 제조설비의 주위 4m 이내에는 인화성 물질을 두지 말 것
③ 에어졸 제조는 35℃에서 그 용기의 내압을 0.8MPa 이하로 할 것
④ 에어졸의 분사제는 독성 가스를 사용하지 말 것

해설

㉠ 이내(직선)거리 : 2m(산소가스와 화기와의 이내 거리 : 5m)
㉡ 우회거리 : 2m(가연성 가스, 산소가스, 에어졸 충전설비 : 8m)

참고 고압가스 일반제조 중 에어졸의 제조기준
1. 에어졸의 제조는 그 성분 배합비(분사제의 조성 및 분사제와 원액과의 혼합비를 말한다) 및 1일에 제조하는 최대수량을 정하고 이를 준수할 것
2. 에어졸의 분사제는 독성 가스를 사용하지 아니할 것
3. 인체에 사용하거나 가정에서 사용하는 에어졸의 분사제는 가연성 가스가 아닌 것. 다만, 산업통상자원부장관이 정하여 고시하는 경우에는 그러하지 아니 하다. 에어졸의 제조는 다음 기준에 적합한 용기에 의한다.

정답 126.② 127.③ 128.① 129.③ 130.②

- 용기의 내용적이 1L 이하이어야 하며, 내용적이 100cm³를 초과하는 용기의 재료는 강 또는 경금속을 사용한 것일 것
- 금속제의 용기는 그 두께가 0.125mm 이상이고 내용물에 의한 부식을 방지할 수 있는 조치를 한 것이어야 하며, 유리제 용기에 있어서는 합성수지로 그 내면 또는 외면을 피복한 것일 것
- 용기는 50℃에서 용기 안의 가스압력의 1.5배 압력을 가할 때에 변형되지 않고, 50℃에서 용기 안의 가스압력의 1.8배 압력을 가할 때에 파열되지 않는 것일 것. 다만, 1.3MPa의 압력을 가할 때에 변형되지 않고, 1.5MPa의 압력을 가할 때에는 파열되지 않는 것은 아닐 것
- 내용적이 100cm³를 초과하는 용기는 그 용기의 제조가 명칭 또는 기호가 표시되어 있을 것
- 사용 중 분사제가 분출하지 않는 구조의 용기는 사용 후 그 분사제인 고압가스를 용기로부터 용이하게 배출하는 구조일 것
- 내용적이 30cm³ 이상인 용기는 에어졸의 제조에 재사용하지 아니할 것

4. 에어졸의 제조설비 및 에어졸 충전용기 저장소는 화기 또는 인화성 물질과 8m 이상의 우회거리를 유지할 것
5. 에어졸의 제조는 건물의 내면을 불연재료로 입힌 충전실에서 하여야 하며 충전실 안에서는 담배를 피우거나 화기를 사용하지 아니할 것
6. 충전실 안에는 작업에 필요한 물건 외의 물건을 두지 아니할 것
7. 에어졸은 35℃에서 그 용기의 내압이 0.8MPa 이하이어야 하고, 에어졸의 용량이 그 용기 내용적의 90% 이하일 것
8. 에어졸을 충전하기 위한 충전용기 · 밸브 또는 충전용 지관을 가열하는 때에는 열습포 또는 40℃ 이하의 더운 물을 사용할 것
9. 에어졸이 충전된 용기는 그 전수에 대하여 온수시험 탱크에서 그 에어졸의 온도를 46℃ 이상 50℃ 미만으로 하는 때에 그 에어졸이 누출되지 아니하도록 할 것
10. 에어졸이 충전된 용기(내용적이 30cm³ 이상인 것에 한한다)의 외면에는 그 에어졸을 제조한 자의 명칭 · 기호 · 제조번호 및 취급에 필요한 주의사항(사용 후 폐기 시의 주의사항을 포함한다)을 명시할 것
11. 에어졸 용기 핵심사항
    - 금속제 용기 두께 : 0.125mm, 용기 재료 : 강, 경금속
    - 내용적 : 1L 미만, 내압시험압력 0.8MPa
    - 가압시험압력 1.3MPa, 파열시험압력 1.5MPa
    - 우회거리 : 8m, 누출시험온도 : 46~50℃
    - 불꽃길이 시험을 위해 채취한 시료온도 : 24~26℃ 이하

131 인체용 에어졸 제품의 용기에 기재할 사항 중 틀린 것은?

① 사용 후 불 속에 버리지 말 것
② 온도 40℃ 이상의 장소에 보관하지 말 것
③ 가능한 한 인체에서 30cm 이상 떨어져서 사용할 것
④ 특정 부위에 계속하여 장시간 사용하지 말 것

해설

인체용 에어졸 제품의 용기에는 '인체용'이라는 표시와 다음의 주의사항을 표시할 것
㉠ 특정 부위에 계속하여 장시간 사용하지 말 것
㉡ 가능한 한 인체에서 20cm 이상 떨어져서 사용할 것
㉢ 온도 40℃ 이상의 장소에 보관하지 말 것
㉣ 사용 후 불 속에 버리지 말 것
㉤ 에어졸 제조시설에는 자동충전기를 설치, 인체 · 가정용에 사용 시 불꽃길이 시험장치를 설치할 것

132 에어졸 용기에 기재하여야 할 사항의 표시방법이 아닌 것은?

① 대표자의 명칭 ② 사용가스의 명칭
③ 주의사항의 표시 ④ 연소성의 표시

해설

에어졸 용기에 기재하여야 할 사항의 표시방법
㉠ 연소성의 표시
㉡ 주의사항의 표시
㉢ 사용가스의 명칭

133 에어졸 제조시설에는 온수시험 탱크를 갖추어야 한다. 충전용기의 가스누출시험 온수 온도는?

① 56℃ 이상 60℃ 미만
② 46℃ 이상 50℃ 미만
③ 36℃ 이상 40℃ 미만
④ 25℃ 이상 30℃ 미만

134 다음 가스 중 품질검사 시 순도가 잘 기술된 것은?

① 산소 98.5%, 아세틸렌 98.5%, 수소 99.5%
② 산소 98.5%, 아세틸렌 98%, 수소 99.5%
③ 산소 99.5%, 아세틸렌 98%, 수소 98.5%
④ 산소 98%, 아세틸렌 99.5%, 수소 98.5%

정답 131.③ 132.① 133.② 134.③

해설

품질검사 대상가스 : 산소 99.5%, 수소 98.5%, C_2H_2 98%의 순도

항목 / 검사 대상가스	순 도	시 약	검사방법	충전상태
O_2	99.5%	동·암모니아	오르자트법	35℃ 11.8MPa
H_2	98.5%	피로카롤 하이드로 설파이드	오르자트법	35℃ 11.8MPa
C_2H_2	98%	발연황산	오르자트법	질산은 시약을 사용한 정성시험에 합격할 것
		브롬시약	뷰렛법	

135 아세틸렌의 정성시험에 사용되는 시약은?

① 동·암모니아 시약
② 발연황산 시약
③ 질산은 시약
④ 발연황산 시약

136 다음 냉동제조시설 기준을 설명한 것 중 틀린 것은?

① 압축기, 유분리기와 이들 사이에 배관은 화기를 취급하는 곳에 인접 설치하지 않는다.
② 독성 가스를 사용하는 냉동제조설비에는 흡수장치가 되어 있으며, 보호거리 유지가 필요 없다.
③ 방호벽이나 자동제어장치를 설치한 경우에는 보호거리 12m 이상이다.
④ 냉매설비에는 압력계를 달아야 한다.

해설

방호벽이나 자동제어장치가 있을 때 안전거리는 유지하지 않아도 된다.

137 독성 가스를 냉매가스로 하는 냉매설비 중 수액기의 내용적이 얼마 이상일 때 가스유출을 방지할 수 있는 방류둑을 설치해야 하는가?

① 1000L ② 2000L
③ 5000L ④ 10000L

138 냉동설비 수액기의 방류둑 용량을 결정하는데 있어서 수액기 내의 압력이 0.7~2.1MPa일 경우 내용적은?

① 방류둑에 설치된 수액기 내용적의 90%
② 방류둑에 설치된 수액기 내용적의 80%
③ 방류둑에 설치된 수액기 내용적의 70%
④ 방류둑에 설치된 수액기 내용적의 60%

해설

냉동설비 수액기의 방류둑 용량

수액기 내의 압력(MPa)	0.7~2.1 미만	2.1 이상
압력에 따른 비율(%)	90	80

139 냉동제조의 시설기준 및 기술기준이다. 잘못된 것은?

① 냉동제조설비 중 특정설비는 검사에 합격한 것일 것
② 냉동제조설비 중 냉매설비는 자동제어장치를 설치할 것
③ 제조설비는 진동, 충격, 부식 등으로 냉매가스가 누출되지 아니할 것
④ 압축기 최종단에 설치한 안전장치는 6월에 1회 이상 압력시험을 할 것

해설

압축기 최종단에 설치한 안전장치는 1년에 1회, 그 밖의 안전장치는 2년에 1회, 내압시험압력이 8/10 이하의 압력에서 작동할 것

140 다음 중 고압가스 저장시설기준 및 기술기준 중 틀린 것은?

① 가연성 가스 저장실과 조연성 가스 저장실은 각각 구분하여 설치할 것
② 저장탱크에는 가스용량이 그 저장탱크의 사용온도에서 내용적 90%를 초과하지 아니하도록 할 것
③ 저장실 주위 5m 이내에는 화기 또는 인화성 물질이나 발화성 물질을 두지 아니할 것
④ 공기보다 무거운 가연성 가스 및 독성 가스의 저장설비에는 가스누출 검지경보장치를 한다.

해설

이내거리 : 2m

정답 135.③ 136.③ 137.④ 138.① 139.④ 140.③

141 냉매설비에서 기밀시험은 얼마 이상이어야 하는가?

① 설계압력의 1.5배 이상
② 상용압력의 1.5배 이상
③ 설계압력 이상
④ 상용압력 이상

해설

냉동제조의 기밀시험 및 내압시험
냉매설비는 설계압력 이상으로 행하는 기밀시험(기밀시험을 실시하기 곤란한 경우에는 누출검사)에 냉매설비 중 배관 외의 부분은 설계압력의 1.5배 이상의 압력으로 행하는 내압시험에 합격한 것일 것. 다만, 부득이한 사유로 물을 채우는 것이 부적당한 경우에는 설계압력의 1.25배 이상의 압력에 의하여 내압시험을 실시할 수 있으며, 이 경우에는 기밀시험을 따로 실시하지 아니할 수 있다.

142 고압가스 판매 및 수입업소 시설의 시설기준 및 기술기준이다. 잘못된 것은?

① 판매시설에는 고압가스 용기보관실을 설치하고 그 보관실의 벽은 방호벽으로 할 것
② 가연성 가스의 충전용기 보관실의 전기설비는 방폭성능을 가진 것일 것
③ 판매시설 및 고압가스 수입업소시설에는 압력계 및 계량기를 갖출 것
④ 공기보다 가벼운 가연성 가스의 보관실에는 가스누출 검지경보장치를 설치할 것

해설

공기보다 무거운 독·가연성 가스 용기보관실에 가스누출 검지경보장치를 설치한다.

참고 고압가스 일반제조 중 판매·수입업소 시설기준
다음 기준에 적합한 용기보관실을 설치할 것
- 안전거리 : 고압가스 용기의 보관실은 그 보관할 수 있는 고압가스의 용적이 300m^3(액화가스는 3톤)를 넘는 보관실은 그 외면으로부터 보호시설(사업소 안의 보호시설 및 전용 공업지역 안에 있는 보호시설을 제외한다)까지 규정된 안전거리를 유지할 것
- 방호벽 : 용기보관실의 벽은 방호벽으로 할 것

143 냉동기제조의 기술기준에서 재료는 초음파 탐상시험에 합격해야 하는 것 중 틀린 것은?

① 두께가 10mm 이상이고, 최소인장강도가 568.4N/mm^2 이상인 강(단, 알루미늄으로 탄산처리한 것은 제외)
② 두께가 6mm 이상인 9% 니켈강
③ 두께가 38mm 이상인 저합금강
④ 두께가 50mm 이상인 탄소강

해설

초음파 탐상시험에 합격하여야 하는 경우
㉠ 두께가 50mm 이상인 탄소강
㉡ 두께가 38mm 이상인 저합금강
㉢ 두께가 19mm 이상이고, 최소인장강도가 568.4N/mm^2 이상인 강
㉣ 두께가 19mm 이상이고, 저온(0℃ 미만)에서 사용하는 강(알루미늄으로서 탈산처리를 한 것을 제외한다)
㉤ 두께가 13mm 이상인 2.5% 니켈강 또는 3.5% 니켈강
㉥ 두께가 6mm 이상인 9% 니켈강

144 스테이를 부착하지 않는 판의 두께는?

① 15mm 미만
② 13mm 미만
③ 10mm 미만
④ 8mm 미만

해설

고압가스 일반제조의 특정설비 제조의 기술기준
스테이 부착 : 두께 8mm 미만인 판에는 스테이를 부착하지 아니할 것. 다만, 봉스테이로서 스테이의 피치가 500mm(스테이의 길이가 200mm 이하인 경우에는 200mm) 이하인 것을 용접하여 부착하는 경우에는 그러하지 아니 하다.

145 두께 8mm 미만의 판에 펀칭가공으로 구멍을 뚫은 경우에는 그 가장자리를 몇 mm 이상 깎아야 하는가?

① 2mm
② 1.5mm
③ 0.9mm
④ 0.7mm

정답 141.③ 142.④ 143.① 144.④ 145.②

해설

고압가스 일반제조의 특정설비 제조의 기술기준

- 절단·성형 및 다듬질 : 재료의 절단·성형 및 다듬질은 다음의 기준에 적합하도록 할 것
  - ㉠ 동판 또는 경판에 사용하는 판의 재료의 기계적 성질을 부당하게 손상하지 아니하도록 성형하고, 동체와의 접속부에 있어서의 경판 안지름의 공차는 동체 안지름의 1.2% 이하로 할 것
  - ㉡ 두께 8mm 이상의 판에 구멍을 뚫을 경우에는 펀칭가공으로 하지 아니할 것
  - ㉢ 두께 8mm 미만의 판에 펀칭가공으로 구멍을 뚫은 경우에는 그 가장자리를 1.5mm 이상 깎아낼 것
  - ㉣ 가스로 구멍을 뚫은 경우에는 그 가장자리를 3mm 이상 깎아낼 것. 다만, 뚫은 자리를 용접하는 경우에는 그러하지 아니 하다.

146 확관에 의하여 관을 부착하는 관판의 관부착부 두께는 몇 mm 이상으로 하는가?

① 30mm ② 20mm
③ 15mm ④ 10mm

고압가스 일반제조의 특정설비 제조의 기술기준

- 관부착 방법 : 열교환기 그 밖에 이와 유사한 것의 관판에 관을 부착하는 경우에는 다음의 기준에 의할 것
  - ㉠ 확관에 의하여 관을 부착하는 관판의 관구멍 중심간의 거리는 관바깥지름의 1.25배 이상으로 할 것
  - ㉡ 확관에 의하여 관을 부착하는 관판의 관부착부 두께는 10mm 이상으로 할 것

147 이음매 없는 용기는 얼마의 압력시험으로 시험했을 때 항복을 일으키지 않아야 하는가?

① 상용압력의 1.8배 이하
② 최고사용압력의 1.7배 이상
③ 상용압력의 1.5배 이하
④ 상용압력의 1.7배 이상

148 고압가스 파열사고 주원인은 용기의 내압력 부족이다. 내압력 부족의 원인이 아닌 것은?

① 과잉충전
② 용기 내부의 부식
③ 용접불량
④ 강재의 피로

149 고압가스 공급자의 안전점검기준에서 독성 가스시설을 점검하고자 할 때 갖추지 않아도 되는 점검장비는?

① 점검에 필요한 시설 및 기구
② 가스누출검지액
③ 가스누출시험지
④ 가스누출검지기

해설

가스의 종류에 관계 없이 누출검지액과 점검에 필요한 시설기구는 꼭 필요한 장비이며, 독성 가스는 누출시험지가, 가연성 가스는 누출검지기가 필요하다.

참고 고압가스 안전관리법 중 공급자의 안전점검기준의 점검 장비

점검장비	산 소	불연성 가스	가연성 가스	독성 가스
가스누출검지기			○	
가스누출시험지				○
가스누출검지액	○	○	○	○
그 밖에 점검에 필요한 시설 및 기구	○	○	○	○

150 고압가스 공급자의 안전점검방법 중 맞지 않는 것은?

① 시설기준의 적합 여부
② 정기점검의 실시기록을 작성하여 2년간 보존
③ 2년에 1회 이상 정기점검
④ 가스공급 시마다 점검

해설

(1) 점검방법
  - ㉠ 가스공급 시마다 점검 실시
  - ㉡ 2년에 1회 이상 정기점검 실시

(2) 점검기록의 작성·보존 : 정기점검 실시기록을 작성하여 2년간 보존

151 고압가스 안전관리자가 공급자 안전점검 시 갖추지 않아도 되는 장비는?

① 가스누출검지액
② 가스누출시험지
③ 가스누출차단기
④ 가스누출검지기

정답 146.④ 147.② 148.① 149.④ 150.① 151.③

152 용기검사기준에 관한 사항 중 옳지 않은 것은?

① 수입용기에 대하여는 재검사기준을 중용한다.
② 파열시험을 한 용기에 대하여는 인장시험 및 압궤시험을 하여야 한다.
③ 압궤시험이 부적당한 용기는 시험편에 대한 굴곡시험으로 대신할 수 있다.
④ 인장시험은 용기에서 채취한 시험편에 대하여 행한다.

해설

파열시험을 한 용기는 인장시험, 압궤시험으로 생략할 수 있다.

참고 압궤시험이 부적당할 때 굽힘시험을 갈음할 수 있다.

153 이음매 없는 용기의 재료가 탄소강(탄소의 함유량이 0.35% 초과)일 때 인장강도와 연신율이 얼마일 때 합격할 수 있는가?

① 539N/mm^2 이상, 18% 이상
② 520N/mm^2 이상, 32% 이상
③ 420N/mm^2 이상, 20% 이상
④ 380N/mm^2 이상, 30% 이상

해설

이음매 없는 용기의 탄소강 함유율에 따른 인장강도와 연신율

탄소함유율	인장강도	연신율
0.35% 초과	539N/mm^2 이상	18% 이상
0.28~0.35% 이하	412N/mm^2 이상	20% 이상
0.28% 이하	372N/mm^2 이상	30% 이상

154 용기재검사기준 중 내용적이 500L 이하인 용기로서 내압시험에서 영구팽창률이 6% 이하인 것은 질량검사 몇 % 이상인 것을 합격으로 규정하고 있는가?

① 98%　② 95%
③ 90%　④ 86%

해설

용기의 내압시험의 합격기준
㉠ 신규검사 : 영구증가율 10% 이하가 합격
㉡ 재검사 : 영구증가율 10% 이하가 합격(질량검사가 95% 이상 시)
단, 질량검사가 90% 이상 95% 미만 시에는 영구증가율 6% 이하가 합격이다.

155 고압가스 용기의 동체두께가 20mm 이하인 경우 용기의 길이 이음매 및 원주 이음매에 대한 방사선검사 실시부위는?

① 길이의 1/5 이상
② 길이의 1/4 이상
③ 길이의 1/3 이상
④ 길이의 1/2 이상

해설

방사선 검사 실시부위
㉠ 20mm 초과 : 용기의 길이 이음매, 원주 이음매의 1/2
㉡ 20mm 이하 : 용기의 길이 이음매, 원주 이음매의 1/4

156 용기 종류별 부속품의 기호표시가 틀린 것은?

① AG : 아세틸렌가스를 충전하는 용기의 부속품
② PG : 압축가스를 충전하는 용기의 부속품
③ LG : 액화석유가스를 충전하는 용기의 부속품
④ LT : 초저온용기 및 저온용기의 부속품

해설

㉠ LPG : 액화석유가스를 충전하는 용기의 부속품
㉡ LG : 액화석유가스 외의 액화가스를 충전하는 용기의 부속품

157 다음 일반 공업용기의 도색 중 잘못된 것은?

① 액화염소 – 갈색
② 액화암모니아 – 백색
③ 아세틸렌 – 황색
④ 수소 – 회색

158 다음 중 고압가스와 그 충전용기의 도색이 알맞게 짝지어진 것은?

① 염화염소 – 황색
② 아세틸렌 – 주황색
③ 수소 – 회색
④ 액화암모니아 – 백색

정답 152.② 153.① 154.③ 155.② 156.③ 157.④ 158.④

159 의료용 가스용기 중 아산화질소의 도색은 어느 것인가?

① 주황색
② 흑색
③ 백색
④ 청색

160 다음은 용기의 각인 순서에 관한 것이다. 순서가 옳은 것은?

① 제조자 명칭 – 용기기호 – 내용적 – 가스 명칭
② 제조자 명칭 – 내용적 – 용기기호 – 가스 명칭
③ 제조자 명칭 – 용기기호 – 가스 명칭 – 내용적
④ 제조자 명칭 – 가스 명칭 – 용기기호 – 내용적

해설

용기의 각인 순서
㉠ 용기 제조업자의 명칭 또는 약호
㉡ 충전하는 가스의 명칭
㉢ 용기의 번호
㉣ 내용적(기호 : V, 단위 : L)
㉤ 밸브 및 부속품을 포함하지 아니한 용기 질량 W(kg)
㉥ C_2H_2 용기 질량 T_W(kg)
㉦ 내압시험압력 T_P(MPa)
㉧ 최고충전압력 F_P(MPa 압축가스에 한함)
㉨ 동판두께 t(mm)(500L 이상에 한함)

161 고압가스 충전용기를 차량에 적재할 때 경계표시는 보기 쉬운 곳에 어떤 색으로 어떻게 표시하는가?

① '청색'으로 '위험고압가스'
② '적색'으로 '위험고압가스'
③ '적색'으로 '위험'
④ '황색'으로 '고압가스'

해설

적색으로 '위험고압가스'

참고 고압가스 운반 등의 기준
(1) 독성 가스 외의 고압가스 용기에 의한 운반기준 경계표시 : 충전용기(납붙임 또는 접합용기에 충전하여 포장한 것을 포함한다. 이하 같다)를 차량에 적재하여 운반하는 때에는 그 차량의 앞뒤 보기 쉬운 곳에 각각 붉은 글씨로 '위험고압가스'라는 경계표시와 전화번호를 표시할 것(독성의 경우 위험고압가스, 독성가스라고 표시)
(2) 차량의 경계표시(고압가스 운반차량)
㉠ 차량의 전후에서 명료하게 볼 수 있도록 '위험고압가스'라 표시하고 '적색삼각기'를 운전석 외부의 보기 쉬운 곳에 계양, 다만, RTC의 경우는 좌우에서 볼 수 있도록 할 것
㉡ 경계표의 크기(KS M 5334 적색발광도료 사용)
• 가로치수 : 차체 폭의 30% 이상
• 세로치수 : 가로치수의 20% 이상의 직사각형으로 표시
• 정사각형의 경우 : 면적을 $600cm^2$ 이상의 크기로 표시
㉢ 표시의 예

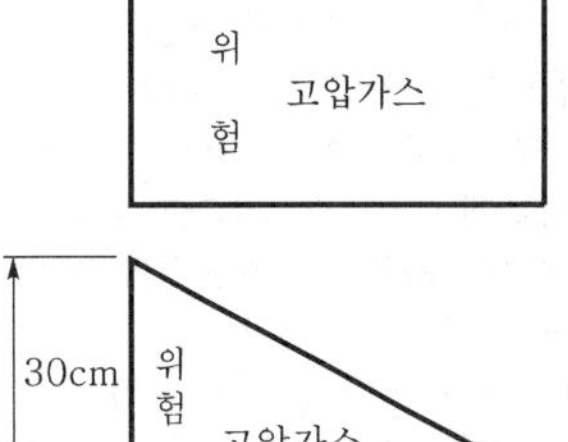

30cm 위험 고압가스 40cm

162 고압가스를 운반하는 차량의 경계표시 도료는?

① KS M 5226 ② KS M 5883
③ KS M 4334 ④ KS M 5334

163 다음 고압가스 운반차량의 경계표시에 대한 설명 중 틀린 것은?

① 경계표시의 크기는 세로치수의 차체폭의 30% 이상으로 한다.
② 경계표시는 KS M 5334 적색 발광도료를 사용한다.
③ RTC의 차량의 경우는 좌우에서 볼 수 있도록 한다.
④ 차량의 전후에서 명료하게 볼 수 있도록 '위험고압가스'라 표시하고, '적색삼각기'를 운전석 외부의 보기 쉬운 곳에 계양한다.

정답 159.④ 160.④ 161.② 162.④ 163.①

164 고압가스 충전용기의 운반기준 중 틀리는 것은?

① 독성 가스 충전용기 운반 시에는 목재 칸막이 또는 패킹을 할 것
② 차량통행이 가능한 지역에서 오토바이로 적재하여 운반할 것
③ 운반 중의 충전용기는 항상 40℃ 이하를 유지할 것
④ 충전용기를 운반하는 때에는 충격을 방지하기 위해 단단하게 묶을 것

해설

차량통행이 곤란한 지역에서 자전거, 오토바이 등에 20kg 용기 2개 이하를 운반할 수 있다(단, 용기운반 전용 적재함이 장착된 것인 경우).

참고 1. 위험한 운반의 금지
충전용기는 자전거 또는 오토바이에 적재하여 운반하지 아니할 것. 다만, 차량이 통행하기 곤란한 지역이나 그 밖에 시·도지사가 지정하는 경우에는 다음의 기준에 적합한 경우에 한하여 액화석유가스 충전용기를 오토바이에 적재하여 운반할 수 있다.
• 넘어질 경우 용기에 손상이 가지 아니하도록 제작된 용기운반 전용 적재함이 장착된 것인 경우
• 적재하는 충전용기는 충전량이 20kg 이하이고, 적재수가 2개를 초과하지 아니한 경우

2. 차량에의 적재
• 충전용기를 차량에 적재하고 운반하는 때에는 차량운행 중의 동요로 인하여 용기가 충돌하지 아니하도록 고무링을 씌우거나 적재함에 넣어 세워서 운반할 것. 다만, 압축가스의 충전용기 중 그 형태 및 운반차량의 구조상 세워서 적재하기 곤란한 때에는 적재함 높이 이내로 눕혀서 적재할 수 있다.
• 차량의 최대적재량을 초과하여 적재하지 아니할 것

165 충전된 용기를 운반할 때에 용기 사이에 목재칸막이 또는 고무패킹을 사용하여야 할 가스는?

① 액화석유가스
② 독성 가스
③ 산소
④ 가연성 가스

166 가연성 가스 이동 시 휴대하는 공작용 공구가 아닌 것은?

① 소석회
② 가위
③ 렌치
④ 해머

해설

보호장비 등
㉠ 가연성 가스 또는 산소를 운반하는 차량에는 소화설비 및 재해발생방지를 위한 응급조치에 필요한 '자재 및 공구' 등을 휴대할 것
㉡ 소석회는 독성 가스 운반 시의 중화제

167 가연성 가스 저장실에는 소화기를 설치하게 되어 있는데, 이때 사용되는 소화제는?

① 중탄산
② 질산나트륨
③ 모래
④ 물

해설

가연성 가스, 산소가스 운반차량에 구비하여야 하는 소화제는 분말소화제를 사용한다.

168 독성 가스 운반 시 응급조치에 필요한 것이 아닌 것은?

① 제독제
② 고무장갑
③ 소화기
④ 방독면

해설

독성 가스 운반 시 그 독성 가스의 종류에 따른 방독면, 고무장갑, 고무장화 그 밖의 보호구와 재해발생방지를 위한 응급조치에 필요한 제독제, 자재 및 공구 등을 휴대할 것
• 소화기는 가연성 산소 운반 시 필요한 것이다.

169 독성 가스를 운반할 때 휴대하는 자재가 아닌 것은?

① 비상삼각대 ② 비상등
③ 자동안전바 ④ 누설검지액

정답 164.② 165.② 166.① 167.① 168.③ 169.②

해설

독성 가스의 운반 시에 휴대하는 자재

품 명	규 격
비상삼각대 비상신호봉	
휴대용 손전등	
메가폰 또는 휴대용 확성기	
자동안전바	
완충판	
물통	
누설검지액	비눗물 및 적용하는 가스에 따라 10% 암모니아수 또는 5% 염산
차바퀴 고정목	2개 이상
누출검지기	가연성의 경우에 감축과 자연발화성의 경우는 제외

170 독성 가스의 제독작업에 필요한 보호구의 장착훈련은?

① 6개월마다 1회 이상
② 3개월마다 1회 이상
③ 2개월마다 1회 이상
④ 1개월마다 1회 이상

171 고압가스 충전용기의 운반기준 중 차량에 고정된 용기에 의하여 운반하는 경우를 제외한 용기의 운반기준 설명으로 옳은 것은?

① 암모니아와 수소는 동일차량에 적재 운반하지 않는다.
② 가연성 가스와 산소는 동일차량에 적재 운반하지 않는다.
③ 아세틸렌과 암모니아는 동일차량에 적재 운반하지 않는다.
④ 염소와 아세틸렌은 동일차량에 적재 운반하지 않는다.

해설

혼합적재의 금지
㉠ 염소와 (아세틸렌, 암모니아 또는 수소)는 동일차량에 적재하여 운반하지 않을 것
㉡ 가연성 가스와 산소를 동일차량에 적재하여 운반하는 때에는 그 충전용기의 밸브가 서로 마주보지 않도록 적재할 것
㉢ 충전용기와 소방기본법이 정하는 위험물과는 동일차량에 적재하여 운반하지 않을 것

172 다음의 두 가지 물질이 공존하는 경우 가장 위험한 것은?

① 수소와 일산화탄소
② 염소와 이산화탄소
③ 염소와 아세틸렌
④ 암모니아와 질소

173 고압가스의 운반기준으로 적합하지 않은 것은?

① 고압가스 운반차량은 제1종 보호시설에서만 주차할 수 있다.
② 독성 가스 운반차량은 방독면, 고무장갑 등을 휴대한다.
③ 프로판 3톤 이상은 운반책임자를 동승시킨다.
④ 산소를 운반하는 차량은 소화설비를 갖춘다.

해설

㉠ 주차의 제한 : 충전용기를 차량에 적재하여 운반하는 도중에 주차하고자 하는 때에는 충전용기를 차에 싣거나 차에서 내릴 때를 제외하고는 보호시설 부근을 피하고, 주위의 교통상황, 지형조건, 화기 등을 고려하여 안전한 장소를 택하여 주차하여야 하며, 주차 시에는 엔진을 정지시킨 후 주차제동장치를 걸어 놓고 차바퀴를 고정목으로 고정시킬 것
㉡ 운반책임자 : 다음 표에 정하는 기준 이상의 고압가스를 차량에 적재하여 운반하는 때에는 운전자 외에 공사에서 실시하는 운반에 관한 소정의 교육을 이수한 자, 안전관리책임자 또는 안전관리원 자격을 가진 자(이하 '운반책임자'라 한다)를 동승시켜 운반에 대한 감독 또는 지원을 하도록 할 것. 다만, 운전자가 운반책임의 자격을 가진 경우에는 운반책임자의 자격이 없는 자를 동승시킬 수 있다.
※ 차량고정탱크(200km 운반 시)

가스의 종류		기 준
압축가스	독성	$100m^3$ 이상
	가연성	$300m^3$ 이상
	조연성	$600m^3$ 이상
액화가스	독성	1000kg 이상
	가연성	3000kg (납붙임, 접합 용기 2000kg 이상)
	조연성	6000kg 이상

정답 170.② 171.④ 172.③ 173.①

174 다음의 고압가스 양을 차량에 적재하여 운반할 때 운반책임자를 동승시키지 않아도 되는 것은?

① 액화염소 6000kg
② 액화석유가스 2000kg
③ 일산화탄소 700m^3
④ 아세틸렌가스 400m^3

175 충전용기 등을 적재하여 운반책임자를 동승하는 차량의 운행거리가 3km일 때 현저하게 우회하는 도로의 경우 이동거리는?

① 12km 이상 ② 9km 이상
③ 6km 이상 ④ 3km 이상

해설

현저하게 우회하는 도로는 이동거리의 2배
∴ 3km×2=6km

참고 운반책임자를 동승하는 차량의 운행에 있어서는 다음 사항을 준수해야 한다.

1. 현저하게 우회하는 도로인 경우 및 부득이한 경우를 제외하고 번화가 또는 사람이 붐비는 장소는 피할 것
   - 현저하게 우회하는 도로는 이동거리가 2배 이상이 되는 경우
   - 번화가란 도시의 중심부 또는 번화한 상점을 말하며, 차량의 너비에 3.5m를 더한 너비 이하인 통로의 주위를 말한다.
2. 200km 거리 초과 시 충분한 휴식
3. 운반계획서에 기재된 도로를 따라 운행할 것

176 충전용기 등을 적재하여 운반책임자를 동승하는 차량의 운행에 있어 몇 km 거리 초과 시마다 충분한 휴식을 취하는가?

① 300km ② 250km
③ 200km ④ 100km

177 차량에 고정된 탱크가 있다. 차체폭이 A, 차체길이가 B라고 할 때 이 탱크의 운반 시 표시해야 하는 경계표시의 크기는?

① 가로 : A×0.3 이상
세로 : B×0.3×0.2 이상
② 가로 : A×0.3 이상
세로 : A×0.3×0.2 이상
③ 가로 : B×0.3 이상
세로 : A×0.2 이상
④ 가로 : A×0.3 이상
세로 : B×0.2 이상

해설

㉠ 가로 : 차폭의 30% 이상
㉡ 세로 : 가로의 20% 이상

178 차량에 고정된 2개 이상을 상호 연결한 이음매 없는 용기에 운반 시 충전관에 설치하는 것이 아닌 것은?

① 긴급 탈압밸브 ② 압력계
③ 안전밸브 ④ 온도계

해설

차량에 고정된 탱크의 2개 이상의 탱크의 설치 : 2개 이상의 탱크를 동일한 차량에 고정하여 운반하는 경우에는 다음 기준에 적합해야 한다.
㉠ 탱크마다 탱크의 주밸브를 설치할 것
㉡ 탱크 상호간 또는 탱크와 차량의 사이를 단단하게 부착하는 조치를 할 것
㉢ 충전관에는 안전밸브, 압력계 및 긴급탈압밸브를 설치할 것

179 차량에 고정된 탱크에 독성 가스는 얼마나 적재할 수 있는가?

① 16000L 이하 ② 15000L 이하
③ 18000L 이하 ④ 12000L 이하

해설

차량에 고정된 탱크에 의한 운반기준
㉠ 경계표시 : 차량의 앞뒤 보기 쉬운 곳에 각각 붉은 글씨로 '위험고압가스'라는 경계표시를 할 것
㉡ 탱크의 내용적 : 가연성 가스(액화석유가스를 제외한다) 및 산소탱크의 내용적은 18000L, 독성 가스(액화암모니아를 제외한다)의 탱크의 내용적은 12000L를 초과하지 아니할 것. 다만, 철도차량 또는 견인되어 운반되는 차량에 고정하여 운반하는 탱크를 제외한다.
㉢ 온도계 : 충전탱크는 그 온도(가스온도를 계측할 수 있는 용기에 있어서는 가스의 온도)를 항상 40℃ 이하로 유지할 것. 이 경우 액화가스가 충전된 탱크에는 온도계 또는 온도를 적절히 측정할 수 있는 장치를 설치할 것
㉣ 액면요동 방지조치
- 액화가스를 충전하는 탱크는 그 내부에 액면요동을 방지하기 위한 방파판 등을 설치할 것
- 탱크(그 탱크의 정상부에 설치한 부속품을 포함한다)의 정상부의 높이가 차량 정상부의 높이보다 높을 경우에는 높이를 측정하는 기구를 설치할 것

정답 174.② 175.③ 176.③ 177.② 178.④ 179.④

180 고압가스 안전관리법상 액화가스를 충전하는 용기에 액면요동을 방지하기 위하여 설치하는 것은?

① 탄성이 있는 물질
② 액면정지장치
③ 방파판
④ 안전칸막이

181 고압가스 운반기준 중 후부취출식 용기 이외의 용기에 있어서는 용기의 후면 및 차량의 후면과 후범퍼와의 수평거리가 몇 cm 이상이 되도록 용기를 차량에 고정시켜야 하는가?

① 40cm ② 30cm
③ 20cm ④ 10cm

해설

차량에 고정된 탱크 및 부속품의 보호
㉠ 가스를 송출 또는 이입하는 데 사용되는 밸브(이하 '탱크 주밸브'라 한다)를 후면에 설치한 탱크(이하 '후부취출식 탱크'라 한다)에는 탱크 주밸브 및 긴급차단장치에 속하는 밸브와 차량의 뒷범퍼와의 수평거리가 40cm 이상 떨어져 있을 것
㉡ 후부취출식 탱크 외의 탱크는 후면과 차량의 뒷범퍼와의 수평거리가 30cm 이상이 되도록 탱크를 차량에 고정시킬 것
㉢ 탱크 주밸브 : 긴급차단장치에 속하는 밸브, 그 밖의 중요한 부속품이 돌출된 저장탱크는 그 부속품을 차량의 좌측편이 아닌 곳에 설치한 단단한 조작상자 내에 설치할 것. 이 경우 조작상자와 차량의 뒷범퍼와의 수평거리는 20cm 이상 떨어져 있어야 한다.
㉣ 부속품이 돌출된 탱크는 그 부속품의 손상으로 가스가 누출되는 것을 방지하기 위하여 필요한 조치를 할 것

182 안전밸브의 가스 방출관에 알맞은 단어는?

> • 가스 방출관 끝에는 (㉠), 설치 하부에는 (㉡)를 설치한다.
> • 가스 방출관의 단면적은 안전밸브 (㉢) 면적 이상으로 한다.

① ㉠ 캡, ㉡ 드레인밸브, ㉢ 분출
② ㉠ 드레인밸브, ㉡ 캡, ㉢ 분출
③ ㉠ 캡, ㉡ 앵글밸브, ㉢ 분출
④ ㉠ 캡, ㉡ 슬루스밸브, ㉢ 분출

183 가스 방출관에서 가스 방출구의 방향은 수직상방향으로 분출 시 그 연장선으로부터 수평거리 이내 장애물이 없는 안전한 곳이어야 한다. 입구 호칭경에 따른 수평거리가 틀린 것은?

① 15A 이하(0.3m)
② 15A 초과 20A 이하(0.5m)
③ 15A 초과 25A 이하(0.7m)
④ 25A 초과 40A 이하(1.8m)

해설

㉠ 25A 초과 40A 이하 : 1.3m
㉡ 40A 초과 : 2.0m

184 밸브가 돌출한 용기(내용적 5L 미만 제외)에 조치하여야 할 내용이 아닌 것은?

① 충전용기는 바닥이 평탄한 장소에 보관한다.
② 충전용기는 물건의 낙하우려가 없는 장소에 저장한다.
③ 고정프로텍터가 없는 용기는 캡을 씌워 보관한다.
④ 충전용기를 이동하면서 사용 시 2인 이상이 운반한다.

해설

이동 시 손수레에 단단히 묶어 사용

185 고압가스 특정제조사업소 안 배관의 노출 설치 시 올바른 항목은?

① 배관의 부식방지와 검사 보수를 위하여 지면으로부터 20cm 이상의 거리를 유지한다.
② 배관의 손상을 방지하기 위하여 방책이나 가드레일의 방호조치를 한다.
③ 배관이 건축물의 벽을 통과 시 통과라는 부분에 부식방지 피복조치를 하면 보호관은 설치하지 않아도 된다.
④ 배관의 신축에는 굽힘과 루프, 벨로우즈, 플랜지 등으로 신축을 한다.

정답 180.③ 181.② 182.① 183.④ 184.④ 185.②

① 30cm 이상
③ 보호관을 설치
④ 굽힘관, 루프, 벨로우즈, 슬라이드 등으로 신축

186 아세틸렌용기의 내용적이 10L 이하이고, 다공물질의 다공도가 90%일 때 디메틸포름아미드의 최대충전량은 얼마인가?

① 36.3% ② 38.7%
③ 41.8% ④ 43.5%

C_2H_2 용기에 침윤시키는 용제의 규격 및 침윤량
㉠ 아세톤의 최대충전량

다공물질의 다공도(%) ＼ 용기구분	내용적 10L 이하	내용적 10L 초과
90 이상 92 이하	41.8% 이하	43.4% 이하
87 이상 90 미만	–	42.0% 이하
83 이상 87 미만	38.5% 이하	–
80 이상 83 미만	37.1% 이하	–
75 이상 80 미만	–	40.0% 이하
75 이상 80 미만	34.8% 이하	–

㉡ 디메틸포름아미드의 최대충전량

다공물질의 다공도(%) ＼ 용기구분	내용적 10L 이하	내용적 10L 초과
90 이상 92 이하	43.5% 이하	43.7% 이하
85 이상 90 미만	41.1% 이하	42.8% 이하
80 이상 85 미만	38.7% 이하	40.3% 이하
75 이상 80 미만	36.3% 이하	37.8% 이하

187 다음 고압가스 특정제조의 저장탱크 및 처리설비의 실내 설치에 관한 내용 중 틀린 것은?

① 저장탱크실과 처리설비실은 구분 설치하고 자연환기시설을 갖춘다.
② 저장탱크 처리설비실은 천장벽 바닥의 두께가 30cm 이상 철근콘크리트로 만든 실로서 방수처리가 된 것으로 한다.
③ 가연성, 독성 가스의 처리설비실에는 가스누출 검지경보장치를 설치한다.
④ 저장탱크 및 그 부속설비에는 부식방지 도장을 하고 안전밸브 설치 시 지상 5m 이상의 높이에 가스방출구가 있는 가스방출관을 설치한다.

188 저장탱크에 충전된 독성 가스가 90%로 도달 시 검지하는 방법은?

① 액면 또는 액두압 검지
② 체적 감지
③ 무게 감지
④ 육안 확인

189 저장탱크에 과충전방지조치를 하여야 할 독성 가스가 아닌 것은?

① 아황산
② 암모니아
③ 산화에틸렌
④ 일산화탄소

상기 항목 외에 HCN, $COCl_2$, H_2S 등

190 압력계, 온도계, 액면계 등 계기류를 부착하는 부분은 반드시 용접이음으로 한다. 호칭지름 몇 mm 초과 배관에 해당하는가?

① 15mm ② 20mm
③ 25mm ④ 30mm

25mm 이하 배관은 용접이음에서 제외

191 냉매설비 중 냉매가스 안의 압력이 상용압력을 초과하는 경우 즉시 상용압력 이하로 되돌릴 수 있는 장치가 아닌 것은?

① 고압차단장치
② 안전밸브
③ 파열판
④ 감압밸브

과압안전장치 종류 : ①, ②, ③ 이외에 용전, 압력릴리프장치, 자동압력제어장치

정답 186.④ 187.① 188.① 189.④ 190.③ 191.④

chapter 2 LPG 안전관리

이번 과목은 어떤 내용인가요?

제2장은 액화석유가스 제조 및 공급 · 충전부분으로서 가스저장 및 사용(저장탱크, 탱크로리 사용시설)에 관한 안전으로 구성된 내용입니다.

01 안전거리

저장능력	1종	2종
10톤 이하	17m	12m
10톤 초과 20톤 이하	21m	14m
20촌 초과 30톤 이하	24m	16m
30톤 초과 40톤 이하	27m	18m
40톤 초과	30m	20m

02 허가대상 가스용품의 범위

① 압력조정기(용접 절단기용 액화석유가스 압력조정기를 포함한다)
② 가스누출자동차단장치
③ 정압기용 필터(정압기에 내장된 것은 제외한다)
④ 매몰형 정압기
⑤ 호스
⑥ 배관용 밸브(볼밸브와 글로브밸브만을 말한다)
⑦ 콕(퓨즈콕, 상자콕, 주물연소기용 노즐콕 및 업무용 대형연소기용 노즐콕만을 말한다)
⑧ 배관이음관
⑨ 강제혼합식 가스버너
⑩ 연소기[가스버너를 사용할 수 있는 구조로 된 연소장치로서 가스소비량이 232.6kW (20만 kcal/h) 이하인 것]

⑪ 다기능가스안전계량기(가스계량기에 가스누출 차단장치 등 가스안전기능을 수행하는 가스안전장치가 부착된 가스용품을 말한다. 이하 같다)
⑫ 로딩암
⑬ 연료전지[가스소비량이 232.6kW(20만kcal/h) 이하인 것을 말한다. 이하 같다]
⑭ 다기능보일러[온수보일러에 전기를 생산하는 기능 등 여러 가지 복합기능을 수행하는 장치가 부착된 가스용품으로서 가스소비량이 232.6kW(20만kcal/h)이하인 것을 말한다]

03 액화석유가스 충전사업의 시설기준 및 기술기준

(1) 용기충전시설기준

① 저장, 충전설비 안전거리 유지(지하 1/2 유지)
② 저장탱크 및 가스충전장소에는 방호벽 설치
③ 살수장치(5m)

(2) 내열구조 및 유효한 냉각장치와 온도상승 방지 조치

① 방류둑 설치, 가연성 : 10m 이내
② 방류둑 미설치, 가연성 : 20m 이내
③ 가연성 물질을 취급하는 설비 : 20m 이내

(3) 지반침하 방지 탱크의 용량

3톤 이상(고법은 1톤, $100m^3$)

(4) 충전시설의 규모 등

① 안전밸브 분출면적 : 배관 최대지름부 단면적의 1/10 이상
② 납붙임 접합용기에 LPG 충전 시 자동계량충전기로 충전
③ 충전시설 : 연간 1만 톤 이상을 처리할 수 있는 규모
④ 저장탱크 저장능력 : 1만 톤의 1/100(주거지역, 상업지역에서 다른 곳으로 이전 시 1/200)
⑤ 차량정지목을 설치하는 탱크용량 : 5000L 이상(고법에는 2000L 이상)
⑥ 충전설비(충전기, 잔량측정기, 자동계량기 등 구비) : 충전시설은 용기보수를 위한 잔가스 제거장치, 용기질량측정장치, 밸브탈착기, 도색설비 등을 구비
⑦ 소형 저장탱크에 LPG 공급 시 : 펌프 또는 압축기가 부착된 액화석유가스 전용 운반차량(벌크로리)을 구비할 것

(5) 자동차용기 충전시설 기준

① 황색바탕에 흑색글씨 : 충전 중 엔진정지

② 백색바탕에 붉은글씨 : 화기엄금

(6) 화기와 우회거리

① 충전, 집단 공급시설 : 8m 이상

② 판매시설 : 2m 이상

③ 사용시설

저장능력	우회거리
1톤 미만	2m
1톤~3톤 미만	5m
3톤 이상	8m

(7) 충전시설 중 저장설비의 저장능력에 따른 사업소 경계와의 거리

저장능력	사업소 경계와의 거리
10톤 이하	24m
10톤 초과 20톤 이하	27m
20톤 초과 30톤 이하	30m
30톤 초과 40톤 이하	33m
40톤 초과 200톤 이하	36m
200톤 초과	39m

※ 충전시설 중 충전설비는 사업소 경계까지 24m 이상 유지

04 LPG 집단 공급사업

(1) 저장탱크(소형 저장탱크 제외) 안전거리 유지(지하설치 시는 제외)

(2) 저장설비 주위 경계책 1.5m

(3) 집단공급시설의 저장설비(저장탱크, 소형 저장탱크)로 설치(용기집합시설은 설치하지 않는다)

(4) 지하매몰 가능 배관

KS D 3589(폴리에틸렌 피복강관), KS D 3607(분말융착식 폴리에틸렌 피복강관), KS M 3514(가스용 폴리에틸렌관)

(5) 소형 저장탱크를 제외한 저장탱크에는 살수장치를 설치

(6) 배관의 유지거리

① 지면과 1m 이상
② 차량통행도로 1.2m 이상
③ 공동 주택부지 및 1m의 매설깊이 유지가 곤란한 곳 0.6m 이상
④ 보호관-보호관 : 0.3m
⑤ 배관의 접합은 용접시공을 할 것(부적당 시 플랜지 접합 가능)

(7) 차량에 고정된 탱크에 가스충전 시 가스충전 중의 표시를 하고 내용적 90%(소형 저장탱크는 85%)를 넘지 않을 것

(8) LPG 판매

① 용기저장실에는 분리형 가스누설경보기를 설치
② 판매업소, 영업소에는 계량기를 구비
③ 용기보관실의 벽은 방호벽, 지붕은 불연성, 난연성의 재료로 설치할 것
④ 용기보관실 우회거리 2m
⑤ 용기보관실 면적은 $19m^2$, 사무실은 $9m^2$, 주차장면적은 $11.5m^2$ 이상이며, 동일 부지에 설치
⑥ 조정압력이 3.3kPa 이하인 조정기 안전장치 작동압력
㉠ 작동 표준압력 : 7kPa
㉡ 작동 개시압력 : 5.6~8.4kPa
㉢ 작동 정지압력 : 5.04~8.4kPa
⑦ 압력조정기 권장사용기간 : 6년

(9) 배관용 밸브

① 개폐동작의 원활한 작동
② 유로 크기는 구멍지름 이상
③ 개폐용 핸들휠은 열림방향이 시계바늘 반대
④ 볼밸브 표면 5μ 이상

(10) 콕

호스콕, 퓨즈콕, 상자콕, 노즐콕 등이 있다.

(11) 염화비닐 호스

① 6.3mm(1종)　② 9.5mm(2종)
③ 12.7mm(3종)　④ 내압시험(3MPa)
⑤ 파열시험(4MPa)　⑥ 기밀시험(0.2MPa)

(12) 가스누설 자동차단기

전기충전부 비충전금속부 절연저항 1MΩ 이상

(13) 자동차용 기화기

① 안정성, 내구성, 호환성 고려
② 혼합비 조정할 수 없는 구조
③ 내부가스 용이하게 방출할 수 있는 구조
④ 엔진 정지 시 가스공급되지 않는 구조
⑤ 내압시험압력(고압부 3MPa, 저압부 1MPa)

(14) LPG 저장소

① 저장설비는 안전거리 유지(지하는 제외)
② 기화장치 주위에는 경계책을 설치(경계책과 용기보관장소는 20m 이상 거리)
③ 충전용기와 잔가스 용기보관장소 : 1.5m 이상 유지
④ 압력계는 표준압력계로 매월 1회 검사

05 LPG 사용시설기준, 기술기준

① 저장능력 250kg 이상 보관 시 안전장치 설치
② 건축물 내 가스사용시설(가스누설(자동, 경보)차단장치)
③ 가스사용시설 저압부분 배관(0.8MPa 이상-내압시험을 실시)
④ 매몰가능 배관(동관, 스테인리스강관, 가스용 플렉시블호스)
⑤ 호스콕, 배관용 밸브를 설치할 수 있는 LP가스 연소기 19400kcal/hr 이상
⑥ **소형 저장탱크를 설치하여야 하는 저장능력** : 500kg 이상(소형 저장탱크 : 저장능력 3톤 미만의 저장탱크)
⑦ **기밀시험** : 조정기 출구 연소기까지 배관의 기밀시험압력(8.4kPa 이상)(압력이 3.3~30kPa 이내의 기밀시험압력) : 35kPa
⑧ **연소기 설치방법** : 개방형 연소기 설치 시 환풍기, 환기구 설치, 반밀폐형 연소기는 급기구 배기통 설치

06 액화석유가스 안전관리법규 부분

1 다중이용시설의 종류(시행규칙 [별표 2])

(1) 유통산업발전법에 따른 대형백화점, 쇼핑센터 및 도매센터

(2) 항공법에 따른 공항의 여객청사
(3) 여객자동차운수사업법에 따른 여객자동차 터미널
(4) 국유철도의 운영에 관한 특례법에 따른 철도 역사
(5) 도로교통법에 따른 고속도로의 휴게소
(6) 관광진흥법에 따른 관광호텔 관광객 이용시설 및 종합유원시설 중 전문 종합휴양업으로 등록한 시설
(7) 한국마사회법에 따른 경마장
(8) 청소년 기본법에 따른 청소년 수련시설
(9) 의료법에 따른 종합병원
(10) 항만법에 따른 종합여객시설
(11) 기타 시·도지사가 안전관리상 필요하다고 지정하는 시설 중 그 저장능력 100kg을 초과하는 시설

2 액화석유가스 판매 용기저장소 시설기준(시행규칙 [별표 6])

배치기준	① 사업소 부지는 그 한 면이 폭 4m 이상 도로와 접할 것 ② 용기보관실은 화기를 취급하는 장소까지 2m 이상 우회거리를 두거나 용기를 보관하는 장소와 화기를 취급하는 장소 사이에 누출가스가 유동하는 것을 방지하는 시설을 할 것
저장설비기준	① 용기보관실은 불연재료를 사용하고, 그 지붕은 불연성 재료를 사용한 가벼운 지붕을 설치할 것 ② 용기보관실의 벽은 방호벽으로 할 것 ③ 용기보관실 면적은 19m^2 이상으로 할 것
사고설비 예방기준	① 용기보관실은 분리형 가스누설경보기를 설치할 것 ② 용기보관실의 전기설비는 방폭구조일 것 ③ 용기보관실은 환기구를 갖추고 환기불량 시 강제통풍시설을 갖출 것
부대설비기준	① 용기보관실 사무실은 동일 부지 안에 설치하고 사무실 면적은 9m^2 이상일 것 ② 용기운반자동차의 원활한 통행과 용기의 원활한 하역작업을 위하여 보관실 주위 11.5m^2 이상의 부지를 확보할 것

3 저장탱크 및 용기에 충전

가스 / 설비	액화가스	압축가스
저장탱크	90% 이하	상용압력 이하
용 기	90% 이하	최고충전압력 이하
85% 이하로 충전하는 경우	① 소형 저장탱크 ② LPG 차량용 용기 ③ LPG 가정용 용기	

4 액화석유가스 사용 시 중량판매하는 사항

(1) 내용적 30L 미만 용기로 사용 시
(2) 옥외 이동하면서 사용 시
(3) 6개월 기간 동안 사용 시
(4) 산업용, 선박용, 농축산용으로 사용 또는 그 부대시설에서 사용 시
(5) 재건축, 재개발 도시계획대상으로 예정된 건축물 및 허가권자가 증개축 또는 도시가스 예정건축물로 인정하는 건축물에서 사용 시
(6) 주택 이외 건축물 중 그 영업장의 면적이 $40m^2$ 이하인 곳에서 사용 시
(7) 노인복지법에 따른 경로당 또는 영유아복지법에 따른 가정보육시설에서 사용 시
(8) 단독주택에서 사용 시
(9) 그 밖에 체적판매방법으로 판매가 곤란하다고 인정 시

5 용기보관실 및 용기집합설비 설치(KGS FU431)

용기저장능력에 따른 구분	세부 핵심내용
100kg 이하	직사광선 빗물을 받지 않도록 조치
100kg 초과	① 용기보관실 설치 용기보관실 벽 문은 불연재료, 지붕은 가벼운 불연재료로 설치, 구조는 단층구조 ② 용기집합설비의 양단 마감조치에는 캡 또는 플랜지 설치 ③ 용기를 3개 이상 집합하여 사용 시 용기집합장치 설치 ④ 용기와 연결된 측도관 트윈호스 조정기 연결부는 조정기 이외의 설비와는 연결하지 않는다. ⑤ 용기보관실 설치곤란 시 외부인 출입방지용 출입문을 설치하고 경계표시

6 폭발방지장치와 방파판(KGS AC113 3.4.7)

구 분		세부 핵심내용
방파판	정의	액화가스 충전탱크 및 차량 고정탱크에 액면요동을 방지하기 위하여 설치되는 판
	면적	탱크 횡단면적의 40% 이상
	부착위치	원호부 면적이 탱크 횡단면적의 20% 이하가 되는 위치
	재료 및 두께	3.2mm 이상의 SS 41 또는 이와 동등 이상의 강도(단, 초저온탱크는 2mm 이상 오스테나이트계 스테인리스강 또는 4mm 이상 알루미늄 합금판)
	설치 수	내용적 $5m^3$마다 1개씩
폭발방지장치	설치장소와 설치탱크	주거 · 상업지역, 저장능력 10t 이상 저장탱크(지하설치 시는 제외), 차량에 고정된 LPG 탱크
	재료	알루미늄 합금박판
	형태	다공성 벌집형

7 LPG 저장탱크 설치규정 · 소형 저장탱크 설치규정

<table>
<tr><th colspan="4">LPG 저장탱크 지하설치</th></tr>
<tr><th>구 조</th><th>재 료</th><th>수밀성 콘크리트</th><th>레드믹스콘크리트</th></tr>
<tr><td colspan="2">천장, 벽, 바닥구조</td><td colspan="2">두께 30cm 이상 철근콘크리트의 구조</td></tr>
<tr><td rowspan="3">이격거리</td><td>저장탱크 상호간</td><td colspan="2">1m 이상</td></tr>
<tr><td>저장탱크실 바닥과 저장탱크 하부</td><td colspan="2">60cm 이상</td></tr>
<tr><td>저장탱크실 상부 원면과 저장탱크 상부</td><td colspan="2">60cm 이상</td></tr>
<tr><td colspan="2">저장탱크 빈 공간에 채우는 물질</td><td colspan="2">세립분을 함유하지 않은 마른 모래(※ 고압가스 저장탱크의 경우 일반 마른 모래 채움)</td></tr>
<tr><td colspan="2">저장탱크 묻은 곳의 지상</td><td colspan="2">경계표시</td></tr>
<tr><td rowspan="2">점검구</td><td>설치 수</td><td colspan="2">① 20t 이하 : 1개소
② 20t 초과 : 2개소</td></tr>
<tr><td>크기</td><td colspan="2">① 사각형 : 0.8m×1m
② 원형 : 0.8m</td></tr>
<tr><td colspan="2">가스방출관 위치</td><td colspan="2">지면에서 5m 이상</td></tr>
</table>

<table>
<tr><th colspan="5">소형 저장탱크</th></tr>
<tr><td>시설기준</td><td colspan="4">지상 설치, 옥외 설치, 습기가 적은 장소, 통풍이 양호한 장소, 사업소 경계는 바다, 호수, 하천, 도로의 경우 토지 경계와 탱크 외면간 0.5m 이상 안전공지 유지</td></tr>
<tr><td>전용 탱크실에 설치하는 경우</td><td colspan="4">① 옥외 설치할 필요 없음
② 환기구 설치(바닥면적 $1m^2$당 $300cm^2$의 비율로 2방향 분산 설치)
③ 전용 탱크실 외부(LPG 저장소, 화기엄금, 관계자 외 출입금지 등을 표시)</td></tr>
<tr><td>살수장치</td><td colspan="4">저장탱크 외면 5m 떨어진 장소에서 조작할 수 있도록 설치</td></tr>
<tr><td>설치기준</td><td colspan="4">① 동일장소 설치 수 : 6기 이하
② 바닥에서 5m 이상 콘크리트 바닥에 설치
③ 충전질량 합계 : 5000kg 미만
④ 충전질량 1000kg 이상은 높이 3m 이상 경계책 설치
⑤ 화기와 거리 5m 이상 이격</td></tr>
<tr><td>기초</td><td colspan="4">지면 5cm 이상 높게 설치된 콘크리트 위에 설치</td></tr>
<tr><td rowspan="4">보호대</td><td colspan="2">재질</td><td colspan="2">철근콘크리트, 강관재</td></tr>
<tr><td colspan="2">높이</td><td colspan="2">80cm 이상</td></tr>
<tr><td rowspan="2">두께</td><td>배관용 탄소강관</td><td colspan="2">100A 이상</td></tr>
<tr><td>철근콘크리트</td><td colspan="2">12cm 이상</td></tr>
<tr><td>기화기</td><td colspan="2">① 3m 이상 우회거리 유지
② 자동안전장치 부착</td><td>소화설비</td><td>① 충전질량 1000kg 이상 ABC용 분말소화기 B-12 이상의 것 2개 이상 보유
② 충전호스 길이 10m 이상</td></tr>
</table>

8 액화석유가스 자동차에 고정된 충전시설의 가스설비 기준(KGS FP332 2.4)

(1) 충전시설의 건축물 외부에 로딩암을 설치한다.

① 건축물 내부에 설치 시 환기구 2방향 설치

② 환기구면적은 바닥면적의 6% 이상

(2) 충전기 외면과 가스설비실 외면의 거리 8m 이하 시 로딩암을 설치하지 않는다.

(3) **보호대**

① 높이 45cm 이상

② 두께(철근콘크리트 12cm, 강관재 80A 이상)

(4) **캐노피**

충전기 상부에 공지면적의 $\frac{1}{2}$ 이상 되게 설치한다.

(5) 충전기 충전호스 길이는 5m 이내로 한다.

(6) 충전호스에 과도한 인장력이 가해졌을 때 충전기와 가스주입기가 분리될 수 있는 안전장치를 설치한다.

(7) 가스주입기는 원터치형으로 정전기제거장치가 있다.

9 LPG 자동차 충전소에 설치할 수 있는 건축물

설치시설의 종류	용 도
작업장	① 충전을 하기 위한 곳 ② 자동차 점검 간이정비를 위한 곳(용접, 판금, 도정, 화기작업은 제외)
사무실, 회의실	충전소 업무
대기실	충전소 관계자 근무를 위함
용기재검사시설	충전사업자가 운영하고 있는 시설
숙소	충전소 종사자용
면적 100m^2 이하 식당	충전소 종사자용
면적 100m^2 이하 창고	비상발전기실 또는 공구보관용
세차시설	자동차 세정용
자동판매기 · 현금자동지급기	충전소 출입 대상자용
소매점 및 전시장	① 충전소 출입 대상자용 ② 액화석유가스를 연료로 사용하는 자동차를 전시하는 공간
그 밖에 산업통상자원부장관이 안전관리에 지장이 없다고 인정하는 건축물, 시설	충전사업에 직접 관계되는 가스설비실 및 압축기실 해당 충전사업과 직접 연관이 있는 건축물

Chapter 2 출/제/예/상/문/제

01 LP가스 집단공급시설 중 저장능력이 15000kg 이하의 저장설비가 주택과 유지하여야 할 안전거리는?

① 12m ② 14m
③ 16m ④ 17m

해설

고압가스 일반제조와 동일, 주택은 2종

LPG(가연성) 저장능력	안전거리	
	1종(m)	2종(m)
10톤 이하	17	12
10톤 초과 20톤 이하	21	14
20톤 초과 30톤 이하	24	16
30톤 초과 40톤 이하	27	18
40톤 초과 50톤 이하	30	20

02 부피가 25000L인 LPG 저장탱크의 저장능력은 몇 kg인가? (단, LPG의 비중은 0.52이다.)

① 10400
② 13000
③ 11700
④ 12000

해설

고압가스 일반제조 액화가스 저장탱크의 저장능력 산정식과 동일하다.

$G = 0.9dV = 0.9 \times 0.52 \times 25000 = 11700$

03 액화석유가스를 사용하기 위한 허가대상 가스용품이 아닌 것이 포함된 것은?

① 가스레인지, 호스밴드
② 염화비닐호스, 가스누출 자동차단장치
③ 콕, 볼밸브
④ 고압 고무호스, 압력조정기

해설

허가대상 가스용품의 범위

㉠ 압력조정기(용접 절단기용 액화석유가스 압력조정기를 포함한다)
㉡ 가스누출자동차단장치
㉢ 정압기용 필터(정압기에 내장된 것은 제외한다)
㉣ 매몰형 정압기
㉤ 호스
㉥ 배관용 밸브(볼밸브와 글로브밸브만을 말한다)
㉦ 콕(퓨즈콕, 상자콕, 주물연소기용 노즐콕 및 업무용 대형연소기용 노즐콕만을 말한다)
㉧ 배관이음관
㉨ 강제혼합식 가스버너
㉩ 연소기[가스버너를 사용할 수 있는 구조로 된 연소장치로서 가스소비량이 232.6kW (20만 kcal/h) 이하인 것]
㉪ 다기능가스안전계량기(가스계량기에 가스누출 차단장치 등 가스안전기능을 수행하는 가스안전장치가 부착된 가스용품을 말한다. 이하 같다)
㉫ 로딩암
㉬ 연료전지[가스소비량이 232.6kW(20만kcal/h) 이하인 것을 말한다. 이하 같다]
㉭ 다기능보일러[온수보일러에 전기를 생산하는 기능 등 여러 가지 복합기능을 수행하는 장치가 부착된 가스용품으로서 가스소비량이 232.6kW(20만kcal/h) 이하인 것을 말한다]

04 허가대상 가스용품의 범위 중 배관용 밸브에 해당하는 것은?

① 역류방지밸브
② 볼밸브
③ 게이트밸브
④ 앵글밸브

해설

배관용 밸브에는 볼밸브와 글로브밸브가 있다.

정답 01.② 02.③ 03.① 04.②

05 허가대상 가스용품의 연소장치 중 가스버너를 사용할 수 있는 구조의 것으로서 가스소비량이 얼마 이하인가?

① 400000kcal/hr ② 300000kcal/hr
③ 200000kcal/hr ④ 100000kcal/hr

06 액화석유가스 충전사업의 시설기준에서 지상에 설치된 저장탱크와 가스 충전장소 사이에 어느 것을 설치해야 하는가?

① 물분무장치 ② 안전거리
③ 방호벽 ④ 경계표시

방호벽
지상에 설치된 저장탱크와 가스 충전장소 사이에 방호벽을 설치할 것. 다만, 방호벽 설치로 인하여 조업이 불가능할 정도로 특별한 사정이 있다고 시·도지사가 인정하거나 그 저장탱크와 가스 충전장소 사이에 사업소 경계와의 거리와 같은 거리가 유지된 경우에는 방호벽을 설치하지 아니할 수 있다.

07 다음 ( ) 안에 맞는 것은?

> 액화석유가스 제조시설기준 중 지상에 설치하는 저장탱크 및 그 지주에는 외면으로부터 ( ) 이상 떨어진 위치에서 조작할 수 있는 냉각용 살수장치를 설치해야 한다.

① 10m ② 5m
③ 3m ④ 2m

해설

저장탱크 등의 구조
지상에 설치하는 저장탱크 및 그 지주는 내열성의 구조로 하고, 저장탱크 및 그 지주에는 외면으로부터 5m 이상 떨어진 위치에서 조작할 수 있는 냉각살수장치 그 밖에 유효한 냉각장치를 설치할 것. 다만, 소형 저장탱크의 경우에는 그러하지 않는다.

08 액화석유가스의 저장설비에서 통풍구조를 설치할 수 없는 경우에는 강제통풍시설을 설치하여야 한다. 다음 중 그 기준에 적합한 것은?

① 배기가스 방출구를 지면에서 0.2m 이상의 높이에 설치
② 배기가스 방출구를 지면에서 0.5m 이상의 높이에 설치
③ 통풍능력이 바닥면적 $1m^2$마다 $0.8m^3/min$ 이상
④ 통풍능력이 바닥면적 $1m^2$마다 $0.5m^3/min$ 이상

해설

㉠ 강제통풍장치 : 바닥면적 $1m^2$당 $0.5m^3/min$ 이상
㉡ 자연통풍장치 : 바닥면적 $1m^2$당 $300cm^2$ 이상(바닥면적의 3% 이상)

09 LP가스의 용기보관실 바닥면적이 $30m^2$라면 통풍구의 크기는 얼마로 하여야 하는가?

① $12000cm^2$ ② $9000cm^2$
③ $6000cm^2$ ④ $3000cm^2$

해설

$1m^2=10000cm^2$이므로
$30m^2=300000cm^2$
$\therefore 300000\times0.03=9000cm^2$

10 액화석유가스 저장탱크에 부착된 배관에는 저장탱크의 외면으로부터 몇 m 이상 떨어진 위치에서 조작할 수 있는 긴급차단장치를 설치하는가?

① 20m ② 15m
③ 10m ④ 5m

해설

긴급차단장치
㉠ 저장탱크(소형 저장탱크를 제외한다)에 부착된 배관(액상의 액화석유가스를 송출 또는 이입하는 것에 한하여, 저장탱크와 배관과의 접속부분을 포함한다)에는 그 저장탱크의 외면으로부터 5m 이상(저장탱크를 지하에 매몰하여 설치하는 경우에는 그러하지 않다) 떨어진 위치에서 조작할 수 있는 긴급차단장치를 설치할 것. 다만, 액상의 액화석유가스를 이입하기 위하여 설치된 배관에는 역류방지밸브로 갈음할 수 있다.
㉡ ㉠의 규정에 의한 배관에는 긴급차단장치에 딸린 밸브 외에 2개 이상의 밸브를 설치하고 그 중 1개는 배관에 속하는 저장탱크의 가장 가까운 부근에 설치할 것. 이 경우 그 저장탱크의 가장 가까운 부근에 설치한 밸브는 가스를 송출 또는 이입하는 때 외에는 잠가 둘 것

정답 05.③ 06.③ 07.② 08.④ 09.② 10.④

11 LP 저장탱크 외부에는 도료를 바르고 주위에서 보기 쉽도록 '액화석유가스' 또는 'LPG'라고 주서로 표시하여야 하는데 이 저장탱크의 외부도료 색깔은?

① 은백색 ② 황색
③ 청색 ④ 녹색

액화석유가스 충전사업기준 중 저장탱크의 설치
지상에 설치하는 저장탱크(국가보안 목표시설로 지정된 것을 제외한다)의 외면에는 은백색 도료를 바르고 주위에서 보기 쉽도록 '액화석유가스' 또는 'LPG'를 붉은 글씨로 표시할 것

12 액화석유가스 저장탱크 주위에는 방류둑을 설치해야 한다. 저장능력이 얼마 이상일 때인가?

① 3000톤 ② 1000톤
③ 500톤 ④ 100톤

고압가스 일반제조기준과 동일
LPG(가연성) : 1000톤 이상 방류둑 설치

13 액화석유가스 용기 충전시설 방류둑의 내측과 그 외면으로부터 몇 m 이내에는 저장탱크 부속설비 외의 것을 설치하지 않는가?

① 15m ② 10m
③ 7m ④ 5m

고압가스 일반제조기준과 동일

14 액화석유가스 제조시설기준 중 고압가스 설비의 기초는 지반침하로 당해 고압가스 설비에 유해한 영향을 끼치지 않도록 해야 하는데 이 경우 저장탱크의 저장능력이 몇 톤 이상일 때를 말하는가?

① 4톤 이상 ② 3톤 이상
③ 2톤 이상 ④ 1톤 이상

해설

지반침하를 방지하기 위해 기초를 튼튼히 하여야 하는 저장탱크의 용량
㉠ 고압가스 일반제조기준 : 1톤 이상, $100m^3$ 이상
㉡ 액화석유가스 충전사업기준 : 3톤 이상

참고 액화석유가스 충전사업기준 중 가스설비 등의 기초
저장설비 및 가스설비의 기초는 지반침하로 그 설비에 유해한 영향을 끼치지 아니하도록 할 것. 이 경우 저장탱크(저장능력이 3톤 미만의 저장설비를 제외한다)의 지주(지주가 없는 저장탱크에는 그 아래부분)는 동일한 기초 위에 설치하고, 지주 상호간은 단단히 연결할 것

15 액화석유가스 충전설비가 갖추어야 할 사항에 해당되지 않는 것은?

① 자동계량기 ② 잔량측정기
③ 충전기 ④ 강제통풍장치

해설

액화석유가스 충전사업 중 충전설비에는 충전기, 잔량측정기, 자동계량기를 구비하여야 한다.

참고 액화석유가스 충전사업 중 충전시설의 규모
1. 충전시설은 연간 1만 톤 이상의 범위에서 시·도지사가 정하는 액화석유가스 물량을 처리할 수 있는 규모일 것. 다만, 내용적 1L 미만의 용기와 용기내장형 가스난방기용 용기에 충전하는 시설의 경우에는 그렇지 않다.
2. 충전설비에는 충전기, 잔량측정기 및 자동계량기를 갖출 것
3. 충전용기(납붙임 또는 접합용기를 제외한다)의 전체에 대하여 누출을 시험할 수 있는 수조식 장치 등의 시설을 갖출 것
4. 충전시설에는 용기 보수에 필요한 잔가스 제거장치, 용기질량 측정기, 밸브 탈착기 및 도색설비를 갖출 것. 다만, 시·도지사의 인정을 받아 용기 재검사기관의 설비를 이용하는 경우에는 그렇지 않다.
5. 납붙임 또는 접합용기에 액화석유가스를 충전하는 때에는 자동계량 충전기로 충전할 것
6. 액화석유가스가 충전된 납붙임 또는 접합용기를 46℃ 이상 50℃ 미만으로 가스누출시험을 할 수 있는 온수시험 탱크를 갖출 것

16 액화석유가스 용기보관장소에 관한 설명 중 틀린 것은?

① 용기보관장소에는 화재경보기를 설치할 것
② 용기보관장소의 지붕은 불연성, 난연성 재료를 사용할 것
③ 용기보관장소는 양호한 통풍구조로 할 것
④ 용기보관장소에는 보기 쉬운 곳에 경계표시를 할 것

정답 11.① 12.② 13.② 14.② 15.④ 16.①

해설

용기보관장소에는 가스누출경보기를 설치

참고 1. LPG 충전사업 기술기준 중 용기보관장소
- 가스설비설치실 및 충전용기보관실을 설치하는 경우에는 불연재료를 사용하고 건축물의 창의 유리는 망입유리 또는 안전유리로 할 것
- 용기보관장소에는 용기가 넘어지는 것을 방지하는 시설을 갖출 것

2. 저장설비실 · 가스설비실
- 저장설비실 및 가스설비실에는 산업통상자원부장관이 정하여 고시하는 바에 따라 통풍구를 갖추고, 통풍이 잘 되지 아니하는 곳에는 강제통풍시설을 설치할 것
- 가스누출경보기 : 저장설비 및 가스설비실에는 산업통상자원부장관이 정하여 고시하는 바에 따라 가스누출경보기를 설치할 것
- 충전장소 등의 지붕 : 충전장소 및 저장설비에는 불연성의 재료 또는 난연성의 재료를 사용한 가벼운 지붕을 설치할 것

17 다음과 같은 LPG 용기보관소 경계표시(연)자 표시의 색상은?

LPG 용기 저장실(연)

① 흰색 ② 노란색
③ 적색 ④ 흑색

해설

독성 가스에 표시하는 ㉮, 가연성 가스에 표시하는 ㉯은 모두 적색으로 표시한다.

참고 LPG 충전사업 기술기준 중 사업소 등의 경계표지
1. 사업소의 경계표지는 당해 사업소의 출입구(경계 울타리, 담 등에 설치되어 있는 것) 등 외부에서 보기 쉬운 곳에 게시할 것
2. 사업소 내 시설 중 일부만이 액화석유가스의 안전 및 사업관리법의 적용을 받을 때에는 당해 시설이 설치되어 있는 구획건축물 또는 건축물 내에 구획된 출입구 등의 외부로부터 보기 쉬운 곳에 게시할 것. 이 경우 당해 시설에 출입 또는 접근할 수 있는 장소가 여러 곳일 때에는 그 장소마다 게시할 것
3. 경계표지는 액화석유가스의 안전 및 사업관리법의 적용을 받고 있는 사업소 또는 시설이란 것을 외부 사람이 명확하게 식별할 수 있는 크기로 할 것이며, 당해 사업소에 준수하여야 할 안전확보에 필요한 주의사항을 부기하여도 좋다.

〈표시의 예〉

LPG 충전사업소	LPG 저장소	출입금지
LPG 집단공급사업소	화기엄금	

18 다음 중 LPG 용기보관소에 설치해야 하는 것은?

① 역화방지장치
② 자동차단밸브
③ 가스누설경보기
④ 긴급차단장치

19 액화석유가스 충전시설의 배관에 대한 설명 중 적합하지 않은 것은?

① 지상에 설치한 배관에는 온도의 변화에 의한 길이의 변화에 따른 신축을 흡수하는 조치를 할 것
② 배관에는 물분무장치를 설치할 것
③ 배관의 적당한 곳에는 안전밸브를 설치할 것
④ 배관의 적당한 곳에는 압력계 및 온도계를 설치할 것

물분무장치는 저장탱크에 설치하는 것이다.
LPG 충전사업 기술기준 중 배관의 설치방법 등

참고 1. 배관은 건축물의 내부 또는 기초의 밑에 설치하지 아니할 것. 다만, 그 건축물에 가스를 공급하기 위하여 설치하는 배관은 건축물의 내부에 설치할 수 있다.
2. 배관을 지상에 설치하는 경우에는 지면으로부터 떨어져 설치하고, 그 보기 쉬운 장소에 액화석유가스의 배관임을 표시할 것
3. 배관을 지상에 설치하는 경우에는 그 외면에 녹이 슬지 아니하도록 부식방지도장을 하고 지하에 매설하는 경우에는 부식방지조치 및 전기부식방지조치를 한 후 지면으로부터 1m 이상의 깊이에 매설하고 보기 쉬운 장소에 액화석유가스의 배관을 매설하였음을 표시할 것
4. 배관을 수중에 설치하는 경우에는 선박 · 파도 등의 영향을 받지 아니하는 깊은 곳에 설치할 것
5. 지상에 설치한 배관에는 온도의 변화에 의한 길이의 변화에 따른 신축을 흡수하는 조치를 할 것

정답 17.③ 18.③ 19.②

6. 배관에는 그 온도를 항상 40℃ 이하로 유지할 수 있는 조치를 할 것
7. 배관의 적당한 곳에 압력계 및 온도계를 설치할 것
8. 배관의 적당한 곳에 안전밸브를 설치하고, 그 분출면적은 배관의 최대지름부의 단면적의 1/10 이상으로 하여야 하며, 그 설정압력은 배관의 내압시험 압력의 8/10 이하이고, 배관의 설계압력 이상일 것

20 LP가스가 충전된 납붙임용기 또는 접합용기는 몇 도의 온도에서 가스누설시험을 할 수 있는 온수시험 탱크를 갖추어야 하는가?

① 52~60℃
② 46~50℃
③ 35~45℃
④ 20~32℃

해설

㉠ 누설시험 온도 46~50℃
㉡ 에어졸용기 불꽃길이 시험을 위해 채취한 시료의 온도 : 24~26℃ 이하

21 LP가스 충전사업시설의 배관에는 적당한 곳에 안전밸브를 설치하여야 하는데, 안전밸브의 분출면적은 배관의 최대지름부의 단면적에 얼마 이상으로 하여야 하는가?

① 1/10 이상　② 1/8 이상
③ 1/4 이상　④ 1/2 이상

22 액화석유가스 충전시설은 연간 몇 톤 이상의 액화석유가스를 처리할 수 있는 규모인가?

① 4만톤 이상　② 3만톤 이상
③ 2만톤 이상　④ 1만톤 이상

23 LP가스 충전시설의 저장탱크 저장능력은 1만 톤의 어느 정도인가?

① 1/200 이상
② 1/100 이상
③ 1/20 이상
④ 1/10 이상

해설

LP가스 충전시설의 저장탱크 저장능력=1만 톤$\times\frac{1}{100}$ 이상
(주거 · 상업 지역에서 타지역 이전 시 1만 톤$\times\frac{1}{200}$ 이상)

24 액화석유가스 충전설비에 해당하지 않는 것은?

① 도색설비
② 자동계량기
③ 잔량측정기
④ 충전기

해설

도색설비는 용기보수를 위한 설비이다.

25 다음 설명 중 LP가스 충전 시 디스펜서(Dispenser)란?

① LP가스 충전소에서 청소하는 데 사용하는 기기
② LP가스 대형 저장탱크에 역류방지용으로 사용하는 기기
③ LP가스 자동차 충전소에서 LP가스 자동차의 용기에 용적을 계량하여 충전하는 충전기기
④ LP가스 압축기 이송장치의 충전기기 중 소량에 충전하는 기기

26 액화석유가스 충전사업의 주거 · 상업 지역에는 저장능력 몇 톤 이상의 저장탱크에 폭발방지장치를 설치하는가?

① 100톤　② 10톤
③ 1톤　④ 0.5톤

27 자동차 충전용 호스의 길이는 몇 m이며, 어떠한 장치를 설치하는가?

① 7m 이내, 인터록장치
② 5m 이내, 정전기제거장치
③ 3m 이내, 인터록장치
④ 1m 이내, 정전기제거장치

정답 20.② 21.① 22.④ 23.② 24.① 25.③ 26.② 27.②

해설

㉠ 배관 중 호스길이 : 3m 이내
㉡ 충전기 호스길이 : 5m 이내, 가연성 가스인 경우 정전기제거조치를 한다.

참고 액화석유가스사업의 충전시설기준

1. 안전거리
액화석유가스 충전시설 중 저장설비 및 충전설비는 그 외면으로부터 보호시설(사업소 안에 있는 보호시설 및 전용 공업지역 안에 있는 보호시설을 제외한다)까지 다음의 기준에 의한 안전거리를 유지할 것. 다만, 저장설비를 지하에 설치하거나 저장설비 안에 액중 펌프를 설치한 경우에는 저장능력별 사업소 경계와의 거리에 0.7을 곱한 거리) 이상을 유지할 것

저장능력	사업소 경계와의 거리
10톤 이하	24m
10톤 초과 20톤 이하	27m
20톤 초과 30톤 이하	30m
30톤 초과 40톤 이하	33m
40톤 초과 200톤 이하	36m
200톤 초과	39m

〈비고〉
(1) 이 표의 저장능력 산정은 다음의 산식에 의한다.
$W=0.9dV$
여기서, W : 저장탱크의 저장능력(kg)
d : 상용온도에 있어서의 액화석유가스 비중(kg/L)
V : 저장탱크의 내용적(L)
(2) 동일사업소에 두 개 이상의 저장설비가 있는 경우에는 그 저장능력별로 각각 안전거리를 유지하여야 한다.

2. 공지확보 등
㉠ 충전소에는 자동차에 직접 충전할 수 있는 고정충전설비(이하 '충전기'라 한다)를 설치하고, 그 주위에 공지를 확보할 것
㉡ ㉠의 규정에 의한 공지의 바닥은 주위의 지면보다 높게 하고, 충전기는 자동차 진입으로부터 보호할 수 있는 보호대를 갖출 것
- 게시판 : 충전소에는 시설의 안전확보에 필요한 사항을 기재한 게시판을 주위에서 보기 쉬운 위치에 설치하고 황색바탕에 흑색글씨로 '충전 중 엔진정지'라고 표시한 표지판과 백색바탕에 붉은글씨로 '화기엄금'이라고 표시한 게시판을 따로 설치할 것

28 다음 자동차 충전용 액화석유가스 제조시설 및 기술상 기준을 설명한 것 중 틀린 것은?

① 가스를 충전받은 자동차는 자동차의 연료용기와 가스충전기의 접속부를 완전히 뗀 후 발차할 것
② 주입기와 가스충전기 사이의 호스배관에는 안전장치를 설치할 것
③ 자동차용 가스충전기를 설치할 것
④ 주입기는 투터치형으로 할 것

해설

주입기는 원터치형

29 자동차용기 충전시설기준에서 충전소에는 보기 쉬운 위치에 '충전 중 엔진정지'라고 표시해야 하는데 게시판의 색상으로 맞는 것은?

① 황색바탕에 적색글씨
② 황색바탕에 흑색글씨
③ 백색바탕에 적색글씨
④ 백색바탕에 흑색글씨

30 자동차용기 충전시설기준에서 충전기 상부에는 캐노피를 설치하고, 그 면적은 공지면적의 얼마로 하는가?

① 1/10 이상 ② 1/5 이상
③ 1/4 이상 ④ 1/2 이상

31 자동차용기 충전시설기준에서 충전기 주위에는 무엇을 설치하는가?

① 계량기 ② 가스누설경보기
③ 온도계 ④ 압력계

32 정전기에 관한 설명 중 틀린 것은?

① 습도가 적은 겨울은 정전기가 축적되기 어렵다.
② 면으로 된 작업복은 화학섬유로 된 작업복보다 대전하기 어렵다.
③ 액화프로판의 충전설비, 배관, 탱크 등은 정전기를 제거하기 위하여 접지한다.
④ 액화프로판은 전기절연성이 높고, 유동에 의해 정전기를 일으키기 쉽다.

정답 28.④ 29.② 30.④ 31.② 32.①

해설

습도가 적은 겨울은 정전기 축적이 쉽다.

33 액화석유가스의 냄새 측정에서 사용용어 중 패널(Panel)의 뜻은?

① 미리 선정한 정상적인 후각을 가진 사람으로서 냄새를 판정하는 자
② 시험가스를 청정한 공기를 희석한 판정용 기체
③ 냄새를 측정할 수 있도록 액화석유가스를 기화시킨 가스
④ 냄새농도 측정에 있어서 희석조작을 하여 냄새농도를 측정하는 자

해설

액화석유가스의 냄새측정기준의 용어 정의
㉠ 패널(panel) : 미리 선정한 정상적인 후각을 가진 사람으로서 냄새를 판정하는 자
㉡ 시험자 : 냄새농도 측정에 있어서 희석조작을 하여 냄새농도를 측정하는 자
㉢ 시험가스 : 냄새를 측정할 수 있도록 액화석유가스를 기화시킨 가스
㉣ 시료기체 : 시험가스 청정한 공기로 희석한 판정용 기체
㉤ 희석배수 : 시료기체의 양을 시험가스의 양으로 나눈 값

34 액화석유가스 냄새측정기준에서 사용하는 용어 설명으로 옳지 않은 것은?

① 희석배수 : 시료기체의 양을 시험가스의 양으로 나눈 값
② 시료기체 : 시험가스를 청정한 공기로 희석한 판정용 기체
③ 시험자 : 미리 선정한 정상적인 후각을 가진 사람으로서 냄새를 판정하는 자
④ 시험가스 : 냄새를 측정할 수 있도록 액화석유가스를 기화시킨 가스

35 액화석유가스가 공기 중에서 누설 시 그 농도가 몇 %일 때 감지할 수 있도록 부취제를 섞는가?

① 2% ② 1%
③ 0.5% ④ 0.1%

해설

LPG 충전사업 기술기준 중 가스충전
㉠ 가스를 충전하는 때에는 충전설비에서 발생하는 정전기를 제거하는 조치를 할 것
㉡ 액화석유가스는 공기 중의 혼합비율 용량이 1/1000의 상태에서 감지할 수 있도록 냄새가 나는 물질(공업용의 경우를 제외한다)을 섞어 차량에 고정된 탱크 및 용기에 충전할 것

36 액화석유가스를 충전하거나 가스를 이입받는 차량에 고정된 탱크는 내용적이 몇 L 이상인 경우 자동차정지목을 설치해야 하는가?

① 12000L 이상
② 10000L 이상
③ 5000L 이상
④ 1000L 이상

해설

㉠ 고압가스 일반제조 기술기준 중 차량정지목 설치 탱크 내용적 2000L 이상
㉡ LPG 충전사업 기술기준 중 차량정지목 설치 탱크 내용적 5000L 이상

37 액화석유가스 고압설비를 기밀시험하려고 할 때 사용해서는 안 되는 가스는?

① N_2 ② O_2
③ CO_2 ④ Ar

기밀시험 시 사용되는 가스 : 공기, 질소 등의 불활성 가스

38 LP가스의 저장설비나 가스설비를 수리 또는 청소할 때 내부의 LP가스를 질소 또는 물 등으로 치환하고, 치환에 사용된 가스나 액체를 공기로 재치환하여야 하는데, 이때 공기에 의한 재치환 결과가 산소농도 측정기로 측정하여 산소의 농도가 얼마의 범위 내에 있을 때까지 공기로 치환하여야 하는가?

① 18~22% ② 12~16%
③ 7~11% ④ 4~6%

정답 33.① 34.③ 35.④ 36.③ 37.② 38.①

39 다음 (　) 안에 맞는 것은?

> 액화석유가스를 충전받는 차량은 지상에 설치된 저장탱크의 외면으로부터 (　　) 이상 떨어져 정지한다.

① 8m　② 5m
③ 3m　④ 1m

해설
액화석유가스를 충전받는 차량(탱크로리) : 저장탱크는 3m 떨어져 정지할 것

40 차량에 고정된 탱크로 소형 저장탱크에 액화석유가스를 충전할 경우 기준에 적합하지 않은 것은?

① 충전작업이 완료되면 세이프 티 카플링으로부터의 가스누설이 없는가를 확인할 것
② 충전 중에는 액면계의 움직임, 펌프 등의 작동을 주의·감시하여 과충전방지 등 작업 중의 위해방지를 위한 조치를 할 것
③ 충전작업은 수요자가 채용한 검사원의 입회하에 할 것
④ 액화석유가스를 충전하는 때에는 소형 저장탱크 내의 잔량을 확인한 후 충전할 것

해설
LPG 충전사업 기술기준 중 차량에 고정된 탱크로 소형 저장탱크에 액화석유가스를 충전하는 때에는 다음 기준에 의할 것
㉠ 수요자가 받아야 하는 허가 또는 액화석유가스 사용신고 여부와 소형 저장탱크의 검사 여부를 확인하고 공급할 것
㉡ 액화석유가스를 충전하는 때에는 그 소형 저장탱크 내의 잔량을 확인한 후 충전할 것
㉢ 충전작업은 수요자가 채용한 안전관리자의 입회하에 할 것
㉣ 충전 중에는 액면계의 움직임·펌프 등의 작동을 주의·감시하여 과충전방지 등 작업 중의 위해방지를 위한 조치를 할 것
㉤ 충전작업이 완료되면 세이프 티 카플링으로부터의 가스누출이 없는지를 확인할 것

41 액화석유가스 제조시설기준에 대한 설명 중 옳지 않은 것은?

① 제조설비에 당해 설비에서 발생하는 정전기를 제거할 것
② 저장탱크는 온도의 상승을 방지하는 장치를 할 것
③ 전기설비는 기폭성능을 가지는 구조일 것
④ 사업소는 그 경계선을 명시하고 외부의 보기 쉬운 곳에 경계표지를 설치할 것

해설
전기설비는 방폭성능을 가지는 구조

42 액화석유가스의 집단공급시설을 할 때에 저장설비의 주위에는 경계책을 몇 m 이상으로 설치해야 하는가?

① 2m　② 3m
③ 1.5m　④ 1m

해설
경계책 1.5m

43 액화석유가스 집단공급사업의 시설기준에서 저장설비의 기준에 관한 사항이 맞지 않는 것은?

① 저장설비의 벽을 설치하는 경우에는 불연성 재료로 하고, 지붕은 가벼운 불연성 재료로 할 것
② 소형 저장탱크의 저장설비는 그 외면으로부터 보호시설까지 안전거리를 유지할 것
③ 기화장치는 저장설비와 구분하여 설치할 것
④ 저장설비는 저장탱크 또는 산업통상자원부장관이 정하여 고시하는 바에 따라 소형 저장탱크로 설치할 것

해설
소형 저장탱크는 안전거리를 유지하지 않아도 된다.

정답 39.③ 40.③ 41.③ 42.③ 43.②

44 액화석유가스 집단공급사업의 시설기준 중 배관의 외면과 지면 또는 노면 사이에서 협소한 도로에 장애물이 많아 1m 이상의 매설깊이를 유지하기가 곤란한 경우 매설깊이는?

① 0.3m 이상 ② 0.6m 이상
③ 1.5m 이상 ④ 1.2m 이상

해설

액화석유가스 집단공급사업 시설기준 중 배관의 외면과 지면 또는 노면 사이에는 다음 기준에 의한 매설깊이를 유지할 것
㉠ 공동주택의 부지 내에서는 0.6m 이상
㉡ 차량이 통행하는 도로에서는 1.2m 이상
㉢ ㉠ 및 ㉡에 해당하지 아니하는 곳에서는 1m 이상
㉣ ㉢에 해당하는 곳으로서 협소한 도로에 장애물이 많아 1m 이상의 매설깊이를 유지하기가 곤란한 경우에는 0.6m 이상

45 지하구조물, 암반 그 밖의 특수한 사정으로 매설깊이를 확보할 수 없는 곳의 배관에는 보호관 또는 보호판으로 매설깊이가 유지되지 아니하는 부분을 보호해야 한다. 이 경우 보호관 또는 외면과 지면 또는 노면 사이에는 얼마 이상의 거리를 유지하는가?

① 1m ② 0.3m
③ 0.9m ④ 0.6m

해설

㉠ 지하구조물 · 암반 그 밖에 특수한 사정으로 매설깊이를 확보할 수 없는 곳의 배관에는 당해 배관과 동등 이상의 강도를 갖는 보호관 또는 보호판(폭이 배관직경의 1.5배 이상이고, 두께가 4mm 이상인 철판)으로 매설깊이가 유지되지 아니하는 부분을 보호할 것. 이 경우 보호관 또는 보호판의 외면과 지면 또는 노면 사이에는 0.3m 이상의 거리를 유지할 것
㉡ 배관을 지하에 매설하는 경우에는 전기부식방지 조치를 할 것

46 LP가스 누출 자동차단장치에서 검지부의 설치위치는 검지부 상단이 지면 또는 바닥면으로부터 몇 cm 이내의 위치로 하는가?

① 100cm ② 60cm
③ 30cm ④ 10cm

해설

가스누출 자동차단장치에서 검지부의 설치위치는 검지부 상단이 지면 또는 바닥면으로부터 30cm 이내의 위치로 한다.

47 액화석유가스 집단공급시설기준에서 지상배관의 색상과 지하 매몰배관의 색상으로 적합한 것은?

① 백색, 흑색 또는 적색
② 청색, 적색 또는 황색
③ 적색, 흑색 또는 황색
④ 황색, 적색 또는 황색

해설

고압가스 일반제조기준과 동일
㉠ 지상배관 : 황색
㉡ 매몰배관 : 적색 또는 황색

48 LPG 집단공급사업에서 배관을 차량이 통행하는 도로 밑에 매설하는 경우 몇 m 이상의 깊이로 매설하는가?

① 1.8m 이상 ② 1.5m 이상
③ 1.2m 이상 ④ 1m 이상

배관의 매설깊이는 1m(단, 차량 통행도로 밑 또는 도로폭이 8m 이상인 곳에 매설 시 1.2m)

49 가스를 사용할 때 시설의 배관을 움직이지 아니하도록 고정부착하는 조치에 해당되지 않는 것은?

① 관경이 25mm 이상의 것에는 3000mm 마다 고정부착하는 조치를 해야 한다.
② 관경이 13mm 이상 33mm 미만의 것에는 2000mm마다 고정부착하는 조치를 해야 한다.
③ 관경이 33mm 이상의 것에는 3000mm 마다 고정부착하는 조치를 해야 한다.
④ 관경이 13mm 미만의 것에는 1000mm 마다 고정부착하는 조치를 해야 한다.

배관의 고정부착 조치
㉠ 관경 13mm 미만 : 1m마다
㉡ 관경 13mm 이상 33mm 미만 : 2m마다
㉢ 관경 33mm 이상 : 3m마다

정답 44.② 45.② 46.③ 47.④ 48.③ 49.①

50 소형 저장탱크에 LPG를 충전하는 때에는 내용적의 몇 %를 넘지 아니하여야 하는가?

① 95%
② 90%
③ 85%
④ 80%

저장탱크는 충전 시 90%를 넘지 않는다(단, 소형 저장탱크는 충전 시 85%를 넘지 않는다).

51 액화석유가스 판매업소 용기저장소의 시설기준 중 틀린 것은?

① 용기저장실의 전기시설은 방폭구조인 것이어야 하며, 전기스위치는 용기저장실 외부에 설치한다.
② 용기저장실 내에는 분리형 가스누설경보기를 설치한다.
③ 용기저장실 주위의 5m(우회거리) 이내에 화기취급을 하지 아니 한다.
④ 용기저장실을 설치하고 보기 쉬운 곳에 경계표시를 설치한다.

해설

화기와의 우회거리 2m(가정용 시설, 가스계량기와 화기와의 우회거리, 가연성 가스설비를 제외한 가스설비, 저장설비, 액화석유가스 판매사업 및 영업소의 용기보관실, 입상관 등)

• 상기 항목 이외는 우회거리 : 8m

참고 액화석유가스 판매사업 및 영업소 용기저장소 〈시설기준〉

1. 안전거리
   영업소의 용기보관실은 그 외면으로부터 보호시설까지 안전거리를 유지할 것
2. 용기보관실
   • 판매업소의 용기보관실의 벽은 방호벽의 기준에 적합한 것으로 하며, 불연성 재료 또는 난연성 재료를 사용한 가벼운 지붕을 설치할 것. 다만, 건축물의 구조로 보아 가벼운 지붕을 설치하기가 현저히 곤란한 경우로서 허가관청이 정하는 구조 또는 시설을 갖춘 경우에는 그러하지 아니 하다.
   • 용기보관실 및 사무실은 동일부지 내에 구분하여 설치하되 용기보관실의 면적은 19m^2, 사무실의 면적은 9m^2, 주차장의 면적은 11.5m^2 이상

52 액화석유가스 판매사업자의 용기보관실 및 사무실은 동일부지 내에 구분하여 설치하되, 용기보관의 면적은 얼마 이상인가?

① 19m^2
② 15m^2
③ 9m^2
④ 10m^2

해설

사무실 면적 : 9m^2(주차장 면적 11.5m^2) 이상

53 LPG의 판매사업자시설 중 용기보관실에 설치하여야 할 설비로서 적합한 것은?

① 공업용 가스누출경보기
② 가스누출 자동차단기
③ 분리형 가스누출경보기
④ 일체형 가스누출경보기

54 액화석유가스를 가정에 연료용으로 판매할 경우에는 사용시설에 대하여 법정기준에 적합한가를 점검 확인한 후에 충전용기를 사용할 시설의 내관에 접속해야 하는데 그 법정기준에 틀린 것은? (단, 내용적 20L 미만의 용기 및 옥외를 이동하며 사용하는 자에게 인도하는 경우를 제외한다.)

① 연소기, 조정기, 콕 및 밸브 등 사용기기의 검사품 여부 및 그 작동상황을 점검 확인할 것
② 내용적 5L 미만의 충전용기에도 전도, 전락 등에 의한 충격 및 밸브의 손상을 방지하는 조치를 할 것
③ 충전용기로부터 2m 이내에 있는 화기와는 차단조치를 할 것
④ 충전용기는 옥외에 설치할 것

해설

밸브 손상을 방지하는 조치를 하는 용량 5L 미만은 제외한다.

정답 50.③ 51.③ 52.① 53.③ 54.②

55 액화석유가스를 가정용 연료로 판매할 경우 다음 사용할 시설의 기준 중 틀린 것은?

① 충전용기는 부식방지와 직사광선을 차단하기 위해 밀폐된 장소에 보관한다.
② 충전용기의 밸브 또는 배관을 가열할 때에는 열습포나 40℃ 이하의 더운물을 사용할 것
③ 충전용기는 넘어짐 등으로 인한 충격을 방지하도록 할 것
④ 충전용기는 항상 40℃ 이하의 온도를 유지한다.

해설

가연성 가스의 저장실은 폭발을 방지하기 위하여 통풍이 양호한 장소에 보관한다.

56 액화석유가스의 용기에 부착되어 있는 조정기는 어떤 기능을 가지고 있는가?

① 유속을 조정한다.
② 유량을 조정한다.
③ 유출압력을 조정한다.
④ 화재가 일어나면 자동적으로 가스의 유출을 막는다.

해설

㉠ 조정기의 역할 : 유출압력을 조정하여 안정된 연소를 시킨다.
㉡ 고장 시 영향 : 누설 및 불완전연소를 일으킨다.

참고 압력조정기의 종류에 따른 입구·조정 압력(KGS AA 434)

종 류	입구압력(MPa)	조정압력(kPa)
1단 감압식 저압조정기	0.07~1.56	2.30~3.30
1단 감압식 준저압조정기	0.1~1.56	5.0~30.0 이내에서 제조자가 설정한 기준압력의 ±20%
2단 감압식 1차용 조정기 (용량 100kg/h 이하)	0.1~1.56	57.0~83.0
2단 감압식 1차용 조정기 (용량 100kg/h 초과)	0.3~1.56	57.0~83.0
2단 감압식 2차용 저압조정기	0.01~0.1 또는 0.025~0.1	2.30~3.30
2단 감압식 2차용 준저압조정기	조정압력 이상~0.1	5.0~30.0 이내에서 제조자가 설정한 기준압력의 ±20%
자동절체식 일체형 저압조정기	0.1~1.56	2.55~3.30
자동절체식 일체형 준저압조정기	0.1~1.56	5.0~30.0 이내에서 제조자가 설정한 기준압력의 ±20%
그 밖의 압력조정기	조정압력 이상~1.56	5kPa를 초과하는 압력범위에서 상기압력 조정기 종류에 따른 조정압력에 해당되지 않는 것에 한하며, 제조자가 설정한 기준압력의 ±20%일 것

57 1단 감압식 저압조정기(LPG용)의 입구압력과 출구압력이 맞는 것은?

① 0.07~1.56MPa와 2.8MPa
② 0.1~1.86MPa와 2.3~3.3kPa
③ 0.07~1.56MPa와 2.3~3.3kPa
④ 0.01~1.56MPa와 2.8kPa

58 일반 소비자의 가정용 이외의 용도(음식점 등)로 공급하는 고압가스 조정기의 조정압력이 5kPa 이상 30kPa까지인 조정기는?

① 단단 감압식 저압조정기
② 2단 감압식 1차 조정기
③ 단단 감압식 준저압조정기
④ 2단 감압식 2차 조정기

해설

조정압력
㉠ 2.3~3.3kPa
㉡ 57~83kPa
㉢ 5~30kPa
㉣ 2.3~3.3kPa

정답 55.① 56.③ 57.③ 58.③

59 가정의 LPG를 사용할 때의 압력 중 가스압력이 가장 높은 것은?

① 1단 감압식 저압조정기의 안전밸브 작동개시압력
② 1단 감압식 저압조정기의 최고폐쇄압력
③ 1단 감압식 저압조정기의 조정압력
④ 1단 감압식 저압조정기의 출구측 내압시험압력

해설

① 5.6~8.4kPa
② 3.5kPa
③ 2.3~3.3kPa
④ 0.3MPa

60 다음 압력조정기의 내압시험압력이 틀린 것은?

① 2단 감압식 1차용 조정기의 출구측 시험압력 : 0.3MPa 이상
② 자동절체식 분리형 조정기의 출구측 시험압력 : 0.8MPa 이상
③ 1단 감압식 저압조정기의 입구측 시험압력 : 3MPa 이상
④ 2단 감압식 2차용 조정기의 입구측 시험압력 : 0.8MPa 이상

해설

2단 감압식 1차용 조정기 및 자동절체식 분리형 조정기 출구측 내압시험압력 : 0.8MPa

61 다음 압력조정기의 입구측 기밀시험압력으로 틀린 것은?

① 자동절체식 분리형 조정기 : 1.8MPa 이상
② 조동절체식 일체형 조정기 : 1.8MPa 이상
③ 2단 감압식 1차용 조정기 : 1.8MPa 이상
④ 1단 감압식 저압조정기 : 5.5kPa 이상

해설

기밀시험압력

종 류 \ 구 분	입구측	출구측
1단 감압식 저압조정기	1.56MPa 이상	5.5kPa
1단 감압식 준저압조정기	1.56MPa 이상	조정압력의 2배 이상
2단 감압식 1차용 조정기	1.8MPa 이상	150kPa 이상
2단 감압식 2차용 저압조정기	0.5MPa 이상	5.5kPa 이상
2단 감압식 2차용 준저압조정기	0.5MPa 이상	조정압력의 2배 이상
자동절체식 저압조정기	1.8MPa 이상	5.5kPa
자동절체식 준저압조정기	1.8MPa 이상	조정압력의 2배
그 밖의 압력조정기	최대입구압력의 1.1배 이상	조정압력의 1.5배

62 압력조정기의 입구압력이 규정한 상한의 압력일 때 최대폐쇄압력으로 틀린 것은?

① 1단 감압식 준저압조정기 : 조정압력의 1.25배 이하
② 2단 감압식 1차용 조정기 : 95kPa 이하
③ 자동절체식 일체형 조정기 : 5.5kPa 이하
④ 1단 감압식 저압조정기 : 3.5kPa

해설

압력조정기의 최대폐쇄압력
㉠ 1단 감압식 저압조정기, 2단 감압식 2차용 조정기 및 자동절체식 일체형 저압조정기는 3.5kPa 이하
㉡ 2단 감압식 1차용 조정기는 95kPa 이하
㉢ 1단 감압식 준저압, 자동절체식 일체형 준저압 및 그 밖의 압력조정기는 조정압력의 1.25배 이하

63 가정용 LP가스 저압조정기의 폐쇄압력은 몇 kPa인가?

① 0.35kPa ② 350kPa
③ 0.035kPa ④ 3.5kPa

정답 59.④ 60.① 61.④ 62.③ 63.④

64 조정압력이 3.3kPa 이하인 조정기 안전장치의 작동압력에 적합하지 않은 것은?

① 작동개시 후 압력은 5.7~9.8kPa
② 작동정지압력은 5.04~8.4kPa
③ 작동개시압력은 5.6~8.4kPa
④ 작동표준압력은 7kPa

해설

조정압력이 3.3kPa 이하인 조정기의 안전장치의 작동압력은 다음에 적합할 것
㉠ 작동표준압력은 7kPa
㉡ 작동개시압력은 5.6~8.4kPa
㉢ 작동정지압력은 5.04~8.4kPa

65 압력조정기에 표시하는 사항 중에서 옳지 않은 것은?

① 내압시험압력
② 품질보증기간
③ 제조연월일
④ 품명

해설

조정기의 표시사항
㉠ 품명
㉡ 제조자명 또는 그 약호
㉢ 제조번호 또는 로드번호
㉣ 제조연월일
㉤ 품질보증기간
㉥ 입구압력(기호 : P, 단위 : MPa)
㉦ 용량(기호 : Q, 단위 : kg/h)
㉧ 조정압력(기호 : R, 단위 : kPa 또는 MPa)
㉨ 가스흐름 방향

66 LPG 배관용 볼밸브의 볼의 표면에 도금하여야 하는 공업용 크롬도금의 두께는?

① 7마이크론 이상
② 5마이크론 이상
③ 3마이크론 이상
④ 1마이크론 이상

67 액화석유가스의 설비에 사용되는 콕의 종류가 아닌 것은?

① 볼콕 ② 상자콕
③ 퓨즈콕 ④ 호스콕

해설

LPG 가스용품 제조기술기준
㉠ 콕은 호스콕, 퓨즈콕, 상자콕 및 주물연소기용 노즐콕으로 구분한다.
㉡ 퓨즈콕은 가스유로를 볼로 개폐과류차단 안전기구가 부착배관과 호스, 호스와 호스, 배관과 배관, 배관과 카플러를 연결하는 구조로 한다.
㉢ 상자콕은 가스유로를 핸들 누름 당김 등의 조작으로 개폐과류차단 안전기구가 부착 밸브핸들이 반개방상태에서도 가스가 차단되어야 하며, 배관과 카플러를 연결하는 구조로 한다.
㉣ 주물연소기용 노즐콕은 볼로 개폐하는 구조로 한다.
㉤ 콕은 1개의 핸들 등으로 개폐하는 구조로 한다.
㉥ 콕의 핸들 등을 회전하여 조작하는 것은 핸들회전각도를 90° 나 180° 로 규제하는 스토퍼를 갖추어야 한다.
㉦ 콕의 핸들은 개폐상태가 눈으로 확인할 수 있는 구조로 하고 핸들 등이 회전하는 구조의 것은 회전각도가 90° 의 것을 원칙으로 열림방향은 시계바늘 반대방향 구조이며, 주물연소기용 노즐콕 핸들 열림 방향은 시계바늘방향으로 한다.

68 염화비닐호스의 안지름이 2종이라 함은 몇 mm인가?

① 10mm ② 9.5mm
③ 8.5mm ④ 9.0mm

염화비닐호스
안지름 6.3mm(1종), 안지름 9.5mm(2종), 안지름 12.7mm(3종)

69 가스용품 중 가스누출 자동차단장치의 전기충전부와 비충전 금속부와의 절연저항은?

① 2.5MΩ 이상 ② 2MΩ 이상
③ 1MΩ 이상 ④ 0.5MΩ 이상

70 액화석유가스 저장소의 시설기준 중 경계책과 용기보관장소 사이에는 몇 m 이상 거리를 유지하는가?

① 30m ② 20m
③ 10m ④ 5m

해설

경계책과 용기보관장소 사이는 20m 유지

정답 64.① 65.① 66.② 67.① 68.② 69.③ 70.②

71 액화석유가스 저장소의 시설기준에서 충전용기와 잔가스용기의 보관장소는 몇 m 이상의 간격을 두어 구분하는가?

① 2.5m 이상　　② 1m 이상
③ 2m 이상　　④ 1.5m 이상

72 액화석유가스 집단공급사업자는 안전점검을 위해 수요가 몇 개소마다 1인 이상 안전점검자를 채용하는가?

① 4000가구　　② 3000가구
③ 2000가구　　④ 1500가구

LPG 공급자의 안전점검기준 중 안전점검자의 자격 및 인원
구분 안전점검자 자격 인원

구 분	안전점검자	자 격	인 원
액화석유가스 충전사업자	충전원	안전관리 책임자로 부터 10시간 이상의 안전교육을 받은 자	충전 소요인력
	수요자시설 점검원		가스배달 소요인력
액화석유가스 집단공급사업자	수요자시설 점검원		수요가 3000개소 마다 1인
액화석유가스 판매사업자	수요자시설 점검원		가스배달 소요인력

〈비고〉
안전관리책임자 또는 안전관리원이 직접 점검을 행한 때에는 이를 안전점검자로 본다.

73 다음 중 액화석유가스를 사용할 때의 시설기준 및 기술기준에 적합한 것은?

① 기화장치는 직화식 구조일 것
② 가스사용시설의 저압부분의 배관은 0.8MPa 이상 내압시험에 합격할 것
③ 반밀폐형 연소기는 급기구 및 환기통을 설치할 것
④ 소형 저장탱크와 충전용기는 35℃ 이하를 유지할 것

해설

㉠ 기화장치는 직화식 가열구조가 아닐 것
㉡ 반밀폐형 연소기는 급기구 배기통을 설치
㉢ 소형 저장탱크와 충전용기는 40℃ 이하 유지

참고 1. LPG 공급자 안전점검기준 중 연소기의 설치방법
㉠ 가스온수기나 가스보일러는 목욕탕 또는 환기가 잘 되지 않는 곳에 설치하지 않을 것
㉡ 개방형 연소기를 설치한 실에는 환풍기 또는 환기구를 설치할 것
㉢ 반밀폐형 연소기는 급기구 및 배기통을 설치할 것
㉣ 배기통의 재료는 금속 · 석면 그 밖의 불연성 재료일 것
㉤ 배기통이 가연성 물질로 된 벽 또는 천장 등을 통과하는 때는 금속 외의 불연성 재료로 단열조치를 할 것

2. 가스계량기
㉠ 영업장의 면적이 $100m^2$ 이상인 가스시설 및 주거용 가스시설에는 액화석유가스 사용에 적합한 가스계량기를 설치할 것
㉡ 가스계량기의 설치장소는 다음의 기준에 적합할 것
- 가스계량기는 화기(당해 시설 안에서 사용하는 자체 화기를 제외한다)와 2m 이상의 우회거리를 유지하는 곳으로서 수시로 환기가 가능한 장소에 설치할 것
- 가스계량기의 설치높이는 바닥으로부터 1.6m 이상 2m 이내에 수직 · 수평으로 설치하고, 밴드, 보호가대 등 고정장치로 고정시킬 것. 다만, 격납상자 내에 설치하는 경우에는 설치높이를 제한하지 않는다.
- 2m 이내 설치 가능한 경우
  - 기계실 내에 설치한 경우
  - 가정용을 제외한 보일러실에 설치한 경우
  - 문이 달린 파이프 덕트 내 설치한 경우

74 액화석유가스를 사용할 때의 소형 저장탱크는 저장능력이 몇 kg 이상인 경우 설치하는가?

① 500kg　　② 400kg
③ 200kg　　④ 100kg

75 가정용 액화석유가스를 사용할 때의 시설기준에 있어서 적용하지 않아도 무방한 것은?

① 용기의 충격방지조치
② 용기의 실내설치
③ 반밀폐형 연소기의 급기구 및 배기통 설치
④ 호스의 길이 3m 이내

용기는 옥외 설치

정답 71.④ 72.② 73.② 74.① 75.②

76 LP가스를 사용할 때의 시설에서 저압부분의 배관은 몇 MPa 이상의 내압시험에 합격한 것을 사용해야 하는가?

① 0.8MPa 이상
② 0.5MPa 이상
③ 0.4MPa 이상
④ 0.2MPa 이상

77 다음 중 액화석유가스 사용할 때 시설의 기밀시험압력으로 옳은 것은?

① 10.8kPa ② 8.4kPa
③ 4.2~8.4kPa ④ 4.2kPa

78 다음 중 액화석유가스 사용할 때 시설의 압력이 3.3~30kPa의 경우 기밀시험압력으로 옳은 것은?

① 0.2MPa 이상 ② 35kPa
③ 4.2~8.4kPa ④ 4.2kPa

79 가스계량기는 영업장의 면적이 몇 m^2 이상인 가스시설 및 주거용 가스시설에는 액화석유가스 사용에 적합한 가스계량기를 설치하는가?

① 150 ② 100
③ 50 ④ 10

정답 76.① 77.② 78.② 79.②

chapter 3 도시가스 안전관리법

이번 과목은 어떤 내용인가요?

제3장은 도시가스 제조 및 공급 · 충전부분으로서 도시가스 사용 운반취급의 안전내용입니다.

01 도시가스 안전관리법

1 용어 정의

(1) 도시가스

천연가스(액화한 것을 포함), 배관을 통하여 공급되는 석유가스, 나프타 부생가스, 바이오가스 또는 합성천연가스로서 대통령령으로 정하는 것

(2) 가스도매사업

일반도시가스 사업자 및 나프타 부생가스, 바이오가스 제조사업자 외의 자가 일반도시가스사업자, 도시가스 충전사업자 또는 산업통상자원부령으로 정하는 대량수요자에게 도시가스를 공급하는 사업

(3) 일반도시가스사업

가스도매사업자 등으로부터 공급받은 도시가스 또는 스스로 제조한 석유가스, 나프타 부생가스, 바이오가스를 일반의 수요에 따라 배관을 통하여 수요자에게 공급하는 사업

2 도시가스 배관

(1) 도시가스 배관의 종류

배관의 종류		정 의
배관		본관, 공급관, 내관 또는 그 밖의 관
본관	가스도매사업	도시가스 제조사업소(액화천연가스의 인수기지)의 부지경계에서 정압기지의 경계까지 이르는 배관(밸브기지 안 밸브 제외)
	일반도시가스사업	도시가스 제조사업소의 부지경계 또는 가스도매사업자의 가스시설 경계에서 정압기까지 이르는 배관
	나프타 부생 바이오가스 제조사업	해당 제조사업소의 부지경계에서 가스도매사업자 또는 일반도시가스사업자의 가스시설 경계 또는 사업 경계까지 이르는 배관
	합성천연가스 제조사업	해당 제조사업소 부지경계에서 가스도매사업자의 가스시설 경계 또는 사업소 경계까지 이르는 배관
공급관	공동주택, 오피스텔, 콘도미니엄, 그 밖의 산업통상자원부 인정 건축물에 가스공급 시	정압기에서 가스사용자가 구분하여 소유하거나 점유하는 건축물의 외벽에 설치하는 계량기의 전단밸브까지 이르는 배관
	공동주택 외의 건축물 등에 도시가스 공급 시	정압기에서 가스사용자가 소유하거나 점유하고 있는 토지의 경계까지 이르는 배관
	가스도매사업의 경우	정압기지에서 일반 도시가스사업자의 가스공급시설이나 대량수요자의 가스사용 시설에 이르는 배관
	나프타 부생가스, 바이오가스 제조사업 및 합성천연가스 제조사업	해당 사업소의 본관 또는 부지경계에서 가스사용자가 소유하거나 점유하고 있는 토지의 경계까지이르는 배관
사용자 공급관		공급관 중 가스사용자가 소유하거나 점유하고 있는 토지의 경계에서 가스사용자가 구분하여 소유하거나 점유하는 건축물의 외벽에 설치된 계량기의 전단밸브(계량기가 건축물 내부에 설치된 경우 그 건축물의 외벽)까지 이르는 배관
내관		① 가스사용자가 소유하거나 점유하고 있는 토지의 경계에서 연소기까지 이르는 배관 ② 공동주택 등으로 가스사용자가 구분하여 소유하거나 점유하는 건축물 외벽에 계량기 설치 시 : 계량기 전단밸브까지 이르는 배관 ③ 계량기가 건축물 내부에 설치 시 : 건축물 외벽까지 이르는 배관

(2) 노출가스 배관에 대한 시설 설치기준

구 분		세부내용
노출 배관길이 15m 이상 점검통로 조명시설	가드레일	0.9m 이상 높이
	점검통로 폭	80cm 이상
	발판	통행상 지장이 없는 각목
	점검통로 조명	가스배관 수평거리 1m 이내 설치 70lux 이상
노출 배관길이 20m 이상 시 가스누출 경보장치 설치기준	설치간격	20m마다 설치 근무자가 상주하는 곳에 경보음이 전달
	작업장	경광등 설치(현장상황에 맞추어)

(3) 안전거리

① LNG 저장 처리설비는(1일 52500m^3 이하, 펌프, 압축기, 기화장치 제외) 50m 또는 $L = C\sqrt[3]{143000\,W}$ 와 동등거리를 유지한다.

여기서, L : 유지하는 거리(m)
C : 상수
W : 저장탱크는 저장능력의 제곱근

② LPG 저장 처리설비는 30m 거리 유지

③ LNG 저장탱크 처리능력 200000m^3, 압축기와 30m 유지

(4) 설비 사이의 거리

① 고압인 가스공급시설의 안전구역 면적 : 20000m^2 미만

② 안전구역 내 고압가스 공급시설(고압가스 공급시설 사이는 30m 유지)

③ 제조소 경계 20m 유지

④ 철도부지에 매설 : 궤도중심과 4m, 철도부지 경계와 1m

⑤ 철도부지 밑 매설 시 거리를 유지하지 않아도 되는 경우
  ㉠ 열차하중을 고려한 경우
  ㉡ 방호구조물로 방호한 경우
  ㉢ 열차하중의 영향을 받지 않는 경우

⑥ 배관을 철도와 병행하여 매설하는 경우 50m의 간격으로 표지판을 설치할 것

02 일반도시가스사업

1 일반도시가스사업의 핵심 내용

(1) 안전거리

① 제조소 공급소 내 표지판 : 500m
제조소 공급소 밖의 표지판 : 200m마다 설치
② 가스발생기, 가스홀더 : 고압 20m, 중압 10m, 저압 5m 유지
③ 가스혼합기, 가스정제설비, 배송기, 압송기, 사업장 경계까지 3m 유지
④ 최고사용압력이 고압인 것은 20m, 1종 보호시설 30m

(2) 고압, 중압 가스공급시설 중 내압시험을 생략하는 경우

① 용접배관에 방사선 투과시험 합격 시
② 15m 미만 고압, 중압 배관으로 최고압력이 1.5배로 합격 시
③ 배송기, 압송기, 압축기, 송풍기, 액화가스용 펌프, 정압기

(3) 가스공급시설 중 가스가 통하는 부분은 최고사용압력의 1.1배의 기밀시험 시 이상이 없을 것

(4) 기밀시험 생략

① 최고압력이 0Pa 이하
② 항상 대기에 개방된 시설

(5) 도시가스 사용시설의 배관, 호스의 기밀시험압력

8.4kPa 이상

(6) 사용시설 배관의 기밀시험 유지시간

내용적	기밀시험 기간
10L 이하	5분
10~50L 이하	10분
50L 초과	24분

(7) 안전밸브 분출압력

① 안전밸브 1개 : 최고사용압력 이하
② 안전밸브 2개 : 1개는 최고사용압력, 다른 것은 최고사용압력이 1.03

(8) 안전밸브 분출량을 결정하는 압력

① 고압, 중압 가스공급시설 : 최고사용압력의 1.1배 이하
② 액화가스가 통하는 가스공급시설 : 최고사용압력의 1.2배 이상

(9) 가스발생설비, 가스정제설비, 배송기, 압송기 등에는 가스차단장치, 액면계, 경보장치 설치

(10) 가스공급시설의 조명도

150Lux 이상

(11) 비상공급시설

① 고압 · 중압 비상공급시설
㉠ T_P=최고사용압력×1.5
㉡ A_P=최고사용압력×1.1배
② 안전거리 : 1종 15m, 2종 10m 유지
③ 비상공급시설에는 정전기제거조치를 한다.
④ 비상공급시설에는 원동기에서 불씨가 방출되지 않도록 한다.

(12) 가스발생설비(기화장치 제외)

① 압력상승 방지장치를 설치한다.
② 역류방지장치를 설치한다.
③ 사이클론식 가스발생설비에는 자동조정장치를 설치한다.

(13) 기화장치

① 직화식 가열구조가 아닐 것
② 온수가열 시 동결방지장치
③ 액화가스의 넘쳐 흐름을 방지하는 액유출방지장치를 설치

(14) 저압가스 정제설비에는 수봉기를 설치

(15) 가스홀더(고압, 중압 가스홀더)

① 신축흡수 조치
② 응축액을 외부로 뽑을 수 있는 장치
③ 응축액의 동결방지 조치
④ 맨홀, 검사구 설치

(16) 저압유수식 가스홀더

① 원활히 작동할 것
② 가스방출장치 설치
③ 수조에 물공급관과 물이 넘쳐 빠지는 구멍 설치
④ 동결방지 조치를 할 것
⑤ 유효가동량이 구형보다 클 것

(17) 저압무수식 가스홀더

① 피스톤이 원활히 작동할 것
② 봉액 사용 시 봉액공급용 예비펌프를 설치

(18) 긴급차단장치 설치위치(5m, 부대설비)

① 저장탱크와 가스홀더 사이는 저장탱크 최대직경의 1/2(지하설치 시는 저장탱크 및 가스홀더 최대직경의 1/4)의 길이 중 큰 것과 동등 길이를 유지할 것
② 주거지역, 상업지역에 설치되는 10톤 이상 탱크에 폭발방지장치를 할 것
③ 지반침하 방지용량(1톤 이상)
④ 방류둑 설치용량(1000톤 이상)
⑤ 가스방출관 : 지면에서 5m, 탱크 정상부에서 2m 중 높은 위치

(19) 정압기

① 입·출구에는 가스차단장치 설치
② 정압기 출구 배관에는 경보장치
③ 지하 정압기 침수방지 조치
④ 동결방지 조치
⑤ 설치 후 2년에 1회 분해점검
⑥ 1주일에 1회 이상 작동상황점검
⑦ 가스압력측정 기록장치를 설치
⑧ 불순물제거장치 설치
⑨ 정압기의 기밀시험
㉠ 입구측은 최고사용압력의 1.1배
㉡ 출구측은 최고사용압력의 1.1배 또는 8.4kPa 중 높은 압력

(20) 배관

도로와 평행하여 매몰되어 있는 배관으로 내경 65mm(가스폴리에틸렌관은 75mm) 초과 시 가스를 신속히 차단할 수 있는 장치 설치

(21) 배관을 옥외 공동구 내 설치 시

① 환기장치
② 방폭구조
③ 신축흡수 조치
④ 배관의 관통부에서 손상방지 조치
⑤ 격벽을 설치

⑥ 배관(관경 100mm 미만 저압배관 제외)의 노출부분의 길이 100m 이상 시 노출부분 양 끝 300m 이내 원격차단장치 설치
⑦ 굴착으로 20m 이상 노출배관 : 가스누출경보기 설치

(22) 연소기 및 보일러
① 개방형 : 환풍기와 환기구 설치
② 반밀폐형 : 하부에 급기구, 상부에 배기통 설치
③ 밀폐형 : 상부에 급기통과 배기통 설치

(23) 압력조정기는 바닥으로부터 1.6m 이상 2m 이내에 설치

(24) 입상관은 바닥으로부터 1.6~2m 이내에 설치

(25) 가스계량기
① 화기와의 우회거리 : 2m 이상
② 설치높이
㉠ 용량 $30m^3$/hr 미만 가스계량기 : 1.6m 이상 2m 이내
㉡ 보호상자 내, 기계실 내, 보일러실(가정용 제외), 문이 달린 파이프 덕트 내에 설치 : 2m 이내
③ 설치제한 장소
㉠ 공동주택 대피공간, 방, 거실, 주방 등 사람이 거처하는 장소
㉡ 진동의 영향을 받는 장소
㉢ 석유류 등 위험물을 저장하는 장소
㉣ 수전실, 변전실, 고압전기설비가 있는 장고

(26) 가스누출 자동차단장치
① 영업장 면적 $100m^2$ 이상인 경우 가스누출 경보차단장치 또는 가스누출 자동차단기 설치
② 가스누출 자동차단장치를 설치하지 않아도 되는 경우
㉠ 월사용 예정량 : $2000m^3$ 미만 연소기로 퓨즈콕, 상자콕 안전장치 및 연소기에 소화(안전장치 부착 시)
㉡ 가스공급 차단 시 막대한 손실이 발생하는 산업통상자원부장관이 고시하는 시설

(27) 가스사용시설에는 퓨즈콕 설치(단, 연소기가 배관에 연결된 경우 또는 소비량 19400kcal/h를 초과 또는 3.3kPa 초과하는 연소기가 연결된 배관에는 호스콕 또는 배관용 밸브를 설치할 수 있다.)

(28) 도시가스 사용시설기준 기술기준

① 공동주택의 압력조정기 설치기준 : 중압 이상 150세대 미만인 경우, 저압으로 250세대 미만인 경우 설치

② 배관의 지하매설기준 : 공동주택 부지(0.6m 이상), 폭 8m 이상 차량 통행도로(1.2m 이상), 폭 4m~8m 미만 차량 통행도로(1m 이상)

2 정압기

(1) 정압기(Governor) (KGS FS552)

구 분	세부내용
정의	도시가스 압력을 사용처에 맞게 낮추는 감압기능, 2차측 압력을 허용범위 내의 압력으로 유지하는 정압기능, 가스흐름이 없을 때 밸브를 완전히 폐쇄하여 압력상승을 방지하는 폐쇄기능을 가진 기기로서 정압기용 압력조정기와 그 부속설비
정압기용 부속설비	1차측 최초 밸브로부터 2차측 말단 밸브 사이에 설치된 배관, 가스차단장치, 정압기용 필터, 긴급차단장치(slamshut valve), 안전밸브(safety valve), 압력기록장치(pressure recorder), 각종 통보설비, 연결배관 및 전선
종 류	
지구정압기	일반도시가스사업자의 소유시설로 가스도매사업자로부터 공급받은 도시가스의 압력을 1차적으로 낮추기 위해 설치하는 정압기
지역정압기	일반도시가스사업자의 소유시설로서 지구정압기 또는 가스도매사업자로부터 공급받은 도시가스의 압력을 낮추어 다수의 사용자에게 가스를 공급하기 위해 설치하는 정압기
캐비닛형 구조의 정압기	정압기 배관 및 안전장치 등이 일체로 구성된 정압기에 한하여 사용할 수 있는 정압기실로 내식성 재료의 캐비닛과 철근콘크리트 기초로 구성된 정압기실

(2) 정압기와 필터(여과기)의 분해점검 주기

시설 구분	정압기, 필터		분해점검 주기
공급시설	정압기		2년 1회
	예비정압기		3년 1회
	필터	공급개시 직후	1월 이내
		1월 이내 점검한 다음	1년 1회
사용시설	정압기	처음 향후(두번째부터)	3년 1회 4년 1회
	필터	공급개시 직후	1월 이내
		1월 이내 점검 후	3년 1회
		3년 1회 점검한 그 이후	4년 1회

예비정압기 종류와 그 밖에 정압기실 점검사항	
예비정압기 종류	정압기실 점검사항
① 주정압기의 기능상실에만 사용하는 것 ② 월 1회 작동점검을 실시하는 것	① 정압기실 전체는 1주 1회 작동상황 점검 ② 정압기실 가스누출경보기는 1주 1회 이상 점검

(3) 지하의 정압기실 가스공급시설 설치규정

구분 / 항목	공기보다 비중이 가벼운 경우	공기보다 비중이 무거운 경우
흡입구, 배기구 관경	100mm 이상	100mm 이상
흡입구	지면에서 30cm 이상	지면에서 30cm 이상
배기구	천장면에서 30cm 이상	지면에서 30cm 이상
배기가스 방출구	지면에서 3m 이상	지면에서 5m 이상 (전기시설물 접촉 우려가 있는 경우 3m 이상)

(4) 도시가스 정압기실 안전밸브 분출부의 크기

입구측 압력		안전밸브 분출부 구경
0.5MPa 이상	유량과 무관	50A 이상
0.5MPa 미만	유량 1000Nm^3/h 이상	50A 이상
	유량 1000Nm^3/h 미만	25A 이상

3 융착

(1) 융착이음 종류

구 분		내 용
열융착	맞대기 (바트)	① 공칭 외경 90mm 이상 직관과 이음관 연결에 적용 ② 이음관 연결오차는 배관두께의 10% 이하
	소켓	① 배관 및 이음관의 접합은 일직선 유지 ② 융착작업은 홀더를 사용하며, 용융부위는 소켓 내부 경계턱까지 완전히 삽입
	새들	접합부 전면에 대칭형의 둥근 형상 이중 비드가 고르게 형성되도록 새들 중심선과 배관의 중심선 직각 유지
전기융착	소켓	이음부는 PE 배관과 일직선 유지
	새들	이음매 중심선과 PE 배관 중심선은 직각을 유지
융착기준		가열온도, 가열유지시간, 냉각시간을 준수

4 기타 항목

(1) 도시가스의 연소성을 판단하는 지수

구 분	핵심내용
웨버지수(WI)	$WI = \frac{H_g}{\sqrt{d}}$ 여기서, WI : 웨버지수 H_g : 도시가스 총 발열량(kcal/m^3) $\sqrt{d}$: 도시가스의 공기에 대한 비중

(2) 도시가스 사용시설의 월 사용예정량

$$Q = \frac{\{(A \times 240) + (B \times 90)\}}{11000}$$

여기서, Q : 월 사용예정량(m^3)

A : 산업용으로 사용하는 연소기의 명판에 기재된 가스소비량 합계(kcal/hr)

B : 산업용이 아닌 연소기의 명판에 기재된 가스소비량 합계(kcal/hr)

(3) 도시가스 배관망의 전산화 관리대상

① 배관설치 도면

② 시방서

③ 시공자

④ 시공연월일

(4) 전용 보일러실에 설치할 필요가 없는 보일러 종류

① 밀폐식 보일러

② 가스보일러를 옥외에 설치 시

③ 전용 급기통을 부착시키는 구조로 검사에 합격된 강제식 보일러

(5) LPG 저장탱크, 도시가스 정압기실 안전밸브 가스방출관의 방출구 설치위치

<table>
<tr><th colspan="3">LPG 저장탱크</th><th colspan="2">도시가스 정압기실</th><th>고압가스
저장탱크</th></tr>
<tr><td colspan="2" rowspan="2">지상설치 탱크</td><td rowspan="2">지하설치
탱크</td><td>지상설치</td><td>지하설치</td><td>설치능력</td></tr>
<tr><td colspan="2">지면에서 5m 이상</td><td>5m³ 이상 탱크</td></tr>
<tr><td>3t 이상
일반탱크</td><td>3t 미만
소형 저장탱크</td><td rowspan="3">지면에서 5m 이상</td><td colspan="2">지하정압기실 배기관의 배기가스 방출구</td><td>설치위치</td></tr>
<tr><td rowspan="2">지면에서 5m 이상, 탱크 저장부에서 2m 중 높은 위치</td><td rowspan="2">지면에서 2.5m 이상, 탱크 정상부에서 1m 중 높은 위치</td><td>공기보다 무거운
도시가스</td><td>공기보다 가벼운
도시가스</td><td rowspan="2">지면에서 5m 이상, 탱크 정상부에서 2m 이상 중 높은 위치</td></tr>
<tr><td>① 지면에서 5m 이상
② 전기시설물 접촉 우려 시 3m 이상</td><td>지면에서 3m 이상</td></tr>
</table>

Chapter 3

출/제/예/상/문/제

01 도시가스에 해당되지 않는 것은?

① LNG
② 용기공급되는 석유가스
③ 나프타부생가스
④ 바이오가스

배관을 통하여 공급되는 석유가스 및 합성천연가스 등으로 대통령령으로 정하는 것

02 '도시가스사업'이란 어떤 종류의 가스를 공급하는 것을 말하는가?

① 연료용 가스
② 압축가스
③ 제조용 가스
④ 액화가스

03 액화천연가스(LNG) 제조설비 중 보일오프가스(Boil Off Gas)의 처리설비가 아닌 것은?

① 가스반송기
② BOG 압축기
③ 벤트스택
④ 플레어스택

04 도시가스사업의 가스도매사업에 있어 액화천연가스 저장설비 및 처리설비는 그 외면으로부터 사업소 경계 및 연못에 인접되어 있는 경우까지 몇 m 이상의 거리를 유지하는가?

① 50m ② 40m
③ 30m ④ 20m

해설

가스도매사업의 가스공급시설

• 제조소의 안전거리

㉠ 액화천연가스(기화된 천연가스를 포함한다)의 저장설비 및 처리설비(1일 처리능력이 52500m^3 이하인 펌프 · 압축기 · 응축기 및 기화장치를 제외한다)는 그 외면으로부터 사업소 경계(사업소 경계가 바다 · 호수 · 하천(하천법에 의한 하천을 말한다. 이하 같다), 그 밖에 산업통상자원부장관이 정하여 고시하는 연못 등의 경우에는 이들의 반대편 끝을 경계로 본다)까지 다음의 산식에 의하여 얻은 거리(그 거리가 50m 미만의 경우에는 50m) 이상을 유지할 것

$L = C\sqrt[3]{143000\,W}$

여기서, L : 유지하여야 하는 거리(단위 : m)
C : 저압지하식 저장탱크는 0.240, 그 밖의 가스저장설비 및 처리설비는 0.576
W : 저장탱크는 저장능력(단위 : 톤)의 제곱근, 그 밖의 것은 그 시설 내의 액화천연가스의 질량(단위 : 톤)

㉡ 액화석유가스의 저장설비 및 처리설비는 그 외면으로부터 보호시설까지 30m 이상의 거리를 유지할 것. 다만, 산업통상자원부장관이 필요하다고 인정하는 지역의 경우에는 이 기준 외에 따로 거리를 더하여 정할 수 있다.

05 액화천연가스 저장설비의 안전거리 계산식은? (단, L : 유지거리, C : 상수, W : 저장능력 제곱근 또는 질량)

① $L = C\sqrt[3]{143000\,W}$
② $L = W\sqrt[2]{143000\,C}$
③ $L = C\sqrt[2]{143000\,W}$
④ $L = W\sqrt[3]{143000\,C}$

정답 01.② 02.① 03.③ 04.① 05.①

06 가스도매사업의 가스공급시설에서 제조소의 위치에 대한 기준으로 틀린 것은?

① 액화천연가스의 저장탱크는 그 외면으로부터 처리능력이 200000m³ 이상인 압축기와 30m 이상의 거리를 유지할 것
② 가스공급시설은 그 외면으로부터 그 제조소의 경계와 30m 이상의 거리를 유지할 것
③ 안전구역 내의 고압인 가스공급시설은 그 외면으로부터 다른 안전구역에 있는 고압가스 공급시설의 외면까지 30m 이상의 거리를 유지할 것
④ 액화석유가스의 저장설비 및 처리설비는 그 외면으로부터 보호시설까지 30m 이상의 거리를 유지할 것

해설
고압가스 안전관리의 특정제조의 규정과 동일
㉠ 처리능력 200000m³ 압축기와 30m
㉡ 제조소 경계 : 20m
㉢ 가스공급시설과 다른 가스공급시설과 거리 30m
㉣ 액화석유가스 저장 · 처리설비는 보호시설까지 30m

07 공급시설 벤트스택 방출구의 위치는 작업원이 정상작업을 하는데 필요한 장소 및 작업원이 항시 통행하는 장소로부터 몇 m 이상 떨어진 곳에 설치하는가?

① 15m ② 10m
③ 8m ④ 5m

해설
㉠ 긴급용 또는 공급시설 벤트스택 방출구의 위치 : 작업원이 정상작업을 하는데 필요한 장소 및 작업원이 항시 통행하는 장소로부터 10m 이상 떨어진 곳에 설치할 것
㉡ 그 밖의 벤트스택 방출구의 위치 : 5m 이상 떨어진 곳에 설치할 것

08 가스도매사업의 도시가스사업법에 의한 방류둑을 설치해야 할 경우는 액화가스 저장탱크의 저장능력이 몇 톤 이상일 때인가? (단, 인접설치된 다른 저장탱크가 없는 경우를 말한다.)

① 500톤 이상
② 300톤 이상
③ 200톤 이상
④ 100톤 이상

해설
㉠ 고압가스 특정제조의 규정과 동일한 가연성 방류둑 : 500톤 이상
㉡ 가스도매사업의 방류둑 설치용량 : 500톤 이상
㉢ 일반 도시가스사업의 방류둑 설치용량 : 1000톤 이상

09 가스도매사업의 액화가스 저장탱크로서 내용적이 5000L 이상의 것에 설치한 배관에는 그 저장탱크의 외면으로부터 몇 m 이상 떨어진 위치에서 조작할 수 있는 긴급차단장치를 설치하는가?

① 20m ② 15m
③ 10m ④ 5m

해설
㉠ 고압가스 특정제조의 긴급차단장치 조작위치 : 10m 이상
㉡ 고압가스 일반제조의 긴급차단장치 조작위치 : 5m 이상
㉢ 가스도매사업의 긴급차단장치 조작위치 : 10m 이상
㉣ 일반 도시가스사업의 긴급차단장치 조작위치 : 5m 이상

10 가스도매사업의 가스공급시설 중 배관을 지하에 매설할 기준에 적합하지 않은 경우는?

① 배관을 방호구조물 내에 설치할 경우에는 법정 깊이를 유지할 필요가 없다.
② 배관은 지반이 동결됨에 따라 손상을 받지 아니할 것
③ 배관은 그 외면으로부터 지하의 다른 시설물과 0.3m 이상의 거리를 유지한다.
④ 배관의 깊이는 산과 들에서는 1.2m 이상 유지할 것

해설
지하매설 : 배관을 지하에 매설하는 경우에는 다음 기준에 적합하게 할 것
㉠ 배관은 그 외면으로부터 수평거리로 건축물까지 1.5m 이상을 유지할 것
㉡ 배관은 그 외면으로부터 지하의 다른 시설물과 0.3m 이상의 거리를 유지할 것

정답 06.② 07.② 08.① 09.③ 10.④

㉢ 지표면으로부터 배관의 외면까지의 매설깊이는 산이나 들에서는 1m 이상 그 밖의 지역에서는 1.2m 이상으로 할 것. 다만, 방호구조물 안에 설치하는 경우에는 그러하지 아니 하다.
㉣ 배관은 지반의 동결에 의하여 손상을 받지 아니하는 깊이로 매설할 것
㉤ 성토하였거나 절토한 경사면 부근에 배관을 매설하는 경우에는 흙이나 돌 등이 흘러내려서 안전확보에 지장이 오지 아니하도록 매설할 것
㉥ 배관입상부 · 지반급변부 등 지지조건이 급변하는 곳에는 곡관의 삽입 · 지반의 개량 그 밖의 필요한 조치를 할 것
㉦ 굴착 및 되메우기는 안전확보를 위하여 적절한 방법으로 실시할 것

11 가스도매사업자의 가스공급시설인 배관을 도로 밑에 매설하는 경우 기준에 적합하지 않은 것은?

① 시가지 외의 도로 노면 밑에 매설하는 경우에는 그 노면으로부터 배관의 외면까지의 깊이를 1m 이상으로 한다.
② 시가지의 도로 밑에 매설하는 경우에는 노면으로부터 배관의 외면까지의 깊이를 1.5m 이상으로 한다.
③ 배관은 그 외면으로부터 도로 밑의 다른 시설물과의 거리를 0.3m 이상 유지한다.
④ 배관의 외면으로부터 도로의 경계와 1m 이상의 수평거리를 유지한다.

해설

시가지 외 도로 노면 밑에 매설 시 1.2m 깊이에 매설

참고 가스도매사업의 가스공급시설 배관의 설치
〈도로매설〉
1. 원칙적으로 자동차 등의 하중의 영향이 적은 곳에 매설할 것
2. 배관의 외면으로부터 도로의 경계까지 1m 이상의 수평거리를 유지할 것
3. 배관(방호구조물 안에 설치하는 경우에는 그 방호구조물을 말한다)은 그 외면으로부터 도로 밑의 다른 시설물과 0.3m 이상의 거리를 유지할 것
4. 도로 밑에 배관을 매설하는 경우에는 다음에 정하는 바에 따라 그 도로와 관련이 있는 공사에 의하여 손상을 받지 아니하도록 다음 중 하나의 조치를 할 것
 • 산업통상자원부장관이 정하여 고시하는 바에 따라 배관을 보호할 수 있는 보호판 및 가스누출 유무를 확인할 수 있는 검지공을 설치할 것
 • 배관을 단단하고 내구력을 가지며 도로 및 배관의 구조에 대하여 지장을 주지 아니하는 구조의 방호구조물 안에 설치할 것
5. 시가지의 도로 노면 밑에 매설하는 경우에는 노면으로부터 배관의 외면까지의 깊이를 1.5m 이상으로 할 것. 다만, 방호구조물 안에 설치하는 경우에는 노면으로부터 그 방호구조물의 외면까지의 깊이를 1.2m 이상으로 할 수 있다.
6. 시가지 외의 도로 노면 밑에 매설하는 경우에는 노면으로부터 배관의 외면까지의 깊이를 1.2m 이상으로 할 수 있다.
7. 포장되어 있는 차도에 매설하는 경우에는 그 포장부분의 노반(차단층이 있는 경우에는 그 차단층을 말한다. 이하 같다)의 밑에 매설하고 배관의 외면과 노반의 최하부와의 거리는 0.5m 이상으로 할 것
8. 인도 · 보도 등 노면 외의 도로 밑에 매설하는 경우에는 지표면으로부터 배관의 외면까지의 깊이는 1.2m 이상으로 할 것. 다만, 방호구조물 안에 설치하는 경우에는 그 방호구조물의 외면까지의 깊이를 0.6m(시가지의 노면 외의 도로 밑에 매설하는 경우에는 0.9m) 이상으로 할 것
9. 전선 · 상수도관 · 하수도관 · 가스관 그 밖에 이와 유사한 것(각 사용가구에 인입하기 위하여 설치되는 것에 한한다)이 매설되어 있는 도로 또는 매설할 계획이 있는 도로에 매설하는 경우에는 이들의 하부에 매설할 것

12 가스도매사업의 가스공급시설의 경우 인도, 보도 등 노면 밑 외의 도로 밑에 매설하는 경우에는 지표면으로부터 배관의 외면까지의 깊이는 몇 m 이상인가?

① 1.2m
② 0.9m
③ 0.6m
④ 0.5m

13 가스도매사업자의 가스공급시설인 배관을 철도부지 밑에 매설하는 경우 지표면으로부터 배관의 외면까지의 깊이는 몇 m 이상으로 하는가?

① 1.8m ② 1.5m
③ 1.2m ④ 1m

정답 11.① 12.① 13.③

해설

가스도매사업의 가스공급시설 중 배관을 철도부지 밑에 매설 : 배관의 외면으로부터 궤도중심까지 4m 이상, 그 철도부지 경계까지는 1m 이상의 거리를 유지할 것. 다만, 다음 ㉠ 내지 ㉢의 1에 해당하는 경우에는 그러하지 아니하며, 철도부지가 도로와 인접되어 있는 경우에는 배관의 외면과 철도부지 경계와의 거리를 유지하지 아니할 수 있다.
㉠ 배관이 열차하중의 영향을 받지 않는 위치에 매설하는 경우
㉡ 배관이 열차하중의 영향을 받지 않도록 적절한 방호구조물로 방호되는 경우
㉢ 배관의 구조가 열차하중을 고려한 것일 경우

14 다음 중 도시가스 배관의 외부에 표시하지 않아도 되는 사항은?

① 최고사용압력
② 사용가스명
③ 배관의 공급압력
④ 가스의 흐름방향

15 일반 도시가스사업의 가스공급시설의 시설기준에서 제조공급소 밖에 있어서 도로를 따라 배관이 설치되어 있을 경우에는 몇 m의 간격을 표준하여 필요한 수의 표지판을 설치하는가?

① 2000m
② 1500m
③ 1000m
④ 200m

해설

제조소, 공급소 내의 경우에는 500m, 밖은 200m마다 설치

16 일반 도시가스사업의 가스공급시설에서 가스발생기 및 가스홀더의 그 외면으로 부터 사업장의 경계까지의 안전거리로 잘못된 것은?

① 최고사용압력이 고압인 것은 20m 이상
② 최고사용압력이 저압인 것은 5m 이상
③ 최고사용압력이 중압인 것은 10m 이상
④ 최고사용압력이 초고압인 것은 30m 이상

해설

최고사용압력이 고압 : 20m, 중압 : 10m, 저압 : 5m

참고 일반 도시가스사업의 가스공급시설 중 제조소 및 공급소의 안전설비
〈안전거리〉
- 가스발생기 및 가스홀더는 그 외면으로부터 사업장의 경계(사업장의 경계가 바다 · 하천 · 호수 및 연못 등으로 인접되어 있는 경우에는 이들의 반대편 끝을 경계로 본다. 이하 같다)까지의 거리가 최고사용압력이 고압인 것은 20m 이상, 중압인 것은 10m 이상, 저압인 것은 5m 이상이 되도록 할 것
- 가스혼합기 · 가스정제설비 · 배송기 · 압송기 그 밖에 가스공급시설의 부대설비(배관을 제외한다)는 그 외면으로부터 사업장의 경계까지의 거리가 3m 이상이 되도록 할 것. 다만, 최고사용압력이 고압인 것은 그 외면으로부터 사업장의 경계까지의 거리가 20m 이상, 제1종 보호시설(사업소 안에 있는 시설을 제외한다)까지의 거리가 30m 이상이 되도록 할 것

17 일반 도시가스사업의 가스공급시설에서 가스혼합기, 가스정제설비, 배송기, 압송기 그 밖의 가스공급시설의 부대설비는 그 외면으로부터 사업장의 경계까지의 거리가 몇 m 이상이 되도록 하는가?

① 5m
② 3m
③ 2m
④ 1m

18 도시가스사업법의 가스공급시설에 속하지 않는 것은?

① 내관, 연소기
② 정압기, 본관, 공급관
③ 액화가스 저장탱크, 압송기, 배송기
④ 가스발생설비, 가스정제설비, 가스홀더

해설

내관, 연소기, 가스계량기, 연소기에 연결된 중간밸브, 호스 등은 사용자 시설이다.

정답 14.③ 15.④ 16.④ 17.② 18.①

19 도시가스 제조, 공급시설 중 가스의 제조, 공급을 위한 시설이 아닌 것은?

① 내관
② 공급관
③ 정압기
④ 액화가스 저장탱크

20 도시가스사업법에서 고압 또는 중압인 가스 공급의 내압시험압력은 얼마로 규정되어 있는가?

① 최고사용압력의 1.8배 이상
② 최고사용압력의 1.5배 이상
③ 최고사용압력의 1.2배 이상
④ 최고사용압력의 1.1배 이상

21 일반 도시가스사업의 가스공급시설 중 가스가 통하는 부분의 기밀시험압력은?

① 사용압력의 1.1배 이상
② 최고사용압력의 1.5배 이상
③ 최고사용압력의 1.1배 이상
④ 최고사용압력 이상

22 일반 도시가스사업에서 가스발생설비, 가스정제설비, 가스홀더 및 그 부대설비로서 제조설비에 속하는 것 중 최고사용압력이 고압 또는 중압인 것의 안전밸브 작동압력은?

① 내압시험압력의 1.1배
② 내압시험압력 이상
③ 내압시험압력의 0.8배
④ 내압시험압력의 1.5배

해설

일반 도시가스사업의 가스공급시설 중 안전장치 등
㉠ 계측장치 : 가스발생설비 · 가스정제설비 · 가스홀더 · 배송기 · 압송기 및 액화가스 저장탱크에는 안전조업에 필요한 온도 · 압력 · 액면 등을 계측할 수 있는 장치를 설치할 것
㉡ 안전밸브 : 가스발생설비 · 가스정제설비 · 가스홀더 및 그 부대설비로서 제조설비에 속하는 것 중 최고사용압력이 고압 또는 중압인 것은 설계압력 이상 내압시험압력의 8/10 이하의 압력에서 작동하는 안전밸브 및 가스방출관을 설치하고 가스방출관의 방출구는 주위에 화기 등이 없는 안전한 위치로서 지면으로부터 5m 이상의 높이로 설치할 것

23 일반 도시가스사업의 가스발생설비, 정제설비, 가스홀더 등에 안전밸브를 설치하는데 안전밸브가 2개인 경우 1개는 최고사용압력 이하에 준하는 압력이고, 다른 한 개는 당해 설치부분의 최고사용압력의 몇 배 이상의 압력으로 하는가?

① 1.03배 ② 1.8배
③ 1.5배 ④ 1.1배

해설

안전밸브의 분출압력
㉠ 안전밸브가 1개인 경우 : 최고사용압력 이하의 압력
㉡ 안전밸브가 2개인 경우 : 1개는 최고사용압력 이하에 준하는 압력이고 다른 한 개는 당해 설치부분의 최고사용압력의 1.03배 이상의 압력

24 일반 도시가스사업의 고압 또는 중압의 가스공급시설에서 안전밸브의 분출량을 결정하는 압력은?

① 최고사용압력의 1.8배 이상
② 최고사용압력의 1.5배 이상
③ 최고사용압력의 1.2배 이상
④ 최고사용압력의 1.1배 이상

해설

안전밸브의 분출량을 결정하는 압력
㉠ 고압 또는 중압의 가스공급시설 : 최고사용압력의 1.1배 이상의 압력
㉡ 액화가스가 통하는 가스공급시설 : 최고사용압력의 1.2배 이상의 압력

25 일반 도시가스사업에서 비상공급시설의 기준에 적합하지 않은 것은?

① 비상공급시설 중 가스가 통하는 부분은 최고사용압력의 1.1배 이상의 압력으로 기밀시험 또는 누출검사를 실시하는 때에 누출되지 않을 것
② 고압 또는 중압의 비상공급시설을 최고사용압력의 1.2배 이상의 압력으로 실시하는 내압시험에 합격한 것일 것
③ 비상공급시설에는 접근함을 금지하는 내용의 경계표지를 할 것
④ 비상공급시설의 주위는 인화성, 발화성 물질을 저장, 취급하는 장소가 아닐 것

정답 19.① 20.② 21.③ 22.③ 23.① 24.④ 25.②

해설

비상공급시설은 다음 기준에 적합하게 설치할 것
㉠ 비상공급시설의 주위는 인화성·발화성 물질을 저장·취급하는 장소가 아닐 것
㉡ 비상공급시설에는 접근함을 금지하는 내용의 경계표지를 할 것
㉢ 고압 또는 중압의 비상공급시설은 최고사용압력의 1.5배 이상의 압력으로 실시하는 내압시험에 합격한 것일 것
㉣ 비상공급시설 중 가스가 통하는 부분은 최고사용압력의 1.1배 이상의 압력으로 기밀시험 또는 누출검사를 실시하여 이상이 없을 것
㉤ 비상공급시설은 그 외면으로부터 제1종 보호시설까지의 거리가 15m 이상, 제2종 보호시설까지의 거리가 10m 이상이 되도록 할 것
㉥ 비상공급시설의 원동기에는 불씨가 방출되지 않도록 하는 조치를 할 것
㉦ 비상공급시설에는 그 설비에서 발생하는 정전기를 제거하는 조치를 할 것
㉧ 비상공급시설에는 소화설비 및 재해발생방지를 위한 응급조치에 필요한 자재 및 용구 등을 비치할 것
㉨ 이동식 비상공급시설은 엔진을 정지시킨 후 주차제동장치를 걸어 놓고, 차바퀴를 고정목 등으로 고정시킬 것

26 일반 도시가스 공급가스기준 중 적합하지 않은 것은?

① 가스공급시설의 내압부분 및 액화가스가 통하는 부분은 최고사용압력의 1.1배 이상의 압력으로 실시하는 내압시험에 합격해야 한다.
② 액화가스가 통하는 가스공급시설에는 당해 가스공급시설에서 발생하는 정전기를 제거하는 조치를 한다.
③ 제조소 또는 공급소에 설치한 가스가 통하는 가스공급시설의 부근에 설치하는 전기설비는 방폭성능을 가져야 한다.
④ 가스공급시설을 설치하는 실(제조소 및 공급소 내에 설치된 것에 한한다)은 양호한 통풍구조로 한다.

해설

내압시험압력=최고사용압력×1.5배 이상

27 일반 도시가스 공급시설의 안전조작에 필요한 장소의 조도는 몇 lux 이상 확보해야 하는가?

① 750lux ② 300lux
③ 150lux ④ 75lux

가스공급시설의 안전조작에 필요한 장소의 조도는 150lux 이상 확보할 것

28 도시가스사업소에서 액화가스용 가스발생설비를 측정하는 사항이 아닌 것은?

① 노 내의 압력
② 기화장치의 기체부분 압력
③ 가열하기 위해 온수탱크를 사용할 때 그의 액면
④ 기화장치의 가열매체 온도

29 일반 도시가스사업의 가스공급시설 중에는 수봉기를 설치하여야 한다. 수봉기를 설치하여야 할 설비는 어느 것인가?

① 부대설비
② 저압가스 정제설비
③ 가스발생설비
④ 일반 안전설비

해설

일반 도시가스사업의 가스공급시설 중 가스정제설비
㉠ 재료 및 구조 : 가스정제설비의 재료 및 구조는 가스정제설비의 안전성을 확보할 수 있는 것일 것
㉡ 수봉기 : 최고사용압력이 저압인 가스정제설비에는 압력의 이상 상승을 방지하기 위한 수봉기를 설치할 것
㉢ 역류방지장치 : 가스가 통하는 부분에 직접 액체를 이입하는 장치가 있는 가스정제설비에는 액체의 역류방지장치를 설치할 것

30 일반 도시가스사업의 가스공급시설 중 역류방지밸브를 설치하지 않아도 되는 설비는?

① 플레어스택 ② 가스정제설비
③ 기화설비 ④ 가스발생설비

정답 26.① 27.③ 28.③ 29.② 30.①

31 일반 도시가스사업의 가스공급시설은 기화장치에서 액화가스가 넘쳐흐름을 방지하는 장치는?

① 수봉기
② 액유출방지장치
③ 역류방지밸브
④ 역화방지장치

해설

일반 도시가스사업의 가스공급시설 중 기화장치
㉠ 구조
- 기화장치는 직화식 가열구조의 것이 아닐 것
- 기화장치로서 온수로 가열하는 구조의 것은 온수부에 동결방지를 위하여 부동액을 첨가하거나 불연성 단열재로 피복할 것

㉡ 액유출방지장치 : 기화장치에는 액화가스의 넘쳐흐름을 방지하는 액유출방지장치를 설치할 것. 다만, 기화장치 외의 가스발생설비와 병용되는 것은 그렇지 않다.
㉢ 역류방지장치 : 공기를 흡입하는 구조의 기화장치는 가스의 역류에 의하여 공기흡입공으로부터 가스가 누출되지 아니하는 구조의 것일 것
㉣ 조작용 전원정지 시의 조치 : 기화장치를 전원에 의하여 조작하는 것은 자가발전기 그 밖에 조작용 전원이 정지한 때에 가스의 공급을 유지하기 위하여 필요한 장치를 설치할 것

32 다음 중 가스제조시설에서 가스홀더의 설명으로 부적당한 것은?

① 가스홀더에는 기화식과 유수식이 보편적으로 쓰인다.
② 가스홀더는 원통형과 구형이 널리 사용된다.
③ 제조량과 수요량을 조절한다.
④ 가스의 질(조성)을 균일하게 유지한다.

해설

가스홀더
- 중 · 고압식
  - 원통형
  - 구형
- 저압식
  - 유수식
  - 무수식

33 일반 도시가스사업에서 최고사용압력이 고압 또는 중압인 가스홀더의 기준에 적합하지 않은 것은?

① 가스발생장치를 설치한 것일 것
② 응축액의 동결을 방지하는 조치를 할 것
③ 응축액을 외부로 뽑을 수 있는 장치를 설치할 것
④ 관의 입구 및 출구에는 온도 또는 압력의 변화에 의한 신축을 흡수하는 조치를 할 것

해설

일반 도시가스사업의 가스공급시설 중 가스홀더
고압 또는 중압의 가스홀더 : 최고사용압력이 고압 또는 중압 가스홀더는 다음에 적합한 것일 것
㉠ 관의 입구 및 출구에는 온도 또는 압력의 변화에 의한 신축을 흡수하는 조치를 할 것
㉡ 응축액을 외부로 뽑을 수 있는 장치를 설치할 것
㉢ 응축액의 동결을 방지하는 조치를 할 것
㉣ 맨홀 또는 검사구를 설치할 것
㉤ 고압가스 안전관리법의 규정에 의한 검사를 받은 것일 것
㉥ 저장능력이 $300m^3$ 이상의 가스홀더와 다른 가스홀더와의 사이에는 두 가스홀더의 최대지름을 합산한 길이의 1/4 이상에 해당하는 거리(두 가스홀더의 최대지름을 합산한 길이의 1/4이 1m 미만인 경우에는 1m 미만인 경우 1m 이상의 거리)를 유지할 것

34 최고사용압력이 저압인 유수식 가스홀더는 다음 기준에 적합해야 한다. 잘못된 것은?

① 피스톤이 원활히 작동하도록 설치한 것일 것
② 수조에 물공급관과 물이 넘쳐 빠지는 구멍을 설치한 것일 것
③ 가스방출장치를 설치한 것일 것
④ 원활히 작동하는 것일 것

해설

일반 도시가스사업의 가스공급시설 중 저압의 가스홀더
㉠ 최고사용압력이 저압인 유수식 가스홀더는 다음에 적합한 것일 것
- 원활히 작동하는 것일 것
- 가스방출장치를 설치한 것일 것
- 수조에 물공급관과 물넘쳐 빠지는 구멍을 설치한 것일 것
- 봉수의 동결방지조치를 한 것일 것

㉡ 최고사용압력이 저압인 무수식 가스홀더는 다음에 적합한 것일 것
- 피스톤이 원활히 작동되도록 설치한 것일 것
- 봉액을 사용하는 것은 봉액공급용 예비펌프를 설치한 것일 것

정답 31.② 32.① 33.① 34.①

35 일반 도시가스사업에서 가스공급시설을 가스홀더에 설치한 배관에는 가스홀더와 배관과의 접속부 부근에 어느 것을 설치하는가?

① 역류방지장치 ② 액화방지장치
③ 가스차단장치 ④ 일류방지장치

해설

일반 도시가스사업의 시설기준 중 가스홀더 외 가스차단장치 등

㉠ 가스홀더에 설치한 배관(가스를 송출 또는 이입하기 위한 것에 한한다)에는 가스홀더와 배관과의 접속부 부근에 가스차단장치를 설치한 것일 것. 다만, ㉡에 의한 긴급차단장치를 그 가스홀더와 ㉠에 의한 신축흡수조치를 한 부분과의 사이에 설치하는 경우에는 그렇지 않다.

㉡ 최고사용압력이 고압 또는 중압인 가스홀더에 설치된 배관에는 가스홀더의 외면으로부터 5m 이상 떨어진 위치에서 조작할 수 있는 긴급차단장치를 설치할 것

36 일반 도시가스사업에서 최고사용압력이 고압 또는 중압인 가스홀더에 설치된 배관에는 가스홀더의 외면으로부터 몇 m 이상 떨어진 위치에서 조작할 수 있는 긴급차단장치를 설치하는가?

① 20m ② 15m
③ 10m ④ 5m

37 일반 도시가스사업의 액화석유가스 저장탱크는 그 외면으로부터 가스홀더와 상호 간의 거리는?

① 가스홀더 최대직경의 1/2 이상의 거리
② 저장탱크 최대직경 1/2 이상의 거리
③ 가스홀더 최대직경의 1/4 이상의 거리
④ 저장탱크 1/4 이상의 거리

해설

저장탱크와 가스홀더의 이격거리 : 저장탱크 최대직경의 1/2(지하에 설치 시는 저장탱크 및 가스홀더 최대직경의 1/4)의 길이 중 큰 것과 동등 길이를 유지

38 공급자시설의 정압기는 설치 후 얼마에서 분해점검을 실시하는가?

① 3년에 1회 이상 ② 2년에 1회 이상
③ 1년에 2회 이상 ④ 1년에 1회 이상

39 일반 도시가스 공급시설의 매설용 배관으로서 차량이 통행하는 폭 8m 이상의 도로에 매설할 배관의 깊이는 몇 m 이상으로 하여야 하는가?

① 2 ② 1.2
③ 1 ④ 0.4

해설

배관의 매설깊이
㉠ 도로폭 4m 이상 8m 미만 : 1m 이상
㉡ 도로폭 8m 이상 : 1.2m 이상

40 일반 도시가스 공급시설의 매설용 배관으로서 도로폭 8m 미만인 곳의 배관의 매설깊이는?

① 1m ② 1.2m
③ 1.5m ④ 2m

해설

일반 도시가스사업의 시설기준 중 지하 매설배관의 설치배관(사업소 안의 배관을 제외한다. 이하 이 표에서 같다)을 지하에 매설하는 경우 배관의 외면과 지면·노면 또는 측면 사이에는 다음 기준에 의한 거리를 유지하고, 그 배관이 특별 고압지중전선과 접근하거나 교차하는 경우에는 전기사업법에 의한 기준을 충족하도록 할 것

㉠ 공동주택 등의 부지 내에서는 0.6m 이상
㉡ 차량이 통행하는 폭 8m 이상의 도로에서는 1.2m 이상. 다만, 도로에 매설된 최고사용압력이 저압인 배관에서 횡으로 분기하여 수요자에게 직접 연결되는 배관의 경우에는 1m 이상
㉢ ㉠ 및 ㉡에 해당하지 아니하는 곳에서는 1m 이상. 다만, 도로에 매설된 최고사용압력이 저압인 배관에서 횡으로 분기하여 수요자에게 직접 연결되는 배관의 경우에는 0.8m 이상

41 도시가스 공급시설 중 도로와 평행하여 매몰되어 있는 배관으로부터 가스의 사용자가 소유 또는 점유하고 있는 토지에 이르는 배관으로서 내경이 얼마 초과하는 배관에 차단장치를 설치하여야 하는가?

① 300mm
② 150mm
③ 100mm
④ 65mm

정답 35.③ 36.④ 37.② 38.② 39.② 40.① 41.④

해설

일반 도시가스사업 시설기준 및 기술기준의 배관의 설치기준 중 가스차단장치

㉠ 고압 또는 중압 배관에서 분기되는 배관에는 그 분기점 부근, 그 밖에 배관의 유지관리에 필요한 곳에는 위급한 때에 가스를 신속히 차단할 수 있는 장치를 설치할 것

㉡ 도로와 평행하여 매설되어 있는 배관으로부터 가스의 사용자가 소유 또는 점유한 토지에 이르는 배관으로서 관경이 65mm(가스용 폴리에틸렌관은 75mm) 초과하는 것에는 위급한 때에 가스를 신속히 차단시킬 수 있는 장치를 할 것

㉢ 지하실 · 지하도 그 밖의 지하에 가스가 체류될 우려가 있는 장소(이하 '지하실 등'이라 한다)에 가스를 공급하는 배관에는 그 지하실 등의 부근에 위급한 때에 그 지하실 등에의 가스공급을 지상에서 용이하게 차단시킬 수 있는 장치를 설치하고 지하실 등에서 분기되는 배관에는 가스가 누출된 때에 이를 차단할 수 있는 장치를 설치할 것

42 도시가스 배관의 기밀시험 주기가 틀린 것은?

① PE 배관 : 15년이 되는 해(그 이후는 5년마다)

② 폴리에틸렌 피복강관('93년 6.26 이전 설치 : 15년이 되는 해(그 이후는 3년마다))

③ 그 밖의 배관 : 15년이 되는 해(그 이후는 1년마다)

④ 공동 주택의 부지에 설치된 배관 : 2년마다

해설

공동 주택 부지 내 : 3년마다

43 일반 도시가스사업에서 배관을 옥외 공동구 내에 설치하는 경우 기준에 적합하지 않은 것은?

① 배관에 가스유입을 차단하는 장치를 설치하되 그 장치를 옥외 공동구 내에 설치하는 경우에는 격벽으로 하지 말 것

② 배관은 벨로스형, 신축이음매 또는 플렉시블 튜브에 의하여 온도변화에 의한 신축을 흡수하는 조치를 할 것

③ 전기설비가 있는 것은 그 전기설비가 방폭구조의 것일 것

④ 환기장치가 있을 것

해설

일반 도시가스사업의 시설기준, 기술기준의 배관의 설치 등 공동구 내의 시설 : 배관을 옥외의 공동구 내에 설치하는 경우에는 다음에 적합할 것

㉠ 환기장치가 있을 것

㉡ 전기설비가 있는 것은 그 전기설비가 방폭구조의 것일 것

㉢ 배관은 벨로스형, 신축이음매 또는 주름관 등에 의하여 온도변화에 의한 신축을 흡수하는 조치를 할 것

㉣ 옥외 공동구벽을 관통하는 배관의 관통부 및 그 부근에는 배관의 손상방지를 위한 조치를 할 것

㉤ 배관에 가스유입을 차단하는 장치를 설치하되 그 장치를 옥외 공동구 내에 설치하는 경우에는 격벽을 설치할 것

44 도시가스 배관 중 입상관에 설치한 밸브의 높이 중 가장 적당한 것은 어느 것인가?

① 3.0m ② 2.2m

③ 1.8m ④ 1.2m

해설

일반 도시가스사업의 시설 · 기술기준의 배관의 설치 등

• 입상관 : 입상관이 화기가 있을 가능성이 있는 주위를 통과할 경우에는 불연재료로 차단조치를 하고, 입상관의 밸브는 분리 가능한 것으로서 바닥으로부터 1.6m 이상 2m 이내에 설치할 것. 다만, 건축물 구조상 그 위치에 밸브설치가 곤란한 경우에는 그러하지 아니 하다.

45 일반 도시가스사업에서 입상관에 화기가 있을 가능성이 있는 곳을 통과할 경우에는 불연재료로 차단조치를 하고, 입상관의 밸브는 바닥으로부터 얼마 이내에 설치하는가?

① 1m 이내

② 1.6m 이상 3m 이내

③ 1.6m 이상 2m 이내

④ 1.2m 이내

46 도시가스 배관의 접합은 용접시공하는 것을 원칙으로 한다. 이 경우 비파괴시험을 실시하지 않아도 되는 경우는?

① 내경이 80mm 이상인 고압배관 용접부

② 내경이 80mm 이상인 중압배관 용접부

③ 내경이 80mm 이상인 저압배관 용접부

④ 80mm 미만의 저압배관 용접부

정답 42.④ 43.① 44.③ 45.③ 46.④

해설

㉠ 비파괴시험 실시 : 지하매설배관, 최고사용압력 중압인 노출배관, 최고사용압력 저압으로 호칭지름 50A 이상 노출배관
㉡ 비파괴시험 생략 : PE 배관, 저압으로 노출된 사용자 공급관, 호칭지름 80mm 미만 저압배관

47 도시가스 사용시설에서 입상관은 화기와 몇 m 이상의 우회거리를 유지하고, 환기가 양호한 장소에 설치하는가?

① 8m
② 1.5m
③ 2m
④ 1m

해설

일반 도시가스사업의 가스사용 시설기준
입상관의 설치 : 입상관은 화기(그 시설 안에서 사용되는 자체 화기를 제외한다)와 2m 이상의 우회거리를 유지하고 환기가 양호한 장소에 설치하여야 하며, 입상관의 밸브는 분리가 가능한 것으로서 바닥으로부터 1.6m 이상 2m 이내에 설치할 것. 다만, 건축물 구조상 그 위치에 밸브의 설치가 곤란하다고 인정되는 경우에는 그렇지 않다.

48 도시가스 사용시설 중 배관에 있어서 부식방지조치에 의한 지상과 지하매몰배관의 색깔로 맞는 것은?

① 지상 : 황색, 지하 : 흑색 또는 적색
② 지상 : 적색, 지하 : 흑색 또는 황색
③ 지상 : 적색, 지하 : 황색 또는 녹색
④ 지상 : 황색, 지하 : 적색 또는 황색

해설

배관의 표시 및 부식방지조치는 다음 기준에 의할 것
㉠ 배관의 외부에 사용가스명 · 최고사용압력 및 가스의 흐름방향을 표시할 것. 다만, 지하에 매설하는 경우에는 흐름방향을 표시하지 않을 수 있다.
㉡ 가스배관의 표면색상은 지상배관은 황색으로, 매설배관은 최고사용압력이 저압인 배관은 황색, 중압인 배관은 적색으로 할 것. 다만, 지상배관 중 건축물의 내 · 외벽에 노출된 것으로서 바닥(2층 이상 건물의 경우에는 각 층의 바닥을 말한다)으로부터 1m의 높이에 폭 3cm의 황색띠를 이중으로 표시한 경우에는 표면색상을 황색으로 하지 않을 수 있다.

49 도시가스 사용시설에 실시하는 기밀시험은 얼마인가?

① 최고사용압력의 3배 또는 10kPa
② 최고사용압력의 1.8배 또는 8.4kPa
③ 최고사용압력의 1.5배 또는 10kPa
④ 최고사용압력의 1.1배 또는 8.4kPa

해설

일반 도시가스사업의 가스사용 시설기준 중 내압시험 및 기밀시험
㉠ 최고사용압력이 중압 이상인 배관은 최고사용압력의 1.5배 이상의 압력으로 내압시험을 실시하여 이상이 없을 것
㉡ 가스사용시설(연소실 제외한다)은 최고사용압력의 1.1배 또는 8.4kPa 중 높은 압력 이상의 압력으로 기밀시험(완성검사를 받은 후의 자체검사 시에는 사용압력 이상의 압력으로 실시하는 누출검사)을 실시하여 이상이 없을 것

50 산업용 공장에서 사용하는 연소기의 명판에서 표시된 용량이 6000kcal/hr인 경우 월 사용예정량은 몇 m^3인가?

① $50m^3$　② $72.6m^3$
③ $88.9m^3$　④ $130.9m^3$

해설

$$Q=\frac{A\times240+B\times90}{11000}=\frac{6000\times240}{11000}=130.9m^3$$

여기서, Q : 월 사용예정량(m^3)
A : 산업용으로 사용하는 연소기의 명판에 기재된 가스소비량의 합계(kcal/hr)
B : 산업용이 아닌 연소기의 명판에 기재된 가스소비량의 합계(kcal/hr)

51 다음은 특정 가스사용시설 외의 가스사용시설을 할 때 배관의 재료 및 부식방지 조치기준이다. 잘못된 항목은?

① 건축물 내의 매몰배관은 동관, 또는 스테인리스강관 등 내식성 재료를 사용
② 지하매몰배관은 청색으로 표시할 것
③ 지상배관은 황색으로 표시할 것
④ 배관은 그 외부에 사용가스명, 최고사용압력 및 가스흐름 방향을 표시할 것

정답 47.③ 48.④ 49.④ 50.④ 51.②

해설

일반 도시가스사업의 특정 가스사용시설 외의 가스사용시설
㉠ 배관은 외부에 사용가스명, 최고사용압력, 가스흐름 방향을 표시할 것
㉡ 가스배관의 표면색상은 지상배관 황색, 매몰배관은 적색 또는 황색으로 할 것
㉢ 건축물 내의 배관은 동관 스테인리스강관 등 내식성 재료를 사용할 것

52 다음의 도시가스 품질검사기준에서 웨버지수의 허용수치($kcal/m^3$)의 범위에 알맞은 것은?

① 12500 ② 14000
③ 14500 ④ 15000

해설

도시가스 품질검사기준

검사항목	단 위	허용기준
열량	MJ/m^3 (0℃, 101.3kPa)	시·도지사 승인을 받은 공급 규정에서 정하는 열량
웨버지수	MJ/m^3 (0℃, 101.3kPa)	51.50~56.52MJ/m^3 (12300~13500)$kcal/m^3$
전유황	mg/m^3 (0℃, 101.3kPa)	30 이하
부취농도	mg/m^3 (0℃, 101.3kPa)	4~30(TBM+THT) 3~13 (MES+DMS+TBM+THT)
이산화탄소	mol−%	2.5 이하
산소	mol−%	0.03 이하 (LPG+Air 10 이하)
암모니아	mg/m^3 (0℃, 101.3kPa)	검출되지 않음

검사항목	검사방법
열량	자동열량 측정기에 의해 측정 기록한 열량 및 GC로 성분분석 후 열량계산
전유황	GC 또는 전황량 분석기로 분석
웨버지수, 수소, 황화수소, 아르곤 부취농도, CO, CO_2, O_2, N_2	GC로 성분 분석
암모니아	1R 또는 GC, 화학발광법을 통한 분석

53 도시가스 품질기준에서 암모니아의 허용기준은?

① 10 이하
② 20 이하
③ 1.0 이하
④ 검출되지 않음

54 도시가스 품질검사 시 열량, 웨버지수 전유황 부취농도의 온도압력의 조건은?

① 0℃, 10kPa
② 0℃, 50kPa
③ 0℃, 101.3kPa
④ 0℃, 105kPa

55 일반 도시가스 사용시설 중 가스누출 자동차단장치를 설치하지 않아도 되는 가스사용량의 한계는 월 몇 m^3 미만인가?

① $1000m^3$
② $2000m^3$
③ $3000m^3$
④ $4000m^3$

해설

일반 도시가스사업의 특정 가스사용시설 중 가스누출 자동차단장치
특정 가스사용시설·식품위생법에 의한 식품접객업소로서 영업상의 면적이 $100m^2$ 이상인 가스사용시설 또는 지하에 있는 가스사용시설(가정용 가스사용시설을 제외한다)의 경우에는 가스누출 경보차단장치 또는 가스누출 자동차단기를 설치하여야 하며, 차단부는 건축물의 외부 또는 건축물 벽에서 가장 가까운 내부의 배관부분에 설치할 것. 다만, 다음의 ㉠에 해당하는 경우에는 가스누출 경보차단장치 또는 가스누출 자동차단기를 설치하지 않을 수 있다.
㉠ 월 사용예정량 $2000m^3$ 미만으로서 연소기가 연결된 각 배관에 퓨즈콕·상자콕 또는 이와 동등 이상의 성능을 가지는 안전장치(이하 '퓨즈콕 등'이라 한다)가 설치되어 있고, 각 연소기에 소화안전장치가 부착되어 있는 경우
㉡ 가스의 공급이 불시에 차단될 경우 재해 및 손실이 막대하게 발생될 우려가 있는 가스사용시설로서 산업통상자원부장관이 정하여 고시하는 경우

정답 52.① 53.④ 54.③ 55.②

56 정압기실 밸브기지의 밸브실에 대한 내용 중 틀린 항목은?

① 밸브실은 천장, 벽, 바닥의 두께가 30cm 이상 방수조치를 한 철근콘크리트로 한다.
② 지상에 설치하는 정압기실 출입문은 두께 5mm 강판 또는 30mm×30mm 앵글강을 400mm(가로)×400mm(세로) 용접보강한 두께 3.2mm 강판으로 설치한다.
③ 정압기실 출구에는 가스의 압력을 측정기록할 수 있는 장치를 설치한다.
④ 정압기의 분해 점검에 대비 예비정압기를 설치하고 이상압력 발생의 자동으로 기능이 전환되는 구조로 한다.

해설

강판두께 6mm 이상

57 다음 중 정압기실에 대한 내용이 아닌 것은?

① 정압기지 밸브기지에는 가스공급시설의 관리 및 제어를 위하여 설치한 건축물은 철근콘크리트 또는 그 이상의 강도를 갖는 구조로 한다.
② 정압기지 밸브기지의 밸브를 설치하는 장소는 계기실 및 전기실과 구분하고 누출가스가 계기실 등으로 유입하지 아니하도록 한다.
③ 정압기지 밸브기지의 밸브를 지하에 설치한 경우 동결방지조치를 하여야 한다.
④ 정압기지 밸브기지에는 가스공급시설 외의 시설물을 설치하지 아니 한다.

해설

지하에는 침수방지조치를 한다.

58 도시가스 제조공정 중 프로판을 공기로 희석시켜 공급하는 방법이 있다. 이때 공기로 희석시키는 가장 큰 이유는 무엇인가?

① 원가 절감 ② 안전성 증가
③ 재액화방지 ④ 가스조성 일정

해설

공기희석의 목적
㉠ 재액화방지
㉡ 발열량 조절
㉢ 누설 시 손실 감소
㉣ 연소효율 증대

59 도시가스 배관을 지하에 설치 시 되메움 재료는 3단계로 구분하여 포설한다. 이 때 "침상재료"라 함은?

① 배관침하를 방지하기 위해 배관하부에 포설하는 재료
② 배관에 작용하는 하중을 분산시켜 주고 도로의 침하를 방지하기 위해 포설하는 재료
③ 배관기초에서부터 노면까지 포설하는 배관주의 모든 재료
④ 배관에 작용하는 하중을 수직방향 및 횡방향에서 지지하고 하중을 기초 아래로 분산하기 위한 재료

60 도시가스사업법상 배관 구분 시 사용되지 않는 용어는?

① 본관
② 사용자 공급관
③ 가정관
④ 공급관

61 내진 설계 시 지반종류와 호칭이 옳은 것은?

① S_A : 경암지반
② S_A : 보통 암지반
③ S_B : 단단한 토사지반
④ S_B : 연약한 토사지반

해설

㉠ S_A : 경암지반
㉡ S_B : 보통 암지반
㉢ S_C : 매우 조밀한 토사지반(연암지반)
㉣ S_D : 단단한 토사지반
㉤ S_E : 연약한 토사지반

정답 56.② 57.③ 58.③ 59.④ 60.③ 61.①

62 가스용 폴리에틸렌관의 설치에 따른 안전관리방법이 잘못 설명된 것은?

① 관은 매몰하여 시공하여야 한다.
② 관의 굴곡 허용반경은 외경의 30배 이상으로 한다.
③ 관의 매설위치를 지상에서 탐지할 수 있는 로케팅와이어 등을 설치한다.
④ 관은 40℃ 이상이 되는 장소에 설치하지 않아야 한다.

관의 굴곡 허용반경은 외경의 20배 이상

63 정압기를 선정할 때 고려해야 할 특성이 아닌 것은?

① 정특성
② 동특성
③ 유량특성
④ 공급압력 자동승압특성

정압기의 특성 : 정특성, 동특성, 유량특성 사용 최대차압 및 작동 최소차압

64 도시가스 배관의 굴착으로 20m 이상 노출된 배관에 대하여는 누출된 가스가 체류하기 쉬운 장소에 가스누출경보기를 설치하는데, 설치간격은?

① 5m　② 10m
③ 15m　④ 20m

해설

노출된 가스배관의 안전조치
㉠ 노출된 가스배관 길이 15m 이상인 경우
- 점검통로-폭 : 80cm 이상, 가스배관과 수평거리 1m 이상 유지
- 가드레일 0.9m 이상 높이로 설치
- 조명 70Lux 이상 유지

㉡ 노출된 가스배관 길이 20m 이상인 경우 : 20m마다 가스누출경보기 설치

65 도시가스 배관을 도로매설 시 배관의 외면으로부터 도로 경계까지 얼마 이상의 수평거리를 유지하여야 하는가?

① 1.5m　② 0.8m
③ 1.0m　④ 1.2m

66 도시가스 사용시설 중 가스누출 경보차단장치 또는 가스누출 자동차단기의 설치대상이 아닌 것은?

① 특정 가스사용시설
② 지하에 있는 음식점의 가스사용시설
③ 식품접객업소로서 영업장 면적이 $100m^2$ 이상인 가스사용시설
④ 가스보일러가 설치된 가정용 가스사용시설

67 도시가스 배관의 접합부분에 대한 원칙적인 연결방법은?

① 용접접합
② 플랜지접합
③ 기계적 접합
④ 나사접합

배관의 접합은 용접으로 하되 용접이음이 부적당할 때 플랜지이음으로 할 수 있다.

68 총 발열량이 $10000kcal/Nm^3$, 비중이 1.2인 도시가스의 웨버지수는?

① 12000　② 8333
③ 10954　④ 9129

해설

$$WI = \frac{H}{\sqrt{d}} = \frac{10000}{\sqrt{1.2}} = 9128.70$$

69 도시가스 배관의 내진설계기준에서 일반 도시가스사업자가 소유하는 배관의 경우 내진 1등급에 해당되는 가스 최고사용압력은?

① 1.5MPa　② 5MPa
③ 0.5MPa　④ 6.9MPa

해설

㉠ 내진 특등급 : 6.9MPa
㉡ 내진 1등급 : 0.5MPa
㉢ 내진 2등급 : 특등급, 1등급 외의 배관

정답 62.② 63.④ 64.④ 65.③ 66.④ 67.① 68.④ 69.③

70 도시가스 품질검사 시기가 맞지 않는 항목은?

① 가스도매사업 : 도시가스 제조사업소 이후 최초 정압기지 : 월 1회
② 일반 도시가스사업자 : 제조도시가스에 대하여 월 2회
③ 도시가스 충전사업자 : 제조도시가스 월 1회
④ 자가 소비용 직수입자 : 사용시설 도시가스에 대하여 분기별 1회

해설

도시가스 품질검사의 방법 절차(시행규칙 [별표 10])

사업자	검사장소	주 기
가스도매 사업자	도시가스 제조사업소 이후 최초 정압기지의 도시가스	월 1회
	공급하는 도시가스 충전사업소 액화도시가스 공급소 및 대량수요자 공급시설	분기별 1회
일반 도시가스 사업자	사업소에서 제조한 도시가스	월 1회
도시가스 충전사업자	사업소에서 제조한 도시가스	월 1회
	충전사업소의 도시가스	분기별 1회
자가 소비용 직수입자	제조도시가스	월 1회
	도시가스를 소비하는 사용시설의 도시가스	분기별 1회

71 도시가스관 이음 시 호칭경 몇 mm 이상 시 폴리에틸렌관 이음매로 하여야 하는가?

① 100　② 150
③ 200　④ 250

이 경우 분기 시 사용되는 서비스티는 제외된다.

72 도시가스 중압 이하 배관과 고압배관 매설 시 이격거리(m)는?

① 1　② 1.5
③ 2　④ 2.5

해설

㉠ 중압 이하 배관 고압배관 2m 이상 유지
㉡ 기존 설치 배관의 침하방지를 위해 방호구조물 안에 설치 시 1m 이상 유지
㉢ 중압 이하 배관과 고압배관의 관리 주체가 같은 경우 0.3m 이상 유지

73 다음 (　)에 알맞은 단어는?

> (㉠)과 (㉡)은 기초 밑에 설치하지 아니 한다.

① ㉠ 본관, ㉡ 내관
② ㉠ 내관, ㉡ 고압배관
③ ㉠ 공급관, ㉡ 내관
④ ㉠ 본관, ㉡ 공급관

정답 70.② 71.② 72.③ 73.④

chapter 4 고법 · 액법 · 도법(공통분야)

이번 과목의 핵심포인트를 알려주세요.

제4장은 고법 · 액법 · 도법의 공통 부분으로서 전반적인 가스의 사용 · 운반 취급 등에 관한 안전 내용입니다.

1 위험장소와 방폭구조

(1) 위험장소

종 류	정 의
0종 장소	상용의 상태에서 가연성 가스의 농도가 연속해서 폭발하한계 이상으로 되는 장소(폭발상한계를 넘는 경우에는 폭발한계 이내로 들어갈 우려가 있는 경우를 포함한다.)
1종 장소	상용상태에서 가연성 가스가 체류해 위험하게 될 우려가 있는 장소, 정비보수 또는 누출 등으로 인하여 종종 가연성 가스가 체류하여 위험하게 될 우려가 있는 장소
2종 장소	① 밀폐된 용기 또는 설비 안에 밀봉된 가연성 가스가 그 용기 또는 설비의 사고로 인하여 파손되거나 오조작의 경우에만 누출할 위험이 있는 장소 ② 확실한 기계적 환기조치에 따라 가연성 가스가 체류하지 아니하도록 되어 있으나 환기장치에 이상이나 사고가 발생한 경우에는 가연성 가스가 체류해 위험하게 될 우려가 있는 장소 ③ 1종 장소의 주변 또는 인접한 실내에서 위험한 농도의 가연성 가스가 종종 침입할 우려가 있는 장소

※ 0종 장소에는 원칙적으로 본질안전방폭구조만을 사용한다.

(2) 방폭구조

종 류	내 용
내압(d)방폭구조	용기의 내부에 폭발성 가스의 폭발이 일어날 경우, 용기가 폭발압력에 견디고 외부의 폭발성 가스에 인화될 위험이 없도록 한 방폭구조
압력(p)방폭구조	점화원이 될 우려가 있는 부분을 용기 안에 넣고 보호 기체(신선한 공기 또는 불활성 기체)를 용기 안에 압입함으로써 폭발성 가스가 침입하는 것을 방지하도록 되어 있는 방폭구조

종 류	내 용
유입(o)방폭구조	전기불꽃을 발생하는 부분을 용기 내부의 기름에 내장하여 외부의 폭발성 가스 또는 점화원 등에 접촉 시 점화의 우려가 없도록 한 방폭구조
안전증(e)방폭구조	정상운전 중의 내부에서 불꽃이 발생하지 않도록 전기적, 기계적, 구조적으로 온도상승에 대해 안전도를 증가시킨 구조로 내압방폭구조보다 용량이 적음
본질안전(ia, ib)방폭구조	정상 시 또는 단락, 단선, 지락 등의 사고 시에 발생하는 아크, 불꽃, 고열에 의하여 폭발성 가스나 증기에 점화되지 않는 것이 확인된 구조
특수(s)방폭구조	폭발성 가스, 증기 등에 의하여 점화하지 않는 구조로서 모래 등을 채워 넣은 사입방폭구조 등

(3) 안전간격에 따른 폭발 등급

폭발 등급	안전간격	해당 가스
1등급	0.6mm 이상	메탄, 에탄, 프로판, 부탄, 암모니아, 일산화탄소, 아세톤, 벤젠
2등급	0.4mm 이상 0.6mm 이하	에틸렌, 석탄가스
3등급	0.4mm 이하	이황화탄소, 수소, 아세틸렌, 수성 가스

2 내진설계

(1) 내진설계기준(KGS GC203, GC204)

구 분		내 용
배관	내진 특등급	막대한 피해를 초래하는 경우로서 최고사용압력 6.9MPa 이상 배관 (독성 가스를 수송하는 고압가스 배관의 중요도)
	내진 1등급	상당한 피해를 초래하는 경우로서 최고사용압력 0.5MPa 이상 배관 (가연성 가스를 수송하는 배관의 중요도)
	내진 2등급	경미한 피해를 초래하는 경우로서 특등급, 1등급 이외의 배관 (독성, 가연성 이외의 가스를 수송하는 고압가스 배관의 중요도)
시설	내진 특등급	설비의 손상이나 기능상실이 공공의 생명, 재산에 막대한 피해 초래 및 사회정상기능 유지에 심각한 지장을 가져올 수 있는 것
	내진 1등급	설비의 손상이나 기능상실이 공공의 생명, 재산에 상당한 피해를 초래할 수 있는 것
	내진 2등급	설비의 손상이나 기능상실이 공공의 생명, 재산에 경미한 피해를 초래할 수 있는 것

(2) 내진설계 적용시설(KGS GC203 2.1) (지하설치 시는 제외)

고압가스 적용 대상시설		
대상시설물 (지지구조물 및 기초와 연결부 포함)	용 량	
	독성, 가연성	비독성, 비가연성
저장탱크 및 압력용기(반응, 분리, 정제, 증류 등을 행하는 탑류로서 동체부 높이 5m 이상)	5톤, 500m^3 이상	10톤, 1000m^3 이상
세로방향으로 설치한 원통형 응축기	동체길이 5m 이상	
수액기	내용적 5000L 이상	

액화석유가스 적용 대상시설	
대상시설물(지지구조물 및 기초와 연결부 포함)	용 량
저장탱크	3톤 이상

도법 적용 대상시설	
대상시설물(지지구조물 및 기초와 연결부 포함)	용 량
저장탱크	3톤 이상

기타 대상시설	
① 액화도시가스 자동차 충전시설 ② 고정식 압축도시가스 충전시설 ③ 고정식 압축도시가스 이동식 충전차량의 충전시설 ④ 이동식 압축도시가스 자동차 충전시설	
대상시설물(지지구조물 및 기초와 연결부 포함)	용 량
가스홀더 및 저장탱크	5톤 이상, 500m^3 이상

3 고압가스 운반 등의 기준(KGS GC206)

(1) 운반 등의 기준 적용 제외

① 운반하는 고압가스 양이 13kg(압축의 경우 1.3m^3) 이하인 경우

② 소방자동차, 구급자동차, 구조차량 등이 긴급 시에 사용하기 위한 경우

③ 스킨스쿠버 등 여가목적으로 공기 충전용기를 2개 이하로 운반하는 경우

④ 산업통상자원부장관이 필요하다고 인정하는 경우

(2) 고압가스 충전용기 운반기준

① 충전용기 적재 시 적재함에 세워서 적재한다.

② 차량의 최대 적재량 및 적재함을 초과하여 적재하지 아니 한다.

③ 납붙임 및 접합 용기를 차량에 적재 시 용기 이탈을 막을 수 있도록 보호망을 적재함에 씌운다.

④ 충전용기를 차량에 적재 시 고무링을 씌우거나 적재함에 세워서 적재한다. 단, 압축가스의 경우 세우기 곤란 시 적재함 높이 이내로 눕혀서 적재가능하다.

⑤ 독성 가스 중 가연성, 조연성 가스는 동일차량 적재함에 운반하지 아니 한다.

⑥ 밸브돌출 충전용기는 고정식 프로텍터, 캡을 부착하여 밸브 손상방지조치를 한 후 운반한다.
⑦ 충전용기를 차에 실을 때 충격방지를 위해 완충판을 차량에 갖추고 사용한다.
⑧ 충전용기는 이륜차(자전거 포함)에 적재하여 운반하지 아니 한다.
⑨ 염소와 아세틸렌, 암모니아, 수소는 동일차량에 적재하여 운반하지 아니 한다.
⑩ 가연성과 산소를 동일차량에 적재운반 시 충전용기 밸브를 마주보지 않도록 한다.
⑪ 충전용기와 위험물안전관리법에 따른 위험물과 동일차량에 적재하여 운반하지 아니 한다.

(3) 경계표시

구 분		내 용
설치위치		차량 앞뒤 명확하게 볼 수 있도록(RTC 차량은 좌우에서 볼 수 있도록)
표시사항		위험 고압가스, 독성 가스 등 삼각기를 외부운전석 등에 게시
규격	직사각형	가로치수 : 차폭의 30% 이상, 세로치수 : 가로의 20% 이상
	정사각형	면적 : 600cm^2 이상
	삼각기	① 가로 : 40cm, 세로 : 30cm ② 바탕색 : 적색, 글자색 : 황색
그 밖의 사항		① 상호, 전화번호 ② 운반기준 위반행위를 신고할 수 있는 허가관청, 등록관청의 전화번호 등이 표시된 안내문을 부착
경계 표시 도형		위 고압가스 / 험 독성가스 ; 30cm, 40cm

(4) 운반책임자 동승기준

용기에 의한 운반				
가스 종류			허용농도(ppm)	적재용량(m^3, kg)
독성 가스	압축가스(m^3)		200 초과	100m^3 이상
			200 이하	10m^3 이상
	액화가스(kg)		200 초과	1000kg 이상
			200 이하	100kg 이상
비독성 가스	압축가스	가연성	300m^3 이상	
		조연성	600m^3 이상	
	액화가스	가연성	3000kg 이상(납붙임 접합용기는 2000kg 이상)	
		조연성	6000kg 이상	

차량에 고정된 탱크에 의한 운반(운행거리 200km 초과 시에만 운반책임자 동승)					
압축가스(m^3)			액화가스(kg)		
독성	가연성	조연성	독성	가연성	조연성
100m^3 이상	300m^3 이상	600m^3 이상	1000kg 이상	3000kg 이상	6000kg 이상

(5) 운반하는 용기 및 차량에 고정된 탱크에 비치하는 소화설비

<table>
<tr><th colspan="4">독성 가스 중 가연성 가스를 운반 시 비치하는 소화설비(5kg 운반 시는 제외)</th></tr>
<tr><th rowspan="2">운반하는 가스량에 따른 구분</th><th colspan="2">소화기 종류</th><th rowspan="2">비치 개수</th></tr>
<tr><th>소화제 종류</th><th>능력단위</th></tr>
<tr><td>압축 100m^3 이상
액화 1000kg 이상의 경우</td><td>분말소화제</td><td>BC용, B-10 이상 또는
ABC용 B-12 이상</td><td>2개 이상</td></tr>
<tr><td>압축 15m^3 초과 100m^3 미만
액화 150kg 초과 1000kg 미만의 경우</td><td>분말소화제</td><td>상동</td><td>1개 이상</td></tr>
<tr><td>압축 15m^3
액화 150kg 이하의 경우</td><td colspan="2">분말소화제 B-3 이상</td><td>1개 이상</td></tr>
</table>

<table>
<tr><th colspan="4">차량에 고정된 탱크 운반 시 소화설비</th></tr>
<tr><th rowspan="2">가스의 구분</th><th colspan="2">소화기 종류</th><th rowspan="2">비치 개수</th></tr>
<tr><th>소화제 종류</th><th>능력단위</th></tr>
<tr><td>가연성 가스</td><td>분말소화제</td><td>BC용 B-10 이상 또는
ABC용 B-12 이상</td><td rowspan="2">차량 좌우 각각 1개 이상</td></tr>
<tr><td>산소</td><td>분말소화제</td><td>BC용 B-8 이상 또는
ABC용 B-10 이상</td></tr>
<tr><th colspan="4">보호장비</th></tr>
<tr><td colspan="4">독성 가스 종류에 따른 방독면, 고무장갑, 고무장화 그 밖의 보호구 재해발생방지를 위한 응급조치에 필요한 제독제, 자재, 공구 등을 비치하고 매월 1회 점검하여 항상 정상적인 상태로 유지</td></tr>
</table>

(6) 운반 독성 가스 양에 따른 소석회 보유량(KGS GC206)

<table>
<tr><th rowspan="2">품 명</th><th colspan="2">운반하는 독성 가스 양, 액화가스 질량 1000kg</th><th rowspan="2">적용 독성 가스</th></tr>
<tr><th>미만의 경우</th><th>이상의 경우</th></tr>
<tr><td>소석회</td><td>20kg 이상</td><td>40kg 이상</td><td>염소, 염화수소, 포스겐, 아황산가스 등
효과가 있는 액화가스에 적용</td></tr>
</table>

(7) 차량 고정탱크에 휴대해야 하는 안전운행 서류

① 고압가스 이동계획서
② 관련자격증
③ 운전면허증
④ 탱크테이블(용량 환산표)
⑤ 차량 운행일지
⑥ 차량등록증

(8) 차량 고정탱크(탱크로리) 운반기준

항 목	내 용
두 개 이상의 탱크를 동일차량에 운반 시	① 탱크마다 주밸브 설치 ② 탱크 상호 탱크와 차량 고정부착 조치 ③ 충전관에 안전밸브, 압력계 긴급탈압밸브 설치

항 목	내 용
LPG를 제외한 가연성 산소	18000L 이상 운반금지
NH_3를 제외한 독성	12000L 이상 운반금지
액면요동방지를 위해 하는 조치	방파판 설치
차량의 뒷범퍼와 이격거리	① 후부취출식 탱크(주밸브가 탱크 뒤쪽에 있는 것) : 40cm 이상 이격 ② 후부취출식 이외의 탱크 : 30cm 이상 이격 ③ 조작상자(공구 등 기타 필요한 것을 넣는 상자) : 20cm 이상 이격
기타	돌출 부속품에 대한 보호장치를 하고, 밸브콕 등에 개폐표시방향을 할 것
참고사항	LPG 차량 고정탱크(탱크로리)에 가스를 이입할 수 있도록 설치되는 로딩암을 건축물 내부에 설치 시 통풍을 양호하게 하기 위하여 환기구를 설치, 이때 환기구 면적의 합계는 바닥면적의 6% 이상

(9) 차량 고정탱크 및 용기에 의한 운반 시 주차 시의 기준(KGS GC206)

구 분	내 용
주차장소	① 1종 보호시설에서 15m 이상 떨어진 곳 ② 2종 보호시설이 밀집되어 있는 지역으로 육교 및 고가차도 아래는 피할 것 ③ 교통량이 적고 부근에 화기가 없는 안전하고 지반이 좋은 장소
비탈길 주차 시	주차 Break를 확실하게 걸고 차바퀴에 차바퀴 고정목으로 고정
차량운전자, 운반책임자가 차량에서 이탈한 경우	항상 눈에 띄는 장소에 있도록 한다.
기타 사항	① 장시간 운행으로 가스온도가 상승되지 않도록 한다. ② 40℃ 초과 우려 시 급유소를 이용, 탱크에 물을 뿌려 냉각한다. ③ 노상주차 시 직사광선을 피하고 그늘에 주차하거나 탱크에 덮개를 씌운다(단, 초저온, 저온탱크는 그러하지 아니 하다.). ④ 고속도로 운행 시 규정속도를 준수, 커브길에서는 신중하게 운전한다. ⑤ 200km 이상 운행 시 중간에 충분한 휴식을 한다. ⑥ 운반책임자의 자격을 가진 운전자는 운반도중 응급조치에 대한 긴급지원 요청을 위하여 주변의 제조·저장 판매 수입업자, 경찰서, 소방서의 위치를 파악한다. ⑦ 차량 고정탱크로 고압가스 운반 시 고압가스에 대한 주의사항을 기재한 서면을 운반책임자 운전자에게 교부하고 운반 중 휴대시킨다.

4 가스시설 전기방식기준(KGS GC202)

(1) 전기방식 조치대상시설 및 제외대상시설

조치대상시설	제외대상시설
고압가스의 특정·일반 제조사업자, 충전사업자, 저장소 설치자 및 특정고압가스사용자의 시설 중 지중, 수중에서 설치하는 강제 배관 및 저장탱크(액화석유가스 도시가스시설 동일)	① 가정용 시설 ② 기간을 임시 정하여 임시로 사용하기 위한 가스시설 ③ PE(폴리에틸렌관)

(2) 전기방식

측정 및 점검주기			
관대지 전위	외부전원법에 따른 외부전원점, 관대지전위, 정류기 출력전압, 전류, 배선 접속, 계기류 확인	배류법에 따른 배류점, 관대지 전위, 배류기 출력전압, 전류, 배선 접속, 계기류 확인	절연부속품, 역전류 방지 장치, 결선 보호 절연체 효과
1년 1회 이상	3개월 1회 이상	3개월 1회 이상	6개월 1회 이상
전기방식조치를 한 전체배관망에 대하여 2년 1회 이상 관대지 등의 전위를 측정			

전위 측정용(터미널(T/B)) 시공방법	
외부전원법	희생양극법, 배류법
500m 간격	300m 간격

전기방식기준		
고압가스	액화석유가스	도시가스
포화황산동기준 전극		
−5V 이상 −0.85V 이하	−0.85V 이하	−0.85V 이하
황산염 환원박테리아가 번식하는 토양		
−0.95V 이하	−0.95V 이하	−0.95V 이하

5 고압가스(KGS GC211), 액화석유가스(GC231), 도시가스(GC251) 안전성 평가기준

(1) 안전성 평가 관련 전문가의 구성팀

① 안전성 평가전문가

② 설계전문가

③ 공정전문가 1인 이상 참여

(2) 위험성 평가방법의 분류

구 분	해당 기법	정 의
정량적	FTA(결함수분석기법)	사고를 일으키는 장치의 이상이나 운전자의 실수의 조합을 연역적으로 분석하는 기법
	ETA(사건수분석기법)	초기사건으로 알려진 특정한 장치의 이상이나 운전자의 실수로부터 발생되는 잠재적 사고결과를 평가하는 기법
	CCA(원인결과분석기법)	잠재된 사고의 결과와 사고의 근본원인을 찾아내고 결과와 원인의 상호관계를 예측 평가하는 기법
	HEA(작업자분석기법)	설비 운전원 정비보수와 기술자 등의 작업에 영향을 미칠 요소를 평가, 그 실무의 원인을 파악 추적하여 실수의 상대적 순위를 결정하는 평가기법
정성적	체크리스트	공정 및 설비의 오류, 결함, 위험상황 등을 목록화한 형태로 작성, 경험을 비교함으로써 위험성을 평가하는 기법
	위험과 운전분석(HAZOP)	공정에 존재하는 위험요소들과 공정의 효율을 떨어뜨릴 수 있는 운전상의 문제점을 찾아내 원인을 제거하는 평가기법
	상대위험순위 결정	설비에 존재하는 위험순위에 대하여 수치적으로 상대위험순위를 지표화하여 그 피해 정도를 나타내는 평가기법
그 이외에 사고예방질문분석(What-if), FMECA(이상위험도분석) 등이 있음.		

6 액화석유가스 안전관리법과 도시가스 안전관리법의 배관이음매, 호스이음매(용접 제외), 가스계량기와 전기계량기, 개폐기, 전기점멸기, 전기접속기, 절연조치를 한 전선, 절연조치를 하지 않은 전선, 단열조치를 하지 않은 굴뚝 등과 이격거리

<table>
<tr><th colspan="2">항 목</th><th>간추린 세부 핵심내용</th></tr>
<tr><td colspan="2">전기계량기
전기개폐기</td><td>법규 구분, 배관이음매, 가스계량기
구분 없이 모두 60cm 이상</td></tr>
<tr><td rowspan="2">전기점멸기
전기접속기</td><td>LPG, 도시가스 사용시설의 배관이음매,
호스이음매(용접이음매 제외)</td><td>15cm 이상</td></tr>
<tr><td>그 이외의 시설
① LPG, 도시가스 공급시설
② LPG 사용시설의 가스계량기, 배관이음매
③ 도시가스 사용시설의 가스계량기</td><td>30cm 이상</td></tr>
<tr><td colspan="2">절연조치 한 전선</td><td>가스계량기와 이격거리는 규정이 없으며,
배관이음매와는 법규 구분 없이 10cm 이상</td></tr>
<tr><td rowspan="2">절연조치 하지
않은 전선</td><td>LPG 공급시설의 배관이음매</td><td>30cm 이상</td></tr>
<tr><td>그 이외의 시설
① 도시가스 공급시설의 배관이음매
② LPG, 도시가스 사용시설의 배관이음매 가스계량기</td><td>15cm 이상</td></tr>
<tr><td rowspan="5">단열조치 하지
않은 굴뚝</td><td>LPG, 도시가스 공급시설</td><td rowspan="3">30cm 이상</td></tr>
<tr><td>LPG 사용시설 가스계량기</td></tr>
<tr><td>도시가스 사용시설 가스계량기</td></tr>
<tr><td>LPG 사용시설 배관이음매,
호스이음매</td><td rowspan="2">15cm 이상</td></tr>
<tr><td>도시가스 사용시설 배관이음매,
호스이음매</td></tr>
</table>

Chapter 4

출/제/예/상/문/제

01 다음 중 가스사고 통계분석의 목적에 가장 거리가 먼 항목은?

① 정확한 사고의 원인 및 경향분석
② 동일사고의 재발방지
③ 가스안전의 정책 · 기술적 문제점 도출로 대응책 강구
④ 통계분석을 통한 자료확보

해설
대응책 강구에 필요한 기초 자료 제공 등

02 다음 가스사고 조사에 대한 정의와 관계가 없는 항목은?

① 사고 관련 물품에 대하여 과학적으로 실점, 증명, 감정 등도 사고조사의 항목이다.
② 사고원인 발생경위 전개과정을 특정인으로부터 사실관계를 확인 판단한다.
③ 관계자 등에 대한 것을 자료수집 등의 조치를 행하는 것이다.
④ 피해조사는 관련기간의 조사자료를 활용한다.

해설
전개과정을 객관적 사실관계를 확인 판단한다.

03 가스의 누출 · 누출로 인한 폭발 화재사고 또는 가스제품의 결함에 의하여 발생한 사고란?

① 폭발사고
② 가스사건으로 분류된 사고
③ 화재사고
④ 가스사고

04 다음 설명하는 사람들은 가스사고 분석 시 어떠한 용어에 해당되는가?

> 공급자, 가스시설 관리자, 사고 유발자, 발견자, 통보자, 최초 응급조치자 및 기타 참고인

① 안전관리 총괄자 ② 시설관리자
③ 가스사고 관계자 ④ 가스사고 관련자

05 가스사고가 발생하여 한국가스안전공사 및 관계자 등에 의하여 응급조치 및 조사 활동이 벌어지고 있는 장소를 가리키는 용어는?

① 사고장소 ② 사고지역
③ 사고현장 ④ 사고구역

06 다음 중 가스사건 중 단순 누출에 의한 내용이 아닌 것은?

① 사업자, 공급자, 사용자들이 자체안전점검으로 인한 경미한 가스누출
② 플랜지, 볼트 이완에 의한 가스누출
③ 밸브 연소기 오조작으로 인한 가스누출
④ 가스시설 용기 가스용품 등의 시설기준 미비 제품불량

해설
가스사건의 종류
㉠ 단순누출 : 인적 · 물적 피해를 수반하지 않는 경미한 누출로서 ①, ②, ③항 이외에 압력조정기, 가스계량기 등의 결합 불량에 의한 경미한 누출 등이 있다.
㉡ 고의사고 : 방화 자해, 가해, 고의, 흡입 등의 원인에 의하여 발생한 것
㉢ 자연재해사고 : 집중호우, 태풍, 산사태, 눈사태, 지진 등에 의하여 발생된 것
㉣ 과열사건 : 가스레인지 연소기 등 가스사용과정에서 취급자 · 부주의 등으로 과열발생 및 과열에 의해 인화되어 화재가 발생한 것
㉤ 교통에 의한 사건 : 가스운반 수송차량의 운행 중 전복, 추돌에 의한 고압가스 안전관리법에서 규정하는 가스관련 설비 · 관련 시설의 손상으로 인하여 누출이 발생한 사건

정답 01.④ 02.② 03.④ 04.③ 05.③ 06.④

07 가스사고의 형태별 분류 시 연소가스 및 독성 가스에 의하여 인적피해가 발생한 사고에 해당하는 것은?

① 질식사고
② 폭발 및 연소사고
③ 산소결핍사고
④ 중독사고

해설

사고의 형태별 분류
㉠ 누출사고 : 가스가 단순 누출만 된 사고
㉡ 폭발사고 : 누출된 가스가 발화하여 폭발 및 화재가 발생한 사고
㉢ 화재사고 : 누출된 사고가 발화하여 화재가 발생 하였으나 폭발, 파열은 일어나지 않는 사고
㉣ 파열사고 : 가스시설 · 용기 · 용품 특정설비 등이 물리 · 화학적 현상에 의하여 파괴되는 사고
㉤ 질식(산소결핍)사고 : 가스시설 등에서 산소부족으로 인적 피해가 발생한 것
그 외에 중독사고가 있음

08 사고의 피해등급별 분류 시 1급 사고에 해당하는 사망자의 인원수는?

① 10인 이상　② 8인 이상
③ 5인 이상　④ 1인 이상

피해 등급별 사고의 분류

구 분	내 용
1급 사고	• 사망자 : 5인 이상 • 사망 및 중상자 : 10인 이상 • 재산 피해 : 5억원 이상
2급 사고	• 사망자 : 1인 이상 4인 이하 • 중상자 : 2인 이상 9인 이하 • 재산 피해 : 1억원 이상
3급 사고	1급 · 2급 사고 이외의 인적 재산 피해가 발생한 사고
4급 사고	가스누출로 인한 인적 · 물적 피해가 없는 것으로 공급이 중단된 경우와 가스시설 가동중단으로 인하여 간접적인 경제적 손실을 수반한 경우 또는 다수인에게 심리적 불안을 초래한 경우

09 가스사고 발생으로 인하여 발생된 사망자란 사고 발생으로부터 몇 일 이내 사망한 자를 말하는가?

① 1일　② 2일
③ 3일　④ 5일

해설

㉠ 사망자 : 가스사고로 인하여 사고현장에서 사망하거나 72시간(3일) 이내에 사망한 자
㉡ 중상자 : 가스사고로 인한 3주 이상 의사로부터 치료를 요하는 소견을 받은 자
㉢ 경상자 : 사망자 및 중상자 이외의 자(단, 치료 후 즉시 귀가조치 되어 자가치료 가능자는 제외)

10 과대조리기구 사용으로 가장 많은 가스사고가 일어날 수 있는 연소기의 종류는?

① 가스보일러
② 가스레인지
③ 순간온수기
④ 이동식 부탄연소기

해설

이동식 부탄연소기 사용 시 주의점
㉠ 과대조리기구 사용 금지
㉡ 알루미늄호일을 감아 사용하는 행위 금지

11 가스보일러의 기구에서 급기 · 배기통의 이음부분 누설 시 보일러 가동으로 예상되는 사고 중 가장 적당한 것은?

① 배기가스 배기 불량으로 인한 질식
② 연소효율 불량
③ 보일러 수명 단축
④ 연료비 절감

12 다음 중 도시가스사용 보일러에 의한 사고를 미연에 방지하기 위한 대책과 가장 거리가 먼 것은?

① 사용자가 수시로 배기통 접속부 등을 점검 이상 발견 시 관계자에게 연락 조치 후 사용할 수 있는 안전의식 고취
② 공급자는 사용자에게 주기적으로 안전의식에 대한 홍보
③ 이상 시 새로운 제품으로 수시 교체
④ 도시가스사 안전점검 시 사용자에게 주의사항을 수시로 주의

정답 07.④ 08.③ 09.③ 10.④ 11.① 12.③

13 LPG 집단공급의 저장탱크 점검 시 다음과 같은 문제점이 발생하였다. 이 문제에 대한 대책과 가장 관계가 먼 것은?

〈문제점〉
㉠ 저장탱크 내 잔류가스 치환작업 시 기준 위반
㉡ 강제배기장치의 전기설비 방폭구조의 설비 미사용
㉢ 방출구 덕트 기계실 내부 바닥에 설치

① 잔류가스 치환 시 규정준수
② 잔류가스 대기 방출 시 폭발하한의 $\frac{1}{3}$ 이하의 농도로 방출
③ 방출가스 전기시설은 방폭구조의 것 사용
④ 저장탱크 누설 유무 운전상태 실시간으로 점검 및 관리

14 LPG 탱크로리에서 저장탱크로 액가스 이송 시 다음과 같은 문제점이 발생 시 필요한 대책과 가장 관계가 먼 항목은?

〈문제점〉
㉠ 가스 이송 시 운반책임자가 이·충전 작업 실시
㉡ 저장탱크 충전 시 실수하여 과충전
㉢ 안전관리자 작업장 내 미상주

① 가스 이송 시 안전관리자 입회하에 이송작업 실시
② 과충전 시 경보장치 등 안전장치 설치
③ 저장탱크 별로 이송 배관의 로딩암 설치
④ 충전설비 중 C_3H_8, C_4H_{10} 액라인 배관에 바이패스관을 설치하여 혼합충전 실시

15 LP가스 사용에 대한 다음 문제점이 도출, 이에 대한 대책항목과 거리가 먼 것은?

㉠ LP가스를 사용하는 열처리로 시설 변경 후 기술 검토를 받지 않았음
㉡ LPG 탱크로리에서 기화기를 통하여 열처리로에 연결 설치하여 운전
㉢ 기화기 후단 미검 가스용품의 사용
㉣ 기화기 후단 액유출방지장치 작동 불량

① LP가스 사용 시 법규 준수 및 허가 후 사용
② 가스용품 검사품 사용
③ 사고 미연방지를 위하여 안전관리자 추가 증원
④ 기화기 검사 시 안전밸브·액유출 방지장치 등의 작동검사 실시

16 도시가스 공급시설에서 발생한 문제점으로 적당한 대책이 아닌 항목은?

〈문제점〉
㉠ 사고 발생 시 보고 지연
㉡ 가스누출 배관에 배관 천공 가스백 설치 시 안전조치 미흡

① 가스사고 시 즉시 보고체계 강화
② 위험작업 시 안전수칙 준수
③ 안전관리 규정 이행실태 관계기관 확인 철저
④ 천공 및 가스백 설치 작업 시 외부인을 철저히 통제하기 위하여 밀폐공간에서 작업 실시

17 도시가스 배관에 기존 배관 가스차단을 위하여 가스백을 배관 내에 삽입하는 순간 가스가 누출 원인불명의 점화원으로 화재가 발생 시 대책사항으로 올바르지 않은 것은?

① 배관연결 시 천공작업 실시할 때 환풍장치를 가동하여 실시한다.
② 가스치환을 위하여 산소를 주입한다.
③ 배관연결 시 천공 전 기존배관과 신설관을 전선 등으로 본딩할 것을 계도한다.
④ 주기적으로 사고예방에 대한 교육홍보를 강화한다.

정답 13.② 14.④ 15.③ 16.④ 17.②

18 다음 도시가스 배관에 발생한 사고내용을 참고로 하여 대책사항으로 올바르지 않은 것은?

> 기존 PLP 400mm관과 새로이 250mm가스용 폴리에틸렌관을 연결 시 가스백을 기존 배관에 설치. 기존 배관 끝의 캡을 절단 후 배관연결을 위한 최초의 용접작업(가접)을 하던 중 원인불명의 가스백이 터지면서 가스 누출화재가 발생한 사고임.

① 가스백 작업 시 SMS(가스공정안전)상 위험작업 절차서 등을 준수 시 공차에 대한 관리 감독 철저
② 분기작업 중 아차사고 근무자 실수에 의한 사고를 예방하기 위한 인력관리 철저
③ 천공작업 시 사용되는 드릴 등 전기설비는 방폭형 사용
④ 전기접속기 등은 분기장소로부터 0.5m 이격

19 고압수소 카트리지 충전 시 발생된 문제점을 보고 대책사항이 아닌 것은?

> 〈문제점〉
> ㉠ 안전관리 규정 미준수
> ㉡ 안전관리자가 아닌 외부 인력이 충전 호스 결합
> ㉢ 가스충전 시 관계충전자 이외의 외부 인력 상주

① 고압가스 충전은 안전관리자 및 안전관리자로부터 충전교육을 8시간 이상 받은 자가 충전작업 실시
② 충전 시 안전관리자 상주
③ 충전 시 외부 인력이 상주하지 않도록 인력 통제 철저
④ 안전관리자는 시설 안전 및 규정준수 및 결합부 손상여부 등 시설의 철저한 점검 후 충전작업 실시

20 위험장소 0종에만 사용되는 방폭구조의 종류는?

① 내압방폭구조
② 안전증방폭구조
③ 유입방폭구조
④ 본질안전방폭구조

정답 18.④ 19.① 20.④

PART 3

연소공학

1 연소의 기초
2 연소의 기본계산
3 기초 열역학
4 가스폭발 / 방지대책
5 PSM(공정안전) 및 가스폭발 위험성 평가

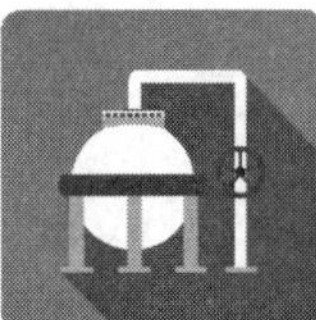

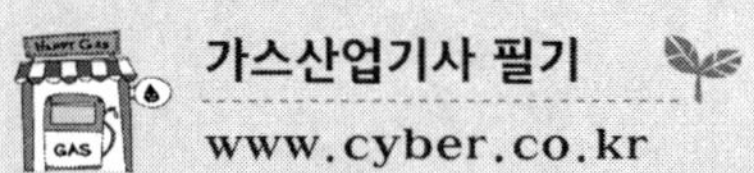
가스산업기사 필기
www.cyber.co.kr

chapter 1 연소의 기초

제장의 출제기준과 학습방법을 설명해 주세요.

제장은 출제기준 중 연소의 기초부분으로, 연소의 정의 및 각 연료의 특성에 대한 내용입니다.

01 연료(Fuel)

1 연료의 기초항목

항 목	세부 핵심사항
정의	연소가 가능한 가연물질로서 연료를 산소 또는 공기와 접촉시켜 태우는 것을 연소라 하며, 연소가 일어날 때는 빛과 열을 수반하게 된다.
구비조건	① 저장운반이 편리할 것 ② 안전성이 있고, 취급이 쉬울 것 ③ 조달이 편리할 것 ④ 발열량이 클 것 ⑤ 유해성이 없을 것, 경제적일 것

2 연료의 종류와 특성

(1) 고체연료

항 목	세부 핵심사항
특성	① 역화의 위험이 없다. ② 국부가열이 어렵다. ③ 열효율이 낮고, 연소조절이 어렵다. ④ 발열량이 낮다. ⑤ 부하변동에 대한 적응성이 있다. ⑥ 연소 시 다량의 공기가 필요하다.

<table>
<tr><th colspan="3">항 목</th><th>세부 핵심사항</th></tr>
<tr><td rowspan="3">종류</td><td rowspan="2">1차</td><td>석탄</td><td>① 탄화도가 진행됨에 따라 수분, 휘발분이 감소
② 고정탄소가 증가, 연료비가 증가되는 연료</td></tr>
<tr><td>목재</td><td>발열량 5000kcal/kg 정도를 가지는 일반적 나무연료</td></tr>
<tr><td>2차</td><td>코크스, 목탄</td><td>① 석탄을 1000℃ 정도의 온도로 건류해서 얻어지는 연료
② 목재연료를 전류한 것</td></tr>
</table>

TiP

1. 탄화도란 천연 고체연료에 포함된 C, H, O의 함량이 변해가는 현상으로 탄화도가 클수록 연료에 미치는 영향은 다음과 같다.
   - 연료비가 증가한다.
   - 매연발생이 적어진다.
   - 휘발분이 감소하고, 착화온도가 높아진다.
   - 고정탄소가 많아지고, 발열량이 커진다.
   - 연소속도가 늦어진다.
2. 1차 연료란 자연 그대로의 연료이며 목재, 무연탄, 역청탄 등이 해당되며, 2차 연료란 1차 연료를 가공한 연료로서 목탄, 코크스가 해당된다.
3. 석탄의 분석방법에는 공업분석, 원소분석 방법이 있고, 공업분석 방법은 고정탄소, 수분, 회분, 휘발분이 있으며, 원소분석 방법은 탄소(C), 수소(H), 산소(O), 황(S), 질소(N), 인(P) 등의 원소로 분석한다.
4. 마지막으로 중요 공식으로는 고정탄소와 연료비를 계산하는 공식을 알아야 한다.
   - 고정탄소 =100－(수분＋회분＋휘발분)
   - 연료비 $= \dfrac{\text{고정탄소}}{\text{휘발분}}$

(2) 액체연료

항 목	세부 핵심사항
특성	① 저장이 용이하다. ② 발열량이 높다. ③ 운송이 용이하다. ④ 연소조절이 쉽다.
종류	원유(휘발유, 등유, 경유, 중유), 나프타, 중유는 점도에 따라 A, B, C 중유로 구분
중요 용어	**정 의**
응고점	액체연료가 저온 시 응고하는 온도
유동점	액체연료가 유동하는 최저온도(유동점＝응고점＋2.5℃)
발화(착화)점	가연성 물질이 연소 시 점화원이 없이 스스로 연소를 개시하는 최저온도
인화점	가연성 물질이 연소 시 점화원을 가지고 연소하는 최저온도로서 위험성 척도의 기준이 되는 온도

1. 액체연료의 비중계산법은 API도와 Be(보메)도가 있다.
   - API도 $= \frac{141.5}{\text{비중}(60℉/60℉)} - 131.5$
   - Be(보메)도
     - 중액용 : $Be = 144.3 - \frac{144.3}{\text{비중}(60℉/60℉)}$
     - 경액용 : $Be = \frac{144.3}{\text{비중}(60℉/60℉)} - 134.3$
2. 발화점(착화점)이 낮아지는 경우
   - 화학적으로 발열량이 높을수록
   - 반응 활성도가 클수록
   - 산소농도가 높을수록
   - 압력이 높을수록
   - 탄화수소에서 탄소수가 많은 분자일수록(CH_4, C_2H_6, C_3H_8, C_4H_{10})
   - 분자구조가 복잡할수록
   - 활성화에너지(반응에 필요한 최소한의 에너지)가 적을수록
3. 인화점의 표현 방법으로는 가연물이 점화원을 가지고 연소하는 최저온도 이외에
   - 액체표면에서 증기 분압이 연소하한값 조성과 같아지는 온도
   - 가연성 액체가 인화하는 데 증기를 발생시키는 최저농도
4. 압력 증가 시 증기 발생이 쉽고 인화점은 낮아지며 부유물질, 찌꺼기 등이 존재 시 인화점 이하에서도 발화한다.

(3) 기체연료

항 목	세부 핵심사항
특성	① 완전연소가 쉽다. ② 발열량이 높다. ③ 국부가열이 쉽고, 단시간 온도 상승이 가능하다. ④ 연소 후 찌꺼기가 남지 않는다. ⑤ 연소효율이 높다.
종류	LNG, LPG, 수성 가스, 발생로 가스

1. 각 기체연료의 정의
   - LNG(액화천연가스) : CH_4을 주성분으로 하는 가연성 가스로서 유전지대, 탄전지대 등에서 발생
   - LPG(액화석유가스) : 습성 천연가스, 제유소의 분해가스로 탄소(C)수 3~4개로 구성된 탄화수소가스로 C_3H_8, C_3H_6, C_4H_{10}, C_4H_8, C_4H_6 등이 있다.
2. 천연가스의 종류
   - 습성 가스 : CH_4, C_2H_6, C_3H_8, C_4H_{10} 등을 포함하는 석유계 가스
   - 건성 가스 : 습성 가스 이외의 CH_4 가스 등

02 연소의 형태

1 고체연료의 연소형태

(1) 분류

연료의 성질에 따른 분류	연료의 연소방법에 따른 분류
① 표면연소(Sarface combustion) ② 분해연소(Resolving combustion) ③ 증발연소(Evaporzing combustion) ④ 연기연소(Smoldering combustion)	① 미분탄연소(Pulverized Coal combustion) ② 유동층연소(Flaidized Bed combustion) ③ 화격자연소(Fire Grate combustion)

TiP

1. 성질에 따른 분류에서 표면연소란 불꽃이 닿는 부분(표면)에서만 연소반응을 일으키는 것으로서 목탄, 코크스 등이 해당된다.
2. 분해연소란 연소되는 물질이 완전히 분해되어 연소하는 것으로서 종이, 목재 등이다.
3. 증발연소란 고체물질이 고온에 의해 녹아 액으로 변한 후 그 액이 증발하면서 연소되는 것으로 양초, 파라핀 등이다.
4. 연기연소란 다량의 연기를 동반하는 표면연소이다.

(2) 연소방법에 따른 분류

① 미분탄연소란 석탄을 잘게 분쇄(200mesh 이하)하여 연소되는 부분의 표면적이 커져 연소효율이 높게 되며, 연소형식에는 U형, L형, 코너형, 슬래그 탭이 있으며, 잘게 분쇄, 작은 덩어리로 연소하기 때문에 고체물질 중 가장 연소효율이 높으며, 장 · 단점은 다음과 간다.

장 점	단 점
㉠ 적은 공기량으로 완전연소가 가능하다. ㉡ 자동제어가 가능하다. ㉢ 부하변동에 대응하기 쉽다. ㉣ 연소율이 크다.	㉠ 연소실이 커야 한다. ㉡ 타연료에 비하여 연소시간이 길다. ㉢ 화염 길이가 길어진다.

미분탄 연소형식의 종류

1. U형 연소 : 편평류 버너를 일렬로 하고, 노의 상부로부터 2차 공기와 같이 분사연소
2. L형 연소 : 선회류 버너를 사용 공기와 혼합하여 연소 화염은 단염
3. 코너형 연소 : 노형을 정방형으로 하여 모퉁이에서 분사
4. 슬래그형 연소 : 노를 1차 · 2차로 구별, 1차로가 슬래그 탭이 된다.

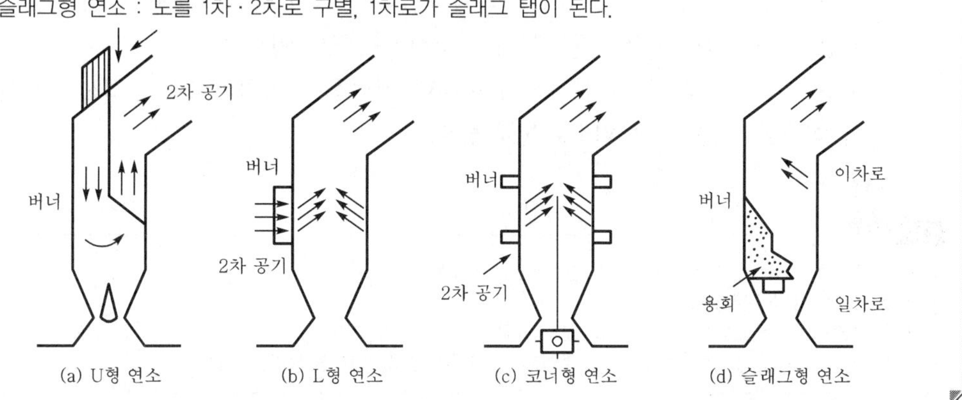

(a) U형 연소 (b) L형 연소 (c) 코너형 연소 (d) 슬래그형 연소

② 유동층연소란 유동층을 형성하면서 700~900℃ 정도의 저온에서 연소되는 형태로서 장 · 단점이 자주 출제되었는데 특히 장점 중 질소산화물의 발생량이 감소, 연소 시 화염층이 작아지는 부분은 다음과 같다.

장 점	단 점
㉠ 연소 시 활발한 교환 혼합이 이루어진다. ㉡ 증기 내 균일한 온도를 유지할 수 있다. ㉢ 고부하 연소율과 높은 열전달률을 얻을 수 있다. ㉣ 유동매체로 석회석 사용 시 탈황효과가 있다. ㉤ 질소산화물의 발생량이 감소한다. ㉥ 연소 시 화염층이 작아진다. ㉦ 석탄입자의 분쇄가 필요 없어 이에 따른 동력손실이 없다.	㉠ 석탄입자 비산의 우려가 있다. ㉡ 공기 공급 시 압력손실이 크다. ㉢ 송풍에 동력원이 필요하다.

③ 화격자연소란 화격자 위에 고정층을 만들고 공기를 불어넣어 연소하는 방법으로 다음과 같다.

㉠ 화격자 연소율(kg/m^2 · h) 시간 · 단위면적당 연소하는 탄소의 양(연소율)

㉡ 화격자 열발생률(연소실 열부하)(kcal/m^3 · h)시간 · 단위체적당 열발생률

2 액체연료의 연소형태

(1) 분류

① 증발연소(Evaporing Combustion)

② 액면연소(Liquid Surface Combustion)

③ 분무연소(Sprdy Combustion)
④ 등심연소(Wick Combustion)

(2) 액체연료의 연소형태 중요사항

① 증발연소란 액체물질에서 일어나는 보편적인 연소형태로서 증발성질을 이용, 증발관에서 증발시켜 연소하는 방법으로 주로 오일(기름)성분 등이 이에 해당한다.
② 액면연소란 액체의 연료표면에서 연소시키는 연소이다.
③ 분무연소란 액체연료를 분무시켜 미세한 액적으로 미립화시켜 연소시키는 방법으로서 액체물질 중 가장 연소효율이 좋다.

TiP

1. 무화 : 연소실에 분사된 연료가 미립화되는 과정(무상이 되는 과정)
2. 분무 : 무상의 분사연료
3. 분무연소에 영향을 미치는 인자 : 온도, 압력, 액적의 미립화
4. 미립화 : 액적을 분산하여 공기와 혼합을 촉진하여 혼합기를 형성하는 과정

④ 등심연소란 일명 심지연소라고 하며, 램프 등과 같이 연소를 심지로 빨아올려 심지의 표면에서 연소시키는 것으로 공기온도가 높을수록, 유속이 낮을수록 화염의 높이가 커지는 특징을 가지고 있다.

3 기체연료의 연소형태

(1) 분류

혼합상태에 따른 분류	화염의 흐름상태에 따른 분류
① 예혼합연소(Premixed Combustion) ② 확산연소(Diffusion Combustion)	① 층류연소(Laminar Combustion) ② 난류연소(Turbulent Combustion)

(2) 기체연료의 연소형태에 세부 내용을 보충설명 하고, 특히 혼합상태의 분류에서 예혼합과 확산연소부분은 시험에 자주 출제된다.

① 예혼합연소란 산소, 공기들을 미리 혼합시켜 놓고 연소시키는 방법으로서 예혼합연소의 화염을 예혼합화염(Premiwed Flame)이라고 하며, 혼합기중을 전파하는 연소파이고 화학반응속도와 온도 전도율에 의존한다.
② 확산연소란 수소, 아세틸렌과 같이 공기보다 가벼운 기체를 확산시키며, 연소시키는 방법으로 확산연소 시의 화염을 확산화염(Diffusion Flame)이라고 하며, 가연성 기체와 산화제의 확산에 의해 유지된다.

▌확산연소와 예혼합연소의 비교▐

확산연소	예혼합연소
㉠ 조작이 용이하다. ㉡ 화염이 안정하다. ㉢ 역화위험이 없다. ㉣ 화염의 길이가 길다.	㉠ 조작이 어렵다. ㉡ 미리 공기와 혼합 시 화염이 불안정하다. ㉢ 역화의 위험성이 확산연소보다 크다. ㉣ 화염의 길이가 짧다.

③ 층류연소란 화염의 두께가 얇은 반응 때의 화염

④ 난류연소란 반응대에서 복잡한 형상 분포를 가지는 연소형태

⑤ 확산화염의 형상

구 분	화염의 형태	구 분	화염의 형태
대항분류	연료 → 화염 ← 공기	자유분류	연료 → │ 화염면 ← 공기
동축류	연료 → 정지공기, 화염면	대항류	공기 → 화염면, 연료
경계층	공기 → 연료 → 공기 → 화염면		

(3) 기체연소의 용어 설명

이 부분에서는 수험생 여러분께서 연소공학 과목을 공부 시 처음 접하는 용어의 정의를 숙지함으로써 연소에 대한 이해도를 상승시키기 위하여 자주 대두되는 용어를 설명합니다.

항 목		세부 핵심내용
최소점화에너지		점화 시 필요한 최소한의 에너지로 적을수록 연소효율이 높다.
소염현상	정의	연소가 지속될 수 없는 화염이 소멸하는 현상
	원인	① 가연성 기체 산화제가 화염반응대에서 공급이 불충분할 때 ② 가연성 가스가 연소범위를 벗어날 때 ③ 산소농도가 저하할 때 ④ 가연성 가스에 불활성 가스가 포함될 때
소염거리		가연혼합기 내에서 2개의 평행판을 삽입하고 면간의 거리를 좁게하여 갈 때 화염이 전파되지 않는 면간의 거리

항 목		세부 핵심내용
보염 (Flame Holding)	정의	화염을 안정화시키는 연소법
	화염 안정화 방법	① 예연소실을 이용하는 방법 ② 대항분류를 이용하는 방법 ③ 파일럿 화염을 이용하는 방법 ④ 다공판 이용법 ⑤ 순환류 이용법

(4) 층류 예혼합연소(Premixed Combustion)

항 목		세부 핵심내용
층류 예혼합화염연소 특성의 결정요소		① 연료와 산화제의 혼합비 ② 압력 · 온도 ③ 혼합기의 물리 · 화학적 성질
연소반응에 대한 이동경로와 착화온도(T_1) 지점 ※ T_1 : 발열속도와 방열속도가 평행이며, 반응대가 시작하는 온도로서 착화온도라고 한다.		반응 전 농도 반응체 농도 (T_b) 단열화염온도 혼합기 유출 미연소측 (T_i) 착화온도 반응 후 반응체 속도 최종생성물 농도 연소측 중간생성물 농도 반응 후 반응체 농도 온도(T) (T_u) 미연혼합기 온도 예열대 반응대 화염대
층류연소속도 측정	결정요소	온도, 압력, 속도, 농도 분포
	종류	① 비눗방울법(Soap Bubble Method) ② 슬롯노즐 버너법(Slot Nozzle Burner Method) ③ 평면화염 버너법(Flat Flame Method) ④ 분젠 버너법(Bunsen Burner Method)
층류연소가 크게 되는 경우		① 비중이 작을수록 ② 압력이 높을수록 ③ 온도가 높을수록 ④ 열전도율이 클수록 ⑤ 분자량이 작을수록

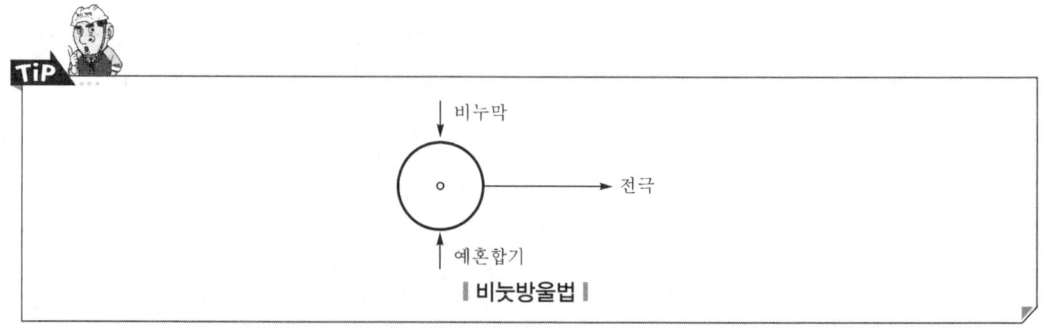

▮ 비눗방울법 ▮

(5) 난류 예혼합연소

항 목		세부 핵심사항
난류에 예혼합화염의 특징		① 화염의 휘도가 높다. ② 화염면의 두께가 두꺼워진다. ③ 연소속도가 층류 화염의 수십 배이다.
(난류, 층류) 예혼합화염의 비교	난류 예혼합화염	① 연소속도가 층류에 비해 수십 배 빠르다. ② 화염의 두께가 두껍다. ③ 연소 시 다량의 미연소분이 존재하다.
	층류 예혼합화염	① 연소속도가 느리다. ② 난류보다 화염의 두께가 얇다. ③ 층류 예혼합화염은 청색이다. ④ 난류보다 휘도가 낮다.
난류연소의 원인		연료의 종류 혼합기체(조성온도 흐름형태)이며, 이 중 가장 큰 원인은 혼합기체의 흐름형태이다.

4 고부하연소

항 목		세부 핵심사항
촉매연소 (Catalytic Combustion)	정의	촉매 하에서 연소시켜 화염을 발하지 않고, 착화온도 이하에서 연소시키는 방법
	촉매의 구비조건	① 경제적일 것 ② 기계적 강도가 있을 것 ③ 촉매독에 저항력이 클 것 ④ 활성이 크고, 압력손실이 적을 것
펄스연소 (Pulse Combustion)	정의	내연기관의 동작과 같은 흡입, 연소, 팽창, 배기를 반복하면서 연소를 일으키는 과정
	특성	① 공기비가 적어도 된다. ② 연소조절범위가 좁다. ③ 설비비가 절감된다. ④ 소음발생의 우려가 있다. ⑤ 연소효율이 높다.
에멀전연소 (Emulson Combustion)	정의	액체 중 액체의 소립자 형태로 분산되어 있는 것을 연소에 이용한 방법으로 오일-알코올, 오일-석탄-물 등에 사용하는 연소방식
고농도 산소 연소	정의	공기 중의 산소농도를 높여 연소에 이용하는 방법
	특징	① 질소산화물 발생이 적으므로 연소생성물이 적어진다. ② 연소에 필요한 공기량이 적어도 된다. ③ 화염온도가 높아진다. ④ 열전달계수가 크다.

TiP

연소에 의한 빛의 색깔 및 상태

색	온 도	색	온 도
적열상태	500℃	황적색	1100℃
적색	850℃	백적색	1300℃
백열상태	1000℃	휘백색	1500℃

Chapter 1

출/제/예/상/문/제

01 다음 설명 중 옳은 것은?

① 고체연료의 착화에서 노벽온도가 높을수록 착화지연시간은 짧아진다.
② 고체연료의 착화에서 노벽온도가 낮을수록 착화지연시간은 짧아진다.
③ 고체연료의 착화에서 노벽온도가 높을수록 착화지연시간은 일정하다.
④ 고체연료의 착화에서 노벽온도와 착화지연시간은 무관하다.

해설
노벽의 온도가 높을수록 연소가 잘되므로 착화지연은 짧아진다.

02 다음 중 고체연료의 연소형태는?

① 분해연소
② 예혼합연소
③ 분무연소
④ 확산연소

해설
분해연소 : 나무, 종이, 플라스틱 등

03 고체연소의 석탄, 장작이 불꽃을 내면서 타는 것에 대한 설명 중 맞는 것은?

① 표면연소 ② 확산연소
③ 증발연소 ④ 분해연소

해설
㉠ 분해 : 목재, 종이, 석탄, 플라스틱
㉡ 표면 : 코크스, 목탄

04 고체연료의 성질에 대한 설명 중 틀린 것은?

① 착화온도는 산소량이 증가할수록 낮아진다.
② 수분이 많으면 통풍불량의 원인이 된다.
③ 휘발분이 많으면 점화가 쉽고, 발열량이 높아진다.
④ 회분이 많으면 연소를 나쁘게 하여 열효율을 저하시킨다.

해설
휘발분은 점화는 쉬우나 발열량은 그대로이며, 매연발생이 심해진다.

05 탄화도가 높을 때 석탄의 착화온도는 어떻게 되는가?

① 착화가 되지 않는다.
② 높아진다.
③ 변함 없다.
④ 낮아진다.

해설
고체연료는 탄화도가 높을수록 착화온도 높아짐(미분탄은 낮아진다.)

06 고체연료의 연소에서 화염전파속도에 대한 다음 설명 중 옳지 않은 것은?

① 석탄화도가 클수록 화염전파속도가 빠르다.
② 발열량이 클수록 화염전파속도가 빠르다.
③ 1차 공기의 온도가 높을수록 화염전파속도가 빠르다.
④ 입경이 작을수록 화염전파속도가 빠르다.

해설
고체연료에서 탄화도가 클수록 고정탄소 양이 많아지므로 휘발분, 수분, 회분이 감소하므로 연료비는 증가, 화염의 전파속도가 느려진다.

정답 01.① 02.① 03.④ 04.③ 05.② 06.①

07 고체연료의 성분 중 매연을 발생시키기 쉬운 것은?

① 휘발분
② 수분
③ 회분
④ 고정탄소

08 석탄화의 진행순서를 맞게 설명한 것은?

① 저탄－아탄－무연탄－역청탄
② 무연탄－역청탄－아탄－저탄
③ 아탄－역청탄－저탄－무연탄
④ 저탄－아탄－역청탄－무연탄

09 연료에 고정탄소가 많이 함유되어 있을 때 발생되는 현상으로 맞는 것은?

① 열손실을 초래한다.
② 매연발생이 많아진다.
③ 발열량이 높아진다.
④ 연소효과가 나쁘다.

해설

고정탄소＝100－(수분＋회분＋휘발분)이므로 고정탄소가 많을수록 불순물이 적어지고, 발열량이 높아지나 연소속도는 느려진다.

10 석탄을 공업분석하여 수분 3.35%, 휘발분 2.65%, 회분 25.50%임을 알았다. 고정탄소분은 몇 %인가?

① 68.50% ② 37.69%
③ 49.48% ④ 59.87%

해설

고정탄소＝100－(수분＋회분＋휘발분)
＝100－(3.35＋25.50＋2.65)＝68.50

참고 연료비$=\frac{\text{고정탄소}}{\text{휘발분}}$

11 다음 설명 중 틀린 것은?

① 탄화도가 클수록 고정탄소가 많아져 발열량이 커진다.
② 탄화도가 클수록 휘발분이 감소하고, 착화온도가 높아진다.
③ 탄화도가 클수록 연료비가 증가하고, 연소속도가 늦어진다.
④ 탄화도가 클수록 회분량이 감소하여 발열량과는 관계가 없다.

12 석탄의 풍화에 대한 설명으로 맞는 것은?

① 휘발분 점결성이 증대되는 현상
② 석탄이 바람의 영향으로 변질되는 현상
③ 석탄의 발열량이 증대되는 현상
④ 석탄이 미세 분탄으로 변화되는 현상

13 고체가연물을 연소시킬 때 나타나는 연소의 형태를 순서대로 나열한 것은?

① 증발연소 → 표면연소 → 분해연소
② 표면연소 → 증발연소 → 분해연소
③ 표면연소 → 분해연소 → 증발연소
④ 증발연소 → 분해연소 → 표면연소

14 다음 고체연료의 연소방법 중 미분탄연소에 관한 설명이 아닌 것은?

① 2상류 상태에서 연소된다.
② 고정층에 공기를 통하여 연소시킨다.
③ 가스화 속도가 낮고, 연소완료에 시간과 거리가 필요하다.
④ 화격자연소보다도 낮은 공기비로써 높은 연소효율을 얻을 수 있다.

해설

미분탄연소 : 석탄을 분쇄기로 미분화하여 200메쉬에서 80%를 통과하는 석탄을 1차 공기와 혼합하여 연소시키는 방식

(1) 특징
㉠ 적은 공기량으로 완전연소 가능
㉡ 열손실이 적다.
㉢ 부하변동에 대응이 쉽고, 자동제어 가능
㉣ 2상류에서 연소
㉤ 기체 · 액체에 비하여 연소시간이 길고, 화염길이가 크고, 연소실이 커진다.
㉥ 고정층에 공기를 통하면 연소 → 화격자연소의 특성임

(2) 미분탄 연소장치 : 선회식 버너, 편평류 버너

정답 07.① 08.④ 09.③ 10.① 11.④ 12.② 13.④ 14.②

15 다음 중 미분탄연소형식이 아닌 것은?

① 슬래그형 연소
② L형 연소
③ V형 연소
④ 코너형 연소

해설

(1) 미분탄연소(Pulrer : zed coal combustion) : 200mesh 이하 미세한 입자로 분쇄한 미분탄을 1차 공기와 연소버너에서 연소시키는 장치로 대용량의 연소장치 부적합
(2) 연소형식
㉠ U형 : 편평류 버너를 일렬로 나란히 하고, 2차 공기와 함께 분사연소
㉡ L형 : 선회류 버너를 사용하여 공기와 혼합하여 연소
㉢ 코너형 : 노형을 장방향으로 하고, 모퉁이에서 분사연소
㉣ 슬래그형 : 노를 1차, 2차로 부별 1차 노가 슬래그 탭 노이며, 재의 80%가 용융되어 배출

16 미분탄연소의 단점이 아닌 것은?

① 연소의 조절이 어렵다.
② 설비비, 유지비가 크다.
③ 연돌로부터의 비진이 많다.
④ 40% 이하에서는 안정연소가 곤란해진다.

해설

미분탄연소의 장 · 단점

장 점	단 점
• 연소율이 크다. • 공기비가 적어도 된다. • 연소조절이 쉽다. • 부하변동에 대응하기 쉽다.	• 연소실이 커진다. • 분쇄장비가 필요하다. • 설비비 유지비가 크다. • 연소시간이 길다. • 화염길이가 길다.

17 다음 원소 중 고온부식의 원인물질은?

① C
② S
③ H_2
④ V

해설

㉠ 저온부식 : S(황)
㉡ 고온부식 : V(바나듐)

18 고로가스와 발생로가스는 주성분이 거의 비슷하다. 주성분으로 이루어진 것은?

① $CO+N_2$
② CO_2+N_2
③ H_2+CO
④ CO_2+CO

해설

고로(용광로에서 부생물로 발생되는 가스) : CO_2, CO, N_2

19 고체가 액체로 되었다가 기체로 되어 불꽃을 내면서 연소하는 경우를 어떠한 연소라 하는가?

① 분해연소 ② 자기연소
③ 표면연소 ④ 증발연소

해설

고체물질인 양초, 황, 나프탈렌 등은 액체로 변한 후 증발연소된다.

20 일반적으로 고체입자를 포함하지 않은 화염을 불휘염, 고체입자를 포함하는 화염은 휘염이라 불리운다. 이들 휘염과 불휘염은 특유의 색을 가지는 데 색과 화염의 종류가 옳게 짝지어진 것은?

① 불휘염=적색, 휘염=백색
② 불휘염=청색, 휘염=백색
③ 불휘염=청색, 휘염=황색
④ 불휘염=적색, 휘염=황색

21 표면연소란 다음 중 어느 것을 말하는가?

① 오일표면에서 연소하는 상태
② 고체연료가 화염을 길게 내면서 연소하는 상태
③ 화염의 외부 표면에 산소가 접촉하여 연소하는 현상
④ 적열된 코크스 또는 숯의 표면에 산소가 접촉하여 연소하는 상태

해설

표면연소란 고체물질의 대표적인 연소로서 표면에 산소가 접촉하여 연소하는 형태로서 숯, 코크스, 알루미늄박의 연소가 있다.

정답 15.③ 16.① 17.④ 18.① 19.④ 20.③ 21.④

22 다음 중 유동층연소의 이점이 아닌 것은?

① 화염층이 커진다.
② 크링커 장애를 경감할 수 있다.
③ 질소산화물의 발생량이 감소된다.
④ 화격자 단위면적당의 열부하를 크게 얻을 수 있다.

해설

유동층연소(Flaidized Bed Combustion) : 고체물질의 연소형태로 유동층을 형성하면서 700~900℃ 정도의 저온에서 연소
〈장점〉
㉠ 연소 시 화염층이 작아진다.
㉡ 연소 시 활발한 교환 혼합이 이루어진다.
㉢ 질소산화물 발생량이 감소한다.

23 액체연료는 고체연료 등에 비하여 연료로서는 우수한 것이지만 다음과 같은 단점도 있다. 단점의 내용이 아닌 것은?

① 국내 자원이 없고, 모두 수입에 의존한다.
② 연소온도가 낮기 때문에 국부과열을 일으키기 쉽다.
③ 화재, 역화 등의 위험이 크다.
④ 사용 버너의 종류에 따라 연소할 때 소음이 난다.

해설

연소온도가 높은 순서 : 기체연료 > 액체연료 > 고체연료
∴ 액체연료는 연소온도가 높다.

24 액체연료의 장점이 아닌 것은?

① 저장운반이 용이하다.
② 화재, 역화 등의 위험이 작다.
③ 과잉공기량이 적다.
④ 연소효율 및 열효율이 크다.

25 다음 중 액체연료의 연소형태가 아닌 것은?

① 등심연소 ② 액면연소
③ 분해연소 ④ 분무연소

해설

분해연소 : 종이, 목재 등이 연소 시 발생되는 형태로서 고체물질의 연소형태이다.

26 중유연료에서 A, B, C로 구분하는 기준은 무엇인가?

① 점도 ② 인화점
③ 발화점 ④ 비등점

27 공업적으로 액체연료의 연소에 가장 효율적인 연소법은?

① 액적연소 ② 표면연소
③ 분해연소 ④ 분무연소

해설

분무연소(Spray Combustion) : 액체연료를 분무시켜 미세한 액적으로 미립화시켜 연소시키는 방법으로 액체연료의 연소 중 가장 효율이 좋다.

28 액체의 인화점에 관한 설명 중 가장 적합한 것은?

① 액체가 뜨거운 물체와 접하여 다량의 증기가 발생될 수 있는 최저온도
② 액체표면에서 증기의 분압이 연소하한값의 조성과 같아지는 온도
③ 물질이 주위의 열로부터 스스로 점화될 수 있는 최저온도
④ 액체의 증기압이 외부압력과 같아지는 온도

해설

㉠ 인화점 : 연소 시 점화원을 가지고 스스로 연소하는 최저온도
㉡ 발화점 : 연소 시 점화원이 없이 스스로 연소하는 최저온도
㉢ 위험성의 척도 : 인화점

29 등심연소 시 화염의 높이에 대해 맞게 설명한 것은?

① 공기유속이 높고, 공기온도가 높을수록 화염의 높이는 커진다.
② 공기유속이 낮을수록 화염의 높이는 커진다.
③ 공기온도가 낮을수록 화염의 높이는 낮아진다.
④ 공기온도가 낮을수록 화염의 높이는 커진다.

정답 22.① 23.② 24.② 25.③ 26.① 27.④ 28.② 29.②

해설

등심연소 또는 심지연소(Wick type combustion)라 하며, 공기유속이 낮을수록, 공기온도가 높을수록 화염의 높이가 커진다. 또한 복사 대류에 의해 열이 전달되므로 확산연소방식에 가까우며, 석유 버너에 사용된다.

30 액체에서 발생한 가연성 증기가 액화하여 화염을 내고 이 화염의 온도에 의하여 액체 표면에서 증기의 발생을 촉진시켜 연소를 계속해 나가는 연소는?

① 증발연소 ② 분무연소
③ 표면연소 ④ 분해연소

31 등유의 pot burner는 다음 중 어떤 연소의 형태를 이용한 것인가?

① 분무연소 ② 등심연소
③ 액면연소 ④ 증발연소

액면연소(Pool type combustion) : 용기에 연료를 채우고 연료표면에 열전도에 의해 가열 증발되는 연소형태로 등유의 pot burner 등이 있으며, 이때의 화염은 확산화염이다.

32 액체연료의 연소에서 1차 공기란 무엇인가?

① 연료의 무화에 필요한 공기
② 착화에 필요한 공기
③ 연소에 필요한 계산상의 공기
④ 실제공기량에서 이론공기량을 뺀 것

해설

무화의 목적
㉠ 단위중량당 표면적 증가
㉡ 공기와의 혼합을 좋게 함
㉢ 연소효율 및 연소실 열부하를 높임

33 연료의 연소에서 2차 공기란 무엇인가?

① 실제공기량에서 이론공기를 뺀 값
② 연료를 무화시켜 산화반응을 하도록 공급되는 공기
③ 연료를 완전연소시키기 위하여 1차 공기에서 부족한 공기를 보충하는 것
④ 이론공기량에서 과잉공기를 보충한 값

34 비중이 0.98(60℉/60℉)인 액체연료의 API도는?

① 12.887
② 11.357
③ 11.857
④ 12.857

$$\text{API도} = \frac{141.5}{(60°F/60°F)} - 131.5$$

$$= \frac{141.5}{0.98} - 131.5 = 12.887$$

35 가연성 증기를 발생하는 액체 또는 고체가 공기와 혼합하여 기상부에 다른 불꽃이 닿았을 때 연소가 일어나는 데 필요한 최저의 액체 또는 고체의 온도를 나타내는 것은?

① 착화점
② 이슬점
③ 인화점
④ 발화점

다른 불꽃=점화원이므로 인화점이다.

36 증발연소에서 발생하는 화염에 대한 설명 중 옳은 것은?

① 표면화염
② 확산화염
③ 산화화염
④ 환원화염

37 공기압을 높일수록 무화공기량이 절감되는 버너는?

① 고압기류식 버너
② 저압기류식 버너
③ 유압식 버너
④ 선화식 버너

해설

무화(Atomization) : 연소실에서 분사된 연료가 미립화되는 과정 저압기류식 버너는 공기압을 높이면 공기량이 저감된다.

정답 30.① 31.③ 32.① 33.③ 34.① 35.③ 36.② 37.②

38 기체연료의 특성을 설명한 것이다. 맞는 것은?

① 가스연료의 화염은 방사율이 크기 때문에 복사에 의한 열전달률이 작다.
② 기체연료는 연소성이 뛰어나기 때문에 연소조절이 간단하고, 자동화가 용이하다.
③ 단위체적당 발열량이 액체나 고체 연료에 비해 대단히 크기 때문에 저장이나 수송에 큰 시설을 필요로 한다.
④ 저산소연료를 연소시키기 쉽기 때문에 대기오염 물질인 질소산화물(NO_x)의 생성이 많으나 분진이나 매연의 발생은 거의 없다.

39 기체연료의 연소형태에 해당되는 것은?

① Premixing
② Pool Burning
③ Evaporating Combustion
④ Spray Combustion

해설
㉠ Pre Mixing Combustion(예혼합연소)
㉡ Pool Burning(액면연소)
㉢ Evaporating Combustion(증발연소)
㉣ Spray Combustion(분무연소)

40 기체연료의 관리에 대한 문제점을 열거한 내용이 아닌 것은?

① 시설비가 많이 들고, 설비공사에 기술을 요한다.
② 저장이나 수송에 어려움이 있다.
③ 누설 시 화재폭발의 위험이 크다.
④ 연소효율이 낮고, 연소제어가 어렵다.

해설
기체연료
㉠ 연소효율이 높다.
㉡ 불꽃조절이 용이하다.

41 다음은 연소의 형태별 종류를 나열한 것이다. 이들 중 기체연료의 연소형태는 어느 것인가?

① 표면연소 ② 확산연소
③ 증발연소 ④ 분해연소

기체연료의 대표적 연소는 확산연소와 예혼합연소가 있다.

42 기체연료의 관리상 검량 시 반드시 측정해야 할 사항은?

① 부피와 습도
② 온도와 압력
③ 부피와 온도
④ 압력과 부피

43 어떤 연소성 물질의 착화온도가 80℃이다. 이것이 갖는 의미는 무엇인가?

① 80℃ 가열 시 폭발할 우려가 있다.
② 80℃까지 가열 시 점화원이 없어도 스스로 연소한다.
③ 80℃까지 가열 시 점화원이 있어야 연소한다.
④ 80℃까지 가열 시 인화한다.

44 다음 중 확산연소로 옳은 것은?

① 고분자 물질인 연료가 가연 분해된 기체의 연소
② 코크스나 목탄의 연소
③ 대부분의 액체연료의 연소
④ 경계층이 형성된 기체연료의 연소

45 다음 중 CH_4 및 H_2를 주성분으로 한 기체연료는?

① 석탄가스 ② 고로가스
③ 발생로가스 ④ 수성 가스

해설
㉠ 고로가스 : 용광로 등에서 쇳물이 녹으면서 발생한 가스, CO_2+CO+N_2
㉡ 수성 가스 : $CO+H_2$
㉢ 석탄가스 : CH_4+H_2
㉣ 발생로가스(Producer Gas) : 석탄, 코크스 등을 공기 · 수증기로 불완전연소로 얻은 기체연료, $CO+H_2+CH_4$

정답 38.② 39.① 40.④ 41.② 42.② 43.② 44.④ 45.①

46 기체연료의 단위에서 Nm^3의 단위가 사용된다. Nm^3이 뜻하는 온도, 압력의 조건은?

① 0℃, 2atm ② 0℃, 1atm
③ 20℃, 1atm ④ 30℃, 1atm

해설
N(표준상태) : 0℃, 1atm

47 다음은 기체연료 중 천연가스에 관한 설명이다. 옳은 것은?

① 주성분은 메탄가스로 탄화수소의 혼합가스이다.
② 상온, 상압에서 LPG보다 액화하기 쉽다.
③ 발열량이 수성 가스에 비하여 작다.
④ 누출 시 폭발위험성이 적다.

48 기체혼합물의 각 성분을 표현하는 방법으로 여러 가지가 있다. 다음은 혼합가스의 성분비를 표현하는 방법이다. 다른 값을 갖는 것은?

① 몰분율
② 압력분율
③ 부피분율
④ 질량분율

몰비=압력비=부피비

49 다음 설명 중 틀린 것은?

① 확산연소는 예혼합연소에 비하여 고온 예열이 가능하다.
② 예혼합연소는 확산연소보다 연소속도가 빠르다.
③ 확산연소는 예혼합연소보다 화염이 안정하다.
④ 확산연소는 예혼합연소에 비해 연소량의 조절범위가 넓다.

해설
확산연소(Diffusion Combustion) : 공기 중 연료를 분출 공기와 연료의 경계면에서 확산이 일어나 연소화염 전파성은 없으므로 예혼합연소에 비해 고온예열이 불가능하다.

50 기체연료를 미리 공기와 혼합시켜 놓고 점화해서 연소하는 것으로 혼합기만으로도 연소할 수 있는 연소방식은?

① 분해연소 ② 확산연소
③ 예혼합연소 ④ 증발연소

51 가스연료에 있어서 확산염을 사용할 경우 예혼합염을 사용하는 것에 비해 얻을 수 있는 이점이 아닌 것은?

① 역화의 위험이 없다.
② 가스량의 조절범위가 크다.
③ 가스의 고온예열이 가능하다.
④ 개방 대기 중에서도 완전연소가 가능하다.

해설

확산연소	예혼합연소
㉠ 조작이 용이하다. ㉡ 화염이 안정하다. ㉢ 역화위험이 없다.	㉠ 조작이 어렵다. ㉡ 역화의 위험이 있다. ㉢ 화염이 불안정하다.

52 다음은 난류가 있는 예혼합기 속을 전파하는 난류 예혼합화염에 관한 설명이다. 옳은 것은?

① 화염의 배후에 미량의 미연소분이 존재한다.
② 층류 예혼합화염에 비하여 화염의 휘도가 높다.
③ 난류 예혼합화염의 구조는 교란 없이 연소되는 분젠화염형태이다.
④ 연소속도는 층류 예혼합화염의 연소속도와 같은 수준이고 화염의 휘도가 낮다.

53 다음 중 층류연소 속도의 측정방법이 아닌 것은?

① Bunsen burner법
② Strobo burner법
③ Soap bubble법
④ 평면화염 burner법

정답 46.② 47.① 48.④ 49.① 50.③ 51.④ 52.② 53.②

해설

층류의 연소속도 측정법
㉠ Soap bubble(비눗방울법)
㉡ Bunsen burner(분젠버너법)
㉢ Flat flame burner(평면화염 버너법)
㉣ Slot nozzle burner(슬롯노즐 버너법)

54 다음 중 층류연소속도에 대해 옳게 설명한 것은?

① 열전도율이 클수록 층류연소속도는 크게 된다.
② 비열이 클수록 층류연소속도는 크게 된다.
③ 분자량이 클수록 층류연소속도는 크게 된다.
④ 비중이 클수록 층류연소속도는 크게 된다.

해설

층류연소속도가 빨라지는 경우 : 압력온도가 높을수록, 열전도율이 클수록, 분자량이 적을수록

55 다음 설명 중 맞지 않는 것은?

① 층류연소속도는 가스의 흐름상태에 따라 결정된다.
② 층류연소속도는 온도에 결정된다.
③ 층류연소속도는 압력에 따라 결정된다.
④ 층류연소속도는 연료의 종류에 따라 결정된다.

56 다음 중 난류 예혼합화염과 층류 예혼합화염의 특징을 비교한 설명으로 틀린 것은?

① 난류 예혼합화염의 두께가 층류 예혼합화염의 두께보다 크다.
② 난류 예혼합화염의 연소속도는 층류 예혼합화염의 연소속도보다 수 배 내지 수 십배 빠르다.
③ 난류 예혼합화염의 휘도는 층류 예혼합화염의 휘도보다 적다.
④ 난류 예혼합화염은 다량의 미연소분이 잔존한다.

해설

㉠ 난류 예혼합화염의 연소속도가 층류보다 빠른 이유 : 난류성분이 층류화염보다 화염면적을 증가시키기 때문
㉡ 난류 예혼합화염의 두께가 층류 예혼합화염의 두께보다 큰 이유 : 커다란 소용돌이로 속도가 가속되기 때문

57 가스연료와 공기의 흐름이 난류일 때 연소상태로서 옳은 것은?

① 층류일 때보다 열효율이 저하된다.
② 화염의 윤곽이 명확하게 된다.
③ 층류일 때보다 연소가 어렵다.
④ 층류일 때보다 연소가 잘되며, 화염이 짧아진다.

해설

난류일 때는 층류일 때보다 화염은 혼합속도가 빠르기 때문에 연소가 빨라지고, 단염이 형성된다.

58 확산계수는 유속이나 버너관 관경에 무관하므로 화염길이 유속에 비례하는 확산화염은?

① Coaxial－Flow Diffusion Flame
② Turbulent Diffusion Flame
③ Opposed－Jet Diffusion Flame
④ Laminar Diffusion Flame

해설

층류화염＝Laminar Difffusion Flame

59 연소가 지속될 수 없는 화염이 소멸하는 현상을 무엇이라 하는가?

① 보염현상 ② 인화현상
③ 화염현상 ④ 소염현상

60 다음 중 층류 예혼합연소를 결정하는 항목이 아닌 것은?

① 연소장치의 특성
② 연료와 산화제의 혼합비
③ 압력
④ 혼합기의 물리 · 화학적 성질

정답 54.① 55.① 56.③ 57.④ 58.④ 59.④ 60.①

61 고부하연소 방법 중의 하나인 펄스연소 특성이 아닌 것은?

① 연소조절 범위가 좁다.
② 설비비가 절감된다.
③ 다량의 공기가 필요하다.
④ 소음발생이 우려가 크다.

62 다음 중 보염의 방법에 속하지 않는 것은?

① 다공판을 이용하는 방법
② 대항분류를 이용하는 방법
③ 경사판을 이용하는 방법
④ 순환류를 이용하는 방법

63 다음 중 자연발화와 관계가 없는 것은?

① 미생물에 의한 발열
② 산화열에 의한 발열
③ 증발열에 의한 발열
④ 분해열에 의한 발열

해설

㉠ 자연발화(Spontaneous Heating) : 셀룰로이드의 분해열, 불포화 유지의 산화열, 건초의 발화열, 미생물의 발화열
㉡ 자연발화 방지법 : 습도가 높은 것을 피할 것, 저장실 온도는 낮출 것, 통풍을 잘 시킬 것, 열의 퇴적 방법에 주의할 것

64 연료의 연소에 대한 3대 반응이 아닌 것은?

① 열분해반응
② 산화반응
③ 환원반응
④ 이온화반응

65 다음 중 연소의 관련된 사항이 아닌 것은?

① 흡열반응이 일어난다.
② 산소공급원이 있어야 한다.
③ 연소 시에 빛을 발생할 수 있어야 한다.
④ 반응열에 의해서 연소생성물의 온도가 올라가야 한다.

연소는 자발적인 발열반응

66 다음 중 보염의 수단으로 쓰이지 않는 것은?

① 화염방지기
② 보염기
③ 선화기
④ 대항분류

해설

㉠ 보염(Flame Holding) : 화염의 안정화를 위하여 유체흐름 중에 화염을 변동 없이 안정하게 연소 유지시키는 것
㉡ 화염의 안정화 기술 : 다공판 이용법, 대항분류 이용법, 파일럿 화염 이용법, 순환류 이용법(보염기), 예연소실 이용법(분사노즐과 선회기를 가진 대표적인 분사형 연소기)

67 보염장치의 목적에 해당하는 것은?

① 가스의 역화를 방지
② 연소의 안정성 확보
③ 화염을 촉진
④ 연료의 분무를 촉진

68 연소율에 대한 설명 중 맞는 것은?

① 연소실의 단위용적으로 1시간당 연소하는 연료의 중량이다.
② 1일 석탄소비량에 의해 발생되는 최대 증발량이다.
③ 단위화상의 면적량에 대한 최대증발량이다.
④ 화상의 단위면적에 있어 단위시간에 연소하는 연료의 중량이다.

해설

연소율(kg/m^2 · hr)

69 다음 중 연소부하율을 옳게 설명한 것은?

① 연소실의 염공면적과 입열량의 비율
② 연소실의 단위체적당 열발생률
③ 연소실의 염공면적당 입열량
④ 연소혼합기의 분출속도와 연소속도와의 비율

해설

연소부하율(kcal/m^2 · hr)

정답 61.③ 62.③ 63.③ 64.④ 65.① 66.① 67.② 68.④ 69.②

70 다음 설명 중 옳은 것은?

① 화염의 사출률은 연료 중의 탄소, 수소, 질량비가 클수록 높다.
② 화염의 사출률은 연료 중의 탄소, 수소, 질량비가 클수록 낮다.
③ 화염의 사출률은 연료 중의 탄소, 수소, 질량비가 같을수록 높아진다.
④ 화염의 사출률은 연료 중의 탄소, 수소, 질량비가 같을수록 낮다.

71 다음 중 화염 중 연료에 대한 사출률이 작은 순서대로 나열된 것은?

㉠ 분무화염
㉡ 확산화염
㉢ 미분탄화염

① ㉡ → ㉢ → ㉠　② ㉠ → ㉡ → ㉢
③ ㉠ → ㉢ → ㉡　④ ㉡ → ㉠ → ㉢

연소가 잘되는 순서로 나열 시
기체연료 > 액체연료 > 고체연료

72 연소불꽃이 백적색일 때 온도는 몇 ℃ 정도인가?

① 1300℃　② 700℃
③ 850℃　④ 1100℃

해설

연소 시 불꽃 색깔에 따른 온도
㉠ 암적색 : 700℃
㉡ 적색 : 850℃
㉢ 백열색 : 1000℃
㉣ 백적색 : 1300℃
㉤ 황적색 : 1100℃
㉥ 휘백색 : 1500℃

73 역화의 원인으로서 틀린 것은?

① 오일배관 중에 공기가 들어 있다.
② 오일의 인화점은 너무 낮다.
③ 오일에 물 또는 협잡물이 들어 있다.
④ 1차 공기의 압력이 너무 높다.

해설

역화의 원인	선화의 원인
㉠ 인화점이 낮을 때 ㉡ 콕에 먼지나 이물질 부착 시 ㉢ 가스압력이 낮을 때 ㉣ 노즐구경이 클 때 ㉤ 염공이 클 때	㉠ 인화점이 높을 때 ㉡ 염공이 적을 때 ㉢ 노즐구경이 적을 때 ㉣ 가스압력이 높을 때

74 혼합기 속 전기불꽃을 이용, 화염핵을 형성하여 화염을 전파하는 항목은?

① 자연발화　② 최소발화
③ 강제점화　④ 역화현상

강제점화 : 가연성과 공기가 혼합된 혼합기에 점화원을 사용하므로 화염핵이 형성, 화염이 전파되는 것을 말하며 전기불꽃 점화, 플라즈마 점화 등이 해당된다.

정답 70.① 71.④ 72.① 73.④ 74.③

chapter 2 연소의 기본계산

제2장의 출제기준 및 중요항목에 대해 말씀해 주세요.

제2장은 출제기준의 연소계산 부분으로서 세부 내용은 단위값에 따른 이론 · 실제산소량, 공기량, 공기비 발열량, 열효율 등을 계산하여야 하는 파트입니다.
계산 전 기초사항으로 각 원소의 기본 원자량값, 기본 연소반응식 등을 숙지하여야 계산이 가능합니다.

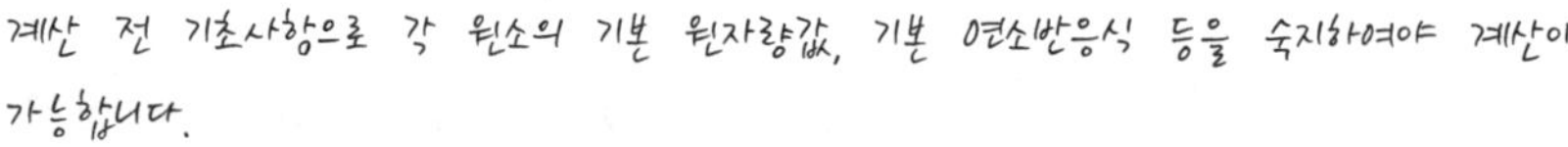

연료는 탄소(C), 수소(H), 산소(O), 황(S), 질소(N), 회분(A), 수분(W) 등으로 구성되어 있으며, 이 중 가연성은 C, H, S이고 연료의 주성분은 C, H, O이며 불순물은 회분, 수분이다.

연료의 원자량, 분자량

기 호	물질명	원자량	분자식	분자량
H	수소	1g	H_2	2g
C	탄소	12g	C	12g
N	질소	14g	N_2	28g
O	산소	16g	O_2	32g
S	황	32g	S	32g

C, S 등은 1원자 분자이므로 원자량=분자량이 되며, 아보가드로 법칙에 의해 모든 기체 1mol =분자량(g)=22.4L이며, 1kmol=분자량(kg)=22.4Nm^3이다. 모든 연료계산은 1kg을 기준으로 하기 때문에 kmol, Nm^3을 원칙으로 계산한다.

01 C, H, S에 대한 산소량, 공기량 계산

1 요점사항

원소 구분 (항 목 / 단 위)		이론산소량(O_2) Nm³/kg	연료 1kg에 대한 산소의 값 x(Nm³)	이론산소량(O_2) kg/kg	연료 1kg에 대한 산소의 값 x(kg)	이론공기량(A_0) Nm³/kg	연료 1kg에 대한 이론공기량의 값 x(Nm³)	이론공기량(A_0) kg/kg	연료 1kg에 대한 이론공기량의 값 x(kg)
C (탄소)	연소식	$C+O_2 \rightarrow CO_2$							
	계산 과정	$C+O_2 \rightarrow CO_2$ 12kg : 22.4Nm³ 1kg : x(Nm³) $\therefore x=\frac{1\times22.4}{12}$ =1.867C(Nm³/kg)		$C+O_2 \rightarrow CO_2$ 12kg : 32kg 1kg : x(kg) $\therefore x=\frac{1\times32}{12}$ =2.667C(kg/kg)		좌측의 이론산소의 값 (Nm³/kg) $1.867C\times\frac{1}{0.21}$ =8.89C(Nm³/kg)		좌측의 이론산소의 값 (kg/kg) $2.667C\times\frac{1}{0.232}$ =11.49C(kg/kg)	
H (수소)	연소식	$H_2+\frac{1}{2}O_2 \rightarrow H_2O$							
	계산 과정	$H_2+\frac{1}{2}O_2 \rightarrow H_2O$ 2kg : 11.2Nm³ 1kg : x(Nm³) $\therefore x=\frac{1\times11.2}{2}=5.6$ $=5.6\left(H-\frac{O}{8}\right)$ (Nm³/kg)		$H_2+\frac{1}{2}O_2 \rightarrow H_2O$ 2kg : 16kg 1kg : x(kg) $\therefore x=\frac{1\times16}{2}=8$ $=8\left(H-\frac{O}{8}\right)$(kg/kg)		좌측의 이론산소의 값 (Nm³/kg) $\left\{5.6\left(H-\frac{O}{8}\right)\right\}\times\frac{1}{0.21}$ $=26.67\left(H-\frac{O}{8}\right)$(Nm³/kg)		좌측의 이론산소의 값 (kg/kg) $\left\{8\left(H-\frac{O}{8}\right)\right\}\times\frac{1}{0.232}$ $=34.5\left(H-\frac{O}{8}\right)$(kg/kg)	
S (황)	연소식	$S+O_2 \rightarrow SO_2$							
	계산 과정	$S+O_2 \rightarrow SO_2$ 32kg : 22.4Nm³ 1kg : x(Nm³) $\therefore x=\frac{1\times22.4}{32}=0.7$ =0.7S(Nm³/kg)		$S+O_2 \rightarrow SO_2$ 32kg : 32kg 1kg : x(kg) $\therefore x=\frac{1\times32}{32}=1$ =1S(kg/kg)		좌측의 이론산소의 값 (Nm³/kg) $0.7S\times\frac{1}{0.21}$ =3.33S(Nm³/kg)		좌측의 이론산소의 값 (kg/kg) $1S\times\frac{1}{0.232}$ =4.3S(kg/kg)	

C, H, S에 대한 전체의 공식			
O_2(Nm³/kg)	O_2(kg/kg)	A_0(Nm³/kg)	A_0(kg/kg)
$1.867C+5.6\left(H-\frac{O}{8}\right)+0.7S$	$2.667C+8\left(H-\frac{O}{8}\right)+S$	좌측의 이론산소값 (Nm³/kg) $\left\{1.867C+5.6\left(H+\frac{O}{8}\right)+0.7S\right\}\times\frac{1}{0.21}$ $=8.89C+26.67\left(H-\frac{O}{8}\right)+3.33S$	좌측의 이론산소값 (kg/kg) $\left\{2.667C+8\left(H-\frac{O}{8}\right)+S\right\}\times\frac{1}{0.232}$ $=11.49C+34.5\left(H-\frac{O}{8}\right)+4.3S$

TiP

1. 산소량, 공기량의 계산 대상원소 종류 : 연료에 대하여 이론산소량, 이론공기량을 계산 시. 연료는 **C, H,** O, **S**, N, P 등이라고 하면 산소공기가 필요한 원소는 연소가 가능한(탈 수 있는) 가연성분인 C, H, S에 대하여만 계산해야 한다.
2. $O_2 \times \frac{1}{0.21}$: 산소의 값이 Nm^3(부피)일 때 연료 1kg에 대한 공기량은 $O_2 \times \frac{1}{0.21} = A_0$(공기의 값이)되는 이유는 공기 중 O_2의 값이 부피(%) 21%이므로 $\frac{1}{0.21}\left(\frac{100}{21}\right)$의 값을 곱하면 공기의 값($Nm^3$/kg)이 된다.
3. $O_2 \times \frac{1}{0.232}$: 산소의 값이 kg(중량)일 때 연료 1kg에 대한 공기량은 $O_2 \times \frac{1}{0.232}\left(\frac{100}{23.2}\right) = A_0$(공기)의 값이 된다. 공기 중 O_2의 값이 중량(%) 23.2%이다.
4. $\left(H - \frac{O}{8}\right)$: $\frac{O}{8}$(팔분의 산소)는 연료 중 산소가스가 없을 때는 관계가 없지만 연료 중 산소가 일부 포함되어 있을 때 산소 8kg당 수소 1kg은 연소하지 않고 연료 중의 산소와 결합하게 된다. 여기서 $H - \frac{O}{8}$는 유효수소라 하고, $\frac{O}{8}$는 무효수소라 한다.(유효수소 : 탈 수 있는 수소, 무효수소 : 탈 수 없는 수소) 예를 들어, 연료 중 O_2가 포함 시 산소가 포함된 만큼 산소가 필요 없는 것이다.

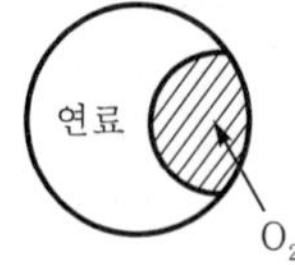

2 탄화수소에 이론산소량, 이론공기량 계산

(1) 탄화수소(C_mH_n)의 종류

종류 / 항목	알칸족(C_nH_{2n+2})	알켄족(C_nH_{2n})	알킨족(C_nH_{2n-2})
해당 가스	CH_4(메탄), C_2H_6(에탄) C_3H_8(프로탄), C_4H_{10}(부탄)	C_2H_4(에틸렌), C_3H_6(프로필렌), C_4H_8(부틸렌)	C_2H_2(아세틸렌), C_3H_4(프로핀), C_4H_6(부틴)
연소식	$C_mH_n + \left(m + \frac{n}{4}\right)O_2 \rightarrow mCO_2 + \frac{n}{2}H_2O$		

(2) 이론산소량, 이론공기량

<table>
<tr><th rowspan="2">가스 종류</th><th>항 목</th><th colspan="4">이론산소량(O_2)</th><th colspan="4">이론공기량(A_0)</th></tr>
<tr><th>단 위</th><th>Nm^3/kg</th><th>연료 1kg에 대한 산소의 값 $x(Nm^3)$</th><th>kg/kg</th><th>연료 1kg에 대한 산소의 값 $x(kg)$</th><th>Nm^3/kg</th><th>연료 1kg에 대한 이론공기량의 값 $x(Nm^3)$</th><th>kg/kg</th><th>연료 1kg에 대한 이론공기량의 값 $x(kg)$</th></tr>
<tr><td rowspan="2">CH_4</td><td>연소식</td><td colspan="8">$CH_4+2O_2 \rightarrow CO_2+2H_2O$</td></tr>
<tr><td>계산 과정</td><td colspan="2">$CH_4+2O_2 \rightarrow$
CO_2+2H_2O
$16kg : 2\times22.4Nm^3$
$1kg : x(Nm^3)$
$\therefore x=\frac{1\times2\times22.4}{16}$
$=2.8Nm^3/kg$</td><td colspan="2">$CH_4+2O_2 \rightarrow$
CO_2+2H_2O
$16kg : 2\times32kg$
$1kg : x(kg)$
$\therefore x=\frac{1\times2\times32}{16}$
$=4kg/kg$</td><td colspan="2">좌측의 이론산소의 값
$2.8Nm^3/kg$이므로
$2.8\times\frac{1}{0.21}=13.33Nm^3/kg$</td><td colspan="2">좌측의 이론산소의 값
4kg/kg이므로
$4\times\frac{1}{0.232}=17.24kg/kg$</td></tr>
<tr><td rowspan="2">C_3H_8</td><td>연소식</td><td colspan="8">$C_3H_8+5O_2 \rightarrow 3CO_2+4H_2O$</td></tr>
<tr><td>계산 과정</td><td colspan="2">$C_3H_8+5O_2 \rightarrow$
$3CO_2+4H_2O$
$44kg : 5\times22.4Nm^3$
$1kg : x(Nm^3)$
$\therefore x=\frac{1\times5\times22.4}{44}$
$=2.55Nm^3/kg$</td><td colspan="2">$C_3H_8+5O_2 \rightarrow$
$3CO_2+4H_2O$
$44kg : 5\times32kg$
$1kg : x(kg)$
$\therefore x=\frac{1\times5\times32}{44}$
$=3.64kg/kg$</td><td colspan="2">좌측의 이론산소의 값
$2.55Nm^3/kg$이므로
$2.55\times\frac{1}{0.21}=12.12Nm^3/kg$</td><td colspan="2">좌측의 이론산소의 값
3.64kg/kg이므로
$3.64\times\frac{1}{0.232}=15.67kg/kg$</td></tr>
<tr><td rowspan="2">C_2H_2</td><td>연소식</td><td colspan="8">$C_2H_2+2.5O_2 \rightarrow 2CO_2+H_2O$</td></tr>
<tr><td>계산 과정</td><td colspan="2">$C_2H_2+2.5O_2 \rightarrow$
$2CO_2+H_2O$
$26kg : 2.5\times22.4Nm^3$
$1kg : x(Nm^3)$
$\therefore x=\frac{1\times2.5\times22.4}{26}$
$=2.15Nm^3/kg$</td><td colspan="2">$C_2H_2+2.5O_2 \rightarrow$
$2CO_2+H_2O$
$26kg : 2.5\times32kg$
$1kg : x(kg)$
$\therefore x=\frac{1\times2.5\times32}{26}$
$=3.08kg/kg$</td><td colspan="2">좌측의 이론산소의 값
$2.15Nm^3/kg$이므로
$2.15\times\frac{1}{0.21}=10.26Nm^3/kg$</td><td colspan="2">좌측의 이론산소의 값
3.08kg/kg이므로
$3.08\times\frac{1}{0.232}=13.27kg/kg$</td></tr>
</table>

TiP

일반 탄화수소(C_mH_n)의 이론산소량 · 공기량 계산에 대하여 C_4H_{10}(부탄)의 가스를 대상으로 숙지한다면

1. C_4H_{10}의 연소반응식을 완성한다.
   $C_4H_{10}+O_2 \rightarrow CO_2+H_2O$의 연소식에서 좌변의 C : 4, H : 10이므로 우선 우변의 CO_2 앞에 계수 4, H_2O 앞에 계수 5를 쓰면 우변의 계수가 $4CO_2$, $5H_2O$가 되므로 여기서 산소의 값은 $4CO_2$에서 8, $5H_2O$에서 5가 되어 전체산소는 5+8=13이므로 좌변의 산소값이 $\frac{13}{2}$=6.5가 되어 연소반응식을 완성하면 다음과 같다.
   $C_4H_{10}+6.5O_2 \rightarrow 4CO_2+5H_2O$
2. C_4H_{10}의 분자량이 58이므로 58kg에 대하여 산소 체적은 $6.5\times22.4Nm^3$, 중량은 6.5×32kg이므로 같은 요령으로 비례식으로 계산한다.
3. 공기량은 계산된 산소가 부피(Nm^3)일 때는 $\frac{1}{0.21}$을, 중량(kg)일 때는 $\frac{1}{0.232}$을 곱하면 이론공기량이 된다.

3 공기비(m)=과잉공기계수, (과잉공기비=$m-1$)

<table>
<tr><th colspan="2">구 분</th><th>핵심 요점내용</th></tr>
<tr><td rowspan="3">관련용어</td><td>A_0(이론공기량)</td><td>① 반응식에서 계산된 공기량</td></tr>
<tr><td>A(실제공기량)</td><td>② 연소 시 실제로 사용된 공기량</td></tr>
<tr><td>P(과잉공기량)</td><td>③ 연소 시 이론공기량(A_0)보다 더 소비된 공기량{$P=A-A_0=(m-1)A_0$}</td></tr>
<tr><td rowspan="2">유사용어</td><td>과잉공기비</td><td>$m-1$</td></tr>
<tr><td>과잉공기율</td><td>$\frac{P(\text{과잉공기량})}{A_0(\text{이론공기량})}\times 100=(m-1)\times 100$</td></tr>
<tr><td colspan="2">공기비(m)에 대한 관련 수식</td><td>$m=\frac{A}{A_0}=\frac{A_0+P}{A_0}=1+\frac{P}{A_0}$</td></tr>
<tr><td rowspan="3">연료에 따른 공기비(m)의 값</td><td>기체</td><td>m=1.2~1.3</td></tr>
<tr><td>액체</td><td>m=1.3~1.4</td></tr>
<tr><td>고체</td><td>m=1.4~2.0</td></tr>
<tr><td rowspan="2">연소가스 (배기가스) 분석에 따른 공기비</td><td>완전연소 시 (O_2 : 21%, N_2 : 79%)</td><td>$m=\frac{N_2}{N_2-3.76O_2}=\frac{21}{21-O_2}=\frac{CO_{2max}}{CO_2}$</td></tr>
<tr><td>불완전연소 시 (O_2+N_2+CO)</td><td>$m=\frac{N_2}{N_2-3.76(O_2-0.5CO)}$
여기서, N_2 : 배기가스 중 질소의 함유율(%)
O_2 : 배기가스 중 산소의 함유율(%)
CO : 배기가스 중 일산화탄소의 함유율(%)</td></tr>
<tr><td rowspan="2">최대 탄산가스량 CO_{2max}</td><td>완전연소 시</td><td>$CO_{2max}=mCO_2=\frac{21CO_2}{21-O_2}$</td></tr>
<tr><td>불완전연소 시</td><td>$CO_{2max}=\frac{21(CO_2+CO)}{21-O_2+0.395CO}$</td></tr>
<tr><td rowspan="2">공기비(m)의 영향</td><td>클 경우</td><td>① 연소가스 온도 저하
② 배기가스량 증가
③ 연소가스 중 황의 영향으로 저온부식 초대
④ 연소가스 중 질소산화물 증가
⑤ 연료소비량 증가</td></tr>
<tr><td>적을 경우</td><td>① 미연소에 의한 역화의 위험
② 불완전연소
③ 매연발생
④ 미연소가스에 의한 열손실 증가</td></tr>
</table>

공기비

1. 연료를 연소 시 이론공기량(A_0)만으로 절대 완전연소가 되지 않아 필요 여분의 공기를 더 보내어 연료와 산소의 접촉이 원활하도록 한다. 이때 여분의 공기를 과잉공기(P)라 하고, A_0(이론)$+P$(과잉)$=A$(실제공기)이고, $P=A-A_0$이다.
2. 공기비(m)란 이론공기량(A_0)에 대한 실제공기량(A)과의 비를 말하며, 일반적으로 연료를 연소 시 실제공기량(A)이 이론공기량(A_0)보다 크므로 $m>1$ 이상이 된다.
3. $m=\dfrac{A}{A_0}=\dfrac{A_0+P}{A_0}=1+\dfrac{P}{A_0}$이고, 여기서 $P=(m-1)A_0$이다.
4. 연소가스 성분에 대한 공기비는 $\dfrac{\text{실제연소가스}}{\text{이론연소가스}}$이므로 $m=\dfrac{N_2}{N_2-3.76O_2}$에서 $3.76=\dfrac{79(\text{질소})}{21(\text{산소})}$의 값이다.
5. CO_{2max}(최대탄산가스량)은 연료가 이론공기량(A_0)만으로 연소 시 전체연소가스량이 최소가 되어 CO_{2max}%를 계산하면 $\dfrac{CO_2}{\text{연소가스량}}\times100$은 최대가 되는데, 이것을 CO_{2max}%라 정의한다. 그러나 연소가 완전하지 못하여 여분의 공기가 들어갔을 때 전체연소가스량이 많아지므로 CO_2%는 낮아진다. 따라서 CO_2%가 높고, 낮음은 CO_2의 양의 증가, 감소가 아니고 연소가 원활하여 과잉공기가 적게 들어갔을 때 CO_2의 농도는 증가하게 과잉공기가 많이 들어가면 CO_2의 농도는 감소하게 되는 것이다.
6. CO_2의 값을 공기비로 표현 시 $m=\dfrac{CO_{2max}}{CO_2}=\dfrac{21}{21-O_2}$에서 $CO_{2max}=mCO_2=\dfrac{21CO_2}{21-O_2}$가 되고, 불완전연소 시는 CO부분을 감안하여 계산한다.

02 연소가스의 성분계산

1 원소에 따른 연소가스량 계산

연소가스 종류	중요 핵심 요점사항	
	생성과정	(Nm^3/kg) 계산과정 (Nm^3/kg)으로 계산 시
CO_2	탄소가 연소 시 연소가스로 생성 $C+O_2 \rightarrow CO_2$	$C+O_2 \rightarrow CO_2$ 12kg : 22.4Nm^3 1kg : x(Nm^3) $x=\dfrac{1\times22.4}{12}=1.867Nm^3/kg$ $\therefore$ 1.867C(Nm^3/kg)

<table>
<tr><th rowspan="3">연소가스 종류</th><th colspan="2">중요 핵심 요점사항</th></tr>
<tr><th rowspan="2">생성과정</th><th>(Nm³/kg) 계산과정</th></tr>
<tr><th>(Nm³/kg)으로 계산 시</th></tr>
<tr><td rowspan="3">H_2O</td><td>① 수소가 연소 시 연소가스로 생성
$H_2+\frac{1}{2}O_2 \rightarrow H_2O$</td><td>$H_2+\frac{1}{2}O_2 \rightarrow H_2O$
2kg : 22.4Nm³
1kg : x(Nm³)
$x=\frac{1\times 22.4}{2}=11.2Nm^3/kg$
∴ 11.2H(Nm³/kg)</td></tr>
<tr><td>② 연료 중에 포함된 수분</td><td>22.4Nm³/18kg=1.25Nm³/kg
∴ 1.25W(Nm³/kg)</td></tr>
<tr><td>①+② 연소가스 중 총 수증기량
H : 수소가 연소하여 생긴 수증기
W : 연료 중 포함된 수증기</td><td>∴ $11.2H+1.25W$
$=1.25(9H+W)$</td></tr>
<tr><td>SO_2</td><td>황인 연소 시 연소가스로 생성
$S+O_2 \rightarrow SO_2$</td><td>$S+O_2 \rightarrow SO_2$
32kg : 22.4Nm³
1kg : x(Nm³)
$x=\frac{1\times 22.4}{32}=0.7Nm^3/kg$
∴ 0.7S(Nm³/kg)</td></tr>
<tr><td>N_2량</td><td>① 이론공기 중의 질소
② 연료 중의 질소
③ 연소가스 중 총 질소량</td><td>$A_0\times 0.79Nm^3/kg$
22.4Nm³/28kg=0.8N(Nm³/kg)
$A_0\times 0.79+0.8N(Nm^3/kg)$</td></tr>
<tr><td rowspan="2">과잉공기량</td><td>과잉공기 사용 시 연소가스로 생성</td><td>$(m-1)A_0(Nm^3/kg)$</td></tr>
<tr><td colspan="2">참고 과잉공기 중의 산소 : $(m-1)A_0\times 0.21(Nm^3/kg)$</td></tr>
</table>

2 연소가스 종류

(1) 용어의 정리

<table>
<tr><th colspan="2">구 분</th><th>수 식</th></tr>
<tr><td>기초사항</td><td>습연소가스
실제공기량</td><td>=건연소가스+수증기
=이론공기량+과잉공기량</td></tr>
<tr><td colspan="2">실제습연소가스(G_{sw})</td><td>=실제건연소가스(G_o)+수증기{$1.25(9H+W)$}
=이론습연소가스(G_{ow})+과잉공기량{$(m-1)A_0$}</td></tr>
<tr><td colspan="2">실제건연소가스(G_{sd})</td><td>=이론건연소가스(G_{od})+과잉공기량{$(m-1)A_0$}</td></tr>
<tr><td colspan="2">이론습연소가스(G_{ow})</td><td>=이론건연소가스(G_{od})+수증기{$1.25(9H+W)$}</td></tr>
</table>

(2) 원소에 따른 연소가스에 대한 세부 공식

구 분		공 식
실제 연소가스량	실제습연소가스(G_{sw})(Nm³/kg)	$(m-1)A_0+0.79A_0+1.867C+0.7S+0.8N+1.25(9H+W)$ $=(m-0.21)A_0+1.867C+0.7S+0.8N+1.25(9H+W)$
	실제건연소가스(G_{sd})(Nm³/kg)	$(m-1)A_0+0.79A_0+1.867C+0.75+0.8N$ $=(m-0.21)A_0+1.867C+0.75+0.8N$
이론 연소가스량	이론습연소가스(G_{ow})(Nm³/kg)	$(1-0.21)A_0+1.867C+0.7S+0.8N+1.25(9H+W)$
	이론건연소가스(G_{od})(Nm³/kg)	$(1-0.21)A_0+1.867C+0.7S+0.8N$

TIP

1. 연소가스 계산 시 특별사항이 없으면 전체연소가스량 즉, 습연소가스량을 계산한다.
2. 습연소와 건연소의 차이는 $1.25(9H+W)$까지 계산되면 습연소. 이 값이 없으면 건연소량이다.
3. 실제공기량과 이론공기량의 차이는 앞의 내용에서 과잉공기량 만큼의 차이이다.
4. A_0 값이 주어지지 않을 시 $A_0=8.89C+26.67\left(H-\frac{O}{8}\right)+3.33S$(Nm³/kg)으로 계산한다.

예제 1. 과잉공기비 1.2, 이론공기량이 5Nm³/kg이고 원소분석이 다음과 같은 실제연소가스량(Nm³/kg)은 얼마인가? (단, C : 85%, S : 5%, H : 2%, 수분은 없으며 나머지는 질소량으로 한다.)

풀이 질소는 $100-(85+5+2)=8\%$이므로

$$G_{sw}=(m-0.21)A_0+1.867C+0.8N+1.25(9H+W)$$
$$=(1.2-0.21)\times5+1.867\times0.85+0.7\times0.05+0.8\times0.08+1.25\times(9\times0.02)$$
$$=6.86\text{Nm}^3/\text{kg}$$

예제 2. 원소분석이 C : 80%, S : 10%, O : 3%, H : 5%, N : 2%인 노 내의 이론 건연소가스량(Nm³/kg)을 계산하여라.

풀이 $A_0=8.89C+26.67\left(H-\frac{O}{8}\right)+3.33S=8.89\times0.8+26.67\left(0.05-\frac{0.03}{8}\right)+3.33\times0.1=8.68$

$\therefore$ $(1-0.21)A_0+1.867C+0.7S+0.8N$에서

$$(1-0.21)\times8.68+1.867\times0.8+0.7\times0.1+0.8\times0.02=8.44\text{Nm}^3/\text{kg}$$

(3) 탄화수소 연소 시 생성되는 연소가스량 계산

① $CH_4+2O_2 \rightarrow CO_2+2H_2O$

② $C_2H_6+3.5O_2 \rightarrow 2CO_2+3H_2O$

③ $C_3H_8+5O_2 \rightarrow 3CO_2+4H_2O$

④ $C_4H_{10}+6.5O_2 \rightarrow 4CO_2+5H_2O$

⑤ $C_2H_2+2.5O_2 \rightarrow 2CO_2+H_2O$

예제 1. C_3H_8 10kg 연소 시 생성되는 습연소가스량(Nm^3)을 계산하여라.

풀이 습연소가스량($CO_2+H_2O+N_2$)

C_3H_8 + $5O_2$ → $3CO_2$ + $4H_2O$

44kg　5×22.4　7×22.4

10kg　y　$x(Nm^3)$

• (CO_2+H_2O) : $x=\dfrac{10\times7\times22.4}{44}=35.636Nm^3$

• N_2 : $y=\dfrac{10\times5\times22.4}{44}\times\dfrac{(1-0.21)}{0.21}=95.757Nm^3$

∴ $x+y=131.39Nm^3/kg$

예제 2. C_4H_{10} $10Nm^3$ 연소 시 생성되는 건연소가스량(Nm^3)을 계산하여라.

풀이 건연소가스량(CO_2+N_2)

C_4H_{10} + $6.5O_2$ → $4CO_2$ + $5H_2O$

$22.4Nm^3$　$6.5\times22.4Nm^3$　$4\times22.4Nm^3$

$10Nm^3$　y　x

• CO_2 : $x=\dfrac{10\times4\times22.4}{22.4}=40Nm^3$

• N_2 : $y=\dfrac{10\times6.5\times22.4}{22.4}\times\dfrac{(1-0.21)}{0.21}=244.52Nm^3$

∴ $x+y=284.52Nm^3$

예제 3. C_2H_2 10kg을 공기비 1.1로 연소 시 습연소가스량(kg)을 계산하여라.

풀이 C_2H_2 + $2.5O_2$ → $2CO_2$ + H_2O

26kg　$2.5\times32kg$　$2\times44kg$　18kg

10kg　$x(kg)$　$y(kg)$　$z(kg)$

• $N_2+(m-1)A_0$의 양 : $x=\dfrac{10\times2.5\times32}{26}\times\dfrac{(1.1-0.232)}{0.232}=115.119kg$

여기서, N_2 : $A_0\times0.768$

P(과잉공기) : $(m-1)A_0$

• CO_2 양 : $y=\dfrac{10\times2\times44}{26}=33.846kg$

• H_2O : 양 $z=\dfrac{10\times18}{26}=6.92kg$

∴ $(x+P+y+z)=115.119+33.846+6.92=155.89kg$

예제 4. C_3H_8 5kg을 이론산소량만으로 연소 시 건조연소가스량(Nm^3)을 구하여라.

풀이 C_2H_8 + $5O_2$ → $3CO_2$ + $4H_2O$

44kg　:　$3\times22.4Nm^3$

5kg　:　$x(Nm^3)$

∴ $x=\dfrac{5\times3\times22.4}{44}=7.636Nm^3$

(이론산소로 연소 시 연소가스 중 N_2는 생성되지 않는다.)

03 연료의 발열량 계산

1 단위 및 종류

단 위		종 류	
고체 · 액체 물질	기체물질	고위(Hh)발열량(총 발열량)	저위(Hl)발열량
kcal/kg	kcal/Nm^3	연료가 연소하여 발생되는 열량으로 수증기 증발잠열 600(9H+ W)값이 포함된 열량으로 $Hh = Hl + 600(9H + W)$	고위발열량에서 수증기 증발잠열이 제외된 열량으로서 $\therefore Hl = Hh - 600(9H + W)$

2 원소에 따른 1kg당 발열량 계산 값

원소의 종류	중요 핵심 요점사항	
	계산과정	1kg당 발열량의 값
C	탄소 1kmol=12kg에 대한 총 발열량 값이 97200kcal이므로	$C + O_2 \rightarrow CO_2$ 12kg : 97200 1kg : x $\therefore x = \frac{1 \times 97200}{12} = 8100$kcal이므로 8100C(kcal/kg)으로 표시
H	수소(1kmol=2kg)가 연소 시 생성된 H_2O가 물일 때 총 발열량 값이 68000kcal이므로	$H_2 + \frac{1}{2}O_2 \rightarrow H_2O + 68000$kcal 2kg : 68000 1kg : x $\therefore x = \frac{1 \times 68000}{2} = 34000$kcal이므로 $34000\left(H - \frac{O}{8}\right)$kcal/kg이므로 H_2O가 물일 때는 고위발열량
H	수소(1kmol=2kg)가 연소 시 생성된 H_2O가 수증기일 때 총 발열량 값이 57200kcal이므로	$H_2 + \frac{1}{2}O_2 \rightarrow H_2O + 57200$kcal 2kg : 57200 1kg : x $x = \frac{1 \times 57200}{2} = 28000$kcal/kg $\therefore 28000\left(H - \frac{O}{8}\right)$kcal/kg H_2O가 수증기일 때는 저위발열량

원소의 종류	중요 핵심 요점사항	
	계산과정	1kg당 발열량의 값
S	황(1kmol=32kg)이 연소 시 총 발열량 값이 80000kcal이므로	$S+O_2 \rightarrow SO_2+80000kcal$ 32kg : 80000 1kg : x $x=\frac{1\times 80000}{32}=2520kcal/kg$ ∴ 2520S(kcal/kg)으로 표시
종합공식	Hh(고위발열량) Hl(저위발열량)	$8100C+34000\left(H-\frac{O}{8}\right)+2500S(kcal/kg)$ $8100C+28600\left(H-\frac{O}{8}\right)+2500S(kcal/kg)$

예제 1. Hh 10000kcal/kg인 연료 3kg이 연소 시 저위발열량을 계산하여라. (단, 연료 1kg당 수소 15%, 수분은 없는 것으로 한다.)

풀이 $Hl=Hh-600(9H+W)$

$10000kcal/kg-600(9\times 0.15-0)=9190kcal/kg$

∴ $9190kcal/kg\times 3kg=27570kcal$

예제 2. 어떤 연료가 가진 성분이 C : 70%, H : 10%, O : 5%, S : 10%, 수분 : 5% 존재 시 이 연료가 가지는 저위발열량(kcal/kg)은?

풀이 수분이 존재 시 $Hl=Hh-600(9H+W)$에서

$$Hl=Hh-600(9H+W)$$
$$=8100C+34000\left(H-\frac{O}{8}\right)+2500S-600(9H+W)$$
$$=8100\times 0.7+34000\left(0.1-\frac{0.05}{8}\right)+2500\times 0.1-600(9\times 0.1+0.05)$$
$$=10847.5kcal/kg$$

수분이 존재하므로 $Hl=8100C+28600\left(H-\frac{O}{8}\right)+2500S$로 계산하면 안 됨

3 Hess의 법칙

화학반응과정에 있어서 발생 또는 흡수되는 전체의 열량은 최초의 상태와 최종상태에서 결정되며, 경로에는 무관하다.

$$C+\frac{1}{2}O_2 \rightarrow CO+29200kcal/kmol \quad \cdots\cdots ①$$
$$+\ CO+\frac{1}{2}O_2 \rightarrow CO_2+68000kcal/kmol \quad \cdots\cdots ②$$
$$C+O_2 \rightarrow CO_2+97200kcal/kmol \quad \cdots\cdots ③$$

04 연소가스의 온도

1 연소온도의 구분

구 분		핵심 요점사항	
이론 연소 온도	정의	이론공기량 만으로 완전연소 시 발생되는 최고온도	
	공식	$(Q)Hl = GC_pt$에서 $t = \frac{Q(Hl)}{G \cdot C_p}$	t : 이론연소온도(℃) $(Q)Hl$: 저위발열량(kcal) G : 이론배기가스량(Nm^3/kg) C_p : 배기(연소)가스의 정압비열($kcal/Nm^3 \cdot ℃$)
실제 연소 온도	정의	실제공기량으로 연료를 연소 시 발생되는 최고온도	
	공식	$t_2 = \frac{Q(Hl) + \text{공기현열} - \text{손실열량}}{G_s \cdot C_p} + t_1$	t_1 : 기준온도(℃) t_2 : 실제연소온도(℃) G_s : 실제연소가스량(Nm^3/kg) C_p : 연소(배기)가스의 정압비열($kcal/Nm^3 \cdot ℃$)

예제 1. 다음 조건으로 이론연소온도(t(℃))를 구하여라.

- Hl(저위발열량) : 10000kcal/kg, A_0(이론공기량) : $10Nm^3/kg$
- 이론 습연소가스량 : $12Nm^3/kg$
- 배기가스 비열 : $0.54kcal/Nm^3 \cdot ℃$

풀이 $t = \frac{Hl}{G \cdot C_p} = \frac{10000}{12 \times 0.54} = 1543.21℃$

예제 2. 다음 조건으로 실제연소온도(t_2(℃))를 구하여라.

- Hl : 10000kcal/kg
- A_0(이론공기량) : $10Nm^3/kg$
- G(이론연소가스량) : $11Nm^3/kg$
- 기준온도 : 20℃
- C_p 연소가스 정압비열 : $0.30kcal/Nm^3 \cdot ℃$
- 과잉공기율 : 20%

풀이 G_s(실제연소가스량) $= G_o$(이론연소가스량) $+ (m-1)A_0$(과잉공기량)이므로

$G_s = 11 + (1.2-1) \times 10 = 13Nm^3$

$\therefore\ t = \frac{Hl}{G_s \cdot C_p} + t_1 = \frac{10000}{13 \times 0.30} + 20 = 2584.10℃$

예제 3. 연소가스의 열용량이 10kcal/℃인 어떤 연료 5kg 연소 시 발생되는 이론연소온도(℃)는? (단, Hl : 10000kcal/kg이다.)

풀이 $t = \frac{G \times Hl}{Q} = \frac{5kg \times 10000kcal/kg}{10kcal/℃} = 5000℃$

2 연소효율 · 열효율

<table>
<tr><th colspan="2">구 분</th><th>세부 요점내용</th></tr>
<tr><td rowspan="3">연소효율</td><td>정의</td><td>연료가 가지고 있는 열량의 발생정도</td></tr>
<tr><td>공식</td><td>$\eta(\%) = \frac{\text{연소실 내 발생열량}}{\text{연료 1kg이 연소 시 발생하는 열량}} \times 100$</td></tr>
<tr><td>연소효율을 상승시키는 방법</td><td>① 연소실 내 용적을 크게 한다.
② 연소실 내 온도를 높인다.
③ 미연소분을 줄인다.
④ 연료와 공기를 예열공급한다.</td></tr>
<tr><td rowspan="2">열효율</td><td>정의</td><td>연소장치 주위의 조건 등을 모두 고려하여 전체공정의 최종효율</td></tr>
<tr><td>열효율을 상승시키는 방법</td><td>① 단속적인 조업을 피한다.
② 연소기구에 알맞은 적정연료를 사용한다.
③ 연소가스 온도를 높인다.
④ 열손실을 줄인다.</td></tr>
<tr><td colspan="2">열손실의 종류</td><td>① 불완전연소에 의한 열손실
② 노벽을 통한 열손실
③ 배기가스에 의한 열손실
※ 배기가스에 의한 손실은 연소가 끝난 단계이므로 손실을 줄이기 어렵다.</td></tr>
</table>

Chapter 2

출/제/예/상/문/제

01 연료 1kg에 대한 이론산소량(Nm^3/kg)을 구하는 식은?

① $1.870C+5.6\left(H-\frac{O}{8}\right)+0.7S$

② $2.667+5.6\left(H-\frac{O}{8}\right)+0.7S$

③ $8.890C+26.67\left(H-\frac{O}{8}\right)+3.33S$

④ $11.490C+34.5\left(H-\frac{O}{8}\right)+4.3S$

02 다음 중 연료의 A_0(이론공기량) 값으로 맞는 식은? (단, Nm^3/kg의 단위이다.)

① $A_0=8.89C-26.67H-3.33(O-S)$

② $A_0=8.89C+26.67H-3.33(O-S)$

③ $A_0=8.89C+26.67(H-O)+3.33S$

④ $A_0=8.89C-26.67(H-O)+3.33S$

03 어떤 연료를 분석하니 수소 10%(부피), 탄소 80%, 회분 10%이었다. 이 연료 100kg을 완전연소시키기 위해서 필요한 공기는 표준상태에서 몇 m^3이겠는가?

① $980m^3$ ② $206m^3$
③ $412m^3$ ④ $490m^3$

해설

$8.89C+26.67\left(H-\frac{O}{8}\right)+3.33S=8.89\times0.8+26.67\times0.1$

$=9.779Nm^3/kg$

$\therefore\ 9.779Nm^3/kg\times100kg=977.9Nm^3$

04 어떤 연료를 분석해 본 결과 탄소 71%, 산소 10%, 수소 3.8%, 황 3%(각각 중량%)가 함유되어 있음이 밝혀졌다. 이 연료 1kg을 완전연소시키는 데 소요되는 이론산소량을 kg－O_2/kg－연료의 단위로 구하면 얼마인가?

① 1.11 ② 1.57
③ 2.13 ④ 3.24

O_2량$(kg/kg)=2.667C+8\left(H-\frac{O}{8}\right)+S$

$=2.667\times0.71+8\left(0.038-\frac{0.1}{8}\right)+0.03$

$=2.127kg$

05 연료의 이론적 공기량은 어느 것에 따라 변하는가?

① 연소온도
② 연료조성
③ 과잉공기계수
④ 연소장치 종류

06 어떤 고체연료 5kg을 공기비 1.1을 써서 완전연소시켰다면 그때의 총 사용공기량은 약 몇 Nm^3인가? (단, 연료의 조성비는 다음과 같다.)

탄소 60%, 질소 13%, 황 0.8%, 수분 5%
수소 8.6%, 산소 5%, 회분 7.6%

① 75.5 ② 9.6
③ 41.2 ④ 48

해설

$A_0=8.89C+26.67\left(H-\frac{O}{8}\right)+3.33S$

$=8.89\times0.6+26.67\left(0.086-\frac{0.05}{8}\right)+3.33\times0.008$

$=7.4875$

$\therefore\ A=mA_0$

$=1.1\times7.4875Nm^3/kg\times5kg=41.18Nm^3$

정답 01.① 02.② 03.① 04.③ 05.② 06.③

07 연소기구에 공급되는 연료의 조성과 중량비는 다음과 같다. 130%의 공기과잉률로 연소시킨다면 연료 1kg에 공급되는 공기량은 얼마인가?

C : 78%, H_2 : 6%, O_2 : 9%, 회분 : 7%

① 13.84kg/kg ② 16.67kg/kg
③ 14.73kg/kg ④ 11.56kg/kg

해설

$$A_0 = 11.49C + 34.5\left(H - \frac{O}{8}\right) + 4.31S$$
$$= 11.49 \times 0.78 + 34.5\left(0.06 - \frac{0.09}{8}\right) = 10.644$$
$$\therefore A = mA_0 = 1.3 \times 10.644 = 13.84\text{kg/kg}$$

08 H_2=50%, CO=50%인 기체연료의 연소에 필요한 이론공기량 Nm^3/Nm^3은 얼마인가?

① 3.30 ② 0.50
③ 100 ④ 2.38

해설

$$H_2 + \frac{1}{2}O_2 \rightarrow H_2O$$
$$CO + \frac{1}{2}O_2 \rightarrow CO_2$$
$$\left(\frac{1}{2} \times 0.5 + \frac{1}{2} \times 0.5\right) \times \frac{1}{0.21} = 2.38Nm^3/Nm^3$$

09 메탄가스 $1Nm^3$을 공기과잉률 1.1로 연소시킨다면 공기량은 몇 Nm^3인가?

① 약 15 ② 약 7
③ 약 9 ④ 약 11

해설

$CH_4 + 2O_2 \rightarrow CO_2 + 2H_2O$에서
$1Nm^3$ $2Nm^3$

$$\therefore 2 \times \frac{1}{0.21} \times 1.1 = 10.476Nm^3$$

10 CH_4와 C_3H_8를 각각 용적으로 50%씩 혼합기체연료 $1Nm^3$을 완전연소시키는 데 필요한 이론공기량 Nm^3은? (단, 반응식은 다음과 같다.)

① 16.7 ② 13.7
③ 14.7 ④ 15.7

해설

$$CH_4 + 2O_2 \rightarrow CO_2 + 2H_2O$$
$$C_3H_8 + 5O_2 \rightarrow 3CO_2 + 4H_2O$$
$$\therefore \{(2 \times 0.5) + (5 \times 0.5)\} \times \frac{1}{0.21} = 16.66Nm^3/Nm^3$$

11 어떤 가스가 완전연소할 때 이론상 필요한 공기량을 $A_0(m^3)$, 실제로 사용한 공기량을 $A(m^3)$라 할 때 과잉공기 백분율을 올바르게 표시한 식은?

① $\frac{A - A_0}{A} \times 100$

② $\frac{A - A_0}{A_0} \times 100$

③ $\frac{A}{A_0} \times 100$

④ $\frac{A_0}{A} \times 100$

해설

$$\text{과잉공기 백분율(\%)} = \frac{\text{과잉공기}}{\text{이론공기}} \times 100$$

12 과잉공기비를 옳게 나타낸 것은?

① 공기비−1
② 공기비+1
③ 실제공기량+이론공기량
④ 실제공기량−이론공기량

해설

$$\text{과잉공기율} = \frac{P}{A_0} \times 100 = (m-1) \times 100$$
과잉공기비=$(m-1)$
P(과잉공기량)=$(m-1)A_0$
여기서, A_0 : 이론공기량
m : 공기비

13 0℃, 1atm에서 $10m^3$의 다음 조성을 가지는 기체연료의 이론공기량은? (단, H_2 10%, CO 15%, CH_4 25%, N_2 50%)

① $29.8m^3$
② $20.6m^3$
③ $16.8m^3$
④ $8.7m^3$

정답 07.① 08.④ 09.④ 10.① 11.② 12.① 13.①

해설

$H_2 + \frac{1}{2}O_2 \rightarrow H_2O$

$CO + \frac{1}{2}O_2 \rightarrow CO_2$

$CH_4 + 2O_2 \rightarrow CO_2 + 2H_2O$

$\therefore \left\{\frac{1}{2}\times 0.1 + \frac{1}{2}\times 0.15 + 2\times 0.25\right\}\times \frac{1}{0.21}\times 10$

$= 29.761m^3$

14 다음 설명 중 옳은 것은?

① 공기과잉률은 연료 1kg당 실제로 혼합된 공기량과 완전연소에 필요한 공기량의 비로 정의된다.
② 공기과잉률은 연료 1kg당 실제로 혼합된 공기량과 불완전연소에 필요한 공기량의 비로 정의된다.
③ 공기과잉률은 기체 $1m^3$당 실제로 혼합된 공기량과 완전연소에 필요한 공기량의 비로 정의된다.
④ 공기과잉률은 기체 $1m^3$당 실제로 혼합된 공기량과 불완전연소에 필요한 공기량의 비로 정의된다.

15 불완전한 연소상태에서 공기비(m)는?

① $m=1$　② $m>1$
③ $m<1$　④ $m=0$

16 다음 식 중 틀린 것은? (단, G_s : 실제습연소, G_o : 이론습연소, G_{sd} : 실제건연소, G_{od} : 이론건연소이다.)

① $G_s = G_{sd} + (m-1)A_0$
② $G_s = G_o + (m-1)A_0$
③ $G_o = G_{od} + 1.244(9H+W)$
④ $G_s = G_{od} + 1.244(9H+W) + (m-1)A_0$

17 메탄가스로 과잉공기를 사용하여 연소시켰다. 생성된 H_2O는 흡수탑에서 흡수제거시키고 나온 가스를 분석하였더니 그 조성(용적)은 다음과 같았다. 사용된 공기의 과잉률은? (단, CO_2 : 9.6%, O_2 : 3.8%, N_2 : 86.6%)

① 40%　② 10%
③ 20%　④ 30%

해설

$공기비(m) = \frac{N_2}{N_2 - 3.76O_2}$

$= \frac{86.6}{86.6 - 3.76\times 3.8} = 1.198 ≒ 1.2$

18 어떤 연료를 연소함에 이론공기량은 $3Nm^3/kg$였고, 굴뚝가스의 분석결과는 CO_2=12.6%, O_2=6.4%, 실제공기량은 얼마인가?

① $5.6Nm^3/kg$　② $3.3Nm^3/kg$
③ $4.3Nm^3/kg$　④ $4.6Nm^3/kg$

해설

$m = \frac{A}{A_0}$ 에서 $A = mA_0$ 이므로

$N_2 = 100 - (12.6 + 6.4) = 81\%$

$m = \frac{81}{81 - 3.76\times 6.4} = 1.42$

$\therefore A = 3\times 1.42 = 4.26Nm^3$

19 과잉공기가 지나칠 때 나타나는 현상 중 틀린 것은?

① 열효율이 감소되고, 연료소비량이 증가
② 연소실 온도가 저하되고, 완전연소 곤란
③ 배기가스에 의한 열손실 증가
④ 배기가스 온도가 높아지고, 매연이 증가

20 이론 습연소가스량 G의 이론 건연소가스량 G'의 관계를 옳게 나타낸 식은?

① $G = G' + (9H + W)$
② $G' = G + 1.25(9H + W)$
③ $G = G' + 1.25(9H + W)$
④ $G = G' + (9H + W)$

해설

습연소=건연소+수증기

21 표준상태 하에서 C_3H_8 10kg의 체적은 몇 m^3인가?

① $0.01m^3$　② $0.277m^3$
③ $5.1m^3$　④ $4.4m^3$

정답 14.① 15.③ 16.① 17.③ 18.③ 19.④ 20.③ 21.③

해설

$C_3H_8 = 44kg : 22.4Nm^3$이므로

$10kg : x(Nm^3)$

$\therefore x = \frac{10}{44} \times 22.4 = 5.1Nm^3$

22 연소가스 분석이 $CO_2 = 15\%$, $O_2 = 8.2\%$일 때 과잉공기계수(m)의 값은?

① 0.64 ② 0.24
③ 0.82 ④ 1.64

해설

$CO_{2max} = \frac{21CO_2}{21 - O_2} = \frac{21 \times 15}{21 - 8.2} = 24.609$

$\therefore m = \frac{CO_{2max}}{CO_2} = \frac{24.609}{15} = 1.64$

23 C_mH_n $1Nm^3$이 연소해서 생기는 H_2O의 양(Nm^3)은 얼마인가?

① $\frac{n}{4}$ ② $\frac{n}{2}$
③ n ④ $2n$

해설

$C_mH_n + \left(m + \frac{n}{4}\right)O_2 \rightarrow mCO_2 + \frac{n}{2}H_2O$

24 탄소 1kg을 이론공기량으로 완전연소시켰을 때 나오는 연소가스량(Nm^3)은 얼마인가?

① $22.4Nm^3$ ② $8.89Nm^3$
③ $1.867Nm^3$ ④ $106.667Nm^3$

해설

$C + O_2 \rightarrow CO_2$
$12kg \quad 22.4Nm^3 \quad 22.4Nm^3$
$1kg \quad x(Nm^3) \quad y(Nm^3)$

질소량 $= \frac{1 \times 22.4}{12} \times \frac{0.79}{0.21} = 7.02$

CO_2량 $= \frac{1 \times 22.4}{12} = 1.86$

$\therefore 7.02 + 1.86 = 8.88$

25 황(S) 1kg을 이론공기량으로 완전연소시켰을 때 발생하는 연소가스량 Nm^3은?

① 3.33 ② 0.70
③ 2.00 ④ 2.63

해설

$S + O_2 \rightarrow SO_2$
$32kg \quad 22.4Nm^3 \quad 22.4Nm^3$
$1kg \quad x \quad y$

N_2량 $= \frac{1 \times 22.4}{32} \times \frac{0.79}{0.21} = 2.63$, SO_2량 $= \frac{1 \times 22.4}{32} = 0.7$

$\therefore 2.63 + 0.7 = 3.33Nm^3$

26 프로판 $1Nm^3$을 이론공기량을 사용하여 완전연소시킬 때 배출되는 습(wet) 배기가스량은 몇 Nm^3인가? (단, 공기 중 산소함량은 21부피%)

① 7.0 ② 12.7
③ 21.8 ④ 25.8

해설

$C_3H_8 + 5O_2 \rightarrow 3CO_2 + 4H_2O$
$1 : 5 : 7$

$\therefore 5 \times \frac{0.79}{0.21} + 7 = 25.8Nm^3$

27 에탄 $5Nm^3$을 연소시켰다. 필요한 이론공기량과 연소공기 중 N_2량(Nm^3)을 구하면?

① 83.3, 65.8 ② 42.5, 35.7
③ 68.3, 47.6 ④ 75.5, 54.7

해설

$C_2H_6 + 3.5O_2 \rightarrow 2CO_2 + 3H_2O$
$5Nm^3 \quad 5 \times 3.5Nm^3$

㉠ 공기량 $= 5 \times 3.5 \times \frac{1}{0.21} = 83.33Nm^3$

㉡ 질소량 $= 83.33 \times 0.79 = 65.88Nm^3$

28 연소가스 중 O_2를 옳게 표시한 것은? (단, A : 실제공기, A_0 : 이론공기, G_s : 실제습연소, G_{sd} : 실제건연소, G_o : 이론습연소, G_{od} : 이론건연소)

① $O_2 = \frac{0.21(m-1)A_0}{G_{sd}}$

② $O_2 = \frac{0.21(m-1)A}{G_s}$

③ $O_2 = \frac{0.21(m-1)A}{G_{sd}}$

④ $O_2 = \frac{0.21(m-1)A_0}{G_s}$

정답 22.④ 23.② 24.② 25.① 26.④ 27.① 28.①

29 C_2H_6과 C_3H_8의 혼합가스를 1 : 1로 연소 시 건연소 중 CO_2가 5%였다. 연료 $1Nm^3$당 건연소가스량은 몇 Nm^3인가?

① $60Nm^3$　② $30Nm^3$
③ $40Nm^3$　④ $50Nm^3$

$C_2H_6 + 3.5O_2 \rightarrow 2CO_2 + 3H_2O$
$C_3H_8 + 5O_2 \rightarrow 3CO_2 + 4H_2O$에서

$$CO_2\text{농도} = \frac{CO_2\text{량}}{G_d} \times 100$$

$$\therefore G_d = \frac{CO_2\text{량}}{CO_2\text{농도}} \times 100$$

$$= \frac{(2+3) \times \frac{1}{2}}{5} \times 100 = 50Nm^3$$

30 다음 총 발열량 및 진발열량에 관한 사항 중 옳게 나타낸 항은?

① 총 발열량이란 연료가 연소할 때 생성되는 생성물 중 H_2O의 상태가 기체일 때 내는 열량을 말한다.
② 총 발열량은 진발열량에 생성된 물의 증발잠열을 합한 것과 같다.
③ 진발열량이란 액체상태의 연료가 연소할 때 내는 열량을 말한다.
④ 총 발열량과 진발열량이란 용어는 고체와 액체 연료에서만 사용되는 말이다.

$Hh = Hl + 600(9H + W)$

31 다음 설명 중 맞는 것은?

① 저위발열량과 고위발열량의 차이는 가스연료의 경우에는 적용되지 않는다.
② 저위발열량과 고위발열량의 차이는 연소온도에 따라 현격한 변화를 나타낸다.
③ 저위발열량과 고위발열량의 차이는 고체연료일 경우에만 문제된다.
④ 저위발열량과 고위발열량의 차이는 물의 증발잠열에 해당된다.

$Hh = Hl + 600(9H + W)$

32 탄소의 발열량은 몇 cal/g인가?

$$C + O_2 \rightarrow CO_2 + 97600$$

① 6980
② 7800
③ 8100
④ 9000

해설

$C + O_2 \rightarrow CO_2 + 97600$
12g　:　97600cal
1g　:　x

$$\therefore x = \frac{1 \times 97600}{12} = 8133\text{cal/g}$$

33 프로판 1kg을 완전연소시키면 몇 kg의 CO_2가 생성되는가?

① 5kg
② 2kg
③ 3kg
④ 4kg

해설

$C_3H_8 + 5O_2 \rightarrow 3CO_2 + 4H_2O$
44kg　　3×44kg
1kg　　x(kg)

$$\therefore x = \frac{1 \times 3 \times 44}{44} = 3\text{kg}$$

34 다음과 같은 조성을 갖고 있는 어떤 석탄의 총 발열량이 8570kcal/kg이라 할 때 이 석탄의 진발열량(kcal/kg)은? (단, 물의 증발열 600kcal/kg)

성분	C	H_2	N_2	유효 S	회분	O_2	계
%	72	4.6	1.6	2.2	6.6	13	100

① 8322
② 5330
③ 6336
④ 7330

해설

$Hl = Hh - 600(9H + W)$
$= 8570 - 600(9 \times 0.046) = 8321.6$

정답 29.④ 30.② 31.④ 32.③ 33.③ 34.①

35 실온이 0℃이며, 과잉공기를 포함한 습연소가스의 비열은 0.33kcal/Nm^3 · K일 때 반응식은 다음과 같다. 이 때 다음과 같은 조성을 가진 연료가스의 고위발열량(Hh)은 몇 kcal/Nm^3인가? (단, 반응식(발열량은 CO, H_2, CH_4 각각 1Nm^3당))

- $CO+\frac{1}{2}O_2=CO_2+3035kcal$
- $H_2+\frac{1}{2}O_2=H_2O$(수증기)$+2750kcal$
- $CH_4+2O_2=CO_2+2H_2O$(수증기)$+8750kcal$

가스의 성분	CO_2	CO	H_2	CH_4	N_2
연소가스의 조성(%)	3.0	40.0	50.0	3.0	4.0

① 2852　　② 542
③ 1044　　④ 1825

$3035\times0.4+2750\times0.5+8750\times0.03=2852$

36 다음 가스가 같은 조건에서 같은 질량이 연소할 때 가장 높은 발열량(kcal/kg)을 나타내는 것은?

① 수소　　② 메탄
③ 프로판　　④ 아세틸렌

해설

수소 : 34000kcal/kg으로 가장 높다. 발열량 단위가 (kcal/Nm^3)일 경우 CH의 분자가 많을수록 발열량이 높다.

37 프로판 1kg의 발열량을 계산하면 몇 kcal인가?

- $C+O_2=CO_2+97.0kcal$
- $H_2+\frac{1}{2}O_2=H_2O+57.6kcal$

① 약 15700　　② 약 7900
③ 약 9500　　④ 약 11900

해설

$C+O_2\rightarrow CO_2+97$, $H_2+\frac{1}{2}O_2\rightarrow H_2O+57.6$에서

$C_3H_8=44g$, $H_2=2g(C_3=12\times3=36,\ H_8=1\times8=8)$

$\therefore\ \left\{\frac{36}{44}\times97\times\frac{1}{12}+\frac{8}{44}\times57.6\times\frac{1}{2}\right\}\times10^3=11850kcal$

38 황의 고위발열량은 2500kcal/kg이다. 저위발열량 값은 얼마인가?

① 2000kcal/kg
② 3000kcal/kg
③ 4000kcal/kg
④ 2500kcal/kg

39 탄소 72.0%, 수소 5.3%, 황 0.4%, 산소 8.9%, 질소 1.5%, 수분 0.9%, 회분 11.0%의 조성을 갖는 석탄의 고위발열량 kcal/kg을 구하면?

$$Hh=8100C+34000\left(H-\frac{O}{8}\right)+2500S$$

① 7265　　② 4990
③ 5896　　④ 6995

해설

$$Hh=8100\times0.72+34000\left(0.053-\frac{0.089}{8}\right)+2500\times0.004$$
$$=7265.75$$

40 메탄의 총(고위) 발열량(kcal/Nm^3)은?

$CH_4+2O_2\rightarrow CO_2+2H_2O$(액체)$+213500kcal$

① 16100　　② 5720
③ 9500　　④ 12300

해설

$CH_4+2O_2\rightarrow CO_2+2H_2O+213500$
$213500kcal/22.4Nm^3=9531kcal/Nm^3$

41 프로판가스의 연소과정에서 발생한 열량이 15500kcal/kg이고 연소할 때 발생된 수증기의 잠열이 4500kcal/kg이다. 이때 프로판가스의 연소효율은 얼마인가? (단, 프로판가스의 진발열량은 12100kcal/kg임.)

① 0.54　　② 0.63
③ 0.72　　④ 0.91

해설

$\frac{15500-4500}{12100}=0.91$

정답 35.① 36.① 37.④ 38.④ 39.① 40.③ 41.④

42 이론연소온도에 영향을 미치는 것에 대한 설명으로 맞는 것은?

① 연료의 저발열량이 커지면 이론연소온도는 저하한다.
② 공기비가 커지면 이론연소온도가 상승한다.
③ 산소농도가 커지면 이론연소온도가 커진다.
④ 연료의 고발열량이 커지면 이론연소온도는 상승한다.

$$t_1 = \frac{Hl}{G \times C} + t_2$$

여기서, t_1 : 이론연소온도
t_2 : 기준온도
G : 배기가스량
Hl : 저위발열량

43 다음 중 이론연소온도(화염온도) t(℃)을 구하는 식은? (단, Hh, Hl : 고 · 저발열량, G : 연소가스량, C_p : 비열)

① $t = \frac{Hl}{GC_p}$(℃) ② $t = \frac{Hh}{GC_p}$(℃)
③ $t = \frac{GC_p}{Hl}$(℃) ④ $t = \frac{GC_p}{Hh}$(℃)

44 다음 설명 중 옳은 것은?

① 착화온도와 연소온도는 같다.
② 이론연소온도는 실제연소온도보다 항상 높다.
③ 보편적으로 연소온도는 인화점보다 상당히 낮다.
④ 연소온도가 그 인화점보다 낮게 되어도 연소는 계속된다.

실제연소가스는 공기비가 이론량보다 크므로 이론연소온도가 실제연소온도보다 높다.

45 연소온도에 영향을 미치는 요인들을 열거한 것이다. 옳은 것은?

① 공기비가 커지면 완전연소되므로 연소온도가 높아진다.
② 연료나 공기를 예열시키더라도 연소온도는 높아질 수 없다.
③ 가연성분이 일정한 연료 중의 불연성분이 적으면 연소온도가 높다.
④ 연소 공기 중의 산소함량이 높으면 연소가스량은 적어지나 연소온도는 영향을 받지 않는다.

46 2차 연소란 다음 중 무엇을 말하는가?

① 점화할 때 착화가 늦어졌을 경우 재점화에 의해서 연소하는 것
② 공기보다 먼저 연료를 공급했을 경우 1차, 2차 반응에 의해서 연소하는 것
③ 불완전연소에 의해 발생한 미연가스가 연도 내에서 다시 연소하는 것
④ 완전연소에 의한 연소가스가 2차 공기에 의해서 폭발되는 현상

47 다음 조성의 수성 가스 연소 시 필요한 공기량은 약 몇 Nm^3/Nm^3인가? (단, 공기율은 1.25이고, 사용 공기는 건조하다.)

〈조성비〉
CO_2=4.5%, CO=45%
N_2=11.7%, O_2=0.8%, H_2=38%

① 3.07 ② 0.21
③ 0.97 ④ 2.42

해설

공기량=산소량$\times \frac{1}{0.21} \times m$

$CO + \frac{1}{2}O_2 \rightarrow CO_2$

$H_2 + \frac{1}{2}O_2 \rightarrow H_2O$에서 가연성 가스에 대한 산소의 몰수는 각각 $\frac{1}{2}$mol이며, 연료 중 산소가 0.8%이므로

$\left(\frac{1}{2}\times 0.45 + \frac{1}{2}\times 0.38 - 0.008\right)\times \frac{1}{0.21}\times 1.25$
$= 2.42 Nm^3/Nm^3$

정답 42.③ 43.① 44.② 45.③ 46.③ 47.④

48 1kg의 공기를 20℃, 1kg/cm²인 상태에서 일정압력으로 가열팽창시켜서 부피를 처음의 5배로 하려고 한다. 이때 필요한 온도 상승은 몇 ℃인가?

① 1172℃ ② 1282℃
③ 1465℃ ④ 1561℃

$\frac{V_1}{T_1} = \frac{V_2}{T_2}$ 에서($V_2 = 5V_1$ 이므로)

$T_2 = \frac{5V_1}{V_1} \times (273+20) = 1465\text{K} = 1192℃$

∴ 1192−20=1172℃

49 용량이 2t/h인 가스보일러에 발열량이 10000kcal/kg인 연료를 투입하였다면 버너의 용량은? (단, 가스 비중은 0.95)

① 130.1L/hr ② 113.47L/hr
③ 1181.1L/hr ④ 123.5L/hr

버너용량(L/hr) $= \frac{2000\text{kg/hr} \times 539\text{kcal/kg}}{10000\text{kcal/kg} \times 0.95\text{kg/L}}$
$= 113.47\text{L/hr}$

50 열효율을 향상시키기 위한 대책으로 적당하지 않은 것은?

① 장치의 설치조건과 운전조건에 합치되도록 한다.
② 공급하는 연료를 회수열을 이용하여 예열하여 준다.
③ 장치에 대한 적정작업조건을 강구하고 손실열을 줄인다.
④ 가능한 한 단속적인 작업을 하여 축열 손실을 줄인다.

단속적인 조업 시 오히려 열손실 증가

51 욕조에 들어있는 15℃의 물 1톤을 연탄보일러를 사용하여 65℃로 데우려면 연탄 몇 장이 필요한가? (단, 연탄 1장의 무게는 3.6kg, 발열량은 4400kcal/kg, 보일러의 연소효율은 65%이다.)

① 2 ② 3
③ 4 ④ 5

㉠ 연탄 1장당 필요열량=3.6kg×4400kcal/kg×0.65
=10296kcal

㉡ 물을 데우는 열량=1000kg×1kcal/kg · ℃×(65−15)℃
=50000kcal

∴ $\frac{50000\text{kcal}}{10296\text{kcal/장}} = 4.856 = 5$장

52 출력 100PS의 기관이 30kg/hr 연료를 소모하고 있다. 발열량이 8000kcal/kg일 때 효율은 얼마인가?

① 27.52% ② 10.35%
③ 19.85% ④ 26.35%

$\eta = \frac{O}{I} \times 100$에서

$= \frac{100\text{PS} \times 632.5\text{kcal/hr(PS)}}{8000\text{kcal/kg} \times 30\text{kg/hr}} = 26.35\%$

53 엔탈피 700kcal/kg의 포화증기를 20000kg/hr으로 열을 발생 시 출구 엔탈피가 500kcal/kg이면 터빈출력은 몇 PS인가?

① 6324 ② 2342
③ 3424 ④ 5482

해설

$\frac{(700-500)\text{kcal} \times 20000\text{kg/hr}}{632.5\text{kcal/hr(PS)}} = 6324\text{PS}$

54 연소효율 E_c를 옳게 표시한 식은? (단, Hl : 진발열량, L_c : 연사손실, L_w : 노에 흡수된 손실, L_r : 복사전도에 따른 손실, L_i : 불완전연소에 따른 손실, L_s : 배기가스의 현열손실)

① $E_c = \frac{Hl - L_c - L_s}{Hl} \times 100$

② $E_c = \frac{Hl - L_c - L_w}{Hl} \times 100$

③ $E_c = \frac{Hl - L_c - L_r}{Hl} \times 100$

④ $E_c = \frac{Hl - L_c - L_i}{Hl} \times 100$

정답 48.① 49.② 50.④ 51.④ 52.④ 53.① 54.④

55 프로판가스의 연소과정에서 발생한 열량이 15000kcal/kg 연소할 때 발생된 수증기의 잠열이 2000kcal/kg일 때 프로판가스의 연소효율을 구하면 얼마인가? (단, 프로판가스의 진발열량은 11000kcal/kg이다.)

① 1.18　② 0.85
③ 0.87　④ 1.15

$$연소효율(\eta) = \frac{가스발열량 - 수증기잠열}{진발열량} = \frac{15000 - 2000}{11000} = 1.18$$

56 어느 가스기구에서 발열량이 6000kcal/kg인 연료를 1.2ton 연소시켰다. 발생가스량으로부터 가스기구에 흡수된 열량을 계산하였더니 5860000kcal이다. 이 가스기구의 효율은 얼마인가?

① 82%　② 70%
③ 75%　④ 80%

$$\eta = \frac{5860000}{1200 \times 6000} \times 100 = 81.38\%$$

57 연료의 성분이 어떠한 경우에 총(고위) 발열량과 진(저위)발열량이 같아지는가?

① 일산화탄소와 질소의 경우
② 수소만인 경우
③ 수소와 일산화탄소인 경우
④ 일산화탄소와 메탄인 경우

연소가스 중 H_2O(수분)의 양이 없는 경우

58 수소가 연소 시 산소와 kmol의 관계는?

① 1 : 1 : 2　② 1 : 1 : 1
③ 1 : 2 : 1　④ 2 : 1 : 2

해설

$2H_2 + O_2 \rightarrow 2H_2O$

59 다음 가스연료 중에서 발열량(kcal/Nm^3)이 가장 큰 것은 어떤 것인가?

① 프로판가스　② 발생로가스
③ 수성 가스　④ 메탄가스

해설

㉠ 발생로가스 : 1536kcal/Nm^3
㉡ 수성 가스 : 2736kcal/Nm^3
㉢ 메탄가스 : 9530kcal/Nm^3
㉣ 프로판가스 : 24000kcal/Nm^3
탄소와 수소수가 많을수록 발열량(kcal/Nm^3)이 높다.

60 다음 기체연료 중 발열량이 제일 적은 것은?

① 수성 가스　② 천연가스
③ 석탄가스　④ 발생로가스

61 프로판을 완전연소시킬 때 고발열량과 저발열량의 차이는 얼마인가? (단, 물의 증발잠열은 539kcal/kg H_2O)

① 38808cal/g · mol C_3H_8
② 18000cal/g · mol C_3H_8
③ 22320cal/g · mol C_3H_8
④ 33120cal/g · mol C_3H_8

해설

$C_3H_8 + 5O_2 \rightarrow 3CO_2 + 4H_2O$이므로
(539kcal/kg=539cal/g)
539cal/g × 18g/mol × 4 = 38808cal/g · mol

62 연소 시의 실제공기량 A와 이론공기량 A_0 사이에는 $A = mA_0$의 등식이 성립된다. 이 식에서 m이란?

① 공기의 열전도율
② 과잉공기계수
③ 연소효율
④ 공기압력계수

63 연소가스의 분석결과가 CO_2=12%, O_2=6일 때 $(CO_2)_{max}$은?

① 16.8%　② 18.1%
③ 19.1%　④ 20.1%

해설

$$(CO_2)_{max} = \frac{21CO_2}{21 - O_2} = \frac{21 \times 12}{21 - 6} = 16.8\%$$

정답 55.① 56.① 57.① 58.④ 59.① 60.④ 61.① 62.② 63.①

64 다음 식 중 옳은 것은?

① $(CO_2)_{max} = \dfrac{21CO_2}{21 - O_2}$

② $(CO_2)_{max} = \dfrac{21(O_2)}{(CO_2) - 21}$

③ $(CO_2)_{max} = \dfrac{21(O_2)}{21 - (CO_2)}$

④ $(CO_2)_{max} = \dfrac{21(CO_2)}{(O_2) - 21}$

65 다음 중 실제공기량(A)를 나타낸 식은? (단, m은 공기비, A_0는 이론공기량이다.)

① $A = m/A_0$　② $A = m + A_0$
③ $A = mA_0$　④ $A = A_0 + m$

66 $(CO_2)_{max}$는 연료가 생성될 수 있는 최대의 이산화탄소율을 나타낸다. 그러면 $(CO_2)_{max}$%는 공기비(m)가 얼마인가?

① 아무런 관계가 없다.
② $m=0$
③ $m=1$
④ $m=2$

67 이론공기량을 옳게 설명한 것은?

① 완전연소에 필요한 최소공기량
② 완전연소에 필요한 1차 공기량
③ 완전연소에 필요한 2차 공기량
④ 완전연소에 필요한 최대공기량

68 프로판 1몰을 연소시키기 위하여 공기 812g을 불어넣어 주었다. 과잉공기 %를 계산한 값은?

① 9.8%　② 58.6%
③ 32.2%　④ 17.74%

해설

$C_3H_8 + 5O_2 \rightarrow 3CO_2 + 4H_2O$

1몰　$5 \times 32g \times \dfrac{1}{0.232} = 689.655g$

$\therefore$ 과잉공기(%) $= \dfrac{과잉공기}{이론공기} \times 100$

$= \dfrac{812 - 689.655}{689.655} \times 100 = 17.74\%$

69 실제연소가스량 $G = 8.00Nm^3$, 이론연소가스량 $G_o = 7.50Nm^3$, 이론공기량 $A_o = 7.00Nm^3$일 때 실제공급된 공기량은?

① $6.5Nm^3$　② $8.5Nm^3$
③ $7.5Nm^3$　④ $9.5Nm^3$

해설

공기비$(m) = \dfrac{A}{A_o} = \dfrac{G}{G_o}$ 이므로

$\therefore$ 실제공기량$(A) = \dfrac{A_o}{G_o} \times G$

$= \dfrac{7.00}{7.50} \times 8.00 = 7.5Nm^3$

70 연소 시 공기비가 적을 경우 연소실 내에 미치는 영향은?

① 매연발생이 심하다.
② 연소실 내의 연소온도 저하
③ 연소가스 중에 NO_2의 발생으로 저온부식 촉진
④ 미연소가스 중 SO_3의 함유량이 많다.

71 CH_4 $1Nm^3$을 이론산소량으로 완전연소시켰을 때의 습연소가스의 부피는 몇 Nm^3인가?

① 4　② 1
③ 2　④ 3

해설

$CH_4 + 2O_2 \rightarrow CO_2 + 2H_2O$

$1Nm^3$　　$1Nm^3 + 2Nm^3 = 3Nm^3$

72 프로판(C_3H_8) 11kg을 이론산소량으로 완전연소시켰을 때의 습연소가스의 부피(Nm^3)는?

① 144.5　② 135.8
③ 137.9　④ 39.2

$C_3H_8 + 5O_2 \rightarrow 3CO_2 + 4H_2O$에서 이론산소량으로 연소 시 N_2량은 계산하지 않으며 습연소이므로 $CO_2 + H_2O$이므로

정답 64.① 65.③ 66.③ 67.① 68.④ 69.③ 70.① 71.④ 72.④

$C_3H_8 + 5O_2 \rightarrow 3CO_2 + 4H_2O$
44kg　　　$7 \times 22.4Nm^3$
11kg　　　$x(Nm^3)$
$\therefore\ x = \frac{11 \times 7 \times 22.4}{44} = 39.2Nm^3$

73 프로판가스 $1Nm^3$을 공기과잉률 1.1로 완전 연소시켰을 때의 건연소가스량은 몇 Nm^3인가?

① 29.4　② 14.9
③ 18.6　④ 24.2

$C_3H_8 + 5O_2 \rightarrow 3CO_2 + 4H_2O$에서
건연소가스량=과잉공기량$+N_2+3CO_2$
$= 5 \times \frac{1.1-0.21}{0.21} + 3Nm^3 = 24.19Nm^3$

74 다음과 같은 조성으로 형성된 액체연료의 연소 시 생성되는 이론 건연소가스량은 약 몇 Nm^3인가?

> 탄소=1.20kg, 산소=0.2kg
> 질소=0.17kg, 수소=0.31kg
> 황=0.2kg

① 29.8　② 13.5
③ 17.0　④ 21.④

이론 건연소가스
$G_{ok} = (1-0.21)A_0 + 1.867C + 0.7S + 0.8N$에서
A_0(이론공기량)
$= 8.89 \times 1.20 + 26.67\left(0.31 - \frac{0.2}{8}\right) + 3.33 \times 0.2$
$= 18.93Nm^3/kg$이므로
$\therefore\ G_{ok}$(이론건연소)
$= (1-0.21)A_0 + 1.867C + 0.7S + 0.8\eta$에서
$= (1-0.21) \times 18.93 + 1.867 \times 1.20 + 0.7 \times 0.2 + 0.8 \times 0.17$
$= 17.33Nm^3/kg$

75 공기비가 클 경우 연소에 미치는 영향과 관계 없는 것은?

① 연소가스 중의 SO_3의 함유량이 많아져 저온부식이 촉진된다.
② 연소실 내의 연소온도가 저하한다.
③ 불완전연소가 되어 매연발생이 심하다.
④ 통풍력이 강하여 배기가스에 의한 열손실이 많아진다.

(1) 공기비가 크면
㉠ 배기가스량이 증가
㉡ 연소실 온도 저하
㉢ 질소산화물 발생
(2) 공기비가 적을 때 불완전연소로 매연발생

76 연소할 때 배기가스 중의 질소산화물의 함량을 줄이는 방법 중 적당하지 않은 것은?

① 연소가스가 고온으로 유지되는 시간을 짧게 한다.
② 연소온도를 낮게 한다.
③ 질소함량이 적은 연료를 사용한다.
④ 연돌을 높게 한다.

해설

연돌을 높게 하는 방법은 대기오염을 줄이는 방법

77 다음 성분을 가진 중유가 있다. 연소효율이 95%라 한다면 중유 1kg당의 저발열량은 얼마인가? (단, C : 86%, H : 12%, O : 0.4%, S : 1.2%, H_2O : 0.4%)

① 9888kcal/kg　② 9900kcal/kg
③ 9916kcal/kg　④ 9930kcal/kg

해설

$Hl = Hh - 600(9H + W)$
$= 8100C + 34000\left(H - \frac{O}{8}\right) + 2500S - 600(9H - W)$
$= 8100 \times 0.86 + 34000\left(0.12 - \frac{0.004}{8}\right) + 2500 \times 0.012 - 600(9 \times 0.12 + 0.004)$
$= 10408.6$
$\therefore\ 10408.6 \times 0.95 = 9888kcal/kg$

78 다음 무게 조성을 가진 중유의 저발열량은?

> C : 84%, H : 13%, O : 0.5%,
> S : 2%, N : 0.5%

① 12606kcal/kg　② 9606kcal/kg
③ 10554kcal/kg　④ 11606kcal/kg

정답 73.④ 74.③ 75.③ 76.④ 77.① 78.③

해설

$$Hl = 8100C + 28600\left(H - \frac{O}{8}\right) + 2500S$$
$$= 8100 \times 0.84 + 28600\left(0.13 - \frac{0.005}{8}\right) + 2500 \times 0.2$$
$$= 10554.125\text{kcal/kg}$$

79 수소 $1Nm^3$이 연소하면 몇 kcal의 열량이 발생하는가?

$$H_2 + \frac{1}{2}O_2 \rightarrow H_2O + 57600\text{cal}$$

① 2570　② 1860
③ 1980　④ 2390

해설

$H_2 + \frac{1}{2}O_2 \rightarrow H_2O + 57600\text{cal}$

22.4L　:　57600cal이므로
$1Nm^3$　:　x(kcal)

$\therefore x = \frac{1 \times 57600}{22.4} = 2571.42\text{kcal}$

80 프로판을 연소하여 20℃ 물 1톤을 끓이려고 한다. 이 장치의 열효율이 100%라면 필요한 프로판가스의 양은 얼마인가? (단, 프로판의 발열량은 12218kcal/kg이다.)

① 0.75kg　② 6.5kg
③ 5.5kg　④ 0.45kg

해설

1000×80kcal : x(kg)
12218kcal : 1kg

$\therefore x = \frac{1000 \times 1 \times 80}{12218} = 6.5\text{kg}$

81 고체연료 및 액체연료는 그 원소분석치로부터 발열량을 다음 식으로 구할 수 있다. 식 중 Hh는 고위발열량, C는 탄소량, H는 수소량, O는 산소량 및 S는 유황량이다. 이때 $\left(H - \frac{O}{8}\right)$는 무엇을 의미하는가?

$$Hh = 8100C + 34000\left(H - \frac{O}{8}\right) + 2500S$$

① 유황분　② 산소분
③ 수소분　④ 유효수소

해설

연료 중 산소가 있을 때 산소 8kg에 대하여 수소 1kg은 연소하지 않는다. 이때 연소하지 않고 수소를 무효수소라하고, $H - \frac{O}{8}$를 유효수라 한다.

82 가정용 연료가스는 프로판과 부탄가스를 액화한 혼합물이다. 이 액화한 혼합물이 30℃에서 프로판과 부탄의 몰비가 4 : 1로 되어 있다면 이 용기 내의 압력은 몇 기압(atm)인가? (단, 30℃에서의 증기압은 프로판 9000mmHg이고, 부탄이 2400mmHg이다.)

① 10.1atm　② 2.6atm
③ 5.5atm　④ 8.8atm

해설

$P = P_A\eta_A + P_B\eta_B$
여기서, P_A, P_B : 증기압
η_A, η_B : 몰분율

$$= \frac{9000 \times \frac{4}{5} + 2400 \times \frac{1}{5}}{760} = 10.1\text{atm}$$

83 LNG의 유출에 관한 기술 중 옳은 것은?

① 메탄가스의 비중은 공기보다 크므로 증발된 가스는 지상에 체류한다.
② 메탄가스의 비중은 공기보다 작으므로 증발된 가스는 위로 분산되어 지상에 체류하는 일이 없다.
③ 메탄가스의 비중은 상온에서 공기보다 작으나 온도가 낮으면 비중이 공기보다 커지기 때문에 지상에 체류한다.
④ 메탄가스의 비중은 상온에서 공기보다 크나 온도가 낮으면 비중이 공기보다 작아지기 때문에 지상에 체류하는 일이 없다.

정답 79.① 80.② 81.④ 82.① 83.③

chapter 3 기초 열역학

01 열역학의 법칙

(1) 열역학 제1법칙

열은 에너지의 하나로서 일을 열로 교환하거나 또는 열을 일로 변환시킬 수 있는데 이것을 열역학 제1법칙이라 한다.

$$Q = AW, \quad W = JQ$$

여기서, J : 열의 일당량

A : 일의 열당량

$J = 426.7 \fallingdotseq 427\,\text{kg}\cdot\text{m/kcal}, \; A = \dfrac{1}{J} = \dfrac{1}{427}\,\text{kcal/kg}\cdot\text{m}$

(2) 열역학 제2법칙

열역학 제1법칙의 에너지변환에 대한 실현 가능성을 나타내는 경험 또는 자연 법칙이다. 즉, 열역학 제1법칙의 성립 방향성에 대하여 제약을 가하는 법칙이며, 제3종 영구기관의 존재 가능성을 부정하는 법칙이다.

$$\text{열효율}(\eta) = \frac{AW}{Q_1} = \frac{Q_1 - Q_2}{Q_1} = 1 - \frac{Q_2}{Q_1}$$

(3) 열역학 제3법칙

어떤 계의 온도를 절대온도 0K까지 내릴 수 없다(내부적으로 평형상태에 있는 시스템이 0K 근처에서 등온과정의 상태변화를 일으킬 때 엔트로피의 변화는 없다).

02 공 기

(1) 공기

① 건조공기(Dry air) : O_2 21%, N_2 78%, Ar 1% 등이 함유되어 있는 공기

② 습공기(Moist air humid air) : 수분을 함유하고 있는 공기

(2) 습도

① 절대습도(Humidity ratio) : 습공기 중 함유된 건조공기 1kg에 대한 수증기량

② 상대습도(Ralative humidity) : 대기 중 존재하는 최대습기량과 현존하는 습기량

$$\text{상대습도}(\varphi)=\frac{P_W}{P_S}\times 100=\frac{\gamma_w}{\gamma_s}\times 100$$

여기서, P_W : 수증기 분압

P_S : 포화증기압(습공기 중 수분기분압)

γ_w : 수증기 비중량

γ_s : 포화증기압에서의 비중량

(3) 증기의 상태방정식

증기는 이상기체가 아니므로 증기 자신의 부피와 증기 분자들의 인력을 보정해야 하므로 다음과 같은 상태방정식이 있다.

① Vander Wasalstlr식

$$\left(P+\frac{a}{V^2}\right)(v-b)=RT$$

여기서, a, b : 물질에 따른 상수

이 식은 기체, 액체 양상에 따른 물질의 성질을 정상적으로 충분히 표시할 수가 있다.

② Clausiustlr식

$$\left\{P+\frac{a}{T(v+V)^2}\right\}(v-b)=RT$$

③ Berthelot식

$$\left(P+\frac{a}{PV^2}\right)(v-b)=RT$$

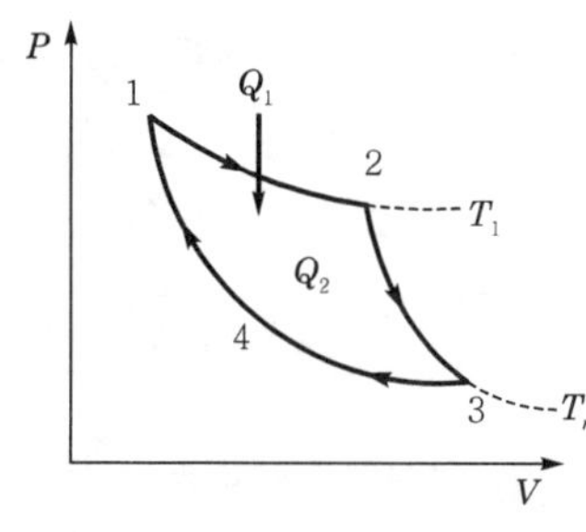

Chapter 3

출/제/예/상/문/제

01 다음 중 열역학 제0법칙은?

① 저온체에서 고온체로 아무 일도 없이 열을 전달할 수는 없다.
② 제3의 물체와 열평형에 있는 두 물체는 그들 상호 간에도 열평형이 있으며, 3개 물체의 온도는 서로 같다.
③ 절대온도 0K에서 모든 완전결정체의 절대 엔트로피는 0이다.
④ 에너지 보존 법칙이라고 할 수 있으며, 에너지는 창조도 소멸되지 않는다.

해설

① 2법칙
③ 3법칙
④ 1법칙

02 어느 엔진이 고열원으로부터 1200BTU를 공급받아 400BTU의 일을 하고, 900BTU의 열을 저열원에 방출했다면 이 과정은 열역학 몇 번째 법칙에 어긋나는가?

① 3　② 0
③ 1　④ 2

03 엔트로피 증가에 대한 설명들이다. 이 중 옳게 나타낸 것은?

① 비가역과정의 경우 계 전체로서 에너지의 총합과 엔트로피 총합은 불변이다.
② 비가역과정의 경우 계 전체로서 에너지의 총량과 변화하지 않으나 엔트로피의 총합은 증가한다.
③ 비가역과정의 경우 계 전체로서 에너지의 총합과 엔트로피 총합이 함께 증가한다.
④ 비가역과정의 경우 물체의 엔트로피와 열원의 엔트로피 합은 불변이다.

04 임의의 과정에 대한 가역성과 비가역성을 논하는 데는 어느 것을 적용하는가?

① 열역학의 제3법칙을 적용한다.
② 열역학의 제0법칙을 적용한다.
③ 열역학의 제1법칙을 적용한다.
④ 열역학의 제2법칙을 적용한다.

05 열역학 제2법칙에 대한 설명 중 틀린 것은?

① 열을 완전히 일로 바꾸는 열기관은 만들 수가 없다.
② 반응과정은 엔트로피가 감소하는 쪽으로 진행된다.
③ 제2종 영구기관은 불가능하다.
④ 자발적 변화는 엔트로피가 증가한다.

해설

㉠ 온도는 높은 곳에서 낮은 곳으로 진행
㉡ 엔트로피는 증가하는 쪽으로 진행

$$\Delta S = \frac{dQ}{T}$$

06 순수 물질로 된 계가 가열단열과정 동안 수행한 일의 양은 어느 것과 같은가?

① 정압과정에서의 일과 같다.
② 엔탈피 변화량과 같다.
③ 내부에너지의 변화량과 같다.
④ 일의 양은 "0"이다.

07 엔트로피에 대한 정의가 내려진 법칙은?

① 열역학 제3법칙
② 열역학 제0법칙
③ 열역학 제1법칙
④ 열역학 제2법칙

정답 01.② 02.③ 03.② 04.④ 05.② 06.③ 07.④

08 다음 열 pump의 성능계수(Coefficient of performance)를 나타내는 것은? (단, Q_1 : 고열원의 열량, Q_2 : 저열원의 열량, AW : cycle에 공급된 일)

① $\dfrac{Q_1 - Q_2}{Q_1}$　② $\dfrac{Q_2}{AW}$

③ $\dfrac{Q_2}{Q_1 - Q_2}$　④ $\dfrac{Q_1}{Q_1 - Q_2}$

해설

① 효율

②, ③ 냉동기 성적계수($AW = Q_1 - Q_2$)

09 어떤 가역 열기관이 300℃에서 400kcal의 열을 흡수하여 일을 하고 50℃에서 열을 방출한다고 한다. 이때, 낮은 열원의 엔트로피 변화는 얼마인가?

① 0.998kcal/K

② 0.698kcal/K

③ 0.798kcal/K

④ 0.898kcal/K

해설

$\dfrac{Q_1}{T_1} = \dfrac{Q_2}{T_2}$ 에서

$Q_2 = \dfrac{T_2}{T_1} \times Q_1 = \dfrac{273+50}{273+300} \times 400 = 225.479\text{kcal}$

$\therefore \Delta S_2 = \dfrac{Q_2}{T_2} = \dfrac{225.479}{273+50} = 0.698\text{kcal/K}$

10 동력기관에서 기관의 효율은?

① $\dfrac{\text{이상적인 일}}{\text{지시일}}$

② $\dfrac{\text{실제일}}{\text{이상적인 일}}$

③ $\dfrac{\text{지시일}}{\text{이상적인 일}}$

④ $\dfrac{\text{이상적인 일}}{\text{실제일}}$

11 어느 Carnot-cycle이 37℃와 -3℃에서 작동된다면 냉동기의 성적계수 및 열효율은 얼마인가?

① 성적계수 : 약 7.75, 열효율 : 약 0.87

② 성적계수 : 약 0.15, 열효율 : 약 0.13

③ 성적계수 : 약 0.45, 열효율 : 약 0.87

④ 성적계수 : 약 6.75, 열효율 : 약 0.13

해설

㉠ 냉동기 성적계수 $= \dfrac{T_2}{T_1 - T_2}$

$= \dfrac{(273-3)}{(273+37)-(273-3)} = 6.75$

㉡ 열효율 $= \dfrac{T_1 - T_2}{T_1}$

$= \dfrac{(273+37)-(273-3)}{(273+37)} = 0.13$

12 카르노 행정에서 어느 과정을 통해 열이 계로 흡수되는가?

① 단열팽창과정　② 등온팽창과정

③ 단열압축과정　④ 등온압축과정

해설

흡수(등온팽창), 방출(등온압축)

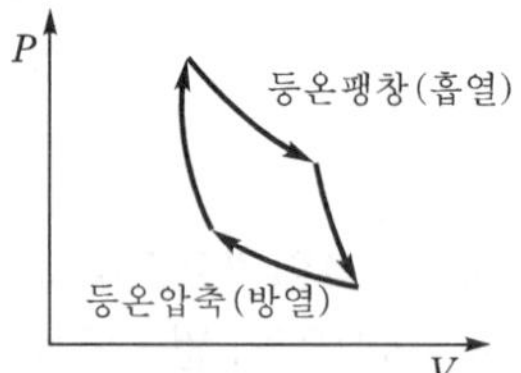

13 카르노(Carnot) 사이클을 옳게 한 것은?

① 2개의 등온변화와 2개의 폴리트로피 변화로 된 비가역사이클이다.

② 2개의 등온변화와 2개의 단열변화 가역사이클이다.

③ 2개의 등온변화와 2개의 폴리트로피로 된 가역사이클이다.

④ 2개의 등온변화와 2개의 단열변화로 비가역사이클이다.

해설

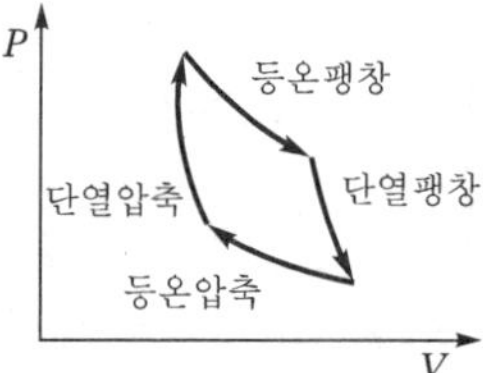

정답 08.④ 09.② 10.② 11.④ 12.② 13.②

14 다음 사이클 중에서 동작유체상의 변화가 있는 사이클은?

① Brayton 사이클
② Rankine 사이클
③ Otto 사이클
④ Stirling 사이클

랭킨사이클은 증기기관의 기본사이클로 증기와 물 사이에 상의변화를 가짐

15 열기관사이클 중 랭킨사이클의 설명으로 옳은 것은?

① 증기기관 사이클이다.
② 내연기관 사이클이다.
③ 냉동사이클이다.
④ 정적사이클이다.

랭킨사이클(Rankine cycle) : 증기원동소의 이상적인 사이클로로 2개의 단열변화와 2개의 정압변화로 이루어진 사이클

16 압축비가 5인 오토사이클에서의 이론열효율은? (단, $K=1.4$로 한다.)

① 47.5% ② 32.8%
③ 38.3% ④ 41.6%

$$\eta=1-\left(\frac{1}{\varepsilon}\right)^{K-1}$$

$$1-\left(\frac{1}{5}\right)^{1.4-1}=47.5\%$$

17 오토(Otto) 사이클을 온도-엔트로피 선도로 표시하면 그림과 같다. 동작유체가 열을 방출하는 과정은 어느 것인가?

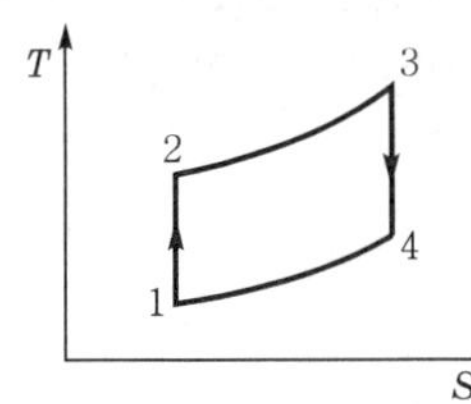

① 4 → 1과정 ② 1 → 2과정
③ 2 → 3과정 ④ 3 → 4과정

해설

1 → 2 : 단열압축, 2 → 3 : 열공급
3 → 4 : 단열팽창, 4 → 1 : 열방출

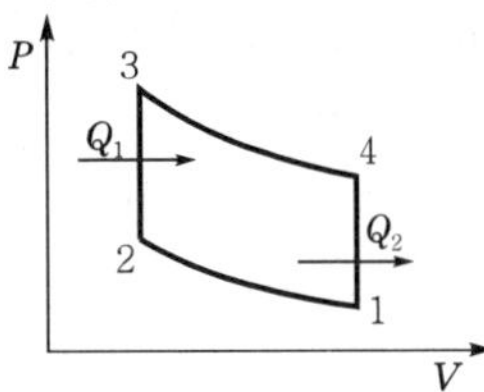

18 오토사이클에서 압축비(ε)가 10일 때 열효율은 몇 %인가? (단, 비열비 $K=1.4$)

① 52.5%
② 60.2%
③ 58.2%
④ 56.2%

$\eta=1-\left(\frac{1}{\varepsilon}\right)^{K-1}$ 에서

$$=1-\left(\frac{1}{10}\right)^{1.4-1}=0.6018=60.18\%$$

19 다음에서 카르노사이클의 특징이 아닌 것은?

① 열효율이 고온열원 및 저온열원의 온도만으로 표시된다.
② 가역사이클이다.
③ 수열량과 방열량의 비가 수열 시의 온도와 방열 시의 온도와의 비와 같다.
④ $P-V$선도에서는 직사각형의 사이클이 된다.

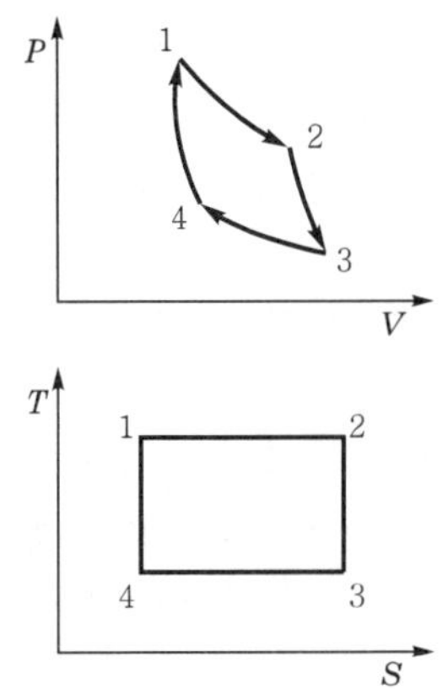

20 오토(Otto) 사이클의 효율은 η_1, 디젤(Disel) 사이클의 효율은 η_2 사바테(Sabathe) 사이클의 효율은 η_3라고 할 때 공급열량과 압축비가 일정하다면 효율의 크기 순은?

① $\eta_2 > \eta_3 > \eta_1$ ② $\eta_1 > \eta_2 > \eta_3$
③ $\eta_1 > \eta_3 > \eta_2$ ④ $\eta_2 > \eta_1 > \eta_3$

㉠ 공급열량과 압축비가 같은 경우 : $\eta_1 > \eta_3 > \eta_2$
㉡ 공급열량과 최대압력이 같은 경우 : $\eta_2 > \eta_3 > \eta_1$

21 다음 중 내연기관의 기본사이클이 아닌 것은?

① 오토 ② 랭킨
③ 사바테 ④ 디젤

해설

랭킨 : 증기기관의 기본사이클

22 증기의 상태방정식이 아닌 것은?

① Berthelot식
② Van der Waals식
③ Lennard−Jones식
④ Clausius식

23 다음의 $T-S$ 선도는 표준냉동 사이클을 표시한다. 3−4의 과정은?

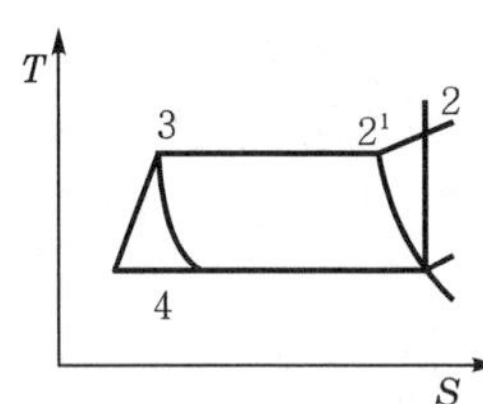

① 등엔탈피과정 ② 단열압축과정
③ 등압과정 ④ 등온과정

24 증기 속에 수분이 많을 때 일어나는 현상은?

① 증기손실이 적다.
② 증기엔탈피가 증가된다.
③ 증기배관에 수격작용이 방지된다.
④ 증기배관 및 장치부식이 발생된다.

25 다음 중 증기의 성질에 관한 설명 중 옳지 않은 것은?

① 증기의 압력이 높아지면 증발잠열이 커진다.
② 증기의 압력이 높아지면 엔탈피가 커진다.
③ 증기의 압력이 높아지면 현열이 커진다.
④ 증기의 압력이 높아지면 포화온도가 높아진다.

해설

증기압이 높아지면 증발잠열은 작아진다.

26 포화증기를 일정한 체적 하에서 압력을 상승시키면 무엇이 되는가?

① 과열증기
② 포화액
③ 압축액
④ 습증기

해설

포화액 → 포화증기 → 과열증기

27 포화액과 건포화증기의 엔탈피 차이는 무엇인가?

① 잠열 ② 현열
③ 내부에너지 ④ 엔탈피

해설

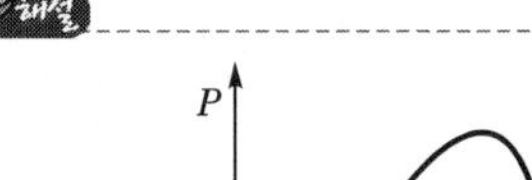

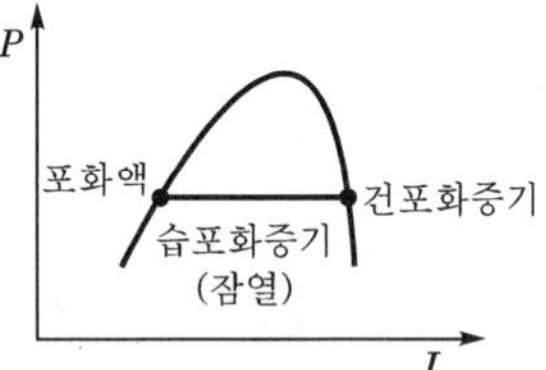

28 건조도 0.8의 습증기 10kg이 있다. 이때 포화증기는 몇 kg인가?

① 5kg ② 6kg
③ 7kg ④ 8kg

해설

10kg×0.8=8kg

정답 20.③ 21.② 22.③ 23.① 24.④ 25.① 26.① 27.① 28.④

29 포화액의 포화온도를 일정하게 한 후 압력을 상승시키면 어느 상태가 되는가?

① 과열증기
② 압축액(과냉액)
③ 포화액
④ 습증기

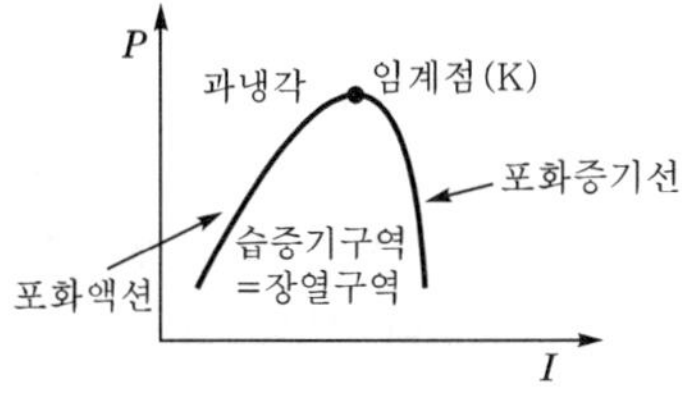

30 다음 사항 중 옳지 않은 것은?

① 과열증기는 건포화증기보다 온도가 높다.
② 과열증기는 건포화증기를 가열한 것이다.
③ 건포화증기는 포화수와 온도가 같다.
④ 습포화증기는 포화수보다 온도가 높다.

포화증기와 포화수온도는 동일

31 포화증기를 단열적으로 압축하면 압력과 온도는 어떻게 변하는가?

① 엔트로피가 증가한다.
② 압력과 온도가 올라가며, 과열증기가 된다.
③ 압력은 올라가고, 온도는 떨어져서 압축액체가 된다.
④ 온도는 변하지 않고, 증기의 일부가 액화한다.

32 과열증기온도가 400℃일 때 포화증기온도가 600K이면 과열온도는 얼마인가?

① 73K ② 20K
③ 42K ④ 57K

과열도=과열증기온도－포화증기온도
=(273+400)－600=73K

33 습증기 1kg 중에 증기가 x(kg)이라고 하면 액체는 $(1-x)$kg이다. 이때, 습도는 어떻게 표시되는가?

① $x/1-x$ ② $x-1$
③ $1-x$ ④ x

34 증기 속에 수분이 많을 때 일어나는 현상이 아닌 것은?

① 건조도가 높아진다.
② 수격작용이 유발된다.
③ 증기엔탈피가 감소한다.
④ 열효율이 저하된다.

35 포화수 엔탈피 h_1 =50kcal/kg 같은 온도에서 포화증기 엔탈피 h_2 =400kcal/kg 건조도가 0.8일 때 습포화증기의 엔탈피는?

① 330kcal/kg
② 400kcal/kg
③ 530kcal/kg
④ 600kcal/kg

$h=h_1+x(h_2-h_1)$

$\therefore\ h=50+0.8(400-50)=330\text{kcal/kg}$

36 연소에 관한 다음 설명 중 옳지 않은 것은?

① 연소에 있어서는 소화반응 뿐만 아니라 열분해 및 일부 환원반응도 일어난다. 환원염은 공기 부족 시 생긴다.
② 연료가 한 번 착화하면 고온도로 되어 빠른 속도로 연소한다.
③ 환원반응이란 공기의 과잉상태에서 생기는 것으로 이때의 환원염이라 한다.
④ 고체, 액체 연료는 고온의 가스분위기 중에서 먼저 가스화된다.

해설

㉠ 산화염 : 공기의 과잉상태에서 생기는 화염
㉡ 환원염 : 공기의 부족상태에서 생기는 화염

정답 29.② 30.④ 31.② 32.① 33.③ 34.① 35.① 36.③

37 Van der Waals의 상태방정식을 옳게 표현한 것은?

① $PV = GRT$
② $PV = RT$
③ $\left(P + \frac{a}{V^2}\right)(v - b) = RT$
④ $\left(P + \frac{a}{TV^2}\right)(v - b) = RT$

38 완전가스의 내부에너지의 변화 du는 정압비열, 정적비열 및 온도는 각각 C_p, C_v 및 T로 표시할 때 어떻게 표시되는가?

① $du = C_v C_p dT$ ② $du = \frac{C_p}{C_v} dT$
③ $du = C_v dT$ ④ $du = C_p dT$

39 다음 설명하는 법칙은?

> 임의의 화학반응에서 발생(또는 흡수)하는 일은 변화 전과 변화 후의 상태에 의해서 정해지며, 그 경로에는 무관하다.

① Hess의 법칙
② Dalton의 법칙
③ Henry의 법칙
④ Avogadro의 법칙

해설

헤스(Hess)의 법칙 : 총 열량 불변의 법칙

40 1atm, 30℃의 공기를 0.1atm으로 단열팽창시키면 온도는 몇 ℃가 되는가?

① 약 −8 ② 약 −156
③ 약 −116 ④ 약 −59

해설

$$T_2 = T_1 \times \left(\frac{P_2}{P_1}\right)^{\frac{K-1}{K}} = (273+30) \times \left(\frac{0.1}{1}\right)^{\frac{0.4}{1.4}}$$
$$= 156.93\text{K} = -116.06℃$$

41 어떤 가역 열기관이 300℃에서 500kcal의 열을 흡수하여 일을 하고, 50℃에서 열을 방출한다고 한다. 이때 열기관이 한 일은 몇 kcal인가?

① 218 ② 154
③ 164 ④ 174

해설

$$\eta = \frac{AW}{Q_1} = \frac{T_1 - T_2}{T_1}$$
$$\therefore AW = Q_1\left(\frac{T_1 - T_2}{T_1}\right)$$
$$= 500\left(\frac{573 - 323}{273 + 300}\right) = 218\text{kcal}$$

정답 37.③ 38.③ 39.① 40.③ 41.①

chapter 4 가스폭발/방지대책

제4장의 핵심 포인트를 알려주세요.

제4장은 연소공학 출제기준의 가스화재 및 폭발방지대책에 관한 내용으로 세부 기준은 가스폭발의 예방 방호, 가스화재, 소화이론, 정전기발생 및 방지대책에 관한 내용입니다.

01 가스폭발 및 폭발방지대책

(1) 폭발

산화폭발	가연성 가스가 산소와 접촉 시 일어나는 폭발
중합폭발	HCN 등이 수분 2% 이상 함유 시 일어나는 폭발
화합폭발	C_2H_2이 Cu, Hg, Ag과 화합 시 일어나는 폭발
분해폭발	C_2H_2가스가 2.5MPa 압축 시 탄소와 수소로 분해가 되면서 일어나는 폭발
분진폭발	나트륨, 마그네슘 등의 가연성 고체 부유물질이 연소할 때 일어나는 폭발

(2) 폭발방호대책 진행방법의 순서

① 가연성 가스의 위험성 검토
② 폭발방호 대상 결정
③ 폭발의 위력과 피해정도 예측
④ 폭발화염의 전파확대와 압력상승의 방지
⑤ 폭발에 의한 피해확대 방지

(3) 자연발화성 물질

① 석탄, 고무분말은 산화 시에 열에 의한 발화
② 활성탄이나 목탄은 흡착열에 의해 발화
③ 퇴비, 먼지는 발효열에 의해 발화
④ 알칼리금속(Ca, Na, K)은 습기 흡수 시 발화
※ 자연발화형태(㉠ 산화열, ㉡ 미생물에 의한 발열, ㉢ 분해열)

(4) 발화지연(Ignition delay) 시간에 영향을 주는 요인

① 온도
② 압력
③ 가연성 가스
④ 공기의 혼합정도

(5) 분진폭발을 일으킬 수 있는 물리적 인자

① 입자의 형상
② 열전도율
③ 입자의 응집 특성

(6) 미연소 혼합기의 화염 부근에서 층류에서 난류로 바뀔 때 나타나는 현상

① 예혼합연소 시 화염의 전파속도가 증대된다.
② 버너연소는 난류확산연소로 연소율이 높다.
③ 확산연소에서 단위면적당 연소율이 높다.
④ 화염의 두께가 얇아진다.

(7) 폭발억제(Explosion, Supression)

폭발성 가스가 있을 때 불활성 가스를 주입하여 폭발을 미연에 방지함

(8) 결함발생 빈도를 나타내는 용어의 종류

① 개연성
② 희박
③ 장애

(9) 폭발사고 후 긴급안전대책

① 장치 내 가연성 기체를 비활성 기체로 치환한다.
② 위험물질을 다른 장소로 옮긴다.
③ 다른 공장에 파급되지 않도록 가열원, 동력원을 모두 차단한다.

(10) 매연발생으로 인한 영향

① 열손실 발생
② 환경오염 발생
③ 연소기구, 가스기구의 수명 단축

(11) 연료의 완전연소 필요조건

① 연소실 온도는 높게 유지한다.

② 연소실 용적은 크게 한다.
③ 연료는 되도록 예열 공급한다.
④ 연료에 따라 적당량의 공기를 사용한다.

(12) 연소가스 중 CO_2 함량을 분석하는 목적

① 공기비를 조절하기 위하여
② 열효율을 높이기 위하여
③ 산화염의 양을 알기 위하여

(13) 연소온도에 영향을 주는 요소

① 연료의 저위발열량
② 공기비
③ 산소농도

(14) 증기폭발(Vapor explosion)의 정의

가연성 액체가 비점 이상의 온도에서 발생한 증기가 혼합기체가 되어 증발하는 현상

(15) 연소폭발 위험성을 나타내는 물성치

① 연소열
② 점도
③ 비등점

(16) 기상폭발발생 예방조건

① 분진 및 퇴적물이 쌓이지 않게 한다.
② 가연성 가스의 농도가 상승하지 않게 수시로 환기시킨다.
③ 가연성 가스가 발생치 않도록 하고, 반응억제가스를 밀봉시킨다.

(17) 층류연소 속도가 결정되는 조건

① 온도
② 압력
③ 연료의 종류

(18) 착화발생의 원인

① 온도
② 조성
③ 압력
④ 용기의 크기와 형태

(19) 착화온도가 낮아지는 이유

① 산소농도가 높을수록
② 반응활성도가 클수록
③ 압력이 높을수록
④ 발열량이 높을수록
⑤ 열전도율이 적을수록
⑥ 분자구조가 복잡할수록

(20) 자연발화의 방지법

① 저장실의 온도를 40℃ 이하로 유지할 것
② 통풍이 양호하게 할 것
③ 습도가 높은 것을 피할 것
④ 열이 쌓이지 않게 퇴적방법에 주의할 것

(21) 소화제로 물을 사용하는 이유

기화잠열이 크기 때문에

(22) 강제점화의 정의

혼합기 속에서 전기불꽃을 이용하여 화염 핵을 형성, 화염을 전파하는 것

(23) 가연성 가스의 최대폭발압력(P_m) 상승 요인

① 용기 내 최초압력이 상승할수록
② 용기 내 최초온도가 상승할수록
③ 여러 개의 격막으로 압력이 중복될 때
④ 용기의 크기와 형상에 따라서

(24) 분진폭발의 위험성을 방지하기 위한 조건

① 환기장치는 가능한 단독 집진기를 사용한다.
② 분진이 일어나는 근처에 습식의 스크레어장치를 설치한다.
③ 분진취급 공정의 운영을 습식으로 한다.
④ 정기적으로 분진퇴적물을 제거한다.

(25) 최소점화에너지

① 정의 : 반응이 일어나는 최소한의 에너지로 적을수록 반응성이 좋다. 최소점화에너지가 많을수록 반응에 필요한 에너지가 많이 필요하므로 반응성이 좋지 않다는 것이다.

② 적어지는 영향인자
　㉠ 압력이 높을수록
　㉡ 열전도율이 적을수록
　㉢ 연소속도가 클수록
　㉣ 유속이 증가할수록
　㉤ 혼합기 온도가 상승할수록

(26) 연소실 내 폭풍 배기창

① 설치 목적 : 노 속의 폭발에 의한 폭풍을 외부로 도피시켜 노 안의 파손을 억제하기 위함
② 설치 조건
　㉠ 폭풍발생 시 손쉽게 알리는 구조일 것
　㉡ 가능한 한 노 안의 직선부에 설치할 것
　㉢ 크기와 수량은 화로의 구조에 적정할 것
　㉣ 폭풍발생 시 안전하게 도피할 수 있는 장소에 설치할 것

02 폭굉현상 및 연소

항 목	핵심 요점내용
가스의 정상연소속도	0.03~10m/s
폭굉속도 (화염의 전파속도)	1000~3500m/s
폭발범위가 폭굉범위보다 넓은 이유	폭굉이란 폭발 중 가장 격렬한 폭발로서 폭발범위 중의 어느 한 구간이 폭굉이다. 즉 폭발범위는 폭굉범위보다 넓다. 폭발범위 폭굉범위

항 목		핵심 요점내용
폭굉유도거리(DID)	정의	최초의 완만한 연소가 격렬한 폭굉으로 발전하는 거리 (연소 → 폭굉)
	폭굉유도거리가 짧아지는 조건 (폭굉이 빨리 일어나는 조건)	① 정상연소 속도가 큰 혼합가스일수록 ② 관속에 방해물이 있거나 관경이 가늘수록 ③ 압력이 높을수록 ④ 점화원의 에너지가 클수록
	폭굉을 일으킬 수 있는 기체가 관내에 있을 때 폭굉방지대책	① 관의 지름과 길이의 비는 가급적 적게 한다. ② 공정상 회전은 완만하게 한다. ③ 관로상에 장애물이 없도록 한다.
화학적 양론 혼합		가연성 가스와 조연성 가스가 접촉 일정 비율로 반응을 일으킴 $2H_2+O_2 \rightarrow 2H_2O$ (수소 : 산소=2 : 1)

항 목		핵심 요점내용
폭발지수(S)		$$S=\frac{E}{I}$$ 여기서, S : 폭발지수 E : 폭발강도 I : 발화강도
온도압력 증가 시 폭발범위에 미치는 영향	CO	압력 증가 시 폭발범위 좁아짐
	H_2	압력 증가 시 폭발범위가 좁아지다가 어느 한계점에서 다시 폭발범위가 넓어짐
	그 밖의 가연성 가스	폭발범위 넓어짐
연소파와 폭굉파의 비교		① 연소반응을 일으키는 파 ② 연소파는 아음속 폭굉파는 초음속 ③ 파면의 구조 발생 압력에 따라 달라진다. ④ 가연조건 시 기상에서 연소반응 전파형태를 이룬다.
Flame arrestor (화염방지기) 특징		① 구멍지름은 화염거리 이상이다. ② 열흡수 기능을 가지고 있다. ③ 폭굉예방용과는 무관하다. ④ 금속철망 다공성 철판으로 이루어져 있다.
고압가스 용기 속 수분 존재 시 영향		① 용기부식 및 동결 ② 밸브조정기 폐쇄 ③ 수격작용 발생 ④ 증기엔탈피 감소

항 목	핵심 요점내용
연소가스 중 N_2 산화물의 함량을 줄이는 방법	① 연소온도를 낮게 한다. ② 질소함량이 적은 연료를 사용한다. ③ 고온지속시간을 짧게 한다.
연소생성물 N_2, CO_2의 농도가 높아질 때 연소속도에 미치는 영향	연소가스 중 N_2, CO_2의 농도가 높으면 연소가 끝나가는 단계이므로 연소속도는 느려진다.
분젠버너에서 가스유속이 빠를 때 단염이 형성되는 이유	가스유속이 빠르면 난류현상을 일으키며, 이때 가스가 공기 중 산소와 접촉이 잘 이루어지기 때문에 층류현상일 때보다 양호, 불꽃이 짧아진다.
액체연료를 미립화시키는 방법	① 연료를 노즐에서 빨리 분출시키는 방법 ② 공기나 증기 등의 기체를 분무매체로 분출시키는 방법 ③ 고압의 정전기에 의해 액체를 분입시키는 방법 ④ 초음파에 의해 액체연료를 촉진시키는 방법
폐기가스에 대한 대기오염 방지대책	① 산화가능한 유기화합물은 연소법으로 처리한다. ② 유독성 물질은 굴뚝의 높이를 높인다. ③ 집진장치를 이용한다.
가연물의 정의	① 발열량이 클 것 ② 산소와 친화력이 좋을 것 ③ 활성화에너지가 적을 것 ④ 열전도율이 적을 것

03 소화이론 및 위험물

1 화재 · 소화

화 재					소 화		
	종 류	색	해당 물질	소화제		종 류	정 의
화재의 종류	A급	백색	종이 · 목재	물, 수용액	소화의 종류	질식소화	주변의 공기 또는 산소를 차단하여 소화
	B급	황색	가스 · 유류	분말 CO_2		억제소화	연소속도를 억제하는 방법으로 소화
	C급	청색	전기	건조사		냉각소화	기화잠열을 빼앗아 소화
	D급	색의 규정 없음	금속	해당 소화기 내 소화제		제거소화	가스공급을 중단시켜 소화

2 위험물 · 위험장소

위험물의 분류		위험장소	
		종 류	범위결정 시 고려사항
1종	산화성 고체(염소나트륨, 염소산염류)	1종 2종 3종	① 폭발성 가스의 비중 ② 폭발성 가스의 방출속도 ③ 폭발성 가스의 방출압력 ④ 폭발성 가스의 확산속도
2종	가연성 물질(유황, 인)		
3종	가연성 물질(K, Na)		
4종	유류		
5종	자기반응성 물질(벤젠, 톨루엔, 히드라진) 화학류		

04 생성열, 연소열 및 엔트로피 변화량

(1) 생성열

① $C + 2H_2 \rightarrow CH_2 + Q_1$

여기서, Q_1 : CH_4 1mol이 생성되었으므로 생성열이라 하며, 모든 열량은 1mol 또는 1kmol을 기준

② $H_2 + \frac{1}{2}O_2 \rightarrow H_2O + Q_2$

여기서, Q_2 : 물 1mol이 생성되었으므로 Q_2는 물의 생성열

③ $C + O_2 \rightarrow CO_2 + Q_3$

여기서, Q_3 : CO_2 1mol이 생성되었으므로 Q_3는 CO_2의 생성열

(2) 연소열 : 연료가스 1mol 연소 시 생성되는 열량

$CH_2 + 2O_2 \rightarrow CO_2 + 2H_2O + Q$

여기서, Q : CH_4을 기준으로 하면 CH_4 가스 1mol이 연소하였으므로 Q는 CH_4의 연소 열량

(3) 생성열이 주어졌을 때 연소열량을 계산하는 방법

예제 1. CH_4, CO_2, H_2O의 생성열이 각각 17.9kcal, 94.1kcal, 57.8kcal일 때 CH_4의 완전연소 발열량은?

풀이 $CH_4 + 2O_2 \rightarrow CO_2 + 2H_2O + Q$에서 생성열과 연소열은 화살표 반대편이므로 각각의 생성열을 부호를 반대로 하여 대입하여 발열량 Q를 구한다.

$-17.9 = -94.1 - 2 \times 57.8 + Q$

$\therefore Q = 94.1 + 2 \times 57.8 - 17.9 = 191.8\text{kcal}$

예제 2. 다음 반응식에서 CH_4의 연소열은 얼마인가? (단, CH_4, CO_2, H_2O의 생성열은 각각 $\Delta H_1 = -17.9$, $\Delta H_2 = -94.1$, $\Delta H_3 = -57.8$kcal이다.)

$$2CH_4 + 4O_2 \rightarrow 2CO_2 + 4H_2O + Q$$

풀이 ΔH는 원래 음(−)의 값을 가지므로 연소열량에 그대로 대입한다.

$-2 \times 17.9 = -2 \times 94.1 - 4 \times 57.8 + Q$

$Q = 2 \times 94.1 + 4 \times 57.8 - 2 \times 17.9 = 383.6$

$\therefore 383.6 \times \frac{1}{2} = 191.8\text{kcal/mol}$

05 연소공학 용어 정리

용 어	정 의	용 어	정 의
발화지연	어느 온도에서 발화까지 걸리는 시간	연공비 $\left(\frac{\text{연료질량}}{\text{공기질량}}\right)$	가연혼합기 중 연료와 공기의 질량비
임계상태	순수한 물질이 평형에서 증기−액체로 존재할 수 있는 상태의 온도와 압력	공연비 $\left(\frac{\text{공기질량}}{\text{연료질량}}\right)$	가연혼합기 중 공기와 연료의 질량비
열해리	연소반응이 완료되지 않아 연소가스 중에 반응의 중간 생성물이 남아 있는 현상	당량비 $\left(\frac{\text{실제연공비}}{\text{이론연공비}}\right)$	실제연공비와 이론연공비의 비(이론연공비 대비 실제연공비)

<table>
<tr><th>용 어</th><th>정 의</th><th colspan="2">용 어</th><th>정 의</th></tr>
<tr><td>노속의 산성 환원성의 여부</td><td>연소가스 중 CO 함량을 분석</td><td colspan="2">산화불꽃</td><td>산소의 과잉 시 형성되는 불꽃</td></tr>
<tr><td>사출률</td><td>연료가 연소 시 불완전연소를 발생시키는 정도</td><td colspan="2">중성불꽃</td><td>산소와 가연성 물질의 비가 1 : 1이 될 때 형성되는 불꽃</td></tr>
<tr><td>휘염</td><td>고체입자를 포함하는 화염(황색)</td><td colspan="2">탄화불꽃</td><td>산소 부족 시 형성되는 불꽃</td></tr>
<tr><td rowspan="5">불휘염</td><td rowspan="5">고체입자를 포함하지 않는 화염(청색)</td><td rowspan="2">선화
(리프팅)</td><td>정의</td><td>가스의 유출속도가 연소속도보다 커 염공을 떠나 연소하는 현상</td></tr>
<tr><td>원인</td><td>① 염공이 적을 때
② 노즐구경이 적을 때
③ 압력이 높을 때
④ 공기조절장치가 많이 열렸을 때</td></tr>
<tr><td rowspan="2">역화
(백파이어)</td><td>정의</td><td>가스의 연소속도가 유출속도보다 커 연소기 내부에서 연소하는 현상</td></tr>
<tr><td>원인</td><td>① 염공이 클 때
② 노즐구경이 클 때
③ 가스압력이 낮을 때
④ 인화점이 낮을 때
⑤ 공기조절장치가 작게 열렸을 때</td></tr>
<tr><td colspan="2">블로오프
(blow-off)</td><td>불꽃의 주위 기저부에 대한 공기의 움직임이 세어져 불꽃이 노즐에 장착하지 않고 떨어져 꺼지는 현상</td></tr>
</table>

Chapter 4

출/제/예/상/문/제

01 가연성 가스의 폭발범위에 대한 설명 중 옳은 것은?

① 폭굉에 의해 전달되는 범위
② 폭굉에 의해 피해를 받는 범위
③ 공기 중 연소할 수 있는 가연성 가스의 농도범위
④ 가연성 가스와 공기의 혼합기체가 연소하는 데 필요한 압력범위

해설

가연성 가스의 폭발범위

$$= \frac{\text{가연성 부피}}{\text{가연성 부피} + \text{공기부피}} \times 100$$

02 폭발억제를 가장 바르게 설명한 것은?

① 폭발성 가스가 있을 때에는 불활성 가스를 미리 주입하여 폭발을 미연에 방지함을 뜻한다.
② 폭발시작 단계를 검지하여 원료공급 차단, 소화 등으로 더 폭발을 진압함을 말한다.
③ 안전밸브 등을 설치하여 폭발이 발생했을 때 폭발생성물을 외부로 방출하여 큰 피해를 입지 않도록 함을 말한다.
④ 폭발성 물질이 있는 곳을 봉쇄하여 폭발을 억제함을 말한다.

03 다음은 최소점화에너지에 대한 설명이다. 옳은 것은?

① 유속이 증가할수록 작아진다.
② 혼합기 온도가 상승함에 따라 작아진다.
③ 유속 20m/sec까지는 점화에너지가 증가하지 않는다.
④ 점화에너지의 상승은 혼합기 온도 및 유속과는 무관하다.

해설

최소점화에너지란 가스가 발화하는 데 필요한 최소 에너지를 말하며, 가스의 온도, 압력, 조성에 따라 다르다.

04 다음은 화재 및 폭발 시의 피난대책을 기술한 것이다. 잘못 기술된 것은?

① 폭발 시에는 급히 복도나 계단에 있는 방화문을 부수어 내부 압력을 소멸시켜 주어야 한다.
② 옥외의 피난계단은 방의 창문에서 나오는 화염을 받지 않는 위치에 놓아야 한다.
③ 필요 시에는 완강대를 설치, 운영해야 한다.
④ 피난통로나 유도 등을 설치해야 한다.

해설

인력으로 방화문을 부수는 속도와 폭발속도는 비교를 할 수 없음

05 다음 기술한 내용 중 옳은 것은?

① 온도 상승에 따라 폭발범위는 증대한다.
② 입력 상승에 따라 폭발범위는 감소한다.
③ 가연성 가스와 지연성 가스의 혼합비율로서 공기 또는 산소의 농도 증가에 따라 폭발범위는 감소한다.
④ 온도의 감소에 따라 폭발범위는 증대한다.

정답 01.③ 02.① 03.② 04.① 05.①

06 화학반응속도를 지배하는 요인에 대한 설명이다. 맞는 것은?

① 압력이 증가하면 항상 반응속도가 증가한다.
② 생성 물질의 농도가 커지면 반응속도가 증가한다.
③ 자신은 변하지 않고 다른 물질의 화학변화를 촉진하는 물질을 부촉매라고 한다.
④ 온도가 높을수록 반응속도가 증가한다.

온도 10℃ 상승 시 2배 빨라진다.

07 일반적으로 온도가 10℃ 상승하면 반응속도는 약 2배 빨라진다. 40℃의 반응온도를 100℃로 상승시키면 반응속도는 몇 배 빨라지는가?

① 2^6　② 2^5
③ 2^4　④ 2^3

온도 10℃ 상승에 따라 반응속도는 2배 빨라지므로 60℃ 상승 시 2^6배 빨라진다.

08 폭발성 분위기의 생성조건과 관련되는 위험 특성에 속하는 것은?

① 폭발한계　② 화염일주한계
③ 최소점화전류　④ 폭굉유도거리

폭발한계(폭발범위)란 가연성과 공기가 혼합 시 그 중 가연성의 부피 %로서 폭발분위기 생성조건과 밀접한 관련이 있다.

09 다음 설명 중 맞는 것은?

① 폭굉속도는 보통 연소속도의 10배정도이다.
② 폭발범위는 온도가 높아지면 일반적으로 넓어진다.
③ 폭굉(Detonation) 속도는 가스인 경우 1000m/sec 이하이다.
④ 가연성 가스와 공기의 혼합가스에 질소를 첨가하면 폭발범위의 상한치는 크게 된다.

10 다음은 폭발의 위험성을 갖는 물질들이다. 이 중 폭발의 종류가 중합열에 의한 폭발물질에 해당되는 것은?

① 염소산칼륨
② 과산화물
③ 부타디엔
④ 아세틸렌

11 연소속도에 영향을 주는 요인이 아닌 것은?

① 화염온도
② 산화제의 종류
③ 지연성 물질의 온도
④ 미연소가스의 열전도율

12 가연성 가스의 위험성에 대한 설명으로 잘못된 것은?

① 폭발범위가 넓을수록 위험하다.
② 폭발범위 밖에서는 위험성이 감소한다.
③ 온도가 압력이 증가할수록 위험성이 증가한다.
④ 폭발범위가 좁고 하한계가 낮은 것은 위험성이 매우 적다.

해설

폭발하한계는 낮을수록 위험성이 증가

13 다음 가연성 기체(증기)와 공기혼합기체 폭발범위의 크기가 작은 것부터 큰 순서대로 나열된 것은?

㉠ 수소　㉡ 메탄
㉢ 프로판　㉣ 아세틸렌
㉤ 메탄올

① ㉢ – ㉡ – ㉤ – ㉠ – ㉣
② ㉢ – ㉤ – ㉡ – ㉣ – ㉠
③ ㉣ – ㉠ – ㉤ – ㉡ – ㉢
④ ㉣ – ㉢ – ㉠ – ㉤ – ㉡

해설

수소 : 4~75%, 메탄 : 5~15%, 프로판 : 2.1~9.5%, 아세틸렌 2.5~81%, 메탄올 : 2.7~36%

정답 06.④ 07.① 08.① 09.② 10.③ 11.③ 12.④ 13.①

14 다음 설명 중 틀린 것은?

① 가스 폭발범위는 측정조건을 바꾸면 변화한다.
② 점화원의 에너지가 약할수록 폭굉유도거리는 길다.
③ 혼합가스의 폭발한계는 르 샤트리에 식으로 계산한다.
④ 가스연료의 점화에너지는 가스 농도에 관계 없이 결정된 값이다.

15 다음 사항 중 가연성 가스의 연소, 폭발에 관한 설명 중 옳은 것은?

> ㉠ 가연성 가스가 연소하는 데는 산소가 필요하다.
> ㉡ 가연성 가스가 이산화탄소와 혼합할 때 잘 연소된다.
> ㉢ 가연성 가스는 혼합하는 공기의 양이 적을 때 완전연소한다.

① ㉠, ㉡　　② ㉡, ㉢
③ ㉠　　④ ㉢

16 다음 가연물에 대한 설명 중 옳은 것은?

① 가연물은 산화반응 시 흡열반응을 일으킨다.
② 0족 원소들은 가연물이다.
③ 질소와 산소가 반응하여 질소산화물을 만들므로 가연물이다.
④ 가연물은 산화반응 시 발열반응이 일어나므로 주위에 열을 축적하는 물질이다.

17 자연발화온도(Auto Ignition Temperature : AIT)에 영향을 주는 요인 중에서 증기의 농도에 관한 사항이다. 옳은 것은?

① 가연성 혼합기체 AIT는 가연성 가스와 공기의 혼합비가 1 : 1일 때 가장 낮다.
② 가연성 증기에 비하여 산소의 농도가 클수록 AIT는 낮아진다.
③ AIT는 가연성 증기의 농도가 양론농도보다 약간 높을 때가 가장 낮다.
④ 가연성 가스와 산소의 혼합비가 1 : 1일 때 AIT는 가장 낮다.

18 다음 미연소 혼합기의 흐름이 화염 부근에서 층류에서 난류로 바뀌었을 때의 현상에 대한 설명 중 옳지 않은 것은?

① 화염의 성질이 크게 바뀌며 화염의 두께가 증대된다.
② 예혼합연소일 경우 화염전파속도가 가속된다.
③ 버너연소는 난류확산연소로 연소율이 높다.
④ 확산연소일 경우는 단위면적당의 연소율이 높아진다.

해설

층류에서 난류로 바뀔 때 일어난 현상
㉠ 확산, 예혼합 모두 화염두께가 증대
㉡ 난류예혼합화염은 층류에 비해 화염전파속도 증대
㉢ 난류확산연소일 경우 단위체적당 연소율이 높아진다.

19 이상기체를 일정한 부피에서 가열하면 압력과 온도의 변화는 어떻게 되는가?

① 압력증가, 온도상승
② 압력증가, 온도일정
③ 압력일정, 온도상승
④ 압력일정, 온도일정

20 착화열은 무엇을 의미하는가?

① 연료를 착화온도까지 가열하는 데 소모된 열량
② 연료발화 시에 발생되는 열량
③ 연료가 완전연소될 때까지 발생된 총 열량
④ 발열반응을 일으킬 수 있는 연료물질의 잠재열량

정답 14.④ 15.③ 16.④ 17.③ 18.④ 19.① 20.①

21 다음 중 발화지연시간(Ignition Delay Time)에 영향을 주는 요인이 아닌 것은?

① 온도
② 압력
③ 폭발하한 값의 크기
④ 가연성 가스의 농도

22 다음 기상폭발 발생을 예방하기 위한 대책으로 적합지 않은 것은?

① 휘발성 액체 또는 고체를 불활성 기체와의 접촉을 피하기 위해 공기로 차단한다.
② 환기에 의해 가연성 기체의 온도 상승을 억제한다.
③ 반응에 의해 가연성 기체의 발생 가능성을 검토하고 반응을 억제 또는 발생한 기체를 밀봉한다.
④ 집진, 집우 장치 등에서 분진 및 분무의 퇴적을 방지한다.

해설
공기는 조연성이므로 휘발성 물질에 폭발의 우려가 있음

23 발화지연에 대한 설명으로 맞는 것은?

① 저온, 저압일수록 발화지연은 짧아진다.
② 어느 온도에서 가열하기 시작하여 발화시까지 걸린 시간을 말한다.
③ 화염의 색이 적색에서 청색으로 변하는 데 걸리는 시간을 말한다.
④ 가연성 가스와 산소의 혼합비가 완전 산화에 가까울수록 발화지연은 길어진다.

24 다음의 연소와 폭발에 관한 설명 중 틀린 것은?

① 연소란 빛과 열의 발생을 수반하는 산화반응이다.
② 분해 또는 연소 등의 반응에 의한 폭발원인은 화학적 폭발이다.
③ 발열속도>방열속도인 경우 발화점 이하로 떨어져 연소과정에서 폭발로 이어진다.
④ 폭발이란 급격한 압력의 발생 또는 음향을 내며 파열되거나 팽창하는 현상이다.

25 점화원에 의하여 연소하기 위한 최저온도를 무엇이라 하는가?

① 인화점 ② 착화점
③ 발화점 ④ 폭굉점

해설
㉠ 인화점 : 점화원을 가지고 연소하는 최저온도
㉡ 발화점 : 점화원이 없이 연소하는 최저온도

26 다음 중 가연물의 구비조건이 아닌 것은?

① 연소열량이 커야 한다.
② 열전도도가 작아야 한다.
③ 활성화에너지가 커야 한다.
④ 산소와의 친화력이 좋아야 한다.

해설
활성화에너지는 반응에 필요한 최소한의 에너지로 활성화에너지가 적을수록 연소성이 높다.

27 산소공급원이 아닌 것은?

① 환원제 ② 산소
③ 공기 ④ 산화제

해설
환원제는 H_2와 같이 가연성 물질이다.

28 다음 중 잘못된 것은?

① 고압일수록 폭발범위가 넓어진다.
② 압력이 높아지면 발화온도는 낮아진다.
③ 가스의 온도가 높아지면 폭발범위는 좁아진다.
④ 일산화탄소는 공기와 혼합 시 고압이 되면 폭발범위가 좁아진다.

해설
온도압력이 높아지면 폭발범위가 넓어진다.

29 다음 중 반응속도가 빨라지는 것은?

① 활성화에너지가 작을수록 좋다.
② 열의 발산속도가 클수록 좋다.
③ 착화점과 인화점이 높을수록 좋다.
④ 연소점이 높을수록 좋다.

정답 21.③ 22.① 23.② 24.③ 25.① 26.③ 27.① 28.③ 29.①

30 위험 등급의 분류에서 특정 결함의 위험도가 가장 큰 것은?

① 안전(安全) ② 한계성(限界性)
③ 위험(危險) ④ 파탄(破綻)

31 연소가스의 폭발 및 안전에 관한 다음 설명에 적당한 용어는?

> 두 면의 평행판 거리를 좁혀가며, 화염이 전파하지 않게 될 때의 면간거리

① 안전간격 ② 한계직경
③ 화염일주 ④ 소염거리

해설

안전간격이란 8L의 구형 용기 안에 폭발성 혼합가스를 채우고 점화시켜 화염이 전파되지 않는 한계의 틈을 말한다.
④ 소염거리 : 평행판에서 화염이 전파되지 않는 면간의 거리

32 다음 중 폭발의 정의에 가장 적합한 것은?

① 물질을 가열하기 시작하여 발화할 때까지의 시간이 극히 짧은 반응
② 물질이 산소와 반응하여 열과 빛을 발생하는 현상
③ 화염의 전파속도가 음속보다 큰 강한 파괴작용을 하는 흡열반응
④ 화염이 음속 이하의 속도로 미반응 물질 속으로 전파되어가는 발열반응

해설

② 연소
③ 폭굉

33 다음 중 폭발위험도를 설명한 것으로 옳은 것은?

① 폭발상한계를 하한계로 나눈 값
② 폭발하한계를 상한계로 나눈 값
③ 폭발범위를 하한계로 나눈 값
④ 폭발범위를 상한계로 나눈 값

해설

$$위험도=\frac{폭발상한-폭발하한}{폭발하한}$$

34 다음 중 폭발범위의 설명으로 옳은 것은?

① 점화원에 의해 폭발을 일으킬 수 있는 혼합가스 중의 가연성 가스의 부피%
② 점화원에 의해 폭발을 일으킬 수 있는 혼합가스 중의 가연성 가스의 중량%
③ 점화원에 의해 폭발을 일으킬 수 있는 혼합가스 중의 지연성 가스의 부피%
④ 점화원에 의해 폭발을 일으킬 수 있는 혼합가스 중의 지연성 가스의 중량%

35 기체혼합물의 각 성분을 표현하는 방법으로 여러 가지가 있다. 다음은 혼합가스의 성분비를 표현하는 방법이다. 다른 값을 갖는 것은?

① 몰분율 ② 질량분율
③ 압력분율 ④ 부피분율

36 다음 정전기제거 또는 발생방지 조치에 관한 설명이다. 관계가 먼 것은?

① 대상물을 접지시킨다.
② 상대습도를 높인다.
③ 공기를 이온화시킨다.
④ 전기저항을 증가시킨다.

37 혼합기체의 온도를 고온으로 상승시켜 자연착화를 일으키고 혼합기체의 전부분이 극히 단시간 내에 연소하는 것으로서 압력상승의 급격한 현상을 무엇이라 하는가?

① 전파연소 ② 폭발
③ 확산연소 ④ 예혼합연소

해설

㉠ 다량 가연성 가스가 한 번에 연소 → 폭발
㉡ 폭발 중 가장 격렬한 폭발 → 폭굉

38 메탄의 폭발범위는 5.0~15.0%V/V라고 한다. 메탄의 위험도는?

① 8.3 ② 6.2
③ 4.1 ④ 2.0

정답 30.④ 31.④ 32.④ 33.③ 34.① 35.② 36.④ 37.② 38.④

해설

$$위험도 = \frac{폭발상한 - 폭발하한}{폭발하한} = \frac{15-5}{5} = 2$$

39 다음은 폭발사고 후의 긴급안전대책을 기술한 것이다. 사고 후의 긴급안전대책이 아닌 것은?

① 폭발의 위험성이 있는 건물은 방화구조와 내화구조로 한다.
② 타 공장에 파급되지 않도록 가열원, 동력원을 모두 끈다.
③ 모든 위험물질을 다른 곳으로 옮긴다.
④ 장치 내 가연성 기체를 긴급히 비활성 기체로 치환시킨다.

해설

방화구조와 내화구조로 하는 것은 사고 전 대책사항이다.

40 다음 중 연소실 내의 노속 폭발에 의한 폭풍을 안전하게 외계로 도피시켜 노의 파손을 최소한으로 억제하기 위해 폭풍 배기창을 설치해야 하는 구조에 대한 설명 중 틀린 것은?

① 크기와 수량은 화로의 구조와 규모 등에 의해 결정한다.
② 가능한 한 곡절부에 설치한다.
③ 폭풍을 안전한 방향으로 도피시킬 수 있는 장소를 택한다.
④ 폭풍으로 손쉽게 알리는 구조로 한다.

41 다음은 폭발방호대책 진행방법의 순서를 나타낸 것이다. 그 순서가 옳은 것은?

> ㉠ 폭발방호 대상의 결정
> ㉡ 폭발의 위력과 피해정도 예측
> ㉢ 폭발화염의 전파확대와 압력상승의 방지
> ㉣ 폭발에 의한 피해의 확대방지
> ㉤ 가연성 가스 증기의 위험성 검토

① ㉠ - ㉡ - ㉢ - ㉣ - ㉤
② ㉤ - ㉠ - ㉡ - ㉢ - ㉣
③ ㉣ - ㉤ - ㉠ - ㉡ - ㉢
④ ㉢ - ㉣ - ㉤ - ㉠ - ㉡

42 다음 폭발 종류 중 그 분류가 화학적 폭발로 분류할 수 있는 것은?

① 증기폭발 ② 분해폭발
③ 압력폭발 ④ 기계적 폭발

해설

$C_2H_2 \rightarrow 2C + H_2$

43 다음 중 폭발의 위험을 나타내는 물성치에 해당하지 않는 것은?

① 빙점 ② 연소열
③ 점도 ④ 비등점

44 다음 중에서 불꽃전파 최고속도(m/s)가 가장 큰 것은?

① 석탄가스
② 수소
③ 일산화탄소
④ 프로판

해설

수소의 폭굉속도 1400~3500m/s

45 증기폭발(Vapor explosion)을 바르게 설명한 것은?

① 뜨거운 액체가 차가운 액체와 접촉할 때 찬 액체가 큰 열을 받아 증기가 발생하는 증기의 압력에 의한 폭발현상
② 가연성 액체가 비점 이상의 온도에서 발생한 증기가 혼합기체가 되어 증발되는 현상
③ 가연성 기체가 상온에서 혼합기체가 되어 발화원에 의하여 폭발하는 현상
④ 수증기가 갑자기 응축하여 이로 인한 압력강화로 일어나는 폭발현상

정답 39.① 40.② 41.② 42.② 43.① 44.② 45.②

46 다음은 분진폭발의 위험성을 방지하기 위한 조작이다. 틀린 것은?

① 환기장치는 가능한 공정별로 단독집진기를 사용한다.
② 분진의 산란이나 퇴적을 방지하기 위하여 정기적으로 분진제거
③ 분진취급 공정을 가능하면 건식법으로 한다.
④ 분진이 일어나는 근처에 습식의 스크레버장치를 설치, 분진제거

해설
분진공정을 건식법으로 하면 분진발생이 쉽다.

47 다음 중 분진폭발의 위험이 제일 적은 것은?

① 황린 ② 황
③ 마그네슘 ④ 과산화칼슘

48 분진폭발을 일으킬 수 있는 물리적 인자가 아닌 것은?

① 입자의 형상 ② 열전도율
③ 연소열 ④ 입자의 응집특성

해설
연소열은 화학적 인자

49 분진의 위험성에 대한 수량적 표현을 위하여 폭발지수(S)를 이용한다. 다음 중 폭발지수를 맞게 표현한 것은? (단, I : 발화강도, E : 폭발강도)

① $S=E+I$
② $S=E/I$
③ $S=I/E$
④ $S=I \cdot E$

50 다음 중 폭발방지를 위한 본질안전장치에 해당되지 않는 것은?

① 압력방출장치
② 온도제어장치
③ 조성억제장치
④ 착화원차단장치

51 액체에 급격한 상 변화를 하여 증기가 된 후 폭발하는 현상을 무엇이라 하는가?

① 블레브(Bleve)
② 파이어볼(Fire Ball)
③ 디토네이션(Detonation)
④ 풀 파이어(Pool Fire)

52 공기와의 혼합가스의 경우 안전간격이 넓은 순서로 나열된 것은?

① 프로판, 수소, 에틸렌
② 수소, 프로판, 에틸렌
③ 에틸렌, 프로판, 수소
④ 프로판, 에틸렌, 수소

해설
㉠ 폭발등급 1등급 : C_3H_8, C_4H_{10}, CH_4
㉡ 폭발등급 2등급 : 에틸렌, 석탄가스
㉢ 폭발등급 3등급 : CS_2, H_2, C_2H_2, 수성 가스

53 내압방폭구조로 방폭전기기기를 설계할 때 가장 중요하게 고려해야 될 사항은?

① 가연성 가스의 발화점
② 가연성 가스의 최소점화에너지
③ 가연성 가스의 안전간격
④ 가연성 가스의 연소열

해설
방폭구조에서 가장 중요한 사항은 안전간극이다.

참고 안전간극 : 8L의 구형 용기 안에 폭발성 혼합가스를 채우고 화염전달 여부를 측정 화염이 전파되지 않는 한계의 틈

54 다음 설명 중 맞는 것은?

① 안전간격이 0.8mm 이상인 가스는 폭발등급 1이다.
② 안전간격이 0.8mm~0.4mm인 가스는 폭발등급 2이다.
③ 안전간격이 0.4mm 이하인 가스는 폭발등급 3이다.
④ 안전간격이 0.4mm 이하인 가스는 폭발등급 4이다.

정답 46.③ 47.④ 48.③ 49.② 50.① 51.① 52.④ 53.③ 54.③

해설

㉠ 폭발등급 1등급 : 안전간격이 0.6mm 초과
㉡ 폭발등급 2등급 : 안전간격이 0.4mm 이상 0.6mm 미만
㉢ 폭발등급 3등급 : 안전간격이 0.4mm 미만

55 폭굉에 대한 설명 중 맞는 것은?

① 충격파의 면에 저온이 발생하여 혼합 기체가 급격히 연소하는 현상이다.
② 긴 관에서 연소파가 갑자기 전해지는 현상이다.
③ 관 내에서 연소파가 일정거리 진행 후 급격히 연소속도가 증가하는 현상이다.
④ 연소에 따라 공급된 에너지에 의해 불규칙한 온도범위에서 연소파가 진행되는 현상이다.

56 다음 연소파와 폭굉파에 대한 설명으로 옳지 않은 것은?

① 가연조건에 있을 때 기상에서의 연소반응 전파형태이다.
② 연소파와 폭굉파는 연소반응을 일으키는 파이다.
③ 폭굉파는 아음속이고, 연소파는 초음속이다.
④ 연소파와 폭굉파는 전파속도, 파면의 구조, 발생압력이 크게 다르다.

해설

㉠ 아음속 : 음속보다 느린 속도
㉡ 초음속 : 음속보다 빠른 속도

57 연소파와 폭굉파에 관한 설명 중 옳은 것은?

① 연소파 : 반응 후 온도감소
② 폭굉파 : 반응 후 온도상승
③ 연소파 : 반응 후 압력감소
④ 폭굉파 : 반응 후 밀도감소

58 다음 ( ) 안에 알맞은 내용은?

> 폭굉이란 가스속도가 (㉠) 보다도 (㉡) 가 큰 것으로 전단의 압력파에 의해 파괴작용을 일으킨다.

① ㉠ 음속, ㉡ 폭발속도
② ㉠ 연소, ㉡ 폭발속도
③ ㉠ 화염온도, ㉡ 충격파
④ ㉠ 폭발속도, ㉡ 음속

59 폭굉유도거리에 대한 올바른 설명은?

① 최초의 느린 연소가 폭굉으로 발전할 때까지의 거리
② 어느 온도에서 가열, 발화, 폭굉에 이르기까지의 거리
③ 폭굉 등급을 표시할 때의 안전간격을 나타내는 거리
④ 폭굉이 단위시간당 전파되는 거리

60 폭굉유도거리(DID)가 짧아지는 요인으로 옳지 않은 것은?

① 관 속에 방해물이 있는 경우
② 압력이 낮은 경우
③ 점화에너지가 큰 경우
④ 정상연소속도가 큰 혼합가스인 경우

폭굉유도거리가 짧아지는 조건 : 폭굉이 빨리 일어나는 조건, 압력이 높을수록

61 폭굉이 발생하는 경우 파면의 압력은 정상연소에서 발생하는 것보다 일반적으로 얼마나 큰가?

① 2배
② 5배
③ 8배
④ 10배

62 폭굉파가 벽에 충돌하면 파면압력은 약 몇 배로 치솟는가?

① 2.5 ② 5.5
③ 10 ④ 20

해설

㉠ 폭굉파의 파면압력 : 연소의 2배
㉡ 벽에 충돌 시 : 2.5배

정답 55.③ 56.③ 57.② 58.① 59.① 60.② 61.① 62.①

63 다음은 폭굉을 일으킬 수 있는 기체가 파이프 내에 있을 때 폭굉방지 및 방호에 관한 내용이다. 옳지 않은 사항은?

① 파이프의 지름 대 길이의 비는 가급적 작게 한다.
② 파이프라인에 오리피스 같은 장애물이 없도록 한다.
③ 파이프라인을 장애물이 있는 곳에선 가급적이면 축소한다.
④ 공정라인에서 회전이 가능하면 가급적 완만한 회전을 이루도록 한다.

관경이 가늘수록 폭굉의 우려가 높으므로 관경을 넓혀야 한다.

64 다음은 화염방지기(Flame arrestor)에 관한 내용이다. 옳지 않은 것은?

① 용도에 따라 차이는 있으나 구멍의 지름이 화염거리 이하로 되어 있다.
② 화염방지의 주된 기능은 화염 중의 열을 흡수하는 것이다.
③ 화염방지기는 폭굉을 예방하기 위하여는 사용될 수 없다.
④ 화염방지기의 형태는 금속철망, 다공성 철판, 주름진 금속리본 등 여러 가지가 있다.

구멍 지름이 화염거리 이상

65 질소와 산소를 같은 질량으로 혼합했을 때 평균 분자량은 얼마인가? (단, 질소와 산소의 분자량은 각각 28, 32이다.)

① 30.00
② 29.87
③ 28.84
④ 26.47

해설

$$N(\%) = \frac{\frac{100}{28}}{\frac{100}{28} + \frac{100}{32}} = 0.533$$

그러므로 산소는 0.477

$\therefore\ 28 \times 0.533 + 32 \times 0.477 = 29.866$
$= 29.87$

참고 같은 부피 혼합 시 평균 분자량
$28 \times 0.5 + 32 \times 0.5 = 30$

66 CO_2 32%, O_2 5%, N_2 63%(용량%)의 혼합 기체의 평균 분자량은 얼마인가?

① 16.2
② 33.3
③ 48.4
④ 70.5

$44 \times 0.32 + 32 \times 0.05 + 28 \times 0.63 = 33.32$g

67 다음 중 위험장소의 범위 결정 시 고려하지 않아도 되는 사항은?

① 위험장소의 작업인원
② 폭발성 가스의 방출속도, 방출압력
③ 폭발성 가스의 확산속도
④ 폭발성 가스의 비중

68 연소 중 산소농도가 높을 때 연소의 변화에 대하여 옳게 설명한 것은?

> ㉠ 연소속도가 작다.
> ㉡ 화염온도가 높다.
> ㉢ 연료 kg당의 발열량이 높다.

① ㉠
② ㉡
③ ㉠, ㉡
④ ㉠, ㉡, ㉢

해설

연소 시 산소농도가 높을 때
㉠ 연소속도가 빨라진다.
㉡ 화염온도가 높아진다.
㉢ 연료의 kg당 발열량은 동일하다.

정답 63.③ 64.① 65.② 66.② 67.① 68.②

69 소염거리(소염직경)에 대한 설명으로 옳지 않은 것은?

① 소염직경은 소염거리 보다도 보통 20~25% 정도 크다.
② 소염거리 이하에서 불꽃이 꺼지는 이유는 미연소가스에 열이 쉽게 축열되기 때문이다.
③ 가스 연소기구의 노즐 크기는 역화를 방지하기 위해 소염직경보다 작은 것이 일반적이다.
④ 두 개의 평행평판 사이의 거리가 좁아지면 화염이 더 이상 전파되지 않는 거리의 한계치가 있는데, 이를 소염거리라 한다.

70 자연발화성 물질에 관한 설명 중 잘못된 것은?

① 퇴비와 먼지 등은 발효열에 의해 발화될 수 있다.
② 활성탄이나 목탄은 흡착열에 의하여 발화될 수 있다.
③ 석탄이나 고무분말은 산화 시의 열에 의해 발화가 가능하다.
④ 알루미늄가루나 인화칼슘 등은 습기를 흡수했을 때 발화가 가능하다.

해설

알루미늄가루는 알칼리금속이 아니므로 수분 흡수 시 발화위험이 없다.

71 방폭 구조 및 대책에 관한 설명이 아닌 것은?

① 방폭대책에는 예방, 국한, 소화, 피난대책이 있다.
② 가연성 가스의 용기 및 탱크 내부는 제2종 위험장소이다.
③ 분진처리장치의 호흡작용이 있는 경우에는 자동분진제거장치가 필요하다.
④ 내압방폭구조는 내부 폭발에 의한 내용물 손상으로 영향을 미치는 기기에는 부적당하다.

공정안전보고(PSM)상 안정상 항상 계획서의 위험장소 분류
㉠ 0종 : 폭발성 농도가 폭발하한치 이상으로 장시간 존재하는 위험분위기
㉡ 1종 : 보통 상태에도 위험분위기가 발생될 우려가 있는 장소
㉢ 2종 : 이상상태에서만 위험분위기가 발생될 우려가 있는 장소로서 ②항은 0종에 해당

72 위험성 물질의 정도를 나타내는 용어들에 관한 설명이 잘못된 것은?

① 화염일수한계가 작을수록 위험성이 크다.
② 최소점화에너지가 작을수록 위험성이 크다.
③ 위험도는 폭발범위를 폭발하한계로 나눈 값이다.
④ 위험도가 특히 큰 물질로는 암모니아와 브롬화메틸이 있다.

해설

위험도가 큰 물질 : C_2H_2, H_2 CS_2 수성 가스

73 수소의 연소반응식은 다음과 같이 나타낸다. 수소를 일정한 압력에서 이론산소량만으로 완전연소시켰을 때 생성된 수증기의 온도는? (단, 수증기의 정압비열 10cal/mol · K, 수소와 산소의 공급온도 25℃, 외부로의 열손실은 없음)

$$H_2 + \frac{1}{2}O_2 \rightarrow H_2O(g) + 57.8\text{kcal/mol}$$

① 5580K ② 5780K
③ 6053K ④ 6078K

해설

$\dfrac{57.8 \times 10^3 \text{cal/mol}}{10\text{cal/mol} \cdot \text{K}} = 5780\text{K}$

$\therefore\ 5780 + (273 + 25) = 6078\text{K}$

74 다음 중 위험한 증기가 있는 곳의 장치에 정전기를 해소시키기 위한 방법이 아닌 것은?

① 접속 및 접지 ② 이온화
③ 증습 ④ 가압

정답 69.② 70.④ 71.② 72.④ 73.④ 74.④

해설

가압이란 압력을 가하는 행위로 정전기발생을 조장하는 행위가 된다.

75 가스의 속도를 크게 할수록 압력손실은 커지나 분리효율이 좋아지는 집진장치는?

① 세정집진장치
② 사이클론 집진장치
③ 멀티클론 집진장치
④ 벤투리 스크레버 집진장치

해설

사이클론 집진장치 : 건식 집진장치로서 가스를 선화운동시켜 원심력으로 매연을 분리시킴으로서 속도가 클수록 압력손실이 커지고 분리효율이 좋아진다.

76 불완전연소에 의한 매연, 먼지 등을 제거하는 집진장치 중 건식 집진장치가 아닌 것은?

① 백필터
② 사이클론
③ 멀티클론
④ 사이클론 스크러버

해설

사이클론 스크러버(세정집진장치), 충진탑, 벤투리 스크러버는 습식 집진장치이다.

77 다음 반응식을 이용하여 메탄의 생성열을 구하면?

㉠ $C+O_2 \rightarrow CO_2$
$\Delta H=-97.2$kcal/mol
㉡ $H_2+\frac{1}{2}O_2 \rightarrow H_2O$
$\Delta H=-57.6$kcal/mol
㉢ $CH_4+2O_2 \rightarrow CO_2+2H_2O$
$\Delta H=-194.4$kcal/mol

① $\Delta H=-20$kcal/mol
② $\Delta H=-18$kcal/mol
③ $\Delta H=18$kcal/mol
④ $\Delta H=20$kcal/mol

해설

CH의 생성반응식 $C+2H_2 \rightarrow CH_4+Q$
$C+O_2 \rightarrow CO_2+97.2$ ········· (1)
$H_2+\frac{1}{2}O_2 \rightarrow H_2O+57.6$ ········· (2)
$CH_4+2O_2 \rightarrow CO_2+2H_2O+194.4$ ········· (3)
식 (2)×2+식 (3)
= | $2H_2+O_2 \rightarrow 2H_2O+57.6\times2$
+ | $C+O_2 \rightarrow CO_2+97.2$
$C+2H_2+2O_2 \rightarrow CO_2+2H_2O+212.4$ ········ (4)
식 (4)−식 (1)
| $C+2H_2+2O_2 \rightarrow CO_2+2H_2O+212.4$
− | $CH_4+2O_2 \rightarrow CO_2+2H_2O+194.4$
$C+2H_2 \rightarrow CH_4+212.4-194.4$이므로
$\therefore\ \Delta H=-18$kcal

78 다음 집진장치 중 가장 집진효율이 높은 것은?

① 전기집진 ② 원심력집진
③ 여과집진 ④ 세정집진

79 사이클론식 집진장치는 어떤 원리를 이용한 집진장치인가?

① 점성력 ② 중력
③ 원심력 ④ 관성력

80 $CH_4(g)+2O_2(g) \leftrightarrow CO_2(g)+2H_2O(L)$의 반응열은?

• $CH_4(g)$의 생성열 : −17.9kcal/g · mol
• $H_2O(L)$의 생성열 : −68.4kcal/g · mol
• $CO_2(g)$의 생성열 : −94kcal/g · mol

① −144.5kcal
② −180.3kcal
③ −212.9kcal
④ −248.7kcal

해설

상기 반응식 $17.9=94+2\times68.4+Q$에서
$Q=-2\times68.4-94+17.9=-212.9$

정답 75.② 76.④ 77.② 78.① 79.③ 80.③

81 다음 세 반응의 반응열 사이에서 $Q_3 = Q_1 + Q_2$의 식이 성립되는 법칙을 무엇이라 하는가?

㉠ $C_2H_2 + 2O_2 \rightarrow CO_2 + CO + H_2O + Q_1$(cal)
㉡ $CO + \frac{1}{2}O_2 \rightarrow CO_2 + Q_2$(cal)
㉢ $C_2H_2 + \frac{5}{2}O_2 \rightarrow 2CO_2 + H_2O + Q_3$(cal)

① 돌턴의 법칙 ② 헤스의 법칙
③ 헨리의 법칙 ④ 톰슨의 법칙

82 다음은 연소를 위한 최소산소량(Minimum Oxygen for Combustion : MOC)에 관한 사항이다. 옳은 것은?

① 가연성 가스의 종류가 같으면 함께 존재하는 불연성 가스의 종류에 따라 MOC 값이 다르다.
② MOC를 추산하는 방법 중에는 가연성 물질의 연소상한계 값(H)에 가연물 1몰이 완전연소할 때 필요한 과잉산소의 양론계수 값을 곱하여 얻는 방법도 있다.
③ 계 내에 산소가 MOC 이상으로 존재하도록 하기 위한 방법으로 불활성 기체를 주입하여 계의 압력을 상승시키는 방법이 있다.
④ 가연성 물질의 종류가 같으면 MOC 값도 다르다.

83 다음에 열거한 집진장치 중에서 미립자 집진에 적합한 집진장치는?

① 중력집진 ② 전기집진
③ 관성력집진 ④ 원심력집진

84 다음 집진장치 중 가장 압력손실이 큰 것은?

① 중력집진장치
② 원심력집진장치
③ 전기집진장치
④ 벤투리 스크러버

85 다음 중 상온에서 물과 반응하여 가연성 기체를 생성하는 물질로 짝지어진 것은?

㉠ K ㉡ CO
㉢ NH_3 ㉣ CaC_2

① ㉠, ㉢
② ㉠, ㉣
③ ㉠, ㉡
④ ㉢, ㉣

해설

알칼리금속(Na) 물과 반응 시 가연성 물질 생성, 카바이드(CaC_2) 물과 반응 시 C_2H_2 가스 생성

86 아세톤, 톨루엔, 벤젠 등 제4류 위험물이 위험물로서 분류된 이유는?

① 물과 접촉하여 많은 열을 방출하여 연소를 촉진시킨다.
② 분해 시에 산소를 발생하여 연소를 돕는다.
③ 니트로기를 함유한 폭발성 물질이다.
④ 공기보다 밀도가 큰 가연성 증기를 발생시키기 때문이다.

87 자연발화를 방지하고자 한다. 틀리게 설명한 것은?

① 열이 쌓이지 않게 퇴적방법에 주의할 것
② 습도가 높은 것을 피할 것
③ 저장실의 온도를 높일 것
④ 통풍을 잘 시킬 것

해설

저장실의 온도를 높이면 발화가 촉진됨

88 화재의 기호와 설명이 잘못된 것은?

① D급 : 가스화재(무색)
② A급 : 일반화재(백색)
③ B급 : 유류화재(황색)
④ C급 : 전기화재(청색)

해설

D급 : 금속화재(규정된 색이 없음)

정답 81.② 82.① 83.② 84.④ 85.② 86.④ 87.③ 88.①

89 아지화납, TNT 등은 다음 위험물의 분류 중 어느 분류에 속하겠는가?

① 폭발성 물질
② 가연성 물질
③ 이연성 물질
④ 자연발화성 물질

해설

폭발성 물질=제5류 위험물

90 다음 중 수분을 흡수 또는 접촉하면 발화를 일으킬 위험이 있는 것은?

① 아세틸렌 ② 인화칼슘
③ 암모니아 ④ 부틸알코올

해설

알칼리금속(K, Na, Ca) 등은 수분과 접촉 시 발열반응으로 발화의 위험이 있다.

91 소화제로서 물을 사용하는 이유는?

① 취급이 간단하기 때문이다.
② 기화잠열이 크기 때문이다.
③ 산소를 흡수하기 때문이다.
④ 연소하지 않기 때문이다.

92 가스 화재 시 밸브 및 콕을 잠그는 경우의 소화방법에 해당하는 것은?

① 억제소화 ② 질식소화
③ 제거소화 ④ 냉각소화

93 C_3H_8의 임계압력은 몇 atm 정도인가?

① 7atm ② 8atm
③ 37.46atm ④ 42.01atm

해설

㉠ C_3H_8의 임계온도 : 96.81℃
㉡ C_4H_{10}의 임계압력 : 37.46atm

94 다음 중 소화방법이 아닌 것은?

① 냉각소화
② 질식소화
③ 산화소화
④ 외제소화

해설

산화는 소화방법이 아니며, 연소를 촉진시키는 것임

95 다음은 소화의 원리에 대한 설명이다. 틀린 것은?

① 연소 중에 있는 물질의 표면을 불활성 가스로 덮어 씌워 가연성 물질과 공기를 분리시킨다.
② 연소 중에 있는 물질에 물이나 특수 냉각제를 뿌려 온도를 낮춘다.
③ 연소 중에 있는 물질에 공기를 많이 공급하여 혼합기체의 농도를 높게 한다.
④ 가연성 가스나 가연성 증기의 공급을 차단시킨다.

해설

공기공급 시 연소반응을 촉진시킨다.

96 단원자 분자의 정용 열용량(C_v)에 대한 정압 열용량(C_p)은?

① 1.66 ② 1.44
③ 1.33 ④ 1.02

해설

$K=\dfrac{C_p}{C_v}$

단원자 K=1.66, 이원자 K=1.44, 삼원자 K=1.33이다.

정답 89.① 90.② 91.② 92.③ 93.④ 94.③ 95.③ 96.①

chapter 5 PSM(공정안전) 및 가스폭발 위험성 평가

제5장의 핵심 포인트를 알려주세요.

제5장은 연소공학 출제기준의 위험성 평가부분으로서 특히 정성, 정량적 평가방법의 종류를 기억해야 합니다.

01 PSM(공정안전)

1 공정안전보고서의 관계법령

산업안전보건법 제44조(공정안전보고서의 작성 · 제출)

대통령령이 정하는 유해, 위험설비를 보유한 사업장의 사업주는 당해 설비로부터 위험물질의 누출화재 폭발 등으로 인하여 사업장 내의 근로자에게 즉시 피해를 주거나 인근지역에 피해를 줄 수 있는 사고를 예방하기 위하여 대통령령이 정하는 바에 의하여 공정안전보고서를 고용노동부장관에게 제출하여야 한다.

2 공정안전보고서에 반드시 포함되어야 할 사항

① 공정안전자료

② 공정위험성 평가서

③ 안전운전계획

④ 비상조치계획

⑤ 기타 공정안전과 관련하여 고용노동부장관이 필요하다고 인정하여 고시하는 사항

(1) 공정안전자료

① 취급, 저장하고 있거나 취급, 저장하고자 하는 유해, 위험물질의 종류 및 수량

② 유해, 위험물질에 대한 물질안전보건자료

③ 유해, 위험설비의 목록 및 사양

④ 유해, 위험설비의 운전방법을 알 수 있는 공정도면

⑤ 각종 건물, 설비의 배치도

(2) 공정위험평가방법의 종류

정성적 분석	정량적 분석
① 체크리스트(Check List) ② 상대위험순위결정(Dow and Mond Indices) ③ 사고예방질문분석(What-if) ④ 위험과 운전분석(HAZOP) ⑤ 이상위험도분석(FMECA)	① 결함수분석(FTA) ② 사건수분석(ETA) ③ 원인결과분석(CCA) ④ 작업자실수분석(HEA)

(3) 안전운전계획 및 비상조치계획

안전운전계획 방법 및 필요서류	비상조치계획의 요령
① 안전운전지침서 ② 안전작업허가 ③ 근로자교육계획 ④ 자체감사 및 사고조사계획	① 비상조치를 위한 장비, 인력보유 현황 ② 사고 발생 시 각 부서, 관련 기관의 비상연락 체계 ③ 사고 발생 시 비상조치를 위한 조직의 임무 및 수행절차 ④ 비상조치계획에 따른 교육계획 ⑤ 주민홍보계획

02 가스폭발 위험성 평가기법

(1) HAZOP(위험과 운전분석기법)

"위험과 운전분석기법"이라 함은 공정에 위험 요소들과 공정의 효율을 떨어뜨릴 수 있는 운전상의 문제점을 찾아내어 그 원인을 제거하는 방법을 말한다(정성평가).

HAZOP : HaZard(위험성)+Operability(운전성)의 조합어

① 목적 : 위험성, 작업성의 체계적 분석평가

② 대상 : 신규 공정설비 및 기존 공장설비 공정원료 등의 중요한 변경 시

③ HAZOP 접근방법 : 자발적 접근, 점진적 접근, 교육적 접근, 급진적 접근

④ HAZOP 팀구성원 : 5~7인

⑤ 핵심 구성원의 필수요건

㉠ 설계전문가

㉡ 운전경험이 많은 사람

㉢ 정비 보수경험이 많은 사람

(2) FMECA(이상위험도분석기법)

"이상위험도분석기법"이라 함은 공정 및 설비의 고장의 형태 및 영향, 고장형태별 위험도 순위 등을 결정하는 방법을 말한다(정성평가).

(3) FTA(결함수분석기법)

"결함수분석기법"이라 함은 사고를 일으키는 장치의 이상이나 운전자 실수의 조합을 연역적으로 분석하는 방법을 말한다(정량적 평가).

(4) ETA(사건수분석기법)

"사건수분석기법"이라 함은 초기사건으로 알려진 특정한 장치의 이상 또는 운전자의 실수에 의해 발생되는 잠재적인 사고결과를 정량적으로 평가·분석하는 방법을 말한다(정량적 평가).

Chapter 5

출/제/예/상/문/제

01 PSM상 안전운전계획에 포함되지 않는 것은?

① 안전운전지침서
② 안전작업허가서
③ 근로자 교육계획
④ 가스안전 운반계획서

02 공정안전보고서 대신 가스안전성 향상 계획서를 제출하여야 하는 사업장이 아닌 것은?

① 석유사업법에 의한 저장능력 100t 이상 고압가스 저장시설
② 석유화학 공업자의 1일 10000m^3 이상 고압가스 저장시설
③ 비료생산업자의 1일 100000m^3 이상 고압가스 저장시설
④ 고압가스 안전관리법에 의한 1일 100t 이상의 고압가스 저장시설

03 다음 중 HAZOP의 접근방법이 아닌 것은?

① 인위적 접근
② 자발적 접근
③ 점진적 접근
④ 교육적 접근

해설

상기 항목 이외에 급진적 접근이 있다.

04 다음 중 HAZOP 팀의 구성인원수로 맞는 것은?

① 2~3인 ② 3~4인
③ 4~5인 ④ 5~7인

05 PSM상 HAZOP 팀의 핵심 구성원의 필수 요건에 해당되지 않는 사람은?

① 설계전문가
② 운전경험이 많은 사람
③ 산업안전보건법에 의한 안전관리자
④ 정비 보수경험이 많은 사람

06 산업안전보건법에 의한 PSM 제출대상 사업자가 PSM 제출 시 심사자격자로서 부적당한 사람은?

① 해당 분야 기술사 자격 소지자
② 대학에서 해당 분야 조교수 이상의 직위에 있는 자
③ 해당 분야의 박사학위를 취득 후 그 분야 실무경력 2년 이상인 자
④ 기타 공단 이사장이 인정하는 자

해설

박사학위 취득 후 실무경력 3년 이상인 자

07 공정안전보고(PSM)상의 안전밸브의 설정 압력값은 설정압력의 몇 % 이내인가?

① ±1 ② ±2
③ ±3 ④ ±4

해설

파열판인 경우 : 설정압력비 ±5% 이내

08 공정안전보고(PSM)상의 유해위험설비에 속하지 않는 것은?

① 원유정제처리업
② LPG 충전저장, 도시가스 공급시설
③ 질소질 비료제조업
④ 농약제조업

해설

유해위험설비 ①, ③, ④항 이외에 석유정제분해물 재처리업, 석유화학계 유기화합물 합성수지제조업, 복합비료제조업 등이 있다.

정답 01.④ 02.④ 03.① 04.④ 05.③ 06.③ 07.③ 08.②

09 PSM상 유해위험물질 규정 수량으로 틀린 것은?

① 포스겐 700kg
② 아크릴로니트릴 20000kg
③ 암모니아 200000kg
④ 염소 20000kg

해설

포스겐 : 750kg

10 고압가스 및 유독 물질을 처리하는 공정 등에 적용하는 정량적 위험성 평가기법으로 가장 적절한 것은?

① FTA(Fault Tree Analysis)
② PHA(Preliminary Hazard Analysis)
③ FMEA(Failure Mode Effect Analysis)
④ FMECA(Failure Mode Effect Criticality Analysis)

해설

FTA : 결함수 분석기법, 정량분석법
상기 항목 이외
(1) 정량적 평가기법
㉠ ETA : 사건수분석기법
㉡ CCA : 원인결과분석법
㉢ HEA : 작업자실수분석법
(2) 정성 평가기법
㉠ What-if : 사고예상질문분석법
㉡ HAZOP : 위험과 운전분석기법
㉢ FMECA : 이상위험도분석기법
㉣ Check list법

11 HAZOP 팀이 필요한 자료를 수집하는 경우 적절치 못한 것은?

① 공정설명서
② 공장배치도
③ 유해, 위험설비 목록
④ 안전과 훈련교본

해설

HAZOP : 화학공정의 위험성을 평가하는 기법. 리더, 서기 5~7명으로 팀원을 구성하며 필요자료는 상세공정 설명, 공장배치도, 유해위험 설비목록 등이 필요하다.

12 다음 안전성 향상 계획서의 공정안전자료에 포함되어야 할 사항은?

㉠ 물질안전보건자료
㉡ 사업 및 설비 개요
㉢ 설계 · 제작 및 설치관련 지침서
㉣ 사고발생 시 비상조치계획

① ㉠, ㉡
② ㉡, ㉢
③ ㉠, ㉡, ㉢
④ ㉠, ㉡, ㉢, ㉣

해설

안전성 향상 계획서의 공정안전 자료목록
(1) 사업개요 및 설비개요
(2) 공정안전자료
① 제조저장물질의 종류 수량
② 물질안전보건자료(MSDS)
③ 가스시설 및 관련 설비의 목록 및 사양
④ 내압, 기밀시험 관련자료
⑤ 공정도면
⑥ 안전설계 제작 및 관련지침서 : 비상조치계획을 따로 작성되며, 비상조치계획에 포함되는 사항은 다음과 같다.
㉠ 비상조치를 위한 장비 인력 보유현황
㉡ 사고발생 시 각 부서 관련 기관과의 비상연락체계
㉢ 사고발생 시 비상조치를 위한 조직의 임무수행 절차
㉣ 비상조치계획에 따른 교육계획
㉤ 주민홍보계획

13 공정안전보고서 작성이 부적합한 사람은?

① 안전관리, 환경분야 기술사자격소지자
② 기계, 화공 분야의 산업안전지도사
③ 기계, 화공 분야의 기사자격자로서 경력 6년 이상 근무한 자
④ 기계, 화공 분야의 산업기사자격자로서 경력 9년 이상 근무한 자

해설

기사자격자로서 경력 7년 이상 근무한 자

정답 09.① 10.① 11.④ 12.③ 13.③

길을 가다가 돌이 나타나면
약자는 그것을 걸림돌이라 말하고,
강자는 그것을 디딤돌이라고 말한다.

-토마스 칼라일(Thomas Carlyle)-

☆

같은 돌이지만 바라보는 시각에 따라 그리고 마음가짐에 따라
걸림돌이 되기도 하고 디딤돌이 되기도 합니다.
자기에게 주어진 상황을 활용할 줄 아는 자만이
성공의 문에 도달할 수 있답니다.^^

PART 4

계측기기

제4편에서는 계측기기의 개요, 가스의 분석, 가스미터의 기능, 원격감시, 자동제어에 관한 핵심내용이 출제됩니다.

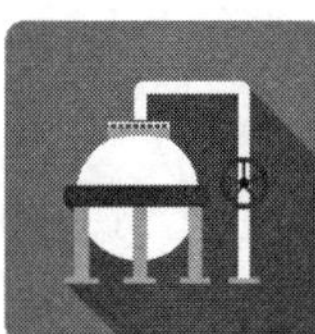

가스산업기사 필기
www.cyber.co.kr

chapter 1 계측의 기본개념 및 제어목적

제1장의 핵심 포인트를 알려주세요.

제1장은 계측의 기초사항으로서 목적과 용어를 중심으로 학습하시면 됩니다.

01 계측의 목적 및 기본개념

(1) 계측의 목적

① 작업조건의 안정화

② 장치의 안정조건 효율 증대

③ 작업인원 절감

④ 작업자의 위생관리

⑤ 인건비 절감

⑥ 생산량 향상

(2) 계측기기의 구비조건

① 경제적(가격이 저렴)일 것

② 설치장소의 내구성이 있어야 할 것

③ 견고하고, 신뢰성이 있어야 할 것

④ 정도가 높을 것

⑤ 연속측정이 가능하고, 구조가 간단할 것

(3) 계측의 측정법

① **편위법** : 측정량이 원인이 되어 그 결과로 생기는 지시로부터 측정량을 아는 방법으로 정밀도는 낮지만 측정이 간단하며, 부르돈관의 탄성변위를 이용한다(스프링, 부르돈관, 전류계).

② **영위법** : 측정결과는 별도의 크기를 조정할 수 있는 같은 종류의 양을 준비하고 미리 알고 있는 양과 측정량을 평형시켜 알고 있는 양의 크기로부터 측정량을 알아내는 방법이다. 편위법보다 정밀도가 높다(블록게이지 등).

③ **치환법** : 지시량과 미리 알고 있는 양으로 측정량을 나타내는 방법이다(다이얼게이지 두께 측정, 천칭을 이용한 물체의 질량 측정).

④ **보상법** : 측정량과 크기가 거의 같은 미리 알고 있는 양을 준비하여 측정량과 그 미리 알고 있는 양의 차이로 측정량을 알아내는 방법이다.

(4) 오차와 공차

① 오차의 정의 : 측정값－진실값(참값)$\left(\text{오차율} = \dfrac{\text{오차값}}{\text{진실값}}\right)$

(보정 : 진실값－측정값)

② **계통오차** : 평균치와 진실치의 차로 원인을 알 수 있는 오차(제거도 할 수 있고, 보정도 할 수 있다.)

㉠ 이론오차

㉡ 개인오차

㉢ 환경오차

㉣ 계기오차(고유오차)

③ **공차** : 계량기가 가지고 있는 기차의 최대허용한도를 관습 또는 규정에 의하여 정한 값으로 검정공차와 사용공차가 있다(사용공차는 검정공차의 1.5~2배).

④ **기차** : 미터 자체의 오차 또는 계측기가 가지고 있는 고유의 오차이며, 제작 당시 가지고 있는 계통적인 오차를 말한다.

$$E = \frac{I - Q}{I} \times 100$$

여기서, E : 기차(%)

Q : 기준 미터 지시량

I : 시험용 미터의 지시량

⑤ 유량에 따른 검정공차의 범위

유 량	검정공차
최대유량의 1/5 미만(20% 미만)	±2.5%
최대유량의 1/5~4/5(20~80%)	±1.5%
최대유량의 4/5 이상(80% 이상)	±2.5%

02 단위 및 단위계

단 위	종 류
• 기본단위 : 기본량의 단위	길이(m), 질량(kg), 시간(sec), 전류(A), 온도(K), 광도(cd), 물질량(mol)
• 유도단위 : 기본단위에서 유도된 단위, 또는 기본단위의 조합단위	면적(m^2), 체적(m^3), 일량(kg · m), 열량(kcal(kg · ℃)), 속도(m/s), 뉴턴(N=kg · m/s)
• 보조단위 : 정수배수 정수분으로 표현 사용상 편리를 도모하기 위해 표시하는 단위	10^1(데카), 10^2(헥토), 10^3(키로), 10^9(기가), 10^{12}(테라), 10^{-1}(데시), 10^{-6}(미크로), 10^{-9}(나노)
• 특수단위	습도, 입도, 비중, 내화도, 인장강도
• 소음측정용 단위	데시벨(dB)

03 측정 용어

(1) 감도 : 측정량의 변화에 대한 지시량의 변화의 비

$$\frac{\text{지시량의 변화}}{\text{측정량의 변화}}$$

① 감도가 좋으면 측정시간이 길어지고, 측정범위는 좁아진다.

② 계측기의 한 눈금에 대한 측정량의 변화를 감도로 표시한다.

(2) 정도 : 측정결과에 대한 신뢰도

① **정확도** : 측정값은 평균한 수치와 참값의 차로 표면의 차가 적을수록 정확도가 좋다(수에 대한 개념).

② **정밀도** : 동일한 계기류로 여러 번 측정하면 측정값이 매번 일치하지 않는다. 일치하는 수에 가까울수록 정밀도가 좋다고 표현하며, 계기의 눈금에 대한 개념이다(산포의 적은 정도를 나타냄).

Chapter 1

출/제/예/상/문/제

01 표준 계측기기의 구비조건으로 옳지 않은 것은?

① 경년변화가 클 것
② 안정성이 높을 것
③ 정도가 높을 것
④ 외부조건에 대한 변형이 적을 것

해설
경년변화 : 세월이 경과함에 따라 서서히 변화함
계측기에 경년변화가 일어나면 당초의 값보다 변화가 많이 일어남

02 공차를 설명한 내용은?

① 계량기 고유오차의 최대허용한도
② 계량기 고유오차의 최소허용한도
③ 계량기 우연오차의 규정허용한도
④ 계량기 과실오차의 조정허용한도

03 계측기의 정밀도를 합리적으로 나타내는 방법은?

① 산술적 평균치
② 표준편차
③ 잔차
④ 편차의 절대적 크기

04 측정기의 감도에 대한 일반적인 설명으로 옳은 것은?

① 감도가 좋으면 측정시간이 짧아진다.
② 감도가 좋으면 측정범위가 넓어진다.
③ 감도가 좋으면 아주 작은 양의 변화를 측정할 수 있다.
④ 측정량의 변화를 지시량의 변화로 나누어 준 값이다.

05 설비에 사용되는 계측기기의 구비조건 중 관계가 먼 것은?

① 견고하고, 신뢰성이 높을 것
② 설치방법이 간단하고, 조작이 용이하여 보수가 쉬울 것
③ 주위 온도, 습도에 따라 용이하게 변화될 것
④ 원거리 지시 및 기록이 가능하고 연속 측정도 할 수 있을 것

06 다음 중 계측기기의 보전 시 지켜야 할 사항으로 맞지 않는 것은?

① 정기점검 및 일상점검
② 검사 및 수리
③ 시험 및 교정
④ 측정대상 및 사용조건

07 다음 중 계측의 목적에 해당되지 않는 것은?

① 안정운전과 효율 증대
② 인원 증대
③ 작업조건의 안정화
④ 인건비 절감

해설
인원 절감 : 상기 항목 이외에 장치의 안정조건, 효율 증대, 생산량 향상, 작업자 위생관리 등이 있음

08 다음 중 계측기의 구비조건에 해당되지 않는 것은?

① 견고하고, 신뢰성이 있어야 한다.
② 경제성이 있어야 한다.
③ 정도가 높아야 한다.
④ 연속측정과는 무관하다.

정답 01.① 02.① 03.② 04.③ 05.③ 06.④ 07.② 08.④

해설

계측기기의 구비조건
㉠ 연속측정이 가능할 것
㉡ 구조가 간단할 것
㉢ 설치장소의 내구성이 있을 것

09 계측기기 측정법 중 부르돈관 압력의 탄성을 이용하여 측정하는 방법은?

① 영위법 ② 편위법
③ 치환법 ④ 보상법

해설

① 영위법 : 측정하고자 하는 상태량과 독립적 크기를 조정할 수 있는 기준량과 비교하여 측정(블록게이지 등)
② 편위법 : 측정량과 관계 있는 다른 양으로 변화시켜 측정하는 방법으로서 정도는 낮지만 측정이 간단하며, 부르돈관의 탄성변위를 이용
③ 치환법 : 지시량과 미리 알고 있는 양으로 측정량을 나타내는 방법
④ 보상법 : 측정량과 크기가 거의 같은 미리 알고 있는 양을 준비하여 측정량과 그 미리 알고 있는 차이로 측정량을 알아내는 방법

10 계측기의 측정법 중 블록게이지에 이용되는 측정법?

① 보상법 ② 편위법
③ 영위법 ④ 치환법

블록게이지(무눈금 게이지) : 규격화되어 있다.

11 길이계에서 측정값이 103mm이며, 진실값이 100mm일 때 오차값은?

① 1mm
② 2mm
③ 3mm
④ 4mm

오차=측정값−진실값=103−100=3mm
오차에는 많이 측정한 경우와 적게 측정한 경우가 있으므로 적게 측정한 경우는 (−)값을 붙여 표시한다.

12 다음 오차의 종류 중 원인을 알 수 있는 오차에 해당되지 않는 것은?

① 과오에 의한 오차
② 계량기 오차
③ 계통오차
④ 우연오차

해설

오차의 종류
㉠ 계량기 오차 : 계량기 자체 및 외부 요인에서 오는 오차
㉡ 계통적인 오차 : 평균치와 진실치의 차로 원인을 알 수 있는 오차
㉢ 과오에 의한 오차 : 측정자의 부주의와 과실에 의한 오차
㉣ 우연오차 : 원인을 알 수 없는 오차

13 최대유량이 1/5 이상 4/5 미만 시 검정공차는 몇 %인가?

① ±1.5% ② ±2%
③ ±2.5% ④ ±3%

해설

유 량	검정공차
최대유량의 1/5 미만(20% 미만)	±2.5%
최대유량의 1/5~4/5(20~80%)	±1.5%
최대유량의 4/5 이상(80% 이상)	±2.5%

14 측정값이 97mm인 길이계의 참값이 100mm일 때 오차율은 몇 %인가?

① 3% ② −3%
③ 5% ④ −5%

해설

$$\text{오차율} = \frac{\text{오차값}}{\text{참값}} \times 100 = \frac{97-100}{100} \times 100 = -3\%$$

15 계측제어장치의 연결(부착)방법으로 옳지 않은 것은?

① 고온장소, 저온장소에 설치하지 말 것
② 다습장소에 설치하지 말 것
③ 진동이 있는 장소에 설치하지 말 것
④ 낮은 곳에 설치하지 말 것

정답 09.② 10.③ 11.③ 12.④ 13.① 14.② 15.④

16 원인을 알 수 없는 오차로서 측정치가 일정하지 않고 분포 현상을 일으키는 오차는?

① 계통적 오차
② 과오에 의한 오차
③ 계량기 오차
④ 우연오차

17 다음 중 기본단위에 속하지 않는 것은?

① 광도(cd)
② 시간(sec)
③ 부피(m^3)
④ 전류(A)

해설

기본단위 ①, ②, ④항 이외에 길이(m), 질량(kg), 온도(K), 물질량(mol) 등이 있음
③ 유도단위 : 부피(m^3)

18 다음 중 기가를 표시하는 접두어는?

① 10^3 ② 10^5
③ 10^6 ④ 10^9

해설

10^{12} : 테라

19 다음 계측단위 중 소음측정에 사용되는 단위에 해당되는 것은?

① 헤르츠 ② 루멘
③ 데시벨 ④ 칸델라

20 다음 중 특수단위에 속하지 않는 것은?

① 속도 ② 인장강도
③ 습도 ④ 내화도

해설

특수단위(②, ③, ④항 이외에 입도가 있음)
③ 속도(m/s)는 유도단위

21 다음 감도를 표시한 것 중 옳지 않은 것은?

① $\dfrac{\text{측정량의 변화}}{\text{지시량의 변화}}$

② $\dfrac{\text{지시량의 변화}}{\text{측정량의 변화}}$

③ 감도가 좋으면 측정시간이 길어지고 측정범위는 좁아진다.
④ 계측기의 한 눈금에 대한 측정량의 변화를 감도로 표시한다.

22 다음 중 히스테리 오차라고 생각되어지는 것은?

① 주위의 압력과 유량
② 주위의 온도
③ 주위의 습도
④ 측정자 눈의 높이

23 공업계측기의 눈금통칙의 내용 중 맞는 것은?

① 작은 눈금의 굵기는 눈금 폭의 1/2~1/5로 한다.
② 작은 눈금의 길이는 눈금 폭의 10배 이상으로 한다.
③ 눈금의 종류는 어미눈금, 중간눈금, 아들눈금의 3종류 또는 어미눈금, 아들눈금의 2종류로 구분된다.
④ 작은 눈금이란 측정량의 최대량을 표시하는 조이는 선을 말한다.

해설

㉠ 큰눈금 : 작은 눈금의 5~10배수로 표시하는 눈금
㉡ 작은 눈금의 굵기는 눈금 폭의 1/2~1/5로 한다.
㉢ 작은 눈금의 길이는 눈금 폭의 5배 이하, 작은 눈금은 측정량의 최소량을 표시한다.

24 다음 설명에 부합되는 단위의 종류는?

> 물리학에 기준한 법칙에 의거하여 만들어진 단위이며, 기본단위가 기준값이 되는 단위

① 보조단위 ② 기본단위
③ 특수단위 ④ 유도단위

25 계량기 자체가 가지고 있는 오차 정도를 무엇이라 하는가?

① 사용공차 ② 측정공차
③ 검정공차 ④ 간접공차

정답 16.④ 17.③ 18.④ 19.③ 20.① 21.① 22.④ 23.③ 24.④ 25.③

26 편위법에 의한 계측기기가 아닌 것은?

① 스프링 저울　② 부르돈관 압력계
③ 전류계　④ 화학천칭

화학천칭 : 치환법

27 오발식 유량계로 유량을 측정하고 있다. 이때 지시값의 오차 중 히스테리차의 원인이 되는 것은?

① 온도 및 습도
② 측정자의 눈의 위치
③ 유체의 압력 및 점성
④ 내부 기어의 마모

28 감도에 대한 설명으로 옳은 것은?

① 지시량의 변화에 대한 측정량의 변화의 비로 나타낸다.
② 감도가 좋으면 측정시간이 길어지고, 측정범위는 좁아진다.
③ 계측기가 지시량의 변화에 민감한 정도를 나타내는 값이다.
④ 측정결과에 대한 신뢰도를 나타내는 척도이다.

29 공업계기의 특징에 대하여 설명하였다. 올바르지 않은 것은?

① 견고하고, 신뢰성이 있을 것
② 보수가 쉽고, 경제적일 것
③ 연속 측정이 가능할 것
④ 측정범위가 넓고, 다목적일 것

30 다음 중 계통오차가 아닌 것은?

① 계기오차　② 환경오차
③ 과오오차　④ 이론오차

해설

계통오차 : 개인오차, 환경오차, 이론(방법)오차, 계기오차

31 어떤 물질의 비중량이 $1.33\times10^5 kg/m^2\cdot s^2$일 때 이 물질의 밀도는? (단, SI 단위)

① $1\times10^3 kgf/m^3$　② $2\times10^3 kgf/m^3$
③ $13.6\times10^3 kgf/m^3$　④ $18\times10^3 kgf/m^3$

해설

$$1.33\times10^5\times\frac{1}{9.8}kgf\cdot s^2/m\times\frac{1}{m^2\cdot s^2}$$

$$=0.1357\times10^5 kgf/m^3=13.57\times10^3 kgf/m^3$$

$$(\because\ 1kg=\frac{1}{9.8}kgf\cdot s^2/m)$$

32 다음 중 계측기기의 측정방법이 아닌 것은?

① 편위법　② 영위법
③ 대칭법　④ 보상법

33 비중의 단위를 차원으로 표시한 것은?

① ML^{-3}　② MLT^2L^{-3}
③ MLT^1L^{-3}　④ 무차원

해설

단위와 차원

물리량	단위 절대(SI)	단위 공학	차원 절대(SI)	차원 공학
길이	m	m	L	L
질량	kg	$kgf\cdot s^2/m$	M	$FL^{-1}T^{-2}$
중량	$kg\cdot m/s^2$	kgf	MLT^{-2}	F
시간	sec	sec	T	T

참고 압력단위(kgf/cm^2)
1. 차원 FLT계 : FL^{-2}
2. MLT계 : $ML^{-1}T^{-2}$
3. 비중은 무차원

34 계측기의 특성에 대한 설명으로 옳지 않은 것은?

① 계측기의 정오차로는 계통오차와 우연오차가 있다.
② 측정기가 감지하여 얻은 최소의 변화량을 감도라고 한다.
③ 계측기의 입력신호와 정상상태에서 다른 정상상태로 변화하는 응답은 과도응답이다.
④ 입력신호가 어떤 일정한 값에서 다른 일정한 값으로 갑자기 변화하는 것은 임펄스응답이다.

정답 26.④ 27.② 28.② 29.④ 30.③ 31.③ 32.③ 33.④ 34.④

35 측정방법 중 간접 측정에 해당하는 것은?

① 저울로 물체의 무게를 측정
② 시간과 부피로써 유량을 측정
③ 블록게이지로써 작은 길이를 측정
④ 천평과 분동으로써 질량을 측정

36 측정치의 쏠림(bias)에 의하여 발생하는 오차는?

① 과오오차 ② 계통오차
③ 우연오차 ④ 오류

37 계량계측기의 교정을 나타내는 말은?

① 지시값과 참값을 일치하도록 수정하는 것
② 지시값과 오차값의 차이를 계산하는 것
③ 지시값과 참값의 차이를 계산하는 것
④ 지시값과 표준기의 지시값 차이를 계산하는 것

38 비중이 910kg/m³인 기름 20L의 무게는 몇 kg인가?

① 15.4 ② 182
③ 16.2 ④ 18.2

$910\text{kg/m}^3 \times 0.02\text{m}^3 = 18.2\text{kg}$

39 마노미터(Manometer)에서 물 32.5mm와 어떤 액체 50mm가 평형을 이루었을 때 이 액체의 비중은?

① 0.65 ② 1.52
③ 2.0 ④ 0.8

$s_1 h_1 = s_2 h_2$

$\therefore\ s_2 = \dfrac{s_1 h_1}{h_2} = \dfrac{1 \times 32.5}{50} = 0.65$

40 30℃의 물(비중 1)이 안지름 10cm 속을 흐를 때의 임계속도는 얼마인가? (단, 물의 점도는 1cp)

① 5.1cm/sec ② 4.1cm/sec
③ 3.1cm/sec ④ 2.1cm/sec

해설

임계 레이놀드수 $Re = 2100$으로 보면

$Re = \dfrac{\rho d v}{\mu}$ 에서

$\therefore\ V = \dfrac{Re \cdot \mu}{\rho d} = \dfrac{2100 \times 0.01}{1 \times 10} = 2.1\text{cm/sec}$

정답 35.② 36.② 37.④ 38.④ 39.① 40.④

chapter 2 계측기기

제2장의 핵심 포인트를 알려주세요.

제2장은 각종 계측기에 대한 내용입니다. 각 계측기기의 특성에 대하여 학습하시면 됩니다.

01 압력계

1 압력의 특징

① 탄성식 압력계 : 압력변화에 의한 탄성변위를 이용한 방법
② 전기식 압력계 : 물리적 변화를 이용한 방법
③ 액주식 압력계 : 알고 있는 힘과 일치하여 측정하는 방법

2 압력계의 종류

(1) 측정방법에 따른 분류

① 1차 압력계 : 지시된 압력을 직접 측정
- 종류 : 자유(부유) 피스톤식 압력계(부르돈관 압력계의 눈금교정용, 실험실용), 액주계(manometer, 1차 압력계의 기본이 되는 압력계)

② 2차 압력계 : 압력에 의해 적용받는 변화를 탄성 및 기타 힘에 의해 측정하여 그 변화율로 압력을 측정
- 종류 : 부르돈관, 다이어프램, 벨로즈, 전기저항, 피에조 전기압력계 등

(2) 측정기구에 따른 분류

① 액주식 압력계

㉠ U자관 압력계

ⓐ U자관 내부에 액을 이용하여 측정한 압력계 : 내부 액체는 물, 수은, 기름 등을 사용

ⓑ 액주 높이에 의한 차압을 측정

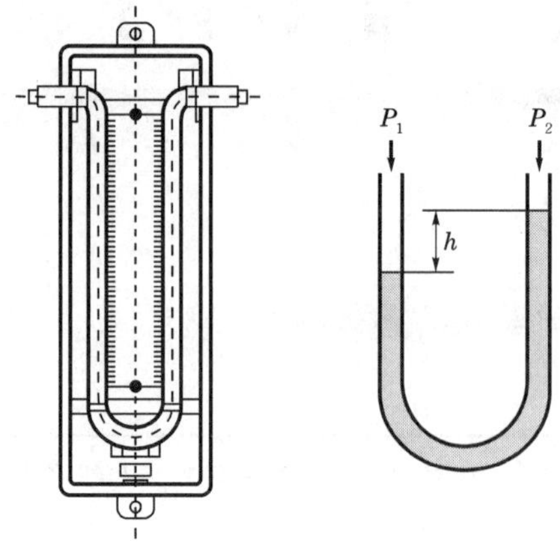

∥U자관식 압력계∥

TIP

U자관 압력계의 압력 측정

$P = sh$ 또는 $P = rh$

여기서, P : 압력
s : 액비중(kg/L)
r : 액비중량(kg/m^3)
h : 액면높이

예제 그림과 같은 수은이 든 U자관 내부에 비중 13.55인 수은이 있을 때 P_2의 압력은 몇 kg/cm^{2}인가? (단, P_1=1kg/cm^{2}이다.)

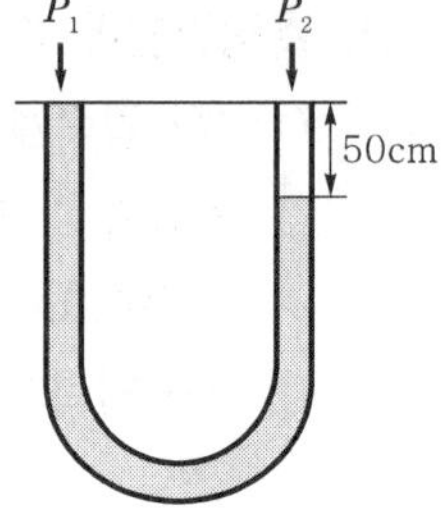

풀이 $P_2 = P_1 + sh = 1\text{kg/cm}^2 + 13.55\text{kg/L} \times 50\text{cm}$

$$= 1\text{kg/cm}^2 + 13.55\left(\frac{\text{kg}}{10^3\text{cm}^3}\right) \times 50\text{cm}$$

$$= 1.677\text{kg/cm}^2$$

별해 $P_2 = P_1 + rh = 1\text{kg/cm}^2 + 13.55 \times 10^3\text{kg/m}^3 \times 0.5\text{m}$

$$= 1\text{kg/cm}^2 + \left(\frac{13.55 \times 10^3 \times 0.5}{10^4}\right)\text{kg/cm}^2$$

$$= 1.677\text{kg/cm}^2$$

㉡ 경사관식 압력계

ⓐ 작은 단관을 경사지게 한 압력계

ⓑ 작은 압력을 정밀측정 시 사용

ⓒ 원리는 단관식 압력계와 동일

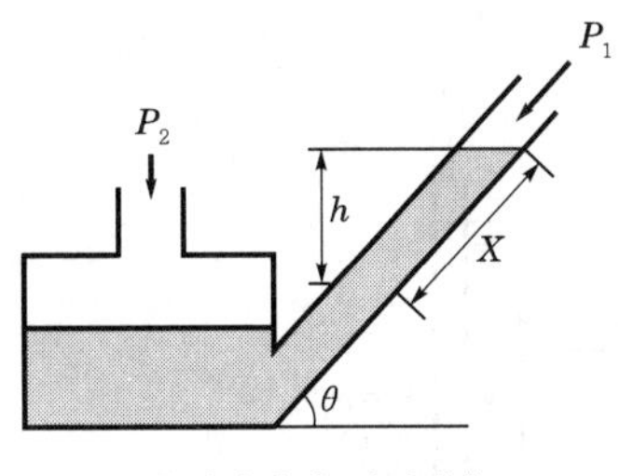

‖ 경사관식 압력계 ‖

TIP

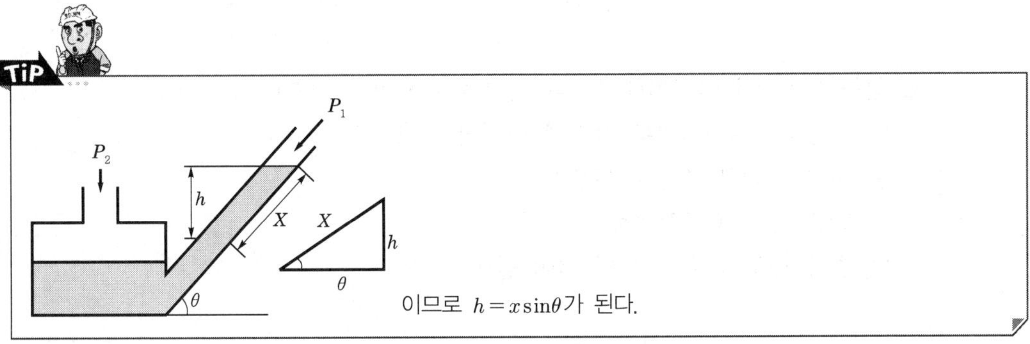

이므로 $h=x\sin\theta$가 된다.

예제 상기 그림과 같이 비중 0.8인 오일이 경사관 내부에서 45°로 기울어져 있을 때 P_2의 압력은 몇 kg/cm²인가? (단, 경사길이는 10cm, P_1은 대기압이다.)

풀이 $P_2=P_1+sh=P_1+sx\sin\theta(h=x\sin\theta)$
$=1.033\text{kg/cm}^2+0.8\text{kg}/10^3\text{cm}^3\times10\text{cm}\times\sin45°$
$=1.038\text{kg/cm}^2$

㉢ 링밸런스식 압력계(환상천평식 압력계)
 ⓐ 압력에 의해 링이 회전 시 회전하는 각도로 압력을 측정
 ⓑ 하부에는 액체가 있으므로 상부의 기체압력의 압력차를 측정
 ⓒ 원격 전송이 가능
 ⓓ 설치 시 주의점
  • 수평 · 수직으로 설치
  • 진동 충격이 없는 장소에 설치
  • 보수점검이 용이한 장소에 설치

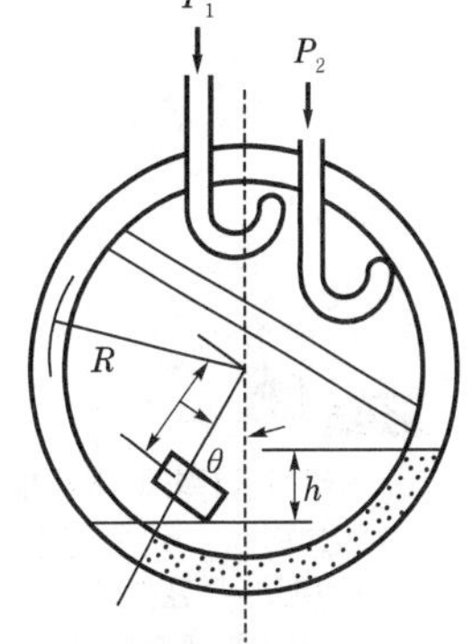

‖ 링밸런스식 압력계 ‖

㉣ 단관식 압력계 : U자관의 변형으로 가장 간단한 압력계
㉤ 플로트식 압력계 : 탱크 내부에 플로트를 띄워 변화되는 액면을 이용하여 압력을 측정

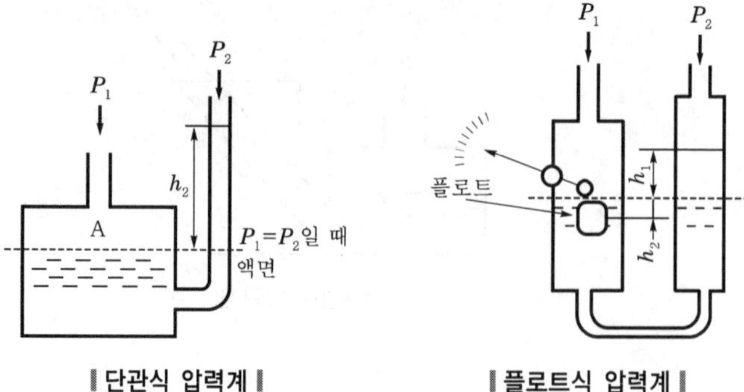

▌단관식 압력계▐　　▌플로트식 압력계▐

ⓑ 침종식 압력계(아르키메데스의 원리를 이용한 압력계)

ⓐ 침종의 변위가 내부 압력에 비례하여 측정

ⓑ 저압의 압력 측정에 이용

ⓒ 단종식, 복종식의 2종류가 있음

ⓓ 침종 내부에 수은 등의 액이 들어 있음

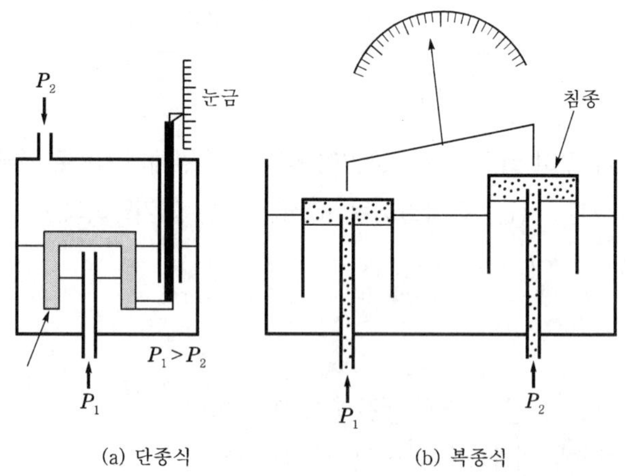

(a) 단종식　　(b) 복종식

▌침종식 압력계▐

TiP

액주식 압력계 내부에 사용되는 액체의 구비조건

1. 화학적으로 안정할 것
2. 모세관 표면장력이 적을 것
3. 열팽창계수가 적을 것
4. 점성이 적을 것
5. 밀도변화가 적을 것
6. 액면은 수평일 것

② **자유(부유) 피스톤식 압력계** : 모든 압력계의 기준기로서 2차 압력의 교정장치로 적합하다.

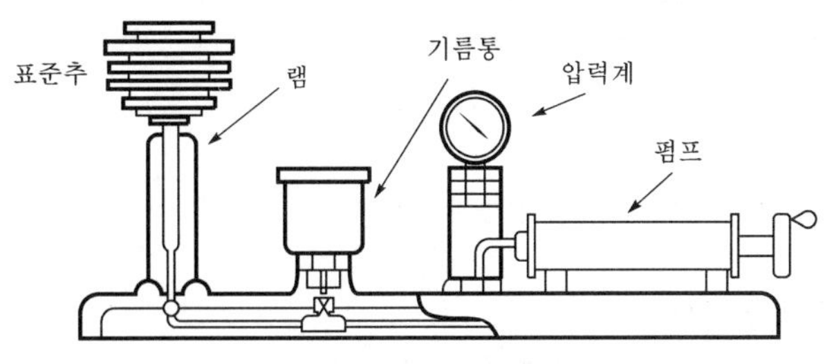

‖자유 피스톤식 압력계‖

(부르돈관 압력계의 눈금교정 및 연구실용으로 사용)

㉠ 게이지압력

$$P = \frac{W+w}{A}$$

여기서, P : 게이지압력
A : 실린더의 단면적
W : 추의 무게
w : 피스톤의 무게

㉡ 대기압이 P_0이면 절대압력=대기압+게이지압력

$$\therefore \text{ 절대압력 } = P_0 + \frac{W+w}{A}$$

㉢ 측정압력이 게이지압력보다 클 수도, 작을 수도 있으므로 큰 압력에서 작은 압력을 감하여 오차값(%)을 계산

$$\text{오차값(\%)} = \frac{\text{측정값} - \text{진실값}}{\text{진실값}} \times 100$$

$$\text{오차값(\%)} = \frac{\text{측정값} - \text{진실값}}{\text{진실값}} \times 100$$

㉣ 자유 피스톤식 압력계에서 압력 전달의 유체는 오일이며, 사용되는 오일은 다음과 같다.

- 모빌유(3000kg/cm^2)
- 피마자유(100~1000kg/cm^2)
- 경유(40~100kg/cm^2)

예제 추와 피스톤 무게 합계가 20kg이고 실린더 직경 4cm, 피스톤 직경이 2cm일 때 절대압력은 몇 kg/cm^2인가? (단, 대기압은 $1kg/cm^2$으로 한다.)

풀이 절대압력=대기압+게이지압력

$$P=P_0+\frac{W+w}{A}=1+\frac{20}{\frac{\pi}{4}\times(2cm^2)}=7.37kg/cm^2(a)$$

(실린더와 피스톤 직경이 동시에 주어질 때 피스톤 직경을 기준으로 단면적을 계산)

(3) 측정원리에 따른 분류

① **탄성식 압력계** : 2차 압력계의 측정방법에는 물질변화, 전기변화, 탄성변화를 이용한 것이 있으며, 탄성의 원리를 이용하고 가장 많이 쓰이는 압력계는 부르돈관 압력계이다.

㉠ 부르돈관 압력계(Bourdon Tube Gauge)

ⓐ 금속의 탄성원리를 이용한 것으로서 2차 압력계의 대표적인 압력계이며, 가장 많이 사용된다.

ⓑ 재질

- 저압인 경우 : 황동, 청동, 인청동
- 고압인 경우 : 니켈강, 스테인리스강

ⓒ 산소용 : 금유라고 명기된 산소 전용의 것을 사용한다.
(산소+유지류 → 연소폭발)

ⓓ 암모니아, 아세틸렌 : 압력계의 재질로 동을 사용 시 동함유량이 62% 미만이어야 한다.
C_2H_2+Cu → 폭발, NH_3+Cu → 부식

ⓔ 최고 $3000kg/cm^2$까지 측정이 가능하다.

ⓕ 정도는 ±1~2%이다.

ⓖ 압력계의 최고눈금범위는 사용압력의 1.5~2배이다.

▌부르돈관 압력계▐

부르돈관(압력계)

1. 부르돈관 사용 시 필요사항
   - 안전장치가 있는지 확인할 것
   - 진동 충격이 적은 장소에 설치할 것
   - 가스 유입·유출 시 서서히 조작할 것
   - 압력계온도는 80℃ 이하로 유지할 것
2. 부르돈관 압력계의 성능시험
   - 정압시험 : 최대압력 72시간 지속 시 클리프 현상은 1/2 눈금 이하
   - 내진시험 : 지진 등에 이상 유무를 시험(시험시간 16시간, 지침각도 4~5° 이하)
   - 시도시험 : 시험 후 기차 ±1/2 눈금 이하 유지
   - 내열시험 : 시험압력 100℃ 누설 변형이 없어야 함

㉡ 다이어프램 압력계(Diaphragm gauge)의 특징

ⓐ 부식성의 유체에 적합하고, 미소압력 측정에 사용한다.

ⓑ 온도의 영향을 받기 쉽다.

ⓒ 금속식에는 인, 청동, 구리, 스테인리스, 비금속식에는 천연고무, 가죽 등을 사용한다.

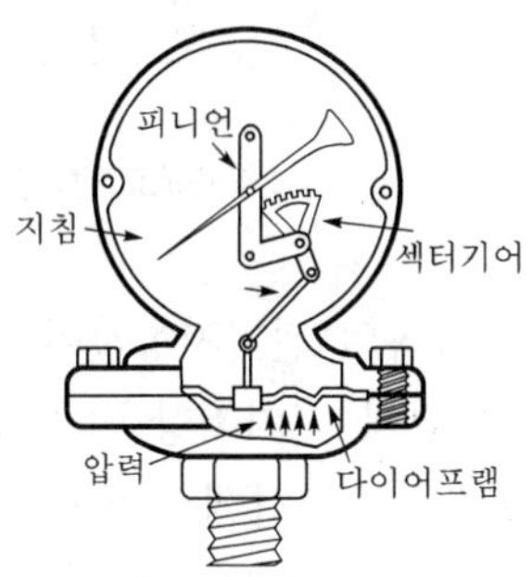

‖ 다이어프램 압력계 ‖

㉢ 벨로즈 압력계(Bellows, Gauge) : 벨로즈의 신축하는 성질을 이용하여 압력을 측정

ⓐ 구조가 간단하고, 압력검출용으로 사용한다.

ⓑ 0.01~10kg/cm^2 정도 측정, 정도는 ±1~2% 정도이다.

ⓒ 먼지의 영향이 적고, 변동에 대한 적응성이 적다.

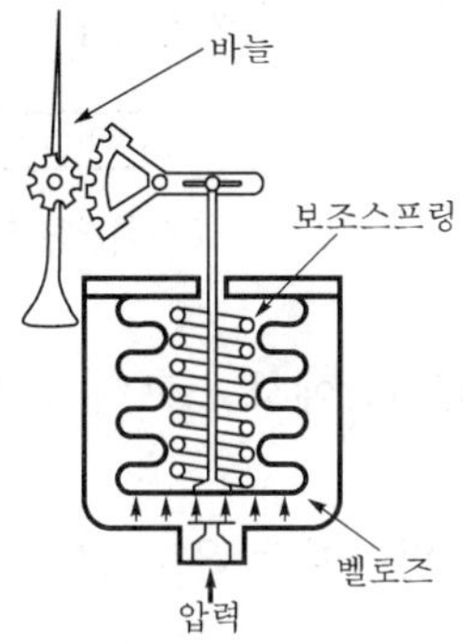

‖ 벨로즈식 압력계 ‖

② 전기식 압력계

㉠ 피에조 전기압력계

ⓐ 가스폭발 등 급속한 압력변화를 측정하는 데 유효하다.

ⓑ 수정전기석 · 로셀염 등이 결정체의 특수방향에 압력을 가하여 발생되는 전기량으로 압력을 측정한다.

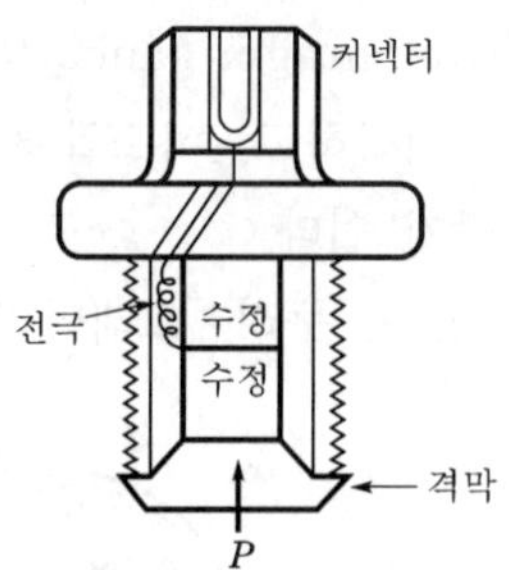

▌피에조 전기압력계▐

㉡ 전기저항 압력계 : 금속의 전기저항값이 변화되는 것을 이용하여 측정

ⓐ 망간선을 코일로 감아 전기저항을 측정

ⓑ 응답속도가 빠르고, 초고압에서 미압까지 측정

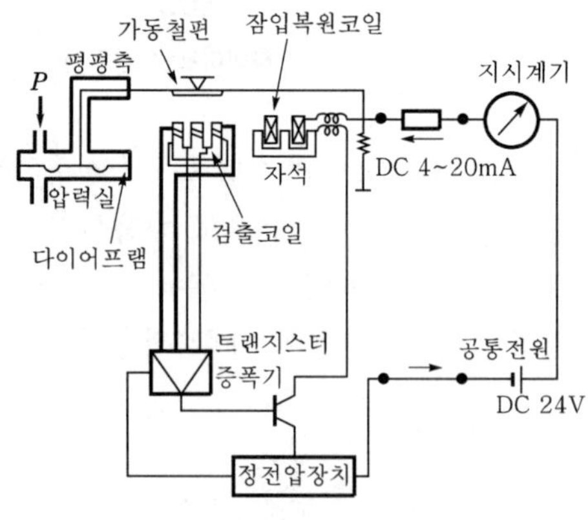

▌전기저항 압력계▐

③ 아네로이드식 압력계 : 대기압에서 스프링 변위를 이용, 변위의 확대 압력을 지시하는 형식

• 용도 : 공기압 측정, 바이메탈 온도 보정

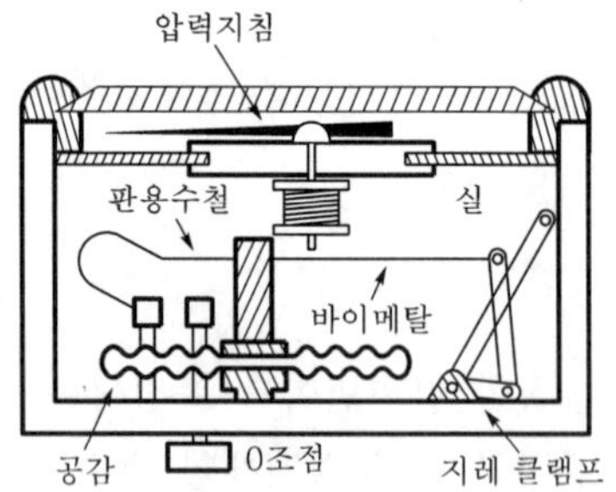

▌아네로이드식 압력계▐

Chapter 2 ··· 01 압력계

출/제/예/상/문/제

01 다음 중 1차 압력계는?

① 부르돈관 압력계
② U자 마노미터
③ 전기저항 압력계
④ 벨로즈 압력계

02 수은(비중 13.6)을 이용한 그림과 같은 U자형 압력계에서 P_1과 P_2의 압력차이는?

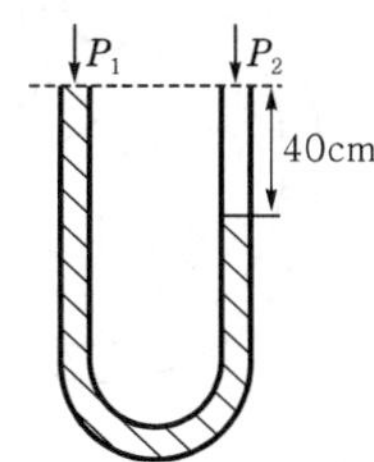

① $4.66kg/m^2(a)$ ② $4.660kg/m^2(a)$
③ $0.54kg/m^2(a)$ ④ $5440kg/m^2(a)$

해설

$P_2 = P_1 + sh = P_2 - P_1 = sh$

$\therefore\ sh = 13.6kg/10^3cm^3 \times 40cm$
$= 0.544kg/cm^2 = 5440kg/m^2$

03 대기압이 750mmHg일 때 탱크 내의 기체 압력이 게이지압으로 $1.96kg/cm^2$이었다. 탱크 내 기체의 절대압력은 몇 kg/cm^2인가? (단, 1기압=$1.0336kg/cm^2$이다.)

① 1.0 ② 2.0
③ 3.0 ④ 4.0

해설

절대압력=대기압력+게이지압력
$=750mmHg + 1.96kg/cm^2$
$= \frac{750}{760} \times 1.0336 + 1.96$
$= 2.98kg/cm^2 ≒ 3kg/cm^2$

04 액면높이 H를 나타내는 값으로 맞는 것은?

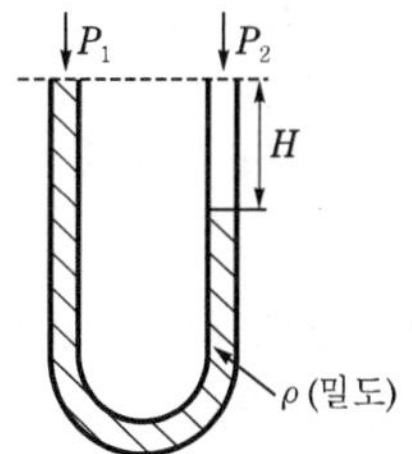

① $H = \frac{P_1 - P_2}{\rho}$ ② $H = P_1 - P_2$
③ $H = \rho(P_1 - P_2)$ ④ $H = P_2 - P_1$

해설

$P_1 - P_2 = \rho H$

$\therefore\ H = \frac{P_1 - P_2}{\rho}$

05 그림과 같은 U자관으로 탱크 내 압력을 측정하였더니 U자 유체인 수은의 높이차가 38cm였다. 탱크 내 기체의 절대압력은 몇 기압인가?

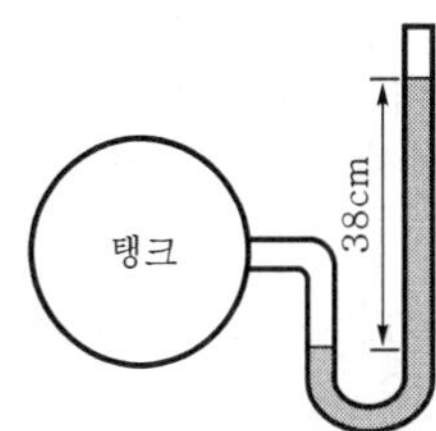

① 0.5기압 ② 1기압
③ 1.5기압 ④ 2기압

해설

$P = P_0 + sh$
$=$1기압$+13.6kg/10^3cm^3 \times 38cm$
$=$1기압$+0.516kg/cm^2$
$=$1기압$+\frac{0.5168}{1.033}$(기압)
$=$1.5기압

정답 01.② 02.④ 03.③ 04.① 05.③

06 계측기의 특성이 시간적 변화가 작은 정도를 나타내는 용어는?

① 안정성 ② 내산성
③ 내구성 ④ 신뢰도

07 압력계 중 탄성 압력계에 해당되는 것은?

① 수은주 압력계
② 벨로즈 압력계
③ 자유피스톤식 압력계
④ 환상천평식 압력계

08 통풍계로 널리 사용되며 부식성 가스에 사용되는 압력계는?

① 자유피스톤 압력계
② 벨로즈 압력계
③ 다이어프램 압력계
④ 링밸런스 압력계

09 다음 중 1차 압력계인 것은?

① 전기저항 압력계
② 부르돈관 압력계
③ 수은주 압력계
④ 다이어프램 압력계

해설

1차 압력계 : 지시된 압력값을 직접 측정하는 압력계로 마노미터(액주계), 자유(부유) 피스톤식 압력계 등이 있다. (수은주 압력계=마노미터 내부에 수은을 이용하여 측정한 압력계로서 액주계인 1차 압력계에 속한다)

10 액주식 압력계에서 액체의 구비조건이 아닌 것은?

① 점성이 적을 것
② 열팽창계수가 작을 것
③ 액면은 수평을 유지할 것
④ 밀도가 클 것

해설

액주식 압력계 내부액의 구비조건(①, ②, ③항 이외)
㉠ 화학적으로 안정할 것
㉡ 모세관 표면장력이 적을 것
㉢ 밀도변화가 적을 것 등

11 압력계 중 부르돈관 압력계의 눈금교정 및 연구실용으로 사용되는 압력계는?

① 벨로즈 압력계
② 다이어프램 압력계
③ 자유피스톤식 압력계
④ 전기저항 압력계

해설

자유 피스톤식 압력계 : 모든 압력계의 기준기로서 2차 압력의 교정장치로 적합하다.

12 다음 중 링 밸런스 압력계의 특징이 아닌 것은?

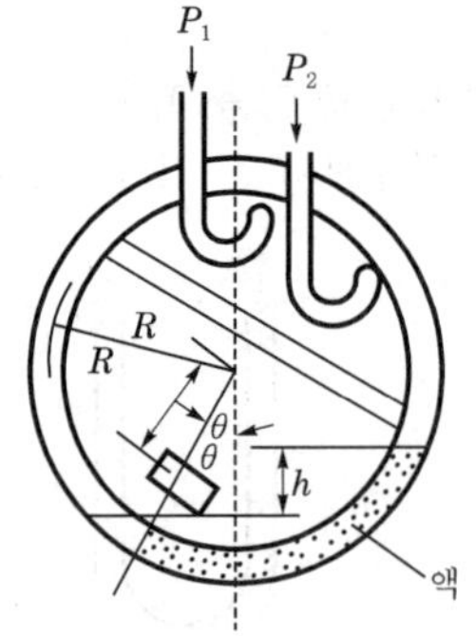

① 환상천평식 압력계라고도 한다.
② 원격전송이 가능하다.
③ 액체의 압력을 측정하다.
④ 수직 · 수평으로 설치한다.

해설

하부에는 액이므로 상부 기체압력이 측정된다.
• 링 밸런스 압력계 : 액주식 압력계의 일종

13 2차 압력계의 대표적인 압력계로서 가장 많이 쓰이는 압력계는?

① 벨로즈 압력계
② 전기저항 압력계
③ 다이어프램 압력계
④ 부르돈관 압력계

해설

부르돈관 압력계의 재질
㉠ 고압용 : 니켈강, 스테인리스강
㉡ 저압용 : 황동, 청동, 인청동

정답 06.① 07.② 08.③ 09.③ 10.④ 11.③ 12.③ 13.④

14 다음 압력계 중 고압측정에 적당한 압력계는?

① 액주식 압력계
② 부르돈관 압력계
③ 벨로즈 압력계
④ 전기저항 압력계

부르돈관 압력계의 측정 최고압력 = 3000kg/cm^2

15 2차 압력계 중 미압 측정이 가능하고, 특히 부식성 유체에 적당한 압력계는?

① 부르돈관 압력계
② 벨로즈 압력계
③ 다이어프램 압력계
④ 분동식 압력계

부식성 유체에 적합한 압력계 : 다이어프램

16 가스폭발 등 급속한 압력변화를 측정하는 데 사용되는 압력계는?

① 벨로즈 압력계
② 피에조 전기 압력계
③ 전기저항 압력계
④ 다이어프램 압력계

피에조 전기 압력계
㉠ 가스폭발 등 급속한 압력변화를 측정하는 데 유효하다.
㉡ 수정, 전기석·로셀염 등이 결정체의 특수방향에 압력을 가하여 발생되는 전기량으로 압력을 측정한다.

17 2차 압력계 중 신축의 원리를 이용한 압력계로 차압 및 압력 검출용으로 사용되는 압력계는?

① 피에조 전기 압력계
② 다이어프램 압력계
③ 벨로즈 압력계
④ 전기저항 압력계

18 부유 피스톤형 압력계에서 실린더의 지름 2cm 추와, 피스톤 무게의 합계가 20kg일 때 이 압력계에 접촉된 부르돈관 압력계의 읽음이 7kg/cm^2를 나타내었다. 이 부르돈관 압력계의 오차는?

① 0.5%　　② 1.0%
③ 5.0%　　④ 10%

게이지압력 = $\dfrac{\text{추와 피스톤 무게}}{\text{실린더 단면적}}$

$= \dfrac{20\text{kg}}{\frac{\pi}{4}\times(2\text{cm})^2} = 6.36\text{kg/cm}^2$

$\therefore$ 오차값 = $\dfrac{\text{측정값} - \text{진실값}}{\text{게이지압력(진실값)}}\times 100$

$= \dfrac{7-6.36}{6.36}\times 100 = 9.95\%$

19 자를 가지고 공작물의 깊이를 측정하였다. 시선의 경사각이 15°이고, 자의 두께가 1.5mm일 때 어느 정도의 시차가 발생하는가?

① 0.35mm　　② 0.40mm
③ 0.45mm　　④ 0.50mm

$h = x\sin\theta$
$= 1.5\sin 15°$
$= 0.388\text{mm}$

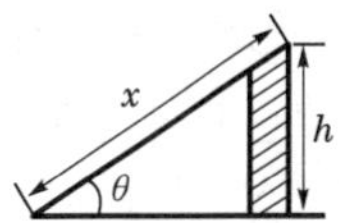

20 액주형 압력계가 아닌 것은?

① 호루단형　　② 상형
③ 링밸런스　　④ 분동식

21 부르돈관 압력계의 설명이 아닌 것은?

① 격막식 압력계보다 고압측정을 한다.
② C자 관보다 나선형 관이 민감하게 작동한다.
③ 곡관에 압력이 가해지면 곡률반지름이 증대되는 것을 이용한 것이다.
④ 계기 하나로 두 공정의 압력측정이 가능하다.

정답 14.② 15.③ 16.② 17.③ 18.④ 19.② 20.④ 21.④

22 경사관식 압력계의 P_1 값으로 맞는 것은?

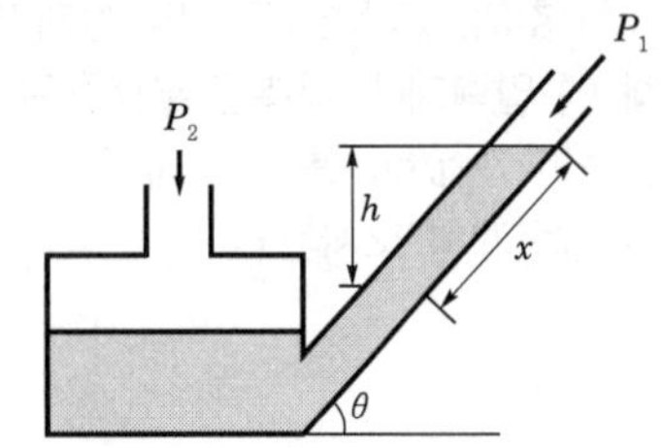

① $P_1 = P_2 + s\cos\theta$
② $P_1 = P_2 \times sx\sin\theta$
③ $P_1 = P_2 + sx\sin\theta$
④ $P_1 = P_2 \times s\cos\theta$

해설

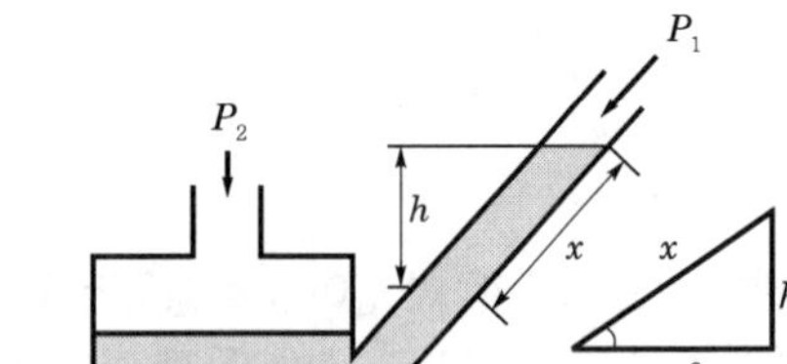

$h = x\sin\theta$이므로

$\therefore P_1 = P_2 + sh$

$= P_2 + sx\sin\theta$

23 미압 측정용으로 가장 적합한 압력계는?

① 부르돈관식 압력계
② 분동식 압력계
③ 경사관식 압력계
④ 전기식 압력계

24 그림과 같이 원유 탱크에 원유가 차 있고, 원유 위의 가스압력을 측정하기 위하여 수은 마노미터를 연결하였다. 주어진 조건 하에서 P_g의 압력(절대압)은? (단, 수은, 원유의 밀도를 각각 13.6g/cm³, 0.86g/cm³이다.)

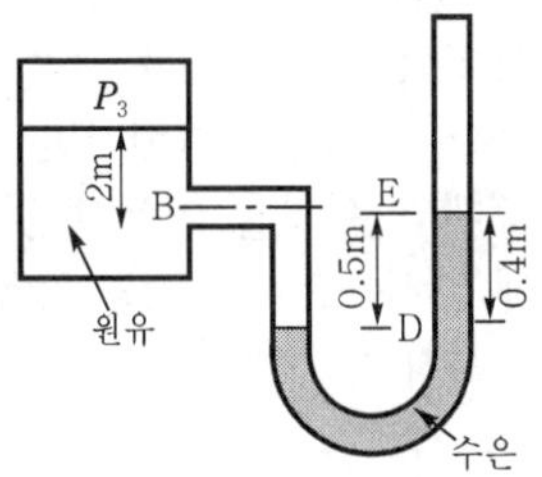

① 101.3kPa
② 74.5kPa
③ 175.8kPa
④ 133.6kPa

해설

$P_g + 0.86\left(\dfrac{kg}{10^3cm^3}\right) \times 250cm = 1.0332kg/cm^2 + 13.6kg/10^3cm^3 \times 40cm$

$\therefore P_g = 1.0332kg/cm^2 + 13.6kg/10^3cm^3 \times 40cm - 0.86\left(\dfrac{kg}{10^3cm^3}\right) \times 250cm$

$= 1.3622kg/cm^2$

$\therefore \dfrac{1.3622}{1.0332} \times 101.325 = 133.58kPa = 133.6kPa$

25 압력계에 관한 다음 설명 중 맞는 것은?

> ㉠ 압력계는 상용압력의 1.5~2배의 최고눈금인 것을 사용한다.
> ㉡ 공기용의 압력계는 산소에 사용하더라도 좋다.
> ㉢ 아세틸렌 압력계의 부르돈관은 청동제가 좋다.
> ㉣ 압력계는 눈의 높이보다 높은 위치에 부착시킨다.

① ㉠, ㉡　② ㉠, ㉣
③ ㉢, ㉣　④ ㉡, ㉢

해설

㉠ 산소 압력계는 금유(use no oil)라고 명기된 전용 압력계를 사용한다.
㉡ 아세틸렌가스에는 동함유량 62% 이상 동합금을 사용하면 안 된다.

26 다음 사항 중 압력계에 관한 설명으로 옳은 것을 모두 나열한 것은?

> ㉠ 부르돈관 압력계는 중추형 압력계의 검정에 사용된다.
> ㉡ 압전기식 압력계는 망간선에 사용된다.
> ㉢ U자관식 압력계는 저압의 차압측정에 적합하다.

① ㉠, ㉡, ㉢　② ㉢
③ ㉡　④ ㉠

정답 22.③ 23.③ 24.④ 25.② 26.②

27 어떤 기체의 압력을 측정하기 위하여 그림과 같이 끝이 트인 수은 마노미터를 설치하였더니 수은주의 높이차가 50cm였다. 점 P에서의 절대압력은 몇 torr인가? (단, 기체와 수은의 밀도는 각각 0.136g/cm^{3}과 13.6g/cm^{3}이다. 그리고 대기압은 760torr이다.)

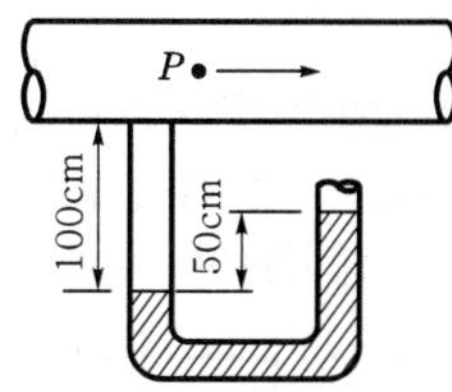

① 490torr　② 500torr
③ 1250torr　④ 1259torr

$P+0.136\text{g/cm}^3\times100\text{cm}=760\text{torr}+13.6\text{g/cm}^3\times50\text{cm}$

$\therefore\ P=760\text{torr}+(13.6\times50-0.136\times100)\times10^{-3}\text{kg/cm}^2$

$=760\text{torr}+\dfrac{(13.6\times50-0.136\times100)\times10^{-3}}{1.033}\times760\text{torr}$

$=1250.28\text{torr}$

28 압력계 중 아르키메데스의 원리를 이용한 것은?

① 부르돈관식 압력계
② 침종식 압력계
③ 벨로즈식 압력계
④ U자관식 압력계

29 압력계 교정 또는 검정용 표준기로 사용되는 것은?

① 표준 부르돈관식 압력계
② 기준 피스톤식 압력계
③ 표준 기압계
④ 기준 분동식 압력계(중추형)

30 비중이 0.9인 액체 개방 탱크에 탱크 하부로부터 2m 위치에 압력계를 설치했더니 지침이 1.5kg/cm^{2}를 가리켰다. 이때의 액위는 얼마인가?

① 14.7m　② 147m
③ 17.4m　④ 174m

$h=\dfrac{P}{\gamma}=\dfrac{1.5\times10^4\text{kg/m}^2}{0.9\times10^3\text{kg/m}^3}=16.66\text{m}$

$\therefore\ 16.66-2=14.66\text{m}$

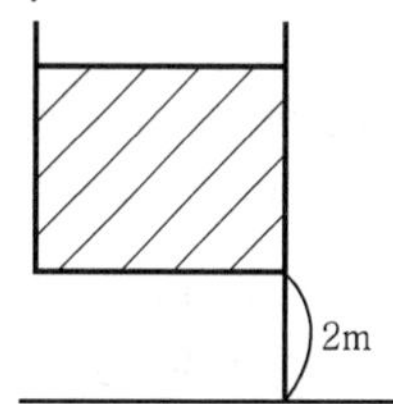

31 부르돈관 압력계를 설명한 것으로 틀린 것은?

① 두 공정간의 압력차를 측정하는 데 사용한다.
② C자형에 비하여 나선형관은 작은 압력차에 민감하다.
③ 공정압력과 대기압의 차를 측정한다.
④ 곡관의 내압이 증가하면 곡률반경이 증가하는 원리를 이용한 것이다.

두 공정간의 압력차는 차압식 유량계

32 벨로즈식 압력계에서 압력측정 시 벨로즈 내부에 압력이 가해질 경우 원래 위치로 돌아가지 않는 현상을 의미하는 것은?

① limited 현상
② bellows 현상
③ end all 현상
④ hysteresis 현상

33 대기압이 101.5kPa일 때 호수 표면에서 15m 지점의 압력은?

① 45.5kPa
② 101.5kPa
③ 147kPa
④ 248.5kPa

해설

$101.5\text{kPa}+\dfrac{51}{10.332}\times101.5=248.85\text{kPa}$

정답 27.③ 28.② 29.④ 30.① 31.① 32.④ 33.④

34 기계식 압력계가 아닌 것은?

① 경사관식 압력계
② 피스톤식 압력계
③ 환상식 압력계
④ 자기변형식 압력계

35 압력계와 진공계 두 가지 기능을 갖춘 압력 게이지를 무엇이라고 하는가?

① 부르돈관(Bourdon tube) 압력계
② 콤파운드 게이지(Compound gage)
③ 초음파 압력계
④ 전자 압력계

36 압력의 단위를 차원(dimension)으로 표시한 것은?

① MLT ② ML^2T^2
③ M/LT^2 ④ M/L^2T^2

단위 kgf/cm^2이므로 FL^{-2}이며($F=ML/T^2$이므로)
$ML/T^2L^2=M/LT^2$

37 1기압에 해당되지 않는 것은?

① 1.013bar
② $1013\times10^3dyne/cm^2$
③ 1torr
④ 29.9inHg

torr=mmHg

38 비중이 0.8인 액체의 절대압이 $2kg/cm^2$일 때 헤드는?

① 16m ② 4m
③ 25m ④ 32m

$$h=\frac{P}{\gamma}=\frac{2\times10^4kg/m^2}{0.8\times10^3kg/m^3}=25m$$

39 그림과 같은 압력계에서 가장 정확한 표현식은? (단, ρ는 액의 밀도, g는 중력가속도, g_c는 중력환산계수)

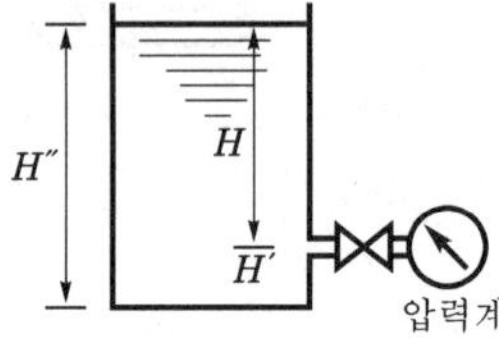

① $P=(H-H')\rho\frac{g}{g_c}$

② $P=H''\rho\frac{g}{g_c}$

③ $P=H\rho\frac{g}{g_c}$

④ $P=H'\rho\frac{g}{g_c}$

정답 34.④ 35.② 36.③ 37.③ 38.③ 39.③

02 온도계

1 온도의 측정

(1) 온도의 기본단위(K)

(2) 온도측정 시 물의 삼중점(273.16K=0.01℃)

‖국제 실용 온도‖

온도 정점	온도(℃)	온도 정점	온도(℃)
물의 삼중점	0.01	산소의 비점	−183℃
얼음의 융점	0.00	백금의 응고점	1773.0℃
주석의 응고점	231.83	은의 응고점	961.03℃
물의 비등점	100.00	금의 응고점	1064.43℃
납의 응고점	327.30		
아연의 응고점	419.50		

(3) 온도계 선정 시 주의점

① 측정 물체의 원격지시 자동제어 필요 여부 검토
② 측정 범위와 정밀도가 적당
③ 지시 기록이 편리할 것
④ 온도의 변동에 대하여 반응이 신속할 것
⑤ 측정 물체와 화학반응을 일으키지 않을 것

2 온도계의 종류

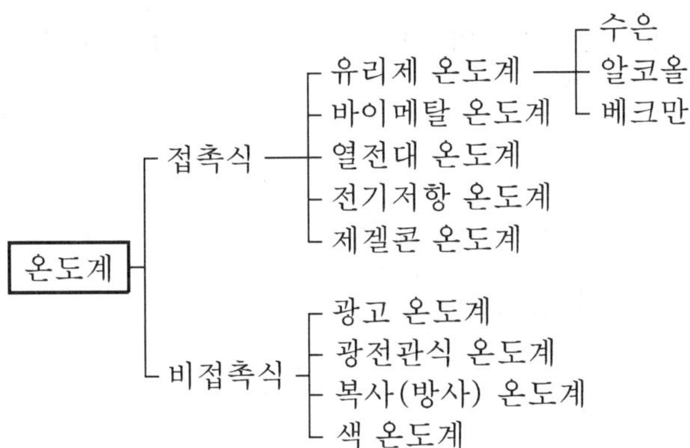

(1) 접촉식 온도계

측정하고자 하는 물체에 온도계를 직접 접촉시켜 온도를 측정

① **유리제 온도계** : 유리막대에 액체를 알코올, 수은, 펜탄 등을 봉입하여 표시된 눈금으로 온도를 측정(검정유효기간 : 3년)

• 특징
- 취급이 간단하다.
- 연속기록, 자동제어가 불가능하다.
- 원격측정이 불가능하다.

㉠ 알코올 온도계

ⓐ 측정범위 : −100~100℃ 알코올의 열팽창을 이용

ⓑ 수은보다 저온 측정용

ⓒ 수은보다 정밀도가 낮음

㉡ 수은 온도계

ⓐ 측정범위 : −35~350℃

ⓑ 알코올보다 고온 측정

ⓒ 알코올보다 정밀도가 좋다.

㉢ 베크만 온도계

ⓐ 수은 온도계의 일종으로서 미소범위 온도를 정밀 측정할 수 있다(0.001℃까지 측정 가능).

ⓑ 수은은 사용온도에 따라 양을 조절

ⓒ 열량계 온도 측정에 사용

ⓓ 정밀측정용

ⓔ 가격이 저렴

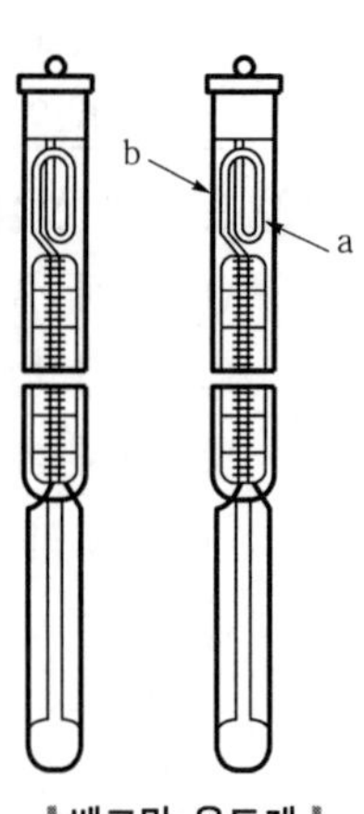

| 베크만 온도계 |

② **바이메탈 온도계** : 열팽창계수가 다른 금속판을 이용하여 측정 물체를 접촉 시 열팽창계수에 따라 휘어지는 정도로 눈금을 표시

㉠ 측정원리 : 열팽창계수

㉡ 정도 : 0.5~1%

㉢ 특징

ⓐ 구조 간단, 보수 용이, 내구성이 있다.

ⓑ 온도값을 직독할 수 있다.

ⓒ 오차(히스테리) 발생의 우려가 있다.

㉣ 용도 : 자동제어용

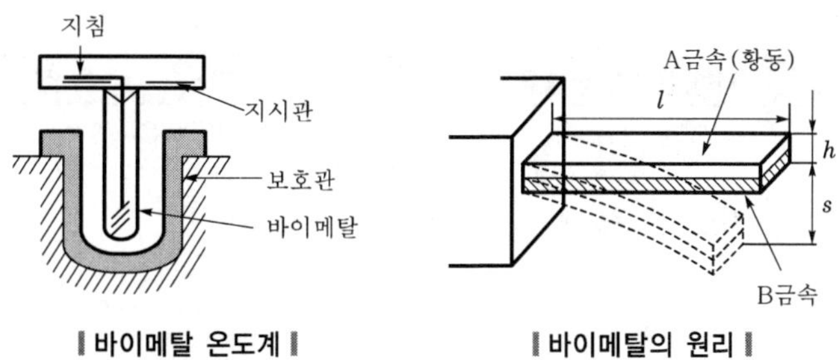

‖ 바이메탈 온도계 ‖ ‖ 바이메탈의 원리 ‖

③ 압력식 온도계(아네로이드형 온도계) : 액체, 기체, 증기 등은 온도 상승 시 체적이 팽창하는 데 팽창 또는 수축된 체적으로 압력값을 지시하여 압력의 상승변화에 따라 측정하는 온도계

㉠ 측정원리 : 압력값의 변화 정도

㉡ 특징

ⓐ 저온용의 측정에 사용

ⓑ 자동제어 가능

ⓒ 연속측정이 가능

ⓓ 조작에 숙련을 요함

ⓔ 진동, 충격의 영향을 받지 않음

ⓕ 경년변화가 있음(금속 피로에 의한 이상 현상)

㉢ 종류

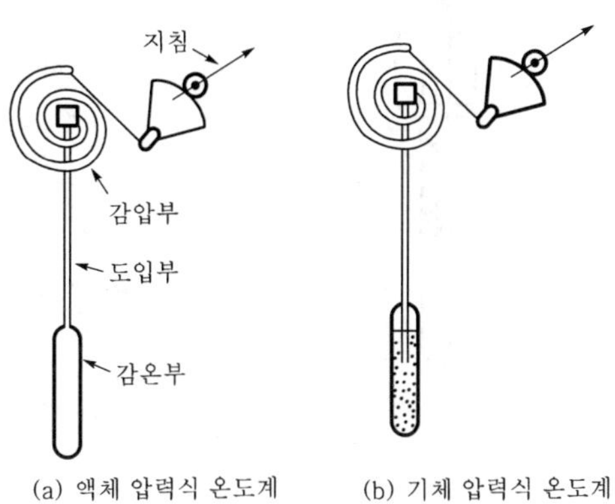

(a) 액체 압력식 온도계 (b) 기체 압력식 온도계

‖ 압력식 온도계 ‖

㉣ 구성

ⓐ 감온부 : 온도를 감지하는 부분

ⓑ 도압부 : 감지된 온도를 감압부에 전달

ⓒ 감압부 : 모세관으로 감지된 온도를 지침으로 온도를 지시

④ 전기저항 온도계 : 온도 상승 시 저항이 증가하는 것을 이용

㉠ 측정원리 : 금속의 전기저항

㉡ 종류

전기저항 온도계의 종류	특 징
백금저항 온도계	• 측정범위(−20~500℃) • 저항계수가 크다. • 가격이 고가이다. • 정밀측정이 가능하다. • 표준저항값으로 25Ω, 50Ω, 100Ω이 있다.
니켈저항 온도계	• 측정범위(−50~150℃) • 가격이 저렴하다. • 안정성이 있다. • 표준저항값(500Ω)
구리저항 온도계	• 측정범위(0~120℃) • 가격이 저렴하다. • 유지관리가 쉽다.
서미스터 온도계 Ni+Cu+Mn+Fe+Co 등을 압축 소결시켜 만든 온도계	• 측정범위(−100~200℃) • 저항계수가 백금의 10배이다. • 경년변화가 있다. • 응답이 빠르다.
저항계수가 큰 순서	• 서미스터 > 백금 > 니켈 > 구리

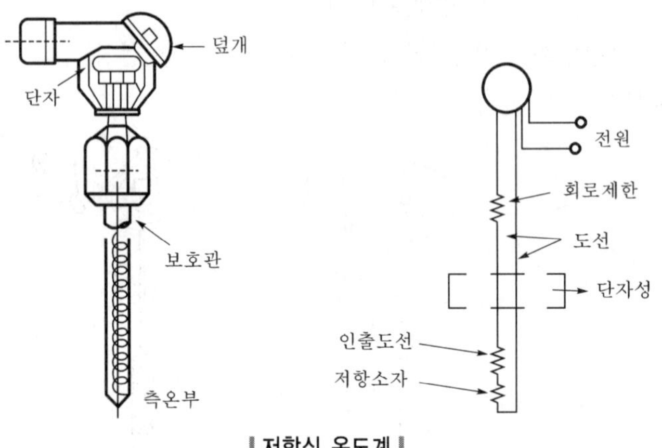

▌저항식 온도계▐

⑤ 열전대 온도계 : 열전쌍 회로에서 두 접점 사이에 열기전력을 발생시켜 그 전위차를 측정하여 두 접점의 온도차를 밀리볼트계로 온도를 측정하는 데 이것을 제백효과라 한다.

㉠ 측정원리 : 열기전력

㉡ 특징

ⓐ 접촉식 중 가장 고온용이다.

ⓑ 냉접점, 열접점이 있다.

ⓒ 원격 측정 온도계로 적합하다.

ⓓ 전원이 필요 없고, 자동제어가 가능하다.

㉢ 구성요소 : 열접점, 냉접점, 보상도선, 밀리볼트계, 보호관

㉣ 열전대의 구비조건

ⓐ 기전력이 강하고 안정되며 내열성, 내식성이 클 것

ⓑ 열전도율 전기저항이 작고, 가공하기 쉬울 것

ⓒ 열기전력이 크고, 온도 상승에 따라 연속으로 상승할 것

ⓓ 경제적이고 구입이 용이하며, 기계적 강도가 클 것

㉤ 취급 시 주의점

ⓐ 단자의 (+)(−)와 보상도선의 (+)(−)를 일치시킨다.

ⓑ 열전대 삽입길이는 보호관 외경의 1.5배 이상이다.

ⓒ 도선 접속 전 지시의 0점을 조정한다.

ⓓ 습기, 먼지 등에 주의하고, 청결하게 유지한다.

ⓔ 정기적으로 지시눈금의 교정이 필요하다.

㉥ 열전대 온도계의 측정온도범위와 특성

종 류	온도범위	특 성
PR(R형)(백금-백금로듐) P(−), R(+)	0~1600℃	산에 강하고, 환원성에 약함
CA(K형)(크로멜-알루멜) C(+), A(−)	−20~1200℃	환원성에 강하고, 산화성에 약함
IC(J형)(철-콘스탄탄) I(+), C(−)	−20~800℃	환원성에 강하고, 산화성에 약함
CC(T형)(동-콘스탄탄) C(+), C(−)	−200~400℃	수분에 약하고, 약산성에만 사용

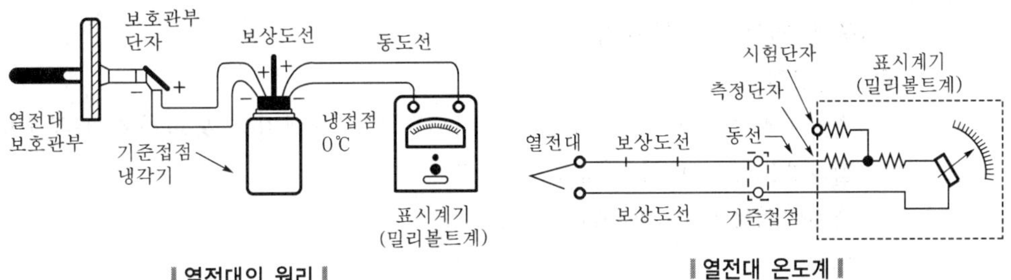

▮열전대의 원리▮ ▮열전대 온도계▮

TiP

1. 냉접점 0℃를 유지
2. 보상도선 : 열전선은 가격이 고가이므로 열접점에서 측정한 온도를 전달하기 위한 목적으로 보상도선을 사용
3. 보호관 : 열전대를 보호할 목적으로 사용
4. 보호관의 종류
   - 비금속관 : 카보런덤관(1700℃까지 견딤)
   - 금속관 : 자기관(알루미나+산화규소)(1500℃), 자기관(산화알루미나)(1750℃), 석영관(1000℃), 동관(800℃)
5. 보호관의 고온에 견디는 순서 : 카보런덤관>자기관(알루미나+산화규소)>석영관>동관
6. 열전대 온도계의 고온 측정의 순서 : PR>CA>IC>CC
7. 콘스탄탄의 성분 : Cu(55%)+Ni(45%)

⑥ **제겔콘 온도계** : 금속의 산화물로 만든 삼각추가 기울어지는 각도로 온도를 측정

㉠ 측정원리 : 내열성의 금속산화물이 기울어지는 각도

㉡ 측정온도 : 600~2000℃

㉢ 종류 : 59종(SK 022~SK 042)

㉣ 용도 : 요업용, 벽돌 등의 내화도

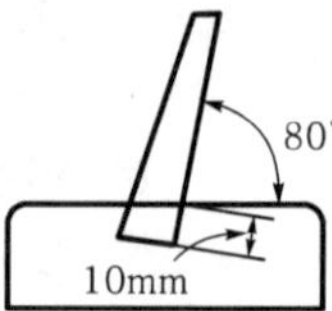

▎제겔콘▎

TIP

제겔콘 온도계의 종류

1. SK 022~SK 042(01, 02, 03, 04, 05, 5종 없음)
2. 042~022(64종)-(5종)=59

(2) 비접촉식 온도계

측정하고자 하는 물체에 온도계를 접촉시키지 않고 간접적으로 온도를 측정

• 특징

- 측정온도의 오차가 크다.
- 방사율의 보정이 필요하다.
- 응답이 빠르고, 내구성이 좋다.
- 고온 측정이 가능하고, 이동물체 측정에 알맞다.
- 접촉에 의한 열손실이 없다.

① **광고 온도계**

㉠ 측정원리 : 고온의 물체에서 방사되는 방사에너지를 통과시켜 표준온도 전구의 필라멘트에 휘도를 비교하여 측정

㉡ 측정범위 : 700~3000℃

㉢ 특징

ⓐ 고온 측정에 적합

ⓑ 방사 온도계에 비하여 방사율의 보정이 적다.

ⓒ 비접촉식 중 정확한 측정이 가능하다.

ⓓ 측정시간이 길다.

ⓔ 구조가 간단하고, 휴대가 편리하다.

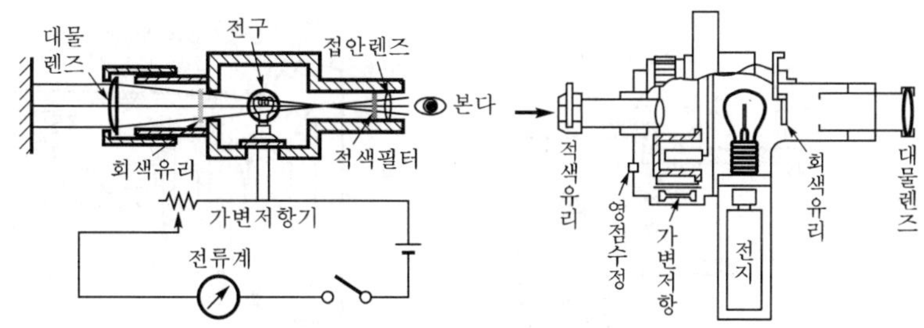

‖광고 온도계의 측정원리 및 구조‖

② 광전관식 온도계

㉠ 측정원리 : 광고 온도계를 자동화시킨 온도계

㉡ 측정온도 : 700℃ 이상

㉢ 특징

ⓐ 이동물체의 측정이 용이하다.

ⓑ 자동제어 기록이 가능하다.

ⓒ 응답시간이 빠르다.

ⓓ 구조가 복잡하다.

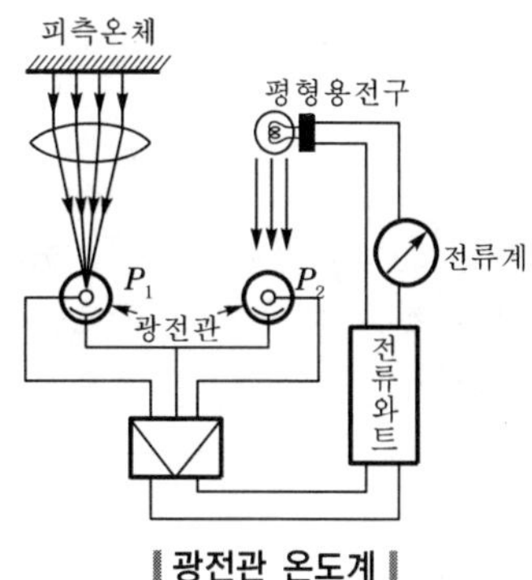

‖광전관 온도계‖

③ 방사 온도계

㉠ 측정원리 : 방사에너지를 측정하여 온도를 측정

㉡ 측정온도 : 600~2500℃

㉢ 특징

ⓐ 물체의 표면온도 측정

ⓑ 이동물체 온도 측정

ⓒ 연속측정 가능

ⓓ 오차의 우려가 있다.

ⓔ 방사율에 의한 보정량이 크고, 오차가 발생

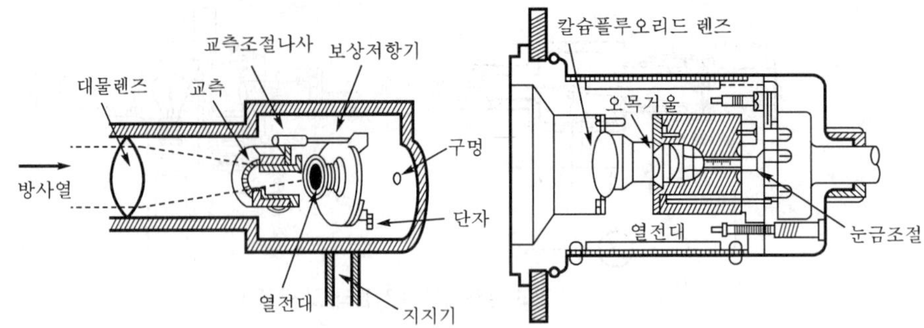

▌방사 온도계의 원리와 내부구조▐

TIP

스테판 볼츠만의 법칙

물체에 방사되는 전방사에너지는 절대온도 4승에 비례한다.

$Q = 4.88\varepsilon\left(\dfrac{T}{100}\right)^4$

여기서, Q : 방사에너지(kcal/hr)
ε : 보정률
T : 절대온도

④ 색 온도계

㉠ 측정원리 : 고온의 복사에너지는 온도가 낮으면 파장이 길어지고, 온도가 상승하면 파장이 짧아지는 것을 이용하여 온도를 측정

㉡ 측정온도 : 600~2500℃

㉢ 특징

ⓐ 개인오차가 있다.

ⓑ 고장률은 적다.

ⓒ 연기, 먼지 등에 영향이 없다.

㉣ 온도와 색의 한계

온 도(℃)	색 깔
600	어두운 색
800	붉은색
1000	오렌지 색
1200	노란색
1500	눈부신 황백색
2000	매우 눈부신 흰색
2500	푸른기가 있는 흰백색

출/제/예/상/문/제

01 다음 온도계 중 비접촉식에 해당하는 것은?

① 유리 온도계
② 바이메탈 온도계
③ 압력식 온도계
④ 광고 온도계

해설

(1) 접촉식 온도계
㉠ 유리 온도계
㉡ 바이메탈 온도계
㉢ 압력식 온도계
㉣ 저항 온도계
㉤ 열전대 온도계
(2) 비접촉식 온도계
㉠ 광고 온도계
㉡ 광전관 온도계
㉢ 방사 온도계
㉣ 색 온도계

02 광고 온도계의 사용 시 틀린 것은?

① 정밀한 측정을 위하여 시야의 중앙에 목표점을 두고 측정하는 위치 각도를 변경하여 여러 번 측정한다.
② 온도 측정 시 연기, 먼지가 유입되지 않도록 주의한다.
③ 광학계의 먼지, 상처 등을 수시로 점검한다.
④ 1000℃ 이하에서 전류를 흘려보내면 측정에 도움이 된다.

03 측온 저항체의 종류에 해당되지 않는 것은?

① Fe　② Ni
③ Cu　④ Pt

04 니켈 저항측 온체의 측정온도 범위로 알맞은 것은?

① −200~500℃　② −100~300℃
③ 0~120℃　④ −50~150℃

해설

㉠ 백금 : −20~500℃
㉡ Ni : −50~150℃
㉢ Cu : 0~120℃

05 크로멜－알로멜(CA) 열전대의 (+)극에 사용되는 금속은?

① Ni－Al　② Ni－Cu
③ Mu－Si　④ Ni－Pt

06 접촉식 온도계에 대한 설명이 아닌 것은?

① 저항온도계의 특징으로는 자동제어 및 자동기록이 가능하고 정밀측정용으로 사용된다.
② 압력식 온도계에서 증기팽창식이 액체팽창식에 비하여 감도가 좋아 눈금측정이 쉽다.
③ 서미스터(thermistor)는 금속산화물을 소결시켜 만든 반도체를 이용하여 온도변화에 대한 저항변화를 온도측정에 이용한다.
④ 열전대 온도계는 접촉식 온도계 중에서 가장 고온의 측정용이다.

07 서미스터에 대한 설명 중 틀린 것은?

① 저항계수가 백금보다 10배 정도 크다.
② Ni, Cu, Mn, Fe, Co 등을 압축소결로 만들어진다.
③ 온도상승에 따라 저항률이 감소하는 것을 이용하여 온도를 측정한다.
④ 응답이 느리다.

정답 01.④ 02.① 03.① 04.④ 05.② 06.② 07.④

08 다음 중 색 온도계의 특징이 아닌 것은?

① 고장률이 적다.
② 휴대 취급이 간편하다.
③ 비접촉식 온도계이다.
④ 연기, 먼지 등에 영향을 받는다.

09 급열, 급냉에 강한 비금속 보호관의 종류는?

① 석영관
② 도기관
③ 카보런덤관
④ 자기관

10 열전대 보호관 중 상용 사용온도가 1000℃이며, 내열성이 우수하나 환원성 가스에 기밀성이 좋지 않은 보호관은?

① 자기관　② 석영관
③ 카보런덤관　④ 황동관

11 다음 중 정도가 좋은 온도계는?

① 색 온도계
② 저항 온도계
③ 기체팽창 온도계
④ 광전 온도계

12 감도가 좋으며, 충격에 대한 강도가 떨어지고 좁은 장소에 온도 측정이 가능한 측온 저항체는?

① 서미스터 측온 저항체
② 구리 측온 저항체
③ 니켈 측온 저항체
④ 금속 측온 저항체

13 400~500℃의 온도를 저항 온도계로 측정하기 위해서 사용해야 할 저항 소자는?

① 서미스터(thermistor)
② 구리선
③ 백금선
④ Ni선(nickel선)

14 온도계의 동작지연에 있어서 온도계의 최초 지시치 T_0(℃), 측정한 온도가 X(℃)일 때 온도계 지시치 T(℃)와 시간 T와의 관계식은? (단, δ = 시정수이다.)

① $d\tau/dT = (X - T_0)/\delta$
② $dT/d\tau = (X - T_0)/\delta$
③ $dT/d\tau = (T_0 - X)/\delta$
④ $dT/d\tau = \delta/(T_0 - X)$

15 방사 온도계의 흑체가 아닌 피측정체의 진정한 온도 "T"를 구하는 식이 맞는 것은? (단, t : 계기의 지시온도, E : 전방사율)

① $\dfrac{t}{\sqrt{E}}$　② $T = \dfrac{t}{\sqrt[2]{E}}$
③ $\dfrac{t}{\sqrt[3]{E}}$　④ $T = \dfrac{t}{\sqrt[4]{E}}$

방사 온도계는 절대온도의 4승에 비례

16 그림은 바이메탈 온도계이다. 자유단의 변위 X값으로 맞는 것은?

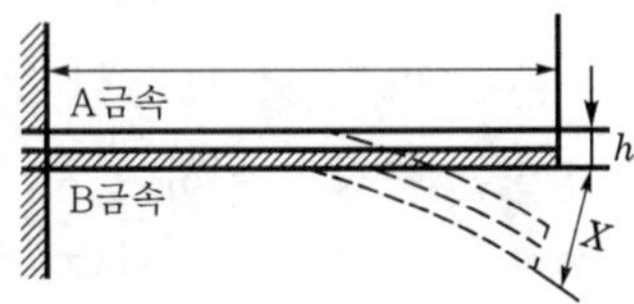

① $X = K(a_A - a_B)L^2t/h$
② $X = K(a_A - a_B)L^2t^2/h$
③ $X = (a_A - a_B)L^2t/Kh$
④ $X = (a_A - a_B)L^2t^2/Kh$

17 전기저항 온도계의 측온 저항계의 공칭저항치라고 말하는 것은 온도 몇 도 때의 저항 소자의 저항을 말하는가?

① 0℃　② 10℃
③ 15℃　④ 20℃

해설

0℃의 공칭저항(25Ω, 50Ω, 100Ω)

정답 08.④ 09.③ 10.② 11.② 12.① 13.③ 14.② 15.④ 16.① 17.①

18 서미스터 측온 저항체의 설명에 해당하는 것은?

① 호환성이 좋다.
② 온도변화에 따른 저항변화가 직선성이다.
③ 온도계수가 부특성이다.
④ 저항온도계수는 양의 값을 가진다.

해설

서미스터는 Ni, Cu, Mn, Fe, CO를 압축소결시켜 만든 것으로 응답이 빠르며, 저항온도계수가 백금의 10배이다. 특징으로는 호환성이 적고, 열화의 우려가 있다.

19 유리제 온도계의 검정유효 기간은 몇 년인가?

① 5년　② 3년
③ 2년　④ 4년

20 접촉식 온도계에 대한 다음의 설명 중 틀린 것은?

① 저항 온도계의 경우 측정회로로서 일반적으로 휘스톤 브리지가 채택되고 있다.
② 열전대 온도계의 경우 열전대로 백금선을 사용하여 온도를 측정할 수 있다.
③ 봉상 온도계의 경우 측정오차를 최소화하려면 가급적 온도계 전체를 측정하는 물체에 접촉시키는 것이 좋다.
④ 압력 온도계의 경우 구성은 감온부, 도압부, 감압부로 되어 있다.

해설

백금선을 사용하는 온도계 : 전기저항 온도계

21 서미스터(thermister)의 특징을 설명한 것은?

① 수분 흡수 시에도 오차가 발생하지 않는다.
② 감도는 크나 미소한 온도차 측정이 어렵다.
③ 온도상승에 따라 저항치가 감소한다.
④ 온도계수가 작으며, 응답속도가 빠르다.

해설

서미스터 온도계는 온도상승에 따라 저항치가 감소한다.

22 명판에 Ni 600이라고 쓰여 있는 측온 저항체의 100℃점에서의 저항값은 몇 Ω인가? (단, Ni의 온도계수는 +0.0067이다.)

① 840　② 950
③ 1002　④ 1500

해설

$R = R(1+at) = 600(1+0.0067\times100) = 1002\Omega$

23 다음 중 기계식 온도계에 속하지 않는 것은?

① 유리 온도계
② 색 온도계
③ 바이메탈 온도계
④ 압력식 온도계

24 다음 중 옳게 정의된 것은?

① 온도란 열, 즉 에너지의 일종이다.
② 물의 삼중점(0.01℃)을 절대온도 273.16K로 정의하였다.
③ 같은 압력 하에서 질소의 비점은 산소의 비점보다 높다.
④ 수소는 비점이 매우 낮아 삼중점을 갖지 않는다.

25 접촉방법으로 온도를 측정하려 한다. 다음 중 접촉식 방법이 아닌 것은?

① 흑체와의 색 온도 비교법
② 열팽창 이용법
③ 전기저항 변화법
④ 물질상태 변화법

해설

색 온도계는 비접촉식

26 물체에서 나오는 모든 복사열을 측정하는 온도계는?

① 저항 온도계　② 방사 온도계
③ 압력 온도계　④ 열전대 온도계

해설

복사(방사) 온도계 : 물체의 방사에너지는 절대온도의 4승에 비례한다.

정답 18.③ 19.② 20.② 21.③ 22.③ 23.② 24.② 25.① 26.②

27 다음 온도계에 대한 설명 중 틀린 것은?

① 온도계의 조성에는 순수한 물질의 비점이나 융점이 이용된다.
② 백금은 온도에 따라서 전기저항이 규칙적으로 발생한다.
③ CC 열전대의 콘스탄탄 Cu와 Ni의 합금이다.
④ 수은 온도계는 알코올 온도계보다 저온 측정에 적합하다.

해설

㉠ 수은 : −35~350℃
㉡ 알코올 : −100~100℃

28 산화성 분위기에 가장 강한 열전대는?

① PR 열전대 ② CA 열전대
③ IC 열전대 ④ CC 열전대

해설

㉠ PR : 산화에 강하고, 환원성에 약함
㉡ CA : 환원성에 강하고, 산화성에 약함
㉢ IC : 환원성에 강하고, 산화성에 약함
㉣ CC : 약산, 약환원성에 사용되며, 수분에 강함

29 다음 온도 환산식 중 틀린 것은?

① °F=9/5℃+32
② ℃=5/9(°F−32)
③ K=273.16+t(℃)
④ °R=459.69+t(℃)

°R=460+°F

30 온도 측정법에서 접촉식과 비접촉식을 비교 설명한 것이다. 타당한 것은?

① 접촉식은 움직이는 물체의 온도 측정에 유리하다.
② 일반적으로 접촉식이 더 정밀하다.
③ 접촉식은 고온의 측정에 적합하다.
④ 접촉식은 지연도가 크다.

해설

㉠ 접촉식 : 저온 측정
㉡ 비접촉식 : 고온 측정

31 스테판 볼츠만 법칙을 이용한 온도계는?

① 열전대 온도계 ② 방사 고온계
③ 수은 온도계 ④ 베크만 온도계

해설

스테판 볼츠만의 법칙 : 전방사에너지는 절대온도의 4승에 비례

32 다음 온도계 중 가장 고온을 측정할 수 있는 것은?

① 저항 온도계
② 열전대 온도계
③ 바이메탈 온도계
④ 광고 온도계

해설

광고 온도계 : 비접촉식

33 접촉식 온도계의 특징은?

① 최고온도 측정에 한계가 있다.
② 내열성 문제가 없어, 고온 측정이 가능하다.
③ 물체의 표면온도만 측정할 수 있다.
④ 이동하는 물체의 온도를 측정할 수 있다.

해설

접촉식 온도계는 저온 측정용이므로 높은 온도 측정에는 부적합하다.

34 표준 온도계의 온도검정은 무엇으로 하는 것이 좋은가?

① 수은 온도계
② 제겔콘
③ 시료온도
④ 온도정점

35 가스보일러의 화염온도를 측정하여 가스 및 공기의 유량을 조절하고자 한다. 가장 적당한 온도계는?

① 액체봉입 유리온도계
② 저항 온도계
③ 열전대 온도계
④ 압력 온도계

정답 27.④ 28.① 29.④ 30.② 31.② 32.④ 33.① 34.④ 35.③

36 다음 온도계 중 사용온도 범위가 넓고, 가격이 비교적 저렴하며, 내구성이 좋으므로 공업용으로 가장 널리 사용되는 온도계는?

① 유리 온도계
② 열전대 온도계
③ 바이메탈 온도계
④ 반도체 저항 온도계

37 바이메탈 온도계의 특징으로 옳지 않은 것은?

① 히스테리시스 오차가 발생한다.
② 온도변화에 대한 응답이 빠르다.
③ 온도조절 스위치로 많이 사용한다.
④ 작용하는 힘이 작다.

바이메탈 온도계 : 작용하는 힘이 크다.

38 열전대 온도계의 구성요소에 해당하지 않는 것은?

① 보호관 ② 열전대선
③ 보상 도선 ④ 저항체 소자

39 회로의 두 접점 사이의 온도차로 열기전력을 일으키고 그 전위차를 측정하여 온도를 알아내는 온도계는?

① 열전대 온도계 ② 저항 온도계
③ 광고 온도계 ④ 방사 온도계

40 열전 온도계를 수은 온도계와 비교했을 때 갖는 장점이 아닌 것은?

① 열용량이 크다.
② 국부온도의 측정이 가능하다.
③ 측정온도 범위가 크다.
④ 응답속도가 빠르다.

41 다음 온도계 중 노(爐) 내의 온도 측정이나 벽돌의 내화도 측정용으로 적당한 것은?

① 서미스터 ② 제겔콘
③ 색 온도계 ④ 광고 온도계

42 열전대 온도계의 종류 및 특성에 대한 설명으로 거리가 먼 것은?

① R형은 접촉식으로 가장 높은 온도를 측정할 수 있다.
② K형은 산화성 분위기에서는 열화가 빠르다.
③ J형은 철과 콘스탄탄으로 구성되며, 산화성 분위기에 강하다.
④ T형은 극저온 계측에 주로 사용된다.

해설

R형 = PR, K형 = CA, J형 = IC, T형 = CC

43 금속제의 저항이 온도가 올라가면 증가하는 원리를 이용한 저항 온도계가 갖추어야 할 조건으로 거리가 먼 것은?

① 저항온도계수가 적을 것
② 기계적으로, 화학적으로 안정할 것
③ 교환하여 쓸 수 있는 저항요소가 많을 것
④ 온도 저항곡선이 연속적으로 되어 있을 것

44 콘스탄탄의 성분으로 맞는 것은?

① Cu(60%), Ni(40%)
② Cu(50%), Ni(50%)
③ Ni(94%), Mn(%)
④ Cu(55%), Ni(45%)

45 다음 중 광고 온도계의 특징이 아닌 것은?

① 측정범위는 700~3000℃ 정도이다.
② 비접촉식 온도계이다.
③ 방사 온도계보다 방사 보정량이 크다.
④ 구조가 간단하고, 휴대가 편리하다.

해설

㉠ 방사 온도계보다 방사 보정량이 적다.
㉡ 상기 항목 이외에 연속측정, 자동제어가 불가능하다.

46 열전대 온도계의 원리는?

① 전기적으로 온도를 측정한다.
② 높은 고온을 측정하는 데 쓰인다.
③ 물체의 열전도율이 큰 것을 이용한다.
④ 두 물체의 열기전력을 이용한다.

정답 36.② 37.④ 38.④ 39.① 40.① 41.② 42.③ 43.① 44.④ 45.③ 46.④

해설

열전대 온도계의 측정원리 : 열기전력

47 다음 그림에서 접점(냉접점)을 바르게 나타낸 곳은?

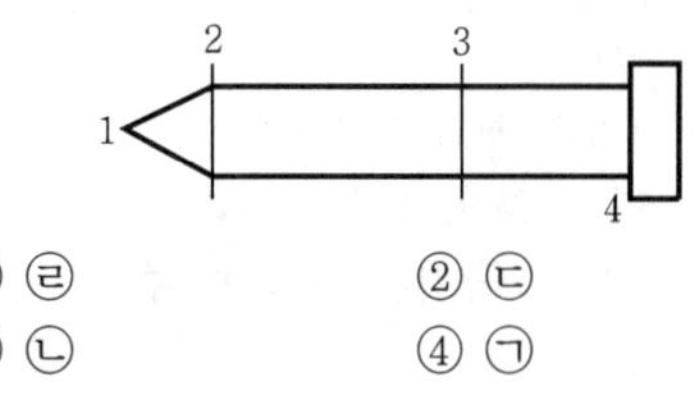

① ㉣ ② ㉢
③ ㉡ ④ ㉠

해설

㉠ 열접점

48 온도계의 구성요소로 적합하지 않은 것은?

① 연결부 ② 지시부
③ 감응부 ④ 감온부

해설

㉠ 일반 온도계의 구성요소 : 감온부, 지시부, 연결부
㉡ 압력식 온도계의 구성요소 : 감온부, 도압부, 감압부

49 다음 접촉식 온도계 중 가장 높은 온도를 측정할 수 있는 것은?

① CC 온도계 ② IC 온도계
③ CA 온도계 ④ PR 온도계

열전대 온도계는 접촉식 온도계이며, PR은 1600℃까지 측정한다.

50 다음 열전 온도계의 취급상 주의사항 중 맞지 않는 것은?

① 지시계와 열전대를 알맞게 결합시킨 것을 사용한다.
② 열전대의 삽입길이는 정확히 한다.
③ 단자의 (+) (−)와 보상도선의 (−) (+)를 일치시켜 부착한다.
④ 도선은 접촉하기 전 지시의 0점을 조정한다.

해설

열전대 온도계의 취급상 주의점
㉠ 지시계와 열전대를 알맞게 결합시킨 것을 사용한다.
㉡ 단자의 (+) (−)와 보상도선의 (+) (−)를 일치시켜 부착한다.
㉢ 열전대의 삽입길이는 보호관의 외경의 1.5배로 한다.
㉣ 표준계기로서 정기적으로 지시눈금을 교정한다.
㉤ 열전대는 측정할 위치에 정확히 삽입하며, 사용온도 한계에 주의한다.
㉥ 도선은 접속하기 전 0점을 조정한다.

51 다음 열전대 온도계에 사용되는 보호관 중 사용온도가 1700℃ 정도가 되는 보호관은?

① 동관
② 석영관
③ 연관
④ 카보런덤관

해설

연관(600℃), 동관(800℃), 석영관(1000℃), 자기관(1500℃, 1750℃), 카보런덤관(1700℃)
※ 자기관은 재질에 따라 (산화규소+알루미나) : 1500 (산화알루미나 99% 이상 : 1750℃)로 구분한다.

52 다음은 접촉식 온도계의 원리에 따른 종류이다. 연결이 맞지 않는 것은?

① 물질상태 변화를 이용한 온도계 : 제겔콘 온도계
② 열기전력을 이용한 방법 : 크로멜−알루멜 온도계
③ 전기저항 변화를 이용한 방법 : 백금−로듐 온도계
④ 열팽창을 이용한 방법 : 바이메탈 온도계

해설

㉠ 전기저항 변화를 이용한 방법 : 전기저항 온도계
㉡ 백금−백금로듐 : 열전대 온도계

53 다음 비접촉식 온도계의 특징이 아닌 것은?

① 이동물체 측정이 가능하다.
② 고온 측정이 가능하다.
③ 측정온도의 오차가 적다.
④ 접촉에 의한 열손실이 없다.

해설

비접촉식 온도계의 특징
㉠ 측정온도의 오차가 크다.
㉡ 방사율의 보정이 필요하다.
㉢ 응답이 빠르고, 내구성이 좋다.
㉣ 고온 측정이 가능하고, 이동물체 측정에 알맞다.
㉤ 접촉에 의한 열손실이 없다.

정답 47.① 48.③ 49.④ 50.③ 51.④ 52.③ 53.③

54 수은 유리 온도계의 일반적인 온도 측정범위를 나타낸 것은?

① −100~200℃ ② −60~350℃
③ 0~200℃ ④ 100~200℃

55 접촉방법으로 온도를 측정하려 한다. 다음 중 접촉식 방법이 아닌 것은?

① 물질상태 변화법
② 전기저항 변화법
③ 열팽창 이용법
④ 물체와의 색 온도계 비교법

해설

색 온도계 : 비접촉식

56 바이메탈 온도계를 설명한 것이다. 해당되지 않는 것은?

① 측정원리는 두 물체 사이의 열팽창이다.
② 정도가 높다.
③ 온도변화에 따른 응답이 빠르다.
④ 온도보정장치에 이용된다.

57 수은의 양을 가감하는 것에 의해 매우 좁은 범위의 온도 측정이 가능한 온도계는?

① 아네로이드 온도계
② 베크만 온도계
③ 수은 온도계
④ 바이메탈 온도계

해설

베크만 온도계 : 수은 온도계의 일종으로 눈금을 세분화하여 매우 좁은 범위의 온도가 정밀 측정이 가능하다.

58 다음 설명에 해당되는 온도계는?

> ㉠ 자동제어가 가능하다.
> ㉡ 이동물체 온도 측정이 가능하다.
> ㉢ 증폭기가 있으며, 연속 측정이 가능하다.

① 복사 온도계 ② 광전관식 온도계
③ 광고 온도계 ④ 전기저항 온도계

59 다음 온도계 중 가장 정도가 좋은 것은?

① 복사 온도계
② 색 온도계
③ 저항 온도계
④ 광전관식 온도계

해설

접촉식 온도계가 비접촉식보다 정도가 높다.

60 열전대 온도계의 구성요소가 아닌 것은?

① 밀리볼트계 ② 보상도선
③ 냉접점 ④ 온수 탱크

정답 54.② 55.④ 56.② 57.② 58.② 59.③ 60.④

03 유량계

1 유량 계산식

(1) 원관유량

$$Q = AV$$

여기서, Q : 유량(m^3/sec, m^3/hr)

A : 단면적(직경이 d이면 $\frac{\pi}{4}d^2$)

V : 유속(m/s)

예제 관경이 50cm인 관에 어떤 유체가 10m/s로 흐를 때 유량은 몇 m^3/hr인가?

풀이 $Q = \frac{\pi}{4}d^2 V = \frac{\pi}{4} \times (0.5m)^2 \times 10m/s = 1.96m/s = 1.96 \times 3600 = 7068.58m^3/hr$

2 측정방법에 의한 유량계의 분류

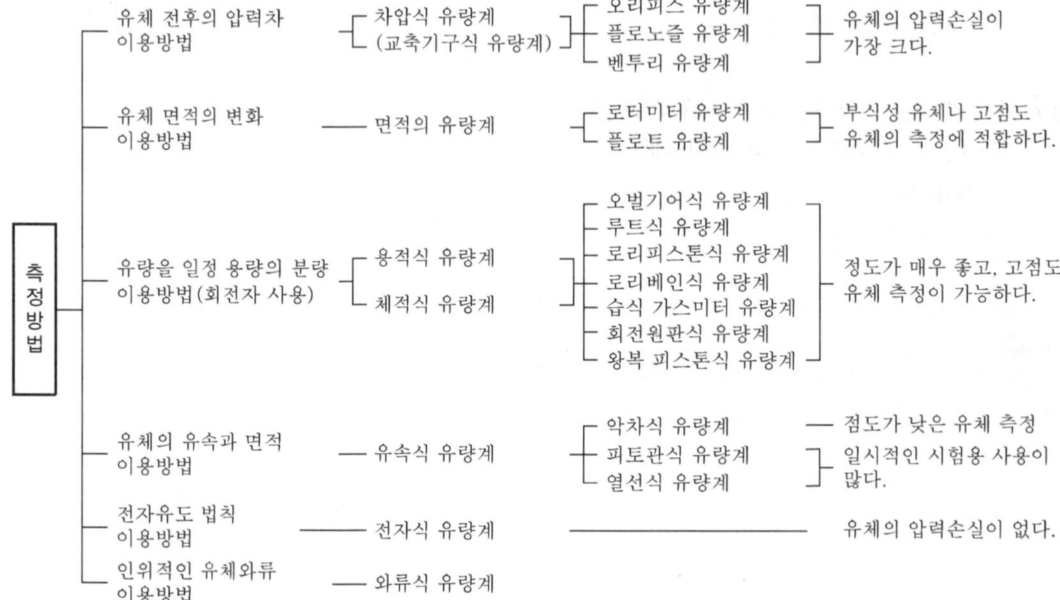

① 직접법 : 유체의 유량을 직접 측정(습식 가스미터)
② 간접법 : 유량과 관계있는 유속 단면적을 측정하고, 비교값으로 유량을 측정(오리피스, 벤투리관, 피토관, 로터미터)

3 유량계의 종류

(1) 차압식 유량계(교축기구식 유량계)

① 유량 측정은 베르누이 정리를 이용
② 교축기구 전후 압력차를 이용해 순간 유량을 측정
③ 유체가 흐르는 관로에 교축기구를 설치, 압력차를 이용하여 계산
④ 측정 유체의 압력손실이 크고, 저유량 유체에는 측정이 곤란
⑤ 종류 : 오리피스, 플로노즐, 벤투리

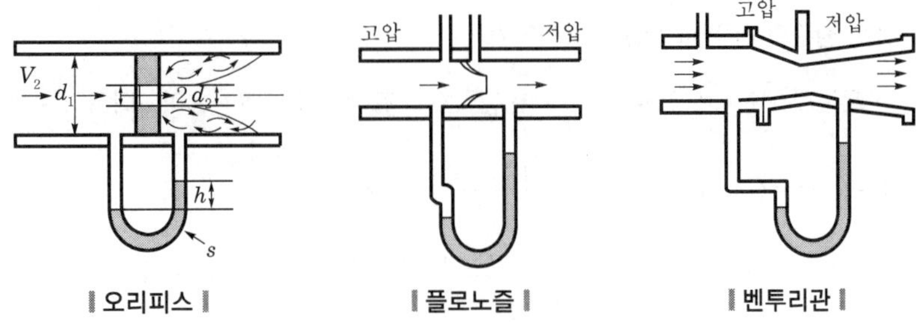

‖오리피스‖ ‖플로노즐‖ ‖벤투리관‖

⑥ 차압식 유량계의 압력손실이 큰 순서

⑦ 차압식 유량계의 특징($Re = 10^5$정도)

유량계 종류 \ 특징	장 점	단 점
오리피스	㉠ 설치가 쉽다. ㉡ 값이 저렴하다.	압력손실이 가장 크다.
플로노즐	㉠ 압력손실은 중간이다. ㉡ 고압용에 사용한다. ㉢ Re 수가 클 때 사용한다.	가격은 중간이다.
벤투리관	㉠ 압력손실이 가장 적다. ㉡ 정도가 좋다.	㉠ 구조가 복잡하다. ㉡ 가격이 비싸다.

TiP

1. **차압식 유량계의 유량계산**

$Q(\mathrm{m^3/hr}) = C \times \frac{\pi}{4} d_2^2 \times \sqrt{\frac{2gH}{1-m^4} \times \left(\frac{S_m - S}{S}\right)} \times 3600$

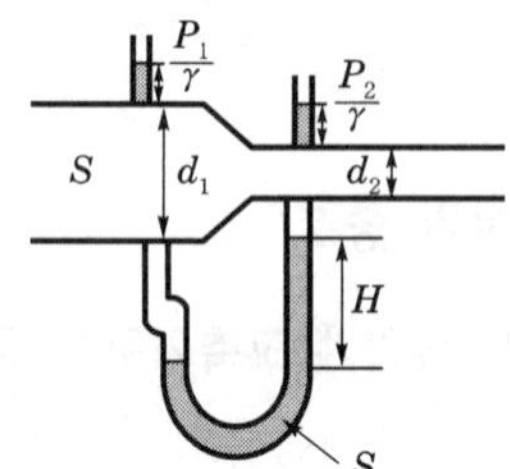

여기서, Q : 유량($\mathrm{m^3/hr}$)

g : 중력가속도($9.8\mathrm{m/s^2}$)

C : 유량계수

$\frac{\pi}{4} d_2^2$: 적은 직경의 단면적

H : 압력차(m)

S : 주관 내의 액비중

S_m : 마노미터액의 비중

m : 지름비 $\left(\frac{d_2}{d_1}(d_1 > d_2)\right)$

예제 관경 400mm 원관에 200mm의 오리피스를 설치하였다. 원관에 물이 흐를 때 다음 조건을 만족하는 원관의 유량($\mathrm{m^3/hr}$)은 얼마인가?

• 유량계수(C) : 0.624 • 압력차 : 370mmHg • 마노미터의 수은 비중 : 13.55

풀이 $Q = C \times \frac{\pi}{4} d_2^2 \times \sqrt{\frac{2gH}{1-m^4} \times \left(\frac{S_m - S}{S}\right)} \times 3600$

$= 0.624 \times \frac{\pi}{4} \times (0.2\mathrm{m})^2 \sqrt{\frac{2 \times 9.8 \times 0.376}{1 - \left(\frac{0.2}{0.4}\right)^4} \left(\frac{136.55 - 1}{1}\right)} \times 3600 = 700.96\mathrm{m^3/hr}$

2. **오리피스 유량계에 사용되는 교축기구의 종류**
- 베나탭(Vend–tap) : 교축기구를 중심으로 유입은 관 내경의 거리에서 취출, 유출은 가장 낮은 압력이 되는 위치에서 취출하며 가장 많이 사용
- 플랜지탭(Flange–tap) : 교축기구로부터 25mm 전후의 위치에서 차압을 취출
- 코넬탭(Conner–tap) : 평균압력을 취출하며, 교축기구 직전 전후의 차압을 취출하는 형식

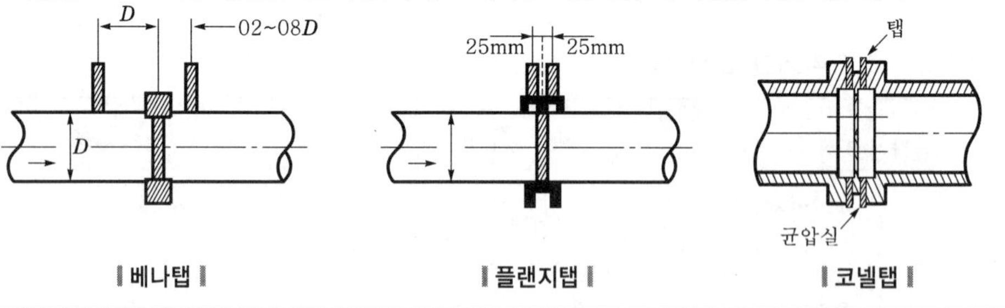

‖ 베나탭 ‖ ‖ 플랜지탭 ‖ ‖ 코넬탭 ‖

(2) 유속식 유량계

① 측정원리 : 관로에 흐르는 유체의 유속을 측정하여 단면적을 곱하면 유량이 계산

② 종류 : 피토관, 임펠러식, 열선식

③ 특징

종 류	특 징
피토관	㉠ 피토관의 두부는 유체의 흐름방향과 평행하게 설치한다. ㉡ 유속이 5m/s 이상이어야 한다. ㉢ 측정압력은 동압이다.
임펠러식(액류계)	㉠ 유체의 관로에 익차를 설치하고 유속을 측정한다. ㉡ 임펠러의 형식은 프로펠러, 터빈형이 있다.
열선식	㉠ 관로에 설치된 전열선을 이용하여 순간유량을 측정한다. ㉡ 압력손실은 적다.

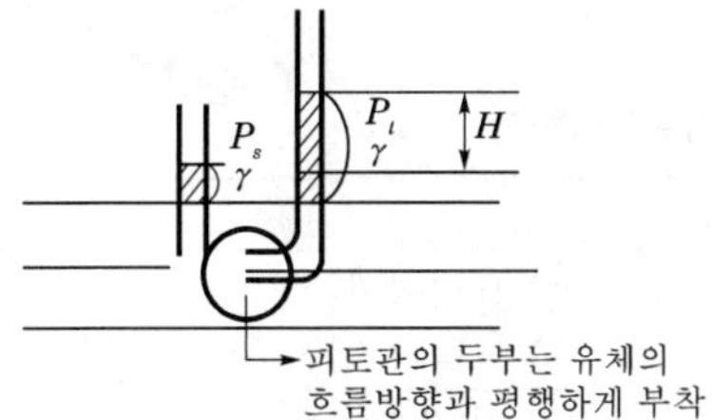

피토관의 두부는 유체의 흐름방향과 평행하게 부착

$$H(동압)=\frac{P_t}{\gamma}(전압)-\frac{P_s}{\gamma}(정압)$$

피토관은 동압을 측정하여 유속에 대한 유량을 측정

$$유속\ 계산식 : V=C\sqrt{2gH}=C\sqrt{2g\frac{P_t-P_s}{\gamma}}$$

여기서, V : 유속(m/s)

C : 유속계

g : 중력가속도(9.8m/s²)

$\frac{P_t}{\gamma}$: 전압(kg/m²)

$\frac{P_s}{\gamma}$: 정압(kg/m²)

예제 피토관 내부의 압력차가 100mmH₂O일 때 유속을 계산하여라. (단, 유속계수 C=0.88이다.)

풀이 $V=C\sqrt{2gH}$

$=0.88\times\sqrt{2\times9.8\times0.1}$

$=1.23$m/s(100mmH_2O=100kg/m²=0.1mH_2O)

(3) 용적식 유량계

① 측정원리 : 어느 정도의 체적 안에 유체의 양을 유입하여 유출되는 유량을 연속측정

② 특징

㉠ 크기가 주로 대형이다.

㉡ 내식성 재질로 제작 시 가격이 고가이다.

㉢ 적산유량을 측정한다.

㉣ 입구에는 필히 여과기를 설치한다.

㉤ 고점도 유체에 적합하다.

㉥ 진동의 영향이 적다.

③ 용적식 유량계의 종류별 특징

종 류	특 징
습식 가스미터	㉠ 드럼형이다. ㉡ 드럼의 회전수로 기체량을 적산하여 유량을 측정한다.
건식 가스미터	㉠ 격막식이다. ㉡ 계량실 내에는 4개의 계량막이 있다.
로터리 피스톤식	㉠ 수도계량기로 많이 사용된다. ㉡ 내부의 피스톤이 회전하면서 적산유량을 측정한다.
왕복 피스톤식	㉠ 내부의 피스톤 왕복운동으로 유량을 측정한다. ㉡ 부식성이 없다. ㉢ 점도가 적은 유체에 적합하다. ㉣ 주유소의 유량측정에 많이 쓰인다.

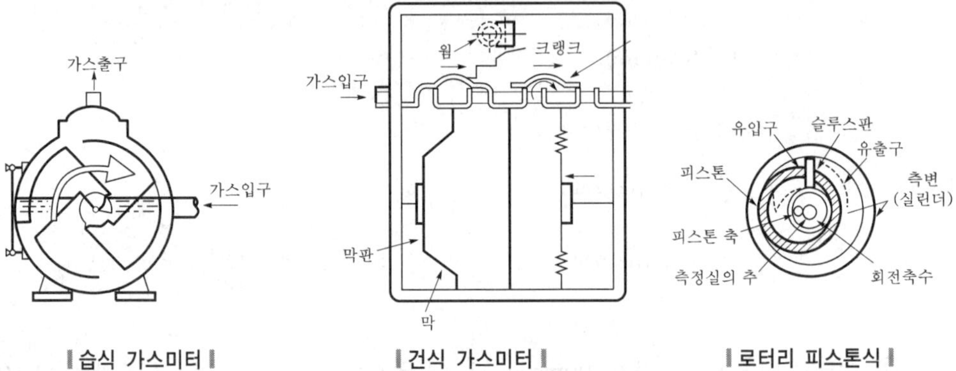

‖습식 가스미터‖ ‖건식 가스미터‖ ‖로터리 피스톤식‖

(4) 면적식 유량계

① 측정원리 : 유리관 속의 부자를 이용, 부자의 변위를 면적으로 변화시켜 순간유량을 측정

② 특징

㉠ 부식성 유체에 적합하다.

㉡ 진동의 영향이 크다.

㉢ 유체에 대하여 수직으로 부착하여야 한다.

㉣ 정도는 ±1~2%이다.

③ 종류

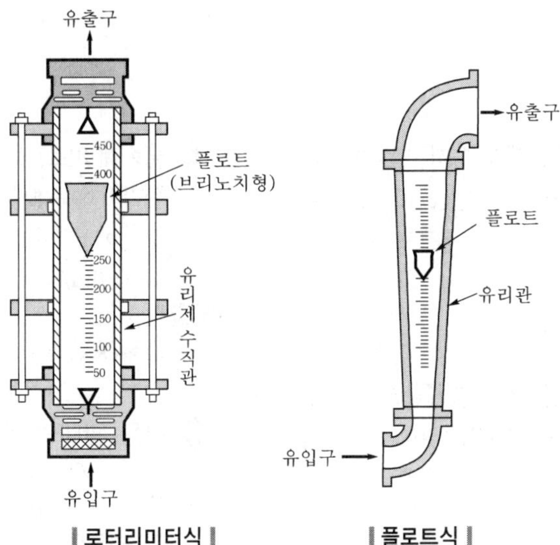

‖ 로터리미터식 ‖ ‖ 플로트식 ‖

(5) 전자유량계

① 측정원리 : 전자유도 법칙을 이용. 도전성 액체의 순간유량을 측정

② 특징

㉠ 압력손실이 적다.

㉡ 자동제어에 적용할 수 있다.

TIP

전자유도 법칙(패러데이 법칙)

1F의 전기량 96500cb으로 lg당 양 석출

1. 수소 1당량=1g=$\frac{1}{2}$mol=11.2L

2. 산소 1당량=8g=$\frac{1}{4}$mol=5.6L

예제 2F의 전기량으로 물을 전기분해 시 양극에서 석출되는 기체의 부피는 몇 L인가?

풀이 $2H_2O \rightarrow 2H_2 + O_2$

1F : (11.2L+5.6L)

2F : x(L) ∴ x=33.6L

출/제/예/상/문/제

01 다음 중 용적식 유량계에 속하지 않는 것은?

① 왕복 피스톤식 ② 로터리 피스톤식
③ 습식 가스미터 ④ 플로노즐 유량계

해설

플로노즐 유량계는 차압식이다.

02 피토관에서 정압을 P_s, 전압을 P_t, 유체비중량을 γ라 할 때, 액체의 유속 V(m/s)을 구하는 식은?

① $V^2 = \dfrac{\gamma(P_t - P_s)}{2g}$

② $V^2 = \dfrac{2\gamma - g}{g}$

③ $V^2 = \dfrac{2\gamma\ (P_t - P_s)}{g}$

④ $V^2 = \dfrac{2g(P_t - P_s)}{\gamma}$

해설

$V = \sqrt{2g\dfrac{(P_t - P_s)}{\gamma}}$

03 수면 10m의 물탱크에서 9m 지점에 구멍이 뚫렸을 때 유속은?

① 14.57m/s ② 13.28m/s
③ 12m/s ④ 10m/s

해설

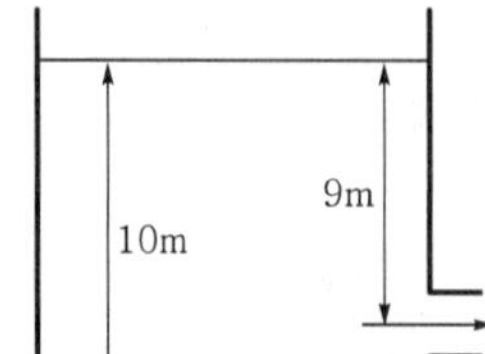

$V = \sqrt{2gh} = \sqrt{2 \times 9.8 \times 9} = 13.28\text{m/s}$

04 물속에 피토관을 설치하였더니 총압이 12mAq, 정압이 6mAq이었다. 이때, 유속은 몇 m/s인가?

① 12.4m/s ② 9.8m/s
③ 0.6m/s ④ 10.8m/s

해설

$V = \sqrt{2 \times 9.8 \times (12-6)} = 10.84\text{m/s}$

05 다음 관내의 액체가 흐를 때 레이놀즈 수 $Re = \dfrac{D \cdot V \cdot \rho}{\mu}$이다. 기호의 설명 중 틀린 것은?

① D : 관의 안지름(cm)
② μ : 유체의 점도(g/cm, sec)
③ V : 유체의 평균속도(m/sec)
④ ρ : 유체의 밀도(g/cm^3)

해설

$Re = \dfrac{\rho d V}{\mu}$

여기서, ρ : 밀도(g/cm^3)
d : 관경(cm)
V : 유속(cm/s)
μ : 점성계수(g/cm, s)

- Re란 층류와 난류를 구분하는 무차원 수
- $Re > 2300$이며 난류, $Re < 2300$ 층류(임계 레이놀즈 수를 $Re = 2100$으로 보는 경우도 있음)
- 층류 : 유체의 흐름이 일정한 것
- 난류 : 유체의 흐름이 불규칙한 것

06 다음의 공식은 질량 유량을 나타내는 공식이다. F는 무엇을 뜻하는가?

$$G = \rho Q = \rho v F(\text{kg/h})$$

① 유체가 흐르는 관로의 단면적
② 유체의 단위체적당 무게
③ 유체의 밀도
④ 유체의 평균 유속

정답 01.④ 02.④ 03.② 04.④ 05.③ 06.①

07 차압식 유량계로 유량을 측정하는 데 관로 중에 설치한 오리피스 전후의 차압이 1936mmH_2O일 때의 유량은 22m^3/hr이었다. 1024mmH_2O일 때 유량은?

① 11.6m^3/h ② 16m^3/h
③ 32m^3/h ④ 41.6m^3/h

$Q=A\sqrt{2gh}$ 에서 유량은 차압의 평방근에 비례하므로

$22\text{m}^3/\text{hr} : \sqrt{1936}$

$x : \sqrt{1024}$

$\therefore\ x=\dfrac{\sqrt{1024}}{\sqrt{1936}}\times 22=16\text{m}^3/\text{hr}$

08 안지름 D, 계수 C인 전자유량계에서 관 내에 도전성 유체가 평균속도 V(m/sec) 전기력의 세기가 H일 때 체적 유량 Q에 대한 식은? (단, E는 기전력임.)

① $Q=C\times D\times\dfrac{H}{E}$

② $Q=C\times D\times\dfrac{E}{H}$

③ $Q=C\times D\times H$

④ $Q=C\times D\times E\times H$

09 차압식 유량계에서 교축 상류 및 하류에서의 압력이 P_1, P_2일 때 체적 유량이 Q_1이라고 한다. 압력이 처음보다 2배만큼씩 증가했을 때의 유량 Q_2는 얼마인가?

① $Q_2=\sqrt{2}\,Q_1$

② $Q_2=2Q_1$

③ $Q_2=\dfrac{1}{2}Q_1$

④ $Q_2=\dfrac{1}{\sqrt{2}}Q_1$

해설

$Q_1=A\sqrt{2gH}$, $Q_2=A\sqrt{2g2H}$ 이므로

$\dfrac{Q_2}{Q_1}=\dfrac{A\sqrt{2g2H}}{A\sqrt{2gH}}$

$\therefore\ Q_2=\sqrt{2}\,Q_1$

10 직경 10cm의 관에 물의 압력차가 5kg/cm^2 작용 시 유량은 몇 m^3/s인가?

① 20m^3/s ② 0.36m^3/s
③ 0.25m^3/s ④ 10m^3/s

해설

$Q=A\cdot V=A\sqrt{2gH}$

$=\dfrac{\pi}{4}\times(0.1\text{m})^2\sqrt{2\times9.8\times\dfrac{5\times10^4}{1000}}=0.2458\text{m}^3/\text{s}$

11 다음 피토관의 유량계에 대한 설명 중 틀린 것은?

① 피토관의 두부는 유체의 흐름방향과 평행하게 부착해야 한다.
② 유속이 5m/s 이상에는 적용할 수 없다.
③ 유속식 유량계에 속한다.
④ 간접식 유량계에 속한다.

해설

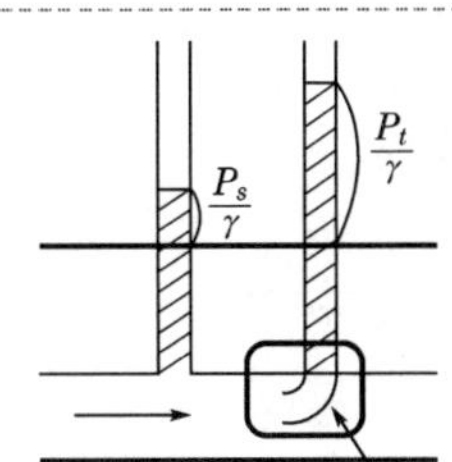

피토관의 머리부분
(유체의 흐름방향)

㉠ 유속식 유량계인 동시에 간접식 유량계
㉡ $V=\sqrt{2gH}$ 이며, $H=\dfrac{\Delta P}{r}$ 이다.
여기서, ΔP : 동압=전압－정압
P_t : 전압
P_s : 정압
㉢ 유속이 5m/s 이하에는 적용할 수 없다.
㉣ 피토관의 두부는 유체의 흐름방향과 평행으로 부착한다.

12 와류를 이용하여 유량을 측정하는 유량계의 종류는?

① 로터미터
② 로터리 피스톤 유량계
③ 델타 유량계
④ 오발 유량계

정답 07.② 08.② 09.① 10.③ 11.② 12.③

13 플로트형 면적 유량계에 대하여 설명한 것이다. 가장 관계 없는 것은?

① 기체 및 액체용으로 적합하다.
② 일반적으로 조임 유량측정법에 비하여 유량측정 범위가 넓다.
③ 고정된 눈금을 사용해야 한다.
④ 면적 테이퍼 관로에 또는 플로어웜 뒤에 압력차를 측정하는 원리이다.

14 교축기구식 유량계에서 증기유량 보증계수에 실측치를 곱해서 보정을 하고자 할 때에 맞는 식은?

① $K_s = \sqrt{\dfrac{\rho_2}{\rho_1}}$

② $K_1 = \sqrt{\dfrac{r_1}{r_2}}$

③ $K_s = \sqrt{\dfrac{\rho_1}{\rho_2}}$

④ $K_g = \sqrt{\dfrac{\rho_2 T_1 r_1}{\rho_1 T_2 r_2}}$

해설

㉠ 기체유량 : $K = \sqrt{\dfrac{\rho_2 T_1 r_1}{\rho_1 T_2 r_2}}$

㉡ 액체유량 : $K = \sqrt{\dfrac{r_2}{r_1}}$

㉢ 증기유량 : $K = \sqrt{\dfrac{\rho_2}{\rho_1}}$

15 차압식 유량계에서 적용되는 법칙은?

① 작용 · 반작용 법칙
② 열역학 제1법칙
③ 뉴턴의 점성 법칙
④ 베르누이 정리

16 다음 유량계 중 전자유도 법칙의 원리로서 전도성 액체의 순간유량을 측정하는 유량계는?

① 전자식 유량계
② 초음파 유량계
③ 와류식 유량계
④ 열선식 유량계

해설

전자유도 법칙(패러데이 법칙)
1F의 전기량 96500cb으로 1g당량 석출

㉠ 수소 1당량=1g=$\dfrac{1}{2}$mol=11.2L

㉡ 산소 1당량=8g=$\dfrac{1}{4}$mol=5.6L

참고 2F의 전기량으로 물을 전기분해 시 양극에서 석출되는 기체의 부피는 몇 L인가?
$2H_2O \rightarrow 2H_2 + O_2$
1F : 11.2L+5.6L
2F : x(L)
∴ x=33.6L

17 토마스식 유량계는 어떤 유체의 유량을 측정하는 데 쓰이는가?

① 물의 유량 ② 가스의 유량
③ 용액의 유량 ④ 석유의 유량

18 Orifice Meter에서 유속은 다음 식에 의하여 계산된다. 다음 식에서 C_0는 오리피스 유출계수라고 하는 것으로서 Reynold No.가 얼마 이상일 때 그 값은 0.61로 일정하다고 한다. 한계의 Reynold No.는 얼마인가?

$$U_0 = \frac{C_0}{\sqrt{1-m^4}}\sqrt{\frac{2g\rho_m - \rho}{\rho}H}\,(\mathrm{m/s})$$

① 30000 이상 ② 20000 이상
③ 3000 이상 ④ 2000 이상

19 오리피스 면적 A, 유량 G, 압력차를 h라고 하고, 오리피스계수를 K라고 할 때, 이들 사이의 관계식은?

① $h = A\sqrt{2gK}$
② $h = K\sqrt{2gA}$
③ $G = \dfrac{KA}{\sqrt{2gh}}$
④ $G = KA\sqrt{2gh}$

정답 13.④ 14.① 15.④ 16.① 17.② 18.④ 19.④

20 다음 유량계 중에서 용적식 유량계 형태가 아닌 것은?

① 다이어프램 ② 오벌식
③ 피토관 ④ 드럼

해설

피토관은 유속식 유량계이다.

21 다음의 유량계 중에서 압력차에 의한 유량을 측정하는 것이 아닌 것은?

① Rota meter(로터미터)
② Venturi meter(벤투리미터)
③ Orifice meter(오리피스미터)
④ Pitot tube(피토관)

해설

로터미터 : 면적식 유량계

22 날개에 부딪치는 유체의 운동량으로 회전체를 회전시켜 운동량과 회전량의 변화량으로 가스흐름 양을 측정하는 계량기로 측정범위가 넓고 압력손실이 적은 가스유량계는?

① Vertex 유량계
② 터빈 유량계
③ 루트식 유량계
④ 막식 유량계

23 다음 중 가스유량 측정기구가 아닌 것은?

① 토크미터 ② 벤투리미터
③ 건식 가스미터 ④ 습식 가스미터

24 다음 중 유량 측정기에 대한 설명으로 틀린 것은?

① 가스유량 측정에는 스트로 보스탑이 쓰인다.
② 오리피스미터는 배관에 붙여서 압력차를 측정한다.
③ 유체의 유량 측정에는 벤투리미터가 쓰인다.
④ 가스유량 측정에는 가스미터가 쓰인다.

25 피토관을 이용하여 내경 100mm의 수평관에 흐르는 20℃ 공기의 중심 유속을 측정하니 10.5m/s이었다. 공기의 유량은? (단, 이 상태 하의 평균유속과 최대속도와의 비는 $U/U_{max}=0.81$이다.)

① $66.8m^3/s$
② $0.0668m^3/s$
③ $85.05m^3/s$
④ $8.505m^3/s$

해설

$$Q=AV$$
$$=\frac{\pi}{4}\times(0.1m)^2\times10.5m/s\times0.81=0.0668m^3/s$$

26 관경 4cm의 관에 어떤 유체가 5m/s로 흐를 때 유량은 몇 m^3/hr인가?

① 10.54 ② 22.62
③ 35.71 ④ 47.48

해설

$$Q=\frac{\pi}{4}d^2\cdot V=\frac{\pi}{4}\times(0.04m)^2\cdot5m/s$$
$$=6.283\times10^{-13}m^3/s=22.62m^3/hr$$

27 다음 중 간접식 유량계의 종류에 해당되지 않는 것은?

① 로터미터
② 피토관
③ 습식 가스미터
④ 오리피스

해설

㉠ 간접식 유량계
- 오리피스
- 벤투리관
- 로터미터
- 피토관

㉡ 직접식 유량계 : 습식 가스미터

28 오리피스 유량계의 특성이 아닌 것은?

① 침전물의 생성 우려가 크다.
② 압력손실이 작다.
③ 좁은 장소에 설치할 수 있다.
④ 구조가 간단하다.

정답 20.③ 21.① 22.② 23.① 24.① 25.② 26.② 27.③ 28.②

29 다음 차압식 유량계 중에서 압력손실이 가장 큰 유량계는?

① 플로노즐 ② 오리피스
③ 피토관 ④ 벤투리관

해설

차압식 유량계의 압력손실이 큰 순서
㉠ 오리피스 ㉡ 플로노즐 ㉢ 벤투리관

30 차압식 유량계의 압력손실의 크기가 바르게 표시된 것은?

① 벤투리>오리피스>노즐
② 노즐>벤투리>오리피스
③ 오리피스>노즐>벤투리
④ 노즐>오리피스>벤투리

31 차압식 유량계의 Re(레이놀즈) 수는 얼마 정도인가?

① $Re=10^5$ ② $Re=10^4$
③ $Re=10^3$ ④ $Re=10^2$

해설

차압식 유량계수의 $Re=10^5$ 이상에서 정도가 좋다.

32 다음 중 차압식 유량계의 유량식은 어느 것인가?

① $Q=AC\sqrt{\frac{2gH}{1-m^4}\frac{(S_m-S)}{S}}$
② $Q=A\sqrt{2gH}$
③ $Q=AC\sqrt{\frac{2gH}{1-m^4}}$
④ $Q=A\cdot V$

33 어떤 유관의 기체속도를 알기 위하여 피토관으로 측정하여 차압이 50kg/m²임을 알았다. 피토관계수가 1일 때 유속은 몇 m/s인가? (단, 유체의 비중량은 1.5kg/m³이다.)

① 27.47m/s ② 25.56m/s
③ 30.09m/s ④ 24.67m/s

해설

$$V=C\sqrt{2g\times\frac{\Delta P}{\gamma}}$$
$$=1\times\sqrt{2\times9.8\times\frac{50}{1.5}}=25.56\text{m/s}$$

34 다음 유량계 중 면적식 유량계의 대표적인 유량계는?

① 플로트 유량계
② 로터미터
③ 로터리 피스톤 유량계
④ 습식 가스미터

해설

면적식 유량계의 특징
㉠ 부식성 유체에 적합하다.
㉡ 종류는 로터미터, 플로트 등이 있다(대표적인 유량계는 로터미터).
㉢ 정도는 1~2%이다.

35 유량계의 교정방법에는 다음과 같은 4가지 종류가 있다. 이들 중에서 기체 유량계의 교정에 가장 적합한 것은?

① 저울을 사용하는 방법
② 기준 탱크를 사용하는 방법
③ 기준 유량계를 사용하는 방법
④ 기준 체적관을 사용하는 방법

36 그림과 같이 A점의 유속이 1.3m/sec이고 B점의 유속이 5m/sec, 단면적이 0.8m²라면 A점의 단면적은?

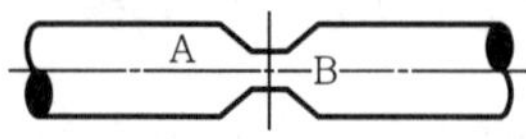

① 3.075m²
② 6.419m²
③ 4.785m²
④ 5.192m²

해설

연속의 법칙
$A_1V_1=A_2V_2$
$\therefore A_1=\frac{0.8\times5}{1.3}=3.075\text{m}^2$

정답 29.② 30.③ 31.① 32.① 33.② 34.② 35.④ 36.①

37 유량 측정에 쓰이는 TAP 방식이 아닌 것은?

① Vena tap(베나탭)
② Pressure tap(플레즈탭)
③ Flange tap(플랜지탭)
④ Corner tap(코너탭)

38 교축기구 유량계에서 m이 지름비 $\left(\frac{d_2}{d_1}\right)$일 때 압력손실($H$) 값이 맞는 것은?

① H=차압×$(m-1)$
② H=차압/$(1-m^2)$
③ $H=(1-m)$/차압
④ H=차압×$(1-m^4)$

39 차압식 유량계에서 압력차가 처음보다 2배 커지고 관의 지름이 1/2배로 되었다면, 나중 유량(Q_2)과 처음 유량(Q_1)과의 관계로 옳은 것은? (단, 나머지 조건은 모두 동일하다.)

① $Q_2=1.412\,Q_1$
② $Q_2=0.707\,Q_1$
③ $Q_2=0.3535\,Q_1$
④ $Q_2=4\,Q_1$

해설

$Q_1=\frac{\pi}{4}d^2\sqrt{2gH}$, $Q_2=\frac{\pi}{4}\times\left(\frac{d}{2}\right)^2\sqrt{2g2H}$

$$\therefore \frac{Q_2}{Q_1}=\frac{\frac{\pi}{4}\times\left(\frac{d}{2}\right)^2\sqrt{2g2H}}{\frac{\pi}{4}d^2\sqrt{2gH}}$$

$\therefore Q_2=0.3535\,Q_1$

40 내경 30cm인 관 속에 내경 15cm인 오리피스를 설치하여 물의 유량을 측정하려 한다. 압력강하는 0.1kg/cm^{2}이고, 유량계수는 0.72일 때 물의 유량은?

① $0.23\text{m}^3/\text{s}$ ② $0.056\text{m}^3/\text{s}$
③ $0.028\text{m}^3/\text{s}$ ④ $0.56\text{m}^3/\text{s}$

해설

$$Q=C\cdot\frac{\pi}{4}d_2^{\,2}\sqrt{\frac{2gH}{1-m^4}\left(\frac{S_m}{S}-1\right)}$$

$$=0.72\times\frac{\pi}{4}\times(0.15\text{m})^2\sqrt{2\times9.8\times1}$$

$$=0.056\text{m}^3/\text{s}$$

41 유량을 측정하려 할 때 관계가 없는 것은?

① 유속분포를 측정해서 단면에 대하여 적분
② 압력차에서 유량을 구하는 방법
③ 용적과 시간으로부터 유량을 구하는 방법
④ 비전도성 액체 유량 측정에 적합

해설

① 유속식
② 차압식
③ 용적식

42 유량계 중 회전체의 회전속도를 측정하여 단위시간당의 유량을 알 수 있는 유량계는?

① 오리피스형 유량계
② 터빈형 임펠러식 유량계
③ 오벌식 유량계
④ 벤투리식 유량계

정답 37.② 38.④ 39.③ 40.② 41.④ 42.②

04 액면계

1 액면의 측정방법

① 직접법 : 측정하고자 하는 액면의 높이를 직접 측정
- 종류 : 직관식, 플로트식, 검척식

② 간접법 : 측정하고자 하는 액면의 높이를 압력차나 초음파 방사선 등을 이용하여 간접방법으로 액면을 측정
- 종류 : 다이어프램식, 방사선식, 차압식, 초음파식, 기포식 등

2 액면계의 구비조건

① 구조가 간단하고, 경제적일 것
② 보수점검이 용이하고, 내구 · 내식성이 있을 것
③ 고온 · 고압에 견딜 것
④ 연속 측정이 가능할 것
⑤ 원격 측정이 가능할 것
⑥ 자동제어장치에 적용 가능할 것

3 액면계의 종류

(1) 직접식 액면계

① 직관식 액면계 : 육안으로 액면의 높이를 관찰할 수 있으므로 액면계에 표시된 눈금을 읽음으로 액면을 측정(자동제어 불가능)
- 종류 : 크린카식, 게이지 글라스식

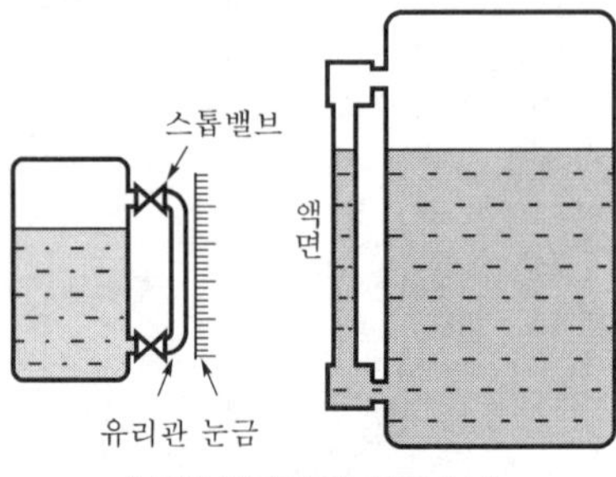

❙ 직관식(게이지 글라스) ❙

② 검척식 액면계

㉠ 측정하고자 하는 액면을 직접 자로 측정

㉡ 자의 눈금을 읽음으로써 액면을 측정

㉢ 개방 탱크에 많이 사용

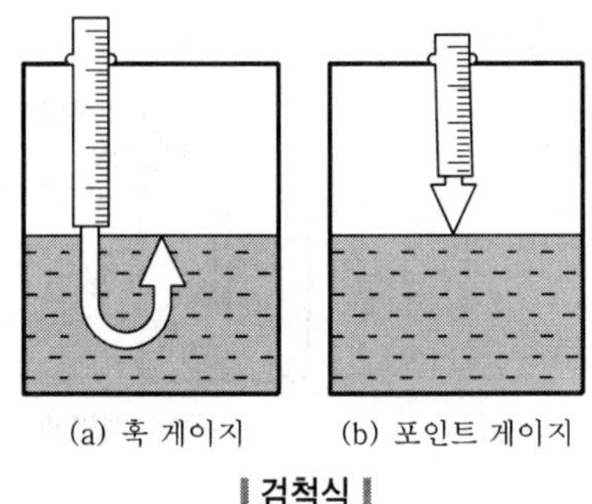

‖ 검척식 ‖

③ 클린카식 액면계 : 지상에 설치하는 LP가스 탱크에 주로 사용하는 액면계

④ 플로트(부자)식 : 액면에 플로트를 띄우고 액의 높이가 변하면 플로트가 유동하는 정도를 지침으로 가리켜 액면을 측정하는 방법으로 고압밀폐 탱크의 압력차를 측정하는 데 사용되고 있다(유리관을 이용, 액위를 직접 판독).

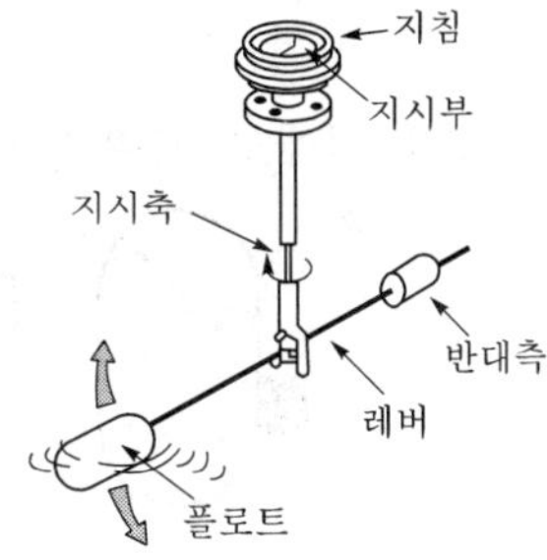

(2) 간접식 액면계

① 차압식 액면계(햄프슨식 액면계)

㉠ 자동제어장치에 적용이 쉽다.

㉡ 액면을 유지하고 있는 압력과 탱크 내 유체의 압력차를 이용하여 액면을 측정한다.

㉢ 고압밀폐 탱크의 압력차를 측정하는 데 널리 사용된다.

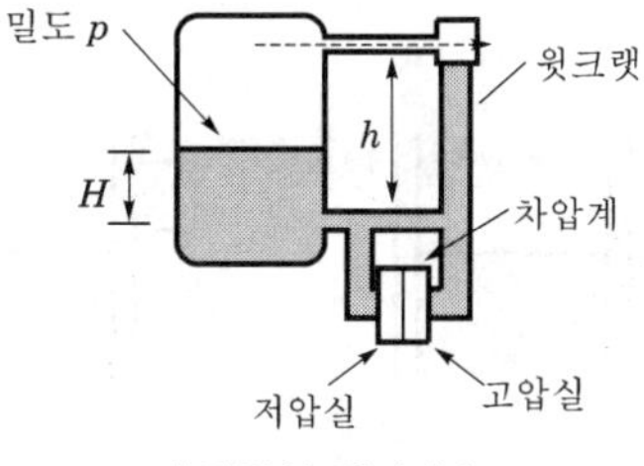

‖ 차압식 액면계 ‖

② 기포식 액면계

㉠ 탱크 속에 관을 삽입하여 이 관으로 공기를 보내면 액중에 발생하는 기포로 액면을 측정

㉡ 공기를 액면 속으로 넣기 위한 공기압축기(Air Compressor)가 필요

㉢ 모든 유체에 적용 가능

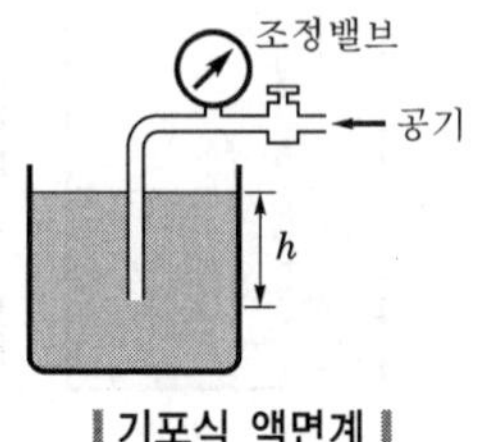

‖ 기포식 액면계 ‖

③ 다이어프램식 액면계 : 액의 높이에 따라 변화될 수 있는 압력을 다이어프램에 전달, 그 압력을 공기압으로 변환하여 액면을 측정

④ 방사선식 액면계

㉠ Co(코발트)나 Cs(세슘) 등은 (감마)선이 방사선을 투과시켜 탱크 상부면 측면 등에 설치된 검출기를 이용하여 액면의 변동 시 방사선의 강도변화로 액면을 측정한다.

㉡ 방사성 물질이므로 선원은 절대로 액면에 띄워서는 안 된다.

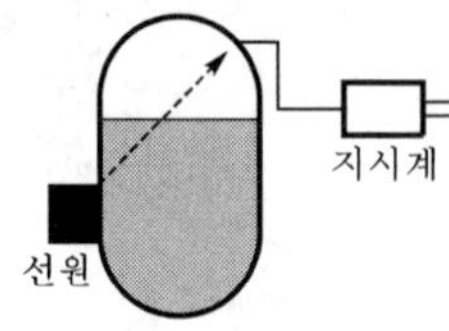

⑤ 초음파식 액면계

㉠ 초음파가 액면에서 반사되어 수신기로 돌아오는 시간으로 액면을 측정한다.

㉡ 형태가 단순하다.

㉢ 간단하게 설치할 수 있으므로 널리 사용된다.

㉣ 액상 초음파 전파형, 기상 초음파 전파형이 있다.

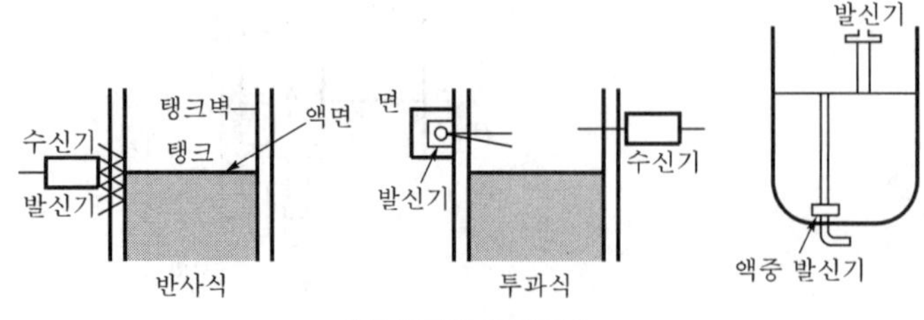

‖ 초음파식 액면계 ‖

⑥ 정전 용량식 액면계

㉠ 2개의 금속도체가 공간을 이루고 있을 때 이 도체 사이에는 정전용량이 존재하며, 그 크기는 두 도체 사이에 존재하는 물질에 따라 다르다는 원리를 이용한 것이다.

㉡ 탱크 안에 전극을 넣고 액위변화에 의한 전극과 탱크 사이의 정전용량 변화를 측정함으로써 액면을 알 수 있다.

㉢ 측정물의 유전율(전기선 속밀도 : 전기장)을 이용하여 정전용량의 변화로 액면을 측정한다.

㉣ 정전용량 C는 다음과 같다.

$$C=\frac{2\pi(\varepsilon_1 H_1+\varepsilon_2 H_2)}{\log(R/r)}$$

여기서, ε_1 : 액체의 유전율
ε_2 : 기체의 유전율
H_1 : 액면 하에 있는 전극길이
H_2 : 액면 상에 있는 전극길이
r : 내부 전극의 외면 반경
R : 외부 전극의 내면 반경

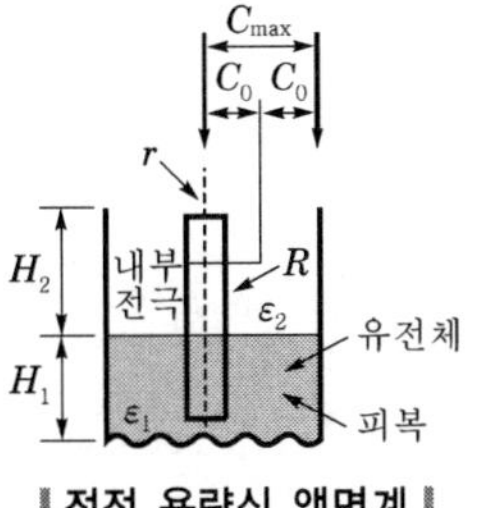

‖ 정전 용량식 액면계 ‖

⑦ 슬립튜브식 액면계 : 인화중독의 우려가 없는 곳에 사용되는 액면계의 일종으로 튜브식에는 슬립튜브식 이외에 고정튜브식, 회전튜브식 등이 있으며 주로 지하에 설치되는 LP가스 탱크에 사용된다.

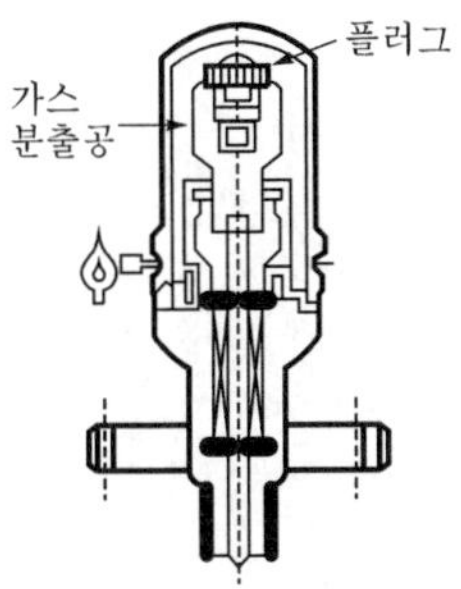

‖ 슬립튜브식 액면계 ‖

⑧ **압력검출식 액면계** : 액면으로부터 작용하는 압력을 압력계에 의해 액면을 측정밀도가 변하는 유체에는 적용이 불가능하며, 정도가 낮은 곳에 사용된다. 압력의 계산은 다음의 식으로 계산한다.

$$P = \gamma h$$

여기서, P : 압력(kg/m^2)
γ : 비중량(kg/m^3)
h : 액면높이(m)

출/제/예/상/문/제

01 다음 중 액면계의 구비조건이 아닌 것은?

① 투명성이 있을 것
② 자동제어장치에 적용이 가능한 것
③ 구조가 간단할 것
④ 고온 · 고압에 견딜 것

해설

액면계의 구비조건
㉠ 구조가 간단하고, 경제적일 것
㉡ 보수점검이 용이하고, 내구 · 내식성이 있을 것
㉢ 고온 · 고압에 견딜 것
㉣ 연속 측정이 가능할 것
㉤ 원격 측정이 가능할 것
㉥ 자동제어장치에 적용 가능할 것

02 다음 중 간접식 액면계가 아닌 것은?

① 정전용량식 액면계
② 압력식 액면계
③ 부자식 액면계
④ 초음파 액면계

해설

부자식(플로트식) 액면계 : 직접식

03 다음의 액면계 중에서 압력차를 이용한 액면을 측정하는 것이 아닌 것은?

① 편위평형식 액면계
② 다이어프램식 액면계
③ U자관 액면계
④ 기포식 액면계

04 다음 중 인화 또는 중독의 우려가 없는 곳에 사용할 수 있는 액면계가 아닌 것은?

① 클린카식 액면계
② 회전튜브식 액면계
③ 슬립튜브식 액면계
④ 고정튜브식 액면계

해설

인화 또는 중독의 우려가 없는 곳에 사용되는 액면계로는 고정튜브식, 슬립튜브식, 회전튜브식 등이 있다.

05 다음은 방사선식 액면계를 설명한 것이다. 옳지 않은 것은?

① 검출기의 강도 지시차가 크면 액면은 높다.
② 방사 선원을 탱크 상부에 설치한다.
③ 방사 선원을 액면에 띄운다.
④ 방사 선원은 코발트 60(Co^{60})이 사용된다.

해설

방사 선원을 액면에 띄우면 방사선이 노출될 우려가 있다.

06 유리관식 액면계의 눈금을 읽는 위치로 맞는 것은?

① 메니스커스의 중간부
② 메니스커스의 상당부
③ 적당한 부분
④ 메니스커스의 하단부

해설

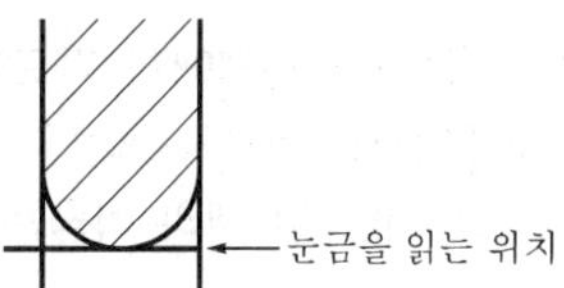

07 다음 액면계 종류를 나열하였다. 옳은 것은?

① 차압식, 퍼지식, 터빈식, Roots식
② Float식, 터빈식, OVAL식, 차압식
③ Float식, 반도체식, 터빈식, 차압식
④ Float식, 퍼지식, 차압식, 정전용량식

정답 01.① 02.③ 03.① 04.① 05.③ 06.④ 07.④

08 직접 액면을 관찰할 수 있는 투시식과 빛의 반사에 의해 측정되는 반사식이 있는 액면계는?

① 클린카식 액면계
② 부자식 액면계
③ 전기저항식 액면계
④ 슬립튜브식 액면계

09 다음 중 차압식 액면계의 특징이 아닌 것은?

① 압력차로 액면을 측정한다.
② 정압측 유체와 탱크 내 유체의 밀도가 같아야 측정이 가능하다.
③ 자동액면제어에는 곤란하다.
④ 햄프슨식 액면계라고 한다.

자동액면제어장치에 용이하다.

- 차압식 액면계(햄프슨식)
  ㉠ 자동액면제어장치에 용이하다.
  ㉡ 정압측에 세워진 유체와 탱크 내의 유체의 밀도가 같지 않으면 측정이 곤란하다.
  ㉢ 일정한 액면을 유지하고 있는 기준기의 정압과 탱크 내 유체의 부압과 압력차를 차압계로 보내어 액면을 측정하는 계기이다.

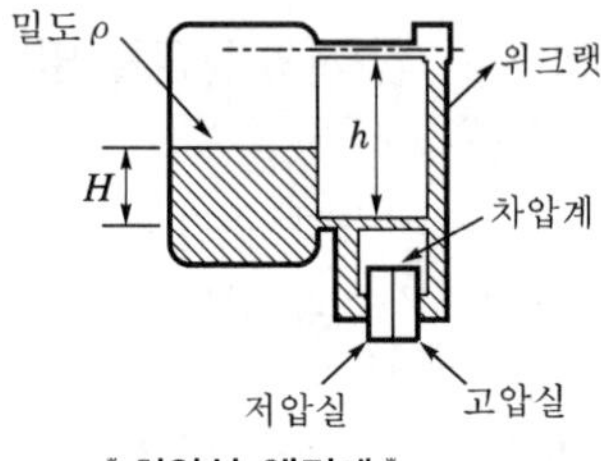

▌차압식 액면계▐

10 기포를 이용한 액면계에서 기포를 넣는 압력이 수주압으로 10mH₂O이다. 액면의 높이가 12.5m이면 이 액의 비중은?

① 0.6 ② 0.8
③ 1.0 ④ 1.2

해설

$P=\gamma H$이므로

$$\gamma=\frac{P}{H}=\frac{10\times10^3\text{kg/m}^2}{12.5\text{m}}=800\text{kg/m}^3$$

$\therefore\ 800=1000s$

$\therefore\ s=\frac{800}{1000}=0.8$

11 다음 중 유리관을 이용하여 액위를 직접 판독할 수 있는 액위계는?

① 플로트식 액위계 ② 로터리식 액위계
③ 슬립튜브 액위계 ④ 봉상 액위계

12 다음 중 액면 측정장치가 아닌 것은?

① 차압식 액면계 ② 임펠러식 액면계
③ 부자식 액면계 ④ 유리관식 액면계

13 액용 액면계 중에서 직접적으로 자동제어가 어려운 것은?

① 압력검출식 액면계
② 부자식 액면계
③ 부력검출식 액면계
④ 유리관식 액면계

14 측정물의 전기장을 이용하여 정전용량의 변화로서 액면을 측정하는 액면계는?

① 공기압식 액면계
② 다이어프램식 액면계
③ 정전용량식 액면계
④ 전기저항식 액면계

해설

정전용량식 액면계

㉠ 2개의 금속도체가 공간을 이루고 있을 때 양 도체 사이에는 정전용량이 존재하며, 그 크기는 두 도체 사이에 존재하는 물질에 따라 다르다는 원리를 이용한 것이다.
㉡ 탱크 안에 전극을 넣고 액위변화에 의한 전극과 탱크 사이의 정전용량 변화를 측정함으로써 액면을 알 수 있다.
㉢ 측정물의 유전율(전기선 속밀도 : 전기장)을 이용하여 정전용량의 변화로 액면을 측정한다.

15 극저온 저장탱크의 액면 측정에 사용되는 차압식 액면계로 차압에 의해 액면을 측정하는 액면계는?

① 로터리식 액면계
② 고정튜브식 액면계
③ 슬립큐브식 액면계
④ 햄프슨식 액면계

정답 08.① 09.③ 10.② 11.① 12.② 13.④ 14.③ 15.④

16 액면상에 부자(浮子)를 띄워 부자의 위치를 직접 측정하는 방법의 액면계는?

① 퍼지식 액면계
② 정전용량식 액면계
③ 차압식 액면계
④ 플로트식 액면계

17 다음 중에서 고압밀폐 탱크의 액면제어용으로 가장 많이 사용하는 액면측정 방식은?

① 부자식　② 차압식
③ 기포식　④ 편위식

18 다음 중 간접식 액면계로 볼 수 없는 것은?

① 검척식 액면계
② 전자식 액면계
③ 방사선식 액면계
④ 초음파식 액면계

검척식 : 직접 액면을 자로 측정(직접식)

19 아르키메데스의 원리를 이용한 액면 측정 방식은?

① 부자식　② 편위식
③ 기포식　④ 차압식

해설

아르키메데스 원리 이용
㉠ 압력계 : 침종식
㉡ 액면계 : 편위식

20 액면계의 액면조절을 위한 자동제어 구성으로 옳은 것은?

① 액면계－밸브－조절기－전송기－조작기
② 액면계－조작기－전송기－밸브－조절기
③ 액면계－조절기－밸브－전송기－조작기
④ 액면계－전송기－조절기－조작기－밸브

21 지하 탱크에 파이프를 삽입하여 액면을 측정할 수 있는 액면계는?

① 플로트식 액면계
② 퍼지식 액면계
③ 디스플레이스먼트식 액면계
④ 정전용량식 액면계

22 초음파 레벨 측정기의 특징으로 옳지 않은 것은?

① 측정대상에 직접 접촉하지 않고 레벨을 측정할 수 있다.
② 부식성 액체나 유속이 큰 수로의 레벨도 측정할 수 있다.
③ 측정범위가 넓다.
④ 고온 · 고압의 환경에서도 사용이 편리하다.

23 액위(liquid level)를 측정할 수 있는 액면계측기가 아닌 것은?

① 부자식 액면계　② 압력식 액면계
③ 용적식 액면계　④ 방사선 액면계

정답 16.④ 17.② 18.① 19.② 20.④ 21.② 22.④ 23.③

05 가스분석계

1 가스검지법

(1) 가스의 검지목적

석유화학 공장에서 가스누설 시 초기에 차단하지 않으면 대량으로 누설되어 인명, 재산의 피해가 막대하므로 현장에서 신속하게 검지하기 위해 예방과 공공의 안전을 확보함으로 인명, 재산의 피해를 줄이는 데 있다.

(2) 검지법의 종류

① 시험지법 : 가스를 시험지에 접촉 시 변색하는 현상을 이용하여 누설가스를 검지하는 방법이다.(주로 독성 가스 검지에 이용)

검지가스 시험지	시험지	변 색	감 도
NH_3	적색 리트머스지	청변	0.0007mg/L
C_2H_2	염화 제1동착염지	적변	2.5mg/L
$COCl_2$	하리슨 시험지	심등색	1mg/L
CO	염화파라듐지	흑변	0.01mg/L
H_2S	연당지	황갈색(흑색)	0.001mg/L
HCN	초산벤젠지	청변	0.001mg/L

② 검지관법 : 검지관의 가스채취기를 이용하여 내경 2~4mm 유리관 중에 발색 시약을 흡착시킨 검지제를 충전, 시료가스의 착색층 길이, 착색 정도로 성분 농도를 측정한다.

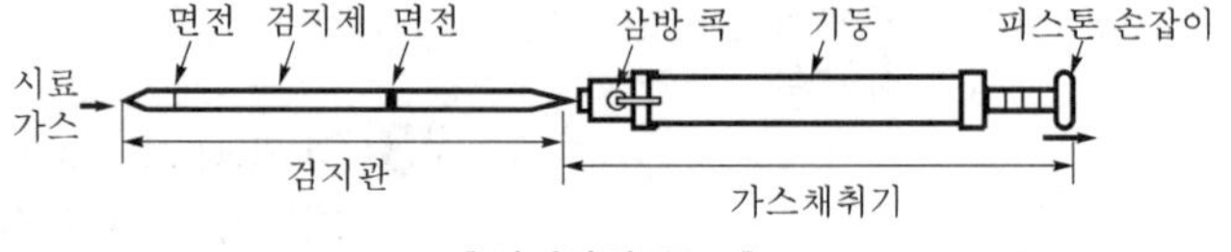

‖ 검지관의 구조 ‖

(3) 가연성 가스검출기

① 간섭계형 : 가스의 굴절률의 차이를 이용하여 농도를 측정하는 법(CH_4 및 일반 가연성 가스검출)

$$x = \frac{Z}{I(n_m - n_a)} \times 100$$

여기서, x : 성분 가스의 농도(%)

Z : 공기의 굴절률차에 의한 간섭 무늬의 이동

n_m : 성분 가스의 굴절률

n_a : 공기의 굴절률

I : 가스실의 유효길이(빛의 통로)

② 안전등형 : 탄광 내에서 메탄(CH_4)의 발생을 검출하는 데 안전등형 간이 가연성 가스 검정기를 이용, 검정기는 철망에 싸인 석유-램프의 일종으로 인화점 50℃의 등유를 연료로 사용. 이 램프가 점화하고 있는 공기 중에 CH_4이 있으면 불꽃 주위의 발열량이 증가하므로 불꽃의 모양이 커진다. 이 불꽃의 길이로 CH_4의 농도를 측정 CH_4의 연소범위에 가깝게 5.7% 정도 되면 불꽃이 흔들리기 시작하고 5.85%가 되면 등 내에서 폭발연소하여 불꽃이 작아지거나 철망 때문에 등 외에서 가스가 점화되는 경우가 있으므로 주의해야 한다.

▮불꽃길이와 메탄농도의 관계▮

청염길이(mm)	7	8	9.5	11	13.5	17	24.5	47
메탄농도(%)	1	1.5	2	2.5	3	3.5	4	4.5

③ 열선형 : 브리지 회로의 편위 전류로서 가스의 농도지시 또는 자동적으로 경보하는 것

(4) 가스검지 경보장치의 종류 및 특성

① 접촉연소방식 : 백금 필라멘트 주변에 백금 Palladium 등의 촉매를 놓고 내구처리를 가한 검지소자에 산소를 함유한 가연성 가스가 접촉하게 되면 가연성 가스의 농도가 폭발하한계(LEL) 이하에 있어도 접촉연소반응을 일으킨다.

㉠ 반응열로 검지소자의 온도가 상승하여 전기저항이 커지게 된다.

㉡ 전기저항의 변화를 휘스톤 브리지의 불평형 전압에서 전류변화를 검출한다.

㉢ 장기 안정성에 우수하며 출력특성, 정도, 응답특성이 좋아 소자수명이 길다.

② 반도체방식 : 금속산화물(SnO_2, ZnO 등) 소결체에 2개의 전극(1개는 히터 겸용 전극)을 밀봉하여 가열한 것으로 되어 있다. 이 가스 검출소자는 환원성 가스에 접촉하면 화학흡착이 생기며, 반도체 소자 내에서 자유전자의 이동이 생기고 소자의 전기전도도가 증대한다.

2 가스분석법

(1) 흡수분석법

① 오르자트법

㉠ 분석성분과 흡수제

ⓐ 분석성분 : CO_2, O_2, CO, N_2

$N_2(\%) = 100 - (CO_2(\%) + O_2(\%) + CO(\%))$

ⓑ 분석 순서 : $CO_2 \rightarrow O_2 \rightarrow CO \rightarrow N_2$($N_2$는 분석기에서 분석되지 않고 전체에서 감한 나머지 양으로 계산한다)

ⓒ 흡수제

• CO_2 : KOH 33%(수산화칼륨 33% 수용액)

- O_2 : 알칼리성 피로카롤 용액
- CO : 암모니아성 염화제1동 용액

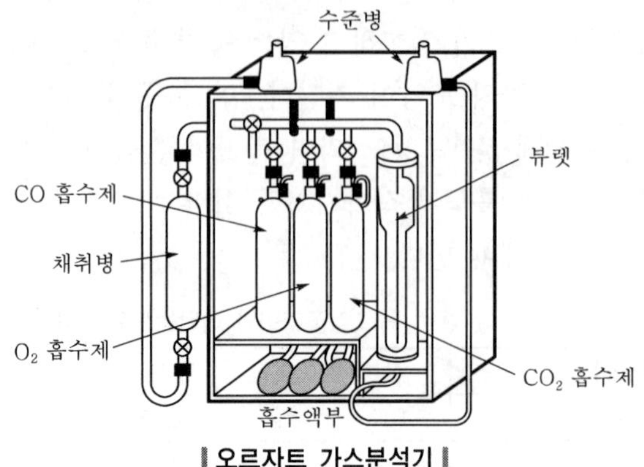

‖오르자트 가스분석기‖

㉡ 특징

ⓐ 구조가 간단하고 취급이 용이하며, 휴대가 간편하다.
ⓑ 분석 순서가 바뀌면 오차가 크다.
ⓒ 수동조작에 의해 성분을 분석한다.
ⓓ 정도가 매우 좋다.
ⓔ 뷰렛, 피펫은 유리로 되어 있다.
ⓕ 수분은 분석할 수 없고, 건배기 가스에 대한 각 성분 분석이다.
ⓖ 연속 측정이 불가능하다.

㉢ 성분 계산방법

ⓐ $CO_2(\%) = \dfrac{CO_2\text{의 체적감량}}{\text{시료채취량}} \times 100$

ⓑ $O_2(\%) = \dfrac{O_2\text{의 체적감량}}{\text{시료채취량}} \times 100$

ⓒ $CO(\%) = \dfrac{CO\text{의 체적감량}}{\text{시료채취량}} \times 100$

ⓓ $N_2(\%)$는 $100-(CO_2+O_2+CO)$

예제 100mL 시료가스를 CO_2 → O_2 → CO의 순서로 흡수시켜 남는 부피가 50mL, 30mL, 20mL일 때 가스조성을 구하여라. (단, 최종 남는 가스는 N_2이다.)

풀이
- $CO_2(\%) = \dfrac{100-50}{100} \times 100 = 50\%$
- $O_2(\%) = \dfrac{50-30}{100} \times 100 = 20\%$
- $CO(\%) = \dfrac{30-20}{100} \times 100 = 10\%$
- $N_2(\%) = 100-(50+20+10) = 20\%$

② **헴펠법**

㉠ 분석성분과 흡수제

ⓐ 분석성분 : CO_2, C_mH_n, O_2, CO, N_2

$N_2(\%) = 100 - (CO_2(\%) + C_mH_n(\%) + O_2(\%) + CO(\%))$

ⓑ 흡수제

- CO_2 : KOH 33%(수산화칼륨 33% 용액)
- C_mH_n(탄화수소) : 발연황산
- O_2 : 알칼리성 피로카롤 용액
- CO : 암모니아성 염화제1동 용액

③ **게겔(Gockel)법** : 저급 탄화수소의 분석용에 사용되는 것으로 CO_2(33% KOH용액), C_2H_2(요오드수은칼륨 용액), C_3H_6, n-C_3H_8(87% H_2SO_4), C_2H_4(취소수 용액), O_2(알칼리성 피로카롤 용액), CO(암모니아성 염화제1동 용액)의 순으로 흡수된다.

(2) 연소분석법

분석하고자 하는 시료가스를 연소(공기, 산소 등)에 의해 발생된 결과를 근거로 하여 가스의 성분을 분석한다.

- 발생결과 : 산소 소비량, CO_2 생성량, 생성몰수 등
- 연소분석법의 종류 : 완만연소, 분별연소, 폭발법

① **완만연소법**

㉠ 직경 0.5mm 정도의 백금선을 3~4mm의 코일로 한 적열부를 가진 완만연소 피펫으로 시료가스를 연소시키는 방법으로, 일명 우인클레법 또는 적열백금법이라고 한다.

㉡ 산소와 시료가스를 피펫에 천천히 넣고 백금선으로 연소시키므로 폭발위험성이 작다.

㉢ N_2가 혼재되어 있을 때도 질소산화물의 생성을 방지할 수 있다.

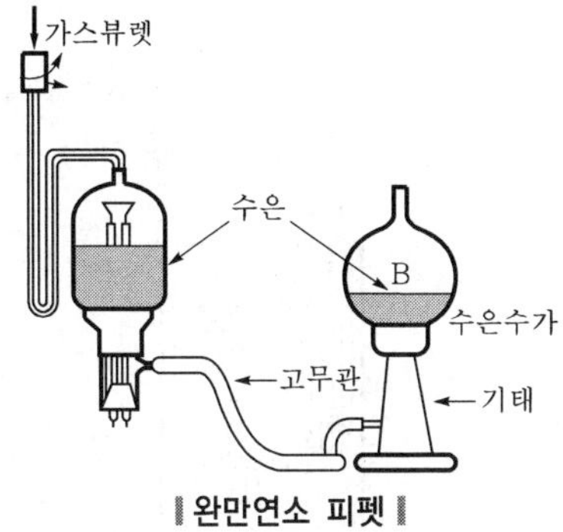

▮완만연소 피펫▮

㉣ 이 방법은 보통 흡수법과 조합하여 사용되며, H_2와 CH_4을 산출하는 것 이외에 H_2와 CO, H_2와 CH_4, C_2H_6 등 체적의 수축과 CO_2의 생성량 및 소비 산소량에서 농도를 측정한다.

② **분별연소법** : 2종 이상의 동족 탄화수소와 H_2가 혼재하고 있는 시료에서는 폭발법과 완만연소법이 이용될 수 없다. 이 경우에 탄화수소는 산화시키지 않고 H_2 및 CO만을 분별적으로 완전산화시키는 분별연소법이 사용된다.

㉠ 파라듐관 연소법 : 약 10%의 파라듐 석면 0.1~0.2g을 넣은 파라듐관을 80℃ 전후로 유지하고 시료가스와 적당량의 O_2를 통하여 연소시키면 $2H_2+O_2 \rightarrow 2H_2O$와 같으며, 연소 전후의 체적 차 2/3가 H_2량이 되어 이때 C_mH_{2n+2}는 변화하지 않으므로 H_2량이 산출된다. 촉매로서 파라듐 석면 이외에 파라듐, 흑연, 백금, 실리카겔 등도 사용된다.

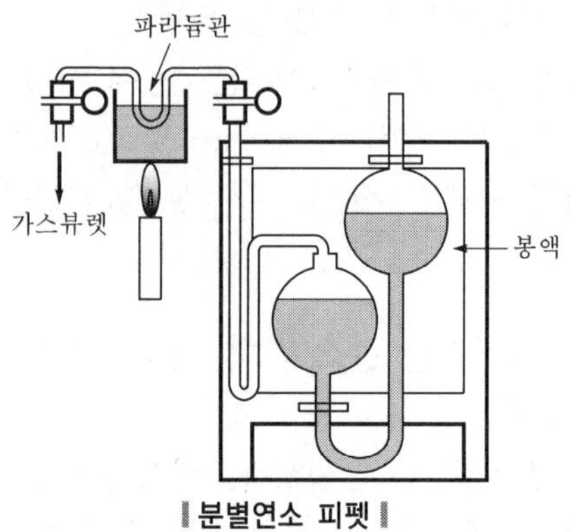

‖분별연소 피펫‖

㉡ 산화동법 : 산화동을 250~300℃ 이상 가열하여 시료가스를 통과 CO, H_2를 연소시킨 후 계속 고온 800~900℃에서 CH_4가스를 연소시켜 정량하는 방법이다.

③ **폭발법** : 일정량의 가연성 가스 시료를 뷰렛에 넣고 적정량의 산 또는 공기를 혼합하여 폭발 피펫에 옮겨 전기 스파크로 폭발시킨다.

㉠ 가스를 다시 뷰렛에 되돌려 연소에 의한 용적의 감소에서 목적성분을 구하는 방법이다.

㉡ 연소에서 생성된 CO_2 및 남아 있는 O_2는 흡수법에 의해 구할 수 있다.

㉢ 폭발법은 가스 조성이 변할 때에 사용하는 것이 안전하다.

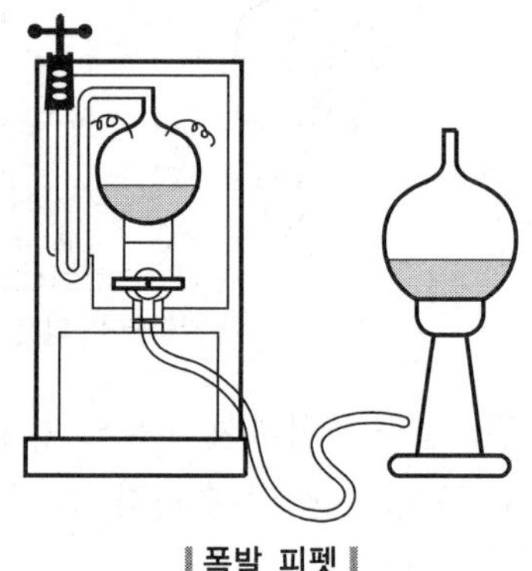

‖폭발 피펫‖

(3) 기기분석법

① 가스 크로마토그래피(Gas Chromatography)법

㉠ 흡착 크로마토그래피 : 흡착제(고정상)를 충전한 관 속에 혼합가스 시료를 넣고 용제(이동상)를 유동시켜 전개를 행하면 흡착력(용해도)의 차이에 따라 시료 각 성분의 분리가 일어난다. 주로 기체시료 분석에 널리 이용되고 있다.

㉡ 분배 크로마토그래피 : 액체를 고정상태로 하여 이것과 자유롭게 혼합하지 않는 액체를 전개제(이등상)로 하여 시료 각 성분의 분배율 차이에 의하여 분리하는 것이다. 주로 액체시료 분석에 많이 이용되고 있다.

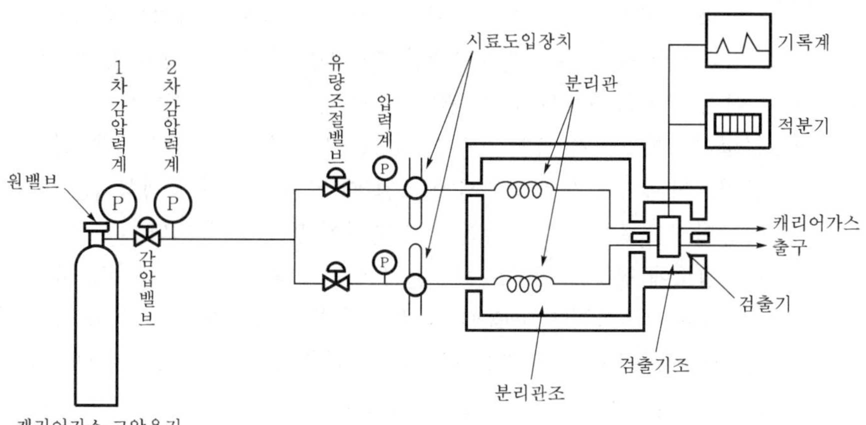

‖ 가스 크로마토그래피 ‖

TiP

GC(Gas Chromatography)

1. 측정원리 : 시료가스를 기화시켜 칼럼 충진물과 친화도(가스의 확산, 이동속도) 차이를 이용하여 유기화합물을 분리하고 각종 검출기(FID, ECD, FPD, NPD) 등을 이용하여 분석 측정
2. 용도 : 잔류 농약 독성 유기화합물 미량의 필수영양성분 유류 등을 분석 측정
3. 운반용 전개제(캐리어가스) : H_2, He, Ne, Ar, N_2(가장 많이 사용 He, N_2)
4. 캐리어가스의 역할 : 시료가스를 크로마토그래피 내부에서 분석을 위하여 이동시키는 전개제 역할
5. GC의 3대 장치 : 칼럼(분리관), 검출기, 기록계

② GC 검출기 : 검출기는 운반기체 중에 혼합되어 있는 시료의 양을 각종 감응장치를 통해 전기적 신호로써 나타내 주는 장치로, 현재 주로 사용되고 있는 GC용 검출기는 다음과 같다.

㉠ 열전도도검출기(TCD : Thermal Conductivity Detector)

㉡ 불꽃이온화검출기(FID : Flame Ionization Detector)

㉢ 전자포착검출기(ECD : Electron Capture Detector)(=전자포획이온화검출기)

㉣ 불꽃광도법검출기(FPD : Flame Photometric Detector)(=염광광도형검출기)

ⓜ 열이온화검출기(TID : Thermionic Detector)(NPD)
ⓑ 광이온화검출기(PID : Photoionic Detector)

③ 검출기의 종류

㉠ 열전도도검출기(TCD) : 기체가 열을 전도하는 물리적 성질을 응용하여 순수한 운반기체와 시료가 섞인 운반기체의 열전도도(Thermal Conductivity)의 차이를 측정하여 검출하며, 구조가 간단하고 검출기 중 가장 많이 사용한다.

- 주의사항 : 분리관이나 주입부의 탄성격막을 교체할 때에도 TCD 내부로 공기가 유입될 수 있으므로 먼저 필라멘트의 전류를 꺼야 한다. TCD 조작 전에 Filament의 산화방지를 위하여 약 5분 동안 운반기체를 흘려보내 Air를 방출시킨다. 필요 이상의 전류를 흘려보내면 필라멘트의 온도가 높아져 필라멘트의 수명이 짧아지고 Noise나 Drift의 원인이 된다.

㉡ 불꽃이온화검출기(FID) : 높은 강도 넓은 적선성 범위 높은 검출능력이 있으며, 유기물이 수소공기 불꽃에서 연소될 때 양이온 전자가 생성되는 불꽃이온화 현상에 바탕을 둔 것이므로 유기화합물 분석에 많이 사용된다.
FID 강도에 영향을 미치는 요인은 운반기체의 종류와 흐름속도 불꽃의 온도 등이다.

㉢ 전자포획이온화검출기(ECD) : 방사선 동위원소의 자연붕괴과정에서 발생하는 β 입자를 이용하여 시료량을 측정하는 검출기 할로겐원소(F, Cl, Br, I) 등이 전자포착 화합물에 의하여 감소된 전자의 흐름이 측정되어진다.(운반기체는 질소이며, 검출기의 온도는 250~300℃)

㉣ 불꽃광도법검출기(FPD : Flame Photometric Detector)(=염광광도검출기) 황(S)이나 인(P)을 포함한 탄화수소 화합물이 FID 형태의 불꽃으로 연소될 때 화학적 발광을 일으키는 성분을 생성한다. 이러한 성분들은 시료에 함유된 성분에 따라 나오는 특정 파장의 복사선이 광전자증배관(PMT)에 도달하여, 이에 연결된 전자회로에 신호가 전달되며 특히 S, P 화합물에 대하여 선택성이 높다. 기체의 흐름속도에 민감하게 반응한다.

㉤ 열이온화검출기(TID : Therminonic Detector)(NPD) : TID는 인 또는 질소 화합물에 선택적으로 감응하도록 개발된 검출기로서 NPD라고도 한다. 작동원리는 특정한 알칼리 금속이온이 수소가 많은 불꽃에 존재할 때, 질소 혹은 인 화합물의 이온화율이 다른 화합물보다 훨씬 증가하는 현상에 근거한 것이다.

| 칼럼 충전물 |

품 명			
흡착형	활성탄	분배형	DMF(Dimethyl Fomiamide)
	활성알루미나		DMS(Dimethyl Sulfolance)
	실리카겔		T체(Ticresyl Phosphate)
	Molecular sieves 13X		Silicone SE-30
	Porapak Q		Goaly U-90(Squalane)

④ 분석법의 종류

㉠ 질량분석법

ⓐ 측정원리 : 가스 크로마토그래피의 원리를 이용하여 분리된 성분에 전해질을 가하여 해리시켜 생성된 조각이온을 질량 · 전하비에 따라 흡수 스펙트럼을 얻고 이를 해석하여 미량 화합물질을 확인 · 정량

ⓑ 용도 : 잔류농약, 식품 중의 냄새 및 색 성분, 수질오염물질 등 확인

㉡ 적외선분석법

ⓐ 원리 : 분자가 보유하는 에너지는 전자, 진동 및 회전각의 각 에너지가 있다. 적외선 분광분석법은 분자의 진동 중 쌍극자 모멘트의 변화를 일으킬 진동에 의하여 적외선에 흡수가 일어나는 것을 이용한 것이다.

ⓑ H_2, O_2, Cl_2, N_2 등 2원자 가스는 적외선을 흡수하지 않으므로 분석이 불가능하다.

㉢ 화학분석법

ⓐ 흡광광도법

- 시료가스를 발색시켜 흡광도의 측정을 정량분석한다.
- 미량분석에 효과적이다.
- 분석 시 광전광도계를 사용한다.

람버트-비어 법칙

$$E = \varepsilon c l$$

여기서, E : 흡광도, ε : 흡광계수, c : 농도, l : 빛이 통하는 액층의 길이

㉣ 적정법

ⓐ 중화적정법 : 연소가스 중 NH_3를 H_2SO_4에 흡수시켜 나머지 황산(H_2SO_4)을 수산화나트륨(NaOH) 용액으로 적정하는 방법

ⓑ 킬레이트적정법 : EDTA 용액으로 적정

ⓒ 요오드적정법

1. 가스 채취장치의 필터(여과막)의 종류
   - 1차 필터 : 내열성 필터-카보런덤
   - 2차 필터 : 일반 필터-유리솜, 석면
2. 시료가스 채취 시 주의점
   - 시료가스 채취관은 수평에서 10~15° 경사 각도를 유지한다.
   - 관하부에는 드레인을 설치하여 청소와 관막힘에 대비한다.
   - 채취관에 공기 침투 시 채취에 불리하므로 공기 침입이 없도록 한다.
   - 가스 채취는 관의 중심부에서 한다.

3 가스분석계 종류에 따른 측정방법

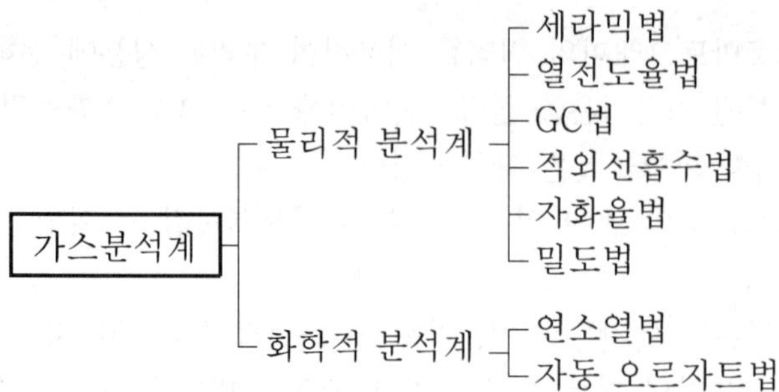

(1) 각 가스분석계의 특징

① 물리적 가스분석계

측정방법	분석 대상가스	특 징
세라믹법	O_2	가장 정량 범위가 우수함
열전도율법	CO_2	수소가스 혼입에 주의(수소가스는 열전도가 매우 높으므로)
GC법	유기화합물, 농약, S, P 화합물, 폐기물 중의 금속 등 검출기에 따라 달라짐	크로마토그래피 내부에서 캐리어가스의 이동에 의한 가스의 확산속도(이동속도) 차에 의해 분석대상 시료가스를 검출, 측정하며, 응답속도가 늦고 선택성이 우수하며, 분리능력이 좋다. 여러 종류의 가스분석이 가능
적외선 흡수법	대칭 이원자 분자 (H_2, N_2, O_2, Cl_2)와 단원자 분자 Ar, He) 등 이외의 모든 가스가 분석 가능	
자화율법	O_2	선택성이 우수
밀도법	CO_2	

② 화학적 가스분석계

측정방법	분석 대상가스	특 징
연소열법	탄화수소, CO, H_2, O_2	분석 시 폭발성 혼합가스 축적에 유의
자동 오르자트법	CO_2, O_2, CO	흡수액을 사용하여 성분가스를 흡수 분석

출/제/예/상/문/제

01 물리적 가스분석기의 종류를 열거한 것이다. 틀린 것은?

① 용액 흡수제를 이용한 것
② 적외선 흡수제를 이용한 것
③ 스펙트럼의 간섭을 이용한 것
④ 가스밀도를 이용한 것

해설
용액 흡수제를 이용한 가스분석계는 화학적 분석계

02 다음 가스분석법 중 흡수분석법에 속하지 않는 것은?

① 게겔법　② 헴펠법
③ 산화동법　④ 오르자트법

해설
흡수분석법 : 오르자트법, 헴펠법, 게겔법

03 비점 300℃ 이하의 액체를 측정하는 물리적 가스분석계로 선택성이 우수한 가스분석계는 어느 것인가?

① 오르자트법
② 세라믹법
③ 밀도법
④ 가스 크로마토그래프법

04 에탄올, 헵탄, 벤젠, 에틸아세테이트로 된 4성분 혼합물을 TCD를 이용하여 정량분석하려 한다. 다음 데이터를 이용하여 각 성분의 중량분율(wt%)을 구하면?

성 분	면적(cm^2)	중량인자
에탄올	5.0	0.64
헵탄	9.0	0.70
벤젠	4.0	0.78
에틸아세테이트	7.0	0.79

① 17.6, 34.7, 17.2, 30.5
② 22.5, 37.1, 14.8, 25.6
③ 22.0, 24.1, 26.8, 27.1
④ 20, 36, 16, 28

해설

$$에탄올(\%) = \frac{에탄올중량}{전체중량} \times 100$$

$$= \frac{5.0 \times 0.64}{5.0 \times 0.64 + 9.0 \times 0.70 + 4.0 \times 0.78 + 7.0 \times 0.79}$$

$= 17.6\%$

헵탄(%), 벤젠(%), 에틸아세테이트(%)는 동일방법으로 계산

05 가스 크로마토그래피 분석기는 어떤 성질을 이용한 것인가?

① 연소성　② 비열
③ 비중　④ 확산속도

06 다음 중 흡착치환형 크로마토그래피의 충전제가 아닌 것은?

① 활성알루미나
② 뮬러큘러시브
③ 소바비드
④ 활성탄

해설
분배형 G/C 충전제(DMF, DMS 등)

07 흡광광도법은 어느 분석법에 해당되는가?

① 연소분석법
② 화학분석법
③ 기기분석법
④ 흡수분석법

해설
화학분석법의 종류에는 중량법, 적정법, 흡광광도법 등이 있다.

정답 01.① 02.③ 03.④ 04.① 05.④ 06.③ 07.②

08 오르자트 가스분석기에서 CO(일산화탄소) 가스의 흡수액은 무엇을 사용하는가?

① 수산화나트륨 25% 용액
② 알칼리성 피로카롤 용액
③ 암모니아성 염화제1동 용액
④ 30% KOH 용액

해설

흡수액
㉠ CO_2 : KOH
㉡ CO : 암모니아성 염화제1동 용액
㉢ O_2 : 알칼리성 피로카롤 용액

09 다음 중 간섭계형 정밀 가연성 가스 검정기는 어느 원리를 이용한 것인가?

① 온도차
② 굴절률
③ 연소열
④ 열전도도차

10 가스누출경보기에서 검지방법이 아닌 것은?

① 반도체식
② 확산분해식
③ 접촉연소식
④ 기체열전도식

해설

상기 항목 이외에 격막갈바니 전지방식이 있다.

11 다음 중 염화파라듐지로 검지하는 가스는?

① H_2S ② HCN
③ CO ④ C_2H_2

해설

시험지법 : 가스 접촉 시 검지가스와 반응 변색되는 시약을 시험지 등에 침투시키는 것을 이용

검지가스	시험지	변 색	감 도
NH_3	적색 리트머스지	청변	0.0007mg/L
C_2H_2	염화제1동 착염지	적변	2.5mg/L
$COCl_2$	하리슨 시험지	심등색	1mg/L
CO	염화파라듐지	흑변	0.01mg/L
H_2S	연당지	황갈색(흑색)	0.001mg/L
HCN	초산벤젠지	청변	0.001mg/L

12 다음 중 검지가스와 누출확인 시험지가 옳게 연결된 것은?

① 초산벤젠지－할로겐
② 염화파라듐지－HCN
③ KI 전분지－CO
④ 리트머스지－산성, 염기성 가스

해설

㉠ KI 전분지 : Cl_2
㉡ 염화파라듐지 : CO
㉢ 초산벤젠지 : HCN

13 A, B 성분을 각각 0.435μg, 0.653μg을 FID 가스 크로마토그래피에 주입시켰더니 A, B 성분의 peak 면적은 각각 4.0cm², 6.5cm²이었다. A성분을 기준으로 하여 각 성분의 보정계수(correction factor)를 구하면 그 값은?

① 1.00, 0.92 ② 1.00, 1.08
③ 1.00, 1.63 ④ 1.00, 0.67

해설

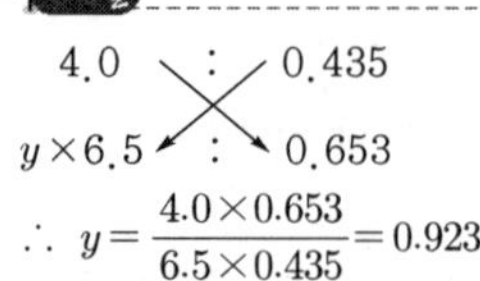

$\therefore\ y = \dfrac{4.0 \times 0.653}{6.5 \times 0.435} = 0.923$

14 화학공장에서 가스누출을 감지할 때 사용되는 시험지가 아닌 것은?

① 염화파라듐지
② 파라핀지
③ 리트머스지
④ KI 전분지

15 어떤 기체의 크로마토그램을 분석하여 보았더니 지속용량(retention volume)이 2mL이고, 지속시간(retention time)이 5min이었다면 운반기체의 유속은 얼마인가?

① 10.0mL/min ② 5.0mL/min
③ 2.0mL/min ④ 0.4mL/min

해설

유속 $= \dfrac{\text{지속용량}}{\text{지속시간}} = \dfrac{2\text{mL}}{5\text{min}} = 0.4\text{mL/min}$

정답 08.③ 09.② 10.② 11.③ 12.④ 13.① 14.② 15.④

16 오르자트 분석기의 특징이 아닌 것은?

① 자동조작으로 성분을 분석한다.
② 휴대가 간편하다.
③ 구조가 간단하고, 취급이 용이하다.
④ 정도가 좋다.

해설

오르자트 가스 분석계의 특징
㉠ 구조가 간단하고 취급이 용이하며, 휴대가 간편하다.
㉡ 분석 순서가 바뀌면 오차가 크다.
㉢ 수동조작에 의해 성분을 분석한다.
㉣ 정도가 매우 좋다.
㉤ 뷰렛, 피펫은 유리로 되어 있다.
㉥ 수분은 분석할 수 없고, 건배기 가스에 대한 각 성분 분석이다.
㉦ 연속 측정이 불가능하다.

17 다음은 시료가스를 채취 시 주의하여야 할 사항과 관계가 먼 것은?

① 배관에 경사를 붙이고 하부에 드레인을 설치한다.
② 배관은 수평으로 설치한다.
③ 가스 채취 시 공기침입에 주의한다.
④ 가스성분과 화학반응을 일으키는 배관은 사용하지 않아야 한다.

가스 채취 시 배관을 10° 정도 경사지게 설치한다.

18 연소기체 분석에 적합한 기기는?

① 질량분석기
② 가스 크로마토그래피
③ 유도결합 프라즈마
④ 자기공명영상기

19 가스분석장치 중 수소가 혼입될 때 가장 큰 영향을 받는 것은?

① 오르자트(Orsat) 가스분석장치
② 열전도율식 CO_2계
③ 세라믹식 O_2계
④ 밀도식 CO_2계

해설

수소는 열전도도가 빠르므로 열전도율식 CO_2계에 수소 혼입 시 오차가 발생한다.

20 다음 사항 중에 가스분석방법이 아닌 것은?

① 가스흡수법
② 가스용적법
③ 가스연소법
④ 가스중량법

해설

가스분석방법과 가스의 검지방법을 구별할 것

21 다음 중 가스누설 시 재해를 미연에 방지하기 위하여 가스를 검지하는 방법이 아닌 것은?

① 중량법 ② 광간섭식
③ 검지관식 ④ 시험지법

해설

가스검지법에는 시험지법 검지관식, 광간섭식, 열선식 등이 있다.

22 가스검지기 검지관법에서 사용하는 검지관의 내경은 몇 mm인가?

① 1~2mm ② 6~8mm
③ 2~4mm ④ 4~6mm

해설

검지관은 내경 2~4mm의 유리관 중에 발색 시약을 흡착시킨 검지제를 충전하여 양 끝을 막는 것이다. 사용할 때는 양 끝을 절단하여 가스 채취기로 시료가스를 넣은 후 착색층의 길이, 착색의 정도에서 성분의 농도를 측정한다.

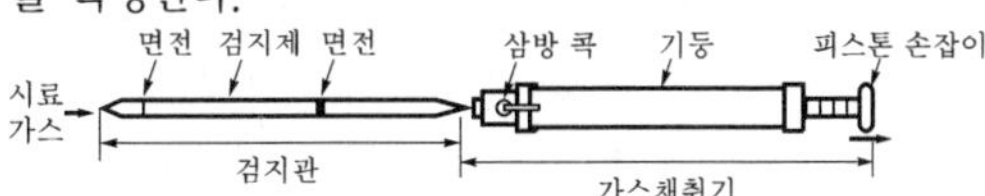

23 어떤 관의 길이 250cm에서 벤젠의 기체 크로마토그램을 재었더니 머무른 부피가 82.2mm, 봉우리의 폭(띠 나비)이 9.2mm였다. 이론단수는?

① 1277단 ② 1063단
③ 995단 ④ 812단

해설

$$\text{이론단수}(N) = 16 \times \left(\frac{\text{체류부피}}{\text{띠 나비}}\right)^2 = 16 \times \left(\frac{82.2}{9.2}\right)^2 = 1277.28$$

정답 16.① 17.② 18.② 19.② 20.② 21.① 22.③ 23.①

24 오르자트 분석기의 올바른 분석 순서는?

① CO_2 → CO → O_2
② CO_2 → O_2 → CO
③ CO → CO_2 → O_2
④ O_2 → CO_2 → CO

25 다음 중 분석가스의 흡수액이 잘못 연결된 것은?

① C_mH_n : 수산화나트륨
② CO : 암모니아성 염화제1동 용액
③ O_2 : 알칼리성 피로카롤 용액
④ CO_2 : KOH

C_mH_n(탄화수소) : 발연황산

26 기체 크로마토그래피에서 운반기체(carrier gas)의 유속이 60mL/분이고, 시료주입 후 피크의 극대점을 얻기까지 걸리는 시간이 4분이라면 지속용량은 얼마이겠는가?

① 240mL ② 150mL
③ 24mL ④ 15mL

지속용량 = 유속 × 시간
= 60mL/min × 4min = 240mL

27 가스분석계의 특징 중 맞지 않는 것은?

① 계기의 교정에는 화학분석에 의해 검정된 표준 시료가스를 이용한다.
② 시료가스는 온도, 압력 등의 변화로 측정오차를 일으킬 우려가 있다.
③ 선택성에 대해서 고려할 필요가 없다.
④ 적절한 시료가스의 채취장치가 필요하다.

28 휴대용 가스검지기의 용도가 아닌 것은?

① 가스설비 이상 시의 누설장소 발견
② 가스설비 내부작업의 누설점검
③ 가스기구와의 접속부에 대한 누설검사
④ 가스배관의 누설 연속 감시

29 가스분석계의 기기분석법 중 가스 크로마토그래피에 사용되는 캐리어가스의 종류가 아닌 것은?

① O_2 ② Ar
③ He ④ H_2

해설

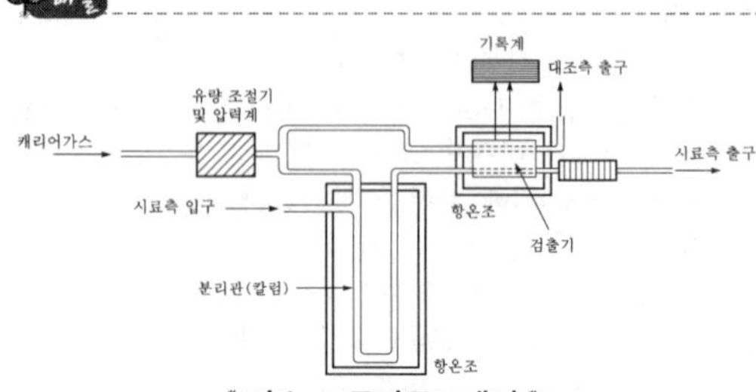

▮ 가스 크로마토그래피 ▮

(1) 가스 크로마토그래피
㉠ 전개제에 상당하는 가스를 캐리어가스라고 하며 H_2, He, Ar, N_2 등이 사용된다.
㉡ 장치는 가스 크로마토그래피라고 부르며 분리관(칼럼), 검출기, 기록계 등으로 구성된다.
㉢ 검출기에는 열전도형(TCD), 수소이온(FID), 전자포획이온화(ECD) 등으로 가장 많이 쓰이는 것은 TCD이다.
㉣ 정량, 정성 분석이 가능하다.

(2) 칼럼 충전물의 예

	품 명	적 용
흡착형	활성탄	H_2, CO, CO_2, CH_4
	활성알루미나	CO, C_1~C_4 탄화수소
	실리카겔	CO_2, C_1~C_3 탄화수소
	Molecular sieves 13X	CO, CO_2, N_2, O_2
	Porapak Q	N_2O, NO, H_2O

30 다음 중에서 가스 크로마토그래피를 이용하여 가스를 검출할 때 필요 없는 부품이나 성분은?

① UV detector ② Carrier gas
③ Gas sampler ④ Column

31 다음 가스분석법 중 연소분석법에 해당하지 않는 것은?

① 분별연소법 ② 완만연소법
③ 폭발법 ④ 흡광광도법

해설

연소분석법의 종류 : 완만연소법, 분별연소법, 폭발법

정답 24.② 25.① 26.① 27.③ 28.④ 29.① 30.① 31.④

32 다음 검출기 중 무기가스나 물에 대해 거의 응답하지 않는 것은?

① 염광광도검출기(FPD)
② 전자포착검출기(ECD)
③ 열전도도검출기(TCD)
④ 수소불꽃이온검출기(FID)

33 냉동용 암모니아 탱크의 연결부위에서 암모니아 누출여부를 확인하려 한다. 가장 적절한 방법은?

① 청색 리트머스 시험지를 대어 적색으로 변하는가 확인한다.
② 적색 리트머스 시험지를 대어 청색으로 변하는가 확인한다.
③ 초산용액을 발라 청색으로 변하는가 확인한다.
④ 염화파라듐지를 대어 흑색으로 변하는가를 확인한다.

34 가스 크로마토그래피에서 사용하는 검출기가 아닌 것은?

① 열추적검출기(TTD)
② 불꽃이온화검출기(FID)
③ 방사선이온화검출기(RID)
④ 열전도도검출기(TCD)

35 기체 크로마토그래피에 사용되는 분배형 충전물의 고정상 액체의 특성으로서 가장 적합한 것은?

① 화학적으로 활성이 큰 것이어야 한다.
② 분석대상 성분들을 완전히 분리할 수 있는 것이어야 한다.
③ 사용온도에서 증기압이 높고, 점성이 큰 것이어야 한다.
④ 화학적 성분이 다양한 것이어야 한다.

36 천연가스 중의 에탄가스 함량을 기체 크로마토그램에서 계산하려 한다. 표준가스의 피크는 높이 50mm, 높이 25mm일 때의 폭은 8mm이고, 시료가스의 피크는 높이 40mm, 높이 20mm에서의 폭은 6mm이었다. 표준가스로는 에탄 90%의 혼합가스를 사용하였다. 시료가스의 에탄함량은 얼마인가?

① 43.2% ② 80%
③ 54% ④ 72%

해설

$50\times8:90=40\times6:x$

$\therefore\ x=\dfrac{90\times40\times6}{50\times8}=54\%$

별해 $25\times8:90=20\times6:x$

$\therefore\ x=\dfrac{90\times20\times6}{25\times8}=54\%$

37 질소와 수소의 혼합가스 중에 수소를 연속적으로 기록·분석하는 경우의 시험법은?

① 염화칼슘에 흡수시키는 중량분석법
② 노점측정법
③ 염화제1동 용액에 의한 흡수법
④ 열전도법

38 C_2H_6 0.01mol과 C_3H_8 0.01mol이 혼합된 가연성 시료를 표준상태에서 과량의 공기와 혼합하여 폭발법에 의하여 전기 스파크로 완전연소시킬 때 표준상태에서 생성될 수 있는 최대 CO_2 가스 부피는?

① 896cc ② 1568cc
③ 1120cc ④ 1344cc

해설

$C_2H_6+3.5O_2 \rightarrow 2CO_2+3H_2O$
1 2

$C_3H_8+5O_2 \rightarrow 3CO_2+4H_2O$
1 3

$\therefore\ \{2\times0.01\times22.4+3\times0.01\times22.4\}\times10^3$
$=1120\text{mL(cc)}$

39 기기분석에 쓰이는 용어가 아닌 것은?

① Floatation
② Nitrogen Rule
③ Base Peak
④ Dead Time

정답 32.④ 33.② 34.① 35.② 36.③ 37.④ 38.③ 39.②

해설
① 부유물
② 표준 질소값
③ 최고 목표값
④ 지연시간

40 기체 크로마토그래피장치에 속하지 않는 것은?

① 직류증폭장치
② 유량측정기
③ Column 검출기
④ 주사기

해설
주사기는 액체 크로마토그래피에 필요한 장치

41 다음 중 적외선 가스분석계로 분석할 수 없는 가스는?

① CO_2
② NO
③ O_2
④ CO

해설
적외선 가스분석계는 대칭이원자 분자 및 단원자 분자는 분석 불가능

42 가스 크로마토그래피법에 많이 사용되는 캐리어가스로 다음 중 가장 적합한 것은?

① 헬륨, 아르곤
② 아르곤, 질소
③ 네온, 헬륨
④ 헬륨, 질소

43 기체 크로마토그래피에서 기기와 분리관에는 이상이 없으나 분리가 잘 안될 때 가장 먼저 검토해야 될 사항은?

① 이동상을 교체해 본다.
② 시료 주입구의 온도를 높여 본다.
③ 시료의 양을 조절하여 본다.
④ 이동상의 유속을 조절하여 본다.

44 다음에 열거한 가스 중에서 헴펠식 분석장치를 사용하여 규정의 가스성분을 정량하고자 할 때 흡수법에 의하지 않고 연소법에 의해 측정하여야 하는 것은?

① 일산화탄소 ② 산소
③ 이산화탄소 ④ 수소

45 다음 중에서 가스 크로마토그래피에서 사용되지 않는 검출기는?

① TTD ② ECD
③ FID ④ TCD

46 황화합물과 인화합물에 대하여 선택성이 높은 검출기는?

① 염광광도검출기(FPD)
② 전자포획검출기(ECD)
③ 열전도도검출기(TCD)
④ 불꽃이온검출기(FID)

47 가스 크로마토그래피 분석기 중 FID 검출기와 직접 연관되는 기체는?

① He ② H_2
③ CO ④ N_2

48 가스 크로마토그래피법에는 주로 분리관(칼럼), 검출기, 기록계의 주요장치로 되어 있다. 검출기로 쓰이지 않는 것은?

① TCA ② TCD
③ ECD ④ FID

해설
㉠ FID : 수소포획이온화검출기
㉡ ECD : 전자포획이온화검출기
㉢ TCD : 열전도형검출기

49 기체-고체 크로마토그래피에서 분리관의 흡착제로 사용할 수 없는 것은?

① 활성탄 ② 실리카겔
③ 알루미나 ④ 나프탈렌

정답 40.④ 41.③ 42.④ 43.④ 44.④ 45.① 46.① 47.② 48.① 49.④

50 열전도식 가스검지기에 의한 가스의 농도 측정에 대한 설명으로 틀린 것은?

① 가스검지 감도는 공기와의 열전도도의 차이가 클수록 높다.
② 가연성 가스 또는 가연성 가스 중의 특정 성분만을 선택 검출할 수 있다.
③ 자기가열된 서미스터에 가스를 흘려 생기는 온도변화를 전기저항의 변화로써 가스의 농도를 측정한다.
④ 가스농도 측정범위는 원리적으로 0~100%이고 고농도의 가스를 검지하는 데 알맞다.

51 "CO+H₂" 분석계란 어떤 가스를 분석하는 계기인가?

① 질소가스계 ② 미연가스계
③ CO_2계 ④ 과잉공기계

52 연소식 O_2계에서 촉매로 사용되는 물질은?

① 구리용액 ② 갈바니
③ 파라듐 ④ 지르코니아

53 탄광 내에서 가연성 가스검출기로 농도 측정을 하는 가스는?

① C_4H_{10} ② C_3H_8
③ C_2H_6 ④ CH_4

해설

가연성 가스검출기
㉠ 안전등형 : 탄광 내에서 메탄(CH_4)의 발생을 검출하는데 안전등형 간이 가연성 가스검정기가 이용되고 있다. 이 검정기는 2중의 철망에 싸인 석유－램프의 일종으로 인화점 50℃ 정도의 등유를 연료로 사용한다.
㉡ 간섭계형 : 가스의 굴절률의 차이를 이용하여 농도를 측정하는 법이다. 다음은 성분 가스의 농도 x(%)를 구하는 식이다.

$$x=\frac{Z}{(n_m-n_n)I}\times 100$$

여기서, x : 성분가스의 농도
Z : 공기의 굴절률 차에 의한 간섭무늬의 이동
n_m : 성분가스의 굴절률
n_n : 공기의 굴절률
I : 가스실의 유효길이(빛의 통로)

㉢ 열선형 : 브리지 회로의 편위전류로서 가스 농도의 지시 또는 자동적으로 경보를 하는 것이다.
㉣ 반도체식 검지기 : 반도체 소자에 전류를 흐르게 하여 측정하고자 하는 가스를 여기에 접촉시키면 전압이 변화한다. 이 전압의 변화를 가스 농도로 변화한 것이다.

54 간접 굴절계에 의한 가스검출에서 균질계에 있어서의 간접 프린지(interference fringe)의 이동거리(Z)를 구하는 식은? (단, λ : 빛의 파장, I : 빛 통로의 길이, η_a: 공기의 굴절률, η_g : 가스의 굴절률, x : 공기 중의 가스농도, K : 상수)

① $Z=K\times I(\eta_g-\eta_a)/100x$
② $Z=K\times I(\eta_a-\eta_g)/100x$
③ $Z=KxI(\eta_a-\eta_g)/100$
④ $Z=KxI(\eta_g-\eta_a)/100$

55 흡수분석법 중 헴펠법의 분석 순서가 옳은 것은?

① $O_2 \rightarrow CO_2 \rightarrow CO \rightarrow C_mH_n$
② $CO_2 \rightarrow O_2 \rightarrow CO \rightarrow C_mH_n$
③ $CO_2 \rightarrow C_mH_n \rightarrow O_2 \rightarrow CO$
④ $CO_2 \rightarrow CI \rightarrow O_2 \rightarrow C_mH_n$

해설

헴펠법의 분석 순서 : $CO_2 \rightarrow C_mH_n \rightarrow O_2 \rightarrow CO$
• 게겔(Gockel)법 : 저급탄화수소의 분석용에 사용되는 것으로 CO_2(33%, KOH용액), C_2H_2(요오드수은칼륨 용액), C_3H_6, n－C_3H_8(87% H_2SO_4), C_2H_4(취소수 용액), O_2(알칼리성 피로카롤 용액), CO(암모니아성 염화제1동 용액)의 순으로 흡수된다.

56 60mL의 시료가스를 $CO_2 \rightarrow O_2 \rightarrow CO$의 순서로 흡수시켜 그때마다 남는 부피가 34mL, 26mL, 18mL일 때 가스조성을 구하면? (단, 나머지는 질소이다.)

	CO_2(%)	O_2(%)	CO(%)	N_2(%)
①	40.33	13.33	12.33	23
②	50	10	20	20
③	43.33	13.33	13.33	30.00
④	45.23	12.33	13.33	25.00

정답 50.② 51.② 52.③ 53.④ 54.④ 55.③ 56.③

해설

각 성분 계산방법

㉠ $CO_2(\%) = \dfrac{CO_2\text{의 체적감량}}{\text{시료채취량}} \times 100$

$= \dfrac{60-34}{60} \times 100 = 43.33\%$

㉡ $O_2(\%) = \dfrac{O_2\text{의 체적감량}}{\text{시료채취량}} \times 100$

$= \dfrac{34-26}{60} \times 100 = 13.33\%$

㉢ $CO(\%) = \dfrac{CO\text{의 체적감량}}{\text{시료채취량}} \times 100$

$= \dfrac{26-18}{60} \times 100 = 13.33\%$

㉣ $N_2(\%)$는 $100-(CO_2+CO+O_2)=(x)\%$

$100-(43.33+13.33+13.33)=30\%$

57 다음은 정성 분석에 대한 설명이다. 틀린 것은?

① 흡수법이나 연소법 등은 각각의 정성 분석을 실시하여야 한다.
② 유독가스 취급 시 흡수제를 사용해야 한다.
③ 유독가스 검지에는 시험액에 의한 착색으로 판별한다.
④ 색이나 냄새로 판별한다.

58 가스분석계의 측정법 중 전기적 성질을 이용한 것은?

① 가스 크로마토그래피법
② 자동 오르자트법
③ 자율화법
④ 세라믹법

59 다음 그림은 가스 크로마토그래피로 얻은 크로마토그램이다. 이 경우 이론단수는 얼마인가?

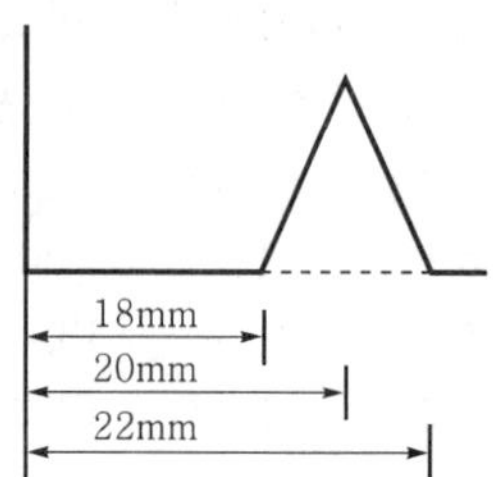

① 160 ② 400
③ 1000 ④ 1600

이론단수$(N) = 16 \times \left(\dfrac{20}{22-18}\right)^2 = 400$

60 크로마토그래피의 피크가 다음 그림과 같이 기록되었을 때, 피크의 넓이(A)를 계산하는 식으로 가장 적합한 것은?

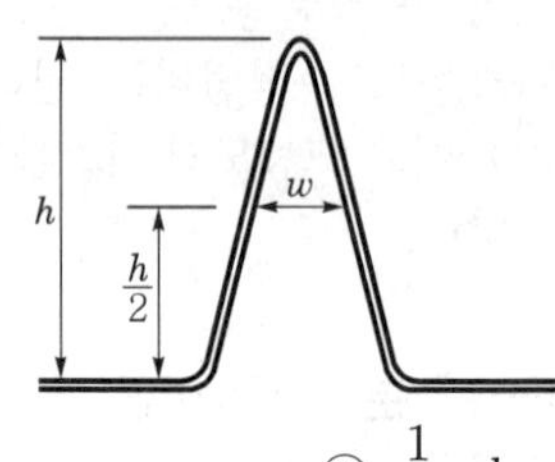

① wh ② $\dfrac{1}{2}wh$
③ $2wh$ ④ $\dfrac{1}{4}wh$

61 다음 조건으로 이론단의 높이(HETP)는?

㉠ 분리관에서 얻은 헵탄의 시료 도입점에서 피크점까지 최고길이 : 83.5mm
㉡ 봉우리 폭 : 2.36mm
㉢ 관길이 : 250cm

① 0.2 ② 0.3
③ 0.4 ④ 0.5

해설

$N = 16 \times \left(\dfrac{T_r}{W}\right)^2 = 16 \times \left(\dfrac{83.5}{2.36}\right)^2 = 1251.8 = 1252$

$\therefore \text{HETP} = \dfrac{L}{N} = \dfrac{250}{1252} = 0.199 \fallingdotseq 0.2\text{cm}$

62 어느 가스 크로마토그램의 분석결과 다음의 조건이 성립되었다. 벤젠의 농도(%)는?

㉠ 벤젠의 피크높이 : 10cm, 반치폭(반높이 선너비) : 0.58cm
㉡ 노르말 헵탄 피크높이 : 12cm, 반치폭(반높이 선너비) : 0.45cm

① 40.47 ② 51.79
③ 60.26 ④ 70.25

정답 57.① 58.④ 59.② 60.① 61.① 62.②

$$\frac{(10\times0.58)}{(10\times0.58)+(12\times0.45)}\times100=51.79\%$$

63 어느 가스 크로마토그램에서 피크폭 8mm일 때의 어느 성분의 보유시간이 8분이였다. 분리관의 길이 1500mm 기록지의 속도 10mm/min일 때 어느 성분에 대한 이론단 위높이(HETP)(mm)는?

① 0.532 ② 0.652
③ 0.759 ④ 0.938

해설

$$N=16\times\left(\frac{T_r}{W}\right)^2=16\times\left(\frac{10\times8}{8}\right)^2=1600$$

$$\therefore\ \text{HETP}=\frac{L}{N}=\frac{1500}{1600}=0.938\text{mm}$$

64 전처리한 시료를 운반가스에 의하여 분리관 내에 전개시킨 분석법의 특징으로 틀린 것은?

① 선택성이 좋다.
② 응답속도가 타 분석기기에 비해 빠르다.
③ NO_2 분석이 불가능하다.
④ 캐리어가스가 필요하다.

G/C : SO_2
• NO_2 분석 불가능, 응답속도 느림

65 나프탈렌분석에 적당한 분석방법은?

① 요드적정법
② 중화적정법
③ 가스 크로마토그래피법
④ 흡수팽량법

66 기체 크로마토그래피(Gas Chromatography)의 칼럼(Column)은 종이 크로마토그래피의 어떤 것과 비슷한가?

① 여과지
② 발색시약
③ 전개용매
④ 실린더

67 다음 가스성분과 분석방법에 대하여 짝지워진 것 중 옳은 것은?

① 전유황－옥소적정법
② 암모니아－가스 크로마토그래피법
③ 수분－노점법
④ 나프탈렌－중화적정법

가스분석방법
㉠ 암모니아 : 인도페놀법, 중화적정법
㉡ 일산화탄소 : 비분산적외선분석법
㉢ 염소 : 오르토톨리딘법
㉣ 황산화물 : 침전적정법, 중화적정법
㉤ H_2S : 메틸렌블루법, 요오드적정법
㉥ HCN : 질산은적정법
㉦ 수분 : 노점법, 중량법, 전기분해법

68 가스를 분석할 때 표준 표와 비색 측정하는 것은?

① 가스 크로마토그래피
② 적외선흡수법
③ 오르자트
④ 검지관

69 캐리어가스의 유량이 50mL/min이고, 기록지의 속도가 3cm/min일 때 어떤 성분시료를 주입하였더니 주입점에서 성분의 피크까지의 길이가 15cm이었다면 지속용량은?

① 10mL ② 250mL
③ 150mL ④ 750mL

해설

$$\frac{15\text{cm}\times50\text{mL/min}}{3\text{cm/min}}=250\text{mL}$$

70 가스 크로마토그래피법에서 고정상 액체의 구비조건으로 옳지 않은 것은?

① 분석대상 성분의 분리능력이 높아야 한다.
② 사용온도에서 증기압이 높아야 한다.
③ 화학적으로 안정된 것이어야 한다.
④ 점성이 작아야 한다.

정답 63.④ 64.② 65.③ 66.① 67.③ 68.④ 69.② 70.②

71 다음 중 물리적 측정법에 의한 가스분석계가 아닌 것은?

① 전기식 CO_2계
② 가스 크로마토그래피
③ 연소식 O_2계
④ 밀도식 CO_2계

해설
물리적 가스분석계
㉠ 세라믹 O_2계
㉡ 열전도율식 CO_2계
㉢ G/C 분석계
㉣ 적외선 가스분석계
㉤ 자화율식 가스분석계
㉥ 밀도식 O_2계

72 다음의 가스분석방법 중에서 암모니아를 분석하는 방법은?

① 중화적정법
② 옥소적정법
③ 에틸렌블루 흡광광도법
④ 초산연시험지법

73 가스 크로마토그래피의 특징으로 맞지 않는 것은?

① 분리능력이 극히 좋고, 선택성이 우수하다.
② 연소가스의 성분이 CO_2, N_2, CO일 때 CO_2 이외 각 성분의 열전도율 차이가 없다.
③ 여러 성분의 분석을 한 장치로 할 수 있다.
④ 일정한 프로그램 조작을 하는 시퀀스가 조합되어 주기적으로 연속측정이 가능하다.

74 기기분석법에 해당하는 것은?

① 가스 크로마토그래피법
② 흡광광도법
③ 중화적정법
④ 오르자트(Orsat)법

75 다음 중 기기분석법이 아닌 것은?

① Chromatography
② Iodometery
③ Colorimetry
④ Polarography

해설
화학분석법
Iodometery(요오드적정법), 중량법, 흡광광도법

76 정치형 가스검지기에 대한 설명으로 틀린 것은?

① 가스검지부는 내압방폭구조로 되어 있다.
② 가스검지부는 방진구조로 되어 있다.
③ 경보부는 비방폭구조로 되어 있다.
④ 경보부는 방진구조로 되어 있다.

해설
경보부, 검지부 : 방폭구조, 방진구조

77 일차 지연요소가 적용되는 계에서 시정수 r가 10분일 때 10분 후의 스텝(step) 응답은 최대출력의 몇 %가 될 것인가?

① 67%　　② 63%
③ 50%　　④ 33%

해설

$y=1-e^{-\frac{t}{T}}$ (1차 지연요소 $y=0.63$)

$=1-e^{-\frac{t}{10}}=1-e^{-\frac{10}{10}}$

$=1-0.367879$

$=0.63=63\%$

78 시정수(Time Constant)가 10s인 1차 지연형 계측기의 스텝 응답에서 전변화의 95%까지 변화시키는 데 걸리는 시간은?

① 9.5초　　② 20초
③ 26.6초　　④ 30초

해설

$Y=1-e^{-\frac{t}{T}}$ 에서

$-t=T\ln(1-Y)$

$-t=10\times\ln(1-0.95)$

$\therefore\ t=-10\times\ln 0.05=29.95\text{sec}$

정답 71.③ 72.① 73.② 74.① 75.② 76.③ 77.② 78.④

06 가스미터(가스계량기)

(1) 가스미터의 사용목적, 종류

① **가스미터의 사용목적** : 가스미터는 소비자에게 공급하는 가스의 체적을 측정하기 위하여 사용되는 것이다. 따라서 가스미터에는 다음의 것을 고려하지 않으면 안 된다.

㉠ 가스의 사용 최대유량에 적합한 계량능력의 것일 것

㉡ 사용 중에 기차변화가 없고, 정확하게 계량함이 가능한 것일 것

㉢ 내압, 내열성이 좋고 가스의 기밀성이 양호하여 내구성이 좋으며, 부착이 간단하여 유지관리가 용이할 것

(2) 가스미터의 성능

① **가스미터의 기밀시험** : 가스미터는 수주 1000mm(10kPa)의 기밀시험에 합격한 것이어야 한다.

② **가스미터의 선편** : 막식 가스미터를 통하여 출구로 나오고 있는 가스는 2개의 계량실로부터 1/4주기의 위상차를 갖고 배출되는 가스량의 합계이므로 유량에 맥동성이 있다. 이 맥동량이 압력차로 나타나는 것을 선편이라고 부른다. 선편의 양이 많은 미터를 사용하면 도시가스와 같이 말단 공급압력이 저하되었을 경우 연소불꽃이 흔들거리는 상태가 생길 염려가 있다.

③ **가스미터의 압력손실** : 30mmH_2O

④ **검정공차** : 계량법에서 정하여진 검정 시의 오차의 한계(검정공차)는 사용 최대유량의 20~80%의 범위에서는 ±1.5%이다.

㉠ 검정공차

ⓐ 최대유량의 1/5 미만 ±2.5%

ⓑ 최대유량의 1/5 이상 4/5 미만 ±1.5%

ⓒ 최대유량의 4/5 이상 ±2.5%

㉡ 검정공차와 사용공차

$$E=\frac{I-Q}{I}\times 100$$

여기서, E : 기차(%), 미터 자체가 가지는 오차
I : 시험용 미터의 지시량
Q : 기준미터의 지시량

⑤ **감도유량** : 가스미터가 작동하는 최소유량을 감도유량이라 하며, 계량법에서는 일반 가정용의 LP 가스미터는 15L/h 이하로 되어 있고, 일반 가스미터(막식)의 감도는 대체로 3L/h 이하로 되어 있다.

(3) 가스미터의 설치기준

소비설비에는 다음의 기준에 의해 일반소비자 1호에 대하여 1개소, 이상의 가스미터를 부착하는 것으로 한다.

① 가스미터는 저압배관에 부착할 것

② 가스미터 부착장소는 다음의 조건에 적합할 것

㉠ 습도가 낮을 것

㉡ 높이는 지면으로부터 1.6m 이상 2m 이내로 수직, 수평으로 설치하고 밴드 등으로 고정할 것

㉢ 화기로부터 2m 이상 떨어지고 또는 화기에 대하여 차열판을 설치하여 놓을 것

㉣ 저압전선으로부터 가스미터까지는 15cm 이상, 전기개폐기 및 안전기에 대하여는 60cm 이상 떨어진 장소일 것

㉤ 직사광선 또는 빗물을 받을 우려가 있는 곳에 설치할 때에는 격납상자 내에 설치할 것(격납상자 내에 설치 시 높이 제한을 받지 않는다)

(4) 가스미터의 종류

일반적인 가스미터는 다음의 것이 있지만 LP가스에서는 「독립내기식」이 많이 사용되고 있다. 가스미터는 사용하는 Gas질에 따라 계량법에 의하여 도시가스용, LP 가스용, 양자 병용 등으로 구별되어 시판되고 있다.

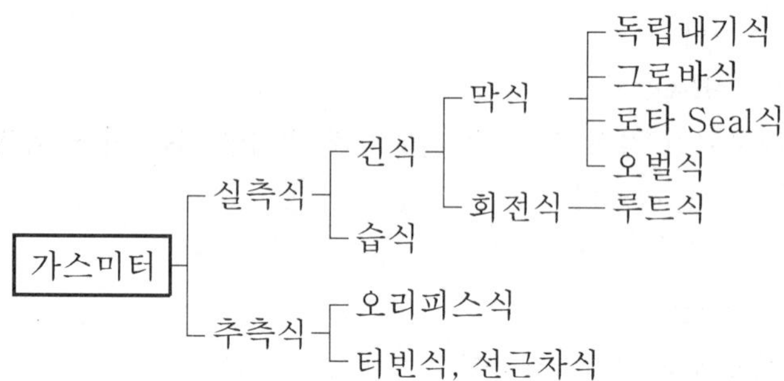

‖ 가스미터의 장 · 단점 ‖

구 분	막식 가스미터	습식 가스미터	ROOTS 미터
장점	① 값이 저렴하다. ② 설치 후의 유지관리에 시간을 요하지 않는다.	① 계량이 정확하다. ② 사용 중에 기차의 변동이 크지 않다. ③ 원리는 드럼형이다.	① 대유량의 가스측정에 적합하다. ② 중압가스의 계량이 가능하다. ③ 설치면적이 작다.
단점	대용량의 것은 설치면적이 크다.	① 사용 중에 수위조정 등의 관리가 필요하다. ② 설치면적이 크다.	① 스트레이너의 설치 및 설치 후의 유지관리가 필요하다. ② 소유량(0.5m^3/h 이하)의 것은 부동의 우려가 있다.
일반적 용도	일반 수용가	기준기 실험실용	대수용가
용량범위	1.5~200m^3/h	0.2~3000m^3/h	100~5000m^3/h

(5) 가스미터의 용량

최대소비 수비량의 1.2배

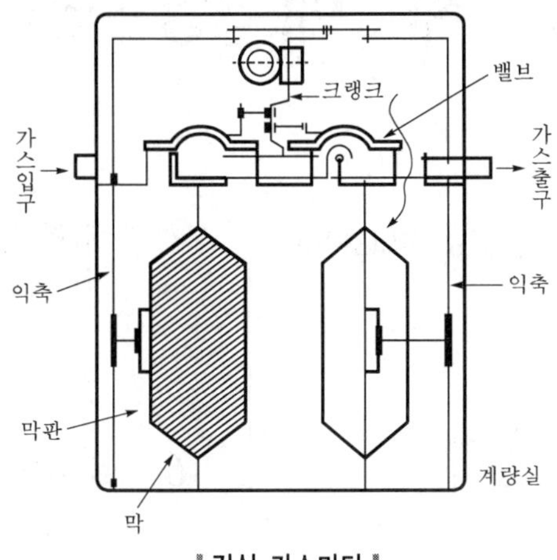

▮건식 가스미터▮

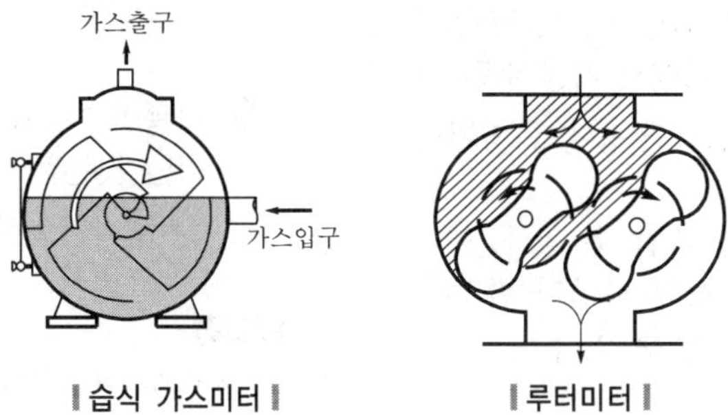

▮습식 가스미터▮ ▮루터미터▮

출/제/예/상/문/제

01 다음 중 가스미터로서의 필요 구비조건이 아닌 것은?

① 구조가 간단할 것
② 감도가 예민할 것
③ 기차의 조정이 용이할 것
④ 소형으로 용량이 작을 것

해설
용량이 클 것

02 가스미터 출구측의 배관을 입상배관을 피하여 설치하는 이유 중에서 가장 주된 것은?

① 가스미터 내 밸브의 동결을 방지할 수 있다.
② 배관의 길이를 줄일 수 있다.
③ 검침 및 수리 등의 작업이 편리하다.
④ 설치면적을 줄일 수 있다.

03 가정용 가스미터의 1000mmH_2O가 표시하는 뜻은?

① 계량실 체적
② 압력손실
③ 최대순간유량
④ 기밀시험

04 가스미터의 검정검사 사항이 아닌 것은?

① 용접검사　② 기차검사
③ 구조검사　④ 외관검사

05 계량법 규정에 의하면 검정을 받지 않고 사용할 수 있는 가스미터에 해당하는 것은?

① 실측식의 것
② 추량식의 것
③ 압력이 1mmH_2O을 넘는 가스의 계량을 사용하는 실측 건식 가스미터
④ 구경이 25cm를 넘는 회전자식 가스미터(roots meter)

06 다음 중 도시가스 미터의 형태는?

① Diaphragm type flow meter
② Piston type flow meter
③ Oval type flow meter
④ Drum type flow meter

07 다음의 가스미터 종류 중 막식 가스미터가 아닌 것은?

① 오리피스식　② 루트식
③ 오벌식　④ 그로바식

해설
㉠ 오리피스식 : 차압식 유량계
㉡ 막식 : ②, ③, ④항 이외의 독립내기식, 로터리식이 있다.

08 습식 가스미터의 원리는 어떤 형태에 속하는가?

① 다이어프램형
② 오벌형
③ 드럼형
④ 피스톤 로터리형

09 다음은 습식 가스미터의 특징에 대하여 설명한 것이다. 옳지 않은 것은?

① 사용 중에 수위조정 등의 관리가 필요하다.
② 설치공간이 적다.
③ 사용 중에 기차의 변동이 거의 없다.
④ 계량이 정확하다.

정답 01.④ 02.① 03.④ 04.① 05.① 06.④ 07.① 08.③ 09.②

가스미터의 장·단점

구 분	막식 가스미터	습식 가스미터	Roots 미터
장점	• 값이 저렴하다. • 설치 후의 유지관리에 시간을 요하지 않는다.	• 계량이 정확하다. • 사용 중에 기차의 변동이 크지 않다.	• 대유량의 가스 측정에 적합하다. • 중압가스의 계량이 가능하다. • 설치면적이 작다.
단점	• 대용량의 것은 설치면적이 크다.	• 사용 중에 수위조정 등의 관리가 필요하다. • 설치면적이 크다.	• 스트레이너의 설치 및 설치 후의 유지관리가 필요하다. • 소유량(0.5m^3/h 이하)의 것은 부동의 우려가 있다.
일반적 용도	일반 수요가	기준기 실험실용	대수용가
용량 범위	1.5~200m^3/h	0.2~3000m^3/h	100~5000m^3/h

10 대유량 가스 특징에 적합한 가스미터는?

① 스프링식 가스미터
② 습식 가스미터
③ 루트식 가스미터
④ 막식 가스미터

11 계량이 비교적 정확하고 기차변동이 크지 않아 기준기용 또는 실험실용으로 사용되는 가스미터는?

① 피토식 가스미터
② 루트식 가스미터
③ 습식 가스미터
④ 막식 가스미터

12 다음은 루트미터와 습식 가스미터의 특징을 나열한 것이다. 루트미터의 특징에 해당되는 것은?

① 설치 스페이스가 작다.
② 실험실용으로 적합하다.
③ 사용 중에 수위조정 등의 관리가 필요하다.
④ 유량이 정확하다.

13 다음 가스미터 중에서 실측식 가스미터가 아닌 것은?

① Root식 가스미터
② 습식 가스미터
③ 막식 가스미터
④ 오리피스식 가스미터

해설

추량식 : 오리피스, 델터, 터빈, 벤투리

14 빈틈 없이 맞물려 돌아가는 두 개의 회전체가 강제 케이스 안에 들어 있어서 빈 공간 사이로 유체를 퍼내는 형식의 유량계로 기계적 저항 토크를 최소화하기 위하여 윤활유를 보충하는 가스미터는?

① Root meter(로터미터)
② Orifice meter(오리피스미터)
③ Turbine meter(터빈미터)
④ Venturi meter(벤투리미터)

15 가스미터의 필요조건과 관계 없는 것은?

① 수리하기 쉬울 것
② 감도는 적으나 정밀성이 클 것
③ 소형이며, 용량이 클 것
④ 정확하게 계량될 것

16 여과기의 설치가 필요한 가스미터는?

① 습식 가스미터
② 가스홀더
③ 루트식 가스미터
④ 건식 가스미터

17 MAX 1.5m^3/hr, 0.5L/rev라 표시되어 있는 가스미터가 1시간당 40회 회전된다면 가스 유량은?

① 60L/hr ② 30L/hr
③ 20L/hr ④ 10L/hr

해설

0.5L/rev×40rev/hr=20L/hr

정답 10.③ 11.③ 12.① 13.④ 14.① 15.② 16.③ 17.③

18 회전드럼이 4실로 나누어진 습식 가스미터에서 각 실의 체적이 2L이다. 드럼이 12회전하였다면 가스의 유량은 몇 L인가?

① 96L ② 48L
③ 24L ④ 12L

$4 \times 2 \times 12 = 96L$

19 가스미터에 공기가 통과 시 유량이 100m³/h라면 프로판가스를 통과하면 유량은 몇 kg/h로 환산되겠는가? (단, 프로판의 비중은 1.52, 밀도는 1.86kg/m³이다.)

① 80.8 ② 100.1
③ 150.8 ④ 173.2

해설

$Q = K\sqrt{\frac{D^5 H}{SL}}$ 에서 $Q = \frac{1}{\sqrt{S}}$ 이므로

$100m^3/hr : \frac{1}{\sqrt{1}}$

$x(m^3/hr) : \frac{1}{\sqrt{1.52}}$

$\therefore x = \frac{100 \times \frac{1}{\sqrt{1.52}}}{1} = 81.1m^3/hr$

$\therefore 8.11 \times 1.86 = 150.86kg/hr$

20 어느 수요가에 설치되어 있는 가스미터의 기차를 측정하기 위하여 기준기로 지시량을 측정하였더니 120m³을 나타내었다. 그 결과 기차가 4%로 계산되었다면 이 가스미터의 지시량은 몇 m³을 나타내고 있었는가?

① 125.0 ② 124.8
③ 115.2 ④ 115.0

해설

$\text{기차} = \frac{\text{시험미터 지시량} - \text{기준 지시량}}{\text{시험미터 지시량}} \times 100$

$0.04 = \frac{x - 120}{x}$

$\therefore x - 120 = 0.04x$

$\therefore x = \frac{120}{1 - 0.04} = 125m^3$

별해 $120m^3 : 96$

$x(m^3) : 100$

$\therefore x = \frac{100}{96} \times 120 = 125m^3$

21 루트식 가스미터로 측정한 유량이 5m³/h이다. 기준용 가스미터로 측정한 유량이 4.75m³/h라면 이 가스미터의 기차는 몇 % 인가?

① 5.00%
② −5.00%
③ −5.26%
④ +5.26%

해설

$\frac{5 - 4.75}{5} \times 100 = 5\%$

22 시험대상인 가스미터의 유량이 350m³/h이고, 기준 가스미터의 지시량이 330m³/h이면 이 가스미터의 오차율은?

① 4.4% ② 5.7%
③ 6.1% ④ 7.1%

해설

$\text{오차율} = \frac{\text{시험미터 지시량} - \text{기준미터 지시량}}{\text{시험미터 지시량}}$

$= \frac{350 - 330}{350} \times 100 = 5.7\%$

23 기준 가스미터의 검정유효 기간은?

① 2년 ② 3년
③ 4년 ④ 5년

해설

가스미터 검정유효 기간
㉠ 기준 가스미터 : 2년
㉡ LPG용 가스미터
- 최대유량 10m³/hr 이하 : 5년
- 그 밖의 가스미터 : 8년

24 막식 가스미터의 경우 계량막 파손, 밸브의 탈락, 밸브와 밸브시트 사이 누설가스를 계량하고 있는 부분에서 누설이 발생하여 지침이 작동하지 않는 고장은?

① 기차불량
② 부동
③ 누설
④ 불통

정답 18.① 19.③ 20.① 21.① 22.② 23.① 24.②

25 가스가 가스미터를 통과하지 못하는 불통의 발생원인과 거리가 먼 것은?

① 축이 녹슬었을 때
② 밸브시트에 이물질이 정착되었을 때
③ 회전장치에 고장이 발생했을 때
④ 계량막이 파손되었을 때

26 가스미터기의 고장 중 내부의 누출이 일어나는 주된 원인은?

① 크랭크축의 녹슴
② 케이스의 부식
③ 패킹재료의 열화
④ 납땜 접합부의 파손

27 가스미터 중 로터미터의 용량범위는?

① 1.5~200m^3/h
② 0.2~3000m^3/h
③ 10~2000m^3/h
④ 100~5000m^3/h

28 막식 가스미터에서 일어날 수 있는 고장에 대한 설명이다. 옳지 않은 것은?

① 누출 : 가스가 미터를 통과할 수 없는 고장
② 부동 : 가스가 미터를 통과하지만, 미터의 지침이 움직이지 않는 고장
③ 떨림 : 미터 출구측의 압력변동이 심하여 가스의 연소상태를 불안정하게 하는 고장
④ 감도 불량 : 미터에 감도유량을 통과시킬 때, 미터의 지침지시도에 변화가 나타나지 않는 고장

해설

불통 : 가스가 가스미터를 통과할 수 없는 고장

29 막식 가스미터에서 계량막의 신축으로 계량막 밸브와 밸브시트의 홈 사이 패킹부 등의 누설의 원인이 된 고장의 종류는?

① 불통 ② 부동
③ 기계오차 불량 ④ 감도 불량

30 막식 가스미터의 고장의 종류와 이의 발생원인에 대하여 설명한 것 중 틀린 것은?

① 누설 : 날개축이나 평축이 각 격벽을 관통하는 시일부분의 기밀이 파손된 경우
② 기어 불량 : 크랭크축에 이물질이 들어가거나 밸브와 밸브시트 사이에 유동 등의 점성 물질이 부착한 경우
③ 부동 : 계량막의 파손이나 밸브의 탈락, 밸브와 밸브시트의 간격에서의 누설이 있는 경우
④ 불통 : 크랭크축이 녹슬거나 밸브와 밸브시트가 닳거나 수분 등에 의해 접착되거나 고착되는 경우

해설

크랭크축에 이물질이 들어간 것은 이물질에 의한 불량

참고 루트식 가스미터의 불통 : 회전자 베어링 마모에 의한 회전자의 접촉, 설치공사 불량에 의한 먼지 등에 의한 불량

31 가스미터 고장에 부동이라는 말을 옳게 나타낸 것은?

① 사용공차를 넘어서는 불량
② 가스가 미터는 통과하나 계량막의 파손, 밸브의 탈착 등으로 지침이 작동되지 않는 현상
③ 가스의 누설로 통과하나 정상적으로 미터가 작동하지 않아 부정확한 양만 측정가능하다.
④ 가스가 크랭크축이 녹슬거나 밸브와 밸브시트가 타르(tar) 접착 등으로 통과하지 않는다.

32 일반 가정용 가스미터에서 감도유량은 막식 가스미터가 작동하기 시작하는 최소유량이다. 그 수치값으로 맞는 것은 몇 L/hr 인가?

① 3 ② 2.5
③ 2 ④ 1.5

해설

감도유량
막식 : 3L/hr, LP가스 : 15L/hr

정답 25.④ 26.③ 27.④ 28.① 29.③ 30.② 31.② 32.①

33 습식 가스미터의 특징이 아닌 것은?

① 사용 중에 수위조정 등의 관리가 필요하다.
② 설치면적이 크다.
③ 사용 중에 기차변동이 크지 않다.
④ 대용량의 가스 측정에 적합하다.

해설

대유량 : 루트미터

34 다음의 가스미터 중에서 막식 가스미터는?

① 그로바식 ② 루트식
③ 오리피스식 ④ 터빈식

해설

막식의 종류는 ① 이외에 독립내기식이 있다.

35 가스가 가스미터를 통과하지 못하는 불통의 발생원인과 거리가 먼 것은?

① 크랭크축이 녹슬었을 때
② 밸브시트에 이물질이 점착되었을 때
③ 회전장치에 고장이 발생했을 때
④ 계량막이 파손되었을 때

해설

계량막의 파손은 부동의 원인

36 가스미터 사용공차 범위는 최대허용오차의 몇 배인가?

① 2배 ② 3배
③ 4배 ④ 5배

정답 33.④ 34.① 35.④ 36.①

chapter 3 기타 계측기기

제3장의 핵심 포인트를 알려주세요.

제3장은 출제빈도는 높지 않으나 가끔 출제되므로 열량계, 습도계의 특성을 기억합시다.

01 비중계

1 비중의 측정방법

(1) 분젠시링법

시료가스를 세공에서 유출시키고 동일한 방법으로 공기를 유출하여 비중을 산출

$$S = \left(\frac{T_s}{T_a}\right)^2$$

여기서, S : 비중

T_s : 시료가스 유출시간

T_a : 공기의 유출시간

- 분젠시링법에 의한 비중측정 시 필요기구 : stop watch (스톱워치)

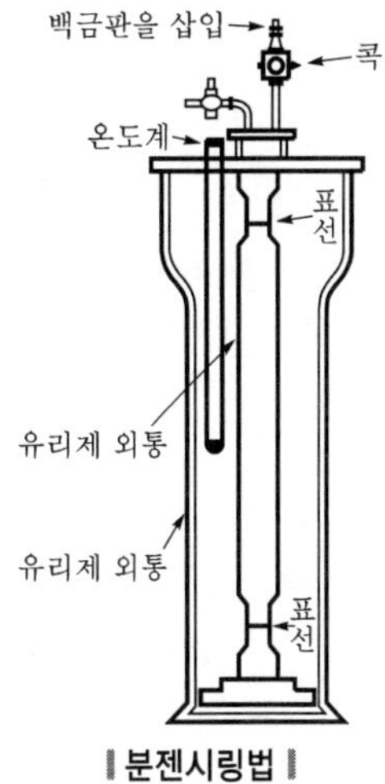

┃분젠시링법┃

(2) 비중병법

무게가 적은 동일 비중병에 건조공기와 시료가스를 충전 후 온도압력을 조정 후 비중을 계산

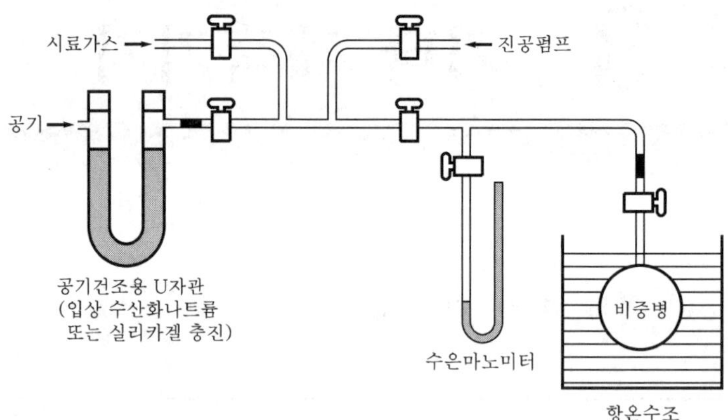

▌비중병법▐

02 열량계

(1) 융커스식 열량계

① 특징 : 가스의 발열량 측정에 가장 많이 사용됨

② 구성요소 : 가스계량기, 압력조정기, 기압계, 온도계, 저울 등

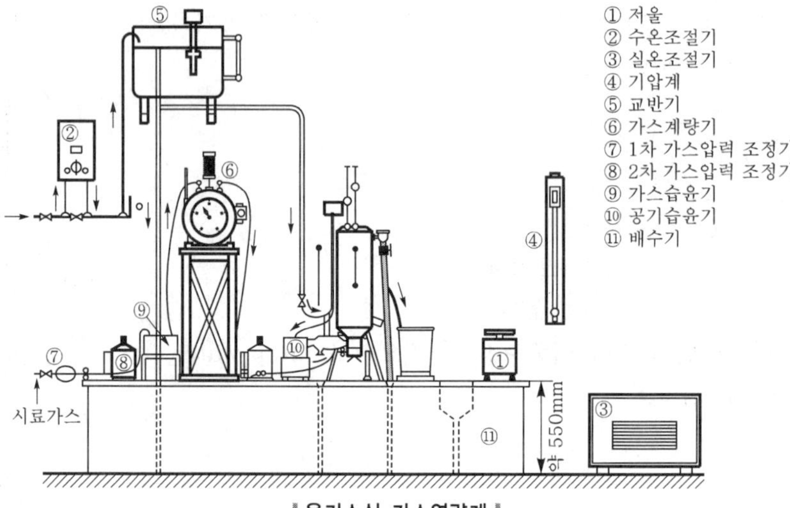

▌융커스식 가스열량계▐

③ 열량측정 시 측정항목

㉠ 시료가스 온도

㉡ 시료가스 압력

㉢ 압력계의 시도 및 부착 온도계 시도

㉣ 실온
㉤ 가스열량계의 배기온도

(2) Cutler hammer 열량계

① 가격이 고가이다.
② 온실수온이나 가압변동에 영향이 있다.
③ 안정성이 있다.

03 습도계

(1) 습도의 종류

① 절대습도 : 건조공기 1kg에 포함된 수증기 양

$$x = \frac{G_W}{G_d}$$

여기서, G_W : 습공기 1kg 중 수증기 양(kg)
G_d : 습공기 1kg 중 건조공기 양(kg)

② 상대습도 : 대기 중 존재할 수 있는 최대수분과 현재 수분과의 비율(%)

$$\phi(\text{상대습도}) = \frac{\gamma_W}{\gamma_s} \times 100 = \frac{P_W}{P_s} \times 100$$

여기서, γ_s : 포화 습공기 1m^{3}당 수분중량(kg)
γ_W : 수증기 중량(kg)
P_s : 습공기 중 수증기 분압
P_W : 수증기 분압

③ 절대습도(x)와 상대습도(ϕ)의 관계

$$P_W = \phi P_S$$

$$x = 0.622 \frac{\phi P_S}{P - \phi P_S}$$

$$\phi = \frac{xP}{P_S(0.622 + x)}$$

여기서, P : 대기압($P_a + P_W$)
P_a : 건조 공기분압
P_W : 수증기분압

(2) 습도계의 종류

종 류	용도 및 특징	세부 종류
모발 습도계	① 실내 습도 조절용 ② 재현성 우수 ③ 상대습도 즉시 측정 ④ 구조 취급 간단 ⑤ 히스테리 발생 우려	
노점 습도계	① 구조 간단, 휴대가 편리 ② 저습도 측정 가능 ③ 오차발생이 쉽다.	① 냉각식 노점계 ② 가열식 노점계 ③ 듀셀식 노점계
저항식 습도계	① 염화리듐(LiCl)을 이용하여 습도를 측정 ② 전기저항의 변화에 의해 측정이 쉽다. ③ 연속 · 기록 원격 전송 자동제어에 이용	
건습구 습도계	① 원격측정 자동제어용 ② 습도측정을 위하여 3~5m/s의 통풍이 필요 ③ 구조 간단, 휴대 취급이 편리 ④ 조건에 따라 오차가 발생	① 간이 건습구 습도계 ② 통풍형 건습 습도계

※ 듀셀 노점계의 특징

1. 고온에서 정도가 좋다.
2. 자동제어가 가능하다.
3. 습도 측정 시 가열이 필요하다.

습도 측정 시 흡수제의 종류 : 염화칼슘, 실리카겔, 오산화인

Chapter 3

출/제/예/상/문/제

01 건조공기 단위질량에 수반되는 수증기의 질량은 다음 중 어느 습도에 해당되는가?

① 비교습도 ② 몰습도
③ 절대습도 ④ 상대습도

해설

절대습도 : 건조공기 1kg당 포함된 수증기량

02 습한 공기 205kg 중에 수증기가 35kg 포함되어 있다고 할 때의 절대습도는? (단, 공기와 수증기의 분자량은 각각 29.18로 한다.)

① 0.106 ② 0.128
③ 0.171 ④ 0.206

해설

건조공기 : 205－35＝170kg

$\therefore \frac{35}{170}=0.206$

03 습도 측정 시 가열이 필요한 단점이 있지만 상온이나 고온에서 정도가 좋으며, 자동제어에도 이용가능한 습도계는?

① 모발 습도계
② 전기저항식 습도계
③ 듀셀식 노점계
④ 전기식 건습 습도계

04 건습구 습도계에서 습도를 정확히 하려면 얼마의 통풍이 필요한가?

① 30~50m/s
② 10~15m/s
③ 5~10m/s
④ 3~5m/s

05 다음 중 상대습도를 정확히 측정하기 위하여 실내 공기습도를 측정하는 계기는?

① 모발 습도계 ② 듀셀식 노점계
③ 통풍식 건습계 ④ 건습구 습도계

06 습도 측정 시 사용되는 흡수제가 아닌 것은?

① 피로카롤 ② 오산화인
③ 실리카겔 ④ 염화칼슘

07 어떤 공기온도에서 실제습도와 그 온도 하에서의 포화습도와의 비를 무엇이라 하는가?

① 절대습도 ② 상대습도
③ 포화습도 ④ 비교습도

08 유체의 밀도 측정용 기구는?

① 벤투리미터 ② 오리피스미터
③ 피토관 ④ 피크노미터

09 열유량(heat flux)을 측정할 수 있는 기기는?

① 볼트미터(volt meter)
② 부르돈(bourdon)관 게이지
③ 가돈(gardon)게이지
④ 융커스식 유수형 가스열량계

10 Cutler hammer 열량계의 특징을 나열하였다. 잘못된 것은?

① 기압변동 온실수온의 영향을 받는다.
② 값이 저렴하다.
③ 감시용에 적당하다.
④ 고점도에서 안정성이 있다.

정답 01.③ 02.④ 03.③ 04.④ 05.③ 06.① 07.② 08.④ 09.④ 10.②

11 진공계의 종류에 해당되지 않는 것은?

① 음향식 진공계
② 전리 진공계
③ 열전도형 진공계
④ 맥라우드(Mcloed) 진공계

12 진공계는 어느 것인가?

① 스트레인게이지(Strain gauge)
② 마노미터(Mano meter)
③ 바로미터(Baro meter)
④ 피라니게이지(Piraini gauge)

13 시료가스와 공기를 각각 작은 구멍으로 유출시키고 이들의 시간비로서 가스의 비중을 측정하는 방법은?

① 분젠－실링법
② 속도측정법
③ 압력측정법
④ 비중병법

분젠－실링법의 비중

$$S=\left(\frac{T_s}{T_a}\right)^2$$

여기서, T_s : 시료가스 유출시간
T_a : 공기의 유출시간

14 분젠실링법에 의한 가스의 비중 측정 시 반드시 필요한 기구는?

① balance
② gauge glass
③ stop watch
④ mano meter

15 전자밸브(solonoid valve)의 작동원리는?

① 냉매 또는 유압에 의해 작동
② 전류의 자기작용에 의해 작동
③ 냉매의 과열도에 의해 작동
④ 토출압력에 의해 작동

16 다음 중 가스관리용 계기에 포함되지 않는 것은?

① 유량계 ② 온도계
③ 압력계 ④ 탁도계

해설

탁도계 : 물의 혼탁 정도를 표시하는 계기로서 수돗물을 생산하는 정수장 등에서 사용되는 계기

17 노점계의 종류 중 해당되지 않는 것은?

① 육안 판정식, 냉각식 노점계
② 광전관식, 냉각식 노점계
③ 염화리튬 노점계
④ 단열식 bomb 노점계

해설

④항은 열량계임

18 광학적으로 얻어지는 프린지수로부터 유동장에 대한 밀도변화를 직접 측정할 수 있는 방법은?

① 간접계에 의한 방법
② 셰도우 그래프(Shadow graph)법
③ 슈리렌(Schlieren)법
④ 스넬(Snell)법

해설

㉠ 셰도우 그래프 : 유동장에 대한 밀도변화
㉡ 슈리렌 : 기체흐름에 대한 밀도변화 측정

19 서미스터 진공계의 측정 범위는?

① $1\sim10^{-3}$mmHg
② $10\sim10^{-3}$mmHg
③ $10\sim10^{-2}$mmHg
④ $10^{-3}\sim10^{-6}$mmHg

20 일반적으로 사용되는 진공계 중 정밀도가 가장 좋은 것은?

① 격막식 탄성 진공계
② 열음극 전리 진공계
③ 맥로드 진공계
④ 피라니 진공계

정답 11.① 12.④ 13.① 14.③ 15.② 16.④ 17.④ 18.② 19.③ 20.②

chapter 4 자동제어(自動制御)

제4장의 핵심 포인트를 알려주세요.

제4장은 자동제어의 부분으로 제어계의 분류 각 동작의 특성 및 피드백에 관한 내용이 중요합니다.

01 자동제어의 정의 및 용어해설

- 제어 : 어떤 목적에 적합하도록 어떤 대상에 적당한 조작을 하는 행위

(1) 수동제어(Manual control)

제어의 행위를 인간의 손으로 하는 행위

(2) 자동제어(Automatic control)

제어대상의 행위를 인간의 손을 거치지 않고 기계장치를 이용하여 하는 행위

① 자동제어의 장 · 단점

장 점	단 점
• 정확도 · 정밀도 높아진다. • 대량생산으로 생산성이 향상 • 신뢰성이 향상	• 공장 자동화로 인한 실업률 증가 • 시설 투자비가 많이 든다. • 설비의 일부 고장 시 전라인에 영향을 미침 – 운영에 고도의 숙련을 요한다.

㉠ 자동제어 : 유출되는 압력을 감지 다이어프램에서 가스 유입량을 자동제어하는 경우

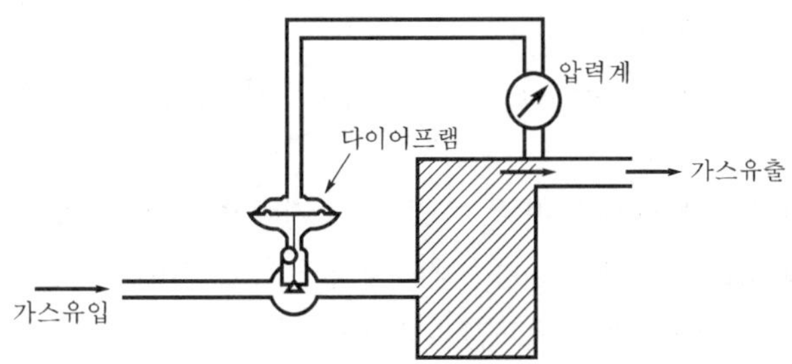

㉡ 수동제어 : 유출되는 가스압력을 육안으로 확인하여 밸브의 개폐정도를 사람이 직접 수동으로 조작

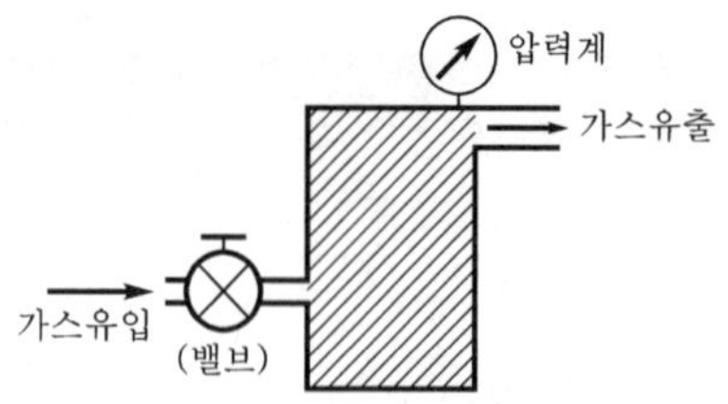

02 자동제어계의 기본 블록선도

(1) 기본 순서

검출 → 조절 → 조작(조절 : 비교 → 판단)

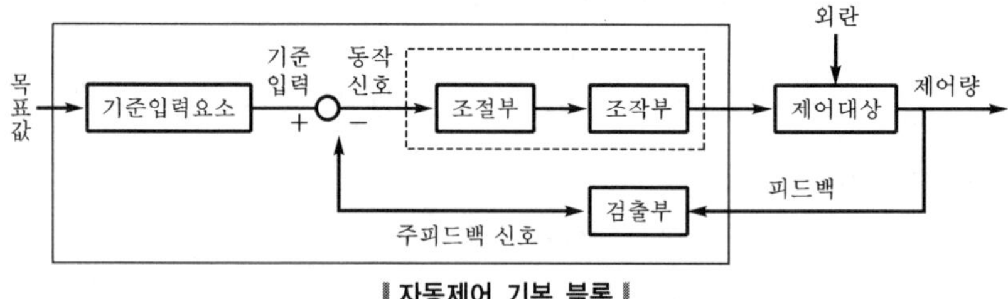

‖ 자동제어 기본 블록 ‖

(2) 용어해설

① **제어장치** : 제어대상에 조합되어 제어를 행하는 장치로서 다음 조건을 만족해야 한다.

㉠ 제어장치가 인간과 동일한 판단이 가능할 것

㉡ 제어장치가 인간과 동일한 수정이 가능할 것

② **제어계(Control System)** : 제어장치와 제어대상과의 계통적인 조합

③ **블록선도** : 제어신호의 전달 경로를 표시하는 것으로 각 요소 간 출입하는 신호연락 등을 사각으로 둘러싸 표시

④ **제어요소(Control Element)** : 동작신호를 조작량으로 변환하는 요소이며, 조절부와 조작부로 되어 있다.

⑤ **조절부(Controlling Means)** : 입력과 검출부의 출력의 합이 되는 신호를 받아서 조작부로 전송하는 부분

⑥ **조작부** : 조절부로부터 받은 신호를 조작량으로 바꾸어 제어대상에 보내는 부분

⑦ **제어대상(Controlled System)** : 제어계에서 직접제어를 받는 제어량을 발생시키는 장치

⑧ **외란** : 제어량의 값이 목표값과 달라지게 하는 외적인 영향(주위의 온도, 압력 등)

⑨ 목표값(희망값) : 외부에서 제어량이 그 값에 맞도록 제어계에 주어지는 값
⑩ 기준입력 : 제어계를 동작시키는 기준으로 직접 제어계에 가해지는 신호
⑪ 제어편차 : 목표값-제어량
⑫ 잔류편차(오프셋) : (설정값-최종출력)
⑬ 헌팅(난조) : 제어량이 주기적으로 변화하는 좋지 못한 현상

03 제어계의 종류

(1) 개루프 제어계(Open-Loop Control System)

제어동작이 출력과 관계 없이 신호의 통로가 열려 있는 제어계통

〈특징〉

㉠ 오차가 생기는 확률이 높고, 생긴 오차의 교정이 불가능하다.
㉡ 정해놓은 순서에 따라 제어의 단계가 순차적으로 진행된다(시퀀스회로).

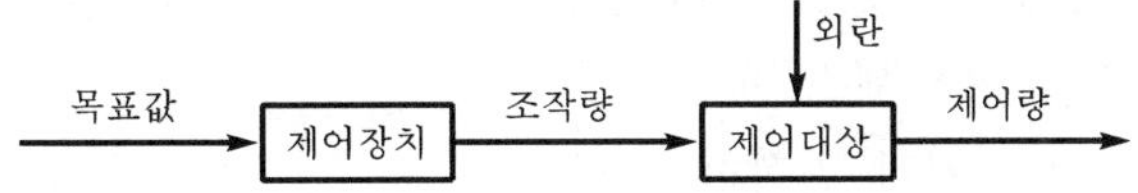

(2) 폐루프 제어계(Closed-Loop Control System)(피드백 제어계)

출력의 일부를 입력방향으로 피드백시켜 목표값과 비교되도록 폐루프를 형성하는 제어계

〈특징〉

㉠ 오차를 수정하는 귀한 경로가 있다.
㉡ 귀한 경로가 있으므로 피드백 제어계라고 한다.
㉢ 균일한 제품을 얻을 수 있다.
㉣ 작업환경의 안정성을 기할 수 있다.
㉤ 반드시 입력, 출력을 비교하는 장치가 필요하다.
㉥ 감대폭 증가(신호를 감지하는 영역)
㉦ 비선형과 외형에 대한 효과의 감소
㉧ 정확성이 증가

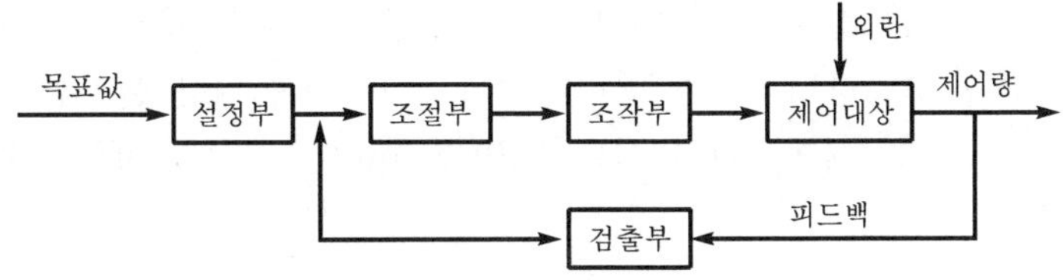

04 자동제어계의 분류

(1) 제어량의 성질에 의한 분류

① 프로세스 제어(Process Control) : 제어량이 온도, 유량, 압력, 액위, 농도 등의 플랜트나 생산공정 중의 상태량을 제어량으로 하는 제어로서 화학공장에서 원료를 이용하여 목적하는 제품을 생산하는 제어이다.

② 서보기구(Servo Mechanism) : 물체의 위치, 방위, 자세 등이 기계적 변위를 제어량으로 해서 목표값이 임의의 변화에 추종하도록 구성된 제어계(비행기, 선박의 방향제어계, 인공위성, 공업용, 로봇 등에 이용)

③ 자동조정(Automatic Regulation) : 전압, 전류, 주파수, 회전속도, 힘 전기적, 기계적 양을 주로 제어, 응답속도가 빨라야 하는 것이 특징(전전압장치, 발전기의 조속기 제어 등)

(2) 제어목적에 의한 분류

① 정치제어(Constanc Value Control) : 제어량을 어떤 일정한 목표값으로 유지하는게 목적
예 자동조정, 프로세스 제어

② 추치제어 : 목표치가 변화하는 제어

㉠ 프로그램 제어(Program Control) : 미리 정해진 프로그램에 따라 제어량을 변화
예 지하철, 건널목의 신호, 무인운전열차, 열처리 노의 온도제어

㉡ 추종제어 : 미지의 임의 시간적 변화를 하는 목표값에 제어량을 추종시키는 것을 목적

㉢ 비율제어 : 목표값이 다른 것과 일정비율 관계를 가지고 변화하는 경우의 추종제어

(3) 제어동작에 의한 분류

• 제어동작 : 동작신호에 따라 조작량을 제어대상에 주어 제어편차를 감소시키는 동작

① 불연속 동작

㉠ ON-OFF 제어(2위치 동작) → 조작신호의 +, -에 따라서 조작량을 on, off하는 방식

• 특징
- 설정 값에 의하여 조작부를 개폐하여 운전
- 응답속도가 빨라야 하는 제어계는 사용 불가능
- 제어결과가 사이클링(Cycling) : 오프셋(off set)을 일으킴

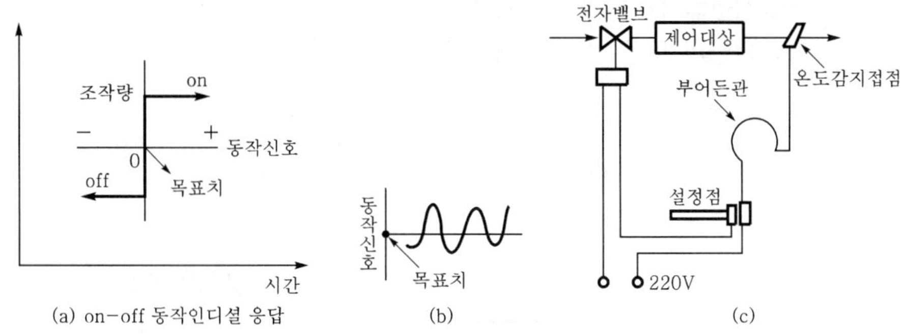

㉡ 다위치 동작 : 2단 이상의 속도를 조작량이 가지는 동작

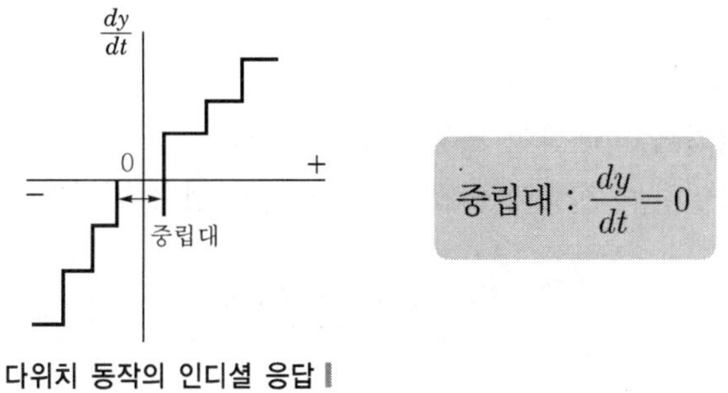

▌다위치 동작의 인디셜 응답▐

㉢ 단속도 동작(부동동작) : 동작신호의 크기에 따라 일정한 속도로 조작량이 변함

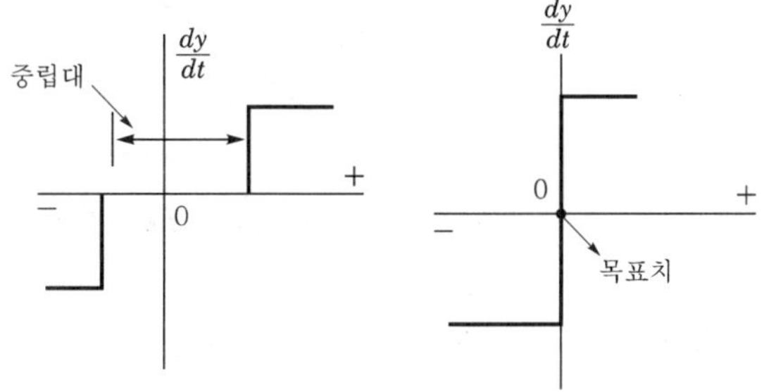

▌중립대가 없는 부동동작의 인디셜 응답▐

ⓐ 불연속 속도 동작

- 정작동 : 제어량이 목표값보다 증가함에 따라 출력이 증가하는 방향으로 동작(제어편차와 조절계의 출력이 비례)
- 역작동 : 제어량이 목표값보다 증가함에 따라 출력이 감소하는 방향으로 동작(제어편차와 조절계의 출력이 반비례)

② 연속동작

㉠ 비례동작(P동작) : 검출값 편차의 크기에 비례하여 조작부를 제어하는 것

ⓐ 정상오차를 수반 사이클링은 없으나 오프셋을 일으킴
ⓑ 외란의 영향이 큰 곳에는 부적당

$$x_0 : K_P x_1$$

여기서, K_P : 비례감도, x_1 : 동작신호, x_0 : 조작량

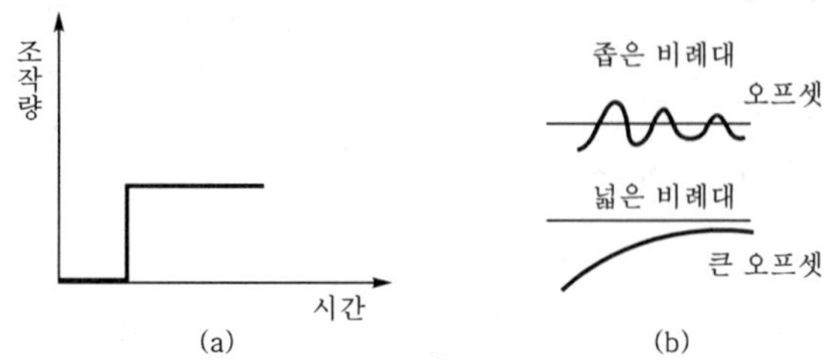

㉡ 적분동작(I동작)
ⓐ 적분값의 크기에 비례하여 조작부를 소멸한다.
ⓑ 오프셋을 소멸하여 진동이 발생, 제어의 안정성이 떨어진다.

$$x_0 = \frac{1}{T_1}\int c_i\,dt$$

여기서, T_1 : 적분시간

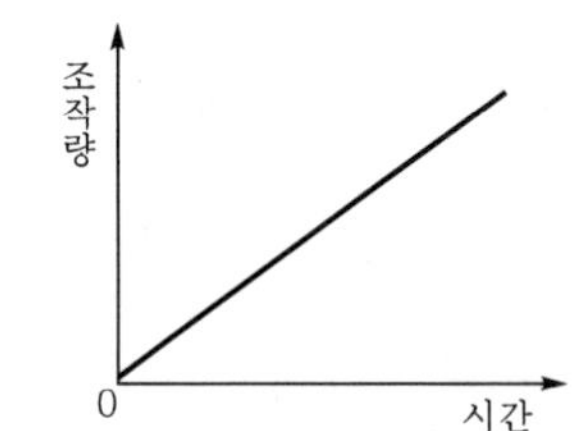

▌조작량이 시간과 더불어 비례적으로 증가▐

㉢ 미분동작(D동작) : 제어오차가 검출될 때 오차가 변화하는 속도에 비례하여 조작량을 가감하는 동작, 사이클링(진동)을 소멸시키기 위하는 동작, 오차가 커지는 것을 미연에 방지한다. 비례동작과 같이 사용된다. 출력이 제어편차의 시간에 비례한다.

$$x_0 = T_d \frac{dx_i}{dt}$$

여기서, T_d : 미분시간

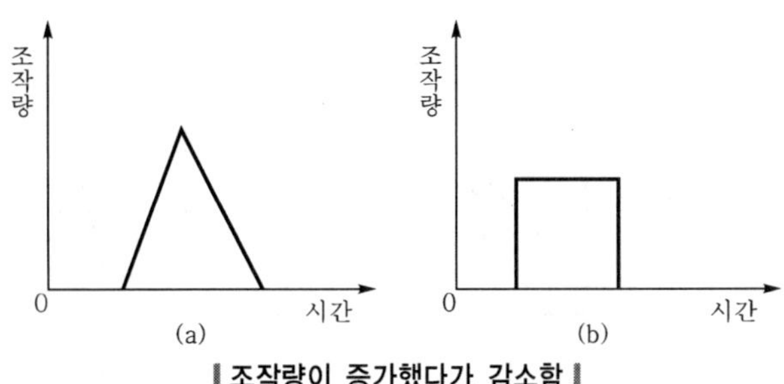

▌조작량이 증가했다가 감소함▐

㉣ 비례적분동작(PI동작) : 오프셋을 소멸시키기 위하여 적분동작을 부가시킨 제어

ⓐ 제어결과가 진동적으로 되기 쉽다.

ⓑ 반응속도가 동시에 사용된다.

ⓒ 반응속도가 빠르고, 느린 프로세스에 동시에 사용된다.

ⓓ 부하변화가 커도 잔류편차가 남지 않는다.

$$x_0 = K_P\left(x_i + \frac{1}{T_1}\int x_i dt\right)$$

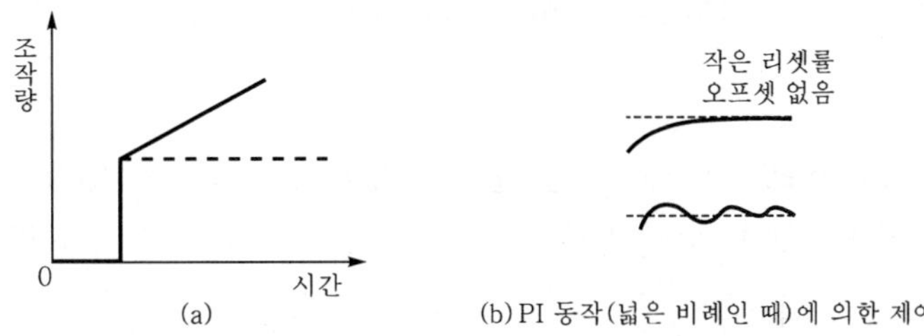

▌조작량이 일정하였다가 시간과 더불어 비례적으로 증가▐

㉤ 비례미분동작(PD동작) : 제어결과에 속응성이 있게끔 미분동작을 부가한 것

$$x_0 = K_P\left(x_i + T_D\frac{dx_i}{dt}\right)$$

㉥ 비례적분미분동작(PID동작) : 제어결과의 단점을 보완시킨 제어, 온도, 농도제어에 사용하며, 조절속도가 빠르며, 경제성이 있는 동작으로 미분동작으로 오버슈트 값을 적분동작으로는 잔류편차를 줄인다.

$$x_0 = K_P\left(x_i + \frac{1}{T_1}\int xidt + T_D\frac{dx_i}{dt}\right)$$

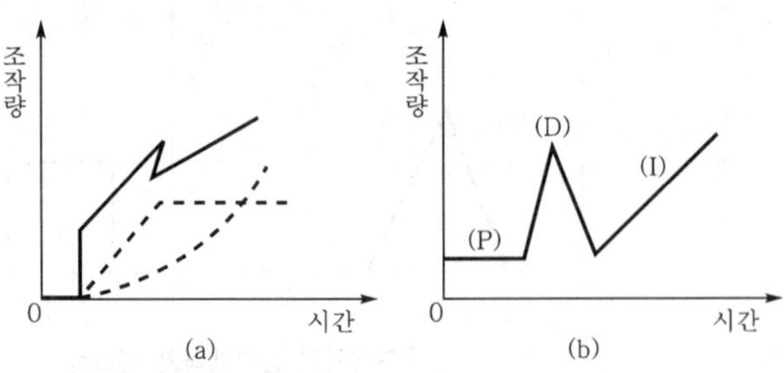

‖ 조작량이 일정(P), 조작량이 증가하였다가 감소(D), 조작량이 비례적으로 증가(T) ‖

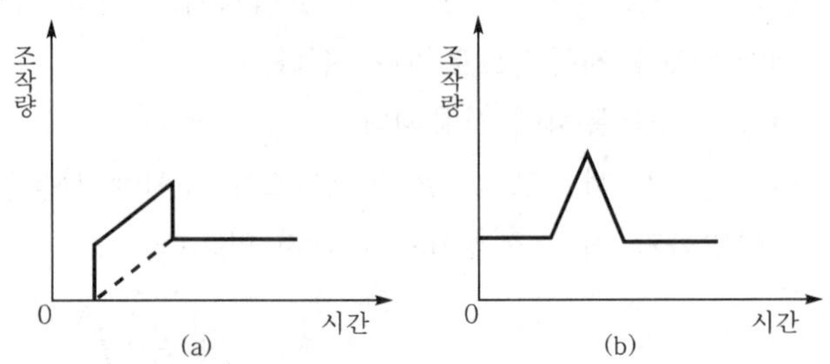

‖ 조작량이 일정(P), 조작량이 증가하였다가 감소(D), 조작량이 일정(P) ‖

ⓢ 비례대 : 비례동작이 있어 단위크기의 동작신호를 주었을 때 조작단위 변화량

예제 조절기가 50~90℉ 범위에서 온도를 비례제어하고 있다. 측정온도가 70℉와 74℉에 대응하여 그 출력이 각각 5inHg(전폐), 17inHg(전개)의 출력일 때 비례대와 비례강도를 구하여라.

풀이 ㉠ 비례대$=\dfrac{\text{측정온도차}}{\text{조절온도차}}=\dfrac{74-70}{90-50}\times 100=10\%$

㉡ 비례강도$=\dfrac{\text{출력차}}{\text{측정차}}=\dfrac{17-5}{74-70}=3\text{inHg/°F}$

05 제어시스템의 종류

• 응답 : 압력신호에 따른 출력의 변화

(1) 과도응답

정상상태에 있는 계에 급격한 변화의 입력을 가했을 때 생기는 출력의 변화

(2) 스텝응답(인디셜 응답)

정상상태에 있는 요소의 입력을 스텝 형태로 변화할 때 출력이 새로운 값에 도달스텝 입력에 의한 출력의 변화상태

(3) 주파수 응답

출력은 입력과 같은 주파수로 진동하며, 정현파상의 입력신호로 출력의 진폭과 위상각으로 특성을 규명

(4) 자동제어계의 시간응답 특성

① 오버슈트(over shoot) : 과도기간 중 응답이 목표값을 넘어감

$$\text{오버슈트}(\%) = \frac{\text{최대 오버슈트}}{\text{최종 목표값}} \times 100$$

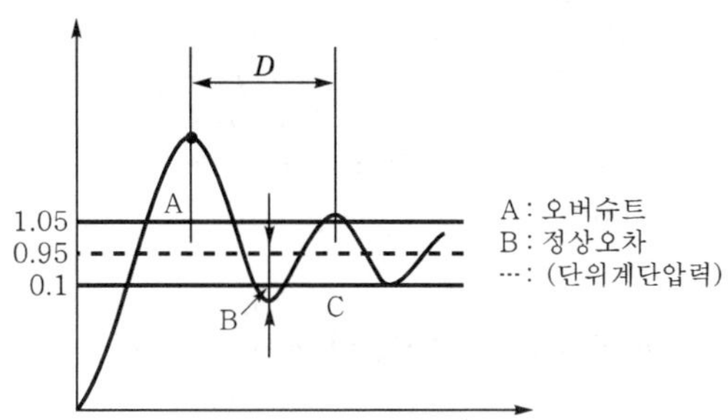

② 감쇠비(Decay Ratio) $= \dfrac{\text{제2 오버슈트}}{\text{최대 오버슈트}}$

③ 지연시간(Dead Time) : 응답이 최초로 목표값의 50%가 되는 데 요하는 시간

④ 상승시간(Rising Time) : 목표값의 10%에서 90%까지 도달하는 데 요하는 시간

⑤ 응답시간(Settling) : 응답이 요구하는 오차 이내로 되는 데 요하는 시간

⑥ 과도응답의 특성 방정식

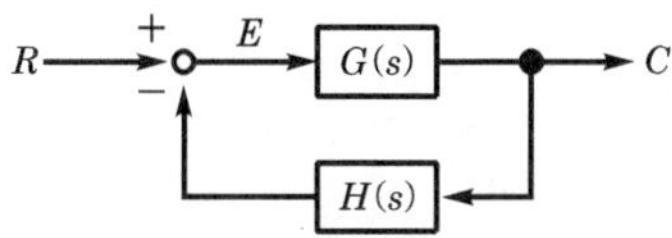

$$\frac{C(s)}{R(s)} = \frac{G(s)}{I + G(s)H(s)}$$

⑦ 정상특성 : 출력이 일정값 도달 후의 제어계 특성

(5) 1차 지연요소

입력변화에 따른 출력에 지연이 생겨 시간이 경과 후 어떤 값에 도달하는 요소

$$Y = 1 - e^{-\left(\frac{t}{T}\right)}$$

여기서, Y : 1차 지연요소
T : 시정수(출력이 최대출력 63%에 이를 때까지 시간)
t : 걸린시간

(6) 2차 지연요소

1차보다 응답속도가 느린 지연요소

$$\frac{L}{T}$$

여기서, L : 낭비시간
T : 시정수
$\frac{L}{T}$(값이 클 때) : 낭비시간이 커지므로 제어가 어렵다.
$\frac{L}{T}$(값이 적을 때) : 낭비시간이 적어지므로 제어가 쉽다.

06 신호 전송의 종류

(1) 공기압 전송

① 장점
- ㉠ 수리가 용이하다.
- ㉡ 위험성이 적다.
- ㉢ 배관작업이 용이하다.

② 단점
- ㉠ 전송거리가 짧다.
- ㉡ 신호전달에 시간이 길다.
- ㉢ 전송거리 : 100m
- ㉣ 전송공기압력 : 0.2~1kg/cm^2

(2) 유압 전송

① 장점

㉠ 선택 특성이 우수하다.

㉡ 조작속도 조작력이 크다.

㉢ 전송지연이 적다.

㉣ 응답속도가 빠르다.

② 단점

㉠ 위험성이 크다.

㉡ 오일로 인한 환경문제가 있다.

㉢ 오일로 인한 유동저항을 고려해야 한다.

㉣ 전송거리 : 300m

㉤ 전송유압 : 0.2~1kg/cm^2

(3) 전기압 전송

① 장점

㉠ 복잡한 신호 취급에 유리하다.

㉡ 신호전달이 빠르다.

㉢ 배선작업이 용이하다.

② 단점

㉠ 조작 시 숙련을 요한다.

㉡ 조작속도가 빠른 비례 조작부를 만들기 어렵다.

㉢ 전송거리 : 300m~10km

㉣ 전류 : 4~20mA(DC)

4~20mA 수치가 아닐 때 수치를 보상하여 계산

예 15.6mA의 수치로 주어지고 유량값을 계산 시

$\frac{15.6-4}{20-4} \times Q$(유량) 보상값으로 계산

예제 A지역 송수관로에서 1000mm로 분기된 A 수용가 디지털 유량계의 최대용수 공급이 24000m^3/d 측정 시 순시유량의 DC값이 15.6mA로 계측되었다. 이때의 유량은 몇 m^3/hr인가?

풀이 24000m^3/24hr = 1000m^3/hr

$\therefore\ 1000 \times \frac{15.6-4}{20-4} = 725\text{m}^3/\text{hr}$

07 변환요소의 종류

변환내용	해당 항목
압력 → 변위	다이어프램, 벨로즈
변위 → 압력	노즐플래퍼, 유압분사관
변위 → 임피던스	가변저항기, 가변저항 스프링
온도 → 임피던스	측온저항, 열선 서미스트, 백금, 니켈
온도 → 전압	(열전대, PR, CA, IC, CC)
변위 → 공기압	(플래퍼 노즐)

08 가스 크로마토그램의 이론단수

$$N = 16 \times \left(\frac{t_r}{w}\right)^2$$

$$N = 5.55 \times \left(\frac{t_r}{w\frac{1}{2}}\right)^2$$

여기서, t_r : (그 물질의 머문시간), (지속용량), (체류부피)

w : 봉우리의 너비(봉우리 양쪽 끝의 변곡점에서 접선을 그어서 바닥선과 만나는 점으로부터 길이)

$w\frac{1}{2}$: 반치폭(피크높이 반에서의 폭)

예

18min

20min

22min

$$N = 16 \times \left(\frac{20}{22-18}\right)^2 = 400$$

* 피크의 좌우 변곡점에서 접선이 자르는 바탕선의 길이 : 5mm

$$N = 16 \times \left(\frac{20}{5}\right)^2 = 256$$

* 이론단의 높이(HETP) $= \frac{L}{N}$

여기서, L : 관길이, N : 이론단수

Chapter 4

출/제/예/상/문/제

01 어떤 비례제어기가 60℃에서 100℃ 사이의 온도를 조절하는 데 사용되고 있다. 이 제어기가 측정된 온도가 89℃에서 81℃로 될 때의 비례대(Proportional Band)는 얼마인가?

① 40%　② 30%
③ 20%　④ 10%

$$\text{비례대} = \frac{\text{측정온도차}}{\text{조절온도차}} = \frac{89-81}{100-60} = 0.2 = 20\%$$

02 전기식 제어방식의 장점이 아닌 것은?

① 조작력이 가장 약하다.
② 신호의 복잡한 취급이 쉽다.
③ 신호전달 지연이 없다.
④ 배선이 용이하다.

조작력이 강한 순서
전기식 > 유압식 > 공기압식

03 자동제어장치에서 조절계의 종류에 속하지 않는 것은?

① 공기식
② 유압식
③ 수증기식
④ 전기식

04 제어장치에 있어서 다음 설명 중 틀린 것은?

① 전기식 변환기는 제작회사에 따라 신호에 사용되는 전류가 여러 종류로 불편하다.
② 공기압식 조절기의 자동제어의 조작단은 고장이 거의 없다.
③ 공기압식 조절기의 구조가 간단하므로 신뢰성이 높지 않다.
④ 공기압식인 동작방법은 화기의 위험성이 있는 석유화학 및 화약공장에서 많이 사용된다.

05 다음은 자동제어장치 중 공기압회로가 유압회로보다 좋은 점을 설명한 것이다. 틀린 것은?

① 회수관이 필요 없고 대기 중에 방출해도 좋다.
② 각종 기기의 취부 위치가 작동에 영향을 주지 않는다.
③ 배관길이는 유압회로에 비하여 효율에 영향을 주지 않는다.
④ 공기압축기 등의 공기발생장치의 사양이 직접, 회로설계에 영향을 받아 충분한 공기량과 압력을 공급하기 좋다.

해설

공기압은 마찰에 의한 전송지연이 생겨 실용상 100~150m 범위에서 사용된다.

06 공기압식 조절계에 대하여 기술한 것이다. 타당하지 않은 것은?

① 선형 특성이 부족하다.
② 장거리 전송에 좋다.
③ 간단하게 PID 동작이 된다.
④ 신호로 된 공기압은 대체로 0.2~1.0kg/cm^{2}의 범위이다.

해설

조절계의 전송거리 순서
전기식(10000m) > 유압식(300m) > 공기식(150m)
상기 항목 이외에 온도제어에 적합. 조작에 지연이 생기는 등의 특징이 있음

정답 01.③ 02.① 03.③ 04.③ 05.③ 06.②

07 Process계 내에 시간 지연이 크거나 외란이 심할 경우 조절계를 이용하여 설정점을 작동시키게 하는 제어방식은?

① 시퀀스 제어
② 피드백 제어
③ 캐스케이드 제어
④ 프로그램 제어

08 추치제어에 대한 설명으로 맞는 것은?

① 목표치가 시간에 따라 변하지 않지만 변화의 모양이 불규칙하다.
② 목표치가 시간에 따라 변하지 않지만 변화의 모양이 일정하다.
③ 목표치가 시간에 따라 변화하지만 변화의 모양은 예측할 수 없다.
④ 목표치가 시간에 따라 변화하지만 변화의 모양이 미리 정해져 있다.

09 자동제어장치를 제어량의 성질에 따라 분류한 것은?

① 비례제어
② 비율제어
③ 프로그램제어
④ 프로세스제어

해설

㉠ 제어량의 성질에 따라 분류 : 프로세스, 서보기구, 자동조정
㉡ 목표값의 시간적 성질에 의한 분류 : 정치제어, 추치제어(추종, 프로그램, 비율)
㉢ 제어동작에 의한 분류
- 연속제어(PID)
- 불연속제어(온오프, 다위치)

10 자동제어는 목표치의 변화에 따라 구분된다. 다음 중 목표치가 일정한 경우 제어방식은?

① 프로그램제어
② 추종제어
③ 비율제어
④ 정치제어

해설

(1) 추치제어 : 목표치가 변화되어 제어
(2) 종류
㉠ 추종제어 : 목표치가 시간적으로 변화하는 제어
㉡ 비율제어 : 목표치가 다른 양과 일정한 비율관계에서 변화되는 제어
㉢ 프로그램제어 : 목표치가 정해진 순서에 따라 시간적으로 변화하는 제어

11 자동제어계의 이득이 높을 때 일어나는 현상은?

① 응답이 빠르고, 불안정하다.
② 응답이 빠르다.
③ 안정도가 증가한다.
④ 응답이 느리다.

12 다음 자동제어장치 중 공기식 계측기에서 Flapper-Nozzle 기구는 어떤 역할을 하는가?

① 변위-전류 신호로 변환
② 변위-공기압 신호로 변환
③ 전류-전압 신호로 변환
④ 공기압-전기 신호로 변환

해설

자동제어의 변환요소의 종류
㉠ 압력 → 변위(다이어프램 벨로즈)
㉡ 변위 → 압력(노즐플래퍼, 유압분사관)
㉢ 변위 → 전압(차동변압기)
㉣ 변위 → 임피던스(가변저항기, 가변저항 스프링)
㉤ 온도 → 임피던스(측온저항, 열선 서미스트)
㉥ 온도 → 전압(열전대)

13 자동제어계를 구성하기 위해 필요한 조건이 아닌 것은?

① 동특성(動特性)이 우수하고, 호환성(互換性)일 것
② 출력 신호가 취급하기 쉬운 양일 것
③ 최소 검출이 가능한 양과 사용한 양과 사용이 가능한 최대값의 배가 되도록 작을 것
④ 검출단의 신호변환계 및 영점이 안정되어 있을 것

정답 07.③ 08.③ 09.④ 10.④ 11.① 12.② 13.③

14 다음 설명 중 옳은 것은?

① 제어장치의 조절계의 종류는 공기식, 수증기식, 전기식 등 3가지이다.
② 제어량에서 목표값을 뺀 값을 제어편차라고 한다.
③ 미리 정해진 순서에 따라 순차적으로 제어의 각 단계를 진행하는 자동제어 방식으로 작동 명령은 기동, 정지, 개폐 등과의 타이머, 릴레이 등을 이용하여 행하는 것을 시퀀스 제어라고 한다.
④ 1차 제어장치가 제어량을 측정하여 제어명령을 발하고, 2차 제어장치가 이 명령을 바탕으로 제어량을 조절하는 측정제어는 프로그램 제어이다.

해설

① 공기, 유압, 전기
② 제어편차 : 목표－제어량
④ 캐스케이드 제어

15 자동제어계의 동작 순서를 바르게 나열한 것은?

① 검출 → 판단 → 비교 → 조작
② 검출 → 비교 → 판단 → 조작
③ 조작 → 비교 → 검출 → 판단
④ 비교 → 판단 → 검출 → 조작

해설

㉠ 검출 : 제어대상을 검출
㉡ 비교 : 목표값으로 물리량과 비교
㉢ 판단 : 편차가 있는지 여부를 판단
㉣ 조작 : 판단된 값을 가감하여 조작

16 1차 제어장치가 제어량을 측정하여 제어명령을 발하고 2차 제어장치가 이 명령을 바탕으로 제어량을 조절하는 측정제어와 가장 가까운 것은?

① 캐스케이드 제어(Cascade control)
② 정치제어(Constant value control)
③ 프로그램 제어(Program control)
④ 비율제어(Ratio control)

해설

캐스케이드 제어 : 2개의 제어계를 조합수행
예 가스의 액화(고압, 저온) 등

17 자동제어방식에서 특수값이 임의의 시간적 변화를 하는 경우를 무엇이라 하는가?

① 정치제어 ② 추치제어
③ 추종제어 ④ 비례제어

18 목표값이 미리 정해진 시간적 변화를 행할 경우 목표값에 따라서 변동하도록 한 제어는?

① 프로그램 제어 ② 캐스케이드 제어
③ 추종제어 ④ 프로세스 제어

19 자동조정의 제어량은?

① 방위 ② 주파수
③ 압력 ④ 시간

해설

자동조정(Automatic regulation) : 전압, 전류 주파수, 회전속도 힘, 전기적, 기계적 양을 주로 제어

20 자동차의 핸들에 의해 자동차의 방향이 연속적으로 변하게 되는데 이러한 제어방식을 무엇이라 하는가?

① 정성적 제어 ② 디지털 제어
③ 아날로그 제어 ④ 자동제어

21 출력이 입력에 전혀 영향을 주지 못하는 제어는?

① 폐회로(Closed loop) 제어
② 개회로(Open loop) 제어
③ 프로그램(Program) 제어
④ 피드백(Feedback) 제어

22 자동제어장치를 제어량의 성질에 따라 분류한 것은?

① 프로세스 제어 ② 프로그램 제어
③ 비율제어 ④ 비례제어

해설

㉠ 제어량의 성질에 의한 분류 : 프로세스, 서보기구, 자동조정
㉡ 제어목적에 의한 분류 : 정치제어, 프로그램 제어, 추종제어, 비율제어

정답 14.③ 15.② 16.① 17.③ 18.① 19.② 20.③ 21.② 22.①

23 일반적인 계측기는 3부분으로 구성되어 있다. 이에 속하지 않는 것은?

① 검출부
② 전달부
③ 수신부
④ 제어부

24 On-off 동작의 특성이 아닌 것은?

① 외란에 의해 잔류편차가 발생한다.
② 목표값을 중심으로 진동 현상이 나타난다.
③ 사이클링(cycling) 현상을 일으킨다.
④ 설정값 부근에서 제어량이 일정하지 않다.

비례동작에서 외란이 있으면 잔류편차가 발생된다.

25 조절부의 제어동작 중 연속식 제어의 기본동작이 아닌 것은?

① On-off동작
② 미분동작(D)
③ 적분동작(I)
④ 비례동작(P)

26 편차의 정(+), 부(-)에 의해서 조작신호가 최대, 최소가 되는 제어동작은?

① 온·오프 동작
② 비례동작
③ 적분동작
④ 다위치동작

27 다음 중 대표적인 조절동작의 종류로 맞는 것은?

① 연소동작, 간헐적동작
② Open-Loop 동작, Closed-Loop 동작
③ On-Off 동작, P-동작, I-동작, D-동작
④ 공기식 조절동작, 전기식 조절동작

28 On-off 제어에 대한 다음의 설명 중 틀린 것은?

① 감응속도가 빠르고, 지연시간이 많은 계에 가장 적합하다.
② 간단한 기구에 의하여 고감도의 동작을 실현시킬 수 있다.
③ 증폭기 등을 특별히 둘 필요가 없다.
④ 불연속 동작이다.

해설

불연속 동작이므로 감도가 불량하다.

29 피드백(feedback) 제어계를 설명한 다음 사항 중 틀린 것은?

① 다른 제어계보다 제어폭이 증가한다.
② 다른 제어계보다 제어폭이 감소한다.
③ 입력과 출력을 비교하는 장치는 반드시 필요하다.
④ 다른 제어계보다 정확도가 증가된다.

30 다음 중 폐루프를 형성하여 출력측의 신호를 입력측으로 되돌리는 것은?

① 오프셋　　② 온-오프
③ 피드백　　④ 리셋

해설

㉠ 폐루프 : 출력의 일부를 입력방향으로 피드백시켜 목표값과 비교되도록 폐루프를 형성하는 제어계

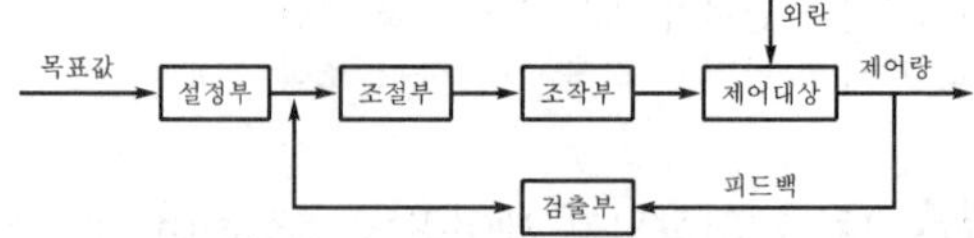

㉡ 개루프 : 제어동작이 출력과 관계 없이 신호의 통로가 열려 있는 제어계통

목표값 → 제어장치 → 조작량 → 제어대상 (외란) → 제어량

31 제어계가 불안정해서 제어량이 주기적으로 변화하는 좋지 못한 상태를 무엇이라 하는가?

① 스텝응답　　② 외란
③ 헌팅(난조)　　④ 오버슈트

정답 23.④ 24.① 25.① 26.① 27.③ 28.② 29.② 30.③ 31.③

해설

㉠ 오버슈트 : 응답 중 입력과 출력 사이의 최대 편차량
㉡ 헌팅 : 제어계가 불안정하여 제어량이 주기적으로 변함

32 계측시간이 적은 에너지의 흐름을 무엇이라고 하는가?

① 응답　② 펄스
③ 시정수　④ 외란

해설

㉠ 외란 : 제어량이 목표값과 달라지게 하는 외적인 영향
㉡ 펄스 : 계측시간이 작은 에너지흐름
㉢ 응답 : 어떤 계에 입력신호를 가했을 때 출력신호가 어떻게 변화하는가를 나타내는 것

33 점화를 행하려고 한다. 자동제어방법에 적용되는 것은?

① 캐스케이드 제어
② 피드백 제어
③ 인터록
④ 시퀀스 제어

해설

시퀀스 제어 : 정해진 순서에 따라 단계적으로 제어하는 것으로 보일러의 자동 점화, 소화 등을 행함

34 잔류편차(off-set)란 무엇인가?

① 입력과 출력과의 차를 말한다.
② 조절의 오차를 말한다.
③ 실제값과 측정값의 차를 말한다.
④ 설정값과 최종출력과의 차를 말한다.

35 다음 계측제어기 중에서 잔류편차가 허용될 때 사용되는 제어기는?

① PID 제어기
② PD 제어기
③ PI 제어기
④ P 제어기

해설

P(비례동작)은 잔류편차가 생기므로 잔류편차가 허용될 때 I(적분)은 잔류편차를 없애준다.

36 기준 입력과 주 피드백량의 차로서 제어동작을 일으키는 신호는?

① 기준입력 신호
② 조작 신호
③ 동작 신호
④ 주 피드백 신호

37 Process계 내에 시간지연 크기나 일량이 심할 경우 조절계를 이용하여 운전장치를 작동시키게 하는 제어방식은?

① 프로그램 제어
② 시퀀스 제어
③ 캐스케이드 제어
④ 피드백 제어

38 제어에 있어서 제어량이 그 값이 되도록 외부에서 주어지는 값을 무엇이라 하는가?

① 기준입력　② 목표치(설정점)
③ 제어량　④ 조작량

39 자동제어에서 미분동작이라 함은?

① 조절계의 출력변화는 편차의 변화속도에 비례하는 동작
② 조절계의 출력변화의 속도가 편차에 비례하는 동작
③ 조절계의 출력변화가 편차에 비례하는 동작
④ 조작량이 어떤 동작 신호의 값을 경계로 하여 완전히 전계 또는 전폐되는 동작

40 연속동작에 의한 제어방식이 아닌 것은?

① 복합 동작제어　② 적분 동작제어
③ 비례 동작제어　④ 다위치 동작제어

해설

㉠ 다위치 동작 : 불연속 동작
㉡ 불연속 동작 : On · Off(2위치 동작)
㉢ 다위치 동작
㉣ 불연속 속도 동작

정답 32.② 33.④ 34.④ 35.④ 36.③ 37.③ 38.② 39.① 40.④

41 조절계의 제어동작 중 제어편차에 비례한 제어동작은 잔류편차(offset)가 생기는 결점이 있는데 이 잔류편차를 없애기 위한 제어동작은?

① 적분동작
② 2위치 동작
③ 미분동작
④ 비례동작

42 D동작(미분제어)의 제어식을 조작량 m, 편차 e, 시간 T로 나타낸 식은?

① $m = \frac{100}{P}(e + \frac{1}{T}\int edt)$

② $m = Td\frac{de}{dt}$

③ $m = \frac{1}{\pi}\int edt$

④ $m = \frac{100}{P}e + b$

해설
미분동작 : 조작량이 편차의 시간변화에 비례하여 제어
① 비례적분(PI)제어
③ 적분제어(I)
④ 비례제어

43 설정값에 대해 얼마의 차이(off-set)를 갖는 출력으로 제어되는 방식은?

① 비례적분식
② 비례미분식
③ 비례적분-미분식
④ 비례식

해설
비례동작은 잔류편차(off-set)이 생긴다.

44 정상상태에서 시간에 대한 변량의 변화가 없을 때 이 제어계의 응답이 다를 때의 입력신호는?

① 0 ② 1
③ 10 ④ 1001

45 출력 $m = K_P \cdot e + m_o$(e는 제어편차, K_P는 비례감도 또는 게인)에 의해 제어되는 방식은?

① 비례동작 ② 비례-적분동작
③ 개폐제어 ④ 미분제어

P : 비례동작

46 편차의 크기에 비례하여 조절요소의 속도가 연속적으로 변하는 동작은?

① 적분동작 ② 비례동작
③ 미분동작 ④ 온 · 오프동작

㉠ 비례동작(P동작) : 제어량의 편차에 비례하여 제어하는 동작
㉡ 적분동작(I동작) : 편차의 크기와 지속시간에 비례하는 동작
㉢ 미분동작(D동작) : 편차의 변화속도에 비례하여 제어하는 동작

47 다음 P동작에 관해서 기술한 것으로 옳은 것은?

① 비례대의 폭을 좁히는 등 오프셋은 작게 된다.
② 조작량은 제어편차의 변화속도에 비례한 제어동작이다.
③ 제어편차에 비례한 속도로서 조작량을 변화시킨 제어조작이다.
④ 비례대의 폭을 넓히는 등 제어동작이 작동할 때는 강하다.

48 다음과 같은 조작량의 변화는 어떤 동작인가?

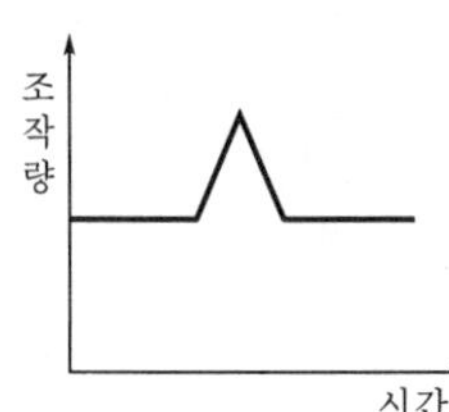

① I동작 ② PD동작
③ D동작 ④ PI동작

정답 41.① 42.② 43.④ 44.① 45.① 46.① 47.② 48.②

해설

㉠ 조작량이 일정 : P동작

㉡ 조작량이 증가 후 감소 : D동작

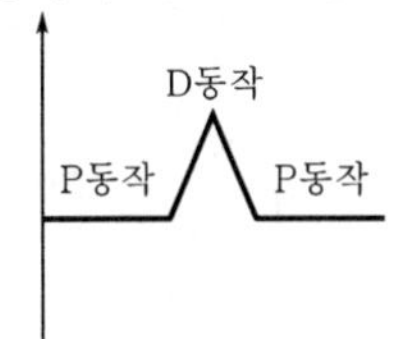

49 다음 조절기의 제어동작 중 비례적분동작을 나타내는 기호는?

① 2위치 동작
② PID
③ PI
④ P

50 적분동작(I동작)에 가장 많이 쓰이는 제어는 어느 것인가?

① 유량속도제어
② 증기속도제어
③ 유량압력제어
④ 증기압력제어

해설

(1) 적분동작 : 편차의 적분차를 가감하여 조작량의 이동속도가 비례하는 동작
(2) 특징
㉠ 제어의 안정성이 떨어진다.
㉡ 잔류편차가 제어된다.
㉢ 진동하는 경향이 있다.

51 프로세서 제어의 난이정도를 표시하는 값으로 L(지연시간), T(시정수) 의미 L/T가 클 경우 제어정도는 어떠한가?

① PID 동작 조절기를 쓴다.
② P 동작 조절기를 쓴다.
③ 제어가 쉽다.
④ 제어가 어렵다.

L(낭비시간)이 클수록 제어가 어렵고, T(시정수)가 클수록 제어가 쉽다.

52 스팀을 사용하여 연료가스를 가열하기 위하여 다음 그림과 같이 제어계를 구성하였다. 이 중 온도를 제어하는 방식은?

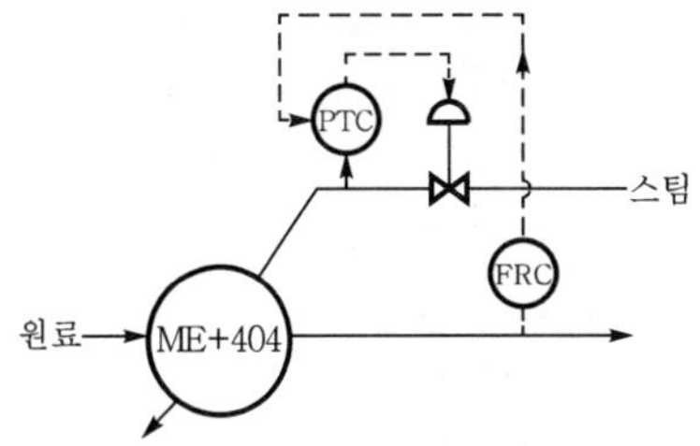

① 비례식　② Cascade
③ Forward　④ Feed back

53 제어계의 난이도가 큰 경우 적합한 제어 동작은?

① ID 동작　② PD 동작
③ PID 동작　④ 헌팅 동작

54 다음 중 오프셋(off－set)은 없앨 수 있으나 제어시간이 단축되지 않는 제어에 해당되는 것은?

① PID 제어　② PD 제어
③ PI 제어　④ P 제어

해설

중합동작 : PID 동작 중 2가지 이상이 조합된 동작

㉠ PI(비례적분) : 잔류편차는 제거되나 제어시간이 단축되지 않음
- 특징 : 잔류편차가 남지 않는다. 진동이 생긴다.

T_1 : 리셋시간, $\frac{1}{T_1}$: 리셋률이라 한다.

$$y = K_P\left(e + \frac{1}{T_1}\int edt\right)$$

㉡ PD(비례미분) : 제어결과에 속응성이 있게끔 미분동작을 부가한 것

$$y = K_P\left(e + T_D\frac{de}{dt}m_0\right)$$

㉢ PID(비례적분미분동작) : 제어결과의 단점을 보완시킨 제어로서 제어계의 난이도가 큰 경우에 사용되며 온도, 농도 제어 등에 사용

$$y = K_P\left(e + \frac{1}{T}\int edt + T_D\frac{de}{dt}\right)$$

정답 49.③ 50.③ 51.④ 52.④ 53.③ 54.③

55 이상적인 콘트롤 모드에 대한 식이 다음과 같이 표시될 때 이는 어떤 타입의 proportional controller인가?

$$P = K_D\left(e + \frac{1}{T}\int edt + T_D\frac{de}{dt}\right)$$

① P.D. Controller
② P.I. Controller
③ P.I.D. Controller
④ P. Controller

56 그림과 같은 조작량의 변화는?

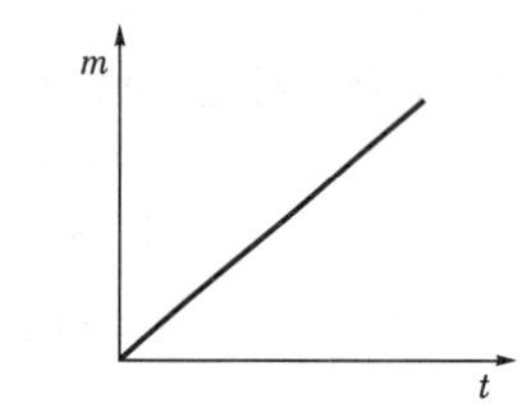

① D동작 ② PI동작
③ I동작 ④ P동작

해설

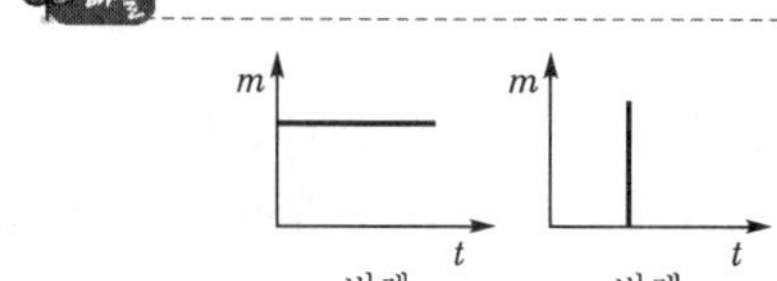

비례 비례

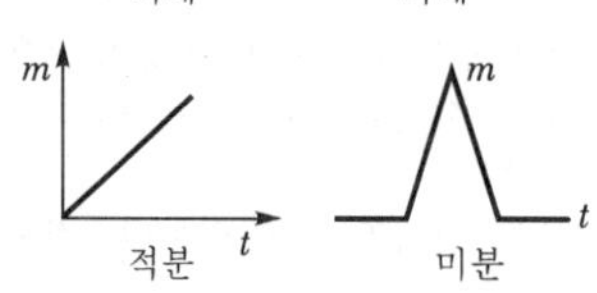

적분 미분

㉠ 비례 : 조작량이 시간에 대하여 일정
㉡ 적분 : 조작량이 시간에 대하여 비례하여 증가
㉢ 미분 : 조작량이 시간에 대하여 증가하였다가 감소

57 그림과 같은 조작량 변화는 다음 중 어느 것에 해당되는가?

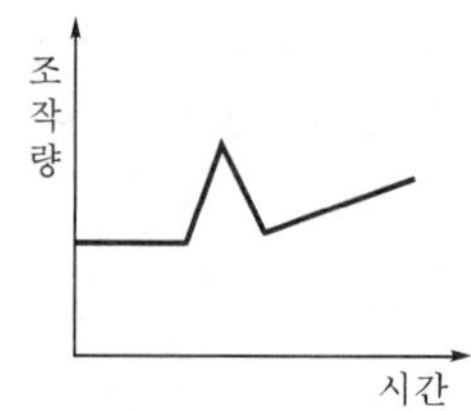

① PD동작 ② PID동작
③ 2위치 동작 ④ PI동작

해설

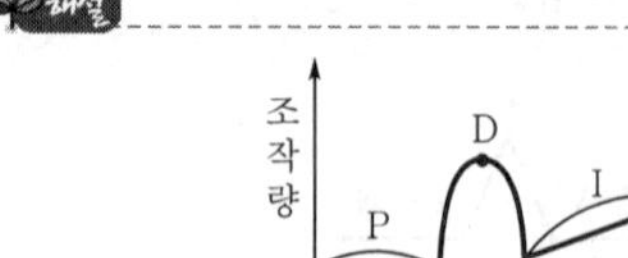

㉠ P동작 : 조작량이 시간에 일정
㉡ D동작 : 조작량이 증가하다가 감소
㉢ I동작 : 조작량이 시간 비례하여 증가

58 다음 과도응답 특성에 대한 그림에서 오버슈트(over shoot)를 나타내는 지점은?

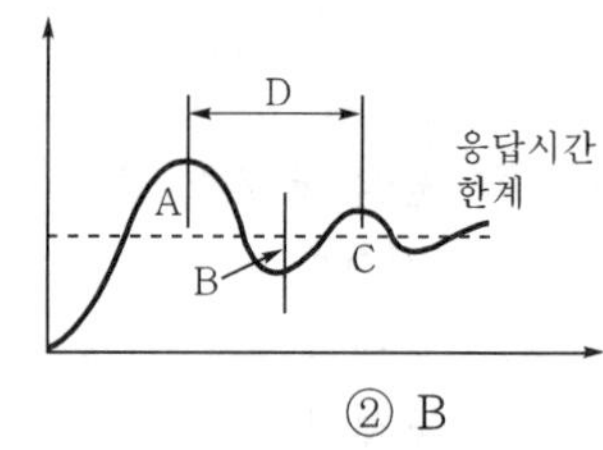

① A ② B
③ C ④ D

해설

오버슈트(over shoot) : 과도기간 중 응답이 목표값을 넘어가는 것

$$\text{오버슈트}(\%) = \frac{\text{최대초과량}}{\text{최종 목표값}} \times 100$$

59 보정보율이 u, 편차를 α라고 했을 때 측정값이 $u \pm 2$m 사이에 들어갈 확률은 몇 %인가?

① 90% ② 95%
③ 98% ④ 100%

해설

㉠ $u \pm 3$m일 경우 : 99%
㉡ $u \pm 1$m일 경우 : 70%

60 검사절차를 자동화하려는 계측작업에서 필요한 장치가 아닌 것은?

① 자동가공장치 ② 자동급속장치
③ 자동선별장치 ④ 자동검사장치

정답 55.③ 56.③ 57.② 58.① 59.② 60.①

61 적분제어(Integral Control)에서 조작량 m, 편차 e, 시간 t, 비례대 P로 표시한 식은 어느 것인가?

① $m = \dfrac{100}{P} \cdot e + b$

② $m = \dfrac{1}{\pi} \int e dt$

③ $m = T_2 \cdot \dfrac{de}{dt}$

④ $m = \dfrac{1}{\pi} \int \cdot \dfrac{t}{e} dt$

62 요구되는 입력조건이 만족되면 그에 상응하는 출력신호가 발생되는 형태를 요구하는 것으로 입출력이 1 : 1 관계에 있는 시스템의 제어는?

① 파일럿 제어
② 피드백 제어
③ 캐스케이드 제어
④ 시퀀스 제어

정답 61.② 62.①

인생의 희망은

늘 괴로운 언덕길 너머에서 기다린다.

-폴 베를렌(Paul Verlaine)-

☆

어쩌면 지금이 언덕길의 마지막 고비일지도 모릅니다.

다시 힘을 내서 힘차게 넘어보아요.

희망이란 녀석이 우릴 기다리고 있을 테니까요.^^

부록

과년도 출제문제

(최근의 기출문제 수록)

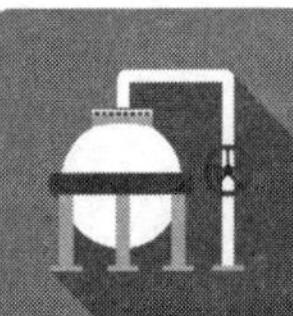

국가기술자격 시험문제

2020년 산업기사 제1,2회 통합 필기시험(2부) (2020년 6월 14일 시행)

자격종목	시험시간	문제수	문제형별
가스산업기사	2시간	80	A

수험번호		성 명	

제1과목 연소공학

01 증기운 폭발에 영향을 주는 인자로서 가장 거리가 먼 것은? (연소-9)

① 혼합비
② 점화원의 위치
③ 방출된 물질의 양
④ 증발된 물질의 분율

폭발과 화재(증기운 폭발)(연소 핵심 9) 참조

02 일반적인 연소에 대한 설명으로 옳은 것은?

① 온도의 상승에 따라 폭발범위는 넓어진다.
② 압력 상승에 따라 폭발범위는 좁아진다.
③ 가연성 가스에서 공기 또는 산소의 농도 증가에 따라 폭발범위는 좁아진다.
④ 공기 중에서보다 산소 중에서 폭발범위는 좁아진다.

03 최소점화에너지(MIE)에 대한 설명으로 틀린 것은? (연소-20)

① MIE는 압력의 증가에 따라 감소한다.
② MIE는 온도의 증가에 따라 증가한다.
③ 질소농도의 증가는 MIE를 증가시킨다.
④ 일반적으로 분진의 MIE는 가연성 가스보다 큰 에너지 준위를 가진다.

최소점화에너지(MIE)(연소 핵심 20) 참조

04 표면연소란 어느 것을 말하는가? (연소-2)

① 오일 표면에서 연소하는 상태
② 고체연료가 화염을 길게 내면서 연소하는 상태
③ 화염의 외부표면에 산소가 접촉하여 연소하는 현상
④ 적열된 코크스 또는 숯의 표면 또는 내부에 산소가 접촉하여 연소하는 상태

05 등심연소 시 화염의 길이에 대하여 옳게 설명한 것은? (연소-2)

① 공기 온도가 높을수록 길어진다.
② 공기 온도가 낮을수록 길어진다.
③ 공기 유속이 높을수록 길어진다.
④ 공기 유속 및 공기 온도가 낮을수록 길어진다.

(2) 액체물질의 연소(등심연소)(연소 핵심 2) 참조
공기 온도가 높을수록 화염의 길이가 길어진다.

06 이산화탄소로 가연물을 덮는 방법은 소화의 3대 효과 중 다음 어느 것에 해당하는가? (연소-17)

① 제거효과
② 질식효과
③ 냉각효과
④ 촉매효과

소화의 종류(연소 핵심 17) 참조

정답 01.① 02.① 03.② 04.④ 05.① 06.②

07 화재와 폭발을 구별하기 위한 주된 차이는?

① 에너지 방출속도
② 점화원
③ 인화점
④ 연소한계

08 완전연소의 구비조건으로 틀린 것은?

① 연소에 충분한 시간을 부여한다.
② 연료를 인화점 이하로 냉각하여 공급한다.
③ 적정량의 공기를 공급하여 연료와 잘 혼합한다.
④ 연소실 내의 온도를 연소 조건에 맞게 유지한다.

연료를 인화점 이상으로 가열하여 공급한다.

09 위험성평가기법 중 공정에 존재하는 위험요소들과 공정의 효율을 떨어뜨릴 수 있는 운전상의 문제점을 찾아내어 그 원인을 제거하는 정성적인 안전성평가기법은 어느 것인가? (연소-12)

① What-if
② HEA
③ HAZOP
④ FMECA

안전성평가기법(연소 핵심 12) 참조

10 폭굉유도거리(DID)에 대한 설명으로 옳은 것은? (연소-1)

① 관경이 클수록 짧다.
② 압력이 낮을수록 짧다.
③ 점화원의 에너지가 약할수록 짧다.
④ 정상연소속도가 빠른 혼합가스일수록 짧다.

폭굉유도거리가 짧아지는 조건(연소 핵심 1) 참조

11 메탄올 96g과 아세톤 116g을 함께 진공상태의 용기에 넣고 기화시켜 25℃의 혼합기체를 만들었다. 이때 전압력은 약 몇 mmHg인가? (단, 25℃에서 순수한 메탄올과 아세톤의 증기압 및 분자량은 각각 96.5mmHg, 56mmHg 및 32, 58이다.)

① 76.3 ② 80.3
③ 152.5 ④ 170.5

$P=(P_A \cdot X_A)+(P_B \cdot X_B)$

$\eta_A : \frac{96}{32}=3$몰, $\eta_B : \frac{116}{58}=2$몰

$\therefore P=96.5\times\frac{3}{3+2}+56\times\frac{2}{3+2}=80.3\text{mmHg}$

12 프로판 1Sm³를 완전연소시키는 데 필요한 이론공기량은 몇 Sm³인가?

① 5.0 ② 10.5
③ 21.0 ④ 23.8

$C_3H_8+5O_2 \rightarrow 3CO_2+4H_2O$
$1\text{Sm}^3 \quad 5\text{Sm}^3$

$\therefore$ 이론공기량 $5\text{Sm}^3\times\frac{1}{0.21}=23.8\text{Sm}^3$

13 중유의 저위발열량이 10000kcal/kg의 연료 1kg을 연소시킨 결과 연소열은 5500kcal/kg이었다. 연소효율은 얼마인가?

① 45% ② 55%
③ 65% ④ 75%

$\eta=\frac{Q}{H_L}\times100=\frac{5500}{10000}\times100=55\%$

14 이상기체에 대한 설명으로 틀린 것은? (연소-3)

① 이상기체 상태방정식을 따르는 기체이다.
② 보일-샤를의 법칙을 따르는 기체이다.
③ 아보가드로 법칙을 따르는 기체이다.
④ 반 데르 발스 법칙을 따르는 기체이다.

이상기체(완전가스)(연소 핵심 3) 참조
반 데르 발스 법칙을 따르는 기체 : 실제기체

정답 07.① 08.② 09.③ 10.④ 11.② 12.④ 13.② 14.④

15 시안화수소의 위험도(H)는 약 얼마인가?

① 5.8 ② 8.8
③ 11.8 ④ 14.8

위험도(H)$=\frac{U-L}{L}=\frac{41-6}{6}=5.83$

HCN의 연소범위(6~41%)

16 LPG를 연료로 사용할 때의 장점으로 옳지 않은 것은?

① 발열량이 크다.
② 조성이 일정하다.
③ 특별한 가압장치가 필요하다.
④ 용기, 조정기와 같은 공급설비가 필요하다.

LPG의 경우 특별한 가압장치가 필요없으며, 도시가스의 경우 압송기, 승압기 등의 가압장치가 필요하다.

17 연소반응이 일어나기 위한 필요충분 조건으로 볼 수 없는 것은?

① 점화원 ② 시간
③ 공기 ④ 가연물

연소의 3요소 : 가연물, 산소공급원(조연성), 점화원(불씨)

18 다음 기체연료 중 CH_4 및 H_2를 주성분으로 하는 가스는?

① 고로가스
② 발생로가스
③ 수성가스
④ 석탄가스

① 고로가스 : 제철의 용광로에서 부생물로 발생되는 가스(CO_2, CO, N_2)
② 발생로가스 : 목재, 코크스, 석탄을 화로에 넣고 공기, 수증기 혼합기체를 공급 불완전연소로 CO를 함유한 가스
③ 수성가스 : 무연탄이나 코크스를 수증기와 작용시켜 생성(H_2, CO)
④ 석탄가스 : 석탄을 건류할 때 발생되는 가스(CH_4, H_2, CO)

19 기체연료-공기혼합기체의 최대연소속도(대기압, 25℃)가 가장 빠른 가스는?

① 수소 ② 메탄
③ 일산화탄소 ④ 아세틸렌

수소가스의 연소속도가 가장 빠르다.

참고 폭굉속도
- 일반적인 가스 : 1000~3500m/s
- 수소 : 1400~3500m/s

20 메탄 85v%, 에탄 10v%, 프로판 4v%, 부탄 1v%의 조성을 갖는 혼합가스의 공기 중 폭발하한계는 약 얼마인가?

① 4.4% ② 5.4%
③ 6.2% ④ 7.2%

$\frac{100}{L}=\frac{85}{5}+\frac{10}{3}+\frac{4}{2.1}+\frac{1}{1.8}=22.793$

$\therefore L=100\div22.793=4.38\%=4.4\%$

제2과목 가스설비

21 조정압력이 3.3kPa 이하인 액화석유가스 조정기의 안전장치 작동정지압력은 다음 중 어느 것인가? (안전-17)

① 7kPa ② 5.04~8.4kPa
③ 5.6~8.4kPa ④ 8.4~10kPa

압력조정기 (3) 조정압력이 3.3kPa 이하인 안전장치 작동압력(안전 핵심 17) 참조

22 어떤 냉동기에서 0℃의 물로 0℃의 얼음 2톤을 만드는 데 50kW · h의 일이 소요되었다. 이 냉동기의 성능계수는? (단, 물의 응고열은 80kcal/kg이다.)

① 3.7 ② 4.7
③ 5.7 ④ 6.7

- 냉동효과
  $2000\text{kg}\times80\text{kcal/kg}\times\frac{1}{860}=186.04\text{kW}\cdot\text{h}$
- $\text{COP}=\frac{\text{냉동효과}}{\text{압축일량}}=\frac{186.04\text{kWh}}{50\text{kWh}}=3.72$

※ 1kWh=860kcal/hr

정답 15.① 16.③ 17.② 18.④ 19.① 20.① 21.② 22.①

23 가스용 폴리에틸렌관의 장점이 아닌 것은?

① 부식에 강하다.
② 일광, 열에 강하다.
③ 내한성이 우수하다.
④ 균일한 단위제품을 얻기 쉽다.

24 정압기(governor)의 기본구성 중 2차 압력을 감지하고 변동사항을 알려주는 역할을 하는 것은?

① 스프링 ② 메인밸브
③ 다이어프램 ④ 웨이트

해설

정압기

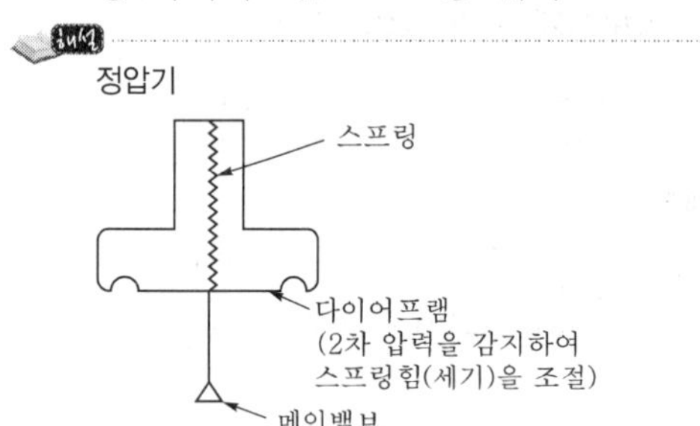

25 도시가스 저압배관의 설계 시 반드시 고려하지 않아도 되는 사항은? [설비-7]

① 허용 압력손실 ② 가스 소비량
③ 연소기의 종류 ④ 관의 길이

해설

배관의 유량식(설비 핵심 7) 참조

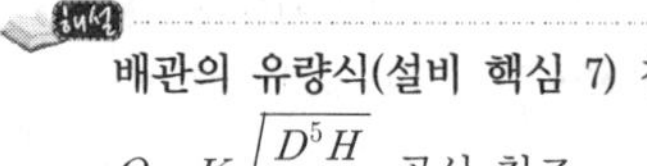

$Q = K\sqrt{\frac{D^5 H}{SL}}$ 공식 참조

26 일반도시가스사업자의 정압기에서 시공감리 기준 중 기능검사에 대한 설명으로 틀린 것은?

① 2차 압력을 측정하여 작동압력을 확인한다.
② 주정압기의 압력변화에 따라 예비정압기가 정상작동되는지 확인한다.
③ 가스차단장치의 개폐상태를 확인한다.
④ 지하에 설치된 정압기실 내부에 100lux 이상의 조명도가 확보되는지 확인한다.

④ 조명도 150lux 이상

27 발열량이 10500kcal/m³인 가스를 출력이 12000kcal/h인 연소기에서 연소효율 80%로 연소시켰다. 이 연소기의 용량은?

① 0.70m³/h ② 0.91m³/h
③ 1.14m³/h ④ 1.43m³/h

$$G(m^3/hr) = \frac{12000kcal/h}{10500kcal/m^3 \times 0.8} = 1.428 = 1.43m^3/h$$

28 전기방식에 대한 설명으로 틀린 것은?

① 전해질 중 물, 토양, 콘크리트 등에 노출된 금속에 대하여 전류를 이용하여 부식을 제어하는 방식이다.
② 전기방식은 부식 자체를 제거할 수 있는 것이 아니고 음극에서 일어나는 부식을 양극에서 일어나도록 하는 것이다.
③ 방식전류는 양극에서 양극반응에 의하여 전해질로 이온이 누출되어 금속 표면으로 이동하게 되고 음극 표면에서는 음극반응에 의하여 전류가 유입되게 된다.
④ 금속에서 부식을 방지하기 위해서는 방식전류가 부식전류 이하가 되어야 한다.

해설

④ 방식전류가 부식전류 이상이 되어야 한다.

29 LPG를 탱크로리에서 저장탱크로 이송 시 작업을 중단해야 하는 경우로 가장 거리가 먼 것은?

① 누출이 생긴 경우
② 과충전이 된 경우
③ 작업 중 주위에 화재 발생 시
④ 압축기 이용 시 베이퍼록 발생 시

해설

①, ②, ③ 및 압축기로 이송 시 액압축 발생 시, 펌프로 이송 시 베이퍼록 발생 시 작업을 중단해야 한다.

30 터보형 펌프에 속하지 않는 것은? [설비-33]

① 사류 펌프 ② 축류 펌프
③ 플런저 펌프 ④ 센트리퓨걸 펌프

펌프의 분류(설비 핵심 33) 참조

정답 23.② 24.③ 25.③ 26.④ 27.④ 28.④ 29.④ 30.③

31 Loading형으로 정특성, 동특성이 양호하며 비교적 콤팩트한 형식의 정압기는? (설비-6)

① KRF식 정압기
② Fisher식 정압기
③ Reynolds식 정압기
④ Axial-flow식 정압기

해설
(2) 정압기의 종류별 특성과 이상(설비 핵심 6) 참조

32 2개의 단열과정과 2개의 등압과정으로 이루어진 가스터빈의 이상 사이클은?

① 에릭슨사이클 ② 브레이턴사이클
③ 스털링사이클 ④ 아트킨슨사이클

해설
① 에릭슨사이클 : 2개의 등온, 2개의 정압
② 브레이턴사이클 : 2개의 단열, 2개의 정압
③ 스털링사이클 : 2개의 등온, 2개의 정적
④ 아트킨슨사이클 : 2개의 단열, 1개의 정적, 1개의 정압

33 캐비테이션 현상의 발생 방지책에 대한 설명으로 가장 거리가 먼 것은? (설비-9)

① 펌프의 회전수를 높인다.
② 흡입 관경을 크게 한다.
③ 펌프의 위치를 낮춘다.
④ 양흡입 펌프를 사용한다.

해설
캐비테이션(설비 핵심 9) 참조

34 LP가스를 이용한 도시가스 공급방식이 아닌 것은?

① 직접 혼입방식
② 공기 혼입방식
③ 변성 혼입방식
④ 생가스 혼입방식

해설
㉠ 도시가스 공급방식 : (직접, 공기, 변성) 혼입방식
㉡ 기화를 이용한 가스의 공급방식(강제기화방식) : (생가스, 공기혼합가스, 변성가스) 공급방식

35 다음 중 암모니아 압축기 실린더에 일반적으로 워터재킷을 사용하는 이유가 아닌 것은? (설비-47)

① 윤활유의 탄화를 방지한다.
② 압축소요일량을 크게 한다.
③ 압축효율의 향상을 도모한다.
④ 밸브 스프링의 수명을 연장시킨다.

해설
압축비와 실린더 냉각의 목적, 워터재킷 사용(냉각의 목적)(설비 핵심 47) 참조

36 금속재료에 대한 풀림의 목적으로 옳지 않은 것은? (설비-20)

① 인성을 향상시킨다.
② 내부응력을 제거한다.
③ 조직을 최대화하여 높은 경도를 얻는다.
④ 일반적으로 강의 경도가 낮아져 연화된다.

해설
열처리 종류 및 특징(설비 핵심 20) 참조

37 유수식 가스홀더의 특징에 대한 설명으로 틀린 것은? (설비-30)

① 제조설비가 저압인 경우에 사용한다.
② 구형 홀더에 비해 유효 가동량이 많다.
③ 가스가 건조하면 물탱크의 수분을 흡수한다.
④ 부지면적과 기초공사비가 적게 소요된다.

해설
가스홀더 분류 및 특징(설비 핵심 30) 참조

38 다음 중 염소가스 압축기에 주로 사용되는 윤활제는? (설비-32)

① 진한 황산
② 양질의 광유
③ 식물성유
④ 묽은 글리세린

해설
압축기에 사용되는 윤활유(설비 핵심 32) 참조

정답 31.② 32.② 33.① 34.④ 35.② 36.③ 37.④ 38.①

39 아세틸렌가스를 2.5MPa의 압력으로 압축할 때 주로 사용되는 희석제는? (설비-42)

① 질소 ② 산소
③ 이산화탄소 ④ 암모니아

C_2H_2의 폭발성(설비 핵심 42) 참조

40 액화프로판 400kg을 내용적 50L의 용기에 충전 시 필요한 용기의 개수는?

① 13개 ② 15개
③ 17개 ④ 19개

용기 1개당 충전량 $G=\frac{V}{C}$에서

$G=\frac{50}{2.35}=21.2765\text{kg}$

$\therefore$ 400÷21.2765=18.8=19개

제3과목 가스안전관리

41 암모니아 저장탱크에는 가스의 용량이 저장탱크 내용적의 몇 %를 초과하는 것을 방지하기 위한 과충전 방지조치를 강구하여야 하는가? (안전-37)

① 85% ② 90%
③ 95% ④ 98%

저장탱크 및 용기에 충전(안전 핵심 37) 참조

42 고압가스 일반제조의 시설기준에 대한 설명으로 옳은 것은?

① 산소 초저온저장탱크에는 환형유리관 액면계를 설치할 수 없다.
② 고압가스설비에 장치하는 압력계는 상용압력의 1.1배 이상 2배 이하의 최고 눈금이 있어야 한다.
③ 공기보다 가벼운 가연성 가스의 가스설비실에는 1방향 이상의 개구부 또는 자연환기설비를 설치하여야 한다.
④ 저장능력이 1000톤 이상인 가연성 액화가스의 지상 저장탱크의 주위에는 방류둑을 설치하여야 한다.

① 액면계는 환형유리관 액면계를 설치할 수 없다. 단, 산소 불활성 초저온저장탱크에는 환형유리관 액면계를 설치할 수 있다.
② 압력계의 눈금범위 : 상용압력의 1.5배 이상 2배 이하
③ 2방향 이상의 개구부 또는 자연환기설비를 설치

43 가스를 충전하는 경우에 밸브 및 배관이 얼었을 때 응급조치하는 방법으로 부적절한 것은?

① 열습포를 사용한다.
② 미지근한 물로 녹인다.
③ 석유버너 불로 녹인다.
④ 40℃ 이하의 물로 녹인다.

44 폭발 및 인화성 위험물 취급 시 주의하여야 할 사항으로 틀린 것은?

① 습기가 없고 양지바른 곳에 둔다.
② 취급자 외에는 취급하지 않는다.
③ 부근에서 화기를 사용하지 않는다.
④ 용기는 난폭하게 취급하거나 충격을 주어서는 아니 된다.

① 직사광선 일광을 피하여야 한다.

45 일반적인 독성가스의 제독제로 사용되지 않는 것은? (안전-44)

① 소석회 ② 탄산소다 수용액
③ 물 ④ 암모니아 수용액

독성가스 제독제와 보유량(안전 핵심 44) 참조

46 고압가스 안전성평가기준에서 정한 위험성 평가기법 중 정성적 평가기법에 해당되는 것은? (연소-12)

① Check List 기법 ② HEA 기법
③ FTA 기법 ④ CCA 기법

안전성평가기법(연소 핵심 12) 참조

정답 39.① 40.④ 41.② 42.④ 43.③ 44.① 45.④ 46.①

47 아세틸렌용 용접용기 제조 시 내압시험압력이란 최고충전압력 수치의 몇 배의 압력을 말하는가? (안전-52)

① 1.2 ② 1.8
③ 2 ④ 3

T_p, F_p, A_p 상용, 안전밸브 작동압력

48 지름이 각각 8m인 LPG 지상 저장탱크 사이에 물분무장치를 하지 않은 경우 탱크 사이에 유지해야 되는 간격은?

① 1m ② 2m
③ 4m ④ 8m

8+8=16m

$\therefore 16\times\frac{1}{4}=4$m

49 고압가스 특정제조시설에서 안전구역 안의 고압가스설비는 그 외면으로부터 다른 안전구역 안에 있는 고압가스설비의 외면까지 몇 m 이상의 거리를 유지하여야 하는가?

① 10m ② 20m
③ 30m ④ 50m

50 액화석유가스 자동차에 고정된 용기충전의 시설에 설치되는 안전밸브 중 압축기의 최종단에 설치된 안전밸브의 작동조정의 최소주기는? (안전-81)

① 6월에 1회 이상
② 1년에 1회 이상
③ 2년에 1회 이상
④ 3년에 1회 이상

설치장소에 따른 안전밸브 작동검사주기(안전 핵심 81) 참조

51 다음 중 액화가스 저장탱크의 저장능력을 산출하는 식은? (단, Q : 저장능력(m^3), W : 저장능력(kg), V : 내용적(L), P : 35℃에서 최고충전압력(MPa), d : 상용온도 내에서 액화가스 비중(kg/L), C : 가스의 종류에 따른 정수) (안전-36)

① $W=\frac{V}{C}$ ② $W=0.9dV$
③ $Q=(10P+1)V$ ④ $Q=(P+2)V$

저장능력 계산(안전 핵심 36) 참조

52 고압가스 일반제조시설에서 저장탱크 및 처리설비를 실내에 설치하는 경우의 기준으로 틀린 것은? (안전-49)

① 저장탱크실과 처리설비실은 각각 구분하여 설치하고 강제환기시설을 갖춘다.
② 저장탱크실의 천장, 벽 및 바닥의 두께는 20cm 이상으로 한다.
③ 저장탱크를 2개 이상 설치하는 경우에는 저장탱크실을 각각 구분하여 설치한다.
④ 저장탱크에 설치한 안전밸브는 지상 5m 이상의 높이에 방출구가 있는 가스방출관을 설치한다.

저장탱크 지하 설치기준(안전 핵심 49) 참조
② 20cm → 30cm

53 고압가스 운반차량의 운행 중 조치사항으로 틀린 것은? (안전-71)

① 400km 이상 거리를 운행할 경우 중간에 휴식을 취한다.
② 독성가스를 운반 중 도난당하거나 분실한 때에는 즉시 그 내용을 경찰서에 신고한다.
③ 독성가스를 운반하는 때는 그 고압가스의 명칭, 성질 및 이동 중의 재해방지를 위하여 필요한 주의사항을 기재한 서류를 운전자 또는 운반책임자에게 교부한다.
④ 고압가스를 적재하여 운반하는 차량은 차량의 고장, 교통사정, 운전자 또는 운반책임자가 휴식할 경우 운반책임자와 운전자가 동시에 이탈하지 아니 한다.

정답 47.④ 48.③ 49.③ 50.② 51.② 52.② 53.①

해설
차량고정탱크 및 용기에 의한 운반 주차 시 기준(안전 핵심 71) 참조
① 400km → 200km

54 초저온용기의 재료로 적합한 것은?

① 오스테나이트계 스테인리스강 또는 알루미늄 합금
② 고탄소강 또는 Cr강
③ 마텐자이트계 스테인리스강 또는 고탄소강
④ 알루미늄합금 또는 Ni-Cr강

해설
초저온용 재료 : 18-8 STS(오스테나이트계 스테인리스강), 9% Ni, Cu, Al 및 그 합금

55 질소 충전용기에서 질소가스의 누출여부를 확인하는 방법으로 가장 쉽고 안전한 방법은?

① 기름 사용
② 소리 감지
③ 비눗물 사용
④ 전기스파크 이용

56 고압가스용 이음매 없는 용기를 제조할 때 탄소함유량은 몇 % 이하를 사용하여야 하는가? (안전-63)

① 0.04 ② 0.05
③ 0.33 ④ 0.55

해설
용기의 CPS 함유량(%)(안전 핵심 63) 참조

57 포스겐가스($COCl_2$)를 취급할 때의 주의사항으로 옳지 않은 것은?

① 취급 시 방독마스크를 착용할 것
② 공기보다 가벼우므로 환기시설은 보관장소의 위쪽에 설치할 것
③ 사용 후 폐가스를 방출할 때에는 중화시킨 후 옥외로 방출시킬 것
④ 취급장소는 환기가 잘 되는 곳일 것

해설
$COCl_2$(포스겐) : 분자량 99g으로 공기보다 무겁다.

58 2단 감압식 1차용 액화석유가스조정기를 제조할 때 최대폐쇄압력은 얼마 이하로 해야 하는가? (단, 입구압력은 0.1~1.56MPa이다.) (안전-17)

① 3.5kPa
② 83kPa
③ 95kPa
④ 조정압력의 2.5배 이하

압력조정기(안전 핵심 17) (4) 최대폐쇄압력 참조
2단 감압식 1차용 : 95kPa

59 폭발 예방대책을 수립하기 위하여 우선적으로 검토하여야 할 사항으로 가장 거리가 먼 것은?

① 요인 분석
② 위험성 평가
③ 피해 예측
④ 피해 보상

60 특정설비에 대한 표시 중 기화장치에 각인 또는 표시해야 할 사항이 아닌 것은 어느 것인가?

① 내압시험압력
② 가열방식 및 형식
③ 설비별 기호 및 번호
④ 사용하는 가스의 명칭

해설
기화장치 각인사항(KGS AA911 3.9.1)
㉠ 제조자 명칭 또는 약호
㉡ 사용하는 가스의 명칭
㉢ 제조번호, 제조연월일
㉣ 내압시험에 합격한 연월일
㉤ 내압시험압력(T_p) 단위(MPa)
㉥ 가열 방식 및 형식
㉦ 최고사용압력(D_p) 단위(MPa)
㉧ 기화능력(kg/h, m^3/h)

정답 54.① 55.③ 56.④ 57.② 58.③ 59.④ 60.③

제4과목 가스계측

61 가스미터의 원격계측(검침) 시스템에서 원격계측 방법으로 가장 거리가 먼 것은?

① 제트식
② 기계식
③ 펄스식
④ 전자식

62 외란의 영향으로 인하여 제어량이 목표치 50L/min에서 53L/min으로 변하였다면 이때 제어편차는 얼마인가?

① +3L/min
② −3L/min
③ +6.0%
④ −6.0%

제어편차=목표값−제어량
=50−53
=−3L/min

63 He가스 중 불순물로서 N_2 : 2%, CO : 5%, CH_4 : 1%, H_2 : 5%가 들어있는 가스를 가스크로마토그래피로 분석하고자 한다. 다음 중 가장 적당한 검출기는?

① 열전도검출기(TCD)
② 불꽃이온화검출기(FID)
③ 불꽃광도검출기(FPD)
④ 환원성가스검출기(RGD)

64 다음 중 초음파 유량계에 대한 설명으로 틀린 것은?

① 압력손실이 거의 없다.
② 압력은 유량에 비례한다.
③ 대구경 관로의 측정이 가능하다.
④ 액체 중 고형물이나 기포가 많이 포함되어 있어도 정도가 좋다.

④ 액체 중 고형물, 기포가 포함 시 정도는 낮다.

65 접촉식 온도계의 종류와 특징을 연결한 것 중 틀린 것은? (계측-9)

① 유리 온도계−액체의 온도에 따른 팽창을 이용한 온도계
② 바이메탈 온도계−바이메탈이 온도에 따라 굽히는 정도가 다른 점을 이용한 온도계
③ 열전대 온도계−온도 차이에 의한 금속의 열상승 속도의 차이를 이용한 온도계
④ 저항 온도계−온도 변화에 따른 금속의 전기저항 변화를 이용한 온도계

열전대 온도계 (2) 열전대의 열기전력 법칙(계측 핵심 9) 참조
열전대 온도계 측정원리 : 열기전력

66 습식 가스미터의 특징에 대한 설명으로 옳지 않은 것은? (계측-8)

① 계량이 정확하다.
② 설치공간이 작다.
③ 사용 중에 기차의 변동이 거의 없다.
④ 사용 중에 수위 조정 등의 관리가 필요하다.

막식, 습식, 루트식 가스미터 장·단점(계측 핵심 8) 참조
② 설치면적이 크다.

67 다음 가스 분석법 중 흡수분석법에 해당되지 않는 것은? (계측-1)

① 헴펠법 ② 게겔법
③ 오르자트법 ④ 우인클러법

흡수분석법(계측 핵심 1) 참조

68 아르키메데스의 원리를 이용하는 압력계는?

① 부르동관 압력계
② 링밸런스식 압력계
③ 침종식 압력계
④ 벨로스식 압력계

정답 61.① 62.② 63.① 64.④ 65.③ 66.② 67.④ 68.③

69 되먹임제어에 대한 설명으로 옳은 것은?

① 열린 회로제어이다.
② 비교부가 필요 없다.
③ 되먹임이란 출력신호를 입력신호로 다시 되돌려 보내는 것을 말한다.
④ 되먹임제어 시스템은 선형 제어 시스템에 속한다.

되먹임제어(피드백제어)
㉠ 폐회로 또는 귀환경로가 있어 피드백제어이다.
㉡ 입력, 출력을 비교하는 장치가 필요하다.
㉢ 비선형과 외형에 대한 효과의 감소가 있다.
㉣ 정확성이 증가한다.

70 계측에 사용되는 열전대 중 다음 [보기]의 특징을 가지는 온도계는?

[보기]
㉠ 열기전력이 크고, 저항 및 온도계수가 작다.
㉡ 수분에 의한 부식에 강하므로 저온측정에 적합하다.
㉢ 비교적 저온의 실험용으로 주로 사용한다.

① R형　② T형
③ J형　④ K형

71 평균유속이 3m/s인 파이프를 25L/s의 유량이 흐르도록 하려면 이 파이프의 지름을 약 몇 mm로 해야 하는가?

① 88mm　② 93mm
③ 98mm　④ 103mm

$$Q = \frac{\pi}{4}d^2 \cdot V$$

$$\therefore d = \sqrt{\frac{4Q}{\pi \cdot V}} = \sqrt{\frac{4 \times 0.025}{\pi \times 3}} = 0.103\text{m} = 103\text{mm}$$

72 전기저항식 습도계의 특징에 대한 설명 중 틀린 것은?

① 저온도의 측정이 가능하고, 응답이 빠르다.
② 고습도에 장기간 방치하면 감습막이 유동한다.
③ 연속기록, 원격측정, 자동제어에 주로 이용된다.
④ 온도계수가 비교적 작다.

저항식 습도계 : 염화리튬을 절연판 위에 바르고 전극을 놓아 저항치를 측정하면 그 저항치가 상대습도에 따라 변화하는 원리를 이용하여 습도를 측정

특징
㉠ 저온도의 측정이 가능하고, 연속기록, 원격전송, 자동제어에 이용된다.
㉡ 상대습도 측정에 적합하다.
㉢ 전기저항의 변화로 습도를 측정한다.
㉣ 온도계수가 크다.

73 여과기(strainer)의 설치가 필요한 가스미터는? (계측-8)

① 터빈 가스미터
② 루트 가스미터
③ 막식 가스미터
④ 습식 가스미터

막식, 습식, 루트식 가스미터의 장·단점(계측 핵심 8) 참조

74 가스보일러에서 가스를 연소시킬 때 불완전연소로 발생하는 가스에 중독될 경우 생명을 잃을 수도 있다. 이때 이 가스를 검지하기 위하여 사용하는 시험지는?

① 연당지
② 염화파라듐지
③ 하리슨씨 시약
④ 질산구리벤젠지

- 불완전연소 시 발생되는 가스 : CO
- CO의 누출검지 시험지 : 염화파라듐지

정답 69.③ 70.② 71.④ 72.④ 73.② 74.②

75 Block선도의 등가변환에 해당하는 것만으로 짝지어진 것은? (계측-14)

① 전달요소 결합, 가합점 치환, 직렬 결합, 피드백 치환
② 전달요소 치환, 인출점 치환, 병렬 결합, 피드백 결합
③ 인출점 치환, 가합점 결합, 직렬 결합, 병렬 결합
④ 전달요소 이동, 가합점 결합, 직렬 결합, 피드백 결합

자동제어계의 기본블록선도(계측 핵심 14) 참조

76 가스센서에 이용되는 물리적 현상으로 가장 옳은 것은?

① 압전효과
② 조셉슨효과
③ 흡착효과
④ 광전효과

77 실측식 가스미터가 아닌 것은? (계측-6)

① 터빈식
② 건식
③ 습식
④ 막식

실측식 · 측량식 계량기 분류(계측 핵심 6) 참조

78 전극식 액면계의 특징에 대한 설명으로 틀린 것은?

① 프로브 형성 및 부착위치와 길이에 따라 정전용량이 변화한다.
② 고유저항이 큰 액체에는 사용이 불가능하다.
③ 액체의 고유저항 차이에 따라 동작점의 차이가 발생하기 쉽다.
④ 내식성이 강한 전극봉이 필요하다.

전극식 액면계의 특징
㉠ 도전성일 경우에 사용
㉡ 액면지시보다는 경보용 · 제어용
㉢ 저항이 큰 액체에 사용 불가능
㉣ 내식성이 강한 전극봉이 필요
㉤ 저항 차이에 따라 동작점의 차이가 발생

79 반도체 스트레인 게이지의 특징이 아닌 것은?

① 높은 저항 ② 높은 안정성
③ 큰 게이지상수 ④ 낮은 피로수명

80 헴펠(Hempel)법에 의한 분석순서가 바른 것은? (계측-1)

① $CO_2 \rightarrow C_mH_n \rightarrow O_2 \rightarrow CO$
② $CO \rightarrow C_mH_n \rightarrow O_2 \rightarrow CO_2$
③ $CO_2 \rightarrow O_2 \rightarrow C_mH_n \rightarrow CO$
④ $CO \rightarrow O_2 \rightarrow C_mH_n \rightarrow CO_2$

흡수식 분석법(계측 핵심 1) 참조

정답 75.② 76.③ 77.① 78.① 79.④ 80.①

국가기술자격 시험문제

2020년 산업기사 제3회 필기시험(2부) (2020년 8월 23일 시행)

자격종목	시험시간	문제수	문제형별
가스산업기사	**2시간**	**80**	**A**

수험번호		성 명	

제1과목 연소공학

01 연소열에 대한 설명으로 틀린 것은?

① 어떤 물질이 완전연소할 때 발생하는 열량이다.
② 연료의 화학적 성분은 연소열에 영향을 미친다.
③ 이 값이 클수록 연료로서 효과적이다.
④ 발열반응과 함께 흡열반응도 포함한다.

연소열 : 물질 1mol이 완전연소 시 발생하는 열량으로 발열반응이다.

02 연소가스량 $10m^3/kg$, 비열 $0.325kcal/m^3 \cdot ℃$인 어떤 연료의 저위발열량이 6700kcal/kg이었다면 이론연소온도는 약 몇 ℃인가?

① 1962℃　② 2062℃
③ 2162℃　④ 2262℃

$$t = \frac{H_L}{G \cdot C_P}$$
$$= \frac{6700\text{kcal/kg}}{10\text{m}^3/\text{kg} \times 0.325\text{kcal/m}^3 \cdot ℃} = 2061.53 = 2062℃$$

03 황(S) 1kg이 이산화황(SO_2)으로 완전연소할 경우 이론산소량(kg/kg)과 이론공기량(kg/kg)은 각각 얼마인가?

① 1, 4.31　② 1, 8.62
③ 2, 4.31　④ 2, 8.62

$S + O_2 \rightarrow SO_2$
32kg　32kg
1kg : x(산소량)(kg)

$$\therefore x = \frac{1 \times 32}{32} = 1\text{kg}$$
$$\therefore y(\text{공기량}) = 1 \times \frac{1}{0.232} = 4.31\text{kg}$$

04 메탄 60v%, 에탄 20v%, 프로판 15v%, 부탄 5v%인 혼합가스의 공기 중 폭발하한계(v%)는 약 얼마인가? (단, 각 성분의 폭발하한계는 메탄 5.0v%, 에탄 3.0v%, 프로판 2.1v%, 부탄 1.8v%로 한다.)

① 2.5　② 3.0
③ 3.5　④ 4.0

$$\frac{100}{L} = \frac{V_1}{L_1} + \frac{V_2}{L_2} + \frac{V_3}{L_3} + \frac{V_4}{L_4}$$
$$= \frac{60}{5.0} + \frac{20}{3.0} + \frac{15}{2.1} + \frac{5}{1.8}$$
$$= 28.58$$
$$\therefore L = \frac{100}{28.58} = 3.498 = 3.50$$

05 기체연료의 확산연소에 대한 설명으로 틀린 것은?

① 확산연소는 폭발의 경우에 주로 발생하는 형태이며 예혼합연소에 비해 반응대가 좁다.
② 연료가스와 공기를 별개로 공급하여 연소하는 방법이다.
③ 연소형태는 연소기기의 위치에 따라 달라지는 비균일연소이다.
④ 일반적으로 확산과정은 화학반응이나 화염의 전파과정보다 늦기 때문에 확산에 의한 혼합속도가 연소속도를 지배한다.

정답 01.④ 02.② 03.① 04.③ 05.①

확산연소
㉠ 정의 : 연료가스와 공기가 혼합하면서 연소하는 현상
㉡ 연소방법 : 기체연료를 노 내에서 연소시킬 때 공기와 기체연료를 서로 다른 입구에서 공급하여 연소
㉢ 예혼합연소와의 비교 : 예혼합에 비해 반응대가 비교적 넓고 탄화수소의 연료에서는 수트를 생성하기 쉽다.

06 프로판가스의 분자량은 얼마인가?

① 17 ② 44
③ 58 ④ 64

해설
C_3H_8의 분자량은 $12\times3+1\times8=44$g이다.

07 0℃, 1기압에서 C_3H_8 5kg의 체적은 약 몇 m^3인가? (단, 이상기체로 가정하고, C의 원자량은 12, H의 원자량은 1이다.)

① 0.6 ② 1.5
③ 2.5 ④ 3.6

5kg : $x(m^3)$ = 44kg : $22.4m^3$

$\therefore\ x=\dfrac{5\times22.4}{44}=2.545m^3$

08 다음 [보기]의 성질을 가지고 있는 가스는 어느 것인가?

> [보기]
> • 무색, 무취, 가연성 기체
> • 폭발범위 : 공기 중 4~75vol%

① 메탄 ② 암모니아
③ 에틸렌 ④ 수소

09 공기비가 적을 경우 나타나는 현상과 가장 거리가 먼 것은? (연소-15)

① 매연 발생이 심해진다.
② 폭발사고 위험성이 커진다.
③ 연소실 내의 연소온도가 저하된다.
④ 미연소로 인한 열손실이 증가한다.

해설
공기비(연소 핵심 15) 참조
공기비가 클 경우 연소실 온도 저하

10 1atm, 27℃의 밀폐된 용기에 프로판과 산소가 1 : 5 부피비로 혼합되어 있다. 프로판이 완전연소하여 화염의 온도가 1000℃가 되었다면 용기 내에 발생하는 압력은 약 몇 atm인가?

① 1.95atm ② 2.95atm
③ 3.95atm ④ 4.95atm

해설
$C_3H_8+5O_2 \rightarrow 3CO_2+4H_2O$에서
P_1 : 1atm n_1 : (1+5)=6mol
T_1 : (273+27)
P_2 : ? n_2 : (3+4)=7mol
T_2 : (1000+273)이므로

$(V_1=V_2)=\dfrac{n_1R_1T_1}{P_1}=\dfrac{n_2R_2T_2}{P_2}\ (R_1=R_2)$

$\therefore\ P_2=\dfrac{P_1n_2T_2}{n_1T_1}=\dfrac{1\times7\times1273}{6\times300}=4.95\text{atm}$

11 기체상수 R을 계산한 결과 1.987이었다. 이때 사용되는 단위는? (연소-4)

① cal/mol · K ② erg/kmol · K
③ Joulel/mol · K ④ L · atm/mol · K

해설
이상기체상태방정식(연소 핵심 4) 참조

12 다음 중 분진폭발과 가장 관련이 있는 물질은?

① 소백분 ② 에테르
③ 탄산가스 ④ 암모니아

해설
분진폭발
㉠ 정의 : 가연성 고체의 미분이 공기 중에 부유하고 있을 때 어떤 착화원에 의해 에너지가 주어지면 일어나는 폭발
㉡ 예시 : 탄광의 미분탄, 플라스틱 미분, 소백분, 밀가루 등의 부유 시
㉢ 분진폭발이 일어나는 조건
• 가연성이며 폭발범위 내에 있어야 한다.
• 점화원이 있어야 한다.
• 분진이 화염을 전파할 수 있는 크기여야 한다.

정답 06.② 07.③ 08.④ 09.③ 10.④ 11.① 12.①

13 폭굉이란 가스 중의 음속보다 화염 전파속도가 큰 경우를 말하는데 마하수 약 얼마를 말하는가?

① 1~2　② 3~12
③ 12~21　④ 21~30

14 다음 중 자기연소를 하는 물질로만 나열된 것은?

① 경유, 프로판
② 질화면, 셀룰로이드
③ 황산, 나프탈렌
④ 석탄, 플라스틱(FRP)

자기연소
㉠ 정의 : 고체가연물이 분자 내 산소를 가지고 있어 가열 시 열분해에 의해 가스 생성물과 함께 산소를 발생하고, 산소 부족 시에도 연소가 진행되며 외부에 산소 존재 시 폭발이 일어날 수도 있다.
㉡ 예시 : 니트로셀룰로오스, 니트로글리세린, 질산에스테르류, 질화성 물질

15 가연물의 위험성에 대한 설명으로 틀린 것은?

① 비등점이 낮으면 인화의 위험성이 높아진다.
② 파라핀 등 가연성 고체는 화재 시 가연성 액체가 되어 화재를 확대한다.
③ 물과 혼합되기 쉬운 가연성 액체는 물과 혼합되면 증기압이 높아져 인화점이 낮아진다.
④ 전기전도도가 낮은 인화성 액체는 유동이나 여과 시 정전기를 발생하기 쉽다.

물과 혼합 시 인화점은 높아진다.

16 정전기를 제어하는 방법으로서 전하의 생성을 방지하는 방법이 아닌 것은?

① 접속과 접지(Bonding and Grounding)
② 도전성 재료 사용
③ 침액파이프(Dip pipes) 설치
④ 첨가물에 의한 전도도 억제

17 어떤 반응물질이 반응을 시작하기 전에 반드시 흡수하여야 하는 에너지의 양을 무엇이라 하는가?

① 점화에너지
② 활성화에너지
③ 형성엔탈피
④ 연소에너지

활성화에너지 : 반응에 필요한 최소한의 에너지로서 반응물질이 반응을 시작하기 전 반드시 흡수하여야 하는 에너지의 양

18 연료의 발열량 계산에서 유효수소를 옳게 나타낸 것은?

① $\left(H+\frac{O}{8}\right)$　② $\left(H-\frac{O}{8}\right)$
③ $\left(H+\frac{O}{16}\right)$　④ $\left(H-\frac{O}{16}\right)$

• 유효수소 : $\left(H-\frac{O}{8}\right)$
• 무효수소 : $\frac{O}{8}$

19 표준상태에서 기체 $1m^3$는 약 몇 몰인가?

① 1
② 2
③ 22.4
④ 44.6

$1m^3=1000L$
$\therefore \frac{1000}{22.4}=44.64mol$

20 다음 중 열전달계수의 단위는?

① kcal/h
② $kcal/m^2 \cdot h \cdot ℃$
③ kcal/m · h · ℃
④ kcal/℃

• 열전달($kcal/m^2 \cdot h \cdot ℃$)
• 열전도(kcal/m · h · ℃)
• 열관류($kcal/m^2 \cdot h \cdot ℃$)

정답 13.② 14.② 15.③ 16.④ 17.② 18.② 19.④ 20.②

제2과목 가스설비

21 조정기 감압방식 중 2단 감압방식의 장점이 아닌 것은? (설비-55)

① 공급압력이 안정하다.
② 장치와 조작이 간단하다.
③ 배관의 지름이 가늘어도 된다.
④ 각 연소기구에 알맞은 압력으로 공급이 가능하다.

조정기(설비 핵심 55) 참조

22 지하 도시가스 매설배관에 Mg과 같은 금속을 배관과 전기적으로 연결하여 방식하는 방법은? (안전-38)

① 희생양극법 ② 외부전원법
③ 선택배류법 ④ 강제배류법

전기방식법(안전 핵심 38) 참조

23 다음 중 고압가스설비 내에서 이상사태가 발생한 경우 긴급이송설비에 의하여 이송되는 가스를 안전하게 연소시킬 수 있는 안전장치는? (안전-26)

① 벤트스택 ② 플레어스택
③ 인터록기구 ④ 긴급차단장치

긴급이송설비(안전 핵심 26) 참조

24 도시가스시설에서 전기방식 효과를 유지하기 위하여 빗물이나 이물질의 접촉으로 인한 절연의 효과가 상쇄되지 아니하도록 절연이음매 등을 사용하여 절연한다. 다음 중 절연조치를 하는 장소에 해당되지 않는 것은? (안전-65)

① 교량횡단배관의 양단
② 배관과 철근콘크리트 구조물 사이
③ 배관과 배관 지지물 사이
④ 타 시설물과 30cm 이상 이격되어 있는 배관

전기방식(안전 핵심 65) 참조
전기방식 효과를 유지하기 위하여 절연조치를 하는 장소

25 원심펌프를 병렬로 연결하는 것은 무엇을 증가시키기 위한 것인가? (설비-61)

① 양정 ② 동력
③ 유량 ④ 효율

원심펌프의 운전(설비 핵심 61) 참조

26 저온장치에서 저온을 얻을 수 있는 방법이 아닌 것은?

① 단열교축팽창
② 등엔트로피팽창
③ 단열압축
④ 기체의 액화

단열압축 : 고온을 얻을 수 있는 방법

27 다음 중 두께 3mm, 내경 20mm, 강관의 내압이 2kgf/cm^{2}일 때, 원주방향으로 강관에 작용하는 응력은 약 몇 kgf/cm^{2}인가?

① 3.33 ② 6.67
③ 9.33 ④ 12.67

원주방향 응력

$$\sigma_t = \frac{PD}{2t}$$
$$= \frac{2\times20}{2\times3} = 6.67\text{kgf/cm}^2$$

참고 축방향 응력

$$\sigma_Z = \frac{PD}{4t}$$

28 용적형 압축기에 속하지 않는 것은?

① 왕복압축기
② 회전압축기
③ 나사압축기
④ 원심압축기

용적형 압축기 : 왕복 · 회전 · 나사 압축기

정답 21.② 22.① 23.② 24.④ 25.③ 26.③ 27.② 28.④

29 비교회전도 175, 회전수 3000rpm, 양정 210m인 3단 원심펌프의 유량은 약 몇 m^3/min인가?

① 1 ② 2
③ 3 ④ 4

해설

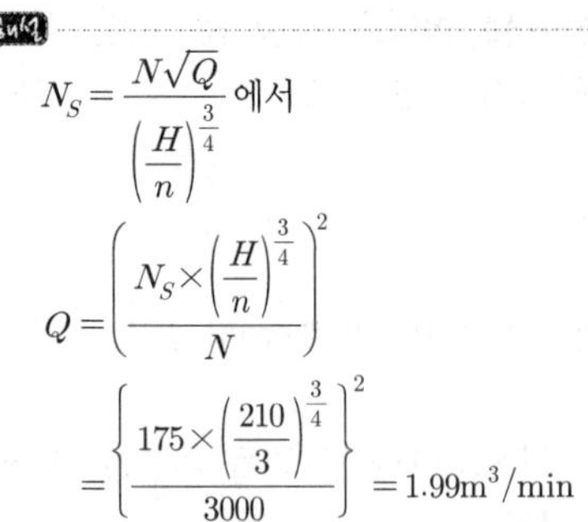

$N_S = \dfrac{N\sqrt{Q}}{\left(\dfrac{H}{n}\right)^{\frac{3}{4}}}$ 에서

$Q = \left(\dfrac{N_S \times \left(\dfrac{H}{n}\right)^{\frac{3}{4}}}{N}\right)^2$

$= \left\{\dfrac{175 \times \left(\dfrac{210}{3}\right)^{\frac{3}{4}}}{3000}\right\}^2 = 1.99\text{m}^3/\text{min}$

30 고압고무호스의 제품성능 항목이 아닌 것은?

① 내열성능 ② 내압성능
③ 호스부성능 ④ 내이탈성능

해설
일반용 고압고무호스의 제품성능(KGS AA531)
내압성능, 기밀성능, 내한성능, 내구성능, 내이탈성능, 호스부성능

31 이중각식 구형 저장탱크에 대한 설명으로 틀린 것은?

① 상온 또는 −30℃ 전후까지의 저온의 범위에 적합하다.
② 내구에는 저온 강재, 외구에는 보통 강판을 사용한다.
③ 액체산소, 액체질소, 액화메탄 등의 저장에 사용된다.
④ 단열성이 아주 우수하다.

해설
이중각식 구형 저장탱크는 $L-O_2$(−183℃), $L-Ar$(−186℃), $L-N_2$(−196℃) 등의 초저온에 견딜 수 있는 범위에 적합하다.

32 저온(T_2)으로부터 고온(T_1)으로 열을 보내는 냉동기의 성능계수 산정식은? (연소-16)

① $\dfrac{T_2}{T_1}$ ② $\dfrac{T_2}{T_1 - T_2}$
③ $\dfrac{T_1}{T_1 - T_2}$ ④ $\dfrac{T_1 - T_2}{T_1}$

해설
냉동기, 열펌프의 성적계수 및 열효율(연소 핵심 16) 참조

33 액화석유가스를 소규모 소비하는 시설에서 용기수량을 결정하는 조건으로 가장 거리가 먼 것은?

① 용기의 가스발생능력
② 조정기의 용량
③ 용기의 종류
④ 최대가스소비량

해설

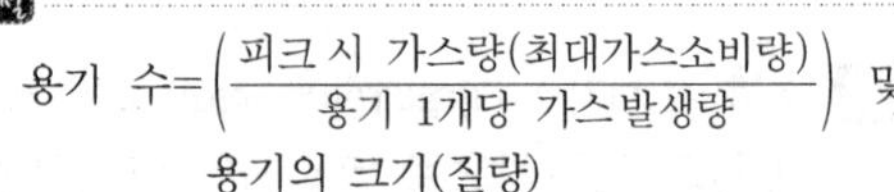

용기 수$=\left(\dfrac{\text{피크 시 가스량(최대가스소비량)}}{\text{용기 1개당 가스발생량}}\right)$ 및 용기의 크기(질량)

34 LPG 용기 충전시설의 저장설비실에 설치하는 자연환기설비에서 외기에 면하여 설치된 환기구의 통풍가능 면적의 합계는 어떻게 하여야 하는가? (안전-123)

① 바닥면적 1m^2마다 100cm^2의 비율로 계산한 면적 이상
② 바닥면적 1m^2마다 300cm^2의 비율로 계산한 면적 이상
③ 바닥면적 1m^2마다 500cm^2의 비율로 계산한 면적 이상
④ 바닥면적 1m^2마다 600cm^2의 비율로 계산한 면적 이상

해설
LP가스 환기설비(안전 핵심 123) 참조

35 정압기를 사용 압력별로 분류한 것이 아닌 것은? (안전-104)

① 단독사용자용 정압기
② 중압 정압기
③ 지역 정압기
④ 지구 정압기

해설
정압기(안전 핵심 104) 참조
정압기 사용 압력별 분류 : 단독사용자용, 지구 · 지역 정압기 등

정답 29.② 30.① 31.① 32.② 33.② 34.② 35.②

36 액화사이클 중 비점이 점차 낮은 냉매를 사용하여 저비점의 기체를 액화하는 사이클은 어느 것인가? (설비-57)

① 린데 공기 액화사이클
② 가역가스 액화사이클
③ 캐스케이드 액화사이클
④ 필립스 공기 액화사이클

가스 액화사이클(설비 핵심 57) 참조

37 추의 무게가 5kg이며, 실린더의 지름이 4cm일 때 작용하는 게이지 압력은 약 몇 kg/cm^2인가?

① 0.3 ② 0.4
③ 0.5 ④ 0.6

$$P=\frac{W}{A}$$

$$=\frac{5\text{kg}}{\frac{\pi}{4}\times(4\text{cm})^2}=0.397=0.4\text{kg/cm}^2$$

38 시안화수소를 용기에 충전하는 경우 품질검사 시 합격 최저순도는?

① 98% ② 98.5%
③ 99% ④ 99.5%

39 용적형(왕복식) 펌프에 해당하지 않는 것은 어느 것인가? (설비-33)

① 플런저 펌프
② 다이어프램 펌프
③ 피스톤 펌프
④ 제트 펌프

펌프의 분류(설비 핵심 33) 참조

40 조정기의 주된 설치목적은? (설비-55)

① 가스의 유속 조절
② 가스의 발열량 조절
③ 가스의 유량 조절
④ 가스의 압력 조절

조정기(설비 핵심 55) 참조

제3과목 가스안전관리

41 고압가스 저장탱크를 지하에 묻는 경우 지면으로부터 저장탱크의 정상부까지의 깊이는 최소 얼마 이상으로 하여야 하는가? (안전-49)

① 20cm
② 40cm
③ 60cm
④ 1m

LPG 저장탱크 지하설치 기준(안전 핵심 49) 참조

42 동일 차량에 적재하여 운반이 가능한 것은 어느 것인가? (안전-34)

① 염소와 수소
② 염소와 아세틸렌
③ 염소와 암모니아
④ 암모니아와 LPG

고압가스 용기에 의한 운반기준(안전 핵심 34) 참조
'적재'부분

43 다음 중 고압가스 제조 시 압축하면 안 되는 경우는? (안전-25)

① 가연성 가스(아세틸렌, 에틸렌 및 수소를 제외) 중 산소 용량이 전 용량의 2% 일 때
② 산소 중의 가연성 가스(아세틸렌, 에틸렌 및 수소를 제외)의 용량이 전 용량의 2% 일 때
③ 아세틸렌, 에틸렌 또는 수소 중의 산소 용량이 전 용량의 3%일 때
④ 산소 중 아세틸렌, 에틸렌 및 수소의 용량 합계가 전 용량의 1%일 때

가스 혼합 시 압축하여서는 안 되는 경우(안전 핵심 25) 참조

정답 36.③ 37.② 38.① 39.④ 40.④ 41.③ 42.④ 43.③

44 액화석유가스의 특성에 대한 설명으로 옳지 않은 것은? (설비-56)

① 액체는 물보다 가볍고, 기체는 공기보다 무겁다.
② 액체의 온도에 의한 부피 변화가 작다.
③ LNG보다 발열량이 크다.
④ 연소 시 다량의 공기가 필요하다.

해설
LP가스의 특성(설비 핵심 56) 참조

45 자기압력기록계로 최고사용압력이 중압인 도시가스배관에 기밀시험을 하고자 한다. 배관의 용적이 15m^{3}일 때 기밀유지시간은 몇 분 이상이어야 하는가? (안전-68)

① 24분
② 36분
③ 240분
④ 360분

해설
가스배관 압력측정 기구별 기밀유지시간(안전 핵심 68) 참조
자기압력기록계의 저압 · 중압의 내용적 10m^3 이상 300m^3 미만
$24\times V=24\times 15=360$분

46 차량에 고정된 탱크 운행 시 반드시 휴대하지 않아도 되는 서류는? (안전-47)

① 고압가스 이동계획서
② 탱크 내압시험 성적서
③ 차량등록증
④ 탱크용량 환산표

해설
차량고정 탱크 내 휴대하여야 하는 안전운행 서류(안전 핵심 47) 참조

47 이동식 부탄연소기와 관련된 사고가 액화석유가스 사고의 약 10% 수준으로 발생하고 있다. 이를 예방하기 위한 방법으로 가장 부적당한 것은? (안전-70)

① 연소기에 접합용기를 정확히 장착한 후 사용한다.
② 과대한 조리기구를 사용하지 않는다.
③ 잔가스 사용을 위해 용기를 가열하지 않는다.
④ 사용한 접합용기는 파손되지 않도록 조치한 후 버린다.

해설
에어졸 제조시설(안전 핵심 70) 참조
사용한 용기는 잔가스를 제거 후 버릴 것

48 액화석유가스 사용시설의 시설기준에 대한 안전사항으로 다음 (　) 안에 들어갈 수치가 모두 바르게 나열된 것은? (안전-73)

- 가스계량기와 전기계량기와의 거리는 (㉠) 이상, 전기점멸기와의 거리는 (㉡) 이상, 절연조치를 하지 아니한 전선과의 거리는 (㉢) 이상의 거리를 유지할 것
- 주택에 설치된 저장설비는 그 설비 안의 것을 제외한 화기 취급장소와 (㉣) 이상의 거리를 유지하거나 누출된 가스가 유동되는 것을 방지하기 위한 시설을 설치할 것

① ㉠ 60cm, ㉡ 30cm, ㉢ 15cm, ㉣ 8m
② ㉠ 30cm, ㉡ 20cm, ㉢ 15cm, ㉣ 8m
③ ㉠ 60cm, ㉡ 30cm, ㉢ 15cm, ㉣ 2m
④ ㉠ 30cm, ㉡ 20cm, ㉢ 15cm, ㉣ 2m

해설
가스계량기, 호스이음부, 배관이음부 유지거리(안전 핵심 73) 참조

49 독성가스 용기 운반 등의 기준으로 옳은 것은 어느 것인가? (안전-34)

① 밸브가 돌출한 운반용기는 이동식 프로텍터 또는 보호구를 설치한다.
② 충전용기를 차에 실을 때에는 넘어짐 등으로 인한 충격을 고려할 필요가 없다.
③ 기준 이상의 고압가스를 차량에 적재하여 운반할 경우 운반책임자가 동승하여야 한다.
④ 시 · 도지사가 지정한 장소에서 이륜차에 적재할 수 있는 충전용기는 충전량이 50kg 이하이고 적재 수는 2개 이하이다.

정답 44.② 45.④ 46.② 47.④ 48.③ 49.③

해설

고압가스 용기에 의한 운반기준(안전 핵심 34) 참조

㉠ 밸브가 돌출한 용기는 밸브 손상방지 조치

㉡ 20kg 이하 2개를 초과하지 않을 경우 운반 가능

50 독성가스이면서 조연성 가스인 것은?

① 암모니아 ② 시안화수소
③ 황화수소 ④ 염소

해설

① 암모니아(독성, 가연성)
② 시안화수소(독성, 가연성)
③ 황화수소(독성, 가연성)
④ 염소(독성, 조연성)

51 다음 각 용기의 기밀시험 압력으로 옳은 것은 어느 것인가? (안전-52)

① 초저온가스용 용기는 최고 충전압력의 1.1배의 압력
② 초저온가스용 용기는 최고 충전압력의 1.5배의 압력
③ 아세틸렌용 용접용기는 최고 충전압력의 1.1배의 압력
④ 아세틸렌용 용접용기는 최고 충전압력의 1.6배의 압력

해설

T_P, F_P, A_P **상용압력, 안전밸브 작동압력(안전 핵심 52) 참조**

52 LPG용 가스레인지를 사용하는 도중 불꽃이 치솟는 사고가 발생하였을 때 가장 직접적인 사고 원인은?

① 압력조정기 불량
② T관으로 가스 누출
③ 연소기의 연소 불량
④ 가스누출자동차단기 미작동

53 고압가스용 이음매 없는 용기에서 내용적 50L인 용기에 4MPa의 수압을 걸었더니 내용적이 50.8L가 되었고 압력을 제거하여 대기압으로 하였더니 내용적이 50.02L가 되었다면 이 용기의 영구증가율은 몇 %이며, 이 용기는 사용이 가능한지를 판단하면? (안전-18)

① 1.6%, 가능 ② 1.6%, 불가능
③ 2.5%, 가능 ④ 2.5%, 불가능

해설

항구증가율(안전 핵심 18) 참조

$$\text{항구증가율} = \frac{\text{항구증가량}}{\text{전 증가량}} \times 100\%$$

$$= \frac{50.02 - 50}{50.8 - 50} \times 100$$

$$= 2.5\%$$

∴ 10% 이하이므로 합격(사용 가능)

54 산소와 함께 사용하는 액화석유가스 사용시설에서 압력조정기와 토치 사이에 설치하는 안전장치는? (안전-91)

① 역화방지기
② 안전밸브
③ 파열판
④ 조정기

해설

역류방지밸브, 역화방지장치 설치기준(안전 91) 참조

55 아세틸렌을 2.5MPa의 압력으로 압축할 때 첨가하는 희석제가 아닌 것은? (설비-25)

① 질소 ② 에틸렌
③ 메탄 ④ 황화수소

C_2H_2의 폭발성(설비 핵심 25) 참조

56 LPG 충전기의 충전호스의 길이는 몇 m 이내로 하여야 하는가?

① 2m ② 3m
③ 5m ④ 8m

57 염소 누출에 대비하여 보유하여야 하는 제독제가 아닌 것은? (안전-44)

① 가성소다 수용액
② 탄산소다 수용액
③ 암모니아 수용액
④ 소석회

독성가스 제독제와 보유량(안전 핵심 44) 참조

정답 50.④ 51.① 52.① 53.③ 54.① 55.④ 56.③ 57.③

58 가스설비가 오조작되거나 정상적인 제조를 할 수 없는 경우 자동적으로 원재료를 차단하는 장치는?

① 인터록기구
② 원료제어밸브
③ 가스누출기구
④ 내부반응 감시기구

59 도시가스사업법에서 정한 가스 사용시설에 해당되지 않는 것은?

① 내관
② 본관
③ 연소기
④ 공동주택 외벽에 설치된 가스계량기

해설
본관 : 공급자의 시설

60 도시가스 사용시설에서 입상관은 환기가 양호한 장소에 설치하며 입상관의 밸브는 바닥으로부터 몇 m 이내에 설치하는가?

① 1m 이상~1.3m 이내
② 1.3m 이상~1.5m 이내
③ 1.5m 이상~1.8m 이내
④ 1.6m 이상~2m 이내

제4과목 가스계측

61 다음 중 기본단위가 아닌 것은? (계측-37)

① 길이　② 광도
③ 물질량　④ 압력

해설
기본단위(계측 핵심 37) 참조

62 기체 크로마토그래피를 이용하여 가스를 검출할 때 반드시 필요하지 않는 것은?

① Column
② Gas sampler
③ Carrier gas
④ UV detector

해설
G/C(가스 크로마토그래피)의 3대 요소는 분리관(칼럼), 검출기, 기록계이며, 이외에 가스샘플러, 캐리어가스 등이다.

63 적분동작이 좋은 결과를 얻기 위한 조건이 아닌 것은?

① 불감시간이 적을 때
② 전달지연이 적을 때
③ 측정지연이 적을 때
④ 제어대상의 속응도(速應度)가 적을 때

64 보상도선의 색깔이 갈색이며 매우 낮은 온도를 측정하기에 적당한 열전대 온도계는 어느 것인가? (계측-9)

① PR 열전대　② IC 열전대
③ CC 열전대　④ CA 열전대

열전대 온도계(계측 핵심 9) 참조

65 측정기의 감도에 대한 일반적인 설명으로 옳은 것은?

① 감도가 좋으면 측정시간이 짧아진다.
② 감도가 좋으면 측정범위가 넓어진다.
③ 감도가 좋으면 아주 작은 양의 변화를 측정할 수 있다.
④ 측정량의 변화를 지시량의 변화로 나누어 준 값이다.

해설
감도
㉠ 감도가 좋으면 측정시간이 길어지고 측정범위가 좁아진다.
㉡ $\frac{\text{지시량의 변화}}{\text{측정량의 변화}}$

66 가스누출 확인 시험지와 검지가스가 옳게 연결된 것은? (계측-15)

① KI 전분지－CO
② 연당지－할로겐가스
③ 염화파라듐지－HCN
④ 리트머스시험지－알칼리성 가스

정답 58.① 59.② 60.④ 61.④ 62.④ 63.④ 64.③ 65.③ 66.④

해설
독성가스 누설검지 시험지와 변색상태(계측 15) 참조
NH_3(알칼리성 가스) : 적색 리트머스시험지(청변)

67 시료가스를 각각 특정한 흡수액에 흡수시켜 흡수 전후의 가스 체적을 측정하여 가스의 성분을 분석하는 방법이 아닌 것은? (계측-1)

① 적정(滴定)법
② 게겔(Gockel)법
③ 헴펠(Hempel)법
④ 오르자트(Orsat)법

해설
흡수분석법(계측 핵심 1) 참조

68 가연성 가스 누출검지기에는 반도체 재료가 널리 사용되고 있다. 이 반도체 재료로 가장 적당한 것은?

① 산화니켈(NiO)
② 산화주석(SnO_2)
③ 이산화망간(MnO_2)
④ 산화알루미늄(Al_2O_3)

69 접촉식 온도계 중 알코올 온도계의 특징에 대한 설명으로 옳은 것은?

① 열전도율이 좋다.
② 열팽창계수가 적다.
③ 저온 측정에 적합하다.
④ 액주의 복원시간이 짧다.

해설
알코올 온도계
㉠ −100~100℃까지 측정
㉡ 저온 측정에 적합

70 계량이 정확하고 사용 중 기차의 변동이 거의 없는 특징의 가스미터는? (계측-8)

① 벤투리미터
② 오리피스미터
③ 습식 가스미터
④ 로터리피스톤식 미터

해설
막식, 습식, 루트식 가스미터의 장 · 단점(계측 핵심 8) 참조

71 전기저항식 습도계의 특징에 대한 설명으로 틀린 것은?

① 자동제어에 이용된다.
② 연속기록 및 원격측정이 용이하다.
③ 습도에 의한 전기저항의 변화가 적다.
④ 저온도의 측정이 가능하고, 응답이 빠르다.

전기저항식 습도계 : 습도에 의한 전기저항의 변화가 크다.

72 FID 검출기를 사용하는 기체 크로마토그래피는 검출기의 온도가 100℃ 이상에서 작동되어야 한다. 주된 이유로 옳은 것은?

① 가스 소비량을 적게 하기 위하여
② 가스의 폭발을 방지하기 위하여
③ 100℃ 이하에서는 점화가 불가능하기 때문에
④ 연소 시 발생하는 수분의 응축을 방지하기 위하여

73 가스 시험지법 중 염화제일구리 착염지로 검지하는 가스 및 반응색으로 옳은 것은 어느 것인가?

① 아세틸렌 – 적색
② 아세틸렌 – 흑색
③ 할로겐화물 – 적색
④ 할로겐화물 – 청색

해설
독성가스 누설검지 시험지와 변색상태(계측 핵심 15) 참조

74 탄성식 압력계에 속하지 않는 것은 어느 것인가? (계측-33)

① 박막식 압력계
② U자관형 압력계
③ 부르동관식 압력계
④ 벨로즈식 압력계

압력계의 구분(계측 핵심 33) 참조

정답 67.① 68.② 69.③ 70.③ 71.③ 72.④ 73.① 74.②

75 도시가스 사용압력이 2.0kPa인 배관에 설치된 막식 가스미터의 기밀시험 압력은?

① 2.0kPa 이상 ② 4.4kPa 이상
③ 6.4kPa 이상 ④ 8.4kPa 이상

76 가스계량기의 검정 유효기간은 몇 년인가? (단, 최대유량 $10m^3/h$ 이하이다.) [계측-7]

① 1년 ② 2년
③ 3년 ④ 5년

가스계량기 검정 유효기간(계측 핵심 7) 참조

77 습한 공기 200kg 중에 수증기가 25kg 포함되어 있을 때의 절대습도는?

① 0.106 ② 0.125
③ 0.143 ④ 0.171

절대습도 : 건조공기 1kg 중에 포함된 수증기량

$$\frac{25}{200-25} = 0.1428 = 0.143\text{kg/kg}$$

78 계측기의 원리에 대한 설명으로 가장 거리가 먼 것은?

① 기전력의 차이로 온도를 측정한다.
② 액주높이로부터 압력을 측정한다.
③ 초음파속도 변화로 유량을 측정한다.
④ 정전용량을 이용하여 유속을 측정한다.

정전용량 : 액면계

79 전기저항식 온도계에 대한 설명으로 틀린 것은? [계측-22]

① 열전대 온도계에 비하여 높은 온도를 측정하는 데 적합하다.
② 저항선의 재료는 온도에 의한 전기저항의 변화(저항온도계수)가 커야 한다.
③ 저항 금속재료는 주로 백금, 니켈, 구리가 사용된다.
④ 일반적으로 금속은 온도가 상승하면 전기저항값이 올라가는 원리를 이용한 것이다.

전기저항 온도계(계측 핵심 22) 참조
열전대 온도계에 비하여 낮은 온도 측정

80 평균유속이 5m/s인 배관 내에 물의 질량유속이 15kg/s가 되기 위해서는 관의 지름을 약 몇 mm로 해야 하는가?

① 42 ② 52
③ 62 ④ 72

$$G = \gamma \cdot A \cdot V = \gamma \cdot \frac{\pi}{4} d^2 \cdot V$$

$$\therefore\ d = \sqrt{\frac{4G}{\gamma \cdot \pi \cdot V}} = \sqrt{\frac{4 \times 15}{1000 \times \pi \times 5}}$$

$$= 0.0618\text{m}$$

$$= 61.8\text{mm} \fallingdotseq 62\text{mm}$$

※ 2020년 4회 필기시험부터 CBT(Computer Based Test)로 시행되었습니다.

정답 75.④ 76.④ 77.③ 78.④ 79.① 80.③

CBT 기출복원문제

2020년 산업기사 제4회 필기시험 (2020년 9월 19일 시행)

01 가스산업기사	수험번호 : 수험자명 :	※ 제한시간 : 120분 ※ 남은시간 :
글자 크기 100% 150% 200% 화면 배치	전체 문제 수 : 안 푼 문제 수 :	답안 표기란 ① ② ③ ④

제1과목 연소공학

01 가스의 폭발범위에 영향을 주는 요인이 아닌 것? (연소-34)

① 온도 ② 조성
③ 압력 ④ 비중

02 공기 중에서 연소하한값이 가장 낮은 가스는? (안전-106)

① 수소
② 부탄
③ 아세틸렌
④ 에틸렌

해설
연소범위 : 수소(4~75%), 부탄(1.8~8.4%), 아세틸렌(2.5~81%), 에틸렌(2.7~36%)

03 액체 프로판(C_3H_8) 10kg이 들어있는 용기에 가스미터가 설치되어 있다. 프로판가스가 전부 소비되었다고 하면 가스미터에서의 계량값은 약 몇 m^3로 나타나 있겠는가? (단, 가스미터에서의 온도와 압력은 각각 T=15℃와 P_1 =200mmH_2O이고, 대기압은 0.101MPa이다.)

① 5.3
② 5.7
③ 6.1
④ 6.5

해설
C_3H_8 10kg 대기압(0.10MPa) 15℃

$V=\frac{GRT}{P}$에서

$$=\frac{10\text{kg}\times\frac{8.314}{44}\text{kN}\cdot\text{m/kg}\cdot\text{K}\times(273+15)\text{K}}{0.101\times10^3\text{kN/m}^3}$$

$=5.3\text{m}^3$

04 다음 중 불활성화에 대한 설명으로 틀린 것은? (연소-19)

① 가연성 혼합가스에 불활성 가스를 주입하여 산소의 농도를 최소산소농도 이하로 낮게 하는 공정이다.
② 인너트가스로는 질소, 이산화탄소 또는 수증기가 사용된다.
③ 인너팅은 산소농도를 안전한 농도로 낮추기 위하여 인너트가스를 용기에 처음 주입하면서 시작한다.
④ 일반적으로 실시되는 산소농도의 제어점은 최소산소농도보다 10% 낮은 농도이다.

05 다음 중 열역학 제1법칙을 바르게 설명한 것은? (설비-40)

① 제2종 영구기관의 존재가능성을 부인하는 법칙이다.
② 열은 다른 물체에 아무런 변화도 주지 않고 저온물체에서 고온물체로 이동하지 않는다.
③ 열평형에 관한 법칙이다.
④ 에너지 보존 법칙 중 열과 일의 관계를 설명한 것이다.

정답 01.④ 02.② 03.① 04.④ 05.④

06 층류 예혼합화염의 연소 특성을 결정하는 요소로서 가장 거리가 먼 것은?

① 연료와 산화제의 혼합비
② 압력 및 온도
③ 연소실 용적
④ 혼합기의 물리 · 화학적 특성

층류 예혼합화염의 연소 특성의 결점요소
㉠ 연료와 산화제의 혼합비
㉡ 압력-온도
㉢ 혼합기의 물리적 · 화학적 성질

07 중유의 저위발열량이 1000kcal/kg의 연료 1kg를 연소시킨 결과 연소열은 5500kcal/kg 이었다. 연소효율은 얼마인가?

① 45% ② 55%
③ 65% ④ 75%

$\eta = \frac{5500}{10000} \times 100 = 55\%$

$\therefore$ 연소효율$(\eta) = \frac{\text{저위발열량}}{\text{연소열}} \times 100$

08 다음은 가스의 화재 중 어떤 화재에 해당하는가?

- 고압의 LPG가 누출 시 주위의 점화원에 의하여 점화되어 불기둥을 이루는 것을 말한다.
- 누출압력으로 인하여 화염이 굉장한 운동량을 가지고 있으며, 화재의 직경이 작다.

① 제트 화재(jet fire)
② 풀 화재(pool fire)
③ 플래시 화재(flash fire)
④ 인퓨전 화재(infusion fire)

㉠ 풀 화재 : 석유저장소 등의 원통형 탱크에서 탱크 내부 위험물 액면 전체의 화재
㉡ 플래시 화재 : 누출된 LPG가 순식간에 기화 시 기화된 증기가 점화원에 의해 발생된 화재
㉢ 제트 화재 : 고압의 LPG가 누출 시 점화원에 의해 불기둥을 이루는 화재이며, 주로 복사열에 의해 일어난다.

09 BLEVE 현상이 일어나는 경우는? [연소-9]

① 비점 이상에서 저장되어 있는 휘발성이 강한 액체가 누출되었을 때
② 비점 이상에서 저장되어 있는 휘발성이 약한 액체가 누출되었을 때
③ 비점 이하에서 저장되어 있는 휘발성이 강한 액체가 누출되었을 때
④ 비점 이하에서 저장되어 있는 휘발성이 약한 액체가 누출되었을 때

10 메탄올 96g과 아세톤 116g을 함께 진공상태의 용기에 넣고 기화시켜 25℃의 혼합기체를 만들었다. 이때 전압력을 약 몇 mmHg 인가? (단, 25℃에서 순수한 메탄올과 아세톤의 증기압 및 분자량은 각각 96.5mmHg, 56mmHg 및 32, 58이다.)

① 76.3 ② 80.3
③ 52.5 ④ 70.5

해설

$P = P_A X_A + P_B X_B$ [$P_A \cdot P_B$: $A \cdot B$의 증기압, $X_A \cdot X_B$: $A \cdot B$의 몰분율]

$\therefore P = 96.5 \times \frac{\frac{96}{32}}{\frac{96}{32} + \frac{116}{58}} + 56 \times \frac{\frac{116}{58}}{\frac{96}{32} + \frac{116}{58}}$

$= 80.3\text{mmHg}$

11 다음 중 조연성 가스에 해당하지 않는 것은?

① 공기
② 염소
③ 탄산가스
④ 산소

해설

CO2 : 불연성, 액화가스

12 폭굉이 발생하는 경우 파면의 압력은 정상연소에서 발생하는 것보다 일반적으로 얼마나 큰가?

① 2배 ② 6배
③ 8배 ④ 10배

정답 06.③ 07.② 08.① 09.① 10.② 11.③ 12.①

13 과열증기의 온도가 350℃일 때 과열도는? (단, 이 증기의 포화온도는 573K이다.)

① 23K ② 30K
③ 40K ④ 50K

과열도=과열증기온도－포화온도
=(273+350)－573=50K

14 온도 30℃, 압력 740mmHg인 어떤 기체 342mL를 표준상태(0℃, 1기압)로 하면 약 몇 mL가 되겠는가?

① 300
② 315
③ 350
④ 390

$$V_2 = \frac{P_1 V_1 T_2}{T_1 P_2} = \frac{740 \times 342 \times 273}{303 \times 760} = 300\text{mL}$$

15 화재는 연소반응이 계속하여 진행하는 것으로 이 경우에 반응열이 주위의 가연물에 전해지는데, 이 때 흡열량이 큰 물질을 가함으로서 화염 중의 반응열을 제거시켜 연소반응을 완만하게 하면서 정지시키는 소화방법은? (연소-17)

① 냉각소화
② 희석소화
③ 화염의 불안정화에 의한 소화
④ 연소억제에 의한 소화

16 실제가스가 이상기체 상태방정식을 만족하기 위한 조건으로 옳은 것은? (연소-3)

① 압력이 낮고, 온도가 높을 때
② 압력이 높고, 온도가 낮을 때
③ 압력과 온도가 낮을 때
④ 압력과 온도가 높을 때

17 용기의 한 개구부로부터 퍼지가스를 가하고 다른 개구부로부터 대기 또는 스크러버로 혼합가스를 용기에서 축출시키는 공정은? (연소-19)

① 압력퍼지 ② 스위프퍼지
③ 사이폰퍼지 ④ 진공퍼지

18 다음 중 자기연소를 하는 물질로만 나열된 것은?

① 경유, 프로판
② 질화면, 셀룰로이드
③ 황산, 나프탈렌
④ 석탄, 플라스틱(FRP)

제5류 위험물에 속하는 자기반응성 물질(자기연소성 물질, 내부연소성 물질)은 자신이 산소를 함유하고 있어 공기를 차단하여도 연소가 가능한 물질이다. 대표적인 것으로 질화면, 셀룰로이드, 니트로글리세린, 니트로셀룰로오스, TNT 등이 있다.

19 다음 중 소화의 원리에 대한 설명으로 틀린 것은? (연소-17)

① 가연성 가스나 가연성 증기의 공급을 차단시킨다.
② 연소 중에 있는 물질에 물이나 냉각제를 뿌려 온도를 낮춘다.
③ 연소 중에 있는 물질에 공기를 많이 공급하여 혼합기체의 농도를 높게 한다.
④ 연소 중에 있는 물질의 표면에 불활성 가스를 덮어 씌워 가연성 물질과 공기의 접촉을 차단시킨다.

20 가연성 물질을 공기로 연소시키는 경우에 공기 중의 산소농도를 높게 하면 연소속도와 발화온도는 어떻게 되는가? (연소-35)

① 연소속도는 느리게 되고, 발화온도는 높아진다.
② 연소속도는 빠르게 되고, 발화온도도 높아진다.
③ 연소속도는 빠르게 되고, 발화온도는 낮아진다.
④ 연소속도는 느리게 되고, 발화온도는 낮아진다.

정답 13.④ 14.① 15.① 16.① 17.② 18.② 19.③ 20.③

제2과목 가스설비

21 펌프용 윤활유의 구비조건으로 틀린 것은 어느 것인가? (설비-32)

① 인화점이 낮을 것
② 분해 및 탄화가 안 될 것
③ 온도에 따른 점성의 변화가 없을 것
④ 사용하는 유체와 화학반응을 일으키지 않을 것

해설
펌프용 윤활유는 ②, ③, ④항 외에도 점도가 적당하고, 항유화성이 커야 한다.

22 펌프에서 일어나는 현상으로 유수 중에 그 수온의 증기압보다 낮은 부분이 생기면 물이 증발을 일으키고 기포를 발생하는 현상을 무엇이라고 하는가? (설비-17)

① 베이퍼록 현상 ② 수격 현상
③ 서징 현상 ④ 공동 현상

23 용량이 50kg/h인 LPG용 2단 감압식 1차용 조정기의 입구압력(MPa)의 범위는 얼마인가? (안전-17)

① 0.07~1.56
② 0.1~1.56
③ 0.3~1.56
④ 조정압력 이상~1.56

해설

종 류	입구압력(MPa)	조정압력(kPa)
2단 감압식 1차용 조정기 (100kg/h 이하)	0.1~1.56	57.0~83.0
2단 감압식 1차용 조정기 (100kg/h 초과)	0.3~1.56	57.0~83.0

24 LP가스 집합공급설비의 배관설계 시 기본사항에 해당되지 않는 것은?

① 사용목적에 적합한 기능을 가질 것
② 사용상 안전할 것
③ 고장이 적고, 내구성이 있을 것
④ 가스 사용자의 선택에 따를 것

25 가스의 비중에 대한 설명으로 가장 옳은 것은?

① 비중의 크기는 kg/cm^2로 표시한다.
② 비중을 정하는 기준 물질로 공기가 이용된다.
③ 가스의 부력은 비중에 의해 정해지지 않는다.
④ 비중은 기구의 염구(炎口)의 형에 의해 변화한다.

26 액화석유가스 공급시설에 사용되는 기화기(Vaporizer) 설치의 장점으로 가장 거리가 먼 것은? (설비-24)

① 가스 조성이 일정하다.
② 공급압력이 일정하다.
③ 연속공급이 가능하다.
④ 한냉 시에도 공급이 가능하다.

해설
기화기 설치 시 기화량을 가감할 수 있으며, 설치면적이 적어진다.

27 왕복형 압축기의 장점에 관한 설명으로 옳지 않은 것은? (설비-35)

① 쉽게 고압을 얻을 수 있다.
② 압축효율이 높다.
③ 용량조절의 범위가 넓다.
④ 고속회전하므로 형태가 작고, 설치면적이 적다.

28 금속 재료에서 어느 온도 이상에서 일정 하중이 작용할 때 시간의 경과와 더불어 그 변형이 증가하는 현상을 무엇이라고 하는가?

① 크리프 ② 시효경화
③ 응력부식 ④ 저온취성

해설
㉠ 시효경화 : 재료가 시간이 경과됨에 따라 경화되는 현상으로 두랄루민 등에서 현저하다.
㉡ 응력부식 : 인장응력 하에서 부식 환경이 되면 금속의 연성재료에 나타나지 않는 취성파괴가 일어나는 현상이며, 특히 연강으로 제조한 가성소다 저장탱크에서 발생하기 쉬운 현상이다.
㉢ 저온취성 : 강재의 온도가 낮아짐에 따라 저항이 눈에 띄게 증가하여 소성변형을 일으키는 성질이 없어지게 되는 현상을 말한다.

정답 21.① 22.④ 23.② 24.④ 25.② 26.② 27.④ 28.①

29 도시가스용 가스 냉 · 난방기에는 운전상태를 감시하기 위하여 재생기에 무엇을 설치하여야 하는가?

① 과압방지장치
② 인터록
③ 온도계
④ 냉각수흐름 스위치

30 최종 토출압력이 60kg/cm^2 · g인 4단 공기압축기의 압축비는 얼마인가? (단, 흡입압력은 1kg/cm^2 · g이다.) (설비-41)

① 2 ② 3
③ 4 ④ 5

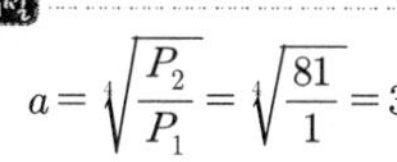

$$a=\sqrt[4]{\frac{P_2}{P_1}}=\sqrt[4]{\frac{81}{1}}=3$$

31 전기방식 중 희생양극법의 특징으로 틀린 것은? (안전-38)

① 간편하다.
② 양극의 소모가 거의 없다.
③ 과방식의 염려가 없다.
④ 다른 매설금속에 대한 간섭이 거의 없다.

32 내경 100mm, 길이 400m인 주철관의 유속 2m/s로 물이 흐를 때의 마찰손실수두는 약 몇 m인가? (단, 마찰계수(λ)는 0.04이다.)

① 32.7 ② 34.5
③ 40.2 ④ 45.3

해설

$$h_l=\lambda\frac{l}{d}\cdot\frac{V^2}{2g}=0.04\times\frac{400}{0.1}\times\frac{2^2}{2\times9.8}$$
$$=32.65=32.7\text{m}$$

33 압축기의 압축비에 대한 설명으로 옳은 것은? (설비-41)

① 압축비는 고압측 압력계의 압력을 저압측 압력계의 압력으로 나눈 값이다.
② 압축비가 적을수록 체적효율은 낮아진다.
③ 흡입압력, 흡입온도가 같으면 압축비가 크게 될 때 토출가스의 온도가 높게 된다.
④ 압축비는 토출가스의 온도에는 영향을 주지 않는다.

34 카르노사이클 기관이 27℃와 −33℃ 사이에서 작동될 때 이 냉동기의 열효율은? (연소-16)

① 0.2 ② 0.25
③ 4 ④ 5

해설

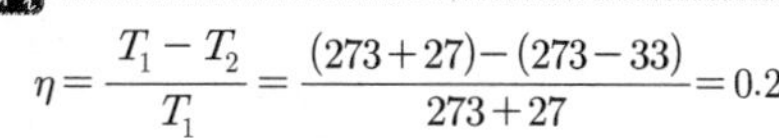

$$\eta=\frac{T_1-T_2}{T_1}=\frac{(273+27)-(273-33)}{273+27}=0.2$$

35 일반소비기기용, 지구정압기로 널리 사용되며 구조와 기능이 우수하고 정특성이 좋지만 안전성이 부족하고 크기가 다른 것에 비하여 대형인 정압기는? (설비-6)

① 피셔식
② AFV식
③ 레이놀드식
④ 서비스식

36 고압배관에서 진동이 발생하는 원인으로 가장 거리가 먼 것은? (설비-50)

① 펌프 및 압축기의 진동
② 안전밸브의 작동
③ 부품의 무게에 의한 진동
④ 유체의 압력변화

해설

①, ②, ④항 외에도 바람과 지진에 의해 진동이 발생한다.

37 LPG 저장탱크를 지하에 묻을 경우 저장탱크실 상부 윗면으로부터 저장탱크 상부까지의 깊이는 몇 cm 이상으로 하여야 하는가? (안전-49)

① 10cm
② 30cm
③ 50cm
④ 60cm

정답 29.③ 30.② 31.② 32.① 33.③ 34.① 35.③ 36.③ 37.④

38 고압가스 설비에 설치하는 압력계의 최고 눈금은?

① 상용압력의 2배 이상 3배 이하
② 상용압력의 1.5배 이상 2배 이하
③ 내압시험 압력의 1배 이상 2배 이하
④ 내압시험 압력의 1.5배 이상 2배 이하

39 조정압력이 3.3kPa 이하이고 노즐지름이 3.2mm 이하인 일반용 LP가스 압력조정기의 안전장치 분출용량은 몇 L/h 이상이어야 하는가? **(안전-94)**

① 100　② 140
③ 200　④ 240

40 가스 분출 시 정전기가 가장 발생하기 쉬운 경우는?

① 다성분의 혼합가스인 경우
② 가스 중에 액체나 고체의 미립자가 섞여 있는 경우
③ 가스의 분자량이 적은 경우
④ 가스가 건조해 있을 경우

제3과목 가스안전관리

41 고압가스 저장설비의 내부수리를 위하여 미리 취하여야 할 조치의 순서로 올바른 것은?

> ㉠ 작업계획을 수립한다.
> ㉡ 산소농도를 측정한다.
> ㉢ 공기로 치환한다.
> ㉣ 불연성 가스로 치환한다.

① ㉠ → ㉡ → ㉢ → ㉣
② ㉠ → ㉢ → ㉡ → ㉣
③ ㉠ → ㉣ → ㉡ → ㉢
④ ㉠ → ㉣ → ㉢ → ㉡

42 고압가스 안전관리법상 가스저장탱크 설치 시 내진설계를 하여야 하는 저장탱크로 옳은 것은? (단, 비가연성 및 비독성인 경우는 제외한다.) **(안전-107)**

① 저장능력이 5톤 이상 또는 500m^3 이상인 저장탱크
② 저장능력이 3톤 이상 또는 300m^3 이상인 저장탱크
③ 저장능력이 2톤 이상 또는 200m^3 이상인 저장탱크
④ 저장능력이 1톤 이상 또는 100m^3 이상인 저장탱크

43 다음 액화가스 저장탱크 중 방류둑을 설치하여야 하는 것은? **(안전-53)**

① 저장능력이 5톤인 염소저장탱크
② 저장능력이 8백톤인 산소저장탱크
③ 저장능력이 5백톤인 수소저장탱크
④ 저장능력이 9백톤인 프로판저장탱크

44 고압가스 저장시설에서 가스누출사고가 발생하여 공기와 혼합하여 가연성, 독성 가스로 되었다면 누출된 가스는?

① 질소　② 수소
③ 암모니아　④ 이산화황

45 액화석유가스용 용기 잔류가스 회수장치의 성능 중 기밀성능의 기준은?

① 1.56MPa 이상의 공기 등 불활성 기체로 5분간 유지하였을 때 누출 등 이상이 없어야 한다.
② 1.56MPa 이상의 공기 등 불활성 기체로 10분간 유지하였을 때 누출 등 이상이 없어야 한다.
③ 1.86MPa 이상의 공기 등 불활성 기체로 5분간 유지하였을 때 누출 등 이상이 없어야 한다.
④ 1.86MPa 이상의 공기 등 불활성 기체로 10분간 유지하였을 때 누출 등 이상이 없어야 한다.

해설
잔류가스 회수장치 : 내압성능 3.1MPa, 5분간, 기밀성능, 1.86MPa 이상 10분간 유지

정답 38.② 39.② 40.② 41.④ 42.① 43.① 44.③ 45.④

46 독성 가스의 식별조치에 대한 설명 중 틀린 것은? (단, 예 : 독성 가스 (○○)제조시설, 독성 가스 (○○)저장소) (안전-95)

① (○○)에는 가스 명칭을 노란색으로 기재한다.
② 문자의 크기는 가로, 세로 10cm 이상으로 하고 30m 이상의 거리에서 식별 가능하도록 한다.
③ 경계표지와는 별도로 게시한다.
④ 식별표지에는 다른 법령에 따른 지시 사항 등을 병기할 수 있다.

47 일반 용기의 도색 표시가 잘못 연결된 것은 어느 것인가? (안전-59)

① 액화염소 : 갈색
② 아세틸렌 : 황색
③ 수소 : 자색
④ 액화암모니아 : 백색

48 고압가스 안전성 평가기준에서 정한 위험성 평가기법 중 정성적 평가에 해당되는 것은? (연소-12)

① Check List 기법
② HEA 기법
③ FTA 기법
④ CCA 기법

49 다음 폭발범위에 대한 설명 중 옳은 것만으로 나열된 것은?

㉠ 일반적으로 온도가 높으면 폭발범위는 넓어진다.
㉡ 가연성 가스의 공기혼합가스에 질소를 혼합하면 폭발범위는 넓어진다.
㉢ 일산화탄소와 공기혼합가스의 폭발범위는 압력이 증가하면 넓어진다.

① ㉠
② ㉢
③ ㉡, ㉢
④ ㉠, ㉡, ㉢

50 냉동기를 제조하고자 하는 자가 갖추어야 할 제조설비가 아닌 것은?

① 프레스설비 ② 조립설비
③ 용접설비 ④ 도막측정기

냉동기 제조자가 갖추어야 할 제조설비(KGS AA 111)
㉠ 프레스 설비
㉡ 제관설비
㉢ 압력용기의 성형설비 · 세척설비 · 열처리로
㉣ 구멍가공기, 외경절삭기, 내경절삭기, 나사전용 가공기, 공작기계설비
㉤ 전처리설비, 부식도장설비
㉥ 건조설비, 용접설비, 조립설비

51 액화석유가스의 안전관리 및 사업법에 의한 액화석유가스의 주성분에 해당되지 않는 것은?

① 액화된 프로판
② 액화된 부탄
③ 기화된 프로판
④ 기화된 메탄

52 가연성 가스의 저장능력이 15000m^{3}일 때 제1종 보호시설과의 안전거리 기준은 몇 m인가? (안전-9)

① 17m ② 21m
③ 24m ④ 27m

53 특정설비에는 설계온도를 표기하여야 한다. 이 때 사용되는 설계온도의 기호는?

① HT ② DT
③ DP ④ TP

54 고압가스 제조자가 가스용기 수리를 할 수 있는 범위가 아닌 것은? (안전-75)

① 용기 부속품의 부품 교체 및 가공
② 특정설비의 부품 교체
③ 냉동기의 부품 교체
④ 용기밸브의 적합한 규격 부품으로 교체

정답 46.① 47.③ 48.① 49.① 50.④ 51.④ 52.② 53.② 54.①

55 가연성 가스용 충전용기 보관실에 등화용으로 휴대할 수 있는 것은?

① 가스라이터
② 방폭형 휴대용손전등
③ 촛불
④ 카바이드등

56 고압가스 특정제조시설 내의 특정가스 사용시설에 대한 내압시험 실시기준으로 옳은 것은?

① 상용압력의 1.25배 이상의 압력으로 유지시간은 5~20분으로 한다.
② 상용압력의 1.25배 이상의 압력으로 유지시간은 60분으로 한다.
③ 상용압력의 1.5배 이상의 압력으로 유지시간은 5~20분으로 한다.
④ 상용압력의 1.5배 이상의 압력으로 유지시간은 60분으로 한다.

57 도시가스 품질검사의 방법 및 절차에 대한 설명으로 틀린 것은?

① 검사방법은 한국산업표준에서 정한 시험방법에 따른다.
② 품질검사기관으로부터 불합격 판정을 통보받은 자는 보관 중인 도시가스에 대하여 폐기조치를 한다.
③ 일반도시가스 사업자가 도시가스 제조사업소에서 제조한 도시가스에 대해서 월 1회 이상 품질검사를 실시한다.
④ 도시가스 충전사업자가 도시가스 충전사업소의 도시가스에 대해서 분기별 1회 이상 품질검사를 실시한다.

품질검사기관으로부터 불합격 판정을 통보받은 자는 보관 중인 도시가스에 대하여 품질보정 등의 조치를 강구하여야 한다.

58 도시가스 사용시설에 설치하는 중간밸브에 대한 설명으로 틀린 것은?

① 가스사용시설에는 연소기 각각에 대하여 퓨즈콕 등을 설치한다.
② 2개 이상의 실로 분기되는 경우에는 각 실의 주배관마다 배관용 밸브를 설치한다.
③ 중간밸브 및 퓨즈콕 등은 당해 가스사용시설의 사용압력 및 유량이 적합한 것으로 한다.
④ 배관이 분기되는 경우에는 각각의 배관에 대하여 배관용 밸브를 설치한다.

① 가스사용시설에는 연소 각각에 대해 퓨즈콕 등을 설치한다. 단, 연소기가 배관(가스용 금속플렉시블 호스 포함)에 연결된 경우 또는 가스소비량이 19400kcal/h를 초과하거나 사용압력이 3.3kPa를 초과하는 연소기가 연결된 배관(가스용 금속플렉시블 호스 포함)에는 배관용 밸브를 설치할 수 있다.(KGS Fu 551)
② 배관이 분기되는 경우에는 주배관에 배관용 밸브를 설치한다.
③ 2개 이상의 실로 분기되는 경우에는 각 실의 주배관마다 배관용마다 배관용 밸브를 설치한다.

59 고압가스의 분출 또는 누출의 원인이 아닌 것은?

① 과잉 충전
② 안전밸브의 작동
③ 용기에서 용기밸브의 이탈
④ 용기에 부속된 압력계의 파열

60 가스 냉·난방기에 설치하는 안전장치가 아닌 것은?

① 가스압력 스위치
② 공기압력 스위치
③ 고온재생기 과열방지장치
④ 급수조절장치

해설
가스 냉·난방기에 설치하는 장치(KGS AB 134)
㉠ 정전안전장치
㉡ 역풍안전장치
㉢ 소화안전장치
㉣ 운전감시장치
㉤ 경보장치(가스압력 스위치, 공기압력 스위치, 고온재생기 과열방지장치, 고온재생기 과압방지장치, 동결방지장치, 냉각수흐름 스위치 또는 인터록)

정답 55.② 56.③ 57.② 58.④ 59.① 60.④

참고 가스난방기에서 설치하는 안전장치(KGS AB 1231)
정전안전장치, 역풍방지장치, 소화안전장치, 기타(전도안전장치, 과대풍압 안전장치, 과열방지 안전장치, 저온차단장치)

제4과목 가스계측기기

61 차압식 유량계로 차압을 취출하는 방법 중 다음 그림과 같은 구조인 것은? [계측-19]

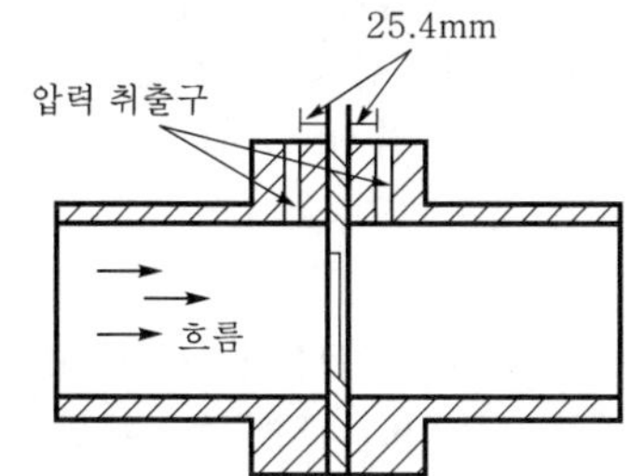

① 코너탭
② 축류탭
③ $D \cdot \frac{D}{2}$탭
④ 플랜지탭

62 목표차가 미리 정해진 시간적 순서에 따라 변할 경우의 추치제어방법의 하나로서 가스 크로마토그래피의 온도제어 등에 사용되는 제어방법은? [계측-12]

① 정격치제어
② 비율제어
③ 추종제어
④ 프로그램제어

63 액면 상에 부자(浮子)의 변위를 여러 가지 기구에 의해 지침이 변동되는 것을 이용하여 액면을 측정하는 방식은?

① 플로트식 액면계
② 차압식 액면계
③ 정전용량식 액면계
④ 퍼지식 액면계

64 가스 누출 시 사용하는 시험지의 변색 현상이 옳게 연결된 것은? [계측-15]

① C_2H_2 : 염화제일동 착염지 → 적색
② H_2S : 전분지 → 청색
③ CO : 염화파라듐지 → 적색
④ HCN : 하리슨씨 시약 → 황색

65 분별연소법 중 파라듐관 연소분석법에서 촉매로 사용되지 않는 것은? [계측-17]

① 구리
② 파라듐흑연
④ 백금
④ 실리카겔

66 다음 가스분석법 중 흡수분석법에 속하는 것은? [계측-1]

① 폭발법
② 적정법
③ 흡광광도법
④ 게겔법

67 감도에 대한 설명으로 옳지 않은 것은?

① 측정량의 변화에 민감한 정도를 나타낸다.
② 지시량 변화/측정량 변화로 나타낸다.
③ 감도의 표시는 지시계의 감도와 눈금나비로 표시한다.
④ 감도가 좋으면 측정시간은 짧아지고, 측정범위는 좁아진다.

해설
감도가 좋으면 측정시간은 길어지고, 측정범위는 좁아진다.

68 가스미터의 종류 중 실측식에 해당되지 않는 것은? [계측-6]

① 터빈식
② 건식
③ 습식
④ 회전자식

정답 61.④ 62.④ 63.① 64.① 65.① 66.④ 67.④ 68.①

69 액주식 압력계에 사용되는 액주의 구비조건으로 옳지 않은 것은? (계측-16)

① 점도가 낮을 것
② 혼합 성분일 것
③ 밀도변화가 적을 것
④ 모세관 현상이 적을 것

70 건습구 습도계의 특징에 대한 설명으로 틀린 것은?

① 구조가 간단하다.
② 통풍상태에 따라 오차가 발생한다.
③ 원격측정, 자동기록이 가능하다.
④ 물이 필요 없다.

해설

습도계의 장 · 단점

종 류	장 점	단 점
건습구 습도계	• 구조 취급이 간단하다. • 원격 측정 자동제어용이다.	• 물이 필요하다. • 측정을 위하여 3~5m/s 통풍이 필요하다. • 냉각이 필요하며, 상대습도로 즉시 나타나지 않는다. • 통풍상태에 따라 오차가 발생한다.
저항식 습도계	• 저온도 측정이 가능하다. • 상대습도 측정에 적합하다. • 연속기록 원격전송 자동제어에 이용한다.	• 경년변화가 있다. • 장시간 방치 시 습도 측정에 오차가 발생한다.
노점 습도계	• 구조가 간단하다. • 휴대가 편리하다. • 저습도 측정이 가능하다.	• 오차 발생이 쉽다. • 종류(냉각식, 가열식, 듀셀식, 광전관식 노점계)
모발 습도계	• 재현이 좋다. • 구조가 간단하고, 취급이 용이하다. • 한냉지역에 사용하기 편리하다.	• 히스테리가 있다.

71 황화합물과 인화합물에 대하여 선택성이 높은 검출기는? (계측-13)

① 불꽃이온검출기(FID)
② 열전도도검출기(TCD)
③ 전자포획검출기(ECD)
④ 염광광도검출기(FPD)

72 와류유량계(Vortex Flow meter)에 대한 설명으로 옳지 않은 것은?

① 액체, 가스, 증기 모두 측정 가능한 범용형 유량계이지만, 증기 유량계측에 주로 사용되고 있다.
② 계장 Cost까지 포함해서 Total Cost가 타 유량계와 비교해서 높다.
③ Orifice 유량계 등과 비교해서 높은 정도를 가지고 있다.
④ 압력손실이 적다.

73 막식 가스미터에서 미터의 지침의 시도(示度)에 변화가 나타나지 않는 고장으로서 계량막 밸브와 밸브 시트의 틈 사이 패킹부 등의 누출로 인하여 발생하는 고장은? (계측-5)

① 불통
② 부동
③ 기차 불량
④ 감도 불량

74 니켈 저항 측온체의 측정온도 범위는 어느 것인가? (계측-22)

① −200~500℃
② −100~300℃
③ 0~120℃
④ −50~150℃

75 헴펠(Hempel)법에 의한 가스분석 시 성분분석의 순서는? (계측-1)

① 일산화탄소 → 이산화탄소 → 탄화수소 → 산소
② 일산화탄소 → 산소 → 이산화탄소 → 탄화수소
③ 이산화탄소 → 탄화수소 → 산소 → 일산화탄소
④ 이산화탄소 → 산소 → 일산화탄소 → 탄화수소

정답 69.② 70.④ 71.④ 72.② 73.④ 74.④ 75.③

76 기체 크로마토그래피(Gas Chromatography)의 특징에 해당하지 않는 것은?

① 연속분석이 가능하다.
② 여러 가지 가스 성분이 섞여 있는 시료가스 분석에 적당하다.
③ 분리능력과 선택성이 우수하다.
④ 적외선 가스분석계에 비해 응답속도가 느리다.

기체(혼합형) 가스 크로마토그래피의 특징
㉠ 운반가스는 시료와 반응하지 않는 불활성이어야 한다.
㉡ 기체의 확산을 최소화 할 수 있어야 한다.
㉢ 운반가스는 순도가 높고, 구입이 용이해야 한다.
㉣ 사용 검출기에 적합하여야 한다.
㉤ 운반가스의 종류는 He, H_2, Ar, N_2이며, 주로 He, H_2가 많이 사용된다.

77 다음 단위 중 유량의 단위가 아닌 것은?

① m^3/s ② ft^3/h
③ L/s ④ m^2/min

78 용적식(容積式) 유량계에 해당하는 것은?

① 오리피스식 ② 루트식
③ 벤투리식 ④ 피토관식

상기 항목 이외에 로터리 피스톤식, 로터리 베인식, 습식, 막식 가스미터, 오벌 기어식 등이 용적식 유량계이다.

79 계측기기의 측정방법이 아닌 것은? [계측-11]

① 편위법
② 영위법
③ 대칭법
④ 보상법

80 기준 가스미터의 지시량이 $360m^3/h$이고 시험 대상인 가스미터의 유량이 $400m^3/h$이라면 이 가스미터의 오차율은 얼마인가?

① 4.0% ② 4.2%
③ 5.0% ④ 5.2%

오차율

$$= \frac{\text{시험미터 지시량} - \text{기준미터 지시량}}{\text{시험미터 지시량}} \times 100$$

$$= \frac{400-380}{400} \times 100 = 5\%$$

정답 76.① 77.④ 78.② 79.③ 80.③

가스산업기사 필기
www.cyber.co.kr

CBT 기출복원문제

2021년 산업기사 제1회 필기시험 (2021년 3월 2일 시행)

01 가스산업기사	수험번호 : 수험자명 :	※ 제한시간 : 120분 ※ 남은시간 :
글자 크기 100% 150% 200% 화면 배치	전체 문제 수 : 안 푼 문제 수 :	답안 표기란 ① ② ③ ④

제1과목 연소공학

01 다음 중 연료가 구비하여야 할 조건으로 틀린 것은?

① 발열량이 클 것
② 연소 시 유해가스 발생이 적을 것
③ 공기 중에서 쉽게 연소되지 않을 것
④ 구입하기 쉽고, 가격이 저렴할 것

02 가스와 폭발범위가 잘못 연결된 것은 어느 것인가? 【안전-106】

① 메탄 : 5.3~14vol%
② 에탄 : 3~12.5vol%
③ 프로판 : 2.1~9.5vol%
④ 부탄 : 2.7~36vol%

부탄(1.8~8.4%)

03 C_2H_4의 위험도는 얼마인가? (단, C_2H_4 폭발범위는 3~32%이다.) 【설비-44】

① 3
② 9.7
③ 19.3
④ 32

위험도$=\frac{32-3}{3}=9.7$

04 $1Sm^3$의 합성가스 중의 CO와 H_2의 몰비가 1 : 1일 때 연소에 필요한 이론공기량은 몇 Sm^3/Sm^3인가?

① 0.50 ② 1.00
③ 2.38 ④ 4.76

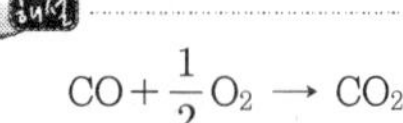

$CO+\frac{1}{2}O_2 \rightarrow CO_2$

$H_2+\frac{1}{2}O_2 \rightarrow H_2O$

$\therefore \left(\frac{1}{2}\times 0.5+\frac{1}{2}\times 0.5\right)\times\frac{1}{0.21}=2.38Sm^3/Sm^3$

05 다음은 가연성 가스의 연소에 대한 설명이다. 이 중 옳은 것으로만 나열된 것은?

> ㉠ 가연성 가스가 연소하는 데에는 산소가 필요하다.
> ㉡ 가연성 가스가 이산화탄소와 혼합할 때 잘 연소가 된다.
> ㉢ 가연성 가스는 혼합하는 공기의 양이 적을 때 완전연소한다.

① ㉠, ㉡
② ㉡, ㉢
③ ㉠
④ ㉢

06 자연발화를 방지하는 방법으로 옳지 않은 것은?

① 통풍을 잘 시킬 것
② 저장실의 온도를 높일 것
③ 습도가 높은 것을 피할 것
④ 열이 축적되지 않게 연료의 보관방법에 주의할 것

정답 01.③ 02.④ 03.② 04.③ 05.③ 06.②

07 산소 32kg과 질소 7kg의 혼합기체가 나타내는 전압이 10atm(a)일 때 산소의 분압은 약 몇 atm(a)인가? (단, 산소와 질소는 이상기체로 가정한다.)

① 5.5 ② 6.2
③ 7.1 ④ 8.0

$$P_0 = 10\text{atm} \times \frac{\frac{32}{32}}{\frac{32}{32} + \frac{7}{28}} = 8\text{atm}$$

08 기체연료가 공기 중 정상연소할 때 정상연소 속도의 값으로 가장 옳은 것은? **(연소-1)**

① 0.1~10m/s ② 11~20m/s
③ 21~30m/s ④ 31~40m/s

09 "착화온도가 80℃이다."를 가장 잘 설명한 것은?

① 80℃ 이하로 가열하면 인화한다.
② 80℃로 가열해서 점화원이 있으면 연소한다.
③ 80℃ 이상 가열하고, 점화원이 있으면 연소한다.
④ 80℃로 가열하면 공기 중에서 스스로 연소한다.

10 다음 중 화염 사출률에 대한 설명으로 옳은 것은?

① 화염의 사출률은 연료 중의 탄소, 수소 질량비가 클수록 높다.
② 화염의 사출률은 연료 중의 탄소, 수소 질량비가 클수록 낮다.
③ 화염의 사출률은 연료 중의 탄소, 수소 질량비가 같을수록 높다.
④ 화염의 사출률은 연료 중의 탄소, 수소 질량비가 같을수록 낮다.

사출률 : 불완전연소의 정도이므로 질량비가 클수록 연소에 필요한 공기량이 많음

11 1mol의 탄소가 불완전연소할 때 몇 mol의 일산화탄소가 생성되는가?

① $\frac{1}{2}$ ② 1
③ $1\frac{1}{2}$ ④ 2

$C + \frac{1}{2}O_2 \rightarrow CO$

12 연소에서 불꽃의 전파속도가 음속보다 빠를 때를 무엇이라 하는가? **(연소-1)**

① 폭발
② 발화
③ 전화
④ 폭굉

13 $(CO_2)_{max}$는 어느 때의 값인가? **(연소-24)**

① 실제공기량으로 연소시켰을 때
② 이론공기량으로 연소시켰을 때
③ 과잉공기량으로 연소시켰을 때
④ 부족공기량으로 연소시켰을 때

14 CO_2는 고온에서 다음과 같이 분해한다. 3000K, 1atm에서 CO_2의 60%가 분해한다면 표준상태에서 11.2L의 CO_2를 일정압력에서 3000K로 가열했다면 전체 혼합기체의 부피는 약 몇 L인가?

$$2CO_2 \rightarrow 2CO_2 + O_2$$

① 160 ② 170
③ 180 ④ 190

$2CO_2 \rightarrow 2CO + O_2$
$2 \times 22.4L : 3 \times 22.4L$
$11.2L \times 0.6 : x(L)$

$$x = \frac{11.2 \times 0.6 \times 3 \times 22.4}{2 \times 22.2} = 10.08L$$

$$\therefore (10.08 + 11.2 \times 0.4) \times \frac{3000}{273} \fallingdotseq 160L$$

정답 07.④ 08.① 09.④ 10.① 11.② 12.④ 13.② 14.①

15 이상기체를 정적 하에서 가열하면 압력과 온도의 변화는 어떻게 되는가?

① 압력증가, 온도상승
② 압력일정, 온도일정
③ 압력일정, 온도상승
④ 압력증가, 온도일정

16 나무는 주로 다음 중 어떤 연소형태로 연소하는가? **(연소-2)**

① 흡착연소
② 증발연소
③ 분해연소
④ 표면연소

17 프로판 1몰을 완전연소시키기 위하여 공기 870g을 불어넣어 주었을 때 과잉공기는 약 몇 %인가? (단, 공기의 평균분자량은 29이며, 공기 중 산소는 21vol%이다.)

① 9.8　　② 17.6
③ 26.0　　④ 58.6

$C_3H_8+5O_2 \rightarrow 3CO_2+4H_2O$

1mol : 5×32g

∴ 이론공기량 $=5\times32\times\frac{1}{0.232}=689.655g$

∴ 과잉공기(%) $=\frac{870-689.655}{689.655}\times100$

$=26.0\%$

18 전 폐쇄구조인 용기 내부에서 폭발성 가스의 폭발이 일어났을 때 용기가 압력에 견디고 외부의 폭발성 가스에 인화할 우려가 없도록 한 방폭구조는? **(안전-13)**

① 내압방폭구조
② 안전증방폭구조
③ 특수방폭구조
④ 유입방폭구조

19 다음 중 착화온도가 낮아지는 이유가 되지 않는 것은?

① 반응활성도가 클수록
② 발열량이 클수록
③ 산소농도가 높을수록
④ 분자구조가 단순할수록

착화온도가 낮아지는 이유
㉠ 반응활성도가 클수록
㉡ 발열량이 클수록
㉢ 산소농도가 높을수록
㉣ 압력이 높을수록
㉤ 열전도율이 적을수록
㉥ 분자구조가 복잡할수록

20 가스화재 시 밸브 및 코크를 잠그는 소화방법은? **(연소-17)**

① 질식소화　　② 냉각소화
③ 억제소화　　④ 제거소화

제2과목 가스설비

21 배관의 부식방지를 위한 전기방식 전류가 흐르는 상태에서 자연전위와의 전위변화가 몇 mV 이하이어야 하는가? **(안전-78)**

① −100mV　　② −300mV
③ −550mV　　④ −850mV

22 용접용기의 제품확인(상시제품) 검사 시행하는 시험항목이 아닌 것은?

① 외관검사
② 내압검사
③ 방사선투과검사
④ 고압가압시험

고압가스의 용접용기 제조시설, 기술기준(KGS AC 211)
용접용기 제품확인(상시제품) 검사항목
㉠ 제조기술기준 준수여부 확인
㉡ 외관검사
㉢ 재료검사
㉣ 용접부검사
㉤ 방사선투과검사
㉥ 내압시험
㉦ 기밀시험

정답 15.① 16.③ 17.③ 18.① 19.④ 20.④ 21.② 22.④

23 1000rpm으로 회전하는 펌프를 3000rpm으로 하였다. 이 경우 양정 및 소요동력은 각각 얼마가 되는가? (설비-36)

① 2배, 6배
② 3배, 9배
③ 4배, 16배
④ 9배, 27배

해설

㉠ $H_2 = H_1 \times \left(\frac{3000}{1000}\right)^2 = 9H_1$

㉡ $P_2 = P_1 \times \left(\frac{3000}{1000}\right)^3 = 27P_1$

24 전기방식법 중 가스배관보다 저전위의 금속(마그네슘 등을 전기적으로 접촉시킴으로써 목적하는 방식 대상 금속자체를 음극화하여 방식하는 방법은? (안전-38)

① 외부전원법 ② 희생양극법
③ 배류법 ④ 선택법

25 유수식 가스홀더의 특징에 대한 설명으로 틀린 것은? (설비-30)

① 제조설비가 저압인 경우에 사용한다.
② 구형 홀더에 비해 유효 가동량이 많다.
③ 가스가 건조하면 물탱크의 수분을 흡수한다.
④ 부지면적과 기초공사비가 적게 소요된다.

26 도시가스 배관 등의 용접 및 비파괴검사 중 용접부의 외관검사에 대한 설명으로 틀린 것은?

① 보강 덧붙임은 그 높이가 모재표면보다 낮지 않도록 하고, 3mm 이상으로 할 것
② 외면의 언더컷은 그 단면이 V자형으로 되지 않도록 하며, 1개의 언더컷 길이 및 깊이는 각각 30mm 이하 및 0.5mm 이하일 것
③ 용접부 및 그 부근에는 균열, 아크스트라이크, 위해하다고 인정되는 지그의 흔적, 오버랩 및 피트 등의 결함이 없을 것
④ 비드 형상이 일정하며, 슬러그, 스패터 등이 부착되어 있지 않을 것

해설

보강 덧붙임은 그 높이가 모재표면보다 낮지 않도록 하고, 3mm 이하를 원칙으로 할 것

27 외경과 내경의 비가 1.2 미만인 경우 배관의 두께 산출식은? (단, t : 배관의 두께[mm], P : 상용압력[MPa], D : 내경에서 부식여유를 뺀 수치[mm], f : 재료의 인장강도[N/mm^2] 규격 최소치이거나 항복점[N/mm^2] 규격 최소치의 1.6배, C : 관내면의 부식여유[mm], s : 안전율이다.)

① $t = \dfrac{P \cdot D}{2\dfrac{f}{s} - P} + C$

② $t = \dfrac{P \cdot D}{100\dfrac{f}{s} - P} + C$

③ $t = \dfrac{D}{2}\left(\dfrac{\dfrac{f}{s} + P}{\dfrac{f}{s} - P} - 1\right) + C$

④ $t = \dfrac{D}{2}\left(\dfrac{2\dfrac{f}{s} + P}{2\dfrac{f}{s} - P} - 1\right) + C$

외경과 내경의 비가 1.2 이상인 경우는

$t = \dfrac{D}{2}\left\{\sqrt{\dfrac{\dfrac{f}{s} + P}{\dfrac{f}{s} - P}} - 1\right\} + C$이다.

28 LP가스의 자연기화방식에 의한 가스발생능력과 가장 밀접한 관계가 있는 것은?

① 외기온도－가스 조정비
② 외기압력－가스 조정비
③ 외기온도－피크시간
④ 외기압력－피크시간

정답 23.④ 24.② 25.④ 26.① 27.① 28.①

29 도시가스 제조방법 중 수증기가 가스화제로 사용되지 않는 프로세스는? (설비-3)

① 부분연소 프로세스
② 수소화분해 프로세스
③ 접촉분해 프로세스
④ 열분해 프로세스

30 프로판 용기에 V : 47, T_P : 31로 각인이 되어 있다. 프로판의 충전상수가 2.35일 때 충전량(kg)은?

① 10kg ② 15kg
③ 20kg ④ 50kg

$$G = \frac{V}{C} = \frac{47}{2.35} = 20\text{kg}$$

31 직동식 정압기와 비교한 파일럿식 정압기의 특성에 대한 설명 중 틀린 것은? (설비-12)

① 대용량이다.
② 오프셋이 커진다.
③ 요구 유량제어 범위가 넓은 경우에 적합하다.
④ 높은 압력제어 정도가 요구되는 경우에 적합하다.

32 고압밸브 중 글로브밸브(glove valve)의 특징에 대한 설명으로 옳은 것은? (설비-45)

① 기밀도가 작다.
② 유량의 조절이 어렵다.
③ 유체의 저항이 크다.
④ 가스배관에 부적당하다.

33 재료 내·외부의 결함검사방법으로 가장 적당한 방법은? (설비-4)

① 침투탐상법
② 유침법
③ 초음파탐상법
④ 육안검사법

34 원심 펌프의 특징에 대한 설명으로 틀린 것은?

① 고양정에 적합하다.
② 원심력에 의하여 액체를 이송한다.
③ 가이드 베인이 있는 것을 터빈 펌프라 한다.
④ 캐비테이션이나 서징현상이 발생하지 않는다.

원심 펌프의 이상현상(캐비테이션, 서징현상, 수격작용)

35 파이브 내부의 정압이 액체의 증기압 이하로 되면 증기가 발생하여 진동이 발생하는 현상을 무엇이라 하는가? (설비-17)

① 공동(Cavitation) 현상
② 서징(Surging) 현상
③ 수격(Water hammering) 작용
④ 베이퍼록(Vapor lock) 현상

36 아세틸렌 용기의 다공물질 용적이 150m^3, 침윤 잔용적이 30m^3일 때 다공도는 몇 %이며, 관련법상 합격인지 판단하면? (안전-20)

① 20%로서 합격이다.
② 20%로서 불합격이다.
③ 80%로서 합격이다.
④ 80%로서 불합격이다.

$$\text{다공도} = \frac{150-30}{150} \times 100 = 80\%$$

∴ 다공도 합격기준 : 75% 이상 92% 미만

37 산소압축기의 내부 윤활제로 주로 사용되는 것은? (설비-32)

① 물
② 유지류
③ 석유류
④ 진한 황산

정답 29.② 30.③ 31.② 32.③ 33.③ 34.④ 35.① 36.③ 37.①

38 전기방식 효과를 유지하기 위하여 빗물이나 이물질의 접촉으로 인한 절연의 효과가 상쇄되지 아니하도록 절연 이음매 등을 사용하여 절연한다. 절연조치를 하는 장소에 해당 되지 않는 것은? (안전-78)

① 교량 횡단배관의 양단
② 배관과 철근콘크리트 구조물 사이
③ 배관과 배관지지물 사이
④ 타 시설물과 30cm 이상 이격되어 있는 배관

39 저온장치에서 CO_2와 수분이 존재할 때 그 영향에 대한 설명으로 옳은 것은? (설비-5)

① CO_2는 저온에서 탄소와 산소로 분리된다.
② CO_2는 저장장치에서 촉매 역할을 한다.
③ CO_2는 가스로서 별로 영향을 주지 않는다.
④ CO_2는 드라이아이스가 되고 수분은 얼음이 되어 배관밸브를 막아 흐름을 저해한다.

40 도시가스 공급설비에서 배관의 구경을 산정하는 식으로서 옳은 것은? (단, Q : 가스의 유량[m^3/hr], D : 배관의 구경[cm], L : 배관의 길이[m], H : 기점압력과 말단압력의 차이[mmH_2O], S : 가스의 비중, K : 유량계수이다.) (설비-7)

① $Q=K\sqrt{\dfrac{H\cdot D^5}{S\cdot L}}$
② $Q=\dfrac{1}{K}\sqrt{\dfrac{H\cdot D^5}{S\cdot L}}$
③ $Q=K\sqrt{\dfrac{H^5\cdot D}{S\cdot L}}$
④ $Q=\dfrac{1}{K}\sqrt{\dfrac{H\cdot D^3}{S\cdot L}}$

제3과목 가스안전관리

41 탱크차의 내용적이 2000L인 것에 최고충전압력 2.1MPa로 충전하고자 할 때 탱크차의 최대적재량은 몇 kg이 되는가? (단, 충전정수는 2.1MPa에서 2.35이다.) (안전-36)

① 420 ② 851
③ 1800 ④ 4700

$G=\dfrac{V}{C}=\dfrac{2000}{2.35}=851.06\text{kg}$

42 아세틸렌을 2.5MPa 이상으로 충전 시 사용되는 희석제로 적당하지 않은 것은? (설비-25)

① 메탄 ② 부탄
③ 질소 ④ 일산화탄소

C_2H_2 희석제(N_2, CH_4, CO, C_2H_4)

43 특정고압가스 사용시설에서 고압안전장치를 설치하여야 하는 액화가스 저장능력의 기준은? (단, 용기집합장치가 설치되어 있다.) (안전-79)

① 70kg 이상 ② 100kg 이상
③ 250kg 이상 ④ 300kg 이상

44 다음 중 가스누출경보기의 설치기준으로 옳은 것은? (안전-80)

① 건축물 내에 설치된 경우는 그 설비군의 바닥면 둘레 10m에 대하여 1개 이상의 비율로 설치
② 건축물 내에 설치된 경우는 그 설비군의 바닥면 둘레 20m에 대하여 1개 이상의 비율로 설치
③ 건축물 밖에 설치된 경우는 그 설비군의 바닥면 둘레 30m에 대하여 1개 이상의 비율로 설치
④ 건축물 밖에 설치된 경우는 그 설비군의 바닥면 둘레 50m에 대하여 1개 이상의 비율로 설치

정답 38.④ 39.④ 40.① 41.② 42.② 43.④ 44.①

45 용기 내장형 가스 난방기용으로 사용하는 부탄 충전용기에 대한 설명으로 옳지 않은 것은?

① 용기 몸통부의 재료는 고압가스 용기용 강판 및 강제이다.
② 프로텍터의 재료는 KS D 3503 SS400의 규격에 적합하여야 한다.
③ 스커트의 재료는 KS D 3533 SG295 이상의 강도 및 성질을 가져야 한다.
④ 넥크링의 재료는 탄소함유량이 0.48% 이하인 것으로 한다.

④ 넥크링 재료는 탄소함유량 0.28% 이하

46 도시가스의 총 발열량이 10500kcal/m^3이고, 도시가스의 비중이 0.66인 경우 도시가스의 웨버지수(WI)는? (안전-57)

① 6300 ② 10500
③ 12925 ④ 17500

$$WI = \frac{H}{\sqrt{d}} = \frac{10500}{\sqrt{0.66}} = 12924.6$$

47 후부취출식 탱크에 있어서 탱크 주밸브 및 긴급차단장치에 속하는 밸브와 뒷범퍼와의 수평거리를 몇 cm 이상 이격하여야 하는가? (안전-24)

① 30 ② 40
③ 50 ④ 60

48 LPG 충전시설에 설치되는 안전밸브의 성능을 확인하기 위한 작동시험의 주기로 옳은 것은? (안전-81)

① 6월에 1회 이상
② 1년에 1회 이상
③ 2년에 1회 이상
④ 3년에 1회 이상

안전밸브 작동시험 주기
㉠ 압축기 최종단의 안전밸브 : 1년 1회 이상
㉡ 그 밖의 안전밸브 : 2년 1회 이상

49 다음 중 용기의 각인 표시 기호로 틀린 것은 어느 것인가? (안전-31)

① 내용적 : V
② 내압시험압력 : T_P
③ 최고충전압력 : H_P
④ 동판두께 : t

최고충전압력 : F_P

50 다음 중 대기에 방출되었을 때 가장 빨리 공기 중으로 확산되는 가스는?

① 부탄 ② 프로판
③ 질소 ④ 산소

C_4H_{10}(58g), C_3H_8(44g), N_2(28g), O_2(32g) 분자량이 적을수록 확산속도가 빠르다.

51 액화석유가스 충전소 내에 설치할 수 없는 시설은? (안전-29)

① 충전소의 관계자가 근무하는 대기실
② 자동차의 세정을 위한 주차시설
③ 충전소에 출입하는 사람을 대상으로 한 자동판매기 및 현금자동지급기
④ 충전소의 관계자 및 충전소에 출입하는 사람을 대상으로 한 놀이방

52 수소의 품질검사에 사용하는 시약으로 옳은 것은? (안전-11)

① 동·암모니아 시약
② 피로카롤 시약
③ 발연황산 시약
④ 브롬 시약

53 밀폐된 목욕탕에서 도시가스 순간 온수기로 목욕하던 중 의식을 잃은 사고가 발생하였다. 사고원인을 추정할 때 가장 옳은 것은?

① 가스누출에 의한 중독
② 부취제(mercaptan)에 의한 질식
③ 산소결핍에 의한 질식
④ 이산화탄소에 의한 질식

정답 45.④ 46.③ 47.② 48.③ 49.③ 50.③ 51.④ 52.② 53.③

54 산소, 수소 및 아세틸렌의 품질검사에서 순도는 각각 얼마 이상이어야 하는가? (안전-11)

① 산소 : 99.5%, 수소 : 98.0%, 아세틸렌 : 98.5%
② 산소 : 99.5%, 수소 : 98.5%, 아세틸렌 : 98.0%
③ 산소 : 98.0%, 수소 : 99.5%, 아세틸렌 : 98.5%
④ 산소 : 98.5%, 수소 : 99.5%, 아세틸렌 : 98.0%

55 고압가스 저장시설에서 가스누출사고가 발생하여 공기와 혼합하여 가연성, 독성 가스로 되었다면 누출된 가스는?

① 질소
② 수소
③ 암모니아
④ 이산화황

암모니아
㉠ 연소범위(15~28%)
㉡ TLV-TWA 농도(25ppm)

56 다음 가스의 성질에 관한 설명으로 가장 옳은 것은?

① 질소나 이산화탄소는 불활성 가스이므로 실내에 대량 누출하여도 위험성이 거의 없다.
② 염소와 산소와는 반응성이 좋으므로 동일장소에 혼합적재하면 위험하다.
③ 산화에틸렌은 중합폭발하기 쉬우므로 취급에 주의를 해야 한다.
④ 산소와 이산화탄소와는 반응하기 쉬우므로 충전용기의 저장은 동일장소를 피한다.

㉠ 실내 누출 시 산소 부족에 의한 질식 우려
㉡ 염소, 산소의 혼합적재는 같은 조연성이므로 위험성 없음
㉢ 산화에틸렌 폭발성(산화, 중합, 분해 폭발)
㉣ CO_2는 불연성이므로 혼합 보관 가능

57 다음 특정설비별 기호로서 잘못 짝지어진 것은? (안전-64)

① 압축가스용 : PG
② 저온 및 초저온 가스용 : LT
③ 액화가스용 : LG
④ 아세틸렌가스용 : CG

아세틸렌 : AG

58 액화석유가스 제조시설 저장탱크의 폭발방지장치로 사용되는 금속은? (안전-82)

① 아연
② 알루미늄
③ 철
④ 구리

59 도시가스 공급 시 판넬(Panel)에 의한 가스 냄새농도 측정에서 냄새판정을 위한 시료의 희석배수가 아닌 것은? (안전-19)

① 100배
② 500배
③ 1000배
④ 4000배

희석배수의 종류 : 500, 1000, 2000, 4000

60 −162℃의 LNG(액비중 : 0.46, CH_4 : 90%, C_2H_6 : 10%) 1m^{3}을 20℃까지 기화시켰을 때의 부피는 약 몇 m^{3}인가?

① 625.6
② 635.6
③ 645.6
④ 655.6

$$\frac{460}{16\times0.9+30\times1}\times22.4\times\frac{293}{273}=635.6$$
(액비중 0.46kg/L이므로 1L : 0.46kg, 1m^3 : 460kg)

정답 54.② 55.③ 56.③ 57.④ 58.② 59.① 60.②

제4과목 가스계측기기

61 가스보일러의 화염온도를 측정하여 가스 및 공기의 유량을 조절하고자 한다. 이때 가장 적당한 온도계는?

① 액체봉입유리 온도계
② 저항 온도계
③ 열전대 온도계
④ 압력 온도계

62 측정치의 쏠림(bias)에 의하여 발생하는 오차는? (계측-2)

① 과오오차 ② 계통오차
③ 우연오차 ④ 상대오차

63 2가지 다른 도체의 양끝을 접합하고 두 접점을 다른 온도로 유지할 경우 회로에 생기는 기전력에 의해 열전류가 흐르는 현상을 무엇이라고 하는가? (계측-9)

① 제백효과
② 스테판-볼츠만 법칙
③ 존슨효과
④ 스케링 삼승근 법칙

해설
열전대 온도계 측정원리(제백효과)

64 가스는 분자량에 따라 다른 비중 값을 갖는다. 이 특성을 이용하는 가스분석기기는?

① 밀도식 CO_2 분석기기
② 자기식 O_2 분석기기
③ 광화학 발광식 NO, 분석기기
④ 적외선식 가스분석기기

65 막식 가스미터에서 계량막의 파손, 밸브의 탈락, 밸브와 밸브 시트 간격에서의 누설이 발생하여 가스는 미터를 통과하나 지침이 작동하지 않는 고장형태는? (계측-5)

① 부동 ② 누출
③ 불통 ④ 기차 불량

66 일반적으로 공장자동화에 가장 많이 응용되는 제어방법은 무엇인가? (계측-12)

① 캐스케이드 제어
② 프로그램 제어
③ 시퀀스 제어
④ 피드백 제어

67 습식 가스미터와 비교한 루트미터의 특징에 해당되지 않는 것은? (계측-8)

① 설치면적이 적다.
② 스트레이너의 설치 및 유지관리가 필요하다.
③ 사용 중에 수위조정 등의 관리가 필요하다
④ 대유량의 가스 측정에 적합하다.

68 부르돈관 압력계에 대한 설명으로 틀린 것은?

① 탄성을 이용한 1차 압력계로서 가장 많이 사용된다.
② 재질은 고압용에 니켈(Ni)강, 저압용에 황동, 인청동, 특수청동을 사용한다.
③ 높은 압력은 측정 가능하지만 정확도는 낮다.
④ 곡관에 압력을 가하면 곡률반경이 변화되는 것을 이용한 것이다.

부르돈관 압력계(2차 압력계)

69 다음 유량계측기 중 압력손실 크기 순서를 바르게 나타낸 것은?

① 전자유량계 > 벤투리 > 오리피스 > 플로노즐
② 벤투리 > 오리피스 > 전자유량계 > 플로노즐
③ 오리피스 > 플로노즐 > 벤투리 > 전자유량계
④ 벤투리 > 플로노즐 > 오리피스 > 전자유량계

정답 61.③ 62.② 63.① 64.① 65.① 66.③ 67.③ 68.① 69.③

70 정확한 계량이 가능하여 기준기로 많이 사용되는 가스미터는? (계측-8)

① 건식 가스미터
② 습식 가스미터
③ 회전자식 가스미터
④ 벤투리식 가스미터

71 2차 지연형 계측기의 제동비가 0.8일 때 대수 감쇠율은 얼마인가?

① 8.37 ② 15.28
③ 34.19 ④ 41.38

해설

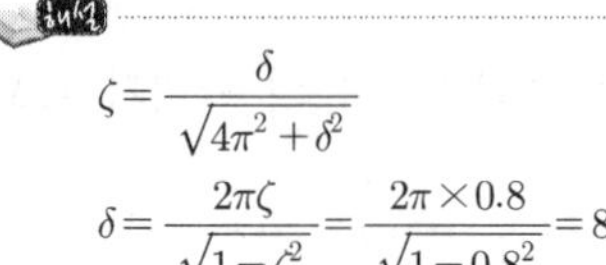

$$\zeta=\frac{\delta}{\sqrt{4\pi^2+\delta^2}}$$

$$\delta=\frac{2\pi\zeta}{\sqrt{1-\zeta^2}}=\frac{2\pi\times0.8}{\sqrt{1-0.8^2}}=8.3734$$

여기서, ζ : 감쇠비(제동비)
δ : 대수 감쇠율

72 흡수법에 사용되는 각 성분가스와 그 흡수액으로 짝지어진 것 중 틀린 것은? (계측-1)

① 이산화탄소 – 수산화칼륨 수용액
② 산소 – (수산화칼륨 + 피로카롤) 수용액
③ 일산화탄소 – 염화칼륨 수용액
④ 중탄화수소 – 발연황산

73 가스계량기의 설치에 대한 설명으로 틀린 것은?

① 화기와 2m 이상인 우회거리를 유지한다.
② 수시로 환기가 가능한 곳에 설치한다.
③ 절연조치 하지 않은 전선과는 15cm 이상의 거리를 유지한다.
④ 바닥으로부터 1.6~2.0m 이상의 높이에 수직·수평으로 설치한다.

1.6m 이상 2m 이내 높이에 수직·수평으로 설치

74 비례제어기는 60℃에서 100℃ 사이의 온도를 조절하는 데 사용된다. 이 제어기로 측정된 온도가 81℃에서 89℃로 될 때의 비례대(proportional band)는?

① 10% ② 20%
③ 30% ④ 40%

$$\text{비례대}=\frac{\text{측정 온도차}}{\text{조절 온도차}}=\frac{89-81}{100-60}\times100=20\%$$

75 막식 가스미터에 대한 설명으로 옳지 않은 것은? (계측-8)

① 가스를 일정 부피의 통 속에 넣어 충만 후 배출하여 그 횟수를 부피단위로 환산하여 표시하는 원리이다.
② 회전수가 비교적 빨라 대용량 $1000m^3/h$ 이상의 계량에 적합하다.
③ 막의 재질로는 합성고무 등이 사용된다.
④ 가스의 계량실로의 도입 및 배출은 막의 차압에 의해 생기는 밸브와 막의 연동작용에 의해 일어난다.

막식 가스미터(일반수용가 $15\sim200m^3/h$)

76 초음파의 송수파기(送受波器)에서 액면까지의 거리가 15m인 초음파 액면계에서 초음파가 수신될 때까지 0.3초가 걸렸다면 매질 중에서의 초음파의 전파속도는 약 몇 m/s인가?

① 12.5 ② 25
③ 50 ④ 100

해설

액면까지 거리가 15m이므로 음파 발산 후 돌아오는 거리는
15×2=30m
∴ 30m/0.3sec=100m/s

77 가연성 가스 검지방식으로 가장 적합한 것은?

① 격막전극식 ② 정전위전해식
③ 접촉연소식 ④ 원자흡광광도법

가스 검지방식
㉠ 가연성(접촉연소식)
㉡ 독성·가연성(반도체식)
㉢ 산소(격막갈바니 전지방식)

정답 70.② 71.① 72.③ 73.④ 74.② 75.② 76.④ 77.③

78 기체 크로마토그래피에서 Carrier gas로 사용될 수 없는 것은? (계측-10)

① O_2　　② H_2
③ N_2　　④ He

캐리어가스(H_2, N_2, He, Ne, Ar)

79 부르돈관 압력계의 종류가 아닌 것은?

① C형　　② 수정형
③ 스파이럴형　　④ 헬리컬형

부르돈관 압력계(C형, 스파이럴형, 헬리컬형, 버튼형)

80 계측기의 일반적인 주요 구성으로 가장 거리가 먼 것은?

① 전달기구　　② 검출기구
③ 구동기구　　④ 수신기구

정답 78.① 79.② 80.③

CBT 기출복원문제

2021년 산업기사 제2회 필기시험 (2021년 5월 9일 시행)

01 가스산업기사	수험번호 : 수험자명 :	※ 제한시간 : 120분 ※ 남은시간 :
글자 크기 100% 150% 200% 화면 배치	전체 문제 수 : 안 푼 문제 수 :	답안 표기란 ① ② ③ ④

제1과목 연소공학

01 가연성 가스의 연소에 대한 설명으로 옳은 것은?

① 폭굉속도는 보통 연소속도의 10배 정도이다.
② 폭발범위는 온도가 높아지면 일반적으로 넓어진다.
③ 혼합가스의 폭굉속도는 1000m/s 이하이다.
④ 가연성 가스와 공기의 혼합가스에 질소를 첨가하면 폭발범위의 상한치는 크게 된다.

02 가스연료의 연소에 있어서 확산염을 사용할 경우 예혼합염을 사용하는 것에 비해 얻을 수 있는 장점이 아닌 것은? (연소-10)

① 역화의 위험이 없다.
② 가스량의 조절범위가 크다.
③ 가스의 고온예열이 가능하다.
④ 개방 대기 중에서도 완전연소가 가능하다.

03 다음 중 메탄의 완전연소 반응식을 옳게 나타낸 것은?

① $CH_4+2O_2 \rightarrow CO_2+2H_2O$
② $CH_4+3O_2 \rightarrow 2CO_2+2H_2O$
③ $CH_4+3O_2 \rightarrow 2CO_2+3H_2O$
④ $CH_4+5O_2 \rightarrow 3CO_2+4H_2O$

04 아세톤, 톨루엔, 벤젠이 제4류 위험물로 분류되는 주된 이유는?

① 분해 시 산소를 발생하여 연소를 돕기 때문에
② 니트로기를 함유한 폭발성 물질이기 때문에
③ 공기보다 밀도가 큰 가연성 증기를 발생시키기 때문에
④ 물과 접촉하여 많은 열을 방출하여 연소를 촉진시키기 때문에

05 일산화탄소와 수소의 부피비가 3 : 7인 혼합가스의 온도 100℃, 50atm에서의 밀도는 약 몇 g/L인가? (단, 이상기체로 가정한다.)

① 16　　② 18
③ 21　　④ 23

$PV=\dfrac{W}{M}RT$ 이므로

$\therefore P=\dfrac{W}{V}\cdot\dfrac{RT}{M}$

밀도$=\dfrac{W}{V}=\dfrac{PM}{RT}=\dfrac{50\times9.8}{0.082\times376}=16\text{g/L}$

참고 $M=28\times0.3+2\times0.7=9.8$

06 폭발과 관련한 가스의 성질에 대한 설명으로 틀린 것은?

① 연소속도가 큰 것일수록 위험하다.
② 인화온도가 낮을수록 위험성은 커진다.
③ 안전간격이 큰 것일수록 위험성이 있다.
④ 가스의 비중이 크면 낮은 곳으로 모여 있게 된다.

정답 01.② 02.④ 03.① 04.③ 05.① 06.③

안전간격이 큰 것은 안전하다.

07 다음 아세틸렌가스의 위험도(H)는 약 얼마인가? (설비-44)

① 21 ② 23
③ 31 ④ 33

아세틸렌 위험도 $= \frac{81-2.5}{2.5} = 31.4$

08 다음 중 이상기체에 대한 설명으로 틀린 것은 어느 것인가? (연소-3)

① 아보가드로의 법칙에 따른다.
② 압력과 부피의 곱은 온도에 비례한다.
③ 온도에 대비하여 일정한 비열을 가진다.
④ 기체분자 간의 인력은 일정하게 존재하는 것으로 간주한다.

09 $(CO_2)_{max}$%는 공기비(m)가 어떤 때를 말하는가?

① 0 ② 1
③ 2 ④ ∞

$CO_{2max}(\%)$
$m=1$(이론공기량만으로 연소)

10 오토사이클에서 압축비(ε)가 10일 때 열효율은 약 몇 %인가?

① 58.2 ② 60.2
③ 62.2 ④ 64.2

오토사이클의 열효율

$\eta = 1-\left(\frac{1}{s}\right)^{k-1} = 1-\left(\frac{1}{10}\right)^{1.4-1}$
$=0.60189=60.18=60.2\%$

11 다음 연소에 대한 설명 중 옳은 것은?

① 착화온도와 연소온도는 항상 같다.
② 이론연소온도는 실제연소온도보다 높다.
③ 일반적으로 연소온도는 인화점보다 상당히 낮다.
④ 연소온도가 그 인화점 보다 낮게 되어도 연소는 계속된다.

실제로 연소를 시키기 위하여 이론공기량보다 더 많은 공기. 즉, 과잉공기가 들어가야 연소가 되므로 공기량이 많아지면 연소실 내 온도가 낮아지므로 이론연소온도가 실제연소온도보다 더 높다.

12 0℃, 1atm에서 2L의 산소와 0℃, 2atm에서 3L의 질소를 혼합하여 1L로 하면 압력은 몇 atm이 되는가?

① 1 ② 2
③ 6 ④ 8

$P = \frac{P_1 V-1 + P_2 V_2}{V}$
$= \frac{1\times2+2\times3}{1} = 8\text{atm}$

13 메탄 70%, 에탄 20%, 프로판 8%, 부탄 1%로 구성되는 혼합가스의 공기 중 폭발하한계는 약 몇 vol%인가? (단, 메탄, 에탄, 프로판, 부탄의 폭발하한계치는 각각 5.0, 3.0, 2.1, 1.9이다.)

① 3.5 ② 4
③ 4.5 ④ 5

$\frac{100}{L} = \frac{70}{5} + \frac{20}{3} + \frac{8}{2.1} + \frac{1}{1.9}$
$\therefore L = 4\%$

14 완전연소의 필요조건에 관한 설명으로 틀린 것은?

① 연소실의 온도는 높게 유지하는 것이 좋다.
② 연소실 용적은 장소에 따라서 작게 하는 것이 좋다.
③ 연료의 공급량에 따라서 적당한 공기를 사용하는 것이 좋다.
④ 연료는 되도록 인화점 이상 예열하여 공급하는 것이 좋다.

정답 07.③ 08.④ 09.② 10.② 11.② 12.④ 13.② 14.②

15 시안화수소를 장기간 저장하지 못하는 주된 이유는?

① 산화폭발 ② 분해폭발
③ 중합폭발 ④ 분진폭발

16 0℃, 1기압에서 C_3H_8 5kg의 체적은 약 몇 m^3인가? (단, 이상기체로 가정하고, C의 원자량은 12, H의 원자량은 1이다.)

① 0.63 ② 1.54
③ 2.55 ④ 3.67

$\frac{5}{44} \times 22.4 = 2.55m^3$

17 폭발에 대한 용어 중 DID에 대하여 가장 잘 나타낸 것은? (연소-1)

① 어느 온도에서 가열하기 시작하여 발화에 이를 때까지의 시간을 말한다.
② 폭발등급 표시 시 안전간격을 나타낼 때의 거리를 말한다.
③ 최초의 완만한 연소가 격렬한 폭굉으로 발전할 때까지의 거리를 말한다.
④ 폭굉이 전파되는 속도를 의미한다.

18 기체연료의 연소에서 일반적으로 나타나는 연소의 형태는? (연소-2)

① 확산연소
② 증발연소
③ 분무연소
④ 액면연소

기체의 연소(확산연소, 예혼합연소)

19 폭발범위(폭발한계)에 대한 설명으로 옳은 것은?

① 폭발범위 내에서만 폭발한다.
② 폭발상한계에서만 폭발한다.
③ 폭발상한계 이상에서만 폭발한다.
④ 폭발하한계 이하에서만 폭발한다.

20 고위발열량과 저위발열량의 차이는 연료의 어떤 성분 때문에 발생하는가? (연소-11)

① 유황과 질소 ② 질소와 산소
③ 탄소와 수분 ④ 수소와 수분

$H_h = H_l + 600(9H + W)$

여기서, H_h : 고위발열량
H_l : 저위발열량
H : 수소
W : 수분

제2과목 가스설비

21 터보 압축기에 주로 사용되는 밀봉장치 형식이 아닌 것은?

① 테프론 시일
② 메커니컬 시일
③ 레비린스 시일
④ 카본 시일

상기 항목 이외에 오일필름 시일 등이 있음

22 다음 중 회전 펌프가 아닌 것은? (설비-33)

① 기어 펌프 ② 나사 펌프
③ 베인 펌프 ④ 제트 펌프

펌프의 분류
㉠ 터보식 : 원심, 축류, 사류
㉡ 용적식 : 왕복(피스톤, 플런저), 회전(기어, 베인, 나사)

23 금속플렉시블 호스의 제조기준에의 적합여부에 대하여 실시하는 생산 단계검사의 검사종류별 검사항목이 아닌 것은?

① 구조검사 ② 치수검사
③ 내압시험 ④ 기밀시험

금속플렉시블 호스의 생산 단계검사의 검사종류별 검사항목
㉠ 구조 및 치수의 적합여부
㉡ 기밀 성능

정답 15.③ 16.③ 17.③ 18.① 19.① 20.④ 21.① 22.④ 23.③

ⓒ 내인장 성능
ⓓ 내굽힘 성능
ⓔ 내비틀림 성능
ⓕ 반복부착 성능
ⓖ 내충격시험
ⓗ 표시의 적합여부

24 다음 중 LPG 저장탱크에 관한 설명으로 틀린 것은?

① 구형 탱크는 지진에 의한 피해방지를 위해 2중으로 한다.
② 지상 탱크는 단열재를 사용한 2중 구조로 하여 진공시키면 LNG도 저장할 수 있다.
③ 탱크재료는 고장력강으로 제작된다.
④ 지하암반을 이용한 저장시설에서는 외부에서 압력이 작용되고 있다.

지진에 의한 피해를 방지하기 위해 내진설계로 시공

25 펌프에서 발생하는 수격현상의 방지법으로 틀린 것은? (설비-17)

① 관내의 유속흐름 속도를 가능한 적게 한다.
② 서지(surge) 탱크를 관내에 설치한다.
③ 플라이휠을 설치하여 펌프의 속도가 급변하는 것을 막는다.
④ 밸브는 펌프 주입구에 설치하고, 밸브를 적당히 제어한다.

밸브는 송출구 가까이 설치하고, 적당히 제어한다.

26 메탄가스에 대한 설명으로 옳은 것은?

① 공기 중에 30%의 메탄가스가 혼합된 경우 점화하면 폭발한다.
② 담청색의 기체로서 무색의 화염을 낸다.
③ 고온에서 수증기와 작용하면 일산화탄소와 수소를 생성한다.
④ 올레핀계 탄화수소로서 가장 간단한 형의 화합물이다.

㉠ CH_4의 연소범위(5~15%)
㉡ 무색의 기체
㉢ 파라핀계 탄화수소
㉣ $CH_4+H_2O \rightarrow CO+3H_2$

27 공기액화 분리장치에서 산소를 압축하는 왕복동 압축기의 1시간당 분출가스량이 6000kg이고, 27℃에서의 안전밸브 작동압력이 8MPa라면 안전밸브의 유효분출 면적은 약 몇 cm^2인가?

① 0.52　② 0.75
③ 0.99　④ 1.26

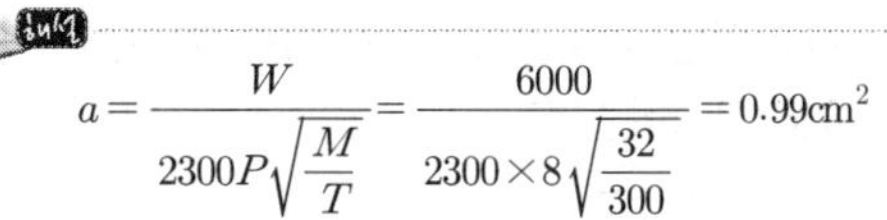
$$a=\frac{W}{2300P\sqrt{\frac{M}{T}}}=\frac{6000}{2300\times 8\sqrt{\frac{32}{300}}}=0.99\text{cm}^2$$

28 접촉분해 프로세스로 도시가스 제조 시 일정 온도 · 압력 하에서 수증기와 원료 탄화수소와의 중량비(수증기비)를 증가시키면 일어나는 현상은? (설비-3)

① CH_4가 많고 H_2가 적은 가스가 발생한다.
② CO의 변성반응이 촉진된다.
③ CH_4가 많고, CO가 적은 가스가 발생한다.
④ CH_4의 수증기 개질을 억제한다.

29 천연가스의 비점은 약 몇 ℃인가?

① −84　② −162
③ −183　④ −192

천연가스 주성분 : CH_4

30 고압장치 배관에 발생된 열응력을 제거하기 위한 이음이 아닌 것은? (설비-10)

① 루프형
② 슬라이드형
③ 벨로즈형
④ 플랜지형

정답 24.① 25.④ 26.③ 27.③ 28.② 29.② 30.④

31 황산염 환원박테리아가 번식하는 토양에서 부식방지를 위한 방식전위는 얼마 이하가 적당한가? (안전-65)

① −0.8V
② −0.85V
③ −0.9V
④ −0.95V

32 고압가스장치 금속재료의 기계적 성질 중 어느 온도 이상에서 재료에 일정한 하중을 가한 순간에 변형을 일으킬뿐만 아니라 시간의 경과와 더불어 변형이 증대하고 때로 파괴되는 경우가 있다. 이러한 현상을 무엇이라고 하는가?

① 피로한도
② 크리프(Creep)
③ 탄성계수
④ 충격치

① 피로한도 : 정적시험에 의한 파괴강도보다 상당히 낮은 응력에서도 그것이 반복작용하는 경우에는 재료가 파괴되는 경우가 있다. 이와 같은 파괴를 피로파괴라고 하며, 이와 같이 반복하중에 의해 재료의 저항력이 저하하는 현상을 피로라고 한다. 이렇게 하여 무한이 반복하중을 가하여도 파괴되지 않는 응력을 그 재료의 피로한도라 한다.
② 크리프(Creep) : 일반적으로 어느 온도 이상에서는 재료에 어느 일정한 하중을 가하면 시간과 더불어 변형이 증대하는 현상

33 일반가스의 공급선에 사용되는 밸브 중 유체의 유량조절은 용이하나 밸브에서 압력손실이 커 고압의 대구경 밸브로서는 부적합한 밸브는? (설비-45)

① 게이트(Gate) 밸브
② 글로브(Glove) 밸브
③ 체크(Check) 밸브
④ 볼(Ball) 밸브

34 LPG 충전소 내의 가스사용시설 수리에 대한 설명으로 옳은 것은?

① 화기를 사용하는 경우에는 설비 내부의 가연성 가스가 폭발하한계의 1/4 이하인 것을 확인하고 수리한다.
② 충격에 의한 불꽃에 가스가 인화할 염려는 없다고 본다.
③ 내압이 완전히 빠져 있으면 화기를 사용해도 좋다.
④ 볼트를 조일 때는 한 쪽만 잘 조이면 된다.

35 정압기의 작동원리에 대한 설명으로 틀린 것은?

① 직동식에서 2차 압력이 설정압력보다 높은 경우는 다이어프램을 들어올리는 힘이 증가한다.
② 파일럿식에서 2차 압력이 설정압력보다 높은 경우는 파일럿 다이어프램을 밀어올리는 힘이 스프링과 작용하여 가스량이 감소한다.
③ 직동식에서 2차 압력이 설정압력보다 낮은 경우는 메인밸브를 열리게 하여 가스량을 증가시킨다.
④ 파일럿식에서 2차 압력이 설정압력보다 낮은 경우는 다이어프램에 작용하는 힘과 스프링 힘에 의해 가스량이 감소한다.

36 공기액화 분리장치에 들어가는 공기 중 아세틸렌가스가 혼입되면 안 되는 주된 이유는 무엇인가? (설비-5)

① 산소와 반응하여 산소의 증발을 방해한다.
② 응고되어 돌아다니다가 산소 중에서 폭발할 수 있다.
③ 파이프 내에서 동결되어 파이프가 막히기 때문이다.
④ 질소와 산소의 분리작용을 방해하기 때문이다.

정답 31.④ 32.② 33.② 34.① 35.④ 36.②

37 다음 중 도시가스 제조원료의 저장설비에서 액화석유가스(LPG) 저장법으로 옳은 것은?

① 가압식 저장법, 저온식(냉동식) 저장법
② 고온저압식 저장법, 저온식(냉동식) 저장법
③ 가압식 저장법, 고온증발식 저장법
④ 고온저압식 저장법, 예열증발식 저장법

38 강관 이음재 중 구경이 서로 다른 배관을 연결시킬 때 주로 사용되는 것은?

① 엘보 ② 리듀서
③ 티 ④ 소켓

39 다음 중 조정압력이 57~83kPa일 때 사용되는 압력조정기는? (안전-17)

① 2단 감압식 1차용 조정기
② 2단 감압식 2차용 조정기
③ 자동절체식 일체형 준저압조정기
④ 1단 감압식 준저압조정기

40 황동(Brass)과 청동(Bronze)은 구리와 다른 금속과의 합금이다. 각각 무슨 금속인가?

① 주석, 인
② 알루미늄, 아연
③ 아연, 주석
④ 알루미늄, 납

해설
㉠ 황동 : Cu+Zn
㉡ 청동 : Cu+Sn

제3과목 가스안전관리

41 압력이 몇 MPa 이상인 압축가스를 용기에 충전하는 경우 압축기와 가스충전용기 보관장소 사이의 벽을 방호벽구조로 하여야 하는가? (안전-16)

① 8.7 ② 9.8
③ 10.8 ④ 1.7

42 도시가스 사업자는 가스공급시설을 효율적으로 안전관리하기 위하여 도시가스 배관망을 전산화하여야 한다. 전산화 내용에 포함되지 않는 사항은?

① 배관의 설치도면
② 정압기의 시방서
③ 배관의 시공자, 시공연월일
④ 배관의 가스흐름방향

해설
도시가스사업법 시행규칙 별표 6 기술기준 : 도시가스 사업자는 가스공급시설을 효율적으로 관리하기 위하여 ㉠ 배관 정압기 등의 설치도면 ㉡ 시방서 ㉢ 시공자, 시공연월일 등을 전산화 할 것

43 사고를 일으키는 장치의 고장이나 운전자 실수의 상관관계를 연역적으로 분석하는 위험성 평가기법은? (연소-12)

① 체크리스트(Check list)법
② 위험과 운전분석기법(HAZOP)
③ 결함수분석기법(FTA)
④ 사건수분석기법(ETA)

44 액화석유가스 사용시설에 관경 20mm인 가스 배관을 노출하여 설치할 경우 배관이 움직이지 않도록 고정장치를 몇 m마다 설치하여야 하는가?

① 1m ② 2m
③ 3m ④ 4m

해설
배관의 고정장치
㉠ 13mm 미만 : 1m마다
㉡ 13~33mm 미만 : 2m마다
㉢ 33mm 이상 : 3m마다

45 부탄가스의 완전연소 방정식을 다음과 같이 나타낼 때 화학양론 농도(C_{at})는 몇 %인가? (단, 공기 중 산소는 21%이다.)

$$C_4H_{10}+6.5O_2 \rightarrow 4CO_2+5H_2O$$

① 1.8% ② 3.1%
③ 5.5% ④ 8.9%

정답 37.① 38.② 39.① 40.③ 41.② 42.④ 43.③ 44.② 45.②

$C_4H_{10}+6.5O_2 \rightarrow 4CO_2+5H_2O$

$$\text{부탄의 공기 중 농도} = \frac{1}{1+605\times\frac{100}{21}}\times 100 = 3.1\%$$

46 차량에 고정된 탱크의 내용적에 대한 설명으로 틀린 것은? (안전-24)

① 액화천연가스 탱크의 내용적은 1만8천L를 초과할 수 없다.
② 산소 탱크의 내용적은 1만8천L를 초과할 수 없다.
③ 염소 탱크의 내용적은 1만2천L를 초과할 수 없다.
④ 암모니아 탱크의 내용적은 1만2천L를 초과할 수 없다.

47 시안화수소 충전작업의 기준으로 틀린 것은?

① 용기에 충전하는 시안화수소는 순도가 98% 이상이어야 한다.
② 용기에 충전하는 시안화수소는 아황산가스 또는 황산 등의 안정제를 첨가한 것이어야 한다.
③ 시안화수소를 충전한 용기는 충전 후 24시간 정치하고, 그 후 1일 1회 이상 질산구리벤젠 등의 시험지로 가스의 누출검사를 하여야 한다.
④ 순도가 99% 이상으로서 착색된 것은 충전한 후 60일이 경과되기 전에 다른 용기에 옮겨 충전하지 않아도 된다.

60일 경과된 기전 다른 용기에 충전하여야 한다.

48 포스핀(PH_3)의 저장과 취급 시 주의사항에 대한 설명으로 가장 거리가 먼 것은?

① 환기가 양호한 곳에서 취급하고, 용기는 40℃ 이하를 유지한다.
② 수분과의 접촉을 금지하고, 정전기발생 방지시설을 갖춘다.
③ 가연성이 매우 강하여 모든 발화원으로부터 격리한다.
④ 방독면을 비치하여 누출 시 착용한다.

포스핀(PH_3) = 인화수소
TLV-TWA 허용농도 : 0.3ppm(LC 50 : 20ppm)
맹독성 기체 흡입 시에는 치명적 사고발생의 우려가 있으므로 누출 시 공기호흡기를 착용하여야 안전을 도모할 수 있다.

49 프로판(C_3H_8)과 부탄(C_4H_{10})이 동일한 몰(mol)비로 구성된 LP가스의 폭발하한이 공기 중에서 1.8vol%라면 높이 2m, 넓이 $9m^2$, 압력 1atm, 온도 20℃인 주방에 최소 몇 g의 가스가 유출되면 폭발할 가능성이 있는가? (단, 이상기체로 가정한다.)

① 405
② 593
③ 688
④ 782

㉠ 폭발하한에 도달하는 가스의 양
$(2\times 9)\times 0.018\times 10^3=324L$
㉡ 혼합가스의 분자량
$44\times\frac{1}{2}+58\times\frac{1}{2}=51g$
㉢ 1atm, 20℃의 질량

$$W=\frac{PVM}{RT}=\frac{1\times 324\times 51}{0.082\times(273+20)}=687.754g \fallingdotseq 688g$$

50 다음 중 주택은 제 몇 종 보호시설로 분류되는가? (안전-9)

① 제0종
② 제1종
③ 제2종
④ 제3종

2종 보호시설
㉠ 주택
㉡ 사람을 수용하는 건축물
독립된 부분의 연면적($100m^2$ 이상 $1000m^2$ 미만)

정답 46.④ 47.④ 48.④ 49.③ 50.③

51 고압가스 특정제조시설 중 배관의 누출확산방지를 위한 시설 및 기술기준으로 옳지 않은 것은? (안전-83)

① 시가지, 하천, 터널 및 수로 중에 배관을 설치하는 경우에는 누출가스의 확산방지 조치를 한다.
② 사질토 등의 특수성 지반(해저 제외) 중에 배관을 설치하는 경우에는 누출가스의 확산방지 조치를 한다.
③ 고압가스의 온도와 압력에 따라 배관의 유지관리에 필요한 거리를 확보한다.
④ 독성 가스의 용기보관실은 누출되는 가스의 확산을 적절하게 방지할 수 있는 구조로 한다.

52 다음 합격용기 등의 각인사항의 기호 중 용기의 내압시험 압력을 표시하는 기호는 어느 것인가? (안전-31)

① TW ② TP
③ TV ④ FP

53 고압가스 제조자 또는 고압가스 판매자가 실시하는 용기의 안전점검 및 유지관리 사항에 해당되지 않는 것은? (안전-12)

① 용기의 도색상태
② 용기관리 기록대장의 관리상태
③ 재검사기간 도래여부
④ 용기밸브의 이탈방지 조치여부

54 다음 독성 가스 중 공기보다 가벼운 가스는?

① 황화수소 ② 암모니아
③ 염소 ④ 산화에틸렌

해설
H_2S(34g), NH_3(17g), CO_2(71g), C_2H_4O(34g)

55 고압가스 제조시설로서 정밀안전검진을 받아야 하는 노후 시설은 최초의 완성검사를 받은 날부터 얼마를 경과한 시설을 말하는가?

① 7년 ② 10년
③ 15년 ④ 20년

56 고압가스의 운반기준에서 동일차량에 적재하여 운반할 수 없는 것은? (안전-34)

① 염소와 아세틸렌
② 질소와 산소
③ 아세틸렌과 산소
④ 프로판과 부탄

57 물분무장치 등은 저장탱크의 외면에서 몇 m 이상 떨어진 위치에서 조작이 가능하여야 하는가? (안전-3)

① 5m ② 10m
③ 15m ④ 20m

58 독성 가스와 중화제(흡수제)가 잘못 연결된 것은? (안전-44)

① 암모니아－다량의 물
② 염소－소석회
③ 시안화수소－탄산소다 수용액
④ 황화수소－가성소다 수용액

59 아세틸렌가스를 용기에 충전하는 장소 및 충전용기 보관장소에는 화재 등에 의한 파열을 방지하기 위하여 무엇을 설치해야 하는가?

① 방화설비 ② 살수장치
③ 냉각수 펌프 ④ 경보장치

60 아세틸렌 용기의 다공성 물질 검사방법에 해당하지 않는 것은?

① 진동시험
② 부분가열시험
③ 역화시험
④ 파괴시험

해설
아세틸렌 용기의 다공성 물질 검사방법
㉠ 진동시험
㉡ 주위가열시험
㉢ 부분가열시험
㉣ 역화시험
㉤ 충격시험

정답 51.③ 52.② 53.② 54.② 55.③ 56.① 57.③ 58.③ 59.② 60.④

제4과목 가스계측기기

61 다음 가스 중 검지관에 의한 측정농도의 범위 및 검지한도로서 틀린 것은? [계측-21]

① C_2H_2 : 0~0.3%, 10ppm
② H_2 : 0~1.5%, 250ppm
③ CO : 0~0.1%, 1ppm
④ C_3H_8 : 0~0.1%, 10ppm

62 다음 중 바이메탈 온도계에 사용되는 변환 방식은?

① 기계적 변환 ② 광학적 변환
③ 유도적 변환 ④ 전기적 변환

63 다음 중 계통오차가 아닌 것은? [계측-2]

① 계기오차 ② 환경오차
③ 과오오차 ④ 이론오차

64 다음 중 오리피스, 플로노즐, 벤투리미터 유량계의 공통적인 특징에 해당하는 것은 어느 것인가? [계측-23]

① 압력강하 측정
② 직접 계량
③ 초음속 유체만 유량 계측
④ 직관부 필요 없음

65 오리피스관이나 노즐과 같은 조임기구에 의한 가스의 유량 측정에 대한 설명으로 틀린 것은?

① 측정하는 압력은 동압의 차이다.
② 유체의 점도 및 밀도를 알고 있어야 한다.
③ 하류측과 상류측의 절대압력의 비가 0.75 이상이어야 한다.
④ 조임기구의 재료의 열팽창계수를 알아야 한다.

해설
오리피스 노즐 등의 조임기구에 의한 유량계는 압력차에 의해 유량을 측정하는 차압식 유량계
• 측정압력이 동압 : 피토관

66 진공에 대한 폐관식 압력계로서 표준진공계로 사용되는 것은?

① 맥라우드 진공계 ② 피라니 진공계
③ 서미스터 진공계 ④ 전리 진공계

67 분별연소법을 사용하여 가스를 분석할 경우 분별적으로 완전연소시키는 가스는? [계측-17]

① 수소, 탄화수소
② 이산화탄소, 탄화수소
③ 일산화탄소, 탄화수소
④ 수소, 일산화탄소

68 다음은 가연성 가스검지법 중 접촉연소법 검지회로이다. 보상소자는 어느 부분인가?

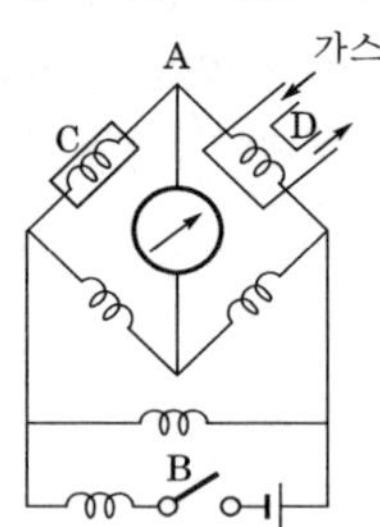

① A ② B
③ C ④ D

해설
접촉연소방식 가스의 검지
가연성 가스의 검지에 이용 백금 필라멘트 주위에 백금 파라듐 등의 촉매를 고정한 검출소자에 가연성 가스를 함유한 공기접촉 시 농도가 LEL(폭발하한값)에 도달 시 접촉산화반응으로 온도의 상승으로 저항값이 올라가 누설가스를 검지하는 방법(D는 검출소자, C는 보상소자)

69 초음파 레벨 측정기의 특징으로 옳지 않은 것은?

① 측정대상에 직접 접촉하지 않고, 레벨을 측정할 수 있다.
② 부식성 액체나 유속이 큰 수로의 레벨도 측정할 수 있다.
③ 측정범위가 넓다.
④ 고온·고압의 환경에서도 사용이 편리하다.

정답 61.④ 62.① 63.③ 64.① 65.① 66.① 67.④ 68.③ 69.④

70 막식 가스미터 고장의 종류 중 부동의 의미를 가장 바르게 설명한 것은? (계측-5)

① 가스가 크랭크축이 녹슬거나 밸브와 밸브 시트가 타르(tar) 점착 등으로 통과하지 않는다.
② 가스의 누출로 통과하거나 정상적으로 미터가 작동하지 않아 부정확한 양만 측정된다.
③ 가스가 미터는 통과하나 계량막의 파손, 밸브의 탈락 등으로 미터지침이 작동하지 않는 것이다.
④ 날개나 조절기에 고장이 생겨 회전장치에 고장이 생긴 것이다.

부동의 원인
㉠ 계량막의 파손
㉡ 밸브의 탈락
㉢ 밸브와 밸브시트 사이 누설
㉣ 지시장치 기어의 불량

71 유기화합물의 분리에 가장 적합한 기체 크로마토그래피의 검출기는? (계측-13)

① FID ② FPD
③ ECD ④ TCD

72 아르키메데스 부력의 원리를 이용한 액면계는?

① 기포식 액면계
② 차압식 액면계
③ 정전용량식 액면계
④ 편위식 액면계

73 10호의 가스미터로 1일 4시간씩 20일간 가스미터가 작동하였다면, 이때 총 최대 가스 사용량은 얼마인가? (단, 압력차 수주는 30mmH$_2$O이다.)

① 400L ② 800L
③ 400m^3 ④ 800m^3

$4 \times 20 \times 10 = 800\text{m}^3$

74 추량식 가스미터로 분류되는 것은? (계측-6)

① 습식형 ② 루트형
③ 막식형 ④ 터빈형

75 차압식 유량계에서 압력차가 처음보다 2배 커지고 관의 지름이 1/2로 되었다면, 나중 유량(Q_2)과 처음 유량(Q_1)과의 관계로 옳은 것은? (단, 나머지 조건은 모두 동일하다.)

① $Q_2=0.25$ ② $Q_2=0.35$
③ $Q_2=0.71$ ④ $Q_2=1.41$

$$Q_1 = \frac{\pi}{4}D^2\sqrt{2gH}$$

$$Q_2 = \frac{\pi}{4}\left(\frac{D}{2}\right)^2\sqrt{2g \cdot 2H}$$

$$\frac{Q_2}{Q_1} = \frac{\frac{\pi}{4} \cdot \frac{D^2}{4} \cdot \sqrt{2} \cdot \sqrt{2gH}}{\frac{\pi}{4}D^2\sqrt{2gH}} = \frac{Q_2}{Q_1} = \frac{1}{4} \times \sqrt{2}$$

$$\therefore\ Q_2 = \frac{\sqrt{2}}{4}Q_1 = 0.35Q_1$$

76 MAX 2.0m^3/h, 0.6L/rev라 표시되어 있는 가스미터가 1시간당 40회전하였다면 가스 유량은?

① 12L/hr ② 24L/hr
③ 48L/hr ④ 80L/hr

$Q = 0.6\text{L/rev} \times 40\text{rev/hr} = 24\text{L/hr}$

77 기체 크로마토그래피에 대한 설명으로 틀린 것은?

① 액체 크로마토그래피보다 분석속도가 빠르다.
② 칼럼에 사용되는 액체 정지상은 휘발성이 높아야 한다.
③ 운반기체로서 화학적으로 비활성인 헬륨을 주로 사용한다.
④ 다른 분석기기에 비하여 감도가 뛰어나다.

정답 70.③ 71.① 72.④ 73.④ 74.④ 75.② 76.② 77.②

78 전기저항 온도계의 온도 검출용 측온저항체의 재료로 비례성이 좋으나, 고온에서 산화되며, 사용온도 범위가 0~120℃ 정도인 것은? (계측-22)

① 백금
② 니켈
③ 구리
④ 서미스터(thermistor)

79 2차 압력계이며, 탄성을 이용하는 대표적인 압력계는?

① 부르돈관 압력계
② 자유피스톤형 압력계
③ 마크레오드식 압력계
④ 피스톤식 압력계

80 진동이 일어나는 장치의 진동을 억제시키는 데 가장 효과적인 제어동작은?

① 뱅뱅 동작 ② 미분 동작
③ 비례 동작 ④ 적분 동작

정답 78.③ 79.① 80.②

CBT 기출복원문제

2021년 산업기사 제4회 필기시험 (2021년 9월 5일 시행)

01 가스산업기사	수험번호 : 수험자명 :	※ 제한시간 : 120분 ※ 남은시간 :
글자 크기 100% 150% 200% 화면 배치	전체 문제 수 : 안 푼 문제 수 :	답안 표기란 ① ② ③ ④

제1과목 연소공학

01 등심연소 시 화염의 길이에 대하여 옳게 설명한 것은?

① 공기온도가 높을수록 길어진다.
② 공기온도가 낮을수록 길어진다.
③ 공기유속이 높을수록 길어진다.
④ 공기유속 및 공기온도가 낮을수록 길어진다.

해설
등심연소(Wick Combustion) : 일명 심지연소라고 하며 램프 등과 같이 연료를 심지로 빨아올려 심지의 표면에서 연소시키는 것으로 공기온도가 높을수록 화염의 길이가 길어진다.

02 연료와 공기를 인접한 2개의 분출구에서 각각 분출시켜 양자의 계면에서 연소를 일으키는 형태는?

① 분무연소 ② 확산연소
③ 액면연소 ④ 예혼합연소

03 연소 지배인자로만 바르게 나열한 것은?

① 산소와의 혼합비, 산소농도, 반응계 온도
② 웨버지수, 기체상수, 밀도계수
③ 착화에너지, 기체상수, 밀도계수
④ 발열반응, 웨버지수, 기체상수

해설
연소속도를 지배하는 인자(연료와 산화제의 혼합비, 압력, 온도, 촉매, 산소의 농도)

04 폭굉을 일으킬 수 있는 기체가 파이프 내에 있을 때 폭굉 방지 및 방호에 대한 설명으로 옳지 않은 것은?

① 파이프의 지름 대 길이의 비는 가급적 작도록 한다.
② 파이프라인에 오리피스 같은 장애물이 없도록 한다.
③ 파이프라인에 장애물이 있는 곳은 가급적이면 축소한다.
④ 공정라인에서 회전이 가능하면 가급적 완만한 회전을 이루도록 한다.

해설
파이프라인을 축소 시 폭굉거리가 짧아져서 폭굉이 빨리 일어난다.

05 폭발한계(폭발범위)에 영향을 주는 요인으로 가장거리가 먼 것은?

① 온도 ② 압력
③ 산소량 ④ 발화지연시간

06 산소가 20℃, $5m^3$의 탱크 속에 들어있다. 이 탱크의 압력이 $10kgf/cm^2$이라면 산소의 질량은 약 몇 kg인가? (단, 기체상수 R은 848kg · m/kmol · K이다.)

① 0.65 ② 1.6
③ 55 ④ 65

해설

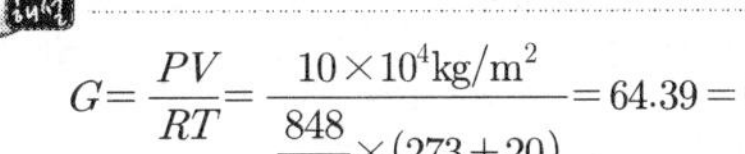

$$G=\frac{PV}{RT}=\frac{10\times10^4\text{kg/m}^2}{\frac{848}{32}\times(273+20)}=64.39=65\text{kg}$$

정답 01.① 02.② 03.① 04.③ 05.④ 06.④

07 고체연료의 탄화도가 높은 경우 발생하는 현상이 아닌 것은? (연소-28)

① 휘발분이 감소한다.
② 수분이 감소한다.
③ 연소속도가 빨라진다.
④ 착화온도가 높아진다.

08 1kg의 공기를 20℃, 1kgf/cm^{2}인 상태에서 일정압력으로 가열팽창시켜 부피를 처음의 5배로 하려고 한다. 이 때 필요한 온도 상승은 약 몇 ℃인가?

① 1172 ② 1292
③ 1465 ④ 1561

$\frac{V_1}{T_1} = \frac{V_2}{T_2}$ 에서

$T_2 = \frac{(273+20)\times 5V_1}{V_1} = 1465\text{K} = 1192$

∴ 상승온도 1192 − 20 = 1172℃

09 다음 중 화염의 색에 따른 불꽃의 온도가 낮은 것에서 높은 것의 순서로 바르게 나타낸 것은? (연소-6)

① 암적색 → 황적색 → 적색 → 백적색 → 휘백색
② 암적색 → 적색 → 백적색 → 황적색 → 휘백색
③ 암적색 → 백적색 → 적색 → 황적색 → 휘백색
④ 암적색 → 적색 → 황적색 → 백적색 → 휘백색

10 용기 내부에서 폭발성 혼합가스의 폭발이 일어날 경우에 용기가 폭발압력에 견디고 외부의 폭발성 분위기에 불꽃이 전파되는 것을 방지하도록 한 방폭구조는? (안전-13)

① 압력방폭구조
② 내압방폭구조
③ 유입방폭구조
④ 안전증방폭구조

11 가연성 가스의 폭발범위에 대한 설명으로 옳은 것은?

① 폭굉에 의한 폭풍이 전달되는 범위를 말한다.
② 폭굉에 의하여 피해를 받는 범위를 말한다.
③ 공기 중에서 가연성 가스가 연소할 수 있는 가연성 가스의 농도범위를 말한다.
④ 가연성 가스와 공기의 혼합기체가 연소하는데 있어서 혼합기체의 필요한 압력범위를 말한다.

12 다음 가스 중 비중이 가장 큰 것은?

① 메탄 ② 프로판
③ 염소 ④ 이산화탄소

분자량 메탄(16g), 프로판(44g), 염소(71g), 이산화탄소(44g)

13 다음 가스가 같은 조건에서 같은 질량이 연소할 때 발열량(kcal/kg)이 가장 높은 것은?

① 수소
② 메탄
③ 프로판
④ 아세틸렌

발열량(kcal/kg)

가스명	발열량	
	kcal/kg	kcal/Nm^3
수소(H_2)	34000	3050
메탄(CH_4)	13340	9530
프로판(C_3H_8)	12000	24000
아세틸렌(C_2H_2)	6065	7040

14 다음 중 시강 특성에 해당하지 않는 것은?

① 부피 ② 온도
③ 압력 ④ 몰분율

시강 특성
㉠ 정의 : 양의 많고 적어짐에도 변하지 않는 물리량
㉡ 종류 : 농도, 온도, 압력, 몰분율 밀도

정답 07.③ 08.① 09.④ 10.② 11.③ 12.③ 13.① 14.①

15 가연성 물질의 인화 특성에 대한 설명으로 틀린 것은?

① 증기압을 높게 하면 인화위험이 커진다.
② 연소범위가 넓을수록 인화위험이 커진다.
③ 비점이 낮을수록 인화위험이 커진다.
④ 최소점화에너지가 높을수록 인화위험이 커진다.

최소점화에너지 : 반응에 필요한 최소관의 에너지로서 적을수록 인화발열의 위험이 크다.

16 공업적으로 액체연료 연소에 가장 효율적인 연소방법은? (연소-2)

① 액적연소 ② 표면연소
③ 분해연소 ④ 분무연소

17 다음 반응 중 화학폭발의 원인과 관련이 가장 먼 것은?

① 압력폭발 ② 중합폭발
③ 분해폭발 ④ 산화폭발

㉠ 물리적 폭발 : 압력폭발, 증기폭발
㉡ 화학적 폭발 : 분해폭발, 산화폭발, 화합폭발, 중합폭발, 촉매폭발

18 76mmHg, 23℃에서 수증기 100m^3의 질량은 얼마인가? (단, 수증기는 이상기체 거동을 한다고 가정한다.)

① 0.74kg ② 7.4kg
③ 74kg ④ 740kg

$$W=\frac{PVM}{RT}=\frac{\frac{76}{760}\times100\times18}{0.082\times(273+23)}=7.41\text{kg}$$

19 상용의 상태에서 가연성 가스가 체류해 위험하게 될 우려가 있는 장소를 무엇이라 하는가? (연소-14)

① 0종 장소 ② 1종 장소
③ 2종 장소 ④ 3종 장소

20 다음 중 폭굉유도거리(DID)가 짧아지는 요인은? (연소-1)

① 압력이 낮을수록
② 관의 직경이 작을수록
③ 점화원의 에너지가 작을수록
④ 정상연소속도가 느린 혼합가스일수록

폭굉유도거리가 짧아지는 조건(폭굉이 빨리 일어나는 조건)
㉠ 정상연소속도가 큰 혼합가스일수록
㉡ 관속에 방해물이 있거나 관경이 가늘수록
㉢ 압력이 높을수록
㉣ 점화원의 에너지가 클수록

제2과목 가스설비

21 LNG 인수기지에서 사용되고 있는 기화기 중 간헐적으로 평균수요를 넘을 경우 그 수요를 충족(Peak Saving용)시키는 목적으로 주로 사용하는 것은? (설비-14)

① Open rack vaporizer
② Intermediate fluid vaporizer
③ 전기가압식 기화기
④ Submerged vaporizer

22 다음 중 금속피복방법이 아닌 것은?

① 용융도금법
② 클래딩법
③ 전기도금법
④ 희생양극법

희생양극법 : 전기방식법의 종류

23 원심압축기의 특징에 대한 설명으로 옳은 것은? (설비-35)

① 효율이 높다.
② 무 급유식이다.
③ 기체의 비중에 큰 영향을 받지 않는다.
④ 감속장치가 필요하다.

정답 15.④ 16.④ 17.① 18.② 19.② 20.② 21.④ 22.④ 23.②

24 관내부의 마찰계수가 0.002, 길이 100m, 관의 내경 40mm, 평균유속 1m/s, 중력가속도 $9.8m/s^2$일 때 마찰에 의한 수두손실은 약 몇 m인가?

① 0.0102 ② 0.102
③ 1.02 ④ 10.2

㉠ 달시바이스 바하의 마찰손실수두

$$h_f = \lambda \frac{L}{D} \cdot \frac{V^2}{2g}$$
$$= 0.002 \times \frac{100}{0.04} \times \frac{1^2}{2 \times 9.8} = 0.255\text{m}$$

㉡ 패닝의 마찰손실수두

$$h_f = 4\lambda \frac{L}{D} \cdot \frac{V^2}{2g}$$
$$= 4 \times 0.002 \times \frac{100}{0.04} \times \frac{1^2}{2 \times 9.8} = 1.02\text{m}$$

※ 문제의 조건에서 패닝에 의한 마찰손실수두의 식을 사용한다는 전제조건이 붙어야 함. 그러한 조건이 없을 때에는 달시바이스 바하의 식을 이용하는 것이 표준식임.

25 탄소강을 냉간가공하였을 경우 나타나는 성질로 틀린 것은?

① 인장강도 증가
② 단면수축률 감소
③ 피로한도 증가
④ 경도 감소

냉간가공 : 재료의 가공에서 재결정온도보다 더 저온에서 금속을 가공하는 것
㉠ 냉간가공의 증가의 영향으로 가공경화가 일어날 우려가 있음
㉡ 냉간가공 시의 영향(인장강도 증가, 피로한도 증가, 경도 증가, 충격치 · 연신율 · 단면수축률 감소)

26 증기압축기 냉동사이클에서 교축과정이 일어나는 곳은? (설비-16)

① 압축기
② 응축기
③ 팽창밸브
④ 증발기

27 다음 중 어떤 성분을 많이 함유하고 있는 탄소강이 적열취성을 일으키는가?

① B ② P
③ Si ④ S

㉠ 적열취성 : 금속에 S이 존재 시 인장강도, 연신율, 인성이 저하. 이때 생성된 황화철(FeS)이 약간의 온도상승으로 취약하게 되는 성질
㉡ 상온취성 : 금속이 상온 이하로 내려갈 때 충격치가 감소하여 쉽게 파열을 일으키는 성질
㉢ 청열취성 : 탄소강이 300℃ 정도에서 경도와 인장강도가 최대연신율, 단면수축률은 최소되며 이 온도 근처에서 상온보다 약해지는 성질

28 가연성 가스를 충전하는 차량에 고정된 탱크 및 용기에 부착되어 있는 안전밸브의 작동압력으로 옳은 것은? (안전-52)

① 내압시험 압력의 10분의 8 이하
② 내압시험 압력의 1.5배 이하
③ 상용압력의 10분의 8 이하
④ 상용압력의 1.5배 이하

안전밸브 작동압력

㉠ T_P(내압시험압력)$\times \frac{8}{10}$

㉡ F_P(최고충전압력)$\times \frac{5}{3} \times \frac{8}{10}$

㉢ 상용압력$\times 1.5 \times \frac{8}{10}$

29 도시가스 제조에서 사이클링식 접촉분해(수증기개질)법에 사용하는 원료에 대한 설명으로 옳은 것은? (설비-3)

① 천연가스에서 원유에 이르는 넓은 범위의 원료를 사용할 수 있다.
② 석탄 또는 코크스만 사용할 수 있다.
③ 메탄만 사용할 수 있다.
④ 프로판만 사용할 수 있다.

30 부탄의 C/H 중량비는 얼마인가?

① 3 ② 4
③ 4.5 ④ 4.8

정답 24.③ 25.④ 26.③ 27.④ 28.① 29.① 30.④

해설

$$\frac{C_4}{H_{10}}=\frac{12\times4}{1\times10}=4.8$$

31 버너의 불꽃을 감지하여 정상적인 연소 중에 불꽃이 꺼졌을 때 신속하게 가스를 차단하여 생가스 누출을 방지하는 장치로서 불꽃의 도전성에 의한 정류성을 이용하여 불꽃을 감지하는 방식으로 대용량의 연소기에 사용하는 방식의 연소안전장치는 어느 것인가? (설비-49)

① 열전대식 ② 플레임로드식
③ 광전식 ④ 바이메탈식

32 고압가스 냉동장치의 용어에 대한 설명으로 옳은 것은?

① 냉동능력 : 냉매 1kg이 흡수하는 열량(kcal/kg)
② 체적냉동효과 : 압축기 입구에서 증기(건포화증기)의 체적당 흡열량(kcal/m^3)
③ 냉동효과 : 1시간에 냉동기가 흡수한 열량(kcal/h)
④ 냉동톤 : 0℃의 물 10톤을 0℃ 얼음으로 냉동시키는 능력

해설

㉠ 냉동능력 : 증발기에서 시간당 흡수하는 열량
㉡ 냉동효과 : 냉매 1kg이 증발기에서 흡수하는 열량
㉢ 냉동톤 : 0℃ 물 1톤을 얼음으로 하루동안 제거하여야 할 열량을 시간당으로 나타낸 값으로 한국 1냉동톤(1RT)=3320kcal/hr으로 정의

$$\text{냉동톤}=\frac{\text{냉동능력}}{3320}=\frac{\text{냉동순환량}\times\text{냉동효과}}{3320}$$

33 배관 내의 마찰저항에 의한 압력손실에 대한 설명으로 옳지 않은 것은? (설비-8)

① 관내경의 5승에 반비례한다.
② 유속의 제곱에 비례한다.
③ 관의 길이에 반비례한다.
④ 유체점도가 크면 압력손실이 커진다.

해설

$$h=\frac{Q^2\cdot S\cdot L}{K^2\cdot D^5}$$

압력손실은 유량의 제곱에 비례, 가스 비중에 비례, 관길이에 비례, 관내경의 5승에 반비례한다.

34 작동이 단속적이고 송수량을 일정하게 하기 위하여 공기실을 장치할 필요가 있는 펌프는?

① 기어펌프 ② 원심펌프
③ 축류펌프 ④ 왕복펌프

35 역화방지장치를 설치할 장소로 옳지 않은 곳은? (안전-91)

① 가연성 가스를 압축하는 압축기와 오토크레이브사이
② 아세틸렌 충전용지관
③ 가연성 가스를 압축하는 압축기와 저장탱크사이
④ 아세틸렌의 고압건조기와 충전용 교체밸브사이

36 프로판 20kg이 내용적 50L의 용기에 들어 있다. 이 프로판을 매일 0.5m^3씩 사용한다면 약 며칠을 사용할 수 있겠는가? (단, 25℃, 1atm기준이며, 이상기체로 가정한다.)

① 22 ② 31
③ 35 ④ 45

해설

$$\frac{20}{44}\times22.4\text{m}^2\times\frac{(273+25)}{273}\div0.5\text{m}^2/\text{일}=22.22\text{일}$$

37 총 발열량이 10000kcal/Sm^3, 비중이 1.2인 도시가스의 웨버지수는? (안전-57)

① 8333 ② 9129
③ 10954 ④ 12000

해설

$$W=\frac{H}{\sqrt{d}}=\frac{10000}{\sqrt{1.2}}=9128.70$$

정답 31.② 32.② 33.③ 34.④ 35.③ 36.① 37.②

38 프로판의 비중을 1.5로 하면 입상관의 높이가 20m인 경우 압력손실(mmH_2O)은? (설비-8)

① 1.293 ② 12.93
③ 129.3 ④ 1293

$h = 1.293 \times (1.5 - 1) \times 20 = 12.93m$

39 배관의 스케줄 번호를 정하기 위한 식은? (단, P는 사용압력(kg/cm^2), S는 허용응력(kg/mm^2)이다.) (설비-13)

① $10 \times \frac{P}{S}$ ② $10 \times \frac{S}{P}$
③ $1000 \times \frac{P}{S}$ ④ $1000 \times \frac{S}{P}$

㉠ $10 \times \frac{P}{S}$ [$P(kg/cm^2)$, $S(kg/mm^2)$]
㉡ $1000 \times \frac{P}{S}$ [$P(kg/cm^2)$, $S(kg/mm^2)$]

40 펌프의 공동현상(cavitation) 방지법으로 틀린 것은? (설비-9)

① 흡입양정을 짧게 한다.
② 양흡입 펌프를 사용한다.
③ 흡입 비교회전도를 크게 한다.
④ 회전차를 물속에 완전히 잠기게 한다.

제3과목 가스안전관리

41 지상에 설치된 저장 탱크 중 저장능력 몇 톤 이상인 저장 탱크에 폭발방지장치를 설치하여야 하는가? (안전-82)

① 10톤 ② 20톤
③ 50톤 ④ 100톤

42 용기의 종류별 부속품의 기호로서 틀린 것은 어느 것인가? (안전-64)

① 아세틸렌 : AG
② 압축가스 : PG
③ 액화가스 : LP
④ 초저온 및 저온 : LT

43 메탄이 주성분인 가스는?

① 프로판가스 ② 천연가스
③ 나프타가스 ④ 수성가스

44 다음 중 분해폭발(分解爆發)을 일으키는 가스가 아닌 것은? (설비-18)

① 아세틸렌 ② 에틸렌
③ 산화에틸렌 ④ 메탄가스

45 독성 가스의 처리설비로서 1일 처리능력이 15000m^3인 저장시설과 21m 이상 이격하지 않아도 되는 보호시설은? (안전-9)

① 학교
② 도서관
③ 수용능력이 15인 이상인 아동복지시설
④ 수용능력이 300인 이상인 교회

③ 수용능력 20인 이상 아동복지시설이 1종

46 밸브가 돌출한 용기를 용기보관소에 보관하는 경우 넘어짐 등으로 인한 충격 및 밸브의 손상을 방지하기 위한 조치를 하지 않아도 되는 용기의 내용적의 기준은? (안전-111)

① 1L 이하
② 3L 이하
③ 5L 이하
④ 10L 이하

47 다음 중 저장량이 각각 1000톤인 LP가스 저장탱크 2기에서 발생할 수 있는 사고와 상해 발생 Mechanism으로 적절하지 않은 것은? (연소-9)

① 누출 → 화재 → BLEVE → Fireball → 복사열 → 화상
② 누출 → 증기운 확산 → 증기운 폭발 → 폭발과압 → 폐출혈
③ 누출 → 화재 → BLEVE → Fireball → 화재확대 → BLEVE
④ 누출 → 증기운 확산 → BLEVE → Fireball → 화상

정답 38.② 39.① 40.③ 41.① 42.③ 43.② 44.④ 45.③ 46.③ 47.④

48 차량에 고정된 탱크로 고압가스를 운반할 때의 기준으로 틀린 것은? (안전-33)

① 차량의 앞뒤 보기 쉬운 곳에 각각 붉은 글씨로 "위험고압가스"라는 경계표시를 하여야 한다.
② 수소 및 산소 탱크의 내용적은 1만 8천L를 초과하지 아니하여야 한다.
③ 염소 탱크의 내용적은 1만 5천L를 초과하지 아니하여야 한다.
④ 액화가스를 충전하는 탱크는 그 내부에 방파판 등을 설치한다.

49 다음 중 아세틸렌가스 충전 시 희석제로 적합한 것은? (설비-42)

① N_2 ② C_3H_8
③ SO_2 ④ H_2

해설
C2H2 희석제(C_2H_2을 2.5MPa 이상으로 충전 시 첨가) : N_2, CH_4, CO, C_2H_4

50 저장 탱크에 의한 액화석유가스 저장소에서 지상에 설치하는 저장 탱크 및 그 받침대에는 외면으로부터 몇 m 이상 떨어진 위치에서 조작할 수 있는 냉각장치를 설치하여야 하는가?

① 2m ② 5m
③ 8m ④ 10m

해설
냉각살수장치
㉠ 조작위치 : 저장 탱크 및 받침대 외면 5m 이상 떨어진 위치
㉡ 표면적 $1m^2$당 방사량 5L/min(준내화구조의 탱크 : 2.5L/min)

참고 물분부장치 : 15m 이상 떨어진 위치

51 다음 가스용품 중 합격표시를 각인으로 하여야 하는 것은?

① 배관용밸브
② 전기절연 이음관
③ 강제혼합식 가스버너
④ 금속플렉시블 호스

가스용품의 합격표시
㉠ 각인 : 배관용 밸브
㉡ 검사 증명서 부착
- 15mm×15mm 크기의 검사증명서 : 압력조정기, 가스누출 자동차단장치, 콕, 전기절연이음관, 이형질 이음관, 퀵커플러
- 30mm×30mm 크기의 검사증명서 : 연료전지, 강제혼합식 버너, 연소기
- 20mm×16mm 크기의 검사증명서 : 고압호스, 염화비닐 호스, 금속플렉시블 호스

52 자연기화방식에 의한 가스발생 설비를 설치하여 가스를 공급할 때 피크 시의 평균 가스 수요량은 얼마인가? (단, 1月은 30일로 한다.)

- 공급 세대수 : 140세대
- 피크월(月) 세대당 평균가스 수요량 : 27kg/月
- 피크 일(日)률 : 120%
- 최고 피크 시(時)율 : 25%
- 피크 시(時)율 : 16%

① 12kg/시 ② 24kg/시
③ 32kg/시 ④ 44kg/시

$$Q = q \times N \times \eta = \frac{27}{30} \times 140 \times 0.16 \times 1.2 = 24.192\text{kg/h}$$

53 고압가스안전관리법의 공급자의 안전점검 기준에 따라 공급자는 가스공급 시 마다 해당 시설에 대한 점검을 실시하고 주기적으로 정기점검을 실시하여야 한다. 이 때 정기점검을 실시한 후 작성한 기록은 몇 년간 보존하여야 하는가?

① 2년 ② 3년
③ 5년 ④ 영구

54 에어졸의 충전 기준에 적합한 용기의 내용적은 몇 L 미만이어야 하는가? (안전-70)

① 1 ② 2
③ 3 ④ 5

정답 48.③ 49.① 50.② 51.① 52.② 53.① 54.①

55 액화석유가스 설비의 가스안전사고방지를 위한 기밀시험 시 사용이 부적합한 가스는?

① 공기 ② 탄산가스
③ 질소 ④ 산소

56 우리나라는 1970년부터 시범적으로 동부이촌동의 3000가구를 대상으로 LPG/AIR 혼합방식의 도시가스를 공급하기 시작하였다. LPG에 AIR를 혼합하는 주된 이유는?

① 가스의 가격을 올리기 위해서
② 재액화를 방지하고 발열량을 조정하기 위해서
③ 공기로 LPG 가스를 밀어내기 위해서
④ 압축기로 압축하려면 공기를 혼합해야 하므로

해설
공기혼합가스의 목적
㉠ 발열량 조절
㉡ 재액화 방지
㉢ 연소효율 증대
㉣ 누설 시 손실 감소

57 시안화수소의 충전 시 주의사항의 기준으로 틀린 것은?

① 용기에 충전하는 시안화수소의 순도는 99% 이상이어야 한다.
② 아황산가스 또는 황산을 안정제로 첨가하여야 한다.
③ 충전한 용기는 24시간 이상 정치하여야 한다.
④ 질산구리벤젠 시험지로 1일 1회 이상 가스누출검사를 한다.

시안화수소의 순도 98% 이상

58 가연성 가스의 위험성에 대한 설명으로 틀린 것은?

① 온도, 압력이 높을수록 위험성이 커진다.
② 폭발한계 밖에서는 폭발의 위험성이 적다.
③ 폭발한계가 넓을수록 위험하다.
④ 폭발한계가 좁고, 하한이 낮을수록 위험성이 적다.

하한이 높을수록 위험성이 적다.

59 액화석유가스 집단공급사업 허가 대상인 것은? (안전-92)

① 70개소 미만의 수요자에게 공급하는 경우
② 전체 수용가구수가 100세대 미만인 공동주택의 단지 내인 경우
③ 시장 또는 군수가 집단공급사업에 의한 공급이 곤란하다고 인정하는 공공주택단지에 공급하는 경우
④ 고용주가 종업원의 후생을 위하여 사원주택 · 기숙사 등에게 직접 공급하는 경우

60 가스보일러의 급배기방식 중 연소용 공기는 옥내에서 취하고, 연소배기가스는 배기용 송풍기를 사용하여 강제로 옥외로 배출하는 방식은? (안전-93)

① 자연급 · 배기식
② 자연배기식(CF식)
③ 강제배기식(FE식)
④ 강제급배기식(FF식)

제4과목 가스계측기기

61 플로트(Float)형 액위(Level)측정 계측기기의 종류에 속하지 않는 것은?

① 도르래식 ② 차동변압식
③ 전기저항식 ④ 다이어프램식

62 파이프나 조절밸브로 구성된 계는 어떤 공정에 속하는가?

① 유동공정 ② 1차계 액위공정
③ 데드타임공정 ④ 적분계 액위공정

정답 55.④ 56.② 57.① 58.④ 59.② 60.③ 61.④ 62.①

63 아황산가스의 흡수제 및 중화제로 사용되지 않는 것은? (안전-44)

① 가성소다 ② 탄산소다
③ 물 ④ 염산

64 가스미터에 0.3L/rev의 표시가 의미하는 것은?

① 사용최대유량이 0.3L이다.
② 계량실의 1주기 체적이 0.3L이다.
③ 사용최소유량이 0.3L이다.
④ 계량실의 흐름속도가 0.3L이다.

65 다음의 제어동작 중 비례적분동작을 나타낸 것은?

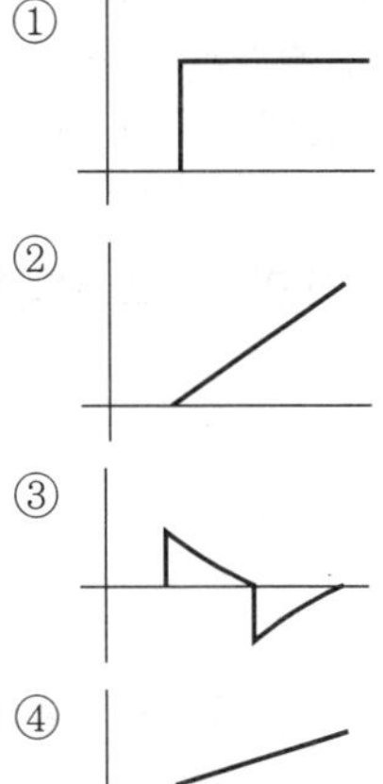

66 부르돈관 압력계의 호칭크기를 결정하는 기준은?

① 눈금판의 바깥지름(mm)
② 눈금판의 안지름(mm)
③ 지침의 길이(mm)
④ 바깥틀의 지름(mm)

67 벤투리 유량계의 특성에 대한 설명으로 틀린 것은?

① 내구성이 좋다.
② 압력손실이 적다.
③ 침전물의 생성우려가 적다.
④ 좁은 장소에 설치할 수 있다.

벤투리 유량계 : 경사가 완만한 관에 의하여 교축 압력손실이 적고, 가격이 고가이고, 설치면적을 요한다.

68 다음 중 기본단위가 아닌 것은?

① 길이 ② 광도
③ 물질량 ④ 밀도

기본단위 : 길이(m), 질량(kg), 시간(sec), 전류(A), 온도(K), 광도(cd), 물질량(mol)

69 막식 가스미터에서 계량막이 신축하여 계량식 부피가 변화하거나 막에서의 누출, 밸브시트 사이에서의 누출 등이 원인이 되어 발생하는 고장의 형태는? (계측-5)

① 감도 불량 ② 기차 불량
③ 부동 ④ 불통

70 온도 25℃, 기압 760mmHg인 대기 속의 풍속을 피토관으로 측정하였더니 전압(全壓)이 대기압보다 40mmH₂O 높았다. 이때 풍속은 약 몇 m/s인가? (단, 피스톤 속도계수(C)는 0.9, 공기의 기체상수(R)은 29.27kgf · m/kg · K이다.)

① 17.2 ② 23.2
③ 32.2 ④ 37.4

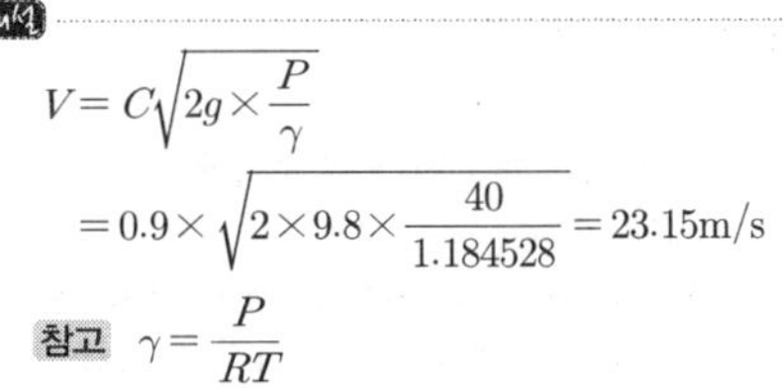

$$V = C\sqrt{2g \times \frac{P}{\gamma}}$$

$$= 0.9 \times \sqrt{2 \times 9.8 \times \frac{40}{1.184528}} = 23.15\text{m/s}$$

참고 $\gamma = \frac{P}{RT}$

$$= \frac{10332}{29.27 \times (273+15)} = 1.184528\text{kg/m}^3$$

71 다음 중 비중이 가장 큰 가스는?

① CH_4 ② O_2
③ C_2H_2 ④ CO

CH_4(16g), O_2(32g), C_2H_2(26g), CO(28g)

정답 63.④ 64.② 65.④ 66.① 67.④ 68.④ 69.② 70.② 71.②

72 계통적 오차(systematic error)에 해당되지 않는 것은? (계측-2)

① 계기오차　② 환경오차
③ 이론오차　④ 우연오차

73 Block 선도의 등가변환에 해당하는 것만으로 짝지어진 것은?

① 전달요소 결합, 가합점 치환, 직렬결합, 피드백 치환
② 전달요소 치환, 인출점 치환, 병렬결합, 피드백 결합
③ 인출점 치환, 가합점 결합, 직렬결합, 병렬결합
④ 전달요소 이동, 가합점 결합, 직렬결합, 피드백 결합

해설
블록선도의 등가변환 : 복잡한 블록선도의 블록수를 줄여 간단하게 변환하는 것으로 직렬결합, 병렬결합, 피드백 결합, 인출점 치환, 전달요소 치환 등이 있다.

74 비례적분미분 제어동작에서 큰 시정수가 있는 프로세스제어 등에서 나타나는 오버슈트(OverShoot)를 감소시키는 역할을 하는 동작은? (계측-4)

① 적분동작
② 미분동작
③ 비례동작
④ 뱅뱅동작

해설
㉠ 오버슈트 : 과도기간 중 응답이 목표값을 넘어가는 오차
㉡ 적분동작(I) : 적분값의 크기에 비례하여 조작부 제어 오프셋을 소멸시키지만 진동이 발생
㉢ 비례동작(PI) : 검출값 편차의 크기에 비례하여 조작부를 제어하는 것으로 정상오차를 수반한다. 사이클링은 없으나 오프셋을 일으킨다.
㉣ 미분동작(D) : 제어오차가 검출될 때 오차가 변화하는 속도에 비례하여 조작량을 가감하는 동작으로 어떤 제어동작에서 오버슈트 등을 감소시켜 안정도를 증가시키는 제어특성이 있다.

75 다음 중 열전대에 대한 설명으로 틀린 것은? (계측-9)

① R 열전대의 조성은 백금과 로듐이며, 내열성이 강하다.
② K 열전대는 온도와 기전력의 관계가 거의 선형적이며, 공업용으로 널리 사용된다.
③ J 열전대는 철과 콘스탄탄으로 구성되며, 산에 강하다.
④ T 열전대는 저온계측에 주로 사용된다.

76 신호의 전송방법 중 유압전송방법의 특징에 대한 설명으로 틀린 것은? (계측-4)

① 조작력이 크고, 전송지연이 적다.
② 전송거리가 최고 300m이다.
③ 파이럿 밸브식과 분사관식이 있다.
④ 내식성, 방폭이 필요한 설비에 적당하다.

77 초산납을 물에 용해하여 만든 가스 시험지는?

① 리트머스지
② 연당지
③ KI-전분지
④ 초산벤젠지

해설
연당지(초산납 시험지) : 황화수소를 검출하는데 사용

78 다음 중 가스분석방법이 아닌 것은?

① 흡수분석법
② 연소분석법
③ 용량분석법
④ 기기분석법

해설
가스분석방법
흡수분석법, 연소분석법, 화학분석법, 기기분석법

79 다음 중 추량식 가스미터는? (계측-6)

① 막식　② 오리피스식
③ 루트식　④ 습식

정답 72.④ 73.② 74.② 75.③ 76.④ 77.② 78.③ 79.②

80 다음 중 분리분석법은?

① 광흡수분석법
② 전기분석법
③ Polarography
④ Chromatography

가스 크로마토그래피(Gas Chromatography) : 기기분석법의 종류이며, 색소를 머무르게 하는 고정상 색소를 이동시키는 성질이 있는 이동상의 2종류상이 있으며, 시료 중에 있는 혼합성분들을 운반기체에 의해 분리관을 통하여 운반, 분리 및 분석으로 각 성분을 검출·기록하므로 분리분석방법이 이용되는 분석기이다.

정답 80.④

CBT 기출복원문제

2022년 산업기사 제1회 필기시험 (2022년 3월 2일 시행)

01 가스산업기사	수험번호 :	※ 제한시간 : 120분
	수험자명 :	※ 남은시간 :
글자 크기 100% 150% 200% 화면 배치	전체 문제 수 : 안 푼 문제 수 :	답안 표기란 ① ② ③ ④

제1과목 연소공학

01 다음 중 압력이 0.1MPa, 체적이 $3m^3$인 273.15K의 공기가 이상적으로 단열압축되어 그 체적이 1/3로 되었다. 엔탈피의 변화량은 약 몇 kJ인가? (단, 공기의 기체상수는 0.287kJ/kg · K, 비열비는 1.4이다.)

① 480　② 580
③ 680　④ 780

단열압축 엔탈피 변화량

$\Delta H = GC_P(T_2 - T_1)$이므로

㉠ $G = \frac{PV}{RT}$에서

$= \frac{0.1\times10^3 kN/m^2 \times 3m^3}{0.287kJ/kg\cdot K\times 273.15}$

$= 3.82682kg$

㉡ 단열변화 $\frac{T_2}{T_1} = \left(\frac{V_1}{V_2}\right)^{K-1}$ 에서

$T_2 = T_1 \times \left(\frac{V_1}{V_2}\right)^{K-1} = 273.15 \times \left(\frac{3}{1}\right)^{1.4-1}$

$= 423.8866$

$\therefore \Delta H = GC_P(T_2 - T_1)$

$= 3.82682 \times \frac{1.4}{1.4-1} \times 0.287$

$\times (423.8866 - 273.15)$

$= 579.43 \fallingdotseq 580kJ$

02 기체가 내부압력 0.05MPa, 체적 $2.5m^3$의 상태에서 압력 1MPa, 체적이 $0.3m^3$의 상태로 변하였을 때 1kg당 엔탈피 변화량은 약 몇 kJ인가? (단, 이 과정 중에 내부에너지 변화량은 일정하다.)

① 165　② 170
③ 175　④ 180

해설

엔탈피 $H = u + Apv$, $C_P = \frac{K}{K-1}R$

$H_1 = U_1 + P_1V_1$, $H_2 = U_2 + P_2V_2 (U_1 = U_2)$이므로

$\Delta H = H_2 - H_1$

$= (P_2V_2 - P_1V_1)$

$= (1\times10^3 kN/m^3 \times 0.3m^3 - 0.05\times10^3 kN/m^2$

$\times 2.5m^3)$

$= 175kN\cdot m = 175kJ$

03 기상폭발 발생을 예방하기 위한 대책으로 옳지 않은 것은?

① 환기에 의해 가연성 기체의 농도 상승을 억제한다.
② 집진장치 등으로 분진 및 분무의 퇴적을 방지한다.
③ 휘발성 액체를 불활성 기체와의 접촉을 피하기 위해 공기로 차단한다.
④ 반응에 의해 가연성 기체의 발생 가능성을 검토하고, 반응을 억제하거나 또는 발생한 기체를 밀봉한다.

04 다음 중 연소폭발을 방지하기 위한 방법이 아닌 것은?

① 가연성 물질의 제거
② 조연성 물질의 혼입차단
③ 발화원의 소거 또는 억제
④ 불활성 가스 제거

정답 01.② 02.③ 03.③ 04.④

05 프로판 30vol% 및 부탄 70vol%의 혼합가스 1L가 완전연소하는 데 필요한 이론공기량은 약 몇 L인가? (단, 공기 중 산소농도는 20%로 한다.)

① 10　　② 20
③ 30　　④ 40

$C_3H_8+5O_2 \rightarrow 3CO_2+4H_2O$
$C_4H_{10}+6.5O_2 \rightarrow 4CO_2+5H_2O$
$\therefore\ (5\times0.3+6.5\times0.7)\times\dfrac{1}{0.2}=30.25\text{L}$

06 자연현상을 판명해 주고, 열이동의 방향성을 제시해 주는 열역학 법칙은? (설비-40)

① 제0법칙　　② 제1법칙
③ 제2법칙　　④ 제3법칙

해설

열역학의 법칙
㉠ 0법칙 : 열평형의 법칙
㉡ 1법칙 : 에너지 보존(이론)적인 법칙
㉢ 2법칙 : 열이동 방향성의 법칙(100% 효율을 가진 것은 불가능)
㉣ 3법칙 : 어떠한 열기관을 이용하더라도 절대온도를 0으로 만들 수 없다.

07 비중(60/60℉)이 0.95인 액체연료의 API 도는?

① 15.45　　② 16.45
③ 17.45　　④ 18.45

$\text{API}=\dfrac{141.5}{\text{비중}}-131.5=\dfrac{141.5}{0.95}-131.5=17.45$

08 밀폐된 용기 내에 1atm, 27℃ 프로판과 산소가 부피비로 1 : 5의 비율로 혼합되어 있다. 프로판이 다음과 같이 완전연소하여 화염의 온도가 1000℃가 되었다면 용기 내에 발생하는 압력은 얼마가 되겠는가?

$C_3H_8+5O_2 \rightarrow 3CO_2+4H_2O$

① 1.95atm　　② 2.95atm
③ 3.95atm　　④ 4.95atm

해설

$C_3H_8+5O_2 \rightarrow 3CO_2+4H_2O$
$V_1=V_2=\dfrac{n_1R_1T_1}{P_1}=\dfrac{n_2R_2T_2}{P_2}$ 이므로
$\therefore\ P_2=\dfrac{P_1n_2T_2}{n_1T_1}=\dfrac{1\times7\times1273}{6\times300}=4.95\text{m}$

09 정상운전 중에 가연성 가스의 점화원이 될 전기불꽃, 아크 등의 발생을 방지하기 위하여 기계적, 전기적 구조상 또는 온도상승에 대해서 안전도를 증가시킨 방폭구조는? (안전-13)

① 내압방폭구조
② 압력방폭구조
③ 안전증방폭구조
④ 본질안전방폭구조

10 다음 중 고체연료의 착화에 대한 설명으로 옳은 것은?

① 고체연료의 착화에서 노벽온도가 높을수록 착화지연시간은 짧아진다.
② 고체연료의 착화에서 노벽온도가 낮을수록 착화지연시간은 짧아진다.
③ 고체연료의 착화에서 노벽온도가 높을수록 착화지연시간은 일정하다.
④ 고체연료의 착화에서 노벽온도와 착화지연시간은 무관하다.

11 다음 중 보일-샤를의 법칙을 바르게 표시한 것은? (설비-2)

① $PV=C$(일정)　　② $\dfrac{T}{PV}=C$(일정)
③ $\dfrac{PV}{T}=C$(일정)　　④ $\dfrac{TV}{P}=C$(일정)

12 100℃의 수증기 1kg이 100℃의 물로 응결될 때 수증기 엔트로피 변화량은 몇 kJ/K인가? (단, 물의 증발잠열은 2256.7kJ/kg이다.)

① −4.87　　② −6.05
③ −7.24　　④ −8.67

정답 05.③ 06.③ 07.③ 08.④ 09.③ 10.① 11.③ 12.②

$$\Delta S = \frac{dQ}{T} = \frac{2256.7\left(\frac{kJ}{kg}\right)\times 1kg}{(273+100)K} = 6.05kJ/K$$

(응결이므로)

$\therefore\ -6.05kJ/K$

13 잠재적인 사고결과를 평가하는 정량적 안전성 평가기법은? (연소-12)

① 위험과 운전분석 ② 이상위험도분석
③ 결함수분석 ④ 사건수분석

14 $CH_4(g)+2O_2(g) \leftrightarrows CO_2(g)+2H_2O(L)$의 반응열은 약 몇 kcal인가?

- $CH_4(g)$의 생성열 : −17.9kcal/g · mol
- $H_2O(L)$의 생성열 : −68.4kcal/g · mol
- $CO_2(g)$의 생성열 : −94kcal/g · mol

① −144.5 ② −180.3
③ −212.9 ④ −248.7

$CH_4+2O_2 \rightarrow CO_2+2H_2O+Q$

$-17.9=-94-2\times 68.4+Q$

$\therefore\ Q=94+2\times 68.4-17.9=212.9kcal$

15 다음 중 폭굉(Detonation)에 대한 설명으로 옳은 것은? (연소-1)

① 폭속은 정상연소속도의 10배 정도이다.
② 폭굉범위는 폭발(연소)범위보다 넓다.
③ 가스 중의 연소전파 속도가 음속 이하로서, 파면선단에 충격파가 발생한다.
④ 폭굉의 상한계값은 폭발(연소)의 상한계 값보다 작다.

㉠ 폭굉속도 : 1000~3500m/s, 정상연소속도 : 0.1~10m/s
㉡ 폭굉은 화염전파 속도가 음속 이상이다.
㉢ 폭발범위는 폭굉범위보다 넓다.
㉣ 폭굉범위가 폭발범위보다 좁으므로 폭굉의 상한계값은, 폭발의 상한계값 보다 적다.

16 액체시안화수소를 장기간 저장치 못하게 하는 이유는?

① 산화폭발하기 때문에
② 중합폭발하기 때문에
③ 분해폭발하기 때문에
④ 동결되어 장치를 막기 때문에

17 연소에서 사용되는 용어와 그 내용에 대하여 가장 바르게 연결된 것은?

① 폭발－정상연소
② 착화점－점화 시 최대에너지
③ 연소범위－위험도의 계산 기준
④ 자연발화－불씨에 의한 최고연소 시작 온도

$$위험도 = \frac{연소범위}{연소하한}$$

18 가연성 가스의 연소에서 산소의 농도가 증가할수록 일어나는 현상으로 옳은 것은 어느 것인가? (연소-35)

① 연소속도가 늦어진다.
② 발화온도가 높아진다.
③ 화염온도가 낮아진다.
④ 폭발범위가 넓어진다.

산소농도가 증가할수록
㉠ 연소범위는 넓어진다.
㉡ 연소속도는 빨라진다.
㉢ 화염온도는 높아진다.
㉣ 발화온도는 낮아진다.
㉤ 점화에너지는 낮아진다.

19 난조가 있는 예혼합기 속을 전파하는 난류 예혼합화염은 층류 예혼합화염과 다르다. 이에 대한 설명으로 옳은 것은? (연소-10)

① 화염의 배후에 미연소분이 존재하지 않는다.
② 층류 예혼합화염에 비하여 화염의 휘도가 높다.
③ 난류 예혼합화염의 구조는 교란 없이 연소되는 분젠화염형태이다.
④ 연소속도는 층류 예혼합화염의 연소속도와 같은 수준이고, 화염의 휘도가 낮은 편이다.

정답 13.④ 14.③ 15.④ 16.② 17.③ 18.④ 19.②

20 폭굉유도거리(DID)에 대한 설명으로 옳은 것은? (연소-1)

① 관경이 클수록 짧아진다.
② 압력이 높을수록 길어진다.
③ 점화원의 에너지가 높을수록 짧아진다.
④ 폭굉유도거리라 함은 폐쇄단에서 최후 폭발파가 형성되는 위치까지의 거리이다.

㉠ 폭굉유도거리(DID) : 최초의 완만한 연소가 격렬한 폭굉으로 발전하는 거리
㉡ 폭굉유도거리가 짧아지는 조건
- 정상연소속도가 큰 혼합가스일수록
- 관속에 방해물이 있거나 관경이 가늘수록
- 압력이 높을수록
- 점화원의 에너지가 클수록

제2과목 가스설비

21 공기 액화사이클 중 비등점이 점차 낮은 냉매를 사용하여 낮은 비등점의 기체를 액화시키는 액화사이클은? (설비-57)

① 캐피자 액화사이클
② 다원 액화사이클
③ 린데식 액화사이클
④ 클라우드 액화사이클

22 다음 중 흡수식 냉동기의 기본 사이클에 해당하지 않는 것은? (설비-16)

① 흡수 ② 압축
③ 응축 ④ 증발

해설
흡수식 냉동기 : 흡수기-발생기-응축기-증발기

23 배관이음방법 중 배관의 직경이 서로 다른 관을 이을 때 사용하는 부품은?

① 캡
② 리듀서
③ 유니언
④ 플러그

24 다음 중 원심 펌프의 양수원리를 가장 바르게 설명한 것은?

① 익형 날개차의 양력을 이용한다.
② 익형 날개차의 양력과 원심력을 이용한다.
③ 회전차의 원심력을 압력에너지로 변환한다.
④ 회전차의 케이싱과 회전차 사이의 마찰력을 이용한다.

25 바깥지름과 안지름의 비가 1.2 이상인 산소가스 배관의 두께를 구하는 식은 다음과 같다. 여기에서 C는 무엇을 뜻하는가? (단, t는 관두께, D는 안지름, s는 안전율, P는 상용압력, f는 재료의 인장강도 규격 최소치이다.)

$$t=\frac{D}{2}\left(\sqrt{\frac{\frac{f}{s}+P}{\frac{f}{s}-P}}-1\right)+C$$

① 부식여유수치
② 인장강도
③ 이음매의 효율
④ 안전여유수치

해설
바깥지름과 안지름의 비가 1.2 미만인 경우

$$t=\frac{PD}{2\cdot\frac{f}{s}-P}+C$$

여기서, t : 배관두께(mm)
P : 상용압력(MPa)
D : 안지름에서 부식여유에 상당하는 부분을 뺀 수치(mm)
f : 재료의 인장강도(N/mm^2) 또는 항복점의 (N/mm^2)의 1.6배
C : 부식여유치(mm)
s : 안전율

정답 20.③ 21.② 22.② 23.② 24.③ 25.①

26 용접결함의 종류 중 언더필(underfill)을 설명한 것은?

① 용접 시 양 모재의 단면이 불일치되어 굽어진 상태
② 융착부족으로 용접부 표면이 주위 모재의 표면보다 낮은 현상
③ 용접금속이 루트부분까지 도달하지 못했기 때문에 모재와 모재 사이에 발생한 결함
④ 과잉용접으로 용접금속이 국부적으로 홈의 반대면으로 흘러 떨어진 것

27 펌프의 전효율 η을 구하는 식으로 옳은 것은? (단, η_v는 체적효율, η_m은 기계효율, η_h는 수력효율이다.)

① $\eta = \dfrac{\eta_m + \eta_h}{\eta_v}$
② $\eta = \eta_v \cdot \eta_m \cdot \eta_h$
③ $\eta = \eta_v + \eta_m + \eta_h$
④ $\eta = \dfrac{\eta_m \cdot \eta_h}{\eta_v}$

28 도시가스의 연소속도(C_P)를 구하는 식으로 옳은 것은? (단, K는 도시가스 중 산소 함유율에 따라 정하는 정수, H_2는 가스 중의 수소의 함유율(vol%), CO는 가스 중의 CO 함유율(vol%), C_mH_n은 가스 중의 CH_4를 제외한 탄화수소 함유율(vol%), CH_4은 가스 중의 CH_4 함유율(vol%), d는 가스의 비중이다.) [안전-57]

① $C_P = K \cdot \dfrac{1.0H_2 + 0.6(CO + C_mH_n) + 0.3CH_4}{\sqrt{d}}$
② $C_P = K \cdot \dfrac{1.0CH_4 + 0.6(CO) + C_mH_n + 0.3H_2}{\sqrt{d}}$
③ $C_P = K \cdot \dfrac{1.0CH_4 + 0.3(CO + C_mH_n) + 0.6CH_4}{\sqrt{d}}$
④ $C_P = K \cdot \dfrac{1.0CO + 0.3CH_4 + (C_mH_n) + 0.6H_2}{\sqrt{d}}$

29 다음은 압력조정기의 기본구조이다. 옳은 것으로만 나열된 것은?

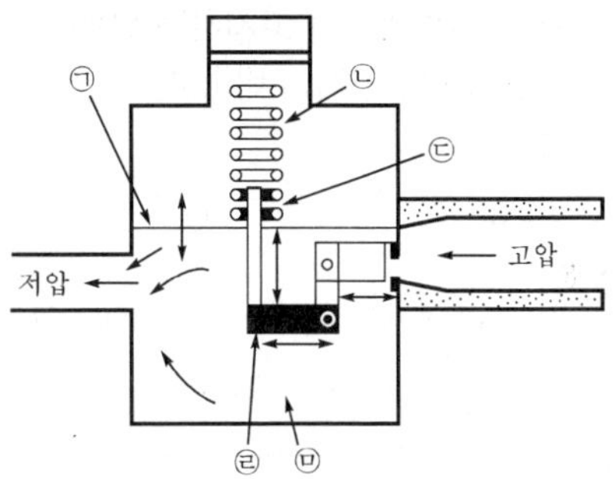

① ㉠ 다이어프램, ㉡ 안전장치용 스프링
② ㉡ 안전장치용 스프링, ㉢ 압력조정용 스프링
③ ㉢ 압력조정용 스프링, ㉣ 레버
④ ㉣ 레버, ㉤ 감압실

해설

㉠ 다이어프램
㉡ 압력조정용 스프링
㉢ 안전장치용 스프링
㉣ 레버
㉤ 감압실

30 다음 중 왕복동식(용적용 펌프)에 해당하지 않는 것은? [설비-33]

① 플런저 펌프 ② 다이어프램 펌프
③ 피스톤 펌프 ④ 제트 펌프

해설

용적형 펌프
㉠ 왕복(피스톤, 플런저, 다이어프램)
㉡ 회전(기어, 원심, 베인)

31 용기 내압시험 시 뷰렛은 300mL의 용적을 가지고 있으며, 전증가는 200mL, 항구증가는 15mL일 때 이 용기의 항구증가율은 몇 %인가? [안전-18]

① 5% ② 6%
③ 7.5% ④ 8.5%

해설

$$\text{항구증가율} = \frac{\text{항구증가량}}{\text{전증가량}} \times 100 = \frac{15}{200} \times 100 = 7.5\%$$

정답 26.② 27.② 28.① 29.④ 30.④ 31.③

32 20층인 아파트에서 1층의 가스압력이 1.8kPa 일 때, 20층에서의 압력은 약 몇 kPa인가? (단, 20층까지의 고저차는 60m, 가스의 비중은 0.65, 공기의 비중량은 1.3kg/m^3이다.)

① 1 ② 2
③ 3 ④ 4

$h=1.3(1-S)H=1.3(1-0.65)\times60=27.3\text{mmH}_2\text{O}$

$\therefore \dfrac{27.3}{10332}\times101.325=0.267\text{kPa}$

$\therefore$ 1.8+0.267=2.06kPa(공기보다 가벼운 기체이므로 20층의 압력이 1층보다 더 높다)

33 액화산소 탱크 4000L에 충전할 수 있는 질량은 몇 kg인가? (단, 상용의 온도에서 액화가스의 비중은 1.14이다.) (안전-36)

① 4104 ② 4154
③ 5104 ④ 5154

$G=0.9dV=0.9\times1.14\times4000=4104\text{kg}$

34 가스배관의 부식방지 조치로서 피복에 의한 방식법이 아닌 것은?

① 아연도금
② 도장
③ 도복장
④ 희생양극법

35 로딩(loading)형으로 정특성, 동특성이 양호한 정압기는? (설비-6)

① Fisher식
② Axial flow식
③ Reynolds식
④ KPF식

36 가스의 성질에 대한 설명으로 옳은 것은?

① 질소는 상온에서 대단히 안정된 불연성 가스로서 고온 · 고압에서도 금속과 화합하지 않는다.
② 염소는 반응성이 강한 가스이며, 강에 대해서 상온의 건조상태에서도 현저한 부식성이 있다.
③ 암모니아는 산이나 할로겐과도 잘 화합한다.
④ 산소는 액체공기를 분류하여 제조하는 반응성이 강한 가스이며, 그 자신도 연소된다.

㉠ 질소 고온 · 고압에서 금속과 결합한다.
㉡ 염소는 건조상태에서 부식성이 없다.
㉢ 산소는 조연성으로서 자신이 연소하지 않고 남이 연소하는 것을 도와주는 보조 가연성 가스이다.

37 용기 충전구에 "V" 홈의 의미는?

① 왼나사를 나타낸다.
② 위험한 가스를 나타낸다.
③ 가연성 가스를 나타낸다.
④ 독성 가스를 나타낸다.

38 시간당 50000kcal의 열을 흡수하는 냉동기의 용량은 몇 냉동톤에 해당하는가? (설비-37)

① 6.01
② 15.06
③ 63.40
④ 633.71

1RT=3320kcal/h이므로

$\therefore \dfrac{50000}{3220}=15.06\text{RT}$

39 자연기화와 비교한 강제기화기 사용 시 특징에 대한 설명 중 틀린 것은? (설비-39)

① LPG 종류에 관계 없이 한랭 시에도 충분히 기화된다.
② 공급가스의 조성이 일정하다.
③ 기화량을 가감할 수 있다.
④ 설비장소가 커지고, 설비비는 많이 든다.

설비장소는 작아진다.

정답 32.② 33.① 34.④ 35.① 36.③ 37.① 38.② 39.④

40 전기방식법 중 외부전원법에 대한 설명으로 거리가 먼 것은? (안전-38)

① 간섭의 우려가 있다.
② 설비비가 비교적 고가이다.
③ 방식전류의 양을 조절할 수 있다.
④ 방식효과 범위가 좁다.

제3과목 가스안전관리

41 고압가스 충전용기의 운반기준 중 동일차량에 적재운반이 가능한 것은? (안전-34)

① 수소와 산소 ② 염소와 수소
③ 아세틸렌과 염소 ④ 암모니아와 염소

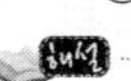

동일차량에 적재금지
㉠ 염소-아세틸렌, 염소-수소, 염소-암모니아
㉡ 충전용기와 위험물안전관리법이 정하는 위험물
㉢ 독성 가스 중 가연성과 조연성
㉣ 가연성과 산소충전용기는 충전용기밸브가 마주보지 않게

42 다음 중 아세틸렌 충전 시 기준으로 옳지 않은 것은? (설비-58)

① 습식 아세틸렌발생기 표면은 40℃ 이하의 온도를 유지해야 한다.
② 용기 충전 중의 압력은 2.5MPa 이하로 하고, 충전 후에는 정치하여야 한다.
③ 압축 시 희석제는 질소, 메탄, 일산화탄소 등이 사용된다.
④ 용기에 충전하는 다공물질의 다공도는 75% 이상 92% 미만이어야 한다.

습식 아세틸렌발생기 표면온도 : 70℃ 이하

43 가연성 가스 누출경보기 중 반도체식 경보기의 검지부는 어떤 원리를 이용한 것인가?

① 검지부 표면에 가스가 접촉하면 금속산화물의 전기전도도가 변화하는 원리
② 백금선이 온도상승을 일으켜 전기저항이 변화하는 원리
③ 검지부 전류가 변화하는 원리
④ 검지부 전압이 변화하는 원리

44 다음 중 특정고압가스에 해당하는 것만으로 나열된 것은? (안전-76)

① 수소, 아세틸렌, 염화수소, 천연가스, 액화석유가스
② 수소, 산소, 액화석유가스, 포스핀, 디보레인
③ 수소, 염화수소, 천연가스, 액화석유가스, 포스핀
④ 수소, 산소, 아세틸렌, 천연가스, 포스핀

45 내용적 20000L의 저장탱크에 비중량이 0.8kg/L인 액화가스를 충전할 수 있는 양은 얼마인가? (안전-36)

① 13.6톤
② 14.4톤
③ 16.5톤
④ 17.7톤

$w = 0.9dV$
$= 0.9 \times 0.8 \times 20000$
$= 14400\text{kg} = 14.4\text{ton}$

46 도시가스 배관의 굴착으로 20m 이상 노출된 배관에 대하여 누출된 가스가 체류하기 쉬운 장소에 매 몇 m마다 가스 누출경보기를 설치하여야 하는가? (안전-77)

① 5m
② 10m
③ 15m
④ 20m

47 공업용 가스용기와 도색의 구분이 바르게 연결된 것은? (안전-59)

① 액화석유가스－갈색
② 수소용기－백색
③ 아세틸렌 용기－황색
④ 액화암모니아 용기－회색

정답 40.④ 41.① 42.① 43.① 44.④ 45.② 46.④ 47.③

48 액화석유가스 저장설비 및 가스설비는 그 외면으로부터 화기를 취급하는 장소까지 몇 m 이상의 우회거리를 두어야 하는가?

① 2 ② 3
③ 8 ④ 10

49 방폭전기기기의 선정기준에서 슬립링, 정류자는 어떤 방폭구조로 하여야 하는가?

① 유입방폭구조
② 내압방폭구조
③ 안전증방폭구조
④ 본질안전방폭구조

해설
슬립 정류자의 방폭구조
㉠ 1종 장소 : 내압, 압력 방폭구조
㉡ 2종 장소 : 내압, 압력, 안전증 방폭구조
㉢ 회전기기의 슬립링 정류자의 경우 내압 또는 압력 방폭구조

50 고압가스 충전용기를 취급하거나 보관하는 때의 기준으로 틀린 것은?

① 충전용기는 항상 40℃ 이하로 유지할 것
② 정전에 대비하여 비상초와 성냥을 비치할 것
③ 용기 보관장소에는 작업에 필요한 물건 외에는 두지 않을 것
④ 충전용기와 잔가스용기는 구분하여 보관할 것

51 특수가스의 하나인 실란(SiH_4)의 주요 위험성은?

① 공기 중에 누출되면 자연발화한다.
② 태양광에 의해 쉽게 분해된다.
③ 분해 시 독성물질을 생성한다.
④ 상온에서 쉽게 분해된다.

해설
실란(SiH4)
㉠ 연소범위(1.8~100%)
㉡ 무색 · 무취의 압축가스이다.
㉢ 공기보다 무겁다.
㉣ 강력한 환원성 가스이다.
㉤ 반도체의 공정에 사용한다.
㉥ 공기 중에 노출 시 자연발화한다.

52 2개 이상의 탱크를 동일한 차량에 고정하여 운반하는 경우의 기준에 대한 설명 중 틀린 것은? (안전-24)

① 탱크마다는 보조밸브를 설치하고, 메인탱크에는 주밸브를 설치할 것
② 탱크 상호간 또는 탱크와 차량과 견고하게 부착할 것
③ 충전관에는 긴급탈압밸브를 설치할 것
④ 충전관에는 안전밸브, 압력계를 설치할 것

해설
탱크마다 주밸브를 설치할 것

53 도시가스용 PE 배관의 매몰설치 시 배관의 굴곡허용 반경은 외경의 몇 배 이상으로 하여야 하는가?

① 10 ② 20
③ 50 ④ 200

해설
PE 배관의 굴곡허용반경은 바깥지름의 20배 이상. 단, 굴곡허용반경이 바깥지름의 20배 미만 시는 엘보를 사용

54 용기를 제조할 경우의 기준에 대한 설명 중 틀린 것은?

① 초저온 용기는 오스테나이트계 스테인리스강 또는 알루미늄합금으로 제조한다.
② 내식성이 없는 용기에는 부식방지 도장을 한다.
③ 액화석유가스용 강제용기의 스커드 형상은 용기의 길이방향에 대한 수평단면을 원형으로 하고, 하단에는 외측으로 굴곡부를 만들도록 한다.
④ 용기에는 부착된 부속품을 보호하기 위하여 프로텍터를 부착한다.

해설
액화석유 가스용 강제 용기의 스커드 형상은 용기의 축방향에 대한 수직 단면을 원형으로 하고, 하단에는 내측으로 굴곡부를 만들기도 한다.

정답 48.③ 49.② 50.② 51.① 52.① 53.② 54.③

55 산화에틸렌의 제독제로 적당한 것은 어느 것인가? **[안전-44]**

① 물 ② 가성소다 수용액
③ 탄산소다 수용액 ④ 소석회

56 액체가스를 차량에 고정된 탱크에 의해 250km의 거리까지 운반하려고 한다. 운반 책임자가 동승하여 감독 및 지원을 할 필요가 없는 경우는? **[안전-5]**

① 에틸렌 : 3000kg
② 아산화질소 : 3000kg
③ 암모니아 : 1000kg
④ 산소 : 6000kg

57 다음 가스 중 불연성 가스가 아닌 것은?

① 아르곤 ② 탄산가스
③ 질소 ④ 일산화탄소

CO(독성, 가연성)

58 액화석유가스 집단공급시설에서 지상에 설치하는 저장탱크의 내열구조에 대한 설명 중 틀린 것은?

① 가스설비실 및 자동차에 고정된 탱크의 이입, 충전장소에는 외면으로부터 5m 이상 떨어진 위치에서 조작할 수 있는 냉각장치를 설치한다.
② 살수장치는 저장탱크 표면적 $1m^2$당 2L/min 이상의 비율로 계산된 수량을 저장탱크 전표면에 분무할 수 있는 고정된 장치로 한다.
③ 소화전의 설치위치는 해당 저장탱크의 외면으로부터 40m 이내이고, 소화전의 방수방향은 저장탱크를 향하여 어느 방향에서도 방수할 수 있어야 한다.
④ 소화전은 동시에 방사를 필요로 하는 최대수량을 30분 이상 연속하여 방사할 수 있는 양을 갖는 수원에 접속되도록 한다.

살수장치는 저장탱크 표면적 $1m^2$당 5L/min 이상 비율로 계산된 수량을 저장탱크 전표면에 분무할 수 있는 고정된 장치로 한다(단, 준내화구조인 경우 표면적 $1m^2$당 2.5L/min).

59 표준상태에서 2000L의 체적을 갖는 부탄의 질량은?

① 4000g ② 4579g
③ 5179g ④ 5500g

해설

22.4L : 58g
2000L : x(g)

$\therefore x = \frac{2000}{22.4} \times 58 = 517g$

60 액화석유가스 집단공급시설의 점검기준에 대한 내용으로 옳은 것은?

① 충전용주관의 압력계는 매분기 1회 이상 국가표준기본법에 따른 교정을 받은 압력계로 그 기능을 검사한다.
② 안전밸브는 매월 1회 이상 설정되는 압력 이하의 압력에서 작동하도록 조정한다.
③ 물분무장치, 살수장치와 소화전은 매월 1회 이상 작동상황을 점검한다.
④ 집단공급시설 중 충전설비의 경우에는 매월 1회 이상 작동상황을 점검한다.

㉠ 충전용 주관의 압력계는 매월 1회 이상 검사
㉡ 액화석유가스 집단공급시설의 안전밸브는 1년 1회 이상 설정되는 압력 이하의 압력에서 작동되도록 조정
㉢ 집단공급시설 중 충전설비의 경우 1일 1회 이상 작동상황 점검

제4과목 가스계측기기

61 가연성 가스검출기의 종류가 아닌 것은?

① 안전등형 ② 간섭계형
③ 광조사형 ④ 열선형

정답 55.① 56.② 57.④ 58.② 59.③ 60.③ 61.③

62 전기저항식 온도계에서 측온저항체로 사용되지 않는 것은? (계측-22)

① Ni　　② Pt
③ Cu　　④ Fe

63 다음 중 Roots 가스미터의 장점으로 옳지 않은 것은? (계측-8)

① 대유량의 가스 측정에 적합하다.
② 중압가스의 계량이 가능하다.
③ 설치면적이 작다.
④ Strainer의 설치 및 유지관리가 필요하지 않다.

64 1차 제어장치가 제어량을 측정하여 제어명령을 하고, 2차 제어장치가 이 명령을 바탕으로 제어량을 조절하는 측정제어로서 옳은 것은? (계측-12)

① Program 제어　　② 비례제어
③ 캐스케이드 제어　　④ 정치제어

해설
㉠ 프로그램 제어 : 미리 정해진 프로그램을 따라 제어량을 변화
㉡ 비례제어 : 목표값이 다른 것과 일정 비율 관계를 가지고 변화하는 경우의 추종제어
㉢ 정치제어 : 제어량을 어떤 일정한 목표값으로 유지하는 제어

65 가스미터 설치 시 입상배관을 금지하는 가장 큰 이유는?

① 겨울철 수분 응축에 따른 밸브, 밸브시트 동결방지를 위하여
② 균열에 따른 누출방지를 위하여
③ 고장 및 오차 발생방지를 위하여
④ 계량막 밸브와 밸브 시트 사이의 누출방지를 위하여

66 아르키메데스의 원리를 이용한 액면측정방식은?

① 퍼지식　　② 편위식
③ 기포식　　④ 차압식

해설
편위식 액면계 : 플로트의 부력으로 토크튜브의 회전각도로 액면을 지시하는 액면계로 아르키메데스의 원리를 이용한 액면계이다.

67 도시가스로 사용하는 LNG의 누출을 감지하기 위하여 감지기는 어느 위치에 설치하여야 하는가?

① 검지기 하단은 천장면 등의 아래쪽 0.3m 이내에 부착
② 검지기 하단은 천장면 등의 아래쪽 3m 이내에 부착
③ 검지기 상단은 바닥면 등에서 위쪽으로 0.3m 이내에 부착
④ 검지기 상단은 바닥면 등에서 위쪽으로 3m 이내에 부착

68 열전대 온도계를 수은 온도계와 비교했을 때 갖는 장점이 아닌 것은?

① 열용량이 크다.
② 국부온도의 측정이 가능하다.
③ 측정온도의 범위가 넓다.
④ 응답속도가 빠르다.

69 400m 길이의 저압 본관에 시간당 200m³ 가스를 흐르도록 하려면 가스배관이 관경은 약 몇 cm가 되어야 하는가? (단, 기점, 종점간의 압력강하를 1.47mmHg, 가스비중을 0.64로 한다.)

① 12.45cm　　② 15.93cm
③ 17.23cm　　④ 21.34cm

$$D=\left(\frac{Q^2 \cdot S \cdot L}{K^2 \cdot H}\right)^{\frac{1}{5}}$$

$$=\left(\frac{200^2 \times 0.64 \times 400}{0.707^2 \times 19.984}\right)^{\frac{1}{5}}$$

$$=15.92\text{cm}$$

참고 $H=1.47\text{mmHg}$

$$=\frac{1.47}{760} \times 10322$$

$$=19.984\text{mmH}_2\text{O}$$

정답 62.④ 63.④ 64.③ 65.① 66.② 67.① 68.① 69.②

70 프로판의 성분을 가스 크로마토그래피를 이용하여 분석하고자 한다. 이 때 사용하기 가장 적합한 검출기는? [계측-13]

① FID(Flame Ionization Detector)
② TCD(Thermal Conductivity Detector)
③ NDIR(Non-Dispersive Infra-Red)
④ CLD(Chemiluminescence Detector)

FID 검출기 : 탄화수소 계열에서 감도가 최고이다.

71 온도가 60℉에서 100℉까지 비례제어된다. 측정온도가 71℉에서 75℉로 변할 때 출력 압력이 3psi에서 15psi로 도달하도록 조정될 때 비례대역(%)은?

① 5%
② 10
③ 20%
④ 33%

$$비례대 = \frac{측정온도차}{조절온도차}\times 100 = \frac{75-71}{100-60}\times 100 = 10\%$$

72 수은을 이용한 U자관 액면계에서 그림과 같이 h는 70cm일 때 P_2는 절대압으로 약 몇 kg/cm^{2}인가? (단, 수은의 비중은 13.6이고, P_1은 절대압으로 1kg/cm^{2}이다.)

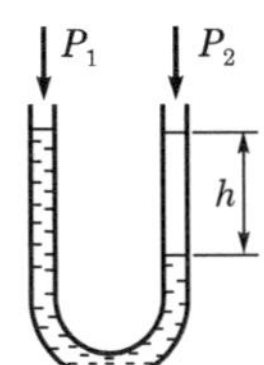

① 1.95 ② 19.5
③ 1.70 ④ 17.0

$$P_2 = P_1 + Sh = 1\text{kg/cm}^2 + \frac{13.6\text{kg}}{10^3\text{cm}^3}\times 70\text{cm} = 1.952\text{kg/cm}^2$$

73 가스 크로마토그래피에서 사용하는 검출기가 아닌 것은? [계측-13]

① 원자방출검출기(AED)
② 황화학발광검출기(SCD)
③ 열이온검출기(TID)
④ 열추적검출기(TTD)

74 막식 가스미터에서 미터의 지침의 시도(示度)에 변화가 나타나지 않는 고장으로서 계량막 밸브와 밸브 시트의 틈 사이 패킹부 등의 누출로 인하여 발생하는 고장은 어느 것인가? [계측-5]

① 불통
② 부동
③ 기차 불량
④ 감도 불량

75 대기압 이하의 진공압력을 측정하는 진공계의 원리에 해당하지 않는 것은?

① 수은주를 이용하는 것
② 부력을 이용하는 것
③ 열전도를 이용하는 것
④ 전기적 현상을 이용하는 것

76 100psi를 atm으로 환산하면 약 몇 atm인가?

① 4.8
② 5.8
③ 6.8
④ 7.8

$$\frac{100}{14.7} = 6.8\text{atm}$$

77 다음 중 자동제어계의 동작순서로 옳은 것은 어느 것인가? [계측-14]

① 비교 → 판단 → 검출 → 조작
② 조작 → 비교 → 검출 → 판단
③ 검출 → 비교 → 판단 → 조작
④ 판단 → 비교 → 검출 → 조작

정답 70.① 71.② 72.① 73.④ 74.④ 75.② 76.③ 77.③

78 25℃, 1atm에서 0.21mol%의 O_2와 0.79mol%의 N_2로 된 공기혼합물의 밀도는 약 몇 kg/m^{3}인가?

① 0.118 ② 1.18
③ 0.134 ④ 1.34

해설

$PV = \frac{W}{M}RT$이므로

$\therefore \frac{W}{V} = \frac{PM}{RT} = \frac{1 \times (32 \times 0.21 + 28 \times 0.79)}{0.082 \times (273 + 25)}$

$= 1.18\text{g/L} = 1.18\text{kg/m}^3$

79 일정 부피인 2개의 통에 기체를 교대로 충만하고 배출한 횟수를 이용하여 유량을 측정하는 가스미터는?

① 습식 가스미터 ② 벤투리미터
③ 루트미터 ④ 막식 가스미터

80 다음 중 용적식 유량계의 형태가 아닌 것은?

① 오벌형 유량계
② 원판형 유량계
③ 피토관 유량계
④ 로터리 피스톤식 유량계

해설

피토관 : 유속식 유량계

정답 78.② 79.④ 80.③

CBT 기출복원문제

2022년 산업기사 제2회 필기시험 (2022년 4월 17일 시행)

01 가스산업기사	수험번호 : 수험자명 :	※ 제한시간 : 120분 ※ 남은시간 :
글자 크기 100% 150% 200% 화면 배치	전체 문제 수 : 안 푼 문제 수 :	답안 표기란 ① ② ③ ④

제1과목 연소공학

01 다음 중 완전가스의 성질에 대한 설명으로 틀린 것은? [연소-3]

① 보일-샤를의 법칙을 만족한다.
② 아보가드로의 법칙에 따른다.
③ 비열비는 온도에 의존한다.
④ 기체의 분자력과 크기는 무시된다.

02 물의 비열 1, 수증기의 비열 0.45, 100℃에서의 증발잠열이 539kcal/kg일 때 110℃ 수증기의 엔탈피는? (단, 기준상태는 0℃, 1atm의 물이며, 비열의 단위는 kcal/kg · ℃이다.)

① 539kcal/kg ② 639kcal/kg
③ 643.5kcal/kg ④ 653.5kcal/kg

$Q_1 = Gc\Delta t_1 = 1\times1\times100 = 100\text{kcal/kg}$

$Q_2 = G\gamma = 1\times539 = 539\text{kcal/kg}$

$Q_3 = Gc\Delta t_2 = 1\times0.45\times10 = 4.5\text{kcal/kg}$

$\therefore Q = Q_1 + Q_2 + Q_3$

$= 100 + 539 + 4.5 = 643.5\text{kcal/kg}$

03 메탄 60vol%, 에탄 20vol%, 프로판 15vol%, 부탄 5vol%인 혼합가스의 공기 중 폭발하한계(vol%)는 약 얼마인가? (단, 각 성분의 폭발하한계는 메탄 5.0vol%, 에탄 3.0vol%, 프로판 2.1vol%, 부탄 1.8vol%로 한다.)

① 2.5 ② 3.0
③ 3.5 ④ 4.0

해설

$$\frac{100}{L} = \frac{60}{5} + \frac{20}{3} + \frac{15}{2.1} + \frac{5}{1.8}$$

$\therefore L = 3.5\%$

04 압력 1atm, 온도 20℃에서 공기 1kg의 부피는 약 몇 m^3인가? (단, 공기의 평균분자량은 29이다.)

① 0.42 ② 0.62
③ 0.75 ④ 0.83

$Pv = \frac{W}{M}RT$이므로

$\therefore v = \frac{WRT}{PM} = \frac{1\times0.082\times293}{1\times29} = 0.83\text{m}^3$

05 폭굉(detonation)의 화염전파속도로 옳은 것은? [연소-1]

① 0.1~10m/s ② 10~100m/s
③ 1000~3500m/s ④ 5000~10000m/s

06 CO_{2max}(%)는 다음 중 어느 때의 값을 말하는가? [연소-24]

① 실제공기량으로 연소시켰을 때
② 이론공기량으로 연소시켰을 때
③ 과잉공기량으로 연소시켰을 때
④ 부족공기량으로 연소시켰을 때

07 다음 연료 중 착화온도가 가장 낮은 것은?

① 벙커 C유 ② 목재
③ 무연탄 ④ 탄소

정답 01.③ 02.③ 03.③ 04.④ 05.③ 06.② 07.②

08 95℃의 온수를 100kg/h 발생시키는 온수 보일러가 있다. 이 보일러에서 저위발열량이 45MJ/Nm³인 LNG를 1m³/h 소비할 때 열효율은 얼마인가? (단, 급수의 온도는 25℃이고, 물의 비열은 4.184kJ/kg · K이다.)

① 60.07% ② 65.08%
③ 70.09% ④ 75.10%

100kg/h×4.184kJ/kg · K×(95−25)K
=29288kJ/h

$$\therefore\ \eta=\frac{29288\text{kJ/h}}{45\times10^3\text{kJ/Nm}^3\times1\text{Nm}^3}\times100$$
=65.08%

09 층류 연소속도 측정법 중 단위화염 면적당 단위시간에 소비되는 미연소 혼합기체의 체적을 연소속도로 정의하여 결정하며, 오차가 크지만 연소속도가 큰 혼합기체에 편리하게 이용되는 측정방법은? 〔연소-25〕

① Slot 버너법
② Bunsen 버너법
③ 평면화염 버너법
④ Soap Bubble법

10 다음 연료 중 고위발열량과 저위발열량이 같은 것은?

① 일산화탄소 ② 메탄
③ 프로판 ④ 석유

연소 시 H_2O가 생성되지 않은 물질(CO)

11 다음 연소반응식 중 불완전연소에 해당하는 것은?

① $S+O_2 \rightarrow SO_2$
② $2H_2+O_2 \rightarrow 2H_2O$
③ $CH_4+\frac{5}{2}O_2 \rightarrow CO+2H_2O+O_2$
④ $C+O_2 \rightarrow CO_2$

불완전연소 시 생성되는 물질 CO, H_2

12 증기운폭발(UVCE)의 특징에 대한 설명으로 옳은 것은? 〔연소-9〕

① 증기운의 크기가 커지면 점화 확률도 커진다.
② 증기운의 재해는 화재보다 폭발이 보통이다.
③ 폭발효율은 BLEVE보다 크다.
④ 증기와 공기와의 난류혼합은 폭발의 충격을 감소시킨다.

13 저발열량이 46MJ/kg인 연료 1kg을 완전 연소시켰을 때 연소가스의 평균정압비열이 1.3kJ/kg · K이고, 연소가스량은 22kg이 되었다. 연소 전의 온도가 25℃이었을 때 단열화염온도는 약 몇 ℃인가?

① 1341 ② 1608
③ 1633 ④ 1728

$$t_2=t_1+\frac{H_l}{GC}=(273+25)+\frac{46\times10^3\text{kJ/kg}}{22\text{kg}\times1.3\text{kJ/kg}\cdot\text{K}}$$
=1906K=1633℃

14 다음 중 상온 · 상압 하에서 프로판이 공기와 혼합하는 경우 폭발범위는 약 몇 %인가? 〔안전-106〕

① 1.9~8.5 ② 2.2~9.5
③ 5.3~14 ④ 4.0~75

15 다음 중 이상연소 현상인 리프팅(lifting)의 원인이 아닌 것은? 〔연소-22〕

① 버너 내의 압력이 높아져 가스가 과다 유출할 경우
② 가스압이 이상 저하한다든지 노즐과 콕 등이 막혀 가스량이 극히 적게될 경우
③ 공기조절장치(damper)를 너무 많이 열었을 경우
④ 버너가 낡고 염공이 막혀 염공의 유효 면적이 적어져 버너 내압이 높게 되어 분출속도가 빠르게 되는 경우

정답 08.② 09.② 10.① 11.③ 12.① 13.③ 14.② 15.②

16 불완전연소에 의한 매연, 먼지 등을 제거하는 집진장치 중 건식 집진장치가 아닌 것은?

① 백필터
② 사이클론
③ 멀티클론
④ 사이클론 스크러버

해설
㉠ 습식 집진장치 : 벤투리 스크러버, 사이클론 스크러버
㉡ 건식 집진장치 : 백필터(여과식) · 원심력식(사이클론, 멀티클론) · 관성력식, 중력식

17 점화원이 될 우려가 있는 부분을 용기 안에 넣고 불활성 가스를 용기 안에 채워넣어 폭발성 가스가 침입하는 것을 방지하는 방폭구조는? (안전-13)

① 압력방폭구조
② 안전증방폭구조
③ 유입방폭구조
④ 본질방폭구조

18 가스의 반응속도에 대한 설명으로 틀린 것은?

① 반응속도상수는 온도와 관계가 없다.
② 반응속도상수는 아레니우스 법칙으로 표시할 수 있다.
③ 반응은 원자나 분자의 충돌에 의해 이루어진다.
④ 반응속도에 영향을 미치는 요인에는 온도, 압력, 농도 등이 있다.

해설
온도 10℃ 상승에 따라 반응속도는 21배 빨라진다.

19 다음 중 열역학 제2법칙에 대한 설명이 아닌 것은? (설비-40)

① 열은 스스로 저온체에서 고온체로 이동할 수 없다.
② 효율이 100%인 열기관을 제작하는 것은 불가능하다.
③ 자연계에 아무런 변화도 남기지 않고 어느 열원의 열을 계속해서 일로 바꿀 수 없다.
④ 에너지의 한 형태인 열과 일은 본질적으로 서로 같고, 열은 일로, 일은 열로 서로 전환이 가능하며, 이때 열과 일 사이의 변환에는 일정한 비례관계가 성립한다.

20 다음 가연물과 일반적인 연소형태를 짝지어 놓은 것 중 틀린 것은?

① 니트로글리세린－확산연소
② 코크스－표면연소
③ 등유－증발연소
④ 목재－분해연소

해설
㉠ 확산연소 : 기체물질의 연소형태
㉡ 니트로글리세린[$(C_3H_5(ONO_2)_3)$, 증발연소] : 제5류 위험물, 자기연소성 물질(단, 상온 · 상압에서는 액체이므로 증발연소도 가능하다.)

제2과목 가스설비

21 왕복동식 압축기의 특징에 대한 설명으로 틀린 것은? (설비-35)

① 압축효율이 높다.
② 용량조절이 쉽다.
③ 설치면적이 크다.
④ 저압용으로 적합하다.

22 단면적이 300mm²인 봉을 매달고 600kg의 추를 그 자유단에 달았더니 이 봉에 생긴 응력은 재료의 허용인장응력에 도달하였다. 이 봉의 인장강도가 400kg/cm²이라면 안전율은 얼마인가?

① 1 ② 2
③ 3 ④ 4

해설
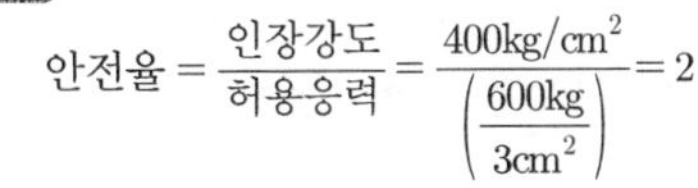
$$안전율 = \frac{인장강도}{허용응력} = \frac{400kg/cm^2}{\left(\frac{600kg}{3cm^2}\right)} = 2$$

정답 16.④ 17.① 18.① 19.④ 20.① 21.④ 22.②

23 보일러, 난방기, 가스레인지 등에 사용되는 과열방지장치의 검지부방식에 해당되지 않는 것은?

① 바이메탈식
② 액체팽창식
③ 퓨즈메탈식
④ 전극식

해설
과열방지장치 : 연소기가 과열로 인한 이상고온이 형성되면 가스공급이 차단되는 장치

24 기화기에 의해 기화된 LPG에 공기를 혼합하는 목적으로 가장 거리가 먼 것은?

① 발열량조절
② 재액화방지
③ 압력조절
④ 연소효율 증대

해설
㉠ 공기혼합의 목적 : ①, ②, ④ 및 누설 시 손실감소
㉡ 공기희석 시 주의사항 : 폭발 범위 내에 들지 않도록

25 정압기의 유량 특성에서 메인밸브의 열림(스트로크 리프트)과 유량의 관계를 말하는 유량 특성에 해당되지 않는 것은? (설비-22)

① 직선형 ② 2차형
③ 3차형 ④ 평방근형

26 볼탱크에 저장된 액화프로판을 시간당 50kg씩 기체로 공급하려고 증발기에 전열기를 설치했을 때 필요한 전열기의 용량은 몇 kW인가? (단, 프로판의 증발열은 3740kcal/g · mol, 온도변화는 무시하고, 1cal는 1163×10^{-6}kW이다.)

① 0.217 ② 2.17
③ 0.494 ④ 4.94

해설
$(3740\text{cal/g}\cdot\text{mol})\times(1.163\times10^{-6}\text{kW/cal})\times(1\text{g}\cdot\text{mol/44g})\times(50\times10^{3}\text{g})=4.94\text{kW}$

27 압축기에서 압축비가 커지면 발생하는 현상으로 틀린 것은?

① 소요 동력이 증가한다.
② 실린더 내의 온도가 상승한다.
③ 토출가스의 양이 증가한다.
④ 체적효율이 저하한다.

해설
상기 항목 외에 윤활기능 저하, 압축기 수명단축 등

28 나사 펌프의 특징에 대한 설명으로 틀린 것은? (설비-46)

① 고점도액의 이송에 적합하다.
② 고압에 적합하다.
③ 흡입양정이 크고, 소음이 적다.
④ 구조가 간단하고 청소, 분해가 용이하다.

29 갈바니 부식에 대한 설명으로 틀린 것은?

① 이중금속 접촉부식이라고도 한다.
② 전위가 낮은 금속표면에서 방식이 된다.
③ 전위가 낮은 금속표면에서 양극반응이 진행된다.
④ 두 종류의 금속이 접촉에 의해서 일어나는 부식이다.

갈바니 부식=이종금속(성질이 다른 금속) 접촉에 의한 부식

30 압력조정기의 다이어프램에 사용하는 고무의 재료는 전체 배합성분 중 NBR의 성분의 함량이 몇 % 이상이어야 하는가?

① 50%
② 85%
③ 90%
④ 99%

㉠ NBR 함유량 : 50% 이상
㉡ 가소제 18% 이하

정답 23.④ 24.③ 25.③ 26.④ 27.③ 28.③ 29.② 30.①

31 터보형 펌프에 속하지 않는 것은? (설비-33)

① 센트리퓨걸 펌프
② 사류 펌프
③ 축류 펌프
④ 플런저 펌프

32 배관의 규격기호와 그 용도 및 사용조건에 대한 설명으로 틀린 것은? (설비-59)

① SPPS는 350℃ 이하의 온도에서, 압력 $9.8N/mm^2$ 이하에 사용한다.
② SPPH는 350℃ 이하의 온도에서, 압력 $9.8N/mm^2$ 이하에 사용한다.
③ SPLT는 빙점 이하의 특히 낮은 온도의 배관에 사용한다.
④ SPPW는 정수두 100m 이하의 급수배관에 사용한다.

33 신축이음의 종류가 아닌 것은? (설비-10)

① 루프형 ② 슬리브형
③ 스위블형 ④ 플랜지형

34 탄소강에 각종 연소를 첨가하면 특수한 성질을 가진다. 다음 중 각 원소의 영향을 바르게 연결한 것은?

① Ni－내마멸성 및 내식성 증가
② Cr－인성 및 저온 충격저항 증가
③ Mo－고온에서 인장강도 및 경도 증가
④ Cu－전자기성 및 경화능력 증가

㉠ Ni : 강인성 증가 내식성, 내산성 증가
㉡ Cr : 적은 양에 의해 경도, 인장강도 증가, 내식성, 내열성 커짐
㉢ Cu : 석출경화 일으키고, 내산화성을 나타냄

35 도시가스 배관에 대한 설명으로 옳지 않은 것은?

① 폭 8m 이상의 도로에는 1.2m 이상 매설한다.
② 배관 접합은 원칙적으로 용접에 의한다.
③ 지하매설 배관 재료는 주철관으로 한다.
④ 지상배관의 표면 색상은 황색으로 한다.

지하매설 가능 배관
㉠ 가스용 폴리에틸렌관
㉡ 폴리에틸렌 피폭강관
㉢ 분말용착식 폴리에틸렌 피복강관

36 레이놀드(Reynolds)식 정압기의 특징인 것은? (설비-6)

① 로딩형이다.
② 콤팩트하다.
③ 정특성, 동특성이 양호하다.
④ 정특성은 극히 좋으나 안정성이 부족하다.

37 국내에서 주로 사용되는 저장탱크에서 초저온의 LNG와 직접 접촉하는 내부 바닥 및 벽체에 주로 사용되는 재료는?

① 멤브레인 ② 합금주철
③ 탄소강 ④ 알루미늄

38 20℃, 120atm의 산소 100kg이 들어있는 용기의 내용적은 약 몇 m^3인가? (단, 산소의 가스정수는 26.5로 한다.)

① 0.34 ② 0.52
③ 0.63 ④ 0.77

$PV=GRT$이므로

$$\therefore V=\frac{GRT}{P}=\frac{100\times26.5\times293}{120\times10332}=0.63$$

39 직경이 각각 4m와 8m인 2개의 액화석유가스 저장탱크가 인접해 있을 경우 두 저장탱크 간에 유지하여야 할 거리는 몇 m 이상인가? (안전-3)

① 1m ② 2m
③ 3m ④ 4m

$$(4+8)\times\frac{1}{4}=3m$$

정답 31.④ 32.② 33.④ 34.③ 35.③ 36.④ 37.① 38.③ 39.③

40 공기액화 분리장치에서 탄산가스를 제거하기 위한 물질은? (설비-5)

① 실리카겔
② 염화칼슘
③ 활성알루미나
④ 수산화나트륨

$2NaOH + CO_2 \rightarrow Na_2CO_3 + H_2O$

제3과목 가스안전관리

41 차량에 고정된 탱크에 의하여 가연성 가스를 운반할 때 비치하여야 할 소화기의 종류와 최소 수량은? (단, 소화기의 능력단위는 고려하지 않는다.) (안전-8)

① 분말소화기 1개
② 분말소화기 2개
③ 포말소화기 1개
④ 포말소화기 2개

가연성 가스, 산소가스의 소화기 종류 및 수량 : 분말소화기 차량 좌우에 1개씩

42 용기 및 특정설비의 재검사기간의 기준으로 옳은 것은? (안전-21)

① 제조된 지 16년이 경과된 47L 용접용기는 2년마다 재검사를 받아야 한다.
② 용기에 부착되지 아니한 용기부속품은 3년마다 재검사를 받아야 한다.
③ 1993년에 신규검사를 받은 600L 복합재료 용기는 3년마다 재검사를 받아야 한다.
④ 제조된 지 20년이 경과된 차량에 고정된

43 고압가스 충전용기의 운반기준으로 틀린 것은? (안전-34)

① 가연성 가스 또는 산소를 운반하는 차량에는 소화설비 및 재해발생방지를 위한 응급조치에 필요한 자재 및 공구 등을 휴대할 것
② 염소와 아세틸렌, 암모니아 또는 수소는 동일차량에 적재하여 운반하지 아니할 것
③ 가연성 가스와 산소를 동일차량에 적재하여 운반하는 때에는 그 충전용기와 밸브가 마주보도록 할 것
④ 충전용기와 소방기본법이 정하는 위험물과는 동일차량에 적재하여 운반하지 아니할 것

가연성 산소는 충전용기 밸브가 마주보지 아니하도록 할 것

44 고압가스 저장에 대한 기술 중 틀린 것은?

① 충전용기는 항상 40℃ 이하를 유지할 것
② 가연성 가스를 저장하는 곳에는 방폭형 휴대용 손전등 외의 등화를 휴대하지 말 것
③ 산화에틸렌 저장탱크에는 45℃에서 그 내부 가스압력이 0.4MPa 이상 되도록 탄산가스를 충전할 것
④ 시안화수소 저장은 용기에 충전한 후 90일을 초과하지 아니할 것

45 방폭전기기기의 구조별 표시방법으로 옳은 것은? (안전-13)

① 내압방폭구조 : p
② 유입방폭구조 : a
③ 안전증방폭구조 : e
④ 본질안전방폭구조 : ba

46 1일 처리능력이 60000m^{3}인 가연성 가스 저온저장탱크와 제2종 보호시설과의 안전거리의 기준은? (안전-9)

① 20.0m ② 21.2m
③ 22.0m ④ 30.0m

정답 40.④ 41.② 42.① 43.③ 44.④ 45.③ 46.②

해설

$\frac{2}{25}\sqrt{60000+10000}=21.26\text{m}$

구 분	저장능력	제1종 보호시설	제2종 보호시설
산소의 저장설비	1만 이하	12m	8m
	1만 초과 2만 이하	14m	9m
	2만 초과 3만 이하	16m	11m
	3만 초과 4만 이하	18m	13m
	4만 초과	20m	14m
독성 가스 또는 가연성 가스의 저장설비	1만 이하	17m	12m
	1만 초과 2만 이하	21m	14m
	2만 초과 3만 이하	24m	16m
	3만 초과 4만 이하	27m	18m
	4만 초과 5만 이하	30m	20m
	5만 초과 99만 이하	30m (가연성 가스 저온저장 탱크는 $\frac{3}{25}\sqrt{X+10000}$ m)	20m (가연성 가스 저온저장 탱크는 $\frac{2}{25}\sqrt{X+10000}$ m)
	99만 초과	30m (가연성 가스 저온저장 탱크는 120m)	20m (가연성 가스 저온저장 탱크는 80m)

47 가스보일러의 안전장치에 해당하지 않는 것은? (안전-84)

① 소화안전장치
② 과충전방지장치
③ 과열방지장치
④ 저가스압차단장치

해설

가스보일러의 안전장치 : 소화안전장치, 과열방지장치, 동결방지장치, 저가스압차단장치, 정전 재통전 시 안전장치

48 다음 중 아세틸렌의 성질에 대한 설명으로 옳은 것은?

① 고체아세틸렌보다 액체아세틸렌이 안정하다.
② 흡열화합물이므로 압축하면 분해폭발을 일으킨다.
③ 융점(−81℃)과 비점(−84℃)이 비슷하여 승화하지 않고 융해한다.
④ 15℃ 상태에서 물에는 융해되지 않고, 아세톤 1L에 약 25배가 융해된다.

① 고체가 안정
③ 승화한다.
④ 15℃ 상태에서 물 1L에 1.1배 용해 아세톤 1L에 25배 용해

49 내용적 50L의 LPG 용기에 프로판을 충전할 때 최대 충전량은 몇 kg인가? (단, 프로판의 충전정수는 2.35이다.)

① 19.15
② 21.28
③ 32.62
④ 117.5

해설

$$G=\frac{V}{C}$$

$$=\frac{50}{2.35}=21.28\text{kg}$$

50 차량에 고정된 탱크의 충전시설에서 가연성 가스 충전시설의 고압가스설비는 그 외면으로부터 다른 가연성 가스 충전시설의 고압가스설비와 안전거리 이상을 유지하도록 하고 있다. 그 거리는 몇 m 이상 이어야 하는가? (안전-128)

① 2m
② 3m
③ 5m
④ 7m

정답 47.② 48.② 49.② 50.③

51 다음 중 휴대용 부탄가스레인지의 올바른 사용방법은?

① 바람의 영향을 줄이기 위해서 텐트 안에서 사용한다.
② 효율을 높이기 위해서 두 대를 나란히 연결하여 사용한다.
③ 사용하는 그릇은 레인지의 삼발이보다 폭이 좁은 것을 사용한다.
④ 레인지를 운반 중에는 용기를 레인지 내부에 안전하게 보관한다.

52 고압가스 특정제조시설에 설치되는 가스누출 검지경보장치의 설치기준에 대한 설명으로 옳은 것은? (안전-67)

① 경보농도는 가연성 가스의 경우 폭발한계의 1/2 이하로 하여야 한다.
② 검지에서 발신까지 걸리는 시간은 경보농도의 1.2배 농도에서 보통 20초 이내로 한다.
③ 경보기의 정밀도는 경보농도 설정치에 대하여 가연성 가스용은 ±25% 이하이어야 한다.
④ 검지경보장치의 경보정밀도는 전원의 전압 등 변동이 ±20% 정도일 때에도 저하되지 아니하여야 한다.

① 1/4 이하
② 1.6배 농도에서 30초
③ 경보기 정밀도 : 가연성 ±25%, 독성 ±30% 이하
④ 전원 전압변동 ±10%

53 액화염소 142g을 기화시키면 표준상태에서 몇 L의 기체 염소가 되는가? (단, 염소의 원자량은 35.5이다.)

① 22.4　② 44.8
③ 67.2　④ 89.6

$\frac{142}{71} \times 22.4 = 44.8\text{L}$

54 정전기제거 또는 발생방지 조치에 대한 설명으로 틀린 것은?

① 대상물을 접지시킨다.
② 상대습도를 높인다.
③ 공기를 이온화시킨다.
④ 전기저항을 증가시킨다.

정전기 방지법
㉠ 접지할 것
㉡ 공기 중 상대습도는 70% 이상으로 할 것
㉢ 공기를 이온화할 것

55 프레온 냉매가 실수로 눈에 들어갔을 경우 눈 세척에 주로 사용하는 약품으로 적당한 것은?

① 바셀린
② 희붕산용액
③ 농피크린산 용액
④ 유동 파라핀

56 고압가스 용기, 특정설비 등은 수리자격자별로 수리범위가 제한되어 있다. 다음 중 수리자격자별 수리범위로 틀린 것은? (안전-75)

① 저장능력 50톤의 액화석유가스용 저장탱크 제조자는 해당 제품의 부속품 교체 및 가공이 가능하며, 필요한 경우 단열재를 교체할 수 있다.
② 액화산소용 초저온용기 제조자는 해당 용기에 부착되는 용기부속품을 탈부착할 수 있으며, 용기 몸체의 용접도 가능하다.
③ 열처리설비를 갖춘 용기 전문검사기관에서 LPG 용기의 프로텍터, 스커트 교체가 가능하다.
④ 저장능력이 50톤인 석유정제업자의 석유정제시설에서 고압가스를 제조하는 자는 해당 저장시설의 단열재 교체가 가능하다.

정답 51.③ 52.③ 53.② 54.④ 55.② 56.④

57 차량에 고정된 탱크로 고압가스를 운반하는 차량의 운반기준으로 적합하지 않은 것은? **(안전-24)**

① 후부취출식 외의 저장탱크는 저장탱크 후면과 차량 뒷범퍼와의 수평거리가 20cm 이상 유지하여야 한다.
② 액화가스 중 가연성 가스, 독성 가스 또는 산소가 충전된 탱크에는 손상되지 아니하는 재료로 된 액면계를 사용한다.
③ 액화가스를 충전하는 탱크에는 그 내부에 방파판을 설치한다.
④ 2개 이상의 탱크를 동일한 차량에 고정하여 운반하는 경우에는 탱크마다 탱크의 주밸브를 설치한다.

후부취출식 이외의 탱크 후면과 차량 뒷범퍼 수평거리 : 30cm

58 일반도시가스 정압기실 경계책의 설치기준에 대한 설명으로 틀린 것은?

① 높이 1.5m 이상의 철책 또는 철망으로 경계책을 설치한다.
② 경계책 주위에는 외부 사람의 무단출입을 금하는 내용의 경계표지를 부착(설치)한다.
③ 철근콘크리트로 지상에서 6m 이상의 높이에 설치된 정압기는 경계책을 설치한다.
④ 도로의 지하에 설치되어 사람 또는 차량통행에 지장을 주는 정압기는 경계표지를 설치하고, 경계책 설치를 생략한다.

59 고압가스 제조, 저장, 판매, 수입 시 독성 가스 배관용 밸브의 검사대상에 해당되지 않는 것은?

① 볼밸브 ② 글로브밸브
③ 콕 ④ 앵글밸브

해설

독성 가스 배관용 밸브의 검사대상 항목 ①, ②, ③ 이외에 슬루스밸브, 역지밸브 등

60 최고사용압력이 고압인 가스혼합기, 가스정제설비, 배송기, 압송기 그 밖에 공급시설의 부대설비는 그 외면으로부터 사업장의 경계까지 얼마 이상의 거리를 유지하여야 하는가?

① 3m ② 10m
③ 20m ④ 30m

공급설비의 부대설비로부터 사업장 경계까지 이격거리
㉠ 최고사용압력 고압 : 20m 이상
㉡ 최고사용압력 중압 : 10m 이상
㉢ 최고사용압력 저압 : 5m 이상

제4과목 가스계측기기

61 실제길이가 3.0cm인 물체를 측정하여 2.95cm를 얻었다. 이때 오차는 얼마인가?

① +0.05cm ② −0.05cm
③ +1.67% ④ −1.67%

오차 : 측정−참값=2.95−3.0=−0.05cm

62 가스분석계 중 화학반응을 이용한 측정방법은? **(계측-3)**

① 연소열법
② 열전도율법
③ 적외선흡수법
④ 가시광선분산법

63 액위(level)측정 계측기기의 종류 중 액체용 탱크에 많이 사용되는 사이트글라스(Sight Glass)의 단점에 해당하지 않는 것은?

① 측정범위가 넓은 곳에서 사용이 곤란하다.
② 동결방지를 위한 보호가 필요하다.
③ 파손되기 쉬우므로 보호대책이 필요하다.
④ 내부 설치 시 요동(Turbulance) 방지를 위해 Stilling Chamber 설치가 필요하다.

정답 57.① 58.③ 59.④ 60.③ 61.② 62.① 63.④

64 프로세스계 내에 시간지연이 크거나 외란이 심할 경우 조절계를 이용하여 설정점을 작동시키게 하는 제어방식은? (계측-12)

① Sequence 제어
② Cascade 제어
③ Program 제어
④ Feed back 제어

65 어떤 비례 제어기가 50℃에서 100℃ 사이에 온도를 조절하는 데 사용되고 있다. 만일 이 제어기기가 측정한 온도가 84℃에서 90℃일 때 비례대(Propotional band)는 약 얼마인가?

① 10% ② 11%
③ 12% ④ 13%

$$\text{비례대} = \frac{\text{측정 온도차}}{\text{조절 온도차}} = \frac{90-84}{100-50} \times 100 = 12\%$$

66 막식 가스미터에서 이물질로 인한 불량이 생기는 원인으로 틀린 것은? (계측-5)

① 크랭크축에 이물질이 들어가 회전부에 윤활유가 없어진 경우
② 밸브와 시트 사이에 점성 물질이 부착된 경우
③ 연동기구가 변형된 경우
④ 계량기의 유리가 파손된 경우

67 다음 중 유황분 정량 시 표준용액으로 적절한 것은?

① 수산화나트륨 ② 과산화수소
③ 초산 ④ 요오드칼륨

68 가스 크로마토그래피의 주요 구성요소가 아닌 것은? (계측-10)

① 분리관(칼럼) ② 검출기
③ 기록계 ④ 흡수액

가스 크로마토그래피 구성요소 : 유량조절밸브, 압력계, 시료도입장치 분리관, 검출기, 기록계, 캐리어가스

69 다음 중 포스겐가스의 검지에 사용되는 시험지는? (계측-15)

① 리트머스 시험지
② 하리슨 시험지
③ 연당지
④ 염화제일구리 착염지

70 스텝(step)과 응답이 그림처럼 표시되는 요소를 무엇이라 하는가?

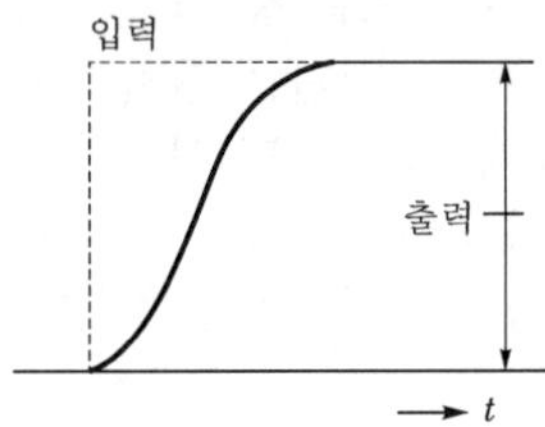

① 1차 지연요소 ② 낭비시간요소
③ 적분요소 ④ 고차지연요소

1차 지연요소 : 입력이 급변하는 순간 출력은 변하지만 일정시간 후에는 지연이 있어 정상상태로 돌아오는 특성

71 도시가스 사용시설에 대하여 실시하는 내압시험에서 내압시험을 공기 등의 기체로 하는 경우 압력을 일시에 시험압력까지 올리지 아니하여야 한다. 이에 대한 설명으로 옳은 것은? (안전-119)

① 먼저 상용압력의 50%까지 승압하고, 그 후에는 상용압력의 10%씩 단계적으로 승압한다.
② 먼저 상용압력의 50%까지 승압하고, 그 후에는 상용압력의 20%씩 단계적으로 승압한다.
③ 먼저 상용압력의 80%까지 승압하고, 그 후에는 상용압력의 10%씩 단계적으로 승압한다.
④ 먼저 상용압력의 80%까지 승압하고, 그 후에는 상용압력의 20%씩 단계적으로 승압한다.

정답 64.② 65.③ 66.④ 67.① 68.④ 69.② 70.① 71.①

72 H_2와 O_2 등에는 감응이 없고, 탄화수소에 대한 감응이 가장 좋은 검출기는? (계측-13)

① 열전도도검출기(TCD)
② 불꽃이온화검출기(FID)
③ 전자포획검출기(ECD)
④ 열이온검출기(TID)

73 전자유량계는 다음 중 어느 법칙을 이용한 것인가?

① 쿨롱의 전자유도 법칙
② 옴의 전자유도 법칙
③ 패러데이의 전자유도 법칙
④ 줄의 전자유도 법칙

74 산소(O_2) 중에 포함되어 있는 질소(N_2) 성분을 가스 크로마토그래피로 정량하고자 한다. 다음 방법 중 옳지 않은 것은?

① 열전도도검출기(TCD)를 사용한다.
② 산소(O_2)의 피크가 질소(N_2)의 피크보다 먼저 나오도록 칼럼을 선택한다.
③ 캐리어가스로는 헬륨을 쓰는 것이 바람직하다.
④ 산소제거 트랩(Oxygen trap)을 사용하는 것이 좋다.

75 오리피스로 유량을 측정하는 경우 압력차가 4배로 증가하면 유량은 몇 배로 변하는가?

① 2배 증가 ② 4배 증가
③ 8배 증가 ④ 16배 증가

해설
$Q = A\sqrt{2gH}$ 이므로 H가 4배로 증가 시 Q는 2배 증가

76 탄성식 압력계가 아닌 것은? (계측-28)

① 벨로즈식 압력계
② 다이어프램식 압력계
③ 부르돈관 압력계
④ 링밸런스식 압력계

해설
링밸런스=환상천평식 압력계 : 액주식 압력계

77 다음 중 대수용가(100~5000m^3/h)에 적당한 가스미터는? (계측-8)

① 막식 가스미터 ② 습식 가스미터
③ 건식 가스미터 ④ 루트식 가스미터

78 다이어프램 압력계의 특징에 해당되지 않는 것은? (계측-27)

① 미소한 압력을 측정하기 위한 압력계이다.
② 부식성 유체의 측정이 가능하다.
③ 과잉압력으로 파손되면 그 위험성은 커진다.
④ 감도가 높고, 응답성이 좋다.

79 측정기의 감도에 대한 일반적인 설명으로 옳은 것은?

① 감도가 좋으면 측정시간이 짧아진다.
② 감도가 좋으면 측정범위가 넓어진다.
③ 감도가 좋으면 아주 작은 양의 변화를 측정할 수 있다.
④ 측정량의 변화를 지시량의 변화로 나누어 준 값이다.

감도
㉠ 측정량의 변화에 대한 지시량의 변화
$= \frac{\text{지시량의 변화}}{\text{측정량의 변화}}$
㉡ 감도가 좋으면 측정시간이 길어지고, 측정범위는 좁아진다.

80 다음 중 습식 가스미터의 형태는?

① 루트형
② 오벌형
③ 피스톤 로터리형
④ 드럼형

정답 72.② 73.③ 74.② 75.① 76.④ 77.④ 78.③ 79.③ 80.④

CBT 기출복원문제

2022년 산업기사 제4회 필기시험 (2022년 9월 14일 시행)

01 가스산업기사	수험번호 : 수험자명 :	※ 제한시간 : 120분 ※ 남은시간 :
글자 크기  100% 150% 200% 화면 배치 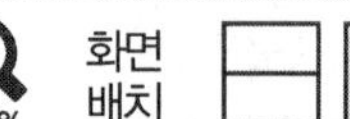	전체 문제 수 : 안 푼 문제 수 :	답안 표기란 ① ② ③ ④

제1과목 연소공학

01 가연물과 그 연소형태를 짝지어 놓은 것 중 옳은 것은? (연소-2)

① 알루미늄박－분해연소
② 목재－표면연소
③ 경유－증발연소
④ 휘발유－확산연소

02 실제기체가 이상기체에 가까워지기 위한 조건으로 옳은 것은? (연소-3)

① 고온, 저압상태
② 저온, 저압상태
③ 고온, 고압상태
④ 분자량이 크거나 비체적이 클 때

해설
㉠ 실제기체가 이상기체에 가까워지는 조건(액화가 불가능) : 고온, 저압상태
㉡ 이상기체가 실제기체에 가까워지는 조건(액화가 가능) : 저온, 고압상태

03 가스의 연소속도에 영향을 미치는 인자에 대한 설명 중 틀린 것은?

① 연소속도는 주변온도가 상승함에 따라 증가한다.
② 연소속도는 이론혼합기 근처에서 최대이다.
③ 압력이 증가하면 연소속도는 급격히 증가한다.
④ 산소농도가 높아지면 연소범위가 넓어진다.

압력상승 시 연소속도는 증가하나 급격히 증가하지는 않는다.

04 다음 중 연료의 가연성분 원소가 아닌 것은?

① 유황 ② 질소
③ 수소 ④ 탄소

㉠ 연료의 주성분 : C, H, O
㉡ 연료의 가연성분 : C, H, S

05 압력이 0.1MPa, 체적이 $3m^3$인 273.15K의 공기가 이상적으로 단열압축되어 그 체적이 1/3으로 되었다. 엔탈피의 변화량은 약 몇 kJ인가? (단, 공기의 기체상수는 0.287kJ/kg · K, 비열비는 1.4이다.)

① 480 ② 580
③ 680 ④ 780

단열압축 엔탈피 변화량
$\Delta H = GC_P(T_2 - T_1)$에서

㉠ $G = \frac{PV}{RT} = \frac{0.1\times10^3\text{kN/m}^2\times3\text{m}^3}{0.287\text{kJ/kg}\cdot\text{K}\times273.15\text{K}} = 3.82682\text{kg}$

㉡ $C_P = \frac{K}{K-1}R$

㉢ $T_2 = T_1\cdot\left(\frac{V_1}{V_2}\right)^{K-1} = 273.15\times\left(\frac{3}{1}\right)^{1.4-1} = 423.8866$

$\therefore \Delta H = 3.82682\times\frac{1.4}{1.4-1}\times0.287\times(423.8866-273.15) = 587.43 \fallingdotseq 580\text{kJ}$

정답 01.③ 02.① 03.③ 04.② 05.②

06 다음 중 폭발방지를 위한 안전장치가 아닌 것은?

① 안전밸브
② 가스누출경보장치
③ 방호벽
④ 긴급차단장치

07 기체연료 중 공기와 혼합기체를 만들었을 때 연소속도가 가장 빠른 것은?

① 수소 ② 메탄
③ 프로판 ④ 톨루엔

연소범위
㉠ H_2(4~75%)
㉡ CH_4(5~15%)
㉢ C_3H_8(2.1~9.5%)
㉣ $C_6H_5CH_3$(1.4~6.7%)

08 아세틸렌을 일정압력 이상으로 압축하면 위험하다. 이때의 폭발형태는?

① 산화폭발 ② 중합폭발
③ 분해폭발 ④ 분진폭발

C_2H_2은 2.5MPa 이상으로 압축하지 않는다. 분해폭발의 우려 때문에 부득이 2.5MPa 이상으로 압축 시 N_2, CH_4, CO, C_2H_4 등의 희석제를 첨가한다.

09 화염전파에 대한 설명으로 틀린 것은?

① 연료와 공기가 혼합된 혼합기체 안에서 화염이 전파하여 가는 현상을 말한다.
② 가연가스와 미연가스의 경계를 화염면이라 한다.
③ 연소파는 화염면 전후에 압력파가 있으며, 전파속도는 음속을 넘는다.
④ 데토네이션파(Detonation Wave)와 연소파(Combustion Wave)로 크게 나눌 수 있다.

연소파는 반응 후 온도가 상승하지만 음속보다 낮음, 음속 이상이 되려면 폭굉이 일어나야 한다.

10 증기 속에 수분이 많을 때 일어나는 현상으로 옳은 것은? (연소-26)

① 건조도가 증가된다.
② 증기엔탈피가 증가된다.
③ 증기배관에 수격작용이 방지된다.
④ 증기배관 및 장치부식이 발생된다.

11 이상기체가 담겨있는 용기를 가열하면 이 용기 내부의 압력과 온도의 변화는 어떻게 되는가? (단, 부피변화는 없다고 가정한다.)

① 압력증가, 온도상승
② 압력증가, 온도일정
③ 압력일정, 온도상승
④ 압력일정, 온도일정

이상기체 정적 하에서
㉠ 가열 시 : 압력증가, 온도상승
㉡ 냉각 시 : 압력강하, 온도저하

12 가연성 가스의 위험성에 대한 설명으로 틀린 것은?

① 폭발범위가 넓을수록 위험하다.
② 폭발범위 밖에서는 위험성이 감소한다.
③ 온도나 압력이 증가할수록 위험성이 증가한다.
④ 폭발범위가 좁고, 하한계가 낮은 것은 위험성이 매우 적다.

폭발하한계가 낮은 가연성 가스는 위험성이 크다.

13 이산화탄소로 가연물을 덮는 방법은 소화의 3대 효과 중 어느 것인가? (연소-17)

① 제거효과 ② 질식효과
③ 냉각효과 ④ 촉매효과

14 부탄 10kg을 완전연소시키는 데 필요한 이론산소량은 약 몇 kg인가?

① 29.8 ② 31.2
③ 33.8 ④ 35.9

정답 06.③ 07.① 08.③ 09.③ 10.④ 11.① 12.④ 13.② 14.④

$C_4H_{10}+6.5O_2 \rightarrow 4CO_2+5H_2O$
58kg : 6.5×32kg
10kg : x(kg)

$\therefore x=\frac{10\times6.5\times32}{58}=35.86=35.9\text{kg}$

15 어떤 가역 열기관이 300℃에서 500kcal 열을 흡수하여 일을 하고 100℃에서 열을 방출한다고 할 때 열기관이 한 최대 일(Work)은 약 얼마인가?

① 175kcal ② 188kcal
③ 218kcal ④ 232kcal

카르노사이클에서

$\frac{Q_1}{T_1}=\frac{Q_2}{T_2}$ 이므로

$\therefore Q_2=\frac{T_2}{T_1}\times Q_1=\frac{(273+100)}{(273+300)}\times500=325.47\text{kcal}$

$\therefore$ 일량 $Q=Q_1-Q_2$
$=500-325.47=174.52\text{kcal}$
$=175\text{kcal}$

16 고체연료의 성질에 대한 설명 중 옳지 않은 것은?

① 수분이 많으면 통풍불량의 원인이 된다.
② 휘발분이 많으면 점화가 쉽고, 발열량이 높아진다.
③ 회분이 많으면 연소를 나쁘게 하여 열효율이 저하된다.
④ 착화온도는 산소량이 증가할수록 낮아진다.

휘발분 : 발열량과는 무관

17 각 화재의 분류가 잘못된 것은? (연소-27)

① A급 – 일반화재
② B급 – 유류화재
③ C급 – 전기화재
④ D급 – 가스화재

가스화재 – B급(소방법에서는 가스화재를 E급으로 정의)

18 어떤 혼합가스가 산소 10mol, 질소 10mol, 메탄 5mol을 포함하고 있다. 이 혼합가스의 비중은 약 얼마인가? (단, 공기의 평균 분자량은 29이다.)

① 0.88 ② 0.94
③ 1.00 ④ 1.07

혼합가스 분자량 $=32\times\frac{10}{25}+28\times\frac{10}{25}+16\times\frac{5}{25}$
$=27.2\text{g}$

$\therefore$ 비중 $=\frac{27.2}{29}=0.937=0.94$

19 인화성 물질이나 가연성 가스가 폭발성 분위기를 생성할 우려가 있는 장소 중 가장 위험한 장소 등급은? (연소-14)

① 1종 장소
② 2종 장소
③ 3종 장소
④ 0종 장소

20 설치장소의 위험도에 대한 방폭구조의 선정에 관한 설명 중 틀린 것은? (안전-13)

① 0종 장소에서는 원칙적으로 내압방폭구조를 사용한다.
② 2종 장소에서 사용하는 전선관용 부속품은 KS에서 정하는 일반품으로서 나사접속의 것을 사용할 수 있다.
③ 두 종류 이상의 가스가 같은 위험장소에 존재하는 경우에는 그 중 위험등급이 높은 것을 기준으로 하여 방폭전기기기의 등급을 선정하여야 한다.
④ 유입방폭구조는 1종 장소에서는 사용을 피하는 것이 좋다.

㉠ 0종 장소에는 원칙적으로 본질안전방폭구조를 사용한다.
㉡ 방폭전기기기의 설비 부속품은 내압 또는 안전증방폭구조의 것으로 한다.
㉢ 방폭전기기기에 설치하는 정션박스, 풀박스 접속함은 내압 또는 안전증 방폭구조로 한다.

정답 15.① 16.② 17.④ 18.② 19.④ 20.①

제2과목 가스설비

21 다음 중 압축기에서 다단압축을 하는 주된 목적은? (설비-48)

① 압축일과 체적효율 감소
② 압축일과 체적효율 증가
③ 압축일 증가와 체적효율 감소
④ 압축일 감소와 체적효율 증가

22 다음 중 보일러 입구 또는 실내 저압 배관부에 주로 사용되는 호스는?

① 염화비닐 호스
② 저압 고무호스
③ 고압 고무호스
④ 금속플렉시블 호스

금속플렉시블 호스 : 사용압력 3.3kPa 이하인 저압에서 주로 사용

23 다음 중 압축기 운전 개시 전에 주의하여야 할 사항은? (설비-48)

① 압력조정밸브는 천천히 잠그고, 주밸브를 열어 압력을 조정한다.
② 냉각수밸브를 닫고, 워터재킷 내부의 물을 드레인한다.
③ 드레인밸브를 1단에서 다음 단으로 서서히 잠근다.
④ 압력계, 압력조절밸브, 드레인밸브를 전개하여 지시압력의 이상 유무를 확인한다.

24 안지름 10cm의 파이프를 플랜지에 접속하였다. 이 파이프 내에 $40kgf/cm^2$의 압력으로 볼트 1개에 걸리는 힘을 400kgf 이하로 하고자 할 때 볼트 수는 최소 몇 개 필요한가?

① 5개
② 8개
③ 12개
④ 15개

해설
볼트 전체의 하중
$W = PA$
$= 40kg/cm^2 \times \frac{\pi}{4} \times (10cm)^2 = 3141.59kg$
∴ 3141.59÷400=7.85=8개

25 다음 중 용기 부속품에 대한 표시사항으로 옳은 것은? (안전-64)

① 압축가스를 충전하는 용기의 부속품 : PG
② 초저온 용기 부속품 : LG
③ 저온 용기 부속품 : LG
④ 아세틸렌가스를 충전하는 용기의 부속품 : APG

26 다음 지상형 탱크 중 내진설계 적용대상 시설이 아닌 것은? (안전-54)

① 고법의 적용을 받는 10톤 이상의 아르곤 탱크
② 도법의 적용을 받는 3톤 이상의 저장탱크
③ 액법의 적용을 받는 3톤 이상의 액화석유가스 저장탱크
④ 고법의 적용을 받는 3톤 이상의 암모니아 탱크

27 직경 500mm의 강재로 된 둥근 막대가 8000kgf의 인장하중을 받을 때의 응력은?

① $2kgf/cm^2$ ② $4kgf/cm^2$
③ $6kgf/cm^2$ ④ $8kgf/cm^2$

$$\sigma = \frac{W}{A} = \frac{8000kgf}{\frac{\pi}{4} \times (500mm)^2}$$
$$= 0.04kgf/mm^2 = 4kgf/cm^2$$

28 다음 중 펌프에서 발생하는 현상인 캐비테이션(Cavitation)으로 인한 결과가 아닌 것은? (설비-9)

① 기계 손상 ② 정압 증가
③ 진동 ④ 소음

정답 21.④ 22.④ 23.④ 24.② 25.① 26.④ 27.② 28.②

해설

캐비테이션(공동현상) 발생에 따른 현상소음, 진동, 깃의 침식, 양정, 효율곡선 저하

29 배관용접부의 비파괴검사인 자분탐상시험을 한 경우 결함자분 모양의 길이가 몇 mm를 초과한 경우에 불합격으로 하는가? (안전-86)

① 3 ② 4
③ 5 ④ 6

30 LPG 탱크로리에서 지하저장탱크로 LPG를 이송하는 방법 중 빠르게 잔가스를 회수할 수 있고 베이퍼록 현상이 생기지 않는 방법은 어느 것인가? (설비-23)

① 압축기에 의한 방법
② 펌프에 의한 방법
③ 차압에 의한 방법
④ 중력에 의한 방법

베이퍼록 현상 : 저비등점의 액체를 이송 시 펌프 입구에서 발생하는 현상으로 액의 끓음에 의한 동요, LP가스 이송 시 압축기의 경우는 베이퍼록이 일어나지 않는다.

31 왕복동식 압축기의 흡입구, 토출구에서 압력계의 바늘이 흔들리면서 유량이 감소되는 현상은?

① 공동현상 ② 히스테리시스
③ 수격현상 ④ 맥동현상

32 정압기 설치에 대한 설명으로 가장 거리가 먼 것은?

① 출구에는 수분 및 불순물 제거장치를 설치한다.
② 출구에는 가스 압력측정장치를 설치한다.
③ 입구에는 가스 차단장치를 설치한다.
④ 정압기의 분해점검 및 고장을 대비하여 예비정압기를 설치한다.

해설

정압기 입구에는 불순물 제거장치, 정압기 입·출구에는 가스 차단장치 설치

33 동일한 가스 입상배관에서 프로판가스와 부탄가스를 흐르게 할 경우 가스 자체의 무게로 인하여 입상관에서 발생하는 압력손실을 서로 비교하면? (단, 부탄의 비중은 2, 프로판의 비중은 1.5이다.)

① 프로판이 부탄보다 약 2배 정도 압력손실이 크다.
② 프로판이 부탄보다 약 4배 정도 압력손실이 크다.
③ 부탄이 프로판보다 약 2배 정도 압력손실이 크다.
④ 부탄이 프로판보다 약 4배 정도 압력손실이 크다.

입상손실 $h = 1.293(S-1)H$에서
가스 비중 2와 1.5이므로
$h_1 = 1.293(2-1)H$
$h_2 = 1.293(1.5-1)H$에서 1/0.5이므로 부탄의 입상손실이 프로판에 비해 2배 크다.

34 냉간가공과 열간가공을 구분하는 기준이 되는 온도는?

① 끓는 온도 ② 상용 온도
③ 재결정 온도 ④ 섭씨 0도

35 다음 지름이 150mm, 행정 100mm, 회전수 800rpm, 체적효율 85%인 4기통 압축기의 피스톤 압출량은 몇 m^3/h인가?

① 10.2 ② 28.8
③ 102 ④ 288

해설

$$Q = \frac{\pi}{4} \times D^2 \times LN \times \eta \times \eta_V$$
$$= \frac{\pi}{4} \times (0.15\text{mm})^2 \times 0.1\text{m} \times 800 \times 4 \times 0.85 \times 60$$
$$= 288\text{m}^3/\text{h}$$

36 고압식 액체산소분리장치에서 원료공기는 압축기에 흡입되어 몇 atm 정도까지 압축되는가? (설비-5)

① 80~140 ② 110~150
③ 150~200 ④ 180~230

정답 29.② 30.① 31.④ 32.① 33.③ 34.③ 35.④ 36.③

37 산소압축기의 내부 윤활제로 주로 사용되는 것은? (설비-32)

① 물
② 유지류
③ 석유류
④ 진한 황산

38 전기방식 조치대상 시설로서 전기방식을 하지 않아도 되는 배관은? (안전-87)

① 지중에 설치하는 폴리에틸렌 피복강관
② 지중에 설치하는 강제강관
③ 수중에 설치하는 폴리에틸렌관
④ 수중에 설치하는 강제강관

해설

전기방식 조치대상 시설(배관재료 : 강제)

㉠ 고압가스 특정(일반) 제조사업자, 충전사업자 저장소 설치자 및 특정고압가스 사용자의 시설 중 지중 및 수중에서 설치하는 강제배관 및 저장탱크(고압가스시설, 액화석유가스시설, 도시가스시설)

㉡ 전기방식 제외 대상시설(가정용 가스시설, 기간을 정해 임시로 사용하기 위한 고압가스 시설)

39 정압기의 부속설비 중 조정기 전단에 설치되어 배관 내의 먼지 등을 제거하는 설비는?

① 필터
② 이상압력통보설비
③ 동결방지장치
④ 긴급차단장치

해설

정압기 흐름도

가스차단장치－필터－SSV－정압기(조정기)－가스차단장치－안전밸브

40 압력 22.5MPa로 내압시험을 하는 용기에 아세틸렌가스가 아닌 압축가스를 충전할 때 그 최고충전압력은 몇 MPa인가?

① 12.5
② 13.5
③ 14.0
④ 15.0

해설

$$F_P = T_P \times \frac{3}{5}$$

$$= 22.5 \times \frac{3}{5} = 13.5\text{MPa}$$

제3과목 가스안전관리

41 다음 독성 가스별 제독제 및 제독제 보유량의 기준이 잘못 연결된 것은? (안전-44)

① 염소 : 소석회－620kg
② 포스겐 : 소석회－200kg
③ 아황산가스 : 가성소다 수용액－530kg
④ 암모니아 : 물－다량

42 냉동 용기에 표시된 각인 기호 및 단위로서 틀린 것은?

① 냉동능력 : RT
② 원동기소요전력 : kW
③ 최고사용압력 : DP
④ 내압시험압력 : AP

해설

④ 내압시험압력 : TP

43 고압가스시설의 안전을 확보하기 위한 고압가스설비 설치기준에 대한 설명으로 틀린 것은?

① 아세틸렌 충전용 교체밸브는 충전하는 장소에서 격리하여 설치한다.
② 공기액화분리기에 설치하는 피트는 양호한 환기구조로 한다.
③ 에어졸 제조시설에는 과압을 방지할 수 있는 수동충전기를 설치한다.
④ 고압가스설비는 상용압력의 1.5배 이상의 압력으로 내압시험을 실시하여 이상이 없어야 한다.

㉠ 에어졸 제어시설에는 과압을 방지할 수 있는 자동충전기를 설치한다.

㉡ 인체에 사용하거나 가정에서 사용하는 에어졸 제조시설에는 불꽃길이 시험장치를 갖출 것

정답 37.① 38.③ 39.① 40.② 41.② 42.④ 43.③

44 용기에 의한 고압가스 판매의 시설기준으로 틀린 것은?

① 보관할 수 있는 고압가스량이 $300m^3$이 넘는 경우에는 보호시설과 안전거리를 유지해야 한다.
② 가연성 가스, 산소 및 독성 가스의 저장실은 각각 구분하여 설치한다.
③ 용기보관실의 지붕은 불연성 재질의 가벼운 것으로 설치한다.
④ 가연성 가스 충전용기 보관실의 주위 8m 이내에는 화기가 없어야 한다.

해설
가연성 독성, 충전용기 보관실 2m 이내에 화기를 사용하거나 인화발화성 물질을 두지 않아야 한다.

45 암모니아에 대한 설명으로 틀린 것은?

① 강한 자극성이 있고 무색이며, 물에 잘 용해된다.
② 붉은 리트머스 시험지에 접촉하면 푸른색으로 변한다.
③ 20℃에서 $2.15kgf/cm^2$ 이상으로 압축하면 액화된다.
④ 고온에서 마그네슘과 반응하여 질화마그네슘을 만든다.

해설
암모니아는 상온, 9atm에서 액화

46 공기 중 폭발범위가 가장 넓은 가스는 어느 것인가? (안전-106)

① 수소 ② 아세트알데히드
③ 에탄 ④ 산화에틸렌

해설
① 수소 : 4~75%
② 아세트알데히드 : 4~60%
③ 에탄 : 3~12.5%
④ 산화에틸렌 : 3~80%

47 도로 밑 도시가스 배관 직상단에는 배관의 위치, 흐름방향을 표시한 라인마크(Line Mark)를 설치(표시)하여야 한다. 직선 배관인 경우 라인마크의 최소설치 간격은?

① 25m ② 50m
③ 100m ④ 150m

48 방폭전기기기의 용기에서 가연성 가스가 폭발할 경우 그 용기가 폭발압력에 견디고, 접합면, 개구부 등을 통하여 외부의 가연성 가스에 인화되지 않도록 한 구조는? (안전-13)

① 압력방폭구조
② 내압방폭구조
③ 유압방폭구조
④ 안전증방폭구조

49 다음의 특징을 가지는 가스는?

• 약산성으로 강한 독성, 가연성, 폭발성이 있다.
• 순수한 액체는 안정하나 소량의 수분에 급격한 중합을 일으키고 폭발할 수 있다.
• 살충용 훈증제, 전기도금, 화학물질 합성에 이용된다.

① 아크릴로니트릴 ② 불화수소
③ 시안화수소 ④ 브롬화메탄

50 다음 중 프로판가스의 폭발 위험도는 약 얼마인가? (설비-44)

① 3.5
② 12.5
③ 15.5
④ 20.2

해설
프로판 위험도 $= \frac{9.5-2.1}{2.1} = 3.5$

51 아세틸렌을 용기에 충전할 때 다음 물질 중 침윤제로 사용되는 것은? (설비-42)

① 아세톤
② 벤젠
③ 케톤
④ 알데히드

정답 44.④ 45.③ 46.④ 47.② 48.② 49.③ 50.① 51.①

52 도시가스 공급 시 판넬(Panel)에 의한 가스 냄새 농도측정에서 냄새판정을 위한 시료의 희석배수가 아닌 것은? (안전-19)

① 100배
② 500배
③ 1000
④ 4000배

해설
희석배수
500배, 1000배, 2000배, 4000배(4종류)

53 고압가스 설비의 수리 등을 할 때의 가스치환에 대한 설명으로 옳은 것은?

① 가연성 가스의 경우 가스의 농도가 폭발하한계의 1/2에 도달할 때까지 치환한다.
② 가스 치환 시 농도의 확인은 관능법에 따른다.
③ 불활성 가스의 경우 산소의 농도가 16% 이상에 도달할 때까지 공기로 치환한다.
④ 독성 가스의 경우 독성 가스의 농도가 TLV-TWA 기준농도 이하로 될 때까지 치환을 계속한다.

해설
㉠ 폭발하한의 1/4 이하 도달할 때까지 확인
㉡ 산소의 농도 18% 이상 22% 이하
㉢ 농도 확인은 가스검지기 그 밖에 해당 가스농도 식별에 의한 적합한 분석방법(가스검지기 등)으로 한다.

54 고압가스를 운반하는 차량의 안전경계 표지 중 삼각기의 바탕과 글자색은? (안전-48)

① 백색바탕-적색글씨
② 적색바탕-황색글씨
③ 황색바탕-적색글씨
④ 백색바탕-청색글씨

55 가스 배관 내진설계기준에서 고압가스 배관의 지진해석 시 적용사항에 대한 설명으로 틀린 것은? (안전-88)

① 지반운동의 수평 2축방향 성분과 수직방향 성분을 고려한다.
② 지반을 통한 파의 방사조건을 적절하게 반영한다.
③ 배관-지반의 상호작용 해석 시 배관의 유연성과 변형성을 고려한다.
④ 기능수행수준 지진해석에서 배관의 거동은 거물형으로 가정한다.

56 고압가스 특정제조설비에는 비상전력설비를 설치하여야 한다. 다음 중 가스누출 검지경보장치에 설치하는 비상전력설비가 아닌 것은? (안전-89)

① 타처공급전력　② 자가발전
③ 엔진구동발전　④ 축전지장치

57 LPG 자동차 용기 충전시설에 설치되는 충전호스에 대한 기준으로 틀린 것은?

① 충전호스의 길이는 5m이어야 한다.
② 정전기 제거장치를 설치해야 한다.
③ 가스 주입구는 원터치형으로 한다.
④ 호스에 과도한 인장력이 가해졌을 때 긴급차단장치가 작동해야 한다.

해설
호스에 과도한 인장력이 가해졌을 때 호스와 충전기가 분리되는 구조

58 차량에 고정된 2개 이상을 서로 연결한 이음매 없는 용기의 운반차량에 반드시 설치하지 않아도 되는 것은? (안전-33)

① 역류방지밸브　② 검지봉
③ 압력계　④ 긴급탈압밸브

59 도시가스 사업자가 가스시설에 대한 안전성 평가서를 작성할 때 반드시 포함하여야 할 사항이 아닌 것은?

① 절차에 관한 사항
② 결과조치에 관한 사항
③ 품질보증에 관한 사항
④ 기법에 관한 사항

정답 52.① 53.④ 54.② 55.④ 56.③ 57.④ 58.① 59.③

60 고압가스 특정제조시설에서 사업소 밖의 가연성 가스 배관을 노출하여 설치 시 다음 시설과 지상배관과의 수평거리를 가장 멀리하여야 하는 시설은? (안전-90)

① 도로 ② 철도
③ 병원 ④ 주택

제4과목 가스계측기기

61 다음 중 가스 크로마토그래피의 구성요소가 아닌 것은? (계측-10)

① 분리관(칼럼) ② 검출기
③ 유속조절기 ④ 단색화장치

G/C(가스 크로마토그래피) 구성요소(유량조절기, 캐리어가스, 분리관(칼럼), 검출기록계, 유량 · 유속 조절기, 항온도, 유량계)

62 어떤 가스의 유량을 시험용 가스미터로 측정하였더니 $50m^3/h$이었다. 같은 가스를 기준 가스미터로 측정하였을 때 유량이 $52m^3/h$이었다면 이 시험용 가스미터의 기차는?

① +2.0% ② −2.0%
③ +4.0% ④ −4.0%

$$기차 = \frac{시험미터\ 지시량 - 기준미터\ 지시량}{시험미터\ 지시량}$$

$$= \frac{50-52}{50} \times 100 = -4\%$$

63 가스압력 조정기(Regulator)의 역할에 대한 설명으로 가장 옳은 것은?

① 용기 내 노의 역화를 방지한다.
② 가스를 정제하고, 유량을 조절한다.
③ 용기 내의 압력이 급상승할 경우 정상화한다.
④ 공급되는 가스의 압력을 연소기구에 적당한 압력까지 감압시킨다.

64 생성열을 나타내는 표준온도로 사용되는 온도는?

① 0℃
② 4℃
③ 25℃
④ 35℃

65 검지관식 가스검지기에 대한 설명으로 틀린 것은?

① 검지기는 검지관과 가스채취기 등으로 구성된다.
② 검지관은 내경 2~4mm의 구리관을 사용한다.
③ 검지관 내부에 시료가스가 송입되면 검지제와의 반응으로 변색한다.
④ 검지관은 한번 사용하면 다시 사용할 수 없다.

검지관은 내경 2~4mm의 유리관에 발색 시약을 흡착시킨 검지제를 충진하여 관의 양단을 액봉한 것

66 출력이 목표치와 비교되어 제어편차를 수정하는 과정이 없는 제어는?

① 폐회로(Closed Loop) 제어
② 개회로(Open Loop) 제어
③ 프로그램(Program) 제어
④ 피드백(Feedback) 제어

해설

① 폐루프 제어 : 출력의 일부를 입력방향으로 피드백시켜 목표값과 비교되도록 폐루프를 형성하는 제어계로 피드백 제어계라 함
② 개루프(회로) 제어 : 가장 간편한 장치로 제어동작이 출력과 관계 없이 신호의 통로가 열려 있는 제어계로서 수정하는 과정이 없음
③ 프로그램 제어 : 미리 정해진 프로그램에 따라 제어량을 변화시키는 것을 목적으로 하는 제어법

정답 60.③ 61.④ 62.④ 63.④ 64.③ 65.② 66.②

67 다음 중 비례제어(P동작)에 대한 설명으로 가장 옳은 것은? (계측-4)

① 비례대의 폭을 좁히는 등 오프셋은 극히 작게 된다.
② 조작량은 제어편차의 변화속도에 비례한 제어동작이다.
③ 제어편차와 지속시간에 비례하는 속도로 조작량을 변화시킨 제어조작이다.
④ 비례대의 폭을 넓히는 등 제어동작이 작동할 때는 비례동작이 강하게 되며, 피드백제어로 되먹임 된다.

68 가스미터를 검정하기 위하여 표준(기준)미터를 갖추고 가스미터시험에 적합한 유량범위를 가지고 있어야 한다. 다음 중 옳은 규격은?

① 시험미터를 최소유량부터 최대유량까지 3포인트 유량시험이 가능할 것
② 시험미터를 최소유량부터 최대유량까지 5포인트 유량시험이 가능할 것
③ 시험미터를 최소유량부터 최대유량까지 7포인트 유량시험이 가능할 것
④ 시험미터를 최소유량부터 최대유량까지 10포인트 유량시험이 가능할 것

69 일반적으로 사용되는 진공계 중 정밀도가 가장 좋은 것은?

① 격막식 탄성 진공계
② 열음극 전리 진공계
③ 맥로드 진공계
④ 피라니 진공계

70 막식 가스미터에서 다음 [보기]와 같은 원인은 어떤 고장인가? (계측-5)

- 계량막이 신축하여 계량실 부피가 변화
- 막에서의 누설, 밸브와 밸브시트 사이에서의 누설
- 패킹부에서의 누설

① 부동 ② 불통
③ 기차 불량 ④ 감도 불량

71 다음 중 가스분석방법 중 연소분석법이 아닌 것은? (계측-17)

① 폭발법 ② 완만연소법
③ 분별연소법 ④ 증발연소법

72 계측에 사용되는 열전대 중 다음 [보기]의 특징을 가지는 온도계는? (계측-9)

- 열기전력이 크고, 저항 및 온도계수가 작다.
- 수분에 의한 부식에 강하므로 저온측정에 적합하다.
- 비교적 저온의 실험용으로 주로 사용한다.

① R형 ② T형
③ J형 ④ K형

73 가스 크로마토그래피 캐리어가스의 유량이 70mL/min에서 어떤 성분 시료를 주입하였더니 주입점에서 피크까지의 길이가 18cm이었다. 지속 용량이 450mL라면 기록지의 속도는 약 몇 cm/min인가?

① 0.28 ② 1.28
③ 2.8 ④ 3.8

18cm×70mL/min÷450mL=2.8cm/min

74 비접촉식 온도계의 특징으로 옳지 않은 것은? (계측-24)

① 내열성 문제로 고온 측정이 불가능하다.
② 움직이는 물체의 온도 측정이 가능하다.
③ 물체의 표면온도만 측정 가능하다.
④ 방사율의 보정이 필요하다.

해설
비접촉식 온도계(광고 온도계, 광전관식 온도계, 방사(복사) 온도계, 색 온도계 → 고온 측정용

75 압력의 단위를 차원(Dimension)으로 바르게 나타낸 것은?

① MLT ② ML^2T^2
③ M/LT^2 ④ M/L^2T^2

차원계
[M][L][T] 차원계, [F][L][T] 차원계
(M=kg, F=kgf, L=m, T=sec)
$F=[MLT^{-2}]$
$kgf=kg \times m/s^2$

참고 kgf=F, kg=M, m=L, $\frac{1}{s^2}=T^{-2}$
압력(P) : kgf/cm^2
$FL^{-2}=MLT^{-2}L^{-2}=M/LT^2$

76 헴펠법 가스분석법에서 CO_2의 흡수제로 옳은 것은? (계측-1)

① 발연 황산
② 피로갈롤 알칼리 용액 : 산소
③ 암모니아성 염화제1동 용액 : CO산소
④ 수산화칼륨(KOH) 용액 : CO_2

77 대칭 이원자 분자 및 Ar 등의 단원자 분자를 제외한 거의 대부분의 가스를 분석할 수 있으며 선택성이 우수하고, 연속분석이 가능한 가스분석 방법은?

① 적외선법 ② 반응열법
③ 용액전도율법 ④ 열전도율법

78 다음 중 물리적 가스 분석계에 해당하지 않는 것은? (계측-3)

① 가스의 화학반응을 이용하는 것
② 가스의 열전도율을 이용하는 것
③ 가스의 자기적 성질을 이용하는 것
④ 가스의 광학적 성질을 이용하는 것

79 다음 중 시컨셜 제어(Sequential Control)에 해당되지 않는 것은?

① 교통신호등의 신호제어
② 승강기의 작동제어
③ 자동판매기의 작동제어
④ 피드백에 의한 유량제어

시컨셜 제어 : 제어의 각 단계가 순차적으로 진행시킬 수 있는 제어로 입력신호에서 출력신호까지 정해진 순서에 따라 제어명령이 전해진다. 또 제어결과에 따라 조작이 자동적으로 이행된다.

80 Dial gauge는 다음 중 어느 측정 방법에 속하는가?

① 비교측정 ② 절대측정
③ 변위측정 ④ 직접측정

정답 75.③ 76.④ 77.① 78.① 79.④ 80.①

CBT 기출복원문제

2023년 산업기사 제1회 필기시험 (2023년 3월 1일 시행)

01 가스산업기사	수험번호 : 수험자명 :	※ 제한시간 : 120분 ※ 남은시간 :
글자 크기 100% 150% 200% 화면 배치	전체 문제 수 : 안 푼 문제 수 :	답안 표기란 ① ② ③ ④

제1과목 연소공학

01 자연발화온도(Autoignition temperature : AIT)에 영향을 주는 요인 중 증기의 농도에 관한 사항으로 가장 올바른 것은? (연소-30)

① 가연성 혼합기체의 AIT는 가연성 가스와 공기의 혼합비가 1 : 1일 때 가장 낮다.
② 가연성 증기에 비하여 산소의 농도가 클수록 AIT는 낮아진다.
③ AIT는 가연성 증기의 농도가 양론농도보다 약간 높을 때가 가장 낮다.
④ 가연성 가스와 산소의 혼합비가 1 : 1일 때 AIT는 가장 낮다.

02 가로, 세로, 높이가 각각 3m, 4m, 3m인 방에 약 몇 L의 프로판가스가 누출되면 폭발될 수 있는가? (단, 프로판의 폭발범위는 2.2~9.5%이다.)

① 510
② 610
③ 710
④ 810

해설

공기량=$3\times4\times3=36\text{m}^3$ 누출

C_3H_8이 $x(\text{m}^3)$일 때 $\left(\dfrac{x}{36+x}\right)=0.022$이므로

$\therefore\ x=0.8098\text{m}^3=809.8\text{L} \fallingdotseq 810\text{L}$

03 메탄올 96g과 아세톤 116g을 함께 진공상태의 용기에 넣고 기화시켜 25℃의 혼합기체를 만들었다. 이때 전압력은 약 몇 mmHg인가? (단, 5℃에서 순수한 메탄올과 아세톤의 증기압 및 분자량은 각각 96.5mmHg, 56mmHg 및 32g, 58g이다.)

① 76.3 ② 80.3
③ 152.5 ④ 170.5

몰비(부피비) 메탄올 : $\dfrac{96}{32}=3$, 아세톤 : $\dfrac{116}{58}=2$

$\therefore\ P=96.5\times\dfrac{3}{3+2}+56\times\dfrac{2}{3+2}=80.3\text{mmHg}$

04 일반적으로 가연성 기체, 액체 또는 고체가 대기 중에서 연소를 하는 경우 4가지 연소형식으로 대별된다. 다음 중 일반적인 연소형식이 아닌 것은? (연소-2)

① 증발연소 ② 확산연소
③ 표면연소 ④ 폭발연소

05 단열가역변화에서의 엔트로피(entropy) 변화는?

① 증가
② 감소
③ 불변
④ 일정하지 않다.

해설

㉠ 비가역 단열변화 : 엔트로피 증가
㉡ 가역 단열변화 : 엔트로피 불변

정답 01.③ 02.④ 03.② 04.④ 05.③

06 메탄올(g), 물(g) 및 이산화탄소(g)의 생성열은 각각 50kcal, 60kcal 및 95kcal이다. 이때 메탄올의 연소열은?

① 120kcal ② 145kcal
③ 165kcal ④ 180kcal

CH3OH의 연소 반응식

$CH_3OH+\frac{3}{2}O_2 \rightarrow CO_2+2H_2O+Q$에서

$-50=-95-2\times60+Q$

$\therefore Q=95+2\times60-50=165\text{kcal}$

07 공기비가 적을 경우 나타나는 현상과 가장 거리가 먼 것은? (연소-15)

① 매연발생이 극심해진다.
② 폭발사고 위험성이 커진다.
③ 연소실 내의 연소온도가 저하된다.
④ 미연소로 인한 열손실이 증가한다.

08 연료비에 관한 공식이 올바른 것은? (연소-18)

① $\dfrac{\text{고정탄소}}{\text{휘발분}}$

② $\dfrac{1-\text{고정탄소}}{\text{휘발분}}$

③ $\dfrac{\text{휘발분}}{\text{고정탄소}}$

④ $\dfrac{1-\text{휘발분}}{\text{고정탄소}}$

09 다음 중 방폭구조 및 대책에 관한 설명이 아닌 것은?

① 방폭대책에는 예방, 국한, 소화의 피난대책이 있다.
② 가연성 가스의 용기 및 탱크 내부는 제2종 위험장소이다.
③ 분진처리장치의 호흡작용이 있는 경우에는 자동분진제거장치가 필요하다.
④ 내압방폭구조는 내부폭발에 의한 내용물 손상으로 영향을 미치는 기기에는 부적당하다.

가연성 용기탱크 내부 : 0종

10 가스의 연소에 대한 설명으로 옳은 것은?

① 부탄이 완전연소하면 일산화탄소가스가 생성된다.
② 부탄이 완전연소하면 탄산가스와 물이 생성된다.
③ 프로판이 불완전연소하면 탄산가스와 불소가 생성된다.
④ 프로판이 불완전연소하면 탄산가스와 규소가 생성된다.

$C_4H_{10}+6.5O_2 \rightarrow 4CO_2+5H_2O$

11 완전기체에서 정적비열(C_v), 정압비열(C_p)의 관계식을 옳게 나타낸 것은? (단, R은 기체상수이다.) (연소-3)

① $C_p/C_v=R$
② $C_p-C_v=R$
③ $C_v/C_p=R$
④ $C_p+C_v=R$

$K(\text{비열비})=\dfrac{C_P}{C_V}$

12 다음 중 안전간격에 대한 설명 중 틀린 것은 어느 것인가? (연소-31)

① 안전간격은 방폭전기기기 등의 설계에 중요하다.
② 한계직경은 가는 관 내부를 화염이 진행할 때 도중에 꺼지는 한계의 직경이다.
③ 두 평행판 간의 거리를 화염이 전파하지 않을 때까지 좁혔을 때 그 거리를 소염거리라고 한다.
④ 발화의 제반조건을 갖추었을 때 화염이 최대한으로 전파되는 거리를 화염일주라고 한다.

정답 06.③ 07.③ 08.① 09.② 10.② 11.② 12.④

13 탄소 2kg을 완전연소시켰을 때 발생된 연소가스(CO_2)의 양은 얼마인가?

① 3.66kg ② 7.33kg
③ 8.89kg ④ 12.34kg

$C+O_2 \rightarrow CO_2$
12kg : 44kg
2kg : x(kg)
$\therefore\ x = \frac{2\times 44}{12} = 7.33\text{kg}$

14 기체연료를 미리 공기와 혼합시켜 놓고 점화해서 연소하는 것으로 혼합기만으로도 연소할 수 있는 연소방식은?

① 확산연소
② 예혼합연소
③ 증발연소
④ 분해연소

15 다음 중 자기연소를 하는 물질로만 나열된 것은? 【연소-13】

① 경유, 프로판
② 질화면, 셀룰로이드
③ 황산, 나프탈렌
④ 석탄, 플라스틱(FRP)

16 연소관리에 있어서 배기가스를 분석하는 가장 큰 목적은?

① 노내압 조절
② 공기비 계산
③ 연소열량 계산
④ 매연농도 산출

17 다음 중 증기의 상태방정식이 아닌 것은 어느 것인가? 【연소-32】

① Van der Waals식
② Lennard-Jones식
③ Clausius식
④ Berthelot식

18 증기 속에 수분이 많을 때 일어나는 현상으로 옳은 것은? 【연소-33】

① 건조도가 증가된다.
② 증기엔탈피가 증가된다.
③ 증기배관에 수격작용이 방지된다.
④ 증기배관 및 장치부식이 발생된다.

19 다음 중 연소의 정의로 가장 적절한 표현은?

① 물질이 산소와 결합하는 모든 현상
② 물질이 빛과 열을 내면서 산소와 결합하는 현상
③ 물질이 열을 흡수하면서 산소와 결합하는 현상
④ 물질이 열을 발생하면서 수소와 결합하는 현상

20 상온 · 상압 하에서 메탄-공기의 가연성 혼합기체를 완전연소시킬 때 1kg을 완전연소시키기 위해서는 공기 몇 kg이 필요한가?

① 4
② 17.3
③ 19.04
④ 64

$CH_4+2O_2 \rightarrow CO_2+2H_2O$
16kg : 2×32kg
1kg : x(kg)
$x = \frac{1\times 2\times 32}{36} = 4\text{kg}$
$\therefore$ 공기량은 $4\times\frac{10}{23.2} = 17.24 = 17.3\text{kg}$

제2과목 가스설비

21 메탄염소화에 의해 염화메틸(CH_3Cl)을 제조할 때 반응온도는 얼마 정도로 하는가?

① 100℃ ② 200℃
③ 300℃ ④ 400℃

정답 13.② 14.② 15.② 16.② 17.② 18.④ 19.② 20.② 21.④

22 압축산소용 용기의 체적이 50L이고 충전압력이 12MPa인 경우 저장능력은 몇 m^3가 되는가?

① 5.50
② 6.05
③ 8.10
④ 8.50

해설
$Q=(10P+1)V=(10\times12+1)\times0.05=6.05\text{m}^3$

23 도시가스의 제조 시 사용되는 부취제의 주 목적은?

① 냄새가 나게 하는 것
② 발열량을 크게 하기 위한 것
③ 응결되지 않게 하기 위한 것
④ 연소효율을 높이기 위한 것

24 대용량의 액화가스 저장탱크 주위에는 방류둑을 설치하여야 한다. 방류둑의 설치목적으로 옳은 것은?

① 불순분자가 저장탱크에 접근하는 것을 방지하기 위하여
② 액상의 가스가 누출될 경우 그 가스를 쉽게 방류시키기 위하여
③ 빗물이 저장탱크 주의로 들어오는 것을 방지하기 위하여
④ 액상의 가스가 누출된 경우 그 가스의 유출을 방지하기 위하여

25 냉동사이클에 의한 압축냉동기의 작동순서로서 옳은 것은? (설비-16)

① 증발기 → 압축기 → 응축기 → 팽창밸브
② 팽창밸프 → 응축기 → 압축기 → 증발기
③ 증발기 → 응축기 → 압축기 → 팽창밸브
④ 팽창밸브 → 압축기 → 응축기 → 증발기

26 전기방식에 대한 설명으로 틀린 것은?

① 전해질 중 물, 토양, 콘크리트 등에 노출된 금속에 대하여 전류를 이용하여 부식을 제어하는 방식이다.
② 전기방식은 부식 자체를 제거할 수 있는 것이 아니고 음극에서 일어나는 부식을 양극에서 일어나도록 하는 것이다.
③ 방식 전류는 양극에서 양극반응에 의하여 전해질로 이온이 누출되어 금속표면으로 이동하게 되고 음극표면에서는 음극반응에 의하여 전류가 유입되게 된다.
④ 금속에서 부식을 방지하기 위해서는 방식 전류가 부식 전류 이하가 되어야 한다.

해설
부식을 방지하기 위하여 방식 전류가 부식 전류 이상이어야 한다.

27 다음 중 정특성, 동특성이 양호하며 중압용으로 주로 사용되는 정압기는? (설비-6)

① Fisher식 정압기
② KRF식 정압기
③ Reynolds식 정압기
④ ARF식 정압기

28 비파괴검사방법 중 표면결함을 주로 시험하는 방법은? (설비-4)

① 방사선투과시험
② 초음파탐상시험
③ 자분탐상시험
④ 음향탐상시험

29 리듀서(reducer)와 부싱(vushing)을 사용하는 방법으로 옳은 것은?

① 직선배관에서 90° 혹은 45° 방향으로 따나갈 때의 연결
② 지름이 다른 관을 연결시킬 때
③ 배관의 끝부분을 마무리할 때
④ 주철관을 납으로 연결시킬 수 없는 장소에

정답 22.② 23.① 24.④ 25.① 26.④ 27.① 28.③ 29.②

30 정압기의 설치에 대한 설명으로 틀린 것은?

① 정압기는 설치 후 2년에 1회 이상 분해 점검을 실시한다.
② 정압기 입구에 가스압력 이상상승 방지장치를 설치한다.
③ 정압기 출구에는 가스의 압력을 측정·기록하는 장치를 설치한다.
④ 정압기 입구에는 불순물제거장치를 설치한다.

정압기 입구에 불순물제거장치, 정압기의 출구에 이상압력 상승방지장치를 설치

31 다음의 특징을 가지는 조정기는? (설비-55)

- 일반사용자 등이 LPG를 생활용 이외 이용도에 공급하는 경우에 한하여 사용한다.
- 장치 및 조작이 간단하다.
- 배관이 비교적 굵게 되며, 압력조정이 정확하지 않다.

① 1단 감압식 저압조정기
② 1단 감압식 준저압조정기
③ 2단 감압식 1차 조정기
④ 자동절체식 조정기

32 냉동설비에 사용되는 냉매가스의 구비조건으로 옳지 않은 것은? (설비-37)

① 안전성이 있어야 한다.
② 증기의 비체적이 커야 한다.
③ 증발열이 커야 한다.
④ 응고점이 낮아야 한다.

33 양정 24m, 송출유량 0.56m^3/min, 효율 65%인 원심 펌프로 물을 이송할 경우의 소요전력은 약 몇 kW인가?

① 1.4　② 2.4
③ 3.4　④ 4.4

$$L_{kW} = \frac{\gamma \cdot Q \cdot H}{102\eta} = \frac{1000\left(\frac{0.56}{60}\right)\times 24}{102\times 0.65} = 3.378\text{kW}$$

34 산소를 취급할 때 주의사항으로 틀린 것은?

① 액체충전 시에는 불연성 재료를 밑에 깔 것
② 가연성 가스 충전용기와 함께 저장하지 말 것
③ 고압가스 설비의 기밀시험용으로 사용하지 말 것
④ 밸브의 나사부분에 그리스(Grease)를 사용하여 윤활시킬 것

산소는 오일과 접촉 시 연소폭발이 일어남

35 증기압축기 냉동사이클에서 교축과정이 일어나는 곳은? (설비-16)

① 압축기　② 응축기
③ 팽창밸브　④ 증발기

36 다음 중 LP가스의 성분이 아닌 것은?

① 프로판
② 부탄
③ 메탄올
④ 프로필렌

37 강철 중에 함유되어 있는 5가지 성분 원소는?

① Sn, Pb, Cd, Ag, Fe
② C, N, S, He, P
③ C, Si, Mn, P, S
④ Cr, Ni, Mo, V, Hg

38 산소압축기의 윤활제로서 물을 사용하는 주된 이유는?

① 산소는 기름을 분해하므로
② 기름을 사용하면 실린더 내부가 더러워지므로
③ 압축산소에 유기물이 있으면 산화력이 커서 폭발하므로
④ 산소와 기름은 중합하므로

산소는 유지류(오일)와 접촉 시 산화력이 커져 폭발하는데 산소에 의한 폭발을 연소폭발이라 한다.

정답 30.② 31.② 32.② 33.③ 34.④ 35.③ 36.③ 37.③ 38.③

39 다음 중 압축기의 윤활에 대한 설명으로 옳은 것은? (설비-32)

① 수소압축기에는 광유가 쓰인다.
② 염소압축기에는 물이 쓰인다.
③ LP가스 압축기에는 농황산이 쓰인다.
④ 아세틸렌압축기에는 물이 쓰인다.

40 액화석유 저장탱크를 2개 이상 인접하여 설치하는 경우에는 탱크 상호간 최소유지거리는 얼마인가? (안전-3)

① 30cm 이상
② 60cm 이상
③ 1m 이상
④ 2m 이상

㉠ 지하탱크 : 1m 이상
㉡ 지상탱크
- $(D_1+D_2)\times\frac{1}{4}$의 간격이 1m 이상일 때 그 길이를 유지
- $(D_1+D_1)\times\frac{1}{4}$의 간격이 1m 이하일 때 1m를 유지

제3과목 가스안전관리

41 에어졸 제조 시 금속제 용기의 두께는 얼마 이상이어야 하는가? (안전-70)

① 0.05mm ② 0.1mm
③ 0.125mm ④ 0.2mm

42 최고충전압력이 12MPa인 압축가스 용기의 내압시험 압력은 몇 MPa인가? (단, 아세틸렌 이외의 가스이며, 강제로 제조한 용기이다.) (안전-52)

① 16 ② 18
③ 20 ④ 25

$T_P = F_P \times \frac{5}{3} = 12 \times \frac{5}{3} = 20\text{MPa}$

43 용기 및 특정설비는 신규검사 또는 재검사에 합격한 제품을 사용하여야 하며 검사에 불합격되면 파기하여야 한다. 다음 중 파기방법에 대한 설명으로 옳은 것은? (안전-143)

① 신규 용기는 절단 등의 방법으로 파기하여 원형으로 재가공하여 사용할 수 있도록 하여야 한다.
② 재검사에 불합격된 용기는 검사원으로 하여금 파기토록 하여야 하며 파기 후에는 파기 일시, 사유, 장소 등을 검사신청인에게 통지하여야 한다.
③ 재검사에 불합격된 용기는 검사장소에서 반드시 검사원으로 하여금 파기토록 하여야 하며, 불가피할 경우 검사원 입회 하에 해당 검사기관 직원으로 하여금 파기토록 할 수 있다.
④ 파기된 용기는 검사신청인이 인수시한(통지일로부터 1개월 이내) 내에 인수하지 아니하면 검사기관이 임의로 매각 처분할 수 있다.

③ 검사원 입회 하에 용기 특정설비 제조자로 하여금 실시하게 할 것

44 다음 중 압력방폭구조의 표시방법은 어느 것인가? (안전-13)

① p
② d
③ ia
④ s

45 지중 또는 수중에 설치된 양극금속과 매설배관을 전선으로 연결하여 양극금속과 매설배관 사이의 전지작용에 의하여 전기적 부식을 방지하는 방법은? (안전-38)

① 희생양극법
② 외부전원법
③ 직접배류법
④ 간접배류법

정답 39.① 40.③ 41.③ 42.③ 43.④ 44.① 45.①

46 저장탱크 설치방법에서 저장탱크를 지하에 묻는 경우 지면으로부터 저장탱크의 정상부까지의 깊이는 최소 얼마 이상으로 하여야 하는가? (안전-49)

① 20cm
② 40cm
③ 60cm
④ 1m

47 도시가스 압력조정기의 제품성능에 대한 설명 중 틀린 것은?

① 입구쪽은 압력조정기에 표시된 최대입구압력의 1.5배 이상의 압력으로 내압시험을 하였을 때 이상이 없어야 한다.
② 출구쪽은 압력조정기에 표시된 최대출구압력 및 최대폐쇄압력의 1.5배 이상의 압력으로 내압시험을 하였을 때 이상이 없어야 한다.
③ 입구쪽은 압력조정기에 표시된 최대입구압력 이상의 압력으로 기밀시험하였을 때 누출이 없어야 한다.
④ 출구쪽은 압력조정기에 표시된 최대출구압력 및 최대폐쇄압력의 1.5배 이상의 압력으로 기밀시험을 하였을 때 누출이 없어야 한다.

해설
출구쪽은 압력조정기에 표시된 최대출구압력 및 최대폐쇄압력의 1.1배 이상의 압력으로 기밀시험을 하였을 때 누출이 없을 것

48 가스홀더에 설치한 가스를 송출 또는 이입하기 위한 배관에는 가스홀더와 배관과의 접속부 부근에 어떤 안전장치를 설치하여야 하는가?

① 역화방지장치
② 가스차단장치
③ 역류방지밸브
④ 안전밸브

49 공기 중에서 수소의 폭발범위(vol%)는 어느 것인가? (안전-106)

① 3~80%　② 2.5~81%
③ 4.0~75%　④ 12.5%~74%

50 특정설비의 부품을 교체할 수 없는 수리자격자는? (안전-75)

① 용기제조자　② 특정설비제조자
③ 고압가스제조자　④ 검사기관

51 액화석유가스의 일반적인 특징으로 틀린 것은? (설비-56)

① LP가스는 공기보다 무겁다.
② 액상의 LP가스는 물보다 가볍다.
③ 기화하면 체적이 커진다.
④ 증발잠열이 적다.

52 냉동설비에는 안전을 확보하기 위하여 액면계를 설치하여야 한다. 가연성 또는 독성 가스를 냉매로 사용하는 수액기에 사용할 수 없는 액면계는?

① 환형 유리관액면계
② 정전용량식 액면계
③ 편위식 액면계
④ 회전튜브식 액면계

해설
독성, 가연성 가스를 냉매로 사용하는 냉동설비 중 수액기에 설치하는 액면계는 환형 유리관액면계 이외의 것을 사용하여야 함

53 다음 중 역류방지밸브를 설치해야 하는 곳은 어느 것인가? (안전-91)

① 가연성 가스를 압축하는 압축기와 오토크레이브와의 사이의 배관
② 아세틸렌의 고압건조기와 충전용 교체밸브 사이의 배관
③ 아세틸렌충전용 지관
④ 메탄올의 합성탑 및 정제탑과 압축기와의 사이의 배관

정답 46.③ 47.④ 48.② 49.③ 50.① 51.④ 52.① 53.④

54 도로 밑 도시가스 배관 직상단에는 배관의 위치, 흐름방향을 표시한 라인마크(Line Mark)를 설치(표시)하여야 한다. 직선배관인 경우 라인마크의 최소설치간격은?

① 25m ② 50m
③ 100m ④ 150m

55 액화석유가스의 안전관리와 관련한 용어의 정의에 대한 설명 중 틀린 것은? (안전-50)

① 저장설비란 액화석유가스를 저장하기 위한 설비로서 저장탱크 · 소형 저장탱크 및 용기 등을 말한다.
② 저장탱크란 액화석유가스를 저장하기 위하여 지상 또는 지하에 고정 설치된 탱크로서 그 저장능력이 3톤 이상인 탱크를 말한다.
③ 충전설비란 용기 또는 차량에 고정된 탱크에 액화석유가스를 충전하기 위한 설비로서 충전기와 저장탱크에 부속된 펌프 · 압축기를 말한다.
④ 충전용기란 액화석유가스의 충전질량의 20% 이상이 충전되어 있는 상태의 용기를 말한다.

충전용기 : 충전질량의 $50\%\left(\frac{1}{2}\right)$ 이상 충전되어 있는 용기

56 초저온 저장탱크의 내용적이 20000L일 때 충전할 수 있는 액체산소량은 몇 kg인가? (단, 액비중은 1.14이다.) (안전-36)

① 16350 ② 19230
③ 20520 ④ 22800

$G=0.9dV=0.9\times1.14\times20000=20520\text{kg}$

57 고압가스안전관리법의 적용을 받는 고압가스의 종류 및 범위에 대한 설명 중 틀린 것은? (단, 압력은 게이지압력이다.) (안전-157)

① 섭씨 35도의 온도에서 압력이 0Pa을 초과하는 액화가스 중 액화산화에틸렌가스
② 상용의 온도에서 압력이 1MPa 이상이 되는 압축가스로서 실제로 그 압력이 1MPa 이상이 되는 압축가스(아세틸렌가스 제외)
③ 상용의 온도에서 압력이 0.2MPa 이상이 되는 액화가스로서 실제로 그 압력이 0.2MPa 이상이 되는 것
④ 상용의 온도에서 압력이 0Pa 이상인 아세틸렌가스

15℃의 온도에서 0Pa을 초과하는 C_2H_2가스

58 다음 중 고압가스 제조자가 수리할 수 있는 수리범위에 해당되는 것은? (안전-75)

> ㉠ 용기밸브의 부품 교체
> ㉡ 특정설비의 부품 교체
> ㉢ 냉동기의 부품 교체

① ㉠ ② ㉠, ㉡
③ ㉡, ㉢ ④ ㉠, ㉡, ㉢

59 고압가스안전관리법상 용기를 강으로 제조할 경우 성분의 함유량이 제한되어 있다. 다음 중 제한된 강의 성분이 아닌 것은? (안전-63)

① 탄소 ② 인
③ 황 ④ 마그네슘

해설

용기제조 시 강에 함유 성분
㉠ C : 0.33%(0.55% 무이음 용기) 이하
㉡ P : 0.04%
㉢ S : 0.05% 이하

60 독성 가스가 누출되었을 경우 이에 대한 제독조치로서 적당하지 않은 것은?

① 물 또는 흡수제에 의하여 흡수 또는 중화하는 조치
② 벤트스택을 통하여 공기 중에 방출시키는 조치
③ 흡착제에 의하여 흡착제거하는 조치
④ 집액구 등으로 고인 액화가스를 펌프 등의 이송설비로 반송하는 조치

정답 54.② 55.④ 56.③ 57.④ 58.④ 59.④ 60.②

제4과목 가스계측기기

61 다음의 제어동작 중 비례적분동작을 나타내는 것은?

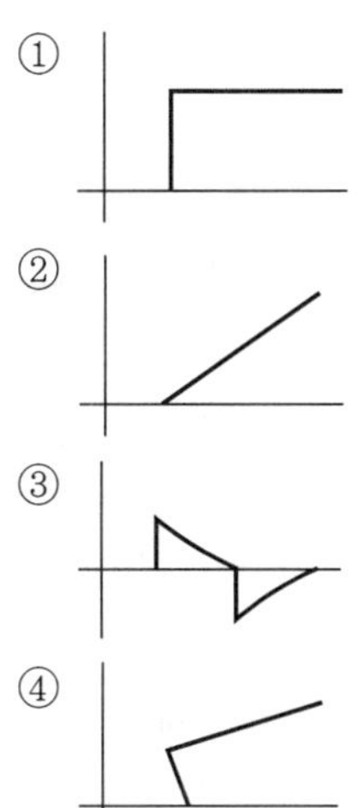

① 비례(P) ② 적분(I) ④ 비례적분(PI)

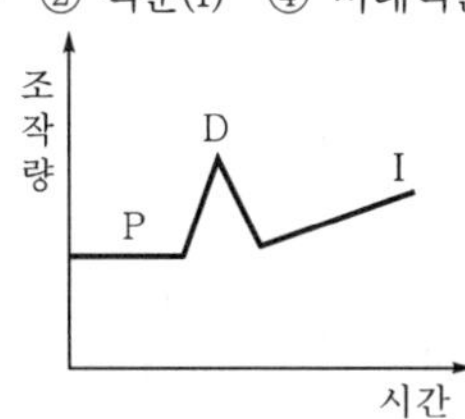

㉠ P : 조작량이 일정(비례)
㉡ D : 조작량이 증가하였다가 감소(미분)
㉢ I : 조작량이 비례적(적분)으로 증가

62 50L 물이 들어있는 욕조에 온수기를 사용하여 온수를 넣은 결과 17분 후에 욕조의 온도가 42℃, 온수량이 150L가 되었다. 이때 온수기로부터 물에 가한 열량은 몇 kcal인가? (단, 가스발열량 5000kcal/m^3, 온수기의 가스소비량 5m^3/h, 물의 비열 1kcal/kg · ℃, 수도 및 욕조의 최초온도는 5℃로 한다.)

① 3700
② 5000
③ 5550
④ 7083

온수 투입량 100L, 그 때의 온도 t(℃)이면

$50\times5+100\times t=150\times42$℃

$$t=\frac{150\times42-50\times5}{100}=60.5$$

$\therefore\ Q=Gc\Delta t$

$=100\times1\times(60.5-5)$

$=5550$kcal

63 가스미터 중 루트미터의 용량범위를 가장 옳게 나타낸 것은? (계측-8)

① 1.5~200m^3/h
② 0.2~ 3000m^3/h
③ 10~2000m^3/h
④ 100~5000m^3/h

64 차압식 유량계 중 플로노즐식의 일반적인 특징에 대한 설명으로 틀린 것은? (계측-23)

① 압력손실이 오리피스식 보다 크다.
② 슬러지 유체의 측정에 이용된다.
③ 구조가 다소 복잡하다.
④ 고속 및 고압 유체의 측정에도 사용된다.

차압식 유량계 압력손실 크기의 순서(오리피스 > 플로노즐 > 벤투리미터)

65 황화합물과 인화합물에 대하여 선택성이 높은 검출기는? (계측-13)

① 불꽃이온검출기(FIO)
② 열전도도검출기(TCD)
③ 전자포획검출기(ECD)
④ 염광광도검출기(FPD)

66 오르자트 가스분석기에서 가스의 흡수 순서가 맞는 것은? (계측-1)

① $CO \rightarrow CO_2 \rightarrow O_2$
② $CO_2 \rightarrow CO \rightarrow O_2$
③ $O_2 \rightarrow CO_2 \rightarrow CO$
④ $CO_2 \rightarrow O_2 \rightarrow CO$

정답 61.④ 62.③ 63.④ 64.① 65.④ 66.④

67 도시가스회사에서는 가스홀더에서 매주 성분분석을 하는데 다음 중 유해성분이 아닌 것은?

① H_2S　② S
③ NH_3　④ H_2

해설
유해성분의 양
㉠ S : 0.5g 이하
㉡ H_2S : 0.02g 이하
㉢ NH_3 : 0.2g 이하

68 루트미터(Roots Meter)에 대한 설명 중 틀린 것은?

① 유량이 일정하거나 변화가 심한 곳, 깨끗하거나 건조하거나 관계 없이 모든 가스 타입을 계량하기에 적합하다.
② 액체 및 아세틸렌, 바이오가스, 침전가스를 계량하는 데에는 다소 부적합하다.
③ 공업용에 사용되고 있는 이 가스미터는 칼만(KARMAN)식과 스월(SWIRL)식의 두 종류가 있다.
④ 측정의 정확도와 예상수명은 가스흐름 내에 먼지의 과다 퇴적이나 다른 종류의 이물질 출현도에 따라 다르다.

69 주로 기체연료의 발열량을 측정하는 열량계는?

① Richter 열량계
② Scheel 열량계
③ Junker 열량계
④ Thomson 열량계

70 외란의 영향으로 인하여 제어량이 목표치 50L/min에서 53L/min으로 변하였다면 이때 제어편차는 얼마인가?

① +3L/min　② −3L/min
③ +6.0%　④ −6.0%

해설
제어편차=목표값−제어량
=50−53=−3L/min

71 전자유량계는 다음 중 어떤 법칙을 이용한 것인가?

① 페러데이의 전자유도 법칙
② 뉴튼의 점성 법칙
③ 스테판-볼츠만의 법칙
④ 존슨의 법칙

72 다음에서 설명하는 열전대 온도계는 무엇인가? [계측-9]

- 열전대 중 내열성이 가장 우수하다.
- 측정온도 범위가 0~1600℃ 정도이다.
- 환원성 분위기에 약하고, 금속 증기 등에 침식하기 쉽다.

① 백금−백금 · 로듐 열전대
② 크로멜−알루멜 열전대
③ 철−콘스탄탄 열전대
④ 동−콘스탄탄 열전대

73 전기저항식 습도계의 특징에 대한 설명 중 틀린 것은?

① 저온도의 측정이 가능하고, 응답이 빠르다.
② 고습도에 장기간 방치하면 감습막이 유동한다.
③ 연소기록, 원격측정, 자동제어에 주로 이용한다.
④ 온도계수가 비교적 작다.

74 방사성 동위원소의 자연붕괴과정에서 발생하는 베타입자를 이용하여 시료의 양을 측정하는 검출기는? [계측-13]

① ECD
② FID
③ TCD
④ TID

정답 67.④ 68.③ 69.③ 70.② 71.① 72.① 73.④ 74.①

75 초음파 유량계에 대한 설명으로 틀린 것은?

① 압력손실이 거의 없다.
② 압력은 유량에 비례한다.
③ 대구경 관로의 측정이 가능하다.
④ 액체 중 고형물이나 기포가 많이 포함되어 있어도 정도가 좋다.

76 가스분석법 중 하나인 게겔(Gockel)법의 흡수액으로 잘못 연결된 것은? **[계측-1]**

① 아세틸렌 – 옥소수은칼륨 용액
② 에틸렌 – 취화수소(HBr)
③ 프로필렌 – 87% KOH 용액
④ 산소 – 알칼리성 피로갈롤 용액

77 유속이 6m/s인 물 속에 피토(Pitot)관을 세울 때 수주의 높이는 약 몇 m인가?

① 0.54 ② 0.92
③ 1.63 ④ 1.83

$$h = \frac{V^2}{2g} \times \frac{6^2}{2 \times 9.8} = 1.83\text{m}$$

78 차압식 유량계 중 벤투리식(Venturi type)에서 교축기구 전후의 관계에 대한 설명으로 옳지 않은 것은?

① 유량은 차압의 평방근에 비례한다.
② 유량은 조리개 비의 제곱에 비례한다.
③ 유량은 고나지름의 제곱에 비례한다.
④ 유량은 유량계수에 비례한다.

$$Q = KAV = K\frac{\pi}{4}D^2\sqrt{2gh}$$

여기서, K : 유량계수
D : 관지름
h : 압력차

79 가스미터는 실측식과 추량식이 있다. 다음 중 실측식 가스미터가 아닌 것은? **[계측-6]**

① Orifice
② Roots식
③ 막식
④ 습식

추량식 : 오리피스, 벤투리, 터빈, 선근차식

80 제어 시스템을 구성하는 각 요소가 어떻게 동작하고, 신호는 어떻게 전달되는지를 나타내는 선도는?

① 블록선도
② 보상선도
③ 공중선도
④ 직선선도

블록선도 : 자동제어장치에서 신호의 전달경로 구성요소 등을 블록과 화살표로 나타낸 선도

정답 75.④ 76.③ 77.④ 78.② 79.① 80.①

CBT 기출복원문제

2023년 산업기사 제2회 필기시험 (2023년 5월 13일 시행)

01 가스산업기사	수험번호 : 수험자명 :	※ 제한시간 : 120분 ※ 남은시간 :
글자 크기 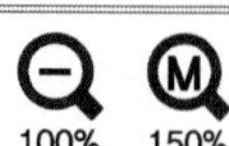 100%  150% 200% 화면 배치 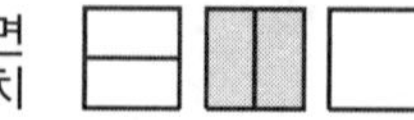	전체 문제 수 : 안 푼 문제 수 :	답안 표기란 ① ② ③ ④

제1과목 연소공학

01 다음 중 실제공기량(A)를 나타낸 식은 어느 것인가? (단, m은 공기비, A_0는 이론공기량이다.) **(연소-15)**

① $A = M + A_0$　② $A = m \cdot A_0$
③ $A = A_0 - m$　④ $A = m / A_0$

02 주된 소화효과가 질식효과에 의한 소화기가 아닌 것은?

① 분말소화기　② 포말소화기
③ 산 · 알칼리 소화기　④ CO_2 소화기

질식소화 : 산소와 공기를 제거해 연소를 억제함

03 표준상태에서 질소가스의 밀도는 몇 g/L인가?

① 0.97　② 1.00
③ 1.07　④ 1.25

해설
질소의 밀도 : 28g/22.4L=1.25g/L

04 다음 중 연소의 3요소에 해당되지 않는 것은?

① 산소　② 정전기불꽃
③ 질소　④ 수소

해설
연소의 3요소 : 산소+가연물+점화원(타격, 마찰, 단열압축, 열복사, 정전기불꽃 등)

05 부탄가스 1m^{3}를 완전연소시키는 데 필요한 이론공기량은 약 몇 m^{3}인가?

① 20　② 31
③ 40　④ 51

$C_4H_{10} + 6.5O_2 \rightarrow 4CO_2 + 5H_2O$

$\therefore 6.5 \times \frac{100}{21} = 30.95Nm^3 \fallingdotseq 31Nm^3$

06 메탄을 공기비 1.1로 완전연소시키고자 할 때 메탄 Nm^{3}당 공급해야 할 공기량은 약 몇 Nm^{3}인가?

① 2.2　② 6.3
③ 8.4　④ 10.5

$CH_4 + 2O_2 \rightarrow CO_2 + 2H_2O$
1 : 2

이론공기량 $A_0 = 2 \times \frac{100}{21} = 9.52Nm^3$

$\therefore$ 실제공기량 $A = mA_0 = 1.1 \times 9.52 = 10.47 = 10.5Nm^3$

07 다음 반응식을 이용하여 메탄(CH_4)의 생성열을 구하면?

> ㉠ $C + O_2 \rightarrow CO_2$
> $\Delta H = -97.2kcal/mol$
> ㉡ $H_2 + \frac{1}{2}O_2 \rightarrow H_2O$
> $\Delta H = -57.6kcal/mol$
> ㉢ $CH_4 + 2O_2 \rightarrow CO_2 + 2H_2O$
> $\Delta H = -194.4kcal/mol$

① $\Delta H = -20kcal/mol$
② $\Delta H = -18kcal/mol$
③ $\Delta H = 18kcal/mol$
④ $\Delta H = 20kcal/mol$

정답 01.② 02.③ 03.④ 04.③ 05.② 06.④ 07.②

CH4의 생성 반응식

$C+2H_2 \rightarrow CH_4+Q$이므로

ⓛ×2

$2H_2+O_2 \rightarrow 2H_2O+57.6\times2-$ⓛ′

㉠+ⓛ′−㉢하면

$C+2H_2 \rightarrow CH_4+97.2+57.6\times2-194.4$

$=C+2H_2 \rightarrow CH_4+18kcal$

$\therefore\ \Delta H=-18kcal$

08 가연물에 대한 설명으로 옳은 것은?

① 0족 원소들은 모두 가연물이다.
② 가연물은 산화반응 시 흡열반응을 일으킨다.
③ 질소와 산소가 반응하여 질소산화물을 만들므로 질소는 가연물이다.
④ 가연물은 산화반응 시 발열반응이 일어나므로 열을 축적하는 물질이다.

09 다음 중 착화온도가 가장 높은 것은?

① 메탄 ② 가솔린
③ 프로판 ④ 아세틸렌

착화온도
① CH_4(537℃)
② 가솔린(300℃)
③ C_3H_8(466℃)
④ C_3H_2(299℃)

10 기체연료 중 천연가스에 대한 설명으로 옳은 것은?

① 주성분은 메탄가스로 탄화수소의 혼합가스이다.
② 상온·상압에서 LPG보다 액화하기 쉽다.
③ 발열량이 수성 가스에 비하여 작다.
④ 누출 시 폭발위험성이 적다.

11 다음 중 층류연소속도의 측정법으로 널리 이용되는 방법이 아닌 것은? **(연소-25)**

① 슬롯 버너법 ② 비누거품법
③ 평면화염 버너법 ④ 단일화염핵법

12 다음 폭발원인에 따른 종류 중 물리적 폭발은?

① 산화폭발 ② 분해폭발
③ 촉매폭발 ④ 압력폭발

화학적 폭발 : 산화분해 촉매 중합 등

13 다음 중 이상기체에 대한 설명으로 틀린 것은? **(연소-3)**

① 이상기체는 분자 상호간의 인력을 무시한다.
② 이상기체에 가까운 실제기체로는 H_2, He 등이 있다.
③ 이상기체는 분자 자신이 차지하는 부피를 무시한다.
④ 저온·고압일수록 이상기체에 가까워진다.

14 메탄 50vol%, 에탄 25vol%, 프로판 25vol%가 섞여 있는 혼합기체의 공기 중에서의 연소하한계는(vol%)는 얼마인가? (단, 메탄, 에탄, 프로판의 연소하한계는 각각 5vol%, 3vol%, 2.1vol%이다.)

① 2.3 ② 3.3
③ 4.3 ④ 5.3

$$\frac{100}{L}=\frac{50}{5}+\frac{25}{3}+\frac{25}{2.1}$$

$\therefore\ L=3.3\%$

15 완전연소의 구비조건 중 틀린 것은?

① 연소에 충분한 시간을 부여한다.
② 연료를 인화점 이하로 냉각하여 공급한다.
③ 적정량의 공기를 공급하여 연료와 잘 혼합한다.
④ 연소실 내의 온도를 연소조건에 맞게 유지한다.

② 인화점 이상으로

정답 08.④ 09.① 10.① 11.④ 12.④ 13.④ 14.② 15.②

16 연소에서 유효수소를 옳게 나타낸 것은?

① $H-\frac{C}{8}$ ② $O-\frac{C}{8}$

③ $O-\frac{H}{8}$ ④ $H-\frac{O}{8}$

17 가스의 폭발범위에 대한 설명으로 옳은 것은?

① 가스의 온도가 높아지면 폭발범위는 좁아진다.
② 폭발상한과 폭발하한의 차이가 작을수록 위험도는 커진다.
③ 압력이 1atm보다 낮아질 때 폭발범위는 큰 변화가 생긴다.
④ 고온 · 고압 상태의 경우에 가스압이 높아지면 폭발범위는 넓어진다.

18 분진폭발의 위험성을 방지하기 위한 방법으로 잘못된 것은?

① 분진의 산란이나 퇴적을 방지하기 위하여 정기적으로 분진을 제거한다.
② 분진의 취급방법을 건식법으로 한다.
③ 분진이 일어나는 근처에 습식의 스크러버장치를 설치한다.
④ 환기장치는 공정별로 단독집진기를 사용한다.

해설

분진의 취급방법 : 습식법

19 LPG에 대한 설명 중 틀린 것은?

① 포화탄화수소화합물이다.
② 휘발유 등 유기용매에 용해된다.
③ 상온에서는 기체이나 가압하면 액화된다.
④ 액체비중은 물보다 무겁고, 기체상태에서는 공기보다 가볍다.

④ 액체비중은 물보다 가볍고, 기체비중은 공기보다 무겁다.

20 파라핀계 탄화수소에서 탄소의 수가 증가함에 따른 변화에 대한 설명으로 틀린 것은?

① 발열량($kcal/m^3$)은 커진다.
② 발화온도는 낮아진다.
③ 연소속도는 느려진다.
④ 폭발하한계는 높아진다.

파라핀계(C_nH_{2n+2}) : 탄소수 증가에 따라 하한값은 낮아짐

제2과목 가스설비

21 원심 펌프의 양수원리에 대한 설명으로 옳은 것은?

① 회전차의 원심력을 이용한다.
② 익형 날개차의 양력과 원심력을 이용한다.
③ 익형 날개차의 양력을 이용한다.
④ 회전차의 케이싱과 회전차 사이의 마찰력을 이용한다.

22 고압가스 제조설비의 가연성 가스 저장탱크에 설치하는 안전밸브의 가스 방출관의 설치위치는? (안전-41)

① 지면으로부터 3m 이상 또는 저장탱크의 정상부로부터 3m의 높이 중 높은 위치
② 지면으로부터 3m 이상 또는 저장탱크의 정상부로부터 2m 높은 위치
③ 지상으로부터 5m 이상 또는 저장탱크의 정상부로부터 2m의 높이 중 높은 위치
④ 지상에서 5m 이하의 높이에 설치하고 저장탱크의 주위에 마른 모래를 채울 것

해설

소형 저장탱크의 안전밸브 방출관 위치 : 지면에서 2.5m 이상 탱크 정상부에서 1m 이상 중 높은 위치

정답 16.④ 17.④ 18.② 19.④ 20.④ 21.① 22.③

23 증기압축 냉동사이클에서 냉매가 순환되는 경로를 옳게 나타낸 것은? (설비-16)

① 압축기 → 증발기 → 팽창밸브 → 응축기
② 증발기 → 압축기 → 응축기 → 팽창밸브
③ 증발기 → 응축기 → 팽창밸브 → 압축기
④ 압축기 → 응축기 → 증발기 → 팽창밸브

24 전기방식방법 중 희생양극법의 특징에 대한 설명으로 틀린 것은? (안전-38)

① 시공이 간단하다.
② 단거리 배관에 경제적이다.
③ 과방식의 우려가 없다.
④ 방식효과 범위가 넓다.

25 강의 열처리 방법 중 오스테나이트 조직을 마텐자이트 조직으로 바꿀 목적으로 0℃ 이하로 처리하는 방법은?

① 담금질
② 불림
③ 심냉 처리
④ 염욕 처리

26 다음 중 특정고압가스이면서 그 성분이 독성가스인 것으로 나열된 것은? (안전-76)

① 액화암모니아, 액화염소
② 액화염소, 액화질소
③ 액화암모니아, 액화석유가스
④ 산소, 수소

㉠ 특정고압가스 : 산소, 수소, 액화암모니아, 액화염소, 아세틸렌, 천연가스, 압축모노실란, 압축디보레인, 액화알진 등
㉡ 특정고압가스 중 독성 : 액화암모니아, 액화염소, 액화알진, 압축디보레인, 압축모노실란

27 외경(D)이 216.3mm, 두께 5.8mm인 200A의 배관용 탄소강관이 내압 9.9kgf/cm²을 받았을 경우에 관에 생기는 원주방향 응력은 약 몇 kgf/cm²인가?

① 88 ② 175
③ 263 ④ 351

$$\sigma_t = \frac{P(D-2t)}{2t} = \frac{9.9(216.3-2\times5.8)}{2\times5.8} = 174.70\text{kgf/cm}^2$$

28 암모니아 압축기 실린더에 일반적으로 워터재킷을 사용하는 이유가 아닌 것은?

① 압축효율의 향상을 도모한다.
② 윤활유의 탄화를 방지한다.
③ 밸브 스프링의 수명을 연장시킨다.
④ 압축 소요일량을 크게 한다.

워터재킷 사용=실린더 냉각의 목적
①, ②, ③ 이외에 체적효율 향상, 소요동력 감소

29 실린더의 지름이 10cm, 행정거리가 20cm, 회전수가 1000rpm인 왕복압축기의 토출량은 약 몇 m³/h인가? (단, 압축기의 체적효율은 70%이다.)

① 46 ② 56
③ 66 ④ 76

$$Q = \frac{\pi}{4}D^2\times L\times N\times\eta_v = \frac{\pi}{4}\times(0.1\text{m})^2\times(0.2\text{m})\times1000\times0.7\times60 = 65.97 = 66\text{m}^3/\text{h}$$

30 이음매 없는 용기 동판의 최대두께와 최소두께와의 차이는 평균두께의 몇 % 이하로 하는가?

① 10 ② 15
③ 20 ④ 30

용접용기 동판의 최소두께 차이는 평균두께의 10% 이하

정답 23.② 24.④ 25.③ 26.① 27.② 28.④ 29.③ 30.③

31 토양 중의 배관의 방식전위는 포화황산동 기준전극으로 기준하여 얼마 이하이어야 하는가? (단, 황산염 환원박테리아가 번식하지 않는 토양이다.) [안전-65]

① −0.85V ② −0.95V
③ −1.05V ④ −1.15V

32 신축조인트 방법이 아닌 것은? [설비-10]

① Ellow형
② 루프(Loop)형
③ 슬라이드(Slide)형
④ 벨로즈(Bellows)형

33 내용적이 500L, 압력이 12MPa이고 용기 본수는 120개일 때 압축가스의 저장능력은 몇 m^3인가? [안전-36]

① 3260
② 5230
③ 7260
④ 7580

$Q=(10P+1)V$
$=(10\times 12+1)\times 120\times 0.5=7260m^3$

34 일산화탄소에 의한 카르보닐을 생성시키지 않는 금속은?

① 코발트(Co)
② 철(Fe)
③ 크롬(Cr)
④ 니켈(Ni)

35 배관을 통한 도시가스의 공급에 있어서 압력을 변경하여야 할 지점마다 설치되는 설비는?

① 압송기(壓送器)
② 정압기(Governor)
③ 가스전(栓)
④ 홀더(Holder)

36 다음은 수소의 성질에 대한 설명이다. 옳은 것만으로 나열된 것은?

> ㉠ 공기와 혼합된 상태에서의 폭발범위는 4.0~65%이다.
> ㉡ 무색, 무취, 무미이므로 누출되었을 경우 색깔이나 냄새로 알 수 없다.
> ㉢ 고온 · 고압 하에서 강(鋼) 중의 탄소와 반응하여 수소취성을 일으킨다.
> ㉣ 열전달률이 아주 낮고, 열에 대하여 불안정하다.

① ㉠, ㉡ ② ㉠, ㉢
③ ㉡, ㉢ ④ ㉡, ㉣

㉠ 폭발범위 4~75%이다.
㉣ 열전달률이 높다.

37 터보식 펌프 중 사류 펌프의 비교회전도 (m^3/min · m · rpm) 범위를 가장 옳게 나타낸 것은?

① 50~100 ② 100~600
③ 500~1200 ④ 120~2000

비교회전도(N_s)
㉠ 축류 펌프 : 1200~2000
㉡ 사류 펌프 : 500~1200

38 캐비테이션 현상의 발생 방지책에 대한 설명으로 가장 거리가 먼 것은? [설비-9]

① 펌프의 회전수를 높인다.
② 흡입관경을 크게 한다.
③ 펌프의 위치를 낮춘다.
④ 양흡입 펌프를 사용한다.

39 지름 20mm, 표점거리 150mm의 연강재 시험편을 인장시험한 결과 표점거리 180mm가 되었다. 이 때 연신율은 몇 %인가?

① 10 ② 15
③ 20 ④ 25

해설

$$\text{연신율}=\frac{180-150}{150}\times 100=20\%$$

정답 31.① 32.① 33.③ 34.③ 35.② 36.③ 37.③ 38.① 39.③

40 캐스케이드 액화사이클에 사용되는 냉매가 아닌 것은? (설비-57)

① 암모니아(NH_3) ② 에틸렌(C_2H_4)
③ 메탄(CH_4) ④ 액화질소($L-N_2$)

캐스케이드 액화사이클 : 비점이 점차 낮은 냉매를 사용. 저비점의 기체를 액화하는 사이클로서 다원액화사이클이라 하며, 사용 냉매는 암모니아 · 에틸렌 · 메탄 등이다.

제3과목 가스안전관리

41 가연성 가스 저온저장탱크가 압력에 의해 파괴되는 것을 방지하기 위한 부압파괴 방지설비가 아닌 것은? (안전-85)

① 진공안전밸브
② 다른 저장탱크 또는 시설로부터의 가스도입 배관
③ 압력과 연동하는 긴급차단장치를 설치한 냉동제어설비
④ 압력과 연동하는 역류방지장치를 설치한 송기설비

42 액화석유가스의 저장설비와 화기취급장소와의 사이에는 몇 m 이상의 우회거리를 유지하여야 하는가? (안전-102)

① 3m ② 5m
③ 8m ④ 10m

43 압축가스 $10m^3$가 충전된 용기를 차량에 적재하여 운반할 때 비치하여야 할 소화설비의 기준으로 옳은 것은? (안전-8)

① 분말소화제 B-2 이상
② 분말소화제 B-3 이상
③ 분말소화제 BC용
④ 분말소화제 ABC용

44 프로판가스의 폭굉범위(vol%) 값에 가장 가까운 것은?

① 2.2~9.5 ② 2.7~36
③ 3.2~37 ④ 4.0~75

45 도시가스 배관을 지하에 설치 시 되메움 재료는 3단계로 구분하여 포설한다. 이때 "침상재료"라 함은? (안전-122)

① 배관침하를 방지하기 위해 배관 하부에 포설하는 재료
② 배관에 작용하는 하중을 분산시켜 주고 도로의 침하를 방지하기 위해 포설하는 재료
③ 배관 기초에서부터 노면까지 포설하는 배관 주위 모든 재료
④ 배관에 작용하는 하중을 수직방향 및 횡방향에서 지지하고 하중을 기초 아래로 분산하기 위한 재료

㉠ 기초재료
㉡ 되메움

46 다음 중 LPG용기 밸브 안전장치로서 가장 널리 사용되고 있는 형식은? (안전-99)

① 파열판식 ② 스프링식
③ 중추식 ④ 완전수동식

안전밸브의 종류
㉠ 가용전식 : C_2H_2, Cl_2, C_2H_4O
㉡ 파열판식 : H_2, O_2, N_2
㉢ 스프링식 : 가장 널리 사용

47 다음 중 고압가스 충전용기의 운반기준으로 틀린 것은? (안전-34)

① 운반 중의 충전용기는 항상 40℃ 이하로 유지하여야 한다.
② 독성 가스 탱크의 내용적은 1만 2천L를 초과하지 않아야 한다.
③ 염소와 아세틸렌은 동일차량에 적재하여 운반할 수 있다.
④ 가연성 가스와 산소를 동일차량에 적재하여 운반할 때는 그 충전용기의 밸브가 서로 마주보지 아니하도록 적재한다.

정답 40.④ 41.④ 42.③ 43.② 44.③ 45.④ 46.② 47.③

염소와 아세틸렌, 염소와 암모니아, 염소와 수소는 동일차량에 적재하여 운반하지 않는다.

48 염소가스 취급에 대한 설명 중 옳지 않은 것은?

① 독성이 강하여 흡입하면 호흡기가 상한다.
② 재해제로는 소석회 등이 사용된다.
③ 염소압축기의 윤활유는 진한 황산이 사용된다.
④ 산소와는 염소폭명기를 일으키므로 동일차량에 적재를 금한다.

$H_2 + Cl_2 \rightarrow 2HCl$(염소폭명기)

49 고압가스 용기(공업용)의 외면에 도색하는 가스 종류별 색상이 바르게 짝지어진 것은 어느 것인가? (안전-59)

① 액화석유가스－회색
② 수소－백색
③ 액화염소－황색
④ 아세틸렌－회색

50 수소의 확산속도는 동일조건에서 산소의 확산속도에 비하여 몇 배 빠른가?

① 2배
② 4배
③ 8배
④ 16배

$$\frac{U_H}{U_O} = \frac{\sqrt{32}}{2} = \frac{4}{1}$$

51 이동식 부탄연소기와 관련된 사고가 액화석유가스 사고의 약 10% 수준으로 발생하고 있다. 이를 예방하기 위한 방법으로 잘못된 것은?

① 연소기에 접합용기를 정확히 장착한 후 사용한다.
② 과대한 조리기구를 사용하지 않는다.
③ 잔가스 사용을 위해 용기를 가열하지 않는다.
④ 사용한 접합용기는 파손되지 않도록 조치한 후 버린다.

④ 폐기 후 버린다.

52 차량에 고정된 탱크 운행 시 반드시 휴대하지 않아도 되는 서류는? (안전-47)

① 고압가스 이동계획서
② 탱크 내압시험 성적서
③ 차량등록증
④ 탱크용량 환산표

53 각 저장탱크의 저장능력이 20톤인 암모니아 저장탱크 2기를 지하에 인접하여 매설할 경우 상호간에 몇 m 이상의 이격거리를 유지하여야 하는가? (안전-49)

① 0.3m
② 0.6m
③ 1m
④ 1.2m

해설

지하탱크 상호간 1m 유지

54 독성인 액화가스 저장탱크 주위에는 합산 저장능력이 몇 톤 이상일 경우 방류둑을 설치하여야 하는가? (안전-53)

① 2　　② 3
③ 5　　④ 10

55 내용적이 10000L인 액화산소 저장탱크의 저장능력은? (단, 액화산소의 비중은 1.04이다.) (안전-36)

① 6225kg
② 9360kg
③ 9615kg
④ 10400kg

해설

$G = 0.9dV = 0.9 \times 1.04 \times 10000 = 9360$kg

정답 48.④ 49.① 50.② 51.④ 52.② 53.③ 54.③ 55.②

56 액화석유가스 저장탱크에 가스를 충전할 때 액체부피가 내용적의 90%를 넘지 않도록 규제하는 가장 큰 이유는?

① 액체팽창으로 인한 압력상승을 방지하기 위하여
② 온도상승으로 인한 탱크의 취약방지를 위하여
③ 등적팽창으로 인한 온도상승 방지를 위하여
④ 탱크 내부의 부압(negative pressure) 발생 방지를 위하여

57 용기 내부에서 가연성 가스의 폭발이 발생할 경우 그 용기가 폭발압력에 견디고 접합면, 개구부 등을 통하여 외부의 가연성 가스에 인화되지 아니하도록 한 구조는? **(안전-13)**

① 내압방폭구조
② 유입방폭구조
③ 압력방폭구조
④ 특수방폭구조

58 다음 독성 가스 중 허용농도가 가장 낮은 가스는?

① 암모니아 ② 염소
③ 산화에틸렌 ④ 포스겐

TLV-TWA 농도
NH_3(25ppm), Cl_2(1ppm), C_2H_4O(1ppm), $COCl_2$(0.1ppm)

59 다음의 액화가스를 이음매 없는 용기에 충전할 경우 그 용기에 대하여 음향검사를 실시하고 음향이 불량한 용기는 내부 조명검사를 하지 않아도 되는 것은?

① 액화프로판 ② 액화암모니아
③ 액화탄산가스 ④ 액화염소

60 메탄 70%, 에탄 20%, 프로판 10%로 구성된 혼합가스의 공기 중 폭발하한계(vol%) 값은? (단, 각 성분의 폭발하한계는 메탄 5.0, 에탄 3.0, 프로판 2.1이다.)

① 3.5 ② 3.9
③ 4.5 ④ 4.9

$$\frac{100}{L} = \frac{70}{5} + \frac{20}{3} + \frac{10}{2.1}$$

$\therefore L = 3.9\%$

제4과목 가스계측기기

61 가스미터 선정 시 고려할 사항으로 틀린 것은?

① 가스의 최대사용 유량에 적합한 계량능력인 것을 선택한다.
② 가스의 기밀성이 좋고, 내구성이 큰 것을 선택한다.
③ 사용 시 기차가 커서 정확하게 계량할 수 있는 것을 선택한다.
④ 내열성, 내압성이 좋고, 유지관리가 용이한 것을 선택한다.

③ 기차가 적을 것

62 혼합물의 구성 성분을 분리하는 분리관의 분리능력에 가장 큰 영향을 미치는 것은?

① 시료의 용량
② 고정상 담체의 입자 크기
③ 담체에 부착되는 액체의 양
④ 분리관의 모양과 배치

63 다음 중 보상도선과 기준접점을 이용하는 온도계는?

① 바이메탈 온도계
② 압력 온도계
③ 베크만 온도계
④ 열전대 온도계

열전대 온도계
㉠ 측정원리 : 열기전력
㉡ 효과 : 제어베크 효과
㉢ 구성 : 보상도선 밀리볼트계, 냉접점, 보호관 열접점(냉점유지온도 : 0℃)

정답 56.① 57.① 58.④ 59.① 60.② 61.③ 62.③ 63.④

64 회전자형 및 피스톤형 가스미터를 제외한 건식 가스미터의 경우 검정 증인의 올바른 표시위치는?

① 외부함
② 전면판
③ 눈금지시부 및 상판의 접합부
④ 본관의 보기 쉬운 부분 및 부관의 출입구

65 바이메탈 온도계의 특징에 대한 설명으로 틀린 것은?

① 히스테리시스 오차가 발생한다.
② 온도변화에 대한 응답이 빠르다.
③ 온도조절 스위치로 많이 사용한다.
④ 작용하는 힘이 작다.

66 배관의 유속을 피토관으로 측정할 때 마노미터의 수주높이가 30cm이었다. 이때 유속은 약 몇 m/s인가?

① 0.76 ② 2.4
③ 7.6 ④ 24.2

$V=\sqrt{2gH}=\sqrt{2\times9.8\times0.3}=2.4\text{m/s}$

67 연소분석법 중 2종 이상의 동족 탄화수소와 수소가 혼합된 시료를 측정할 수 있는 것은?

① 폭발법, 완만연소법
② 분별연소법, 완만연소법
③ 파라듐관연소법, 산화구리법
④ 산화구리법, 완만연소법

해설

정 의		시료가스를 공기 또는 산소 또는 산화제에 의해서 연소하고 그 결과 생긴 용적의 감소, 이산화탄소의 생성량, 산소의 소비량 등을 측정하여 목적성분으로 산출하는 방법
종류	폭발법	일정량의 가연성 가스 시료를 뷰렛에 넣고 적량의 산소 또는 공기를 혼합폭발 피펫에 옮겨 전기스파크로 폭발시킨다.
	완만연소법	직경 0.5mm 정도의 백금선을 3~4mm 코일로 한 적열부를 가진 완만연소 피펫으로 시료가스를 연소시키는 방법
	분별연소법	2종의 동족탄화수소와 H_2가 혼재하고 있는 시료에서는 폭발법, 완만연소법이 불가능할 때 탄화수소는 산화시키지 않고 H_2 및 CO만을 분별적으로 연소시키는 방법(종류 : 파라듐관 연소법, 산화동법) • 파라듐관연소분석법 : 10% 파라듐 석면을 넣은 파라듐관에 시료가스와 적당량의 O_2를 통하여 연소시켜 파라핀계탄화수소가 변화하지 않을 때 H_2를 산출하는 방법으로 파라듐 석면, 파라듐 흑연, 실리카겔이 촉매로 사용된다. • 산화구리법 : 산화구리를 250℃로 가열하여 시료가스 통과 시 H_2, CO는 연소 CH_4이 남는다. 800~900℃ 가열된 산화구리에서 CH_4도 연소되므로 H_2, CO를 제거한 가스에 대하여 CH_4도 정량이 된다.

68 차압식 유량계로 유량을 측정하였더니 교축기구 전후의 차압이 20.25Pa일 때 유량이 25m³/h이었다. 차압이 10.50Pa일 때의 유량은 약 몇 m³/h인가?

① 13
② 18
③ 23
④ 28

해설

유량은 압력차의 평방근에 비례하므로

$25:\sqrt{20.25}=x:\sqrt{10.50}$

$\therefore\ x=\dfrac{\sqrt{10.50}}{\sqrt{20.25}}\times25$

$=18\text{m}^3/\text{h}$

정답 64.③ 65.④ 66.② 67.③ 68.②

69 액면조절을 위한 자동제어의 구성으로 가장 적당한 것은?

① 조작기 → 전송기 → 액면계 → 조절기 → 밸브
② 조절기 → 전송기 → 조작기 → 밸브 → 조절기
③ 밸브 → 액면계 → 전송기 → 조작기 → 조절기
④ 액면계 → 전송기 → 조절기 → 조작기 → 밸브

70 기준입력과 주피드백량의 차로서 제어동작을 일으키는 신호는?

① 기준입력 신호 ② 조작 신호
③ 동작 신호 ④ 주피드백 신호

71 다음 [그림]은 불꽃이온화검출기(FID)의 구조를 나타낸 것이다. ㉠~㉣의 명칭으로 부적당한 것은?

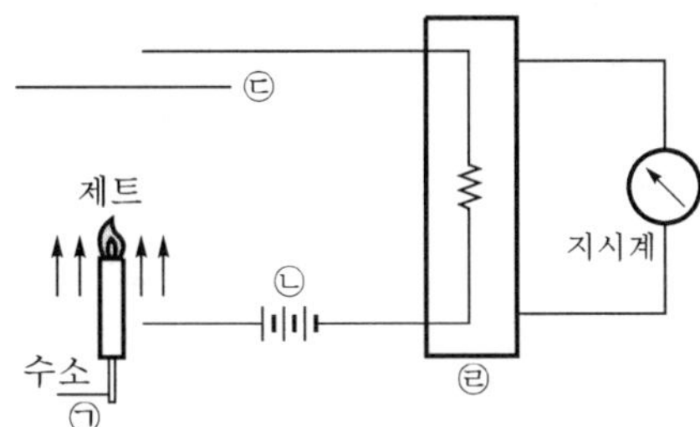

① ㉠ 시료가스 ② ㉡ 직류전압
③ ㉢ 전극 ④ ㉣ 가열부

해설
㉣ 증폭부

72 용적식 유량계에 해당되지 않는 것은?

① 루트식
② 피스톤식
③ 오벌식
④ 로터리 피스톤식

해설
용적식 유량계 : 상기 항목 이외에 습식 · 막식 가스미터 등이 있음

73 스프링 저울에 의한 무게 측정은 어느 방법에 속하는가? (계측-11)

① 치환법 ② 보상법
③ 영위법 ④ 편위법

74 다음 중 염화파라듐 시험지로 검지할 수 있는 가스는? (계측-15)

① H_2S ② CO
③ HCN ④ $COCl_2$

75 습도계의 종류와 [보기]의 내용이 바르게 연결된 것은? (계측-35)

[보기]
㉠ 저습도의 측정이 가능하다.
㉡ 물이 필요하다.
㉢ 구조 및 취급이 간단하다.
㉣ 연속기록, 원격측정, 자동제어에 이용된다.

① 저항온도계식 건습구습도계 – ㉠, ㉡
② 광전관식 노점계 – ㉠, ㉢
③ 전기저항식 습도계 – ㉡, ㉣
④ 건습구 습도계 – ㉡, ㉢

해설

종 류	장 점	단 점
건습구 습도계	• 구조 취급이 간단하다. • 원격 측정 자동제어용이다.	• 물이 필요하다. • 측정을 위하여 3~5m/s 통풍이 필요하다. • 냉각이 필요하며, 상대습도로 즉시 나타나지 않는다. • 통풍상태에 따라 오차가 발생한다.
저항식 습도계	• 저온도 측정이 가능하다. • 상대습도 측정에 적합하다. • 연속기록 원격전송 자동제어에 이용한다.	• 경년변화가 있다. • 장시간 방치 시 습도 측정에 오차가 발생한다.
노점 습도계	• 구조가 간단하다. • 휴대가 편리하다. • 저습도 측정이 가능하다.	• 오차 발생이 쉽다. • 종류(냉각식, 가열식, 듀셀식, 광전관식 노점계)

정답 69.④ 70.③ 71.④ 72.② 73.④ 74.② 75.④

종 류	장 점	단 점
모발 습도계	• 재현이 좋다. • 구조가 간단하고 취급이 용이하다. • 한냉지역에 사용하기 편리하다.	• 히스테리가 있다.

76 가스시험지법 중 염화제일구리 착염지로 검지하는 가스 및 반응색으로 옳은 것은? (계측-15)

① 아세틸렌－적색
② 아세틸렌－흑색
③ 할로겐화물－적색
④ 할로겐화물－청색

77 다음 중 유체에너지를 이용하는 유량계는?

① 터빈유량계
② 전자기유량계
③ 초음파유량계
④ 열유량계

78 실측식 가스미터가 아닌 것은? (계측-6)

① 다이어프램식 가스미터
② 와류식 가스미터
③ 회전자식 가스미터
④ 습식 가스미터

79 제어 동작에 따른 분류 중 연속되는 동작은?

① On－Off 동작
② 다위치 동작
③ 단속도 동작
④ 비례 동작

연속 동작(P : 비례, D : 미분, I : 적분)

80 MAX 1.0cm^3/h, 0.5L/rev로 표기된 가스미터가 시간당 50회전하였을 경우 가스 유량은?

① 0.5cm^3/h　　② 25L/h
③ 25cm^3/h　　④ 50L/h

0.52L/rev×50rev/h＝25L/h

정답 76.① 77.① 78.② 79.④ 80.②

CBT 기출복원문제

2023년 산업기사 제4회 필기시험 (2023년 9월 2일 시행)

01 가스산업기사	수험번호 : 수험자명 :	※ 제한시간 : 120분 ※ 남은시간 :
글자 크기 100% 150% 200% 화면 배치	전체 문제 수 : 안 푼 문제 수 :	답안 표기란 ① ② ③ ④

제1과목 연소공학

01 증발연소 시 발생하는 화염을 무엇이라 하는가?

① 산화화염　② 표면화염
③ 확산화염　④ 환원화염

㉠ 확산화염 : 가연성 액체나 고체를 가열 시 표면에 가연성 증기가 발생, 점화원에 의해 발생하는 화염
㉡ 예혼합화염 : 가연성 기체가 미리 산소와 혼합한 상태에서 연소 시 발생하는 화염

02 고열원 T_1, 저열원 T_2인 카르노사이클의 열효율을 옳게 나타낸 것은? (연소-16)

① $\eta_c = \dfrac{T_1 - T_2}{T_1}$

② $\eta_c = \dfrac{T_1 - T_2}{T_2}$

③ $\eta_c = \dfrac{T_2 - T_1}{T_1}$

④ $\eta_c = \dfrac{T_2 - T_1}{T_2}$

03 공기 중에서 폭발하한계 값이 가장 낮은 가스는? (안전-106)

① 수소
② 메탄
③ 부탄
④ 일산화탄소

해설

㉠ H_2(4~75%)
㉡ CH_4(5~15%)
㉢ C_4H_{10}(1.8~8.4%)
㉣ CO(12.5~74%)

04 탄화수소계 연료에서 연소 시 검댕이가 많이 발생하는 순서를 바르게 나타낸 것은?

① 파라핀계 > 올레핀계 > 벤젠계 > 나프탈렌계
② 나프탈렌계 > 벤젠계 > 올레핀계 > 파라핀계
③ 벤젠계 > 나프탈렌계 > 파라핀계 > 올레핀계
④ 올레핀계 > 파라핀계 > 나프탈렌계 > 벤젠계

05 다음 중 연소가스와 폭발 등급이 바르게 짝지어진 것은? (안전-30)

① 수소 − 1등급
② 메탄 − 1등급
③ 에틸렌 − 1등급
④ 아세틸렌 − 1등급

06 상온 · 상압 하에서 메탄−공기의 가연성 혼합기체를 완전연소시킬 때 메탄 1kg을 완전연소시키기 위해서는 공기 몇 kg이 필요한가?

① 4　② 17.3
③ 19.04　④ 64

정답 01.③ 02.① 03.③ 04.② 05.② 06.②

$CH_4 + 2O_2 \rightarrow CO_2 + 2H_2O$

16kg : 2×32kg

1kg : x(kg)

$\therefore x = \frac{1 \times 2 \times 32}{16} = 4\text{kg}$

공기량 $= 4 \times \frac{100}{23.2} = 17.24\text{kg}$

07 다음 중 중합폭발을 일으키는 물질은?

① 히드라진 ② 과산화물
③ 부타디엔 ④ 아세틸렌

해설

㉠ 분해폭발 : 히드라진, 과산화물 아세틸렌, 산화에틸렌
㉡ 중합폭발 : 시안화수소, 산화에틸렌 부타디엔, 염화비닐

08 다음 중 가연성 물질이 아닌 것은?

① 프로판 ② 부탄
③ 암모니아 ④ 사염화탄소

09 가정용 연료가스는 프로판과 부탄가스를 액화한 혼합물이다. 이 혼합물이 30℃에서 프로판과 부탄의 몰비가 5 : 1로 되어 있다면 이 용기 내의 압력은 약 몇 atm인가? (단, 30℃에서의 증기압은 프로판 9000mmHg이고, 부탄은 2400mmHg이다.)

① 2.6 ② 5.5
③ 8.8 ④ 10.4

해설

$P = 9000 \times \frac{5}{6} + 2400 \times \frac{1}{6} = 7900\text{mmHg}$

$\therefore \frac{7900}{760} = 10.39\text{atm}$

10 정적변화인 때의 비열인 정적비열(C_v)과 정압변화인 때의 비열인 정압비열(C_p)의 일반적인 관계로 알맞은 것은?

① $C_p > C_v$
② $C_p < C_v$
③ $C_p = C_v$
④ C_p와 C_v는 일반적인 관계가 없다.

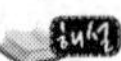

$K(\text{비열비}) = \frac{C_p}{C_v}$

K는 1보다 항상 크므로 $C_p > C_v$이다.

11 연소속도에 영향을 주는 영향이 아닌 것은?

① 화염온도
② 가연물질의 종류
③ 지연성 물질의 온도
④ 미연소가스의 열전도율

12 질소와 산소를 같은 질량으로 혼합하였을 때 평균분자량은 약 얼마인가? (단, 질소와 산소의 분자량은 각각 28, 32이다.)

① 28.25 ② 28.97
③ 29.87 ④ 45.0

$$N_2(\%) = \frac{\frac{100}{28}}{\frac{100}{28} + \frac{100}{32}} = 0.5333$$

그러므로 $O_2(\%) = 1 - 0.5333 = 0.4666$

$\therefore 28 \times 0.5333 + 32 \times 0.4666 = 29.87\text{g}$

13 일산화탄소(CO) 10Sm^{3}를 완전연소시키는 데 필요한 공기량은 약 몇 Sm^{3}인가?

① 17.2 ② 23.8
③ 35.7 ④ 45.0

$CO + \frac{1}{2}O_2 \rightarrow CO_2$

$10\text{Sm}^3 : \frac{1}{2} \times 10\text{Sm}^3$

$\therefore$ 공기량 $= \frac{1}{2} \times 10 \times \frac{1}{0.21}$
$= 23.80\text{Sm}^3$

14 연료온도와 공기온도가 모두 25℃인 경우 기체연료의 이론화염온도가 옳게 표시된 것은?

① 수소 − 2252℃
② 메탄 − 3122℃
③ 일산화탄소 − 4315℃
④ 프로판 − 5123℃

정답 07.③ 08.④ 09.④ 10.① 11.③ 12.③ 13.② 14.①

이론화염온도

① H_2 : 2252℃
② CH_4 : 2000℃
③ CO : 2182℃
④ C_3H_8 : 2120℃

15 물질의 화재 위험성에 대한 설명으로 틀린 것은?

① 인화점이 낮을수록 위험하다.
② 발화점이 높을수록 위험하다.
③ 연소범위가 넓을수록 위험하다.
④ 착화에너지가 낮을수록 위험하다.

인화점, 발화점이 낮을수록 위험하다.

16 10℃의 공기를 단열압축하여 체적을 1/6로 하였을 때 가스의 온도는 약 몇 K인가? (단, 공기의 비열비는 1.4이다.)

① 580K　② 585K
③ 590K　④ 595K

단열압축 후 온도

$$T_2 = T_1 \times \left(\frac{V_1}{V_2}\right)^{K-1} = \left(\frac{P_2}{P_1}\right)^{\frac{K-1}{K}}$$

$$\therefore \ T_2 = T_1 \times \left(\frac{1}{\frac{1}{6}}\right)^{K-1} = 283 \times (6)^{1.4-1} = 579.49\text{K}$$

17 어떤 용기 중에 들어있는 1kg의 기체를 압축하는 데 1281kg일이 소요되었으며, 도중에 3.7kcal의 열이 용기 외부로 방출되었다. 이 기체 1kg당 내부에너지의 변화값은 약 몇 kcal인가?

① 0.7kcal/kg　② −0.7kcal/kg
③ 1.4kcal/kg　④ −1.4kcal/kg

$$i = u + A_{pv}$$

$$\therefore \ u = i - A_{pv}$$

$$= \frac{1}{427}\text{kcal/kg} \times 1281\text{kg} - 3.7\text{kcal/kg}$$

$$= -0.7\text{kcal/kg}$$

18 가연성 혼합기체가 폭발범위 내에 있을 때 점화원으로 작용할 수 있는 정전기의 방지대책으로 틀린 것은?

① 접지를 실시한다.
② 제전기를 사용하여 대전된 물체를 전기적 중성 상태로 한다.
③ 습기를 제거하여 가연성 혼합기가 수분과 접촉하지 않도록 한다.
④ 인체에서 발생하는 정전기를 방지하기 위하여 방전복 등을 착용하여 정전기 발생을 제거한다.

19 상온 · 상압 하에서 수소가 공기와 혼합하였을 때 폭발범위는 몇 %인가? (안전-106)

① 4.0~75.1%
② 2.5~81.0%
③ 10.0~42.0%
④ 1.8~7.8%

20 위험성 평가기법 중 공정에 존재하는 위험요소들과 공정의 효율을 떨어뜨릴 수 있는 운전상의 문제점을 찾아내어 그 원인을 제거하는 정성적인 안전성 평가기법은? (연소-12)

① What−if
② HEA
③ HAZOP
④ FMECA

제2과목 가스설비

21 압축기에서 발생할 수 있는 과열의 원인이 아닌 것은?

① 증발기의 부하가 감소했을 경우
② 가스량이 부족할 때
③ 윤활유가 부족할 때
④ 압축비가 증대할 때

정답 15.② 16.① 17.② 18.③ 19.① 20.③ 21.①

22 펌프에서 발생하는 수격작용 방지방법으로 틀린 것은? (설비-17)

① 펌프에 플라이휠을 설치한다.
② 조압수조를 설치한다.
③ 관내 유속을 빠르게 한다.
④ 밸브를 송출구에 설치하고, 적당히 제어한다.

수격작용 방지법 : 관내 유속을 낮춘다.

23 외경과 내경의 비가 1.2 미만인 경우 배관 두께 계산식은? (단, t는 배관의 두께 수치[mm], P는 상용압력의 수치[MPa], D는 내경에서 부식여유에 해당하는 부분을 뺀 부분의 수치[mm], f는 재료의 인장강도 규격 최소치[N/mm²], C는 관내면의 부식여유의 수치[mm], s는 안전율을 나타낸다.)

① $t=\dfrac{P\cdot D}{2\cdot\dfrac{f}{s}+P}+C$

② $t=\dfrac{P\cdot D}{2\cdot\dfrac{f}{s}-P}+C$

③ $t=\dfrac{P\cdot s}{2\cdot\dfrac{D}{f}-P}+C$

④ $t=\dfrac{P\cdot s}{2\cdot\dfrac{D}{f}+P}+C$

외경, 내경의 비가 1.2 이상의 경우 배관두께

$$t=\frac{D}{2}\left(\sqrt{\frac{\frac{f}{s}+P}{\frac{f}{s}-P}}-1\right)+C$$

24 양정(H) 20m, 송수량(Q) 0.25m³/min, 펌프효율(η) 0.65인 2단 터빈 펌프의 축동력은 약 몇 kW인가?

① 1.26 ② 1.37
③ 1.57 ④ 1.72

$$L_{\text{kW}}=\frac{\gamma\cdot Q\cdot H}{102\eta}=\frac{1000\times0.25\times20}{102\times0.65\times60}=1.256\text{kW}$$

25 지하 도시가스 매설배관에 Mg과 같은 금속을 배관과 전기적으로 연결하여 방식하는 방법은? (안전-38)

① 희생양극법
② 외부전원법
③ 선택배류법
④ 강제배류법

26 상온 · 상압에서 수소용기의 파열원인으로 가장 거리가 먼 것은?

① 과충전
② 용기의 균열
③ 용기의 취급불량
④ 수소취성

수소취성=강의탈탄은 수소가스가 고온 · 고압에서 사용 시 발생되는 부식명으로 부식은 파열의 원인과는 관계가 없다.

27 LP가스의 연소방식 중 분젠식 연소방식에 대한 설명으로 틀린 것은? (연소-8)

① 일반 가스기구에 주로 적용되는 방식이다.
② 연소에 필요한 공기를 모두 1차 공기에서 취하는 방식이다.
③ 염의 길이가 짧다.
④ 염의 온도는 1300℃ 정도이다.

28 LPG와 공기를 일정한 혼합비율로 조절해 주면서 가스를 공급하는 Mixing System 중 벤투리식이 아닌 것은?

① 원료 가스압력 제어방식
② 전자밸브 개폐방식
③ 공기흡입 조절방식
④ 열량 제어방식

정답 22.③ 23.② 24.① 25.① 26.④ 27.② 28.④

29 다음 중 마이크로셀 부식이 아닌 것은?

① 토양의 용존염류에 의한 부식
② 콘크리트/토양 부식
③ 토양의 통기차에 의한 부식
④ 이종금속의 접촉 부식

해설
마이크로셀 부식 : 금속과 그 환경이 반응하여 셀(cell)을 형성하여 발생한 것으로 캐소우드(−)와 에노우드(+)가 정해져 있고, 에노우드가 부식을 계속하는 것

30 카플러 안전기구와 과류차단 안전기구가 부착된 콕은? (안전-97)

① 호스콕
② 퓨즈콕
③ 상자콕
④ 주물연소기용 노즐콕

31 최고사용온도가 100℃, 길이(L)가 10m인 배관을 상온(15℃)에서 설치하였다면 최고온도로 사용 시 팽창으로 늘어나는 길이는 약 몇 mm인가? (단, 선팽창계수 α는 12×10^{-6}m/m · ℃이다.)

① 5.1mm ② 10.2mm
③ 102mm ④ 204mm

해설
$\lambda = l\alpha\Delta t$
$= 100\times10^3\text{mm}\times12\times10^{-6}\text{m/m}\cdot℃$
$\times(100-15)℃$
$= 10.2\text{mm}$

32 황화수소(H_2S)에 대한 설명으로 틀린 것은?

① 알칼리와 반응하여 염을 생성한다.
② 발화온도가 약 450℃ 정도로서 높은 편이다.
③ 습기를 함유한 공기 중에는 대부분 금속과 작용한다.
④ 각종 산화물을 환원시킨다.

해설
황화수소 발화온도 : 260℃

33 다음 중 부취제인 EM(Ethyl Mercaptan)의 냄새는? (안전-19)

① 하수구 냄새
② 마늘 냄새
③ 석탄가스 냄새
④ 양파 썩는 냄새

34 이음매 없는 용기 제조 시 재료시험 항목이 아닌 것은?

① 인장시험
② 충격시험
③ 압궤시험
④ 기밀시험

해설
기밀시험 : 압력시험의 종류

35 다음 중 재료에 대한 비파괴검사방법이 아닌 것은? (설비-4)

① 타진법
② 초음파탐상시험법
③ 인장시험법
④ 방사선투과시험법

36 도시가스에서 액화가스가 기화되고 다른 물질과 혼합되지 아니한 경우에 중압의 범위는?

① 0.1MPa 미만
② 0.1MPa 이상 1MPa 미만
③ 1MPa 이상
④ 10MPa 이상

해설
㉠ 고압 : 1MPa 이상
㉡ 중압 : 0.1MPa~1MPa
㉢ 저압 : 0.1MPa 미만

37 −5℃에서 열을 흡수하여 35℃에 방열하는 역카르노사이클에 의해 작동하는 냉동기의 성능계수는? (연소-16)

① 0.125 ② 0.15
③ 6.7 ④ 9

정답 29.① 30.③ 31.② 32.② 33.② 34.④ 35.③ 36.② 37.③

냉동기 성능계수

$$\frac{T_2}{T_1 - T_2} = \frac{(273-5)}{35-(-5)}$$
$$= 6.7$$

38 프로판의 비중을 1.5라 하면 입상 50m 지점에서의 배관의 수직방향에 의한 압력손실은 약 몇 mmH_2O인가?

① 12.9
② 19.4
③ 32.3
④ 75.2

$h = 1.293(S-1)H$
$= 1.293 \times (1.5-1) \times 50$
$= 32.325mmH_2O$

39 가스액화분리장치 구성기기 중 터보 팽창기의 특징에 대한 설명으로 틀린 것은 어느 것인가? (설비-28)

① 처리가스에 윤활유가 혼입되지 않는다.
② 회전수는 10000~20000rpm 정도이다.
③ 처리가스량은 $10000m^3/h$ 정도이다.
④ 팽창비는 약 2 정도이다.

터보 팽창기
㉠ 팽창비 : 5
㉡ 형식 : 중도식, 반동식, 반경류반동식 등
※ 가장 효율이 높은 형식은 반동식(80~85%)이다.

40 원유, 중유, 나프타 등의 분자량이 큰 탄화수소 원료를 고온(800~900℃)으로 분해하여 고열량의 가스를 제조하는 방법으로 옳은 것은? (설비-3)

① 열분해 프로세스
② 접촉분해 프로세스
③ 수소화분해 프로세스
④ 대체 천연가스 프로세스

제3과목 가스안전관리

41 고압가스 제조자 또는 고압가스 판매자가 실시하는 용기의 안전점검 및 유지관리 기준으로 틀린 것은? (안전-12)

① 용기는 도색 및 표시가 되어 있는지의 여부를 확인할 것
② 용기캡이 씌어져 있거나 프로텍터가 부착되어 있는지의 여부를 확인할 것
③ 용기의 재검사기간의 도래여부를 확인할 것
④ 유통 중 열영향을 받았는지 여부를 점검하고, 열영향을 받은 용기는 재도색할 것

42 도시가스 사용시설에서 연소기 설치기준에 대한 설명으로 틀린 것은?

① 개방형 연소기를 설치한 실에는 급기구 또는 배기통을 설치한다.
② 가스온풍기와 배기통의 접합은 나사식이나 플랜지식 또는 밴드식 등으로 한다.
③ 배기통의 재료는 스테인리스 강판이나 내열, 내식성 재료를 사용한다.
④ 밀폐형 연소기는 급기통·배기통과 벽과의 사이에 배기가스가 실내에 들어올 수 없도록 밀폐하여 설치한다.

도시가스 Code KGS FU 551(2.7.2.1)
개방형 연소기를 설치한 실에는 환풍기 또는 환기구를 설치

43 연소기에서 역화(Flash Back)가 발생하는 경우를 바르게 설명한 것은? (연소-22)

① 가스의 분출속도보다 연소속도가 느린 경우
② 부식에 의해 염공이 커진 경우
③ 가스압력의 이상 상승 시
④ 가스량이 과도할 경우

정답 38.③ 39.④ 40.① 41.④ 42.① 43.②

44 내용적 1500L, 내압시험 압력 50MPa인 차량에 고정된 탱크의 안전유지 기준에 대한 설명으로 틀린 것은?

① 고압가스를 충전하거나 그로부터 가스를 이입 받을 때에는 차량정지목을 설치하여야 하나 주변상황에 따라 이를 생략할 수 있다.
② 차량에 고정된 탱크에는 안전밸브가 부착되어야 하며, 안전밸브는 40MPa 이하의 압력에서 작동되어야 한다.
③ 차량에 고정된 탱크에 부착되는 밸브, 부속배관 및 긴급차단장치는 50MPa 이상의 압력으로 내압시험을 실시하고 이에 합격된 제품이어야 한다.
④ 긴급차단장치는 원격조작에 의하여 작동되고 차량에 고정된 탱크 외면의 온도가 100℃일 때의 자동으로 작동되어야 한다.

긴급차단장치 원격조작온도 : 110℃

45 매몰 용접형 볼밸브에 대한 설명으로 옳은 것은?

① 가스 유로를 볼로 개폐하는 구조인 것으로 한다.
② 개폐용 핸들 휠은 열림방향이 시계바늘 방향이다.
③ 볼밸브의 퍼지관의 구조는 소켓에 고정시켜 소켓 용접한 것으로 한다.
④ 294.2N의 힘으로 90° 회전시켰을 때 1/2이 개폐되는 구조로 한다.

해설

LPG 고시 P175 제6관 매몰 용접형 볼밸브의 제조 및 검사
㉠ 개폐용 핸들 휠은 열림방향이 시계바늘 반대방향
㉡ 볼밸브 회전력은 시험 전 최소한 3회 개폐한 후 핸들 끝에서 294.2N 이하의 힘으로 90° 회전할 때 완전히 개폐하는 구조
㉢ 퍼지관은 스템 보호관에 고정시켜 용접한 구조일 것
㉣ 몸통형과 퍼지관의 용접은 웰도렛 또는 소코렛을 사용할 것(단, 일체형인 경우 소켓용접으로 할 수 있다.)

46 다음 중 액화가스를 충전하는 탱크의 내부에 액면 요동을 방지하기 위하여 설치하는 장치는? (안전-35)

① 방호벽 ② 방파판
③ 방해판 ④ 방지판

47 압력 0.3MPa, 온도 100℃에서 압력용기 속에 수증기로 포화된 공기가 밀봉되어 있다. 이 기체 100L 중에 포함된 산소는 몇 mol인가? (단, 이상기체의 법칙이 성립하며, 공기 중 산소는 21vol%로 한다.)

① 1.37 ② 2.37
③ 3.57 ④ 6.54

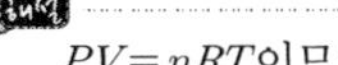

$PV=nRT$이므로

$$\therefore\ n=\frac{PV}{RT}=\frac{\frac{0.3}{0.101325}\times 100}{0.082\times 373}=9.68\text{mol}$$

공기 중 산소질량 : 32×0.21=6.72
공기 중 질소질량 : 28×0.79=22.12
수증기 질량은 18이므로
6.72+22.12+18=46.84
공기+수증기 혼합기체 안에
산소, 질량 비율은 $\frac{6.72}{46.84}=0.143$
몰수는 질량에 비례
9.68×0.143=1.38mol≒1.37

48 용기 내장형 가스 난방기용으로 사용하는 부탄 충전용기에 대한 설명으로 틀린 것은?

① 용기 몸통부의 재료는 고압가스 용기용 강판 및 강대이다.
② 프로텍터의 재료는 KS D 3503 SS400의 규격에 적합하여야 한다.
③ 스커트의 재료는 KS D 3533 SG295 이상의 강도 및 성실을 가져야 한다.
④ 넥크링의 재료는 탄소함유량이 0.48% 이하인 것으로 한다.

용기 내장형 난방기용 용기 및 밸브 넥크링 재료는 KS D 3572(기계구조용 탄소강재)의 규격에 적합한 것 또는 이와 동등 이상의 기계적 성질 가공성을 가지는 것으로 탄소함유량이 0.28% 이하인 것으로 한다.

정답 44.④ 45.① 46.② 47.① 48.④

49 다음 중 동일차량에 적재하여 운반할 수 없는 가스는? (안전-34)

① Cl_2와 C_2H_2
② C_2H_4와 HCN
③ C_2H_4와 NH_3
④ CH_4와 C_2H_2

50 다음 중 독성 가스의 제독제로 사용되지 않는 것은? (안전-44)

① 가성소다 수용액
② 탄산소다 수용액
③ 물
④ 암모니아수

51 자동차 용기 충전시설에서 충전용 호스의 끝에 반드시 설치하여야 하는 것은?

① 긴급차단장치
② 가스누출경보기
③ 정전기 제거장치
④ 인터록장치

52 고압가스 일반제조시설에서 운전 중의 1일 1회 이상 점검항목이 아닌 것은?

① 가스설비로부터의 누출
② 안전밸브 작동
③ 온도, 압력, 유량 등 조업조건의 변동상황
④ 탑류, 저장탱크류, 배관 등의 진동 및 이상음

해설
안전밸브 작동점검 주기
㉠ 압축기 최종단 안전밸브 : 1년 1회 이상
㉡ 그 밖의 안전밸브 : 2년 1회 이상

53 타 공사로 인하여 노출된 도시가스 배관을 점검하기 위한 점검통로의 설치기준에 대한 설명으로 틀린 것은? (안전-77)

① 점검통로의 폭은 80cm 이상으로 한다.
② 가드레일은 90cm 이상의 높이로 설치한다.
③ 배관 양 끝단 및 곡관은 항상 관찰이 가능하도록 점검통로를 설치한다.
④ 점검통로는 가스배관에서 가능한 한 멀리 설치하는 것을 원칙으로 한다.

54 다음 중 고압가스 충전용기 운반 시 운반책임자의 동승이 필요한 경우는? (단, 독성가스는 허용농도가 100만분의 200을 초과한 경우이다.) (안전-5)

① 독성 압축가스 $100m^3$ 이상
② 가연성 압축가스 $100m^3$ 이상
③ 가연성 액화가스 1000kg 이상
④ 독성 액화가스 500kg 이상

55 다음 중 가스도매사업의 가스공급시설의 설치기준에 따르면 액화가스 저장탱크의 저장능력이 얼마 이상일 때 방류둑을 설치하여야 하는가? (안전-53)

① 100톤　② 300톤
③ 500톤　④ 1000톤

56 가스의 폭발상한계에 영향을 주는 요인으로 가장 거리가 먼 것은?

① 온도
② 가스의 농도
③ 산소의 농도
④ 부피

57 아세틸렌가스 또는 압력이 9.8MPa 이상인 압축가스를 용기에 충전하는 시설에서 방호벽을 설치하지 않아도 되는 경우는? (안전-16)

① 압축기와 그 충전장소 사이
② 충전장소와 긴급차단장치 조작장소 사이
③ 압축기와 그 가스충전용기 보관장소 사이
④ 충전장소와 그 충전용 주관밸브 조작밸브 사이

정답 49.① 50.④ 51.③ 52.② 53.④ 54.① 55.③ 56.④ 57.②

58 다음 중 밀폐식 보일러에서 사고원인이 되는 사항에 대한 설명으로 가장 거리가 먼 내용은?

① 전용 보일러실에 보일러를 설치하지 아니한 경우
② 설치 후 이음부에 대한 가스누출 여부를 확인하지 아니한 경우
③ 배기통이 수평보다 위쪽을 향하도록 설치한 경우
④ 배기통과 건물의 외벽사이에 기밀이 완전히 유지되지 않는 경우

전용 보일러실에 설치하지 않아도 되는 보일러의 종류 : 밀폐식 보일러, 가스 보일러를 옥외에 설치하는 경우, 전용 급기통을 부착시키는 구조로서 검사에 합격한 강제 배기식 보일러

59 고압가스 일반제조시설에서 가연성 가스 제조시설의 고압가스설비 외면으로부터 산소 제조시설의 고압가스 설비까지의 거리는 몇 m 이상으로 하여야 하는가? (안전-128)

① 5m ② 8m
③ 10m ④ 20m

60 염소의 성질에 대한 설명으로 틀린 것은?

① 화학적으로 활성이 강한 산화제이다.
② 녹황색의 자극적인 냄새가 나는 기체이다.
③ 습기가 있으면 철 등을 부식시키므로 수분과 격리시켜야 한다.
④ 염소와 수소를 혼합하면 냉암소에서도 폭발하여 염화수소가 된다.

$H_2 + Cl_2 \rightarrow 2HCl$(햇빛, 일광에 의해 폭발)

제4과목 가스계측기기

61 다음 중 가스관리용 계기에 포함되지 않는 것은?

① 유량계 ② 온도계
③ 압력계 ④ 탁도계

62 도시가스 제조소에 설치된 가스누출 검지경보장치는 미리 설정된 가스농도에서 자동적으로 경보를 울리는 것으로 하여야 한다. 이때 미리 설정된 가스 농도란? (안전-67)

① 폭발하한계 값
② 폭발상한계 값
③ 폭발하한계의 1/4 이하 값
④ 폭발하한계의 1/2 이하 값

63 다이어프램 압력계의 측정범위로 가장 옳은 것은? (계측-27)

① 20~5000mmH_2O
② 1000~10000mmH_2O
③ 1~10kg/cm^2
④ 10~100kg/cm^2

64 국제 단위계(SI단위) 중 압력단위에 해당되는 것은?

① Pa ② bar
③ atm ④ kgf/cm^2

65 다음 [그림]과 같은 자동제어방식은?

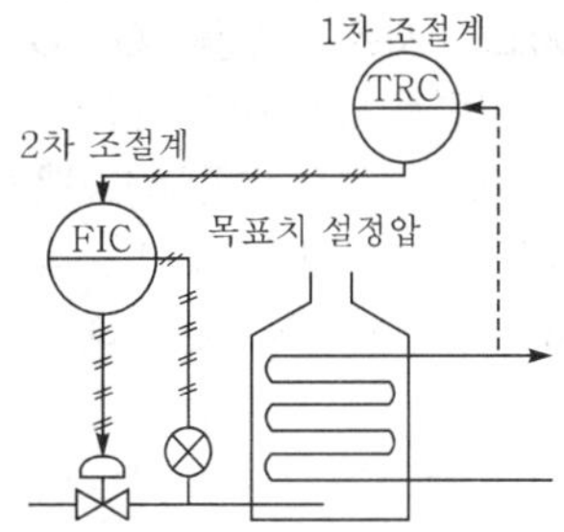

① 피드백 제어 ② 시퀀스 제어
③ 캐스케이드 제어 ④ 프로그램 제어

66 접촉식 온도계 중 알코올 온도계의 특징에 대한 설명으로 옳은 것은?

① 저온측정에 적합하다.
② 열팽창계수가 작다.
③ 열전도율이 좋다.
④ 액주의 복원시간이 짧다.

정답 58.① 59.③ 60.④ 61.④ 62.③ 63.① 64.① 65.③ 66.①

알코올 온도계 측정범위 : −100~100℃

67 시료가스 채취장치를 구성하는 데 있어 다음 설명 중 틀린 것은?

① 일반 성분의 분석 및 발열량 · 비중을 측정할 때, 시료 가스 중의 수분이 응축될 염려가 있을 때는 도관 가운데에 적당한 응축액 트랩을 설치한다.
② 특수 성분을 분석할 때, 시료 가스 중의 수분 또는 기름성분이 응축되어 분석결과에 영향을 미치는 경우는 흡수장치를 보온하거나 또는 적당한 방법으로 가온한다.
③ 시료 가스에 타르류, 먼지류를 포함하는 경우는 채취관 또는 도관 가운데에 적당한 여과기를 설치한다.
④ 고온의 장소로부터 시료 가스를 채취하는 경우는 도관 가운데에 적당한 냉각기를 설치한다.

수분 기름을 제거하기 위해 보관의 아래 부분에 응축액의 트랩을 설치한다.

68 50mL의 시료 가스를 CO_2, O_2, CO 순으로 흡수시켰을 때 이때 남은 부피가 각각 32.5mL, 24.2mL, 17.8mL이었다면 이들 가스의 조성 중 N_2의 조성은 몇 %인가? (단, 시료 가스는 CO_2, O_2, CO, N_2로 혼합되어 있다.)

① 24.2%
② 27.2%
③ 34.2%
④ 35.6%

$$CO_2 = \frac{50-32.5}{50}\times 100 = 35\%$$

$$CO_2 = \frac{50-24.2}{50}\times 100 = 16.6\%$$

$$CO = \frac{24.2-17.8}{50}\times 100 = 12.8\%$$

$$\therefore\ N_2 = 100-(35+16.6+12.8) = 35.6\%$$

69 주로 기체연료의 발열량을 측정하는 열량계는?

① Richter 열량계
② Scheel 열량계
③ Junker 열량계
④ Thomson 열량계

70 화씨(℉)와 섭씨(℃)의 온도눈금 수치가 일치하는 경우의 절대온도(K)는?

① 201　　② 233
③ 313　　④ 345

−40℃＝−40℉
∴ −40＋273＝233K

71 가스의 자기성(磁氣性)을 이용하여 검출하는 분석기기는?

① 가스 크로마토그래피
② SO_2계
③ O_2계
④ CO_2계

72 초음파식 액위계에서 사용하는 초음파의 주파수는?

① 1kHz 이상　　② 20kHz 이상
③ 100kHz 이상　　④ 200kHz 이상

73 운동하는 유체의 에너지 법칙을 이용한 유량계는?

① 면적식　　② 용적식
③ 차압식　　④ 터빈식

차압식 유량계 측정원리 : 베르누이 정리

74 차압식 유량계에 해당하지 않는 것은 어느 것인가? 〔계측-23〕

① 벤투리미터 유량계
② 로터미터 유량계
③ 오리피스 유량계
④ 플로노즐

정답 67.② 68.④ 69.③ 70.② 71.③ 72.② 73.③ 74.②

로터미터 = 면적식 유량계

75 터빈미터의 특징이 아닌 것은? [계측-28]

① 스월(Swirl)의 영향을 전혀 받지 않는다.
② 정밀도가 높고, 압력손실이 적다.
③ 오염물에 의한 영향이 크다.
④ 소용량에서 대용량까지 유량측정의 범위가 넓다.

터빈계량기 특징
㉠ 스월의 영향을 받는다.
㉡ 정밀도가 높고, 압력손실이 적다.
㉢ 유량측정 범위가 넓다.

76 다음 중 회전자식 가스미터는? [계측-6]

① 막식미터 ② 루트미터
③ 벤투리미터 ④ 델타미터

회전자식(루트형, 오벌형, 로타리 피스톤식)

77 불꽃광도검출기(FPD)에 대한 설명으로 옳은 것은?

① 감도 안정에 시간이 걸리고, 다른 검출기보다 나쁘다.
② 탄화수소(C, H)는 전혀 감응하지 않는다.
③ 가장 널리 사용하는 검출기이다.
④ 시료는 검출하는 동안 파괴되지 않는다.

가스 크로마토그래피 검출기의 특징

명 칭	설 명	특 성
TCD (열전도도형 검출기)	운반가스와 시료성 가스의 열전도 차를 금속필라멘트의 저항변화로 검출	• 구조가 간단하다. • 선형 감응범위가 넓다. • 검출 후 용질을 파괴하지 않는다. • 가장 널리 사용된다.
FID (수소염 이온화 검출기)	불꽃으로 시료 성분이 이온화됨으로서 불꽃 중에 놓여진 전극간의 전기전도도가 증대하는 것을 이용	탄화수소에서 감응이 최고 H_2, O_2, CO, CO_2, SO_2 등에 감응이 없다(유기화합물 분리에 적합).
ECD (전자포획 이온화 검출기)	방사선으로 운반가스가 이온화되고 생긴 자유전자를 시료 성분이 포획하면 이온전류가 감소되는 것을 이용	할로겐 및 산소화합물에서의 감응 최고, 탄화수소는 감도가 나쁨(베타입자 이용)
FPD (염광광도 검출기)		인, 유황화합물을 선택적으로 검출
FTD (알칼리성 열이온화 검출기)		유기질소화합물 · 유기인화합물을 선택적으로 검출

78 자동제어장치의 검출부에 대한 설명으로 옳은 것은?

① 목표치를 주피드백 신호와 같은 종류의 신호로 교환하는 부분이다.
② 제어대상에 대한 작용신호를 전달하는 부분이다.
③ 제어대상으로부터 제어에 필요한 신호를 나타내는 부분이다.
④ 기준입력과 주피드백 신호와의 차이에 의해서 조작부에 신호를 송출하는 부분이다.

79 시안화수소(HCN)가스 누출 시 검지기와 변색상태로 옳은 것은? [계측-15]

① 염화파라듐지 – 흑색
② 염화제일동 착염지 – 적색
③ 연당지 – 흑색
④ 초산(질산)구리 벤젠지 – 청색

80 잔류편차(off-set)는 제거되지만 제어시간은 단축되지 않고 급변할 때 큰 진동이 발생하는 제어기는? [계측-4]

① P 제어기
② PD 제어기
③ PI 제어기
④ on-off 제어기

정답 75.① 76.② 77.② 78.③ 79.④ 80.③

CBT 기출복원문제

2024년 산업기사 제1회 필기시험 (2024년 2월 15일 시행)

01 가스산업기사	수험번호 : 수험자명 :	※ 제한시간 : 120분 ※ 남은시간 :
글자 크기   100% 150% 200% 화면 배치 	전체 문제 수 : 안 푼 문제 수 :	답안 표기란 ① ② ③ ④

제1과목 연소공학

01 어떤 용기 중에 들어있는 1kg의 기체를 압축하는 데 1281kg일이 소요되었으며, 도중에 3.7kcal의 열이 용기 외부로 방출되었다. 이 기체 1kg당 내부에너지의 변화값은 약 몇 kcal인가?

① 0.7kcal/kg ② −0.7kcal/kg
③ 1.4kcal/kg ④ −1.4kcal/kg

i = u + Apv

$$= \left(1,281kg \cdot m \times \frac{1}{427}\right) - 3.7\text{kcal}$$

$$= -0.7\text{kcal/kg}$$

02 다음 중 연소의 정의를 잘못 설명한 것은?

① 다량의 열을 동반하는 발열화학반응이다.
② 활성화학 물질에 의해 자발적으로 반응이 계속되는 현상이다
③ 반응에 의해 발생하는 열에너지로 반자발적으로 반응이 계속되는 현상이다.
④ 분자내 반응에 의해 열에너지를 발생하는 발열분해 반응도 연소의 범주에 속한다.

연소는 자발적인 반응이다.

03 다음 가스 중 1atm에서 비점이 가장 높은 것은?

① 메탄 ② 에탄
③ 프로판 ④ 노말부탄

해설

① 메탄(CH_4) : −162℃
② 에탄(C_2H_6) : −89℃
③ 프로판(C_3H_8) : −42℃
④ 노말부탄(C_4H_{10}) : −0.5℃

탄화수소에서 탄소와 수소수가 많을수록 비점이 높다.

04 다음 중 연소한계의 설명이 가장 잘된 것은?

① 착화온도의 상한과 하한값
② 화염온도의 상한과 하한값
③ 완전연소가 될 수 있는 산소의 농도한계
④ 공기 중 가연성 가스의 최저 및 최고 농도

연소(폭발)한계란 대기 중 가연성 가스나 증기가 발화(폭발)할 수 있는 농도로서, 최저 농도를 '연소하한계', 최고 농도를 '연소상한계'라고 한다.

05 다음과 같은 조성을 가지는 혼합기체의 합성 연소하한계 값을 르샤트리에의 법칙으로 계산하면 그 값은?

성분	조성% V/V	L% V/V
헥산	1.0	1.1
메탄	2.0	5.0
공기	97.0	

① 76.3% V/V ② 11.1% V/V
③ 2.29% V/V ④ 1.5% V/V

$$\frac{100}{L} = \frac{1.0}{1.1} + \frac{2.0}{5.0}$$

$$\therefore L = 76.38\%$$

정답 01.② 02.③ 03.④ 04.④ 05.③

06 질소와 산소를 같은 질량으로 혼합했을 때 평균분자량은 얼마인가?

① 30.00 ② 29.87
③ 28.84 ④ 26.47

질소의 분자량 : 28, 산소의 분자량 : 32

$$N_2\% = \frac{\frac{100}{28}}{\frac{100}{28}+\frac{100}{32}} = 0.5333$$

그러므로 $O_2\%$=0.4666

∴ (28×0.533)+(32×0.466)=29.87g

07 다음은 가스의 폭발에 관한 설명이다. 옳은 내용으로만 짝지어진 것은?

> ㉠ 안전간격이 큰 것일수록 위험하다.
> ㉡ 폭발범위가 넓은 것은 위험하다.
> ㉢ 가스압력이 커지면 통상 폭발범위는 넓어진다.
> ㉣ 연소속도가 크면 안전하다.
> ㉤ 가스비중이 큰 것은 낮은 곳에 체류할 위험이 있다.

① ㉢, ㉣, ㉤ ② ㉡, ㉢, ㉣, ㉤
③ ㉡, ㉢, ㉤ ④ ㉠, ㉡, ㉢, ㉤

㉠ 안전간격이 작은 것일수록 위험하다.
㉣ 연소속도가 크면 위험하다.

08 공기와 연료의 혼합기체 표시에 대한 설명 중 옳은 것은?

① 공기비(excess air ratio)는 연공비의 역수와 같다.
② 연공비(fuel air ratio)라 함은 가연혼합기 중의 공기와 연료의 질량비로 정의된다.
③ 공연비(air fuel ratio)라 함은 가연혼합기 중의 연료와 공기의 질량비로 정의된다.
④ 당량비(equivalence ratio)는 이론연공비 대비 실제연공비로 정의한다.

① 공기비 : 실제 공기량과 이론 공기량의 비
② 연공비 : 연료와 공기의 질량비
③ 공연비 : 공기와 연료의 질량비

09 이상기체에서 정적비열(C_v)과 정압비열(C_p)과의 관계로 옳은 것은? **[연소-3]**

① $C_p - C_v = R$ ② $C_p + C_v = R$
③ $C_p + C_v = 2R$ ④ $C_p - C_v = 2R$

㉠ 정적비열(C_v) : 일정한 부피에서 온도가 1도 상승할 때 필요한 열량
㉡ 정압비열(C_p) : 일정한 압력에서 온도가 1도 상승할 때 필요한 열량
㉢ 이상기체에서 정압비열(C_p)=정적비열(C_v)+기체상수(R), 그러므로 $C_p - C_v = R$

10 LPG 저장탱크의 배관이 파손되어 가스로 인한 화재가 발생하였을 때 안전관리자가 긴급차단장치를 조작하여 LPG 저장탱크로부터의 LPG 공급을 차단하여 소화하는 방법은? **[연소-17]**

① 질식소화 ② 억제소화
③ 냉각소화 ④ 제거소화

해설

소화의 종류

종류	내용
제거소화	연소반응이 일어나고 있는 가연물 및 주변의 가연물을 제거하여 연소반응을 중지시켜 소화하는 방법
질식소화	가연물에 공기 및 산소의 공급을 차단하여 산소의 농도를 16% 이하로 하여 소화하는 방법 • 불연성 기체로 가연물을 덮는 방법 • 연소실을 완전 밀폐하는 방법 • 불연성 포로 가연물을 덮는 방법 • 고체로 가연물을 덮는 방법
냉각소화	연소하고 있는 가연물의 열을 빼앗아 온도를 인화점 및 발화점 이하로 낮추어 소화하는 방법 • 소화약제(CO_2)에 의한 방법 • 액체를 사용하는 방법 • 고체를 사용하는 방법
억제소화 (부촉매효과법)	연쇄적 산화반응을 약화시켜 소화하는 방법
희석소화	산소나 가연성 가스의 농도를 연소범위 이하로 하여 소화하는 방법. 즉, 가연물의 농도를 작게 하여 연소를 중지시킨다.

정답 06.② 07.③ 08.④ 09.① 10.④

11 다음 총발열량 및 진발열량에 관한 사항 중 옳게 나타낸 것은?

① 총발열량이란 연료가 연소할 때 생성되는 생성물 중 H_2O의 상태가 기체일 때 내는 열량을 말한다.
② 총발열량은 진발열량이 생성된 물의 증발잠열을 합한 것과 같다.
③ 진발열량이란 액체 상태의 연료가 연소할 때 내는 열량을 말한다.
④ 총발열량과 진발열량이란 용어는 고체와 액체 연료에서만 사용되는 말이다.

$Hn = H\ell + 600(9H + w)$

12 1atm, 10ℓ의 기체 A와 2atm, 10ℓ의 기체 B를 전체 부피 20ℓ의 용기에 넣을 경우 용기 내 압력은 얼마인가? (단, 온도는 항상 일정하고 기체는 이상기체라고 한다.)

① 0.5atm
② 1.0atm
③ 1.5atm
④ 2.0atm

$$P = \frac{P_1V_1 + P_2V_2}{V}$$
$$= \frac{(1\times10)+(2\times10)}{20} = 1.5atm$$

13 30℃ 1기압에서 수소 0.10g, 질소 0.90g, 암모니아 0.68g으로 된 혼합가스가 있다. 이 혼합가스의 부피는 몇 ℓ인가? (단, 원자량 H : 1, N : 14)

① 3.03 ② 2.97
③ 1.73 ④ 0.011

해설

$$PV = nRT$$
$$V = \left(\frac{nRT}{P}\right)$$
$$= \frac{\left(\frac{0.1}{2}+\frac{0.9}{28}+\frac{0.68}{17}\right)\times0.082\times(273+30)}{1}$$
$$= 3.03l$$

14 CH_4 1몰을 연소시키는 데 필요한 이론공기의 양은?

① 1mol
② 2mol
③ 9.52mol
④ 14.52mol

$CH_4 + 2O_2 \rightarrow CO_2 + 2H_2O$

15 연소속도에 대한 설명 중 옳지 않은 것은?

① 공기의 산소분압을 높이면 연소속도는 빨라진다.
② 단위면적의 화염면이 단위시간에 소비하는 미연소 혼합기의 체적이라 할 수 있다.
③ 미연소 혼합기의 온도를 높이면 연소속도는 증가한다.
④ 일산화탄소 및 수소 기타 탄화수소계 연료는 당량비가 1.1 부근에서 연소속도의 피크가 나타난다.

당량비와 연소속도는 관계가 없다.

16 화재와 폭발을 구별하기 위한 주된 차이점은?

① 에너지 방출속도
② 점화원
③ 인화점
④ 연소한계

17 이론연소온도(화염온도, t(℃))를 구하는 식은? (단, H_h : 고발열량, H_1 : 저발열량, G : 연소가스량, C_p : 비열이다.) [연소-38]

① $t = \frac{H_1}{G \cdot C_p}$

② $t = \frac{H_h}{G \cdot C_p}$

③ $t = \frac{G \cdot C_p}{H_1}$

④ $t = \frac{G \cdot C_p}{H_h}$

정답 11.② 12.③ 13.① 14.③ 15.④ 16.① 17.①

해설

이론연소온도와 실제연소온도

구분	공식
이론 연소 온도	$t=\frac{H_1}{G\cdot C_p}$ 여기서, H_1 : 저발열량 G : 이론연소가스량 C_p : 정압비열
실제 연소 온도	$t_2=\frac{(H_1+\text{공기현열}-\text{손실열량})}{G_s\cdot C_p}+t_1$ 여기서, t_1 : 기준온도(℃) t_2 : 실제연소온도(℃) G_s : 실제연소가스량(Nm^3)

18 다음 중 증기의 상태방정식이 아닌 것은 어느 것인가? [연소-32]

① Van der wals식
② Lennard－Jones식
③ Clausius식
④ Berthelot식

해설

증기의 상태방정식

① 반 데르 발스식 : $\left(P+\frac{n^2a}{V^2}\right)(V-nb)=nRT$

③ 클라우지우스식 : $P+\frac{a}{T(v+c)^2}(V-b)=RT$

④ 베델롯식 : $P+\frac{a}{Tv^2}(V-b)=RT$

19 과잉공기 백분율에 관한 설명 중 틀린 것은? [연소-15]

① 연료를 완전연소시키는 데 필요한 이론공기량에 대한 과잉공기량의 백분율을 말한다.
② 연료가 불완전연소할 때의 이론공기량은 불완전연소 반응식에 필요한 공기의 몰수를 말한다.
③ 과잉공기 백분율은 연료의 종류가 다르면 다른 값을 가진다.
④ 과잉공기 백분율이 100 이상이면 연료의 효율은 비교적 높아진다.

해설

$\frac{P}{A_0}$ $\begin{cases} P\text{: 과잉공기량} \\ A_0\text{ : 이론공기량} \end{cases}$

과잉공기량이 많아질수록 공기비가 커지며 효율은 낮아진다.

20 $(CO_2)_{max}$는 어떤 때의 값인가? [연소-24]

① 실제공기량으로 연소시켰을 때
② 이론공기량으로 연소시켰을 때
③ 실제 산소량으로 연소시켰을 때
④ 이론 산소량으로 연소시켰을 때

해설

연료가 이론공기량만으로 연소 시 전체 연소가스량이 최소가 되어 CO_2%를 계산하면 $\frac{CO_2}{\text{연소가스량}}\times 100$은 최대가 되는데, 이것을 CO_{2max}%라 정의한다.

제2과목 가스설비

21 액화석유가스 저장탱크에 설치할 수 없는 액면계는? [연소 26]

① 평형 반사식 유리 액면계
② 평형 투시식 유리 액면계
③ 환형 유리 액면계
④ 플로트식 액면계

해설

환형 유리제 액면계는 산소 · 불활성에만 사용이 가능하다.

22 고압가스설비에 대한 설명으로 옳은 것은?

① 고압가스 저장탱크에는 환형 유리관 액면계를 설치한다.
② 고압가스 설비에 장치하는 압력계의 최고눈금은 상용압력의 1.1배 이상 2배 이하이어야 한다.
③ 저장능력이 1000톤 이상인 액화산소 저장탱크의 주위에는 유출을 방지하는 조치를 한다.
④ 소형 저장탱크 및 충전용기는 항상 50℃ 이하를 유지한다.

정답 18.② 19.④ 20.② 21.③ 22.③

해설
① 저장탱크에 환형 유리제 액면계를 사용하지 못한다.
② 상용압력 1.5배 이상 2배 이하
④ 40℃ 이하

23 도시가스 제조에서 사이클링식 접촉 분해(수증기 개질)법에 사용하는 원료로 옳은 것은?

① 원료는 천연가스에서 원유에 이르는 등 넓은 범위의 원료가 사용될 수 있다.
② 원료를 석탄 또는 코크스만 사용할 수 있다.
③ 메탄만 원료로 사용할 수 있다.
④ 프로판만 원료로 사용할 수 있다.

사이클링식 접촉개질법의 원료
LPG, LNG, 원유, 나프타

24 용어에 대한 설명 중 잘못된 것은?

① 냉동능력은 1일간 냉동기가 흡수하는 열량이다.
② 냉동효과는 냉매 1kg이 흡수하는 열량이다.
③ 1냉동톤은 0℃의 물 1톤을 1일간 0℃의 얼음으로 냉동시키는 능력이다.
④ 냉동기 성적계수는 저온체에서 흡수한 열량을 공급된 일로 나눈 값이다.

냉동능력은 1시간 동안 냉동기가 흡수하는 열량이다.

25 압축가스 $10m^3$은 액화가스 얼마와 같은 양인가?

① 5kg ② 10kg
③ 50kg ④ 100kg

해설
압축가스 $1m^3$은 액화가스 10kg이므로
$10 \times 10 = 100$kg

26 가스에 의한 고온부식의 원인을 나타내었다. 관계가 적은 것은?

① 산화작용 ② 황화작용
③ 질화작용 ④ 크리프 현상

해설
크리프 현상은 재료에 변형이 일어나는 현상을 말한다.

27 도시가스 배관공사 시 주의사항으로 틀린 것은?

① 현장마다 그날의 작업공정을 정하여 기록한다.
② 작업현장에는 소화기를 준비하여 화재에 주의한다.
③ 가스의 공급을 일시 차단할 경우에는 사용자에게 사전 통보하지 않아도 된다.
④ 현장감독자 및 작업원은 지정된 안전모 및 완장을 착용한다.

28 다음 [보기]는 터보 펌프의 정지 시 조치사항이다. 정지 시의 작업 순서가 올바르게 된 것은?

[보기]
㉠ 토출밸브를 천천히 닫는다.
㉡ 전동기의 스위치를 끊는다.
㉢ 흡입밸브를 천천히 닫는다.
㉣ 드레인밸브를 개방시켜 펌프 속의 액을 빼낸다.

① ㉠ → ㉡ → ㉢ → ㉣
② ㉠ → ㉡ → ㉣ → ㉢
③ ㉡ → ㉠ → ㉢ → ㉣
④ ㉡ → ㉠ → ㉣ → ㉢

29 강을 연하게 하여 기계가공성을 좋게 하거나, 내부응력을 제거하는 목적으로 적당한 온도까지 가열한 다음 그 온도를 유지한 후에 서냉하는 열처리 방법은? [설비-20]

① Marquenching ② Quenching
③ Tempering ④ Annealing

해설
열처리 종류 및 특성

종류	특성
담금질(소입) (Quenching)	강도 및 경도 증가
풀림(소둔) (Annealing)	잔류응력 제거 및 조직의 연화 강도 증가
뜨임(소려) (Tempering)	내부응력 제거, 인장강도 및 연성 부여

정답 23.① 24.① 25.④ 26.④ 27.③ 28.③ 29.④

30 도시가스 원료의 접촉분해 공정에서 반응온도가 상승하면 일어나는 현상으로 옳은 것은? [설비-3]

① CH_4, CO가 많고, CO_2, H_2가 적은 가스 생성
② CH_4, CO_2가 적고, CO, H_2가 많은 가스 생성
③ CH_4, H_2가 많고, CO_2, CO가 적은 가스 생성
④ CH_4, H_2가 적고, CO_2, CO가 많은 가스 생성

수증기 개질(접촉분해) 공정에 따른 가스량 변화
㉠ 반응온도 상승 시 $CH_4 \cdot CO_2$ ↓, $CO \cdot H_2$ ↑
㉡ 반응압력 상승 시 $CH_4 \cdot CO_2$ ↑, $CO \cdot H_2$ ↓

31 가스액화 분리장치 구성기기 중 터보 팽창기의 특징에 대한 설명으로 틀린 것은 어느 것인가? [설비-28]

① 팽창비는 약 2 정도이다.
② 처리가스량은 10000m^3/h 정도이다.
③ 회전수는 10000~20000rpm 정도이다.
④ 처리가스에 윤활유가 혼입되지 않는다.

가스액화 분리장치의 팽창기

종류		특성
왕복동식	팽창기	40 정도
	효율	60~65%
	처리가스량	1000m^3/h
터보식	회전수	10000~20000rpm
	팽창비	5
	효율	80~85%

32 가스홀더의 기능이 아닌 것은? [설비-30]

① 가스 수요의 시간적 변화에 따라 제조가 따르지 못할 때 가스의 공급 및 저장
② 정전, 배관공사 등에 의한 제조 및 공급 설비의 일시적 중단 시 공급
③ 조성의 변동이 있는 제조가스를 받아들여 공급가스의 성분, 열량, 연소성 등의 균일화
④ 공기를 주입하여 발열량이 큰 가스로 혼합 공급

가스홀더
공장에서 정제된 가스를 저장, 가스의 질을 균일하게 유지, 제조량 · 수요량을 조절하는 탱크

33 지하 정압실 통풍구조를 설치할 수 없는 경우 적합한 기계환기 설비기준으로 맞지 않는 것은? [설비-41]

① 통풍능력이 바닥면적 1m^{2}마다 0.5m^3/분 이상으로 한다.
② 배기는 바닥면(공기보다 가벼운 경우는 천장면) 가까이 설치한다.
③ 배기가스 방출구는 지면에서 5m 이상 높게 설치한다.
④ 공기보다 비중이 가벼운 경우에는 배기가스 방출구는 5m 이상 높게 설치한다.

④ 공기보다 비중이 가벼운 경우에 배기가스 방출구는 지면에서 3m 이상 높게 설치한다.

34 직경 100mm, 행정 150mm, 회전수 600rpm, 체적효율이 0.8인 2기통 왕복압축기의 송출량은 약 몇 m^3/min인가?

① 0.57 ② 0.84
③ 1.13 ④ 1.54

$$Q = \frac{\pi}{4} \cdot D^2 \cdot L \cdot N \cdot \eta$$
$$= \frac{\pi}{4} \times (0.1\text{m})^2 \times (0.15\text{m}) \times 600 \times 0.8 \times 2$$
$$= 1.13\text{m}^3/\text{min}$$

35 분젠식 버너의 특징에 대한 설명 중 틀린 것은? [연소-8]

① 고온을 얻기 쉽다.
② 역화의 우려가 없다.
③ 버너가 연소가스량에 비하여 크다.
④ 1차 공기와 2차 공기 모두를 사용한다.

분젠식 연소 방식 : 가스와 1차 공기가 혼합관 내에서 혼합 후 염공에서 분출되면서 연소하는 방법
㉠ 불꽃 주위의 확산으로 2차 공기를 취한다.
㉡ 불촉온도 12000~1300℃(가장 높음)

정답 30.② 31.① 32.④ 33.④ 34.③ 35.②

36 펌프에서 일반적으로 발생하는 현상이 아닌 것은? [설비-17]

① 서징(Surging) 현상
② 시일링(Sealing) 현상
③ 캐비테이션(공동) 현상
④ 수격(Water hammering) 작용

해설
① 서징(맥동) 현상 : 펌프를 운전 중 규칙 바르게 양정, 유량 등이 변동하는 현상
③ 캐비테이션(공동) 현상 : 펌프로 물을 이송하는 관에서 유수 중 그 수온의 증기압보다 낮은 부분이 생기면 물이 증발을 일으키고 기포를 발생하는 현상
④ 수격 작용(워터해머) : 관 속을 충만하여 흐르는 대형 송수관로에서 정전 등에 의한 심한 압력변화가 생기면 심한 속도변화를 일으켜 물이 가지고 있는 힘의 세기가 해머를 내리치는 힘과 같아 워터해머라 부름.

37 고압장치 중 금속재료의 부식 억제 방법이 아닌 것은?

① 전기적인 방식
② 부식 억제제에 의한 방식
③ 유해물질 제거 및 pH를 높이는 방식
④ 도금, 라이닝, 표면 처리에 의한 방식

해설
부식 방지 방법으로 pH를 높여도 낮추어도 부식이 일어나므로 pH=7 정도 유지하여야 한다.

38 시간당 66,400kcal를 흡수하는 냉동기의 용량은 몇 냉동톤인가? [설비-37]

① 20
② 24
③ 28
④ 32

해설
한국 1냉동톤(1RT)=3320kcal/hr
흡수식 냉동설비(1RT)=66400kcal/hr

$\therefore \frac{66400}{3320} = 20RT = 20$

※ 냉동기는 열을 흡수하는 기계이며, '흡수식 냉동기이다'라는 표현이 없으므로, 3320kcal/hr(한국 1냉동톤)으로 계산하도록 한다.

39 다음 중 신축조인트 방법이 아닌 것은?

① 슬립－온(Slip－On)형
② 루프(Loop)형
③ 슬라이드(Slide)형
④ 벨로즈(Bellows)형

해설
신축이음 : 슬립－온(미끄럼이음＝신축이음)

40 최고 사용온도가 100℃, 길이(L)가 10m인 배관을 상온(15℃)에서 설치하였다면 최고온도 사용 시 팽창으로 늘어나는 길이는 약 몇 mm인가? (단, 선팽창계수 $\alpha = 12 \times 10^{-6}$m/m℃이다.) [설비-10]

① 5.1mm
② 10.2mm
③ 102mm
④ 204mm

해설
$\lambda = l\alpha\Delta t$
$= 10\times10^3(\text{mm})\times12\times10^{-6}/℃\times(100-15)$
$= 10.2\text{mm}$

제3과목 가스안전관리

41 초저온용기의 단열성능시험에서 내용적이 1,000L 이상인 경우 침투열량은 몇 J/hr℃L이어야 하는가?

① 2.09　② 3.42
③ 8.37　④ 9.52

해설
내용적 1,000L 미만 : 2.09J/hr℃L 이하
내용적 1,000L 이상 : 8.37J/hr℃L 이하

42 고압가스 설비 중 플레어스택의 설치 높이는 플레어스택 바로 밑의 지표면에 미치는 복사열이 얼마 이하가 되도록 하여야 하는가?

① 2,000kcal/m^2h 이하
② 3,000kcal/m^2h 이하
③ 4,000kcal/m^2h 이하
④ 5,000kcal/m^2h 이하

정답 36.② 37.③ 38.① 39.③ 40.② 41.③ 42.③

43 독성가스의 배관 중 2중관의 외층관 내경은 내층관 외경의 몇 배로 하는 것이 표준으로 적당한가?

① 1.2배 이상 ② 1.5배 이상
③ 2.0배 이상 ④ 2.5배 이상

44 프로판 가스의 폭굉 범위는?

① 1.2~44.0vol% ② 2.7~36.0vol%
③ 3.7~37vol% ④ 4.0~75.0vol%

45 LP가스 방출관의 방출구의 높이는? (단, 공기보다 비중이 무거운 경우)

① 지상에서 5m 높이 이하
② 지상에서 5m 높이 이상
③ 정상부에서 1m 이상
④ 정상부에서 1m 이하

46 액화석유가스 판매사업소 및 영업소 용기저장소의 시설기준 중 틀린 것은? [안전-46]

① 용기보관소와 사무실은 동일 부지 내에 설치하지 않을 것
② 판매업소의 용기보관실 벽은 방호벽으로 할 것
③ 가스누출경보기는 용기보관실에 설치하되 분리형으로 설치할 것
④ 용기보관실은 불연성 재료를 사용한 가벼운 지붕으로 할 것

해설
① 용기보관소과 사무실은 동일 부지에 설치할 것

47 전기기기의 내압방폭구조의 선택은 가연성 가스의 무엇에 의해 주로 좌우되는가? [안전-13]

① 인화점, 폭굉한계
② 폭발한계, 폭발등급
③ 최대안전틈새, 발화온도
④ 발화도, 최소발화에너지

해설
내압방폭구조 : 방폭전기기기 내부에서 가연성 가스의 폭발이 발생할 경우 그 용기가 폭발압력에 견디고, 접합면, 개구부 등을 통해 외부의 가연성 가스에 인화되지 않도록 한 구조

48 제조소 및 공급소에 설치하는 가스공급시설의 외면으로부터 화기취급장소까지 유지해야 할 거리는?

① 5m 이상의 우회거리
② 8m 이상의 우회거리
③ 10m 이상의 우회거리
④ 13m 이상의 우회거리

49 압축기를 운전하는 과정에서 안전사고를 방지하기 위하여 확인해야 할 사항이 아닌 것은?

① 각 단이 소정의 압력으로 작동되는지 압력계로 확인한다.
② 각 단의 흡입, 토출온도가 바른가를 확인한다.
③ 가스누출이 없는가 확인한다.
④ 윤활유는 잔류량만 확인한다.

50 공기액화분리에 의한 산소와 질소 제조시설에 아세틸렌 가스가 소량 혼입되었다. 이때 발생가능한 현상 중 가장 중요한 것을 옳게 표현한 것은?

① 산소 아세틸렌이 혼합되어 순도가 감소한다.
② 아세틸렌이 동결되어 파이프를 막고 밸브를 고장낸다.
③ 질소와 산소 분리 시 비점 차이의 변화로 분리를 방해한다.
④ 응고되어 이동하다가 구리 등과 접촉하면 산소 중에서 폭발할 가능성이 크다.

51 전기방식 전류가 흐르는 상태에서 토양 중에 매설되어 있는 도시가스 배관의 방식전위는 포화황산동 기준전극으로 몇 V 이하이어야 하는가? [안전-65]

① −0.75
② −0.85
③ −1.2
④ −1.5

정답 43.① 44.③ 45.② 46.① 47.③ 48.② 49.④ 50.④ 51.②

52 도시가스사업이 허가된 지역에서 도로를 굴착하고자 하는 자는 가스안전영향평가를 하여야 한다. 이때 가스안전영향평가를 하여야 하는 굴착공사가 아닌 것은?

① 지하보도 공사 ② 지하차도 공사
③ 광역상수도 공사 ④ 도시철도 공사

53 도시가스용 압력조정기란 도시가스 정압기 이외에 설치되는 압력조정기로서 입구쪽 호칭지름과 최대표시유량을 각각 바르게 나타낸 것은? [안전-167]

① 50A 이하, 300Nm^3/h 이하
② 80A 이하, 300Nm^3/h 이하
③ 80A 이하, 500Nm^3/h 이하
④ 100A 이하, 500Nm^3/h 이하

54 흡수식 냉동설비에서 1일 냉동능력 1톤의 산정기준은? [설비-37]

① 발생기를 가열하는 1시간의 입열량 3320kcal
② 발생기를 가열하는 1시간의 입열량 4420kcal
③ 발생기를 가열하는 1시간의 입열량 5540kcal
④ 발생기를 가열하는 1시간의 입열량 6640kcal

55 다음 중 고압가스 특정제조 시설에서 배관의 도로 밑 매설기준에 대한 설명으로 틀린 것은? [안전-154]

① 배관의 외면으로부터 도로의 경계까지 2m 이상의 수평거리를 유지한다.
② 배관은 그 외면으로부터 도로 밑의 다른 시설물과 0.3m 이상의 거리를 유지한다.
③ 시가지 도로 노면 밑에 매설할 때는 노면으로부터 배관의 외면까지의 깊이를 1.5m 이상으로 한다.
④ 포장되어 있는 차도에 매설하는 경우에는 그 포장부분의 노반 밑에 매설하고 배관의 외면과 노반의 최하부와의 거리는 0.5m 이상으로 한다.

해설

① 특정제조시설과 도로 경계까지의 이격거리 규정 없음.

56 차량에 혼합 적재할 수 없는 가스끼리 짝지어져 있는 것은? [안전-34]

① 프로판, 부탄
② 염소, 아세틸렌
③ 프로필렌, 프로판
④ 시안화수소, 에탄

해설

혼합적재 금지 가스
㉠ 염소와 아세틸렌(C_2H_2), 암모니아(NH_3), 수소(H_2)는 동일 차량에 적재 운반금지
㉡ 충전용기와 위험물과는 동일 차량에 적재 운반금지
㉢ 가연성과 산소는 용기밸브가 마주 보지 않도록 할 것

57 액화가스 용기의 가스 충전량 계산법은 다음 어느 식으로 하는가? (단, G = 액화가스의 질량 kg, V = 용기의 내용적 ℓ, C = 가스정수)

① $V = V \times G$ ② $G = \dfrac{V}{C}$
③ $G = C \times V$ ④ $V = \dfrac{C}{G}$

58 2개 이상의 탱크를 동일한 차량에 고정하여 운반할 때 충전관에 설치하지 않아도 되는 것은?

① 역류방지 밸브 ② 안전밸브
③ 압력계 ④ 긴급탈압밸브

2개 이상의 탱크를 동일한 차량에 운반 시 기준
㉠ 탱크마다 주 밸브를 설치할 것
㉡ 탱크 상호간 견고하게 부착조치를 할 것
㉢ 충전관에는 안전밸브, 압력계, 긴급탈압밸브를 설치할 것

59 액화석유가스 사용시설에서 호스의 길이는 몇 m 이내로 해야 하는가? (단, 용접 또는 용단 작업용 시설은 제외)

① 2m ② 3m
③ 4m ④ 5m

해설

㉠ 배관 중 호스의 길이 : 3m 이내
㉡ LPG 가스 충전기 호스의 길이 : 5m 이내

정답 52.③ 53.① 54.④ 55.① 56.② 57.② 58.① 59.②

60 고압가스 운반기준에 대한 설명으로 틀린 것은? [안전-34]

① 충전용기와 휘발유는 동일차량에 적재하여 운반하지 못한다.
② 산소탱크의 내용적은 1만 6천L를 초과하지 않아야 한다.
③ 액화염소탱크의 내용적은 1만 2천L를 초과하지 않아야 한다.
④ 가연성 가스와 산소를 동일차량에 적재하여 운반하는 때에는 그 충전용기의 밸브가 서로 마주보지 않도록 적재하여야 한다.

탱크로리 운반 시 내용적 한계

가스명	내용적
가연성(LPG 제외) 산소	18000L 이상 운반금지
독성(암모니아 제외)	12000L 이상 운반금지

제4과목 가스계측기기

61 다음 중 분리분석법에 해당하는 것은?

① 광흡수분석법 ② 전기분석법
③ Polarography ④ Chromatography

62 어떤 분리관에서 얻은 벤젠의 가스 크로마토그램을 분석하였더니 시료도입점으로부터 피크 최고점까지의 길이가 85.4mm, 봉우리의 폭이 9.6mm이었다. 이론단수는?

① 835 ② 935
③ 1046 ④ 1266

이론단수

$$N=16\left(\frac{t}{w}\right)^2=16\times\left(\frac{85.4}{9.6}\right)^2=1266$$

63 방사고온계에 적용되는 이론은?

① 필터효과
② 제백효과
③ 윈-프랑크 법칙
④ 스테판-볼츠만 법칙

64 길이 2.19mm인 물체를 마이크로미터로 측정하였더니 2.10mm이었다. 오차율은 몇 % 인가?

① +4.1%
② -4.1%
③ +4.3%
④ -4.3%

$$\text{오차율}(\%)=\frac{\text{측정값}-\text{참값}}{\text{참값}}\times 10$$
$$=\frac{2.10-2.19}{2.19}\times 100$$
$$=-4.10\%$$

65 다음 중 물리적 측정법에 의한 가스 분석계가 아닌 것은?

① 전기식 CO_2계
② 가스 크로마토그래피
③ 연소식 O_2계
④ 밀도식 CO_2계

물리적 가스분석계
㉠ 세라믹 O_2계
㉡ 열전도율식 CO_2계
㉢ G/C 분석계
㉣ 적외선 가스분석계
㉤ 자화율식 가스분석계
㉥ 밀도식 O_2계

66 어떤 기체의 압력을 측정하기 위하여 그림과 같이 끝이 트인 수은 마노미터를 설치하였더니 수은주의 높이 차가 50cm이었다. 점 P에서 절대압력은 몇 torr인가? (단, 기체와 수은의 밀도는 각각 0.136과 13.6kg/ℓ이다. 그리고 대기압은 760torr이다.)

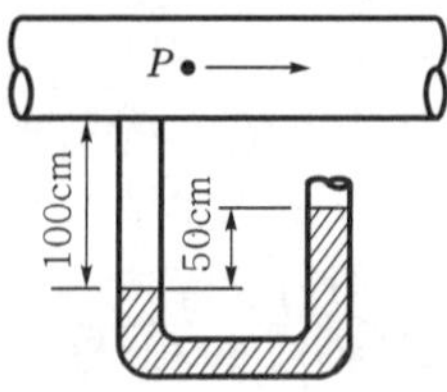

① 490 ② 500
③ 1250 ④ 1259

정답 60.② 61.④ 62.④ 63.④ 64.② 65.③ 66.③

$P+S_1h_1=P_O+S_2h_2$

$\therefore\ P=P_O+S_2h_2-S_1h_1$

$=760+13.6(kg/10^3cm^3)\times 50cm$

$-0.136(kg/10^3cm^3)\times 100cm$

$=760(mmHg)+\frac{0.6664}{1.033}\times 760$

$=1250.28mmHg$

67 자동차의 핸들에 의해 자동차의 방향이 연속적으로 변하게 되는데 이러한 제어방식을 무엇이라 하는가?

① 정성적 제어
② 디지털 제어
③ 아날로그 제어
④ 자동제어

68 제어계의 구성요소와 관계가 먼 것은?

① 조작부　② 검출부
③ 기록부　④ 조절부

자동제어 기본 구성
검출 → 조절(비교, 판단) → 조작

69 다음 중 옳게 정의된 것은?

① 온도란 열, 즉 에너지의 일종이다.
② 물의 삼중점 0.01℃를 절대온도 273.16K로 정의하였다.
③ 같은 압력하에서 질소의 비점은 산소의 비점보다 높다.
④ 수소는 비점이 매우 낮아 삼중점을 갖지 않는다.

70 고점도 유체 또는 오리피스미터에서는 측정이 곤란한 소유량을 측정할 수 있는 계측기는?

① 로터리 피스톤형
② 로터미터
③ 전자 유량계
④ 와류 유량계

71 FID 검출기를 사용하는 가스 크로마토그래피는 검출기의 온도가 100℃ 이상에서 작동되어야 한다. 주된 이유로 옳은 것은?

① 가스 소비량을 적게 하기 위하여
② 가스의 폭발을 방지하기 위하여
③ 100℃ 이하에서는 점화가 불가능하기 때문에
④ 연소 시 발생하는 수분의 응축을 방지하기 위하여

72 가스 크로마토그래피의 칼럼(분리관)에 사용되는 충전물로 부적당한 것은?

① 실리카겔　② 석회석
③ 규조토　④ 활성탄

G/C 칼럼(분리관)에 사용되는 충전물

흡착형	분배형
활성탄	DMF
활성알루미나	DMS
실리카겔	TCP
뮬러클러시브	실리콘 SE
포라팩(Porapak)	

73 평균 유속이 5m/s인 원관에서 20kg/s의 물이 흐르도록 하려면 관의 지름은 약 몇 mm로 해야 하는가?

① 31　② 51
③ 71　④ 91

$$G=\gamma AV=\gamma\times\frac{\pi}{4}D^2\cdot V$$

$$\therefore\ D=\sqrt{\frac{4G}{\gamma\cdot\pi\cdot V}}$$

$$=\sqrt{\frac{4\times 20}{1000\times\pi\times 5}}$$

$$=0.07136m=71mm$$

74 유황분 정량 시 표준용액으로 적절한 것은?

① 수산화나트륨
② 과산화수소
③ 초산
④ 요오드칼륨

정답 67.③ 68.③ 69.② 70.② 71.④ 72.② 73.③ 74.①

75 다음 중 계량기 종류별 기호에서 LPG 미터의 기호는? [계측-30]

① H ② P
③ L ④ G

해설
① H : 가스계량기
② I : 수도계량기
③ L : LPG 계량기
④ G : 전기계량기

76 수정이나 전기석 또는 로셀염 등의 결정체의 특정 방향으로 압력을 가할 때 발생하는 표면 전기량으로 압력을 측정하는 압력계는?

① 스트레인 게이지
② 자기변형 압력계
③ 벨로즈 압력계
④ 피에조 전기압력계

77 비중이 0.9인 액체 개방탱크에 탱크 하부로부터 2m 위치에 압력계를 설치했더니 지침이 $1.5kg/cm^2$를 가리켰다. 이때의 액위는 얼마인가?

① 14.7m ② 147cm
③ 174.m ④174cm

$P=\gamma H$

$H=\frac{P}{\gamma}=\frac{1.5\times10^4}{0.9\times10^3}=16.67\text{m}$

$\therefore\ 16.67-2=14.67\text{m}$

78 블록선도는 무엇을 표시하는가?

① 제어회로의 기준입력을 표시한다.
② 제어편차의 증감크기를 표시한다.
③ 제어대상과 변수편차를 표시한다.
④ 제어신호의 전달경로를 표시한다.

79 냉각식 노점계에서 노점의 측정에 주로 이용하는 유기화합물은 무엇인가?

① 에테르
② 물
③ 벤젠
④ 알코올

80 고압가스가 누출되어 발화되었다. 그 사고 원인으로서의 가능성이 희박한 것은?

① 고압가스가 가연성이 있다.
② 고압가스 용기 주변에 적절한 산소 농도가 유지되었다.
③ 가스의 분자가 염소와 불소를 많이 포함하고 있었다.
④ 고압가스의 용기 압력이 높았다.

정답 75.③ 76.④ 77.① 78.④ 79.① 80.③

CBT 기출복원문제

2024년 산업기사 제2회 필기시험 (2024년 5월 9일 시행)

01 가스산업기사	수험번호 : 수험자명 :	※ 제한시간 : 120분 ※ 남은시간 :
글자 크기 100% 150% 200% 화면 배치	전체 문제 수 : 안 푼 문제 수 :	답안 표기란 ① ② ③ ④

제1과목 연소공학

01 다음은 폭굉을 일으킬 수 있는 기체가 파이프 내에 있을 때 폭굉방지 및 방호에 관한 내용이다. 옳지 않은 사항은?

① 파이프의 지름대 길이의 비는 가급적 작게 한다.
② 파이프 라인에 오리피스 같은 장애물이 없도록 한다.
③ 파이프 라인을 장애물이 있는 곳에선 가급적이면 축소한다.
④ 공정 라인에서 회전이 가능하면 가급적 완만한 회전을 이루도록 한다.

해설
관경이 가늘수록 폭굉의 우려가 높으므로 관경을 넓혀야 한다.

02 절대습도의 정의로 옳은 것은? [계측-25]

① 건공기 1kg당 포함되는 수증기의 중량 kg/kg
② 건공기 1L당 포함되는 수증기의 중량 kg/L
③ 습공기 1kg당 포함되는 수증기의 중량 kg/kg
④ 습공기 1L당 포함되는 수증기의 중량 kg/L

해설
절대습도 : 건조공기 1kg과 여기에 포함되어 있는 수증기량(kg)을 합한 것에 대한 수증기량

03 다음은 폭발방호대책 진행방법의 순서를 나타낸 것이다. 그 순서가 옳은 것은?

㉮ 폭발방호대상의 결정
㉯ 폭발의 위력과 피해 정도 예측
㉰ 폭발화염의 전파확대와 압력상승의 방지
㉱ 폭발에 의한 피해의 확대방지
㉲ 가연성 가스 증기의 위험성 검토

① ㉮-㉯-㉰-㉱-㉲
② ㉲-㉮-㉯-㉰-㉱
③ ㉱-㉲-㉮-㉯-㉰
④ ㉰-㉱-㉲-㉮-㉯

04 프로판 1Nm³을 이론공기량을 사용하여 완전연소시킬 때 배출되는 습(wet) 배기가스량은 몇 Nm³인가? (단, 공기 중 산소함량은 21부피%)

① 7.0 ② 12.7
③ 21.8 ④ 25.8

해설
$C_3H_8 + 5O_2 \rightarrow 3CO_2 + 4H_2O$
1 : 5 : 7
$\therefore\ 5 \times \frac{0.79}{0.21} + 7 = 25.8\text{Nm}^3$

05 다음 중 가연물의 조건으로서 가치가 없는 것은?

① 발열량이 큰 것
② 열전도율이 큰 것
③ 활성화 에너지가 작은 것
④ 산소와의 친화력이 큰 것

해설
가연물은 열전도율이 낮아야 한다.

정답 01.③ 02.① 03.② 04.④ 05.②

06 다음 설명 중 옳은 것은?

① 착화온도와 연소온도는 같다.
② 이론연소온도는 실제연소온도보다 항상 높다.
③ 보편적으로 연소온도는 인화점보다 상당히 낮다.
④ 연소온도가 그 인화점보다 낮게 되어도 연소는 계속된다.

해설
실제연소의 경우 공기비가 이론연소보다 높으므로 연소온도는 이론연소의 경우보다 낮다.

07 기체연료의 특성을 설명한 것이다. 맞는 것은?

① 가스연료의 화염은 방사율이 크기 때문에 복사에 의한 열전달률이 낮다.
② 기체연료는 연소성이 뛰어나기 때문에 연소조절이 간단하고 자동화가 용이하다.
③ 단위 체적당 발열량이 액체나 고체 연료에 비해 대단히 크기 때문에 저장이나 수송에 큰 시설을 필요로 한다.
④ 저산소 연소를 시키기 쉽기 때문에 대기오염 물질인 질소산화물(NOx)의 생성이 많으나 분진이나 매연의 발생은 거의 없다.

08 프로판(C_3H_8)과 부탄(C_4H_{10})의 혼합가스가 표준상태에서 밀도가 2.25kg/m^{3}이다. 프로판의 조성은 약 몇 %인가?

① 35.16　② 42.72
③ 54.28　④ 68.53

해설
C_3H_8은 x, C_4H_{10}을 $1-x$라 할 때

$$\frac{44}{22.4}\times x+\frac{58}{22.4}(1-x)=2.25$$

$$1.964x+2.59(1-x)=2.25$$

$$1.964x+2.59-2.59x=2.25$$

$$(2.59-1.96)x=259-2.25$$

$$x=\frac{2.59-2.25}{2.59-1.96}=0.5396=53.96\%≒54.28\%$$

소수점 이하 자리로 인한 약간의 오차값 발생

09 다음 기체 가연물 중 위험도(H)가 가장 큰 것은?

① 수소　② 아세틸렌
③ 부탄　④ 메탄

해설
① 수소 : $\frac{75-4}{4}=17.75$

② 아세틸렌 : $\frac{81-2.5}{2.5}=31.4$

③ 부탄 : $\frac{8.4-1.8}{1.8}=3.67$

④ 메탄 : $\frac{15-5}{5}=2$

10 열전도율 단위는 어느 것인가?

① kcal/m · h · ℃
② kcal/m^2 · h · ℃(열전달률)
③ kcal/m^2 · ℃
④ kcal/h

해설
㉠ 열전도율 : kcal/m · h · ℃
㉡ 열전달률 : kcal/m^2 · h · ℃
㉢ 열관류(열통과)율 : kcal/m^2 · h · ℃

11 수소의 연소반응식이 다음과 같을 경우 1mol의 수소를 일정한 압력에서 이론산소량으로 완전연소시켰을 때의 온도는 약 몇 K인가? (단, 정압비열은 10cal/mol · K, 수소와 산소의 공급온도는 25℃, 외부로의 열손실은 없다.)

$$H_2+\frac{1}{2}O_2\rightarrow H_2O(g)+57.8\text{kcal/mol}$$

① 5780　② 5805
③ 6053　④ 6078

해설
$$H_2+\frac{1}{2}O_2\rightarrow H_2O(g)+57.8\text{kcal/mol}$$

$$\frac{57.8\times10^3\text{cal/mol}}{10\text{cal/m}\cdot\text{K}}=5780\text{K}$$

반응식의 온도는 표준상태(0℃)의 값이므로 25℃로 환산하면

∴ 5780+(25+273)=6078K

정답 06.② 07.② 08.③ 09.② 10.① 11.④

12 연소 및 폭발에 대한 설명 중 틀린 것은?

① 폭발이란 주로 밀폐된 상태에서 일어나며 급격한 압력상승을 수반한다.
② 인화점이란 가연물이 공기 중에서 가열될 때 그 산화열로 인해 스스로 발화하게 되는 온도를 말한다.
③ 폭굉은 연소파의 화염 전파속도가 음속을 돌파할 때 그 선단에 충격파가 발달하게 되는 현상을 말한다.
④ 연소란 적당한 온도의 열과 일정 비율의 산소와 연료와의 결합반응으로 발열 및 발광현상을 수반하는 것이다.

㉠ 인화점 : 공기 중에서 연소 시 점화원을 가지고 연소하는 최저온도
㉡ 발화점(착화점) : 공기 중에서 연소 시 점화원이 없이 스스로 연소하는 최저온도

13 다음은 연소와 관련된 식을 나타낸 것이다. 옳은 것은? **[연소-15]**

① 과잉공기비=공기비$(m)-1$
② 과잉공기량=이론공기량$(A_0)+1$
③ 실제공기량=공기비(m)+이론공기량(A_0)
④ 공기비=(이론산소량÷실제공기량)−공기량

② 과잉공기량
$(P)=A$(실제공기량)$-A_0$(이론공기량)
$=(m-1)A_0$[m : 공기비]
③ 실제공기량
$(A)=A_0$(이론공기량)$+P$(과잉공기량)
④ 공기비$(m)=\frac{A}{A_0}$

14 200ℓ의 프로판 가스를 완전 연소시키는 데 필요한 공기는 최저 몇 ℓ인가? (단, 공기 중의 산소농도는 20%이다.)

① 1,500
② 3,000
③ 4,000
④ 5,000

$C_3H_8+5O_2 \rightarrow 3CO_2+4H_2O$
22.4 : 5×22.4
200 : x
∴ 공기량$=\frac{200\times5\times22.4}{22.4}\times\frac{1}{0.2}=5,000ℓ$

15 밀폐된 용기 내에 1atm 27℃로 프로판과 산소가 2 : 8의 비율로 혼합되어 있으며 그것이 연소하여 아래와 같은 반응을 하고 화염온도는 3,000K가 되었다고 한다. 이 용기 내에 발생하는 압력은 얼마인가? (단, 이상기체로 거동한다고 가정함)

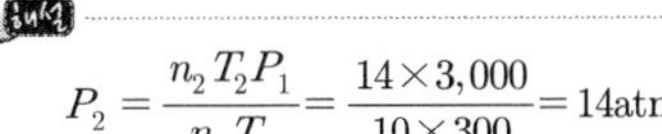

$2C_3H_8+8O_2 \rightarrow 6H_2O+4CO_2+2CO+2H_2$

① 14atm ② 40atm
③ 25atm ④ 160atm

$$P_2=\frac{n_2T_2P_1}{n_1T_1}=\frac{14\times3,000}{10\times300}=14\text{atm}$$

16 완전연소의 필요조건에 관한 설명이다. 이 중 틀린 것은?

① 연소실의 온도는 높게 유지하는 것이 좋다.
② 연소실 용적은 장소에 따라서 작게 하는 것이 좋다.
③ 연료의 공급량에 따라서 적당한 공기를 사용하는 것이 좋다.
④ 연료는 되도록 인화점 이상 예열하여 공급하는 것이 좋다.

17 메탄올, 물 및 이산화탄소의 생성열은 각각 50kcal, 60kcal 및 95kcal이다. 이때 메탄올의 연소열은 얼마인가?

① 120kcal ② 145kcal
③ 165kcal ④ 180kcal

CH_3OH의 연소 반응식
$CH_3OH+\frac{3}{2}O_2\rightarrow CO_2+2H_2O+Q$에서
$-50=-95-2\times60+Q$
∴ $Q=95+2\times60-50=165\text{kcal}$

정답 12.② 13.① 14.④ 15.① 16.② 17.③

18 부피로 Hexane 0.8v%, Methane 2.0v%, Ethylene 0.5v%로 구성된 혼합가스의 LFL을 계산하면 약 얼마인가? (단, Hexane, Methane, Ethylene의 폭발하한계는 각각 1.1v%, 5.0v%, 2.7v%라고 한다.)

① 2.5% ② 3.0%
③ 3.3% ④ 3.9%

$\frac{100}{L}=\frac{V_1}{L_1}+\frac{V_2}{L_2}+\frac{V_3}{L_3}$ 이나

전체 V가 $0.8+2.0+0.5=3.3$이므로

$\frac{3.3}{L}=\frac{0.8}{1.1}+\frac{2.0}{5.0}+\frac{0.5}{2.7}$

$\therefore L=\frac{3.3}{\frac{0.8}{1.1}+\frac{2.0}{5.0}+\frac{0.5}{2.7}}=2.5\%$

19 다음 중 불활성화에 대한 설명으로 틀린 것은? [연소-19]

① 가연성 혼합가스에 불활성 가스를 주입하여 산소의 농도를 최소산소농도 이하로 낮게 하는 공정이다.
② 이너팅 가스로는 질소, 이산화탄소 또는 수증기가 사용된다.
③ 이너팅은 산소농도를 안전한 농도로 낮추기 위하여 이너팅 가스를 용기에 처음 주입하면서 시작한다.
④ 일반적으로 실시되는 산소농도의 제어점은 최소산소농도보다 10% 낮은 농도이다.

④ 최소산소농도보다 4% 낮은 농도

20 기체연료의 예혼합연소에 대한 설명 중 옳은 것은? [연소-10]

① 화염의 길이가 길다.
② 화염이 전파하는 성질이 있다.
③ 연료와 공기의 경계에서 주로 연소가 일어난다.
④ 연료와 공기의 혼합비가 순간적으로 변한다.

예혼합연소의 장단점

장점	단점
• 화염길이가 짧다. • 완전연소 정도가 높다.	• 역화의 위험성이 있다. • 공기와 미리 혼합되어 화염이 불안정하다. • 조작이 어렵다. • 화염이 전파된다.

제2과목 가스설비

21 압축기의 가스별 윤활유로 옳지 않은 것은?

① 수소－광유
② 아세틸렌－양질의 광유
③ 이산화황－정제된 용제 터빈유
④ 산소－디젤 엔진유

산소압축기의 윤활유는 물 또는 10% 정도의 묽은 글리세린수이다.

22 일반 배관용 탄소강관의 설명이 틀린 것은?

① 흑관과 백관이 있다.
② SPPS관이다.
③ 사용압력이 $10kg/cm^2$ 이내이다.
④ 관경에 따라 두께가 일정하다.

SPPS는 압력배관용 탄소강관, SPP는 일반 배관용 탄소강관이다.

23 내용적 117.5L의 LP가스 용기에 상온에서 액화프로판 50kg을 충전했다. 이 용기 내의 잔여공간은 대개 몇 % 정도인가? (단, 액화프로판의 비중은 상온에서 약 0.5이고, 프로판 가스 정수는 2.5이다.)

① 5%
② 8%
③ 10%
④ 15%

$\frac{117.5-\frac{50}{0.5}}{117.5}\times 100=14.89(\%)$

정답 18.① 19.④ 20.② 21.④ 22.② 23.④

24 강을 열처리하는 목적은?

① 기계적 성질을 향상시키기 위하여
② 표면에 녹이 생기지 않게 하기 위하여
③ 표면에 광택을 내기 위하여
④ 사용시간을 연장하기 위하여

25 용기검사의 종류로 구분한 것이 맞는 항목은?

① 제조시설검사와 제품검사로 구분
② 신규검사와 재검사로 구분
③ 인장검사와 압궤검사로 구분
④ 충격검사와 비충격검사로 구분

26 스테인리스강의 조성이 아닌 것은?

① Cr ② Pb
③ Fe ④ Ni

27 산소제조 장치설비에 사용되는 건조제가 아닌 것은? [설비-5]

① NaOH
② SiO_2
③ $NaClO_3$
④ Al_2O_3

공기액화분리 시 CO_2 제거에 가성소다(수산화나트륨, NaOH)가 사용되며, 이 과정에서 수분이 생성되고 수분의 건조제로는 가성소다(수산화나트륨, NaOH), 실리카겔(이산화규소, SiO_2), 알루미나(산화알루미늄, Al_2O_3) 등이 있다.

28 총발열량이 10000kcal/Sm^3, 비중이 1.2인 도시가스의 웨버지수는? [안전-57]

① 8333
② 9129
③ 10954
④ 12000

$$W=\frac{H}{\sqrt{d}}=\frac{10000}{\sqrt{1.2}}=9128.70$$
여기서, H : 도시가스 총 발열량(kcal/m^3)
$\sqrt{d}$: 도시가스의 공기에 대한 비중

29 아세틸렌 제조설비에서 정제장치는 주로 어떤 가스를 제거하기 위해 설치하는가?

① PH_3, H_2S, NH_3
② CO_2, SO_2, CO
③ H_2O(수증기), NO, NO_2, NH_3
④ $SiHCL_3$, SiH_2CL_2, SiH_4

아세틸렌(C_2H_2) 제조 시 불순물의 종류
포스핀(PH_3), 황화수소(H_2S), 암모니아(NH_3), 실레인(SiH_4) 등

30 공기액화분리장치의 폭발원인으로 가장 거리가 먼 것은? [설비-5]

① 공기 취입구로부터의 사염화탄소의 침입
② 압축기용 윤활유의 분해에 따른 탄화수소의 생성
③ 공기 중에 있는 질소 화합물(산화질소 및 과산화질소 등)의 흡입
④ 액체 공기 중의 오존의 혼입

① 공기 중 아세틸렌(C_2H_2)의 혼입

31 가스액화 원리로 가장 기본적인 방법은?

① 단열팽창 ② 단열압축
③ 등온팽창 ④ 등온압축

액화의 원리(주울 톰슨효과)
압축가스를 단열 팽창시키면 온도와 압력이 강하한다.

32 산소 압축기의 윤활제에 물을 사용하는 이유는?

① 산소는 기름을 분해하므로
② 기름을 사용하면 실린더 내부가 더러워지므로
③ 압축산소에 유기물이 있으면 산화력이 커서 폭발하므로
④ 산소와 기름은 중합하므로

산소+유지류, 석유류 등과 혼합 시 연소폭발이 일어난다.

정답 24.① 25.① 26.② 27.③ 28.② 29.① 30.① 31.① 32.③

33 흡입압력이 $3kg/cm^2$ a인 3단 압축기가 있다. 각단의 압축비를 3이라 할 때 제3단의 토출압력은 몇 kg/cm^2 a가 되는가?

① $27kg/cm^2$ a ② $49kg/cm^2$ a
③ $81kg/cm^2$ a ④ $63kg/cm^2$ a

1단 토출압력 $a \times P_1 = 3 \times 3 = 9$
2단 토출압력 $a \times a \times P_1 = 3 \times 3 \times 3 = 27$
3단 토출압력 $a \times a \times a \times P_1 = 3 \times 3 \times 3 \times 3 = 81$

34 도시가스 누출의 원인이 될 수 없는 것은?

① 재료의 노화 ② 급격한 부하변동
③ 지반 변동 ④ 부식

35 내경 100mm, 길이 400m인 주철관에 유속 2m/s로 물이 흐를 때의 마찰손실수두는 약 몇 m인가? (단, 마찰계수(λ)는 0.04이다.)

① 32.7m ② 34.5m
③ 40.2m ④ 45.3m

$$h_f = \lambda \frac{l}{d} \cdot \frac{V^2}{2g} = 0.04 \times \frac{400}{0.1} \times \frac{2^2}{2 \times 9.8} = 32.7\text{m}$$

36 암모니아 합성 탑에 대한 설명으로 틀린 것은?

① 재질은 탄소강을 사용한다.
② 재질은 18-8 스테인리스강을 사용한다.
③ 촉매로는 보통 산화철에 CaO를 첨가한 것이 사용된다.
④ 촉매로는 보통 산화철에 K_2O 및 Al_2O_3를 첨가한 것이 사용된다.

암모니아 합성탑(신파우스법 반응탑)

<table>
<tr><th colspan="2">구 분</th><th>세부내용</th></tr>
<tr><td colspan="2">재질, 촉매관구조</td><td>18-8 STS</td></tr>
<tr><td colspan="2">촉매</td><td>Fe_3O_4(산화철)에 산화알루미늄(Al_2O_3), 산화칼륨(K_2O), 산화칼슘(CaO) 등을 보조촉매로 가한 용융촉매가 사용</td></tr>
<tr><td>촉매층</td><td>단수
최하단</td><td>• 5단으로 나누어짐
• 촉매를 충전한 열교환기</td></tr>
<tr><td colspan="2">냉각코일과 보일러 순환 물의 증기압력</td><td>8atm</td></tr>
</table>

37 실린더의 단면적 $50cm^2$, 피스톤 행정 10cm 회전수 200rpm, 체적효율 80%인 왕복압축기의 토출량은 약 몇 L/min인가? [설비-15]

① 60 ② 80
③ 100 ④ 120

해설

$$Q = \frac{\pi}{4} D^2 \times L \times N \times \eta_v$$
$$= 50 \times 10 \times 200 \times 0.8$$
$$= 80000\text{cm}^3/\text{min}$$
$$= 80\text{L/min}$$

38 철을 담금질하면 경도는 커지지만 탄성이 약해지기 쉬우므로 이를 적당한 온도로 재가열했다가 공기 중에서 서냉시키는 열처리 방법은? [설비-20]

① 담금질(Quenching)
② 뜨임(Tempering)
③ 불림(Normalizing)
④ 풀림(Annealing)

해설

열처리 종류 및 특성

종류	특성
담금질(소입)(Quenching)	강도 및 경도 증가
풀림(소둔)(Annealing)	잔류응력 제거 및 조직의 연화강도 증가
뜨임(소려)(Tempering)	내부응력 제거, 인장강도 및 연성 부여

39 용기 충전구에 "V" 홈의 의미는?

① 왼나사를 나타낸다.
② 독성 가스를 나타낸다.
③ 가연성 가스를 나타낸다.
④ 위험한 가스를 나타낸다.

40 LP가스를 이용한 도시가스 공급방식이 아닌 것은?

① 직접 혼입방식
② 공기 혼합방식
③ 변성 혼입방식
④ 생가스 혼합방식

정답 33.③ 34.② 35.① 36.① 37.② 38.② 39.① 40.④

LP가스 공급방식, 기화방식 구분

구분	종류
LP 가스의 도시가스 공급방식	• 직접공급방식 • 공기혼입방식 • 변성가스 공급방식
기화방식	• 생가스 공급방식 • 공기혼입 공급방식 • 변성가스 공급방식

제3과목 가스안전관리

41 다음 중 가스홀더의 기능이 아닌 것은? [설비-30]

① 가스수요의 시간적 변화에 따라 제조가 따르지 못할 때 가스의 공급 및 저장
② 정전, 배관공사 등에 의한 제조 및 공급 설비의 일시적 중단 시 공급
③ 조성의 변동이 있는 제조가스를 받아들여 공급가스의 성분, 열량, 연소성 등의 균일화
④ 공기를 주입하여 발열량이 큰 가스로 혼합 공급

①, ②, ③ 이외 피크 시 도관의 수송량을 감소시킨다.

42 고압가스 설비 설치 시 지반이 단단한 점토질 지반일 때의 허용지지력도는? [안전-160]

① 0.05MPa ② 0.1MPa
③ 0.2MPa ④ 0.3MPa

지반의 종류에 따른 허용응력 지지도(KGS FP112 2.2.1.5)

지반의 종류	허용응력 지지도(MPa)
암반	1
단단히 응결된 모래층	0.5
황토흙	0.3
조밀한 자갈층	0.3
모래질 지반	0.05
조밀한 모래질 지반	0.2
단단한 점토질 지반	0.1
점토질 지반	0.02
단단한 롬(loam)층	0.1
롬(loam)층	0.05

43 아래의 보기 중 재충전금지용기에 표시하는 항목이 아닌 것은?

① 쓰러짐, 넘어짐 등의 무리한 취급 금지
② 충전기한 ○○년 ○○월
③ 용기의 온도를 50℃ 이상으로 하지 않을 것
④ 불 속에 넣지 말 것

40℃ 이상으로 하지 않을 것. 그 외에 사용 후 잔압이 없는 상태로 하고 산업폐기물로 처리할 것.

44 연료용 가스에 주입하는 부취제(냄새가 나는 물질)의 측정방법으로 볼 수 없는 것은? [안전-19]

① 오더(Odor) 미터법
② 주사기법
③ 무취실법
④ 시험가스 주입법

①, ②, ③ 이외에 냄새주머니법이 있다.

45 도시가스 전기방식시설의 유지관리에 관한 설명 중 잘못된 것은? [안전-65]

① 관대지전위(管對地電位)는 1년에 1회 이상 점검한다.
② 외부전원법의 정류기 출력은 3개월에 1회 이상 점검한다.
③ 배류법의 배류기의 출력은 3개월에 1회 이상 점검한다.
④ 절연부속품, 역전류장치 등의 효과는 1년에 1회 이상 점검한다.

절연부속품, 역전류장치 등의 효과는 6개월에 1회 이상 점검

46 도시가스 압력조정기의 제조시설에 속하는 분류로 알맞은 것은?

① 도시가스 가스용품
② 액화석유가스용품
③ 고압가스 충전시설
④ 고압가스용 가스용품

정답 41.④ 42.② 43.③ 44.④ 45.④ 46.②

47 LP가스 방출관의 방출구 높이는? (단, 공기보다 비중이 무거운 경우)

① 지상에서 5m 높이 이하
② 지상에서 5m 높이 이상
③ 정상부에서 1m 이상
④ 정상부에서 1m 이하

지면에서 5m 이상 탱크 정상부에서 2m 이상 중 높은 위치

48 도시가스 배관을 지하에 설치 시 되메움 재료는 3단계로 구분하여 포설한다. 이때 "침상재료"라 함은? [안전-122]

① 배관침하를 방지하기 위해 배관하부에 포설하는 재료
② 배관에 작용하는 하중을 분산시켜주고 도로의 침하를 방지하기 위해 포설하는 재료
③ 배관기초에서부터 노면까지 포설하는 배관주위 모든 재료
④ 배관에 작용하는 하중을 수직방향 및 횡방향에서 지지하고 하중을 기초 아래로 분산하기 위한 재료

㉠ 기초재료
㉡ 되메움

49 밀폐식 보일러에서 사고원인이 되는 사항에 대한 설명으로 가장 거리가 먼 것은? [안전-112]

① 전용보일러실에 보일러를 설치하지 아니한 경우
② 설치 후 이음부에 대한 가스누출 여부를 확인하지 아니한 경우
③ 배기통이 수평보다 위쪽을 향하도록 설치한 경우
④ 배기통과 건물의 외벽 사이에 기밀이 완전히 유지되지 않는 경우

밀폐식 보일러는 전용보일러실에 설치하지 않아도 된다.

50 용기 보관실을 설치한 후 액화석유가스를 사용하여야 하는 시설은?

① 저장능력 500kg 이상
② 저장능력 300kg 이상
③ 저장능력 2,500kg 이상
④ 저장능력 100kg 이상

51 압력조정기를 제조하고자 하는 자가 갖추어야 할 검사시설에 해당되지 않는 것은?

① 치수측정설비
② 주조 및 다이케스팅설비
③ 내압시험설비
④ 기밀시험설비

해설

상기 항목 이외에 내가스성 시험설비, 안전장치 작동 시험설비, 출구압력 및 유량측정설비, 내구성 시험설비 및 저온 시험설비

52 냉동용 특정설비 제조시설에서 냉동기 냉매설비에 대하여 실시하는 기밀시험 압력의 기준으로 적합한 것은? [안전-52]

① 설계압력 이상의 압력
② 사용압력 이상의 압력
③ 설계압력의 1.5배 이상의 압력
④ 사용압력의 1.5배 이상의 압력

53 아세틸렌에 대한 설명이 옳은 것으로만 나열된 것은?

> ㉠ 아세틸렌이 누출하면 낮은 곳으로 체류한다.
> ㉡ 아세틸렌은 폭발범위가 비교적 광범위하고, 아세틸렌 100%에서도 폭발하는 경우가 있다.
> ㉢ 발열화합물이므로 압축하면 분해폭발할 수 있다.

① ㉠ ② ㉡
③ ㉡, ㉢ ④ ㉠, ㉡, ㉢

정답 47.② 48.④ 49.① 50.④ 51.② 52.① 53.②

54 고압가스 안전관리법에서 정한 특정설비가 아닌 것은? [안전-15]

① 기화장비 ② 안전밸브
③ 용기 ④ 압력용기

산업통상자원부령으로 정하는 고압가스 관련 설비(특정설비)
①, ②, ④ 외에 다음의 설비가 있다.
㉠ 긴급차단장치, 역화방지장치
㉡ 자동차용 가스 자동주입기
㉢ 독성가스 배관용 밸브, 냉동설비 등

55 소비 중에는 물론 이동, 저장 중에도 아세틸렌 용기를 세워두는 이유는?

① 정전기를 방지하기 위해서
② 아세톤의 누출을 막기 위해서
③ 아세틸렌이 공기보다 가볍기 때문에
④ 아세틸렌이 쉽게 나오게 하기 위해서

56 사람이 사망한 도시가스 사고 발생 시 사업자가 한국가스안전공사에 상보(서면으로 제출하는 상세한 통보)를 할 때 그 기한은 며칠 이내인가? [안전-171]

① 사고발생 후 5일
② 사고발생 후 7일
③ 사고발생 후 14일
④ 사고발생 후 20일

해설
고압가스안전관리법 시행규칙 – 사고의 종류별 통보 방법 및 기한

사고의 종류	통보 기한	
	속보	상보
사람이 사망한 사고	즉시	사고 발생 후 20일 이내
사람이 부상당하거나 중독된 사고	즉시	사고 발생 후 10일 이내

57 고압가스충전의 시설기준에서 산소충전시설과 고압가스 설비시설의 안전거리는 몇 m 이상 유지해야 하는가?

① 3m ② 6m
③ 8m ④ 10m

해설
가연성 고압가스–가연성 고압가스 : 5m
가연성 고압가스–산소 : 10m 유지

58 고압가스를 압축하는 경우 가스를 압축하여서는 아니 되는 기준으로 옳은 것은? [안전-58]

① 가연성 가스 중 산소의 용량이 전체 용량의 10% 이상의 것
② 산소 중의 가연성 가스 용량이 전체 용량의 10% 이상의 것
③ 아세틸렌, 에틸렌 또는 수소 중의 산소용량이 전체 용량의 2% 이상의 것
④ 산소 중의 아세틸렌, 에틸렌 또는 수소의 용량 합계가 전체 용량의 3% 이상의 것

해설
압축금지 가스
㉠ 가연성 중의 산소 및 산소 중 가연성 가스 : 4% 이상
㉡ 수소, 아세틸렌, 에틸렌 중 산소 및 산소 중 수소, 아세틸렌, 에틸렌 : 2% 이상

59 도시가스사업법상 배관 구분 시 사용되지 않는 것은? [안전-66]

① 본관
② 사용자 공급관
③ 가정관
④ 공급관

해설
도시가스 배관의 종류
본관, 공급관, 사용자 공급관, 내관

60 차량에 고정된 탱크에 고압가스를 충전하거나 이입받을 때 차바퀴고정목 등으로 차량을 고정하여야 하는 용량은?

① 500ℓ ② 1,000ℓ
③ 2,000ℓ ④ 3,000ℓ

차바퀴고정목 설치 기준
① 고압가스 안전관리법 : 2,000ℓ 이상
② LPG 안전관리법 : 5,000ℓ 이상

정답 54.③ 55.② 56.④ 57.④ 58.③ 59.③ 60.③

제4과목 가스계측기기

61 계측기기의 구비조건에 해당되지 않는 것은?

① 비연속적 측정이라도 정확해야 할 것
② 구조가 간단하고, 조작이 용이할 것
③ 고온 · 고압에 견딜 것
④ 값이 저렴하고, 보수가 용이할 것

해설
액면계의 구비조건
②, ③, ④ 이외에
㉠ 내구 · 내식성이 있을 것
㉡ 연속측정이 가능할 것
㉢ 원격측정이 가능할 것
㉣ 자동제어장치에 적용이 가능할 것

62 염소가스를 분석하는 방법은?

① 폭발법
② 수산화나트륨에 의한 흡수법
③ 발열황산에 의한 흡수법
④ 열전도법

해설
$2NaOH + Cl_2 \rightarrow NaCl + NaClO + H_2O$

63 편위법에 의한 계측기기가 아닌 것은? [계측-11]

① 스프링저울
② 부르돈관 압력계
③ 전류계
④ 화학천칭

해설
계측의 측정방법
㉠ 편위법 : 측정량과 관계 있는 다른 양으로 변환시켜 측정하는 방법으로 정도는 낮으나 측정방법이 간단(부르돈관 압력계, 스프링저울 전류계)
㉡ 영위법 : 측정하고자 하는 상태량과 독립적 크기를 조정할 수 있는 기준량과 비교하여 측정(블록게이지 천칭)
㉢ 치환법 : 지시량과 미리 알고 있는 다른 양으로부터 측정량을 나타내는 방법(화학천칭)
㉣ 보상법 : 측정량과 거의 같은 미리 알고 있는 양을 준비하여 측정량과 그 미리 알고 있는 양의 차이로 측정량을 알아내는 방법

64 오리피스유량계의 유량계산식은 다음과 같다. 유량을 계산하기 위하여 설치한 유량계에서 유체를 흐르게 하면서 측정해야 할 값은? (단, C : 오리피스계수, A_2 : 오리피스 단면적, H : 마노 미터액주계 눈금, γ_1 : 유체의 비중량이다.)

$$Q = C \times A_2 \left[2gH \left(\frac{\gamma_1 - 1}{\gamma} \right) \right]^{0.5}$$

① C　　② A_2
③ H　　④ γ_1

65 접촉식 온도계의 종류와 특징을 연결한 것 중 틀린 것은? [계측-9]

① 유리 온도계－액체의 온도에 따른 팽창을 이용한 온도계
② 바이메탈 온도계－바이메탈이 온도에 따라 굽히는 정도가 다른 점을 이용한 온도계
③ 열전대 온도계－온도 차이에 의한 금속의 열상승속도의 차이를 이용한 온도계
④ 저항 온도계－온도 변화에 따른 금속의 전기저항 변화를 이용한 온도계

해설
③ 열전대 온도계의 측정원리 : 열기전력

66 물의 화학반응을 통해 시료의 수분 함량을 측정하며 휘발성 물질 중의 수분을 정량하는 방법은?

① 램프법
② 칼피셔법
③ 메틸렌블루법
④ 다트와이라법

67 25℃, 1atm에서 0.21mol%의 O_2와 0.79mol%의 N_2로 된 공기혼합물의 밀도는 약 몇 kg/m³ 인가?

① 0.118　　② 1.18
③ 0.134　　④ 1.34

정답 61.① 62.② 63.④ 64.③ 65.③ 66.② 67.②

해설

$PV=\dfrac{W}{M}RT$ 이므로

$$\therefore \frac{W}{V}=\frac{PM}{RT}$$
$$=\frac{1\times(32\times0.21+28\times0.79)}{0.082\times(273+25)}$$
$$=1.18\text{g/L}$$
$$=1.18\text{kg/m}^3$$

68 다음 중 산소의 분석 방법이 아닌 것은?

① 알칼리성 피로카를 용액에 의한 흡수법
② 차아황산소다 용액에 의한 흡수법
③ 황인에 의한 흡수법
④ 수산화나트륨 수용액에 의한 흡수법

69 대유량 가스 측정에 적합한 가스미터는?

① 막식 가스미터
② 루츠(Roots) 가스미터
③ 습식 가스미터
④ 스프링식 가스미터

70 가스 크래마토그래피에 대한 설명으로 틀린 것은?

① 액체 크래마토그래피보다 분석 속도가 빠르다.
② 비점이 유사한 혼합물은 분리시키지 못한다.
③ 각 성분의 피크 면적인 농도에 비례한다.
④ 다른 분석기기에 비하여 감도가 뛰어나다.

71 계측계통의 특성을 정특성과 동특성으로 구분할 경우 동특성을 나타내는 표현과 가장 관계가 있는 것은?

① 직선성(linerity)
② 감도(sensitivity)
③ 히스테리시스(hysteresis) 오차
④ 과도응답(transient response)

72 가스미터 설치 시 입상배관을 금지하는 가장 큰 이유는?

① 균열에 따른 누출방지를 위하여
② 고장 및 오차 발생방지를 위하여
③ 겨울철 수분응축에 따른 밸브, 밸브시트의 동결방지를 위하여
④ 계량막 밸브와 밸브시트 사이의 누출방지를 위하여

73 가스 크로마토그래피 캐리어가스의 유량이 70mL/min에서 어떤 성분시료를 주입하였더니 주입점에서 피크까지의 길이가 18cm이었다. 지속용량이 450mL라면 기록지의 속도는 약 몇 cm/min인가?

① 0.28
② 1.28
③ 2.8
④ 3.8

$$\frac{70\text{mL/min}\times18\text{cm}}{450\text{mL}}=2.8\text{cm/min}$$

74 기준입력과 주피드백량의 차로 제어동작을 일으키는 신호는? [계측-14]

① 기준입력 신호
② 조작 신호
③ 동작 신호
④ 주피드백 신호

해설

동작신호 : 목표값과 제어량 사이에서 나타나는 편차값으로서, 제어요소의 입력 신호이다.

75 가스미터의 구비조건으로 옳지 않은 것은?

① 감도가 예민할 것
② 기계오차 조정이 쉬울 것
③ 대형이며, 계량용량이 클 것
④ 사용가스량을 정확하게 지시할 수 있을 것

③ 소형이며, 용량이 클 것

정답 68.④ 69.② 70.② 71.④ 72.③ 73.③ 74.③ 75.③

76 물체에서 방사된 빛의 강도와 비교된 필라멘트의 밝기가 일치되는 점을 비교 측정하여 약 3,000℃ 정도의 고온까지 측정이 가능한 온도계는?

① 광고온도계 ② 수은온도계
③ 베크만온도계 ④ 백금저항온도계

77 상대습도가 '0'이라 함은 어떤 뜻인가?

① 공기 중에 수증기가 존재하지 않는다.
② 공기 중에 수증기가 760mmHg만큼 존재한다.
③ 공기 중에 포화상태의 습증기가 존재한다.
④ 공기 중에 수증기압이 포화증기압보다 높음을 의미한다.

해설
상대습도는 대기 중에 존재할 수 있는 최대습기량과 현존하는 습기량의 비를 의미하며, 상대습도 0은 수증기가 존재하지 않음을 의미한다.

78 초음파 유량계에 대한 설명으로 설명으로 옳지 않은 것은?

① 정확도가 아주 높은 편이다.
② 개방수로에는 적용되지 않는다.
③ 측정체가 유체와 접촉하지 않는다.
④ 고온, 고압, 부식성 유체에도 사용이 가능하다.

79 유량계가 나타내는 유량이 100m^3이고 기준계기(가스미터)가 지시하는 양이 98m^3일 때 기차(%)는 얼마인가?

① −0.002%
② −0.2%
③ −2%
④ −2.04%

해설
기차

$$= \frac{시험용미터지시량 - 기준미터지시량}{시험용미터지시량}$$

$$= \frac{98-100}{98} \times 100$$

$$= -2.04\%$$

80 기계식 압력계가 아닌 것은?

① 환상식 압력계
② 경사관식 압력계
③ 피스톤식 압력계
④ 자기변형식 압력계

정답 76.① 77.① 78.② 79.④ 80.④

CBT 기출복원문제

2024년 산업기사 제3회 필기시험 (2024년 7월 5일 시행)

01 가스산업기사	수험번호 : 수험자명 :	※ 제한시간 : 120분 ※ 남은시간 :
글자 크기 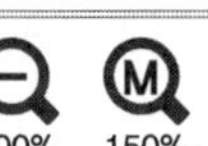  100% 150% 200% 화면 배치 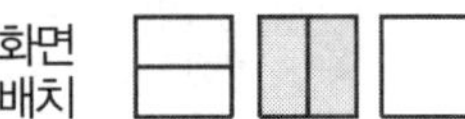	전체 문제 수 : 안 푼 문제 수 :	답안 표기란 ① ② ③ ④

제1과목 연소공학

01 C_mH_n 1Nm³이 연소해서 생기는 H_2O의 양(Nm³)은 얼마인가?

① $\frac{n}{4}$ ② $\frac{n}{2}$

③ n ④ 2n

$$C_mH_n + \left(m + \frac{n}{4}\right)O_2 \rightarrow mCO_2 + \frac{n}{2}H_2O$$

02 0℃, 1atm에서 10m³의 다음 조성을 가지는 기체연료의 이론공기량은?(H_2 10%, CO 15%, CH_4 25%, N_2 50%)

① 29.8m³ ② 20.6m³

③ 16.8m³ ④ 8.7m³

$$H_2 + \frac{1}{2}O_2 \rightarrow H_2O$$

$$CO + \frac{1}{2}O_2 \rightarrow CO_2$$

$$CH_4 + 2O_2 \rightarrow CO_2 + 2H_2O$$

$$\left(\frac{1}{2}\times 0.1 + \frac{1}{2}\times 0.15 + 2\times 0.25\right)\times \frac{1}{0.21}\times 10$$

$$= 29.761\text{m}^3$$

03 다음 가스 중 연소범위가 가장 작은 것은?

① 수소

② 프로판

③ 암모니아

④ 프로필렌

① 수소 : 4~75%

② 프로판 : 2.1~9.5%

③ 암모니아 : 15~28%

④ 프로필렌 : 2.4~10.3%

04 메탄 60%, 에탄 30%, 프로판 5%, 부탄 5%인 혼합가스의 공기 중 폭발하한 값은? (단, 각 성분의 하한값은 메탄 5.0%, 에탄 3.0%, 프로판 2.1%, 부탄 1.8%이다.)

① 3.8

② 7.6

③ 13.5

④ 18.3

해설

$$\frac{100}{L} = \frac{V_1}{L_1} + \frac{V_2}{L_2} + \frac{V_3}{L_3} + \frac{V_4}{L_4}$$

$$= \frac{60}{5} + \frac{30}{3} + \frac{5}{2.1} + \frac{5}{1.8}$$

$$\therefore L = 3.8\%$$

05 연소공기비가 표준보다 큰 경우 어떤 현상이 발생하는가?

① 매연 발생량이 적어진다.

② 배가스량이 많아지고 열효율이 저하된다.

③ 화염온도가 높아져 버너에 손상을 입힌다.

④ 연소실 온도가 높아져 전열효과가 커진다.

정답 01.② 02.① 03.② 04.① 05.②

06 다음 기상 폭발 발생을 예방하기 위한 대책으로 적합하지 않은 것은?

① 환기에 의해 가연성 기체의 농도 상승을 억제한다.
② 집진장치 등에서 분진 및 분무의 퇴적을 방지한다.
③ 휘발성 액체와 불활성 기체와의 접촉을 피하기 위해 공기로 차단한다.
④ 반응에 의해 가연성 기체의 발생 가능성을 검토하고 반응을 억제하거나 또는 발생한 기체를 밀봉한다.

공기는 조연성이므로 폭발성을 증대시킨다.

07 다음 고체연료의 연소에서 화염전파 속도에 대한 설명 중 옳지 않은 것은?

① 석탄화도가 클수록 화염전파속도가 빠르다.
② 발열량이 클수록 화염전파속도가 빠르다.
③ 1차공기의 온도가 높을수록 화염전파속도가 빠르다.
④ 입경이 작을수록 화염전파속도가 빠르다.

탄화도가 클수록 화염전파속도는 느리다.

08 다음 [보기]에서 설명하는 소화제의 종류는?

[보기]
㉠ 유류 및 전기화재에 적합하다.
㉡ 소화 후 잔여물을 남기지 않는다.
㉢ 연소반응을 억제하는 효과와 냉각소화 효과를 동시에 가지고 있다.
㉣ 소화기의 무게가 무겁고, 사용 시 동상의 우려가 있다.

① 물
② 하론
③ 이산화탄소
④ 드라이케미컬 분말

09 다음 중 분진폭발과 가장 관련이 있는 물질은?

① 소백분　　② 에테르
③ 탄산가스　　④ 암모니아

해설
분진폭발
㉠ 정의 : 가연성 고체의 미분이 공기 중에 부유하고 있을 때 어떤 착화원에 의해 에너지가 주어지면 일어나는 폭발
㉡ 예시 : 탄광의 미분탄, 플라스틱 미분, 소백분, 밀가루 등의 부유 시
㉢ 분진폭발이 일어나는 조건
- 가연성이며 폭발범위 내에 있어야 한다.
- 점화원이 있어야 한다.
- 분진이 화염을 전파할 수 있는 크기여야 한다.

10 다음 중 매연발생으로 일어나는 피해 중 해당되지 않는 것은?

① 열손실　　② 환경오염
③ 연소기 과열　　④ 연소기 수명단축

11 가정용 연료가스는 프로판과 부탄가스를 액화한 혼합물이다. 이 액화한 혼합물이 30℃에서 프로판과 부탄의 몰비가 4 : 1로 되어 있다면 이 용기 내의 압력은 몇 기압 atm인가? (단, 30℃에서의 증기압은 프로판 9,000mmHg이고 부탄이 2,400mmHg이다.)

① 2.6　　② 5.5
③ 8.8　　④ 10.1

$$\text{전압} = 9{,}000 \times \frac{4}{5} + 2{,}400 \times \frac{1}{5} = 7{,}680\text{mmHg}$$

$$\therefore \frac{7{,}680}{760} = 10.1(\text{atm})$$

12 연료의 구비조건이 아닌 것은?

① 발열량이 클 것
② 유해성이 없을 것
③ 저장 및 운반 효율이 낮을 것
④ 안전성이 있고 취급이 쉬울 것

13 대기 중에 대량의 가연성 가스나 인화성 액체가 유출되어 발생 증기가 대기 중의 공기와 혼합하여 폭발성인 증기운을 형성하고 착화 폭발하는 현상은? **[연소-9]**

① BLEVE　　② UVCE
③ Jet fire　　④ Flash over

정답 06.③ 07.① 08.③ 09.① 10.③ 11.④ 12.③ 13.②

UVCE(증기운폭발) : 대기 중 다량의 가연성 가스 또는 액체의 유출로 발생한 증기가 공기와 혼합되어 가연성 혼합기체를 형성하여 발화원에 의해 발생하는 폭발

14 가연성 가스의 폭발범위에 대한 설명으로 옳은 것은?

① 폭굉에 의한 폭풍이 전달되는 범위를 말한다.
② 폭굉에 의하여 피해를 받는 범위를 말한다.
③ 공기 중에서 가연성 가스가 연소할 수 있는 가연성 가스의 농도범위를 말한다.
④ 가연성 가스와 공기의 혼합기체가 연소하는 데 있어서 혼합기체의 필요한 압력범위를 말한다.

폭발 범위 : 공기 중 가연성 가스가 연소할 수 있는 가연성 가스의 부피%로서 최저를 폭발하한, 최고를 폭발상한이라고 한다.

15 가연성 가스의 농도 범위는 무엇에 의해 결정되는가?

① 온도, 압력
② 온도, 체적
③ 체적, 비중
④ 압력, 비중

16 연소의 3요소 중 가연물에 대한 설명으로 옳은 것은?

① 0족 원소들은 모두 가연물이다.
② 가연물은 산화반응 시 발열반응을 일으키며 열을 축적하는 물질이다.
③ 질소와 산소가 반응하여 질소산화물을 만드므로 질소는 가연물이다.
④ 가연물은 반응 시 흡열반응을 일으킨다.

17 "기체분자의 크기가 0이고 서로 영향을 미치지 않는 이상기체의 경우, 온도가 일정할 때 가스의 압력과 부피는 서로 반비례한다."와 관련이 있는 법칙은? [설비-2]

① 보일의 법칙
② 샤를의 법칙
③ 보일-샤를의 법칙
④ 돌턴의 법칙

① 보일의 법칙 : 온도가 일정할 때 이상기체의 부피는 압력에 반비례한다.($P_1V_1 = P_2V_2$)
② 샤를의 법칙 : 압력이 일정할 때 이상기체의 부피는 절대온도에 비례한다.$\left(\dfrac{V_1}{T_1} = \dfrac{V_2}{T_2}\right)$
③ 보일-샤를의 법칙 : 이상기체의 부피는 압력에 반비례, 절대온도에 비례한다.
$$\left(\frac{P_1V_1}{T_1} = \frac{P_2V_2}{T_2}\right)$$

18 다음 연소에 대한 설명 중 옳은 것은?

① 착화온도와 연소온도는 항상 같다.
② 이론연소온도는 실제연소온도보다 높다.
③ 일반적으로 연소온도는 인화점보다 상당히 낮다.
④ 연소온도가 그 인화점보다 낮게 되어도 연소는 계속된다.

실제로 연소를 시키기 위하여 이론공기량보다 더 많은 공기, 즉 과잉공기가 들어가야 연소가 되므로 공기량이 많아지면 연소실 내 온도가 낮아지므로 이론연소온도가 실제연소온도보다 더 높다.

19 연소 시 배기가스 중의 질소산화물의 함량을 줄이는 방법으로 가장 거리가 먼 것은?

① 굴뚝을 높게 한다.
② 연소온도를 낮게 한다.
③ 질소함량이 적은 연료를 사용한다.
④ 연소가스가 고온으로 유지되는 시간을 짧게 한다.

① 굴뚝을 높게 한다. → 대기오염도와 관계

정답 14.③ 15.① 16.② 17.① 18.② 19.①

20 다음 가연성 기체와 공기 혼합기의 폭발범위의 크기가 작은 것에서부터 순서대로 나열된 것은?

㉠ 수소	㉡ 메탄
㉢ 프로판	㉣ 아세틸렌
㉤ 메탄올	

① ㉢, ㉡, ㉤, ㉠, ㉣
② ㉢, ㉤, ㉡, ㉣, ㉠
③ ㉣, ㉠, ㉤, ㉡, ㉢
④ ㉣, ㉢, ㉠, ㉤, ㉢

H_2 : 4~75%
CH_4 : 5~15%
C_3H_8 : 2.1~9.5%
C_2H_2 : 2.5~81%
CH_3OH : 7.3~36%

제2과목 가스설비

21 다음 중 역류방지 밸브에 해당되지 않는 것은?

① 볼 체크밸브
② Y형 나사밸브
③ 스윙형 체크밸브
④ 리프트형 체크밸브

22 다음 고압가스 제조장치의 재료에 대한 설명으로 틀린 것은?

① 상온건조 상태의 염소가스에서는 보통강을 사용해도 된다.
② 암모니아 아세틸렌의 배관재료에는 구리재를 사용해도 된다.
③ 탄소강의 충격치는 −70℃ 부근에서 거의 0으로 된다.
④ 암모니아 합성탑 내통의 재료에는 18−8 스테인리스강을 사용한다.

구리 사용 금지가스
C_2H_2 : 폭발, NH_3, H_2S: 부식

23 정전기 제거 또는 발생방지 조치에 대한 설명으로 틀린 것은?

① 상대습도를 높인다.
② 공기를 이온화시킨다.
③ 대상물을 접지시킨다.
④ 전기저항을 증가시킨다.

24 폴리에틸렌관(polyethylene pipe)의 일반적인 성질에 대한 설명으로 틀린 것은?

① 인장강도가 적다.
② 내열성과 보온성이 나쁘다.
③ 염화비닐관에 비해 가볍다.
④ 상온에도 유연성이 풍부하다.

25 내압시험압력 300kg/cm^2(절대압력)의 Autoclave에 15℃에서 수소를 100kg/cm^2(절대압력)으로 충전하였다. 그리고 Autoclave의 온도를 점차 상승시켰더니 안전밸브에서 수소가 분출하였다. 이때의 온도는 몇 ℃가 되었는가?

① 약 418　　② 약 547
③ 약 591　　④ 약 691

$$\frac{P_1}{T_1}=\frac{P_2}{T_2}$$

$$\therefore\ T_2=\frac{T_1P_2}{P_1}=\frac{(273+15)\times(300\times0.8)}{100}$$

$$=691.2K=418.2℃$$

26 고압가스 설비에 설치하는 압력계의 최고 눈금은?

① 상용압력의 2배 이상 3배 이하
② 상용압력의 1.5배 이상 2배 이하
③ 내압시험 압력의 1배 이상 2배 이하
④ 내압시험 압력의 1.5배 이상 2배 이하

27 액화 석유가스 저장탱크에 설치할 수 없는 액면계는?

① 평형 반사식 유리 액면체
② 평형 투시식 유리 액면체
③ 환형 유리 액면계
④ 플로트식 액면계

정답 20.① 21.② 22.② 23.④ 24.② 25.① 26.② 27.③

환형 유리관 액면계 설치 가능 가스 종류 : 산소, 불활성 가스

28 다음 설명 중 틀린 것은?

① 냉동 능력이란 1시간에 냉동기가 흡수하는 열량 kcal/hr을 뜻한다.
② 냉동 효과란 냉매 1kg이 흡수하는 열량 kcal/kg을 뜻한다.
③ 체적냉동 효과란 압축기 입구에서의 증기의 체적당 흡열량 kcal/kg을 뜻한다.
④ 냉동톤이란 0℃의 물 1톤을 1시간에 0℃의 얼음으로 냉동시키는 능력을 뜻한다.

1 냉동톤이란 0℃의 물 1톤을 24시간 동안에 0℃의 얼음으로 냉동시키는 능력을 뜻한다.

29 원통형 용기에서 원주방향 응력은 축방향 응력의 얼마인가?

① 0.5배
② 1배
③ 2배
④ 4배

해설
원통형 용기
㉠ 원주방향 응력 : $\sigma_t = \dfrac{PD}{2t}$
㉡ 축방향 응력 : $\sigma_z = \dfrac{PD}{4t}$
$\therefore\ \sigma_t = 2\sigma_z$
여기서, P : 내압
D : 내경
t : 관의 두께

30 압축기에서 압축비가 커짐에 따라 나타나는 영향이 아닌 것은? [설비-47]

① 소요 동력 감소
② 토출가스 온도 상승
③ 체적 효율 감소
④ 압축 일량 증가

해설
소요 동력 증대, 윤활유 열화 탄화

31 피셔(fisher)식 정압기에 대한 설명으로 틀린 것은? [설비-6]

① 로딩형 정압기이다.
② 동특성이 양호하다.
③ 정특성이 양호하다.
④ 다른 것에 비하여 크기가 크다.

④ 비교적 콤팩트하다.

32 물질을 취급하는 장치의 사용재료로서 구리 및 구리합금을 사용해도 좋은 것은?

① 황화수소
② 수소
③ 아세틸렌
④ 암모니아

구리 사용 시
H_2S : 부식, NH_3 : 부식, C_2H_2 : 폭발

33 원심 펌프의 특징이 아닌 것은?

① 캐비테이션이나 서징현상이 발생하지 않는다.
② 원심력에 의하여 액체를 이송한다.
③ 고양정에 적합하다.
④ 가이드 베인이 있는 것을 터빈 펌프라 한다.

회전수가 빠르므로 캐비테이션 서징현상이 일어나기 쉽다.

34 상온의 질소가스는 압력을 상승시키면 가스점도가 어떻게 변화하는가?

① 높게 된다.
② 낮게 된다.
③ 감소한다.
④ 변하지 않는다.

35 저온장치용 금속재료에서 온도가 낮을수록 감소하는 기계적 성질은?

① 인장강도 ② 연신율
③ 항복점 ④ 경도

정답 28.④ 29.③ 30.① 31.④ 32.② 33.① 34.① 35.②

36 LP가스용 조정기 중 2단 감압식 조정기의 특징에 대한 설명으로 틀린 것은? [안전-17, 설비-55]

① 1차용 조정기의 조정압력은 25kPa이다.
② 배관이 길어도 전공급지역의 압력을 균일하게 유지할 수 있다.
③ 입상배관에 의한 압력손실을 적게 할 수 있다.
④ 배관구경이 작은 것으로 설계할 수 있다.

① 1차용 조정기의 조정압력은 57~83kPa이다.

37 펌프에서 발생하는 수격현상의 방지법으로 틀린 것은? [설비-17]

① 서지(surge) 탱크를 관 내에 설치한다.
② 관 내의 유속 흐름 속도를 가능한 적게 한다.
③ 플라이 휠을 설치하여 펌프의 속도가 급변하는 것을 막는다.
④ 밸브는 펌프 주입구에 설치하고 밸브를 적당히 제어한다.

④ 밸브를 송출구 가까이 설치하고 밸브를 적당히 제어한다.

38 도시가스 공정에 내용적 25m^{3}의 저장탱크가 4개 설치되어 있다. 총 저장 능력은 몇 톤인가? (단, 도시가스 비중은 0.7이다.)

① 35.50 ② 45.50
③ 53.40 ④ 63.40

G=0.9×0.7×25×4=63.90

39 정압기를 평가, 선정할 경우에는 정압기의 각 특성이 사용 조건에 적합하도록 선정하여야 한다. 다음 중 정압기 평가 및 선정과 관계가 먼 특성은?

① 정특성 ② 동특성
③ 유량특성 ④ 혼합특성

해설
①, ②, ③ 이외에 사용최대차압 및 작동최소차압이 있다.

40 특수강에 내마멸성, 내식성을 부여하기 위하여 첨가하는 원소는?

① 니켈 ② 크롬
③ 몰리브덴 ④ 망간

제3과목 가스안전관리

41 독성액화가스를 차량으로 운반할 때 몇 kg 이상이면 한국가스안전공사에서 실시하는 운반에 관한 소정의 교육을 이수한 사람 또는 운반 책임자가 동승해야만 하는가? (단, 허용농도가 100만 분의 200 이상일 경우)

① 6,000kg ② 3,000kg
③ 2,000kg ④ 1,000kg

운반책임자 동승기준

종류	독성	가연성	조연성
액화가스	1,000kg	3,000kg	6,000kg
압축가스	100m^3	300m^3	6,000m^3

42 고압가스 일반제조시설에서 저장탱크를 지하에 묻는 경우의 기준으로 틀린 것은? [안전-49]

① 저장탱크 정상부와 지면과의 거리는 60cm 이상으로 할 것
② 저장탱크의 주위에 마른 흙을 채울 것
③ 저장탱크를 2개 이상 인접하여 설치하는 경우 상호 간에 1m 이상의 거리를 유지할 것
④ 저장탱크를 묻는 곳의 주위에는 지상에 경계를 표지할 것

해설
② 저장탱크의 지하 설치 시는 마른 모래를 채운다.

43 특정고압가스이면서 그 성분이 독성가스인 것으로 나열된 것은? [안전-76]

① 산소, 수소
② 액화염소, 액화질소
③ 액화암모니아, 액화염소
④ 액화암모니아, 액화석유가스

정답 36.① 37.④ 38.④ 39.④ 40.② 41.④ 42.② 43.③

44 산소, 아세틸렌 및 수소를 제조하는 자가 실시하여야 하는 품질검사의 주기는? [안전-11]

① 1일 1회 이상
② 1주 1회 이상
③ 월 1회 이상
④ 년 2회 이상

45 액화천연가스(LNG)의 탱크로서 저온수축을 흡수하는 기구를 가진 금속 박 판을 사용한 탱크는?

① 프레스트래스트 콘크리트제 탱크
② 동결식 반 지하탱크
③ 금속제 이중구조탱크
④ 금속제 멤브레인탱크

해설
금속제 멤브레인 탱크
외조(SS41), 내조(Aℓ, 9%Ni), 보냉제(페라이트 콘크리트+분말페라이트)

46 공동주택에 압력조정기를 설치 시 액화석유가스 최고압력이 0.01MPa 이상인 경우 세대수가 몇 세대 미만인 경우 설치하여야 하는가?

① 100세대 ② 150세대
③ 200세대 ④ 250세대

해설
최고사용압력이 0.01MPa 미만인 경우는 250세대 미만인 경우에 압력조정기를 설치한다.

47 고온 · 고압 시 가스용기의 탈탄작용을 일으키는 가스는? [설비-29]

① C_3H_8 ② SO_3
③ H_2 ④ CO

48 정전기로 인한 화재 · 폭발 사고를 예방하기 위해 취해야 할 조치가 아닌 것은?

① 유체의 분출 방지
② 절연체의 도전성 감소
③ 공기의 이온화 장치 설치
④ 유체 이 · 충전 시 유속의 제한

49 다음 중 고압가스 안전관리법상 가스저장탱크 설치 시 내진설계를 하여야 하는 저장탱크는? (단, 비가연성 및 비독성인 경우는 제외한다.) [안전-54]

① 저장능력이 5톤 이상 또는 500m^3 이상인 저장탱크
② 저장능력이 3톤 이상 또는 300m^3 이상인 저장탱크
③ 저장능력이 2톤 이상 또는 200m^3 이상인 저장탱크
④ 저장능력이 1톤 이상 또는 100m^3 이상인 저장탱크

해설
고압가스 안전관리법상 내진설계 시설 용량
㉠ 독성, 가연성 : 5톤, 500m^3 이상
㉡ 비독성, 비가연성 : 10톤, 1000m^3 이상

50 다음 가스배관 중 용접시공을 하지 않아도 되는 가스배관은?

① 지하매설 PE관
② 최고사용압력이 0.01MPa 이상 노출배관
③ 최고사용압력이 0.01MPa 미만, 호칭지름 50mm 이상 노출배관
④ 지상에 설치되는 중압 이상의 배관

51 고압가스 안전관리법에서 정하고 있는 특정고압가스가 아닌 것은? [안전-76]

① 천연가스
② 액화염소
③ 게르만
④ 염화수소

52 용기보관실을 설치한 후 액화석유가스를 사용하여야 하는 시설기준은? [안전-111]

① 저장능력 1,000kg 초과
② 저장능력 500kg 초과
③ 저장능력 300kg 초과
④ 저장능력 100kg 초과

정답 44.① 45.④ 46.② 47.③ 48.② 49.① 50.① 51.④ 52.④

53 독성의 액화가스 저장탱크 주위에 설치하는 방류둑의 저장능력은 몇 톤 이상의 것에 한하는가? [안전-53]

① 3톤 ② 5톤
③ 10톤 ④ 50톤

고압가스 안전관리법상 방류둑의 저장능력
㉠ 독성 : 5톤 이상
㉡ 산소 : 1000톤 이상

54 가스배관 중 지하매설배관 최고사용압력이 0.1MPa 초과인 배관, 최고사용압력이 0.1MPa 이하인 노출배관 중 호칭지름이 몇 mm를 초과하는 배관의 접합부를 맞대기 용접으로 접합하여야 하는가?

① 20mm ② 30mm
③ 40mm ④ 50mm

55 아래 배관 중 비파괴시험의 대상 배관이 아닌 항목은?

① 최고사용압력 0.1MPa 이상인 액화석유가스가 통하는 배관의 용접부
② 최고사용압력이 0.1MPa 미만인 액화석유가스가 통하는 70mm 이상의 배관의 용접부
③ 최고사용압력이 0.1MPa 이상인 도시가스가 통하는 배관의 용접부
④ 최고사용압력이 0.1MPa 미만인 도시가스가 통하는 100mm 이상의 용접부

② 최고사용압력 0.1MPa 미만, 80mm 이상의 LPG, 도시가스가 통하는 용접부

56 밸브가 돌출한 용기를 용기보관소에 보관하는 경우 넘어짐 등으로 인한 충격 및 밸브의 손상을 방지하기 위한 조치를 하지 않아도 되는 용기 내용적의 기준은? [안전-111]

① 1L 미만
② 3L 미만
③ 5L 미만
④ 10L 미만

밸브 돌출용기 가스충전 후 넘어짐 및 밸브 손상 방지조치(5L 이하는 제외)

57 내용적 50L의 용기에 프로판을 충천할 때 최대 충전량은? (단, 충전정수는 2.35이다.)

① 21.3kg
② 47kg
③ 117.5kg
④ 11.8kg

$W=\frac{V}{C}=\frac{50}{2.35}=21.3\text{kg}$

58 고압가스 배관을 보호하기 위하여 배관과의 수평거리 얼마 이내에서는 파일박기 작업을 하지 아니하여야 하는가? [안전-121]

① 0.1m ② 0.3m
③ 0.5m ④ 1m

가스배관 수평거리 30cm 이내는 파일박기 금지

59 다음 중 LPG 집단공급시설에서 입상관이란 어느 것인가? [안전-160]

① 수용가에 가스를 공급하기 위해 건축물에 수직으로 부착되어 있는 배관을 말하며, 가스의 흐름방향이 공급자에서 수용가로 연결된 것을 말한다.
② 수용가에 가스를 공급하기 위해 건축물에 수평으로 부착되어 있는 배관을 말하며, 가스의 흐름방향이 공급자에서 수용가로 연결된 것을 말한다.
③ 수용가에 가스를 공급하기 위해 건축물에 수직으로 부착되어 있는 배관을 말하며, 가스의 흐름방향과 관계 없이 수직배관은 입상관으로 본다.
④ 수용가에 가스를 공급하기 위해 건축물에 수평으로 부착되어 있는 배관을 말하며, 가스의 흐름방향과 관계 없이 수직배관은 입상관으로 본다.

정답 53.② 54.④ 55.② 56.③ 57.① 58.② 59.③

일반도시가스의 용어 정의

용어	정의
이상 압력 통보 설비	정압기 출구압력이 설정압력보다 상승하거나 낮아지는 경우에 이상 유무를 상황실에서 알 수 있도록 경보음(70dB) 이상 등으로 알려주는 설비를 말한다.
긴급 차단 장치	정압기의 이상 발생 등으로 출구측 압력이 설정압력보다 이상 상승하는 경우 입구측으로 유입되는 가스를 자동차단하는 장치를 말한다.
안전 밸브	정압기의 압력이 이상 상승하는 경우 자동으로 압력을 대기 중으로 방출하는 밸브를 말한다.
상용 압력	통상의 사용상태에서 사용하는 최고의 압력으로서 정압기 출구압력이 2.5MPa 이하인 경우 2.5MP를 말하며, 그 외의 것을 일반도시가스 사업자가 설정한 최대출구압력을 말한다.
입상관	수용가에서 가스를 공급하기 위해 건축물에 수직으로 부착되어 있는 배관을 말하며, 가스의 흐름방향에 관계 없이 수직으로 부착되어 있는 배관을 입상관으로 본다.

60 다음의 가스배관을 용접접합을 하지 않고 나사, 플랜지 기계적 접합을 할 수 있는 경우가 아닌 항목은?

① 용접 접합을 실시하기가 곤란한 경우
② 최고사용압력이 0.01MPa 미만으로 호칭지름 80mm 미만의 노출배관을 건축물 외부에 설치하는 경우
③ 공동주택 등의 가스 계량기를 집단으로 설치하기 위하여 가스계량기로 분기하는 T 연결부
④ 공동주택 입상관의 드레인 캡 마감부가 건축물 외부에 설치된 경우

② 최고 사용압력 0.01MPa 미만 호칭지름 50mm 미만의 노출배관을 건축물 외부에 설치 시 용접 접합을 하지 않아도 된다.

제4과목 가스계측기기

61 유량과 일정한 관계에 있는 다른 양(흐름 속에 있는 회전자의 회전수)을 측정함으로써 간접적으로 유량을 구하는 방법 중 가장 많이 쓰이고 있는 것은?

① 루트식 ② 로터리식
③ 독립내기식 ④ 오벌식

62 발색시약을 흡착시킨 검지제를 사용하는 검지관법에 의한 아세틸렌의 검지한도는 얼마인가?

① 5ppm ② 10ppm
③ 20ppm ④ 100ppm

측정 대상 가스	측정 농도 범위(%)	검지 한도 (ppm)	측정 대상 가스	측정 농도 범위(%)	검지 한도 (ppm)
C_2H_2	0~0.3	10	C_3H_8	0~5	100
H_2	0~1.5	250	HCN	0~0.01	0.2
Cl_2	0~0.04	0.1	NH_3	0~25	5
CO	0~0.1	1	C_2H_4	0~1.2	0.01
CO_2	0~10	20	C_2H_4O	0~3.5	10

63 다음 p동작에 관해서 기술한 것으로 옳은 것은?

① 비례대의 폭을 좁히는 등 오프셋은 작게 된다.
② 조작량은 제어편차의 변화 속도에 비례한 제어동작이다.
③ 제어편차에 비례한 속도로서 조작량을 변화시킨 제어조작이다.
④ 비례대의 폭을 넓히는 등 제어동작이 작동할 때는 강하다.

64 정확한 계량이 가능하여 기준기로 주로 이용되는 것은? [계측-8]

① 막식 가스미터
② 습식 가스미터
③ 회전자식 가스미터
④ 벤투리식 가스미터

정답 60.② 61.③ 62.② 63.② 64.②

65 계통적 오차(systematic error)에 해당되지 않는 것은? [계측-2]

① 계기오차
② 환경오차
③ 이론오차
④ 우연오차

① 계기오차 : 측정기의 불안전 설치의 영향 등으로 생김
② 환경오차 : 측정환경의 변화(온도, 압력)에 의하여 생김
③ 이론(방법)오차 : 공식 계산의 오류로 생김
④ 개인(판단) 오차 : 개인 판단에 의하여 생김

66 계측계통의 특성을 정특성과 동특성으로 구분할 경우 동특성을 나타내는 표현과 가장 관계가 있는 것은?

① 직선성(linerity)
② 감도(sensitivity)
③ 히스테리시스(hysteresis) 오차
④ 과도응답(transient response)

67 가스미터 설치 시 입상배관을 금지하는 가장 큰 이유는?

① 균열에 따른 누출방지를 위하여
② 고장 및 오차 발생방지를 위하여
③ 겨울철 수분응축에 따른 밸브, 밸브시트의 동결방지를 위하여
④ 계량막 밸브와 밸브시트 사이의 누출방지를 위하여

68 가스 크로마토그래피 캐리어가스의 유량이 70mL/min에서 어떤 성분시료를 주입하였더니 주입점에서 피크까지의 길이가 18cm이었다. 지속용량이 450mL라면 기록지의 속도는 약 몇 cm/min인가?

① 0.28 ② 1.28
③ 2.8 ④ 3.8

$$\frac{70\text{mL/min} \times 18\text{cm}}{450\text{mL}} = 2.8\text{cm/min}$$

69 가스 크로마토그래피(gas chromatography)에서 전개제로 주로 사용되는 가스는 다음 중 어느 것인가? [계측-10]

① He ② CO
③ Rn ④ Kr

G/C의 캐리어가스 : He, H_2, Ar, N_2

70 다음 중 전자유량계의 원리는?

① 옴(Ohm)의 법칙
② 베르누이(Bernoulli)의 법칙
③ 아르키메데스(Archimedes)의 원리
④ 패러데이(Faraday)의 전자유도법칙

71 다음 온도계 중 가장 고온을 측정할 수 있는 것은?

① 저항 온도계
② 열전대 온도계
③ 바이메탈 온도계
④ 광고온계

④ 광고온계 : 비접촉식

72 다음 가스 중 헴펠식 분석장치를 사용하여 규정의 가스 성분을 정량하고자 할 때 흡수법에 의하지 않고 연소법에 의해 측정하여야 하는 것은?

① 수소 ② 이산화탄소
③ 산소 ④ 일산화탄소

73 브로돈관 압력계를 설명한 것으로 틀린 것은?

① 두 공정간의 압력차를 측정하는 데 사용한다.
② C자형에 비하여 나선형관은 작은 압력차에 민감하다.
③ 공정 압력과 대기압의 차를 측정한다.
④ 곡관의 내압이 증가하면 곡률반경이 증가하는 원리를 이용한 것이다.

두 공정 간의 압력차는 차압식 유량계

정답 65.④ 66.④ 67.③ 68.③ 69.① 70.④ 71.④ 72.① 73.①

74 다음 중 계량기의 감도가 좋으면 어떠한 변화가 오는가?

① 측정시간이 짧아진다.
② 측정범위가 좁아진다.
③ 측정범위가 넓어지고, 정도가 좋다.
④ 폭넓게 사용할 수가 있고, 편리하다.

75 온도 25℃, 노점 19℃인 공기의 상대습도를 구하면? (단, 25℃ 및 19℃에서의 포화수증기압은 각각 23.76mmHg 및 16.47mmHg 이다.)

① 56%　　② 69%
③ 78%　　④ 84%

상대습도$=\frac{16.47}{23.76}\times 100=69\%$

76 스테판 볼츠만 법칙을 이용한 온도계는 어느 것인가?

① 열전대 온도계
② 방사 고온계
③ 수은 온도계
④ 베크만 온도계

스테판 볼츠만의 법칙 : 전방사 에너지는 절대온도의 4승에 비례

77 비중이 0.8인 액체의 절대압이 2kg, ?cm^2일 때 헤드(head)는?

① 16m　　② 40m
③ 25m　　④ 32m

$P=\gamma H$

$H=\frac{P}{\gamma}=\frac{2\times 10^4}{0.8\times 10^3}=25\text{m}$

78 미리 알고 있는 측정량과 측정치를 평형시켜 알고 있는 양의 크기로부터 측정량을 알아내는 방법의 대표적인 예로서, 천칭을 이용하여 질량을 측정하는 방식을 무엇이라 하는가? [계측-11]

① 영위법　　② 평형법
③ 방위법　　④ 편위법

계측의 측정방법
㉠ 영위법 : 측정하고자 하는 상태량과 비교하여 측정하는 방법(블록게이지, 천칭의 질량측정법)
㉡ 편위법 : 측정량과 관계 있는 다른 양으로 변환시켜 측정하는 방법(전류계, 스프링저울, 부르동관 압력계)

79 현재 산업체와 연구실에서 사용하는 가스크로마토그래피의 각 피크(peak) 면적측정법으로 주로 이용되는 방식은?

① 중량을 이용하는 방법
② 면적계를 이용하는 방법
③ 적분계(integrator)에 의한 방법
④ 각 기체의 길이를 총량한 값에 의한 방법

80 차압식 유량계에 있어서 조리개 전후의 압력차가 처음보다 2배만큼 커졌을 때 유량은 어떻게 변하는가? (단, 다른 조건은 모두 같으며, Q_1, Q_2는 각각 처음과 나중의 유량을 나타낸다.)

① $Q_2=\sqrt{2}\,Q_1$　　② $Q_2=Q_1$
③ $Q_2=4Q_1$　　④ $Q_2=2Q_1$

$Q_1=A\sqrt{2gH}$ 에서
$Q_2=A\sqrt{2g2H}$ 이면
$Q_2=\sqrt{2}\,Q_1$

정답 74.② 75.② 76.② 77.③ 78.① 79.③ 80.①

길을 가다가 돌이 나타나면
약자는 그것을 걸림돌이라 말하고,
강자는 그것을 디딤돌이라고 말한다.

-토마스 칼라일(Thomas Carlyle)-

☆

같은 돌이지만 바라보는 시각에 따라 그리고 마음가짐에 따라
걸림돌이 되기도 하고 디딤돌이 되기도 합니다.
자기에게 주어진 상황을 활용할 줄 아는 자만이
성공의 문에 도달할 수 있답니다.^^

권말부록

시험에 잘 나오는 핵심이론정리집

Part 1 연소공학
Part 2 가스설비
Part 3 안전관리
Part 4 계측기기

최근 출제된 기출문제를 중심으로 핵심이론을 요약·정리한 권말부록입니다. '핵심이론정리집'은 필기시험에서 언제든지 출제될 수 있을 뿐 아니라, 기출문제 풀이 시 참고자료로 적극 활용하시길 부탁드리며, 2차(실기) 시험에서도 반드시 필요한 내용이니 이 권말부록을 완벽히 숙지하시면 어떠한 형식으로 문제가 출제되어도 해결할 수 있습니다.

HAPPY GAS
GAS

연소공학

Part 1

핵심 1 ◇ 폭굉(데토네이션), 폭굉유도거리(DID)

폭 굉	
정 의	가스 중 음속보다 화염전파속도(폭발속도)가 큰 경우로 파면 선단에 솟구치는 압력파가 발생하여 격렬한 파괴작용을 일으키는 원인이 된다.
폭굉속도	1000~3500m/s
가스의 정상연소속도	0.1~10m/s
폭굉범위와 폭발범위의 관계	폭발범위는 폭굉범위보다 넓고, 폭굉범위는 폭발범위보다 좁다. ※ 폭굉이 폭발범위 중 어느 부분 가장 격렬한 폭발이 일어나는 부분이므로
폭굉유도거리(DID)	
정 의	최초의 완만한 연소가 격렬한 폭굉으로 발전하는 거리 ※ 연소가 폭굉으로 되는 거리
짧아지는 조건	① 정상연소속도가 큰 혼합가스일수록 ② 압력이 높을수록 ③ 점화원의 에너지가 클수록 ④ 관 속에 방해물이 있거나 관경이 가늘수록
참고사항	폭굉유도거리가 짧을수록 폭굉이 잘 일어나는 것을 의미하며, 위험성이 높은 것을 말한다.

☺ 이 책의 특징 : 2007년도에는 폭굉유도거리가 짧아지는 조건이 출제되었으나 폭굉에 관련된 모든 중요사항을 공부함으로써 어떠한 문제가 출제되어도 대응할 수 있으므로 반드시 합격할 수 있는 가스산업기사(필기) 수험서입니다.

핵심 2 ◇ 연소의 종류

(1) 고체물질의 연소

구 분		세부내용
연료 성질에 따른 분류	표면연소	고체표면에서 연소반응을 일으킴(목탄, 코크스)
	분해연소	연소물질이 완전분해를 일으키면서 연소(종이, 목재)
	증발연소	고체물질이 녹아 액으로 변한 다음 증발하면서 연소(양초, 파라핀)
	연기연소	다량의 연기를 동반하는 표면연소

구 분			세부내용
연소 방법에 따른 분류	미분탄 연소	정 의	석탄을 잘게 분쇄(200mesh 이하)하여 연소되는 부분의 표면적이 커져 연소효율이 높게 되며, 연소 형식에는 U형, L형, 코너형, 슬래그탭이 있고, 고체물질 중 연소효율이 가장 높다.
		장 점	① 적은 공기량으로 완전연소가 가능하다. ② 자동제어가 가능하다. ③ 부하변동에 대응하기 쉽다. ④ 연소율이 크다. ⑤ 화염이 연소실 전체로 퍼진다.
		단 점	① 연소실이 커야 한다. ② 타연료에 비해 연소시간이 길다. ③ 화염길이가 길어진다. ④ 가스화 속도가 낮다. ⑤ 완전연소에 거리와 시간이 필요하다. ⑥ 2상류 상태에서 연소한다.
	유동층 연소	정 의	유동층을 형성하면서 700~900℃ 정도의 저온에서 연소하는 방법
		장 점	① 연소 시 활발한 교환혼합이 이루어진다. ② 증기 내 균일한 온도를 유지할 수 있다. ③ 고부하 연소율과 높은 열전달률을 얻을 수 있다. ④ 유동매체로 석회석 사용 시 탈황효과가 있다. ⑤ 질소산화물의 발생량이 감소한다. ⑥ 연소 시 화염층이 작아진다. ⑦ 석탄입자의 분쇄가 필요 없어 이에 따른 동력손실이 없다.
		단 점	① 석탄입자의 비산우려가 있다. ② 공기공급 시 압력손실이 크다. ③ 송풍에 동력원이 필요하다.
	화격자 연소	정 의	화격자 위에 고정층을 만들고, 공기를 불어넣어 연소하는 방법으로 하입식의 경우 석탄층은 연소가스에 직접 접하지 않고 상부의 고온 산화층으로부터 전도, 복사에 의해 가열된다.
		용 어	① 화격자 연소율(kg/m^2 · h) : 시간당 단위면적당 연소하는 탄소의 양 ② 화격자 열발생률(kcal/m^3 · h) : 시간당 단위체적당 열발생률

(2) 액체물질의 연소

구 분	세부내용
증발연소	액체연료가 증발하는 성질을 이용하여 증발관에서 증발시켜 연소시키는 방법
액면연소	액체연료의 표면에서 연소시키는 방법
분무연소	액체연료를 분무시켜 미세한 액적으로 미립화시켜 연소시키는 방법 (액체연료 중 연소효율이 가장 높다.)
등심연소	일명 심지연소라고 하며, 램프 등과 같이 연료를 심지로 빨아올려 심지 표면에서 연소시키는 것으로 공기온도가 높을수록 화염의 높이가 커진다.

(3) 기체물질의 연소

구 분			세부내용
혼합상태에 따른 분류	예혼합연소	정 의	산소공기들을 미리 혼합시켜 놓고 연소시키는 방법
		특 징	① 조작이 어렵다. ② 공기와 미리 혼합 시 화염이 불안정하다. ③ 역화의 위험성이 확산연소보다 크다.

<table>
<tr><th colspan="3">구 분</th><th>세부내용</th></tr>
<tr><td rowspan="2">혼합상태에 따른 분류</td><td rowspan="2">확산연소</td><td>정 의</td><td>수소, 아세틸렌과 같이 공기보다 가벼운 기체를 확산시키면서 연소시키는 방법</td></tr>
<tr><td>특 징</td><td>① 조작이 용이하다.
② 화염이 안정하다.
③ 역화위험이 없다.</td></tr>
<tr><td rowspan="2">흐름상태에 따른 분류</td><td colspan="2">층류연소</td><td>화염의 두께가 얇은 반응대의 화염</td></tr>
<tr><td colspan="2">난류연소</td><td>반응대에서 복잡한 형상분포를 가지는 연소형태</td></tr>
</table>

핵심 3 ◇ 이상기체(완전가스)

<table>
<tr><th>항 목</th><th colspan="2">세부내용</th></tr>
<tr><td>성 질</td><td colspan="2">① 냉각압축하여도 액화하지 않는다.
② 0K에서도 고체로 되지 않고, 그 기체의 부피는 0이다.
③ 기체분자간 인력이나 반발력은 없다.
④ 0K에서 부피는 0이고, 평균운동에너지는 절대온도에 비례한다.
⑤ 보일-샤를의 법칙을 만족한다.
⑥ 분자의 충돌로 운동에너지가 감소되지 않는 완전탄성체이다.</td></tr>
<tr><td rowspan="2">실제기체와 비교</td><td>이상기체</td><td>실제기체</td></tr>
<tr><td>액화 불가능</td><td>액화 가능</td></tr>
<tr><td rowspan="3">참고사항</td><td>이상기체가 실제기체처럼 행동하는 온도 · 압력의 조건</td><td>실제기체가 이상기체처럼 행동하는 온도 · 압력의 조건</td></tr>
<tr><td>저온, 고압</td><td>고온, 저압</td></tr>
<tr><td colspan="2">이상기체를 정적 하에서 가열 시 압력과 온도 증가</td></tr>
<tr><td>C_P, C_V, K</td><td colspan="2">C_P(정압비열), C_V(정적비열), K(비열비)의 관계
• $C_P - C_V = R$
• $\frac{C_P}{C_V} = K$
• $K > 1$
[K의 값]
• 단원자분자 : 1.66
• 이원자분자 : 1.4
• 삼원자분자 : 1.33</td></tr>
</table>

핵심 4 ◇ 이상기체 상태방정식

<table>
<tr><th>방정식의 종류</th><th>기호 설명</th><th>보충 설명</th></tr>
<tr><td>$PV = nRT$</td><td>P : 압력(atm)
V : 부피(L)
n : 몰수 $= \left[\frac{W(\text{질량}):g}{M(\text{분자량}):g}\right]$
R : 상수(0.082atm · L/mol · K)
T : 절대온도(K)</td><td>상수 R=0.082atm · L/mol · K
=1.987cal/mol · K
=8.314J/mol · K</td></tr>
</table>

방정식의 종류	기호 설명	보충 설명
$PV=GRT$	P : 압력(kg/m^2) V : 체적(m^3) G : 중량(kg) R : $\frac{848}{M}$(kg · m/kmol · K) T : 절대온도(K)	상수 R값의 변화에 따른 압력단위 변화 $R=\frac{8.314}{M}$(kJ/kg · K), P : kPa(kN/m^2) $R=\frac{8314}{M}$(J/kg · K), P : Pa(N/m^2)
참고사항	(예제) 1. 5atm, 3L에서 20℃의 산소기체의 질량(g)을 구하라. (해설) $PV=nRT$로 풀이 (예제) 2. 5kg/m^2, 10m^3, 20℃의 산소기체의 질량(kg)을 구하라. (해설) $PV=GRT$로 풀이 ※ 주어진 공식의 단위를 보고 어느 공식을 적용할 것인가를 판단	

핵심 5 ◆ 인화점, 착화(발화)점

구 분	인화점	착화(발화)점
정 의	가연물을 연소 시 점화원을 가지고 연소하는 최저온도	가연물을 연소 시 점화원이 없는 상태에서 연소하는 최저온도
참고사항	위험성 척도의 기준 : 인화점	

핵심 6 ◆ 연소에 의한 빛의 색 및 온도

색	적열상태	적색	백열상태	황적색	백적색	휘백색
온 도	500℃	850℃	1000℃	1100℃	1300℃	1500℃

핵심 7 ◆ 연소반응에서 수소-산소의 양론혼합반응식의 종류

총괄반응식		$H_2+\frac{1}{2}O_2 \rightarrow H_2O$
소반응(연쇄반응)	연쇄분지반응	• $H+O_2 \rightarrow OH+O$ • $O+H_2 \rightarrow OH+H$
	연쇄이동반응	$OH+H_2 \rightarrow H_2O+H$
	기상정지반응	$H+O_2+M \rightarrow HO_2+M$
	표면정지반응	H, O, OH → 안정분자

① 연쇄반응 시 화염대는 고온 H_2O가 해리하여 일어남
② M : 임의의 분자
③ 기상정지반응 : 기상반응에 의하여 활성기가 파괴되고, 활성이 낮은 HO_2로 변함
④ 표면정지반응 : 활성 화학종이 벽면과 충돌하여 활성을 잃어 안정한 화학종으로 변함

핵심 8 ◇ 1차, 2차 공기에 의한 연소 방법

연소 방법	개 요	특 징
분젠식 (1차, 2차 공기로 연소)	가스와 1차 공기가 혼합관 내에서 혼합 후 염공에서 분출되면서 연소하는 방법	① 불꽃 주위의 확산으로 2차 공기를 취한다. ② 불꽃온도 1200~1300℃(가장 높음)
적화식 (2차 공기만으로 연소)	가스를 대기 중으로 분출하여 대기 중 공기를 이용하여 연소하는 방법	① 필요공기는 불꽃 주변의 확산에 의해 취한다. ② 불꽃온도 1000℃ 정도
세미분젠식	적화식 · 분젠식의 중간형태의 연소 방법	① 1차 공기율은 40% 이하로 취한다. ② 불꽃온도 1000℃ 정도
전 1차 공기식 (1차 공기만으로 연소)	연소에 필요한 공기를 모두 1차 공기로만 공급하는 연소 방법	① 역화 우려가 있다. ② 불꽃온도 850~900℃

※ 급배기 방식에 따른 연소기구(개방형, 밀폐형, 반밀폐형)

핵심 9 ◇ 폭발과 화재

화재와 폭발의 차이는 에너지 방출 속도에 있다.

(1) 폭발

<table>
<tr><td colspan="2">정 의</td><td colspan="2">다량의 가연성 물질이 한번에 연소되어(급격한 물리 · 화학적 변화) 그로 인해 발생된 에너지가 외계에 기계적인 일로 전환되는 것으로 연소의 다음 단계를 말함</td></tr>
<tr><td colspan="2">폭발발생의 조건</td><td colspan="2">① 연소범위 내에 가연물이 존재해야 한다.
② 공간이 밀폐되어 있어야 한다.
③ 점화원이 있어야 한다.</td></tr>
<tr><td rowspan="2">형 태</td><td>폭연</td><td colspan="2">① 발열반응으로 음속보다 느린 폭발(일명 폭발을 정의할 때 음속보다 느린 현상으로 정의)
② 화염의 전파속도 0.1~10m/s</td></tr>
<tr><td>폭굉</td><td colspan="2">① 충격파로 연소의 전파속도가 음속보다 빠른 폭발
② 화염의 전파속도는 가스의 경우 1000~3500m/s이다.
③ 폭굉 발생 시 파면 압력은 정상연소보다 2배 크다. (폭굉의 마하수 : 3~12)</td></tr>
<tr><td rowspan="2">종 류</td><td>물리적 폭발</td><td colspan="2">용기의 파열로 내부 가스가 방출되는 폭발(보일러 폭발, LPG 탱크폭발)</td></tr>
<tr><td>화학적 폭발</td><td colspan="2">화학적 화합물의 분해, 치환 등에 의한 폭발
① 산화폭발(연소범위를 가진 모든 가연성 가스)
② 분해폭발(C_2H_2, C_2H_4O, N_2H_4)
③ 중합폭발(HCN)</td></tr>
<tr><td rowspan="2">특수 폭발</td><td rowspan="2">증기운폭발
(UVCE)</td><td>정 의</td><td>대기 중 다량의 가연성 가스 또는 액체의 유출로 발생한 증기가 공기와 혼합되어 가연성 혼합기체를 형성하여 발화원에 의해 발생하는 폭발</td></tr>
<tr><td>특 성</td><td>① 증기운폭발은 폭연으로 간주되며, 대부분 화재로 이어진다.
② 폭발효율은 낮다.
③ 증기운의 크기가 크면 점화 우려가 높다.
④ 연소에너지의 20%만 폭풍파로 변한다.
⑤ 점화위치가 방출점에서 멀수록 폭발위력이 크다.</td></tr>
</table>

특수 폭발	증기운폭발 (UVCE)	영향인자	① 방출물질의 양 ② 점화원의 위치 ③ 증발물질의 분율
	비등액체 증기폭발 (BLEVE)	정 의	① 가연성 액화가스에서 외부 화재로 탱크 내 액체가 비등 ② 증기가 팽창하면서 폭발을 일으키는 현상
		방지대책	① 탱크를 2중 탱크로 한다. ② 단열재로 외부를 보호한다. ③ 위험 시 물분무살수장치로 액화가스의 비등을 차단한다.
폭발방지의 단계			봉쇄 – 차단 – 불꽃방지기 사용 – 폭발 억제 – 폭발 배출

(2) 화재

화재의 종류	정 의
액면화재(Pool fire)	저장탱크나 용기 내와 같은 액면 위에서 연소되는 석유화재
전실화재 (Flash over)	① 화재 발생 시 가연물의 노출표면에서 급속하게 열분해가 발생 ② 가연성 가스가 가득차 이 가스가 급속하게 발화하여 연소되는 현상
제트화재(Jet fire)	고압의 액화석유가스가 누출 시 점화원에 의해 불기둥을 이루는 복사열에 의해 일어나는 화재
플래시화재	가스증기운 1차 누설 시 고여있는 상태의 화재로 느린 폭연으로 중대한 과압이 발생하지 않는 가스운에서 발생
드래프트화재	건축물의 내부 화염이 외부로 분출하는 화재(화염이 외부의 산소를 취하기 위함)
※ 그 외에 토치화재(가스가 소량 누설되어 있고 여기에 계속 화재가 발생되어 있는 상태)	

핵심 10 ◆ 기체물질 연소(확산 · 예혼합)의 비교

종 류	특 징	
	장 점	단 점
확산연소	① 역화위험이 없다. ② 화염이 안정하다. ③ 조작이 용이하다. ④ 고온예열이 가능하다.	① 화염의 길이가 길어진다. ② 완전연소의 점도가 예혼합보다 낮다.
예혼합연소	① 화염길이가 짧다. ② 완전연소 정도가 높다.	① 역화의 위험성이 있다. ② 공기와 미리 혼합되어 화염이 불안정하다. ③ 조작이 어렵다. ④ 화염이 전파된다.

핵심 11 ◆ 고위(H_h), 저위(H_l) 발열량의 관계

$$H_h = H_l + 600(9\mathrm{H} + W)$$

여기서, H_h : 고위발열량, H_l : 저위발열량

$600(9\mathrm{H} + W)$: 수증기 증발잠열

핵심 12 ◆ 안전성 평가기법(KGS FP112 2.1.2.3)

<table>
<tr><th colspan="3">구 분</th><th>간추린 핵심내용</th></tr>
<tr><td colspan="3">평가 개요</td><td>보호시설 안전거리 변경 전 · 후의 안전도에 관하여 한국가스안전공사의 안전성 평가를 받아야 한다.</td></tr>
<tr><td rowspan="9">평가 방법의 구분</td><td rowspan="5">정성적 기법</td><td>체크리스트 (CheckList)</td><td>공정 및 설비의 오류, 결함상태, 위험상황 등을 목록화한 형태로 작성하여 경험적으로 비교함으로써 위험성을 정성적으로 파악하는 안전성 평가기법을 말한다.</td></tr>
<tr><td>상대위험순위결정 (Dow And Mond Indices)</td><td>설비에 존재하는 위험에 대하여 수치적으로 상대위험순위를 지표화하여 그 피해 정도를 나타내는 상대적 위험순위를 정하는 안전성 평가기법을 말한다.</td></tr>
<tr><td>사고예방질문 분석 (What-if)</td><td>공정에 잠재하고 있으면서 원하지 않은 나쁜 결과를 초래할 수 있는 사고에 대하여 예상질문을 통해 사전에 확인함으로써 그 위험과 결과 및 위험을 줄이는 방법을 제시하는 정성적, 안전성 평가기법을 말한다.</td></tr>
<tr><td>위험과 운전 분석 (HAZOP)</td><td>공정에 존재하는 위험요소들과 공정의 효율을 떨어뜨릴 수 있는 운전상의 문제점을 찾아내어 그 원인을 제거하는 정성적인 안전성 평가기법을 말한다.</td></tr>
<tr><td>이상위험도 분석 (FMECA)</td><td>공정 및 설비의 고장형태 및 영향, 고장형태별 위험도 순위 등을 결정하는 기법을 말한다.</td></tr>
<tr><td rowspan="4">정량적 기법</td><td>결함수 분석 (FTA)</td><td>사고를 일으키는 장치의 이상이나 운전자 실수의 조합을 연역적으로 분석하는 기법을 말한다.</td></tr>
<tr><td>사건수 분석 (ETA)</td><td>초기사건으로 알려진 특정한 장치의 이상이나 운전자 실수로부터 발생하는 잠재적 사고결과를 평가하는 기법을 말한다.</td></tr>
<tr><td>원인결과 분석 (CCA)</td><td>잠재된 사고의 결과와 이러한 사고의 근본적 원인을 찾아내고 사고결과와 원인의 상호관계를 예측 · 평가하는 기법을 말한다.</td></tr>
<tr><td>작업자실수 분석 (HEA)</td><td>설비의 운전원, 정비보수원, 기술자 등의 작업에 영향을 미칠 만한 요소를 평가하여 그 실수의 원인을 파악하고 추적하여 정량적으로 실수의 상대적 순위를 결정하는 기법을 말한다.</td></tr>
</table>

핵심 13 ◆ 위험물의 분류

분 류	종 류
제1류	산화성 고체
제2류	가연성 고체
제3류	자연발화성 및 금수성 물질
제4류	인화성 액체
제5류	자기연소성 물질(질화면, 셀룰로이드, 질산에스테르, 유기과산화물, 니트로화합물)
제6류	산화성 액체

핵심 14 ◇ 위험장소

(1) 일반위험장소

종 류	정 의	방폭전기기기 분류
0종 장소	상용의 상태에서 가연성 가스의 농도가 연속해서 폭발하한계 이상으로 되는 장소 ※ 폭발상한계를 넘는 경우에는 폭발한계 이내로 들어갈 우려가 있는 경우를 포함한다.	본질안전 방폭구조
1종 장소	① 상용상태에서 가연성 가스가 체류해 위험하게 될 우려가 있는 장소 ② 정비보수 또는 누출 등으로 인하여 종종 가연성 가스가 체류하여 위험하게 될 우려가 있는 장소	(본질안전 · 유입 · 압력 · 내압) 방폭구조
2종 장소	① 밀폐된 용기 또는 설비 안에 밀봉된 가연성 가스가 그 용기 또는 설비의 사고로 인하여 파손되거나 오조작의 경우에만 누출할 위험이 있는 장소 ② 확실한 기계적 환기조치에 따라 가연성 가스가 체류하지 아니하도록 되어 있으나 환기장치에 이상이나 사고가 발생한 경우에는 가연성 가스가 체류해 위험하게 될 우려가 있는 장소 ③ 1종 장소의 주변 또는 인접한 실내에서 위험한 농도의 가연성 가스가 종종 침입할 우려가 있는 장소	(본질안전 · 유입 · 압력 · 내압 · 안전증) 방폭구조

(2) 가스시설의 폭발위험장소의 구분 및 범위 산정에 관한 기준(KGS GC101)

1) 용어 정의

용 어	정 의
위험장소 구분	가스시설 주변을 폭발위험장소와 비폭발위험장소로 나누는 것
폭발성 가스 분위기	대기조건에서 점화 후 자력화염전파를 가능하게 하는 가연성 가스와 공기의 혼합물 ※ 폭발상한(UFL)을 초과하는 혼합물의 경우 위험장소 구분에서 폭발성 가스 분위기로 간주
위험장소 범위	누출원에서 가연성 가스 및 공기혼합물의 농도가 공기에 의하여 폭발하한 이하로 희석되는 지점까지의 거리
누출등급	가연성 가스가 대기 중에서 누출되는 사건의 빈도와 지속시간
폭발위험장소	전기설비를 제작 · 설치 · 사용함에 있어서 특별한 주의를 요할 정도로 폭발성 분위기가 조성되거나 조성될 우려가 있는 장소 ※ 정상상태에서 구조설비 내부가 폭발위험장소, 단 공정설비 내부를 불활성화에 의해 제어하는 경우에는 폭발위험장소가 아님
폭발하한(LFL)	공기 중에서 가연성 가스의 농도가 폭발성 가스 분위기를 형성하지 않는 하한
폭발상한(UFL)	공기 중에서 가연성 가스의 농도가 폭발성 가스 분위기를 형성하는 상한
비폭발위험장소	전기설비를 제작 · 설치 · 사용함에 의해 특별히 주의를 요할 정도로 폭발성 가스 분위기가 조성될 우려가 있는 지역
위험장소	폭발성 분위기의 발생빈도 및 지속시간에 따라 구분하는 폭발위험장소

2) 폭발위험장소의 구분

① 누출등급의 기본기준

누출등급	적용대상 누출원
연속누출등급 (공정설비의 특성상 불가피한 누출)	① 대기 개방형 통기관이 설치된 지붕고정식 탱크의 내부에 저장되어 있는 가연성 액화가스의 표면 ② 연속적으로 또는 장기간에 걸쳐 대기에 개방되어 있는 가연성 액화가스의 표면
1차 누출등급 (정상운전상태에서 발생하는 누출)	① 정상운전상태에서 가연성 가스의 누출이 일어날 수 있는 펌프, 압축기 또는 밸브의 밀봉부 ② 정상운전상태에서 물을 드레인하는 때에 가연성 가스가 공기 중으로 누출될 수 있는 가연성 가스 또는 액체 저장용기의 드레인 포인트(drainage point) ③ 정상운전상태에서 가연성 가스의 대기 누출이 일어날 수 있는 샘플 포인트(sample point) ④ 정상운전상태에서 가연성 가스의 대기 누출이 일어날 수 있는 릴리프밸브, 통기관 및 기타 개구부
2차 누출등급 (사고상황에서 발생하는 누출)	① 정상운전상태에서 가연성 가스의 누출이 일어날 가능성이 없는 펌프, 압축기 또는 밸브의 밀봉부 ② 정상운전상태에서 가연성 가스의 누출이 일어날 가능성이 없는 플랜지, 이음부 및 배관 피팅 ③ 정상운전상태에서 가연성 가스의 대기 누출이 일어날 가능성이 없는 샘플 포인트(sample point) ④ 정상운전상태에서 가연성 가스의 대기 누출이 일어날 가능성이 없는 릴리프밸브, 통기관 및 기타 개구부

② 개구부의 누출 등급

개구부 유형	적용대상
A형	B형, C형 및 D형 개구부에 해당하지 아니하는 개구부. 그 사례는 다음과 같다. ① 접근통로 또는 유틸리티(벽, 천장 및 바닥을 통과하는 덕트 및 배관을 말한다. 이하 같다)용 개구부 ② 빈번하게 개방되는 개구부 ③ 실 또는 건물에 고정 설치된 배기구 및 빈번하게 개방되거나 장시간 개방되는 B형, C형 및 D형과 유사한 개구부
B형	상시 닫혀있고(자동닫힘 등) 드물게 개방되며, 정밀결합(close-fitting) 되어 있는 개구부
C형	상시 닫혀있고(자동닫힘 등) 드물게 개방되며, 개구부 전체 둘레가 밀봉장치(개스킷 등)에 의하여 결합되어 있는 개구부 또는 독립적인 자동닫힘 장치가 되어 있는 B형 개구부 2개가 직렬로 연결된 개구부
D형	특별한 방식으로만 개방되거나 비상시에만 열릴 수 있는 C형 조건을 만족하는 상시닫힘 구조의 개구부, 유틸리티 통로와 같이 유효하게 밀봉된 것 또는 폭발위험장소에 접한 C형 개구부 한 개와 B형 개구부 한 개가 직렬로 조합된 개구부

③ 개구부의 누출 등급 분류

개구부 전단의 폭발위험장소 등급	개구부 유형	누출원으로 고려되는 개구부의 누출 등급
0종 장소	A형 B형 C형 D형	연속누출 등급 연속누출 등급 2차 누출 등급 2차 누출 등급
1종 장소	A형 B형 C형 D형	1차 누출 등급 1차 누출 등급 2차 누출 등급 누출 없음
2종 장소	A형 B형 C형 D형	2차 누출 등급 2차 누출 등급 누출 없음 누출 없음

3) 누출유량 결정

① 액화가스 누출유량

$$W = C_d S \sqrt{2\rho \Delta p}$$

여기서, W : 누출유량(kg/s)

C_d : 유출계수

- 샤프에지 오리피스
  $Re = 30000$ 초과 시 $C_d = 0.61$
  $Re = 30000$ 이하 시 $C_d = 0.75$
- 라운디드 오리피스(0.95~0.99)

S : 유체가 유출되는 개구부의 단면적(m^2)

ρ : 액체밀도(kg/m^2)

Δp : 누출 개구부 양단의 압력차(Pa)

② 일반적으로 위험장소는 누출 등급에 의하여 구분된다. 충분히 환기가 되는 장소(개방지역에 설치된 플랜트)의 경우 연속누출 등급은 0종 장소, 1차 누출 등급은 1종 장소 및 2차 누출 등급은 2종 장소로 구분하는 것을 원칙으로 한다. 다만, 희석 등급 및 환기유효성에 따라 위험장소의 등급을 다르게 할 수 있다.

4) 폭발위험장소

① 폭발성 가스 분위기의 존재가능성이 있는 장소를 위험장소라 하며, 위험장소는 0종 장소, 1종 장소, 2종 장소로 구분한다.

② 위험장소

구 분	정 의
0종 장소	폭발성 가스 분위기가 연속적으로, 장기간 또는 빈번하게 존재하는 장소
1종 장소	정상작동 중에 폭발성 가스 분위기가 주기적 또는 간헐적으로 생성되기 쉬운 장소
2종 장소	정상작동 중 폭발성 가스 분위기가 조성되지 않을 것으로 예상되며, 생성된다 하더라도 짧은 기간에만 지속되는 장소

③ 폭발위험장소 표기법

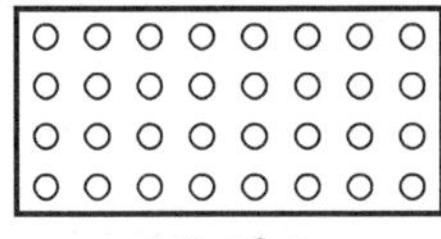
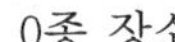
0종 장소

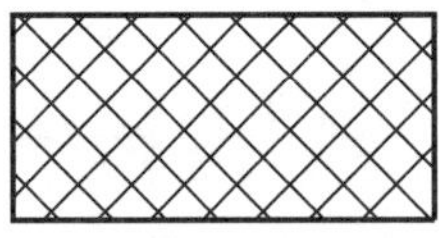
1종 장소

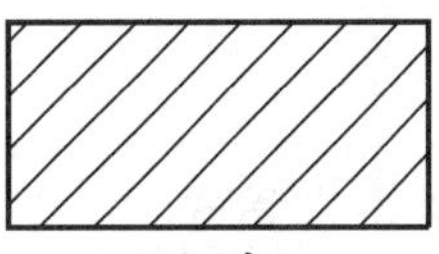
2종 장소

핵심 15 ◇ 공기비(m)

<table>
<tr><th colspan="2">항 목</th><th>간추린 핵심내용</th></tr>
<tr><td colspan="2">정 의</td><td>연료를 연소 시 이론공기량(A_o)만으로 절대연소를 시킬 수 없어 여분의 공기를 더 보내 완전연소를 시킬 때 이 여분의 공기를 과잉공기(P_1)라 하고 이론공기와 과잉공기를 합한 것을 실제공기(A)라 하는데 공기비란 A_o(이론공기)에 대한 A(실제공기)의 비를 말한다.
즉, $m = \frac{A}{A_o}$ 이다. (실제로 혼합된 공기량과 완전연소에 필요한 공기량의 비)</td></tr>
<tr><td colspan="2">관련식</td><td>$m = \frac{A}{A_o} = \frac{A_o + P}{A_o} = 1 + \frac{P}{A_o}$</td></tr>
<tr><td colspan="2">유사 용어</td><td>① 공기비(m)=과잉공기계수
② 과잉공기비=($m-1$)
③ 과잉공기율(%)=($m-1$)×100</td></tr>
<tr><td rowspan="2">공기비</td><td>큰 경우 영향</td><td>① 연소가스 중 질소산화물 증가
② 질소산화물로 인한 대기오염 우려
③ 연소가스 온도 저하
④ 연소가스의 황으로 인한 저온부식 초래
⑤ 배기가스에 대한 열손실 증대
⑥ 연소가스 중 SO_3 증대</td></tr>
<tr><td>작은 경우 영향</td><td>① 미연소에 의한 열손실 증가
② 미연소가스에 의한 역화(폭발) 우려
③ 불완전연소
④ 매연 발생</td></tr>
<tr><td colspan="2">연료별 공기비</td><td>기체(1.1~1.3), 액체(1.2~1.4), 고체(1.4~2.0)</td></tr>
</table>

핵심 16 ◇ 냉동기, 열펌프의 성적계수 및 열효율

구 분	공 식	기 호
냉동기 성적계수	$\frac{T_2}{T_1 - T_2}$ or $\frac{Q_2}{Q_1 - Q_2}$	• T_1 : 고온 • T_2 : 저온 • Q_1 : 고열량 • Q_2 : 저열량
열펌프 성적계수	$\frac{T_1}{T_1 - T_2}$ or $\frac{Q_1}{Q_1 - Q_2}$	
열효율	$\frac{T_1 - T_2}{T_1}$ or $\frac{Q_1 - Q_2}{Q_1}$	

핵심 17 ◇ 소화의 종류

종 류	내 용
제거소화	연소반응이 일어나고 있는 가연물 및 주변의 가연물을 제거하여 연소반응을 중지시켜 소화하는 방법
질식소화	가연물에 공기 및 산소의 공급을 차단하여 산소의 농도를 16% 이하로 하여 소화하는 방법 ① 불연성 기체로 가연물을 덮는 방법 ② 연소실을 완전 밀폐하는 방법 ③ 불연성 포로 가연물을 덮는 방법 ④ 고체로 가연물을 덮는 방법
냉각소화	연소하고 있는 가연물의 열을 빼앗아 온도를 인화점 및 발화점 이하로 낮추어 소화하는 방법 ① 소화약제(CO_2)에 의한 방법 ② 액체를 사용하는 방법 ③ 고체를 사용하는 방법
억제소화 (부촉매효과법)	연쇄적 산화반응을 약화시켜 소화하는 방법
희석소화	산소나 가연성 가스의 농도를 연소범위 이하로 하여 소화하는 방법, 즉 가연물의 농도를 작게 하여 연소를 중지시킨다.

핵심 18 ◇ 연료비 및 고정탄소

구 분	내 용
연료비	$\frac{\text{고정탄소}}{\text{휘발분}}$
고정탄소	100−(수분+회분+휘발분 탄소)

핵심 19 ◇ 불활성화 방법(이너팅, Inerting)

(1) 방법 및 정의

방 법	정 의
스위퍼 퍼지	용기의 한 개구부로 이너팅 가스를 주입하여 타 개구부로부터 대기 또는 스크레버로 혼합가스를 용기에서 추출하는 방법으로 이너팅 가스를 상압에서 가하고 대기압으로 방출하는 방법이다.
압력 퍼지	일명 가압 퍼지로 용기를 가압하여 이너팅 가스를 주입하여 용기 내를 가한 가스가 충분히 확산된 후 그것을 대기로 방출하여 원하는 산소농도(MOC)를 구하는 방법이다.
진공 퍼지	일명 저압 퍼지로 용기에 일반적으로 쓰이는 방법으로 모든 반응기는 완전진공에 가깝도록 하여야 한다.
사이펀 퍼지	용기에 액체를 채운 다음 용기로부터 액체를 배출시키는 동시에 증기층으로부터 불활성 가스를 주입하여 원하는 산소농도를 구하는 퍼지 방법이다.

(2) 불활성화 정의

① 가연성 혼합가스에 불활성 가스를 주입하여 산소의 농도를 최소산소농도 이하로 낮게 하는 공정

② 이너팅 가스로는 질소, 이산화탄소 또는 수증기 사용

③ 이너팅은 산소농도를 안전한 농도로 낮추기 위하여 이너팅 가스를 용기에 주입하면서 시작

④ 일반적으로 실시되는 산소농도의 제어점은 최소산소농도보다 4% 낮은 농도
MOC(최소산소농도)=산소 몰수×폭발하한계

핵심 20 ◇ 최소점화에너지(MIE)

정 의	연소(착화)에 필요한 최소한의 에너지
최소점화에너지가 낮아지는 조건	① 압력이 높을수록 ② 산소농도가 높을수록 ③ 열전도율이 적을수록 ④ 연소속도가 빠를수록 ⑤ 온도가 높을수록

핵심 21 ◇ 자연발화온도(AIT)

항 목	감소(낮아지는) 조건
산소량	증가 시
압 력	증가 시
용기의 크기	증가 시
분자량	증가 시

핵심 22 ◇ 연소의 이상현상

(1) 백파이어(역화), 리프팅(선화)

역화 (백파이어)	정 의	가스의 연소속도가 유출속도보다 빨라 불길이 역화하여 연소기 내부에서 연소하는 현상
	원 인	① 노즐구멍이 클 때 ② 가스 공급압력이 낮을 때 ③ 버너가 과열되었을 때 ④ 콕이 불충분하게 개방되었을 때
선화 (리프팅)	정 의	가스의 유출속도가 연소속도보다 커서 염공을 떠나 연소하는 현상
	원 인	① 노즐구멍이 작을 때 ② 염공이 작을 때 ③ 가스 공급압력이 높을 때 ④ 공기조절장치가 많이 개방되었을 때

(2) 블로오프, 옐로팁

구 분	정 의
블로오프(blow-off)	불꽃 주위 특히, 불꽃 기저부에 대한 공기의 움직임이 강해지면 불꽃이 노즐에 정착하지 않고 꺼져버리는 현상
옐로팁(yellow tip)	염의 선단이 적황색이 되어 타고 있는 현상으로 연소반응의 속도가 느리다는 것을 의미하며, 1차 공기가 부족하거나 주물 밑부분의 철가루 등이 원인

핵심 23 ◇ 폭발 · 화재의 이상현상

구 분	정 의
BLEVE(블레비) (액체비등증기폭발)	가연성 액화가스에서 외부 화재에 의해 탱크 내 액체가 비등하고, 증기가 팽창하면서 폭발을 일으키는 현상
Fire Ball (파이어볼)	액화가스 탱크가 폭발하면서 플래시 증발을 일으켜 가연성의 혼합물이 대량으로 분출 발화하면 1차 화염을 형성하고, 부력으로 주변 공기가 상승하면서 버섯모양의 화재를 만드는 것
증기운폭발	대기 중 다량의 가연성 가스 및 액체가 유출되어 발생한 증기가 공기와 혼합해서 가연성 혼합기체를 형성하여 발화원에 의해 발생하는 폭발
Roll-over (롤오버)	LNG 저장탱크에서 상이한 액체밀도로 인하여 층상화된 액체의 불안정한 상태가 바로잡힐 때 생기는 LNG의 급격한 물질혼합 현상으로 상당량의 증발가스가 발생
Flash Over (플래시오버) (전실화재)	화재 시 가연물의 모든 노출표면에서 빠르게 열분해가 일어나 가연성 가스가 충만해져 이 가연성 가스가 빠르게 발화하여 격렬하게 타는 현상 〈플래시오버의 방지대책〉 ① 천장의 불연화 ② 가연물량의 제한 ③ 화원의 억제
Back Draft (백드래프트)	플래시오버 이후 연소를 계속하려고 해도 산소 부족으로 연소가 잠재적 진행을 하게 된다. 이때 가연성 증기가 포화상태를 이루는데 갑자기 문을 열게 되면 다량의 공기가 공급되면서 폭발적인 반응을 하게 되는 현상

구 분	정 의
Boil Over (보일오버)	유류탱크에서 탱크 바닥에 물과 기름의 에멀션이 모여있을 때 이로 인하여 화재가 발생하는 현상
Slop Over (슬롭오버)	물이 연소유(oil)의 뜨거운 표면에 들어갈 때 발생되는 over flow 현상
Jet fire	고압의 LPG 누출 시 점화원에 의해 불기둥을 이루는 화재(복사열에 의해 일어남)

핵심 24 ◇ 최대탄산가스량(CO_{2max}%)

(1) 연료가 이론공기량(A_o)만으로 연소 시 전체 연소가스량이 최소가 되어 CO_2%를 계산하면 $\frac{CO_2}{\text{연소가스량}} \times 100$은 최대가 된다. 이것을 CO_{2max}%라 정의한다. 그러나 연소가 완전하지 못하여 여분의 공기가 들어갔을 때 전체 연소가스량이 많아지므로 CO_2%는 낮아진다. 따라서 CO_2%가 높고 낮음은 CO_2 양의 증가, 감소가 아니고, 연소가 원활하여 과잉공기가 적게 들어갔을 때 CO_2의 농도는 증가하고 과잉공기가 많이 들어가면 CO_2의 농도는 감소하게 되는 것이다.

(2) $m = \frac{CO_{2max}}{CO_2} = \frac{21}{21 - O_2}$ 에서

$$CO_{2max} = mCO_2 = \frac{21CO_2}{21 - O_2}$$

핵심 25 ◇ 층류의 연소속도 측정법 (층류의 연소속도는 온도, 압력, 속도, 농도 분포에 의하여 결정)

종 류	세부내용
슬롯버너법 (Slot)	균일한 속도분포를 갖는 노즐을 이용하여 V자형의 화염을 만들고, 미연소혼합기 흐름을 화염이 둘러싸고 있어 혼합기가 화염대에 들어갈 때까지 혼합기의 유선은 직선을 유지한다.
비눗방울법 (Soap Bubble Method)	비눗방울이 연소의 진행으로 팽창되면 연소속도를 측정할 수 있다.
평면화염버너법 (Flat Flame Burner Method)	혼합기의 유속을 일정하게 하여 유속으로 연소속도를 측정한다.
분젠버너법 (Bunsen Burner Method)	버너 내부의 시간당 화염이 소비되는 체적을 이용하여 연소속도를 측정한다.

※ 층류의 연소속도가 빨라지는 조건
1. 비열과 분자량이 적을수록
2. 열전도율이 클수록
3. 압력과 온도가 높을수록
4. 착화온도가 낮을수록

핵심 26 ◆ 증기 속의 수분의 영향

① 건조도 감소
② 증기엔탈피 감소
③ 증기의 수격작용 발생
④ 장치의 부식
⑤ 효율 및 증기손실 증가

핵심 27 ◆ 화재의 종류

종 류	기 호	색	소화제
일반화재	A급	백색	물
유류 및 가스 화재	B급	황색	분말, CO_2
전기화재	C급	청색	건조사
금속화재	D급	무색	금속화재용 소화기

핵심 28 ◆ 탄화도

정 의	천연 고체연료에 포함된 탄소, 수소의 함량이 변해가는 현상
탄화도가 클수록 인체에 미치는 영향	① 연료비가 증가한다. ② 매연 발생이 적어진다. ③ 휘발분이 감소하고, 착화온도가 높아진다. ④ 고정탄소가 많아지고, 발열량이 커진다. ⑤ 연소속도가 늦어진다.

핵심 29 ◆ 이상기체 관련 법칙

종 류	내 용
아보가드로의 법칙	모든 기체 1mol이 차지하는 체적은 22.4L이며, 이때에 분자량만큼의 무게를 가지며, 그때의 분자수는 6.02×10^{23}개로 한다. 1mol=22.4L=분자량=6.02×10^{23}개
헨리의 법칙 (기체 용해도의 법칙)	기체가 용해하는 질량은 압력에 비례하며, 용해하는 부피는 압력과 무관하다.
르 샤틀리에의 법칙	폭발성 혼합가스의 폭발한계를 구하는 법칙 $\frac{100}{L}=\frac{V_1}{L_1}+\frac{V_2}{L_2}+\frac{V_3}{L_3}+\cdots\cdots$

종 류	내 용
돌턴의 분압 법칙	혼합기체의 압력은 각 성분기체가 단독으로 나타내는 분압의 합과 같다. ① $P=\frac{P_1V_1+P_2V_2}{V}$ ② 분압 = 전압 × $\frac{성분몰}{전\ 몰}$ = 전압 × $\frac{성분부피}{전\ 부피}$

핵심 30 ◇ 자연발화온도

구 분	내 용
정 의	가연성과 공기의 혼합기체에 온도상승에 의한 에너지를 주었을 때 스스로 연소를 개시하는 온도. 이때 스스로 점화할 수 있는 최저온도를 최소자연발화온도라 하며, 가연성 증기 농도가 양론의 농도보다 약간 높을 때 가장 낮다.
영향인자	온도, 압력, 농도, 촉매, 발화지연시간, 용기의 크기 · 형태

※ 자연발화의 종류 : 분해열, 산화열, 중합열, 흡착열, 미생물에 의한 발열

핵심 31 ◇ 화염일주한계

폭발성 혼합가스를 금속성의 공간에 넣고 미세한 틈으로 분리, 한쪽에 점화하여 폭발할 때 그 틈으로 다른 쪽 가스가 인화 폭발시험 시 틈의 간격을 증감하면서 틈의 간격이 어느 정도 이하가 되면 한쪽이 폭발해도 다른 쪽은 폭발하지 않는 한계의 틈을 화염일주한계라 한다. 즉, 화염일주란 화염이 전파되지 않고 꺼져버리는 현상을 말한다.

핵심 32 ◇ 증기의 상태방정식

종 류	공 식
Van der Waals(반 데르 발스) 식	$\left(P+\frac{n^2a}{V^2}\right)(V-nb)=nRT$
Clausius(클라우지우스) 식	$P+\frac{a}{T(v+c)^2}(V-b)=RT$
Bethelot(베델롯) 식	$P+\frac{a}{Tv^2}(V-b)=RT$

핵심 33 ◇ 증기 속 수분의 영향

① 증기 엔탈피, 건조도 감소
② 장치 부식
③ 증기 수격작용 발생
④ 효율, 증기 손실 증가

핵심 34 ◆ 가스폭발에 영향을 주는 요인

① 온도가 높을수록 폭발범위가 넓어진다.
② 압력이 높을수록 폭발범위가 넓어진다.(단, CO는 압력이 높을수록 폭발범위가 좁아지고, H_2는 약간의 높은 압력에는 좁아지나 압력이 계속 높아지면 폭발범위가 다시 넓어진다.)
③ 가연성과 공기의 혼합(조성) 정도에 따라 폭발범위가 넓어진다.
④ 폭발할 수 있는 용기의 크기가 클수록 폭발범위가 넓어진다.

핵심 35 ◆ 연소 시 공기 중 산소농도가 높을 때

① 연소속도로 빨라진다.
② 연소범위가 넓어진다.
③ 화염온도가 높아진다.
④ 발화온도가 낮아진다.
⑤ 점화에너지가 감소한다.

핵심 36 ◆ 난류 예혼합화염과 층류 예혼합화염의 비교

난류 예혼합화염	층류 예혼합화염
① 연소속도가 수십배 빠르다. ② 화염의 두께가 두껍고 짧아진다. ③ 연소 시 다량의 미연소분이 존재한다. ④ 층류보다 열효율이 높다.	① 연소속도가 느리다. ② 화염의 두께가 얇다. ③ 화염은 청색이며, 난류보다 휘도가 낮다. ④ 화염의 윤곽이 뚜렷하다.
층류 예혼합화염의 연소특성을 결정하는 요소	
① 연료와 산화제의 혼합비 ② 압력 · 온도 ③ 혼합기의 물리 · 화학적 특성	

핵심 37 ◆ 연돌의 통풍력(Z)

$$Z=237H\left(\frac{\gamma_o}{273+t_o}-\frac{\gamma_g}{273+t_g}\right)$$

여기서, Z : 연돌의 통풍력(mmH_2O)
H : 연돌의 높이(m)
γ_o : 대기의 비중량
γ_g : 가스의 비중량
t_o : 외기의 온도
t_g : 가스의 온도

핵심 38 ◇ 가역 · 비가역

구 분 / 항 목	가 역	비가역
정 의	① 어떤 과정을 수행 후 영향이 없음 ② 열적 · 화학적 평형의 유지. 실제로는 불가능	어떤 과정을 수행 시 영향이 남아 있음
예 시	① 노즐에서 포함 ② Carnot 순환 ③ 마찰이 없는 관 내 흐름	① 연료의 완전연소 ② 실린더 내에서 갑작스런 팽창 ③ 관 내 유체의 흐름
적용법칙	열역학 1법칙	열역학 2법칙
열효율	비가역보다 높다.	가역보다 낮다.
비가역이 되는 이유	① 온도차로 생기는 열전달 ② 압축 및 자유팽창 ③ 혼합 및 화학반응 ④ 확산 및 삼투압 현상 ⑤ 전기적 저항	

핵심 39 ◇ 압축에 필요한 일량(W)

구 분	관련식
단열	$W=\frac{R}{K-1}(T_2-T_1)$
등온	$W=RT\ln\left(\frac{P_1}{P_2}\right)$
정적	$W=0$

핵심 40 ◇ 열효율의 크기

압축비 일정 시	압력 일정 시
오토 > 사바테 > 디젤	디젤 > 사바테 > 오토
디젤사이클의 열효율은 압축비가 클수록 높아지고, 단절(체절)비가 클수록 감소한다.	

핵심 41 ◇ 단열압축에 의한 엔탈피 변화량

$$\Delta H=H_2-H_1=GC_p(T_2-T_1)=G\times\frac{K}{K-1}R(T_2-T_1)$$

여기서, G : 질량(kg)
R : 상수(kJ/kg · K)(kN · m/kg · K)
T_2-T_1 : 온도차

핵심 42 ◆ 폭발 방호대책

구 분	내 용
Venting(벤팅)	압력 배출
Suppression(서프레션)	폭발 억제
Containment(컨테인먼트)	압력 봉쇄

핵심 43 ◆ 1차 · 2차 연료

구 분		내 용
1차 연료	정 의	자연에서 채취한 그대로 사용할 수 있는 연료
	종 류	목재, 무연탄, 석탄, 천연가스
2차 연료	정 의	1차 연료를 가공한 연료
	종 류	목탄, 코크스, LPG, LNG

가스설비 Part 2

핵심 1 ◇ 압력

표준대기압	관련 공식
1atm=1.0332kg/cm^2 =10.332mH_2O =760mmHg =76cmHg =14.7psi =101325Pa(N/m^2) =101.325kPa =0.101325MPa	절대압력=대기압+게이지압력=대기압−진공압력 ① 절대압력 : 완전진공을 기준으로 하여 측정한 압력으로 압력값 뒤 a를 붙여 표시 ② 게이지압력 : 대기압을 기준으로 측정한 압력으로 압력값 뒤 g를 붙여 표시 ③ 진공압력 : 대기압보다 낮은 압력으로 부압(−)의 의미를 가진 압력으로 압력값 뒤 v를 붙여 표시

압력 단위환산 및 절대압력 계산

상기 대기압력을 암기한 후 같은 단위의 대기압을 나누고, 환산하고자 하는 대기압을 곱함.

ex) 1. 80cmHg를 PSI로 환산 시
① cmHg 대기압 76은 나누고,
② PSI 대기압 14.7은 곱함.

$$\therefore \frac{80}{76}\times 14.7 = 15.47\text{PSI}$$

2. 만약 80cmHg가 게이지(g)압력일 때 절대압력(kPa)을 계산한다고 가정
① 절대압력=대기압력+게이지압력이므로 cmHg 대기압력 76을 더하여 절대로 환산한 다음
② kPa로 환산, 즉 절대압력으로 계산된 76+80에 cmHg 대기압 76을 나누고
③ kPa 대기압력 101.325를 곱한다.

$$\therefore \frac{76+80}{76}\times 101.325 = 207.98\text{kPa(a)}$$

핵심 2 ◇ 보일 · 샤를 · 보일−샤를의 법칙

구 분	정 의	공 식	
보일의 법칙	온도가 일정할 때 이상기체의 부피는 압력에 반비례한다.	$P_1V_1=P_2V_2$	• P_1, V_1, T_1 : 처음의 압력, 부피, 온도 • P_2, V_2, T_2 : 변경 후의 압력, 부피, 온도
샤를의 법칙	압력이 일정할 때 이상기체의 부피는 절대온도에 비례한다. $\left(0℃\text{의 체적 }\frac{1}{273}\text{씩 증가}\right)$	$\frac{V_1}{T_1}=\frac{V_2}{T_2}$	
보일−샤를의 법칙	이상기체의 부피는 압력에 반비례, 절대온도에 비례한다.	$\frac{P_1V_1}{T_1}=\frac{P_2V_2}{T_2}$	

핵심 3 ◇ 도시가스 프로세스

(1) 프로세스의 종류와 개요

종 류	개 요	
	원 료	온도 변환가스 제조열량
열분해	원유, 중유, 나프타(분자량이 큰 탄화수소)	① 800~900℃로 분해 ② 10000kcal/Nm^3의 고열량을 제조
부분연소	메탄에서 원유까지 탄화수소를 가스화제로 사용	① 산소, 공기, 수증기를 이용 ② CH_4, H_2, CO, CO_2로 변환하는 방법
수소화분해	C/H비가 비교적 큰 탄화수소 및 수증기 흐름 중 또는 Ni 등의 수소화 촉매를 사용하며, 나프타 등 비교적 C/H가 낮은 탄화수소	수증기 흐름 중 또는 Ni 등의 수소화 촉매를 사용하며, 나프타 등 비교적 C/H가 낮은 탄화수소를 메탄으로 변화시키는 방법 ※ 수증기 자체가 가스화제로 사용되지 않고 탄화수소를 수증기 흐름 중에 분해시키는 방법임
접촉분해 (수증기개질)	사용온도, 400~800℃에서 탄화수소와 수증기를 반응시킴	수소, CO, CO_2, CH_4 등의 저급탄화수소를 변화시키는 반응
사이클링식 접촉분해	연소속도의 빠름과 열량 3000kcal/Nm^3 전후의 가스를 제조하기 위해 이용되는 저열량의 가스를 제조하는 장치	

(2) 수증기 개질(접촉분해) 공정의 반응온도 · 압력(CH_4-CO_2, H_2-CO), 수증기 변화(CH_4-CO, H_2-CO_2)에 따른 가스량 변화의 관계

온도·압력 변화 / 가스량 변화	반응온도		반응압력		수증기 변화 / 가스량 변화	수증기비		카본 생성을 어렵게 하는 조건	
	상승	하강	상승	하강		증가	감소	$2CO \rightarrow CO_2+C$	$CH_4 \rightarrow 2H_2+C$
$CH_4 \cdot CO_2$	가스량 감소	가스량 증가	가스량 증가	가스량 감소	$CH_4 \cdot CO$	가스량 감소	가스량 증가	상기 반응식은 반응온도를 높게, 반응압력을 낮게 하면 카본 생성이 안 됨	상기 반응식은 반응온도를 낮게, 반응압력을 높게 하면 카본 생성이 안 됨
$H_2 \cdot CO$	가스량 증가	가스량 감소	가스량 감소	가스량 증가	$H_2 \cdot CO_2$	가스량 증가	가스량 감소		

※ 암기 방법

(1) 반응온도 상승 시 $CH_4 \cdot CO_2$의 양이 감소하는 것을 기준으로
 ① $H_2 \cdot CO$는 증가
 ② 온도 하강 시 $CH_4 \cdot CO_2$가 증가하므로 $H_2 \cdot CO$는 감소할 것임

(2) 반응압력 상승 시 $CH_4 \cdot CO_2$의 양이 증가하는 것을 기준으로
 ① $H_2 \cdot CO$는 감소
 ② 압력 하강 시 $CH_4 \cdot CO_2$가 감소하므로 $H_2 \cdot CO$는 증가할 것임

(3) 수증기비 증가 시 CH_4 · CO의 양이 감소하는 것을 기준으로
 ① H_2 · CO_2는 증가
 ② 수증기비 하강 시 CH_4 · CO가 증가하므로 H_2 · CO_2는 감소할 것임

∴ • 반응온도 상승 시 : CH_4 · CO_2 감소를 암기하면 나머지 가스(H_2 · CO)와 온도하강 시는 각각 역으로 생각할 것
 • 반응압력 상승 시 : CH_4 · CO_2 증가를 암기하고 가스량이나 하강 시는 역으로 생각하며 수증기비에서는 (CH_4 · CO)(H_2 · CO_2)를 같이 묶어 한 개의 조로 생각하고 수증기비 증가 시 CH_4 · CO가 감소하므로 나머지 가스나 하강 시는 각각 역으로 생각할 것

핵심 4 ◇ 비파괴검사

종 류	정 의	특 징	
		장 점	단 점
음향검사 (AE)	검사하는 물체에 사용용 망치 등으로 두드려 보고 들리는 소리를 들어 결함 유무를 판별	① 검사비용이 발생치 않아 경제성이 있다. ② 시험방법이 간단하다.	검사자의 숙련을 요하며, 숙련도에 따라 오차가 생길 수 있다.
자분 (탐상)검사 (MT)	시험체의 표면결함을 검출하기 위해 누설 자장으로 결함의 크기 위치를 알아내는 검사법	① 검사방법이 간단하다. ② 미세표면결함 검출이 가능하다.	결함의 길이는 알아내기 어렵다.
침투 (탐상)검사 (PT)	시험체 표면에 침투액을 뿌려 결함부에 침투 시 그것을 빨아 올려 결함의 위치, 모양을 검출하는 방법으로 형광침투, 염료침투법이 있다.	① 시험방법이 간단하다. ② 시험체의 크기, 형상의 영향이 없다.	① 시험체 표면에 가까이 가서 침투액을 살포하여야 한다. ② 주위온도의 영향이 있다. ③ 시험체 표면이 열려 있어야 한다.
초음파 (탐상)검사 (UT)	초음파를 시험체에 보내 내부결함으로 반사된 초음파의 분석으로 결함의 크기 위치를 알아내는 검사법 (종류 : 공진법, 투과법, 펄스반사법)	① 위치결함 판별이 양호하고, 건강에 위해가 없다. ② 면상의 결함도 알 수 있다. ③ 시험의 결과를 빨리 알 수 있다.	① 결함의 종류를 알 수 없다. ② 개인차가 발생한다.
방사선 (투과)검사 (RT)	방사선(X선, 감마선) 필름으로 촬영이나 투시하는 방법으로 결함여부를 검출하는 방법	① 내부결함 능력이 우수하다. ② 신뢰성이 있다. ③ 보존성이 양호하다.	① 비경제적이다. ② 방사선으로 인한 위해가 있다. ③ 표면결함 검출능력이 떨어진다.

핵심 5 ◇ 공기액화분리장치

항 목	핵심 정리사항		
개 요	원료공기를 압축하여 액화산소, 액화아르곤, 액화질소를 비등점 차이로 분리 제조하는 공정		
액화순서와 비등점	O_2 (−183℃)	Ar (−186℃)	N_2 (−196℃)
불순물	CO_2	H_2O	
불순물의 영향	고형의 드라이아이스로 동결하여 장치 내 폐쇄	얼음이 되어 장치 내 폐쇄	
불순물 제거방법	가성소다로 제거 $2NaOH+CO_2 \rightarrow Na_2CO_3+H_2O$	건조제(실리카겔, 알루미나, 소바비드, 가성소다)로 제거	
분리장치의 폭발원인	① 공기 중 C_2H_2의 혼입 ② 액체공기 중 O_3의 혼입 ③ 공기 중 질소화합물의 혼입 ④ 압축기용 윤활유 분해에 따른 탄화수소 생성		
폭발원인에 대한 대책	① 장치 내 여과기를 설치한다. ② 공기 취입구를 맑은 곳에 설치한다. ③ 부근에 카바이드 작업을 피한다. ④ 연 1회 CCl_4로 세척한다. ⑤ 윤활유는 양질의 광유를 사용한다.		
참고사항	① 고압식 공기액화분리장치 압축기 종류 : 왕복피스톤식 다단압축기(압력 150~200atm 정도) ② 저압식 공기액화분리장치 압축기 종류 : 원심압축기(압력 5atm 정도)		
적용범위	시간당 압축량 $1000Nm^3/h$ 초과 시 해당		
즉시 운전을 중지하고 방출하여야 하는 경우	① 액화산소 5L 중 C_2H_2이 5mg 이상 시 ② 액화산소 5L 중 탄화수소의 C 질량이 500mg 이상 시		

핵심 6 ◇ 정압기의 2차 압력 상승 및 저하 원인과 정압기의 특성

(1) 정압기 2차 압력 상승 및 저하 원인

레이놀즈식 정압기		피셔식 정압기	
2차 압력상승 원인	2차 압력저하 원인	2차 압력상승 원인	2차 압력저하 원인
① 메인밸브류에 먼지가 끼어 cut-off 불량 ② 저압 보조정압기의 cut-off 불량 ③ 메인밸브 시트 부근 ④ 바이패스밸브류 누설 ⑤ 2차압 조절관 파손 ⑥ 가스 중 수분 동결 ⑦ 보조정압기 다이어프램 파손	① 정압기 능력 부족 ② 필터의 먼지류 막힘 ③ 센트스템 부족 ④ 동결 ⑤ 저압 보조정압기 열림 정도 부족	① 메인밸브류에 먼지가 끼어 cut-off 불량 ② 파일럿 서플라이밸브의 누설 ③ 센트스템과 메인밸브 접속 불량 ④ 바이패스밸브류 누설 ⑤ 가스 중 수분 동결	① 정압기 능력 부족 ② 필터의 먼지류 막힘 ③ 파일럿의 오리피스 막힘 ④ 센트스템의 작동 불량 ⑤ 스트로크 조정 불량 ⑥ 주다이어프램 파손

(2) 정압기의 종류별 특성과 이상

종 류			이상감압에 대처할 수 있는 방법
피셔식	엑셀-플로식	레이놀즈식	
① 정특성, 동특성 양호 ② 비교적 콤팩트하다. ③ 로딩형이다.	① 정특성, 동특성 양호 ② 극히 콤팩트하다. ③ 변칙 언로딩형이다.	① 언로딩형이다. ② 크기가 대형이다. ③ 정특성이 좋다. ④ 안정성이 부족하다.	① 저압 배관의 Loop(루프)화 ② 2차측 압력감시장치 설치 ③ 정압기 2계열 설치

핵심 7 ◇ 배관의 유량식

압력별	공 식	기 호
저압 배관	$Q=K_1\sqrt{\dfrac{D^5H}{SL}}$	Q : 가스 유량(m^3/h), K_1 : 폴의 정수(0.707) K_2 : 콕의 정수(52.31), D : 관경(cm)
중고압 배관	$Q=K_2\sqrt{\dfrac{D^5(P_1^2-P_2^2)}{SL}}$	H : 압력손실(mmH_2O), L : 관 길이(m) P_1 : 초압(kg/cm^2(a)), P_2 : 종압(kg/cm^2(a))

핵심 8 ◇ 배관의 압력손실 요인

종 류	관련 공식		세부항목
마찰저항(직선배관)에 의한 압력손실	$h=\dfrac{Q^2\cdot S\cdot L}{K^2\cdot D^5}$	h : 압력손실 Q : 가스 유량 S : 가스 비중 L : 관 길이 D : 관 지름	① 유량의 제곱에 비례(유속의 제곱에 비례) ② 관 길이에 비례 ③ 관 내경의 5승에 반비례 ④ 가스 비중, 유체의 점도에 비례
입상(수직상향)에 의한 압력손실	$h=1.293(S-1)H$	H : 입상높이(m)	
안전밸브에 의한 압력손실	-		
가스미터에 의한 압력손실	-		

핵심 9 ◇ 캐비테이션

구 분	내 용
정 의	유수 중 그 수온의 증기압보다 낮은 부분이 생기면 물이 증발을 일으키고 기포를 발생하는 현상
방지법	① 펌프 회전수를 낮춘다. ② 펌프 설치위치를 낮춘다. ③ 양흡입 펌프를 사용한다. ④ 두 대 이상의 펌프를 사용한다. ⑤ 수직축 펌프를 사용 회전차를 수중에 잠기게 한다.
발생에 따른 현상	① 양정 효율곡선 저하 ② 소음, 진동 ③ 깃의 침식

핵심 10 ◆ 온도차에 따른 신축이음의 종류와 특징

종 류	도시 기호	개 요
상온(콜드) 스프링	없음	배관의 자유 팽창량을 계산하여 관의 길이를 짧게 절단하는 방법으로 절단 길이는 자유 팽창량의 1/2 정도이다.
루프이음 (신축곡관)		배관의 형상을 루프 형태로 구부려 그것을 이용하여 신축을 흡수하는 이음이며, 신축이음 중 가장 큰 신축을 흡수하는 이음
벨로스(팩레스) 이음		주름관의 형태로 만들어진 벨로스를 부착하여 신축을 흡수하는 방법이며, 신축에 따라 주름관에 의해 함께 신축이 되는 이음
슬리브(슬라이드) 이음		배관 중 슬리브 pipe를 설치하여 수축 팽창 시 파이프 내에서 신축을 흡수하는 이음
스위블이음		배관이음 중 두 개 이상의 엘보를 이용하여 엘보의 빈 공간에서 신축을 흡수하는 이음

참고사항

신축량 계산식 $\lambda = l\alpha\Delta t$

(예제) 12m 관을 상온 스프링으로 연결 시 내부 가스온도 −30℃, 외기온도 20℃일 때 절단길이(mm)는? (단, 관의 선팽창계수 $\alpha = 1.2\times10^{-5}$/℃이다.)

$\lambda = l\alpha\Delta t = 12\times10^{3}\text{mm}\times1.2\times10^{-5}/℃\times\{20-(-30)\}$

$= 7.2\text{mm}$

$\therefore\ 7.2\times\frac{1}{2} = 3.6\text{mm}$

핵심 11 ◆ 강의 성분 중 탄소 성분이 증가 시

① 인장강도, 경도, 항복점 증가

② 연신율, 단면수축률 감소

핵심 12 ◆ 직동식 · 파일럿식 정압기의 특징

구 분	직동식 정압기	파일럿식 정압기
안정성	안정하다.	안정성이 떨어진다.
로크업	크게 된다.	적게 누를 수 있다.
용량범위	소용량 사용	대용량 사용
오프셋	커진다.	작게 된다.
2차 압력	2차 압력도 시프트 한다.	2차 압력이 시프트 하지 않도록 할 수 있다.

핵심 13 ◇ 배관의 SCH(스케줄 번호)

공식의 종류	단위 구분	
	S(허용응력)	P(사용압력)
$SCH=10\times\frac{P}{S}$	kg/mm^2	kg/cm^2
$SCH=100\times\frac{P}{S}$	kg/mm^2	MPa
$SCH=1000\times\frac{P}{S}$	kg/mm^2	kg/mm^2
S는 허용응력$\left(\text{인장강도}\times\frac{1}{4}=\text{허용응력}\right)$		

핵심 14 ◇ LNG 기화장치의 종류와 특징

항목 \ 종류		오픈랙(Open Rack) 기화장치	서브머지드(SMV ; Submerged conversion) 기화장치	중간매체(IFV)식 기화장치
가열매체		해수(수온 5℃ 정도)	가스	해수와 LNG의 중간열매체
특징	장점	① 설비가 안정되어 있다. ② 고장발생 시 수리가 용이하다. ③ 해수를 사용하므로 경제적이다.	가열매체가 가스이므로 오픈랙과 같이 겨울철 동결우려가 없다.	부하 및 해수 온도에 대하여 해수량의 연속제어가 가능하다.
	단점	동계에 해수가 동결되는 우려가 있다.	가열매체가 가스이므로 연소 시 비용이 발생한다.	① 직접가열방식에 비해 2배의 전열면적이 필요하다. ② 수리보수가 어렵다.

핵심 15 ◇ 왕복압축기의 피스톤 압출량(m^3/h)

$$Q=\frac{\pi}{4}D^2\times L\times N\times n\times n_v\times 60$$

여기서, Q : 피스톤 압출량(m^3/h)
D : 직경(m)
L : 행정(m)
N : 회전수(rpm)
n : 기통수
n_v : 체적효율

※ m^3/min 값으로 계산 시 60을 곱할 필요가 없음.

핵심 16 ◆ 흡수식, 증기압축식 냉동기의 순환과정

<table>
<tr><th colspan="3">종 류</th><th>세부내용</th></tr>
<tr><td rowspan="2">흡수식</td><td colspan="2">순환과정</td><td>① 증발기 → ② 흡수기 → ③ 발생기 → ④ 응축기
※ 순환과정이므로 흡수기부터 하면 흡수 → 발생 → 응축 → 증발기 순도 가능</td></tr>
<tr><td colspan="2">냉매와 흡수액</td><td>① 냉매가 LiBr(리튬브로마이드)일 때 흡수액은 NH_3
② 냉매가 NH_3일 때 흡수액은 물</td></tr>
<tr><td rowspan="6">증기압축식</td><td colspan="2">순환과정</td><td>① 증발기 → ② 압축기 → ③ 응축기 → ④ 팽창밸브
※ 순환과정이므로 압축기부터 하면 압축 → 응축 → 팽창 → 증발기 순도 가능</td></tr>
<tr><td rowspan="5">순환 과정의 역할</td><td>증발기</td><td>팽창밸브에서 토출된 저온 · 저압의 액체냉매가 증발잠열을 흡수하여 피냉동체와 열교환과정이 이루어지는 곳</td></tr>
<tr><td>압축기</td><td>증발기에서 증발된 저온 · 저압의 기체냉매를 압축하면 온도가 상승되어 응축기에서 액화를 용이하게 만드는 곳(등엔트로피 과정이 일어남)</td></tr>
<tr><td>응축기
(콘덴서)</td><td>압축기에서 토출된 고온 · 고압의 냉매가스를 열교환에 의해 응축액화시키는 과정(액체냉매를 일정하게 흐르게 하는 곳)</td></tr>
<tr><td>팽창
밸브</td><td>냉매의 엔탈피가 일정한 곳으로 액체냉매를 증발기에서 증발이 쉽도록 저온 · 저압의 액체냉매로 단열팽창시켜 교축과정이 일어나게 하는 곳</td></tr>
<tr><td>선도</td><td>P(kg/cm²) 응축 팽창 압축 증발 i(kcal/kg)</td></tr>
</table>

핵심 17 ◆ 원심펌프에서 발생되는 이상현상

<table>
<tr><th colspan="3">이상현상의 종류</th><th>핵심내용</th></tr>
<tr><td rowspan="3">캐비테이션
(공동현상)</td><td colspan="2">정 의</td><td>Pump로 물을 이송하는 관에서 유수 중 그 수온의 증기압보다 낮은 부분이 생기면 물이 증발을 일으키고 기포를 발생하는 현상</td></tr>
<tr><td colspan="2">방지법</td><td>① 흡입관경을 넓힌다.
② 양흡입 펌프를 사용한다.
③ 두 대 이상의 펌프를 설치한다.
④ 펌프의 설치위치를 낮춘다.
⑤ 회전수를 낮춘다.</td></tr>
<tr><td colspan="2">발생에 따른 현상</td><td>① 양정 효율곡선 저하 ② 소음, 진동
③ 깃의 침식</td></tr>
<tr><td rowspan="2">원심펌프에서 발생되는 이상현상</td><td rowspan="2">베이퍼록</td><td>정 의</td><td>저비등점을 가진 액화가스를 이송 시 펌프 입구에서 발생되는 현상으로 액의 끓음에 의한 동요현상을 일으킴</td></tr>
<tr><td>방지법</td><td>① 흡입관경을 넓힌다.
② 회전수를 낮춘다.
③ 펌프의 설치위치를 낮춘다.
④ 실린더라이너를 냉각시킨다.
⑤ 외부와 단열조치한다.</td></tr>
</table>

이상현상의 종류			핵심내용
원심펌프에서 발생되는 이상현상	수격작용 (워터해머)	정 의	관 속을 충만하여 흐르는 대형 송수관로에서 정전 등에 의한 심한 압력변화가 생기면 심한 속도변화를 일으켜 물이 가지고 있는 힘의 세기가 해머를 내려치는 힘과 같아 워터해머라 부름
		방지법	① 펌프에 플라이휠(관성차)을 설치한다. ② 관 내 유속(1m/s 이하)을 낮춘다. ③ 조압수조를 관선에 설치한다. ④ 밸브를 송출구 가까이 설치하고, 적당히 제어한다.
	서징(맥동) 현상	정 의	펌프를 운전 중 규칙바르게 양정, 유량 등이 변동하는 현상
		발생 조건	① 펌프의 양정곡선이 산고곡선이고, 그 곡선의 산고상승부에서 운전 시 ② 배관 중 물탱크나 공기탱크가 있을 때 ③ 유량조절밸브가 탱크 뒤측에 있을 때

원심압축 시의 서징

1. 정의

압축기와 송풍기 사이에 토출측 저항이 커지면 풍량이 감소하고 어느 풍량에 대하여 일정압력으로 운전되나 우상 특성의 풍량까지 감소되면 관로에 심한 공기의 맥동과 진동을 발생하여 불안정 운전이 되는 현상

2. 방지법

① 우상 특성이 없게 하는 방식
② 방출밸브에 의한 방법
③ 회전수를 변화시키는 방법
④ 교축밸브를 기계에 근접시키는 방법

※ 우상 특성 : 운전점이 오른쪽 상향부로 치우치는 현상

핵심 18 ◆ 가스 종류별 폭발성

종 류 \ 폭발성	산화폭발	분해폭발	중합폭발
C_2H_2	○	○	
C_2H_4O	○	○	○
HCN			○
N_2H_4(히드라진)		○	

① **산화폭발** : 모든 가연성 가스가 가지고 있는 폭발
② **분해폭발** : 압력상승 시 가스 성분이 분해되면서 일어나는 폭발
③ **중합폭발** : 수분 2% 이상 함유 시 일어나는 폭발
④ C_2H_4O은 분해와 중합 폭발을 동시에 가지고 있으며, 특히 금속염화물과 반응 시는 중합폭발을 일으킨다.

핵심 19 ◆ 오토클레이브

(1) 정의 및 종류

구 분		내 용
정의		밀폐반응 가마이며, 온도상승 시 증기압이 상승 액상을 유지하면서 반응을 하는 고압반응 가마솥
종 류	교반형	기체 · 액체의 반응으로 기체를 계속 유통할 수 있으며, 주로 전자코일을 이용하는 방법
	진탕형	횡형 오토클레이브 전체가 수평 전후 운동으로 교반하는 방법
	회전형	오토클레이브 자체를 회전시켜 교반하는 형식으로 액체에 가스를 적용시키는 데 적합하나 교반효과는 떨어진다.
	가스교반형	레페반응장치에 이용되는 형식으로 기상부에 반응가스를 취출 액상부의 최저부에 순환 송입하는 방식 등이 있으며, 주로 가늘고 긴 수평 반응기로 유체가 순환되어 교반이 이루어진다.

(2) 부속품과 재료 및 압력 · 온도 측정

구 분	내 용
부속품	압력계, 온도계, 안전밸브
재 료	스테인리스강
압력 측정	부르동관 압력계로 측정
온도 측정	수은 및 열전대 온도계

핵심 20 ◆ 열처리 종류 및 특성

종 류	특 성
담금질(소입)(Quenching)	강도 및 경도 증가
불림(소준)(Normalizing)	결정조직의 미세화
풀림(소둔)(Annealing)	잔류응력 제거 및 조직의 연화강도 증가
뜨임(소려)(Tempering)	내부 응력 제거, 인장강도 및 연성 부여
심랭처리법	오스테나이트계 조직을 마텐자이트 조직으로 바꿀 목적으로 0℃ 이하로 처리하는 방법
표면경화	표면은 견고하게, 내부는 강인하게 하여 내마멸성 · 내충격성 향상

핵심 21 ◆ 저온장치 단열법

종 류	특 징
상압단열법	단열을 하는 공간에 분말섬유 등의 단열재를 충전하는 방법 〈주의사항〉 불연성 단열재 사용, 탱크를 기밀로 할 것
진공단열법	단열공간을 진공으로 하여 공기에 의한 전열을 제거한 단열법 〈종류〉 고진공, 분말진공, 다층진공, 단열법

핵심 22 ◇ 정압기의 특성(정압기를 평가 선정 시 고려하여야 할 사항)

특성의 종류		개 요
정특성		정상상태에 있어서 유량과 2차 압력과의 관계
관련 동작	오프셋	정특성에서 기준유량 Q일 때 2차 압력 P에 설정했다고 하여 유량이 변하였을 때 2차 압력 P로부터 어긋난 것
	로크업	유량이 0으로 되었을 때 끝맺음 압력과 P의 차이
	시프트	1차 압력의 변화 등에 의하여 정압곡선이 전체적으로 어긋난 것
동특성		부하변화가 큰 곳에 사용되는 정압기에 대하여 부하변동에 대한 응답의 신속성과 안정성
유량 특성		메인밸브의 열림(스트로크－리프트)과 유량과의 관계
관련 동작	직선형	(유량)$=K\times$(열림) 관계에 있는 것(메인밸브 개구부 모양이 장방형)
	2차형	(유량)$=K\times$(열림)^2 관계에 있는 것(메인밸브 개구부 모양이 삼각형)
	평방근형	(유량)$=K\times$(열림)$^{\frac{1}{2}}$ 관계에 있는 것(메인밸브가 접시형인 경우)
사용 최대차압		메인밸브에는 1차 압력과 2차 압력의 차압이 정압성능에 영향을 주나 이것이 실용적으로 사용할 수 있는 범위에서 최대로 되었을 때 차압
작동 최소차압		1차 압력과 2차 압력의 차압이 어느 정도 이상이 없을 때 파일럿 정압기는 작동할 수 없게 되며 이 최소값을 말함

핵심 23 ◇ LP가스 이송방법

(1) 이송방법의 종류

① 차압에 의한 방법
② 압축기에 의한 방법
③ 균압관이 있는 펌프 방법
④ 균압관이 없는 펌프 방법

(2) 이송방법의 장 · 단점

구 분	장 점	단 점
압축기	① 충전시간이 짧다. ② 잔가스 회수가 용이하다. ③ 베이퍼록의 우려가 없다.	① 재액화 우려가 있다. ② 드레인 우려가 있다.
펌프	① 재액화 우려가 없다. ② 드레인 우려가 없다.	① 충전시간이 길다. ② 잔가스 회수가 불가능하다. ③ 베이퍼록의 우려가 있다.

핵심 24 ◆ 기화장치(Vaporizer)

(1) 분류방법

장치 구성형식	증발형식
단관식, 다관식, 사관식, 열판식	순간증발식, 유입증발식

작동원리에 따른 분류	
가온감압식	열교환기에 의해 액상의 LP가스를 보내 온도를 가하고 기화된 가스를 조정기로 감압하는 방식
감압가열(온)식	액상의 LP가스를 조정기 감압밸브로 감압하여 열교환기로 보내 온수 등으로 가열하는 방식
작동유체에 따른 분류	
온수가열식	온수온도 80℃ 이하
증기가열식	증기온도 120℃ 이하
3대 구성	① 기화부 ② 제어부 ③ 조압부

(2) 기화기 사용 시 장점(강제기화방식의 장점)

① 한랭 시 연속적 가스공급이 가능하다.

② 기화량을 가감할 수 있다.

③ 공급가스 조성이 일정하다.

④ 설비비, 인건비가 절감된다.

핵심 25 ◆ C_2H_2의 폭발성

폭발의 종류	반응식	강의록
분해폭발	$C_2H_2 \rightarrow 2C+H_2$	아세틸렌은 가스를 충전 시 1.5MPa 이상 압축 시 분해폭발의 위험이 있어 충전 시 2.5MPa 이하로 압축, 부득이 2.5MPa 이상으로 압축 시 안전을 기하기 위하여 N_2, CH_4, CO, C_2H_4 등의 희석제를 첨가한다.
화합폭발	$2Cu+C_2H_2 \rightarrow Cu_2C_2+H_2$	아세틸렌에 Cu(동), Ag(은), Hg(수은) 등 함유 시 아세틸라이드(폭발성 물질)가 생성되어 폭발의 우려가 있어 아세틸렌장치에 동을 사용할 경우 동 함유량 62% 미만의 동합금만 허용이 된다.
산화폭발	$C_2H_2+2.5O_2 \rightarrow 2CO_2+H_2O$	모든 가연성이 가지는 폭발로서 연소범위 이내에 혼합 시 일어나는 폭발이다.

핵심 26 ◇ 압축기의 용량 조정방법

왕복압축기	원심압축기
① 회전수 변경법	① 속도 제어에 의한 방법
② 바이패스 밸브에 의한 방법	② 바이패스에 의한 방법
③ 흡입 주밸브 폐쇄법	③ 안내깃(베인 컨트롤) 각도에 의한 방법
④ 타임드 밸브에 의한 방법	④ 흡입밸브 조정법
⑤ 흡입밸브 강제 개방법	⑤ 토출밸브 조정법
⑥ 클리어런스 밸브에 의한 방법	

핵심 27 ◇ 압축의 종류

종 류	정 의	폴리트로픽 지수(n) 값
등온압축	압축 전후 온도가 같음	$n=1$
폴리트로픽압축	압축 후 약간의 열손실이 있는 압축	$1<n<K$
단열압축	외부와 열의 출입이 없는 압축	$n=K$

일량의 크기	온도변화의 크기
단열>폴리트로픽>등온	단열>폴리트로픽>등온

핵심 28 ◇ 공기액화분리장치의 팽창기

종 류		특 징
왕복동식	팽창기	40 정도
	효율	60~65%
	처리가스량	$1000m^3/h$
터보식 (충동식, 반동식, 반경류 반동식)	회전수	10000~20000rpm
	팽창비	5
	효율	80~85%

핵심 29 ◇ 각 가스의 부식명

가스의 종류	부식명	조 건	방지금속
O_2	산화	고온 · 고압	Cr, Al, Si
H_2	수소취성(강의 탈탄)	고온 · 고압	5~6% Cr강에 W, Mo, Ti, V 첨가
NH_3	질화, 수소취성	고온 · 고압	Ni 및 STS
CO	카보닐(침탄)	고온 · 고압	장치 내면 피복, Ni-Cr계 STS 사용
H_2S	황화	고온 · 고압	Cr, Al, Si
수분 존재 시 부식을 일으키는 가스 : Cl_2, $COCl_2$, CO_2, SO_2, H_2S			

핵심 30 ◆ 가스홀더의 분류 및 특징

<table>
<tr><th>구 분</th><th colspan="4">내 용</th></tr>
<tr><td>정의</td><td colspan="4">공장에서 정제된 가스를 저장, 가스의 질을 균일하게 유지, 제조량 · 수요량을 조절하는 탱크</td></tr>
<tr><th colspan="5">분 류</th></tr>
<tr><td colspan="3">중 · 고압식</td><td colspan="2">저압식</td></tr>
<tr><td colspan="2">원통형</td><td>구형</td><td>유수식</td><td>무수식</td></tr>
<tr><th colspan="5">종류별 특징</th></tr>
<tr><td>구형</td><td colspan="4">① 가스 수요의 시간적 변동에 대하여 제조량을 안정하게 공급하고 남는 것은 저장한다.
② 정전배관공사 공급설비의 일시적 지장에 대하여 어느 정도 공급을 확보한다.
③ 각 지역에 가스홀더를 설치하여 피크 시 공급과 동시에 배관의 수송효율을 높인다.</td></tr>
<tr><td>유수식</td><td colspan="4">① 물로 인한 기초공사비가 많이 든다.
② 물탱크의 수분으로 습기가 있다.
③ 추운 곳에 물의 동결방지 조치가 필요하다.
④ 유효 가동량이 구형에 비해 크다.</td></tr>
<tr><td>무수식</td><td colspan="4">① 대용량 저장에 사용된다.
② 물탱크가 없어 기초가 간단하고, 설치비가 적다.
③ 건조상태로 가스가 저장된다.
④ 작업 중 압력변동이 적다.</td></tr>
</table>

핵심 31 ◆ 가스 도매사업자의 공급시설 중 배관의 용접방법

항 목	내 용
용접방법	아크용접 또는 이와 동등 이상의 방법이다.
배관 상호길이 이음매	원주방향에서 원칙적으로 50mm 이상 떨어지게 한다.
배관의 용접	지그(jig)를 사용하여 가운데서부터 정확하게 위치를 맞춘다.

핵심 32 ◆ 압축기에 사용되는 윤활유

<table>
<tr><td rowspan="7">각종 가스 윤활유</td><td>O_2(산소)</td><td>물 또는 10% 이하 글리세린수</td></tr>
<tr><td>Cl_2(염소)</td><td>진한 황산</td></tr>
<tr><td>LP가스</td><td>식물성유</td></tr>
<tr><td>H_2(수소)</td><td rowspan="3">양질의 광유</td></tr>
<tr><td>C_2H_2(아세틸렌)</td></tr>
<tr><td>공기</td></tr>
<tr><td>염화메탄</td><td>화이트유</td></tr>
<tr><td>구비 조건</td><td colspan="2">① 경제적일 것
② 화학적으로 안정할 것
③ 점도가 적당할 것
④ 인화점이 높을 것
⑤ 불순물이 적을 것
⑥ 항유화성이 높고, 응고점이 낮을 것</td></tr>
</table>

핵심 33 ◇ 펌프의 분류

용적형		터보형			
왕복펌프	회전펌프	원심펌프		축류	사류
		벌류트펌프	터빈펌프		
피스톤펌프, 플런저펌프, 다이어프램펌프	기어펌프, 나사펌프, 베인펌프	안내베인이 없는 원심펌프	안내베인이 있는 원심펌프		

핵심 34 ◇ 폭명기

구 분		반응식
종 류	수소폭명기	$2H_2+O_2 \rightarrow 2H_2O$
	염소폭명기	$H_2+Cl_2 \rightarrow 2HCl$
	불소폭명기	$H_2+F_2 \rightarrow 2HF$
정 의		화학반응 시 아무런 촉매 없이 햇빛 등으로 폭발적으로 반응을 일으키는 반응식

핵심 35 ◇ 압축기의 특징

구 분	간추린 핵심내용
왕복 압축기	① 용적형 오일윤활식 무급유식이다. ② 압축효율이 높다. ③ 형태가 크고, 접촉부가 많아 소음 · 진동이 있다. ④ 저속회전이다. ⑤ 압축이 단속적이다. ⑥ 용량조정범위가 넓고 쉽다.
원심(터보) 압축기	① 원심형 무급유식이다. ② 압축이 연속적이다. ③ 소음 · 진동이 적다. ④ 용량조정범위가 좁고 어렵다. ⑤ 설치면적이 작다.

핵심 36 ◆ 펌프 회전수 변경 시 및 상사로 운전 시 변경(송수량, 양정, 동력값)

구 분		내 용
회전수를 $N_1 \rightarrow N_2$로 변경한 경우	송수량(Q_2)	$Q_2 = Q_1 \times \left(\frac{N_2}{N_1}\right)^1$
	양정(H_2)	$H_2 = H_1 \times \left(\frac{N_2}{N_1}\right)^2$
	동력(P_2)	$P_2 = P_1 \times \left(\frac{N_2}{N_1}\right)^3$
회전수를 $N_1 \rightarrow N_2$로 변경과 상사로 운전 시($D_1 \rightarrow D_2$ 변경)	송수량(Q_2)	$Q_2 = Q_1 \times \left(\frac{N_2}{N_1}\right)^1 \left(\frac{D_2}{D_1}\right)^3$
	양정(H_2)	$H_2 = H_1 \times \left(\frac{N_2}{N_1}\right)^2 \left(\frac{D_2}{D_1}\right)^2$
	동력(P_2)	$P_2 = P_1 \times \left(\frac{N_2}{N_1}\right)^3 \left(\frac{D_2}{D_1}\right)^5$

기호 설명

- Q_1, Q_2 : 처음 및 변경된 송수량
- H_1, H_2 : 처음 및 변경된 양정
- P_1, P_2 : 처음 및 변경된 동력
- N_1, N_2 : 처음 및 변경된 회전수

핵심 37 ◆ 냉동톤 · 냉매가스 구비조건

(1) 냉동톤

종 류	IRT값
한국 1냉동톤	3320kcal/hr
흡수식 냉동설비	6640kcal/hr
원심식 압축기	1.2kW(원동기 정격출력)

(2) 냉매의 구비조건

① 임계온도가 높을 것
② 응고점이 낮을 것
③ 증발열이 크고, 액체비열이 적을 것
④ 윤활유와 작용하여 영향이 없을 것
⑤ 수분과 혼합 시 영향이 적을 것
⑥ 비열비가 적을 것
⑦ 점도가 적을 것
⑧ 냉매가스의 비중이 클 것
⑨ 비체적이 적을 것

핵심 38 ◇ 단열재 구비조건

① 경제적일 것
② 화학적으로 안정할 것
③ 밀도가 적을 것
④ 시공이 편리할 것
⑤ 열전도율이 적을 것
⑥ 안전사용온도 범위가 넓을 것

핵심 39 ◇ 강제기화방식, 자연기화방식

(1) 개요 및 종류와 특징

구 분		내 용
강제기화방식	개 요	기화기를 사용하여 액화가스 온도를 상승시켜 가스를 기화하는 방식으로 대량 소비처에 사용
	종 류	생가스 공급방식, 공기혼합가스 공급방식, 변성가스 공급방식
	특 징	① 한랭 시 가스공급이 가능하다. ② 공급가스 조성이 일정하다. ③ 기화량을 가감할 수 있다. ④ 설비비, 인건비가 절감된다. ⑤ 설치면적이 작아진다.
자연기화방식	개 요	대기 중의 열을 흡수하여 액가스를 자연적으로 기화하는 방식으로 소량 소비처에 사용

(2) 분류 방법

장치구성 형식	증발 형식
단관식, 다관식, 사관식, 열판식	순간증발식, 유입증발식

작동원리에 따른 분류	
가온감압식	열교환기에 의해 액상의 LP가스를 보내 온도를 가하고, 기화된 가스를 조정기로 감압하는 방식
감압가열(온)식	액상의 LP가스를 조정기 감압밸브로 감압 열교환기로 보내 온수 등으로 가열하는 방식
작동유체에 따른 분류	
온수가열식	온수온도 80℃ 이하
증기가열식	증기온도 120℃ 이하

LP가스를 도시가스로 공급하는 방식

1. 직접 혼입가스 공급방식
2. 변성가스 공급방식
3. 공기혼합가스 공급방식

핵심 40 ◆ 열역학의 법칙

종 류	정 의
0법칙	온도가 서로 다른 물체를 접촉 시 일정시간 후 열평형으로 상호간 온도가 같게 됨
1법칙	일은 열로, 열은 일로 상호변환이 가능한 에너지 보존의 법칙
2법칙	열은 스스로 고온에서 저온으로 흐르며, 일과 열은 상호변환이 불가능하며, 100% 효율을 가진 열기관은 없음(제2종 영구기관 부정)
3법칙	어떤 형태로든 절대온도 0K에 이르게 할 수 없음

핵심 41 ◆ 압축비, 각 단의 토출압력, 2단 압축에서 중간압력 계산법

구 분	핵심내용
압축비(a)	$a = \sqrt[n]{\frac{P_2}{P_1}}$ 여기서, n : 단수, P_1 : 흡입 절대압력, P_2 : 토출 절대압력
2단 압축에서 중간압력(P_o)	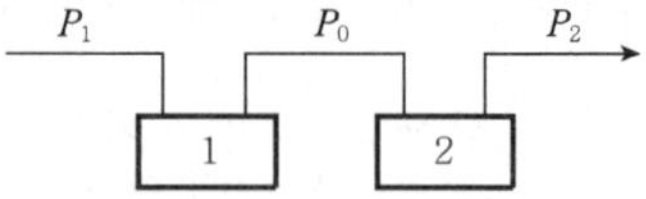 P_1 → [1] → P_0 → [2] → P_2 $P_o = \sqrt{P_1 \times P_2}$
다단압축에서 각 단의 토출압력	P_1 → [1] → P_{01} → [2] → P_{02} → [3] → P_2 여기서, P_1 : 흡입 절대압력 P_{01} : 1단 토출압력 P_{02} : 2단 토출압력 P_2 : 토출 절대압력 또는 3단 토출압력 $a = \sqrt[n]{\frac{P_2}{P_1}}$ $P_{01} = a \times P_1$ $P_{02} = a \times a \times P_1$ $P_2 = a \times a \times a \times P_1$

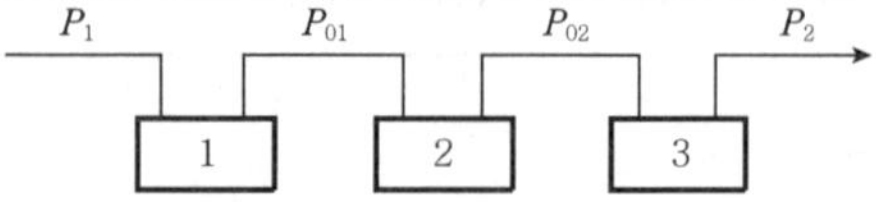

예제 1. 흡입압력 1kg/cm², 최종 토출압력 26kg/cm²(g)인 3단 압축기의 압축비를 구하고, 각 단의 토출압력을 게이지압력으로 계산(단, 1atm=1kg/cm²)하시오.

풀이 $a = \sqrt[3]{\frac{(26+1)}{1}} = 3$

$P_{01} = a \times P_1 = 3 \times 1 = 3\text{kg/cm}^2$

$\therefore\ 3-1 = 2\text{kg/cm}^2\text{(g)}$

$P_{02} = a \times a \times P_1 = 3 \times 3 \times 1 - 1 = 8\text{kg/cm}^2\text{(g)}$

$P_{03} = a \times a \times a \times P_1 = 3 \times 3 \times 3 \times 1 - 1 = 26\text{kg/cm}^2\text{(g)}$

예제 2. 흡입압력 1kg/cm², 토출압력 4kg/cm²인 2단 압축기의 중간 압력은 몇 kg/cm²(g)인가? (단, 1atm=1kg/cm²이다.)

풀이 $P_o = \sqrt{P_1 \times P_2} = \sqrt{1 \times 4} = 2\text{kg/cm}^2$

$\therefore\ 2-1 = 1\text{kg/cm}^2\text{(g)}$

핵심 42 ◆ C_2H_2의 폭발성

폭발의 종류	반응식	강의록
분해폭발	$C_2H_2 \rightarrow 2C + H_2$	아세틸렌은 가스를 충전 시 1.5MPa 이상 압축하면 분해폭발의 위험이 있어 충전 시 2.5MPa 이하로 압축해야 하며 부득이 2.5MPa 이상으로 압축 시에는 안전을 기하기 위하여 N_2, CH_4, CO, C_2H_4 등의 희석제를 첨가한다.
화합폭발	$2Cu + C_2H_2 \rightarrow Cu_2C_2 + H_2$	아세틸렌에 Cu(동), Ag(은), Hg(수은) 등 함유 시 아세틸라이드(폭발성 물질)가 생성 폭발의 우려가 있어 아세틸렌장치에 동을 사용할 경우 동 함유량 62% 미만의 동합금만 허용이 된다.
산화폭발	$C_2H_2 + 2.5O_2 \rightarrow 2CO_2 + H_2O$	모든 가연성이 가지는 폭발로서 연소범위 이내에 혼합 시 일어나는 폭발이다.

핵심 43 ◆ 냉동능력 합산기준

① 냉매가스가 배관에 의하여 공통으로 되어 있는 냉동설비
② 냉매계통을 달리하는 2개 이상의 설비가 1개의 규격품으로 인정되는 설비 내에 조립되어 있는 것(Unit형의 것)
③ 2원(元) 이상의 냉동방식에 의한 냉동설비
④ 모터 등 압축기의 동력설비를 공통으로 하고 있는 냉동설비
⑤ 브라인(Brine)을 공통으로 사용하고 있는 2개 이상의 냉동설비(브라인 중 물과 공기는 포함하지 않는다.)

핵심 44 ◆ 위험도

$$위험도(H) = \frac{U-L}{L}$$

여기서, U : 폭발상한값
L : 폭발하한값

핵심 45 ◆ 밸브의 종류에 따른 특징

종 류	특 징
체크(Check)밸브	① 유체의 역류를 막기 위해서 설치한다. ② 체크밸브는 고압배관 중에 사용된다. ③ 체크밸브는 스윙형과 리프트형의 2가지가 있다. • 스윙형 : 수평, 수직관에 사용 • 리프트형 : 수평 배관에만 사용
게이트밸브(슬루스밸브)	① 대형 관로의 개폐용 개폐에 시간이 소요된다. ② 유체의 저항이 적다.
플러그(Plug)밸브	① 용도 : 중 · 고압용 ② 장점 : 개폐 신속 ③ 단점 : 가스관 중의 불순물에 따라 차단효과 불량
글로브(Globe)밸브	① 용도 : 중 · 저압관용 유량조절용 ② 장점 : 기밀성 유지 양호, 유량조절 용이 ③ 단점 : 볼과 밸브 몸통 접촉면의 기밀성 유지 곤란

핵심 46 ◆ 나사펌프

원 리	특 징
나사를 서로 물리게 하여 케이싱에 봉하고 나사축을 서로 반대방향으로 하여 회전한 쪽의 나사 홈 속의 액체가 다른 쪽 나사산으로 밀려나게 되어 있는 펌프	① 수명이 길다. ② 수압이 평형이 되어 추력이 생기지 않는다. ③ 흐름의 정적, 소음 · 진동이 적다. ④ 고속회전이 가능하고, 소형이며, 값이 저렴하다. ⑤ 체적효율이 좋으며, 흡입양정이 적다.

핵심 47 ◆ 압축비와 실린더 냉각의 목적

압축비가 커질 때의 영향	실린더 냉각의 목적
① 소요동력 증대 ② 실린더 내 온도상승 ③ 체적효율 저하 ④ 윤활유 열화 탄화	① 체적효율 증대 ② 압축효율 증대 ③ 윤활기능 향상 ④ 압축기 수명 연장

핵심 48 ◆ 다단압축의 목적, 압축기의 운전 전 · 운전 중 주의사항

다단압축의 목적	운전 전 주의사항	운전 중 주의사항
① 압축가스의 온도상승을 피한다. ② 1단 압축에 비하여 일량이 절약된다. ③ 이용효율이 증대된다. ④ 힘의 평형이 양호하다. ⑤ 체적효율이 증대된다.	① 압축기에 부착된 모든 볼트, 너트 조임상태 확인 ② 압력계, 온도계, 드레인밸브를 전개, 지시압력의 이상유무 점검 ③ 윤활유 상태 점검 ④ 냉각수 상태 점검	① 압력, 온도 이상유무 점검 ② 소음 · 진동 유무 점검 ③ 윤활유 상태 점검 ④ 냉각수량 점검

핵심 49 ◆ 연소 안전장치

구 분	정 의
소화 안전장치	불꽃이 불완전하거나 바람의 영향으로 꺼질 때 열전대가 식어 기전력을 잃고 전자밸브가 닫혀 모든 가스의 통로를 차단하여 생가스 유출을 방지하는 장치
소화 안전장치의 종류	
열전대식	플레임로스식
공소 안전장치의 종류	
바이메탈식	액체팽창식

핵심 50 ◆ 배관 응력의 원인, 진동의 원인

응력의 원인	진동의 원인
① 열팽창에 의한 응력 ② 내압에 의한 응력 ③ 냉간가공에 의한 응력 ④ 용접에 의한 응력	① 바람, 지진의 영향(자연의 영향) ② 안전밸브 분출에 의한 영향 ③ 관 내를 흐르는 유체의 압력변화에 의한 영향 ④ 펌프 압축기에 의한 영향 ⑤ 관의 굽힘에 의한 힘의 영향

핵심 51 ◆ 압축기의 온도 이상현상 및 원인

현 상	원 인
흡입온도 상승	① 흡입밸브 불량에 의한 역류 ② 전단냉각기 능력 저하 ③ 관로의 수열
토출온도 상승	① 토출밸브 불량에 의한 역류 ② 흡입밸브 불량에 의한 고온가스의 흡입 ③ 압축비 증가 ④ 전단냉각기 불량에 의한 고온가스의 흡입

현 상	원 인
흡입온도 저하	① 전단의 쿨러 과냉 ② 바이패스 순환량이 많음
토출온도 저하	① 흡입가스 온도 저하 ② 압축비 저하 ③ 실린더 과냉각

핵심 52 ◇ 도시가스 제조원료가 가지는 특성

① 파라핀계 탄화수소가 많다.
② C/H 비가 작다.
③ 유황분이 적다.
④ 비점이 낮다.

핵심 53 ◇ 배관설계 시 고려사항

① 가능한 옥외에 설치할 것(옥외)
② 은폐 매설을 피할 것=노출하여 시공할 것(노출)
③ 최단거리로 할 것(최단)
④ 구부러지거나 오르내림이 적을 것
=굴곡을 적게 할 것=직선배관으로 할 것(직선)

핵심 54 ◇ 허용응력과 안전율

구 분	세부내용	
응력(σ)	$\sigma = \frac{W}{A}$	• σ : 응력 • W : 하중 • A : 단면적
안전율	$\frac{\text{인장강도}}{\text{허용응력}}$	

(예제) 단면적 600mm^2, 하중 1200kg, 인장강도 400kg/cm^{2}일 때 허용응력(kg/mm^2)과 안전율을 구하면?

(해설) ① 허용응력$=\frac{1200\text{kg}}{600\text{mm}^2}=2\text{kg/mm}^2$

② 안전율$=\frac{400\text{kg/cm}^2}{200\text{kg/cm}^2}=2$

※ $2\text{kg/mm}^2=2\times100=200\text{kg/cm}^2$

핵심 55 ◇ 조정기

사용 목적	유출압력을 조정, 안정된 연소를 기함	
고정 시 영향	누설, 불완전연소	
종 류	장 점	단 점
1단 감압식	① 장치가 간단하다. ② 조작이 간단하다.	① 최종 압력이 부정확하다. ② 배관이 굵어진다.
2단 감압식	① 공급압력이 안정하다. ② 중간배관이 가늘어도 된다. ③ 관의 입상에 의한 압력손실이 보정된다. ④ 각 연소기구에 알맞은 압력으로 공급할 수 있다.	① 조정기가 많이 든다. ② 검사방법이 복잡하다. ③ 재액화에 문제가 있다.
자동교체 조정기 사용 시 장점	① 전체 용기 수량이 수동보다 적어도 된다. ② 분리형 사용 시 압력손실이 커도 된다. ③ 잔액을 거의 소비시킬 수 있다. ④ 용기 교환주기가 넓다.	

핵심 56 ◇ LP가스의 특성

일반적 특성	연소 특성
① 가스는 공기보다 무겁다. ② 액은 물보다 가볍다. ③ 기화, 액화가 용이하다. ④ 기화 시 체적이 커진다. ⑤ 천연고무는 용해하므로 패킹재료는 합성고무제인 실리콘고무를 사용한다.	① 연소속도가 늦다. ② 연소범위가 좁다. ③ 발열량이 크다. ④ 연소 시 다량의 공기가 필요하다. ⑤ 발화온도가 높다.

핵심 57 ◇ 가스 액화사이클

종 류	작동원리
클라우드 액화사이클	단열 팽창기를 이용하여 액화하는 사이클
린데식 액화사이클	줄-톰슨 효과를 이용하여 액화하는 사이클
필립스식 액화사이클	피스톤과 보조 피스톤이 있어 양 피스톤의 작용으로 액화하는 사이클로 압축기에서 팽창기로 냉매가 흐를 때는 냉각, 반대일 때는 가열되는 액화사이클
캐피자식 액화사이클	공기의 압축압력을 7atm 정도로 열교환에 축냉기를 사용하여 원료공기를 냉각하여 수분과 탄산가스를 제거함으로써 액화하는 사이클
캐스케이드 액화사이클	비점이 점차 낮은 냉매를 사용하여 저비점의 기체를 액화하는 사이클

핵심 58 ◆ C_2H_2 발생기 및 C_2H_2의 특징

형 식	내 용	특 징
주수식	카바이드에 물을 넣는 방법	① 분해중합의 우려가 있다. ② 불순가스 발생이 많다. ③ 후기가스 발생이 있다.
투입식	물에 카바이드를 넣는 방법	① 대량생산에 적합하다. ② 온도상승이 적다. ③ 불순가스 발생이 적다.
침지식(접촉식)	물과 카바이드를 소량식 접촉	① 발생기 온도상승이 쉽다. ② 불순물이 혼합되어 나온다. ③ 발생량을 자동조정할 수 있다.

(1) 발생기의 표면온도 : 70℃ 이하
(2) 발생기의 최적온도 : 50~60℃
(3) 발생기 구비조건
  ① 구조 간단, 견고, 취급편리
  ② 안전성이 있을 것
  ③ 가열지열 발생이 적을 것
  ④ 산소의 역류 역화 시 위험이 미치지 않을 것
(4) 용기의 충전 중 압력은 2.5MPa 이하이다.
(5) 최고충전압력은 15℃에서 1.5MPa 이하이다.
(6) 충전 중 2.5MPa 이상 압축 시 N_2, CH_4, CO, C_2H_4의 희석제를 첨가한다.
(7) 용기에 충전 시 다공물질의 다공도는 75% 이상, 92% 미만이다.
(8) 다공물질 종류 : 석면 · 규조토 · 목탄 · 석회 · 다공성 플라스틱

핵심 59 ◆ 강관의 종류

기 호	특 징
SPP(배관용 탄소강관)	사용압력이 낮은(0.98N/mm^2 이하) 곳에 사용
SPPS(압력배관용 탄소강관)	사용압력 0.98~9.8N/mm^2, 350℃ 이하에 사용
SPPH(고압배관용 탄소강관)	사용압력 9.8N/mm^2 이상에 사용
SPHT(고온배관용 탄소강관)	350℃ 이상의 온도에 사용
SPW(배관용 아크용접 탄소강관)	사용압력 0.98N/mm^2 이하, 물기를 공기 가스 등의 배관에 사용
SPA(배관용 합금강관)	주로 고온도의 배관용으로 사용
SPPW(수도용 아연도금강관)	정수두 100m 이하의 급수 배관용
SPLT(저온배관용 탄소강관)	빙점 이하의 온도에 사용

핵심 60 ◇ 전동기 직결식 원심펌프의 회전수(N)

$$N=\frac{120f}{p}\left(1-\frac{S}{100}\right)$$

여기서, N : 회전수(rpm)
f : 전기주파수(60Hz)
p : 모터극수
S : 미끄럼률

핵심 61 ◇ 원심펌프 운전

운전방법	변동항목	
	양정	유량
병렬	불변	증가
직렬	증가	불변

핵심 62 ◇ 외부전원법 시공의 직류전원장치의 연결단자

구 분	연결단자
+극	불용성 양극
−극	가스배관

핵심 63 ◇ 레페반응장치

구 분	세부내용
정 의	C_2H_2을 압축하는 것은 극히 위험하나 레페(Reppe)가 연구하였으며, C_2H_2 및 종래 힘들고 위험한 화합물의 제조를 가능하게 한 다수의 신 반응이 발견되었고 이 신 반응을 레페반응이라 함
종 류	비닐화, 에틸린산, 환중합, 카르보닐화
반응온도와 압력	온도 : 100~200℃, 압력 : 3atm
첨가물질	N_2 : 49% 또는 CO_2 : 42%

안전관리

Part 3

핵심 1 ◇ 정압기와 정압기필터의 분해점검주기(KGS FU551, FP551)

<table>
<tr><th colspan="2" rowspan="2">정압기별
시설별</th><th rowspan="2">주정압기</th><th rowspan="2">주정압기 기능 상실에 사용 및 월 1회 이상 작동점검을 실시하는 예비정압기</th><th colspan="3">필 터</th></tr>
<tr><th>공급 개시</th><th colspan="2">공급 개시 다음</th></tr>
<tr><td colspan="2">공급시설</td><td>2년 1회</td><td>3년 1회</td><td>1월 이내</td><td colspan="2">1년 1회</td></tr>
<tr><td rowspan="2">사용시설</td><td>첫 번째 분해점검</td><td>3년 1회</td><td rowspan="2">–</td><td rowspan="2">1월 이내</td><td>공급 개시 다음 첫번째</td><td>3년 1회</td></tr>
<tr><td>그 이후 분해점검</td><td>4년 1회</td><td>그 이후 분해점검</td><td>4년 1회</td></tr>
<tr><td colspan="3">1주 1회 이상 점검사항</td><td colspan="4">① 정압기실 전체의 작동상황
② 정압기실 가스 누출경보장치</td></tr>
</table>

핵심 2 ◇ 액화도시가스 충전설비의 용어

용 어	정 의
설계압력	용기 등의 각 부의 계산두께 또는 기계적 강도를 결정하기 위해 설계된 압력
상용압력	내압시험압력 및 기밀시험압력의 기준이 되는 압력으로 사용상태에서 해당 설비 각 부에 작용하는 최고사용압력
설정압력	안전밸브 설계상 정한 분출압력 또는 분출 개시 압력으로서 명판에 표시된 압력
축적압력	내부 유체가 배출될 때 안전밸브에 의해서 축적되는 압력으로 그 설비 내 허용될 수 있는 최대압력
초과압력	안전밸브에서 내부 유체 배출 시 설정압력 이상으로 올라가는 압력
평형 벨로즈형 안전밸브	밸브의 토출측 배압의 변화에 따라 성능 특성에 영향을 받지 않는 안전밸브
일반형 안전밸브	토출측 배압의 변화에 따라 직접적으로 성능특성에 영향을 받는 안전밸브
배압	배출물 처리설비 등으로부터 안전밸브 토출측에 걸리는 압력

핵심 3 ◇ 물분무장치

시설별 \ 구분	저장탱크 전 표면	준내화구조	내화구조
탱크 상호 1m 또는 최대직경의 1/4 길이 중 큰 쪽과 거리를 유지하지 않은 경우	8L/min	6.5L/min	4L/min
저장탱크 최대직경의 1/4보다 적은 경우	7L/min	4.5L/min	2L/min
① 조작위치 : 15m(탱크 외면 15m 이상 떨어진 위치) ③ 소화전의 호스끝 수압 : 0.35MPa	② 연속분무 가능시간 : 30분 ④ 방수능력 : 400L/min		
물분무장치가 없을 경우 탱크의 이격거리	탱크의 직경을 각각 D_1, D_2라고 했을 때		
	$(D_1+D_2)\times\frac{1}{4}>1\text{m}$일 때	그 길이 유지	
	$(D_1+D_2)\times\frac{1}{4}<1\text{m}$일 때	1m 유지	
저장탱크를 지하에 설치 시	상호간 1m 이상 유지		

핵심 4 ◇ 연소기구 노즐에서 가스 분출량(m^3/hr)

공 식	기 호	예 제
$Q=0.009D^2\sqrt{\frac{h}{d}}$	Q : 가스 분출량(m^3/h) D : 노즐 직경(mm) K : 계수 h : 분출압력(mmH_2O) d : 비중	노즐 직경 0.5mm, 280mmH_2O의 압력에서 비중 1.7인 노즐에서 가스 분출량(m^3/h) $Q=0.009\times(0.5)^2\times\sqrt{\frac{280}{1.7}}=0.029\text{m}^3/\text{h}$
$Q=0.011KD^2\sqrt{\frac{h}{d}}$		상기문제에서 계수 K값이 주어지면 $Q=0.011KD^2\sqrt{\frac{h}{d}}$ 의 식으로 계산

핵심 5 ◇ 운반책임자 동승기준

운반형태 구분	가스 종류		독성 허용농도(ppm) 기준 및 비독성의 가연성 · 조연성	적재용량(압축(m^3), 액화(kg))
용기운반	독성	압축가스	200 초과	100m^3 이상
			200 이하	10m^3 이상
		액화가스	200 초과	1000kg 이상
			200 이하	100kg 이상
	비독성	압축가스	가연성	300m^3 이상
			조연성	600m^3 이상
		액화가스	가연성	3000kg 이상※
			조연성	6000kg 이상

※ 가연성 액화가스 용기 중 납붙임용기 및 접합용기의 경우는 2000kg 이상 운반책임자 동승

운반형태 구분	가스 종류	독성 허용농도(ppm) 기준 및 비독성의 가연성 · 조연성	적재용량(압축(m^3), 액화(kg))
차량고정탱크 (운행거리 200km 초과 시에만 운반책임자 동승)	압축가스	독성	$100m^3$ 이상
		가연성	$300m^3$ 이상
		조연성	$600m^3$ 이상
	액화가스	독성	1000kg 이상
		가연성	3000kg 이상
		조연성	6000kg 이상

핵심 6 ◆ 차량 고정탱크의 내용적 한계(L)

구 분	내용적(L)
독성(NH_3 제외)	12000L 초과 금지
가연성(LPG 제외)	18000L 초과 금지

핵심 7 ◆ LPG 저장소 시설기준 충전용기 집적에 의한 저장(30L 이하 용접용기)

구 분	항 목
실외저장소 주위	경계책 설치
경계책과 용기 보관장소 이격거리	20m 이상 거리 유지
충전용기와 잔가스용기 보관장소 이격거리	1.5m 이상
용기 단위 집적량	30톤 초과 금지

핵심 8 ◆ 소화설비의 비치(KGS GC207)

(1) 차량 고정탱크 운반 시

구 분	소화약제명	비치 수	가스 종류에 따른 능력단위	
			BC용 B-10 이상 또는 ABC용 B-12 이상	BC용 B-8 이상 또는 ABC용 B-10 이상
소화제 종류	분말소화제	차량 좌우 각각 1개 이상	가연성	산소

(2) 독성 가스 중 가연성 가스를 용기로 운반 및 독성가스 이외의 충전용기 운반 시(단, 5kg 이하 운반 시는 제외) 소화제는 분말소화제 사용

운반가스량		비치 개수	분말소화제
압축액화	$100m^3$ 이상 1000kg 이상	2개 이상	BC용 또는 ABC용 B-6(약제중량 4.5kg) 이상
	$15m^3$ 초과 $100m^3$ 미만 150kg 초과 1000kg 미만	1개 이상	
	$15m^3$ 이하 150kg 이하	1개 이상	B-3 이상

핵심 9 ◇ 보호시설과 유지하여야 할 안전거리(m) (고법 시행규칙 별표 2, 별표 4, KGS FP112)

개 요	고압가스 처리 저장설비의 유지거리 규정 지하저장설비는 규정 안전거리 1/2 이상 유지 저장능력(압축가스 : m^3, 액화가스 : kg)		
구 분	저장능력	제1종 보호시설	제2종 보호시설
처리 및 저장능력		① 학교, 유치원, 어린이집, 놀이방, 어린이놀이터, 학원, 병원, 도서관, 청소년수련시설, 경로당, 시장, 공중목욕탕, 호텔, 여관, 극장, 교회, 공회당 ② 300인 이상(예식장, 장례식장, 전시장) ③ 20인 이상 수용 건축물(아동복지 장애인복지시설) ④ 면적 $1000m^2$ 이상인 곳 ⑤ 지정문화재 건축물	주택 연면적 $100m^2$ 이상 $1000m^2$ 미만
산소의 저장설비	1만 이하	12m	8m
	1만 초과 2만 이하	14m	9m
	2만 초과 3만 이하	16m	11m
	3만 초과 4만 이하	18m	13m
	4만 초과	20m	14m
독성 가스 또는 가연성 가스의 저장설비	1만 이하	17m	12m
	1만 초과 2만 이하	21m	14m
	2만 초과 3만 이하	24m	16m
	3만 초과 4만 이하	27m	18m
	4만 초과 5만 이하	30m	20m
	5만 초과 99만 이하	30m (가연성 가스 저온 저장탱크는 $\frac{3}{25}\sqrt{X+10000}\,\mathrm{m}$)	20m (가연성 가스 저온 저장탱크는 $\frac{2}{25}\sqrt{X+10000}\,\mathrm{m}$)
	99만 초과	30m (가연성 가스 저온 저장탱크는 120m)	20m (가연성 가스 저온 저장탱크는 80m)

핵심 10 ◇ 다중이용시설(액화석유가스 안전관리법 별표 2)

관계 법령	시설의 종류
유통산업발전법	대형 백화점, 쇼핑센터 및 도매센터
항공법	공항의 여객청사
여객자동차운수법	여객자동차터미널
국유철도특례법	철도역사
관광진흥법	① 관광호텔 관광객 이용시설 ② 종합유원지 시설 중 전문 종합휴양업 시설

관계 법령	시설의 종류
한국마사회법	경마장
청소년기본법	청소년수련시설
의료법	종합병원
항만법	종합여객시설
시 · 도지사 지정시설	고압가스 저장능력 100kg 초과 시설

핵심 11 ◇ 산소, 수소, 아세틸렌 품질검사(고법 시행규칙 별표 4, KGS FP112 3.2.2.9)

항 목	간추린 핵심내용		
검사장소	1일 1회 이상 가스제조장		
검사자	안전관리책임자가 실시 부총괄자와 책임자가 함께 확인 후 서명		
해당 가스 및 판정기준			
해당 가스	순 도	시약 및 방법	합격온도, 압력
산소	99.5% 이상	동암모니아 시약, 오르자트법	35℃, 11.8MPa 이상
수소	98.5% 이상	피로카롤시약, 하이드로설파이드시약, 오르자트법	35℃, 11.8MPa 이상
아세틸렌	① 발연황산 시약을 사용한 오르자트법, 브롬 시약을 사용한 뷰렛법에서 순도가 98% 이상 ② 질산은 시약을 사용한 정성시험에서 합격한 것		

핵심 12 ◇ 용기 안전점검 및 유지관리(고법 시행규칙 별표 18)

① 용기 내 외면을 점검하여 위험한 부식, 금, 주름 등이 있는지 여부 확인
② 용기는 도색 및 표시가 되어 있는지 여부 확인
③ 용기의 스커트에 찌그러짐이 있는지 사용할 때 위험하지 않도록 적정간격을 유지하고 있는지 확인
④ 유통 중 열영향을 받았는지 점검하고, 열영향을 받은 용기는 재검사 실시
⑤ 용기는 캡이 씌워져 있거나 프로텍터가 부착되어 있는지 여부 확인
⑥ 재검사 도래 여부 확인
⑦ 용기의 아랫부분 부식상태 확인
⑧ 밸브의 몸통 충전구나사, 안전밸브에 지장을 주는 흠, 주름, 스프링 부식 등이 있는지 확인
⑨ 밸브의 그랜드너트가 고정핀에 의하여 이탈방지 조치가 되어 있는지 여부 확인
⑩ 밸브의 개폐조작이 쉬운 핸들이 부착되어 있는지 여부 확인
⑪ 용기에는 충전가스 종류에 맞는 용기 부속품이 부착되어 있는지 여부 확인

핵심 13 ◆ 가스시설의 전기방폭기준(KGS GC201)

(1) 위험장소 분류

가연성 가스가 폭발할 위험이 있는 농도에 도달할 우려가 있는 장소(이하 "위험장소"라 한다)의 등급은 다음과 같이 분류한다.

<table>
<tr><td>0종 장소</td><td>상용의 상태에서 가연성 가스의 농도가 연속해서 폭발하한계 이상으로 되는 장소(폭발상한계를 넘는 경우에는 폭발한계 이내로 들어갈 우려가 있는 경우를 포함한다)</td><td rowspan="3">[해당 사용 방폭구조]
0종 : 본질안전방폭구조
1종 : 본질안전방폭구조
유입방폭구조
압력방폭구조
내압방폭구조
2종 : 본질안전방폭구조
유입방폭구조
내압방폭구조
압력방폭구조
안전증방폭구조</td></tr>
<tr><td>1종 장소</td><td>상용상태에서 가연성 가스가 체류해 위험하게 될 우려가 있는 장소, 정비, 보수 또는 누출 등으로 인하여 종종 가연성 가스가 체류하여 위험하게 될 우려가 있는 장소</td></tr>
<tr><td>2종 장소</td><td>① 밀폐된 용기 또는 설비 안에 밀봉된 가연성 가스가 그 용기 또는 설비의 사고로 인하여 파손되거나 오조작의 경우에만 누출할 위험이 있는 장소
② 확실한 기계적 환기조치에 따라 가연성 가스가 체류하지 아니하도록 되어 있으나 환기장치에 이상이나 사고가 발생한 경우에는 가연성 가스가 체류해 위험하게 될 우려가 있는 장소
③ 1종 장소의 주변 또는 인접한 실내에서 위험한 농도의 가연성 가스가 종종 침입할 우려가 있는 장소</td></tr>
</table>

(2) 가스시설의 전기방폭기준

종 류	표시방법	정 의
내압방폭구조	d	방폭전기기기(이하 "용기") 내부에서 가연성 가스의 폭발이 발생할 경우 그 용기가 폭발압력에 견디고, 접합면, 개구부 등을 통해 외부의 가연성 가스에 인화되지 않도록 한 구조를 말한다.
유입방폭구조	o	용기 내부에 절연유를 주입하여 불꽃 · 아크 또는 고온발생부분이 기름 속에 잠기게 함으로써 기름면 위에 존재하는 가연성 가스에 인화되지 않도록 한 구조를 말한다.
압력방폭구조	p	용기 내부에 보호가스(신선한 공기 또는 불활성 가스)를 압입하여 내부압력을 유지함으로써 가연성 가스가 용기 내부로 유입되지 않도록 한 구조를 말한다.
안전증방폭구조	e	정상운전 중에 가연성 가스의 점화원이 될 전기불꽃 · 아크 또는 고온부분 등의 발생을 방지하기 위해 기계적, 전기적 구조상 또는 온도상승에 대해 특히 안전도를 증가시킨 구조를 말한다.
본질안전방폭구조	ia, ib	정상 시 및 사고(단선, 단락, 지락 등) 시에 발생하는 전기불꽃 · 아크 또는 고온부로 인하여 가연성 가스가 점화되지 않는 것이 점화시험, 그 밖의 방법에 의해 확인된 구조를 말한다.
특수방폭구조	s	상기 구조 이외의 방폭구조로서 가연성 가스에 점화를 방지할 수 있다는 것이 시험, 그 밖의 방법으로 확인된 구조를 말한다.
비점화방폭구조	n	2종 장소에 사용되는 가스증기 방폭기기 등에 적용하고, 폭발성 가스 분위기 등에 사용, 전기기기 구조시험 표시 등에 대하여 규정된 방폭구조
몰드방폭구조	m	폭발성 가스의 증기입자 잠재적 위험부위에 사용하고, 정격전압 11000V를 넘지 않는 전기제품 등에 대한 시험요건에 대하여 규정된 방폭구조

(3) 방폭기기 선정

내압방폭구조의 폭발등급			
최대안전틈새 범위(mm)	0.9 이상	0.5 초과 0.9 미만	0.5 이하
가연성 가스의 폭발등급	A	B	C
방폭전기기기의 폭발등급	II A	II B	II C

※ 최대안전틈새는 내용적이 8리터이고, 틈새깊이가 25mm인 표준용기 안에서 가스가 폭발할 때 발생한 화염이 용기 밖으로 전파하여 가연성 가스에 점화되지 않는 최대값

본질안전방폭구조의 폭발등급			
최소점화전류비의 범위(mm)	0.8 초과	0.45 이상 0.8 이하	0.45 미만
가연성 가스의 폭발등급	A	B	C
방폭전기기기의 폭발등급	II A	II B	II C

※ 최소점화전류비는 메탄가스의 최소점화전류를 기준으로 나타낸다.

가연성 가스 발화도 범위에 따른 방폭전기기기의 온도 등급	
가연성 가스의 발화도(℃) 범위	방폭전기기기의 온도 등급
450 초과	T1
300 초과 450 이하	T2
200 초과 300 이하	T3
135 초과 200 이하	T4
100 초과 135 이하	T5
85 초과 100 이하	T6

(4) 기타 방폭전기기기 설치에 관한 사항

기기 분류	간추린 핵심내용
용기	방폭 성능을 손상시킬 우려가 있는 유해한 흠, 부식, 균열, 기름 등 누출부위가 없도록 할 것
방폭전기기기 결합부의 나사류를 외부에서 조작 시 방폭성능 손상우려가 있는 것	드라이버, 스패너, 플라이어 등의 일반 공구로 조작할 수 없도록 한 자물쇠식 죄임구조로 한다.
방폭전기기기 설치에 사용되는 정션박스, 풀박스 접속함	내압방폭구조 또는 안전증방폭구조
조명기구를 천장, 벽에 매달 경우	바람, 진동에 견디도록 하고, 관의 길이를 짧게 한다.

(5) 도시가스 공급시설에 설치하는 정압기실 및 구역압력조정기실 개구부와 RTU(Remote Terminal Unit) Box와 유지거리

지구정압기 건축물 내 지역정압기 및 공기보다 무거운 가스를 사용하는 지역정압기	4.5m 이상
공기보다 가벼운 가스를 사용하는 지역정압기 및 구역압력조정기	1m 이상

핵심 14 ◇ 가스계량기, 호스이음부, 배관의 이음부 유지거리(단, 용접이음부 제외)

항 목		해당법규 및 항목구분에 따른 이격거리
전기계량기, 전기개폐기		법령 및 사용, 공급 관계없이 무조건 60cm 이상
전기점멸기, 전기접속기	30cm 이상	공급시설의 배관이음부, 사용시설 가스계량기
	15cm 이상	LPG, 도시사용시설(배관이음부, 호스이음부)
단열조치하지 않은 굴뚝	30cm 이상	① LPG공급시설(배관이음부) ② LPG, 도시사용시설의 가스계량기
	15cm 이상	① 도시가스공급시설(배관이음부) ② LPG, 도시사용시설(배관이음부)
절연조치하지 않은 전선	30cm 이상	LPG공급시설(배관이음부)
	15cm 이상	도시가스공급, LPG, 도시가스사용시설(배관이음부, 가스계량기)
절연조치한 전선		항목, 법규 구분없이 10cm 이상
공급시설		배관이음부
사용시설		배관이음부, 호스이음부, 가스계량기

핵심 15 ◇ 산업통상자원부령으로 정하는 고압가스 관련 설비(특정설비)

① 안전밸브 · 긴급차단장치 · 역화방지장치
② 기화장치
③ 압력용기
④ 자동차용 가스 자동주입기
⑤ 독성 가스 배관용 밸브
⑥ 냉동설비(일체형 냉동기는 제외)를 구성하는 압축기 · 응축기 · 증발기 또는 압력용기
⑦ 특정고압가스용 실린더 캐비닛
⑧ 자동차용 압축천연가스 완속충전설비(처리능력이 시간당 18.5m^3 미만인 충전설비를 말함)
⑨ 액화석유가스용 용기 잔류가스 회수장치

핵심 16 ◆ 방호벽 적용(KGS FP111 2.7.2)

구 분	적용시설
고압가스 일반제조 중 C_2H_2가스 또는 압력이 9.8MPa 이상 압축가스 충전 시	① 압축기와 당해 충전장소 사이 ② 압축기와 당해 충전용기 보관장소 사이 ③ 당해 충전장소와 당해 가스 충전용기 보관장소 사이 및 당해 충전장소와 당해 충전용 주관밸브 사이 암기를 위한 용어(압축기를 기준으로) : ① 충전장소 ② 충전용기 보관장소 ③ 충전용 주관 밸브
고압가스 판매시설	용기보관실의 벽
특정고압가스	압축($60m^3$), 액화(300kg) 이상 사용시설의 용기보관실 벽
충전시설	저장탱크와 가스 충전장소
저장탱크	사업소 내 보호시설

핵심 17 ◆ 압력조정기

(1) 종류에 따른 입구 · 조정 압력 범위

종 류	입구압력(MPa)		조정압력(kPa)
1단 감압식 저압조정기	0.07 ~ 1.56		2.3 ~ 3.3
1단 감압식 준저압조정기	0.1 ~ 1.56		5.0 ~ 30.0 이내에서 제조자가 설정한 기준압력의 ±20%
2단 감압식 1차용 조정기	용량 100kg/h 이하	0.1 ~ 1.56	57.0 ~ 83.0
	용량 100kg/h 초과	0.3 ~ 1.56	
2단 감압식 2차용 저압조정기	0.01 ~ 0.1 또는 0.025 ~ 0.1		2.30 ~ 3.30
2단 감압식 2차용 준저압조정기	조정압력 이상 ~ 0.1		5.0 ~ 30.0 이내에서 제조자가 설정한 기준압력의 ±20%
자동절체식 일체형 저압조정기	0.1 ~ 1.56		2.55 ~ 3.3
자동절체식 일체형 준저압조정기	0.1 ~ 1.56		5.0 ~ 30.0 이내에서 제조자가 설정한 기준압력의 ±20%
그 밖의 압력조정기	조정압력 이상 ~ 1.56		5kPa을 초과하는 압력 범위에서 상기압력조정기 종류에 따른 조정압력에 해당하지 않는 것에 한하며, 제조자가 설정한 기준압력의 ±20%일 것

(2) 종류별 기밀시험압력

구분 \ 종류	1단 감압식 저압	1단 감압식 준저압	2단 감압식 1차용	2단 감압식 2차용		자동절체식		그 밖의 조정기
				저압	준저압	저압	준저압	
입구측 (MPa)	1.56 이상	1.56 이상	1.8 이상	0.5 이상		1.8 이상		최대입구압력 1.1배 이상
출구측 (kPa)	5.5	조정압력의 2배 이상	150 이상	5.5	조정압력의 2배 이상	5.5	조정압력의 2배 이상	조정압력의 1.5배

(3) 조정압력이 3.30kPa 이하인 안전장치 작동압력

항 목	압 력(kPa)
작동 표준	7.0
작동 개시	5.60 ~ 8.40
작동 정지	5.04 ~ 8.40

(4) 최대폐쇄압력

항 목	압 력(kPa)
1단 감압식 저압조정기	3.50 이하
2단 감압식 2차용 저압조정기	
자동절체식 일체형 저압조정기	
2단 감압식 1차용 조정기	95.0 이하
1단 감압식 준저압 · 자동절체식	조정압력의 1.25배 이하
일체형 준저압, 그 밖의 조정기	

핵심 18 ◇ 항구증가율(%)

항 목		세부 핵심내용
공 식		$\frac{\text{항구증가량}}{\text{전 증가량}} \times 100$
합격기준	신규검사	10% 이하
	재검사	10% 이하(질량검사 95% 이상 시)
		6% 이하(질량검사 90% 이상, 95% 미만 시)

핵심 19 ◇ 부취제

(1) 부취제 관련 핵심내용

종 류 / 특 성	TBM (터시어리부틸메르카부탄)	THT (테트라하이드로티오페)	DMS (디메틸설파이드)
냄새 종류	양파 썩는 냄새	석탄가스 냄새	마늘 냄새
강 도	강함	보통	약간 약함
혼합 사용 여부	혼합 사용	단독 사용	혼합 사용
부취제 주입설비			
액체주입식	펌프주입방식, 적하주입방식, 미터연결 바이패스방식		
증발식	위크 증발식, 바이패스방식		
부취제 주입농도	$\frac{1}{1000}=0.1\%$ 정도		
토양의 투과성 순서	DMS > TBM > THT		
부취제 구비조건	① 독성이 없을 것 ② 화학적으로 안정할 것 ③ 보통냄새와 구별될 것 ④ 토양에 대한 투과성이 클 것 ⑤ 완전연소할 것 ⑥ 물에 녹지 않을 것 ⑦ 가스관, 가스미터에 흡착되지 않을 것		

(2) 고압 · LPG · 도시가스의 냄새나는 물질의 첨가(KGS FP331 3.2.1.1)

항 목		간추린 세부 핵심내용
공기 중 혼합비율 용량(%)		1/1000(0.1%)
냄새농도 측정방법		① 오더미터법(냄새측정기법) ② 주사기법 ③ 냄새주머니법 ④ 무취실법
시료기체 희석배수 (시료기체 양÷시험가스 양)		① 500배 ② 1000배 ③ 2000배 ④ 4000배
용어설명	패널(panel)	미리 선정한 정상적인 후각을 가진 사람으로서 냄새를 판정하는 자
	시험자	냄새농도 측정에 있어서 희석조작을 하여 냄새농도를 측정하는 자
	시험가스	냄새를 측정할 수 있도록 기화시킨 가스
	시료기체	시험가스를 청정한 공기로 희석한 판정용 기체
기타 사항		① 패널은 잡담을 금지한다. ② 희석배수의 순서는 랜덤하게 한다. ③ 연속측정 시 30분마다 30분간 휴식한다.

핵심 20 ◆ 다공도

개 요	C_2H_2 용기에 가스충전 시 빈 공간으로부터 확산폭발 위험을 없애기 위하여 용기에 주입하는 안정된 물질을 다공물질이라 하며, 다공물질이 빈 공간으로부터 차지하는 부피 %를 말함

관련 계산식	고압가스 안전관리법의 유지하여야 하는 다공도(%)	다공물질의 종류	다공물질의 구비조건
다공도(%)$=\frac{V-E}{V}\times 100$ V : 다공물질의 용적 E : 침윤 잔용적	75 이상 92 미만	① 규조토 ② 목탄 ③ 석회 ④ 석면 ⑤ 산화철 ⑥ 탄산마그네슘	① 화학적으로 안정할 것 ② 기계적 강도가 있을 것 ③ 고다공도일 것 ④ 가스충전이 쉬울 것 ⑤ 경제적일 것

참고 예제문제	다공도 측정
다공물질의 용적 170m^3, 침윤 잔용적 100m^3인 다공도 계산 다공도$=\frac{170-100}{170}\times 100=41.18\%$	20℃에서 아세톤 또는 물의 흡수량으로 측정

핵심 21 ◆ 용기 및 특정설비의 재검사기간

용기의 종류		신규검사 후 경과연수		
		15년 미만	15년 이상 20년 미만	20년 이상
		재검사주기		
LPG 제외 용접용기	500L 이상	5년마다	2년마다	1년마다
	500L 미만	3년마다	2년마다	1년마다
LPG 용기	500L 이상	5년마다	2년마다	1년마다
	500L 미만	5년마다		2년마다
이음매 없는 용기 및 복합재료 용기	500L 이상	5년마다		
	500L 미만	신규검사 후 10년 이하	5년마다	
		신규검사 후 10년 초과	3년마다	
LPG 복합재료 용기		5년마다		

특정설비의 종류		신규검사 후 경과연수		
		1년마다	15년 이상 20년 미만	20년 이상
		재검사주기		
차량고정탱크		5년마다	2년마다	1년마다
저장탱크		5년마다(재검사 불합격 수리 시 3년 음향방출시험으로 안전한 것은 5년마다) 이동 설치 시 이동할 때마다		
안전밸브 긴급차단장치		검사 후 2년 경과 시 설치되어 있는 저장탱크의 재검사 때마다		
기화장치	저장탱크와 함께 설치	검사 후 2년 경과 해당 탱크의 재검사 때마다		
	저장탱크 없는 곳에 설치	3년마다		
	설치되지 아니한 것	2년마다		
압력용기		4년마다		

핵심 22 ◇ 용기의 각인사항

기 호	내 용	단 위
V	내용적	L
W	밸브 부속품을 포함하지 아니한 용기 질량(분리할 수 있는 것에 한함)	kg
T_w	아세틸렌용기에 있어 용기 질량에 다공물질 용제 및 밸브의 질량을 합한 질량	kg
T_P	내압시험압력	MPa
F_P	최고충전압력	MPa
t	500L 초과 용기 동판두께	mm

그 이외에 표시사항

① 용기 제조업자의 명칭 또는 약호
② 충전하는 명칭
③ 용기의 번호

핵심 23 ◇ 시설별 이격거리

시 설	이격거리
가연성 제조시설과 가연성 제조시설	5m 이상
가연성 제조시설과 산소 제조시설	10m 이상
액화석유가스 충전용기와 잔가스용기	1.5m 이상
탱크로리와 저장탱크	3m 이상

핵심 24 ◇ 차량고정탱크의 운반기준

항 목	내 용
두 개 이상의 탱크를 동일차량에 운반 시	① 탱크마다 주밸브 설치 ② 탱크 상호 탱크와 차량 고정부착 조치 ③ 충전관에 안전밸브, 압력계 긴급탈압밸브 설치
LPG를 제외한 가연성 산소	18000L 이상 운반금지
NH_3를 제외한 독성	12000L 이상 운반금지
액면요동방지를 위해 하는 조치	방파판 설치
차량의 뒷범퍼와 이격거리	① 후부취출식 탱크(주밸브가 탱크 뒤쪽에 있는 것) : 40cm 이상 이격 ② 후부취출식 이외의 탱크 : 30cm 이상 이격 ③ 조작상자(공구 등 기타 필요한 것을 넣는 상자) : 20cm 이상 이격
기 타	돌출 부속품에 대한 보호장치를 하고, 밸브콕 등에 개폐방향을 표시할 것

핵심 25 ◆ 가스 혼합 시 압축하여서는 안 되는 경우

혼합가스의 종류	압축 불가능 혼합(%)
가연성(C_2H_2, C_2H_4, H_2 제외) 중 산소의 함유(%)	4% 이상
산소 중 가연성(C_2H_2, C_2H_4, H_2 제외) 함유(%)	4% 이상
C_2H_2, H_2, C_2H_4 중 산소 함유(%)	2% 이상
산소 중 C_2H_2, H_2, C_2H_4	2% 이상

핵심 26 ◆ 긴급이송설비(벤트스택, 플레어스택)

가연성, 독성 고압설비 중 특수반응설비 긴급차단장치를 설치한 고압가스 설비에 이상 사태 발생 시 설비 내용물을 긴급·안전하게 이송시킬 수 있는 설비

<table>
<tr><th rowspan="3">항 목</th><th colspan="4">시설명</th></tr>
<tr><th colspan="2">벤트스택</th><th colspan="2" rowspan="2">플레어스택</th></tr>
<tr><th>긴급용(공급시설) 벤트스택</th><th>그 밖의 벤트스택</th></tr>
<tr><td>개 요</td><td colspan="2">독성, 가연성 가스를 방출시키는 탑</td><td>개 요</td><td>가연성 가스를 연소시켜 방출시키는 탑</td></tr>
<tr><td rowspan="2">착지농도</td><td colspan="2">가연성 : 폭발하한계값 미만의 높이</td><td rowspan="2">발생 복사열</td><td rowspan="2">제조시설에 나쁜 영향을 미치지 아니하도록 안전한 높이 및 위치에 설치</td></tr>
<tr><td colspan="2">독성 : TLV-TWA 기준농도값 미만이 되는 높이</td></tr>
<tr><td>독성 가스 방출 시</td><td colspan="2">제독 조치 후 방출</td><td>재료 및 구조</td><td>발생 최대열량에 장시간 견딜 수 있는 것</td></tr>
<tr><td>정전기 낙뢰의 영향</td><td colspan="2">착화방지 조치를 강구, 착화 시 즉시 소화조치 강구</td><td>파일럿 버너</td><td>항상 점화하여 폭발을 방지하기 위한 조치가 되어 있는 것</td></tr>
<tr><td>벤트스택 및 연결배관의 조치</td><td colspan="2">응축액의 고임을 제거 및 방지 조치</td><td>지표면에 미치는 복사열</td><td>4000kcal/m^2·h 이하</td></tr>
<tr><td>액화가스가 함께 방출되거나 급랭 우려가 있는 곳</td><td>연결된 가스공급 시설과 가장 가까운 곳에 기액분리기 설치</td><td>액화가스가 함께 방출되지 아니하는 조치</td><td rowspan="2">긴급이송설비로부터 연소하여 안전하게 방출시키기 위하여 행하는 조치사항</td><td rowspan="2">① 파일럿 버너를 항상 작동할 수 있는 자동점화장치 설치 및 파일럿 버너가 꺼지지 않도록 자동점화장치 기능이 완전히 유지되도록 설치
② 역화 및 공기혼합 폭발방지를 위하여 갖추는 시설
• Liquid Seal 설치
• Flame Arrestor 설치
• Vapor Seal 설치
• Purge Gas의 지속적 주입
• Molecular 설치</td></tr>
<tr><td>방출구 위치(작업원이 정상작업의 필요장소 및 항상 통행장소로부터 이격거리)</td><td>10m 이상</td><td>5m 이상</td></tr>
</table>

핵심 27 ◇ 액화석유가스의 중량 판매기준 (액화석유가스 통합 고시 제6장 액화석유가스 공급방법 기준)

항 목		내 용
적용 범위		가스공급자가 중량 판매방법으로 공급하는 경우와 잔량가스 확인방법에 대하여 적용
중량으로 판매하는 사항	내용적	30L 미만 용기로 사용 시
	주택 제외 영업장 면적	$40m^2$ 이하인 곳 사용 시
	사용기간	6개월만 사용 시
	용 도	① 산업용, 선박용, 농축산용 사용 및 그 부대시설에서 사용 ② 경로당 및 가정보육시설에서 사용 시
	기 타	① 단독주택에서 사용 시 ② 체적 판매방법으로 판매 곤란 시 ③ 용기를 이동하면서 사용 시

핵심 28 ◇ 저장능력에 따른 액화석유가스 사용시설과 화기와 우회거리

저장능력	화기와 우회거리(m)
1톤 미만	2m
1톤 이상 3톤 미만	5m
3톤 이상	8m

핵심 29 ◇ LPG 자동차에 고정된 용기충전소에 설치 가능한 건축물의 종류 (액화석유가스안전관리법 시행규칙 별표 3)

구 분	대상 건축물 또는 시설
해당 충전시설	① 작업장 ② 업무용 사무실 회의실 ③ 관계자 근무대기실 ④ 충전사업자가 운영하는 용기재검사시설 ⑤ 종사자의 숙소 ⑥ 충전소 내 면적 $100m^2$ 이하 식당 ⑦ 면적 $100m^2$ 이하 비상발전기 공구 보관을 위한 창고 ⑧ 충전소, 출입 대상자(자동판매기, 현금자동지급기, 소매점, 전시장) ⑨ 자동차세정의 세차시설
상기의 ①~⑨까지의 건축물 시설은 저장 가스설비 및 자동차에 고정된 탱크 이입 충전장소 외면으로부터 직선거리 8m 이상 이격	

핵심 30 ◆ 안전간격에 따른 폭발 등급

폭발 등급	안전간격	해당 가스
1등급	0.6mm 이상	메탄, 에탄, 프로판, 부탄, 암모니아, 일산화탄소, 아세톤, 벤젠
2등급	0.4mm 이상 0.6mm 미만	에틸렌, 석탄가스
3등급	0.4mm 미만	이황화탄소, 수소, 아세틸렌, 수성가스

핵심 31 ◆ 용기의 각인사항

기 호	내 용	단 위
V	내용적	L
W	초저온용기 이외의 용기에 밸브 부속품을 포함하지 아니한 용기 질량	kg
T_w	아세틸렌용기에 있어 용기 질량에 다공물질 용제 및 밸브의 질량을 합한 질량	kg
T_P	내압시험압력	MPa
F_P	최고충전압력	MPa
t	500L 초과 용기 동판두께	mm
그 이외에 표시사항		
① 용기 제조업자의 명칭 또는 약호 ② 충전하는 명칭 ③ 용기의 번호		

핵심 32 ◆ 용기밸브 나사의 종류, 용기밸브 충전구나사

구 분		핵심내용
용기밸브 나사	A형	밸브의 나사가 수나사인 것
	B형	밸브의 나사가 암나사인 것
	C형	밸브의 나사가 없는 것
용기밸브의 충전구나사	왼나사	NH_3와 CH_3Br을 제외한 모든 가연성 가스
	오른나사	NH_3, CH_3Br을 포함한 가연성이 아닌 모든 가스
전기설비의 방폭시공 여부		① NH_3, CH_3Br을 제외한 모든 가연성 가스 시설의 전기설비는 방폭구조로 시공한다. ② NH_3, CH_3Br을 포함한 가연성이 아닌 가스는 방폭구조로 시공하지 않아도 된다.

핵심 33 ◆ 차량 고정탱크(탱크로리)의 운반기준

항 목	내 용
두 개 이상의 탱크를 동일차량에 운반 시	① 탱크 마다 주밸브 설치 ② 탱크 상호 탱크와 차량 고정부착 조치 ③ 충전관에 안전밸브, 압력계 긴급탈압밸브 설치
LPG를 제외한 가연성 산소	18000L 이상 운반금지
NH_3를 제외한 독성	12000L 이상 운반금지
액면요동방지를 위해 하는 조치	방파판 설치
차량의 뒷범퍼와 이격거리	① 후부취출식 탱크(주밸브가 탱크 뒤쪽에 있는 것) : 40cm 이상 이격 ② 후부취출식 이외의 탱크 : 30cm 이상 이격 ③ 조작상자(공구 등 기타 필요한 것을 넣는 상자) : 20cm 이상 이격
기 타	돌출 부속품에 대한 보호장치를 하고, 밸브콕 등에 개폐표시 방향을 할 것
참고사항	LPG 차량 고정탱크(탱크로리)에 가스를 이입할 수 있도록 설치되는 로딩암을 건축물 내부에 설치 시 통풍을 양호하게 하기 위하여 환기구를 설치, 이때 환기구 면적의 합계는 바닥면적의 6% 이상

☺ 수험생 여러분, 시험에는 독성 가스 12000L 이상 운반금지에 대한 것이 출제되었습니다. 하지만, 상기의 이론 내용 어느 것도 출제될 가능성이 있습니다. 12000L만 문제에서 기억하여 시험보러 가시겠습니까? 상기 모든 내용을 습득하여 합격의 영광을 가지시겠습니까?

핵심 34 ◆ 고압가스 용기에 의한 운반기준(KGS GC206)

구 분		독성 가스 용기의 운반기준	독성 가스 용기 이외의 운반기준
차량 구조	허용농도 100만분의 200 초과 시	① 적재함에 리프트 설치 ② 리프터 설치 예외 경우 • 용기보관실 바닥이 운반차량 적재함 최저 높이로 설치된 경우 • 용기 상하차 설비가 설치된 업소에서 공급하는 경우 • 적재능력 1톤 이하 차량	
	허용농도 100만분의 200 이하	① 용기 승하차용 리프트와 밀폐된 구조의 적재함이 부착된 전용차량(독성 가스 전용차량)으로 운반 ② 단, 내용적 1000L 이상 충전용기는 독성 가스 운반전용차량으로 운반하지 않아도 된다.	
경계표지		① 차량 앞뒤 보기 쉬운 곳에 붉은 글씨로 위험고압가스 독성 가스 표시 상호 전화번호 운반기준, 위반행위 신고할 수 있는 허가신고 등록관청 전화번호표시, 적색상 각기 표시 ② RTC 차량의 경우는 좌우에서 볼 수 있도록	독성 가스 경계표시에서 독성 가스 문구를 제외. 그 밖의 표시방법은 동일

<table>
<tr><th colspan="2">구 분</th><th>독성 가스 용기의 운반기준</th><th>독성 가스 용기 이외의 운반기준</th></tr>
<tr><td rowspan="3">경계
표시규격</td><td>직사각형</td><td colspan="2">① 가로 : 차폭의 30% 이상
② 세로 : 가로의 20% 이상</td></tr>
<tr><td>정사각형</td><td colspan="2">전체 경계면적을 600cm^2 이상</td></tr>
<tr><td>적색삼각기</td><td colspan="2">가로 : 40cm 이상, 세로 : 30cm 이상, 바탕색 : 적색, 글자색 : 황색</td></tr>
<tr><td colspan="2">보호장비
(월 1회 이상 점검)</td><td>방독면, 고무장갑, 고무장화, 기타 보호구 및 제독제, 자재공구</td><td>가연성 또는 산소의 경우, 소화설비 재해발생방지를 위한 자재 및 공구</td></tr>
<tr><td colspan="2" rowspan="3">적재</td><td rowspan="3">① 충전용기는 적재함에 세워 적재
② 차량의 최대적재량, 적재함을 초과하지 아니할 것
③ 납붙임 접합용기의 경우 보호망을 적재함에 세워 적재한다.
④ 충전용기는 고무링을 씌우거나 적재함에 세워 적재한다.
⑤ 충전용기는 로프, 그물공구 등으로 확실하게 묶어 적재 운반차량 뒷면에 두께 5mm 이상, 폭 100mm 이상 범퍼 또는 동등 효과의 완충장치 설치
⑥ 독성 중 가연성, 조연성을 동일차량에 적재금지
⑦ 밸브 돌출용기는 밸브 손상방지 조치
⑧ 충전용기 상하차 시 완충판을 이용
⑨ 충전용기 이륜차 운반금지
⑩ 염소와 아세틸렌, 암모니아, 수소는 동일차량 적재금지
⑪ 가연성 산소는 충전용기 밸브가 마주보지 않도록 적재
⑫ 충전용기와 위험물관리법의 위험물과 동일차량 적재금지</td><td>① 충전용기는 고압가스 전용 운반차량에 세워서 적재
② 충전용기는 이륜차에 적재운반금지(단, 차량통행 곤란지역 LPG 충전용기는 운반전용 적재함이 장착되어 있거나 20kg 이하 2개를 초과하지 않을 경우 이륜차 운반 가능)
그 밖에 좌측의 ⑩, ⑪, ⑫항 동일</td></tr>
<tr><td>운반 등의 기준 적용 제외</td></tr>
<tr><td>① 운반의 양이 13kg(압축 1.3m^3) 이하인 경우
② 소방차 구급자동차 구조차량 등이 긴급 시에 사용 시
③ 스킨스쿠버 목적으로 공기충전용기 2개 이하 운반 시
④ 산업통상자원부장관이 필요하다고 인정 시</td></tr>
</table>

핵심 35 ◆ 방파판(KGS AC113 3.4.7)

정 의	액화가스 충전탱크 및 차량 고정탱크에 액면요동을 방지하기 위하여 설치되는 판
면 적	탱크 횡단면적의 40% 이상
부착위치	원호부 면적이 탱크 횡단면적의 20% 이하가 되는 위치
재료 및 두께	3.2mm 이상의 SS 41 또는 이와 동등 이상의 강도(단, 초저온 탱크는 2mm 이상 오스테나이트계 스테인리스강 또는 4mm 이상 알루미늄 합금판)
설치 수	내용적 5m^3마다 1개씩

핵심 36 ◆ 저장능력 계산

압축가스	액화가스		
	저장탱크	소형 저장탱크	용 기
$Q=(10P+1)V$	$W=0.9dV$	$W=0.85dV$	$W=\frac{V}{C}$
여기서, Q : 저장능력(m^3) P : 35℃ F_P(MPa) V : 내용적(m^3)	여기서, W : 저장능력(kg) d : 액비중(kg/L) V : 내용적(L) C : 충전상수		

핵심 37 ◆ 저장탱크 및 용기에 충전

설 비 \ 가 스	액화가스	압축가스
저장탱크	90% 이하	상용압력 이하
용 기	90% 이하	최고충전압력 이하
85% 이하로 충전하는 경우	① 소형 저장탱크 ② LPG 차량용 용기 ③ LPG 가정용 용기	

핵심 38 ◆ 전기방식법

지하매설배관의 부식을 방지하기 위하여 양전류를 보내 음전류와 상쇄하여 지하배관의 부식을 방지하는 방법

(1) 희생(유전)양극법

정 의	특 징	
	장 점	단 점
양극의 금속 Mg, Zn 등을 지하매설관에 일정간격으로 설치하면 Fe보다 (−)방향 전위를 가지고 있어 Fe이 (−)방향으로 전위변화를 일으켜 양극의 금속이 Fe 대신 소멸되어 관의 부식을 방지함	① 타 매설물의 간섭이 없다. ② 시공이 간단하다. ③ 단거리 배관에 경제적이다. ④ 과방식의 우려가 없다. ⑤ 전위구배가 적은 장소에 적당하다.	① 전류조절이 어렵다. ② 강한 전식에는 효과가 없고, 효과 범위가 좁다. ③ 양극의 보충이 필요하다.
※ 심매전극법 : 지표면의 비저항보다 깊은 곳의 비저항이 낮은 경우 적용하는 양극 설치 방법		

(2) 외부전원법

정 의	특 징	
	장 점	단 점
방식 전류기를 이용 한전의 교류전원을 직류로 전환 매설배관에 전기를 공급하여 부식을 방지함	① 전압전류 조절이 쉽다. ② 방식 효과범위가 넓다. ③ 전식에 대한 방식이 가능하다. ④ 장거리 배관에 경제적이다.	① 과방식의 우려가 있다. ② 비경제적이다. ③ 타 매설물의 간섭이 있다. ④ 교류전원이 필요하다.

(3) 강제배류법

정 의	특 징	
	장 점	단 점
레일에서 멀리 떨어져 있는 경우에 외부전원장치로 가장 가까운 선택배류방법으로 전기방식하는 방법	① 전압전류 조정이 가능하다. ② 전기방식의 효과범위가 넓다. ③ 전철이 운행중지에도 방식이 가능하다.	① 과방식의 우려가 있다. ② 전원이 필요하다. ③ 타 매설물의 장애가 있다. ④ 전철의 신호장애를 고려해야 한다.

(4) 선택배류법

정 의	특 징	
	장 점	단 점
직류전철에서 누설되는 전류에 의한 전식을 방지하기 위해 배관의 직류전원 (−)선을 레일에 연결부식을 방지함	① 전철의 위치에 따라 효과범위가 넓다. ② 시공비가 저렴하다. ③ 전철의 전류를 사용 비용절감의 효과가 있다.	① 과방식의 우려가 있다. ② 전철의 운행중지 시에는 효과가 없다. ③ 타 매설물의 간섭에 유의해야 한다.

※ 전기방식법에 의한 전위측정용 터미널 간격
1. 외부전원법은 500m마다 설치
2. 희생양극법 배류법은 300m마다 설치

(5) 전위 측정용 터미널 간격

구 분	간 격
희생양극법, 배류법	300m 이내
외부전원법	500m 이내

핵심 39 ◆ 압력계 기능 검사주기, 최고눈금의 범위

압력계 종류	기능 검사주기
충전용 주관 압력계	매월 1회 이상
그 밖의 압력계	3월 1회 이상
최고 눈금 범위	상용압력의 1.5배 이상 2배 이하

핵심 40 ◆ 배관의 감시장치에서 경보하는 경우와 이상사태가 발생한 경우

구 분	경보하는 경우	이상사태가 발생한 경우
배관 내압력	상용압력의 1.05배 초과 시(단상용 압력이 4MPa 이상 시 상용압력에 0.2MPa을 더한 압력)	상용압력의 1.1배 초과 시
압 력	정상압력보다 15% 이상 강하 시	정상압력보다 30% 이상 강하 시
유 량	정상유량보다 7% 이상 변동 시	정상유량보다 15% 이상 증가 시
기 타	긴급차단밸브 고장 시	가스누설검지경보장치 작동 시

핵심 41 ◆ LPG 저장탱크, 도시가스 정압기실, 안전밸브 가스 방출관의 방출구 설치위치

<table>
<tr><th colspan="3">LPG 저장탱크</th><th colspan="2">도시가스 정압기실</th><th rowspan="2">고압가스 저장탱크</th></tr>
<tr><th colspan="2">지상설치탱크</th><th>지하설치탱크</th><th>지상설치</th><th>지하설치</th></tr>
<tr><td rowspan="2">3t 이상 일반탱크</td><td rowspan="2">3t 미만 소형 저장탱크</td><td rowspan="5">지면에서 5m 이상</td><td colspan="2" rowspan="2">지면에서 5m 이상(단, 전기시설물 접촉 등으로 사고 우려 시 3m 이상)</td><td>설치능력</td></tr>
<tr><td>5m³ 이상 탱크</td></tr>
<tr><td rowspan="3">지면에서 5m 이상, 탱크 정상부에서 2m 중 높은 위치</td><td rowspan="3">지면에서 2.5m 이상, 탱크 정상부에서 1m 중 높은 위치</td><td colspan="2">참고사항
(지하 정압기실 배기관의 배기가스 방출구)</td><td>설치위치</td></tr>
<tr><td>공기보다 무거운 도시가스</td><td>공기보다 가벼운 도시가스</td><td rowspan="2">지면에서 5m 이상, 탱크 정상부에서 2m 이상 중 높은 위치</td></tr>
<tr><td>① 지면에서 5m 이상
② 전기시설물 접촉 우려 시 3m 이상</td><td>지면에서 3m 이상</td></tr>
</table>

핵심 42 ◆ 도시가스 사용시설의 사용량

(1) 월 사용예정량

$$Q = \frac{\{(A \times 240) + (B \times 90)\}}{11000}$$

여기서, Q : 월 사용예정량(m^3)
A : 산업용으로 사용하는 연소기의 명판에 기재된 가스소비량 합계(kcal/hr)
B : 산업용이 아닌 연소기의 명판에 기재된 가스소비량 합계(kcal/hr)

(2) 특정가스 사용시설의 사용량

$$Q = X \times \frac{A}{11000}$$

여기서, Q : 도시가스시설의 사용량(m^3)
X : 실제 사용하는 도시가스 사용량(m^3)
A : 실제 사용하는 도시가스 열량(kcal/m^3)

핵심 43 ◇ 저장탱크 및 용기의 충전(%)

가스 / 설비	액화가스	압축가스
저장탱크	90% 이하	상용압력 이하
용 기	90% 이하	최고충전압력 이하
85% 이하로 충전하는 경우	① 소형 저장탱크 ② LPG 차량용 용기 ③ LPG 가정용 용기	–

핵심 44 ◇ 독성 가스 제독제와 보유량

가스별	제독제	보유량
염소(Cl_2)	가성소다 수용액	670kg
	탄산소다 수용액	870kg
	소석회	620kg
포스겐($COCl_2$)	가성소다 수용액	390kg
	소석회	360kg
황화수소(H_2S)	가성소다 수용액	1140kg
	탄산소다 수용액	1500kg
시안화수소(HCN)	가성소다 수용액	250kg
아황산가스(SO_2)	가성소다 수용액	530kg
	탄산소다 수용액	700kg
	물	다량
암모니아(NH_3)	물	다량
산화에틸렌(C_2H_4O)		
염화메탄(CH_3Cl)		

핵심 45 ◇ 가스 제조설비의 정전기 제거설비 설치(KGS FP111 2.6.11)

항 목		간추린 세부 핵심내용
설치목적		가연성 제조설비에 발생한 정전기가 점화원으로 되는 것을 방지하기 위함
접지 저항치	총 합	100Ω 이하
	피뢰설비가 있는 것	10Ω 이하
본딩용 접속선 접지접속선 단면적		① $5.5mm^2$ 이상(단선은 제외)을 사용 ② 경납붙임 용접, 접속금구 등으로 확실하게 접지
단독접지설비		탑류, 저장탱크 열교환기, 회전기계, 벤트스택
충전 전 접지대상설비		① 가연성 가스를 용기 · 저장탱크 · 제조설비 이충전 및 용기 등으로부터 충전 ② 충전용으로 사용하는 저장탱크 제조설비 ③ 차량에 고정된 탱크

핵심 46 ◆ 액화석유가스 판매, 충전사업자의 영업소에 설치하는 용기저장소의 시설, 기술검사 기준(액화석유가스 안전관리법 별표 6)

항 목		간추린 핵심내용
사업소 부지		한면이 폭 4m 도로에 접할 것
용기보관실	화기 취급장소	2m 이상 우회거리
	재 료	불연성 지붕의 경우 가벼운 불연성
	판매 용기보관실 벽	방호벽
	용기보관실 면적	$19m^2$(사무실 면적 : $9m^2$, 보관실 주위 부지확보면적 : $11.5m^2$)
	사무실과의 위치	동일 부지에 설치
	사고 예방조치	① 가스누출경보기 설치 ② 전기설비는 방폭구조 ③ 전기스위치는 보관실 밖에 설치 ④ 환기구를 갖추고 환기불량 시 강제통풍시설을 갖출 것

핵심 47 ◆ 차량 고정탱크에 휴대해야 하는 안전운행 서류

① 고압가스 이동계획서
② 관련자격증
③ 운전면허증
④ 탱크테이블(용량 환산표)
⑤ 차량 운행일지
⑥ 차량등록증

핵심 48 ◆ 운반차량의 삼각기

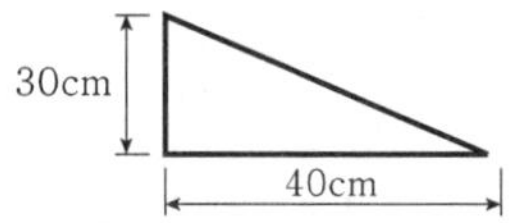

항 목	내 용
바탕색	적색
글자색	황색
규격(가로×세로)	40cm×30cm

핵심 49 ◆ LPG 저장탱크 지하설치 기준(KGS FU331)

설치 기준항목			설치 세부내용
저장 탱크실	재료(설계강도)		레드믹스콘크리트(21MPa 이상)(고압가스탱크는 20.6~23.5MPa)
	시 공		수밀성 콘크리트 시공
	천장, 벽, 바닥의 재료와 두께		30cm 이상 방수조치를 한 철근콘크리트
	저장탱크와 저장탱크실의 빈 공간		세립분을 함유하지 않은 모래를 채움 ※ 고압가스 안전관리법의 저장탱크 지하설치 시는 그냥 마른 모래를 채움
	집수관		직경 : 80A 이상(바닥에 고정)
	검지관		① 직경 : 40A 이상 ② 개수 : 4개소 이상
저장 탱크	상부 윗면과 탱크실 상부와 탱크실 바닥과 탱크 하부까지		60cm 이상 유지 ※ 비교사항 1. 탱크 지상 실내 설치 시 : 탱크 정상부 탱크실 천장까지 60cm 유지 2. 고압가스 안전관리법 기준 : 지면에서 탱크 정상부까지 60cm 이상 유지
	2개 이상 인접설치 시		상호간 1m 이상 유지 ※ 비교사항 지상설치 시에는 물분무장치가 없을 때 두 탱크 직경의 1/4을 곱하여 1m 보다 크면 그 길이를, 1m 보다 작으면 1m를 유지
	탱크 묻은 곳의 지상		경계표지 설치
	점검구	설치 수	20t 이하 : 1개소
			20t 초과 : 2개소
		규 격	사각형 : 0.8m×1m
			원형 : 직경 0.8m 이상
	가스방출관 설치위치		지면에서 5m 이상 가스 방출관 설치
	참고사항		지하저장탱크는 반드시 저장탱크실 내에 설치(단, 소형 저장탱크는 지하에 설치하지 않는다.)

핵심 50 ◆ 고압가스법 시행규칙 제2조(정의)

용 어		정 의
가연성 가스		① 폭발한계 하한 10% 이하 ② 폭발한계 상한과 하한의 차이가 20% 이상
독성 가스	LC_{50}	인체 유해한 독성을 가진 가스로서 허용농도 100만분의 5000 이하인 가스
		(허용농도) : 해당 가스를 성숙한 흰쥐의 집단에게 대기 중 1시간 동안 계속 노출 14일 이내 흰쥐의 1/2 이상이 죽게 되는 농도
독성 가스	TLV-TWA	인체에 유해한 독성을 가진 가스 허용농도 100만분의 200 이하인 가스
		(허용농도) : 건강한 성인 남자가 그 분위기에서 1일 8시간(주 40시간) 작업을 하여도 건강에 지장이 없는 농도

용 어	정 의
액화가스	가압 냉각에 의해 액체로 되어 있는 것으로 비점이 40℃ 또는 상용온도 이하인 것
압축가스	압력에 의하여 압축되어 있는 가스
저장설비	고압가스를 충전 저장하기 위한 저장탱크 및 충전용기 보관설비
저장탱크	고압가스를 충전 저장을 위해 지상, 지하에 고정 설치된 탱크
초저온 저장탱크	−50℃ 이하 액화가스를 저장하기 위한 탱크로서 단열재를 씌우거나 냉동설비로 냉각시키는 방법으로 탱크 내 가스온도가 상용의 온도를 초과하지 아니하도록 한 것
초저온용기	−50℃ 이하 액화가스를 충전하기 위한 용기로서 단열재를 씌우거나 냉동설비로 냉각시키는 방법으로 용기 내 가스온도가 상용온도를 초과하지 아니하도록 한 것
가연성 가스 저온저장탱크	대기압에서 비점 0℃ 이하 가연성을 0℃ 이하인 액체 또는 기상부 상용압력 0.1MPa 이하 액체상태로 저장하기 위한 탱크로서, 단열재 씌움 · 냉동설비로 냉각 등으로 탱크 내가 상용온도를 초과하지 않도록 한 것
충전용기	충전질량 또는 압력이 1/2 이상 충전되어 있는 용기
잔가스용기	충전질량 또는 압력이 1/2 미만 충전되어 있는 용기
처리설비	고압가스 제조 충전에 필요한 설비로서 펌프 압축기 기화장치
처리능력	처리 · 감압 설비에 의하여 압축 · 액화의 방법으로 1일에 처리할 수 있는 양으로서 0℃, 0Pa(g) 상태를 말한다.
충전설비	용기 또는 차량에 고정된 탱크에 고압가스를 충전하기 위한 설비로서 충전기와 저장탱크에 딸린 펌프 압축기를 말한다.

핵심 51 ◆ 도시가스 배관

(1) 도시가스 배관설치 기준

항 목	세부내용
중압 이하 배관 고압배관 매설 시	매설 간격 2m 이상 (철근콘크리트 방호구조물 내 설치 시 1m 이상 배관의 관리주체가 같은 경우 3m 이상)
본관 공급관	기초 밑에 설치하지 말 것
천장 내부 바닥 벽 속에	공급관 설치하지 않음
공동주택 부지 안	0.6m 이상 깊이 유지
폭 8m 이상 도로	1.2m 이상 깊이 유지
폭 4m 이상 8m 미만 도로	1m 이상
배관의 기울기(도로가 평탄한 경우)	$\frac{1}{500} \sim \frac{1}{1000}$

(2) 교량에 배관설치 시

매설심도	2.5m 이상 유지
배관손상으로 위급사항 발생 시	가스를 신속하게 차단할 수 있는 차단장치 설치(단, 고압배관으로 매설구간 내 30분 내 안전한 장소로 방출할 수 있는 장치가 있을 때는 제외)
배관의 재료	강재 사용 접합은 용접
배관의 설계 설치	온도변화에 의한 열응력과 수직 · 수평 하중을 고려하여 설계
지지대 U볼트 등의 고정장치 배관	플라스틱 및 절연물질 삽입

(3) 교량 배관설치 시 지지간격

호칭경(A)	지지간격(m)
100	8
150	10
200	12
300	16
400	19
500	22
600	25

핵심 52 ◇ T_P(내압시험압력), F_P(최고충전압력), A_P(기밀시험압력), 상용압력, 안전밸브 작동압력

<table>
<tr><th colspan="5">용기 분야</th></tr>
<tr><th>압 력 / 용기 구분</th><th>F_P</th><th>T_P</th><th>A_P</th><th>안전밸브 작동압력</th></tr>
<tr><td>압축가스 충전용기</td><td>35℃에서 용기에 충전할 수 있는 최고압력</td><td rowspan="2">$F_P \times \frac{5}{3}$</td><td>F_P</td><td rowspan="4">$T_P \times \frac{8}{10}$ 이하</td></tr>
<tr><td>저온용기</td><td>상용압력 중 최고압력</td><td>$F_P \times 1.1$</td></tr>
<tr><td>저온용기 이외 압축가스 충전용기</td><td>$T_P \times \frac{3}{5}$</td><td>법규에 정한 A, B로 구분된 압력</td><td>F_P</td></tr>
<tr><td>C_2H_2 용기</td><td>15℃에서 1.5MPa</td><td>$F_P(1.5) \times 3$
$= 4.5$MPa</td><td>$F_P(1.5) \times 1.8$
$= 2.7$MPa</td></tr>
</table>

<table>
<tr><th colspan="5">용기 이외의 분야(저장탱크 및 배관 등)</th></tr>
<tr><th>압 력 / 설비별</th><th>상용압력</th><th>T_P</th><th>A_P</th><th>안전밸브 작동압력</th></tr>
<tr><td>고압가스 및 액화석유가스 분야</td><td>통상설비에서 사용되는 압력</td><td>사용압력×1.5
(단, 공기, 질소로 시험 시 상용압력×1.25)</td><td>상용압력</td><td rowspan="3">$T_P \times \frac{8}{10}$ 이하
(단, 액화산소탱크의 안전밸브 작동압력 =상용압력×1.5)</td></tr>
<tr><td>냉동 분야</td><td>설계압력</td><td>• 설계압력×1.5(공기, 질소로 시험 시 설계압력×1.25) : 냉동제조
• T_P=설계압력×1.3(공기, 질소로 시험 시 설계압력×1.1) : 냉동기설비</td><td>설계압력</td></tr>
<tr><td>도시가스 분야</td><td>최고사용압력</td><td>최고사용압력×1.5
(단, 공기, 질소 등으로 시험 시 최고사용압력×1.25)</td><td>(공급시설)
최고사용압력×1.1
(사용시설 및 정압기 시설)
8.4kPa 또는 최고사용압력×1.1배 중 높은 압력</td></tr>
</table>

핵심 53 ◆ 방류둑의 설치기준

(1) 방류둑 : 액화가스 누설 시 한정된 범위를 벗어나지 않도록 탱크 주위를 둘러쌓은 제방

<table>
<tr><th colspan="3" rowspan="2">법령에 따른 기준</th><th>설치기준</th><th colspan="2" rowspan="2">항 목</th><th rowspan="2">세부 핵심내용</th></tr>
<tr><th>저장탱크 가스홀더 및 설비의 용량</th></tr>
<tr><td rowspan="5">고압가스 안전관리법 (KGS 111, 112)</td><td colspan="2">독성</td><td>5t 이상</td><td rowspan="4">방류둑 용량 (액화가스 누설 시 방류둑에서 차단할 수 있는 양)</td><td rowspan="2">독성 가연성</td><td rowspan="2">저장능력 상당용적</td></tr>
<tr><td colspan="2">산소</td><td>1000t 이상</td></tr>
<tr><td rowspan="2">가연성</td><td>일반제조</td><td>1000t 이상</td><td rowspan="2">산소</td><td rowspan="2">저장능력 상당용적의 60% 이상</td></tr>
<tr><td>특정제조</td><td>500t 이상</td></tr>
<tr><td colspan="2">냉동제조</td><td>수액기 용량 10000L 이상</td><td colspan="2">재 료</td><td>철근콘크리트 · 철골 · 금속 · 흙 또는 이의 조합</td></tr>
<tr><td>LPG 안전관리법</td><td colspan="3">1000t 이상 (LPG는 가연성 가스임)</td><td colspan="2">성토 각도</td><td>45°</td></tr>
<tr><td rowspan="3">도시가스 안전관리법</td><td colspan="2">가스도매 사업법</td><td>500t 이상</td><td colspan="2">성토 윗부분 폭</td><td>30cm 이상</td></tr>
<tr><td colspan="2">일반도시가스 사업법</td><td>1000t 이상</td><td colspan="2">출입구 설치 수</td><td>50m 마다 1개(전 둘레 50m 미만 시 2곳을 분산 설치)</td></tr>
<tr><td colspan="3">(도시가스는 가연성 가스임)</td><td colspan="2">집합 방류둑</td><td>가연성과 조연성, 가연성, 독성 가스의 저장탱크를 혼합 배치하지 않음</td></tr>
<tr><td>참고사항</td><td colspan="6">① 방류둑 안에는 고인물을 외부로 배출할 수 있는 조치를 한다.
② 배수조치는 방류둑 밖에서 배수차단 조작을 하고 배수할 때 이외는 반드시 닫아둔다.</td></tr>
</table>

(2) 방류둑 부속설비 설치에 관한 규정

구 분	간추린 핵심내용
방류둑 외측 및 내면	10m 이내 그 저장탱크 부속설비 이외의 것을 설치하지 아니함
10m 이내 설치 가능 시설	① 해당 저장탱크의 송출 송액설비 ② 불활성 가스의 저장탱크 물분무, 살수장치 ③ 가스누출검지경보설비 ④ 조명, 배수설비 ⑤ 배관 및 파이프 래크

※ 상기 문제 출제 시에는 10m 이내 설치 가능시설의 규정이 없었으나 법 규정이 이후 변경되었음.

핵심 54 ◇ 내진설계(가스시설 내진설계기준(KGS 203))

(1) 내진설계 시설용량

법규 구분		시설 구분	
		지상저장탱크 및 가스홀더	그 밖의 시설
고압가스 안전관리법	독성, 가연성	5톤, 500m^3 이상	① 반응 · 분리 · 정제 · 증류 등을 행하는 탑류로서 동체부 5m 이상 압력용기 ② 세로방향으로 설치한 동체길이 5m 이상 원통형 응축기 ③ 내용적 5000L 이상 수액기 ④ 지상설치 사업소 밖 고압가스배관 ⑤ 상기 시설의 지지구조물 및 기초연결부
	비독성, 비가연성	10톤, 1000m^3 이상	
액화석유가스의 안전관리 및 사업법		3톤 이상	3톤 이상 지상저장탱크의 지지구조물 및 기초와 이들 연결부
도시가스 사업법	제조시설	3톤(300m^3) 이상	–
	충전시설	5톤(500m^3) 이상	① 반응 · 분리 · 정제 · 증류 등을 행하는 탑류로서 동체부 높이가 5m 이상인 압력용기 ② 지상에 설치되는 사업소 밖의 배관(사용자 공급관 배관 제외) ③ 도시가스법에 따라 설치된 시설 및 압축기, 펌프, 기화기, 열교환기, 냉동설비, 정제설비, 부취제 주입설비, 지지구조물 및 기초와 이들 연결부
	가스도매업자, 가스공급시설 설치자의 시설	① 정압기지 및 밸브기지 내(정압설비, 계량설비, 가열설비, 배관의 지지구조물 및 기초, 방산탑, 건축물) ② 사업소 밖 배관에 긴급차단장치를 설치 또는 관리하는 건축물	
	일반도시가스 사업자	철근콘크리트 구조의 정압기실(캐비닛, 매몰형 제외)	

(2) 내진 등급 분류

중요도 등급	영향도 등급	관리 등급	내진 등급
특	A	핵심시설	내진 특A
	B	–	내진 특
1	A	중요시설	
	B	–	내진 Ⅰ
2	A	일반시설	
	B	–	내진 Ⅱ

(3) 내진설계에 따른 독성가스 종류

구 분	허용농도(TLV-TWA)	종 류
제1종 독성가스	1ppm 이하	염소, 시안화수소, 이산화질소, 불소 및 포스겐
제2종 독성가스	1ppm 초과 10ppm 이하	염화수소, 삼불화붕소, 이산화유황, 불화수소, 브롬화메틸, 황화수소
제3종 독성가스	-	제1종, 제2종 독성가스 이외의 것

(4) 내진설계 등급의 용어

구 분		핵심내용
내진 특등급	시설	그 설비의 손상이나 기능 상실이 사업소 경계 밖에 있는 공공의 생명·재산에 막대한 피해를 초래 및 사회의 정상적인 기능 유지에 심각한 지장을 가져올 수 있는 것
	배관	배관의 손상이나 기능 상실이 사업소 경계 밖에 있는 공공의 생명·재산에 막대한 피해를 초래 및 사회의 정상적인 기능 유지에 심각한 지장을 가져올 수 있는 것(독성 가스를 수송하는 고압가스 배관의 중요도)
내진 1등급	시설	그 설비의 손상이나 기능 상실이 사업소 경계 밖에 있는 공공의 생명과 재산에 상당한 피해를 가져올 수 있는 것
	배관	배관의 손상이나 기능 상실이 사업소 경계 밖에 있는 공공의 생명과 재산에 상당한 피해를 가져올 수 있는 것(가연성 가스를 수송하는 고압가스 배관의 중요도)
내진 2등급	시설	그 설비의 손상이나 기능 상실이 사업소 경계 밖에 있는 공공의 생명·재산에 경미한 피해를 가져 올 수 있는 것
	배관	배관의 손상이나 기능 상실이 사업소 경계 밖에 있는 공공의 생명·재산에 경미한 피해를 가져 올 수 있는 것(독성, 가연성 이외의 가스를 수송하는 배관의 중요도)

※ 내진 등급을 4가지로 분류 시는 내진 특A등급, 내진 특등급, 내진 1등급, 내진 2등급으로 분류

(5) 도시가스 배관의 내진 등급

내진 등급	사업자 구분		관리 등급
	가스도매사업자	일반도시가스사업자	
내진 특등급	모든 배관	-	중요시설
내진 1등급	-	0.5MPa 이상 배관	-
내진 2등급	-	0.5MPa 미만 배관	-

핵심 55 ◆ 방폭전기기기의 온도 등급

가연성 가스의 발화도(℃) 범위	방폭전기기기의 온도 등급
450 초과	T1
300 초과 450 이하	T2
200 초과 300 이하	T3
135 초과 200 이하	T4
100 초과 135 이하	T5
85 초과 100 이하	T6

핵심 56 ◆ 가스용 폴리에틸렌(PE 배관)의 접합(KGS FS451 2.5.5.3)

<table>
<tr><th colspan="3">항 목</th><th>접합방법</th></tr>
<tr><td colspan="3">일반적 사항</td><td>① 눈, 우천 시 천막 등의 보호조치를 하고 융착
② 수분, 먼지, 이물질 제거 후 접합</td></tr>
<tr><td colspan="3">금속관과 접합</td><td>이형질 이음관(T/F)을 사용</td></tr>
<tr><td colspan="3">공칭 외경이 상이한 경우</td><td>관이음매(피팅)를 사용</td></tr>
<tr><td rowspan="5">접합</td><td rowspan="3">열융착</td><td>맞대기</td><td>① 공칭 외경 90mm 이상 직관 연결 시 사용
② 이음부 연결오차는 배관두께의 10% 이하</td></tr>
<tr><td>소켓</td><td>배관 및 이음관의 접합은 일직선</td></tr>
<tr><td>새들</td><td>새들 중 심선과 배관의 중심선은 직각 유지</td></tr>
<tr><td rowspan="2">전기융착</td><td>소켓</td><td>이음부는 배관과 일직선 유지</td></tr>
<tr><td>새들</td><td>이음매 중심선과 배관중심선 직각 유지</td></tr>
<tr><td colspan="2" rowspan="3">시공방법</td><td>일반적 시공</td><td>매몰 시공</td></tr>
<tr><td>보호조치가 있는 경우</td><td>30cm 이하로 노출 시공 가능</td></tr>
<tr><td>굴곡허용반경</td><td>외경의 20배 이상(단, 20배 미만 시 엘보 사용)</td></tr>
<tr><td colspan="2" rowspan="2">지상에서 탐지방법</td><td>매몰형 보호포</td><td>–</td></tr>
<tr><td>로케팅 와이어</td><td>굵기 $6mm^2$ 이상</td></tr>
</table>

핵심 57 ◆ 도시가스의 연소성을 판단하는 지수

<table>
<tr><th>구 분</th><th>핵심내용</th></tr>
<tr><td>웨버지수(WI)</td><td>$WI=\frac{H_g}{\sqrt{d}}$
여기서, WI : 웨버지수
H_g : 도시가스 총 발열량($kcal/m^3$)
$\sqrt{d}$: 도시가스의 공기에 대한 비중</td></tr>
</table>

구 분	핵심내용
연소속도(C_P)	$C_P = K\frac{1.0H_2 + 0.6(CO + C_mH_n) + 0.3CH_4}{\sqrt{d}}$ 여기서, C_P : 연소속도 K : 도시가스 중 산소 함유율에 따라 정하는 정수 H_2 : 도시가스 중 수소 함유율(%) CO : 도시가스 중 CO의 함유율(%) C_mH_n : 도시가스 중 메탄 이외에 탄화수소 함유율(%) CH_4 : 도시가스 중 메탄 함유율(%) d : 도시가스의 공기에 대한 비중

핵심 58 ◆ 압축금지 가스

구 분	압축금지(%)
가연성 중의 산소 및 산소 중 가연성	4% 이상
수소, 아세틸렌, 에틸렌 중 산소 및 산소 중 수소, 아세틸렌, 에틸렌	2% 이상

핵심 59 ◆ 용기의 도색 표시(고법 시행규칙 별표 24)

가연성 · 독성		의료용		그 밖의 가스	
종 류	도 색	종 류	도 색	종 류	도 색
LPG	회색	O_2	백색	O_2	녹색
H_2	주황색	액화탄산	회색	액화탄산	청색
C_2H_2	황색	He	갈색	N_2	회색
NH_3	백색	C_2H_4	자색	소방용 용기	소방법의 도색
Cl_2	갈색	N_2	흑색	그 밖의 가스	회색

※ 의료용의 사이크로프로판 : 주황색 용기에 가연성은 화기, 독성은 해골 그림 표시

핵심 60 ◆ 방폭안전구조의 틈새범위

최대안전틈새 범위(mm)	0.9 이상	0.5 초과 0.9 미만	0.5 이하
가연성 가스의 폭발 등급	A	B	C
방폭전기기기의 폭발 등급	II A	II B	II C

최대안전틈새는 내용적이 8리터이고, 틈새깊이가 25mm인 표준용기 안에서 가스가 폭발할 때 발생한 화염이 용기 밖으로 전파되어 가연성 가스에 점화되지 않는 최대값

핵심 61 ◇ 고압 · LPG · 도시가스의 냄새나는 물질의 첨가(KGS FP331 3.2.1.1)

항 목		간추린 세부 핵심내용
공기 중 혼합비율 용량(%)		1/1000(0.1%)
냄새농도 측정방법		① 오더미터법(냄새 측정기법) ② 주사기법 ③ 냄새주머니법 ④ 무취실법
시료기체 희석배수 (시료기체 양÷시험가스 양)		① 500배 ② 1000배 ③ 2000배 ④ 4000배
용어설명	패널(panel)	미리 선정한 정상적인 후각을 가진 사람으로서 냄새를 판정하는 자
	시험자	냄새농도 측정에 있어서 희석조작을 하여 냄새농도를 측정하는 자
	시험가스	냄새를 측정할 수 있도록 기화시킨 가스
	시료 기체	시험가스를 청정한 공기로 희석한 판정용 기체
기타 사항		① 패널은 잡담을 금지한다. ② 희석배수의 순서는 랜덤하게 한다. ③ 연속측정 시 30분마다 30분간 휴식한다.
부취제 구비조건		① 경제적일 것 ② 화학적으로 안정할 것 ③ 보통존재 냄새와 구별될 것 ④ 물에 녹지 않을 것 ⑤ 독성이 없을 것

핵심 62 ◇ 도시가스 지하 정압기실

구 분 / 항 목	공기보다 가벼움	공기보다 무거움
흡입구, 배기구 관경	100mm 이상	
환기구 방향	2방향 분산 설치	2방향 분산 설치
배기구 위치	천장면에서 30cm	지면에서 30cm
배기가스 방출구	지면에서 3m 이상	지면에서 5m 이상(전기시설물 접촉 우려 시 3m 이상)

핵심 63 ◇ 용기의 C, P, S 함유량(%)

성 분 / 용기 종류	C(%)	P(%)	S(%)
무이음용기	0.55 이하	0.04 이하	0.05 이하
용접용기	0.33 이하	0.04 이하	0.05 이하

핵심 64 ◇ 용기 종류별 부속품의 기호

기 호	내 용
AG	C_2H_2 가스를 충전하는 용기 및 그 부속품
PG	압축가스를 충전하는 용기 및 그 부속품
LG	LPG 이외의 액화가스를 충전하는 용기 및 그 부속품
LPG	액화석유가스를 충전하는 용기 및 그 부속품
LT	초저온 저온용기의 부속품

핵심 65 ◇ 전기방식(KGS FP202 2.2.2.2)

측정 및 점검주기			
관대지전위	외부전원법에 따른 외부전원점 관대지전위 정류기 출력전압 전류 배선접속 계기류 확인	배류법에 따른 배류점 관대지전위 배류기 출력전압 전류 배선접속 계기류 확인	절연부속품 역전류방지장치 결선보호 절연체 효과
1년 1회 이상	3개월 1회 이상	3개월 1회 이상	6개월 1회 이상
전기방식조치를 한 전체 배관망에 대하여 2년 1회 이상 관대지 등의 전위를 측정			

전위측정용(터미널(T/B)) 시공방법	
외부전원법	희생양극법, 배류법
500m 간격	300m 간격

전기방식 기준(자연전위 변화값 : −300mV)		
고압가스	액화석유가스	도시가스
포화황산동 기준 전극		
−5V 이상 −0.85V 이하	−0.85V 이하	−0.85V 이하
황산염 환원박테리아가 번식하는 토양		
−0.95V 이하	−0.95V 이하	−0.95V 이하

전기방식 효과를 유지하기 위하여 절연조치를 하는 장소는 다음과 같다.

① 교량횡단 배관의 양단
② 배관 등과 철근콘크리트 구조물 사이
③ 배관과 강제 보호관 사이
④ 배관과 지지물 사이
⑤ 타 시설물과 접근 교차지점
⑥ 지하에 매설된 부분과 지상에 설치된 부분의 경계
⑦ 저장탱크와 배관 사이
⑧ 고압가스 · 액화석유가스 시설과 철근콘크리트 구조물 사이

전위측정용 터미널의 설치장소는 다음과 같다.
① 직류전철 횡단부 주위
② 지중에 매설되어 있는 배관절연부의 양측
③ 다른 금속구조물의 근접 교차부분
④ 밸브스테이션
⑤ 희생양극법, 배류법에 따른 배관에는 300m 이내 간격
⑥ 외부전원법에 따른 배관에는 500m 이내 간격으로 설치

핵심 66 ◇ 도시가스 배관의 종류

<table>
<tr><th colspan="2">배관의 종류</th><th>정 의</th></tr>
<tr><td colspan="2">배관</td><td>본관, 공급관, 내관 또는 그 밖의 관</td></tr>
<tr><td rowspan="4">본관</td><td>가스도매사업</td><td>도시가스 제조사업소(액화천연가스의 인수기지)의 부지경계에서 정압기지의 경계까지 이르는 배관(밸브기지 안 밸브 제외)</td></tr>
<tr><td>일반도시가스사업</td><td>도시가스 제조사업소의 부지경계 또는 가스도매사업자의 가스시설 경계에서 정압기까지 이르는 배관</td></tr>
<tr><td>나프타 부생 바이오가스 제조사업</td><td>해당 제조사업소의 부지경계에서 가스도매사업자 또는 일반도시가스사업자의 가스시설 경계 또는 사업소 경계까지 이르는 배관</td></tr>
<tr><td>합성 천연가스 제조사업</td><td>해당 제조사업소 부지경계에서 가스도매사업자의 가스시설 경계 또는 사업소경계까지 이르는 배관</td></tr>
<tr><td rowspan="4">공급관</td><td>공동주택, 오피스텔, 콘도미니엄, 그 밖의 산업통상자원부 인정 건축물에 가스공급 시</td><td>정압기에서 가스사용자가 구분하여 소유하거나 점유하는 건축물의 외벽에 설치하는 계량기의 전단밸브까지 이르는 배관</td></tr>
<tr><td>공동주택 외의 건축물 등에 도시가스 공급 시</td><td>정압기에서 가스사용자가 소유하거나 점유하고 있는 토지의 경계까지 이르는 배관</td></tr>
<tr><td>가스도매사업의 경우</td><td>정압기지에서 일반 도시가스사업자의 가스공급 시설이나 대량수요자의 가스사용 시설에 이르는 배관</td></tr>
<tr><td>나프타 부생가스, 바이오가스 제조사업 및 합성 천연가스 제조사업</td><td>해당 사업소의 본관 또는 부지경계에서 가스사용자가 소유하거나 점유하고 있는 토지의 경계까지 이르는 배관</td></tr>
<tr><td colspan="2">사용자 공급관</td><td>공급관 중 가스사용자가 소유하거나 점유하고 있는 토지의 경계에서 가스사용자가 구분하여 소유하거나 점유하는 건축물의 외벽에 설치된 계량기의 전단밸브(계량기가 건축물 내부에 설치된 경우 그 건축물의 외벽)까지 이르는 배관</td></tr>
<tr><td colspan="2">내관</td><td>① 가스사용자가 소유하거나 점유하고 있는 토지의 경계에서 연소기까지 이르는 배관
② 공동주택 등으로 가스사용자가 구분하여 소유하거나 점유하는 건축물 외벽에 계량기 설치 시 : 계량기 전단밸브까지 이르는 배관
③ 계량기가 건축물 내부에 설치 시 : 건축물 외벽까지 이르는 배관</td></tr>
</table>

핵심 67 ◆ 가스누출경보기 및 자동차단장치 설치(KGS FU211, FP211, FP111)

(1) 가스누출경보기 및 자동차단장치 설치(KGS FP111 2.6.2)

항 목		간추린 핵심내용
설치 목적		① 독성, 공기보다 무거운 가연성 가스 누출 시 신속히 검지 ② 효과적으로 대응조치를 위하여
기 능		누출검지 후 농도 지시 동시에 경보하는 기능
종 류		접촉연소, 격막 갈바니전지, 반도체식, 기체열전도도식으로 담배연기, 잡가스 등에는 경보하지 않을 것
경보농도	가연성	폭발하한의 1/4 이하
	독성	TLV-TWA의 허용농도 이하
	NH_3	실내에서 사용 시 50ppm 이하
정밀도	가연성	±25% 이하
	독성	±30% 이하
검지에서 발신까지 시간 (경보농도 1.6배 농도 기준)	NH_3, CO	1분
	그 밖의 가스	30초
지시계 눈금	가연성	0 ~ 폭발하한
	독성	TLV-TWA 허용농도 3배 값
	NH_3 실내 사용	150ppm
경보기가 작동되었을 때		가스 농도가 변화하여도 계속 경보를 울리고 확인 대책 강구 후에 정지되어야 한다.

(2) 가스누출경보 및 차단장치 설치장소 및 검지부의 설치개수(KGS FP111, FP331, FP451)

법규에 따른 항목			설치 세부내용		
			장 소	설치간격	개 수
고압가스 (KGS FP111 2.6.2.3)	제조시설	건축물 내	바닥면 둘레	10m	1개
		건축물 밖		20m	1개
		가열로 발화원의 제조설비 주위		20m	1개
		특수반응 설비		10m	1개
		그 밖의 사항	계기실 내부	1개 이상	
			방류둑 내 탱크	1개 이상	
			독성 가스 충전용 접속군	1개 이상	
	배관		경보장치의 검출부 설치장소		
			① 긴급차단장치부분 ② 슬리브관, 이중관 밀폐 설치부분 ③ 누출가스 체류 쉬운 부분 ④ 방호구조물 등에 의하여 밀폐되어 설치된 배관 부분		

<table>
<tr><th colspan="4">법규에 따른 항목</th><th>설치 세부내용
(장소, 설치간격, 개수)</th></tr>
<tr><td rowspan="2">LPG
(KGS
FP331
2.6.2.3)</td><td colspan="3">경보기의 검지부 설치장소</td><td>① 저장탱크, 소형 저장탱크 용기
② 충전설비 로딩암 압력용기 등 가스설비</td></tr>
<tr><td colspan="3">설치해서는 안 되는 장소</td><td>① 증기, 물방울, 기름기 섞인 연기 등이 직접 접촉 우려가 있는 곳
② 온도 40℃ 이상인 곳
③ 누출가스 유동이 원활치 못한 곳
④ 경보기 파손 우려가 있는 곳</td></tr>
<tr><td rowspan="3">도시
가스
사업법
(KGS
FP451
2.6.2.1)</td><td rowspan="3">설치
개수</td><td>건축물 안</td><td rowspan="3">바닥면
둘레</td><td rowspan="2">10m마다 1개 이상
20m마다 1개 이상</td></tr>
<tr><td>지하의 전용탱크 처리설비실</td></tr>
<tr><td>정압기(지하 포함)실</td><td>20m마다 1개 이상</td></tr>
</table>

(3) 설치 개요

독성 및 공기보다 무거운 가연성 가스의 저장설비에는 가스가 누출될 경우 이를 신속히 검지하여 효과적인 대응을 하기 위하여 설치

(4) 검지경보장치 기능(KGS FU211 2.8.2.1)

가스의 누출을 검지하여 그 농도를 지시함과 동시에 경보

① 접촉연소방식, 격막갈바니 전지방식, 반도체방식, 그 밖의 방식으로 검지하여 엘리먼트의 변화를 전기적 신호에 의해 설정가스 농도에서 자동적으로 울리는 기능(단, 담배연기 및 다른 잡가스에는 경보하지 않을 것)

② 경보농도

㉠ 가연성 : 폭발하한의 1/4 이하

㉡ 독성 : TLV-TWA 기준 농도 이하(NH_3는 실내에서 사용 시 50ppm 이하)

③ 경보기 정밀도

㉠ 가연성 ±25% 이하

㉡ 독성 ±30% 이하

④ 검지에서 발신까지 걸리는 시간 : 경보농도의 1.6배 농도에서 30초 이내(단, NH_3, CO는 60초 이내)

⑤ 경보 정밀도 : 전원 · 전압의 변동이 ±10% 정도일 때도 저하되지 않을 것

⑥ 지시계 눈금

㉠ 가연성 : 0~폭발하한계값

㉡ 독성 : TLV-TWA 기준농도의 3배 값(NH_3는 실내에서 사용 시 150ppm)

※ 경보를 발신 후 그 농도가 변화하더라도 계속 경보하고 대책을 강구한 후 경보가 정지하게 된다.

핵심 68 ◇ 가스배관 압력측정 기구별 기밀유지시간(KGS FS551 4.2.2.9.4)

(1) 압력측정 기구별 기밀유지시간

압력측정 기구	최고사용압력	용 적	기밀유지시간
수은주게이지	0.3MPa 미만	$1m^3$ 미만	2분
		$1m^3$ 이상 $10m^3$ 미만	10분
		$10m^3$ 이상 $300m^3$ 미만	V분(다만, 120분을 초과할 경우는 120분으로 할 수 있다)
수주게이지	저압	$1m^3$ 미만	1분
		$1m^3$ 이상 $10m^3$ 미만	5분
		$10m^3$ 이상 $300m^3$ 미만	$0.5\times V$분(다만, 60분을 초과한 경우는 60분으로 할 수 있다)
전기식 다이어프램형 압력계	저압	$1m^3$ 미만	4분
		$1m^3$ 이상 $10m^3$ 미만	40분
		$10m^3$ 이상 $300m^3$ 미만	$4\times V$분(다만, 240분을 초과한 경우는 240분으로 할 수 있다)
압력계 또는 자기압력 기록계	저압 중압	$1m^3$ 미만	24분
		$1m^3$ 이상 $10m^3$ 미만	240분
		$10m^3$ 이상 $300m^3$ 미만	$24\times V$분(다만, 1440분을 초과한 경우는 1440분으로 할 수 있다)
	고압	$1m^3$ 미만	48분
		$1m^3$ 이상 $10m^3$ 미만	480분
		$10m^3$ 이상 $300m^3$ 미만	$48\times V$(다만, 2880분을 초과한 경우는 2880분으로 할 수 있다)

※ 1. V는 피시험부분의 용적(단위 : m^3)이다.
2. 최소기밀시험 유지시간 ① 자기압력기록계 30분, ② 전기다이어프램형 압력계 4분

(2) 기밀유지 실시 시기

대상 구분		기밀시험 실시 시기
PE 배관		설치 후 15년이 되는 해 및 그 이후 5년마다
폴리에틸렌 피복강관	1993.6.26 이후 설치	
	1993.6.25 이전 설치	설치 후 15년이 되는 해 및 그 이후 3년마다
그 밖의 배관		설치 후 15년이 되는 해 및 그 이후 1년마다
공동주택 등(다세대 제외) 부지 내 설치 배관		3년마다

핵심 69 ◇ 운반 독성 가스 양에 따른 소석회 보유량(KGS GC206)

품 명	운반하는 독성 가스 양 액화가스 질량 1000kg		적용 독성 가스
	미만의 경우	이상의 경우	
소석회	20kg 이상	40kg 이상	염소, 염화수소, 포스겐, 아황산가스

핵심 70 ◇ 에어졸 제조시설(KGS FP112)

구 조	내 용	기타 항목
내용적	1L 미만	① 정량을 충전할 수 있는 자동충전기 설치 ② 인체, 가정 사용 제조시설에는 불꽃길이 시험장치 설치 ③ 분사제는 독성이 아닐 것 ④ 인체에 사용 시 20cm 이상 떨어져 사용 ⑤ 특정부위에 장시간 사용하지 말 것
용기재료	강, 경금속	
금속제 용기두께	0.125mm 이상	
내압시험압력	0.8MPa	
가압시험압력	1.3MPa	
파열시험압력	1.5MPa	
누설시험온도	46~50℃ 미만	
화기와 우회거리	8m 이상	
불꽃길이 시험온도	24℃ 이상 26℃ 이하	
시료	충전용기 1조에서 3개 채취	
버너와 시료간격	15cm	
버너 불꽃길이	4.5cm 이상 5.5cm 이하	
가연성	① 40℃ 이상 장소에 보관하지 말 것 ② 불 속에 버리지 말 것 ③ 사용 후 잔가스 제거 후 버릴 것 ④ 밀폐장소에 보관하지 말 것	
가연성 이외의 것	상기 항목 이외에 ① 불꽃을 향해 사용하지 말 것 ② 화기부근에서 사용하지 말 것 ③ 밀폐실 내에서 사용 후 환기시킬 것	

핵심 71 ◇ 차량 고정탱크 및 용기에 의한 운반 · 주차 시의 기준(KGS GC206)

구 분	내 용
주차 장소	① 1종 보호시설에서 15m 이상 떨어진 곳 ② 2종 보호시설이 밀집되어 있는 지역으로 육교 및 고가차도 아래는 피할 것 ③ 교통량이 적고 부근에 화기가 없는 안전하고 지반이 좋은 장소
비탈길 주차 시	주차 Break를 확실하게 걸고 차바퀴에 차바퀴 고정목으로 고정
차량운전자, 운반책임자가 차량에서 이탈한 경우	항상 눈에 띄는 장소에 있도록 한다.
기타 사항	① 장시간 운행으로 가스온도가 상승되지 않도록 한다. ② 40℃ 초과 우려 시 급유소를 이용, 탱크에 물을 뿌려 냉각한다. ③ 노상주차 시 직사광선을 피하고, 그늘에 주차하거나 탱크에 덮개를 씌운다(단, 초저온, 저온탱크는 그러하지 아니 하다). ④ 고속도로 운행 시 규정속도를 준수, 커브길에서는 신중하게 운전한다. ⑤ 200km 이상 운행 시 중간에 충분한 휴식을 한다. ⑥ 운반책임자의 자격을 가진 운전자는 운반도중 응급조치에 대한 긴급지원 요청을 위하여 주변의 제조 · 저장 판매 수입업자, 경찰서, 소방서의 위치를 파악한다. ⑦ 차량 고정탱크로 고압가스 운반 시 고압가스에 대한 주의사항을 기재한 서면을 운반책임자, 운전자에게 교부하고 운반 중 휴대시킨다.

핵심 72 ◆ 안전교육

(1) 고법

교육과정	교육대상자	교육기간
전문교육	특정고압가스 사용 신고시설의 안전관리책임자를 제외한 안전관리책임자 및 안전관리원	신규종사 후 6개월 이내 및 그 후에는 3년이 되는 해마다 1회(검사기관의 기술인력 제외)
특별교육	① 운반차량의 운전자 ② 고압가스 사용 자동차 운전자 ③ 고압가스 자동차 충전시설의 충전원 ④ 고압가스 사용 자동차 정비원	신규종사 시 1회
양성교육	(일반시설, 냉동시설, 판매시설, 사용시설의 안전관리자가 되려는 사람) • 운반책임자가 되려는 사람	

(2) 액화석유가스의 교육과정

교육과정	교육대상자	교육시기
전문교육	① 안전관리책임자와 안전관리원의 대상자는 제외 ② 액화석유가스 특정사용시설의 안전관리책임자와 안전관리원 ③ 시공관리자(제1종 가스시설 시공업자에 채용된 시공관리자만을 말한다) ④ 시공자(제2종 가스시설 시공업자의 기술능력인 시공자 양성교육 또는 가스시설 시공관리자 양성교육을 이수한 자로 한정)와 제2종 가스시설 시공업자에게 채용된 시공관리자 ⑤ 온수보일러 시공자(제3종 가스시설 시공업자의 기술능력인 온수보일러 시공자 양성교육 또는 온수보일러 시공관리자 양성교육을 이수한 자로 한정)와 제3종 가스시설 시공업자에게 채용된 온수보일러 시공 ⑥ 액화석유가스 운반책임자	신규종사 후 6개월 이내 및 그 후에는 3년이 되는 해마다 1회
특별교육	① 액화석유가스 사용 자동차 운전자 ② 액화석유가스 운반자동차 운전자와 액화석유가스 배달원 ③ 액화석유가스 충전시설의 충전원 ④ 제1종 또는 제2종 가스시설 시공업자 중 자동차정비업 또는 자동차 폐차업자의 사업소에서 액화석유가스를 연료로 사용하는 자동차의 액화석유가스 연료계통 부품의 정비작업 또는 폐차직업에 종사하는 자	신규종사 시 1회
양성교육	① 일반시설 안전관리자가 되려는 자 ② 액화석유가스 충전시설 안전관리자가 되려는 자 ③ 판매시설 안전관리자가 되려는 자 ④ 사용시설 안전관리자가 되려는 자 ⑤ 가스시설 시공관리자가 되려는 자 ⑥ 시공자가 되려는 자 ⑦ 온수보일러 시공자가 되려는 자 ⑧ 온수보일러 시공관리자가 되려는 자 ⑨ 폴리에틸렌관 융착원이 되려는 자	–

(3) 도시가스의 교육과정

교육과정	교육대상자	교육시기
전문교육	① 도시가스사업자(도시가스사업자 외의 가스공급시설 설치자를 포함한다)의 안전관리책임자 · 안전관리원 · 안전점검원 ② 가스사용시설 안전관리 업무 대행자에 채용된 기술인력 중 안전관리 책임자와 안전관리원 ③ 특정 가스사용시설의 안전관리책임자 ④ 제1종 가스시설 시공자에 채용된 시공관리자 ⑤ 제2종 가스시설 시공업자의 기술인력인 시공자(양성교육이수자만을 말한다) 및 제2종 가스시설 시공업자에 채용된 시공관리자 ⑥ 제3종 가스시설 시공업자에 채용된 온수보일러 시공관리자	신규종사 후 6개월 이내 및 그 후에는 3년이 되는 해마다 1회
특별교육	① 보수 · 유지 관리원 ② 사용시설 점검원 ③ 도기가스 사용 자동차 운전자 ④ 도시가스 자동차 충전시설의 충전원 ⑤ 도시가스 사용자 자동차 정비원	신규종사 시 1회
양성교육	① 도시가스시설, 사용시설 안전관리자가 되려는 자 ② 가스시설 시공관리자가 되려는 자 ③ 온수보일러 시공자가 되려는 자 ④ 폴리에틸렌 융착원이 되려는 자	–

핵심 73 ◆ 가스계량기, 호스이음부, 배관이음부 유지거리(단, 용접이음부 제외)

항 목		해당법규 및 항목구분에 따른 이격거리
전기계량기, 전기개폐기		법령 및 사용, 공급 관계없이 무조건 60cm 이상
전기점멸기, 전기접속기	30cm 이상	공급시설의 배관이음부, 사용시설 가스계량기
	15cm 이상	LPG, 도시사용시설(배관이음부, 호스이음부)
단열조치하지 않은 굴뚝	30cm 이상	① LPG공급시설(배관이음부) ② LPG, 도시사용시설의 가스계량기
	15cm 이상	① 도시가스공급시설(배관이음부) ② LPG, 도시사용시설(배관이음부)
절연조치하지 않은 전선	30cm 이상	LPG공급시설(배관이음부)
	15cm 이상	도시가스공급, LPG, 도시가스사용시설(배관이음부, 가스계량기)
절연조치한 전선		항목, 법규 구분없이 10cm 이상
공급시설		배관이음부
사용시설		배관이음부, 호스이음부, 가스계량기

핵심 74 ◇ 가스용품의 생산단계 검사

생산단계 검사는 자체검사능력과 품질관리능력에 따라 구분된 다음 표의 검사의 종류 중 가스용품 제조자나 가스용품 수입자가 선택한 어느 하나의 검사를 실시한 것

검사의 종류	대 상	구성항목	주 기
제품확인	생산공정검사 또는 종합공정검사 대상 이외 품목	정기품질검사	2개월에 1회
		상시품질검사	신청 시 마다
생산공정검사	제조공정 · 자체검사공정에 대한 품질시스템의 적합성을 충족할 수 있는 품목	정기품질검사	3개월에 1회
		공정확인심사	3개월에 1회
		수시품질검사	1년에 2회 이상
종합공정검사	공정 전체(설계 · 제조 · 자체검사)에 대한 품질시스템의 적합성을 충족할 수 있는 품목	종합품질관리체계심사	6개월에 1회
		수시품질검사	1년에 1회 이상

핵심 75 ◇ 수리자격자별 수리범위

수리자격자	수리범위
용기 제조자	① 용기 몸체의 용접 ② 아세틸렌 용기 내의 다공질물 교체 ③ 용기의 스커트 · 프로텍터 및 넥크링의 교체 및 시공 ④ 용기 부속품의 부품 교체 ⑤ 저온 또는 초저온 용기의 단열재 교체, 초저온 용기 부속품의 탈 · 부착
특정설비 제조자	① 특정설비 몸체의 용접 ② 특정설비의 부속품(그 부품을 포함)의 교체 및 가공 ③ 단열재 교체
냉동기 제조자	① 냉동기 용접 부분의 용접 ② 냉동기 부속품(그 부품을 포함)의 교체 및 가공 ③ 냉동기의 단열재 교체
고압가스 제조자	① 초저온 용기 부속품의 탈부착 및 용기 부속품의 부품(안전장치 제외) 교체(용기 부속품 제조자가 그 부속품의 규격에 적합하게 제조한 부품의 교체만을 말한다.) ② 특정설비의 부품 교체 ③ 냉동기의 부품 교체 ④ 단열재 교체(고압가스 특정제조자만을 말한다) ⑤ 용접가공[고압가스 특정제조자로 한정하며, 특정설비 몸체의 용접가공은 제외. 다만 특정설비 몸체의 용접수리를 할 수 있는 능력을 갖추었다고 한국가스안전공사가 인정하는 제조자의 경우에는 특정설비(차량에 고정된 탱크는 제외) 몸체의 용접가공도 할 수 있다].
검사기관	특정설비의 부품 교체 및 용접(특정설비 몸체의 용접은 제외. 다만, 특정설비 제조자와 계약을 체결하고 해당 제조업소로 하여금 용접을 하게 하거나, 특정설비 몸체의 용접수리를 할 수 있는 용접설비기능사 또는 용접기능사 이상의 자격자를 보유하고 있는 경우에는 그러하지 아니 하다.)

수리자격자	수리범위
검사기관	① 냉동설비의 부품 교체 및 용접 ② 단열재 교체 ③ 용기의 프로텍터 · 스커트 교체 및 용접(열처리설비를 갖춘 전문 검사기관만을 말한다.) ④ 초저온 용기 부속품의 탈부착 및 용기 부속품의 부품 교체 ⑤ 액화석유가스를 액체상태로 사용하기 위한 액화석유가스 용기 액출구의 나사 사용막음 조치(막음 조치에 사용하는 나사의 규격은 KS B 6212에 적합한 경우만을 말한다.)
액화석유가스 충전사업자	액화석유가스 용기용 밸브의 부품 교체(핸들 교체 등 그 부품의 교체 시 가스누출의 우려가 없는 경우만을 말한다.)
자동차 관리사업자	자동차의 액화석유가스 용기에 부착된 용기 부속품의 수리

핵심 76 ◆ 특정고압가스 · 특수고압가스

(1)

특정고압가스	특수고압가스
수소, 산소, 액화암모니아, 액화염소, 아세틸렌, 천연가스, 압축모노실란, 압축디보레인, 액화알진 ① 포스핀, ② 셀렌화수소, ③ 게르만, ④ 디실란, ⑤ 오불화비소, ⑥ 오불화인, ⑦ 삼불화인, ⑧ 삼불화질소, ⑨ 삼불화붕소, ⑩ 사불화유황, ⑪ 사불화규소	포스핀, 압축모노실란, 디실란, 압축디보레인, 액화알진, 셀렌화수소, 게르만

※ 1. ①~⑪까지가 법상의 특정고압가스
2. box 부분도 특정고압가스이나 ①~⑪까지를 우선적으로 간주(보기에 ①~⑪까지가 나오고 box부분이 있을 때는 box부분의 가스가 아닌 보기로 될 수 있음. 법령과 시행령의 해석에 따른 차이이다.)

(2) 특정고압가스를 사용 시 사용신고를 하여야 하는 경우

구 분	저장능력 및 사용신고 조건
액화가스 저장설비	250kg 이상
압축가스 저장설비	$50m^3$ 이상
배관	배관으로 사용 시(천연가스는 제외)
자동차 연료	자동차 연료용으로 사용 시
기 타	압축모노실란, 압축디보레인, 액화알진, 포스핀, 셀렌화수소, 게르만, 디실란, 오불화비소, 오불화인, 삼불화인, 삼불화질소, 삼불화붕소, 사불화유황, 사불화규소, 액화염소, 액화암모니아 사용 시

핵심 77 ◆ 노출가스 배관에 대한 시설 설치기준

(1)

구 분		세부내용
노출 배관길이 15m 이상 점검통로 조명시설	가드레일	0.9m 이상 높이
	점검통로 폭	80cm 이상
	발판	통행상 지장이 없는 각목
	점검통로 조명	가스배관 수평거리 1m 이내 설치 70lux 이상
노출 배관길이 20m 이상 시 가스누출 경보장치 설치기준	설치간격	20m마다 설치 근무자가 상주하는 곳에 경보음이 전달되도록
	작업장	경광등 설치(현장상황에 맞추어)

(2) 도로 굴착공사에 의한 배관손상 방지기준(KGS FS551)

구 분	세부내용
착공 전 조사사항	도면확인(가스 배관 기타 매설물 조사)
점검통로 조명시설을 하여야 하는 노출 배관길이	15m 이상
안전관리전담자 입회 시 하는 공사	배관이 있는 2m 이내에 줄파기공사 시
인력으로 굴착하여야 하는 공사	가스 배관 주위 1m 이내
배관이 하천 횡단 시 주위 흙이 사질토일 때 방호구조물 비중	물의 비중 이상의 값

핵심 78 ◆ 전기방식(KGS FP202 2.2.2.2)

측정 및 점검주기			
관대지전위	외부전원법에 따른 외부전원점 관대지전위 정류기 출력전압 전류 배선접속 계기류 확인	배류법에 따른 배류점 관대지전위 배류기 출력전압 전류 배선접속 계기류 확인	① 절연부속품 ② 역전류방지장치 ③ 결선보호절연체 효과
1년 1회 이상	3개월 1회 이상	3개월 1회 이상	6개월 1회 이상
전기방식조치를 한 전체 배관망에 대하여 2년 1회 이상 관대지 등의 전위를 측정			
전위측정용(터미널(T/B)) 시공방법			
외부전원법		희생양극법, 배류법	
500m 간격		300m 간격	

전기방식기준(자연전위 변화값 : −300mV)		
고압가스	액화석유가스	도시가스
포화황산동 기준전극		
−5V 이상 −0.85V 이하	−0.85V 이하	−0.85V 이하
황산염 환원박테리아가 번식하는 토양		
−0.95V 이하	−0.95V 이하	−0.95V 이하

전기방식 효과를 유지하기 위하여 절연조치를 하는 장소는 다음과 같다.
① 교량횡단 배관의 양단
② 배관 등과 철근콘크리트 구조물 사이
③ 배관과 강제 보호관 사이
④ 배관과 지지물 사이
⑤ 타 시설물과 접근 교차지점
⑥ 지하에 매설된 부분과 지상에 설치된 부분의 경계
⑦ 저장탱크와 배관 사이
⑧ 고압가스 · 액화석유가스 시설과 철근콘크리트 구조물 사이

전위측정용 터미널의 설치장소는 다음과 같다.
① 직류전철 횡단부 주위
② 지중에 매설되어 있는 배관절연부의 양측
③ 다른 금속구조물의 근접 교차부분
④ 밸브스테이션
⑤ 희생양극법, 배류법에 따른 배관에는 300m 이내 간격
⑥ 외부전원법에 따른 배관에는 500m 이내 간격으로 설치

핵심 79 ◆ 과압안전장치(KGS FU211, FP211)

(1) 설치(2.8.1)
고압가스설비에는 그 고압가스설비 내의 압력이 상용압력을 초과하는 경우 즉시 상용압력 이하로 되돌릴 수 있는 과압안전장치를 설치한다.

(2) 선정기준(2.8.1.1)
① 기체 증기의 압력상승방지를 위해 설치하는 안전밸브
② 급격한 압력의 상승, 독성 가스의 누출, 유체의 부식성 또는 반응생성물의 성상 등에 따라 안전밸브를 설치하는 것이 부적당시 파열판
③ 펌프 배관에서 액체의 압력상승방지를 위해 설치하는 릴리프밸브 또는 안전밸브
④ 상기의 안전밸브 파열판, 릴리프밸브와 함께 병행 설치할 수 있는 자동압력제어장치

(3) 설치위치(2.8.1.2)
최고허용압력, 설계압력을 초과할 우려가 있는 아래의 장소
① 저장능력 300kg 이상 용기집합장치가 설치된 액화가스 고압가스 설비
② 내 · 외부 요인에 따른 압력상승이 설계압력을 초과할 우려가 있는 압력용기
③ 토출압력 막힘으로 인한 압력상승이 설계압력을 초과할 우려가 있는 압축기 및 압축기의 각단 또는 펌프의 출구측
④ 배관 내의 액체가 2개 이상의 밸브에 의해 차단되어 외부 열원에 따른 액체의 열팽창으로 파열 우려가 있는 배관

⑤ 압력조절의 실패 : 이상반응 밸브의 막힘 등으로 인한 압력상승이 설계압력을 초과할 우려가 있는 고압가스 설비 또는 배관 등

(4) **LPG 사용시설** : 저장능력 250kg 이상(자동절체기 사용 시 500kg 이상) 저장설비, 가스설비, 배관에 설치

(5) **LPG 사용시설에서 장치의 설치위치** : 가스설비 등의 압력이 허용압력을 초과할 우려가 있는 고압(1MPa 이상)의 구역마다 설치

핵심 80 ◇ 가스누출경보 및 차단장치 설치장소 및 검지부의 설치개수 (KGS FP111 2.6.2.3.1)

<table>
<tr><th colspan="3" rowspan="2">법규에 따른 항목</th><th colspan="3">설치 세부내용</th></tr>
<tr><th>장 소</th><th>설치간격</th><th>개 수</th></tr>
<tr><td rowspan="9">고압
가스
(KGS
FP111)</td><td rowspan="7">제조
시설</td><td>건축물 내</td><td rowspan="4">바닥면 둘레</td><td>10m</td><td>1개</td></tr>
<tr><td>건축물 밖</td><td>20m</td><td>1개</td></tr>
<tr><td>가열로 발화원의 제조설비 주위</td><td>20m</td><td>1개</td></tr>
<tr><td>특수반응설비</td><td>10m</td><td>1개</td></tr>
<tr><td rowspan="3">그 밖의 사항</td><td>계기실 내부</td><td colspan="2">1개 이상</td></tr>
<tr><td>방류둑 내 탱크</td><td colspan="2">1개 이상</td></tr>
<tr><td>독성 가스 충전용 접속군</td><td colspan="2">1개 이상</td></tr>
<tr><td colspan="2" rowspan="2">배관</td><td colspan="3">경보장치의 검출부 설치장소</td></tr>
<tr><td colspan="3">① 긴급차단장치 부분
② 슬리브관, 이중관 밀폐 설치 부분
③ 누출가스 체류 쉬운 부분
④ 방호구조물 등에 의하여 밀폐되어 설치된 배관 부분</td></tr>
<tr><td rowspan="2">LPG
(KGS
FP331)</td><td colspan="2">경보기의 검지부 설치장소</td><td colspan="3">① 저장탱크, 소형 저장탱크 용기
② 충전설비 로딩암 압력용기 등 가스설비</td></tr>
<tr><td colspan="2">설치해서는 안 되는 장소</td><td colspan="3">① 증기, 물방울, 기름기 섞인 연기 등이 직접 접촉 우려가 있는 곳
② 온도 40℃ 이상인 곳
③ 누출가스 유동이 원활치 못한 곳
④ 경보기 파손 우려가 있는 곳</td></tr>
<tr><td rowspan="3">도시
가스
사업법
(KGS
FP451)</td><td colspan="2">건축물 안</td><td rowspan="3">바닥면
둘레 및
설치 개수</td><td colspan="2">10m마다 1개 이상</td></tr>
<tr><td colspan="2">지하의 전용탱크 처리설비실</td><td colspan="2">20m마다 1개 이상</td></tr>
<tr><td colspan="2">정압기(지하 포함)실</td><td colspan="2">20m마다 1개 이상</td></tr>
</table>

핵심 81 ◆ 설치장소에 따른 안전밸브 작동검사 주기 (고법 시행규칙 별표 8 저장 사용 시설 검사기준)

설치장소	검사 주기
압축기 최종단	1년 1회 조정
그 밖의 안전밸브	2년 1회 조정
특정제조 허가받은 시설에 설치	4년의 범위에서 연장 가능

핵심 82 ◆ 폭발방지장치의 설치규정

(1) 폭발방지장치
  ① 주거지역, 상업지역에 설치되는 저장능력 10t 이상의 LPG 저장탱크
  ② 차량에 고정된 LPG 탱크에 폭발방지장치 설치(지하에 설치 시는 제외)
(2) 재료 : 알루미늄 합금 박판
(3) 형태 : 다공성 벌집형

핵심 83 ◆ 고압가스 특정제조시설 · 누출확산 방지조치(KGS FP111 2.5.8.4)

시가지, 하천, 터널, 도로, 수로, 사질토, 특수성 지반(해저 제외) 배관 설치 시 고압가스 종류에 따라 안전한 방법으로 가스의 누출확산 방지조치를 한다. 이 경우 고압가스의 종류, 압력, 배관의 주위상황에 따라 배관을 2중관으로 하고, 가스누출검지 경보장치를 설치한다.

핵심 84 ◆ 가스보일러의 안전장치

① 소화안전장치
② 과열방지장치
③ 동결방지장치
④ 저가스압차단장치

핵심 85 ◆ 저장탱크 부압 파괴방지조치 과충전방지조치(KGS FP111)

항 목		간추린 세부내용
부압 파괴방지	정 의	가연성 저온저장탱크에 내부 압력이 외부 압력보다 낮아져 탱크가 파괴되는 것을 방지
	설비 종류	① 압력계 ② 압력경보설비 ③ 기타 설비 중 1 이상의 설비(진공안전밸브, 균압관 압력과 연동하는 긴급차단장치를 설치한 냉동제어설비 및 송액설비)

<table>
<tr><th colspan="2">항 목</th><th>간추린 세부내용</th></tr>
<tr><td rowspan="3">과충전
방지조치</td><td>해당 가스</td><td>아황산, 암모니아, 염소, 염화메탄, 산화에틸렌, 시안화수소, 포스겐, 황화수소</td></tr>
<tr><td>설치 개요</td><td>충전 시 90% 초과 충전되는 것을 방지하기 위함</td></tr>
<tr><td>과충전방지법</td><td>① 용량 90% 시 액면, 액두압을 검지
② 용량 검지 시 경보장치 작동</td></tr>
<tr><td colspan="3">과충전 경보는 관계자가 상주장소 및 작업장소에서 명확히 들을 수 있을 것</td></tr>
</table>

핵심 86 ◇ 자분탐상시험(결함자분 모양의 길이에 따른 등급 분류(KGS GC205))

등급 분류	결함자분 모양의 길이
1급	1mm 이하
2급	1mm 초과 2mm 이하
3급	2mm 초과 4mm 이하
4급	4mm 초과

※ 등급 분류의 4급 및 표면에 균열이 있는 경우는 불합격으로 한다.

핵심 87 ◇ 전기방식 조치대상시설 및 제외대상시설

조치대상시설	제외대상시설
고압가스의 특정 · 일반 제조사업자, 충전사업자, 저장소 설치자 및 특정고압가스 사용자의 시설 중 지중, 수중에서 설치하는 강제 배관 및 저장탱크(액화석유가스 도시가스시설 동일)	① 가정용 시설 ② 기간을 임시 정하여 임시로 사용하기 위한 가스시설 ③ PE(폴리에틸렌관)

핵심 88 ◇ 배관의 지진 해석

(1) 고압가스 배관 및 도시가스 배관의 지진 해석의 적용사항

① 지반운동의 수평 2축방향 성분과 수직방향 성분을 고려한다.

② 배관 · 지반의 상호작용 해석 시 배관의 유연성과 지반의 변형성을 고려한다.

③ 지반을 통한 파의 방사조건을 적절하게 반영한다.

④ 내진설계에 필요한 지반정수들은 동적 하중조건에 적합한 값들을 선정하고, 특히 지반 변형계수와 감쇠비는 발생 변형률 크기에 알맞게 선택한다.

(2) 고압가스 배관 및 도시가스 배관의 기능 수행수준 지진 해석의 기준

① 배관의 거동은 선형으로 가정한다.

② 배관의 지진응답은 선형해석법으로 해석한다.

③ 응답스펙트럼 해석법, 모드 해석법, 주파수영역 해석법, 시간영역 해석법 등을 사용할 수 있다.

④ 상세한 수치 모델링이나 보수성이나 보수성이 입증된 단순해석법을 사용할 수 있다.

(3) 고압가스 배관 및 도시가스 배관의 누출방지수준 지진 해석의 기준
① 배관의 지진응답은 비선형 거동특성을 고려할 수 있는 해석법으로 해석하되, 일반구조물의 지진응답 해석법을 준용할 수 있다.
② 시간영역 해석법을 사용할 수 있다.
③ 상세한 수치 모델링이나 보수성이 입증된 단순해석법을 사용할 수 있다.

핵심 89 ◇ 제조설비에 따른 비상전력의 종류

설비 \ 비상전력 등	타처 공급전력	자가발전	축전지장치	엔진구동발전	스팀터빈 구동발전
자동제어장치	○	○	○		
긴급차단장치	○	○	○		
살수장치	○	○	○	○	○
방소화설비	○	○	○	○	○
냉각수펌프	○	○	○	○	○
물분무장치	○	○	○	○	○
독성 가스 재해설비	○	○	○	○	○
비상조명설비	○	○	○		
가스누설검지 경보설비	○	○	○		

핵심 90 ◇ 시설별 독성, 가연성과 이격거리(m)

	시 설	이격거리(m)	
		가연성 가스	독성 가스
1	철도(화물, 수용용으로만 쓰이는 것은 제외)	25	40
2	도로(전용공업지역 안에 있는 도로 제외)	25	40
3	학교, 유치원, 어린이집, 시설강습소	45	72
4	아동복지시설 또는 심신장애자복지시설로서 수용능력이 20인 이상인 건축물	45	72
5	병원(의원을 포함)	45	72
6	공공공지(도시계획시설에 한정) 또는 도시공원(전용공업지 300인 이상을 수용할 수 있는 곳)	45	72
7	극장, 교회, 공회당, 그밖에 이와 유사한 시설로서 수용능력이 300인 이상을 수용할 수 있는 곳	45	72
8	백화점, 공동목욕탕, 호텔, 여관, 그 밖에 사람을 수용하는 건축물(가설건축물은 제외)로서 사실상 독립된 부분의 연면적이 $1000m^2$ 이상인 곳	45	72
9	문화재보호법에 따라 지정문화재로 지정된 건축물	65	100
10	수도시설로서 고압가스가 혼입될 우려가 있는 곳	300	300
11	주택(1부터 10까지 열거한 것 또는 가설건축물 제외) 또는 1부터 10까지 열거한 시설과 유사한 시설로서 다수인이 출입하거나 근무하고 있는 곳	25	40

핵심 91 ◇ 역류방지밸브, 역화방지장치 설치기준(KGS FP211)

역류방지밸브(액가스가 역으로 가는 것을 방지)	역화방지장치(기체가 역으로 가는 것을 방지)
① 가연성 가스를 압축 시(압축기와 충전용 주관 사이) ② C_2H_2을 압축 시(압축기의 유분리기와 고압건조기 사이) ③ 암모니아 또는 메탄올(합성 정제탑 및 정제탑과 압축기 사이 배관) ④ 특정고압가스 사용시설의 독성 가스 감압설비와 그 반응설비 간의 배관	① 가연성 가스를 압축 시(압축기와 오토클레이브 사이 배관) ② 아세틸렌의 고압건조기와 충전용 교체밸브 사이 배관 및 충전용 지관 ③ 특정고압가스 사용시설의 산소, 수소, 아세틸렌의 화염 사용시설

핵심 92 ◇ 액화석유가스 집단공급사업 허가제외 대상(시행규칙 제5조)

① 70개소 미만의 수요자(공동주택단지는 전체 가구 수 70가구 미만인 경우)에게 공급하는 경우
② 시장, 군수, 구청장이 집단공급 사업으로 공급이 곤란하다고 인정하는 공동주택 단지에 공급하는 경우
③ 고용주가 종업원의 후생을 위하여 사원주택, 기숙사 등에 직접 공급하는 경우
④ 자치관리를 하는 공동주택의 관리 주체가 입주자 등에 직접 공급하는 경우
⑤ 관광진흥법에 따른 휴양콘도미니엄 사업자가 그 시설을 통하여 이용자에게 직접 공급하는 경우

핵심 93 ◇ 가스보일러의 급·배기 방식

반밀폐식		밀폐식	
CF (자연배기식)	FE (강제배기식)	BF (자연 급·배기식)	FF (강제 급·배기식)
연소용 공기는 실내, 폐가스는 자연통풍으로 옥외 배출	연소용 공기는 실내, 폐가스는 배기용 송풍기에 의해 강제로 옥외로 배출. 단독 배기통의 경우 풍압대와 관계 없이 설치 가능	급·배기통을 외기와 접하는 벽을 관통, 옥외로 설치하고 자연통기력에 의해 급·배기를 하는 방식	급·배기통을 외기와 접하는 벽을 관통하여 옥외로 설치하고 급·배기용 송풍기에 의해 강제로 급·배기 하는 방식

핵심 94 ◇ 안전장치의 분출용량 및 조정성능

(1) 조정압력이 3.3kPa 이하인 안전장치 분출용량(KGS 434)

① 노즐 직경이 3.2mm 이하일 때는 140L/h 이상

② 노즐 직경이 3.2mm를 초과할 경우 $Q=4.4D$의 식을 따른다.

여기서, Q : 안전장치 분출용량(L/h)

D : 조정기 노즐 직경(mm)

(2) 조정성능

조정성능 시험에 필요한 시험용 가스는 15℃의 건조한 공기로 하고 15℃의 프로판 가스의 질량으로 환산하며, 환산식은 다음과 같다.

$$W = 1.513Q$$

여기서, W : 프로판가스의 질량(kg/h), Q : 건공기의 유량(m^3/h)

핵심 95 ◇ 독성 가스의 표지 종류(KGS FU111)

표지판의 설치목적	독성 가스 시설에 일반인의 출입을 제한하여 안전을 확보하기 위함	
항 목 \ 표지 종류	식 별	위 험
보 기	독성 가스(○○) 저장소	독성 가스 누설주의 부분
문자 크기(가로×세로)	10cm×10cm	5cm×5cm
식별거리	30m 이상에서 식별 가능	10m 이상에서 식별 가능
바탕색	백색	백색
글씨색	흑색	흑색
적색표시 글자	가스 명칭(○○)	주의

핵심 96 ◇ 환상 배관망 설계

도시가스 배관 설치 후 대규모 주택 및 인구의 증가로 Peak 공급압력이 저하되는 것을 방지하기 위하여 근접 배관과 상호연결하여 압력저하를 방지하는 공급방식

핵심 97 ◆ 가스용 콕의 제조시설 검사기준(KGS AA334)

콕의 종류	작동원리
퓨즈콕	가스유로를 볼로 개폐하는 과류차단 안전기구가 부착된 것으로 배관과 호스, 호스와 호스, 배관과 배관 또는 배관과 커플러를 연결하는 구조
상자콕	가스유로를 핸들 누름, 당김 등의 조작으로 개폐하고 커플러 안전기구와 과류차단 안전기구가 부착된 것으로 밸브 핸들이 반개방상태에서도 가스가 차단되어야 하며 배관과 커플러를 연결하는 구조로 한다.
주물연소기용 노즐콕	주물연소기 부품으로 사용하여, 볼로 개폐하는 구조
업무용 대형 연소기용 노즐콕	업무용 대형 연소기 부품으로 사용하는 것으로서 가스흐름은 볼로 개폐하는 구조
기타 사항	① 콕은 1개의 핸들로 1개의 유로를 개폐하는 구조 ② 콕의 핸들은 개폐상태가 눈으로 확인할 수 있는 구조로 하고 핸들이 회전하는 구조의 것은 회전각도가 90°의 것을 원칙으로 열림방향을 시계바늘 반대방향(단, 주물연소기용 노즐콕 및 업무용 대형 연소기형 노즐콕은 그러하지 아니할 수 있다.)

핵심 98 ◆ 액화가스 고압설비에 부착되어 있는 스프링식 안전밸브

설비 내 상용체적의 98%까지 팽창되는 온도에 대응하는 압력에 작동하여야 한다.

핵심 99 ◆ 안전밸브의 형식 및 종류

종 류	해당 가스
가용전식	C_2H_2, Cl_2, C_2H_2O
파열판식	압축가스
스프링식	가용전식, 파열판식을 제외한 모든 가스(가장 널리 사용)
중추식	거의 사용 안함

TiP

파열판식 안전밸브의 특징

1. 한 번 작동 후 새로운 박판과 교체하여야 한다.
2. 구조 간단, 취급점검이 용이하다.
3. 부식성 유체에 적합하다.

핵심 100 ◆ 안전성 평가 관련 전문가 구성팀(KGS GC211)

① 안전성 평가 전문가
② 설계전문가
③ 공정전문가 1인 이상 참여

핵심 101 ◆ 도시가스 배관망의 전산화 관리대상

(1) 도시가스 배관망의 전산화 및 가스설비 유지관리(KGS FS551)

① 가스설비 유지관리(3.1.3)

개 요	도시가스 사업자는 구역압력조정기의 가스누출경보, 차량추돌 비상발생 시 상황실로 전달하기 위함
안전조치사항 (①, ② 중 하나만 조치하면 된다)	① 인근 주민(2~3세대)을 모니터 요원으로 지정, 가스안전관리 업무 협약서를 작성보존 ② 조정기 출구배관 가스압력의 비정상적인 상승, 출입문 개폐여부 가스 누출여부 등을 도시가스 사업자의 안전관리자가 상주하는 곳에 통보할 수 있는 경보설비를 갖춤

② 배관망의 전산화(3.1.4.1)

개 요	가스공급시설의 효율적 관리
전산화 항목	(배관, 정압기) ① 설치도면 ② 시방서(호칭경, 재질 관련 사항) ③ 시공자, 시공연월일

(2) 도시가스 시설 현대화 항목 및 안전성 재고를 위한 과학화 항목

도시가스 시설 현대화	안전성 재고를 위한 과학화
① 배관망 전산화	① 시공관리 실시 배관
② 관리대상 시설 개선	② 배관 순찰 차량
③ 원격감시 및 차단장치	③ 노출배관
④ 노후배관 교체실적	④ 주민 모니터링제
⑤ 가스사고 발생빈도	⑤ 매설배관의 설치위치

핵심 102 ◆ 고압가스 저장

구 분		이격거리 및 설치기준
화기와 우회거리	가연성 산소설비	8m 이상
	그 밖의 가스설비	2m 이상
유동방지시설	높이	2m 이상 내화성의 벽
	가스설비 및 화기와 우회 수평거리	8m 이상
불연성 건축물 안에서 화기 사용 시	수평거리 8m 이내에 있는 건축물 개구부	방화문 또는 망입유리로 폐쇄
	사람이 출입하는 출입문	2중문의 시공
화기와 직선거리	가연성 · 독성 충전용기 보관설비	2m 이상

핵심 103 ◆ 소형 저장탱크 설치방법

(1) 일반기준

구 분	세부내용		
시설기준	지상 설치, 옥외 설치, 습기가 적은 장소, 통풍이 양호한 장소, 사업소 경계는 바다, 호수, 하천, 도로의 경우 토지 경계와 탱크 외면간 0.5m 이상 안전공지 유지		
전용 탱크실에 설치하는 경우	① 옥외 설치할 필요 없음 ② 환기구 설치(바닥면적 $1m^2$당 $300cm^2$의 비율로 2방향 분산 설치) ③ 전용 탱크실 외부(LPG 저장소, 화기엄금, 관계자 외 출입금지 등을 표시)		
살수장치	저장탱크 외면 5m 떨어진 장소에서 조작할 수 있도록 설치		
설치기준	① 동일장소 설치 수 : 6기 이하 ② 바닥에서 5cm 이상 콘크리트 바닥에 설치 ③ 충전질량 합계 : 5000kg 미만 ④ 충전질량 1000kg 이상은 높이 1m 이상 경계책 설치하고 출입구를 만든다. ⑤ 화기와 거리 5m 이상 이격		
기 초	지면 5cm 이상 높게 설치된 콘크리트 위에 설치		
보호대	재 질		철근콘크리트, 강관재
	높 이		80cm 이상
	두 께	강관재	100A 이상
		철근콘크리트	12cm 이상
기화기	① 3m 이상 우회거리 유지 ② 자동안전장치 부착		
소화설비	① 충전질량 1000kg 이상 ABC용 분말소화기(B−12) 2개 이상 보유 ② 충전호스 길이 10m 이상		

(2) 소형저장탱크 설치거리 기준

충전질량	가스충전구로부터 토지경계선에 대한 수평거리	탱크간 거리	가스충전구로부터 건축물 개구부에 대한 거리
1000kg 미만	0.5m 이상	0.3m 이상	0.5m 이상
1000kg 이상 2000kg 미만	3.0m 이상	0.5m 이상	3.0m 이상
2000kg 이상	5.5m 이상	0.5m 이상	3.5m 이상

(3) LPG 소형저장탱크 가스방출관의 방출구 위치(KGS FU432)

구 분	설치기준
기본적인 설치위치	건축물 밖 화기가 없는 위치 지면에서 2.5m 이상, 탱크 정상부에서 1m 이상 중 높은 위치
2개 이상 소형저장탱크가 가스방출관을 같이 사용하는 경우 저장능력이 1톤 미만인 동시에 방출관 방출구 수직상방향 연장선으로부터 2m 이내 화기나 다른 건축물이 없는 경우	지면에서 2m 이상, 탱크정상부에서 0.5m 이상 중 높은 위치
가스방출구 위치가 건축물 개구부로부터 수평거리 1m 미만이거나 연소기의 개구부 및 환기용 공기흡입구로부터 각각 1.5m 이상 떨어지지 않는 경우	지면에서 5m 이상, 탱크정상부에서 2m 이상 중 높은 위치

핵심 104 ◇ 정압기(Governor) (KGS FS552)

구 분	세부내용
정 의	도시가스 압력을 사용처에 맞게 낮추는 감압기능, 2차측 압력을 허용범위 내의 압력으로 유지하는 정압기능, 가스흐름이 없을 때 밸브를 완전히 폐쇄하여 압력상승을 방지하는 폐쇄기능을 가진 기기로서 정압기용 압력조정기와 그 부속설비
정압기용 부속설비	1차측 최초 밸브로부터 2차측 말단 밸브 사이에 설치된 배관, 가스차단장치, 정압기용 필터, 긴급차단장치(slamshut valve), 안전밸브(safety valve), 압력기록장치(pressure recorder), 각종 통보설비, 연결배관 및 전선
종 류	**세부내용**
지구정압기	일반도시가스 사업자의 소유시설로 가스도매사업자로부터 공급받은 도시가스의 압력을 1차적으로 낮추기 위해 설치하는 정압기
지역정압기	일반도시가스 사업자의 소유시설로서 지구정압기 또는 가스도매사업자로부터 공급받은 도시가스의 압력을 낮추어 다수의 사용자에게 가스를 공급하기 위해 설치하는 정압기
캐비닛형 구조의 정압기	정압기 배관 및 안전장치 등이 일체로 구성된 정압기에 한하여 사용할 수 있는 정압기실로 내식성 재료의 캐비닛과 철근콘크리트 기초로 구성된 정압기실을 말한다.

핵심 105 ◆ 고압가스 제조설비의 사용 전후 점검사항(KGS FP112)

구 분	점검사항
사용개시 전	① 계기류의 기능, 특히 인터록, 긴급용 시퀀스 경보 및 자동제어장치의 기능 ② 긴급차단 및 긴급방출장치, 통신설비, 제어설비, 정전기 방지 및 제거설비, 그 밖의 안전장치의 기능 ③ 각 배관계통에 부착된 밸브 등의 개폐상황 및 맹판의 탈부착 상황 ④ 회전기계의 윤활유 보급 상황 및 회전구동 상황 ⑤ 가스설비의 전반적인 누출 유무 ⑥ 가연성 가스, 독성 가스가 체류하기 쉬운 곳의 해당 가스 농도 ⑦ 전기, 물, 증기, 공기 등 유틸리티 시설의 준비 상황 ⑧ 안전용 불활성 가스 등의 준비 상황 ⑨ 비상전력 등의 준비 상황
사용종료 시	① 사용 종료 직전에 각 설비의 운전 상황 ② 사용 종료 후에 가스설비에 있는 잔유물의 상황 ③ 가스설비 안의 가스액 등의 불활성 가스 치환 상황 또는 설비 내 공기의 치환 상황 ④ 개방하는 가스설비와 다른 가스설비와의 차단 상황 ⑤ 부식, 마모, 손상, 폐쇄, 결합부의 풀림, 기초의 경사침하 이상 유무

핵심 106 ◆ 중요 가스 폭발범위

가스명	폭발범위(%)	가스명	폭발범위(%)
C_2H_2	2.5~81	CH_4	5~15
C_2H_4O	3~80	C_2H_6	3~12.5
H_2	4~75	C_2H_4	2.7~36
CO	12.5~74	C_3H_8	2.1~9.5
HCN	6~41	C_4H_{10}	1.8~8.4
CS_2	1.2~44	NH_3	15~28
H_2S	4.3~45	CH_3Br	13.5~14.5

핵심 107 ◆ 내진설계기준

P.75 "핵심 54 내진설계" 내용 참조

핵심 108 ◆ 냉동설비의 과압차단장치, 자동제어장치

(1) 냉동설비의 과압차단장치

정 의	냉매설비 안 냉매가스 압력이 상용압력 초과 시 즉시 상용압력 이하로 되돌릴 수 있는 장치
종 류	고압차단장치, 안전밸브, 파열판, 용전, 압력릴리프장치

(2) 냉동제조의 자동제어장치의 종류

장치명	기 능
고압차단장치	압축기 고압측 압력이 상용압력 초과 시 압축기 운전을 정지
저압차단장치	개방형 압축기인 경우 저압측 압력이 상용압력보다 이상 저하 시 압축기 운전을 정지
과부하보호장치	압축기를 구동하는 동력장치
액체의 동결방지장치	셀형 액체냉각기의 경우 설치
과열방지장치	난방기, 전열기를 내장한 에어컨 냉동설비에서 사용

(3) 고압가스 냉동기 제조의 시설기술 검사기준의 안전장치(KGS AA111 3.4.6)

안전장치 부착의 목적	냉동설비를 안전하게 사용하기 위하여 상용압력 이하로 되돌림
종 류	① 고압차단장치 ② 안전밸브(압축기 내장형 포함) ③ 파열판 ④ 용전 및 압력 릴리프장치
안전밸브 구조	작동압력을 설정한 후 봉인될 수 있는 구조
안전밸브 가스통과 면적	안전밸브 구경면적 이상
고압차단장치	① 설정압력이 눈으로 판별할 수 있는 것 ② 원칙적으로 수동복귀방식이다(단, 냉매가 가연성 · 독성이 아닌 유닛형 냉동설비에서 자동 복귀되어도 위험이 없는 경우는 제외). ③ 냉매설비 고압부 압력을 바르게 검지할 수 있을 것
용 전	냉매가스 온도를 정확히 검지할 수 있고 압축기 또는 발생기의 고온 토출 가스에 영향을 받지 않는 위치에 부착
파열판	냉매가스 압력이 이상 상승 시 파열 냉매가스를 방출하는 구조
강제환기장치	냉동능력 1ton당 $2m^3$/min 능력의 환기장치설치(환기구 면적 미확보 시)

핵심 109 ◆ 도시가스 정압기실 안전밸브 분출부의 크기

입구측 압력		분출부 구경
0.5MPa 이상		50A 이상
0.5MPa 미만	유량 $1000Nm^3$/h 이상	50A 이상
	유량 $1000Nm^3$/h 미만	25A 이상

핵심 110 ◆ 긴급차단장치

구 분	내 용
기 능	이상사태 발생 시 작동하여 가스 유동을 차단하여 피해 확대를 막는 장치(밸브)
적용시설	내용적 5000L 이상 저장탱크
원격조작온도	110℃
동력원(밸브를 작동하게 하는 힘)	유압, 공기압, 전기압, 스프링압
설치위치	① 탱크 내부 ② 탱크와 주밸브 사이 ③ 주밸브의 외측 ※ 단, 주밸브와 겸용으로 사용해서는 안 된다.

긴급차단장치를 작동하게 하는 조작원의 설치위치	
고압가스, 일반제조시설, LPG법 일반도시가스 사업법	① 고압가스 특정제조시설 ② 가스도매사업법
탱크 외면 5m 이상	탱크 외면 10m 이상
수압시험 방법	연 1회 이상 KS B 2304의 방법으로 누설검사

핵심 111 ◆ 용기보관실 및 용기집합설비의 설치(KGS FU431)

(1)

저장능력	
100kg 이하	100kg 초과
용기가 직사광선, 빗물을 받지 않도록 조치	① 용기보관실 설치 시 용기보관실의 벽, 문, 지붕은 불연재료(지붕은 가벼운 불연재료)로 설치하고, 단층구조로 한다. ② 용기보관실 설치 곤란 시 외부인 출입을 방지하기 위하여 출입문을 설치하고 경계표시를 한다. ③ 용기집합설비의 양단 마감조치에는 캡 또는 플랜지를 설치한다. ④ 용기를 3개 이상 집합하여 사용 시 용기집합장치로 설치한다. ⑤ 용기와 연결된 측도관 트윈호스의 조정기 연결부는 조정기 이외의 설비에는 연결하지 않는다.

(2) 고압가스 용기의 보관(시행규칙 별표 9)

항 목	간추린 핵심내용
구분 보관	① 충전용기 잔가스용기 ② 가연성 독성 산소용기
충전용기	① 40℃ 이하 유지 ② 직사광선을 받지 않도록 ③ 넘어짐 및 충격 밸브손상 방지조치 난폭한 취급금지(5L 이하 제외) ④ 밸브 돌출용기 가스충전 후 넘어짐 및 밸브손상 방지조치(5L 이하 제외)
용기 보관장소	2m 이내 화기인화성, 발화성 물질을 두지 않을 것
가연성 보관장소	① 방폭형 휴대용 손전등 이외 등화를 휴대하지 않을 것 ② 보관장소는 양호한 통풍구조로 할 것
가연성, 독성 용기 보관장소	충전용기 인도 시 가스누출 여부를 인수자가 보는데서 확인
가스누출 검지경보장치 설치	① 독성 가스 ② 공기보다 무거운 가연성 가스

핵심 112 ◆ 가스보일러의 설치(KGS FU551)

구 분		간추린 핵심내용
공동 설치기준		① 가스보일러는 전용보일러실에 설치 ② 전용보일러실에 설치하지 않아도 되는 종류 • 밀폐식 보일러 • 보일러를 옥외 설치 시 • 전용 급기통을 부착시키는 구조로 검사에 합격한 강제식 보일러 ③ 전용 보일러실에는 환기팬을 설치하지 않는다. ④ 보일러는 지하실, 반지하실에 설치하지 않는다.
반밀폐식	자연배기식	① 배기통 굴곡 수는 4개 이하 ② 배기통 입상높이는 10m 이하, 10m 초과 시는 보온조치 ③ 배기통 가로길이는 5m 이하
	공동배기식	① 공동배기구 정상부에서 최상층 보일러 : 역풍방지장치 개구부 하단까지 거리가 4m 이상 시 공동배기구에 연결하고 그 이하는 단독배기통 방식으로 한다. ② 공동배기구 유효단면적 $A = Q \times 0.6 \times K \times F + P$ 여기서, A : 공동배기구 유효단면적(mm^2) Q : 보일러 가스소비량 합계(kcal/h) K : 형상계수, F : 보일러의 동시 사용률 P : 배기통의 수평투영면적(mm^2) ③ 동일층에서 공동배기구로 연결되는 보일러 수는 2대 이하 ④ 공동배기구 최하부에는 청소구와 수취기 설치 ⑤ 공동배기구 배기통에는 방화댐퍼를 설치하지 아니 한다.

핵심 113 ◆ 독성 가스 배관 중 이중관의 설치 규정(KGS FP112)

항 목	이중관 대상가스
이중관 설치 개요	독성 가스 배관이 가스 종류, 성질, 압력, 주위 상황에 따라 안전한 구조를 갖기 위함
독성 가스 중 이중관 대상가스 (2.5.2.3.1 관련) 제조시설에서 누출 시 확산을 방지해야 하는 독성 가스	아황산, 암모니아, 염소, 염화메탄, 산화에틸렌, 시안화수소, 포스겐, 황화수소(암기 **아암염염산시포황**)
하천수로 횡단하여 배관 매설 시 이중관	아황산, 염소, 시안화수소, 포스겐, 황화수소, 불소, 아크릴알데히드 ※ 독성 가스 중 이중관 가스에서 암모니아, 염화메탄, 산화에틸렌을 제외하고 불소와 아크릴알데히드 추가(제외 이유 : 암모니아, 염화메탄, 산화에틸렌은 물로서 중화가 가능하므로)
하천수로 횡단하여 배관매설 시 방호구조물에 설치하는 가스	하천수로 횡단 시 2중관으로 설치되는 독성 가스를 제외한 그 밖의 독성, 가연성 가스의 배관
이중관의 규격	외층관 내경=내층관 외경×1.2배 이상 ※ 내층관과 외층관 사이에 가스누출검지 경보설비의 검지부 설치하여 누출을 검지하는 조치 강구

핵심 114 ◆ 액화석유가스 자동차에 고정된 충전시설 가스설비의 설치기준 (KGS FP332 2.4)

구 분		간추린 핵심내용
로딩암 설치		충전시설 건축물 외부
로딩암을 내부 설치 시		① 환기구 2방향 설치 ② 환기구 면적은 바닥면적 6% 이상
충전기 보호대	높 이	80cm 이상
	두 께	① 철근콘크리트제 : 12cm 이상 ② 배관용 탄소강관 : 100A 이상 ※ 말뚝형태의 보호대는 2개 이상 설치 시 1.5m 이상의 간격을 둘 것
캐노피		충전기 상부 공지면적의 1/2 이하로 설치
충전기 호스길이		① 5m 이내 정전기 제거장치 설치 ② 자동차 제조공정 중에 설치 시는 5m 이상 가능
가스주입기		원터치형으로 할 것
세이프티 커플러 설치		충전호스에 과도한 인장력이 가해졌을 때 충전기와 가스 주입기가 분리될 수 있는 안전장치
소형 저장탱크의 보호대	재 질	철근콘크리트 및 강관제
	높 이	80cm 이상
	두 께	① 철근콘크리트 12cm 이상 ② 강관제 100A 이상

핵심 115 ◆ 비파괴시험 대상 및 생략 대상배관 (KGS FS331 2.5.5, FS551 2.5.5)

법규 구분	비파괴시험 대상	비파괴시험 생략 대상
고 법	① 중압(0.1MPa) 이상 배관 용접부 ② 저압 배관으로 호칭경 80A 이상 용접부	① 지하 매설배관 ② 저압으로 80A 미만으로 배관 용접부
LPG	① 0.1MPa 이상 액화석유가스가 통하는 배관 용접부 ② 0.1MPa 미만 액화석유가스가 통하는 호칭지름 80mm 이상 배관의 용접부	건축물 외부에 노출된 0.01MPa 미만 배관의 용접부
도시가스	① 지하 매설배관(PE관 제외) ② 최고사용압력 중압 이상인 노출 배관 ③ 최고사용압력 저압으로서 50A 이상 노출 배관	① PE 배관 ② 저압으로 노출된 사용자 공급관 ③ 호칭지름 80mm 미만인 저압의 배관
참고사항	LPG, 도시가스 배관의 용접부는 100% 비파괴시험을 실시할 경우 ① 50A 초과 배관은 맞대기 용접을 하고 맞대기 용접부는 방사선 투과시험을 실시 ② 그 이외의 용접부는 방사선투과, 초음파탐상, 자분탐상, 침투탐상 시험을 한다.	

핵심 116 ◈ 고압가스 운반차량의 경계표지(KGS GC206 2.1.1.2)

구 분		경계표지의 종류
독성 가스 충전용기운반		① 붉은글씨의 위험고압가스, 독성 가스 ② 위험을 알리는 도형, 상호, 사업자전화번호, 운반기준 위반행위를 신고할 수 있는 등록관청전화번호 안내문
독성 가스 이외 충전용기운반		상기 항목의 독성 가스 표시를 제외한 나머지는 모두 동일하게 표시
경계표지 크기	직사각형	① 가로 : 차체폭의 30% 이상 ② 세로 : 가로의 20% 이상
	정사각형	경계면적 600cm^2 이상
	삼각기	바탕색 : 적색, 글자색 : 황색
그 밖의 사항		경계표지는 차량의 앞뒤에서 볼 수 있도록 위험고압가스, 필요에 따라 독성 가스라 표시, 삼각기를 외부운전석에 게시(단, RTC의 경우는 좌우에서 볼 수 있도록)

핵심 117 ◈ 고압가스 제조 배관의 매몰 설치(KGS FP112)

사업소 안		사업소 밖	
항 목	매설깊이 이상	항 목	매설깊이 이상
① 지면	1m	건축물	1.5m
② 도로폭 8m 이상 공도 횡단부 지하	지면 1.2m	지하도로 터널	10m
③ 철도 횡단부 지하	1.2m 이상 (강제 케이싱으로 보호)	독성 가스 혼입 수도시설	300m
①, ②항의 매설깊이 유지곤란 시	카바플레이트 케이싱으로 보호	다른 시설물	0.3m
		산·들	1m
		그 밖의 지역	1.2m

☺ 수험생 여러분. 시험에는 독성 가스 혼입 우려 수도시설과 300m 이격부분이 출제되었으나 그와 관련 모든 이론을 습득하므로써 기출문제 풀이에 대한 단점을 보완하여 반드시 합격할 수 있도록 총체적 이론을 집대성한 부분이므로 반드시 숙지하여 합격의 영광을 누리시길 바랍니다.

핵심 118 ◈ LPG 충전시설의 표지

충전중엔진정지	(황색 바탕에 흑색 글씨)
화기엄금	(백색 바탕에 적색 글씨)

핵심 119 ◆ 도시가스 공급시설 배관의 내압 · 기밀 시험(KGS FS551)

(1) 내압시험(4.2.2.10)

항 목		간추린 핵심내용
수압으로 시행하는 경우	시험압력	최고사용압력×1.5배
공기 등의 기체로 시행하는 경우	시험압력	최고사용압력×1.25배
	공기·기체 시행요건	① 중압 이하 배관 ② 50m 이하 고압배관에 물을 채우기가 부적당한 경우 공기 또는 불활성 기체로 실시
	시험 전 안전상 확인사항	강관용접부 전체 길이에 방사선 투과시험 실시, 고압배관은 2급 이상 중압 이하 배관은 3급 이상을 확인
공기 등의 기체로 시행하는 경우	시행절차	일시에 승압하지 않고 ① 상용압력 50%까지 승압 ② 향후 상용압력 10%씩 단계적으로 승압
공통사항	① 중압 이상 강관 양 끝부에 엔드캡, 막음 플랜지 용접 부착 후 비파괴 시험 후 실시 ② 규정압력 유지시간은 5~20분까지를 표준으로 한다. ③ 시험 감독자는 시험시간 동안 시험구간을 순회점검하고 이상 유무를 확인한다. ④ 시험에 필요한 준비는 검사 신청인이 한다.	

(2) 기밀시험(4.2.2.9.3)

항 목	간추린 핵심내용
시험 매체	공기 불활성 기체
배관을 통과하는 가스로 하는 경우	① 최고사용압력 고압 · 중압으로 길이가 15m 미만 배관 ② 부대설비가 이음부와 동일재를 동일시공 방법으로 최고사용압력×1.1배에서 누출이 없는 것을 확인하고 신규로 설치되는 본관 공급관의 기밀시험 방법으로 시험한 경우 ③ 최고사용압력이 저압인 부대설비로서 신규설치되는 본관 공급관의 기밀시험 방법으로 시험한 경우
시험압력	최고사용압력×1.1배 또는 8.4kPa 중 높은 압력
신규로 설치되는 본관 공급관의 기밀시험 방법	① 발포액을 도포, 거품의 발생 여부로 판단 ② 가스농도가 0.2% 이하에서 작동하는 검지기를 사용 검지기가 작동되지 않는 것으로 판정(이 경우 매몰배관은 12시간 경과 후 판정) ③ 최고사용압력 고압 · 중압 배관으로 용접부 방사선 투과 합격된 것은 통과가스를 사용 0.2% 이하에서 작동되는 가스 검지기 사용 검지기가 작동되지 않는 것으로 판정(매몰배관은 24시간 이후 판정)

핵심 120 ◇ 고압가스 재충전 금지 용기 기술 · 시설 기준(KGS AC216 1.7)

항 목	세부 핵심내용
충전제한	① 합격 후 3년 경과 시 충전금지 ② 가연성 독성 이외 가스 충전
재 료	① 스테인리스, 알루미늄 합금 ② 탄소(0.33% 이하), 인(0.04% 이하), 황(0.05% 이하)
두 께	동판의 최대 · 최소 두께 차는 평균두께의 10% 이하
구 조	용기와 부속품을 분리할 수 없는 구조
치 수	① 최고충전압력 수치와 내용적(L)의 곱이 100 이하 ② 최고충전압력이 22.5MPa 이하, 내용적 20L 이하 ③ 최고충전압력 3.5MPa 이상일 시 내용적 5L 이하 ④ 납붙임 부분은 용기 몸체두께 4배 이상

핵심 121 ◇ 도시가스 배관의 손상방지 기준(KGS 253. (3) 공통부분)

구 분		간추린 핵심내용
굴착공사		
매설배관 위치확인	확인방법	지하 매설배관 탐지장치(Pipe Locator) 등으로 확인
	시험굴착 지점	확인이 곤란한 분기점, 곡선부, 장애물 우회 지점
	인력굴착 지점	가스 배관 주위 1m 이내
	준비사항	위치표시용 페인트, 표지판, 황색 깃발
매설배관 위치표시	굴착예정지역 표시방법	흰색 페인트로 표시(표시 곤란 시는 말뚝, 표시 깃발 표지판으로 표시)
	포장도로 표시방법	페인트 도시가스관 매설지점
	표시 말뚝	전체 수직거리는 50cm
	깃발	도시가스관 매설지점 바탕색 : 황색 글자색 : 적색
	표지판	도시가스관 매설지점 심도, 관경, 압력 등 표시 • 가로 : 80cm • 바탕색 : 황색 • 세로 : 40cm • 글자색 : 흑색 • 위험글씨 : 적색
파일박기 또는 빼기작업	시험굴착으로 가스배관의 위치를 정확히 파악하여야 하는 경우	배관 수평거리 2m 이내에서 파일박기를 할 경우(위치파악 후는 표지판 설치), 가스배관 수평거리 30cm 이내는 파일박기 금지, 항타기는 배관 수평거리 2m 이상 되는 곳에 설치
줄파기작업	줄파기 심도	1.5m 이상
	줄파기 공사 후 배관 1m 이내 파일박기를 할 경우	유도관(Guide Pipe)을 먼저 설치 후 되메우기 실시

핵심 122 ◆ 도시가스 배관 매설 시 포설하는 재료 (KGS FS551 2.5.8.2.1 배관의 지하매설)

G.L.

④ 되메움 재료
③ 침상재료
② (배관)
① 기초재료

재료의 종류	배관으로부터 설치장소
되메움	침상재료 상부
침상재료	배관 상부 30cm
배관	–
기초재료	배관 하부 10cm

핵심 123 ◆ LP가스 환기설비(KGS FU332 2.8.9)

항 목		세부 핵심내용
자연환기	환기구	바닥면에 접하고 외기에 면하게 설치
	통풍면적	바닥면적 $1m^2$당 $300cm^2$ 이상
	1개소 환기구 면적	① $2400cm^2$ 이하(철망 환기구 틀통의 면적은 뺀 것으로 계산) ② 강판 갤러리 부착 시 환기구 면적의 50%로 계산
	한방향 환기구	전체 환기구 필요 통풍가능 면적의 70% 까지만 계산
	사방이 방호벽으로 설치 시	환기구 방향은 2방향 분산 설치
강제환기	개요	자연환기설비 설치 불가능 시 설치
	통풍능력	바닥면적 $1m^2$당 $0.5m^3/min$ 이상
	흡입구	바닥면 가까이 설치
	배기가스 방출구	지면에서 5m 이상 높이에 설치

핵심 124 ◆ 배관의 표지판 간격

법규 구분		설치간격(m)
고압가스안전관리법 (일반도시가스사업법의 고정식 압축도시가스 충전시설, 고정식 압축도시가스 자동차 충전시설, 이동식 압축 도시가스 자동차 충전시설, 액화도시가스 자동차 충전시설)	지상배관	1000m마다
	지하배관	500m마다
가스도매사업법		500m마다
일반도시가스사업법	제조공급소 내	500m마다
	제조공급소 밖	200m마다

핵심 125 ◆ 고압가스 특정제조 안전구역 설정(KGS FP111 2.1.9)

구 분	간추린 핵심내용
설치 개요	재해발생 시 확대방지를 위해 가연성, 독성 가스설비를 통로 공지 등으로 구분된 안전구역 안에 설치
안전구역면적	2만m^2 이하
저장 처리설비 안에 1종류의 가스가 있는 경우 연소열량수치(Q)	$Q=K\cdot W=6\times10^8$ 이하 여기서, Q : 연소열량의 수치 K : 가스 종류 및 상용온도에 따른 수치 W : 저장설비, 처리설비에 따라 정한 수치

핵심 126 ◆ 배관의 해저 · 해상 설치(KGS FP111 2.5.7.5)

구 분	간추린 핵심내용
설치위치	해저면 밑에 매설(단, 닻 내림 등 손상우려가 없거나 부득이한 경우는 제외)
설치방법	① 다른 배관과 교차하지 아니할 것 ② 다른 배관과 30m 이상 수평거리 유지

핵심 127 ◆ 내부반응 감시장치와 특수반응 설비(KGS FP111 2.6.14)

항 목	간추린 핵심내용
설치 개요	① 고압설비 중 현저한 발열반응 ② 부차적으로 발생하는 2차 반응으로 인한 폭발 등의 위해 발생 방지를 위함
내부반응 감시장치	① 온도감시장치 ② 압력감시장치 ③ 유량감시장치 ④ 가스밀도조성 등의 감시장치
내부반응 감시장치의 특수반응설비	① 암모니아 2차 개질로 ② 에틸렌 제조시설의 아세틸렌 수첨탑 ③ 산화에틸렌 제조시설의 에틸렌과 산소 또는 공기와의 반응기 ④ 사이크로헥산 제조시설의 벤젠수첨 반응기 ⑤ 석유 정제에 있어서 중유 직접 수첨 탈황반응기 및 수소화 분해반응기 ⑥ 저밀도 폴리에틸렌 중합기 ⑦ 메탄올 합성 반응탑

핵심 128 ◇ 고압가스 특정 일반제조의 시설별 이격거리

시설별	이격거리
가연성 제조시설과 가연성 제조시설	5m 이상
가연성 제조시설과 산소 제조시설	10m 이상
액화석유가스 충전용기와 잔가스용기	1.5m 이상
탱크로리와 저장탱크 사이	3m 이상

핵심 129 ◇ 특정고압가스 사용시설 · 기술 기준(고법 시행규칙 별표 8)

항 목		간추린 핵심내용
화기와의 거리	가연성 설비, 저장설비	우회거리 8m
	산소	이내거리 5m
저장능력 500kg 이상 액화염소저장시설 안전거리	1종	17m 이상
	2종	12m 이상
가연성 · 산소 충전용기 보관실 벽		불연재료 사용
가연성 충전용기 보관실 지붕		가벼운 불연재료 또는 난연재료 사용 (단, 암모니아는 가벼운 재료를 하지 않아도 된다.)
독성 가스 감압설비 그 반응설비 간의 배관		역류방지장치 설치
수소 · 산소 · 아세틸렌 · 화염 사용시설		역화방지장치 설치
방호벽 설치 저장용량	액화가스	300kg 이상
	압축가스	$60m^3$ 이상
안전밸브 설치용량		액화가스 저장량 300kg 이상

핵심 130 ◇ 판매시설 용기보관실의 면적(KGS FS111 2.3.1)

(1) 판매시설 용기보관실 면적(m^2)

법규 구분	용기보관실	사무실 면적	용기보관실 주위 부지확보 면적 및 주차장 면적
고압가스 안전관리법 (산소, 독성, 가연성)	$10m^2$ 이상	$9m^2$ 이상	$11.5m^2$ 이상
액화석유가스 안전관리법	$19m^2$ 이상	$9m^2$ 이상	$11.5m^2$ 이상

(2) 저장설비 재료 및 설치기준

항 목	간추린 핵심내용
충전용기 보관실	불연재료 사용
충전용기 보관실 지붕	불연성, 난연성 재료의 가벼운 것
용기 보관실 사무실	동일 부지에 설치
가연성, 독성, 산소 저장실	구분하여 설치
누출가스가 혼합 후 폭발성 가스나 독성 가스 생성우려가 있는 경우	가스의 용기보관실을 분리하여 설치

핵심 131 ◆ 도시가스 시설의 설치공사, 변경공사 시 시공감리 기준(KGS GC252)

구 분	항 목
전 공정 감리대상	① 일반도시가스 사업자의 공급시설 중 본관, 공급관 및 사용자 공급관(부속설비 포함) ② 도시가스사업자 외의 가스공급시설 설치자의 가스공급시설 중 배관
일부 공정 감리대상	① 가스도매사업자의 가스공급시설 ② 일반도시가스 사업자 및 도시가스사업자 외의 가스공급 설치자의 제조소 및 정압기 ③ 시공감리 대상시설(가스도매사업의 가스공급시설, 사용자 공급관, 일반도시가스 사업자 및 도시가스사업자 외의 가스공급시설 설치자의 가스공급시설)

핵심 132 ◆ 액화천연가스 사업소 경계와 거리(KGS FP451 2.1.4)

구 분	핵심 내용
개 요	액화천연가스의 저장 · 처리 설비(1일 처리능력 52500m^3 이하인 펌프, 압축기, 기화장치 제외)는 그 외면으로부터 사업소 경계까지의 계산식(계산 값이 50m 이하인 경우는 50m 이상 유지)
공 식	$L = C^3\sqrt{143000\,W}$ 여기서, L : 사업소 경계까지 유지거리 C : 저압지하식 저장탱크는 0.240, 그 밖의 가스저장 처리설비는 0.576 W : 저장탱크는 저장능력(톤)의 제곱근, 그 밖의 것은 그 시설 안의 액화천연가스 질량(톤)

핵심 133 ◆ 도시가스 사업법에 의한 용어의 정의(법 제2조)

용 어	정 의
도시가스	천연가스(액화 포함), 배관을 통하여 공급되는 석유가스, 나프타 부생가스, 바이오 또는 합성천연가스로서 대통령령으로 정하는 것
가스도매사업	일반도시가스사업자 및 나프타 부생가스 · 바이오가스 제조사업자 외의 자가 일반도시가스사업자, 도시가스충전사업자 또는 대량 수요자에게 도시가스를 공급하는 사업
일반도시가스사업	가스도매사업자 등으로부터 공급받은 도시가스 또는 스스로 제조한 석유, 나프타부생 · 바이오가스를 수요에 따라 배관을 통하여 공급하는 사업
천연가스	액화를 포함한 지하에서 자연적으로 생성되는 가연성 가스로서 메탄을 주성분으로 하는 가스
석유가스	액화석유가스 및 기타석유가스를 공기와 혼합하여 제조한 가스
나프타 부생가스	나프타 분해공정을 통해 에틸렌 · 프로필렌 등을 제조하는 과정에서 부산물로 생성되는 가스로서, 메탄이 주성분인 가스 및 이를 다른 도시가스와 혼합하여 제조한 가스
바이오가스	유기성 폐기물 등 바이오매스로부터 생성된 기체를 정제한 가스로서, 메탄이 주성분인 가스 및 이를 다른 도시가스와 혼합하여 제조한 가스
합성천연가스	석탄을 주원료로 하여 고온 · 고압의 가스화 공정을 거쳐 생산한 가스로서, 메탄이 주성분인 가스 및 이를 다른 도시가스와 혼합하여 제조한 가스

핵심 134 ◆ 독성 가스의 누출가스 확산방지 조치(KGS FP112 2.5.8.41)

<table>
<tr><th>구 분</th><th colspan="2">간추린 핵심내용</th></tr>
<tr><td>개 요</td><td colspan="2">시가지, 하천, 터널, 도로, 수로 및 사질토 등의 특수성 지반(해저 제외) 중에 배관 설치할 경우 고압가스 종류에 따라 누출가스의 확산방지 조치를 하여야 한다.</td></tr>
<tr><td>확산조치방법</td><td colspan="2">이중관 및 가스누출검지 경보장치 설치</td></tr>
<tr><th colspan="3">이중관의 가스 종류 및 설치장소</th></tr>
<tr><th rowspan="2">가스 종류</th><th colspan="2">주위상황</th></tr>
<tr><th>지상 설치(하천, 수로 위 포함)</th><th>지하 설치</th></tr>
<tr><td>염소, 포스겐, 불소, 아크릴알데히드</td><td>주택 및 배관설치 시 정한 수평거리의 2배(500m 초과 시는 500m로 함) 미만의 거리에 배관설치 구간</td><td rowspan="2">사업소 밖 배관 매몰설치에서 정한 수평거리 미만인 거리에 배관을 설치하는 구간</td></tr>
<tr><td>아황산, 시안화수소, 황화수소</td><td>주택 및 배관설치 시 수평거리의 1.5배 미만의 거리에 배관설치 구간</td></tr>
<tr><td colspan="2">독성 가스 제조설비에서 누출 시 확산방지 조치하는 독성 가스</td><td>아황산, 암모니아, 염소, 염화메탄, 산화에틸렌, 시안화수소, 포스겐</td></tr>
</table>

핵심 135 ◆ 가스누출 자동차단장치의 설치대상(KGS FU551) 및 제외대상

<table>
<tr><th>설치대상</th><th>세부내용</th><th>설치 제외대상</th><th>세부내용</th></tr>
<tr><td>특정가스 사용시설 (식품위생법)</td><td>영업장 면적 100m^2 이상</td><td>연소기가 연결된 퓨즈콕, 상자콕 및 소화안전장치 부착 시</td><td>월 사용예정량 2000m^3 미만 시</td></tr>
<tr><td rowspan="2">지하의 가스 사용시설</td><td rowspan="2">가정용은 제외</td><td>공급이 불시에 중지 시</td><td>막대한 손실 재해 우려 시</td></tr>
<tr><td>다기능 안전계량기 설치 시</td><td>누출경보기 연동차단 기능이 탑재</td></tr>
</table>

핵심 136 ◆ 비파괴시험 대상 및 생략 대상배관(KGS FS331 2.5.5.1, FS551 2.5.5.1)

<table>
<tr><th>법규 구분</th><th>비파괴시험 대상</th><th>비파괴시험 생략 대상</th></tr>
<tr><td>고 법</td><td>① 중압(0.1MPa) 이상 배관 용접부
② 저압 배관으로 호칭경 80A 이상 용접부</td><td>① 지하 매설배관
② 저압으로 80A 미만으로 배관 용접부</td></tr>
<tr><td>LPG</td><td>① 0.1MPa 이상 액화석유가스가 통하는 배관 용접부
② 0.1MPa 미만 액화석유가스가 통하는 호칭지름 80mm 이상 배관의 용접부</td><td>건축물 외부에 노출된 0.01MPa 미만 배관의 용접부</td></tr>
<tr><td>도시가스</td><td>① 지하 매설배관(PE관 제외)
② 최고사용압력 중압 이상인 노출 배관
③ 최고사용압력 저압으로서 50A 이상 노출 배관</td><td>① PE 배관
② 저압으로 노출된 사용자 공급관
③ 호칭지름 80mm 미만인 저압의 배관</td></tr>
<tr><td>참고사항</td><td colspan="2">LPG, 도시가스 배관의 용접부는 100% 비파괴시험을 실시할 경우
① 50A 초과 배관은 맞대기 용접을 하고 맞대기 용접부는 방사선 투과시험을 실시
② 그 이외의 용접부는 방사선투과, 초음파탐상, 자분탐상, 침투탐상 시험을 한다.</td></tr>
</table>

핵심 137 ◆ 반밀폐 자연배기식 보일러 설치기준(KGS FU551 2.7.3.1)

항 목	내 용
배기통 굴곡 수	4개 이하
배기통 입상높이	10m 이하(10m 초과 시는 보온조치)
배기통 가로길이	5m 이하
급기구, 상부환기구 유효단면적	배기통 단면적 이상
배기통의 끝	옥외로 뽑아냄

핵심 138 ◆ 도시가스 사업자의 안전점검원 선임기준 배관(KGS FS551 3.1.4.3.3)

구 분	간추린 핵심내용
선임대상 배관	공공도로 내의 공급관(단, 사용자 공급관, 사용자 소유 본관, 내관은 제외)
선임 시 고려사항	① 배관 매설지역(도심 시외곽 지역 등) ② 시설의 특성 ③ 배관의 노출 유무, 굴착공사 빈도 등 ④ 안전장치 설치 유무(원격 차단밸브, 전기방식 등)
선임기준이 되는 배관길이	60km 이하 범위, 15km를 기준으로 1명씩 선임된 자를 배관 안전점검원이라 함

핵심 139 ◆ 가스용 폴리에틸렌(PE 배관)의 접합(KGS FS451 2.5.5.3)

항 목			접합방법
일반적 사항			① 눈, 우천 시 천막 등의 보호조치를 하고 융착 ② 수분, 먼지, 이물질 제거 후 접합
금속관과 접합			이형질 이음관(T/F)을 사용
공칭 외경이 상이한 경우			관이음매(피팅)를 사용
접합	열융착	맞대기	① 공칭외경 90mm 이상 직관 연결 시 사용 ② 이음부 연결오차는 배관두께의 10% 이하
		소켓	배관 및 이음관의 접합은 일직선
		새들	새들 중 심선과 배관의 중심선은 직각 유지
	전기융착	소켓	이음부는 배관과 일직선 유지
		새들	이음매 중심선과 배관중심선 직각 유지
시공방법		일반적 시공	매몰시공
		보호조치가 있는 경우	30cm 이하로 노출시공 가능
		굴곡허용반경	외경의 20배 이상(단, 20배 미만 시 엘보 사용)
지상에서 탐지방법		매몰형 보호포	–
		로케팅 와이어	굵기 $6mm^2$ 이상

핵심 140 ◇ 고압가스 특정제조시설, 고압가스 배관의 해저·해상 설치기준 (KGS FP111 2.5.7.1)

항 목	핵심내용
설치	해저면 밑에 매설, 닻 내림 등으로 손상우려가 없거나 부득이한 경우에는 매설하지 아니할 수 있다.
다른 배관의 관계	① 교차하지 아니 한다. ② 수평거리 30m 이상 유지한다. ③ 입상부에는 방호시설물을 설치한다.
두 개 이상의 배관 설치 시	① 두 개 이상의 배관을 형광등으로 매거나 구조물에 조립설치 ② 충분한 간격을 두고 부설 ③ 부설 후 적정간격이 되도록 이동시켜 매설

핵심 141 ◇ 일반도시가스 공급시설의 배관에 설치되는 긴급차단장치 및 가스공급 차단장치(KGS FS551 2.8.6)

긴급차단장치		
항 목		핵심내용
긴급차단장치 설치개요		공급권역에 설치하는 배관에는 지진, 대형 가스누출로 인한 긴급사태에 대비하여 구역별로 가스공급을 차단할 수 있는 원격조작에 의한 긴급차단장치 및 동등 효과의 가스차단장치 설치
설치사항	긴급차단장치가 설치된 가스도매사업자의 배관	일반도시가스 사업자에게 전용으로 공급하기 위한 것으로서 긴급차단장치로 차단되는 구역의 수요자 수가 20만 이하일 것
	가스누출 등으로 인한 긴급차단 시	사업자 상호간 공용으로 긴급차단장치를 사용할 수 있도록 사용계약과 상호 협의체계가 문서로 구축되어 있을 것
	연락 가능사항	양사간 유·무선으로 2개 이상의 통신망 사용
	비상, 훈련 합동 점검사항	6월 1회 이상 실시
	가스공급을 차단할 수 있는 구역	수요자가구 20만 이하(단, 구역 설정 후 수요가구 증가 시는 25만 미만으로 할 수 있다.)
가스공급차단장치		
항 목		핵심내용
고압·중압 배관에서 분기되는 배관		분기점 부근 및 필요장소에 위급 시 신속히 차단할 수 있는 장치 설치(단, 관길이 50m 이하인 것으로 도로와 평행 매몰되어 있는 규정에 따라 차단장치가 있는 경우는 제외)
도로와 평행하여 매설되어 있는 배관으로부터 가스사용자가 소유하거나 점유한 토지에 이르는 배관		호칭지름 65mm(가스용 폴리에틸렌관은 공칭외경 75mm) 초과하는 배관에 가스차단장치 설치

핵심 142 ◆ 고정식 압축도시가스 자동차 충전시설 기준(KGS FP651 2.6.2)

<table>
<tr><th colspan="2">항 목</th><th colspan="2">세부 핵심내용</th></tr>
<tr><td rowspan="3">가스누출 경보장치</td><td>설치장소</td><td colspan="2">① 압축설비 주변
② 압축가스설비 주변
③ 개별충전설비 본체 내부
④ 밀폐형 피트 내부에 설치된 배관접속부(용접부 제외) 주위
⑤ 펌프 주변</td></tr>
<tr><td rowspan="2">설치개수</td><td>1개 이상</td><td>① 압축설비 주변
② 충전설비 내부
③ 펌프 주변
④ 배관접속부 10m마다</td></tr>
<tr><td>2개</td><td>압축가스 설비 주변</td></tr>
<tr><td rowspan="3">긴급 분리장치</td><td>설치개요</td><td colspan="2">충전호스에는 충전 중 자동차의 오발진으로 인한 충전기 및 충전호스의 파손 방지를 위하여</td></tr>
<tr><td>설치장소</td><td colspan="2">각 충전설비 마다</td></tr>
<tr><td>분리되는 힘</td><td colspan="2">수평방향으로 당길 때 666.4N(68kgf) 미만의 힘</td></tr>
<tr><td>방호벽</td><td>설치장소</td><td colspan="2">① 저장설비와 사업소 안 보호시설 사이
② 압축장치와 충전설비 사이 및 압축가스 설비와 충전설비 사이</td></tr>
<tr><td>자동차 충전기</td><td>충전 호스길이</td><td colspan="2">8m 이하</td></tr>
</table>

핵심 143 ◆ 불합격 용기 및 특정설비 파기방법

신규 용기 및 특정설비	재검사 용기 및 특정설비
① 절단 등의 방법으로 파기, 원형으로 가공할 수 없도록 할 것 ② 파기는 검사장소에서 검사원 입회하에 용기 및 특정설비 제조자로 하여금 실시하게 할 것	① 절단 등의 방법으로 파기, 원형으로 가공할 수 없도록 할 것 ② 잔가스를 전부 제거한 후 절단할 것 ③ 검사신청인에게 파기의 사유, 일시, 장소, 인수시한 등을 통지하고 파기할 것 ④ 파기 시 검사장소에서 검사원으로 하여금 직접하게 하거나 검사원 입회하에 용기 · 특정설비 사용자로 하여금 실시하게 할 것 ⑤ 파기한 물품은 검사신청인이 인수시한(통지한 날로부터 1월 이내) 내에 인수치 않을 경우 검사기관으로 하여금 임의로 매각 처분하게 할 것

핵심 144 ◆ 일반도시가스 제조공급소 밖, 하천구역 배관매설(KGS FS551 2.5.8.2.3)

구 분	핵심내용(설치 및 매설깊이)
하천 횡단매설	① 교량 설치 ② 교량 설치 불가능 시 하천 밑 횡단매설
하천수로 횡단매설	2중관 또는 방호구조물 안에 설치
배관매설깊이 기준	하상변동, 패임, 닻 내림 등 영향이 없는 곳에 매설(단, 한국가스안전공사의 평가 시 평가제시거리 이상으로 하되 최소깊이는 1.2m 이상)

구 분	핵심내용(설치 및 매설깊이)
하천구역깊이	4m 이상, 단폭이 20m 이하 중압 이하 배관을 하천매설 시 하상폭 양끝단에서 보호시설까지 $L=220\sqrt{P}\cdot d$ 산출식 이상인 경우 2.5m 이상으로 할 수 있다.
소화전 수로	2.5m 이상
그 밖의 좁은 수로	1.2m 이상

핵심 145 ◆ 배관의 하천 병행 매설(KGS FP112 2.5.7.7)

구 분	내 용
설치지역	하상이 아닌 곳
설치위치	방호구조물 안
매설심도	배관 외면 2.5m 이상 유지
위급상황 시	신속히 차단할 수 있는 장치 설치 (단, 30분 이내 화기가 없는 안전장소로 방출이 가능한 벤트스택, 플레어스택을 설치한 경우는 제외)

핵심 146 ◆ 가스사용 시설에서 PE관을 노출 배관으로 사용할 수 있는 경우 (KGS FU551 1.7.1)

지상 배관과 연결을 위하여 금속관을 사용하여 보호조치를 한 경우로 지면에서 30cm 이하로 노출하여 시공하는 경우

핵심 147 ◆ 도시가스 배관

(1) 도시가스 배관 설치 기준

항 목	세부 내용
중압 이하 배관 고압배관 매설 시	매설 간격 2m 이상 (철근콘크리트 방호구조물 내 설치 시 1m 이상 배관의 관리주체가 같은 경우 3m 이상)
본관 공급관	기초 밑에 설치하지 말 것
천장 내부 바닥 벽 속에	공급관 설치하지 않음
공동주택 부지 안	0.6m 이상 깊이 유지
폭 8m 이상 도로	1.2m 이상 깊이 유지
폭 4m 이상 8m 미만 도로	1m 이상
배관의 기울기(도로가 평탄한 경우)	$\frac{1}{500}\sim\frac{1}{1000}$
도로경계	1m 이상 유지
다른 시설물	0.3m 이상 유지

(2) 교량에 배관설치 시

매설심도	2.5m 이상 유지
배관손상으로 위급사항 발생 시	가스를 신속하게 차단할 수 있는 차단장치 설치(단, 고압배관으로 매설구간 내 30분 내 안전한 장소로 방출할 수 있는 장치가 있을 때는 제외)
배관의 재료	강재 사용 접합은 용접
배관의 설계 설치	온도변화에 의한 열응력과 수직·수평 하중을 고려하여 설계
지지대 U볼트 등의 고정장치 배관	플라스틱 및 절연물질 삽입

(3) 교량 배관설치 시 지지간격

호칭경(A)	지지간격(m)
100	8
150	10
200	12
300	16
400	19
500	22
600	25

핵심 148 ◆ LPG 충전시설의 사업소 경계와 거리(KGS FP331 2.1.4)

시설별		사업소 경계거리
충전설비		24m
저장설비	저장능력	사업소 경계거리
	10톤 이하	24m
	10톤 초과 20톤 이하	27m
	20톤 초과 30톤 이하	30m
	30톤 초과 40톤 이하	33m
	40톤 초과 200톤 이하	36m
	200톤 초과	39m

핵심 149 ◆ 굴착공사 시 협의서를 작성하는 경우

구 분	세부내용
배관길이	100m 이상인 굴착공사
압력 배관	중압 이상 배관이 100m 이상 노출이 예상되는 굴착공사
긴급굴착공사	① 천재지변 사고로 인한 긴급굴착공사 ② 급수를 위한 길이 100m, 너비 3m 이하 굴착공사 시 현장에서 도시가스사업자와 공동으로 협의, 안전점검원 입회하에 공사 가능

핵심 150 ◇ 도시가스 공급시설 계기실의 구조

세부항목	시공하여야 하는 구조
출입문, 창문	내화성(창문은 망입유리 및 안전유리로 시공)
계기실 구조	내화구조
내장재	불연성(단, 바닥은 불연성 및 난연성)
출입구 장소	2곳 이상
출입문	방화문 시공(그 중 하나는 위험장소로 향하지 않도록 설치) 계기실 출입문은 2중문으로

핵심 151 ◇ 특정가스 사용시설의 종류(도법 시행규칙 제20조)

가스 사용시설	월 사용예정량 2000m^3 이상 시 (1종 보호시설 내는 1000m^3 이상)
월 사용예정량 2000m^3 미만 (1층은 1000m^3 미만) 사용시설	① 내관 및 그 부속시설이 바닥, 벽 등에 매립 또는 매몰 설치 사용시설 ② 다중이용시설로서 시 · 도지사가 안전관리를 위해 필요하다고 인정하는 사용시설
자동차의 가스 사용시설	도시가스를 연료로 사용하는 경우
자동차에 충전하는 가스 사용시설	자동차용 압축천연가스 완속 충전설비를 갖춘 경우
천연가스를 사용하는 가스 사용시설	액화천연가스 저장탱크를 설치한 경우
특정가스 사용시설에서 제외되는 경우	
① 전기사업법의 전기설비 중 도시가스를 사용하여 전기를 발생시키는 발전설비 안의 가스 사용시설 ② 에너지사용합리화법에 따른 검사 대상기기에 해당하는 가스 사용시설	

핵심 152 ◇ 경계책(KGS FP112 2.9.3)

항 목	세부내용
설치높이	1.5m 이상 철책, 철망 등으로 일반인의 출입 통제
경계책을 설치한 것으로 보는 경우	① 철근콘크리트 및 콘크리트 블록재로 지상에 설치된 고압가스 저장실 및 도시가스 정압기실 ② 도로의 지하 또는 도로와 인접설치되어 사람과 차량의 통행에 영향을 주는 장소로서 경계책 설치가 부적당한 고압가스 저장실 및 도시가스 정압기실 ③ 건축물 내에 설치되어 설치공간이 없는 도시가스 정압기실, 고압가스 저장실 ④ 차량통행 등 조업시행이 곤란하여 위해요인 가중 우려 시 ⑤ 상부 덮개에 시건조치를 한 매몰형 정압기 ⑥ 공원지역, 녹지지역에 설치된 정압기실
경계표지	경계책 주위에는 외부 사람의 무단출입을 금하는 내용의 경계표지를 보기쉬운 장소에 부착
발화 인화물질 휴대사항	경계책 안에는 누구도 발화, 인화 우려물질을 휴대하고 들어가지 아니 한다(단, 당해 설비의 수리, 정비 불가피한 사유 발생 시 안전관리책임자 감독하에 휴대가능).

핵심 153 ◇ 고정식 압축도시가스 자동차 충전시설 기술기준(KGS FP651) (2)

항 목		이격거리 및 세부내용
(저장, 처리, 충전, 압축가스) 설비	고압전선 (직류 750V 초과 교류 600V 초과)	수평거리 5m 이상 이격
	저압전선 (직류 750V 이하 교류 600V 이하)	수평거리 1m 이상 이격
	화기취급장소 우회거리, 인화성 가연성 물질 저장소 수평거리	8m 이상
	철도	30m 이상 유지
처리설비 압축가스설비	30m 이내 보호시설이 있는 경우	방호벽 설치(단, 처리설비 주위 방류둑 설치 경우 방호벽을 설치하지 않아도 된다.)
유동방지시설	내화성 벽	높이 2m 이상으로 설치
	화기취급장소 우회거리	8m 이상
사업소 경계	압축, 충전설비 외면	10m 이상 유지(단, 처리 압축가설비 주위 방호벽 설치 시 5m 이상 유지)
도로경계	충전설비	5m 이상 유지
충전설비 주위	충전기 주위 보호구조물	높이 30cm 이상 두께 12cm 이상 철근콘크리트 구조물 설치
방류둑	수용용량	최대저장용량 110% 이상의 용량
긴급분리장치	분리되는 힘	수평방향으로 당길 때 666.4N(68kgf) 미만
수동긴급 분리장치	충전설비 근처 및 충전설비로부터	5m 이상 떨어진 장소에 설치
역류방지밸브	설치장소	압축장치 입구측 배관
내진설계 기준 저장능력	압축	$500m^3$ 이상
	액화	5톤 이상 저장탱크 및 압력용기에 적용
압축가스설비	밸브와 배관부속품 주위	1m 이상 공간확보 (단, 밀폐형 구조물 내에 설치 시는 제외)
펌프 및 압축장치	직렬로 설치 병렬로 설치	차단밸브 설치 토출 배관에 역류방지밸브 설치
강제기화장치	열원차단장치 설치	열원차단장치는 15m 이상 위치에 원격조작이 가능할 것
대기식 및 강제기화장치	저장탱크로부터 15m 이내 설치 시	기화장치에서 3m 이상 떨어진 위치에 액배관에 자동차단밸브 설치

핵심 154 ◇ 가스도매사업 고압가스 특정 제조 배관의 설치기준

구 분								
지하매설				시가지의 도로 노면		시가지 외 도로 노면	철도 부지에 매설	
건축물	타 시설물	산들	산들 이외 그 밖의 지역	배관 외면	방호구조물 내 설치 시	배관의 외면	궤도 중심	철도 부지 경계
1.5m 이상	0.3m 이상	1m 이상	1.2m 이상	1.5m 이상	1.2m 이상	1.2m 이상	4m 이상	1m 이상

※ 고압가스 안전관리법(특정 제조시설) 규정에 의한 배관을 지하매설 시 독성 가스 배관으로 수도시설에 혼입 우려가 있을 때는 300m 이상 간격

핵심 155 ◆ 예비정압기를 설치하여야 하는 경우

① 캐비닛형 구조의 정압기실에 설치된 경우
② 바이패스관이 설치되어 있는 경우
③ 공동 사용자에게 가스를 공급하는 경우

핵심 156 ◆ 도시가스 배관의 보호판 및 보호포 설치기준(KGS FS451, FS551)

(1) 보호판(KGS FS451)

규 격			설치기준
두 께	중압 이하 배관	4mm 이상	① 배관 정상부에서 30cm 이상(보호판에서 보호포까지 30cm 이상) ② 직경 30mm 이상 50mm 이하 구멍을 3m 간격으로 뚫어 누출가스가 지면으로 확산되도록 한다.
	고압 배관	6mm 이상	
곡률반경	5~10mm		
길 이	1500mm 이상		
보호관으로 보호 곤란 시, 보호관으로 보호 조치 후, 보호관에 하는 표시문구			도시가스 배관 보호관, 최고사용압력 (○○)MPa(kPa)
보호판 설치가 필요한 경우			① 중압 이상 배관 설치 시 ② 배관의 매설심도를 확보할 수 없는 경우 ③ 타시설물과 이격거리를 유지하지 못했을 때

(2) 보호포(KGS FS551)

항 목		핵심 정리내용
종 류		일반형, 탐지형
재질, 두께		폴리에틸렌수지, 폴리프로필렌수지, 0.2mm 이상
폭		① 도시가스 제조소, 공급소 밖 및 도시가스 사용시설 : 15cm 이상 ② 제조소, 공급소 : 15~35cm
색 상	저압관	황색
	중압 이상	적색
표시사항		가스명, 사용압력, 공급자명 등을 표시 도시가스(주) 도시가스.중.압, ○○ 도시가스(주), 도시가스 20cm 간격 액화석유가스 0.1MPa 미만 액화석유가스 0.1MPa 미만 20cm
설치위치	중압	보호판 상부 30cm 이상
	저압	① 매설깊이 1m 이상 : 배관 정상부 60cm 이상 ② 매설깊이 1m 미만 : 배관 정상부 40cm 이상
	공통주택 부지 안	배관 정상부에서 40cm 이상
	설치기준, 폭	호칭경에 10cm 더한 폭 2열 설치 시 보호포 간격은 보호폭 이내

핵심 157 ◇ 적용 고압가스 · 적용되지 않는 고압가스의 종류와 범위

구 분		간추린 핵심내용
적용되는 고압가스 종류 범위	압축가스	① 상용온도에서 압력 1MPa(g) 이상되는 것으로 실제로 1MPa(g) 이상되는 것으로서 실제로 그 압력이 1MPa(g) 이상되는 것 ② 35℃에서 1MPa(g) 이상되는 것(C_2H_2 제외)
	액화가스	① 상용온도에서 압력 0.2MPa(g) 이상되는 것으로 실제로 0.2MPa 이상되는 것 ② 압력이 0.2MPa가 되는 경우 온도가 35℃ 이하인 것
	아세틸렌	15℃에서 0Pa를 초과하는 것
	액화(HCN, CH_3Br, C_2H_4O)	35℃에서 0Pa를 초과하는 것
적용 범위에서 제외되는 고압가스	에너지 이용 합리화법 적용	보일러 안과 그 도관 안의 고압증기
	철도차량	에어컨디셔너 안의 고압가스
	선박안전법	선박 안의 고압가스
	광산법, 항공법	광업을 위한 설비 안의 고압가스, 항공기 안의 고압가스
	기 타	① 전기사업법에 의한 전기설비 안 고압가스 ② 수소, 아세틸렌 염화비닐을 제외한 오토클레이브 내 고압가스 ③ 원자력법에 의한 원자로 · 부속설비 내 고압가스 ④ 등화용 아세틸렌 ⑤ 액화브롬화메탄 제조설비 외에 있는 액화브롬화메틸 ⑥ 청량음료수 과실주 발포성 주류 고압가스 ⑦ 냉동능력 35 미만의 고압가스 ⑧ 내용적 1L 이하 소화용기의 고압가스

핵심 158 ◇ 배관의 두께 계산식

구 분	공 식	기 호
외경, 내경의 비가 1.2 미만	$t=\dfrac{PD}{2\cdot\dfrac{f}{s}-p}+C$	t : 배관두께(mm) P : 상용압력(MPa) D : 내경에서 부식여유에 상당하는 부분을 뺀 부분(mm) f : 재료인장강도(N/mm^2) 규격 최소치이거나 항복점 규격 최소치의 1.6배 C : 부식 여유치(mm) s : 안전율
외경, 내경의 비가 1.2 이상	$t=\dfrac{D}{2}\left[\sqrt{\dfrac{\dfrac{f}{s}+p}{\dfrac{f}{s}-p}}-1\right]+C$	

핵심 159 ◇ 도시가스 시설의 T_P · A_P

구 분		내 용
T_P	시험압력(물)	최고사용압력×1.5
	시험압력(공기, 질소)	최고사용압력×1.25
A_P		최고사용압력의 1.1배 또는 8.4kPa 중 높은 압력

핵심 160 ◆ 배관을 지상설치 시 상용압력에 따라 유지하여야 하는 공지의 폭

상용압력	공지의 폭
0.2MPa 미만	5m 이상
0.2 이상 1MPa 미만	9m 이상
1MPa 이상	15m 이상

핵심 161 ◆ 충전용기 · 차량고정탱크 운행 중 재해방지 조치사항(KGS GC206)

구 분 \ 항 목	재해방지를 위한 차량비치 내용	
	가스의 명칭 및 물성	운반 중 주의사항
용기 및 차량고정탱크 공통부분	① 가스의 명칭 ② 가스의 특성(온도 압력과의 관계, 비중, 색깔, 냄새) ③ 화재 폭발의 유무 ④ 인체에 의한 독성유무	① 점검부분과 방법 ② 휴대품의 종류와 수량 ③ 경계표지 부착 ④ 온도상승 방지조치 ⑤ 주차 시 주의 ⑥ 안전운전 요령
차량고정탱크	운행종료 시 조치사항 ① 밸브 등의 이완이 없도록 한다. ② 경계표지와 휴대품의 손상이 없도록 한다. ③ 부속품 등의 볼트 연결상태가 양호하도록 한다. ④ 높이검지봉과 부속배관 등이 적절하게 부착되어 있도록 한다. ⑤ 가스누출 등 이상유무를 점검하고 이상 시 보수를 하거나 위험방지조치를 한다.	
기타사항	① 차량고장으로 정차 시 적색 표지판 설치 ② 현저하게 우회하는 도로(이동거리가 2배 이상되는 경우) ③ 번화가 : 도로 중심부 번화한 상점(차량너비 +3.5m 더한 너비 이하) ④ 운반 중 누출 우려 시(즉시 운행중지 경찰서, 소방서 신고) ⑤ 운반 중 도난 분실 시(즉시 경찰서 신고)	

핵심 162 ◆ 특정설비 중 재검사대상 제외항목(고법 시행규칙 별표 22)

① 평저형 및 이중각 진공 단열형 저온저장탱크
② 역화방지장치
③ 독성가스 배관용 밸브
④ 자동차용 가스자동주입기
⑤ 냉동용 특정설비
⑥ 대기식 기화장치
⑦ 저장탱크에 부착되지 않은 안전밸브 및 긴급차단밸브
⑧ 초저온 저장탱크, 초저온 압력용기
⑨ 분리 불가능한 이중관식 열교환기
⑩ 특정고압가스용 실린더 캐비닛
⑪ 자동차용 압축 천연가스 완속충전설비
⑫ 액화석유가스용 용기잔류가스 회수장치

핵심 163 ◆ 재료에 따른 초음파 탐상검사대상

재 료	두께(mm)
탄소강	50mm 이상
저합금강	38mm 이상
최소인장강도 568.4N/mm^2 이상인 강	19mm 이상
0℃ 미만 저온에서 사용하는 강	19mm 이상(알루미늄으로 탈산처리한 것 제외)
2.5% 또는 3.5% 니켈강	13mm 이상
9% 니켈강	6mm 이상

핵심 164 ◆ 퀵카플러

구 분	세부내용
사용형태	호스접속형, 호스엔드접속형
기밀시험압력(kPa)	4.2
탈착조작	분당 10~20회의 속도로 6000회 실시 후 작동시험에서 이상이 없어야 한다.

핵심 165 ◆ 초저온용기의 단열성능시험

시험용 가스		
종 류	비 점	
액화질소	−196℃	
액화산소	−183℃	
액화아르곤	−186℃	
침투열량에 따른 합격기준		
내용적(L)	열량(kcal/hr · ℃ · L)	(J/hr℃L)
1000L 이상	0.002	8.37
1000L 미만	0.0005	2.09
침입열량 계산식		

$$Q = \frac{W \cdot q}{H \cdot \Delta t \cdot V}$$

여기서, Q : 침입열량(kcal/hr · ℃ · L), W : 기화 가스량(kg)
q : 시험가스의 기화잠열(kcal/kg), H : 측정시간(hr)
Δt : 가스비점과 대기온도차(℃), V : 내용적(L)

핵심 166 ◆ 독성가스 운반 시 보호장비(KGS GC206 2.1.1.3)

<table>
<tr><th rowspan="3">품 명</th><th rowspan="3">규 격</th><th colspan="2">운반하는 독성 가스의 양</th><th rowspan="3">비 고</th></tr>
<tr><th colspan="2">압축가스 용적 100m³ 또는 액화가스 질량 1000kg</th></tr>
<tr><th>미만인 경우</th><th>이상인 경우</th></tr>
<tr><td>방독마스크</td><td>독성가스의 종류에 적합한 격리식 방독마스크(전면형, 고농도용의 것)</td><td>○</td><td>○</td><td>공기호흡기를 휴대한 경우는 제외</td></tr>
<tr><td>공기호흡기</td><td>압축공기의 호흡기(전면형의 것)</td><td>–</td><td>○</td><td>빨리 착용할 수 있도록 준비된 경우는 제외</td></tr>
<tr><td>보호의</td><td>비닐피복제 또는 고무피복제의 상의 등 신속히 작용할 수 있는 것</td><td>○</td><td>○</td><td>압축가스의 독성가스인 경우는 제외</td></tr>
<tr><td>보호장갑</td><td>고무제 또는 비닐피복제의 것(저온가스의 경우는 가죽제의 것)</td><td>○</td><td>○</td><td>압축가스의 독성가스인 경우는 제외</td></tr>
<tr><td>보호장화</td><td>고무제의 장화</td><td>○</td><td>○</td><td>압축가스의 독성가스인 경우는 제외</td></tr>
</table>

핵심 167 ◆ 도시가스용 압력조정기, 정압기용 압력조정기

<table>
<tr><th colspan="2">구 분 / 항 목</th><th>내 용</th></tr>
<tr><td colspan="2">도시가스용 압력조정기</td><td>도시가스 정압기 이외에 설치되는 압력조정기로서 입구측 호칭지름이 50A 이하 최대표시유량 300Nm³/hr 이하인 것</td></tr>
<tr><td rowspan="2">정압기용 압력조정기</td><td>정 의</td><td>도시가스 정압기에 설치되는 압력조정기</td></tr>
<tr><td>종 류</td><td>• 중압 : 출구압력 0.1~1.0MPa 미만
• 준저압 : 출구압력 4~100kPa 미만
• 저압 : 1~4kPa 미만</td></tr>
</table>

핵심 168 ◆ 가스보일러, 온수기, 난방기에 설치되는 안전장치의 종류

<table>
<tr><th>설비별</th><th>반드시 설치 안전장치</th><th>그 밖의 안전장치</th></tr>
<tr><td>가스보일러</td><td>① 점화장치 ② 가스 거버너
③ 동결방지장치 ④ 물빼기장치
⑤ 난방수여과장치 ⑥ 과열방지안전장치</td><td>① 정전안전장치 ② 소화안전장치
③ 역풍방지장치 ④ 공기조절장치
⑤ 공기감시장치</td></tr>
<tr><td>가스온수기
용기내장형
가스난방기</td><td>① 정전안전장치 ② 역풍방지장치
③ 소화안전장치</td><td>① 거버너 ② 불완전연소방지장치
③ 전도안전장치 ④ 배기폐쇄안전장치
⑤ 과열방지장치 ⑥ 과대풍압안전장치
⑦ 저온차단장치</td></tr>
</table>

핵심 169 ◆ 염화비닐호스 규격 및 검사방법

<table>
<tr><th>구 분</th><th colspan="3">세부내용</th></tr>
<tr><td>호스의 구조 및 치수</td><td colspan="3">호스는 안층, 보강층, 바깥층의 구조 안지름과 두께가 균일한 것으로 굽힘성이 좋고 흠, 기포, 균열 등 결점이 없을 것(안층 재료 염화비닐)</td></tr>
<tr><td rowspan="4">호스의 안지름 치수</td><td>종 류</td><td>안지름(mm)</td><td>허용차(mm)</td></tr>
<tr><td>1종</td><td>6.3</td><td rowspan="3">±0.7</td></tr>
<tr><td>2종</td><td>9.5</td></tr>
<tr><td>3종</td><td>12.7</td></tr>
<tr><td>내압성능</td><td colspan="3">1m 호스를 3MPa에서 5분간 실시하는 내압시험에서 누출이 없으며, 파열, 국부적인 팽창이 없을 것</td></tr>
<tr><td>파열성능</td><td colspan="3">1m 호스를 4MPa 이상의 압력에서 파열되는 것으로 한다.</td></tr>
<tr><td>기밀성능</td><td colspan="3">1m 호스를 2MPa 압력에서 실시하는 기밀시험에서 3분간 누출이 없고 국부적인 팽창이 없을 것</td></tr>
<tr><td>내인장성능</td><td colspan="3">호스의 안층 인장강도는 73.6N/5mm 폭 이상</td></tr>
</table>

핵심 170 ◆ 지반의 종류에 따른 허용지지력도(KGS FP112 2.2.1.5) 및 지반의 분류

(1)

지반의 종류	허용지지력도(MPa)	지반의 종류	허용지지력도(MPa)
암반	1	조밀한 모래질 지반	0.2
단단히 응결된 모래층	0.5	단단한 점토질 지반	0.1
황토흙	0.3	점토질 지반	0.02
조밀한 자갈층	0.3	단단한 롬(loam)층	0.1
모래질 지반	0.05	롬(loam)층	0.05

(2) 지반의 분류

지반은 기반암의 깊이(H)와 기반암 상부 토층의 평균 전단파속도($V_{S,\ Soil}$)에 근거하여 표와 같이 S_1, S_2, S_3, S_4, S_5, S_6의 6종류로 분류한다.

<table>
<tr><th rowspan="2">지반분류</th><th rowspan="2">지반분류의 호칭</th><th colspan="2">분류기준</th></tr>
<tr><th>기반암 깊이, H(m)</th><th>토층 평균 전단파속도 $V_{S,\ Soil}$(m/s)</th></tr>
<tr><td>S_1</td><td>암반 지반</td><td>1 미만</td><td>-</td></tr>
<tr><td>S_2</td><td>얕고 단단한 지반</td><td rowspan="2">1~20 이하</td><td>260 이상</td></tr>
<tr><td>S_3</td><td>얕고 연약한 지반</td><td>260 미만</td></tr>
<tr><td>S_4</td><td>깊고 단단한 지반</td><td rowspan="2">20 초과</td><td>180 이상</td></tr>
<tr><td>S_5</td><td>깊고 연약한 지반</td><td>180 미만</td></tr>
<tr><td>S_6</td><td colspan="3">부지 고유의 특성 평가 및 지반응답해석이 요구되는 지반</td></tr>
</table>

[비고] 1. 기반암 : 전단파속도 760m/s 이상을 나타내는 지층

2. 기반암 깊이와 무관하게 토층 평균 전단파속도가 120m/s 이하인 지반은 S_5 지반으로 분류

핵심 171 ◆ 사고의 통보 방법(고압가스안전관리법 시행규칙 별표 34) (법 제54조 ①항 관련)

사고 종류별 통보 방법 및 기한(통보 내용에 포함사항)

사고 종류	통보 방법	통보 기한	
		속보	상보
① 사람이 사망한 사고	속보와 상보	즉시	사고발생 후 20일 이내
② 부상 및 중독사고	속보와 상보	즉시	사고발생 후 10일 이내
③ ①, ②를 제외한 누출 및 폭발과 화재사고	속보	즉시	
④ 시설이 파손되거나 누출로 인한 인명 대피 공급 중단 사고(①, ②는 제외)	속보	즉시	
저장탱크에서 가스누출 사고 (①, ②, ③, ④는 제외)	속보	즉시	
사고의 통보 내용에 포함되어야 하는 사항	① 통보자의 소속, 직위, 성명, 연락처 ② 사고 발생 일시 ③ 사고 발생 장소 ④ 사고 내용(가스의 종류, 양, 확산거리 포함) ⑤ 시설 현황(시설의 종류, 위치 포함) ⑥ 피해 현황(인명, 재산)		

핵심 172 ◆ 저장탱크 종류에 따른 방류둑 용량 및 칸막이로 분리된 방류둑 용량

저장탱크의 종류	용량
(1) 액화산소의 저장탱크	저장능력 상당용적의 60%
(2) 2기 이상의 저장탱크를 집합 방류둑 안에 설치한 저장탱크(저장탱크마다 칸막이를 설치한 경우에 한정한다. 다만, 가연성 가스가 아닌 독성가스로서 같은 밀폐 건축물 안에 설치된 저장탱크에 있어서는 그렇지 않다.)	저장탱크 중 최대저장탱크의 저장능력 상당용량[단, (1)에 해당하는 저장탱크일 때에는 (1)에 표시한 용적을 기준한다. 이하 같다.]에 관여 저장탱크 중 저장능력 상당용적의 10% 용적을 가산할 것

[비고] 1. (2)에 따라 칸막이를 설치하는 경우, 칸막이로 구분된 방류둑의 용량은 다음 식에 따라 계산한 것으로 한다.

$$V = A \times \frac{B}{C}$$

여기에서

V : 칸막이로 분리된 방류둑의 용량(m^3)

A : 집합방류둑의 총 용량(m^3)

B : 각 저장탱크별 저장탱크 상당용적(m^3)

C : 집합방류둑 안에 설치된 저장탱크의 저장능력 상당능력 총합(m^3)

2. 칸막이의 높이는 방류둑보다 최소 10cm 이상 낮게 한다.

Part 4 계측기기

핵심 1 ◇ 흡수분석법

종 류	분석순서					
오르자트법	CO_2			O_2		CO
헴펠법	CO_2		C_mH_n		O_2	CO
게겔법	CO_2	C_2H_2	C_3H_6, $n-C_4H_{10}$	C_2H_4	O_2	CO

분석가스에 대한 흡수액			
CO_2	C_mH_n	O_2	CO
33% KOH	발연황산	알칼리성 피로카롤 용액	암모니아성 염화제1동 용액
C_2H_2		C_3H_6, $n-C_4H_{10}$	C_2H_4
옥소수은칼륨 용액		87% H_2SO_4	취수소

핵심 2 ◇ 계통오차(측정자의 쏠림에 의하여 발생하는 오차)

종 류	환경오차	계기오차	개인(판단) 오차	이론(방법) 오차
정 의	측정환경의 변화(온도 압력)에 의하여 생김	측정기의 불안전 설치의 영향 등으로 생김	개인 판단에 의하여 생김	공식 계산의 오류로 생김
계통오차의 제거방법	① 제작 시에 생긴 기차를 보정한다. ② 외부의 진동충격을 제거한다. ③ 외부조건을 표준조건으로 유지한다.			
특 징	① 편위로서 정확도를 표시 ② 측정 조건변화에 따라 규칙적으로 발생 ③ 원인을 알 수도 있고, 제거가 가능 ④ 참값에 대하여 정(+), 부(−) 한쪽으로 치우침			

핵심 3 ◆ 가스분석계의 분류

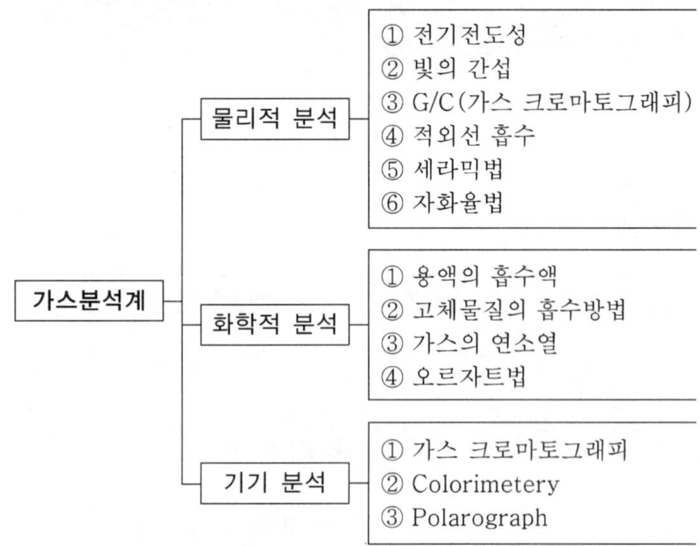

※ G/C는 물리적 분석방법인 동시에 기기분석법에 해당

핵심 4 ◆ 동작신호와 전송방법

(1) 동작신호

구분 \ 항목		정 의	특 징	수 식
연속동작	비례(P) 동작	입력의 편차에 대하여 조작량의 출력변화가 비례관계에 있는 동작	① 동작신호에 의하여 조작량을 정해야 잔류편차가 남는다. ② 부하변화가 크지 않은 곳에 사용하며, 사이클링(cycling)은 없다. ③ 정상오차를 수반한다.	$y = K_p x_1$ y : 조작량 K_p : 비례정수 x_1 : 동작신호
연속동작	적분(I) 동작	제어량의 편차 발생 시 적분차를 가감, 조작단의 이동속도에 비례하는 동작	① P동작과 조합하여 사용하며, 안정성이 떨어진다. ② 잔류편차를 제거한다. ③ 진동하는 경향이 있다.	$y = \frac{1}{T_1}\int x_1 dt$ y : 조작량 T_1 : 적분시간
연속동작	미분(D) 동작	제어편차를 검출 시 편차가 변화하는 속도의 미분값에 비례하여 조작량을 가감하는 동작	① 조작량이 동작신호의 미분값에 비례한다. ② 진동이 제어되고, 안정속도가 빠르다. ③ 오차가 커지는 것을 미리 방지할 수 있다.	$y = K_d \frac{dx}{dt}$ y : 조작량 K_d : 미분동작계수

구분 \ 항목		정의	특징	수식
연속동작	비례적분(PI)동작	잔류편차(오프셋)를 소멸시키기 위하여 적분동작을 부가시킨 제어동작	① 잔류편차를 제거한다. ② 제어결과가 진동적으로 될 수 있다. ③ 오차가 커지는 것을 미리 방지할 수 있다.	$y = K_P\left(x_i + \frac{1}{T_1}\int x_i\,dt\right)$ y : 조작량 T_1 : 적분시간 $\frac{1}{T_1}$: 리셋률
	비례미분(PD)동작	제어결과에 속응성이 있게끔 미분동작을 부가한 것	응답의 속응성을 개선한다.	$y = K_P\left(x_i + T_D\frac{dx}{dt}\right)$ y : 조작량 T_D : 미분시간
	비례미분적분(PID)동작	제어결과의 단점을 보완하기 위하여 비례미분적분동작을 조합시킨 동작으로서 온도, 농도 제어에 사용	① 잔류편차를 제거한다. ② 응답의 오버슈터가 감소한다. ③ 응답의 속응성을 개선한다.	$y = K_P\left(x_i + \frac{1}{T_1}\int x_i\,dt + T_D\frac{dx_i}{dt}\right)$
불연속동작	on-off (2위치 동작)	조작량이 정해진 두 값 중 하나를 취함	제어량이 목표치를 중심으로 그 상하의 한계점에서 on-off 동작을 지령 제어결과가 사이클링 또는 off set을 일으킴	

(2) 전송방법

종류	개요	장점	단점
전기식	DC 전류를 신호로 사용하며, 전송거리가 길어도 전송에 지연이 없다.	① 전송거리가 길다(300~1000m). ② 조작력이 용이하다. ③ 복잡한 신호에 용이, 대규모 장치 이용이 가능하다. ④ 신호전달에 지연이 없다.	① 수리 · 보수가 어렵다. ② 조작속도가 빠른 경우 비례 조작부를 만들기가 곤란하다.
유압식	전송거리 300m 정도로 오일을 사용하며, 전송지연이 적고, 조작력이 크다.	① 조작력이 강하고, 조작속도가 크다. ② 전송지연이 적다. ③ 응답속도가 빠르고, 희망특성을 만들기 쉽다.	① 오일로 인한 인화의 우려가 있다. ② 오일 누유로 인한 환경문제를 고려하여야 한다.
공기압식	전송거리가 가장 짧고(100~150m), 석유화학단지 등 위험성이 있는 곳에 주로 사용되는 방법이다.	① 위험성이 없다. ② 수리보수가 용이하다. ③ 배관시공이 용이하다.	① 조작이 지연된다. ② 신호전달이 지연된다. ③ 희망특성을 살리기 어렵다.

핵심 5 ◇ 가스미터의 고장

구 분		정 의	고장의 원인
막식 가스 미터	부동	가스가 가스미터는 통과하나 눈금이 움직이지 않는 고장	① 계량막 파손 ② 밸브 탈락 ③ 밸브와 밸브시트 사이 누설 ④ 지시장치 기어 불량
	불통	가스가 가스미터를 통과하지 않는 고장	① 크랭크축 녹슴 ② 밸브와 밸브시트가 타르, 수분 등에 의한 점착, 고착 ③ 날개조절장치 납땜의 떨어짐 등 회전장치 부분 고장
	기차 불량	기차가 변하여 계량법에 규정된 사용공차를 넘는 경우의 고장	① 계량막 신축으로 계량실의 부피변동으로 막에서 누설 ② 밸브와 밸브시트 사이에 패킹 누설
	누설	가스계량기 연결부위 가스 누설	날개축 평축이 각 격벽을 관통하는 시일부분의 기밀 파손
	감도 불량	감도유량을 보냈을 때 지침의 시도에 변화가 나타나지 않는 고장	계량막과 밸브와 밸브시트 사이에 패킹 누설
	이물질에 의한 불량	크랭크축 이물질 침투로 인한 고장	① 크랭크축 이물질 침투 ② 밸브와 밸브시트 사이 유분 등 점성 물질 침투
루터 미터	부동	회전자의 회전미터 지침이 작동하지 않는 고장	① 마그넷 커플링 장치의 슬립 ② 감속 또는 지시 장치의 기어물림 불량
	불통	회전자의 회전정지로 가스가 통과하지 못하는 고장	① 회전자 베어링 마모에 의한 회전자 접촉 ② 설치공사 불량에 의한 먼지, 시일제 등의 이물질 끼어듬
	기차 불량	기차부품의 마모 등에 의하여 계량법에 규정된 사용공차를 넘어서는 고장	① 회전자 베어링의 마모 등에 의한 간격 증대 ② 회전부분의 마찰저항 증가 등에 의한 진동 발생

핵심 6 ◇ 실측식 · 추량식 계량기의 분류

실측식			추량식(추측식)
건 식		습 식	① 오리피스식 ② 벤투리식 ③ 터빈식 ④ 와류식 ⑤ 선근차식
막식	회전자식	–	
① 독립내기식 ② 그로바식	① 루트식 ② 로터리 피스톤식 ③ 오벌식		

핵심 7 ◆ 가스계량기의 검정 유효기간(계량법 시행령 별표 13)

계량기의 종류	검정 유효기간
기준 가스계량기	2년
LPG 가스계량기	3년
최대유량 $10m^3/h$ 이하 가스계량기	5년
기타 가스계량기	8년

핵심 8 ◆ 막식, 습식, 루트식 가스미터의 장·단점

종류 \ 항목	장 점	단 점	일반적 용도	용량범위 (m^3/h)
막식 가스미터	① 미터 가격이 저렴하다. ② 설치 후 유지관리에 시간을 요하지 않는다.	대용량의 경우 설치면적이 크다.	일반수용가	1.5~200
습식 가스미터	① 계량값이 정확하다. ② 사용 중에 기차변동이 없다. ③ 드럼 타입으로 계량된다.	① 설치면적이 크다. ② 사용 중 수위조정이 필요하다.	① 기준 가스미터용 ② 실험실용	0.2~3000
루트식 가스미터	① 설치면적이 작다. ② 중압의 계량이 가능하다. ③ 대유량의 가스측정에 적합하다.	① 스트레이너 설치 및 설치 후의 유지관리가 필요하다. ② $0.5m^3/h$ 이하의 소유량에서는 부동의 우려가 있다.	대수용가	100~5000

핵심 9 ◆ 열전대 온도계

(1) 열전대 온도계의 측정온도 범위와 특성

종 류	온도 범위	특 성
PR(R형)(백금-백금·로듐) P(-), R(+)	0~1600℃	산에 강하고, 환원성이 약하다(산강환약).
CA(K형)(크로멜-알루멜) C(+), A(-)	-20~1200℃	환원성에 강하고, 산화성에 약하다(환강산약).
IC(J형)(철-콘스탄탄) I(+), C(-)	-20~800℃	환원성에 강하고, 산화성에 약하다(환강산약).
CC(T형)(동-콘스탄탄) C(+), C(-)	-200~400℃	약산성에 사용하며, 수분에 취약하다.

성 분	
• P : Pt(백금)	• R : Rh(백금로듐)
• C : Ni+Cr(크로멜)	• A : Ni+Al, Mn, Si(알루멜)
• I : (철)	• C : (콘스탄탄) (Cu+Ni)
• C : (동)	• C : (콘스탄탄)

(2) 열전대의 열기전력 법칙

종 류	정 의
균일회로의 법칙	단일한 균일재료로 되어 있는 금속선은 형상, 온도분포에 상관 없이 열기전력이 발생하지 않는다는 법칙
중간금속의 법칙	열전대가 회로의 임의의 위치에 다른 금속선을 봉입해도 이 봉입 금속선의 양단 온도가 같은 경우 이 열전대의 기전력은 변화하지 않는다는 법칙
중간온도의 법칙	두 가지 열전대를 직렬로 접속할 때 얻을 수 있는 열기전력은 두 가지 열전대에 발생하는 열기전력의 합을 나타내며, 이 두 가지의 열전대는 같은 종류이든 다른 종류이든 관계가 없다는 법칙
측정 원리 및 효과와 구성요소	
측정 원리	열기전력(측온접점－기준접점)
효 과	제베크 효과
구성요소	열접점, 냉접점, 보상도선, 열전선, 보호관 등

핵심 10 ◆ G/C(가스 크로마토그래피)의 측정원리와 특성

항 목 \ 구 분	핵심내용
측정원리	① 흡착제를 충전한 관 속에 혼합시료를 넣어 용제를 유동 ② 흡수력, 이동속도 차이에 성분분석이 일어남. 기기분석법에 해당
3대 요소	분리관, 검출기, 기록계
캐리어가스 (운반가스)	He, H_2, Ar, N_2(이 중 가장 많이 사용하는 가스 : He, H_2)
구비조건	① 운반가스는 불활성 고순도이며, 구입이 용이하여야 한다. ② 기체의 확산을 최소화하여야 한다. ③ 사용 검출기에 적합하여야 한다. ④ 시료가스에 대하여 불활성이어야 한다.

핵심 11 ◆ 계측의 측정방법

종 류	특 징	관련 기기
편위법	측정량과 관계 있는 다른 양으로 변환시켜 측정하는 방법. 정도는 낮지만 측정이 간단하다.	전류계, 스프링저울, 부르동관 압력계
영위법	측정하고자 하는 상태량과 비교하여 측정하는 방법	블록게이지, 천칭의 질량측정법
치환법	지시량과 미리 알고 있는 다른 양으로 측정량을 나타내는 방법	화학 천칭
보상법	측정량과 크기가 거의 같은 미리 알고 있는 양을 준비하여 그 미리 알고 있는 양의 차이로 측정량을 알아내는 방법	－

핵심 12 ◆ 자동제어계의 분류

(1) 목표값(제어목적)에 의한 분류

구 분		개 요
정치제어		목표값이 시간에 관계 없이 항상 일정한 제어(프로세스, 자동조정)
추치제어		목표값의 위치, 크기가 시간에 따라 변화하는 제어
	추종	제어량의 분류 중 서보기구에 해당하는 값을 제어하며, 미지의 임의시간적 변화를 하는 목표값에 제어량을 추종시키는 제어
	프로그램	미리 정해진 시간적 변화에 따라 정해진 순서대로 제어(무인자판기, 무인열차 등)
	비율	목표값이 다른 것과 일정비율 관계를 가지고 변화하는 추종제어

(2) 제어량에 의한 분류

구 분	개 요
서보기구	제어량의 기계적인 추치제어로서 물체의 위치, 방위 등이 목표값의 임의의 변화에 추종하도록 한 제어
프로세스(공칭)	제어량이 피드백 제어계로서 정치제어에 해당하며, 온도, 유량, 압력, 액위, 농도 등의 플랜트 또는 화학공장의 원료를 사용하여 제품생산을 제어하는 데 이용
자동조정	정치제어에 해당. 주로 전압, 주파수, 속도 등의 전기적, 기계적 양을 제어하는 데 이용

(3) 기타 자동제어

구 분		간추린 핵심내용
캐스케이드 제어		2개의 제어계를 조합하여 수행하는 제어로서 1차 제어장치는 제어량을 측정하고 제어명령을 하며, 2차 제어장치가 미명령으로 제어량을 조절하는 제어
개회로 (open loop control system) 제어	정 의	귀환요소가 없는 제어로서 가장 간편하며, 출력과 관계 없이 신호의 통로가 열려 있다.
	장 점	① 제어시스템이 간단하다. ② 설치비가 저렴하다.
	단 점	① 제어오차가 크다. ② 오차교정이 어렵다.
폐회로 (closed loop control system) 제어 (피드백제어)	정 의	출력의 일부를 입력방향으로 피드백시켜 목표값과 비교되도록 폐루프를 형성하는 제어계
	장 점	① 생산량 증대, 생산수명이 연장된다. ② 동력과 인건비가 절감된다. ③ 생산품질이 향상되고, 감대폭, 정확성이 증가된다.
	단 점	① 한 라인 공장으로 전 설비에 영향이 생긴다. ② 고도의 숙련과 기술이 필요하다. ③ 설비비가 고가이다.
	특 징	① 입력 · 출력 장치가 필요하다. ② 신호의 전달경로는 폐회로이다. ③ 제어량과 목표값이 일치하게 하는 수정동작이 있다.

핵심 13 ◆ G/C 검출기의 종류 및 특징

종 류	원 리	특 징
불꽃이온화 검출기 (FID)	시료가 이온화될 때 불꽃 중의 각 전극 사이에 전기전도도가 증대하는 원리를 이용하여 검출	① 유기화합물 분석에 적합하다. ② 탄화수소에 감응이 최고이다. ③ H_2, O_2, CO_2, SO_2에 감응이 없다. ④ 캐리어가스로는 N_2, He이 사용된다. ⑤ 검지감도가 매우 높고, 정량범위가 넓다.
열전도도형 검출기 (TCD)	기체가 열을 전도하는 성질을 이용, 캐리어가스와 시료성분가스의 열전도도의 차이를 측정하여 검출, 검출기 중 가장 많이 사용	① 구조가 간단하다. ② 가장 많이 사용된다. ③ 캐리어가스로는 H_2, He이 사용된다. ④ 캐리어가스 이외 모든 성분 검출이 가능하다.
전자포획 이온화 검출기 (ECD)	방사성 동위원소의 자연붕괴과정에서 발생되는 시료량을 검출하여 자유전자 포착 성질을 이용, 전자친화력이 있는 화합물에만 감응하는 원리를 적용	① 할로겐(F, Cl, Br) 산소화합물에 감응이 최고, 탄화수소에는 감응이 떨어진다. ② 캐리어가스로는 N_2, He이 사용된다. ③ 유기할로겐, 유기금속 니트로화합물을 선택적으로 검출할 수 있다.
염광광도 검출기 (FPD)	S(황), P(인)의 탄소화합물이 연소 시 일으키는 화학적 발광성분으로 시료량을 검출	① 인(P), 황(S) 화합물을 선택적으로 검출할 수 있다. ② 기체흐름 속도에 민감하게 반응한다.
알칼리성 열이온화 검출기 (FTD)	수소염이온화검출기(FID)에 알칼리 금속염을 부착하여 시료량을 검출	유기질소, 유기인 화합물을 선택적으로 검출할 수 있다.
열이온화 검출기 (TID)	특정한 알칼리 금속이온이 수소가 많은 불꽃이 존재할 때 질소, 인 화합물의 이온화율이 타 화합물보다 증가하는 원리로 시료량을 검출	질소, 인 화합물을 선택적으로 검출할 수 있다.

핵심 14 ◆ 자동제어계의 기본 블록선도 (구성요소 : 전달요소 치환, 인출점 치환, 병렬결합, 피드백 결합)

(1) 기본 순서

검출 → 조절 → 조작(조절 : 비교 → 판단)

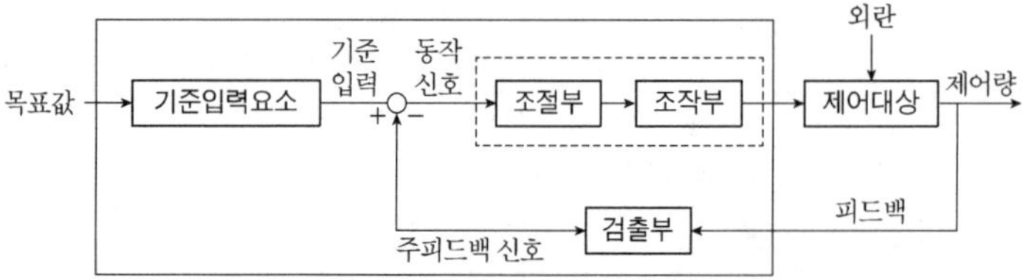

• **블록선도** : 제어신호의 전달경로를 표시하는 것으로 각 요소간 출입하는 신호연락 등을 사각으로 둘러싸 표시한 것

※ 블록선도의 등가변환 요소

1. 전달요소 치환
2. 인출점 치환
3. 병렬 결합
4. 피드백 결합

(2) 용어 해설

① 목표값 : 제어계의 설정되는 값으로서 제어계에 가해지는 입력을 의미한다.

② 기준입력요소 : 목표값에 비례하는 신호인 기준입력신호를 발생시키는 장치로서 제어계의 설정부를 의미한다.

③ 동작신호 : 목표값과 제어량 사이에서 나타나는 편차값으로서 제어요소의 입력신호이다.

④ 제어요소 : 조절부와 조작부로 구성되어 있으며, 동작신호를 조작량으로 변환하는 장치이다.

⑤ 조작량 : 제어장치 또는 제어요소의 출력이면서 제어대상의 입력인 신호이다.

⑥ 제어대상 : 제어기구로 제어장치를 제외한 나머지 부분을 의미한다.

⑦ 제어량 : 제어계의 출력으로서 제어대상에서 만들어지는 값이다.

⑧ 검출부 : 제어량을 검출하는 부분으로서 입력과 출력을 비교할 수 있는 비교부에 출력신호를 공급하는 장치이다.

⑨ 외란 : 제어대상에 가해지는 정상적인 입력 이외의 좋지 않은 외부입력으로서 편차를 유도하여 제어량의 값을 목표값에서부터 멀어지게 하는 능력이다.

⑩ 제어장치 : 기준입력요소, 제어요소, 검출부, 비교부 등과 같은 제어동작이 이루어지는 제어계 구성부분을 의미하며, 제어대상은 제외된다.

핵심 15 ◆ 독성 가스 누설검지 시험지와 변색상태

검지가스	시험지	변 색
NH_3	적색 리트머스지	청변
Cl_2	KI 전분지	청변
HCN	초산(질산구리)벤젠지	청변
C_2H_2	염화제1동 착염지	적변
H_2S	연당지	흑변
CO	염화파라듐지	흑변
$COCl_2$	하리슨 시험지	심등색

핵심 16 ◆ 액주계, 압력계 액의 구비조건

① 화학적으로 안정할 것
② 점도 팽창계수가 적을 것
③ 모세관현상이 없을 것
④ 온도변화에 의한 밀도변화가 적을 것

핵심 17 ◆ 연소분석법

정 의		시료가스를 공기 또는 산소 또는 산화제에 의해서 연소하고 그 결과 생긴 용적의 감소, 이산화탄소의 생성량, 산소의 소비량 등을 측정하여 목적성분으로 산출하는 방법
종류	폭발법	일정량의 가연성 가스 시료를 뷰렛에 넣고 적당량의 산소 또는 공기를 혼합폭발 피펫에 옮겨 전기 스파크로 폭발시킨다.
	완만연소법	직경 0.5mm 정도의 백금선을 3~4mm 코일로 한 적열부를 가진 완만한 연소 피펫으로 시료가스를 연소시키는 방법
	분별연소법	2종의 동족 탄화수소와 H_2가 혼재하고 있는 시료에서는 폭발법, 완만연소법이 불가능할 때 탄화수소는 산화시키지 않고 H_2 및 CO만을 분별적으로 연소시키는 방법(종류 : 파라듐관 연소분석법, 산화구리법) ① 파라듐관 연소분석법 : 10% 파라듐 석면을 넣은 파라듐관에 시료가스와 적당량의 O_2를 통하여 연소시켜 파라핀계 탄화수소가 변화하지 않을 때 H_2를 산출하는 방법으로 파라듐 석면, 파라듐 흑연, 실리카겔이 촉매로 사용된다. ② 산화구리법 : 산화구리를 250℃로 가열하여 시료가스 통과 시 H_2, CO는 연소하고 CH_4이 남는다. 800~900℃ 가열된 산화구리에서는 CH_4도 연소되므로 H_2, CO를 제거한 가스에 대하여 CH_4도 정량이 된다.

핵심 18 ◆ 가스미터의 기차

① $기차 = \dfrac{시험미터\ 지시량 - 기준미터\ 지시량}{시험미터\ 지시량} \times 100$

② 가스미터의 사용오차 : 최대허용오차의 2배

핵심 19 ◆ 오리피스 유량계에 사용되는 교축기구의 종류

종 류	특 징
베나탭(Vend-tap)	교축기구를 중심으로 유입은 관 내경의 거리에서 취출, 유출은 가장 낮은 압력이 되는 위치에서 취출하며 가장 많이 사용한다.
플랜지탭(Flange-tap)	교축기구로부터 25mm 전후의 위치에서 차압을 취출한다.
코너탭(Corner-tap)	평균압력을 취출하여 교축기구 직전 전후의 차압을 취출하는 형식이다.

핵심 20 ◆ 가연성 가스 검출기의 종류

구 분	내 용
간섭계형	가스의 굴절률 차이를 이용하여 농도를 측정(CH_4 및 일반 가연성 가스 검출) $x = \frac{Z}{n_m - n_a} \times 100$ 여기서, x : 성분 가스의 농도(%) Z : 공기의 굴절률 차에 의한 간섭무늬의 이동 n_m : 성분 가스의 굴절률 n_a : 공기의 굴절률
안전등형	① 탄광 내 CH_4의 발생을 검출하는 데 이용(사용연료는 등유) ② CH_4의 농도에 따라 청색불꽃길이가 달라지는 것을 판단하여 CH_4의 농도(%)를 측정
열선형	브리지 회로의 편위전류로서 가스의 농도 지시 또는 자동적으로 경보하여 검출하는 방법

핵심 21 ◆ 검지관에 의한 측정농도 및 검지한도

대상가스	측정농도 범위(%)	검지한도(ppm)	대상가스	측정농도 범위(%)	검지한도(ppm)
아세틸렌	0~0.3	10	시안화수소	0~0.1	0.2
수소	0~1.5	250	황화수소	0~0.18	0.5
산화에틸렌	0~3.5	10	암모니아	0~25	5
염소	0~0.004	0.1	프로판	0~5	100
포스겐	0~0.005	0.02	브롬화메탄	0~0.05	1
일산화탄소	0~0.1	1	에틸렌	0~1.2	0.01

핵심 22 ◆ 전기저항 온도계

온도상승 시 저항이 증가하는 것을 이용한다.

(1) 측정원리

금속의 전기저항(공칭저항치의 0℃의 저항소자)

(2) 종류 및 특징

종 류	특 징
백금저항 온도계	① 측정범위(-200~850℃) ② 저항계수가 크다. ③ 가격이 고가이다. ④ 정밀 특정이 가능하다. ⑤ 표준저항값으로 25Ω, 50Ω, 100Ω이 있다.

종 류	특 징
니켈저항 온도계	① 측정범위(-50~150℃) ② 가격이 저렴하다. ③ 안전성이 있다. ④ 표준저항값(500)
구리저항 온도계	① 측정범위(0~120℃) ② 가격이 저렴하다. ③ 유지관리가 쉽다.
서미스터 온도계 (Ni+Cu+Mn+Fe+Co 등을 압축소결시켜 만든 온도계)	① 측정범위(-50~350℃) ② 저항계수가 백금 ③ 경년변화가 있다. ④ 응답이 빠르다.
저항계수가 큰 순서	
서미스터 온도계>백금저항 온도계>니켈저항 온도계>구리저항 온도계	

핵심 23 ◆ 차압식 유량계

(1)

구 분	세부내용
측정원리	압력차로 베르누이 원리를 이용
종 류	오리피스, 플로노즐, 벤투리
압력손실이 큰 순서	오리피스>플로노즐>벤투리

(2) 유량계 분류

구 분		종 류
측정방법	직접	습식 가스미터
	간접	피토관, 오리피스, 벤투리, 로터미터
측정원리	차압식	오리피스, 플로노즐, 벤투리
	유속식	피토관
	면적식	로터미터

핵심 24 ◆ 접촉식, 비접촉식 온도계

접촉식		비접촉식	
열전대, 바이메탈, 유리제, 전기저항	① 취급이 간단하다. ② 연속기록, 자동제어가 불가능하다. ③ 원격측정이 불가능하다.	광고, 광전관, 색, 복사(방사)	① 측정온도 오차가 크다. ② 고온 측정, 이동물체 측정에 적합하다. ③ 응답이 빠르고, 내구성이 좋다. ④ 접촉에 의한 열손실이 없다.

핵심 25 ◆ 습도

구 분	세부내용
절대습도(x)	건조공기 1kg과 여기에 포함되어 있는 수증기량(kg)을 합한 것에 대한 수증기량 (예제) 습공기 305kg, 수증기량 5kg일 때 절대습도는? $x = \frac{5}{305-5} = 0.016\text{kg/kg}$
상대습도(ϕ)	대기 중 존재할 수 있는 최대습기량과 현존하는 습기량
비교습도 (포화도)	습공기의 절대습도와 그와 동일 온도인 포화습공기의 절대습도비= $\frac{\text{실제 몰습도}}{\text{포화 몰습도}}$
참고사항	
① 과열도=과열증기 온도−포화증기 온도 ② 건조도 = $\frac{\text{습증기 중 건조포화증기 무게}}{\text{습증기 무게}} = \frac{\text{습증기 엔트로피} - \text{포화수 엔트로피}}{\text{포화증기 엔트로피} - \text{포화수 엔트로피}}$ ③ 습도 = $\frac{(\text{포화증기} - \text{습증기})\text{엔트로피}}{(\text{포화증기} - \text{포화수})\text{엔트로피}}$	

※ 습도는 주로 노점으로 측정

핵심 26 ◆ 액면계의 사용용도

용 도		종 류
인화와 중독 우려가 없는 곳에 사용		슬립튜브식, 회전튜브식, 고정튜브식
LP가스 저장탱크	지상	클링커식
	지하	슬립튜브식
산소 · 불활성에만 사용 가능		환형 유리제 액면계
직접식		직관식, 검척식, 플로트식, 편위식
간접식		차압식, 기포식, 방사선식, 초음파식, 정전용량식
액면계 구비조건		
① 고온 · 고압에 견딜 것 ② 연속, 원격 측정이 가능할 것 ③ 부식에 강할 것 ④ 자동제어장치에 적용 가능할 것 ⑤ 경제성이 있고, 수리가 쉬울 것		

핵심 27 ◆ 다이어프램 압력계

구 분	내 용
용 도	연소로의 통풍계로 사용
정 도	±1~2%
측정범위	20~5000mmH_2O
특 징	① 감도가 좋아 저압측정에 유리하다. ② 부식성 유체점도가 높은 유체측정이 가능하다. ③ 과잉압력으로 파손 시에도 위험성이 적다. ④ 응답성이 좋다. ⑤ 격막의 재질 : 천연고무, 합성고무, 테프론 ⑥ 온도의 영향을 받는다. ⑦ 영점조절장치가 필요하다. ⑧ 직렬형은 A형, 격리형은 B형을 사용한다.

핵심 28 ◆ 터빈 유량계

회전체에 대해 비스듬히 설치된 날개에 부딪치는 유체의 운동량으로 회전체를 회전시킴으로 가스유량을 측정하는 원리로 추량식에 속하며, 압력손실이 적고 측정 범위가 넓으나 스월(소용돌이)의 영향을 받으며 유체의 에너지를 이용하여 측정하는 유량계이다.

핵심 29 ◆ 오차의 종류

종 류		정 의
과오오차		측정자의 부주의로 생기는 오차
계통적 오차		측정값에 영향을 주는 원인에 의하여 생기는 오차로서 측정자의 쏠림에 의하여 발생
우연오차		상대적 분포현상을 가진 측정값을 나타내는데 이것을 산포라 부르며, 이 오차는 우연히 생기는 값으로서 오차를 없애는 방법이 없음
상대오차		참값 또는 측정값에 대한 오차의 비율을 말함
계통오차		
정 의		측정값에 일정한 영향을 주는 원인에 의하여 생기는 오차 평균치를 구하였으나 진실값과 차이가 생기며, 편위(평균치−진실치)에 의하여 생기는 오차(정확도는 표시함)
종 류	계기오차	측정기가 불완전하거나 내부 요인의 설치상황에 따른 영향, 사용상 제한 등으로 생기는 오차
	개인(판단)오차	개인의 습관, 버릇 판단으로 생기는 오차
	이론(방법)오차	사용하는 공식이나 계산 등으로 생기는 오차
	환경오차	온도, 압력, 습도 등 측정환경의 변화에 의하여 측정기나 측정량이 규칙적으로 변하기 때문에 생기는 오차

핵심 30 ◆ 계량기 종류별 기호

종 류	기 호
전기계량기	G
전량 눈금새김탱크	N
연료유미터	K
가스미터	H
LPG미터	L
로드셀	R

핵심 31 ◆ 바이메탈 온도계

구 분	내 용
측정원리	선팽창계수가 다른 두 금속을 결합하여 온도에 따라 휘어지는 정도를 이용한 것
특 징	• 구조가 간단하고, 보수가 용이하다. • 온도변화에 따른 응답이 빠르다. • 조작이 간단하다. • 유리제에 비하여 견고하고, 지시 눈금의 직독이 가능하다. • 히스테리 오차가 발생한다.
측정온도	−50~500℃
종 류	나선형, 원호형, 와권형
용 도	실험실용, 자동제어용, 현장지시용

핵심 32 ◆ 임펠러식(Impeller type) 유량계의 특징

① 구조가 간단하다.
② 직관부분이 필요하다.
③ 측정 정도는 약 ±0.5%이다.
④ 부식성이 강한 액체에도 사용할 수 있다.

핵심 33 ◇ 압력계의 구분

<table>
<tr><th>항 목
구 분</th><th colspan="2">종 류</th><th>특 성</th><th>기타사항</th></tr>
<tr><td>1차</td><td colspan="2">자유(부유) 피스톤식,
액주식(manometer)</td><td>부르동관 압력계의 눈금교정용, 실험실용 U자관, 경사관식, 링밸런스식(환상천평식)으로 1차 압력계의 기본이 되는 압력계</td><td>–</td></tr>
<tr><td rowspan="5">2차</td><td rowspan="3">탄성식
(압력변화에 따른 탄성변위를 이용하는 방법)</td><td>부르동관</td><td>① 고압측정용
② 재질(고압용 : 강, 저압용 : 동)
③ 측정범위 0.5~3000kg/cm^2
④ 정도 ±1~3%</td><td>① 80℃ 이상되지 않도록 할 것
② 동결, 충격에 유의</td></tr>
<tr><td>벨로스</td><td>① 벨로스의 신축을 이용
② 용도 : 0.01~10kg/cm^2 미압 및 차압 측정</td><td>주위온도 오차에 충분히 주의할 것</td></tr>
<tr><td>다이어프램</td><td>① 연소계의 통풍계로 이용
② 부식성 유체에 적합
③ 20~5000mmH$_2$O 측정</td><td>감도가 좋아 저압측정에 유리</td></tr>
<tr><td rowspan="2">전기식
(물리적 변화를 이용하는 방법)</td><td>전기저항 압력계</td><td colspan="2">금속의 전기저항값이 변화되는 것을 이용</td></tr>
<tr><td>피에조전기 압력계</td><td colspan="2">① 가스폭발 등 급속한 압력변화를 측정
② 수정, 전기식, 롯셀염 등이 결정체의 특수방향에 압력을 가하여 발생되는 전기량으로 압력을 측정</td></tr>
</table>

핵심 34 ◇ 가스계량기의 표시

① MAX(m^3/hr) : 최대유량

② L/rev : 계량실의 1주기 체적

핵심 35 ◇ 이론단의 높이, 이론단수

$$\text{이론단의 높이(HETP)} = \frac{L}{N}$$

$$\text{이론단수}(N) = 16 \times \left(\frac{K}{B}\right)^2$$

여기서, L : 관 길이

N : 이론단수

K : 피크점까지 최고길이(체류부피=머무른 부피)

B : 띠나비(봉우리 폭)

핵심 36 ◆ 계측기기의 구비조건

① 견고하고 신뢰성이 높을 것
② 원거리지시 및 기록이 가능할 것
③ 연속측정이 용이할 것
④ 설치방법이 간단하고, 조작이 용이할 것
⑤ 보수가 쉬울 것

핵심 37 ◆ 기본단위(물리량을 나타내는 기본적인 7종)

종 류	길 이	질 량	시 간	온 도	전 류	물질량	광 도
단 위	m	kg	S	K	A	mol	Cd

가스산업기사 필기
필수이론 + 기출문제집

2017. 3. 5. 초 판 1쇄 발행
2025. 2. 19. 개정 8판 1쇄(통산 9쇄) 발행

지은이 | 양용석
펴낸이 | 이종춘
펴낸곳 | BM ㈜도서출판 성안당
주소 | 04032 서울시 마포구 양화로 127 첨단빌딩 3층(출판기획 R&D 센터)
10881 경기도 파주시 문발로 112 파주 출판 문화도시(제작 및 물류)
전화 | 02) 3142-0036
031) 950-6300
팩스 | 031) 955-0510
등록 | 1973. 2. 1. 제406-2005-000046호
출판사 홈페이지 | **www.cyber.co.kr**
ISBN | 978-89-315-8478-3 (13530)
정가 | 40,000원

이 책을 만든 사람들
책임 | 최옥현
진행 | 박현수
교정 · 교열 | 채정화
전산편집 | 오정은
표지 디자인 | 박현정
홍보 | 김계향, 임진성, 김주승, 최정민
국제부 | 이선민, 조혜란
마케팅 | 구본철, 차정욱, 오영일, 나진호, 강호묵
마케팅 지원 | 장상범
제작 | 김유석